日本産土壌動物
Pictorial Keys to Soil Animals of Japan

日本産土壌動物

分類のための図解検索
【第二版】

青木淳一 編著

Pictorial Keys to Soil Animals of Japan
The second edition
Edited by Jun-ichi AOKI

東海大学出版部

Pictorial Keys to Soil Animals of Japan
The Second Edition

Edited by Jun-ichi AOKI
Copyright © 2015 by Jun-ichi AOKI

All right reserved, but the rights to each figure belong to the person stated in the caption.
No part of this book may be reproduced in any form by photostat, microfilm, or any other means, without the written permission of the publisher.

ISBN978-4-486-01945-9 C3645

Second edition February, 2015
Printed in Japan

Tokai University Press
3-10-35, Minamiyana, Hadano-shi, Kanagawa, 257-0003 Japan

第二版の序

　本書の第一版が出されたのが1999年2月であったから，それからすでに15年以上が経過した．その間に，土壌動物各群の分類学的研究も少しは進歩し，同時に生態系の中で大切な働きをしている生物として，さらに環境指標生物としての土壌動物の重要性が認識され，土壌動物を正確に同定する必要性が高まってきた．

　理想を言えば，全ての土壌動物を種のレベルまで同定することであるが，それは極めて困難なことであり，第一版でそれを可能にしたのは全39群のうちの16群のみであり，残りの23群は科または属までの同定にとどまった．今回の第2版での改定では，種のレベルまで同定の精度を高める群を少しでも増やそうという努力が行われた．その結果，土壌動物の中でも最も種数が多く，生息個体数も多いトビムシ目とササラダニ亜目について種までの同定が可能になったのは大きな進歩であった．そのために使われた頁数はトビムシで376頁，ササラダニで360頁という膨大な量に達した．その他のいくつかの群でも，分類精度を科から属に，属から種に高めることができた．そのために，分担執筆者の数も38名と1団体から，56名に増加し，現在のわが国の土壌動物分類学者の総力が結集された感がある．

　動物の分類体系についてはいくつかの異なった体系が提唱されており，特に上位分類群の取り扱いに違いがみられる．ここでは詳しい議論は避け，「生物学辞典」（石川統ほか編集，2010）の巻末に掲げられた体系にほぼ従うことにした．日本で土壌動物として登場する動物を目の単位で拾い上げ，それを体系的に配列すると，目次のようになる．

　土壌動物の分類同定について，これだけ詳しい大部な書物は世界に類を見ない．それはこの企画に賛同し，執筆に全力を傾けてくださった各動物群の第一線の研究者の力添えなしには為しえなかったことであり，編者として心から感謝申し上げたい．また，第一版に引き続き，大変な改訂作業に取り組んでいただいた東海大学出版部の稲英史氏，港北印刷出版株式会社の北野又靖氏に深く御礼申し上げたい．

平成27年2月

編者　青木淳一

第一版の序

　名前のわからない生物が出てきたとき，どのようにすればよいだろうか．もっとも確実なのは，その生物群の専門家に標本を送って名前を教えてもらうことだろう．しかし，専門家を知らなかったり，送る手間もかかる．専門家のほうも，そんな標本が次々と届いたのでは，自分の研究もできなくなってしまう．

　そこで，なんとか自分で調べようとするとき役立つのが図鑑である．図鑑にはカラーの美しい写真や図が出ていて，わかりやすそうではあるが，その生物のことをほとんど知らない人たちにとっては，どの頁をみていいのかわからず，最初から絵あわせの作業をしなければならない．似たような種が見つかっても，なんとなく自信がない．もっと確かな方法として，検索表というものがある．しかし，これにはふつう図がなく，専門外の人にはなかなか利用しにくい．そこで考案されたのが，図鑑と検索表を一緒にした「図解検索」または「検索図説」である．

　土の中や落ち葉の下に生息する土壌動物は，生態系の理解，環境問題への関心，生物多様性の調査などと絡んで，近年になって研究する人たちが急激に増えてきた．しかし，その研究の第一歩でぶつかる名前調べが大変困難であった．それを解決するために，平成3年に『日本産土壌動物検索図説』が出版された．この本は土壌動物全体を扱っているが，すべて種の単位まで調べることを目的とせず，群によっては科や属の単位で終わっている．多くの群については研究が遅れていて詳しい検索を作ることが不可能であった．しかし，可能であっても，あまりに大きな群であるために本のスペースを考えて「科」の単位で止めてあるものもあった．たとえば，陸貝，クモ，ダニ，ヤスデ，トビムシなどである．せめて，これらの重要な動物群については「科」で止めずに「属」の単位まで分類検索できるようにしたいというのが，本書刊行の動機である．本書は『日本産土壌動物検索図説』を土台にして，上記の目的を達成するために新たに数名の著者に加わっていただき，主要な土壌動物のカラー写真の口絵をも加え，さらに外国の研究者にもある程度利用ができるようにと，分類名のラテン語表記や学名を付記し，新しい書物として生まれ変わった．このことよって，ますます利用価値が高まり，日本およびアジア地域の土壌動物の研究がより一層発展することを願ってやまない．

　本書の刊行にあたっては，以下の方々から貴重なご教示をいただいたり，著作物からの図の引用を許可していただいた．ここに記して厚くお礼申し上げる（五十音順，敬称略）：阿部　渉，池田博明，石井　清，伊藤雅道，井原　庸，茨城土壌動物研究会，今立源太良，榎本友好，岡島秀治，（故）大井良次，大野正男，北川憲一，黒佐和義，斎藤　博，酒井春彦，新海栄一，須島充昭，田副幸子，田中穂積，谷川明男，千国安之輔，塘　忠顕，中尾弘志，中島秀雄，野田泰一，松田まゆみ，宮本正一，（故）八木沼健夫，湯川淳一，吉田　哉．

　本書の完成にご協力いただいた日本の土壌動物分類学の第一級の専門家39名と一研究会の方々，改訂作業のまとめと編集に尽力された東海大学出版会の稲　英史氏，極めて繁雑な印刷のための作業を見事にこなしてくださった（株）武井制作室の北野又靖氏に心から感謝の念を表したい．

平成11年2月

編者　青木淳一

日本産土壌動物 目　次

第二版の序　v
第一版の序　vii
本書の利用にあたって　xii
土壌動物とは　xiii

土壌動物の綱・目への検索（青木淳一　J. AOKI）──────────xxxv

扁形動物門　PLATYHELMINTHES ──────────1
　ウズムシ類　Turbellaria（川勝正治　M. KAWAKATSU）──────────3

紐形動物門　NEMERTINEA ──────────11
　針紐虫綱　Hoplonemertea（川勝正治　M. KAWAKATSU）──────────13

線形動物門　NEMATHELMINTHES ──────────15
　線虫綱　Nematoda（宍田幸男　Y. SHISHIDA）──────────17

緩歩動物門　TARDIGRADA（宇津木和夫　K. UTSUGI）──────────77
　異クマムシ綱　Heterotardigrada
　中クマムシ綱　Mesotardigrada
　真クマムシ綱　Eutardigrada

節足動物門　ARTHROPODA ──────────97
鋏角亜門　CHELICERATA
　クモガタ綱　Arachnida
　　サソリ目　Scorpionida（下謝名松栄　M. SHIMOJANA）　99
　　カニムシ目　Pseudoscorpiones（佐藤英文・坂寄　廣　H. SATO & H. SAKAYORI）　105
　　ザトウムシ目　Opiliones（鶴崎展巨・鈴木正將　N. TSURUSAKI & S. SUZUKI）　121
　　ダニ目　Acari　149
　　　トゲダニ亜目　Gamasida（石川和男・高久　元　K. ISHIKAWA & G. TAKAKU）　153
　　　ケダニ亜目　Prostigmata（芝　実　M. SHIBA）　203
　　　コナダニ亜目　Astigmata（岡部貴美子　K. OKABE）　317
　　　ササラダニ亜目　Oribatida
　　　　（大久保憲秀・島野智之・青木淳一　N. OHKUBO, S. SHIMANO & J. AOKI）　347
　　サソリモドキ目（ムチサソリ目）　Thelyphonida（下謝名松栄　M. SHIMOJANA）　721
　　ヤイトムシ目　Schizomida（下謝名松栄　M. SHIMOJANA）　725
　　クモ目　Araneae（加村隆英・小野展嗣・西川喜朗　T. KAMURA, N. ONO & Y. NISHIKAWA）　731

多足亜門　MYRIAPODA ——————————————————— 871

　ムカデ綱（唇脚綱）　Chilopoda
　　（篠原圭三郎・高野光男・石井　清　K. Shinohara, M. Takano & K. Ishii）——— 873

　コムカデ綱（結合綱）　Symphyla（青木淳一　J. Aoki）——————————— 913

　エダヒゲムシ綱（少脚綱）　Pauropoda（萩野康則　Y. Hagino）——————— 917

　ヤスデ綱（倍脚綱）　Diplopoda
　　（篠原圭三郎・田辺　力・Z. コルソス　K. Shinohara, T. Tanabe & Z. Korsós）——— 943

甲殻亜門　CRUSTACEA ——————————————————— 985

　軟甲綱　Malacostraca
　　ソコミジンコ目（ハルパクチクス目）　Harpacticoida（菊地義昭　Y. Kikuchi）　987
　　ワラジムシ目（等脚目）　Isopoda（布村　昇　N. Nunomura）　997
　　ヨコエビ目（端脚目）　Amphipoda（森野　浩　H. Morino）　1069

昆虫亜門（六脚亜門）　HEXAPODA

　内顎綱　Entognatha ——————————————————— 1091
　　トビムシ目（粘管目）　Collembola
　　　（一澤　圭・伊藤良作・須摩靖彦・田中真悟・田村浩志・中森泰三・新島溪子・
　　　長谷川真紀子・長谷川元洋・古野勝久　K. Ichisawa, R. Ito, Y. Suma, S. Tanaka,
　　　H. Tamura, T. Nakamori, K. Niijima, M. Hasegawa, M. Hasegawa & K. Furuno）　1093
　　カマアシムシ目（原尾目）　Protura（中村修美　O. Nakamura）　1485
　　コムシ目（双尾目）　Diplura（中村修美　O. Nakamura）　1531

　外顎綱（狭義の昆虫綱）　Entognatha
　　シミ目（総尾目）　Thysanura（町田龍一郎　R. Machida）　1541
　　バッタ型（直翅系）昆虫　Orthopteroids (Orthopteroidea)（山崎柄根　T. Yamasaki）　1555
　　ゴキブリ目　Blattodea（山崎柄根　T. Yamasaki）　1570
　　バッタ目（直翅目）　Orthoptera（山崎柄根　T. Yamasaki）　1572
　　ガロアムシ目　Grylloblattodea（山崎柄根　T. Yamasaki）　1575
　　シロアリモドキ目（紡脚目）　Embioptera（山崎柄根　T. Yamasaki）　1576
　　ハサミムシ目（革翅目）　Dermaptera（山崎柄根　T. Yamasaki）　1576
　　シロアリ目（等翅目）　Isoptera（森本　桂　K. Morimoto）　1581
　　アザミウマ目（総翅目）　Thysanoptera（芳賀和夫　K. Haga）　1591
　　カメムシ目（半翅目）　Hemiptera　1611
　　　セミ亜目（頸吻亜目）　Auchenorrhyncha
　　　　セミ科幼虫　Cicadidae（林　正美　M. Hayashi）　1612
　　　腹吻亜目　Sternorrhyncha
　　　　カイガラムシ上科　Coccoidea（高木貞夫　S. Takagi）　1631
　　　　アブラムシ上科　Aphidoidea（秋元信一　S. Akimoto）　1637
　　　カメムシ亜目（異翅亜目）　Heteroptera（友国雅章　M. Tomokuni）　1649
　　コウチュウ目（甲虫目、鞘翅目）成虫　Coleoptera (Adults)
　　　（佐々治寛之・平野幸彦・野村周平・青木淳一　H. Sasaji, Y. Hirano, S. Nomura & J. Aoki）　1667
　　コウチュウ目（甲虫目、鞘翅目）幼虫　Coleoptera (Larvae)（林　長閑　N. Hayashi）　1669
　　ハエ目（双翅目）幼虫　Diptera (Larvae)（三井偉由　H. Mitsui）　1745

ハチ目（膜翅目）　Hymenoptera
　　　アリ科　Formicidae
　　　　（寺山　守・江口克之・吉村正志　M. Terayama, K. Eguchi & M. Yoshimura）　　1777

軟体動物門　MOLLUSCA ──────────────────────────── 1831
　　マキガイ綱（腹足綱）　Gastropoda（湊　宏　H. Minato）──────────── 1833

環形動物門　ANNELIDA ──────────────────────────── 1893
　　ミミズ綱（貧毛綱）　Oligochaeta（中村好男　Y. Nakamura）──────── 1895

　　和名索引　1903
　　学名索引　1941

本書の利用にあたって

1．本書の構成について
　　本書の構成は，各動物群について，検索図，全形図集，本文解説の3部分からなっている．まず，検索図をたどって科・属・種などの見当をつけ，それを全形図で確認し，更に解説文によって詳しい形態や生態を知ることになる．
2．分類体系・学名・和名・形態的用語について
　　原則として文部省『学術用語集 動物学編』に従ったが，従来の形態用語を使用したものもある．各動物群ごとの形態用語については，それぞれの形態用語図解を参照されたい．また従来和名のないものや変更したほうがよいものについては，新たに和名をつけ，(新称)，(仮称)，(改称)と表示した．
3．検索図について
　　初心者にわかりやすく一見して識別が容易であり，かつ安定した形質に基づいて検索表をつくり，それを図式化した．検索分類段階は原則として，綱→目→科→属→種の順である．特に着目すべき形質については，くさび形の印や矢印をつけてある．
4．最終の検索分類段階について
　　日本産土壌動物は7門16綱におよぶ動物群であり，各動物群によって分類学的研究の進捗に違いがある．本書では，最終分類段階を，科，属，種のいずれにするかは，各動物群の執筆者に一任した．
5．本文解説について
　　各分類群の解説は原則として，以下の順となっている．
　　①和名，②学名，③体長，④最も目につく形態的特徴，⑤分布，⑥すみ場所，⑦含まれる主要な種
6．図の出典について
　　論文・単行本等からの転載・略写図版については，個々に出典（執筆者名，年号）を明示し，引用・参考文献ページに文献名を収録した．特に出典の明記していない図版は，すべて原図である．
7．ページ番号について
　　本書には2種類の頁番号がある。各頁には最下段中央に明朝体で本書全体の通し頁の番号と，右肩あるいは左肩にゴチック体で「各分類群」ごとにそれぞれ独立した項内での通し頁の番号がふられている。前者は本書全体（「目次」，「綱・目への検索」，「索引」）の連結に用いられ，後者はそれぞれの項内での参照頁の連結に用いられる．

土壌動物とは

　地球上の生物の生息域は地上界，土壌界，水界の三つに大別される．土壌動物のすみかである土壌界の特徴は，暗黒と固形物の重なりあいである．そのような環境では生物が生きていく上で利用できる刺激，すなわち光・音・匂いはほとんど使いものにならず，視覚・聴覚・嗅覚は発達しない．そこにすむ動物に走る・飛ぶなどの素早い行動は不可能で，追う・逃げる・隠れる・騙すなどの緊迫した動作もない．地上界や水界にみられるような華やかな適応や進化の姿はなく，土壌界の生き物たちはいかにも地味で愚鈍で下劣なものばかりに思えてくる．

　しかし，これを裏返してみるならば，あらゆる生物にとって土壌界ほど安全で平和なすみ場所はない．適度な水分の存在と温度変化の小さな微気候的に安全な環境を保証し，暗黒と固体の重なりあいは外敵の襲撃を防いでくれる．つまり，弱きものたちが十分に保護されて暮らしていける環境なのである．このことは，成虫になれば地上で活動する昆虫の多くが，その卵や幼虫の時代を土中で過ごすことから見てもわかる．ミミズや線虫など乾燥という危険に耐えることのできない多くの生物たちのすみかでもある．

　土壌が極めて多様な生物を育むことができる理由はこれだけではない．新鮮な落ち葉の堆積する土壌の最上層から数 m の深さの緻密な鉱質土層に向かって，水分は多くなり，孔隙量は減少し，温度変化は少なくなり，有機物は減少していく．特に，上層 20〜30 cm の間ではこれらの要因はわずか 1 cm の深度差でも大きく異なっている．すなわち，水平的な差に加えて，それよりもはるかに大きな垂直的な差が段階的に存在し，それぞれの種類が自分たちに最も適した深さのところにすみ場所を定めている．そのことが，限られた面積のなかに要求の異なる極めて多種多様な動物の生息を許す結果になっている．

表 1　大きさによる土壌動物の区分

区 分	体 長	例	採集方法・装置
微小動物	0.2 mm 未満	アメーバ・ミドリムシ・ゾウリムシ・小型ワムシ	培養法
小型湿性動物	0.2〜2 mm	ウズムシ・リクヒモムシ・ヒルガタワムシ・線虫・ヒメミミズ・クマムシ	ベールマン装置 オコナー装置
小型節足動物	0.2〜2 mm	カニムシ・小型ザトウムシ・ダニ・小型クモ・エダヒゲムシ・カマアシムシ・トビムシ・アザミウマ・小型甲虫	ツルグレン装置
大型動物	2 mm 超過	陸貝・ミミズ・大型ザトウムシ・中型クモ・ワラジムシ・ダンゴムシ・ヤスデ・ムカデ・ヨコエビ・コムシ・ゴキブリ・シロアリ・ハサミムシ・カメムシ・セミ幼虫・ガ幼虫・アブ幼虫・中〜大型甲虫・アリ	肉眼採集

体の大きさから見れば，体長わずか 0.01 mm に満たない原生生物から体長 30 cm を超えるミミズ（南米には 2 m に達するものもある）や体重 100 g を超えるモグラにいたるまである．自力で穴を掘る能力のないものの場合，比較的大型なものは隙間の多い上層に，小型なものはやや下層にすむが，穴掘能力のある大型なものは最も深い層にすむことができる．まったく研究の便宜上からであるが，体の大きさを基準にして，土壌動物を表 1 のように区分することが一般に行われている．

　土壌動物の生活・生態もまた，さまざまである．土壌中での滞在期間からみると，一生のあいだ土壌中で生活する永住土壌動物（アメーバ・線虫・ミミズ・カマアシムシ・ジムカデなど），幼虫の時期だけ土壌中で暮らす幼期土壌動物（コガネムシ・ハナアブ・ガガンボ・セミなど），地上と土中を行き来する不定期土壌動物（ハサミムシ・カタツムリ・ダンゴムシなど）が区別される．何を栄養源とするか，すなわち食性もさまざまで，生きた植物を食べる植食者（ネアブラムシ・ガガンボ幼虫・植物寄生性線虫），生きた動物を食べる捕食者（ムカデ・クモ・カニムシ・ゴミムシ・ハネカクシ・モグラ），植物遺体を食べる腐食者（ミミズ・ダンゴムシ・ワラジムシ・ヤスデ・ササラダニ・トビムシ・シロアリ），動物遺体を食べる屍食者（シデムシ・ハエ幼虫），糞を食べる糞食者（センチコガネ・マグソコガネ・ヒメミミズの一部），菌類を食べる菌食者（キノコバエ幼虫・キスイムシ・オオキノコムシ・トビムシ・ササラダニ），いろいろなものを食べる雑食者（アリ・ハサミムシ・ザトウムシ）などがあげられる．特に注目すべきことは動植物遺体を食べるものが多いことで，これらは菌類やバクテリアとともに生態系の中における分解過程に深い関わりをもっている．本書で扱う土壌動物は，いわゆる土の中の住人だけでなく，落ち葉の下にすむもの，石や倒れ木の下にすむもの，落枝や朽ち木の中に潜むもの，動物の死体や糞を処理するものまでを含め，広義に解釈してある．なぜなら，死して地面に横たわったものはすべて，その時点で分解作用をうけはじめ土壌への変身をスタートさせるからである．ただし，越冬（冬ごもり）だけのために土壌中に入り込んでくるものは土壌動物として扱わない．それらは土壌中でなんらの活動もしないからである．

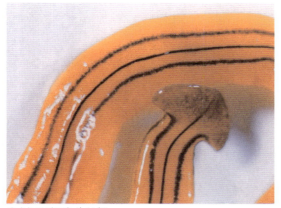

オオミスジコウガイビル
Bipalium nobile Kawakatsu & Makino（川勝正治）

ワタリコウガイビル *Bipalium kewense* Moseley（川勝正治）

オガサワラリクヒモムシ *Geonemertes pelaensis* Semper（北川憲一）

クリコネマ科の線虫 *Ogma querci* (Choi & Geraert)（宍田幸男）

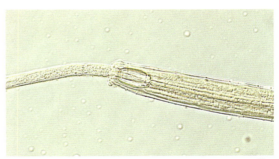

テラトケファルス科の線虫を頭からのみこむイオトンクス科の線虫（宍田幸男）

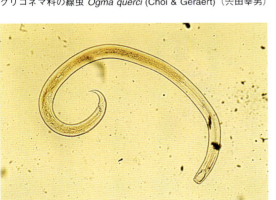

モノンクス科の線虫 *Clarkus* sp.（青木淳一）

オニクマムシ *Milnesium tardigradum* Doyére（宇津木和夫）

XV

ニホントゲクマムシ *Echiniscus japonicus* Morikawa（宇津木和夫）

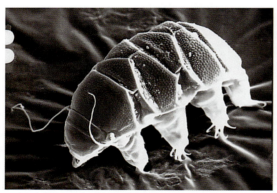

ニホントゲクマムシ（走査電顕写真）
Echiniscus japonicus Morikawa（宇津木和夫）

ヤエヤマサソリ *Liocheles australasiae* (Fabricius),
背中に子虫（下謝名松栄）

ヤエヤマサソリ *Liocheles australasiae* (Fabricius)（下謝名松栄）

マダラサソリ *Isometrus europaeus* (Linnaeus)（下謝名松栄）

ミツマタカギカニムシ *Microcreagris japonica* (Ellingsen)
（中島秀雄）

アカツノカニムシ *Pararoncus japonicus* (Ellingsen)（新海栄一）

ムネトゲツチカニムシ *Tyrannochthonius japonicus* (Ellingsen)
（新海栄一）

ダイセンニセタテヅメザトウムシ
Metanippononychus daisenesis Suzuki（鶴崎展巨）

フタコブザトウムシ *Paraumbogrella pumilio* (Karsch)（鶴崎展巨）

xvii

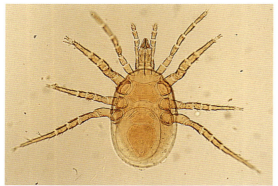
ナミブチハエダニ *Macrocheles serratus* Ishikawa（高久　元）

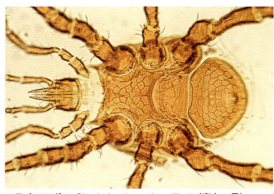
マヨイハエダニ *Glyptholaspis confusa* (Foa)（高久　元）

アカマルヤリダニ *Eviphis cultratellus* (Berlese)（高久　元）

アメイロホコダニ *Parholaspulus ochraceus* (Ishikawa)（高久　元）

カマゲホコダニ
Gamasholaspis browningi (Bregetova & Koroleva)（高久　元）

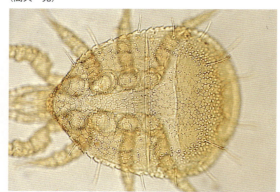
ホシモンマルノコダニ *Mixozercon stellifer* (Aoki)（高久　元）

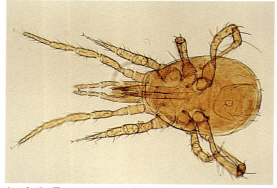
キツネダニ属 *Veigaia* の一種（高久　元）

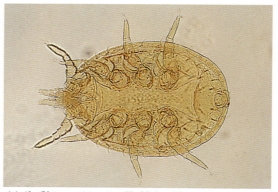
イトダニ科 Uropodidae の一種（高久　元）

ナミケダニ科 Trombidiidae の一種（高久　元）

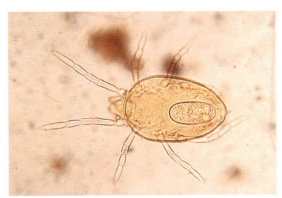

カタハシリダニ属 *Penthalodes* の一種（芝　実）

ヤマトヨロイダニ *Mahunkiella multisetosa* (Shiba)（芝　実）

ナミトゲアギトダニ *Robustocheles mucronata* (Willmann)
（芝　実）

ヒサシダニ科 Scutacaridae の一種（芝　実）

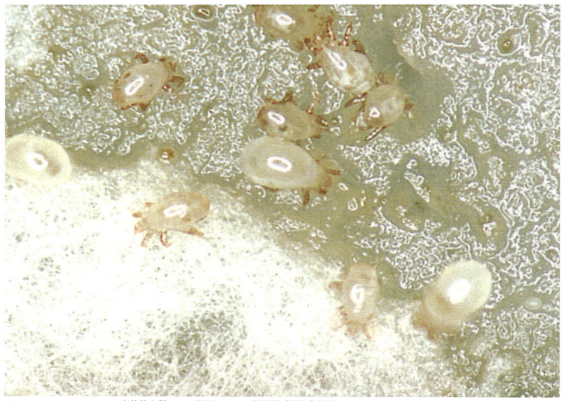

Schwiebea elongata Banks 糸状菌を餌にして増殖している個体群（岡部貴美子）

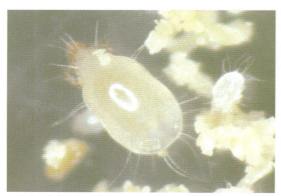

ケナガコナダニ *Tyrophagus putrescentiae* (Schrank)
（岡部貴美子）

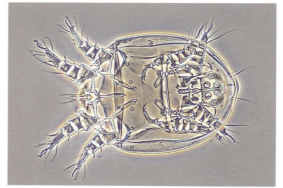

Histiogaster rotundus Woodring 第二若虫（岡部貴美子）

イナヅマダルマヒワダニ *Poecilochthonius spiciger* (Berlese)
（大久保憲秀）

ホソツキノワダニ *Nippohermannia parallela* (Aoki)
（大久保憲秀）

コブジュズダニ *Belba japonica* Aoki（大久保憲秀）

ヒビワレイブシダニ *Carabodes rimosus* Aoki（大久保憲秀）

サカモリコイタダニ *Oribatula sakamorii* Aoki（大久保憲秀）

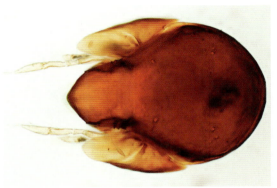
スジチビゲフリソデダニ *Trichogalumna lineata* Ohkubo（大久保憲秀）

アマミサソリモドキ（沖縄本島産）
Typopeltis stimpsonii (Wood), ♂（下謝名松榮）

アマミサソリモドキ（沖縄本島産）
Typopeltis stimpsonii (Wood), ♀（下謝名松榮）

タイワンサソリモドキ *Typopeltis crucifer* Kraepelin
（下謝名松榮）

ウデナガサワダムシ *Trithyreus siamensis* Hansen（下謝名松栄）

クスミダニグモ *Gamasomorpha kusumii* Komatsu，♀
（加村隆英）

ヒノマルコモリグモ *Tricca japonica* Simon，♂（加村隆英）

クロナンキングモ *Hylyphantes graminicola*（Sundevall），♂
（加村隆英）

ヤマヨリメケムリグモ *Drassyllus sasakawai* Kamura，♀
（加村隆英）

オトヒメグモ *Orthobula crucifera* Bösenberg & Strand，♀
（加村隆英）

キレワハエトリ *Sibianor pullus*（Bösenberg & Strand），♂
（加村隆英）

ゲジ *Thereuronema tuberculata* (Wood)（篠原圭三郎）

トビズムカデ *Scolopendra subspinipes multilans* L. Koch
（篠原圭三郎）

セスジアカムカデ *Scolopocryptops rubiginosus* (L. Koch)
（篠原圭三郎）

ゴシチナガヅジムカデ *Mecistocephalus diversisternnus* (Silvestri)
（篠原圭三郎）

タムラエダヒゲムシ
Pauropus tamurai Hagino
（萩野康則）

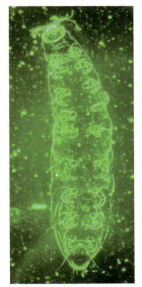

スルメナミエダヒゲムシ
Allopauropus loligoformis
Hagino（萩野康則）

サンゴホンエダヒゲムシ
Decapauropus dendriformis
(Hagino)（萩野康則）

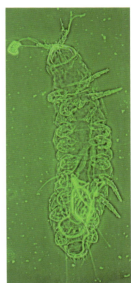

ニセチョウセンホンエダヒゲムシ
Decapauropus pseudokoreanus
(Hagino)（萩野康則）

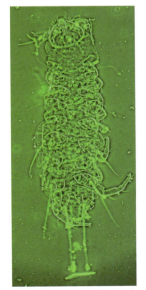

ゴゼンヤマエナガエダヒゲムシ
Stylopauropus gozennyamensis
Hagino（萩野康則）

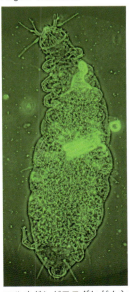

マルオドンゼロエダヒゲムシ
Donzelotauropus aramosus
(Hagino)（萩野康則）

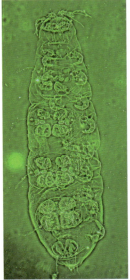

ニホンフイリエダヒゲムシ
Colinauropus schelleri Hagino
（萩野康則）

イシイカワリモロタマエダヒ
ゲムシ *Fagepauropus ishii*
Hagino（萩野康則）

サダエミナミヤスデ *Trigoniulus tertius* Takakuwa（田辺　力）

アカヒラタヤスデ属 *Symphyopleurium* の一種（田辺　力）

ヤケヤスデ *Oxidus gracilis* (Koch)（田辺　力）

ヤンバルトサカヤスデ *Chamberlinius hualienensis* Wang （田辺　力）

ミカワババヤスデ *Parafontaria crenata* Shinohara（田辺　力）

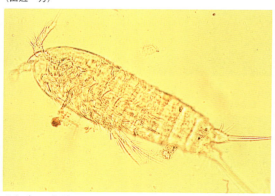
ツクバソコミジンコ *Moraria tsukubaensis* Kikuchi（青木淳一）

フナムシ *Ligia exotica* Roux（布村　昇）

サトヤマワラジムシ *Lucasioides nishimurai* (Nunomura) （布村　昇）

ニホンヒメフナムシ
Ligidium (*Nipponoligidium*) *japonicum* Verhoeff（布村　昇）

ニホンハマワラジムシ *Armadilloniscus japonicus* Nunomura
（布村　昇）

セグロコシビロダンゴムシ *Spherillo dorsalis* (Iwamoto)
（布村　昇）

クマワラジムシ *Porcellio laevis* Latreille（布村　昇）

ハマトビムシ科 Talitridae の一種（未成熟個体）（森野　浩）

ウエノコンボウマルトビムシ *Papirioides uenoi* Uchida
（皆越ようせい）

触角も肢も跳躍器も長いオウギトビムシ科 Paronellidae の一種
（一澤　圭）

トゲトビムシ科 Tomoceridae の一種（皆越ようせい）

XXV

ミドリトビムシ *Isotoma viridis* Bourlet（皆越ようせい）

オオアオイボトビムシ *Morulina alata* Yosii（皆越ようせい）

シロトビムシ亜科の一種 Onychiurinae sp.（皆越ようせい）

ヨロイカマアシムシ *Sinentomon yoroi* Imadaté（中村修美）

ヨロイカマアシムシ *Sinentomon yoroi* Imadaté 第一幼生（中村修美）

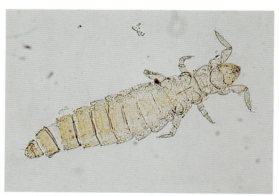
カマアシムシ *Eosentomon sakura* Imadaté & Yosii（中村修美）

カマアシムシ *Eosentomon sakura* Imadaté & Yosii（中村修美）

キタカマアシムシ *Hinomotentomon nipponicum* Imadaté（中村修美）

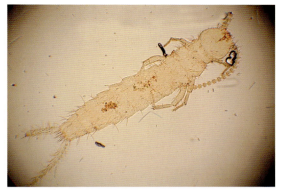
ウロコナガコムシ *Lepidocampa weberi* Oudemans
（中村修美）

ハサミコムシ属 *Occasjapyx* の一種（青木淳一）

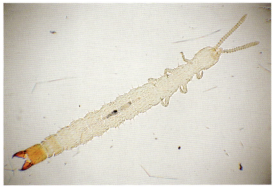
エメリーヒメハサミコムシ *Parajapyx emeryanus* Silvestri
（中村修美）

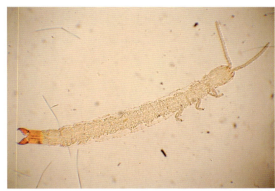
ナミヒメハサミコムシ *Parajapyx isabellae* (Grassi)（中村修美）

オカジマイシノミ *Pedetontus okajimae* Silvestri（町田龍一郎）

ヤマトイシノミ *Pedetonus nipponicus* (Silvestri)（町田龍一郎）

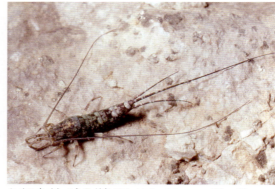
セイヨウイシノミモドキ *Petrobiellus tokunagae* Silvestri（町田龍一郎）

セイヨウシミ *Lepisma saccharina* Linnaeus（町田龍一郎）

セトシミ *Heterolepisma dispar* Uchida（町田龍一郎）

ヤマトアリシミ属の一種 *Nipponatelura* sp.（町田龍一郎）

オガサワラゴキブリ *Pynoscelis surinamensis* (Linnaeus)（山崎柄根）

アリヅカコオロギ *Myrmecophilus sapporensis* Shiraki（酒井春彦）

ヒゲジロハサミムシ *Gonolabis marginalis* (Dohrn)（山崎柄根）

モリカワオオアザミウマ *Holurothrips morikawai* Kurosawa
（芳賀和夫）

トゲオクダモドキオオアザミウマ
Acallurothrips spinurus Okajima（芳賀和夫）

ニッポンオナガクダアザミウマ
Stephanothrips japonicus Saikawa（芳賀和夫）

ゴカククダアザミウマ
Pentagonothrips antennalis Haga et Okajima（芳賀和夫）

ヤマアペルクダアザミウマ *Apelaunothrips montanus* Okajima
（芳賀和夫）

ハラオビアザミウマ *Hydatothrips abdominalis* (Kurosawa)
（芳賀和夫）

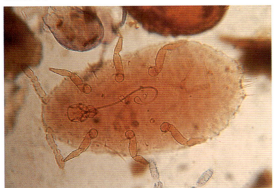
コナカイガラムシ科 Pseudococcidae の一種（青木淳一）

マルグンバイ *Acalypta sauteri* Drake（青木淳一）

セマルハバビロハネカクシ *Megarthrus convexus* Sharp
（青木淳一）

ムネアカチビキカワムシ *Lissodema unifasciatum* (Pic)
（青木淳一）

クロオビキノコゴミムシダマシ *Platydema pallidicollis* (Lewis)
（青木淳一）

コモンヒメコキノコムシ *Litargus japonicus* Reitter （青木淳一）

クロツツマグソコガネ *Saprosites japonicus* Waterhouse
（青木淳一）

コアオハナムグリ *Oxycetonio jucunda* Faldermann の幼虫
（林　長閑）

ゴホンダイコクコガネ *Copris acutidens* Motschlsky の幼虫
（林　長閑）

ヒゲナガコメツキ幼虫 *Neotrichophorus junicor* (Candéze)
（林　長閑）

ハナコメツキ属 Cardiophorus の一種（林　長閑）

ジョウカイボン科 Cantharidae の幼虫（林　長閑）

ジョウカイボン Athemus suturellus (Motschulsky) 一令幼虫の集団（林　長閑）

ルリゴミムシダマシ Encyalestus violaceipennis (Marseul) の幼虫（林　長閑）

タマバエ科 Cecidomyiidae の一種．成虫でありながら翅をもたず，土壌生活に適応している．このように研究者のいない未知のグループが土壌中にはいくらでもいる（青木淳一）

A：ニッポンガガンボダマシ *Trichocera japonica* Matsumura　B：チャバネトゲハネバエ *Tephrochlamys japonica* Okadome
（三井偉由）

キマダラヒメガガンボ属の一種
Epiphragma subfascipennis Alexander の幼虫（三井偉由）

ショージツルギアブ *Dialineura shozii* Nagatomi et Lyneborg
（三井偉由）

ヒメイエバエ属 *Fannia* の一種の幼虫（青木淳一）

コガネキンバエ *Lucilia ampullacea* Villeneuve の幼虫
（三井偉由）

xxxii

サムライアリ *Polyergus samurai* Yano（江口克之）

ウワメアリ *Prenolepis* sp.（江口克之）

ヤマトムカシアリ *Leptanilla japonica* Baroni Urbani（江口克之）

ツヤクシケアリ *Manica yessensis* Azuma（江口克之）

イバリアリ *Strongylognathus koreanus* Pisarski（江口克之）

ホソハナナガアリ *Probolomyrmex longinodus* Terayama & Ogata（江口克之）

オオギセル *Megalophaedusa martens* (Martens)（湊　宏）

コベソマイマイ *Satsuma* (*Satsuma*) *myomphala myomphala* (Martens)（湊　宏）

イボイボナメクジ *Granulilimax fuscicornis* Minato（湊　宏）

ツリヒメミミズ属 *Lumbricillus* の一種（青木淳一）

シーボルトミミズ *Pheretima sieboldi* (Horst)（青木淳一）

ヒメミミズ科 Enchytraeidae の一種（体に飲みこんだ土粒がみえる）（青木淳一）

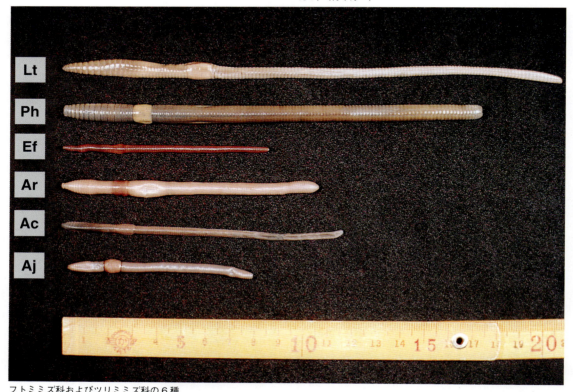
フトミミズ科およびツリミミズ科の6種
Lt：オーシュウツリミミズ *Lumbricus terrestris* (Linnaeus)　Ph：ヒトツモンミミズ *Pheretima hilgendorfi* (Michaelsen)　Ef：シマミミズ *Eisenia foetida* (Savigny)　Ar：バライロツリミミズ *Allolobophora rosea* (Savigny)　Ac：クリイロツリミミズ *Aporrectodea caliginosa* (Savigny)　Aj：サクラミミズ *Allolobophora japonica* Michaelsen（中村好男）

土壌動物の綱・目への検索

(L.) ＝幼虫

殻または巣に入っている／殻や巣に入っていない

殻は渦巻き型
またはネジレ型

殻はマンジュウ型
またはツボ型．
大きさ 0.3 mm 以下

巣はタワラ型また
はコントラバス型．
大きさ 2 mm 以上

マキガイ綱（腹足綱）
Gastropoda
（p.1833）

アメーバ綱
Amoebida
有殻アメーバ目*
Testacida

チョウ目（鱗翅目）
Lepidoptera

脚がある ② ／ 脚がない ①

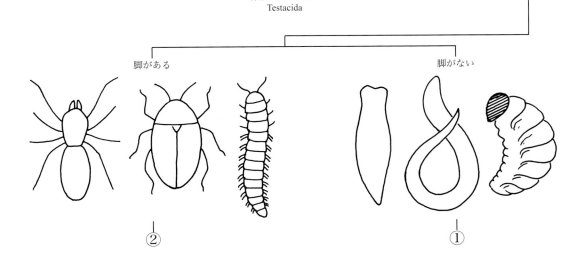

＊ 本書ではこれ以上の詳しい検索は行なっていない．

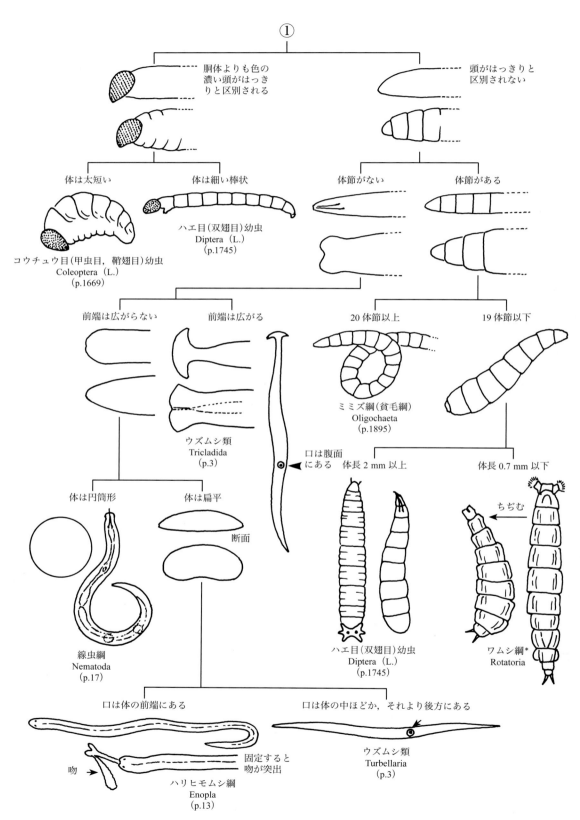

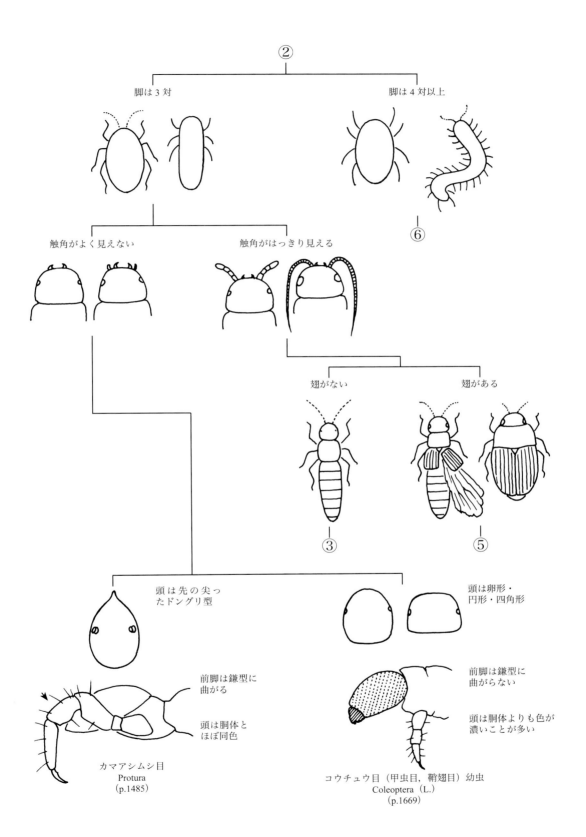

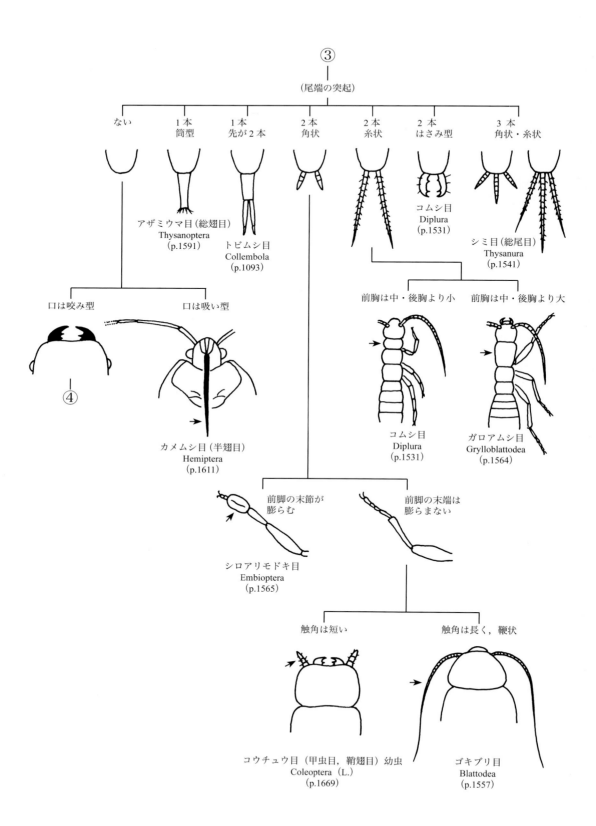

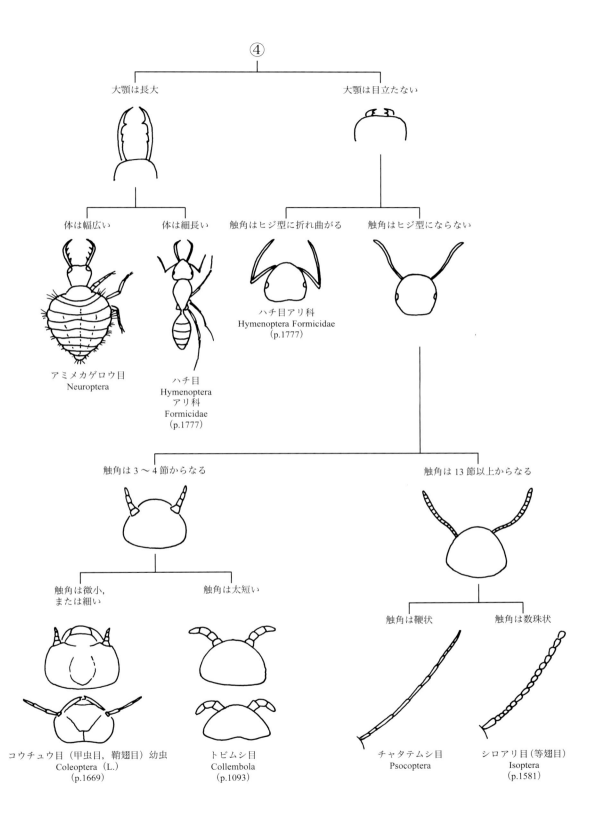

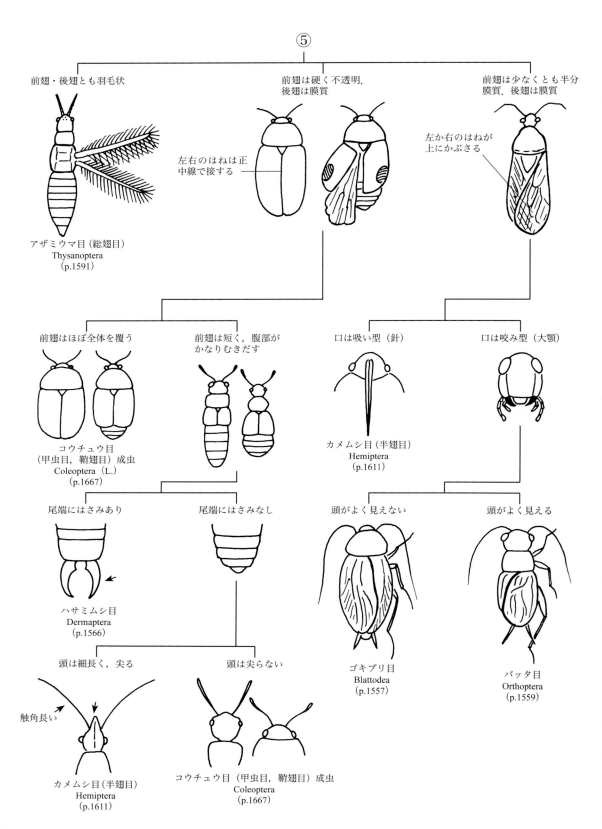

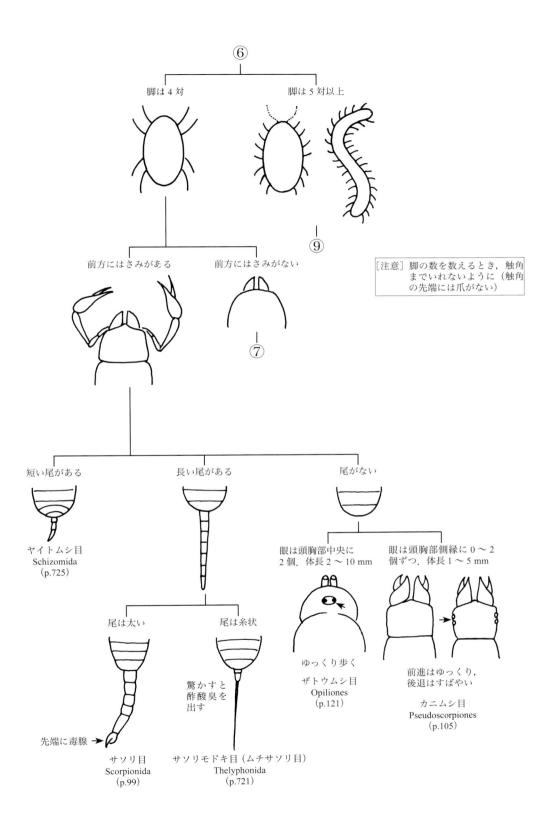

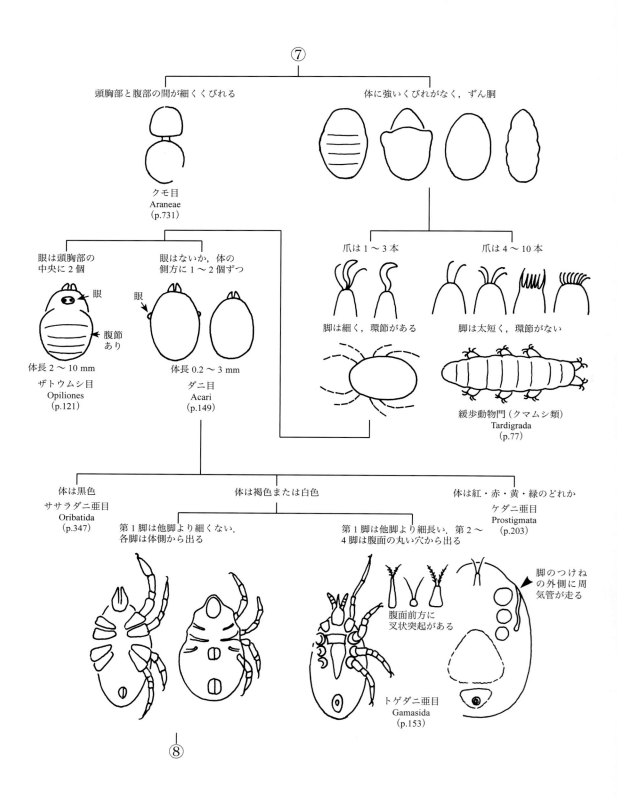

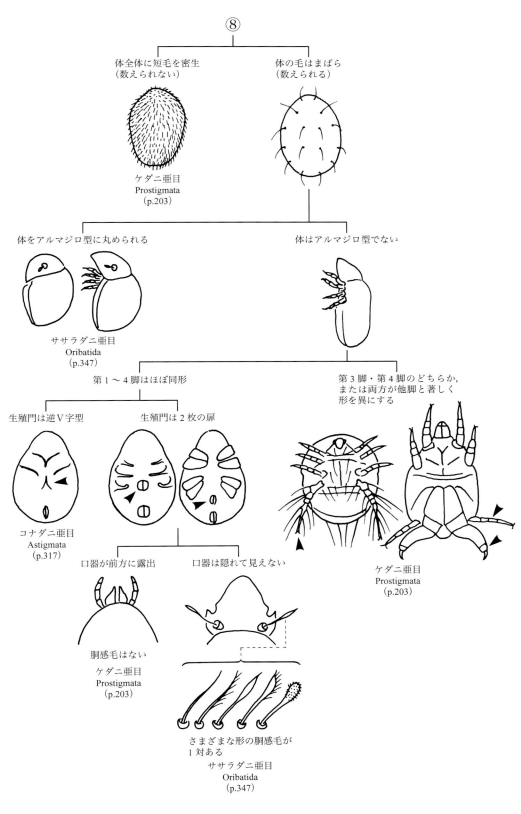

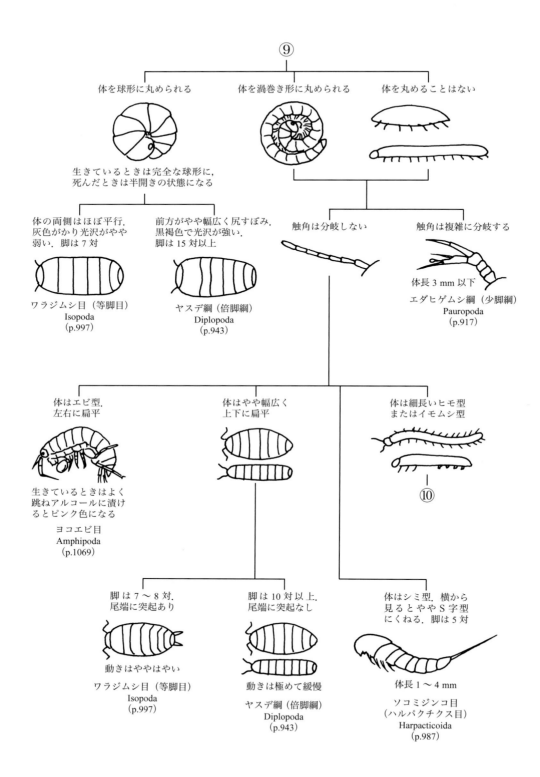

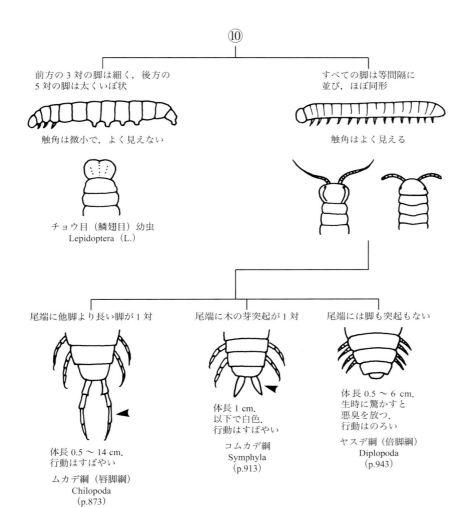

扁形動物門
PLATYHELMINTHES

ウズムシ類 Turbellaria

川勝正治 M. Kawakatsu

ウズムシ類 Turbellaria・サンキチョウウズムシ目 Tricladida

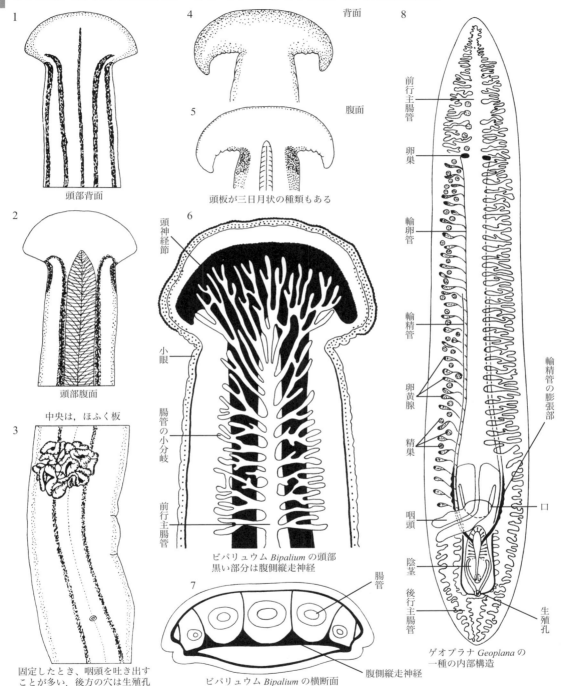

サンキチョウウズムシ目 Tricladida 形態用語図解
1～3：オオミスジコウガイビル Bipalium nobile, 4・5：コウガイビルの一種 Bipalium sp., 6・7：ワタリコウガイビル Bipalium kewense の頭部構造と横断面, 8：ゲオプラナの一種 Geoplana mixopulla（南米産）（内部構造）
（1～3：Kawakatsu et al., 1982 から作図・改写；4～8：Von Graff, 1899 と 1912～1917 から改写）

2　ウズムシ類・サンキチョウウズムシ目

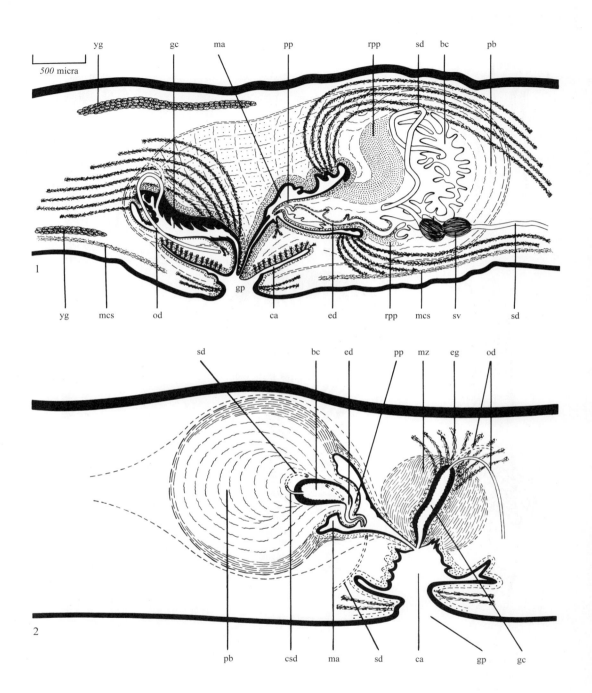

コウガイビル属 *Bipalium* の交接器官形態用語図解
1：オオミスジコウガイビル *Bipalium nobile*，2：クロイロコウガイビル *Bipalium fuscatum*．bc：陰茎基部腔，ca：共通生殖腔，csd：共通輸精管，ed：射精管，eg：好エオシン性腺，gc：腺性雌性腔，gp：生殖孔，ma：雄性生殖腔，mcs：ほふく板の筋肉，mz：筋肉層（雌性部），od：輸卵管，pb：陰茎基部，pp：陰茎突起部，rpp：陰茎突起部の索引筋，sd：輸精管，sv：輸精管の膨張部，yg：卵黄腺
（1：Kawakatsu *et al*., 1982 から改写；2：Mack-Firă & Kawakatsu, 1972 から改写）

サンキチョウウズムシ目 Tricladida・ケツゴウサンキチョウ亜目 Continenticola・チジョウセイウズムシ上科 Geoplanoidea・リクウズムシ科 Geoplanidae の亜科への検索

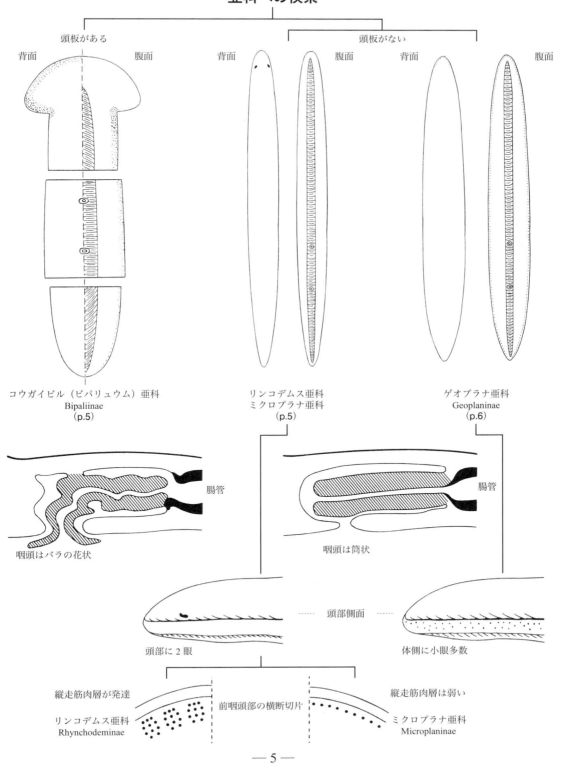

4　ウズムシ類・サンキチョウウズムシ目

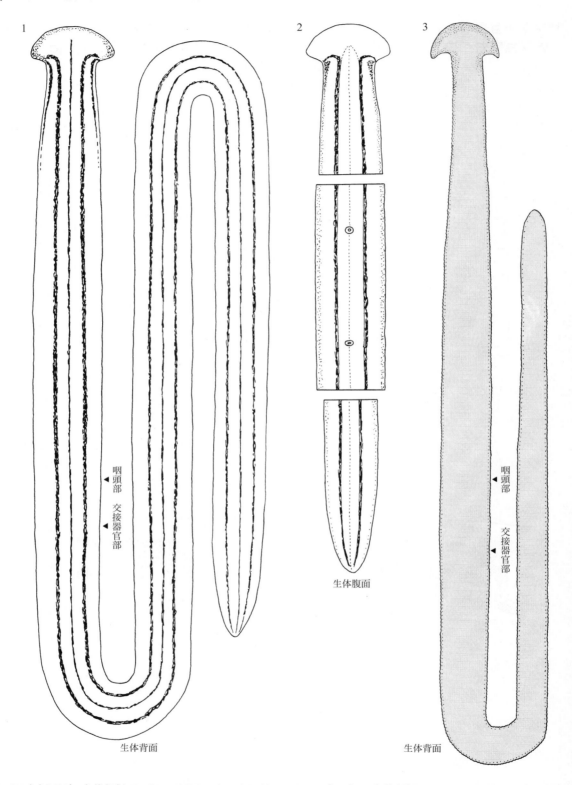

1・2：オオミスジコウガイビル *Bipalium nobile* Kawakatsu & Makino, 1982，3：クロイロコウガイビル *Bipalium fuscatum* Stimpson, 1857
(1・2：Kawakatsu *et al*., 1982 から作図；3：Mack-Firă & Kawakatsu, 1972 から作図)

ウズムシ類 Turbellaria

サンキチョウウズムシ目　Tricladida

　渦虫（ウズムシ）という名称は，扁形動物門の大きい群（主に自由生活者）を指す用語として古くから使用されてきた．しかし，系統分類学的には，'まとまった群'ではないことが判明している（Sluys, Kawakatsu, Riutort & Baguñà, 2009）．従って，綱ではなく，"渦虫類"のように通称名として示すことが望ましい．

　上に引用した論文は，従来の分類学的知見を分子生物学的な立場から再検討し，高次分類大系（目・亜目・上科・科・亜科・族・属・亜属）を改訂したものである．本稿で扱う陸生三岐腸類（land planarians）は，Tricladida（サンキチョウウズムシ目），Continenticola（ケツゴウサンキチョウ亜目），Geoplanoidea（チジョウセイウズムシ上科），Geoplanidae（リクウズムシ科）に属し，2014年現在で4亜科・6族・63属あまりに分かれ，多数の種が報告されている．

　なお，上記の新分類大系の解説と各分類群の日本語名称は Kawakatsu, Murayama, Kawakatsu, M-y. & Kawakatsu, T. (2009)，及び久保田・川勝（2010）を参照して欲しい．また，「世界の陸生三岐腸類の種の綜覧（インデックス）」は，1987年以降，毎年出版されている（Kawakatsuのホームページ http://www.riverwin.jp/pl/ の Miscellaneous シリーズを参照）．

　陸生三岐腸類の種の同定は非常に手間がかかる．背・腹面の模様には特徴もあるので，虫の外形による分類もある程度は可能であるが，ウズムシ類分類の最終的根拠は変異形質の少ない生殖器官の解剖学的・組織学的研究に基づくべきものである．

コウガイビル（ビパリュウム）亜科（p.3）
Bipaliinae

　1亜科4属（ビパリュウム属 Bipalium ほか）で，汎世界的に分布し，160種ほどが記載されている．東南アジア産の種類が多い．頭形は半月形か腎臓形で，一見して他のリクウズムシ科3亜科の種類と識別できる．体長は2cmぐらいの小型種から1mを超える大型種まであり，背面に縦線模様やさまざまの色模様をもつものが多い．日本全土に分布する．なお，日本産（一部，中国を含む）のコウガイビル科の種の綜覧（Kawakatsu, Sluys & Ogren, 2005）で，7種が新記載された．

オオミスジコウガイビル（p.1, 2, 4）

Bipalium nobile Kawakatsu & Makino, 1982

　体長50cmから1mに達する大型種．背面は淡黄褐色で，淡紫褐色の縦線模様がある（背面では3本で，頭部に近い部分だけ5本，腹面では2本）．原記載当時（1982年）の分布域は東京周辺だけであったが，現在は北海道の一部，本州全域，四国，九州からも散発的に出現するようになった．本種は東南アジア原産（中国南部？）の外来種と考えられるが，植木鉢などに紛れ込んだ分列片が再生して増えるので，今後も分布圏が拡大するであろう（川勝ほか，1998）．

　なお，各種図鑑類には"ミスジコウガイビル"の和名で *Bipalium trilineatum* Stimpson, 1857 が挙げられている．*B. trilineatum* は函館を模式産地として記載された種であるが，原記載はラテン文7行で，外形だけしか述べられていない．原標本はシカゴの大火（1871）で焼失したようである．背面と腹面に線模様をもつ日本産のコウガイビルは数種類あり，Stimpsonの種がどれを指すのか不明である．模式産地からの生殖個体による再記載が行われない限りは上記種を特定できないから，誤解をさけるためにも"ミスジコウガイビル"という和名の使用を中止するべきである．

ワタリコウガイビル（p.1）

Bipalium kewense Moseley, 1878

　体長10〜15cmの中型種．背面は淡黄褐色，5本の縦線模様があり，中央の線が頭板まで達していないことと，頸部が黒いことで，オオミスジコウガイビルとは別種であることが識別できる．腹面の縦線模様は2本．移入種として汎世界的に記録されている．日本では，現在，東京周辺地域，父島ほか（小笠原諸島），長崎，沖縄（本島だけ）から記録されている（Kawakatsu, 1985；Kawakatsu ほか，1998；Kawakatsu & Ogren, 1998；川勝ほか，1998；久保田ほか，2001）．

クロイロコウガイビル（p.2, 4）

Bipalium fuscatum Stimpson, 1857

　体長10〜12cmで体幅の広い中型種．頭板はよく発達する．背面は一様な黒色，腹面は灰黒色で，体側縁は浅い鋸歯状である．本種の模式産地は下田で，原標本は焼失したと考えられる．日本を含む東南アジア産の黒色種には *B. fuscatum* の学名があてられていたが（Von Graff, 1899；Kaburaki, 1922），それらは2属数種類に分割された（Kawakatsu, Ogren & Froehlich, 1998）．

ミクロプラナ亜科
Microplaninae と
リンコデムス亜科（p.3）
Rhynchodeminae

　前者には8属，後者には6族28属が知られており，多数の種が記載されている．体長5cm以下の小型種

が多いけれども，10 cm 以上の中型種もいる．日本産の種類は極めて少ない．

ニューギニアヤリガタリクウズムシ
Platydemus manokwari De Beauchamp, 1962

リンコデムス亜科に属し，体長 60 mm，体幅 5 〜 6 mm，背面は灰黒色で，正中線上に淡黄色縦線模様をもつ中型種である．原産地はニューギニアと考えられるが，アフリカマイマイの生物的防除の目的で一部太平洋諸島に移入され，繁殖力が強いので急速に分布圏が拡大した．日本では，1990 年秋頃から不測の要因で琉球諸島に侵入し，生息域が急速に拡大した（Kawakatsu et al., 1993, 1999）．大河内勇博士が小笠原諸島の父島からも採集され，その後急速に生息数を増し，小笠原産陸貝の固有種が危機に瀕している．

ゲオプラナ亜科（p.3）
Geoplaninae

新大陸に分布し，2013 年末現在で 23 属ほどが知られ，多数の種が記載されている．小型種〜中型種が多く，体側に小眼が分布している．

引用・参考文献

Beauchamp, P. De, 1962. *Platydemus manokwari* n. sp., planaire terrestre de la Nouvelle-Guinée Hollandaise. *Bull. Soc. Zool. France*, 87 : 609-615.

Graff, L. Von (1899). Monographie der Turbellarien. II. Tricladida Terricola (Landplanarien). ixv+574 pp. ; Atlas von Achtundfunfzig Tafeln zur Monographie der Turbellarien. II. Tricladida Terricolen (Landplanarien). LVIII pls. Verlag von Wilhelm Engelmann. Leipzig.

Graff, L. Von (1912-1917). Turbellaria. In "Dr. H. G. Bronn's Klassen und Ordnungen des Tier-Reichs", Bd. 4 (Würmer : Vermes), Abt. Ic (Turbellaria), Abt. (Part) 2. xxxvii+2601-3369+XXXI-LXIV pls. C. F. Wintersche Verlagshandlung. Leipzig.

Kaburaki, T. (1922). On the terrestrial planarians from Japanese territories. *Jour. Coll. Sci. Imp. Univ. Tokyo*, 44 : 1-54+pl. 1.

Kawakatsu, M. (1985). A note on the morphology of *Bipalium kewense* Moseley, 1878, and *Bipalium adventitium* Hyman, 1943 (Turbellaria, Tricladida, Terricola). *Bull. Fuji Women's College*, (23), II : 85-100.

Kawakatsu et al., 1999. ［針紐虫綱］を参照．

Kawakatsu, M., N. Makino & Y. Shirasawa (1982). *Bipalium nobile* sp. nov. (Turbellaria, Tricladida, Terricola), a new land planarian from Tokyo. *Annot. Zool. Japon.*, 55 : 236-262.

Kawakatsu, M., Murayama, H., Kawakatsu, M-y. & Kawakatsu, T. (2009). A new list of Japanese freshwater planarians based upon a new higher classification of planarian flatworms proposed by Sluys, Kawakatsu, Riutort and Baguñà (2009). Kawakatsu's Web Library on Planarians : Dec. 25, 2009. Pp. 1-40 + pls I-XV. http://www.riverwin.jp/pl/. NewList FPs JAPAN.

Kawakatsu, M., R. E. Ogren & E. M. Froehlich (2000). Additions and corrections of the precious land planarian indices of the world (Turbellaria, Seriata, Tricladida, Terricola). Do. 8 (2). *Bull. Fuji Women's College*, (38), II : 83-103.

　　1987 年から続く本シリーズの 2001 年以降の分は電子版が利用できる．2001〜2004 は電子版が利用できる．2001-2004 は http://www.riverwin.jp/pl/ の planarian. net mirror を開き，Land planarian indices series の各年別ボタンをクリックする．2005-2013 は上記の HP の各年別 Miscellaneous ボタンの ARTICLE II を開く．なお，2006 年以降の著者らは Kawakatsu, Froehlich and Jones である．

川勝正治・村山　均・山本清彦・米山　昇（1998）．オオミスジコウガイビルの分布記録．しぶきつぼ，(19)：25-32．

Kawakatsu, M. and R. E. Ogren (1998). The Asian land planarian fauna. *Pedobiologia*, 42 : 452-456.

Kawakatsu, M., R. E. Ogren & E. M. Froehlich (1998). The taxonomic revision of several homonyms in the genus *Bipalium*, family Bipaliidae (Turbellaria, Seriata, Tricladida, Terricola). *Bull. Fuji Women's College*, (36), II : 83-93.

Kawakatsu, M., I. Oki, S. Tamura, H. Itô, Y. Nagai, K. Ogura, S. Shimabukuro, F. Ichinohe, H. Katsumata & M. Kaneda (1993). An extensive occurrence of a land planarian, *Platydemus manokwari* de Beauchamp, 1962, in the Ryûkyû Islands, Japan (Turbellaria, Tricladida, Terricola). *Biol. Inland Waters, Nara*, (8) : 5-14.

Kawakatsu, M., Sluys, R. & Ogren, R. E. (2005). Seven new species of land planarian from Japan and China (Platyhelminthes, Tricladida, Bipaliidae), with a morphological review of all Japanese bipaliids and a biogeographic overview of four Eastern species. *Belg. Jour. Zool.*, 135 (1) : 53-77.

久保田　信・川勝正治（2010）．和歌山県産コウガイビル類（扁形動物 17，三岐腸目，結合三枝腸亜目，リクウズムシ科，コウガイビル亜科）の続報と本動物群の高次分類体系に関する注記．南紀生物，52 (2)：97-101．

久保田　信・山本清彦・川勝正治（2001）．和歌山県で初めて出現した 3 種のコウガイビル類（扁形動物門，渦虫綱，三岐腸目）．南紀生物，43 (1)：6-10．

Mack-Firă, V. & M. Kawakatsu (1972). The fauna of the lava caves around Mt. Fuji-san. XII. Proseriata et Tricladida (Turbellaria). *Bull. Natn. Sci. Mus., Tokyo*, 15 : 637-648+pl. 1.

Moseley, H. N. (1878). Description of a new species of land-planarian from the hothouses at Kew Gardens. *Ann. Mag. Nat. Hist.*, ser. 5, 1 : 237-239.

Ogren, R. E. and M. Kawakatsu (1987). Index to the species of the genus *Bipalium* (Turbellaria, Tricladida, Terricola). *Bull. Fuji Women's College*, (25), II : 79-119.

Ogren, R. E. & M. Kawakatsu (1988a). Index to the species of the genus *Bipalium* (Turbellaria, Tricladida, Terricola) : Additions and corrections. *Occ. Publ., Biol. Lab. Fuji Women's College, Sapporo (Hokkaidô), Japan*, (19) : 1-16.

Ogren, R. E. and M. Kawakatsu (1988b). Index to the species of the family Rhynchodemidae (Turbellaria, Tricladida, Terricola). Part I : Rhynchodeminae. *Bull. Fuji Women's*

College, (26), II : 39-91.
Ogren, R. E. & M. Kawakatsu (1989). Do. Part II : Microplaninae. *Bull. Fuji Women's College*, (27), II : 53-111.
Ogren, R. E. and M. Kawakatsu (1990). Index to the species of the family Geoplanidae (Turbellaria, Tricladida, Terricola). Part I : Geoplaninae. *Bull. Fuji Women's College*, (28), II : 79-166.
Ogren, R. E. & M. Kawakatsu (1991). Do. Part II : Caenoplaninae and Pelmatoplaninae. *Bull. Fuji Women's College*, (29), II : 25-102.
Ogren, R. E. and M. Kawakatsu (1992). Do. Part II : Caenoplaninae and Pelmatoplaninae. (A continuation). *Bull. Fuji Women's College*, (30), II : 33-58.
Ogren, R. E., M. Kawakatsu and E. M. Froehlich (1992). Additions and corrections of the previous land planarian indices of the world (Turbellaria, Tricladida, Terricola). *Bull. Fuji Women's College*, (30), II : 59-103 (+pls. I-IV).
Ogren, R. E., M. Kawakatsu & E. M. Froehlich (1993a). Do. Addendum I. Combined taxonomic index : Bipaliidae ; Rhynchodemidae (Rhynchodeminae ; Microplaninae) ; Geoplanidae (Geoplaninae ; Caenoplaninae ; Pelmatoplaninae) −Exclusive of Winsor's second 1991 paper−. *Bull. Fuji Women's College*, (31), II : 33-60.
Ogren, R. E., M. Kawakatsu & E. M. Froehlich (1993b). Do. Addendum II. Hallez's (1890-1893, 1894) classification system of land planarians. Addendum III. Winsor's (1991b) provisional classification of Australian and New Zealand caenoplanid land planarians. *Bull. Fuji Women's College*, (31), II : 61-86.
Ogren, R. E., M. Kawakatsu & E. M. Froehlich (1994). Do. Additions and corrections of the previous land planarian indices of the world - 3. *Bull. Fuji Women's College*, (32), II : 73-86.
Ogren, R. E., M. Kawakatsu & E. M. Froehlich (1995). Do. Additions and corrections of the previous land planarian indices of the world - 4. *Bull. Fuji Women's College*, (33), II : 79-85.
Ogren, R. E., M. Kawakatsu & E. M. Froehlich (1996). Do. Additions and corrections of the previous land planarian indices of the world - 5. *Bull. Fuji Women's College*, (34), II : 87-93.
Ogren, R. E., M. Kawakatsu & E. M. Froehlich (1997a). Do. Additions and corrections of the previous land planarian indices of the world - 6. *Bull. Fuji Women's College*, (35), II : 55-61.
Ogren, R. E., M. Kawakatsu & E. M. Froehlich (1997b). Do. Addendum IV. Geographic locus Index : Bipaliidae ; Rhynchodemidae (Rhynchodeminae ; Microplaninae) ; Geoplanidae (Geoplaninae ; Caenoplaninae ; Pelmatoplaninae). *Bull. Fuji Women's College*, (35), II : 63-103 (+Appendices I-V).
Ogren, R. E., M. Kawakatsu & E. M. Froehlich (1998a). Do. Addendum IV. Do. Errata. *Occ. Publ., Biol. Lab. Fuji Women's College, Sapporo* (*Hokkaidô*) *Japan*, (31) : 1-4.
Ogren, R. E., M. Kawakatsu and E. M. Froehlich (1998b). Do. Additions and corrections of the previous land planarian indices of the world - 7. *Bull. Fuji Women's College*, (36), II : 75-82.
Ogren, R. E., M. Kawakatsu & E. M. Froehlich (1999). Additions and corrections of the previous land planarian indices of the world (Turbellaria, Seriata, Tricladida, Terricola). Addendum V. The taxonomic change of land planarians reported in recent publications (1998-1999). Do. 8 (1). *Bull. Fuji Women's College*, (37), II : 93-103.
Sluys, R., M. Kawakatsu, M. Riutirt & J. Baguñà (2009). A new higher classification of planarian flatworms (Platyhelminthes, Tricladida). *Jour. Nat. Hist.*, **43** : 1763-1777.
Stimpson, W. (1857). Prodromus descriptiones animalium evertebratorum quae in Expeditione ad Oceanum, Pacificum Septentrionalem a Republica Federata missa, Johanne Rodgers Duce, observavit et descripsit. *Proc. Acad. Nat. Sci. Philadelphia*, **9** : 19-31.

紐形動物門
NEMERTINEA

針紐虫綱 Hoplonemertea

川勝正治 M. Kawakatsu

針紐虫綱 Hoplonemertea・単針亜綱 Monostilifera

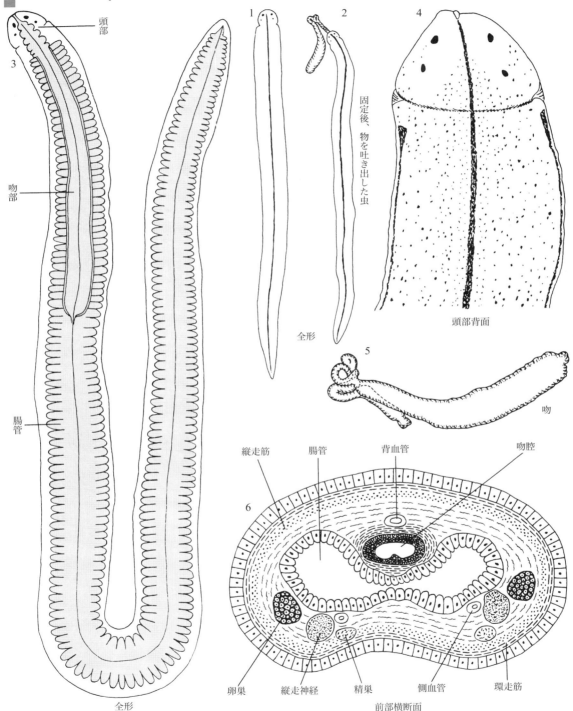

針紐虫綱 Hoplonemertea 形態用語図解
1～5：オガサワラリクヒモムシ *Geonemertes pelaensis* Semper（父島産）
（1～5：Oki *et al.*, 1987 から作図・改写；6：Punnett, 1907 から改写）

針紐虫綱
Hoplonemertea

単針亜綱
Monostilifera

　針紐虫綱の単針亜綱 Monostylifera リクヒモムシ科 Prosorhochmidae には陸産（ゲオネメルテス属 *Geonemertes*）の種がいる．また近縁の淡水産（プロストマ属 *Prostoma*）の種類がいる．共に，海産種が普通のヒモムシ類のなかでは特異な群である（川勝，1998）．

リクヒモムシ科
Prosorhochmidae

オガサワラリクヒモムシ（p.1）
Geonemertes pelaensis Semper, 1863
　オガサワラリクヒモムシは，4.5〜5 cm の細長い虫で，体色は淡茶色で半透明，背面中央に1本の茶色の縦線模様があり，頭部に2対の眼がある．熱帯・亜熱帯に広く分布し，最近小笠原諸島の父島の腐葉土層から記録された（Oki *et al*., 1987；Kawakatsu *et al*., 1999）．陸生ウズムシのリンコデムス属の種類と間違いやすいが，体形が円筒状であること，腹面にほふく板のないこと，口と生殖孔が中央部にないこと，固定時に前端（口）から吻を吐き出すことなどで，ヒモムシであることがわかる．本種は，今後日本の暖地の他の地域からも記録される可能性が高い．

引用・参考文献

Kajihara, H. (2007). A taxonomic catalogue of Japanese nemerteans (Phylum Nemertea). *Zool. Sci*., **24**：287-326.

川勝正治（1998）．ヒモ形（紐形）動物門．ハリヒモムシ綱・ハリヒモムシ目．環境庁（編），日本産野生生物目録，無脊椎動物編 III, 23-24 頁．自然環境センター，東京．

Kawakatsu, M., Okochi, I., Sato, H., Ohbayashi, T., Kitagawa, K. & Totani, K. (1999). A preliminary report on land planarians (Turbellaria, Seriata, Tricladida, Terricola) and land Nemertine (Enopla, Hoplonemertea, Monostylifera) from the Ogasawara Islands. *Occ. Publ., Biol. Lab. Fuji Women's College, Sapporo (Hokkaidô), Japan*, (32)：1-8.

Oki, I., S. Tamura, R. E. Ogren, K. Kitagawa & M. Kawakatsu (1987). The karyotype and a new locality for the land numertine *Geonemertes pelaensis* Semper, 1863. *Bull. Fuji Women's College*, (25), II：67-77.

Punnett, R. C. (1907). On an arborºicolous nemertean from the Seychelles. *Trans. Linn. Soc. London*, 2 *ser. Zool*., **12**：67-72, pl. 11.

Semper, C. (1863). Reisebericht. Briefliche Mittheilung an A. Kölliker. *Zeitschr. Wiss. Zool*., **13**：558-570.

線形動物門
NEMATHELMINTHES

線虫綱 Nematoda

宍田幸男 Y. Shishida

線形動物門 NEMATHELMINTHES・線虫綱 Nematoda

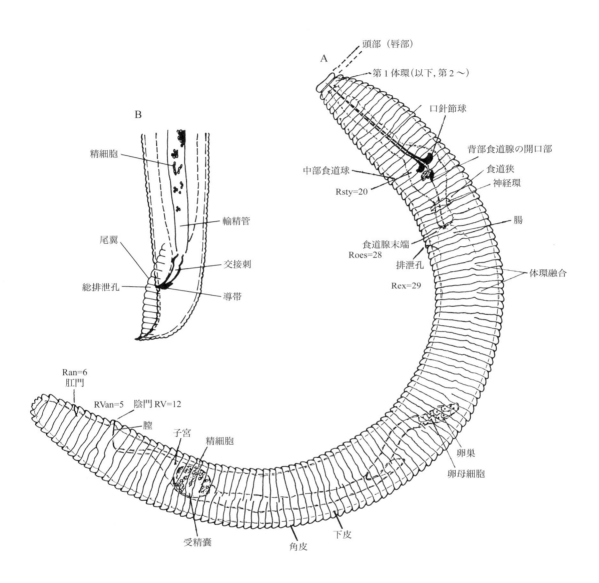

線虫綱 Nematoda 形態用語図解（1）
A：♀（*Discocriconemella* sp.），B：♂（模式図）
体環をもつ分類群の体環数等の表現
R：頭部体環を除いて，腹側で数えた全体環数（またこの標本では腹側で数えた体環数は119であるが，16ヵ所に体環融合があるので背側で数えると R=119+16=135 となる），Rsty：口針基部が位置する体環の，前方から数えた位置（同 20），Rex：排泄孔が開口する体環の，頭端から数えた位置（同 29），Roes：食道腺末端（腸との接続部）が位置する体環の，前方から数えた位置（同 28），RV：陰門が開口する体環の，尾端から数えた位置（同 12），Ran：肛門が開口する体環の，尾端から数えた位置（同 6），Rvan：陰門が開口する体環と，肛門が開口する体環との間の体環数（同 5）

2 線形動物門・線虫綱

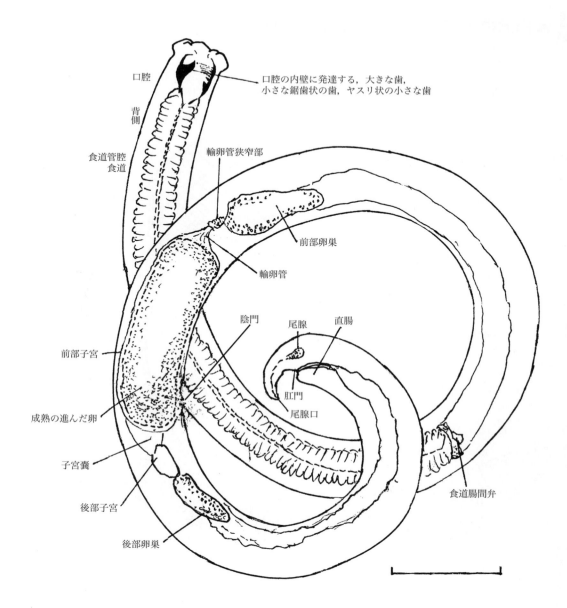

線虫綱 Nematoda 形態用語図解(2)
(*Mylonchulus* sp. ♀)

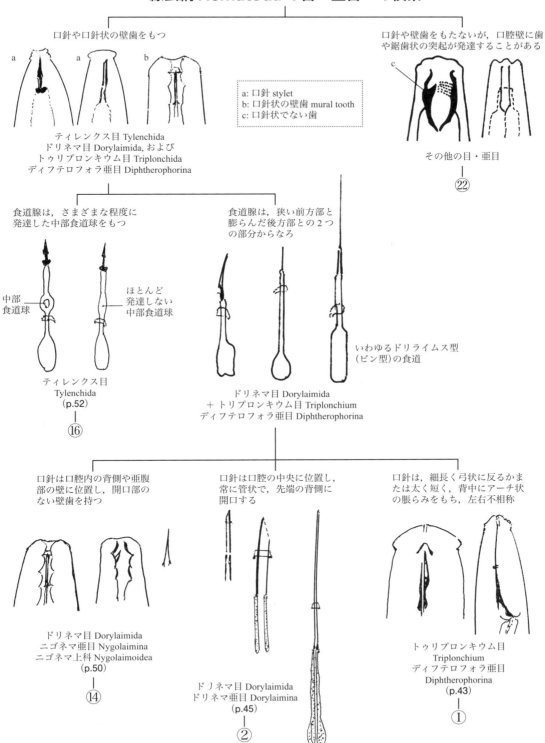

ディフテロフォラ亜目 Diphtherophorina の上科・科・属への検索

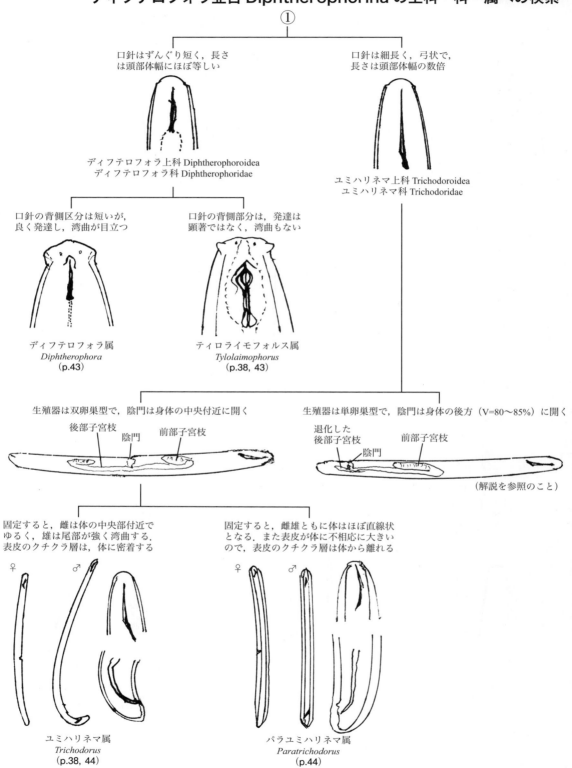

ドリネマ亜目 Dorylaimina の上科・科への検索

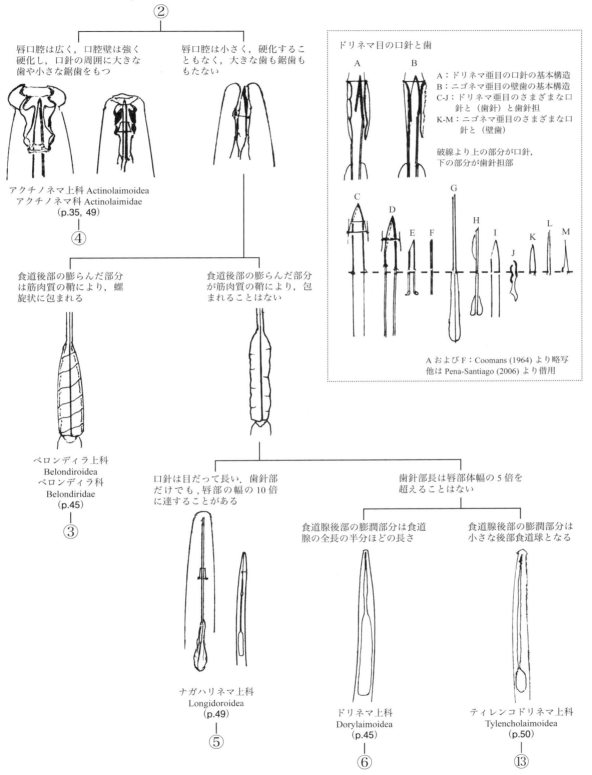

ベロンディラ科 Belondiridae の亜科・属への検索

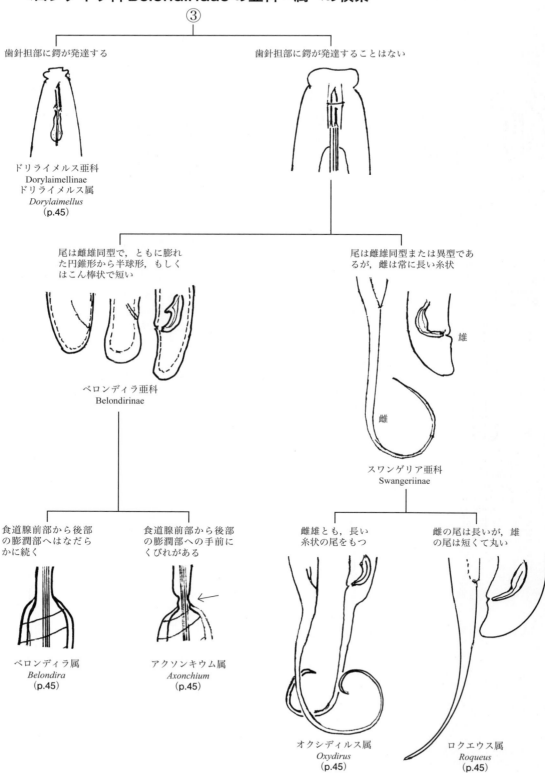

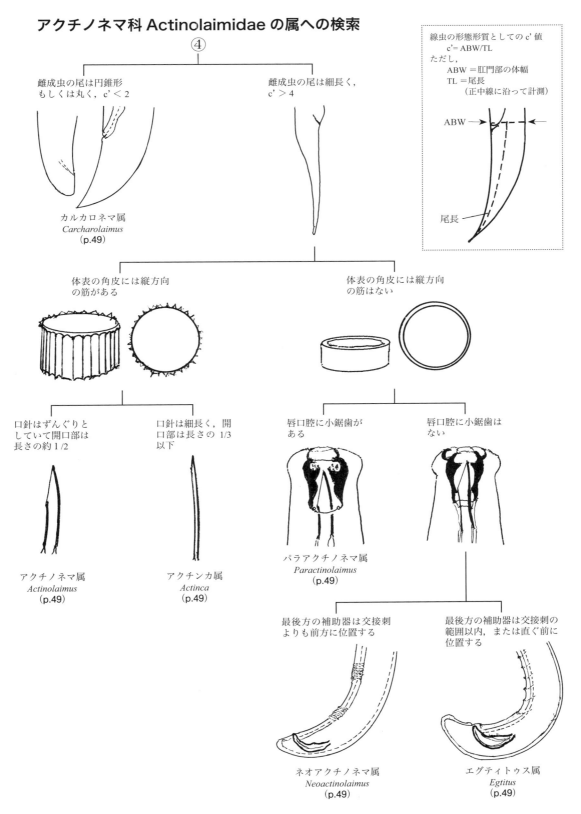

8 線形動物門・線虫綱

ナガハリネマ上科 Longidoroidea の各科の亜科・属への検索

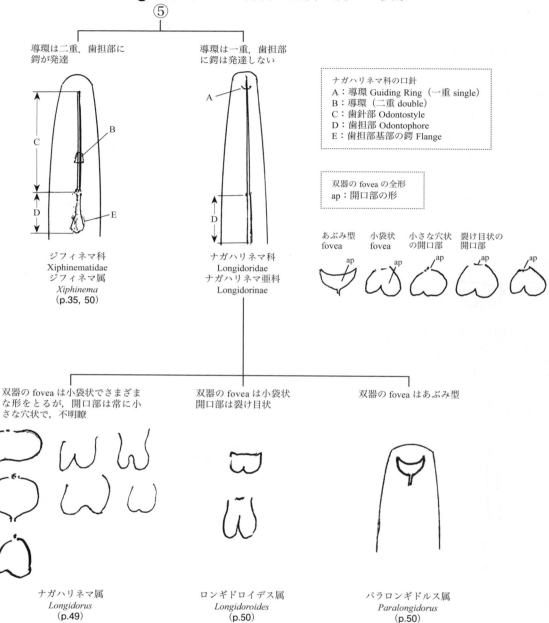

ドリネマ上科 Dorylaimoidea の科・亜科・属への検索

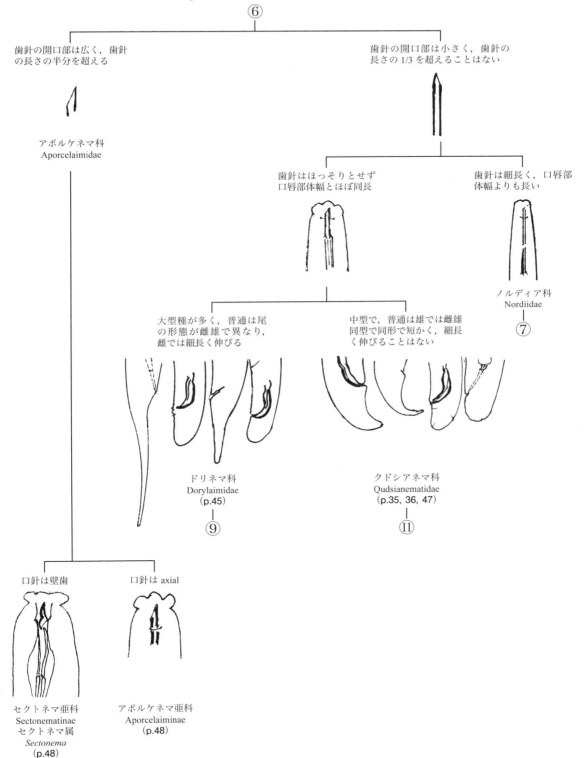

ノルディア科 Nordiidae の亜科・属への検索

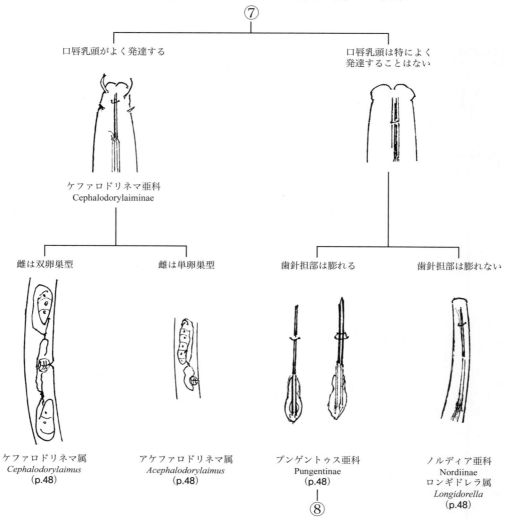

線形動物門・線虫綱　11

プンゲントゥス亜科 Pungentinae の属への検索

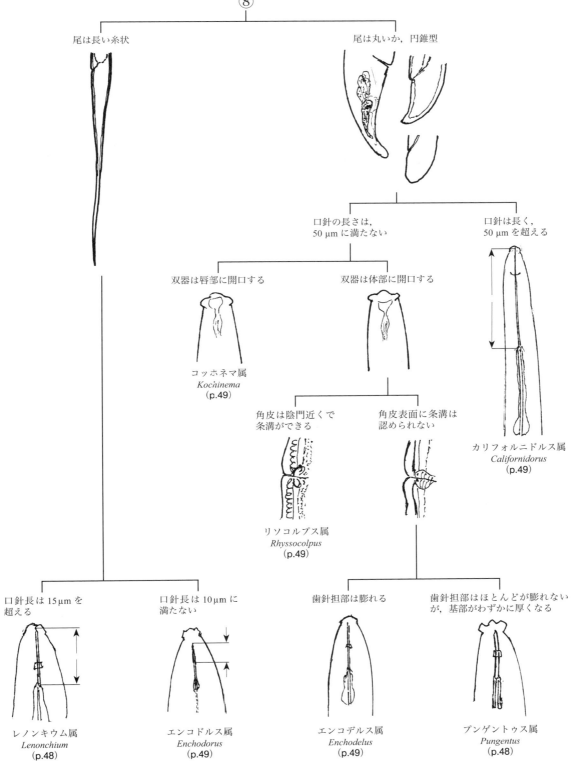

ドリネマ科 Dorylaimidae の亜科・属への検索

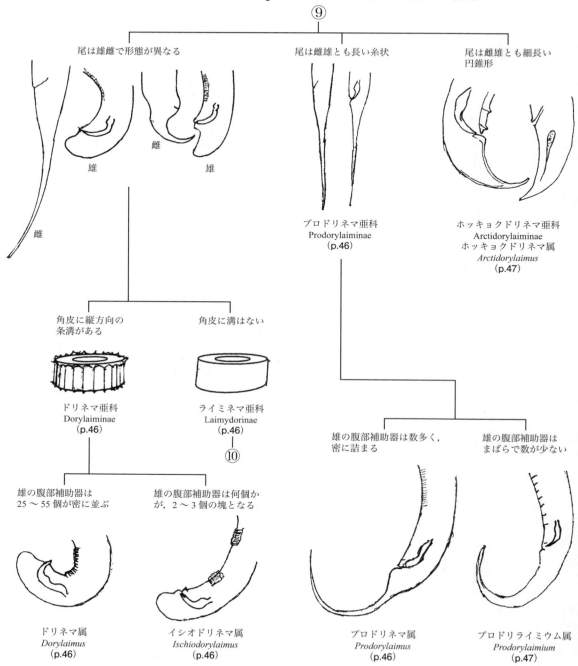

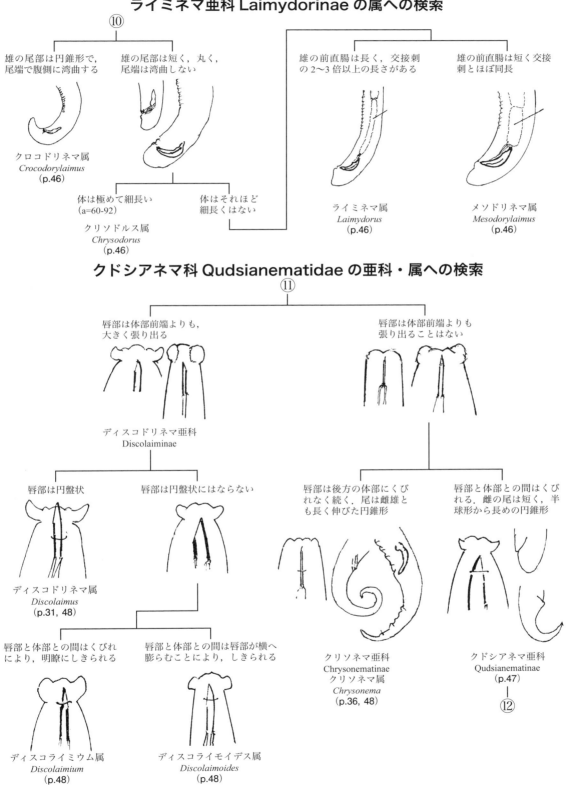

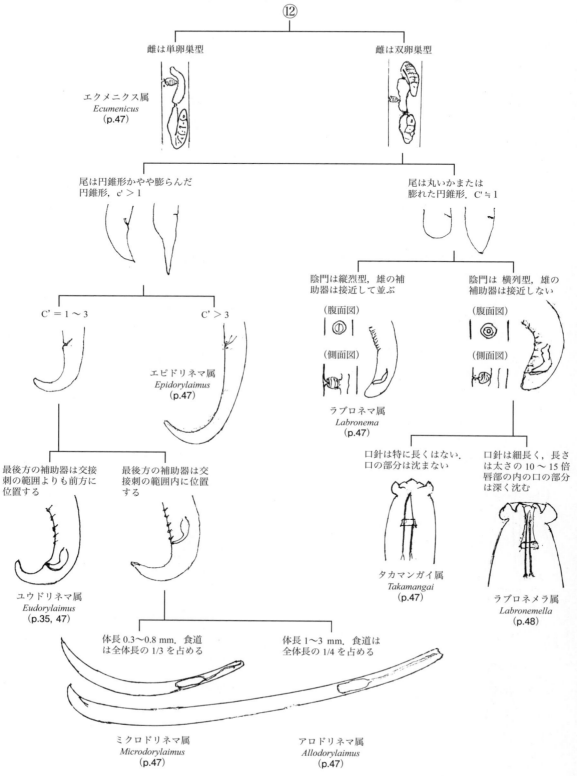

線形動物門・線虫綱　15

ティレンコドリネマ上科 Tylencholaimoidea の科への検索

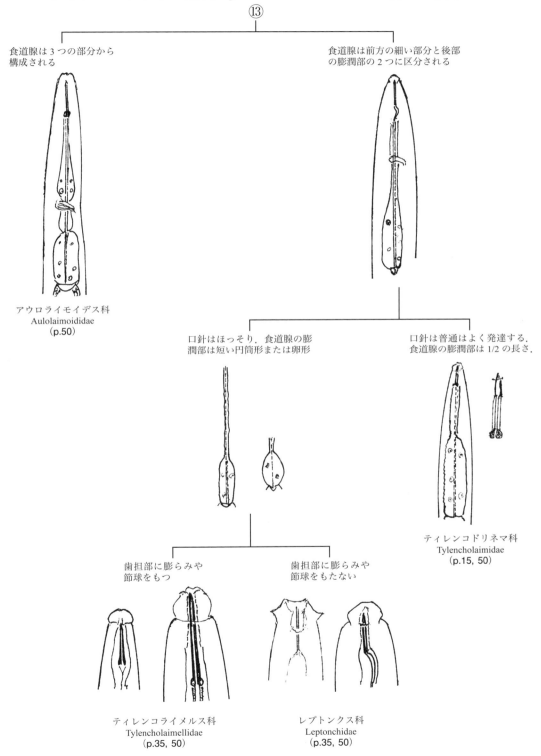

— 31 —

ニゴネマ上科 Nygolaimoidea の科・亜科・属への検索

⑭

食道腺後部の膨潤部はらせん状の筋肉質の鞘で包まれる．雌の生殖腺は後部のみ

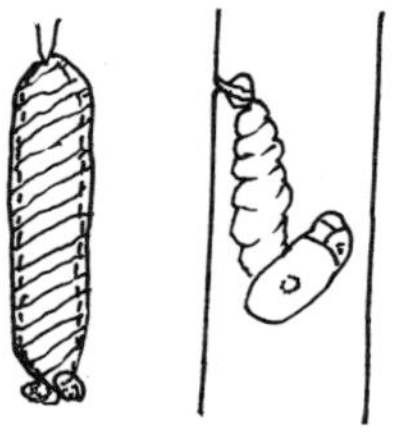

ニゲルス科 Nygellidae
ニゲルス亜科 Nygellinae
ニゲルス属 *Nygellus*
(p.51)

食道腺後部の膨潤部は特に強い筋肉質の鞘で包まれることはない．雌の生殖腺は双卵巣型

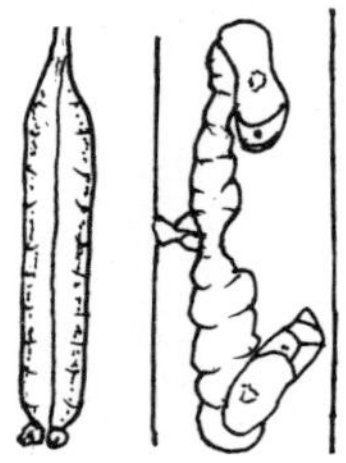

口腔壁は硬化しない

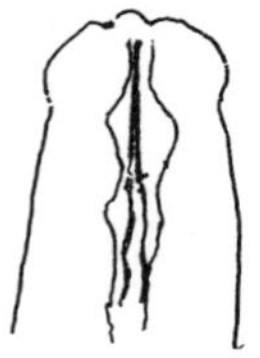

口腔壁は硬化する

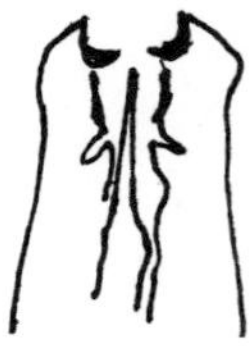

エトネマ科 Aetholaimidae
エトネマ亜科 Aetholaiminae
エトネマ属 *Aetholaimus*
(p.51)

食道後端の3つの腺はよく発達し，球形あるいは卵形となる

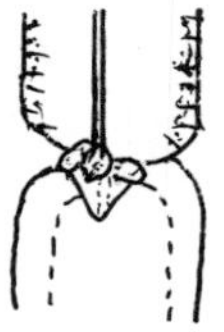

ニゴネマ科 Nygolaimidae
(p.50)
⑮

食道後端の3つの腺はあまり発達せず，盤状になる

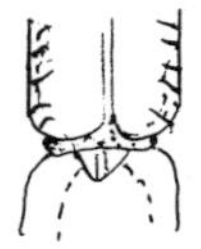

ニゴライメルス科 Nygolaimellidae
ニゴライメルス亜科 Nygolaimellinae
(p.35, 51)

食道腺は2箇所で膨潤，カルディアにディスクを持つ

ニゴライメルス属 *Nygolaimellus*
(p.51)

食道腺は通常のドライムス型．ディスクなし

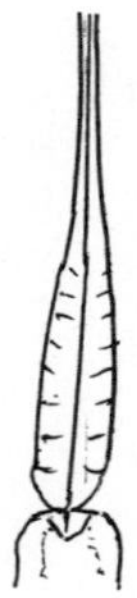

スカビデンス属 *Scapidens*
(p.35, 51)

ドリネマ目の食道〜腸付近の構造
カルディア cardia：食道腺〜腸間弁
食道腺後部に発達する様ざまな形のカルディア

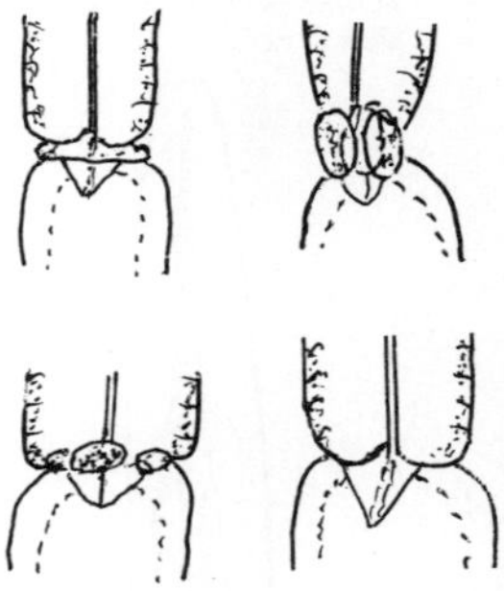

ニゴネマ科 Nygolaimidae の亜科・属への検索

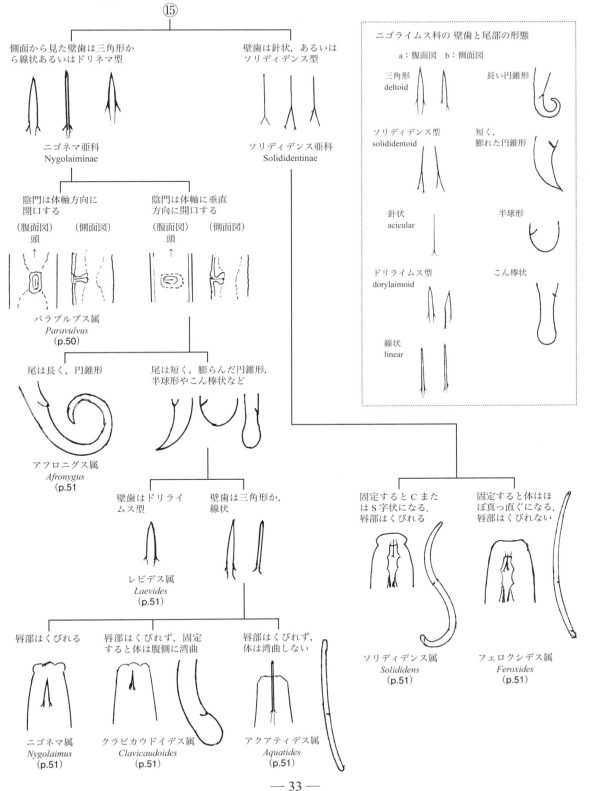

ティレンクス目 Tylenchida の亜目・上科への検索

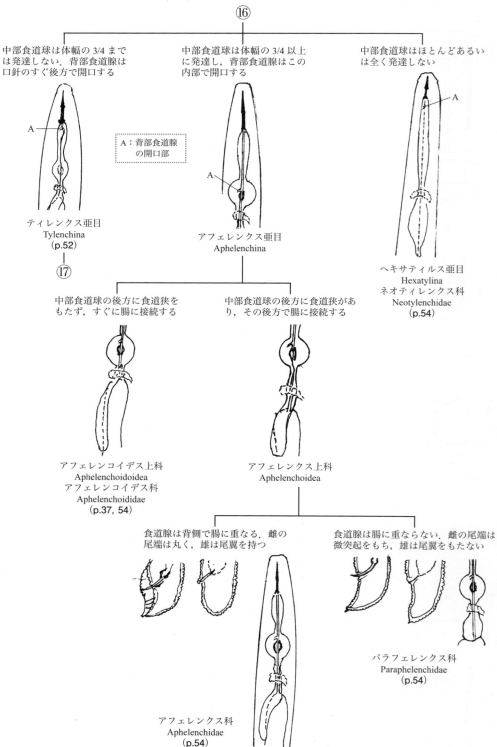

線形動物門・線虫綱 19

ティレンクス亜目 Tylenchina の上科・科への検索

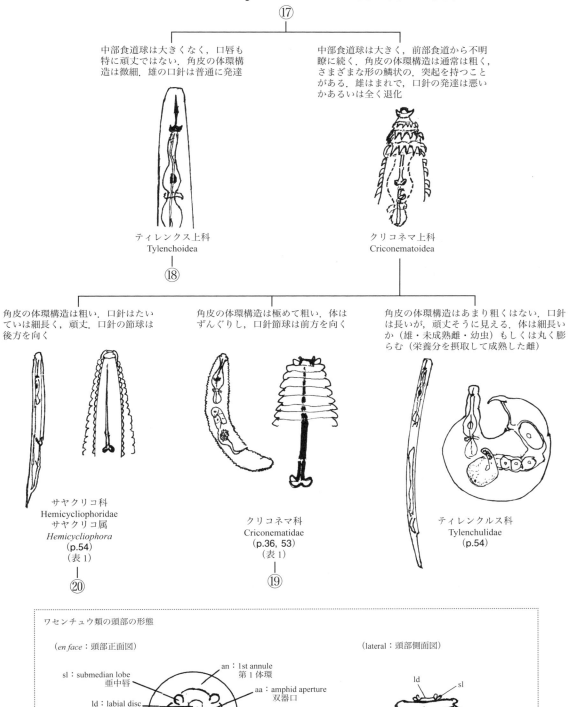

表1 クリコネマ科 Criconematidae ⑲ およびサヤクリコ科 Hemicycliophoridae ⑳ の一部の属の検索表

(一部を Loof, 1988 および De Grisse, 1967 などを参考に作成)

	属名	雌の正面の構造 (en face view)	雌の頭部側面図	雄の頭部・尾部	属の標徴となる形質
⑲	Ogma			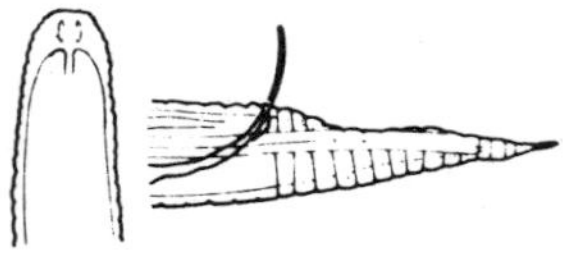	角皮の表面のうろこ状，ひれ状，トゲ状などの付属物は，形態は様々ではあるが，遺伝的距離はさほど大きなものではない．すべて1つの属，Ogma に属する．
	Criconema	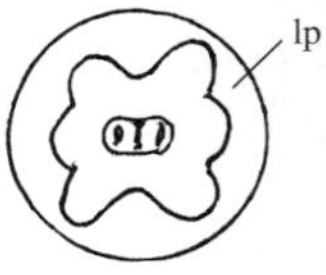	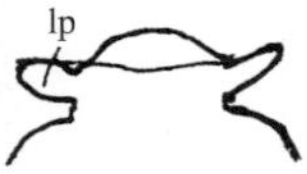		sl は lp と融合し，完全に消失．6つの pseudolip をもつ plate となる．姿を変えた sl は6つすべてが同じ大きさとなる．
	Criconemoides			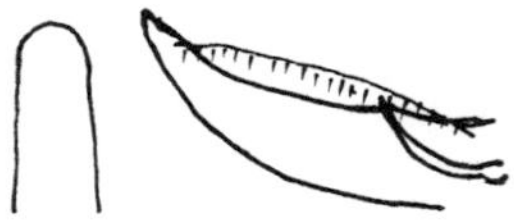	sl は lp と融合し6つの pseudolip を持つ plate となるが，まだ sl の形態を残しており，pseudolip との区別が可能である．
	Xenocriconemella	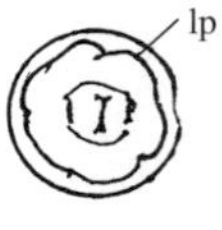	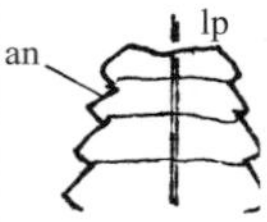		体長は雌成虫で 210〜300 μm と小さいが，口針は体長の 40% にも達するほど長い．1属1種で汎世界的に分布するが，形態計測値の変異は極めて小さい．
	Discocriconemella			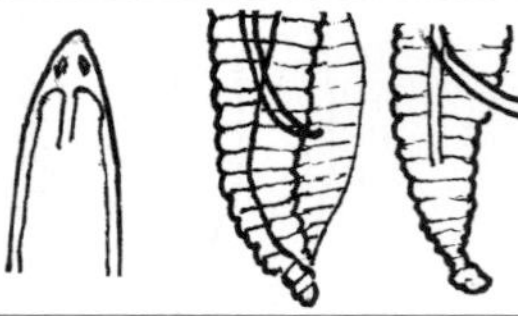	lp の形は若干の変異があるが，いずれにしても sl と融合して1枚のプレートになっている雄の頭端の形態の安定性からは，この属が valid であると判断される．
	Mesocriconema			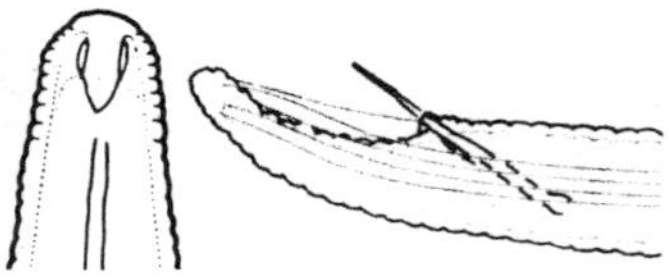	4つの sl がよく目立つ．Pseudolip は認められない．sl は時にはかなり大きく，大きな lp と融合することなく明瞭に区別される．
	Lobocriconema			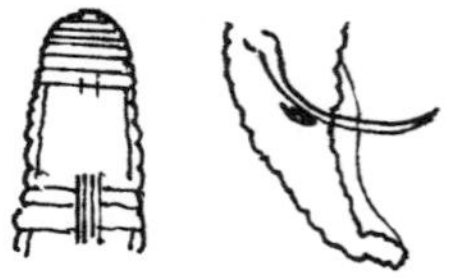	sl は，基部から中ほどまで，lp に吸収されたかのように，融合する．また，R が少ないこと，体環の淵が明瞭に下向きになることから，最も近縁の Mesocriconema から区別される．
	Hemicriconemoides				雌成虫が角皮の外にもつ鞘は，尾端まで体に密着する．鞘を持つのは雌成虫のみであること，口針節珠が同科の他属と同様に前向きにそる点で次属と異なる．
⑳	Hemicycliophora		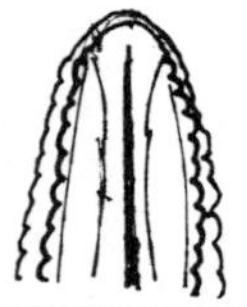		別の科とされる Hemicricone-moides とは，一見して最も近縁のようにも思えるが，頭部の微細構造も，雄の生殖器の構造等すべてが本属に固有の形質である．

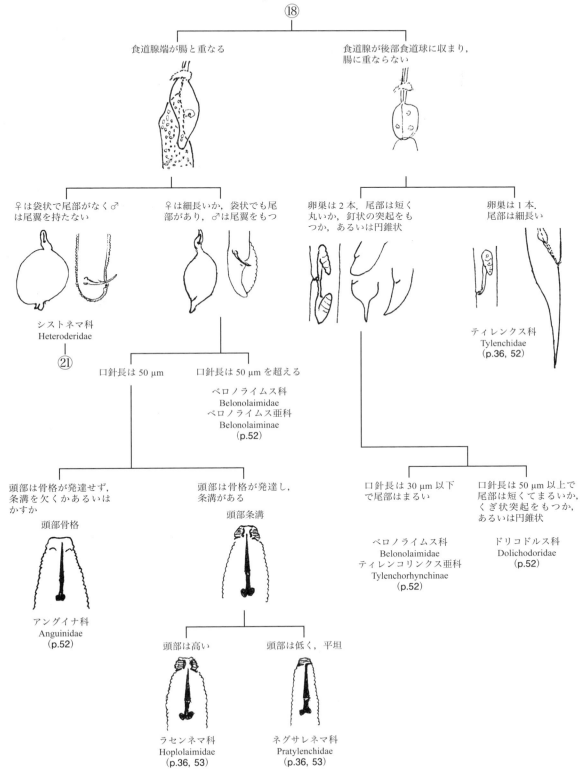

シストネマ科 Heteroderidae の亜科への検索

㉑

第2期幼虫はほっそりとし体が弱々しく低倍率観察では小さな口針と，小さな中部食道球と2細胞の生殖原基が認められるに過ぎないが，高倍率にすると口針と尾部の鋸歯状の特長が明瞭になる

第2期幼虫は低倍率観察でも，がっしりした体，太く強靭そうな口針，中部食道球と2細胞の生殖原基，さらには尾部の角皮の鋸歯状の切れ込みも明瞭に確認できる

（図はすべて第2期幼虫．全形図では倍率を等しくしてある）

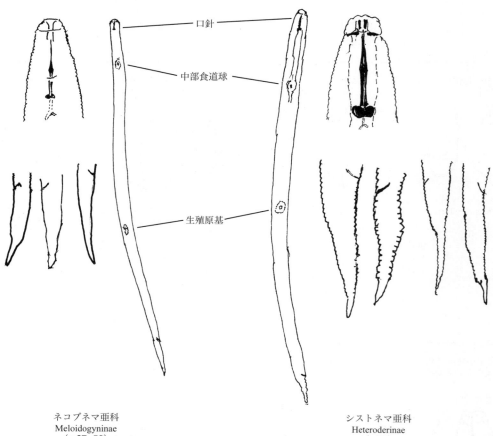

ネコブネマ亜科
Meloidogyninae
(p.37, 52)

シストネマ亜科
Heteroderinae
(p.52)

線形動物門・線虫綱　23

口針や壁歯を持たない線虫類の目・科・属への検索

㉒

体長は 250 μm を超えない．体表に強いくびれ状の大環構造を持つ

a

デスモスコレクス目
Desmoscolecida
デスモスコレクス科
Desmoscolecidae
デスモスコレクス属
Desmoscolex
(p.38, 52)

体長は 250 μm を超える．体表に強いくびれを持たない

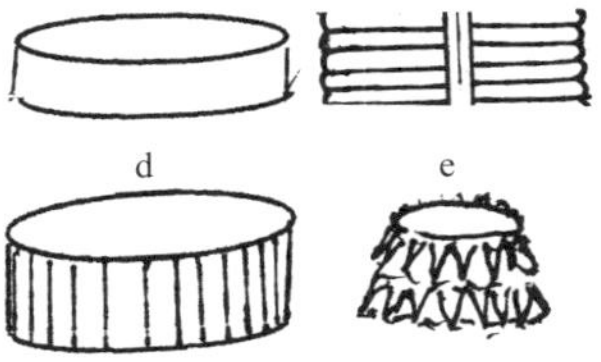

b　　c
d　　e

土壌線虫の体表構造

a：頭端から尾端まで，強いくびれを持つ．海水中に棲息する種が受ける．大きな浸透圧に耐えるための構造と考えられている．

b：体表を構成するクチクラは滑らかで，何らの変化もない．

c：体軸に対して直角に，細かな溝が一定間隔で全身を覆う．

d：体表を体軸方向に突起状の線が走る．

e：体表を，細かなうろこ状の構造物が覆う．

食道は円筒状で，くびれや食道球をもたない

食道はくびれや食道球などをもち，円筒状ではない

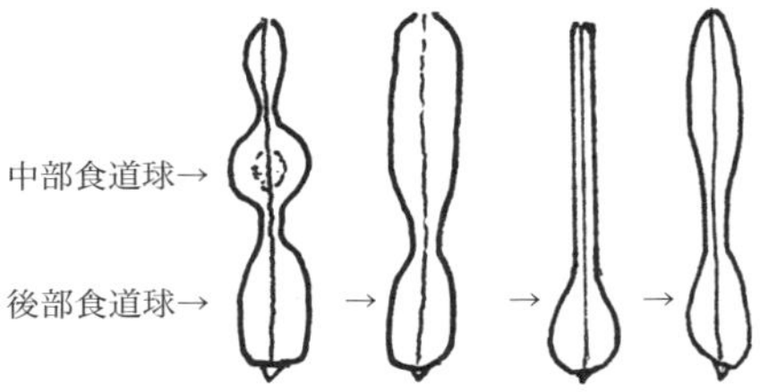

中部食道球→
後部食道球→

㉕

口腔は管状でないか，管状であっても，ごく細長い

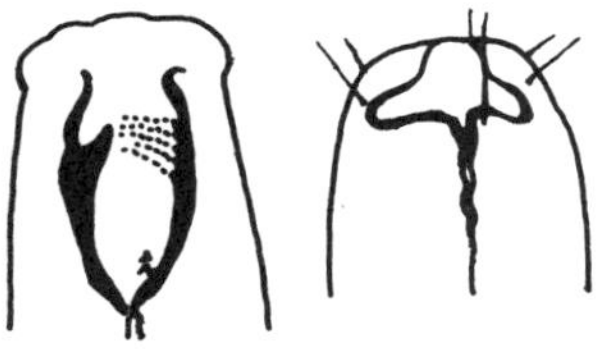

口腔は長さ 70 μm を超える長い管状で，口腔の先端部に 3 本の爪状の歯をもつ

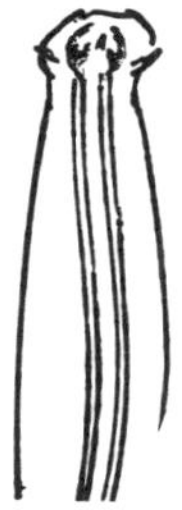

口腔は長さ 70 μm を超える長い管状で，歯をもたない

エノプルス目
Enoplida
イロヌス科
Ironidae
イロヌス属
Ironus
(p.40, 42)

イソライミウム目
Isolaimida
イソライミウム科
Isolaimiidae
イソライミウム属
Isolaimium
(p.40, 51)

頭部に剛毛をもつ　　頭部に剛毛をもたない

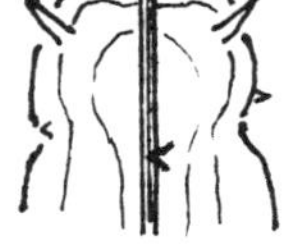

トゥリプロンキウム目
Triplonchida
(Diphtherophorina 亜目を除く)
および Monhysterida
(p.38, 44)

モノンクス目
Mononchida

㉓　　㉔

トゥリプロンキウム目 Triplonchida（ディフテロフォラ亜目 Diphtherophorinae を除く），および Monhystera 目の科への検索

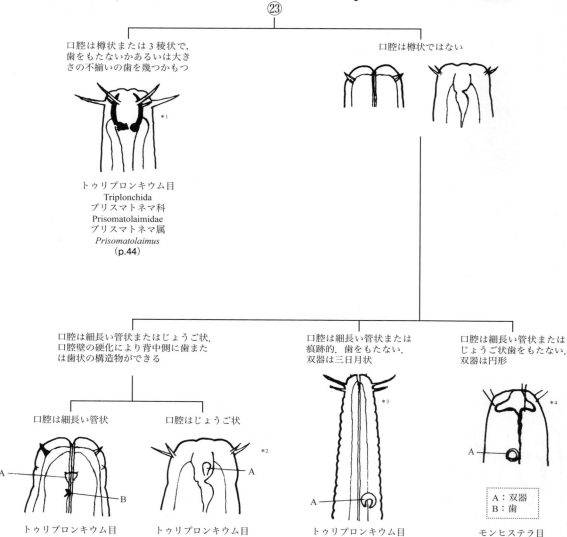

*1 Hirschmann, 1952 から略写.
*2 Micoletzky, 1952, Goodey, 1963 から略写.
*3 Hirschmann, 1952 から略写.
*4 Goodey, 1963 から略写.

線形動物門・線虫綱 25

モノンクス目 Mononchida の亜目・上科・科・亜科・属への検索

(この部分は Zullini and Peneva, 2006 より作成)

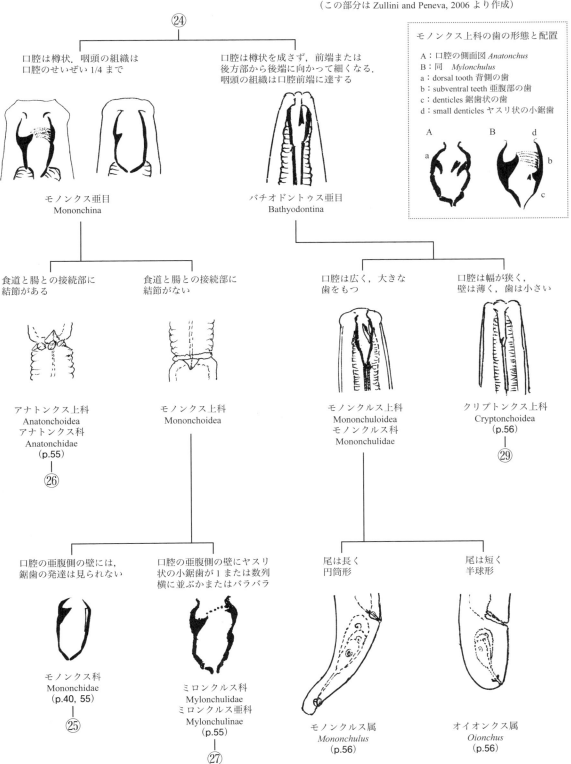

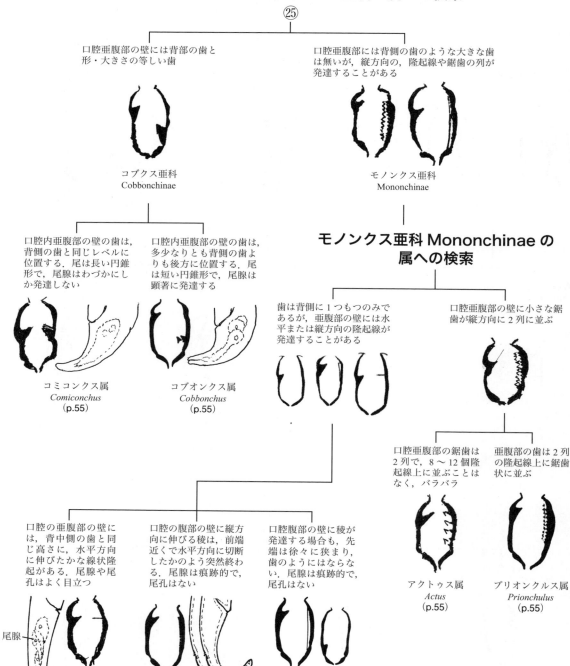

線形動物門・線虫綱　27

アナトンクス科 Anatonchidae の亜科・属への検索

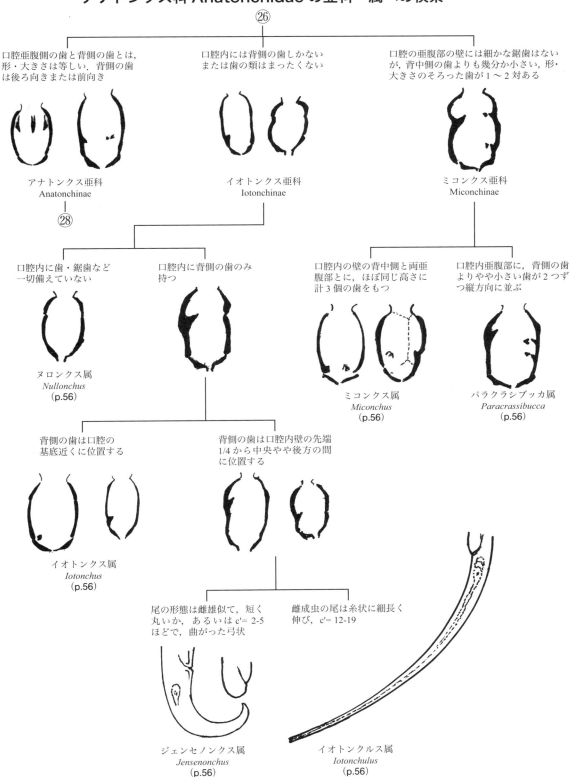

アナトンクス亜科 Anatonchinae の属への検索

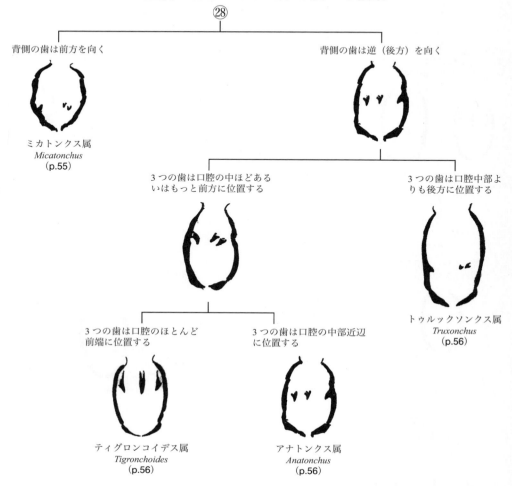

ミロンクルス科 Mylonchulidae の属への検索

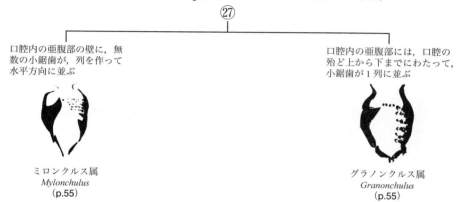

クリプトンクス上科 Cryptonchoidea の科・属への検索

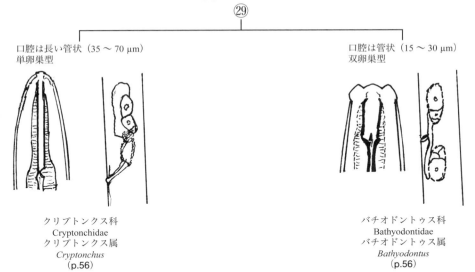

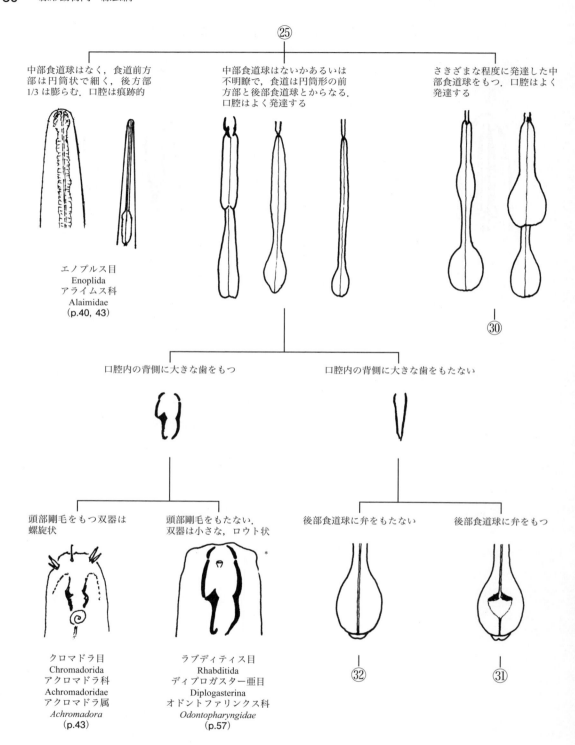

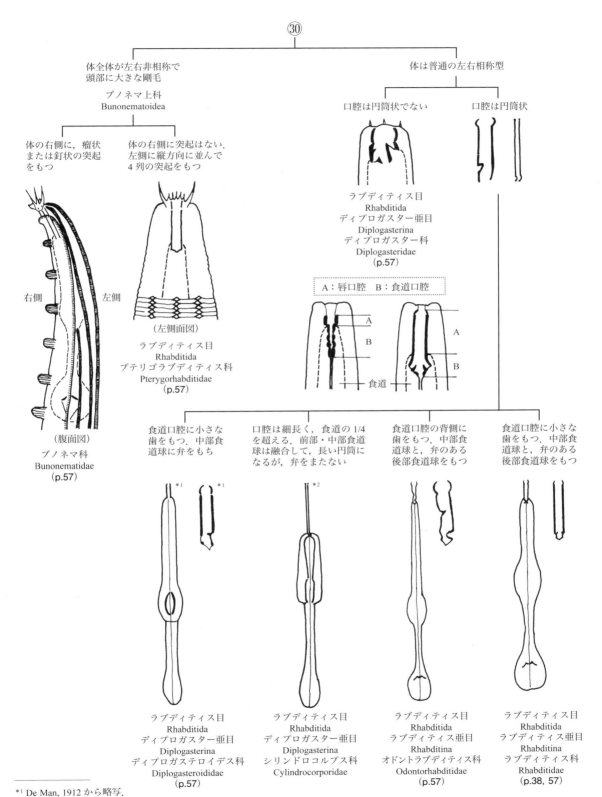

*1 De Man, 1912 から略写.
*2 Goodey, 1927 より略写.

32　線形動物門・線虫綱

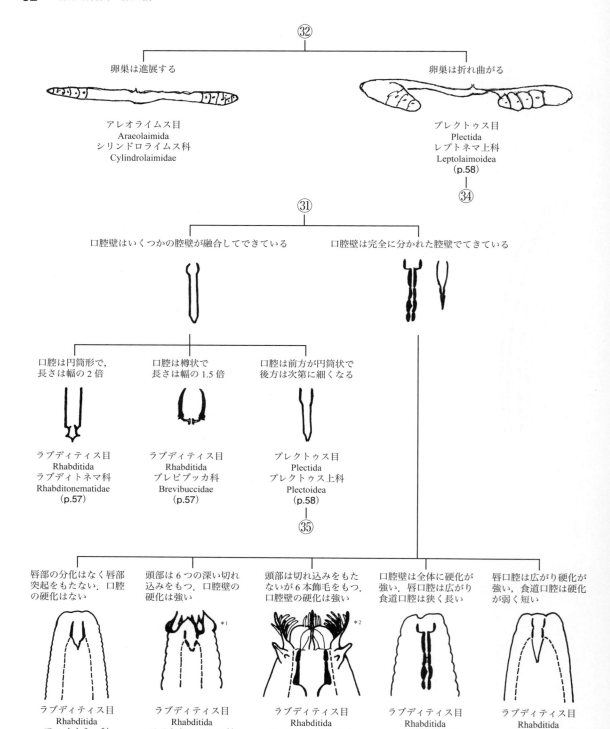

*¹ Goodey, 1963 から略写.
*² Cobb, 1920 から略写.

— 48 —

レプトネマ上科 Leptolaimoidea の科・亜科および属への検索

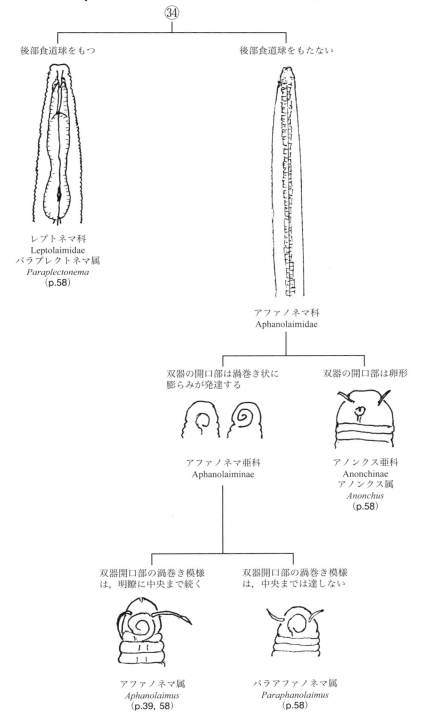

プレクトゥス上科 Plectoidea の科・亜科および属への検索

㉟

後部食道球は末端ではなく，少し前に位置する．双器の開口部は一巻き．またはその変形．雌生殖器は前卵巣型

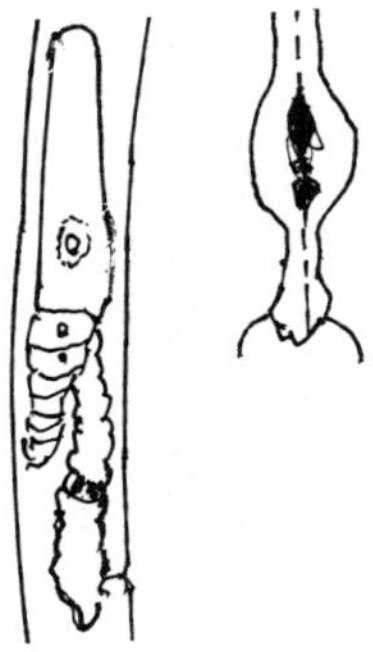

クロノガスター科
Chronogasteridae
クロノガスター属
Chronogaster
(p.58)

後部食道球は末端，もしくは，ちょっと前に位置する．双器の開口部は一巻き，または裂け目状．雌生殖器は双卵巣型

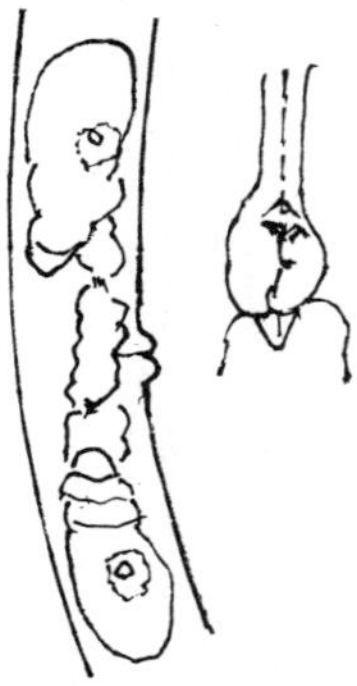

プレクトゥス科
Plectidae

唇部の角皮は外向きに張り出し，頸部は膨らむ

ウィルソネマ亜科
Wilsonematinae

唇部の角皮の外への張り出しも，頸部の膨みもない

頸部の角皮の膨潤部に条溝がある．双器の開口部は裂け目状

ティロケファルス属
Tylocephalus
(p.39, 58)

頸部の角皮の膨潤部に条溝はない．双器の開口部は円形

ウィルソネマ属
Wilsonema
(p.58)

双器の開口部は1巻きのらせん状，または裂け目状．剛毛は，尾部のみ

アナプレクトゥス亜科
Anaplectinae
アナプレクトゥス属
Anaplectus
(p.39, 58)

双器の開口部は1巻きのらせん状．剛毛は体全体に

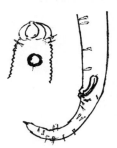

プレクトゥス亜科
Plectinae
プレクトゥス属
Plectus
(p.39, 58)

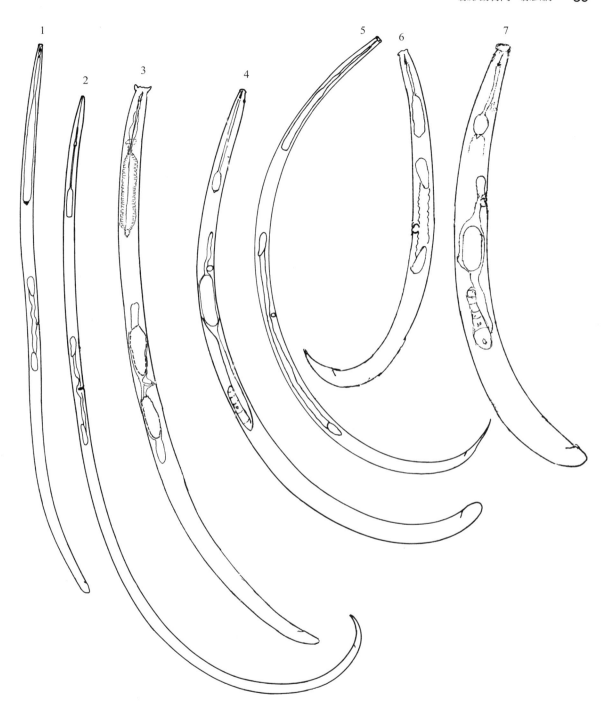

全形図（1）

1：ニゴライメルス科 Nygolaimellidae スカピデンス属 *Scapidens*，2：ナガハリネマ科 Longidoridae ヤマユリジフィネマ *Xiphinema insigne* Loos，3：クドシアネマ科 Qudsianematidae ディスコドリネマ属 *Discolaimus*，4：レプトンクス科 Leptonchidae，5：アクチノネマ科 Actinolaimidae，6：クドシアネマ科 Qudsianematidae ユウドリネマ属 *Eudorylaimus*，7：ティレンコライメルス科 Tylencholaimellidae ティレンコライメルス属 *Tylencholaimellus* （7 は Heyns, 1974 より略写，他は全て原図）

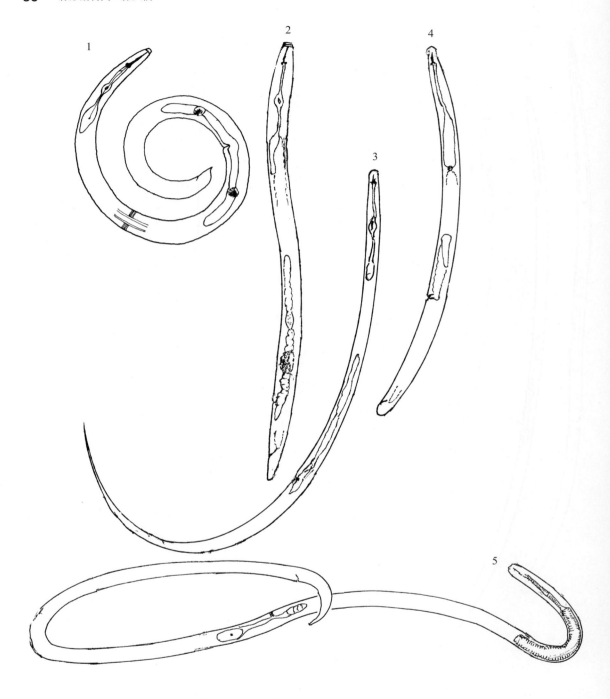

全形図（2）
1：ラセンネマ科 Hoplolaimidae デイゴラセンネマ（和名は種小名を生かした新称）*Helicotylenchus erythrinae* (Zimmermann)，2：ネグサレネマ科 Pratylenchidae キタネグサレネマ *Pratylenchus penetrans* (Cobb)，3：ティレンクス科 Tylenchidae コスレンクス属 *Coslenchus*，4：ティレンコドリネマ科 Tylencholaimidae ティレンコライムス属 *Tylencholaimus*，5：クドシアネマ科 Qudsianematidae クリソネマ属の一種 *Chrysonema holsaticum* (Schneider)（1〜5：全て原図）

線形動物門・線虫綱　37

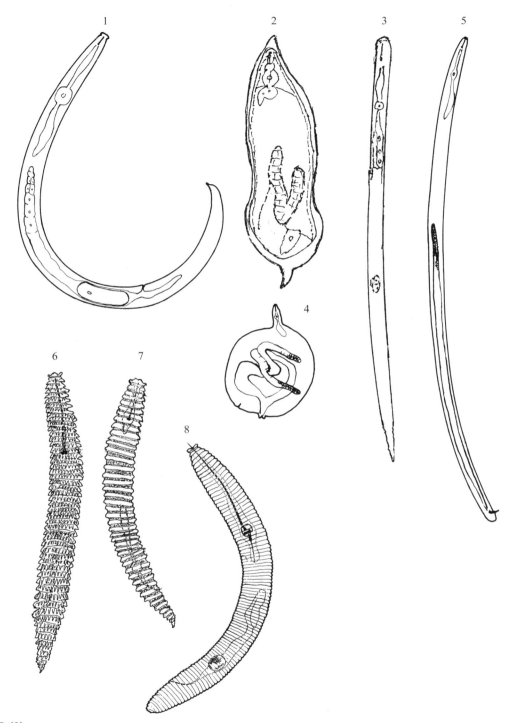

全形図（3）
1：アフェレンコイデス科 Aphelenchoididae，2：シストネマ科 Heteroderidae ネコブネマ（第3期幼虫）*Meloidogyne*（J3），3：シストネマ科 Heteroderidae ネコブネマ（第2期幼虫）*Meloidogyne*（J2），4：シストネマ科 Heteroderidae ネコブネマ（成熟雌）*Meloidogyne*（♀），5：シストネマ科 Heteroderidae ネコブネマ（成熟雄）*Meloidogyne*（♂），6：クリコネマ科 Criconematidae オグマ属の一種 *Ogma dryum* Minagawa，7：クリコネマ科 Criconematidae クリコネマ属の一種 *Criconema cardamomi* (Khan et Nanjappa)，8：クリコネマ科 Criconematidae ディスコクリコネマ属の一種 *Discocriconemella hengsungica* Choi et Geraert　（1～8：全て原図）

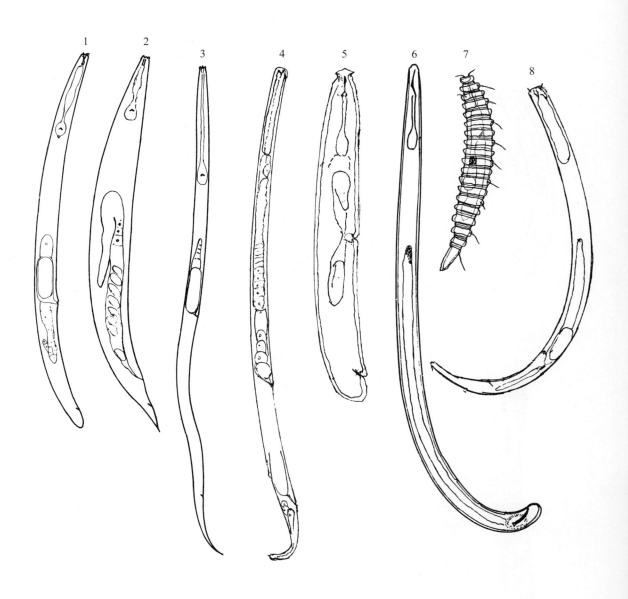

全形図（4）
1：ケファロブス科 Cephalobidae アクロベレス属 *Acrobeles*，2：ラブディティス科 Rhabditidae，3：テラトケファルス科 Teratocephalidae テラトケファルス属 *Teratocephalus*，4：モンヒステラ科 Monhysteridae モンヒステラ属の一種 *Monhystera stagnalis* Hofmanner & Menzel，5：ディフテロフォラ科 Diphtherophoridae ティロライモフォルス属 *Tylolaimophorus*，6：ユミハリネマ科 Trichodoridae スギユミハリネマ（新称）*Trichodorus cedarus* Yokoo，7：デスモスコレクス科 Desmoscolecidae デスモスコレクス属の一種 *Desmoscolex* sp.，8：トブリルス科 Tobrilidae トブリルス属 *Tobrilus* （1〜8：全て原図）

全形図（5）
1：アファノネマ科 Aphanolaimidae アファノライムス属の一種 *Aphanolaimus seshadrii* Raski & Coomans，2：プレクトゥス科 Plectidae ティロケファルス属 *Tylocephalus*，3：プレクトゥス科 Plectidae アナプレクトゥス属 *Anaplectus*，4：プレクトゥス科 Plectidae プレクトゥス属の一種 *Plectus cirratus* Bastian　（1〜4：全て原図）

40 線形動物門・線虫綱

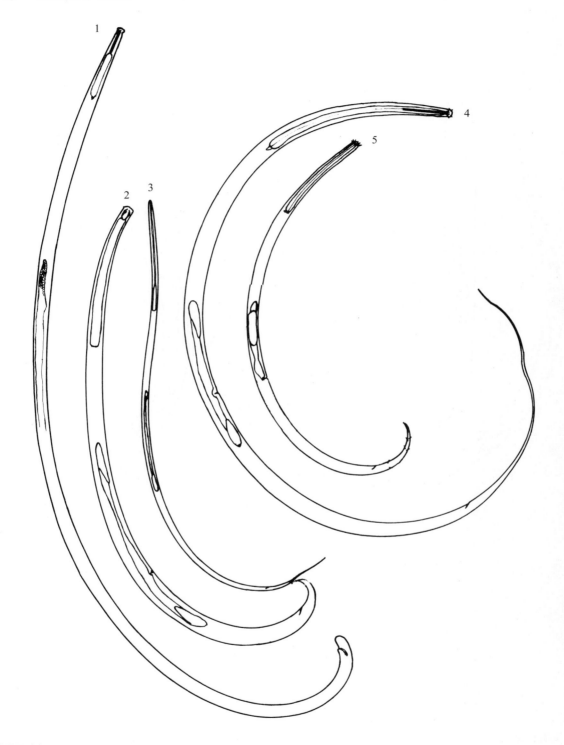

全形図（6）
1：イソライミウム科 Isolaimidae イソライミウム属 *Isolaimium* sp., 2：モノンスク科 Mononchidae クラルクス属の一種 *Clarkus papillatus* (Bastian), 3：アライムス科 Alaimidae アライムス属 *Alaimus*, 4：イロヌス科 Ironidae イロヌス属の一種 *Ironus longicaudatus* de Man, 5：モンヒステラ科 Monhysteridae モンヒステラ属の一種 *Monhystera* （1〜5：全て原図）

線虫類の検索

改訂の要点

　土壌線虫の分類は，わが国ではとくにこれを研究対象とする者が稀少で，研究が遅れているために，かなり高位の分類段階である科で見ても，未だに日本での生息が公認されていないものがいくつかある．しかしこの動物群では，現在の時点でわが国から未報告の科も，いずれは検出・報告されるであろうとの考えから，旧版では，これまでに土壌から検出されたことのある全ての科を，主として Andrassy (1976), Fortuner and Raski (1987), Maggenti et al. (1987) の分類体系に沿って検索図を作成した．しかし，この12年間，土壌から全く報告のなかった科もいくつか認められ，全体を見直す必要が生じたと判断された．

　更に，どの動物群においても，先ずは種に次いで客観性が高いと思われる，属を決定することがもっとも一般的であると考え，今回の改訂では土壌線虫の属までの検索の助けとなり得るものを作成しようと準備を進めたが，思いの外　時間が足りず，一部しか改訂できなかった．作業できなかった科については，分類上の位置については現在最も多く使われているものに替えたが，解説文は旧版のものを全く変えずに使ったものもある．

分類上の位置の大きな変更

　今回の版では，分類体系の多くの部分を De Ley & Blaxter (2004) に準じたものとしたが，その結果，分類学上の位置に特に大きな変化が生じたのは，主として以下の通りである．

1) 他の目へ移動した科

科名	元の所属	移動後の分類学上の位置
Tripylidae	Enoplida →	Triplonchida の1科
Prismatolaimidae	Enoplida →	Triplonchida の1科
Cylindrolaimidae	Araeolaimida の1科 →	Plectida の1科（Order目への格上げ）
Bastianiidae	Araeolaimida →	Triplonchida の1科
Plectidae	Araeolaimida の1科 →	Plectida の1科（Order目への格上げ）

2) 同じ目内の他の科の1亜科，もしくは1属となった

科名	元の所属	移動後の分類学上の位置
Oxydiridae	Dorylaimida →	Belondiridae の1属 Oxidirus
Encholaimidae	Dorylaimida →	Leptonchida の1亜科 Encholaiminae
Belonenchidae	Dorylaimida →	Leptonchida の1亜科 Belonenchinae
Roqueidae	Araeolaimida →	Plectida の1科
Cylindrolaimidae	Dorylaimida →	Belondiridae の1属 Roqueus

削除した科

　1) 元来海水あるいは淡水性であるが，海外では水辺近くの堤防のような水分含量の高い土壌からのわずかな個体数で知られていたので，旧版では取り扱ったが，その後の10年の間にも，日本の陸上からの報告がなかった科については，本書の対象外と考え，削除した．

　2) 記載時から，旧版刊行後のこの10年の間にも，日本から検出報告がなく，やはり今後も当分は日本の土壌からは検出が期待されないと判断された科は，削除した．

　3) カテゴリーの変更

　旧版で科として扱った68の分類群のうち今回の版で分類上の位置に変更があったもの

Mononchida Cobbonchidae
　→ Mononchida Mononchidae Cobbonchinae 亜科（分類階級の変更）

Mononchida Iotonchusidae
　→ Mononchida Anatonchidae　Iotonchusinae 亜科（分類階級の変更）

Dorylaimida Roqueidae
　→ Dorylaimida Belondiridae Roqueinae Roqueus 属（分類階級の変更）

Araeolaimida Plectidae
　→ Plectida Plectidae 科（目の改訂に伴う位置の変更）

　これらの変更の結果，本書で対象とした科の数は66となった．

和名について

　地球上の線虫類の内で，きちんと記載・命名されているのは，圧倒的に人体と家畜類の寄生虫がほとんどで人の通常の生活の中で目にする機会のほとんどない土壌線虫類は，日本人が日本に生息する種を記載する際にすら，和名が提唱されないことが往々にしてあり，和名を持たない種が多い．

　日本線虫学会は十数年前に，農業関連の（＝植物寄生性線虫類の）内のごく一部の，既に和名を持つ種に対して，和名を見直しあるいは再検討するという作業を行った（日本線虫学会線虫和名検討小委員会 2004）．和名の命名については学名の場合と異なって，命名法という「規則・約束ごと」がないので，植物寄生性線虫の和名の構成法もさまざまであるが，多くは『寄主植物名＋その線虫による病徴名またはその線虫がおかす部位名＋その線虫が属す上位分類群の名称（ex. 1 キクハガレセンチュウ，ex. 2 マツノザイセンチュウ）と構成されていて，それらの内の，主な寄主植物名と

線虫の和名の頭に冠したものとの照合が作業の主なものであった．

日本国内のいくつかの学会では，ここ数年間，会の運営委員が中心となって，和名の設定の基準などを模索しており，多くの動物学者が線虫学関係者も1日も早くこの問題に取組むことを望んでいる．従って，和名について考えるという滅多にないこの機会に，もっと作業を進めようという動きが8人の委員の中からでなかったのは残念であった．

そこで近年自分なりに検討を重ねた結果，いくつかの「原則」を得たので，これに従って自動的に名称の決まってくる分類群についてのみ，以下の解説で新称を付すこととした．新称の多くは，以下の基本に従って自動的に決まったものである．

本書で新たに提唱する，線虫類の和名の決め方

1) 和名をつけるのは，一個人が一遍にまとめてできる作業ではないことを心に留め，無理はせずに妥当な命名であることに確信の持てるものにとどめる．今回名前のつかなかったものは，機会を得て提唱・公表すれば良い．

2) 命名に係る問題については，国際動物命名規約（以下，「規約」）に沿って「規約」の意図するところに背かない方法をとることとする．

3) 既に和名で呼ばれたことのあるものについては，その名称が「適格」（「規約」の"available"）であると判断された場合，よほどの理由がない限りは，新しい名称に換えることはしない．（学名の場合は，「規約」により，変更できないことになっている）

4) 名称は短くかつ簡潔なものとすることを第一とし，そのための具体策として，「センチュウ」という表現は国際的にごく普通に会話で使われている「ネマ」に改める．成るべく短く，これは"長ったらしい和名をできるだけ簡略化する"ためにも有効な措置である．但し下のスセンチュウのような極端なものは避ける．

例えば，「何々センチュウ」は原則として「何々ネマ」とする → ネグサレネマ（この表現は普通は「ネグサレネマ属」あるいはネグサレネマ属に属する種を指すが，属の和名に変更を加えた際，他の段階も自動的に換わる．(ex. ネグサレセンチュウ科 → ネグサレネマ科）

スセンチュウ → スセンチュウ（"スネマ"では聞き取りにくいし，聞いて直ぐに"ピンと来ない"ケースが考えられるので，スセンチュウをそのまま活かす）

5) Dorylaimida, Tylenchida, Enoplida 目に良く見られる"－－－laimus"という属名の語尾は原則として"－

－－ネマ"とする．また，"---dorylaimus"のように"dory"を含むものは，従来は"--ドリライムス"としていたが，"－－ドリネマ"に改める．

例 ドリライムス目 → ドリネマ目
Arctidorylaimus → ホッキョクドリネマ

6) 現在和名を持たず，本書でも和名命名の対象としなかった分類群の名称は，これまでと同様に，分類群の学名をラテン語読みしたものを，日本の片仮名で表記した．これは体裁は和名に相当するが，実際には単に一時的な「間に合わせの名前」であり，「本当の和名」ではない．今後誰かによって本当の和名をつけていただきたい，「仮の名前」である．

解説：各分類群の識別形質，ほか

解説の内容は，各分類群で検索を進める際に「識別形質」として使われる形質を中心とした．識別形質には共通の祖先を持つために共有する場合も，適応形質として系統に関係なく共有する場合もある．つまり何らの「生物学的な近縁性」を示唆する意味を持つものではなく，単にAとBとを区別するための目安に過ぎないことを念のため記しておく．

エノプルス目 Enoplida

（これは，Enoplida の名の基になった Enoplus をローマ字読みし，片仮名で標記しただけのものであり，「仮の名前」である．以下，すべての分類群で同様）

既述の通り，Enoplida の大きな部分を構成していた Tripylidae（現在は別の独立した科とされる Tobrilidae も含んでいた）と Prismatolaimidae が Triplonchida 目に移されたので，この目の線虫類はほとんどが海水産，わずかな種が淡水産となってしまった．

イロヌス亜目 Ironina

イロヌス科 (p.23, 40)
Ironidae
イロヌス属 (p.23, 40)
Ironus

先端部に3本の爪状の歯をもった，70 μm を超える長い口腔が特徴で，これだけでも属の決定は可能である．湿原や山野の湖沼や川辺の湿った土壌からは，かなりの高頻度で検出される．日本国内の調査でも，近隣の台湾でも，水域からかなり離れた山林土壌からの検出例がある．日本も台湾も，*Ironus ignavus* Bastian と *I. longicaudatus* de Man の2種が広範囲に分布している．

アライムス亜目 Alaimina

アライムス科 (p.30, 40)
Alaimidae

体長は1.3 mmまで．前方部が円筒状で細く，後部1/3ほどが膨らむ．ドリネマ目型の食道を持つが口腔が痕跡的であり，歯も口針も認められない点が特徴．湿潤な土地やコケのマット中に生息．食性は不明であるが，おそらくは細菌食性．

ほとんどは海産で，淡水からの検出はまれであり，従って，土壌からの分離も極く稀である．

クロマドラ目 Chromadorida

双器は螺旋状．体表のクチクラに繊細は横縞と点刻の装飾をもち，体長1 mmを超えない（多くは0.5～0.6 mm）小さなネマ．

アクロマドラ科 (p.30)
Achromadoridae
アクロマドラ属 (p.30)
Achromadora

本科では *Achromadora* の16種のうち9種が陸生で，中でも *A. ruricola* は汎世界種で，世界中の草地・湿った腐植・ジャガイモ畑などから見つかっており，日本でも1931年に東京都目黒区駒場の水田土壌から，個体数の動態に関するデータとともに，報告された．(Imamura, 1931)

トゥリプロンキウム目 Triplonchida

この Order は上位分類群の体系としては大きな変化のあったグループである．近年まで伝統的に *Diphtherophora*，*Tripyla*，*Onchulus* はそれぞれ Dorylaimida, Triplonchida, Tripylida と，別々の目に置かれていた．そして例えば口腔の形態をみても，強烈な針を持ったり，大きな歯を備えた広い口腔であったりと，形態的に違いが大きく，これら3つの分類群にのみに共通する形質がなかなか見つからなかった．

1983年に Tsalolikhin は Tobrina を扱った論文中で，Tobrilidae, Tripylidae, Prismatolaimidae, Onchulidae の4科をすべてエノプルス目 Enoplida の Tobrilina 亜目に合流させる考えを述べている．またそれ以前に Riemann（1972）は，*Diphtherophora*，*Tripyla*，*Onchulus* および *Kinonchulus* の間の関係を強調し，これらと似たものを集めてもっと上位の分類群を作ることになるであろうことを予言していた．

一方，近年，分子生物学的手法によりDNA解析して，その結果から近縁度を推定する方法が普及し，様々な生物種群で成果を挙げているが，De Ley は Tobriloidea と Prismatolaimoidea とが Tobrilina の直ぐ近くに位置すると DNA 解析で判断し，Riemann（1972）および Tsalolhikin（1983）らと同じ結果を得たので，これらをすべて Triplonchida の中に入れたのである．つまりこの大きな改訂は分子生物学的方法の産物というわけではなく，従来の形態学的分類と新しい分子生物学的分類学との融合によるものである．

ディフテロフォラ亜目 Diphtherophorina

本亜目のネマは基本的に植物寄生性であると考えられ，下記の2科は森林や草地の土壌からは普通に検出される．この亜目では，生殖器の形態が識別形質として重要である．

ディフテロフォラ上科
Diphtherophoroidea
ディフテロフォラ科 (p.4, 38)
Diphtherophoridae

背側にアーチの膨らみを持った短い口針と，極めて厚い角皮が特徴的．高等植物の根辺から検出されるので，おそらくは植物寄生性であろうと思われる．

この科のネマ類は，どれも特異な形態の口針をもつので，低倍率観察でも比較的容易に属の識別ができる．

ディフテロフォラ属 (p.4)
Diphtherophora

本属の記載は古く（1880年），これまでに20種以上が世界各地から報告されている．日本国内でも，汎世界種として知られる *D. communis* de Man が，さまざまな植生から高い頻度で得られている（未発表）．他にも少なくとも1種はいるようであるが，未同定．

ティロライモフォルス属 (p.4, 38)
Tylolaimophorus

概観は *Diphtherophora* によく似るが，口針の形態だけで属の決定は充分に容易である．

日本での検出率は高そうである．

ユミハリネマ上科（新称）
Trichodoroidea
ユミハリネマ科（新称） (p.4, 38)
Trichodoridae

（新称：ユミハリセンチュウという俗称は定着していたが，「〜センチュウ」は特に支障がなければ「〜ネマ」に変更する）

体長 0.5～1.5 mm．弓状に反った細長い口針と，極めて厚い角皮が特徴的．高等植物の地下部に外部寄生し，Tobra ウイルス群の媒介者ともなるので，応用動物学的に重要なグループ．

ここで扱った2つの属のほかに，*Monotrichodorus* 属（4種が既知），*Allotrichodorus* 属（6種が既知），および *Ecuadorus*（2種）が中央および南米からのみ報告されている．これら3属はともに"単卵巣型"で，日本に分布する *Trichodorus*・*Paratrichodorus* とは系統が異なる．

本科の農作物を加害する線虫としての研究史は，土壌線虫のうちでもかなり長い部類に入る．

ユミハリネマ属（新称）(p.4, 38)
Trichodorus

現在までに50数種が有効種とされているが，内3種が日本から既知．属として温帯域に分布がかたよっているが，種ごとの地理的分布の広くない分類群である．今のところ日本固有の種はない．雄の交接刺は大抵は緩く反っている．その形態は本属の種の識別に最も重要である．

パラユミハリネマ属（新称）(p.4)
Paratrichodorus

（旧称ユミハリセンチュウという俗称は定着していた）
前属と同様に，固定すると角皮が膨れて特有の外見を呈するが，その度合いは前属に比べてかなり激しい．本属はまた前属と異なり，固定すると雌雄とも体全体がほとんど真っ直ぐになる．雄の交接刺がほとんどの種で縞模様をもつ等の形態的特徴をもつが，属の識別形質としては固定時の体全体の湾曲度合いと，角皮の膨れ具合だけで十分である．

トブリルス亜目 Tobrilina

プリスマトネマ科（新称）
Prismatolaimidae

円筒状の食道と頭部剛毛をもち，樽状の口腔内に歯がないかあるいはあっても不揃いである点が特徴的．淡水および湿潤な土壌中から検出される．

プリスマトネマ属（新称）(p.4)
Prismatolaimos

トブリルス科 (p.24, 38)
Tobrilidae

以前は（例えば本書の旧版）エノプルス目のトゥリピラ科の1属とされていたが，口腔の基本構造その他のいくつかの形態形質をもとに，現在のようになった．口腔はじょうご状で，底近くに口腔壁が硬化した歯状の構造物が2つある．

トゥリピラ亜目 Tripylina

口腔は狭い管状で，広くなることはない．

トゥリピラ科 (p.24)
Tripylidae

円筒状の食道と頭部剛毛をもち，細長い管状の口腔壁の背中側に歯または歯状の構造物をもつことが特徴的．本来淡水中にすむグループで，少数のものが土壌中より見出される．捕食性．

バスチアニア科 (p.24)
Bastianiidae

食道が円筒状で，頭部剛毛をもち，双器が大きな三日月状であることが特徴．湿潤な土壌や草地から頻度は高くはないが検出される．

モンヒステラ目 Monhysterida

食道は円筒状で，くびれや食道球などを持たない．もともとは水中生活者であるが，湿っぽい土壌から分離されることがある．

モンヒステラ科 (p.24, 38)
Monhysteridae

多くは体長1.5 mm に満たない，小型で多少なりともほっそりしたネマである．

頭部剛毛をもつが，双器と剛毛の大きさに性的二型の認められることがある．

大きなグループで，海水・淡水中にごく普通に見られるほかに，陸上の土壌中にも生息する．おそらくは細菌食性．

ドリネマ目（新称）Dorylaimida

ドリネマ類は体長 0.5～10 mm，多くは1～3 mm で，土壌線虫としては比較的大形の部類に属する．頭端から尾端まで円筒形で，両端は中央部よりも細い．固定すると，ドリネマ亜目では体全体がC形かあるいはG形になるが，ニゴネマ亜目では多くは湾曲は弱く，ほとんど真っ直ぐな種もある．よく発達した口腔内に，ドリネマ亜目では中空の，針形をした口針を，ニゴネマ亜目では口腔壁由来の口針状ではあるが中空でない壁歯を持つのが最大の特徴である．そしてどちらの亜

目も，体の大きさも口針もしくは壁歯の形態に非常に多様な分化が見られ，様々な環境に生息し高等植物からの樹液 sap の吸汁や，糸状菌の菌糸の原形質の吸汁，線虫をも含めた小動物の体液の吸汁など，口針の形態に応じた方法により栄養分を摂取する．

ドリネマ類は線虫類の目の中でも最も多様な分類群の１つであり，陸上の大抵の生態系の動物の内で，個体数・種数ともぬきんでて豊富で，また生物量 biomass もかなり大きなものになるであろうと考えられている．水生・陸生を合わせて 250 属，2000 種におよぶ．

ドリネマ目の体系の変更および小さな分類群での改訂は，1920 年代から 60 年初頭に，主に G. Thorne により行われ，その後，I. Andrassy（1959 〜現在まで）は陸生ドリネマ目のほとんど全ての分類群の整理をおこなった．

ドリネマ亜目（新称）Dorylaimina

ドリネマ目の２つの亜目の内，本亜目ではよく発達した口腔内に，食道内壁に由来する単細胞の"口針形成細胞"が移動しながら，中空の針を作る．もう１つの亜目であるニゴネマ亜目 Nygolaimina の方では口腔の奥深い場所で，内壁の特定部分が硬化することにより，"壁歯"と呼ばれる口針によく似た構造物を作るが，中は中空ではなく，どんな溶液もこれにより体内に取り込まれることは無い．

ベロンディラ上科
Belondiroidea

大きさは様々で，体長１〜５mm 超．唇部は単純な構造をしていて，殆ど分化が見られない．また，歯針担の後部には膨れが認められる．１科３亜科に計 21 属．

ベロンディラ科 (p.5, 6)
Belondiridae

ビン型の食道の後部の膨らんだ部分が肉質の螺旋状の鞘に包まれることが最大の特徴．口針歯担部は膨らまず，雄雌とも短く丸い尾を持つ．

ベロンディラ亜科
Belondirinae

尾は雌雄同型で，ともに膨れた円錐形から半球形，もしくはこん棒状で短い，などとさまざまな形態を呈する．

ベロンディラ属 (p.6)
Belondira

食道腺前部から後部の膨潤部へはなだらかに続いて，くびれることはない．

アクソンキウム属 (p.6)
Axonchium

食道腺前部から後部の膨潤部への手前にくびれがある．

ドリライメルス亜科 (p.6)
Dorylaimellinae
ドリライメルス属 (p.6)
Dorylaimellus

歯針担に鍔が発達する点で，*Xiphinema* 属（Xiphinematidae 科）や Pungentinae 亜科（Nordiidae 科）に似るが，歯針長などの差により識別される．

スワンゲリア亜科 (p.6)
Swangeriinae

尾は雌雄同型または異型であるが，雌では常に長い糸状．

オクシディルス属 (p.6)
Oxydirus

雌雄とも，長い糸状の尾をもつ．日本国内では東京都駒場の水田土壌から Imamura (1931) が *Dorylaimus tanbo* および *D. denticauadtus* の２種を新種として記載したが，現在は２種とも *Oxydirus* Thorne, 1939 に属すると考えられている．これらの標本は既に 40 年以上前に廃棄されており，宍田は未確認．

ロクエウス属 (p.6)
Roqueus

雌の尾は長いが，雄の尾は短くて丸い．

ドリネマ上科（新称）(p.5, 9)
Dorylaimoidea

針状の口針はとくに長くはない（口針長は唇部体幅の５倍を超えることはない）．また，食道後部の膨潤部分は筋肉質の鞘に包まれることはなく，長さは食道腺全体のおよそ半分程度．

ドリネマ科（新称）(p.9, 12)
Dorylaimidae

短い口針をもち，歯担部に膨らみや節球の発達しない点が特徴．淡水および土壌中に生息し藻類を食べているとみられているが，ダニの卵を餌とした例も観察されている．

ドリネマ亜科（新称）(p.12)
Dorylaiminae

歯針の開口部は広く，雌の尾は細長く伸びることが多い．角皮に縦方向の溝をもつ．

ドリネマ属（新称）(p.12)
Dorylaimus

雄の腹部補助器は 25～55 個が密に並ぶ．日本での古い記録としては Imamura (1931) による東京都駒場の水田の線虫の研究に 11 種の *Dorylaimus* 属が含まれているが，この内現在の分類でもドリネマ属に含まれるのは汎世界的に分布するとされる *D. stagnalis* Dujardin, 1845 のみである．また茨城県の北浦（淡水，湖水面標高：海抜 0 M 水深：少なくとも西半分は 1 年を通して殆どの箇所でも 1～2 m 前後）での月 2 回のサンプリングにより，北浦全域の多くの部分で，底生動物の多くの部分，および線虫類のほとんど 100 % を *Dorylaimus fodori* Andrassy, 1988 が占めることが判っている（宍田，未発表）．

イシオドリネマ属（新称）(p.12)
Ischiodorylaimus

雄の腹部補助器は何個かが塊となって，交接刺の前方に 2 もしくは 3 個の塊が配置される．

プロドリネマ亜科（新称）(p.12)
Prodorylaiminae

雌雄ともに長い糸状の尾を持つ．

プロドリネマ属（新称）(p.12)
Prodorylaimus

雄の腹部補助器は数多く，密に詰まる．

プロドリライミウム属 (p.12)
Prodorylaimium

雄の腹部補助器はまばらで数が少ない．

ライミネマ亜科（新称）(p.12, 13)
Laimydorinae

Andrassy (1986・1988・1990) は当時すでに 300 種にまで膨れ上がっていた *Dorylaimus* の改訂を行ったが，現在この亜科を構成する 12 の属の多くがこの時に創設されてたものである．

本亜科は土壌中にもほとんど普遍的に分布するが，12 のすべての属で，純粋に淡水生息性と言える種が認められ，この分類群と水との強い結びつきが感じられる．

日本の線虫学史に大きな功績を残した今村重元氏の代表的な研究対象は，この分類群を含む水田土壌と山地の湿地土壌であったので（Imamura, 1931 ほか），近年のこの周辺の分類群の研究を進めるための足がかりともなっている．

ライミネマ属（新称）(p.13)
Laimydorus

雄の前直腸が長く，尾端は丸くて決して湾曲しない．明らかに淡水性であるが，水田の畦などからも検出される．50 種ほど記載されており，その内の 2 種が東京都内の水田からも報告されていた（Imamura, 1931）．

クロコドリネマ属（新称）(p.13)
Crocodorylaimus

雄の短い尾部が先端の丸い円錐形を呈し，腹側に湾曲するのが近縁属からの識別形質となる．これまでに記載され種数は 10 数種に過ぎないが，全大陸にいずれかの種が分布し，日本からも 1 種記載されている（Ahmad & Araki, 2003）．

クリソドルス属（新称）(p.13)
Chrysodorus

（これは仮の和名でなく正式な和名として提案するものである．Qudsianematidae の *Chrysonema* と区別するために，*Chrysodorus* をクリソネマとはしない）細長いことでは土壌線虫の中では最上位に入る．これだけでも *Chrysonema* 以外の他のドリネマ類から容易に識別される．本属には現在までに 5 種が知られ，鏑木 (1937) が日光から報告した *C. filiformis* は Africa 北部広域，Eur.ope 全域，および東アジアから南アジアにかけ分布するが，他の 4 種はすべて南北アメリカを除くどこか 1 つの大陸にのみ分布する．

メソドリネマ属（新称）(p.13)
Mesodorylaimus

雄の尾は常に丸く短いが，雌の尾は長さの変異が著しく（$c'=1-25$），それに伴って外形も様々なものとなるが，尾端にかけて必ず細まる（Andrassy, 1990・1991a・1991b などを参照）．属の分割後もすごい勢いで新種記載が続き，現在再び 150 種を抱える大きな属である．それらのほとんどが原記載後の報告のない，かなり特殊な分類群で，非常に興味深い．

ホッキョクドリネマ亜科（新称）(p.12)
Arctidorylaiminae
ホッキョクドリネマ属（新称）(p.12)
Arctidorylaimus

雌雄とも細長い円錐形の尾をもつことだけで，他のドリネマ目の線虫から容易に識別できる．

1979年に北極圏カナダから記載された体長4mm前後の大型のネマで，現在までA. arcticusのMulvey and Adersonの1種しか知られていないが，この地域と日本との線虫相はかなりの程度に似ている節が見られ，日本からの本属の検出は近年の内に，あり得ると考えている．

クドシアネマ科 (p.9,13, 35,36)
Qudsianematidae

歯針の開口部は小さく，歯針長の1/3を超えることはない．歯針は特に細くはなく，長さは口唇部体幅とほぼ等しい．尾は雌雄同型で，細長く伸びることはない．ドリネマ目の中でも特に大きな分類群であり，また地理的にも生態的にも広く分布するが，淡水中にはとくに多い．

クドシアネマ亜科 (p.13,14)
Qudsianematinae

現在およそ13属207種に整理されている．

エクメニクス属 (p.14)
Ecumenicus

この亜科では，単卵巣型は本属にしか認められない．

エピドリネマ属（新称）(p.14)
Epidorylaimus

Andrassy (1986) の*Eudorylaimus*の改訂（分割）により創設された．10数種が世界中に広く分布する．尾は円錐形もしくはやや膨らんだ円錐形で，この亜科の内では尾が長い方に入る (c' > 3)．

ユウドリネマ属（新称）(p.14, 35)
Eudorylaimus

Dujardinによる1845年の*Dorylaimus*の創設後は，口針を備え，ビン型の食道をもつ種は原則的に*Dorylaimus*属に置かれたが，I. Andrassy (1959) は当時*Dorylaimus*が抱えていた有効種300種を，既存の8属とこの時に新設した8属（*Melpnema, Thornenema, Lordellonemam, Mesodorylaimus, Amphidorylaimus, Prodorylaimus, Thorneella, Eudorylaimus*）との計16属に振り分けた．この時は，尾が雌雄ともに短い円錐形で，(c' = 1〜3)，雄の最後方の補助器は交接刺の範囲より

も前方に位置する種，に限定されたが，それでもまだ，135種が*Eudorylaimus*とされた．

更に，Andrassy (1986) は30年足らずの間に238種に増加していた*Eudorylaimus*属の2度目の改訂を行い，この属の全種が持つ円錐型の尾の由来および個体発生の様式から，大きく4グループに分けられると考えた．

なお，Vinciguerra (2006) が*E. shirasei*の分布地を"Japan"としている (p.442) のは，"Antarctica"の誤りである．

ミクロドリネマ属（新称）(p.14)
Microdorylaimus

1986年のAndrassyの*Eudorylaimus*の改訂（分割）により創設された．20種前後が世界中に広く分布する．

尾は雌雄ともに短い円錐形で (c' = 1〜3)，雄の最後方の補助器は交接刺の範囲内に位置する．

体長0.3〜0.8mmと，ドリネマ目のみならず，土壌線虫全体の内でも小型の部類に入る．

食道が全長の1/3を占めることが，形態的には最も特徴的である．日本産の1種は未記載種．

アロドリネマ属（新称）(p.14)
Allodorylaimus

1986年のAndrassyの*Eudorylaimus*の改訂（分割）により創設された．20種ほどが世界中に広く分布する．

*Eudorylaimus*に最もよく似るが，雄の最後方の補助器が交接刺の範囲内に位置することで，*Eudorylaimus*から区別される．体長1〜3mmと，ドリネマ目の中では小型の部類に入る．

ラブロネマ属 (p.14)
Labronema

体長は1〜6mmと大型で，口針長は11〜60μmと変異が大きい．陰門は縦列型で，膣壁は硬化する．尾は雌雄同型で，半球形か先端の丸い円錐形．唇部の特有な形態は属の標徴形質となる．世界の全大陸から30数種が知られる．日本国内では森林土壌などから比較的低頻度で検出され，*L. stechlinense* 1種が同定されているが，原記載を含めたヨーロッパの集団の形態計測値と比べると，有意に"体がひと回り小さ"く，模式標本との詳細な比較が必要である．

タカマンガイ属 (p.14)
Takamangai

陰門は横裂型．口針は特に長くはない．雄の補助器は接近しない．唇部の口の部分は沈まない．

ラブロネメラ属 (p.14)
Labronemella
　陰門は横裂型．口針は特に長くはない．雄の補助器は接近しない．口の部分は深く沈む．

ディスコドリネマ亜科（新称） (p.13)
Discolaiminae
　中〜大型のネマで，唇部の開口部は大きく，6角形となる．円盤状もしくは吸盤状になって，横に張り出すことが多い．

ディスコドリネマ属（新称） (p.13, 31)
Discolaimus
　唇部は円盤状．

ディスコライミウム属 (p.13)
Discolaimium
　唇部と体部との間はくびれが入り，明瞭にしきられる．

ディスコライモイデス属 (p.13)
Discolaimoides
　唇部と体部との間は，唇部が横に膨らむことにより，しきられる．

クリソネマ亜科 (p.13)
Chrysonematinae

クリソネマ属 (p.13, 36)
Chrysonema
　体長（1〜3 mm）は土壌線虫として中ほどであるが，頭部から肛門（総排泄孔）近くまでほぼ均一の体幅で，目だって細長い（群馬県赤城山覚満渕湿原で採取された標本での平均値は a = 75 であった）ので，低倍率の顕微鏡下でもそれと見当のつくことが多い．検出頻度，個体数とも少ない動物群で，これまでに6種が中部〜西部ヨーロッパおよびインド・オーストラリアで，日本では *Chrysonema holsaticum* が赤城山（上記）および群馬県尾瀬ヶ原の，いずれもイネ科数種とミズゴケ数種の優占する湿原から，低頻度で検出されている．

アポルケネマ科（新称） (p.9)
Aporcelaimidae
　歯針先端の開口部は広く，歯針の長さの半分を越える．

アポルケネマ亜科（新称） (p.9)
Aporcelaiminae
　口針は管状で，先端の背中側が開口する．

セクトネマ亜科 (p.9)
Sectonematinae

セクトネマ属 (p.9)
Sectonema
　口針は壁歯．

ノルディア科 (p.9, 10)
Nordiidae
　歯針は細長く，先端の開口部は小さく，歯針の長さの1/3を超えることはない．また歯針は口唇部体幅雌の生殖器系は両卵巣型が普通であるが，単卵巣型のもいる．

ノルディア亜科 (p.10)
Nordiinae

ロンギドレラ属 (p.10)
Longidorella
　口唇乳頭は特によく発達することはない．歯針担部は膨れない．

ケファロドリネマ亜科（新称） (p.10)
Cephalodorylaiminae
　口唇乳頭がよく発達する．

ケファロドリネマ属（新称） (p.10)
Cephalodorylaimus
　雌は双卵巣型．

アケファロドリネマ属（新称） (p.10)
Acephalodorylaimus
　雌は単卵巣型．

プンゲントゥス亜科 (p.10, 11)
Pungentinae
　口唇乳頭は特によく発達することはない．歯針担部は膨れる．

プンゲントゥス属 (p.11)
Pungentus
　雌雄ともに尾は丸いか円錐型．口針の長さは 50 μm に満たず，双器は体部に開口する角皮表面に条溝は認められない．歯針担部はほとんど膨れないが，基部がわずかに厚くなる．

レノンキウム属 (p.11)
Lenonchium
　雄雌とも尾は長い糸状．口針長は 15 μm を超える．

エンコドルス属 (p.11)
Enchodorus
　雌雄とも尾は長い糸状．口針長は 10 μm に満たない．

コッホネマ属（新称）(p.11)
Kochinema
　雌雄ともに尾は丸いか円錐型．口針の長さは 50 μm に満たず，双器は唇部に開口する．

カリフォルニドルス属 (p.11)
Californidorus
　雌雄ともに尾は丸いか円錐型．口針は長く，50 μm を超える．

リソコルプス属 (p.11)
Rhyssocolpus
　雌雄ともに尾は丸いか円錐型．口針の長さは 50 μm に満たず，双器は体部に開口する角皮は陰門近くで条溝ができる．

エンコデルス属 (p.11)
Enchodelus
　雌雄ともに尾は丸いか円錐型．口針の長さは 50 μm に満たず，双器は体部に開口する角皮表面に条溝は認められない．

アクチノネマ上科（新称）(p.5)
Actinolaimoidea
アクチノネマ科（新称）(p.5, 7, 35)
Actinolaimidae
　20 を越える数の属が記載されているが，1 または 2 大陸のみから局地的に報告されている属が多い．日本からは 7 属が報告されており，この目としては，よく手がつけられいる部類に属する．唇口腔が広く，硬化し，口針の周囲に大きな歯や小鋸歯を持ち，基本的には小動物を餌としていると考えられるが，腸内には藻類なども認められる．淡水中や水辺近くを好むことは古くから知られていたが，さまざまなタイプの森林土壌や草原土壌からもかなりの頻度で検出される．

カルカロネマ属（新称）(p.7)
Carcharolaimus
　雌成虫の尾は円錐形もしくは丸く，C' < 2.

アクチノネマ属（新称）(p.7)
Actinolaimus
　口針はずんぐりとしていて開口部は長さの約 1/2.

アクチンカ属 (p.7)
Actinca
　口針は細長く，開口部は長さの 1/3 以下．

パラアクチノネマ属（新称）(p.7)
Paractinolaimus
　唇口腔に小鋸歯がある．Imamurs (1931) により駒場の水田から *Actinolaimua macrolaimus* de Man, 1880（現在の *Paractinolaimus macrolaimus*）．

ネオアクチノネマ属（新称）(p.7)
Neoactinolaimus
　最後方の補助器は交接刺よりも前方に位置する．

エグティトゥス属 (p.7)
Egtitus
　最後方の補助器は交接刺の範囲以内，または直ぐ前に位置する．

ナガハリネマ上科（従来のナガハリセンチュウを活かした新称）(p.5, 8)
Longidoroidea
　極めて長い体と口針とをもち，口針はどんなに細くとも管腔があり，先端で開口する．
　高等植物の地下に外部寄生し，Nepo ウイルス群の媒介者ともなる種を含むので，応用動物学的にも重要なグループである．特異な形態の細長い体をもち，低倍率での検鏡でも容易に他の線虫から区別できるので，どの国でもドリネマ目の内で最も良く認識されている分類群と言えよう．

ナガハリネマ科（同上）(p.5, 8, 35)
Longidoridae
　大型のグループで，体長 1.5 〜 10 mm．目立って細長い体と，ときには 200 μm を超える長い口針をもつことで，他のドリネマ目から，また口針担部が膨らまない点で，近縁のジフィネマ科から容易に識別される．
　本科では過去に，いくつもの新属が無造作に設けられたが，経験を積んだ人たちによりことごとく否定され，現在の状態に落ち着いた．
　本科から属への検索では，歯針担の基部の形状と双器の開口部の形状が識別形質となる．

ナガハリネマ属（同上）(p.8)
Longidorus
　目立って長い口針の後方の担部が膨らまないことで，*Xiphinema* と識別される．日本から 7 種ほど知られるがその内の 3 種は未記載．そのほかにも未記載種らし

き試料が次々と検出されつつある．
　日本国内では，*L. martini* が桑の輪紋病ウイルス（MRSV）を媒介することがわかっている．

ロンギドロイデス属（p.8）
Longidoroides

パラロンギドルス属（p.8）
Paralongidorus

　これら2属の内，*Longidoroides* は新大陸から少数種が知られているのみであるが，日本に人為的に持ち込まれる可能性があること，また *Paralongidorus* は既に日本に自然分布している可能性があるので，加えておいた．

ジフィネマ科（新称）（p.8, 35）
Xiphinematidae
ジフィネマ属（新称）（p.8, 35）
Xiphinema

　日本の線虫関係者の多くが，本属の属名を英語読みして「ジフィネマ」と俗称しておきながら，各種に対する和名は折角の"ジフィネマ"を活かさずに，"何々オオハリセンチュウ"などとしているのは（例：日本線虫研究会・日本応用動物昆虫学会，1977）好ましいことではない．どこの国の線虫関係者も，（通常は日本の人も）話し言葉では普通は"ジフィネマ"としているので，これは学名がそのまま俗称となった「好例」だと思われる．従って今後は本属の種の和名はなるべく以下のようにしたい．例：*Xiphinema insigne* Loos ヤマユリオオハリセンチュウ　→　ヤマユリジフィネマ

　前属と同じく，日本国内の調査が急速に進みつつある．2014年4月の時点で日本から報告されているのは10数種であるが，著者の手元だけでも未発表の未記載種が3種ほどあり，今後新記載の続くことが予測される．本属の有効種数は，2012年末の時点で，おそらく200種を超えた．

　この属の大きな特徴として，雌雄とも尾の形態の変異が際立って大きく，また更にメスの生殖器系も端から端まで非常に複雑に分化し，同じ属内での種間の形態的差異が非常に大きく，ドリネマ目の属の中で最も多様な形態を持つことがあげられる．これらの多くは，種の標徴形質となることが多い．

ティレンコドリネマ上科（新称）（p.5, 15）
Tylencholaimoidea

　口腔壁は硬化することはなく，口針のほかに歯とか鋸歯とかをもたない．食道後部の膨潤部が筋肉質の鞘に包まれることはない．基本的に淡水のネマであるが，4つのすべての科の若干の種が水辺近くの土壌から分離されることがある．食性は不明．

ティレンコドリネマ科（新称）（p.15, 35）
Tylencholaimidae

　ビン型の食道の後方の膨らんだ部分は円筒形で，歯針部の長さが唇部の幅の5倍を超えることはないほどの短い口針をもち，歯担部に膨らみや節球の発達しない点が特徴．食性は不明．
　ビン方の食道腺は2箇所で膨らみ，3つに区分される．

レプトンクス科（p.15, 35）
Leptonchidae

　ビン型の食道の後方近くが卵形となり，管腔の明瞭な口針は膨らみも節球ももたない点が特徴．コケ類の根辺から検出されることが多いが，食性は不明．

ティレンコライメルス科（p.15, 35）
Tylencholaimellidae

　ビン型の食道の後方近くが卵形となり，口針の歯担部に節球をもつ点が特徴．湿潤な土壌に生息．食性は不明．

アウロライモイデス科（p.15）
Aulolaimoididae

　食道腺は2か所でくびれ，他のドリネマ目から容易に識別できる．

ニゴネマ亜目（新称）Nygolaimina

ニゴネマ上科（新称）（p.3, 16）
Nygolaimoidea

　小さな唇口腔に壁歯をもつことや，ビン型の食道後端の3つの腺がよく発達し，球形または卵え形になる点が特徴．捕食性とみられている．日本ではニゴネマ亜目の記載は特に遅れている．

ニゴネマ科（p.16, 17）
Nygolaimidae
ニゴネマ亜科（p.17）
Nygolaiminae

　側面から見た壁歯は三角形から線状あるいはドリネマ型．

パラブルブス属（p.17）
Paravulvus

　陰門は体軸方向に開口する．日本からは形態図・計測値を伴うニゴネマ亜目のネマの報告は今村によ

る *Aquqtides kaburakii*（後出）が唯一のものであったが（Imamura, 1931），近年科学技術庁の研究費で農水省の研究機関に滞在し，多くの日本の土壌線虫を記載したインドの W. Ahmad により本属の 2 種が記載された（Ahmad et al., 2003）．

アフロニグス属（p.17）
Afronygus
　陰門は体軸に垂直方向に開口し，尾は長く円錐形．

レビデス属（p.17）
Laevides
　陰門は体軸に垂直方向に開口し，尾は短く膨らんだ円錐形，半球形やこん棒状など．壁歯はドリライムス型．

ニゴネマ属（新称）（p.17）
Nygolaimus
　レビデス属によく似るが壁歯は三角形か線状で唇部はくびれる．

クラビカウドイデス属（p.17）
Clavicaudoides
　唇部はくびれず，固定すると体は腹側に湾曲する．

アクアティデス属（p.17）
Aquatides
　Imamura (1931) は目黒区駒場の水田から分離した *Nygolaimus* 型線虫の 1 種を *Nygolaimus kaburakii* として記載したが，現在は *Aquatides* Heyns, 1968 の 1 種にあたる（今村重元の作成した slide はすべて処分されている）とされている．

ソリディデンス亜科（p.17）
Solididentinae
　壁歯は針状あるいはソルディデンス型．

ソリディデンス属（p.17）
Solididens
　固定すると C または S 字状になる．唇部はくびれる．

フェロクシデス属（p.17）
Feroxides
　固定すると体はほぼ真っ直ぐになる．唇部はくびれない．

ニゲルス科（p.16）
Nygellidae
ニゲルス亜科（p.16）
Nygellinae
ニゲルス属（p.16）
Nygellus
　食道腺後部の膨潤部はらせん状の筋肉質の鞘で包まれる．雌の生殖腺は後部のみ．

エトネマ科（新称）（p.16）
Aetholaimidae
エトネマ亜科（新称）（p.16）
Aetholaiminae
エトネマ属（新称）（p.16）
Aetholaimus
　ビン型の食道と歯壁をもち，唇口腔が広く硬化していることが特徴．食性は未知であるが，おそらくは捕食性．

ニゴライメルス科（p.16, 35）
Nygolaimellidae
　小さな唇口腔に壁歯をもつ．ビン型の食道後端の 3 つの腺は盤状になる点が特徴．捕食性とみられている．

ニゴライメルス亜科（p.16）
Nygolaimellinae
　食道後端の 3 つの腺はあまり発達せず，盤状になる．

ニゴライメルス属（p.16）
Nygolaimellus
　食道腺は 2 箇所で膨潤する．食道と腸との接合部にディスクを持つ．

スカピデンス属（p.16, 35）
Scapidens
　食道腺は通常のドリライムス型．ディスクなし．

イソライミウム目 Isolaimida

イソライミウム科（p.23, 40）
Isolaimidae
イソライミウム属（p.23, 40）
Isolaimium
　体長 3 〜 6 mm の大型の線虫で，歯をもたず 70 μm を超える長い口腔と，その 2 倍近くに達する長い円筒状の食道が特長．砂質土壌を好む．捕食性．

デスモスコレクス目 Desmoscolecida

デスモスコレクス科 (p.23)
Desmoscolecidae
デスモスコレクス属 (p.23, 38)
Desmoscolex

　デスモスコレクス目は基本的に海水性であり，2006年の時点での有効種280種の内，255種が海産である．約10％にあたるその他の25種は，塩分濃度の高い沼沢地，汽水性の土壌や，完全に陸生の土壌中に生息する．
　Desmoscolex 属も殆ど例外なく海水中に生息するが，1930年代にヨーロッパの数箇所の山中の土壌から検出報告があった．その後他の大陸の数箇所からも報告があり，これらには *D. montanus* 以外の種名も掲載されている．日本国内の各地の山林から検出された標本については，どちらも講演による報告のみであるが皆川も宍田も，種の同定結果を発表していない．

ティレンクス目 Tylenchida

　双器は概して小さく，頭の前面に小さな穴が開口する（図版17：ワセンチュウ類の頭部の形態を見よ）線虫類で口針を持つのはドリネマ目と本目のみであるが，本目では口腔壁のいくつかが融合して，やはり中空の槍状の針を作る．この針は様々な太さと長さを持っており，"刺して，吸収する"摂食法をとるので，線虫類，ワムシ，クマムシ，などの小動物を餌としたり，あるいは同じ1種の線虫が糸状菌に針を刺して原形質を吸収したり，線虫の体に突き刺して体液を吸収したりすることもある．

ティレンクス亜目 Tylenchina

ティレンクス上科
Tylenchoidea
ティレンクス科 (p.21, 36)
Tylenchidae

　体長0.35〜1.3 mmのものが多い．食道後端部が丸く腸と重ならず，前方に伸びた1本の卵巣をもち，尾部が細長いことから，他のティレンクス目から識別できる．藻類や菌類，または高等植物地下部の寄生者となるものが多いが，後述のシストネマやネグサレネマなどのように農作物に大きな害をもたらすことはない．

アングイナ科 (p.21)
Anguinidae

　食道後端が腸と重なり，口針長は51 μmを超えることはなく，頭部骨格および頭部条溝の発達の悪いことなどから，他のティレンクス亜目から識別される．ほとんどが高等植物の地上部に寄生するが，若干の種が土壌中に生息し，藻類や菌類を食べる．

ベロノライムス科 (p.21)
Belonolaimidae
ベロノライムス亜科 (p.21)
Belonolaiminae

　体長は大きいもので3 mmにまで達する．雄雌同型であり，腸に重なる食道腺をもち，50 μmを超える長い口針をもつことで，他のティレンクス目から識別される．高等植物の根に外部，稀に内部寄生する．

ティレンコリンクス亜科 (p.21)
Tylenchorhynchininae

　体長0.5〜3 mmまでで，雄雌同型であり，食道後端が丸く腸と重ならず，口針長が30 μmを超えることはなく，雌が2本の卵巣をもつことで，他のティレンクス亜目から識別される．高等植物の根に寄生する．

ドリコドルス科 (p.21)
Dolichodoridae

　体長1〜3 mm．雌雄同型であり，食堂後端が丸く腸と重ならず，50 μmを超える長い口針を持つことで，他のティレンクス目から識別される．高等植物の根に外部寄生する．

シストネマ科（新称）(p.21, 22, 37)
Heteroderidae
シストネマ亜科（新称）(p.22)
Heteroderinae

ネコブネマ亜科（新称）(p.22, 37)
Meloidogyninae

　土壌中には，寄主（高等植物）の根内で成虫にまで育ち，土中に遊出した雄成虫と，土中でシスト化した母体から遊出した第2期幼虫，および寄主の根の内部または外部に固着して栄養摂取し，成熟してから受動的に土中に出てシスト化した雌成虫（シストネマのみ）とが認められる．シストの角皮には特有の色素が沈積し，土壌線虫としては珍しく無色透明ではない．成熟雌はレモン型となり，大きなものでは体長1 mmにまでなるので，寄主の根周りの土中のものは肉眼でも認知できることが多い．
　本科のネマが寄生する植物の根周りには必ず第2期幼虫がいるので，必ず分離され，これを検鏡しただけでネコブネマ類もしくはシストネマ類と容易に識別さ

れる．またこれらのネマの寄生により植物の根に形成された根瘤（ねこぶ）も，肉眼でそれと認識できる．

ラセンネマ科（新称）（p.21, 36）
Hoplolaimidae

口針は長さ 50 µm 以下であるが頑丈で，頭部は高く隆起し，骨格・条溝がよく発達することで他のティレンクス目から識別される．

ネグサレネマ科（新称）（p.21, 36）
Pratylenchidae

体長 0.35 〜 0.9 mm．食道後端が腸と重なり，口針長は 50 µm を超えることはなく，低く平坦であるが骨格・条溝のよく発達した頭部をもつことから，他のティレンクス亜目から識別される．記載された種はすでに 60 種を超え，高等植物の根に内部寄生し，農作物の大害虫となる種が多い．

クリコネマ上科
Criconematoidea
クリコネマ科（p.19, 20, 37）
Criconematidae

土壌線虫としては特異な形態をもち，科の識別は低倍率での検鏡でも容易である．しかし，属の決定・種の同定には頭部の微細構造の正面からの観察が必要であり，プレパラート作りなどを含めて，決して容易な作業ではない．

本科の種の雌は長く頑丈そうな口針を持つが，これまで農作物への加害の例は非常に少ない．どこの国でも地域でも，多くは樹木の根圏土壌から数多く検出される．

分類学的には古い研究史を持つが，本格的に系統だった研究は 1965 年に始まった．De Grisse and Loof (1965) はこの分類群の微細形態を観察し，各形質の重要性を明らかにし，これを基礎に Criconemoides Taylor, 1936 を 6 つの属に分けた (Loof and De Grisse, 1967)．その後，応用上あまり重要ではない分類群としては珍しく，多くの研究者が研究を続け，数多くの新属を設けた．しかし主として M. Luc，と D. J. Raski により整理され，現在は Criconematidae には 15 属ほどを認めるのが一般的である．

オグマ属（新称）（p.20, 37）
Ogma

本属の角皮に見られるトゲ状やらウロコ状やらの付属物は，形態的に実に多様で，本属を分割するために，これまでに 11 の新属が提唱された．しかし主として Raski と Luc および Loof らに (Raski and Luc, 1987 および Loof and De Grisse, 1989) より，これらはすべて否定され，泥沼様になったワセンチュウの分類が正常に戻された．これまでに日本から 13 種，朝鮮半島から 10 種近くが報告されている，大きな属である．

クリコネマ属（p.20, 37）
Criconema

sl は lp と完全に融合し，6 つの pseudolip をもつ 1 枚のプレートとなる．この pseudolip の形態は属内で殆ど変わらないほど安定している．

クリコネモイデス属（p.20）
Criconemoides

全属と同じく，sl は lp と完全に融合し，6 つの pseudolip をもつ 1 枚のプレートとなる．しかしまだ sl の形態は残しており，pseudolip との形態的差異は明瞭である．

ナガハリクリコネマ属（新称）（p.20）
Xenocriconemella

体長は雌成虫で 210 〜 300 µm と小さいが，口針長は体長の 40 % にも達するほど長い．1 属 1 種で汎世界的に分布するが，世界中の異集団間での量的形質・数的形質の変異は極めて小さい．

ディスコクリコネマ属（新称）（p.20, 37）
Discocriconemella

lp の形には若干の変異はあるが，いずれにしても sl と融合して 1 枚のプレートになっている．

1 つの属にまとめるにはヘテロジーニャス過ぎる，という意見もあるが，記載されている

すべての種のオスの頭部が鋭い円錐形を呈するというのは重要な形質であると思われる．

メソクリコ属（新称）（p.20）
Mesocriconema

4 つの sl がよく目立つ．pseudolip は認めない．sl は時にはかなり大きく，大きな lip と融合することなく，明瞭に区別される．

ロボクリコ属（新称）（p.20）
Lobocriconema

sl は，基部から中ほどまで，lp に吸収されたかのように融合する．また R が少ないこと，体環の淵が明瞭に下向きになることから，最も近縁の Meso. から区別される．

ヘミクリコ属（新称）(p.20)
Hemicriconemoides

　雌成虫が角皮の外にもつ鞘は，尾端まで体に密着する．鞘を持つのはメス成虫であること，口針節球が同科の他属と同様に前向きに反る点で，次属と異なる．

サヤクリコ科（新称：従来のサヤワセンチュウを機械的に改変）(p.19, 20)
Hemicycliophoridae

サヤクリコ属（新称）(p.19, 20)
Hemicycliophora

　本属は他の線虫には殆ど見られない多くの形態形質を持つ，土壌線虫の中でも最も近縁のようにも思える *Hemicriconemoides* とは，頭部の微細構造も，雄の生殖器の構造もまるで異なる．例えば本属の線虫は雌雄とも頭の上から尻尾の先まで，ゆるく鞘に包まれる．また雄の交接刺は鉤状に強く湾曲する，などである．

ティレンクルス科 (p.19)
Tylenchulidae

　小型で，普通は体長 0.8 mm 以下．食道の形態はクリコネマ上科のもう1つの科であるクリコネマ科によく似るが，食道狭が長い点で識別される．また，角皮の体環構造があまり粗くないことや，普通は口針根の 15 μm と短いことなどでも識別される．高等植物寄生性で，根の外部で固着生活を送る．

アフェレンクス亜目 Aphelenchina

アフェレンコイデス上科
Aphelenchoidoidea

アフェレンコイデス科 (p.18, 37)
Aphelenchoididae

　体長 0.45〜1.2 mm．ほっそりした口針とよく発達した中部食道球の後方に食道狭をもち，中部食道球の後方に食道狭がなくすぐに腸に接続することが特徴．食性の広いグループであるが，土壌中に生息するのは，高等植物の根辺や菌類の多い層から検出される．

アフェレンクス上科 (p.18)
Aphelenchoidea

アフェレンクス科 (p.18)
Aphelenchidae

　小型で，普通は体長 0.85 mm を超えない．よく発達した中部食道球の後方に食道狭をもつこと，及び食道腺が腸に腹側で重なることから，他のテイレンクス目から識別される．菌食性．

パラフェレンクス科 (p.18)
Paraphelenchidae

　よく発達した中部食道球の後方に食道狭をもち，食道腺が腸に重ならないこと，および雌が尾端に微突起をもつことから，他のテイレンクス目から識別される．菌食性．

ヘキサティルス亜目 Hexatylina

ネオティレンクス科 (p.18)
Neotylenchidae

　ティレンクス目型の口針をもつが，中部食道球がほとんどあるいはまったく発達せず，弁をもたないことから，他のティレンクス目と識別される．菌食性であり，菌層から検出される．

モノンクス目 Mononchida

　双器は小さくカップ状．

モノンクス亜目 Mononchina

　この分類群（Mononchina）は，まず食道腺と腸の接合部の形態（結節が発達するか否か）により2分され，さらに口腔内壁に発達するさまざまな大きさの歯（先端の尖った突起）の数・位置・大きさなどの組み合わせを属の標徴とすることで，合意を得ているように思われる．しかしこの部分での結節の形成は，線虫類の他の taxa でも，一定の範囲内で出現しているわけではなく，あちこちの taxa で見られる．従ってこの形質がこの分類群の中で他の識別形質よりも古いものであるとは言い切れない，という見方も考えられるので注意を要し，他の形質と組み合わせて分類体系を，考える必要がある．（ここでは検索のための key character：手がかりとしているのみであるので，この限りではない）

モノンクス上科 (p.25)
Mononchoidea

　殆どすべての種が口腔内壁に，1つの大きな歯と沢山の小さな歯を持ち，他の小動物を攻撃する．餌動物を丸呑みするが，栄養分として摂取するのは体液や細胞質で，クチクラは排泄される．貧毛類の体表の剛毛や線虫類の口針などは消化も排泄もされず，捕食者の腸内に留まっているのが観察される．体の小さな種や，幼虫の頃には細菌類を餌の中心としていることも考えられる．旧版では5科としたが，今回の版では Iotonchidae とは Anatonchidae に，Cobbonchidae は

Mononchidae へとそっくり移動させ，全体を3科とした．

モノンクス科（p.25, 26, 40）
Mononchidae
頭部に剛毛をもたず，大きな樽状の口腔の背側にのみ大きな歯を1つもち，食道と腸との接合部に結節をもたないことが特徴的．土壌やコケのマットの中に生息し，小動物を捕食する．

モノンクス亜科（p.26）
Mononchinae
口腔亜腹部には背部の歯のような大きな歯は無いが，縦方向の，隆起線や鋸歯の列が発達することがある．

モノンクス属（p.26）
Mononchus
口腔の亜腹側の壁には鋸歯は発達しないが，背側の歯と同レベルの位置に，水平方向に伸びた細い線状の隆起がある．

クラルクス属（p.26, 40）
Clarkus
口腔の腹部の壁に縦方向に伸びる稜は，前端近くで水平方向に切断したかのよう突然終わる．尾腺は痕跡的で，尾孔はない．

クーマンスス属（p.26）
Coomansus
口腔の腹部の壁に稜が発達する場合も，先端は徐々に狭まり，歯のようにはならない．尾腺は痕跡的で，尾孔はない．

アクトゥス属（p.26）
Actus
口腔亜腹部の鋸歯は2列で，8〜12個．隆起線上に並ぶことはなくバラバラ．

プリオンクルス属（p.26）
Prionchulus
亜腹部の歯は2列の隆起線上に鋸歯状に並ぶ．

コブクス亜科（p.26）
Cobbonchinae
口腔亜腹部の壁には背部の歯と形・大きさの等しい歯がある．

コブオンクス属（p.26）
Cobbonchus
口腔内亜腹部の壁の歯は，多少なりとも背側の歯よりも後方に位置する．尾は短い円錐形で，尾腺は顕著に発達する．

コミコンクス属（p.26）
Comiconchus
口腔内亜腹部の壁の歯は，背側の歯と同じレベルに位置する．尾は長い円錐形で，尾腺はわずかにしか発達しない．

ミロンクルス科（p.25, 28）
Mylonchulidae
食道が円筒状で，樽状の口腔の背側にのみ大きな歯を1つもち，1または数列に並ぶかあるいはバラバラに分布する，ヤスリ状の小鋸歯を口腔内亜腹側の壁にもつことが特徴的．土壌および淡水中で，小動物を捕食する．

ミロンクルス属（p.25, 28）
Mylonchulus
口腔内亜腹部の壁に無数の小鋸歯が，列を作って水平方向に並ぶ．

グラノンクルス属（p.28）
Granonchulus
口腔内亜腹部には口腔の殆ど上から下までにわたって，小鋸歯が1列に並ぶ．

アナトンクス上科
Anatonchoidea
アナトンクス科（p.25, 27）
Anatonchidae
頭部に剛毛をもたず，大きな樽状の口腔に形・大きさの等しい3つの歯があり，食道と腸との接合部に結節をもつことが特徴的．土壌および淡水中に生息し，小動物を捕食する．

アナトンクス亜科（p.27, 28）
Anatonchinae
ミカトンクス属（p.28）
Micatonchus
背側の歯は前方を向く．

トゥルックソンクス属（p.28）
Truxonchus
　3つの歯は口腔の中部よりも後方に位置する．

ティグロンコイデス属（p.28）
Tigronchoides
　3つの歯は口腔のほとんど前端に位置する．

アナトンクス属（p.28）
Anatonchus
　3つの歯は口腔の中部近辺に位置する．

イオトンクス亜科（p.27）
Iotonchinae
ヌロンクス属（p.27）
Nullonchus
　口腔内に歯・鋸歯など一切備えていない．

イオトンクス属（p.27）
Iotonchus
　背側の歯は口腔の基底近くに位置する．

ジェンセノンクス属（p.27）
Jensenonchus
　尾の形態は雌雄似て，短く丸いか，あるいは$C'=2$〜5ほどで，曲がった弓状．

イオトンクルス属（p.27）
Iotonchulus
　雌成虫の尾は糸状に細長く伸び，$C'=12$〜19．

ミコンクス亜科（p.27）
Miconchinae
ミコンクス属（p.27）
Miconchus
　口腔の壁の背中側と両亜腹部とに，ほぼ同じ高さに計3個の歯をもつ．

パラクラシブッカ属（p.27）
Paracrassibucca
　口腔内亜腹部に，背側の歯よりやや小さい歯が2つずつ縦方向に並ぶ．

バチオドントゥス亜目 Bathyodontina

　細長い口腔の前方部は管状，後方部は徐々に細まり，前方部の基部に1つの小さな歯を持つことが特徴的．土壌および淡水中に生息し，小動物を捕食する．

モノンクルス上科
Mononchuloidea
　口腔は広く，大きな歯を持つ．

モノンクルス科（p.25）
Mononchulidae
モノンクルス属（p.25）
Mononchulus
　尾は長く円筒形．

オイオンクス属（p.25）
Oionchus
　尾は短く半球形．

クリプトンクス上科
Cryptonoidea
　口腔は幅が狭く，壁は薄く，歯は小さい．

クリプトンクス科（p.29）
Cryptonchidae
クリプトンクス属（p.29）
Cryptonchus
　口腔は長い管状（35〜70 μm）．単卵巣型．

バチオドントゥス科（p.29）
Bathyodontidae
バチオドントゥス属（p.29）
Bathyodontus
　口腔は管状であるが，それほど長くはない（15〜30 μm）．双卵巣型．

ラブディティス目 Rhabditida

テラトケファルス亜目 Teratocephalina

チェンバーシエラ科（p.32）
Chambersiellidae
　弁の発達した後部食道球と，よく目立つ頭部の6本の飾毛により，容易に識別される．微生物食性．

テラトケファルス科（p.32, 38）
Teratocephalidae
　小型のグループで，体長0.3〜0.7 mm．頭部に6つの深い切れ込みをもつのが特徴．食性は不明．

ケファロブス亜目 Cephalobina

ブレウィブッカ科 (p.32)
Brevibuccidae
弁の発達した後部食道球と，長さが幅の 1.5 倍ほどの樽状の口腔が特徴的．細菌食性．

ケファロブス科 (p.32, 38)
Cephalobidae
後部食道球に弁をもち，完全に分かれた腔壁でできている口腔は，唇口腔が広く，それに続く食道口腔が狭く長いことが特徴的．湿潤な土壌や腐植中に多い．

パナグロライムス科 (p.32)
Panagrolaimidae
後部食道球に弁をもち，完全に分かれた腔壁でできている口腔壁は，硬化の強い唇口腔が広く，硬化の弱い食道口腔が短いことが特徴的．微生物食．

ラブディティス亜目 Rhabditina

ラブディトネマ科 (p.32)
Rhabditonematidae
小型のグループで，体長 0.5〜0.7 mm．後部食道球に弁が発達し，いくつかの腔壁が融合してできた口腔は円筒状で，長さが幅のほぼ 2 倍であることから識別される．細菌食性．

ラブディティス科 (p.31, 38)
Rhabditidae
中部食道球と弁のある後部食道球をもち，円筒状の口腔の基部近くに小さなはをもつことが特徴．線虫類のなかでも最も大きなグループで，陸生無脊椎動物や両生類の寄生虫を含むが，土壌中では腐敗物中の細菌類を餌とする．

アロイオネマ科 (p.32)
Alloionematidae
体長 0.4〜1.4 mm．後部食道球に弁をもち，唇部にまったく突起をもたず，わかれた腔壁でできている口腔壁は全体に硬化が弱いことが特徴．腐植や糞の中に生息するが，陸生の貝類や甲虫類に寄生するものもある．

オドントラブディティス科 (p.32)
Odontorhabditidae
中部食道球と弁のある後部食道球をもつこと，食道口腔の背側に鋭い歯をもち，口腔全体が円筒形をなすことが特徴．食性は不明．

ブノネマ科 (p.31)
Bunonematidae
極めて小型のグループで，体長 0.2〜0.6 mm．体全体が左右非相称で，体の右側に瘤状または釘状の突起をもつことで，他の線虫から容易に識別される．湿潤な土壌や腐植中などに生息．細菌食性．

プテリゴラブディティス科 (p.31)
Pterygorhabditidae
体長 0.5〜0.8 mm．体全体が左右非相称で，体の左側に縦方向に並んだ 4 列の突起をもつことにらより，容易に識別される．湿潤な土壌中や樹皮下・腐植中などに生息し，おそらくは細菌食性．

ディプロガスター亜目 Diplogasterina

ディプロガスター科 (p.31)
Diplogasteridae
よく発達した前部および中部食道球をもち，唇口腔の基部に小鋸歯または大きな歯の備わった，円筒形でない口腔をもつことが特徴．微生物食性あるいは捕食性．

オドントファリンクス科 (p.30)
Odontopharyngidae
食道の前方部は円筒形で，後方部は徐々に膨らんでいき，頭部剛毛をもず，口腔内の背側に大きな歯をもつのが特徴．捕食性と思われる．

ディプロガステロイデス科 (p.31)
Diplogasteroididae
よく発達した前部および中部食道球に弁をもち，円筒形の口腔の基部近くに小さなはをもつことにより識別される．腐食質中に見出しさめることが多く，細菌食性とみられる．

前部・中部食道球が融合して長い円筒を形成し，食道長の 1/4 を超える細長い口腔をもつことから，容易に識別される．両生・爬虫・哺乳類の腸内に寄生するものを含むが，土壌中に生息するものは微生物食．

プレクトゥス目 Plectida

本目は Malakhov *et al.* (1982) が，それまで Araeolaimida および Chromadorida に置かれていたいくつかの科を一緒にして，新らしい目を設けたものである．その

後少しずつ修正が加わり，最新の体系では De Ley et al.（2006）は4つの上科に15を超える科を整理している．この中でも De Ley et al.（2002）でも，新しい科は設けておらず，分子生物学的手法によって設けた De Ley らの分類が，Malakhov et al., (1982) のものと一致しているのは注目される．

De Ley et al., (2006) によれば，8つの科が湿度の高い土壌・湿地から報告されており，その殆どが日本からも検出されているが，Plectus 以外は未報告のままとしているものが多い．

レプトネマ上科
Leptolaimoidea
食道腺は明瞭な膨潤部を持たないが，弁のない後部食道球をもつ．口腔壁は

レプトネマ科 (p.33)
Leptolaimidae
パラプレクトネマ属 (p.33)
Paraplectonema
後部食道球をもつ．

アファノネマ科 (p.33, 39)
Aphanolaimidae
アファノネマ亜科 (p.33)
Aphanolaiminae
双器の開口部は渦巻状に膨らみが発達する．

アファノネマ属 (p.33, 39)
Aphanolaimus
双器開口部の渦巻模様は，明瞭に中央まで続く．

パラアファノネマ属 (p.33)
Paraphanolaimus
双器開口部の渦巻模様は，中央までは達しない．

アノンクス亜科 (p.33)
Anonchinae
アノンクス属 (p.33)
Anonchus
双器の開口部は卵形．

プレクトゥス上科
Plectoidea
後部食道球を持つ．

クロノガスター科 (p.34)
Chronogasteridae
クロノガスター属 (p.34)
Chronogaster
後部食道球は末端ではなく，少し前に位置する．双器の開口部は一巻き，またはその変形．雌生殖器は前卵巣型．

プレクトゥス科 (p.34, 39)
Plectidae
後部食道球は食道の末端もしくはやや前方に位置する．双器の開口部は一巻き，または裂け目状．雌生殖器は双卵巣型．

プレクトゥス亜科 (p.34)
Plectinae
プレクトゥス属 (p.34, 39)
Plectus
唇部の角皮は外に張り出すことはなく，双器の開口部は一巻きのらせん状，剛毛は体全体に発達する．

アナプレクトゥス亜科 (p.34)
Anaplectinae
アナプレクトゥス属 (p.34, 39)
Anaplectus
唇部の角皮は外に張り出すことはなく，双器の開口部は一巻きのらせん状，または裂け目状．剛毛は尾部のみ．

ウィルソネマ亜科 (p.34)
Wilsonematinae
ウィルソネマ属 (p.34)
Wilsonema
頸部の角皮が膨らんで，双器の開口部は円形であることから，他の土壌線虫から容易に識別される．汎世界種と思われる *W. othophorum* が，日本でも高い頻度で検出されている．

ティロケファルス属 (p.34, 39)
Tylocephalus
頸部の角皮が膨らんで，双器の開口部は裂け目状であることから，他の土壌線虫から容易に識別される．
日本に分布するものは未同定．

参考文献

上位分類や体系の構成などで参考にしたもの，および地理的分布・形態等に関する事項を引用した文献.

Ahmad, W., M. Araki & S.Kaneda (2003) Two new species of the genus *Paravulvus* Heyns (Nematoda, (Nygolaimidae) from Japan. International Journal of Nematology. **13**(1) : 57-64.

Andrassy, I. (1958) Erd-und Susswassernematoden aus Bulgarien. Acta Zool. Hung, **4** : 1-88.

Andrassy, I (1976) Evolution as a Basis for the Systematization of Nematodes. Pitman Publishing. 287 pp.

Andrassy, I. (1984) Klasse Nematoda. Gustav Fischer Verlag. Stuttgart, 509 pp.

Andrassy, I (1986) The genus *Eudorylaimus* Andrassy, 1959 and the present status of its species (Nematoda : Qudsianematidae). Opuscula Zoologica Universitatis. Budapest, **22** : 3-42.

Andrassy, I. (1987) The superfamily Dorylaimoidea (Nematoda) - a review. Families Thorniidae and Thornenematidae. Acta Zoologica Acdemia Scientiae Hungarica, **33** : 277-315.

Andrassy, I. (1988) The superfamily Dorylaimoidea (Nematoda) - a review. Family Dorylaimidae. Opuscula Zoologica Budapest. **23** : 3-63.

Andrassy, I. (1990) The superfamily Dorylaimoidea (Nematoda) - a review. Family Qudsianematidae I. Acta Zoologica Hung., **36** : 163-188.

Andrassy,. I. (1991) The superfamily Dorylaimoidea Andrassy, I. (1993) A taxonomic survey of the Family Mononchidae (Nematoda). Acta Zoologica Hungarica, **39** : 13-60.

Andrassy, I. (1991) The superfamily Dorylaimoidea (Nematoda) - a review. Family Qudsianematidae, II. Opusc. Zool. Budapest, **24** : 3-55.

Coomans, A. (1977). Evolution as a basis for the systematization of nematodes-a critical review and expose. Nematologica 23, 129-36.

De Grisse, A. (1967) Description of fourteen new species of Criconematidae with remarks on different species of the family. Biologisch Jaarbook dodonaea **35** : 66-125.

De Grisse, A. & P. A. A. Loof (1965) Revisisons of the genus Criconemoides (Nematoda) Meded. Landbouwhogesch. Opzoekstns Gent. **30** : 576-60.

De Ley, P. & M. Blaxter (2004) A new system for Nematoda :combining morphological characters with molecular trees and translating clades into ranks and taxa. Nematology Monographs and Perspectives **2** : 633-653.

De Ley, P. & A. Coomans (1989) A revision of the genus *Bathyodontus* Fieldings, 1950 with the description of a male of *B. cylndricus* Fieldings, 1950 (Nematoda : Mononchida). Nematologica **35** : 147-164. Filipjev.

Fortuner, R. & D. J. Raski (1987) A review of Neotylenchoidea Thorne, 1941.(Nemata : Tylenchida). Revue Nematol., **10**(3) : 257-267.

Heyns, J. (1968) A monographic study of the nematode families Nygolaimidae Nygolaimellidae. **19** : 1-144.

Heyns, J. (1971) A guide to the plant and soil nematodes of the South Africa. A. A. Balkema, Cape Town. 233. pp.

Holovachov, O., S. Bostrom, I. Tandingan De Ley, P. De Ley and A. Coomans (2003) Morphology and systematics of the genera *Wilsonema* Cobb, 1913, *Ereptonema* Anderson, 1966, and *Neotylocephalus* Ali, Farooqui & Tejpal, 1969 (Leptolaimina : Wilsonematinae). J. Nem. Morph. Syst., **5**(1) : 73-106.

Imamura, S. (1931) Nematodes in the paddy felds, with notes on their population before and after irrigation. J. Col. Agri. Imp. Unv. Tokyo. **11** : 193-240.

Jairajpuri, M. S. & W. Ahmad (1992) Dorylaimida E. J. Brill. 458 pp.

Maggenti, A. R. (1981) General Nematology. 372 pp, Springer-Verlag, New Yok.

Maggenti, A. R. (1982). Nemata. In "Synopsis and Classification of Living Organisms, Vol. 1. (S. P. Parker ed.)", 879-929. McGraw-Hill book Co. New York.

Maggenti, A. R., M. Luc, D. J. Raski, R. Fortuner & E. Geraert (1987). A reappraisal of Tylenchina (Nemata). 2. Classification of the suborder Tylenchina (Nemata : Diplogasteria). Revue Nematol., **10**(2) : 135-142.

de Man, J. G. (1880) Die Einheimischen, frei in der reinen Erdeund sussen Wasser lebende Nematoden. Vorlaufiger Bericht und de scriptivsystematischer Theil Tijdschr. Nederland Dierk. Ver, **2** : 78-196.

日本線虫学会線虫和名検討小委員会（2004）植物寄生線虫の和名の改訂. 日本線虫学会誌 **34**(2) : 105-106.

Riemann, F. (1972) *Kinonchus sattleri* n. g.,n. sp.(Enoplida, Tripyloidea) an Aberrant free-living nematode from the lower Amazonas. Veroffentlichungen Der Instituts fur Meeresforschung Bremerhaven. 13 : 317-326.

Shishida, T. & Y. Shishida, Y. (2003) A Biogeographical Note on Mononchids (Nematoda) of Japan. Journal of Nematology **35**(3) : 363.

Shishida, Y. (1979) Studies on nematodes parasitic on woody plants. 1. Family Trichodoridae (Thorne, 1935) Clark, 1961. Jap. J. Nematol., **9** : 28-44.

Shishida, Y. (1983) Studies on nematodes parasitic on woody plants. 2. Genus *Xiphinema* Cobb, 1913. Jpn. J. Nematol., **12** : 1-14.

Thorne, G. (1964). Nematodes of Puerto Rico : Belondiroidea new superfamily, Leptonchidae Thorne, 1935, and Belonenchidae new family (Nemata, Adenophorea, Dorylaimida). Univ. Puerto Rico Agr. Ep. Stn., Technical Paper, **29** : 1-51.

Zullinii, A. (1972) On the Suborder Dorylaimina (Nematoda). Istituto Lombardo (Rend. Sc.) B **106** : 164-185.

緩歩動物門
TARDIGRADA

異クマムシ綱 Heterotardigrada
中クマムシ綱 Mesotardigrada
真クマムシ綱 Eutardigrada

宇津木和夫　K. Utsugi

緩歩動物門（クマムシ類）Tardigrada

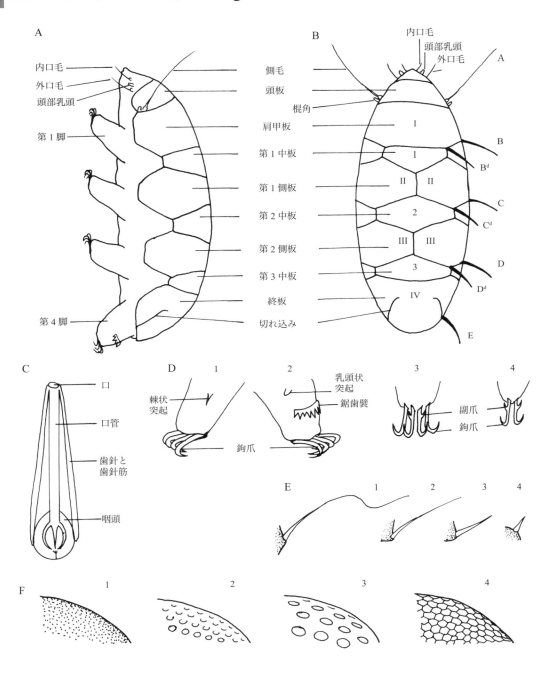

異クマムシ綱 Heterotardigrada トゲクマムシ目 Echiniscoidea 形態用語図解
A：側面，B：背面（背甲板と付属物の記号も付す），C：口器，D：脚と爪〔1：第1脚，2：第4脚，3：成体の鉤爪（腹面），4：幼体の鉤爪（腹面）〕，E：背甲板の付属物（1・2：糸状，3・4：棘状），F：体表クチクラの構造（1：点状，2・3：小孔状，4：網目状）

2　緩歩動物門（クマムシ類）

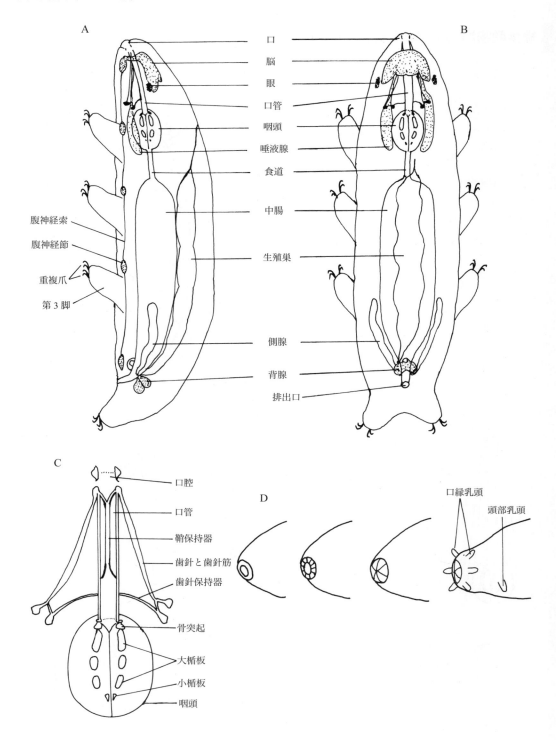

真クマムシ綱 Eutardigrada 形態用語図解(1)
A：側面，B：背面，C：口器，D：口の唇弁

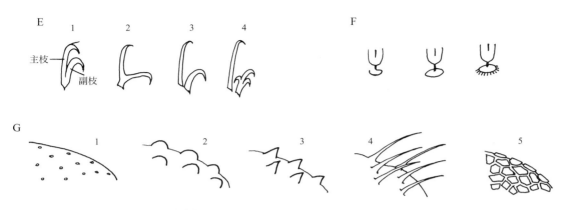

真クマムシ綱 Eutardigrada 形態用語図解（2）
E：重複爪（1：チョウメイムシ型，2：イボヤマクマムシ型，3：ヤマクマムシ型，4：オニクマムシ型），F：爪の基部の新月（三日月形または円形の隆起），G：体表クチクラの構造（1：小孔状，2：結節状隆起，3：乳頭状隆起，4：棘状隆起，5：小板状隆起）

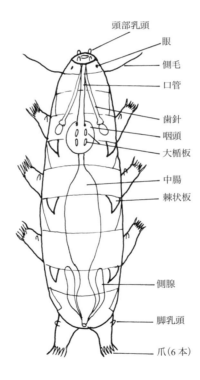

中クマムシ綱 Mesotardigrada オンセンクマムシ目 Thermozodia 形態用語図解
（Rahm, 1937 から略写）

4 緩歩動物門（クマムシ類）

緩歩動物門 Tardigrada の綱・目への検索

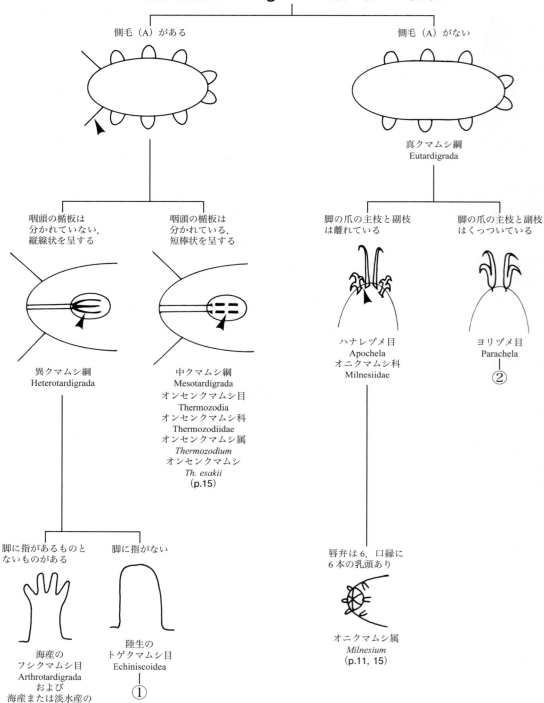

トゲクマムシ目 Echiniscoidea の科・属への検索

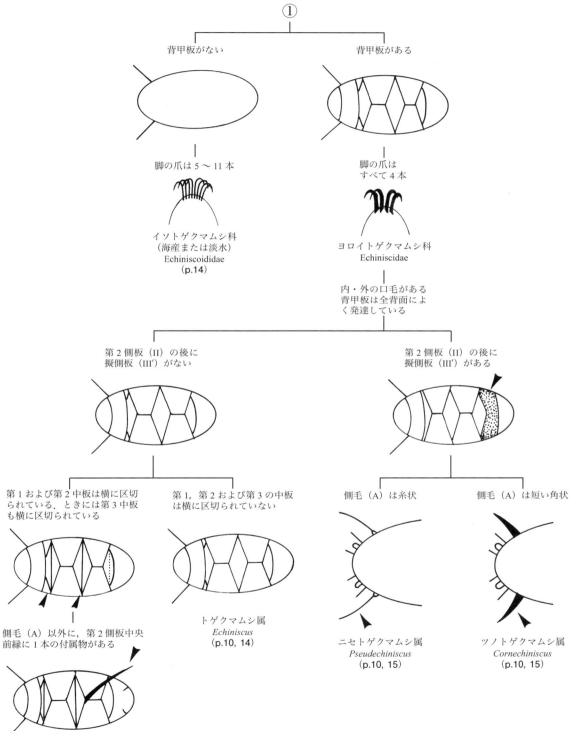

6 緩歩動物門（クマムシ類）

ヨリヅメ目 Parachela の科・属への検索

②
それぞれの脚の先に爪がある．
爪は主枝と副枝からなる（重複爪）

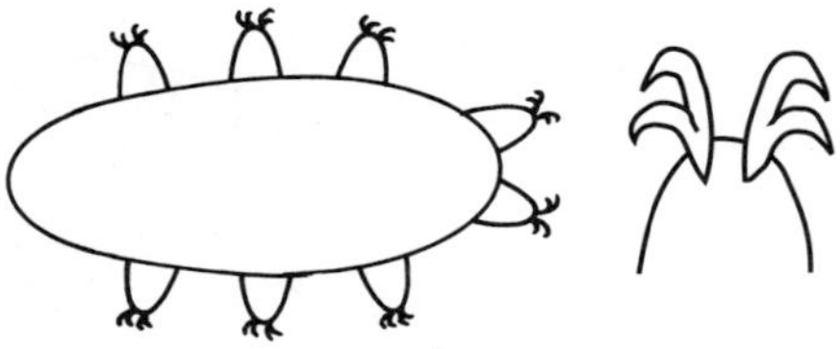

脚の先の重複爪は，
同形・同大で対称型

チョウメイムシ科
Macrobiotidae
⑤

脚の重複爪は，形も大きさも異なり，非対称型

咽頭管は直線状．口管に鞘保持器はない

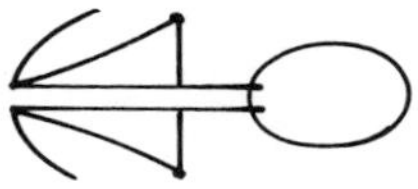

トゲヤマクマムシ科
Calohypsibiidae

咽頭管は直線状または屈曲する．口管に鞘保持器がある

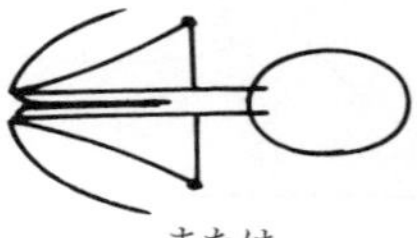

または

③

咽頭の大楯板は2個．背側体表に小隆起や棘状の突起がある

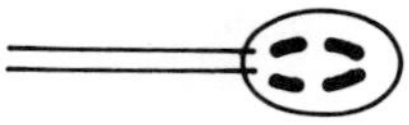

トゲヤマクマムシ属
Calohypsibius
(p.13, 17)

咽頭の大楯板は3個．体表は平滑である

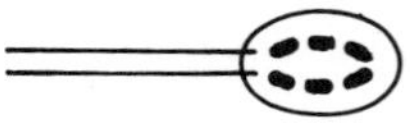

コヤマクマムシ属
Microhypsibius
(p.18)

— 84 —

緩歩動物門（クマムシ類） 7

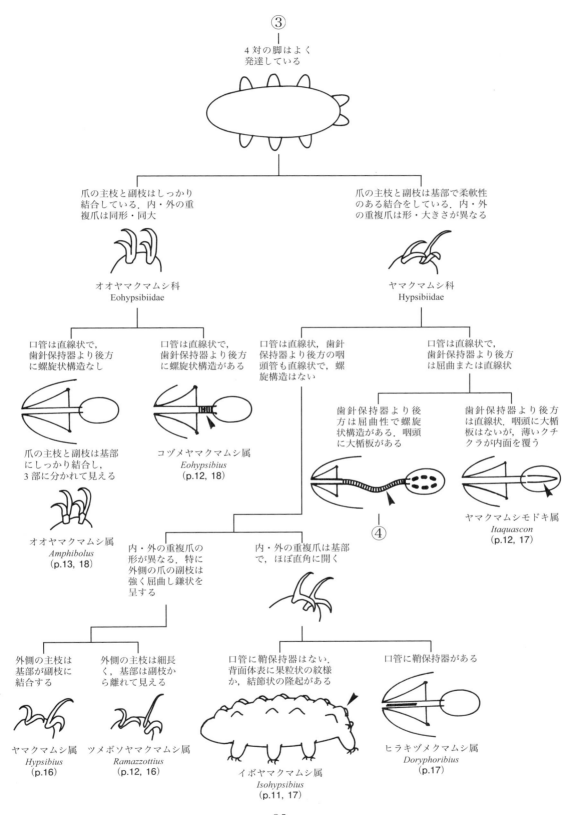

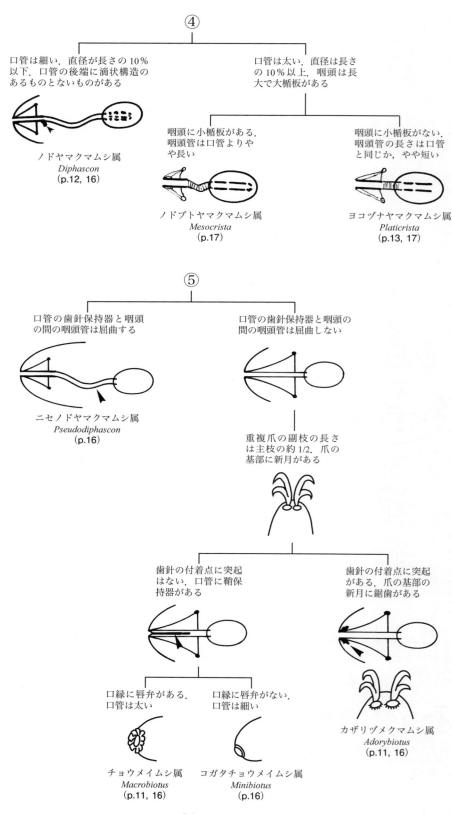

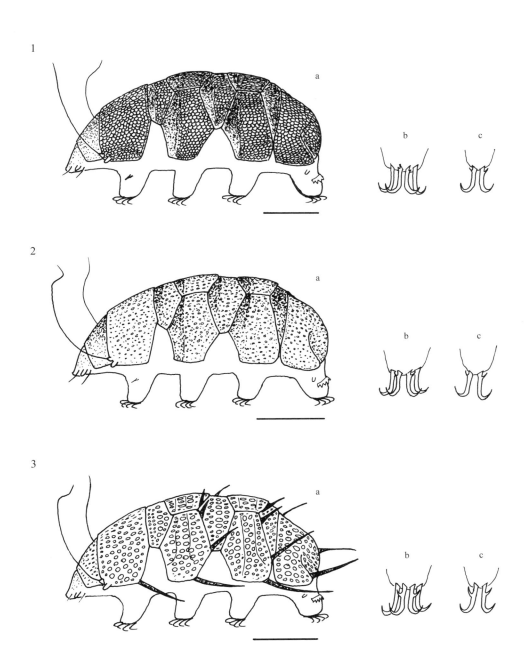

トゲクマムシ属 *Echiniscus* の 3 種(スケールはすべて 50 μm)
1:ニホントゲクマムシ *Echiniscus japonicus* Morikawa, 2:ミドリトゲクマムシ *Echiniscus viridissimus* Pterfi, 3:ラップランドトゲクマムシ *Echiniscus lapponicus* Thulin. a:全形側面, b:成体の爪, c:幼体の爪
(1〜3:原図)

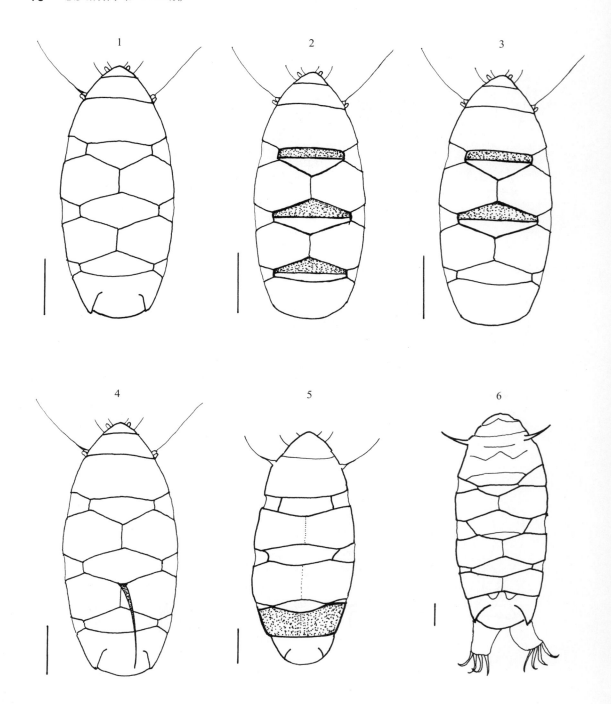

ヨロイトゲクマムシ科の背甲板の相違(背面)(スケールはすべて 50 μm)
1：ニホントゲクマムシ Echiniscus japonicus Morikawa　2：ツルギトゲクマムシ Hypechiniscus gladiator Murray　3：ニセトゲクマムシ Pseudechiniscus suillus Ehrenberg　4：ツノトゲクマムシ Cornechiniscus lobatus Ramazzotti
(1～6：原図)

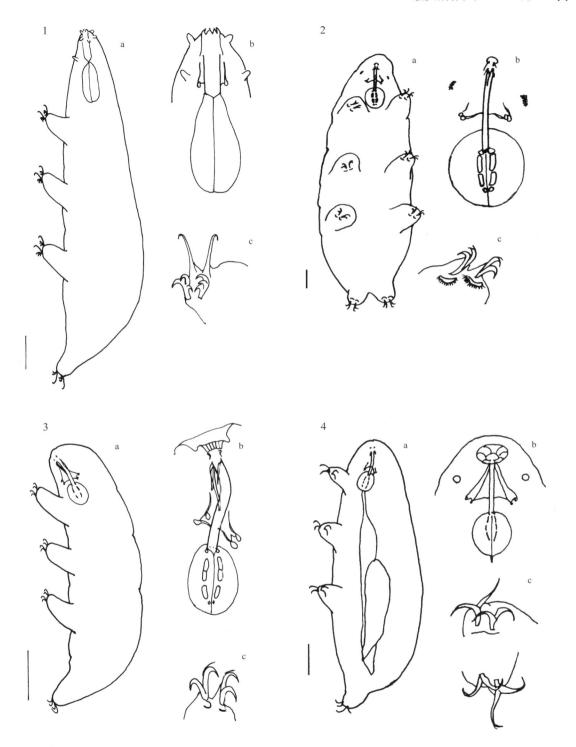

全形図(1)
1:オニクマムシ *Milnesium tardigradum* Doyère, 2:カザリヅメチョウメイムシ *Adorybiotus granulatus* (Richters), 3:ナガチョウメイムシ *Macrobiotus hufelandi* Schultze, 4:ゲスイクマムシ *Isohypsibius myrops* (Du Boy-Reymond Marcus). 1a・3a:全形側面, 2a・4a:全形腹面, b:口器, c:重複爪. 全形図のスケールはすべて 50 μm.
(1〜4:原図)

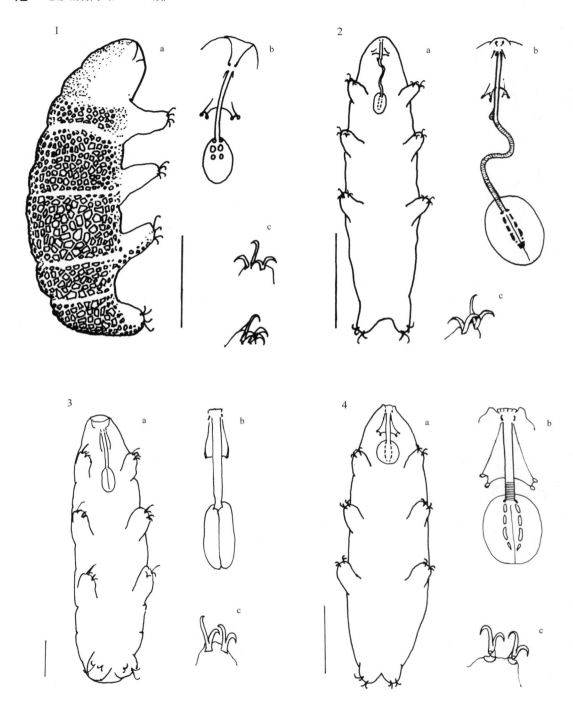

全形図（2）
1：バウマンヤマクマムシ *Ramazzottius baumanni* (Ramazzotti)，2：アルプスノドヤマクマムシ *Diphascon pingue* (Marcus)，3：ヤマクマムシモドキ *Itaquascon pawlowskii* Weglarska，4：オカコヅメヤマクマムシ *Eohypsibius terrestris* Ito．1a：全形側面，2a・3a・4a：全形腹面，b：口器，c：重複爪．全体図のスケールはすべて 50 μm．
(1・2：原図，3：Ito，1995 から改写，4：Ito，1988 から改写)

緩歩動物門（クマムシ類） 13

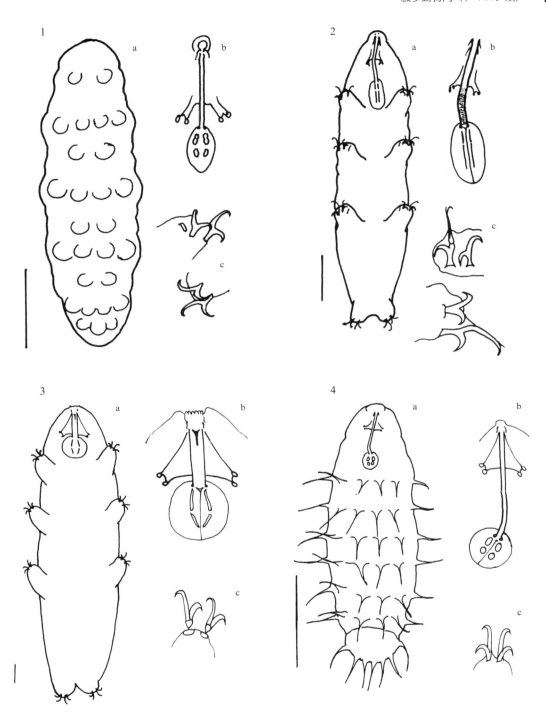

全形図（3）
1：エブレニイボヤマクマムシ Isohypsibius eplenyensis (Iharos), 2：ヨコヅナヤマクマムシ Platicrista angustata (Murray), 3：ヴェグラルスカオオヤマクマムシ Amphibolus weglarskae (Dastych), 4：トゲヤマクマムシ Calohypsibius ornatus (Richters). 1a・4a：全形背面図, 2a・3a：全形腹面図, b：口器, c：重複爪. 全形図のスケールはすべて 50 μm.
（1～4：原図）

— 91 —

緩歩動物門（クマムシ類）Tardigrada

クマムシは体長 150 ～ 700 μm の細長い体形をしており，神経節の存在から 5 体節に分けられる．後方の 4 体節にはそれぞれ 1 対の脚がある．この脚に関節がないことで節足動物と異なり，体節があっても脚をもつことで，環形動物とも異なる．この点では有爪類のカギムシと近縁であるが，現在では緩歩動物として一門をなしている．

陸生のクマムシは，ワムシやセンチュウと同様に乾燥や低温にも高い耐性をもっているので，南極大陸も含む世界の諸大陸から発見されている．またその生息地は淡水圏や海水圏にまで広がっており，標高 6600 m のヒマラヤの山中から，4690 m の海底まで採取された報告があり，現在，世界で 750 種以上のクマムシが報告されている．ここでは土壌（陸上）に生息し，かつ日本産に限定されているので，現在までに国内で見出された約 70 余種の陸生クマムシ類をもとにして属までの検索表の作成を試みた．日本国内では市街地から高山帯まで広範に分布しているので，さらに調査研究が進めば，よりよいクマムシの分類体系ができるものと期待している．

異クマムシ綱 Heterotardigrada

頭部に側毛（A）を含む付属物がある．咽頭にはクチクラの肥厚はあるが，分断されていない．

フシクマムシ目 Arthrotardigrada

頭部中央に 1 本の突起（頭央毛）があるものが多い．脚の先に指のあるものとないものがあるが，爪は直接生えている．すべて海産で，この検索図説では省略してあるが，7 科 39 属約 128 種が知られている．

トゲクマムシ目 Echiniscoidea

頭央毛はない．陸生種は脚に指はないが，爪は脚の先の小さい乳頭から生える．

イソトゲクマムシ科 (p.5)
Echiniscoididae
海産．クチクラが肥厚した背甲板はない．頭部乳突起は半球状か不明瞭である．側毛（A）や終板にある突起も短い．2 属 8 種．

ヨロイトゲクマムシ科
Echiniscidae
陸生．クチクラの背甲板が明瞭にある．前方から頭板，肩甲板（I），第 1 中板（1），第 1 側板（II），第 2 中板（2），第 2 側板（III），第 3 中板（3）および終板（IV）からなる．12 属 203 種．

トゲクマムシ属 (p.5, 9, 10)
Echiniscus

世界で 131 種が知られている．体長は 150 ～ 450 μm. 背面にクチクラの肥厚した背甲板がよく発達している．体色は一般に暗赤色を呈するが，これは背甲板の緑色と，体腔細胞の赤色が重なって見えるためである．背甲板は前方から頭板，肩甲板（I），第 1 中板（1），第 1 側板（II），第 2 中板（2），第 2 側板（III），第 3 中板（3，これはない場合もある），および終板（IV）からなる．この背甲板には点状，小孔状または網目状などの刻印模様があり，さらに帯状隆起が見られるものもある．これらは分類の一つの指標となる．頭部腹側には 1 対の乳頭状突起があり，その前後に短い 2 対の鬚（内口毛と外口毛）が生えている．また肩甲板の左右の前縁には 1 対の棍角と長い側毛（cirri A と呼ぶ）が生えているのが，この属の特徴である．この側毛（A, このように位置を表す．以下同じ）以外に，肩甲板後縁（B），第 1 側板後縁（C），第 2 側板後縁（D）または後板後縁（E）に棘状または糸状の付属物をそなえるものがある．B から E のどの部分にどんな付属物が発達するかは種によって異なる．終板には後方からの切れ込みが 1 対ある．

脚の爪は釣針型の鉤爪が 4 本生えており，それぞれの爪の基部付近に，小さい距状突起（副爪）をもつものもある．また第 4 脚側方に乳頭突起，後方に歯状襞（または鋸歯状襞）をもつものもある．孵化した幼体では，次の脱皮まで，爪は 2 本である．

これらの特徴（クチクラの刻印模様や脚の爪など）は生きている状態では観察し難いので，封入標本による観察がよい．日本の市街や山地に広く分布している．土，岩石，樹幹などに生えるコケや地衣類の中に見出され，ニホントゲクマムシ *E. japonicus* Morikawa，ラップランドトゲクマムシ *E. lapponicus* Thulin，ミドリトゲクマムシ *E. viridissimus* Péerfi など国内の種類数も多い．

ツルギトゲクマムシ属 (p.5, 10)
Hypechiniscus

世界で 3 種が知られている．体長は 150 ～ 300 μm で体色はなし．背甲板の第 1 中板と第 2 中板が横に区分され，それぞれ 2 枚に見える．終板には切れ込みが

ある．第2側板の中央前縁に長い剣状の突起がある．これは個体によって2本もつものもある．第4脚の後方には鋸歯状襞がある．日本ではツルギトゲクマムシ *Hyp. gladiator* Murray が数は少ないが高山の岩石に生えるコケまたは地衣の中で見出されている．

ニセトゲクマムシ属 (p.5, 10)
Pseudechiniscus

世界で31種が知られている．体長は120～500 µm．体形はトゲクマムシ属に比べて，やや細長いし，体色は赤褐色に近い．背側の背甲板は明瞭であるが，第3中板と終板の間に第3側板（擬側板とも呼ぶ，Ⅲ′）があるのが特徴．終板に切れ込みがある．頭部の乳頭状突起，外口毛，内口毛，側毛（A）や棍角はトゲクマムシ属に類似している．背甲板の刻印模様は点状のものが多いが，表面に帯状隆起によってさらに背甲板が区分されて見えるもの，小葉状突起をもつもの，棘状または糸状の付属物をもつものなどがある．脚の爪の屈曲性（鉤）は緩やかである．第4脚の鋸歯状襞はない．ニセトゲクマムシ *Pseud. suillus* Ehrenberg, モヨウニセトゲクマムシ（新称）*Pseud. facettalis* Petersen が日本国内に広く分布するが，市街より，低山帯のコケに多く見出される．

ツノトゲクマムシ属 (p.5, 10)
Cornechiniscus

世界で9種が知られている．体長は300～740 µm で細長い．体色は赤橙色．ニセトゲクマムシ属と同様，第3中板の後方に第3側板（擬側板，Ⅲ′）がある．頭部の側毛（A）が太くて短く，剣状をしている．脚の爪もニセトゲクマムシ属に似る．日本国内では数は少ないが，ツノトゲクマムシ *Corn. lobatus* Ramazzotti が北陸地方や九州地方の市街地のコケから見出されている．

中クマムシ綱 Mesotardigrada

オンセンクマムシ目 Thermozodia

オンセンクマムシ科
Thermozodiidae

異クマムシ綱と真クマムシ綱の両方の特徴をそなえる珍しいものである．1937年，Rahm により発見，報告されたが，その後の報告はない．1属1種．

オンセンクマムシ属 (p.4)
Thermozodium

1937年 Rahm によってオンセンクマムシ *Th. esakii* Rahm が，日本の雲仙温泉郷の古湯（現在はない）で発見され，報告されたもので，温泉中（約42℃の芒硝泉）にすむという特徴以外に，異クマムシ綱と，真クマムシ綱の両者の形態的特徴もそなえた珍しい種である．即ち，頭部に長い側毛1対をもち，脚には6～8本の爪がある（異クマムシ綱の特徴）．一方，咽頭には明瞭な大楯板がある（真クマムシ綱の特徴）．この報告以外に再発見はされていない．土壌ではないが非常に珍しいので解説しておいた．

真クマムシ綱 Eutardigrada

頭部には側毛（A）や口毛などがない．体長のクチクラは滑らかなものが多いが，種によっては，小隆起や突起をもつものもある．背甲板はない．脚の爪は主枝と副枝からなる重複爪で，いろいろな形をしている．

ハナレヅメ目 Apochela

オニクマムシ科
Milnesiidae

頭部に乳頭状突起をもつ．咽頭に楯板はない．脚の爪の主枝と副枝は完全に離れて生えている．副枝は先が二つから三つに分かれている．他の真クマムシ類と識別しやすい．2属6種．

オニクマムシ属 (p.4, 11)
Milnesium

世界で5種が知られている．体長は500～1000 µm で大型種．体の前端の口には唇弁が6個あり，口の周囲に6個の乳頭突起がある．さらにやや後方腹側に1対の乳頭突起がある．頭部には黒褐色の眼が1対ある．口管は太くて短い．咽頭は洋ナシ形で楯板はない．脚の2本の重複爪は同形で，それぞれ主枝と副枝が離れており，主枝は直線状で細長く，副枝は短くて先が三つに分かれている．頭部と爪の形態から見分けやすい．オニクマムシ *Mil. tardigradum* Doyère が東京都内をはじめ日本全国に分布し，土や岩石に生える蘚類中にすみ，ワムシや他のクマムシなどを食する，数少ない肉食性種である．

ヨリヅメ目 Parachela

頭部に乳頭突起がない．脚の爪は主枝と副枝が基部で合一して典型的な重複爪を呈する．

チョウメイムシ科
Macrobiotidae

それぞれの脚の先の重複爪は，ほぼ同じ大きさで，脚の中央を通る面について対称的な形を呈する（配列型 2112）．5 属 104 種．

カザリヅメクマムシ属（p.8, 11）
Adorybiotus

世界で1種が知られている．体長は 800〜1000 μm．口管には背腹に筋肉の付着点があり，左右非相称である．口管の腹側には鞘保持器があるものとないものがある．脚の爪の基部にある三日月形の隆起は大型で非常に目立つ歯状体がある．日本では体表に点状または果粒状の紋様があるカザリヅメチョウメイムシ *Ad. granulatus*（Richters）が富士山麓と鳥海山の蘚類の中で見出されている．

チョウメイムシ属（p.8, 11）
Macrobiotus

世界で約 130 種が知られている．体長は 200 μm の小型種から約 700 μm に達する大型種まである．体色は無色または帯褐色．口には 10 個の唇弁をもつ．口管は直線状で比較的太く腹側に鞘保持器がある．咽頭の楯板は 2 個のものと 3 個のものがあり，その形や大きさが分類の一指標となる．

4 対の脚には同形の 2 本の爪が生えており，それぞれ主枝と副枝に分かれている．比較的基部で分かれる *echinogenitus* 型と，主枝の中ほどで分かれる *hufelandi* 型とがある．爪の基部には三日月形の隆起がある．ナガチョウメイムシ *M. hufelandi* Schultze，ハームスオルトチョウメイムシ *M. harmsworthi* Murray は代表的な種で，東京をはじめ日本全国に広く分布し，土や岩に生える蘚類中に生息する．

コガタチョウメイムシ属（p.8）
Minibiotus

世界で 9 種が知られている．体長は 200〜450 μm の小型種．口は体の前方でやや下方に向いて開く．口に唇弁はない．口管はチョウメイムシ属に比して細く，その中間点のあたりに歯針保持器が接合している．脚の爪は小さいが，基部に三日月形の隆起があり，Y 型でチョウメイムシ属のものと同形である．コガタチョウメイムシ *Min. intermedius*（Plate）は代表的な種で，日本各地の土壌中やコケなどに広く分布している．

ニセノドヤマクマムシ属（p.8）
Pseudodiphascon

世界で 6 種が知られている．体長は 220〜480 μm．口管は前方は直線状で，鞘保持器があり，後方は屈曲性を示し，波状紋様がある．脚の爪はそれぞれ主枝の半ばから副枝が分かれる *hufelandi* 型である．日本ではフジニセノドヤマクマムシ *Ps. fujiense* Ito が富士山麓の樹幹上のコケから見出されている．

ヤマクマムシ科
Hypsibiidae

脚の重複爪は配列型が 2121 の非対称で内側のものと外側のもので形がかなり異なって見える．19 属 276 種．

ヤマクマムシ属（p.7）
Hypsibius

世界で約 37 種が知られている．体長は 200〜500 μm．口の唇弁はない．口管は細く直線状であり，鞘保持器はない．それぞれの脚の爪は外側と内側で形や大きさがかなり異なる．外側の爪は主枝が細長く副枝は鉤型をしていて両者の基部は軽く接している．内側の爪は主枝も副枝もほぼ同じ鉤型を呈し，基部は合一している．爪の基部の三日月形の隆起はない．日本各地の山地のコケや地衣に広く分布するが，市街地のコケにもドゥジャルダンヤマクマムシ *H. dujardini* Doyère ほか数種を見出すことができる．

ツメボソヤマクマムシ属（p.7, 12）
Ramazzottius

ヤマクマムシ属から分離した属で，世界で 10 数種が知られている．体長は 200〜500 μm．口器の形態はヤマクマムシ属と類似しているが，頭部背側に感覚器に相当する 1 対の楕円形の隆起がある．それぞれの脚の外側の爪の主枝が直線状で細長く基部では強く湾曲した副枝とわずかに接するか，ときには離れて見える．この重複爪の形態に特徴がある．オーベルハウザヤマクマムシ *R. oberhaeuseri*（Doyère），バウマンヤマクマムシ *R. baumanni*（Ramazzotti）が日本の平地や山地の土壌やコケから見出される．

ノドヤマクマムシ属（p.8, 12）
Diphascon

世界では約 60 種が知られている．体長は 200〜300 μm．稀に 400〜500 μm のものがある．口管は直線状で硬い部分と後方の屈曲して螺旋紋様のある部分からなる．歯針と歯針保持器は前方の直線状の部分に付属する．この口管の後端に滴状構造をもつものともたないものがある．咽頭は長楕円形で 2 または 3 対の大楯板がある．

脚の爪はヤマクマムシ属に似ている．アルプスノド

ヤマクマムシ Diph. pingue（Marcus），スコットランドノドヤマクマムシ Diph. scoticum Murray が日本の各地の低山の土または樹幹上のコケに広く見出される．

ノドブトヤマクマムシ属（p.8）
Mesocrista

　世界でスピッツベルベンヤマクマムシ *Mc. spitzbergensis*（Richters）1種のみが知られている．体長は200～350 μm．口器の直線状の口管と屈曲した咽頭管は太い．咽頭管の長さは口管の約2倍で，内面に螺旋様構造が発達している．口管上部の歯針筋接合部は広くて平らな隆起となっている．咽頭は長大で2本の棒状の大楯板と粒状の小楯板がある．脚の爪はノドヤマクマムシ型であるが太い．日本では山地のコケから見出される．

ヨコヅナヤマクマムシ属（p.8, 13）
Platicrista

　世界で3種が知られている．体長は300～400 μm．口器の口管とそれに続く咽頭管は太い．咽頭管の長さは口管と同じか，やや短く，内面には螺旋様構造が発達している．歯針筋の口管上部への接合部は幅広く平らである．また歯針保持器は口管の後端につく．咽頭は長大で棒状の大楯板はあるが，小楯板はない．脚の爪はノドヤマクマムシ型であるが太い．日本では平地か低い山地のコケから，ヨコヅナヤマクマムシ *Pc. angustata*（Murray）が見出されている．

ヤマクマムシモドキ属（p.7, 12）
Itaquascon

　世界では12種知られている．体長は220～500 μm．口管は直線状の部分とやや屈曲する部分に分かれる．直線部の左右に歯針はあるが，歯針保持器がないか不明確なものが多い．咽頭に大小の楯板はないが咽頭の内腔は全面に薄いクチクラの肥厚がある．脚の爪はヤマクマムシ型で外側の爪は大きく，内側の爪は小さい．日本では富士山麓の倒木上のコケからコモンヤマクマムシモドキ（新称）*It. umbellinae* Barros（ブラジル，アメリカ，ガラパゴス島などから報告されている）が見出されている．

イボヤマクマムシ属（p.7, 11, 13）
Isohypsibius

　世界で約104種が知られている．体長は160～500 μm．普通は200～300 μm．なかには800～900 μmという大型種もある．背面に横に並ぶ結節状または乳頭状の隆起をもつものが多い．この隆起の横列の数と，1列当たりの隆起の数が分類の一つの指標になる

が，標本によっては識別が難しい．口管は直線状で鞘保持器はない．脚の爪はほぼ同形で，それぞれ主枝と副枝は基部で直角に結合し，その頂点で脚の先に接合している．日本ではニューギニアイボヤマクマムシ *I. novaeguineae* G. Iharos，エプレニイボヤマクマムシ（新称）*I. eplenyensis*（Iharos），カメルンイボヤマクマムシ（新称）*I. cameruni*（Iharos）などが富士山麓の岩石上または樹幹上のコケや，北陸地方の都市，北海道のコケなどから見出されている．

　この属の中に都市の下水処理場の曝気槽という人工的環境中に生息し繁殖して，活性汚泥の処理に一役を担っているクマムシが知られている．下水処理関係の文献には「マクロビオッス」と記されているが，これはチョウメイムシ属を指すもので，口器や重複爪などの形態的特徴は本属の一種の *I. myrops*（Du Boy-Reymond Morcus）であり，「ゲスイクマムシ」の和名が提唱されている．（fig. 58-4）この種は自然界では近郊の小流中に生息している．

ヒラキヅメクマムシ属（p.7）
Doryphoribius

　世界で16種知られている．体長は200～500 μm．陸生のものと淡水生のものがある．口管は直線状で，鞘保持器がある．咽頭の小楯板がない．脚の爪はイボヤマクマムシ型で，それぞれの主枝と副枝は基部で，ほぼ直角に開いている．ニュージーランドで発見報告されたイボノセヒラキヅメクマムシ（新称）*D. dupliglo bulatus* Ito が富士山麓のコケから見出されている．

トゲヤマクマムシ科
Calohypsibiidae

　脚の重複爪の配列型は2121（非対称型）で，主枝と副枝はしっかり結合している．

トゲヤマクマムシ属（p.6, 13）
Calohypsibius

　世界で5種が知られている．体長は約200 μmの小型種．背側の体表には斑点状，果粒状または棘状の突起物が横向帯状に並ぶ．口管は直線状で，鞘保持器はない．脚の爪は形も大きさもほぼ同じで，副枝は主枝の比較的基部から分かれる．日本では背面に7列横帯で，各列に6本の棘状突起が並んでいるトゲヤマクマムシ *Cal. ornatus*（Richters）が富士山麓の樹木に生える地衣や三ツ峠の蘚類中から発見されている．

コヤマクマムシ属（p.6）
Microhypsibius

　世界で4種が知られている．爪はトゲヤマクマムシに似て小さい．体の後端は直角に切ったように見える．体表は平滑である．口には乳頭も唇弁もないが，口管には鞘保持器がある．咽頭の大楯板は3個ある．日本ではヤマトコヤマクマムシ *Micr. japonicus* Ito が富士山麓のコケから発見されている．

オオヤマクマムシ科
Eohypsibiidae

　脚の重複爪が，基部，主枝および副枝の3つの部分に分かれて見える．

オオヤマクマムシ属（p.7, 13）
Amphibolus

　世界で6種知られている．体長は540～960 μm．口には14の唇弁がある．口管は太く直線状で短い．体表には小孔が散在する．
　脚の爪は基部と主枝と副枝の3部にはっきり分かれて見えるので，他のヤマクマムシと異なる．チェコのタトラ山の湿ったコケで発見されたヴェグラルスカオオヤマクマムシ（新称）*Am. weglarskae*（Dastych）が日本の富士山麓のコケから見出されている．

コヅメヤマクマムシ属（p.7, 12）
Eohypsibius

　世界で2種が知られている．体長は約200 μm．体形は細長い．口には12～14の唇弁がある．口管は直線状で，歯針保持器より後方はやや屈曲性があり，螺旋紋様が見える．脚の爪はトゲヤマクマムシ型であるが，小型化している．爪の基部には新月がある．グリーンランドで発見されたものは水生型であるが，日本ではオカコヅメヤマクマムシ（新称）*Eo. terrestris* Ito が富士山麓の森林土壌より発見されている．

引用・参考文献

畑井新喜司(1956). 日本に産するクマムシ Tardigrada に就て．*Sci. Rept. Yokosuka City Museum*, **1** : 1-13.

畑井新喜司（1959）．*Milnesium tardigradum* Doy. の日本における分布に就て．*Sci. Rept. Yokosuka City Museum*, **4** : 5-12.

Ito, M. (1986). *Genus Diphascon* (Entardigrada : Hypsibiidae) from Mt. Fuji, Central Japan. (Abstract). *Zool. Sci.*, 3(6) : 1110.

Ito, M. (1988). A new species of the genus *Eohypsibius* (Eutardigrada : Eohypsibiidae) from Japan. *Edaphologia*, **39**. 11-15.

Ito, M. (1991) Taxonomic study on the eutardigrada from the northern slope of Mt. Fuji, central Japan. I. Families Calohypsibiidae and Eohypsibiidae. Proc. Japan. Soc. Syst. Zool., (45) : 30-43.

Ito, M. (1995) Taxonomic study on the eutardigrada from the northern slope of Mt. Fuji, central Japan. II. Family Hypsibiidae. Proc. Japan. Soc. Syst. Zool., (53) : 18-39.

伊藤雅道（1988）．富士山北斜面における陸生クマムシ類の分類・生態学的研究．学位論文（東京農工大学）．

Marcus, E. (1936). Tardigrada. In "Das Tierreich 66 (W. de Gruyter ed.)", 1-340. Berlin und Leipzig.

Mathews, G. B. (1936-37). Tardigrada from Japan. *Peking Nat. Hist. Bull.*, **11**(4) : 411-412.

Morikawa, K. (1951). Notes on four interesting Echiniscus (Tardigrada) from Japan. Annot. Zool. Japon., **24** : 108-110.

森川國康（1967）．緩歩動物門（＝クマムシ類）．動物系統分類学6（内田亨監修），295-333．中山書店．東京．

Nelson, D. R. (1982). Developmental Biolgy of the Tardigrada. *In* "Developmental Biology of Fresh-water Invertebrates (Harrison, F. W. and R. R. Cowden eds),,,"363-398. Alan R. Liss Inc. New York.

Rahm, G. (1937). A new ordo of tardigrades from the hot springs of Japan (Furu-yu section, Unzen). *Annot, Zool. Japon.*, **16**(4) : 345-352.

Ramazzotti, G. & W. Maucci (1983). Il Phylum Tardigrada (3 ed.). *Memorie Istituto Italiano di Idrobiologia*, **41** : 1-1012.

宇津木和夫（1985）．陸生のクマムシ類．遺伝, **39**(11), 42-51.

宇津木和夫（1994）．日本の陸生クマムシ類の研究Ⅰ．関東地方の市街地．自然環境科学研究, **7** : 29-34.

宇津木和夫（1996）．日本の陸生クマムシ類の研究Ⅱ．市街地のクマムシ総覧．自然環境科学研究, **9** : 33-46.

宇津木和夫・平岡照代・布村昇（1997）．富山県のクマムシ類の分布とコケ類．富山市科学文化センター研究報告, No.20 : 55-71.

宇津木和夫（2005）．下水処理場のクマムシ．自然環境科学研究, **18** : 1-8.

Watanabe, Y., K. Sasaki & K. Taira (1961). Preliminary survey of tardigrades on dead bambooleaves from Chiba prefecture. *Sci. Rept. Yokosuka City Museum*, **6** : 93-96.

節足動物門
ARTHROPODA

鋏角亜門 CHELICERATA
クモガタ綱 Arachnida
サソリ目 Scorpionida

下謝名松栄　M. Shinojana

クモガタ綱 Arachnida サソリ目 Scorpionida

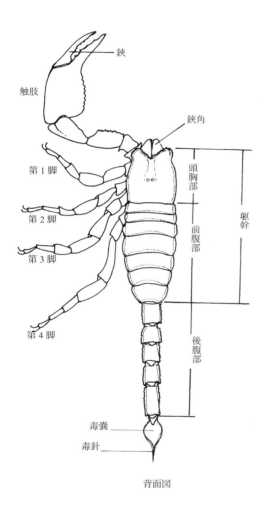

背面図

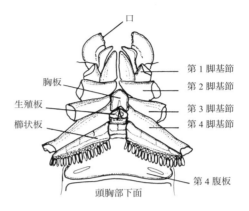

頭胸部下面

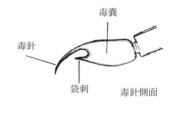

毒針側面

サソリ目 Scorpionida 形態用語図解

サソリ目 Scorpionida の種への検索

毒針下方の袋刺を欠く．胸板は五角形．前端部は突出し，尖る

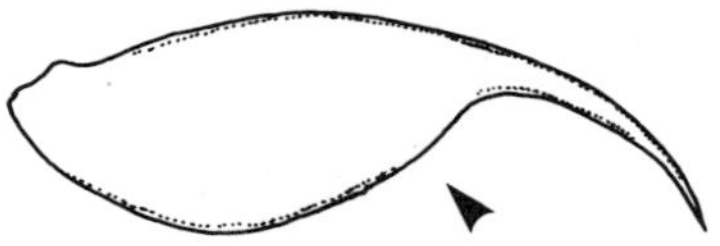

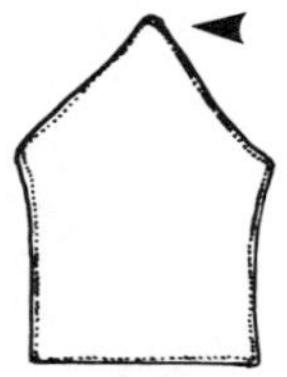

毒針下方に袋刺がある．胸板は前方に向かって狭長となる．梯形または三角形

コガネサソリ科
Scorpionidae
ヤエヤマサソリ属
Liocheles
(p.3, 4)

キョクトウサソリ科
Buthidae
マダラサソリ属
Isometrus
(p.3, 4)

鋏は扁平で幅広い．突出し先端は尖る．櫛状板の歯は円筒形で太く短い．♂♀とも4〜8歯列生．躯幹の長さ＞後腹部の長さ

鋏は細長い．突出しない．櫛状板の歯は細くて長い
♂ 21〜22歯，♀ 17〜19歯列生．躯幹の長さ＜後腹部の長さ

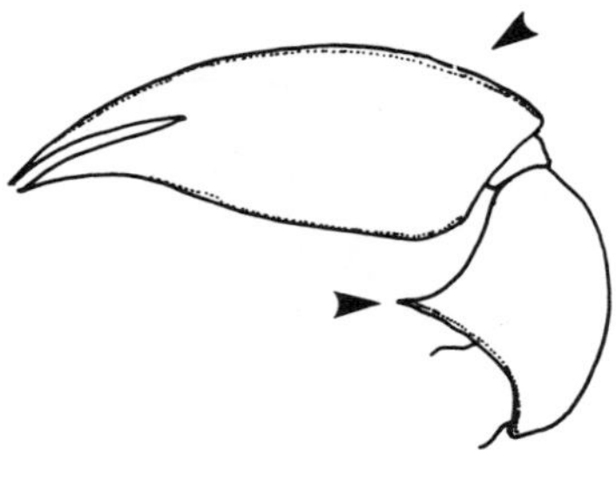

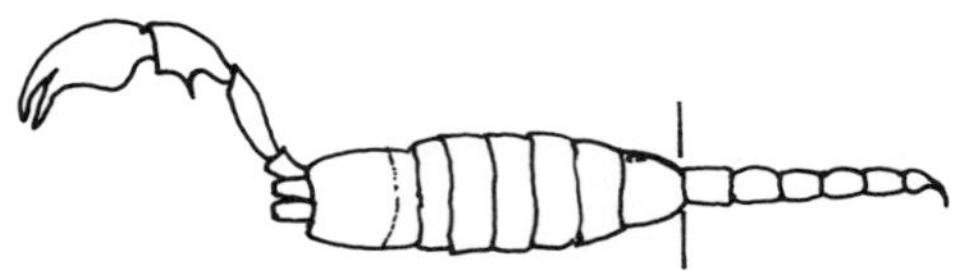

ヤエヤマサソリ
Liocheles australasiae
(p.3, 4)

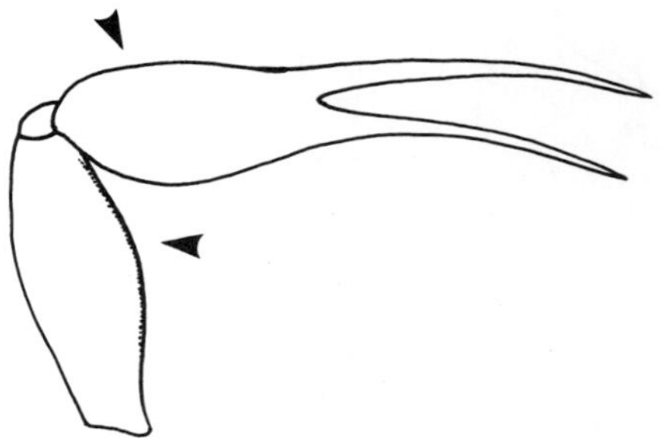

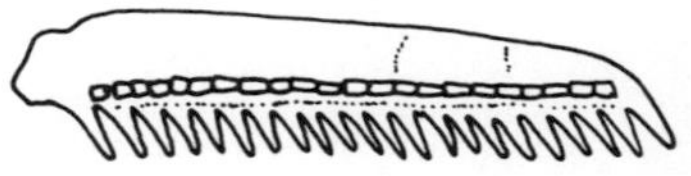

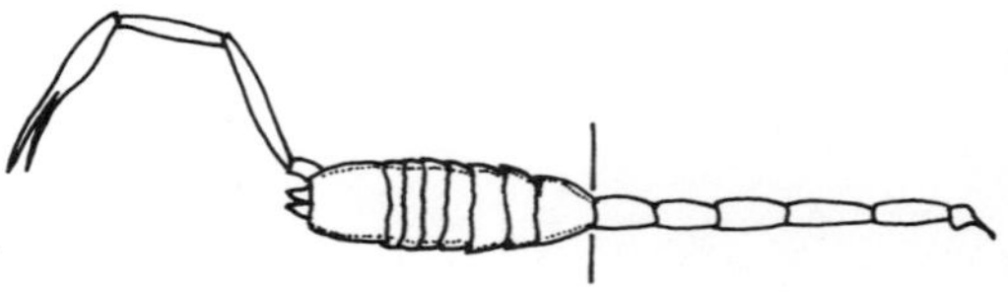

マダラサソリ
Isometrus europaeus
(p.3, 4)

クモガタ綱・サソリ目 3

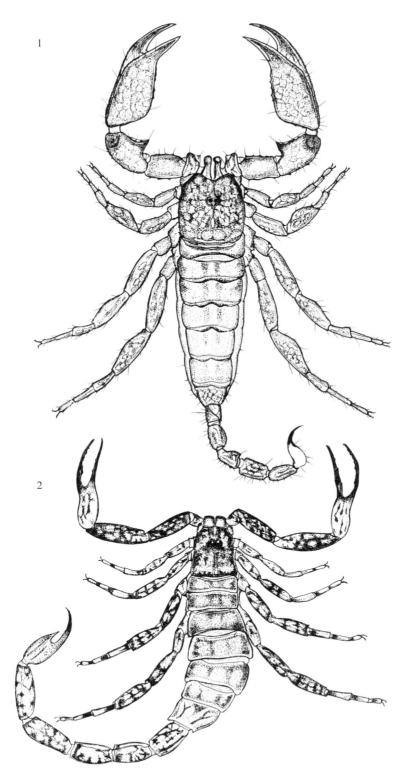

背面図
1：ヤエヤマサソリ *Liocheles australasiae* (Fabricius)（上），2：マダラサソリ *Isometrus europaeus* (Linnaeus)（下）.

サソリ目 Scorpionida

　頭胸部は分節しない．腹部は前腹部と後腹部とに分かれ，前者は7節で太く幅広い．後者は5節からなり前者に比べて細く尾状で，末節は毒腺と毒針をもち鉤状．前腹部下面に1対の櫛状板と4対の書肺がある．触肢は強大な鋏状で，1対の中眼と小さな2～5個の側眼がある．卵胎生である．

コガネサソリ科
Scorpionidae

　胸板は五角形である．後腹部末端の毒針の下方に袋刺を欠く．

ヤエヤマサソリ属 （p.2, 3）
Liocheles
ヤエヤマサソリ （p.2, 3）
Liocheles australasiae (Fabricius)

　雌雄とも体長29～37 mmと小型．体は扁平，後腹部が短く紐状である．石垣島，西表島，宮古島と多良間島に分布し，山地の樹皮下や倒木下に見られる．国外ではオーストラリア・ポリネシア・南アジアに分布．

キョクトウサソリ科
Buthidae

　胸板は前方に向かって狭長の三角形であるが前端は切断状をなすのもある．毒針の下方に袋刺を有するものが多い．側眼は3～5個である．

マダラサソリ属 （p.2, 3）
Isometrus
マダラサソリ （p.2, 3）
Isometrus europaeus (Linnaeus)

　体長60 mm内外で雄は雌よりやや大．体背面には黄灰色から暗灰色の斑紋が散在．毒嚢の下に大きな突起を有する．毒性は強いが人が死にいたることはない．西表島，石垣島と宮古島に分布し，主に人家周辺の日向の石下や倒木下にすむ．世界の熱帯・亜熱帯地方に広く分布．

引用・参考文献
高島春雄（1940）．帝国版国内のサソリの種類．*Acta arachnol.*, **5** : 32.
高島春雄（1945）．東亜地域に於ける全蠍目．*Acta arachnol.*, **11** : 68-106.
高島春雄（1948）．ニューギニア産全蠍目．*Acta arachnol.*, **10** : 72-92.
高島春雄（1949）．旧日本産全蠍目目録．*Acta arachnol.*, **11** : 32-36.
高島春雄（1950）．Notes on the Scorpion of New Guinea. *Acta arachnol.*, **12** : 17-20.
高島春雄（1951）．ジャワ産サソリの調査．*Acta arachnol.*, **12** : 68-78.
高島春雄（1952）．サソリ研究ノート．*Acta arachnol.*, **13** : 26-36.

節足動物門
ARTHROPODA

鋏角亜門 CHELICERATA
クモガタ綱 Arachnida
カニムシ目 Pseudoscorpiones

佐藤英文 H. Sato・坂寄 廣 H. Sakayori

クモガタ綱 Arachnida・カニムシ目 Pseudoscorpiones

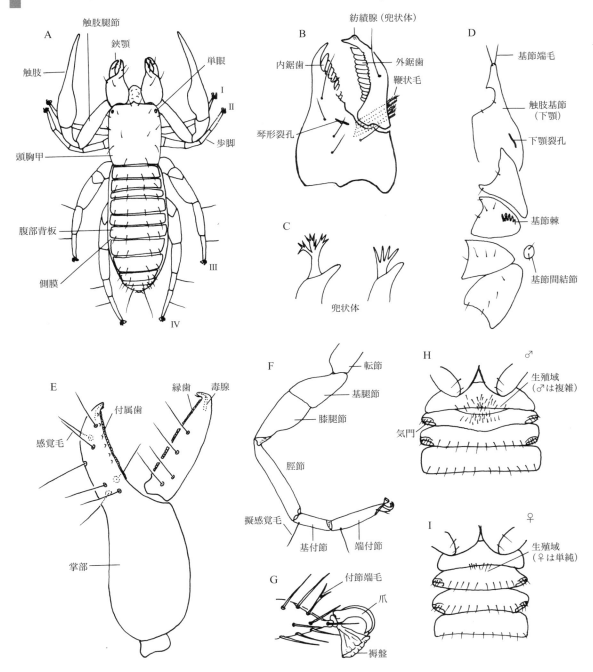

カニムシ目 Pseudoscorpiones 形態用語図解
A:背面,B:鋏顎,C:鋏顎動指紡績腺(兜状体),D:触肢と歩脚の基部,E:触肢のはさみ,F:第4歩脚,G:歩脚付節末端部,H:♂の腹部生殖域,I:♀の腹部生殖域

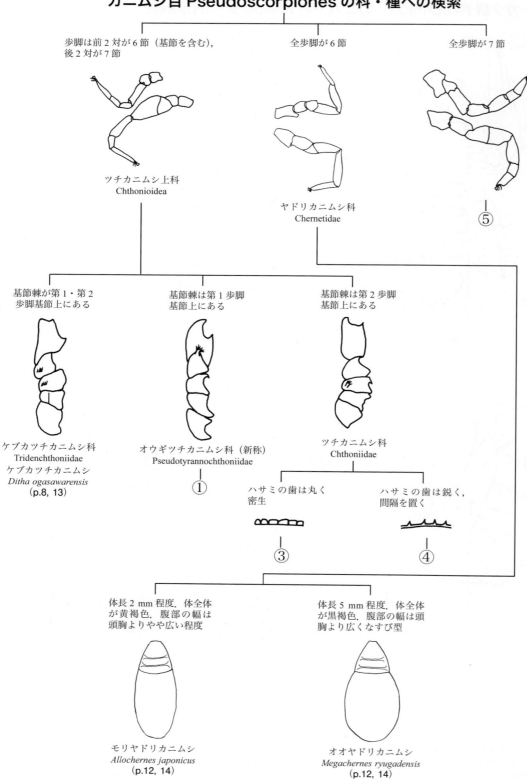

クモガタ綱・カニムシ目　3

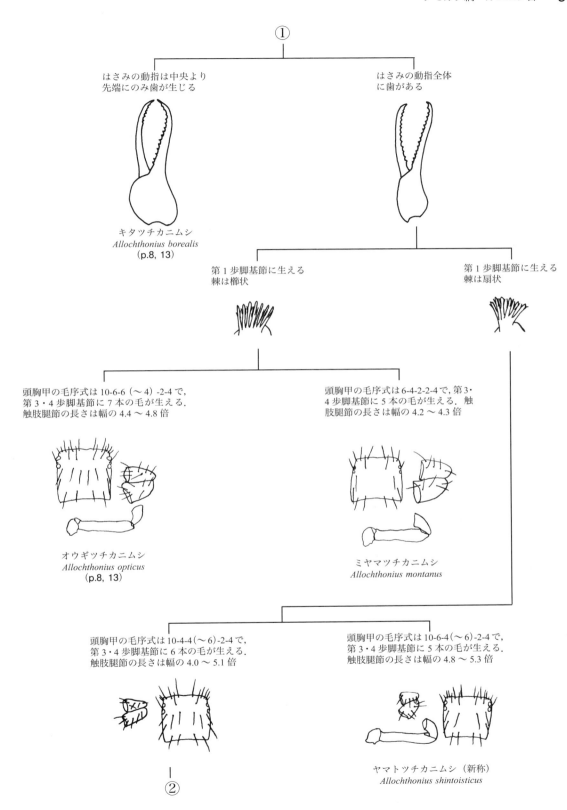

4　クモガタ綱・カニムシ目

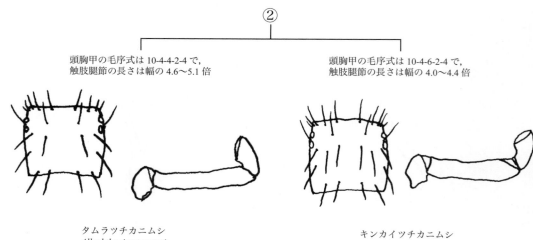

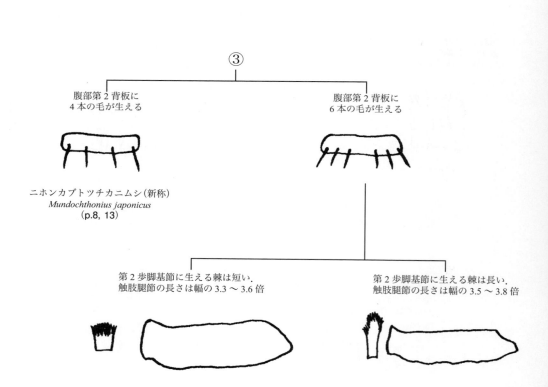

クモガタ綱・カニムシ目 5

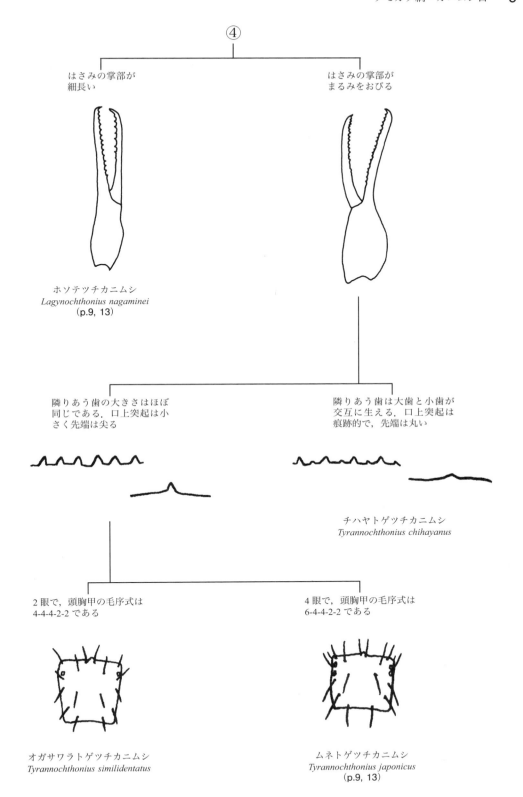

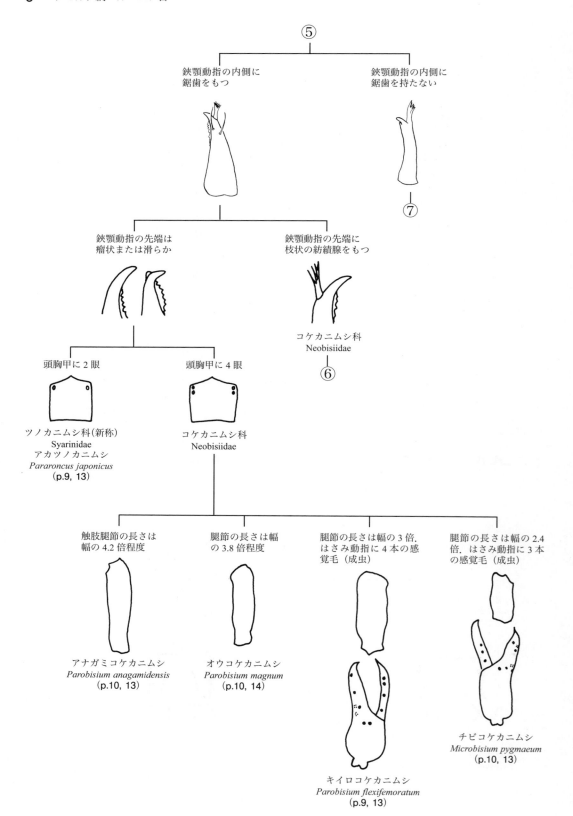

クモガタ綱・カニムシ目　7

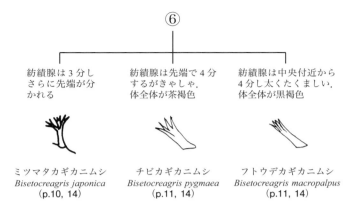

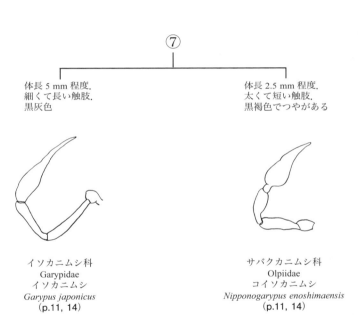

8　クモガタ綱・カニムシ目

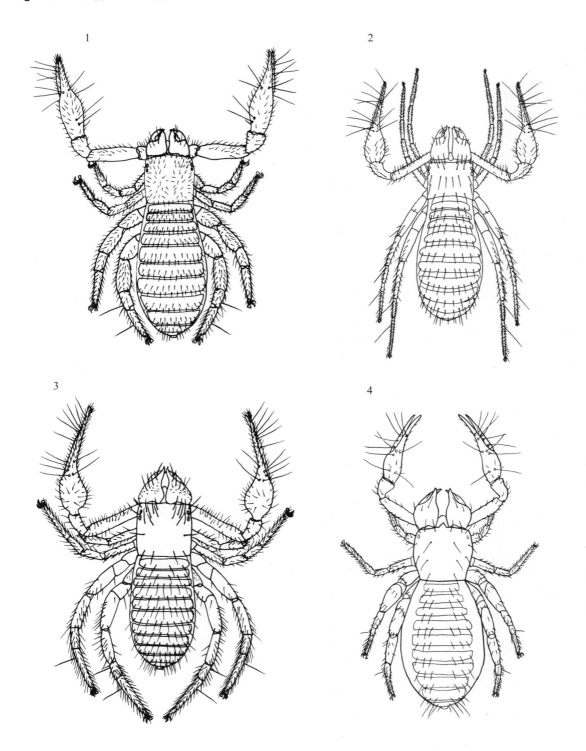

カニムシ目全形図（1）
1：ケブカツチカニムシ *Ditha ogasawarensis* Sato, 2：オウギツチカニムシ *Allochthonius opticus* (Ellingsen), 3：キタツチカニムシ *Allochthonius borealis* Sato, 4：ニホンカブトツチカニムシ *Mundochthonius japonicus* Chamberlin
(1, 3, 4：佐藤原図，2：坂寄原図)

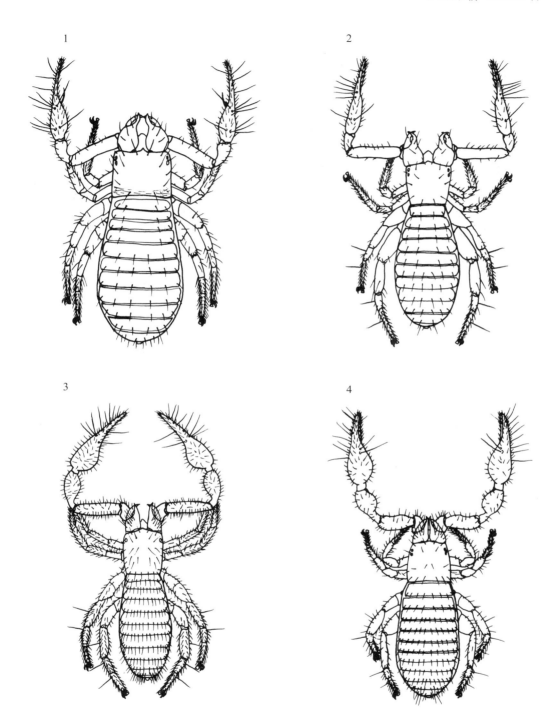

カニムシ目全形図（2）
1：ムネトゲツチカニムシ *Tyrannochthonius japonicus* (Ellingsen), 2：ホソテツチカニムシ *Lagynochthonius nagaminei* (Sato),
3：アカツノカニムシ *Pararoncus japonicus* (Ellingsen), 4：キイロコケカニムシ *Parobisium flexifemoratum* (Chamberlin)
（1〜4：佐藤原図）

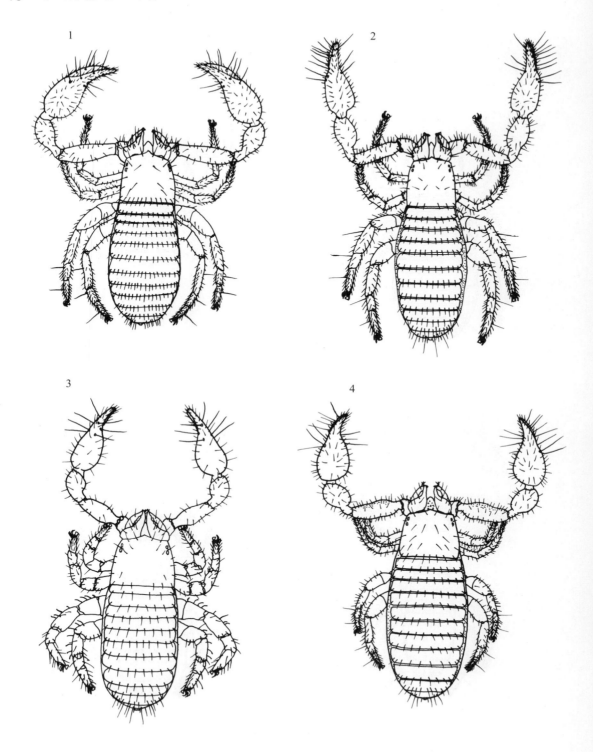

カニムシ目全形図（3）
1：アナガミコケカニムシ *Parobisium anagamidensis* (Morikawa)，2：オウコケカニムシ *Parobisium magnum* (Chamberlin)，
3：チビコケカニムシ *Microbisium pygmaeum* (Ellingsen)，4：ミツマタカギカニムシ *Bisetocreagris japonica* (Ellingsen）
（1～4：佐藤原図）

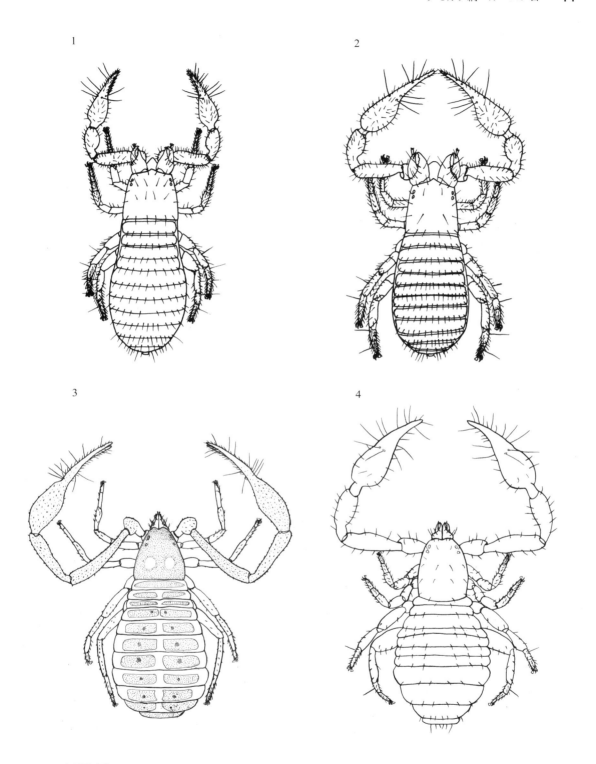

カニムシ目全形図 (4)
1：チビカギカニムシ *Bisetocreagris pygmaea* (Ellingsen), 2：フトウデカギカニムシ *Bisetocreagris macropalpus* (Morikawa), 3：イソカニムシ *Garypus japonicus* Beier, 4：コイソカニムシ *Nipponogarypus enoshimaensis* Morikawa
(1〜4：佐藤原図)

12 クモガタ綱・カニムシ目

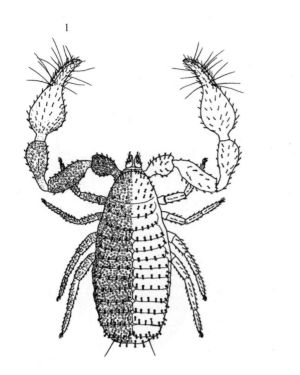
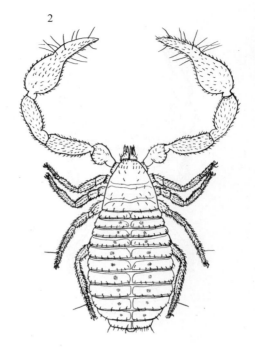

カニムシ目全形図 (5)
1：モリヤドリカニムシ *Allochernes japonicus* (Morikawa), 2：オオヤドリカニムシ *Megachernes ryugadensis* Morikawa
(1：坂寄原図, 2：佐藤原図)

カニムシ目 Pseudoscorpiones

別名アトビサリまたはアトシザリとも呼ばれるクモガタ綱の小動物である．敵に出会うと前を向いたままで後退することからこの名前がつけられた．大きな触肢（ハサミ）が特徴で，ちょうどサソリの後腹部を取り除いたような形状である．5上科に分かれるが，日本土壌性カニムシにおいてはツチカニムシ上科とコケカニムシ上科が多い．

ケブカツチカニムシ科 Tridenchthoniidae
ケブカツチカニムシ（p.2, 8）
Ditha ogasawarensis Sato

体長1.0〜1.2 mm．小型のツチカニムシで，歩脚の第1，第2基節に4〜6本の基節棘をもつ．腹部背板毛が2列あることで容易に識別できる．小笠原諸島に分布し，落葉落枝層の厚い自然林に生息する．

オウギツチカニムシ科 Pseudotyrannochthoniidae
オウギツチカニムシ（p.3, 8）
Allochthonius opticus (Ellingsen)

体長1.8〜2.0 mm．第1歩脚基節に約8本の櫛状の基節棘を持つ．頭胸毛序式10-6-6（〜4）-2-4で，第3，第4歩脚基節に7本の毛が生える．触肢腿節の長さと幅の比が4.4〜4.8．中国地方（岡山県）の平地から山地帯に生息する．

キタツチカニムシ（p.3, 8）
Allochthonius borealis Sato

体長1.7〜2.4 mmに達するツチカニムシ科最大の種．オウギツチカニムシに類似するが，触肢ハサミの動指の歯が中央付近より末端にのみ生ずることと，体毛が長いことで識別できる．北海道〜東北地方中部の山地に分布．

ツチカニムシ科 Chthoniidae
ニホンカブトツチカニムシ（新称）（p.4, 8）
Mundochthonius japonicus Chamberlin

体長0.8〜1.2 mm．身体の大きさに比して鋏顎が大きい．触肢ハサミの歯は丸く密生する．1対の眼をもつ．第2歩脚基節に1対の基節棘をもつ．北海道〜九州，屋久島まで広く分布するが，特にブナ帯に多い．

ムネトゲツチカニムシ（p.5, 9）
Tyrannochthonius japonicus (Ellingesen)

体長1.0〜1.7 mm．全体的に黄褐色だが触肢ハサミの掌部が黒味を帯び，他種と識別される．第2歩脚基節に7〜8本の手のひら状基節棘をもつ．東北地方南部〜九州にかけての照葉樹林帯に普通に分布する．また都市の公園や緑地にも普通に見られる．

ホソテツチカニムシ（p.5, 9）
Lagynochthonius nagaminei (Sato)

体長1.0〜1.5 mmの小型種．第2歩脚の基節棘は8-10本．全体的にきゃしゃなつくりであり，特に触肢ハサミの掌部は細長くて膨らみをもたないのが特徴．暖地性の種で九州南部の低山帯の森林に生息する．

ツノカニムシ科（新称） Syarinidae
アカツノカニムシ（p.6, 9）
Pararoncus japonicus (Ellingsen)

体長3〜5 mm程度．頭胸部，腹部ともに細長い．触肢と頭胸部は赤味を帯びた褐色．秋から冬にかけての寒い季節にのみ出現する．本州〜九州にかけての照葉樹林帯から亜高山針葉樹林帯に分布する．

コケカニムシ科 Neobisiidae
キイロコケカニムシ（p.6, 9）
Parobisium flexifemoratum (Chamberlin)

体長2.5〜3.0 mm程度．チビコケカニムシに似るが，本種の方がやや大きく体形が細長い．また触肢ハサミの動指上に成虫では4本の感覚毛が生ずることで容易に識別できる．九州南部の山地帯に生息する．

アナガミコケカニムシ（p.6, 10）
Parobisium anagamidensis (Morikawa)

体長6〜7 mmに達する大型種．オウコケカニムシに類似するが，触肢腿節が本種の方が細長いことで識別できる．関東〜四国，中国地方にかけてのブナ帯から亜高山帯に生息する．

オウコケカニムシ（p.6, 10）
Parobisium magnum (Chamberlin)

体長5〜7 mmに達する大型種．触肢と頭胸部は黒褐色である．カギカニムシ類とは鋏顎動指の紡績腺の形態で容易に識別される．近似種のアナガミコケカニムシとは分布域が異なる．関東地方〜九州にかけての照葉樹林帯に生息する．

チビコケカニムシ (p.6, 10)
Microbisium pygmaeum (Ellingsen)

　1.2 ～ 1.5 mm 程度の小型種．触肢ハサミの動指の感覚毛が成虫で 3 本しかない（通常 4 本）．採集個体の大部分は雌で，雄は滅多に得られない．利尻島～九州にかけて広く分布する．都市の公園や緑地のような劣悪な土壌環境にもごく普通に生息する．

ミツマタカギカニムシ (p.7, 10)
Bisetocreagris japonica (Ellingsen)

　体長 3.5 ～ 5 mm でカギカニムシの仲間では最大．触肢と頭胸部は黒褐色．鋏顎動指の兜状体は中央付近から分枝し，さらに末端で分枝するが，その数には変異がある．本州・四国・九州にかけての平地から山地に広く分布する．

チビカギカニムシ (p.7, 11)
Bisetocreagris pygmaea (Ellingsen)

　体長 2.0 mm 程度でこの仲間では最小．全体的に黄褐色で触肢はやや赤味を帯びる．フトウデカギカニムシに類似するが，本種の方が小型であることと兜状体が先端 1/3 付近で 4 分することで識別できる．本州のブナ帯から亜高山針葉樹林帯に分布する．

フトウデカギカニムシ (p.7, 11)
Bisetocreagris macropalpus (Morikawa)

　体長 2.5 ～ 3.2 mm ほどの中型種．兜状体が中央付近から明瞭に 4 分し，各枝が長いことでチビカギカニムシと識別できる．本州と四国のブナ帯から高山のハイマツ帯にかけて分布する．

イソカニムシ科
Garypidae
イソカニムシ (p.7, 11)
Garypus japonicus Beier

　体長 4 ～ 5 mm．黒褐色で光沢はない．頭胸部背面に 2 個のスポット模様を持つ．4 眼．細長く鎌状の触肢．腹部背面に斑紋がある．大型の種で，潮間帯より上部の岩の隙間や石の下などに見られる．北海道南部から南西諸島まで分布．

サバクカニムシ科
Olpiidae
コイソカニムシ (p.7, 11)
Nipponogarypus enoshimaensis Morikawa

　体長 2.0 ～ 2.7 mm 程度．濃い黒褐色で全体的に光沢がある．4 眼．白い巣の中から採集されることが多い．小型種で，潮間帯より上部の岩の隙間や石の下，植生の少ない海崖などに見られる．東北日本海側から沖縄本島まで広く分布．

ヤドリカニムシ科
Chernetidae
モリヤドリカニムシ (p.2, 12)
Allochernes japonicus (Morikawa)

　体長約 1.8 mm．無眼で，頭胸部や腹部の表面は顆粒状．腹部背板は第 11 節を除き縦に二分し，各板に 5 ～ 7 本の棍棒状で先端に歯をもつ毛が生える．鋏顎の鞭状毛は 3 本で，動指の先端の兜状体は 5 本に分岐する．本州・四国の平地から山地帯に生息する．

オオヤドリカニムシ (p.2, 12)
Megachernes ryugadensis Morikawa

　体長 5.0 mm に達し，太くたくましい触肢を含めると 1 cm 近くに達する．黒褐色で腹部背板に斑紋を持つ．無眼で，体表面は顆粒状．体毛は先端が枝分かれする．北海道から本州南部の低地から山地に生息する．土中のマルハナバチ・モグラなどの巣から採集されることが多い．

引用・参考文献

Chamberlin, J. C. (1931). The Arachnida Order Chelonethida. *Stanford Univ. Publ. Univ. Ser-Biol. Sci.*, **7**(1) : 1-284.

Harvey, M. S. (1990) Catalogue of the Pseudoscorpionida. *Manchester University Press* : 1-726.

Morikawa, K. (1960). Systematic studies of Japanese Pseudoscorpions. *Mem. Ehime Univ. Sec.* II (Sci), Ser. B (Biol.), **4**(1) : 85-172.

森川國康（1962）．擬蠍類．動物系統分類学 A, 61-90．中山書店，東京．

Sakayori, H. (1999) A new species of the genus *Allochthonius* (Pseudoscorpion, Chthoniidae) from Mt. Tsukuba, Central Japan. *Edaphologia*, **63** : 81-85.

Sakayori, H. (2002) Two new species of the Family Chthoniidae from Kyushu, in Western Japan (Arachnida : Pseudoscorpionida). *Ibid.* **69** : 1-7.

Sakayori, H. (2009) A new species of the genus *Tyrannochthonius* from the Izu Peninsula, central Honshu, Japan (Arachnida : Pseudoscorpionida : Chthoniidae). *Ibid.* **84** : 21-24.

佐藤英文（1979）．高尾山およびその周辺のカニムシ（形態解説を中心として）．日本私学教育研究所　調査資料，(64) : 79-105．

Sato, H. (1981) A new species of the Genus *Ditha* from Japan (Pseudoscorpionida : Dithidae). *Edaphologia.*, **24** : 11-14.

Sato, H. (1983) *Tyrannochthonius* (*Lagynochthonius*) *nagaminei*, a new Pseudoscorpion (Chthoniidae) from Mt. Kirishima, Japan. *Ibid.*, **29** : 7-11.

Sato, H. (1984) Pseudoscorpions from the Ogasawara Islands. *Proc. Jap. Soc. Syst. Zool.*, 28 : 49-56.

Sato, H. (1984) *Allochthonius borealis*, a New Pseudoscorpion (Chthoniidae) from Tohoku District, Japan. *Bull. Biogeogr. Soc. Japan*, **39**(3) : 17-20.

節足動物門
ARTHROPODA

鋏角亜門 CHELICERATA
クモガタ綱 Arachnida
ザトウムシ目 Opiliones

鶴崎展巨 N. Tsurusaki・鈴木正將 S. Suzuki †

クモガタ綱 Arachnida・ザトウムシ目 Opiliones

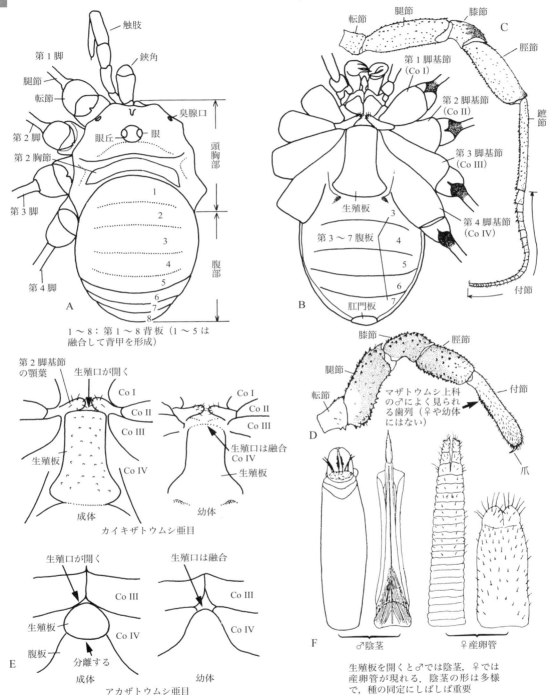

ザトウムシ目 Opiliones 形態用語図解
A：背面，B：腹面，C：歩脚，D：触肢の内側面，E：成体・幼体の区別点(腹面)，F：♂，♀の区別点(生殖器)
(A・B・E：鶴崎原図；C・D：Tsurusaki, 1978；F：鈴木, 1986 から)

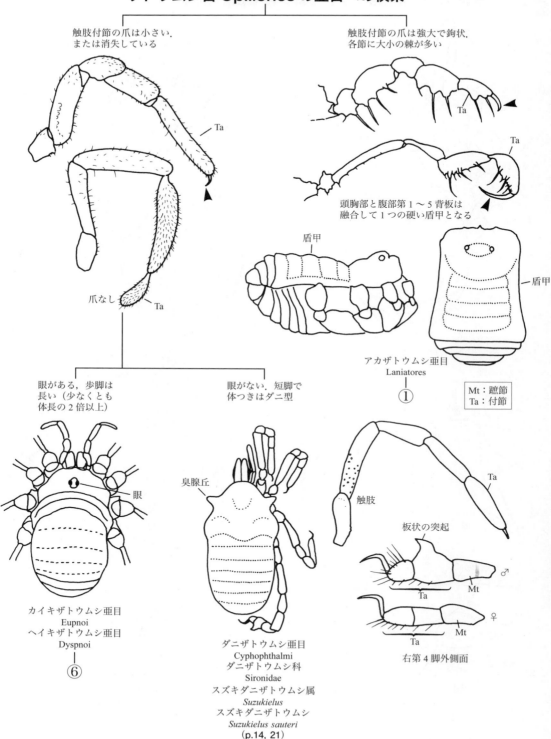

クモガタ綱・ザトウムシ目 3

アカザトウムシ亜目 Laniatores の科への検索

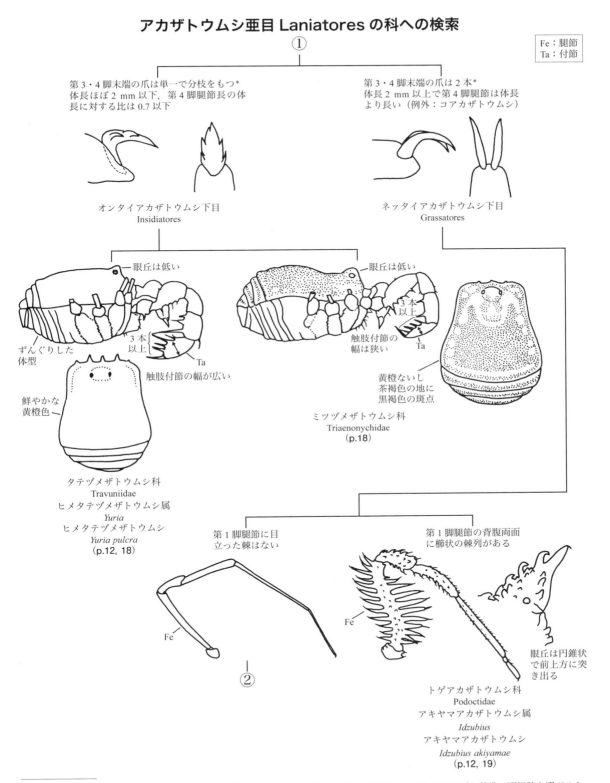

* 小型の個体では歩脚をプレパラートにしないと観察できないことが多い．それができない場合はサイズを基準に選択肢を選ぶこと．体長が 2 mm 以下であればタテヅメザトウムシ上科とコアカザトウムシ（p.13, 19）になる．

4 クモガタ綱・ザトウムシ目

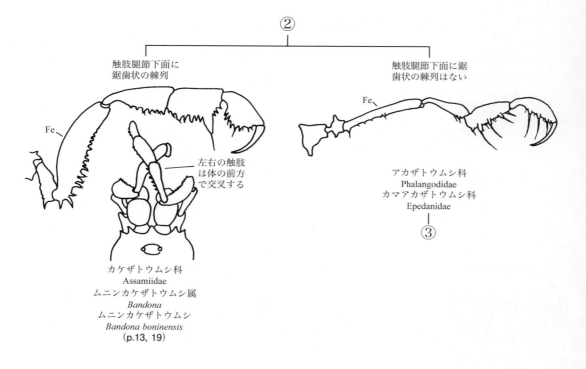

アカザトウムシ科 Phalangodidae と
カマアカザトウムシ科 Epedanidae の属・種への検索

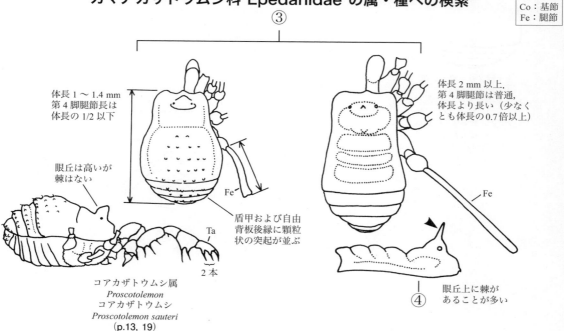

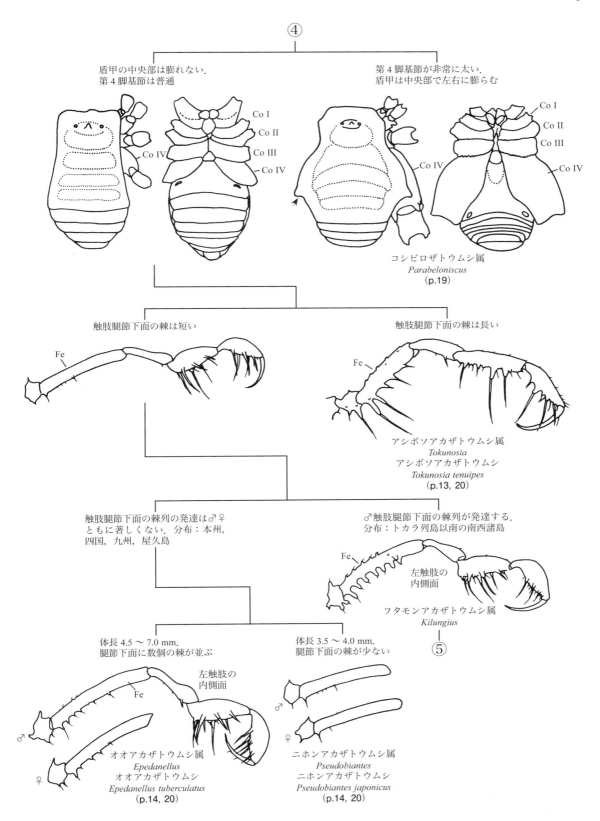

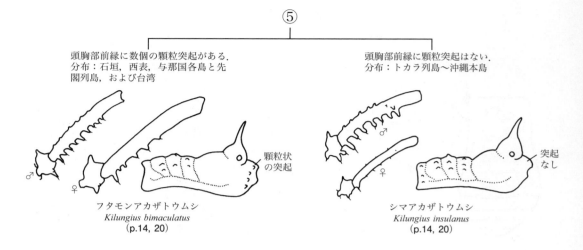

カイキザトウムシ亜目 Eupnoi とヘイキザトウムシ亜目 Dyspnoi の科への検索

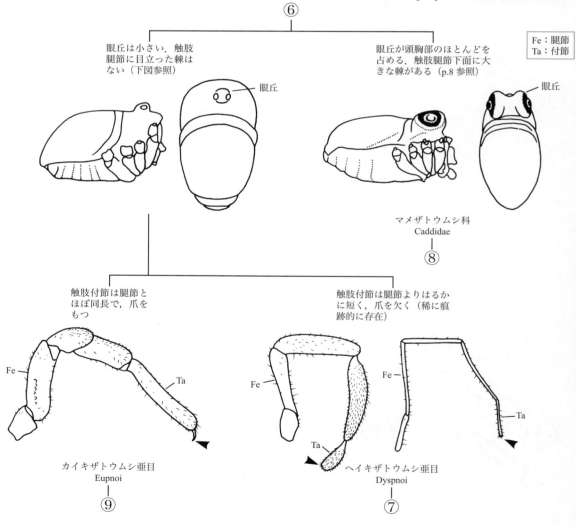

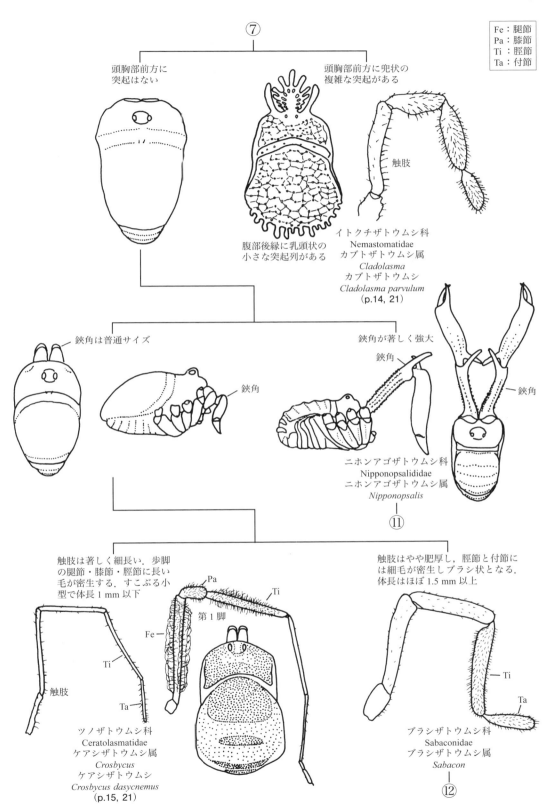

マメザトウムシ科 Caddidae・ミナミマメザトウムシ科 Acropsopilionidae の種への検索

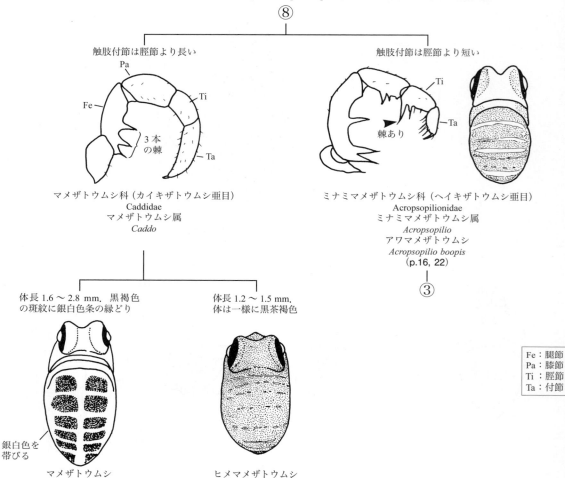

カイキザトウムシ亜目 Eupnoi（マメザトウムシ科以外）の種への検索

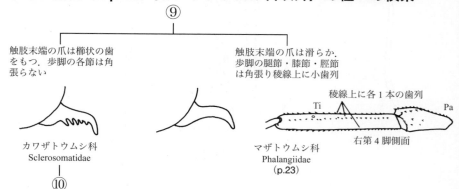

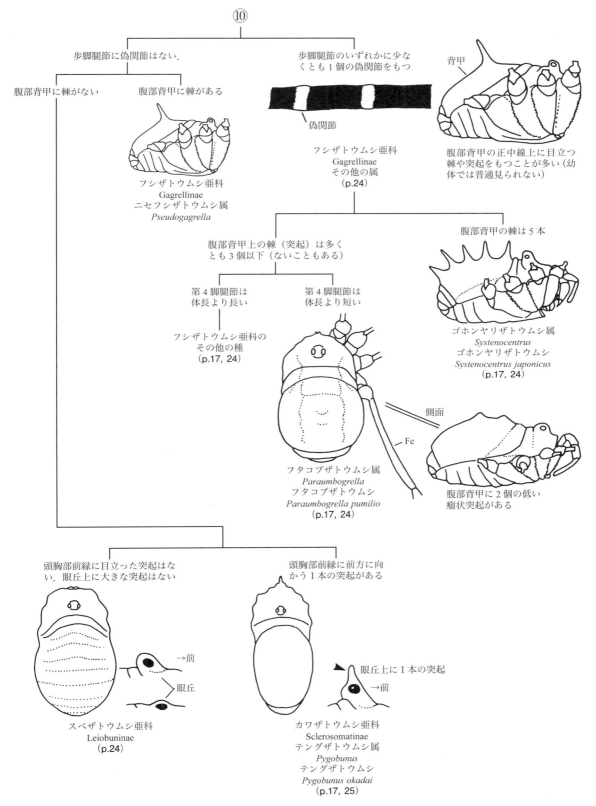

ニホンアゴザトウムシ属 *Nipponopsalis* の種への検索

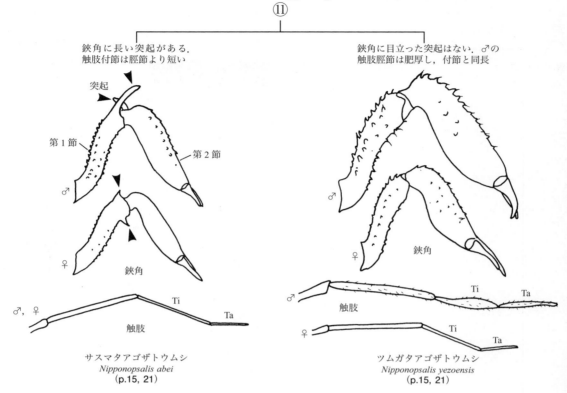

ブラシザトウムシ属 *Sabacon* の種への検索

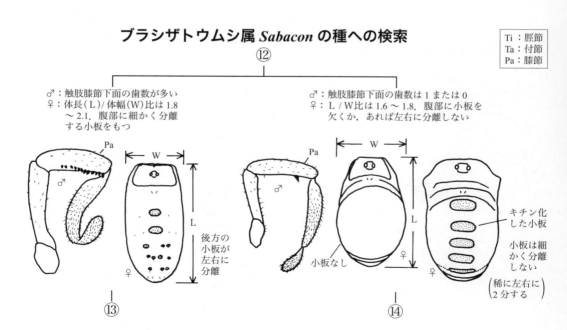

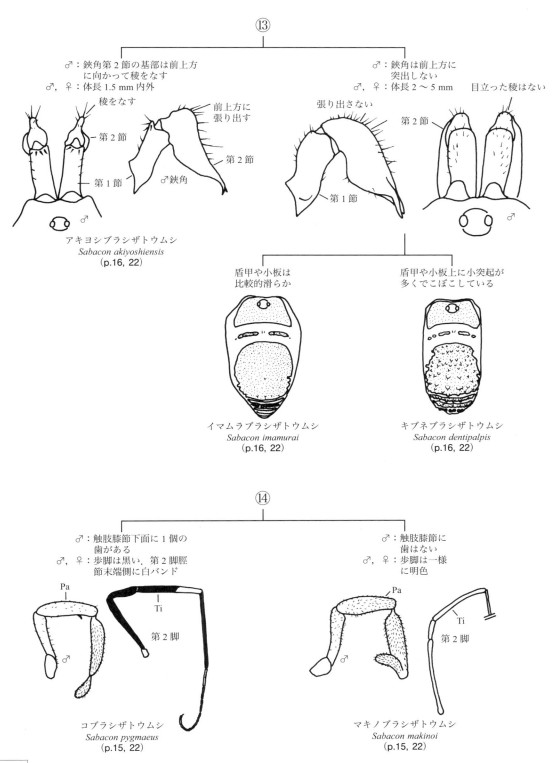

12 クモガタ綱・ザトウムシ目

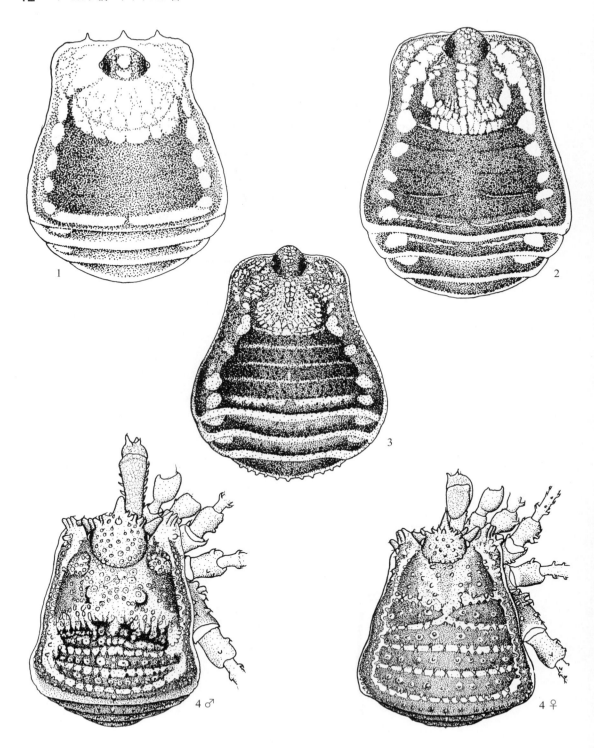

ザトウムシ目全形図 (1)
1：ヒメタテヅメザトウムシ *Yuria pulcra* Suzuki ♂，2：アカマニセタテヅメザトウムシ *Kainonychus akamai* (Suzuki) ♂，3：ムツニセタテヅメザトウムシ *Paranonychus fuscus* (Suzuki) ♂，4：アキヤマアカザトウムシ *Idzubius akiyamae* (Hirst) ♂・♀
(1〜4：鈴木原図)

クモガタ綱・ザトウムシ目　13

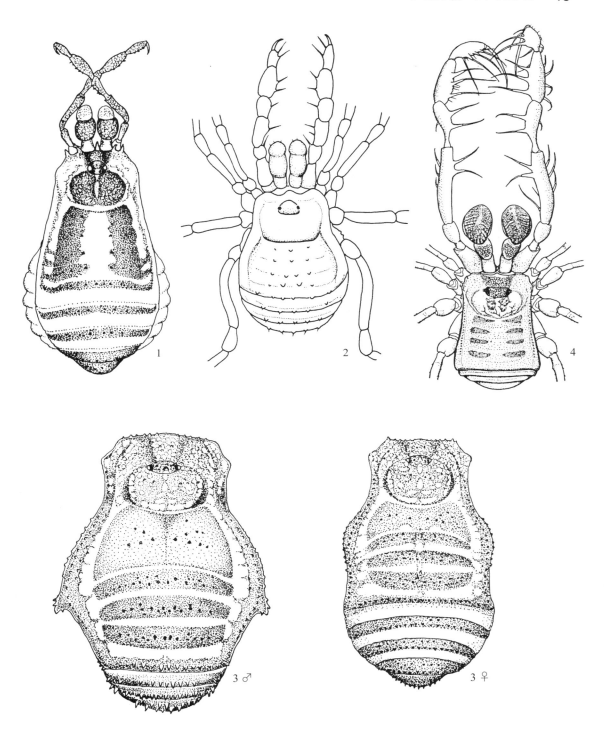

ザトウムシ目全形図（2）
1：ムニンカケザトウムシ *Bandona boninensis* Suzuki ♀, 2：コアカザトウムシ *Proscotolemon sauteri* Roewer ♀, 3：コシビロザトウムシ *Parabeloniscus nipponicus* Suzuki ♂・♀, 4：アシボソアカザトウムシ *Tokunosia tenuipes* Suzuki ♂
（1・3：鈴木原図；2：鶴崎原図；4：Suzuki, 1964 から）

14 クモガタ綱・ザトウムシ目

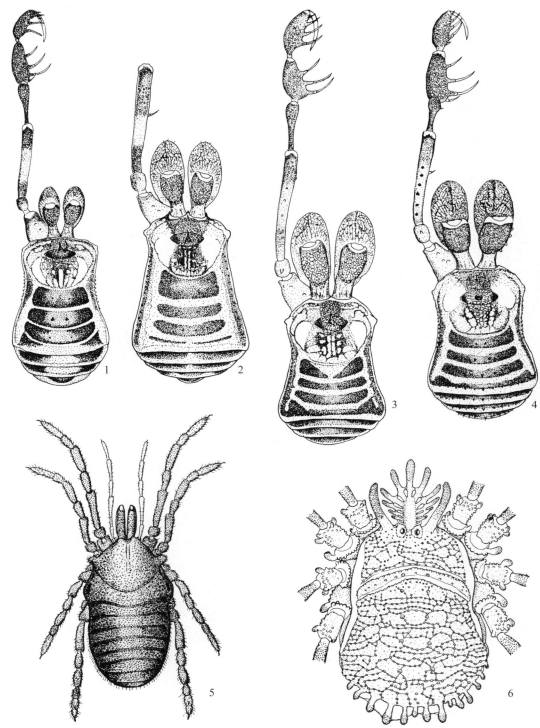

ザトウムシ目全形図（3）
1：ニホンアカザトウムシ *Pseudobiantes japonicus* Hirst ♂，2：オオアカザトウムシ *Epedanellus tuberculatus* Roewer ♂，3：シマアカザトウムシ *Kilungius insulanus* (Hirst) ♂，4：フタモンアカザトウムシ *Kilungius bimaculatus* Roewer ♂，5：スズキダニザトウムシ *Suzukielus sauteri*(Roewer)♂，6：カブトザトウムシ *Cladolasma parvulum* Suzuki ♀
（1・2：鈴木，1986 から；3～5：鈴木原図；6：Suzuki, 1974 から）

クモガタ綱・ザトウムシ目　15

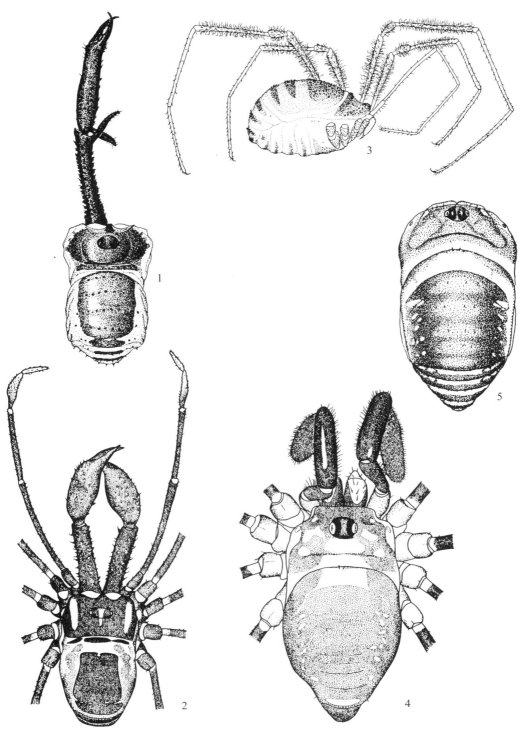

ザトウムシ目全形図（4）
1：サスマタアゴザトウムシ *Nipponopsalis abei* (Sato & Suzuki) ♂，2：ツムガタアゴザトウムシ *Nipponopsalis yezoensis* (Suzuki) ♂，3：ケアシザトウムシ *Crosbycus dasycnemus* (Crosby) ♀，4：コブラシザトウムシ *Sabacon pygmaeus* Miyosi ♂，5：マキノブラシザトウムシ *Sabacon makinoi* Suzuki ♂
(1：鈴木，1986から；2・4：鶴崎原図；3・5：鈴木原図)

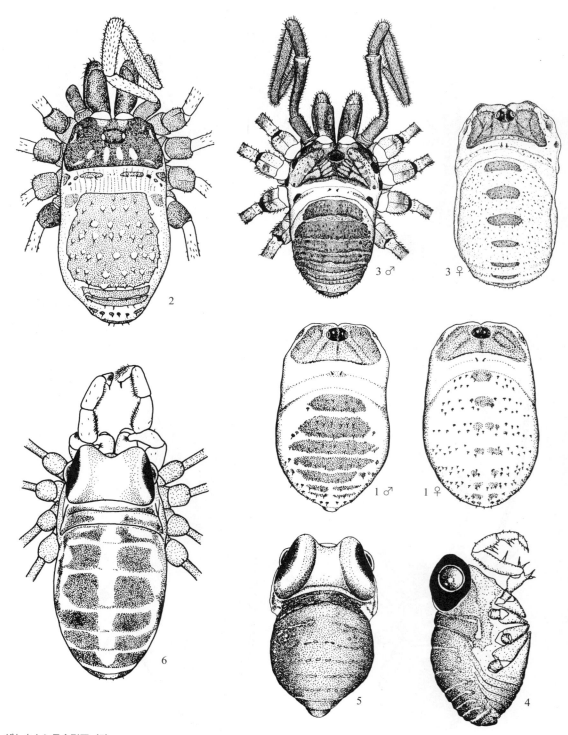

ザトウムシ目全形図 (5)
1：アキヨシブラシザトウムシ *Sabacon akiyoshiensis* Suzuki ♂・♀，2：キブネブラシザトウムシ *Sabacon dentipalpis* Suzuki ♂，3：イマムラブラシザトウムシ *Sabacon imamurai* Suzuki ♂・♀，4：アワマメザトウムシ *Acropsopilio boopis* (Crosby) ♀，5：ヒメマメザトウムシ *Acropsopilio boopis* Shear ♀，6：マメザトウムシ *Caddo agilis* Banks ♀
(1・5：鈴木，1986 から；2・6：鶴崎原図，3 ♂：Suzuki, 1964 から；3 ♀：Suzuki, 1965 から；4：鈴木原図)

クモガタ綱・ザトウムシ目　**17**

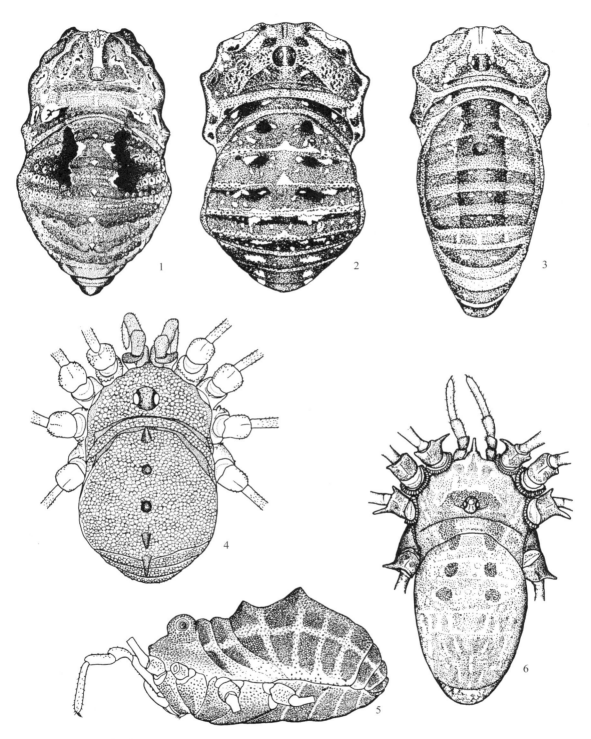

ザトウムシ目全形図（6）
1：ゴホントゲザトウムシ *Himalphalangium spinulatum* (Roewer) ♂，2：オオヒラタザトウムシ *Leiobunum japanense* (Müller) ♂，3：オオナガザトウムシ *Melanopa grandis* Roewer ♂，4：ゴホンヤリザトウムシ *Systenocentrus japonicus* Hirst ♂，5：フタコブザトウムシ *Paraumbogrella pumilio*(Karsch)♂，6：テングザトウムシ *Pygobunus okadai* Tsurusaki ♀
(1：鈴木，1986から；2・3：鈴木原図；4：鶴崎原図；5：Suzuki, 1963から；6：Tsurusaki, 1983から)

ザトウムシ目 Opiliones

　4対の長い歩脚をもつこと，および体がずん胴であること（クモでは頭胸部と腹部の間が細くくびれる）ことにより，他の動物群とは容易に識別できる．おもに森林や山地の高茎草原などに生息し，落葉落枝中や倒木下・樹幹・草本上，湿った崖地などに多い．食性の幅は広く，昆虫やミミズ，陸貝などを捕食あるいはそれらの新鮮な死体を摂食するほか，植物種子のエライオゾームや地面に落下した漿果にも集まる．飼育下では食パン，ビスケット類を好んで食べる．4亜目45科約6500種，日本には約80種が知られている．

　成体・幼体の区別　本類には変態は見られず，幼体は成体のミニチュアである．ただし，幼体では種の識別に必要な形質が未発達なことが多いので，同定には注意がいる．成体かどうかは体の下面中央前方に生殖口が開いているかどうかを確かめればよい．ダニザトウムシ亜目以外の種では生殖口は生殖板に覆われ，前方でハッチ式に開く．幼体ではこれが閉じている（p. 1-E）．カワザトウムシ科では，成体の歩脚腿節に散在する顆粒状の小突起は，幼体では細毛として認められるのみである．

　雌雄の区別　成体の雌雄は腹部下面に収納されている生殖器が陰茎（雄），産卵管（雌）のいずれの形態をとるかで確定できる．体を仰向けにして生殖板の両側方にメスで切れ込みを入れ，先端を曲げた有柄針で生殖板を前方から持ち上げると下側に生殖器の先端部が見える（全体を観察するには，基部からていねいに引き抜く）．陰茎の形態はグループごとに，また種間でも大きく異なるが，概して棒またはへら状の構造で外皮はキチン化して硬くなっている．いっぽう，産卵管は一般に柔らかいチューブのような形状であり，カイキザトウムシ亜目では分節している．ただし，いちいち生殖器を見なくても外部形態の二次性徴により性の区別ができることも多い．たとえばカイキザトウムシ亜目の多くの種では雄成体の触肢付節（末節）下面には明瞭な歯列がある．ニホンアカザトウムシなどでは雄の鋏角は雌のそれよりもずっと大きい（雄の鋏角サイズには2型があり，小型の鋏角をもつ雄もいる）．また，いずれの種においても卵巣に成熟卵をもつ雌は腹部のサイズが雄よりもかなり大きくなる．

アカザトウムシ亜目 (p. 2)
Laniatores

　外皮は硬く，頭胸部と腹部第1〜5背板が融合して盾甲となる．生殖板は腹板から分離．触肢はふつう長い棘や鎌状の爪などで武装する．成体は周年採集できる．両半球の温帯を中心に分布するオンタイアカザトウムシ下目 Insidiatores と熱帯を中心に分布するネッタイアカザトウムシ下目 Grassatores に2分される．日本には両群とも分布する．

オンタイアカザトウムシ下目 (p.3)
Insidiatores

　第3・4脚末端の爪は単一で分枝をもつ．陰茎は内部筋肉系によって翻出する．日本には2科（タテヅメザトウムシ科1種とミツヅメザトウムシ科8種）が生息．温帯から冷温帯に分布．日本産の種はいずれも小型（体長ほぼ2 mm以下）で歩脚も短い．

タテヅメザトウムシ科 (p.3)
Travuniidae

　第3・4脚末端の爪は楯状で細く短い柄で付節に接着．明瞭な第9背板と背板と腹板の接する腹部側面に数片の遊離小片が存在．体長は2〜3 mmで明るい橙色．ヨーロッパ南部，北米西部，日本に9属が知られる．日本には1属1種を産するのみ．

ヒメタテヅメザトウムシ属 (p.3)
Yuria

　日本固有属で1種のみを含む．北米の *Speleonychia* 属に近いが，腹部側面の遊離小片は2個ではなく3個．楯爪の両側の分枝は8〜9個（*Speleonychia* では4以下）．

ヒメタテヅメザトウムシ (p.3, 12)
Yuria pulcra Suzuki

　体長1.0〜1.3 mm．ミツヅメザトウムシ科の種とは，より小型で体形がずんぐりしていること，触肢付節の幅が広いことなどで識別できる．近畿地方北部，山口県，四国，九州の山地のブナ林やスギ林の落葉落枝中に局地的に見出される．

ミツヅメザトウムシ科 (p.3)
Triaenonychidae

　世界に約120属約450種．日本産種は北米西部に分布する種群に近縁．体長は日本産の種では1〜2 mm内外．日本ではおもにブナ帯以上の山地の森林，草原の落葉落枝中普通に生息する．日本には5属8種が知られるが，属や種の同定には歩脚の爪や雄の生殖器を調べる必要がある．ここでは以下の2種のみを図示した．

アカマニセタテヅメザトウムシ属
Kainonychus

　幼体の第3・4歩脚の爪は3対の側棘をもつ．次の1種のみを含む．

アカマニセタテヅメザトウムシ (p.12)
Kainonychus akamai (Suzuki)

体長 1.5 〜 2 mm. 北海道と中部, 関東地方以北の本州に分布. 体の地色は本科の多くの種と同じく黄橙色.

ムツニセタテヅメザトウムシ属
Paranonychus

幼体の第3・4歩脚の爪は4対の側棘をもつ. 国内では次の1種のみを含む.

ムツニセタテヅメザトウムシ (p.12)
Paranonychus fuscus (Suzuki)

体長 1.7 〜 2.2 mm. 本州の中部, 北関東および東北地方に分布. 前種と同所的に生息するが, 体が灰・茶褐色を帯びることや, 腹部背面に細かい顆粒が配列することにより容易に識別できる.

ネッタイアカザトウムシ下目 (p.3)
Grassatores

第3・第4歩脚の末端に2爪がある. 幼体には学名 (grassator = footpad の意味) の由来となっている爪間盤 arolium と呼ばれるパッド状の構造物が2爪の間にある. 熱帯から暖温帯にかけて分布し, 日本では関東地方以西の地域にのみ分布. 日本には4科を産する.

トゲアカザトウムシ科 (p.3)
Podoctidae

世界に約60属約120種. 両眼間が広く, 雄ではそこに多数の小枝を伴いながら, 前上方に突出する大きな突起を備える. また, 雄の第1脚腿節の上下面にはくし状の棘列がある. 日本には次の1種が分布するのみ.

アキヤマアカザトウムシ属 (p.3)
Idzubius

日本固有属で, 次の1種のみを含む.

アキヤマアカザトウムシ (p.3, 12)
Idzubius akiyamae (Hirst)

体長 3 〜 4 mm. 第1脚腿節の上下両面に櫛状の長い棘列をもつことで国内の他種からは容易に識別できる. 本州 (関東地方以南の太平洋側の地域), 四国, 九州, 南西諸島に散発的に分布. 個体数は少ない.

カケザトウムシ科 (p.4)
Assamiidae

下面に鋸歯をそなえた触肢が互いに体の前で交差するのが特徴. 東南アジア〜ネパール, オーストラリア, アフリカに約250属約400種を産する. 日本からは1種が知られるのみ.

ムニンカケザトウムシ属 (p.4)
Bandona

体長 3.5 〜 4 mm. 小笠原諸島とタイからそれぞれ1種, 合計2種のみが知られる.

ムニンカケザトウムシ (p.4, 13)
Bandona boninensis Suzuki

体長 3.5 mm 内外. 小笠原諸島父島に分布. これまで雌しか発見されず, 単為生殖種と考えられる.

アカザトウムシ科 (p.4)
Phalangodidae

体長 1 〜 3 mm で体はふつう黄橙色. 両眼は眼丘上に近接して存在. 北米の西部と東部, 地中海周辺, カナリー諸島, 東アジアに約20属100種が分布. 北米西部でもっとも多様化している.

コアカザトウムシ属 (p.4)
Proscotolemon

体長 1 〜 1.5 mm 内外. 次の1種のみを含む.

コアカザトウムシ (p.4, 13)
Proscotolemon sauteri Roewer

体長 1.0 〜 1.4 mm. 体は一様に淡黄色で非常に小型. やはり小型のオンタイアカザトウムシ下目の種とは腹部の各背板上に数個のよく目立つ顆粒状突起があることや, 眼丘が高いことなどで容易に識別できる. 関東地方南部以西の本州と四国, 九州, 屋久島, 南西諸島および中国に分布. 各種の樹林の落葉落枝中に多く, ツルグレン装置でよく採集される. 琉球列島を除いて雄が採集されておらず, 単為生殖で繁殖していると思われる.

カマアカザトウムシ科 (p.4)
Epedanidae

体長 2 〜 7 mm ほど. 鋏角がよく発達し両指に歯が発達する. アジア固有の科で約70属, 約190種が知られる.

コシビロザトウムシ属 (p.5)
Parabeloniscus

体長 3.0 〜 4.5 mm. 第4脚基節が異様に太く (特に雄で顕著), 左右に張り出しているのが特徴. 日本に3種, 中国に1種が知られる.

コシビロザトウムシ (p.13)
Parabeloniscus nipponicus Suzuki
　体長 4.5 mm 内外．近畿地方南部，スギ林の落葉落枝中に生息．

オヒキコシビロザトウムシ
Parabeloniscus caudatus Suzuki
　体長 3 mm 内外．雄の腹部末端に 1 本の長いしっぽ状の突起がある．沖縄本島の洞穴に生息．

クメコシビロザトウムシ
Parabeloniscus shimojanai Suzuki
　体長 4 mm 内外．コシビロザトウムシに似るが，雄の第 4 脚基節に大きな突起が 1 本あることなどで区別できる．久米島の洞穴に生息．

アシボソアカザトウムシ属 (p.5)
Tokunosia
　次の 1 種のみを含む．

アシボソアカザトウムシ (p.5, 13)
Tokunosia tenuipes Suzuki
　体長 2.6～3.7 mm．ニホンアカザトウムシに似るが，より小型で触肢腿節下面に長い棘が発達すること，また眼丘上に棘がないことで識別できる．奄美大島，徳之島，沖縄本島に分布．宮古島，石垣島，西表島，尖閣諸島には近縁の次種が分布する．

イシカワアカザトウムシ属
Zepedanulus
　琉球列島とマレーシアにそれぞれ 1 種が生息．

イシカワアカザトウムシ
Zepedanulus ishikawai Suzuki
　体長 3 mm 内外．宮古島，石垣島，西表島，与那国島，尖閣諸島に分布．前種によく似るが眼丘上にしばしば 1 本の棘をもつ点で異なる．

ニホンアカザトウムシ属 (p.5)
Pseudobiantes
　次の 1 種のみを含む．

ニホンアカザトウムシ (p.5, 14)
Pseudobiantes japonicus Hirst
　体長 3.5～4.0 mm．眼丘上の 1 本の長い棘と鎌状の触肢がよく目立つ．触肢腿節下面の棘の発達は弱い．体の地色は赤みがかった飴色で腹部背甲の区画や周辺部は暗褐色を帯びる．頭胸部にも暗褐色の網状斑があるが，眼丘の両側にある 1 対の黄斑が目立つ．地域によっては，腹部背甲の第 2 区に 1 対の小さな棘をもつことがある．本州西南部（太平洋側は千葉県，日本海側は石川県より西），四国，九州に分布．西日本では平地からブナ帯まで広く分布し，個体数も多い．朽木や石の下，落葉落枝中に生息する．捕らえると頭胸部の臭腺口より薬品臭のある白色の液体を出す．

オオアカザトウムシ属 (p.5)
Epedanellus
　次の 1 種のみを含む．

オオアカザトウムシ (p.5, 14)
Epedanellus tuberculatus Roewer
　体長 4.5～7.0 mm．全種に酷似するが，体が明瞭に大きいこと，触肢腿節下面に数個の短い棘が並ぶことで識別できる．本州（近畿地方以西），四国，九州，屋久島，種子島に分布．前種としばしば同所的に出現するが個体数は本種のほうがはるかに少なく，分布も局地的である．

フタモンアカザトウムシ属 (p.5)
Kilungius
　2 種のみを含む．琉球列島と台湾に分布．

シマアカザトウムシ (p.6, 14)
Kilungius insulanus (Hirst)
　体長 5 mm 内外．雄の触肢腿節下面に 7～9 個の明瞭な棘が 1 列に並ぶことで日本本土に分布する前 2 種と識別できる．トカラ列島～沖縄本島にかけて分布．樹林の落葉落枝中，朽木，石下などに多い．

フタモンアカザトウムシ (p.6, 14)
Kilungius bimaculatus Roewer
　体長 5 mm 内外．前種に似るが頭胸部の前縁に数個の顆粒突起があることで識別できる．石垣，西表，与那国の各島，尖閣列島および台湾に分布．朽木，石下，落葉落枝中に多い．

ダニザトウムシ亜目 (p.2)
Cyphophthalmi
　歩脚が短く一見ダニに似ているが，後体部にはっきりとした体節がある点で区別できる（背気門類のダニには体節があるが，日本からは未発見）．生殖口は生殖板で覆われない．熱帯から暖温帯にかけて分布し，6 科約 200 種が知られるが，日本には 1 種が知られるのみ．

ダニザトウムシ科 (p.2)
Sironidae

世界に8属約30種．体長1～3 mm．体はふつう濃褐色の硬い外皮に覆われる．ヨーロッパ，北米，日本に分布．

スズキダニザトウムシ属 (p.2)
Suzukielus

日本固有属．次の1種のみを含む．

スズキダニザトウムシ (p.2, 14)
Suzukielus sauteri (Roewer)

体長2.5 mm内外．体は濃茶褐色．眼丘はなく，代わりに頭胸部の左右にやや前方に向かって突き出た1対の臭腺丘が目立つ．雄の第4脚付節には板状の突起がある．東京，山梨，静岡，神奈川の4県の伊豆・箱根・富士山麓から東京都高尾山周辺にかけての森林に分布．シイ・カシ林やコナラの二次林，スギの植林地などの落葉落枝中から見つかっている．

ヘイキザトウムシ亜目 (p.6)
Dyspnoi

やや短脚・小型のザトウムシで終生，林床の落葉落枝層で生活する．生殖板は腹板から分離せず境界も不明瞭．雌の産卵管は分節しない．触肢はふつう付節が脛節よりも短く，先端には爪がない．鋏角の可動指と不動指の双方の対向部に小歯列がある．「ヘイキ」は「閉気」で，腹部と第4脚基節の境界付近にある気門が剛毛で覆われていることによる．

イトクチザトウムシ科 (p.7)
Nemastomatidae

体長5 mm以下の小型種で，頭胸部と腹部背板が融合してできた堅い背甲に覆われる．体はふつう黒色．陰茎の内部筋肉は2束，世界の温帯に14属約200種．検索表に挙げてあるのはカブトザトウムシ属の特徴であって，科の特徴ではないことに注意．

カブトザトウムシ属 (p.7)
Cladolasma

日本とタイに各1種が知られる．

カブトザトウムシ (p.7, 14)
Cladolasma parvulum Suzuki

体長2.0～2.5 mm．頭胸部前方に複雑な兜飾り状の突起があり，一見して本種とわかる．四国のブナ帯の林床落葉落枝中に生息．動作は緩慢である．

ニホンアゴザトウムシ科 (p.7)
Nipponopsalididae

日本，朝鮮半島，千島列島に固有の科．伸ばすと体長の1.5倍ほどに達する巨大な鋏角をもつ．陰茎の内部筋肉は2束．次の1属のみを含む．

ニホンアゴザトウムシ属 (p.7)
Nipponopsalis

3種を含み，日本には次の2種が分布する．

サスマタアゴザトウムシ (p.10, 15)
Nipponopsalis abei (Sato & Suzuki)

体長2.5 mm内外．体長をはるかに超える長くて強大な鋏角をもつことで容易に同定できる．体は黒褐色．歩脚は土壌性の種としては比較的細くて長い．関東地方南部以西の本州，四国，九州，奄美大島に分布．森林落葉落枝中や朽木，石下に生息する．

ツムガタアゴザトウムシ (p.10, 15)
Nipponopsalis yezoensis (Suzuki)

体長3 mm内外．前種に似るが鋏角の第1節前端付近に目立った突起を欠くこと，また雄では触肢脛節が短縮し肥厚することで容易に識別できる．中部地方以北の本州と北海道の山地に分布．亜高山性の針葉樹林や亜高山性草地の地表の落葉落枝中，朽木，石下などに生息する．

ツノザトウムシ科 (p.7)
Ceratolasmatidae

陰茎の内部筋肉は1束．生殖板に縫合線をもつ．歩脚は鱗片状の小突起または長い巻き毛に覆われる．世界の温帯に4属11種．日本には次の1種のみが生息．検索表に示したのはケアシザトウムシ属の特徴で，科の定義ではない．

ケアシザトウムシ属 (p.7)
Crosbycus

次の1種のみを含む．

ケアシザトウムシ (p.7, 15)
Crosbycus dasycnemus (Crosby)

体長0.9～1.0 mm．体が非常に小型であること，歩脚の腿節から脛節にかけて長い毛が密生すること，細長い触肢などにより識別は容易．日本，中国と北米東部に隔離分布する．各種の樹林の落葉落枝中に生息し，ツルグレン装置による抽出ではコアカザトウムシと並んで出現頻度が高い．これまでほとんど雌しか採集されておらず，単為生殖種と考えられる．

ブラシザトウムシ科 (p.7)
Sabaconidae

触肢の各節はやや肥厚し，細毛におおわれてブラシ状の外観となる．陰茎の内部筋肉は1束．世界の温帯～冷温帯に2属50種ほどが分布．

ブラシザトウムシ属 (p.7, 10)
Sabacon

発達した鋏角をもつ同科の別属 *Taracus* と異なり，鋏角はふつうサイズ．陰茎の内部筋肉は1束だが，基部にとどまる．外皮は比較的柔らかい．ヨーロッパ，シベリア，ネパールヒマラヤ，中国，日本周辺，北米の東部と西部に不連続に分布する．

コブラシザトウムシ (p.11, 15)
Sabacon pygmaeus Miyosi

体長 2.0 ～ 2.8 mm. 雌雄とも腹部背面にはっきりとした盾甲や小板を欠く．雄の触肢膝節下面に1個の歯がある．歩脚は黒く，第2脚脛節末端側に白帯があるのが特徴．本州（静岡県以西），四国，九州に分布．各種森林や山地の草原の落葉落枝中，石下，倒木下に生息．成体は春から夏にかけて出現．

マキノブラシザトウムシ (p.11, 15)
Sabacon makinoi Suzuki

体長 2 ～ 3 mm. 前種に似るが歩脚が黒くないこと，雄の触肢膝節下面に歯がないことで容易に識別できる．腹部背面の盾甲や小板は前種と同様未発達だが，北海道産の雌にはキチン化した小板の列が認められる．北海道，本州（中部地方以北と広島県比婆・道後山系），四国の剣山に分布．前種と同所的に出現することはほとんどない．各種の森林の林床や山地草原の落葉落枝中に生息．

アキヨシブラシザトウムシ (p.11, 16)
Sabacon akiyoshiensis Suzuki

体長 1.4 ～ 1.7 mm. 本科の仲間では最小．腹部背面にキチン化した背板をもつ．雄の鋏角第2節の基部が竜骨状に張り出すのが特徴．本州の中国地方と四国に分布．森林落葉落枝中，石下などに生息し，洞穴内からも知られる．成体は9月から翌1月にかけて出現する．九州には本種に近縁の次の2種が知られている．

イリエブラシザトウムシ
Sabacon iriei Suzuki

体長 1.2 ～ 2.2 mm. 熊本県以北の九州の森林の落葉落枝または洞穴内に分布．

フセブラシザトウムシ
Sabacon distinctus Suzuki

体長 2 mm 内外．熊本県矢部町布施洞から知られるのみ．

キブネブラシザトウムシ (p.11, 16)
Sabacon dentipalpis Suzuki

体長 2.1 ～ 3.5 mm. 雄の腹部盾甲や雌の小（背）板の表面に粗い小突起が多く，でこぼこしているのが特徴．関東地方以西の本州に分布．森林落葉落枝中に生息．洞穴内からもしばしば得られる．成体は洞外では晩秋から初冬にかけて出現する．卵越冬．

イマムラブラシザトウムシ (p.11, 16)
Sabacon imamurai Suzuki

体長 3.3 ～ 4.9 mm. 本科中最大．腹部背板は，雄でははっきりした盾甲，雌では小板列となるが，それらの表面は比較的滑らか．北海道，本州，九州に分布．落葉落枝中，石下，朽木下に生息．成体は夏頃から出現するが，とくに9～11月に多い．四国の山地には近縁の次種が生息する．

サラアゴブラシザトウムシ
Sabacon satoikioi Miyosi

体長 2.5 ～ 4.5 mm. 四国のブナ帯以上の山地に生息．

ミナミマメザトウムシ科 (p.8)
Acropsopilionidae

マメザトウムシ科と同様，巨大な眼が特徴．3属約20種がおもに南半球の温帯域に分布する．ながらくカイキザトウムシ亜目のマメザトウムシ科に含められてきたが，分子系統解析の結果（Groh & Giribet 2014），ヘイキザトウムシ亜目に属することがわかった．

ミナミマメザトウムシ属 (p.8)
Acropsopilio

約10種を含み，日本，北米東部，メキシコ，南米南部，ニュージーランドに分布．日本産は1種．

アワマメザトウムシ (p.8, 16)
Acropsopilio boopis (Crosby)

体長 1 mm 内外．マメザトウムシ科のマメザトウムシ *Caddo agilis* やヒメマメザトウムシ *C. pepperella* に似るが触肢の付節が脛節より短いことではっきりと識別できる．日本ではこれまで徳島県剣山のツガ・ウラジロモミ林の林床で1個体が得られているのみ．北米東部にも分布．雄は発見されておらず単為生殖種と考えられている．

カイキザトウムシ亜目 (p.6, 8)
Eupnoi

生殖板は腹板から分離しないが境界は明瞭．雌の産卵管は分節する．触肢付節は脛節よりも長く，末端には爪がある．鋏角には小歯列を欠く．「カイキ」は「開気」で，腹部と第4脚基節の間に位置する気門が剛毛などで覆われないことから．日本には2上科に属する3科が知られる．

マメザトウムシ上科
Caddoidea

次の1科のみを含む．

マメザトウムシ科 (p.8)
Caddidae

頭胸部の大半を占める巨大な眼丘の存在で他のザトウムシとの区別は容易．触肢末端の爪には歯がない．日本，極東ロシア，北米東部，南アメリカ，オーストラリア，ニュージーランド，南アフリカに隔離分布．

マメザトウムシ属 (p.8)
Caddo

2種のみを含み，日本，極東ロシアと北米東部に隔離分布．

マメザトウムシ (p.8, 16)
Caddo agilis Banks

体長 1.6 ～ 2.8 mm．眼が大きく眼丘は頭胸部のほとんどを占める．体の地色は暗褐色で，腹部の各体節の境や頭胸部は銀白色を帯びる．これらの特徴により幼体・成体ともに容易に本種とわかる．北海道，本州，四国，九州，北米東部に分布．各種の森林にふつうに生息し，根もと付近の樹幹上にいることが多いが落葉落枝中からも見つかる．行動は敏捷，卵越冬で幼体は5月から，成体は6～8月に出現する．単為生殖と考えられ通常雌しか発見されない．

ヒメマメザトウムシ (p.8, 16)
Caddo pepperella Shear

体長 1.2 ～ 1.5 mm．前種に似るがより小型で，かつ体に銀白色斑を欠き，一様に暗褐色であることで識別できる．北海道，本州，四国，九州，北米東部に分布．各種の森林の林床落葉落枝中に発見される．雄は未発見で単為生殖種と考えられる．

マザトウムシ上科
Phalangioidea

一般によく見につく脚の長いザトウムシはすべて本上科のメンバーである．多くの種は成長するにつれ落葉落枝層を離れ，樹幹や草本上で生活することが多くなる．したがって，厳密な意味では土壌動物といえないものが多い．ここでは成体になっても落葉落枝中あるいは地表で見つかる頻度の高いものを中心に図示・解説する．

マザトウムシ科 (p.8)
Phalangiidae

体長 5 ～ 13 mm の中～大型のザトウムシ．触肢末端の爪に歯がないことでマザトウムシ上科の他科とは容易に識別できる．日本には5属6種が知られるが，分布域が広く普通種で，かつ林床や地表でもよく見つかるのは次の3種．

ヒマラヤトゲザトウムシ属
Himalphalangium

ユーラシア大陸に広く分布．ネパールヒマラヤから中国，朝鮮半島，日本に○種．

ゴホントゲザトウムシ (p.17)
Himalphalangium spinulatum (Roewer)

体長 10 mm 内外と大型のザトウムシ．伊豆半島以西の本州，四国，九州，対馬，済州島，中国大陸に散発的に分布．背面正中線上に5個の短い棘が並ぶのが特徴．マザトウムシ科の他種と異なり，幼体越冬で成体は5～7月頃に出現．

トゲザトウムシ属
Odiellus

日本には次の1種のみが生息．

トゲザトウムシ
Odiellus aspersus (Karsch, 1881)

体長 5 ～ 7 mm．サハリン，北海道，本州，四国，九州のほぼブナ帯以上の山地のいたるところで最普通種．頭胸部の前縁付近の中央に3個の短い棘があるのが特徴．卵越冬で成体は7月下旬～10月に見られる．

スジザトウムシ属
Mitopus

3種を含みユーラシア大陸の冷温帯から寒帯に広域分布し，日本では北海道，利尻島，本州中部地方の高山帯に分布．卵越冬で成体は8～10月に出現．

スジザトウムシ
Mitopus morio (Fabricius)

体長 5 ～ 7 mm．ユーラシア大陸の冷温帯～寒帯に

広域分布し，日本では北海道，利尻島，本州中部地方の高山帯に分布．卵越冬で成体は8～10月に出現．

カワザトウムシ科 （p.8）
Sclerosomatidae
体長2.4～12 mmの中から大型のザトウムシ．触肢末端の爪の下面に歯がある．

スベザトウムシ亜科 （p.9）
Leiobuninae
体長2.5～11 mm．歩脚腿節に偽関節をもたない．腹部背面に目立った棘や突起はない．わが国には3属（*Nelima*, *Leiobunum*, *Gagrellopsis*）26種が知られるが，次の1種は比較的地表で見つかることが多い．

オオヒラタザトウムシ （p.17）
Leiobunum japanense (Müller)
体長6～10 mm．スベザトウムシ亜科の中では比較的短脚で，成体は湿った崖地のほか，林床の倒木下でも見つかることが多い．

フシザトウムシ亜科 （p.9）
Gagrellinae
体長2.5～12 mm．歩脚腿節のいずれかに少なくとも1個の偽関節をもつのが特徴．また成体は腹部背甲に棘または瘤状突起をもつことが多い．日本には10属16種が知られ，一般に南方において種数が多くなる．次に記す3種を除いて歩脚の非常に長いものが多く，成体は樹幹や草本上に上がっていることが多い．

オオナガザトウムシ属
Melanopa
第1，第3歩脚は体長よりも短く，偽関節は第2歩脚の腿節に1個のみ，腹部背甲上の棘は基本的には第2背板に1本のみ，などの特徴をもつ．日本，中国南部，東南アジアからインドにかけて20種以上が知られるが，相互の類縁性は不確かである．

オオナガザトウムシ （p.17）
Melanopa grandis Roewer
体が大型（体長6～12 mm）でやや短脚であり，成体も地表を歩行していることが多い．体の背面は暗茶褐色ないし黒色で腹部第2背板中央に1本の棘がある．本州，四国，九州，済州島，朝鮮半島，ウスリー地方に分布し，体のサイズや雄の触肢の形態などに地理的変異が著しい．

ゴホンヤリザトウムシ属 （p.9）
Systenocentrus
腹部背甲の第1～5背板に各1本の長い棘をもつのが特徴．第1，第3歩脚は体長よりも短い，5種が日本，中国，東南アジア，インドに分布する．日本には次の1種が生息するのみ．

ゴホンヤリザトウムシ （p.9, 17）
Systenocentrus japonicus Hirst
体長2.4～4 mm．幼体・成体とも腹部第1～5背板の正中線上に各1本ずつ長い棘があることで容易に本種とわかる．本州・四国・九州に分布．山口県を除く中国地方と四国の集団は第2胸板にも1本の棘をもつ．森林や草地の落葉落枝中，石下などに多い，成体で越冬し春に産卵，孵化した幼体は9月頃に成体となる．前年の成体は8月頃まで生き残るので成体は周年採集できる．

フタコブザトウムシ属 （p.9）
Paraumbogrella
1種のみを含む．全体に前種に似るが，腹部背甲の5本の棘のかわりに第1～2背板に各1個の低いこぶ状突起をもつ．

フタコブザトウムシ （p.9, 17）
Paraumbogrella pumilio (Karsch)
体長3 mm内外．北海道，本州，四国に分布．明るい林縁の落葉落枝中や河川敷など草地の地表に生息する．生活史はゴホンヤリザトウムシとほぼ同じ．

カワザトウムシ亜科 （p.9）
Sclerosomatinae
地中海沿岸地域を中心とするヨーロッパ，ネパール，台湾，日本などに分布．顆粒におおわれた比較的頑丈な外皮，偽関節を欠く歩脚腿節，細長く翼状部を欠く陰茎などによって特徴づけられるが，フシザトウムシ亜科との差は必ずしも明瞭でない．

テングザトウムシ属 （p.9）
Pygobunus
1属2種．日本の奄美大島と台湾に1種ずつ．検索図にある「頭胸部前縁の1本の突起」の存在は本属の特徴であって，亜科の定義ではない．また，「眼丘上に1本の突起」は次種にのみあてはまる特徴であることに注意．

テングザトウムシ（p.9, 17）
Pygobunus okadai Tsurusaki

　体長 5.3 mm. 頭胸部前縁中央に前方に向かう 1 本の長い突起があり，また眼丘上にも 1 本の突起があることで容易に本種とわかる．奄美大島から知られるのみ．成体は 3 月から 6 月下旬にかけて朽木下より得られている．

引用・参考文献

Groh, S. & Giribet, G. (2014) Polyphyly of Caddoidea, reinstatement of the family Acropsopilionidae in Dyspnoi, and a revised classification system of Palpatores (Arachnida, Opiliones). *Cladistics*, **2014** : 1-14.

Hedin, M., Tsurusaki. N., Macías-Ordôñez, R., & Shultz, J. W. (2012) Molecular systematics of sclerosomatid harvestmen (Opiliones, Phalangioidea, Sclerosomatidae) : geography is better than taxonomy in predicting phylogeny. *Molecular Phylogenetics & Evolution*, **62** : 224-236.

Pinto-da-Rocha, R., Machodo, G. & Giribet, G. (eds.) (2007) Harvestmen. The Biology of Opiliones. Harvard University Press, Cambridge, Massachusetts, 597 pp.

Shear, W. A. (2010) New species and records of ortholasmatine harvestmen from México, Honduras, and the western United States (Opiliones, Nemastomatidae, Ortholasmatinae). *Zookeys*, **52** ; 9-45.

Shear, W. A. & Derkarabetian, S. (2008) Nomenclatorial changes in Triaenonychidae : *Sclerobunus parvus* Roewer is a junior synonym of *Paranonychus brunneus* (Banks), *Mutsunonychus* Suzuki is a junior synonym of *Paranonychus* Briggs, and Kaolinonychinae Suzuki is a junior synonym of Paranonychinae Briggs (Opiliones : Triaenonychidae). *Zootaxa*, **1809** : 67-68.

Suzuki, S. (1963) A new genus of Gagrellinae (Opiliones) from Japan. *Annot. Zool. Japon.*, **36** : 97-101.

Suzuki, S. (1964) Phalangida from Tokunoshima and Yoronjima, islands of Amami-shoto. *Jpn. Jour. Zool.*, **14** : 143-153.

Suzuki, S. (1964) A new member of the genus *Sabacon* (Phalangida) from Japan. *Annot. Zool. Japon.*, **37** : 58-62.

Suzuki, S. (1965) Three species of Ischyropsalidae (Phalangida) from Hokkaido. *Annot. Zool. Japon.*, **38** : 39-44.

Suzuki, S. (1974) Redescription of *Dendrolasma parvula* (Suzuki) from Japan (Arachnida, Opliones, Dyspnoi). *J. Sci. Hiroshima Univ.* (B-1), **25** : 121-128.

Suzuki, S. (1975) The harvestmen of family Triaenonychidae in Japan and Korea (Travunoidea, Opiliones, Arachnida). *J. Sci. Hiroshima Univ.* (B-1), **26** : 65-101.

Suzuki, S. (1976) Two triaenonychid harvestmen from the Northeast, Japan (Triaenonychidae, Opiliones, Arachnida). *J. Sci. Hiroshima Univ.* (B-1), **26** : 177-185.

鈴木正将 (1986) 広島県のザトウムシ類．比婆科学，**132** : 7-45.

Tsurusaki, N. (1983) *Pygobunus okadai* n. sp. (Arachnida, Opiliones, Phalangiidae), the first member of the subfamily Sclerosomatinae from Japan. *Annot. Zool. Japon.*, **56** : 237-240.

Tsurusaki, N. (1987) Two species of *Homolophus* newly found from Hokkaido, Japan (Arachnida : Opiliones : Phalangiidae). *Acta Arachnol.* **35** : 97-107.

節足動物門
ARTHROPODA

鋏角亜門 CHELICERATA
クモガタ綱 Arachnida
ダニ目 Acari

〔全体の解説〕
青木淳一 J. Aoki・島野智之 S. Shimano

ダニ目 Acari
—これまでのダニ類の体系と本書で採用した体系

　昆虫類とは異なり，8本の歩脚を有し，触角がないクモガタ綱に属する11目のなかの1目をなすダニ類は，他の10目がすべて肉食性（捕食性または寄生性）であるのに対し，極めて変化に富んだ食性を示し，生きた植物，枯れ枝，落葉，キノコ，生きた鳥獣や虫など様々なものを栄養源とする．また，他の目に比べて著しく小型であり，目が退化して消失したものが多く，幼虫の時代に3対であった歩脚は，若虫，成虫になると4対になるものがほとんどである．この食性の多様さと体の小ささがゆえに，地球上のあらゆる環境に適応したダニ類は，世界から5万種以上が知られているが，将来は大幅に種数が増加する見込みである．

　一般に，ダニ類と言えば人畜に寄生して吸血する虫としてのイメージが強い．しかし，彼らの生息場所は地球上のあらゆる環境にわたり，たしかに寄生性のものも含まれるが，実際には非寄生性（自活性）のもののほうがはるかに多く，その中でも特に土壌性の種類が群を抜いて多い．そのため，土壌中に生息する節足動物の中では，トビムシ類とともに種類も生息個体数もずば抜けて多い重要な群として扱われる．

　ダニ類の高次分類群やその呼称については，何回かの変遷を得てきている．我が国の古い文献に見られるように，かつてダニ類は，気門の数や位置に基づいて多気門亜目，四気門亜目，後気門亜目，中気門亜目，前気門亜目，隠気門亜目，無気門亜目の7目に分類されていたが，その後それぞれ，アシナガダニ亜目，カタダニ亜目，マダニ亜目，トゲダニ亜目，ササラダニ亜目，コナダニ亜目と呼称が変られた．本書では，後者の分類と呼称を採用してある（図1）．

　しかし，少しややこしいことになるが，述べておかなければならないこととして，近年ダニ類の高次分類体系に変更が加えられた．まず，ダニ目として目の分類単位にまとめられていたダニ類を Krantz (1978) は1段階上の亜綱に格上げし，それを Parasitiformes 目と Acariformes 目の2目に分かち，前者にアシナガダニ，カタダニ，トゲダニ，マダニのなかま，後者にケダニ，ササラダニ，コナダニのなかまを所属させた．さらに Evans (1992) は前者を単毛上目 (Anactinotrichida)，後者を複毛上目 (Actinotrichida) とした．Krantz & Walter (2009) のもっとも最近の分類体系では，ダニ亜綱の下に胸穴上目 (Parasitiformes) と胸板上目 (Acariformes) を置き，前者にアシナガダニ目，カタダニ目，マダニ目，トゲダニ目を，後者にケダニ目，ササラダニ目を入れた．ここで注意すべきはコナダニ目という単位がなくなってしまい，それはコナダニ団としてササラダニ目のなかの一つの団の単位に格下げされていることである．あわせて，今までケダニの中に含まれていたアミメウスイロダニ，ヒモダニ，シリマルダニ，ニセアギトダニなどのなかまはニセササラダニ亜目としてササラダニ目の中に編入された．

　かなり細かい経緯を述べたが，結局のところ，本書では最近の知見に基づく高次分類体系に従わず，冒頭に述べたように，ダニ類をダニ亜綱ではなく，あえてダニ目として扱う方式に従うことにした．その理由は，最新の分類体系がなかなか理解しにくく，日本の研究

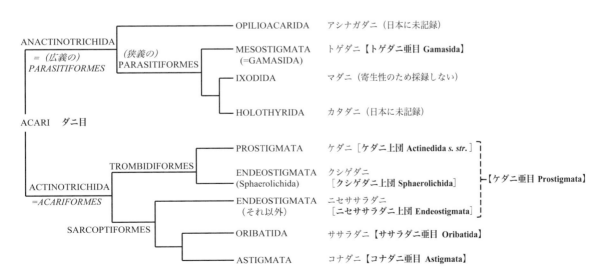

図1　ダニの上位分類群の系統関係（概念図：Dunlop & Alberti, 2007 を基に改変）．
　　【　】および［　］内は本書で用いた高次分類群名（*s.str.* は「狭義」）．

2　ダニ目

者には受け入れがたい点があり，また応用分野の人たちには不慣れであることなどである．さらに，このような措置により，ダニ類も他の土壌動物群と同様に，生物学辞典（石川統ほか編，2010）の巻末に示された生物分類表に準拠することになる．

─ダニ類の分類体系に関する現状

遺伝子配列情報等に基づいて，ダニ類の分類体系が考察されているが，確定的な結果が得られている訳ではない．例えば，Norton（1998）が，形態情報に基づいて主張したササラダニがコナダニの姉妹群であるという説は，一度，Domes ほか（2007）によって否定されたものの，再び，Dabert ほか（2012）の遺伝子配列情報によって支持された．このように，現在も情報は刻々と変化している．このため，本書では，あえてダニ目として，その下の分類群を亜目として扱うことにした．しかし，最新の知見でほぼ合意されているとおもわれるもの（Dunlop & Alberti, 2007）を，本書の体系と比較できる様に図に示した．

このうち重要とおもわれる部分は，Acariformes の下位分類群は Trombidiformes と Sarcoptiformes になることである．特に，本書で用いたケダニ亜目のうち Sphaerolichida（クシゲダニ上団）以外の Endeostigmata（ニセササラダニ上団：アミメウスイロダニ，ヒモダニ，シリマルダニ，ニセアギトダニなどのなかま）が，Trombidiformes ではなく，Sarcoptiformes に含まれることに注目してほしい．最初にこれを指摘したのは，形態情報に基づいた OConnor（1984）であり，以降，遺伝子配列情報等をもちいてもいまだに議論が続いているが，今のところ流れはこれを認める方向にある．

図のうち，Krantz & Walter（2009）は，アシナガダニを Parasitiformes に入れているが，Dunlop & Alberti,（2007）は独立させている．本分類群は，日本には未記録であり，本書ではそれほど重要ではないため解説は他に譲る．

また，ダニはひとつの分類群なのかと言うことについては，古くから議論がなされてきた．Sharma ほか（2014）によって，膨大な遺伝子配列による解析を用いて，単系統性に否定的な報告がなされた．しかし，まだ広く受け入れられている訳ではない．このように，ダニ類の高次分類体系については，まだ議論が必要な状態が続いている．

引用・参考文献

Dabert, M., Witalinski, W., Kazmierski, A., Olszanowski, Z. & Dabert, J. (2012). Molecular phylogeny of acariform mites (Acari, Arachnida): Strong conflict between phylogenetic signal and long-branch attraction artifacts. *Molecular Phylogenetics and Evolution*, **56**: 222-241.

Dunlop, J. A. & Alberti, G. (2007). The affinities of mites and ticks: a review. *Journal of Zoological Systematics and Evolutionary Research*, **46**: 1-18.

Domes, K., Althammer, M., Norton, R. A., Scheu, S. & Maraun, M. (2007). The phylogenetic relationship between Astigmata and Oribatida (Acari) as indicated by molecular markers. *Experimental and Applied Acarology*, **42**: 59-171.

Krants, G. W. & Walter, D. E. (eds.) (2009). A Manual of Acarology. Third Edition. Texas Tech University Press, Lubbock, Texas.

Norton, R. A. (1998). Morphological evidence for the evolutionary origin of Astigmata (Acari: Acariformes). *Experimental and Applied Acarology*, **22**: 559-594.

OConnor, B. M. (1984). Phylogenetic relationships among higher taxa in the Acariformes, with particular reference to the Astigmata. In: Acarology VI, Vol. 1, Griffiths, D. A. and Bowman, C. E. (eds), pp. 19-27. Ellis Horwood Ltd, Chichester.

Sharma, P. P., Kaluziak, S. T., Pérez-Porro, A. R., González, V. L., Hormiga, G., Wheeler, W. C. & Giribet, G. (2014). Phylogenomic Interrogation of Arachnida Reveals Systemic Conflicts in Phylogenetic Signal. *Molecular Biology and Evolution*, **31**: 2963-2984.

芝　実（1999）．ケダニ亜目．In：日本産土壌動物．青木淳一（編），pp. 211-311．東海大学出版会，東京．

*　*　*

以上はダニ類全体の分類体系についての記述である．ケダニ亜目については，後にケダニ亜目の項（表1：p.204-205）で体系を示す．ケダニ亜目の体系は芝（1999）「日本産土壌動物」と Krants & Walter（2009）の体系に配慮し専門外の人に理解しやすい暫定的なものとして，ダニ類の著者のうち島野が作成した．

The system in the part of Prostigmata was proposed by S. Shimano (p.204-205), one of the authors of the acarological part. The system is considered for persons unfamilier to mites, based on the classical systems (i. e. Shiba, 1999) and the current system of Krants & Walter (2009).

節足動物門
ARTHROPODA

鋏角亜門 CHELICERATA
クモガタ綱 Arachnida
ダニ目 Acari
トゲダニ亜目 Gamasida

石川和男 K. Ishikawa・高久 元 G. Takaku

ダニ目 Acari・トゲダニ亜目 Gamasida

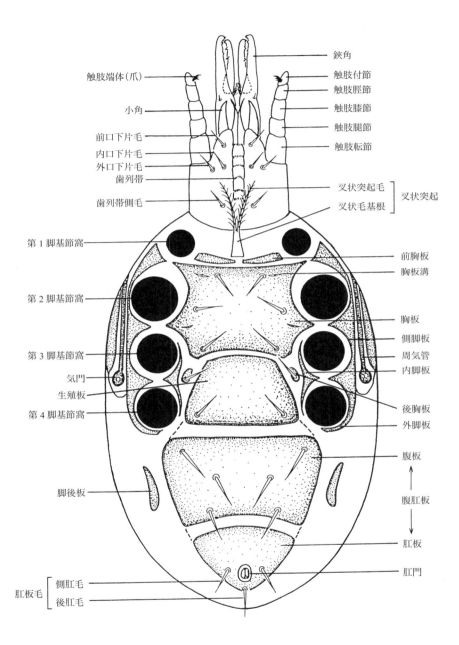

トゲダニ亜目 Gamasida（トゲダニ団♀の腹面模式図）形態用語図解

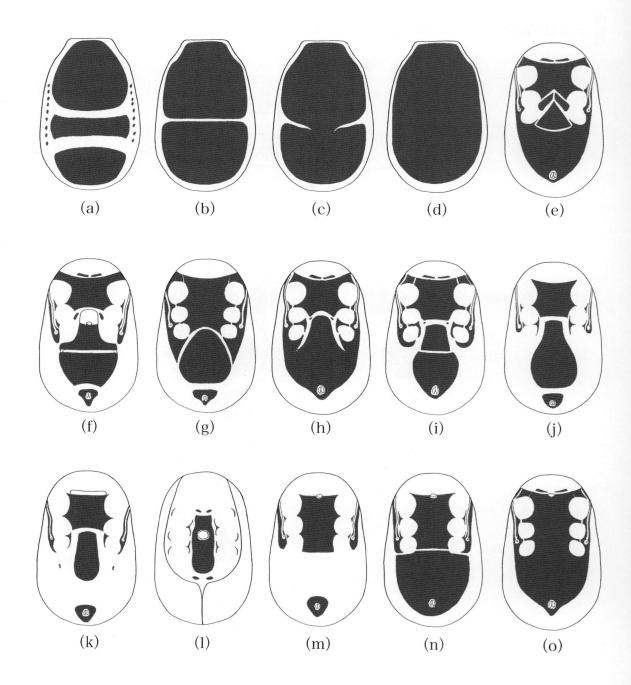

トゲダニ亜目 Gamasida に見られる肥厚板の諸形態
(a)〜(d)：背面，(e)〜(k)：♀腹面，(l)〜(o)：♂腹面；(a)：多背板，(b)：前背板と後背板，(c)：切れ込み背板，(d)：全背板，(e)：ヤドリダニ型，(f)：キツネダニ型，(g)：ダルマダニ型，(h)：ヘラゲホコダニ型，(i)：ホコダニ型，(j)・(k)：トゲダニ型，(l)：中央開口型，(m)：胸生殖板・肛板型，(n)：胸生殖板・腹肛板型，(o)：全腹板型

ダニ目・トゲダニ亜目　3

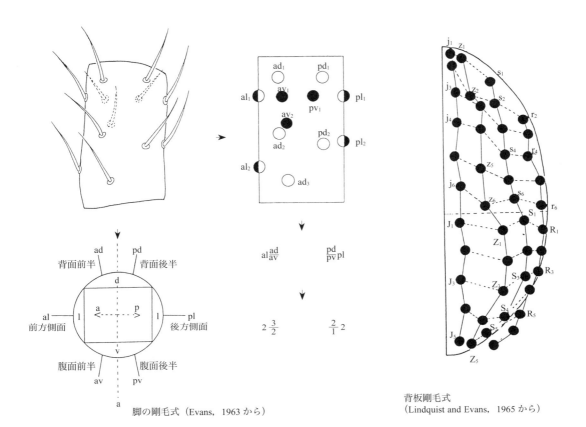

脚の剛毛式（Evans, 1963 から）

背板剛毛式
（Lindquist and Evans, 1965 から）

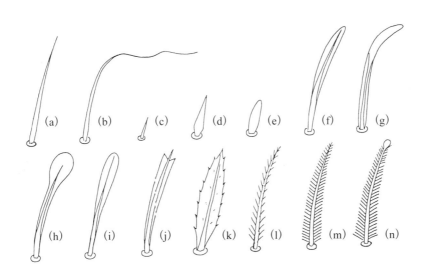

トゲダニ亜目 Gamasida 感覚毛の諸形態
(a)：単純毛, (b)：鞭状毛, (c)：微小単純毛, (d)：棘状毛, (e)：円錐棘毛, (f)：槍状毛, (g)：鎌状毛, (h)：匙状毛, (i)：橈状毛, (j)：矢筈状毛, (k)：葉状毛, (l)：細枝毛, (m)・(n)：羽毛状毛

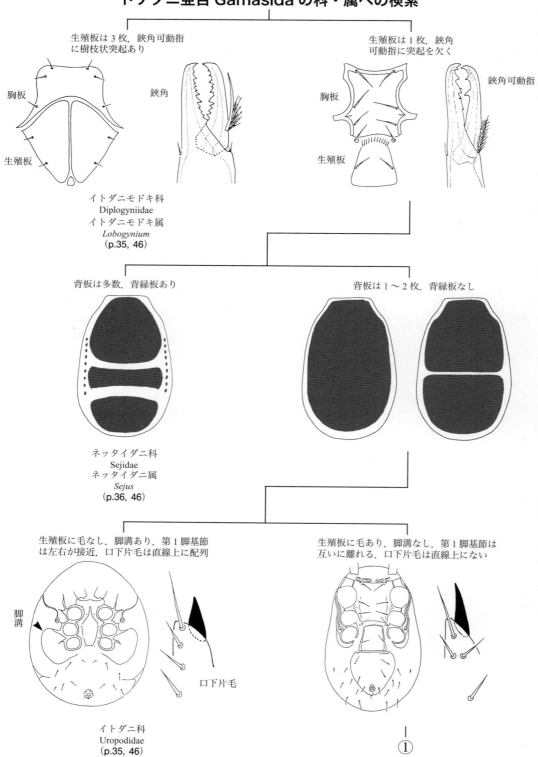

ダニ目・トゲダニ亜目　5

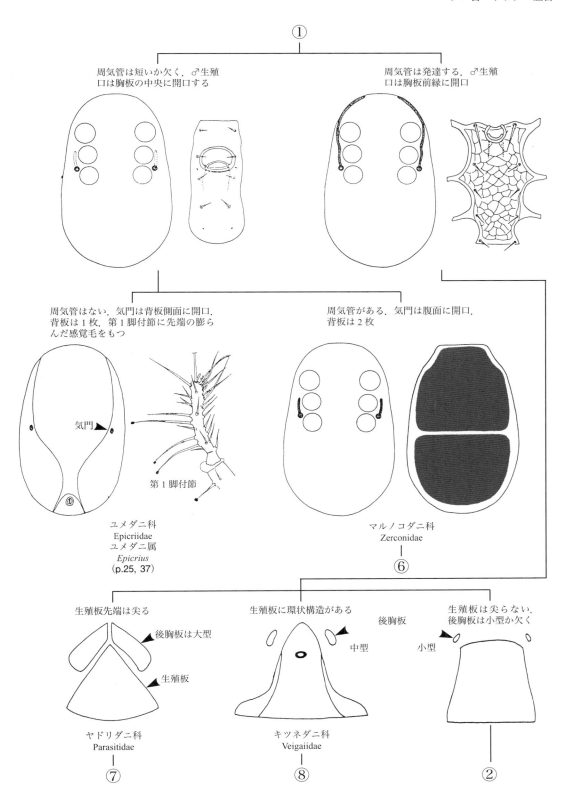

6 ダニ目・トゲダニ亜目

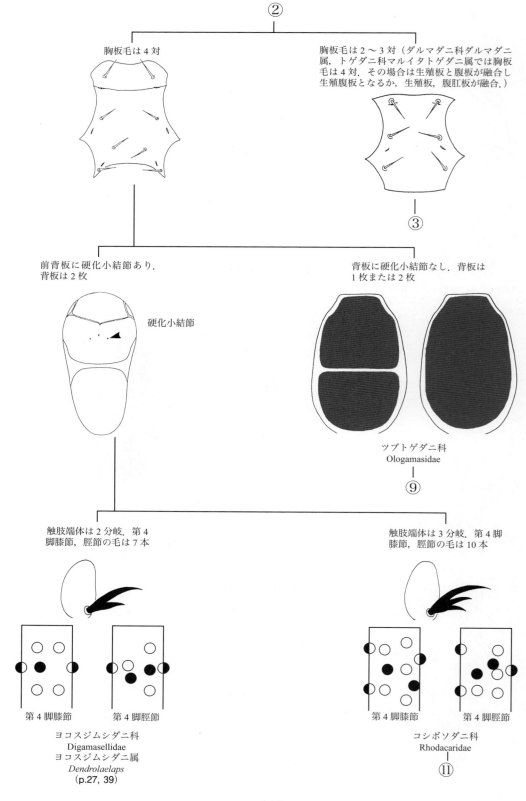

ダニ目・トゲダニ亜目　7

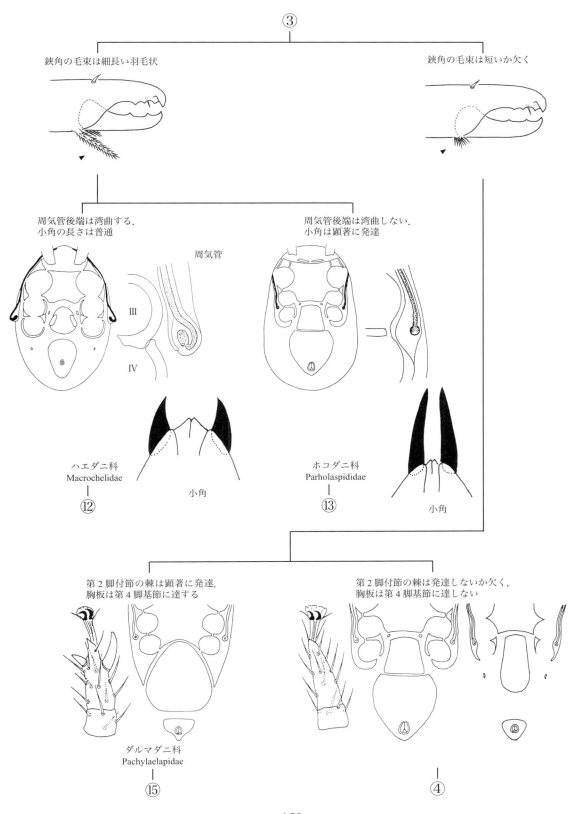

— 159 —

8 ダニ目・トゲダニ亜目

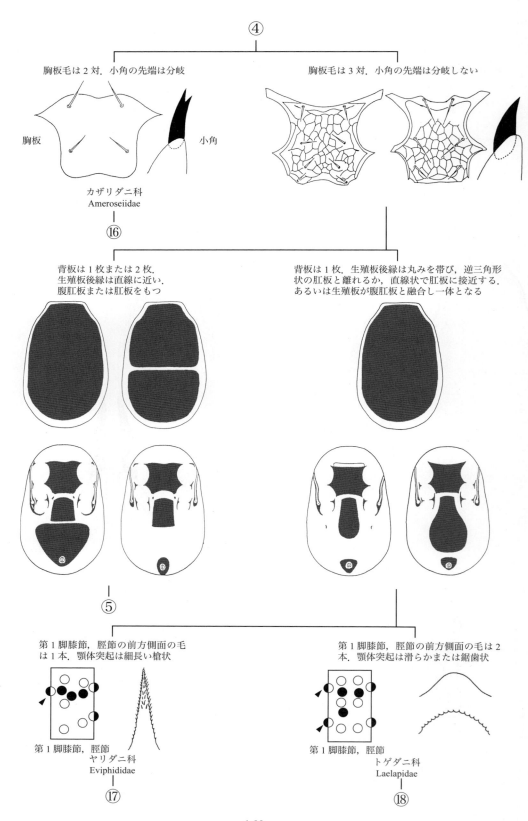

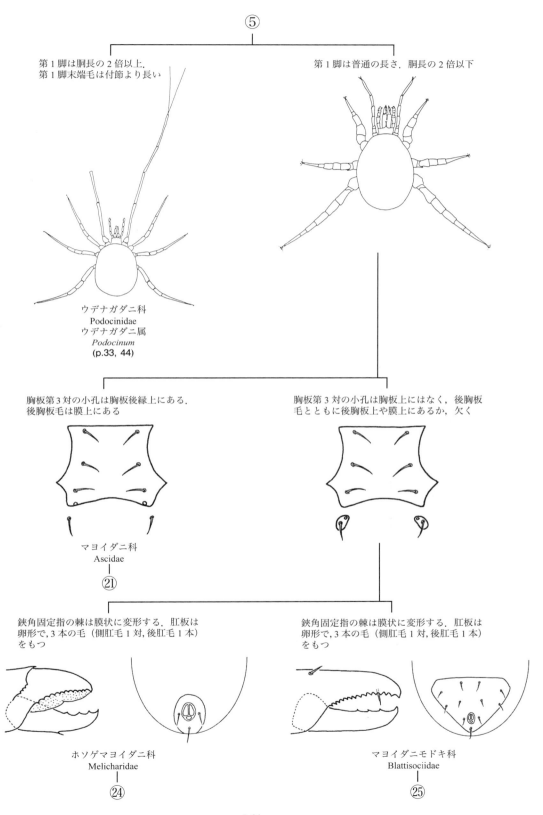

マルノコダニ科 Zerconidae の属への検索

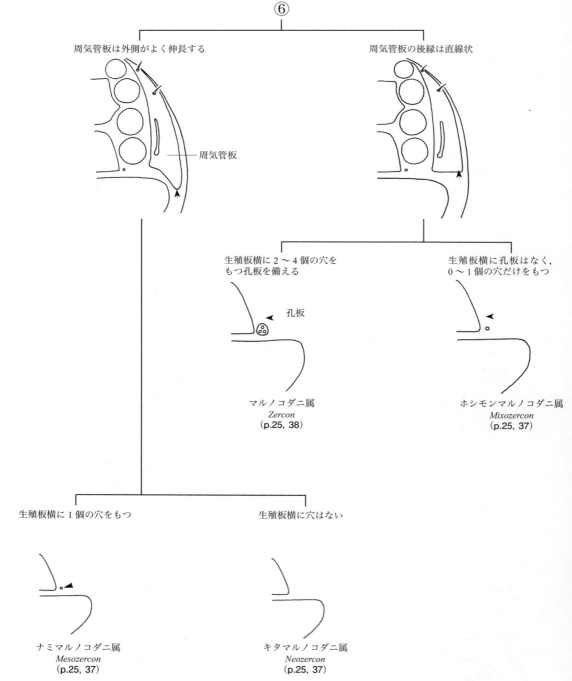

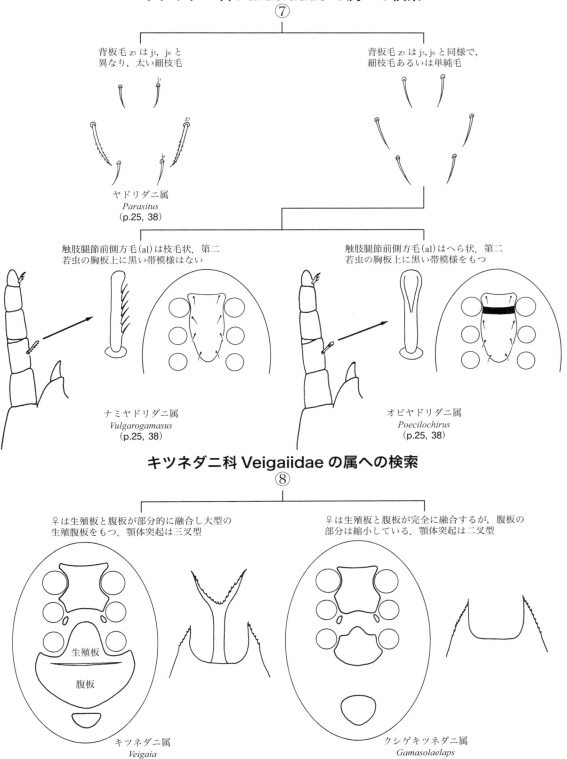

ツブトゲダニ科 Ologamasidae の属への検索

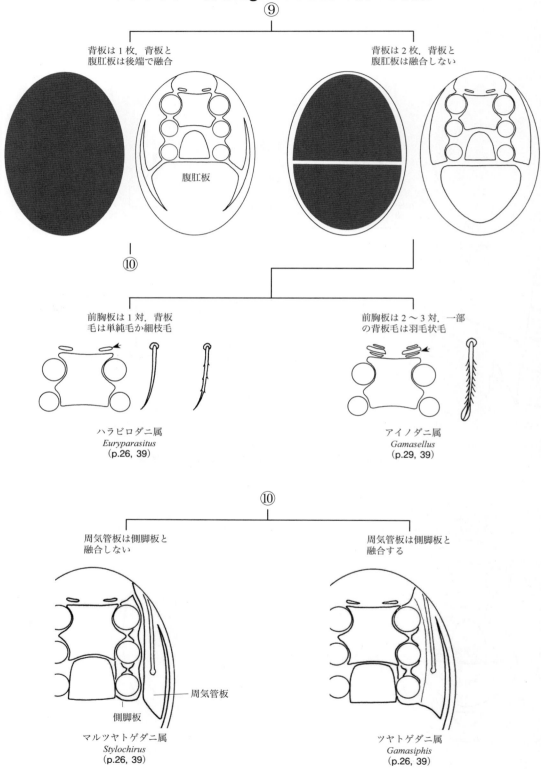

ダニ目・トゲダニ亜目 13

コシボソダニ科 Rhodacaridae の属への検索

⑪

前背板上の硬化小結節の内側の1対が融合し，3個の硬化小結節をもつ．内口下片毛は外口下片毛と歯列帯側毛の中間に位置する

前背板上の硬化小結節は4個．内口下片毛と外口下片毛はほぼ同じレベルにある

コシボソダニ属
Rhodacarus
(p.27, 39)

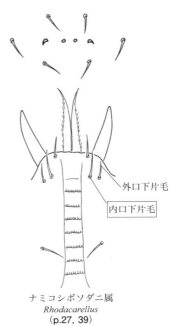

ナミコシボソダニ属
Rhodacarellus
(p.27, 39)

— 165 —

ハエダニ科 Macrochelidae の属への検索

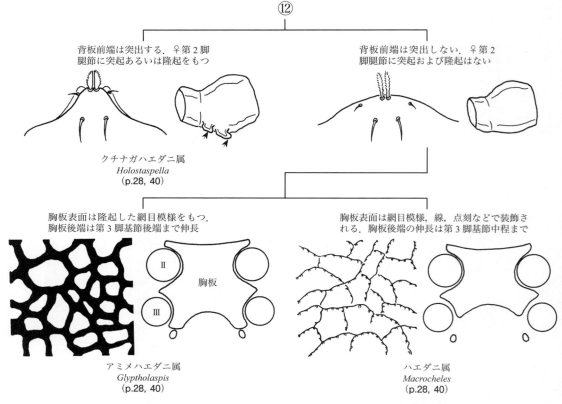

ホコダニ科 Parholaspididae の属への検索

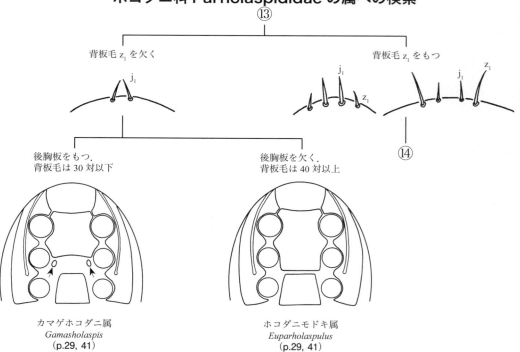

ダニ目・トゲダニ亜目　**15**

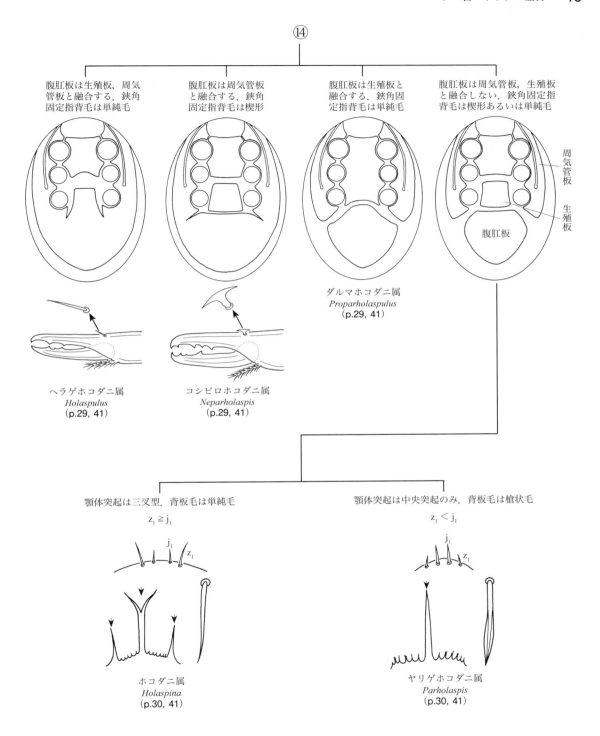

ダルマダニ科 Pachylaelapidae の属への検索

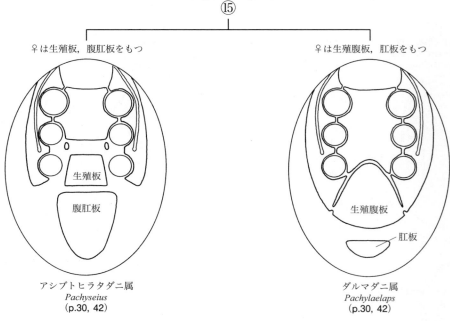

カザリダニ科 Ameroseiidae の属への検索

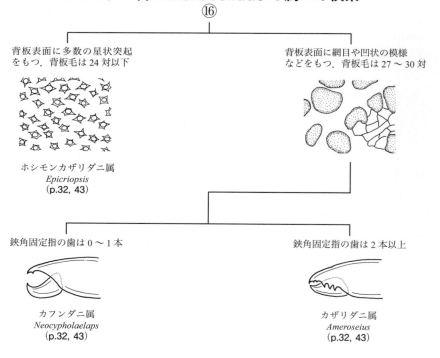

ダニ目・トゲダニ亜目 17

ヤリダニ科 Eviphididae の属への検索

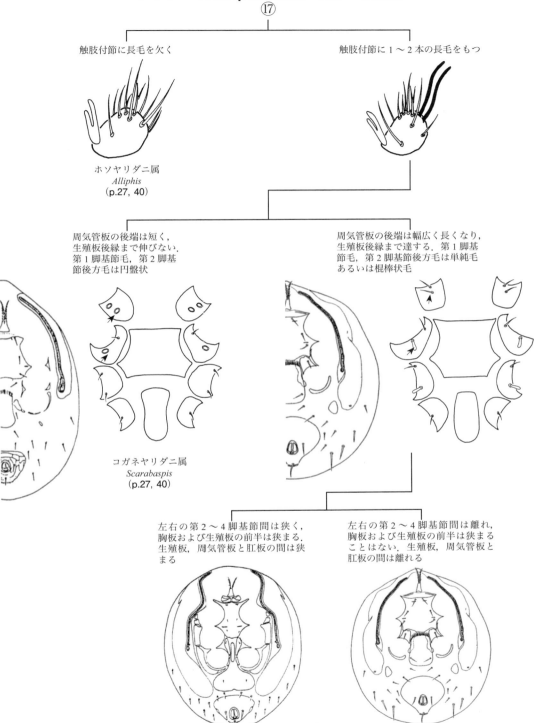

トゲダニ科 Laelapidae の属・亜属への検索

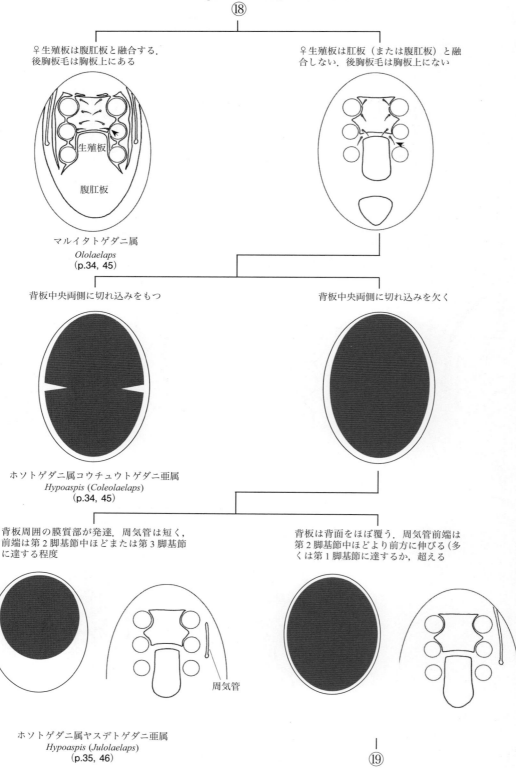

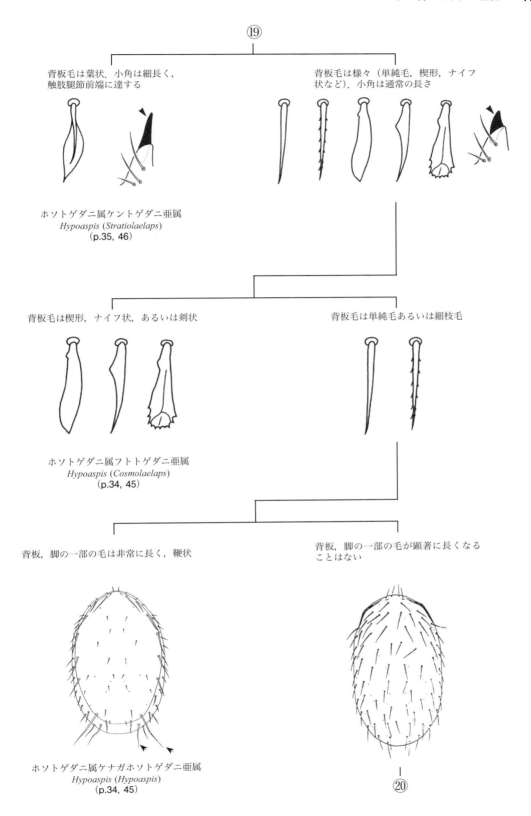

20 ダニ目・トゲダニ亜目

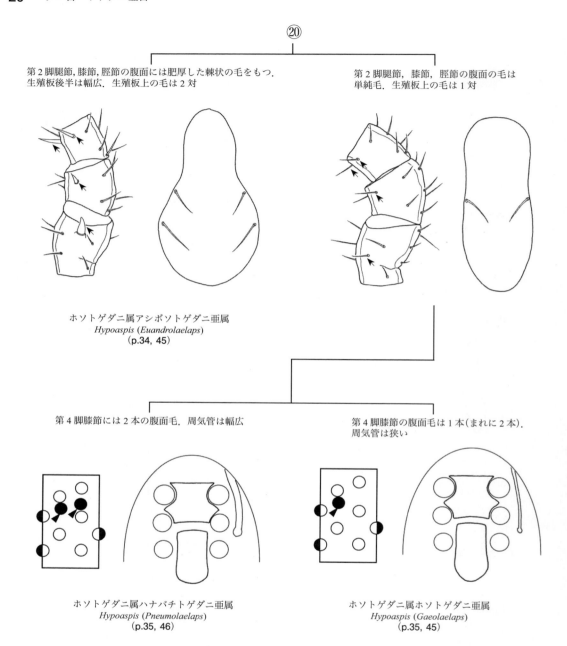

マヨイダニ科 Ascidae の属への検索

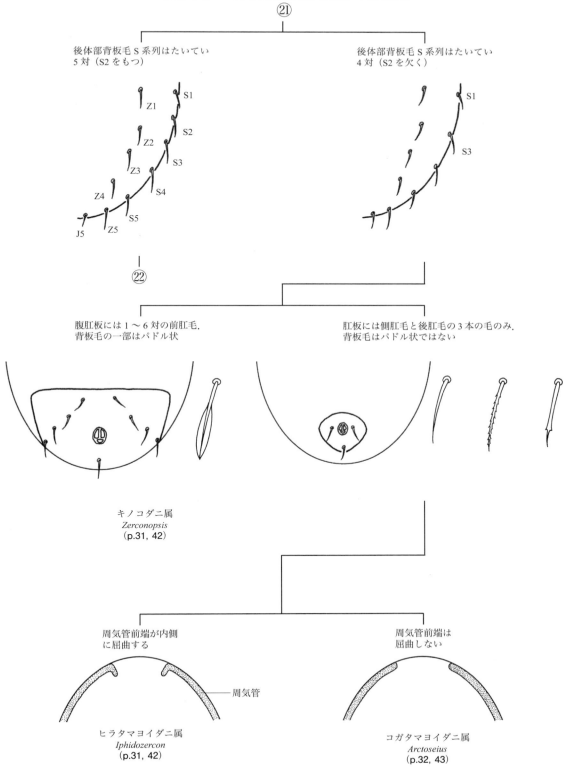

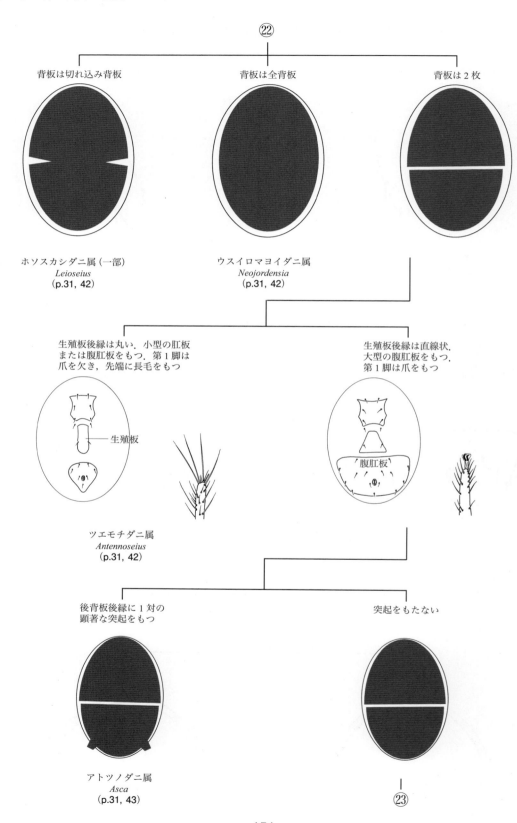

ダニ目・トゲダニ亜目　23

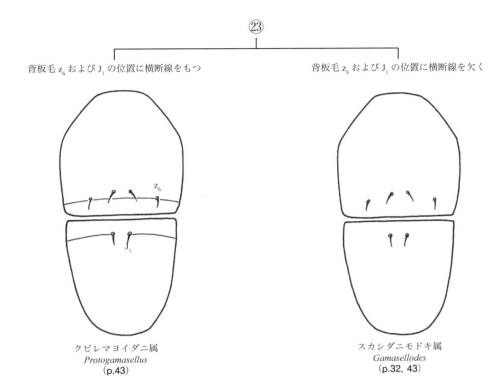

㉓

背板毛 z_6 および J_1 の位置に横断線をもつ

背板毛 z_6 および J_1 の位置に横断線を欠く

クビレマヨイダニ属
Protogamasellus
(p.43)

スカシダニモドキ属
Gamasellodes
(p.32, 43)

ホソゲマヨイダニ科 Melicharidae の属への検索

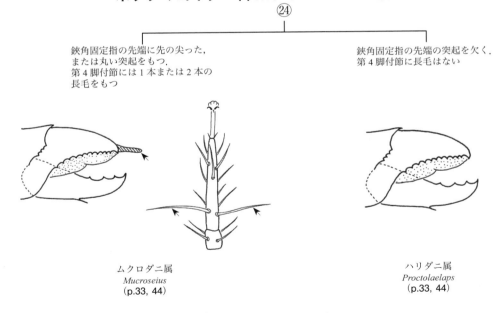

㉔

鋏角固定指の先端に先の尖った，または丸い突起をもつ．第4脚付節には1本または2本の長毛をもつ

鋏角固定指の先端の突起を欠く．第4脚付節に長毛はない

ムクロダニ属
Mucroseius
(p.33, 44)

ハリダニ属
Proctolaelaps
(p.33, 44)

マヨイダニモドキ科 Blattisociidae の属への検索

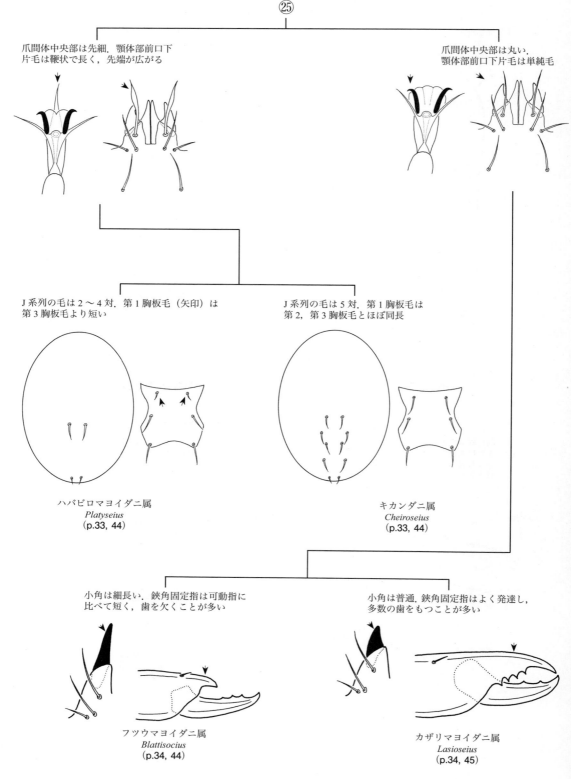

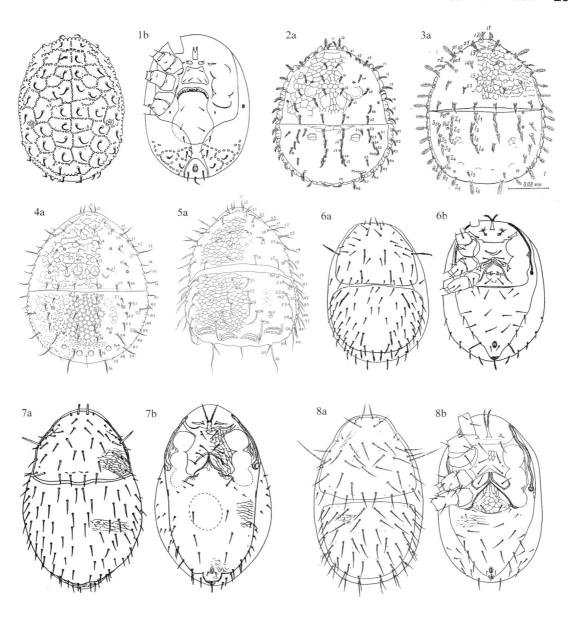

トゲダニ亜目 Gamasida 全形図（1）
1：オモゴユメダニ Epicrius omogoensis Ishikawa, 2：ケバマルノコダニ Mesozercon plumatus (Aoki), 3：キタマルノコダニ Neozercon insularis Petrova, 4：ホシモンマルノコダニ Mixozercon stellifer (Aoki), 5：アナマルノコダニ Zercon japonicus Aoki, 6：エダゲムシクイダニ Parasitus consanguineus Oudemans & Voigts, 7：クロオビヤドリダニ Poecilochirus carabi G. & R. Canestrini, 8：フジサンムシクイダニ Vulgarogamasus fujisanus (Ishikawa)
a：背面，b：♀腹面
(1：Ishikawa, 1979a；2：Aoki, 1966；3：Petrova, 1977；4, 5：Aoki, 1964；6：石川, 1980c；7：Hyatt, 1980；8：Ishikawa, 1972b から)

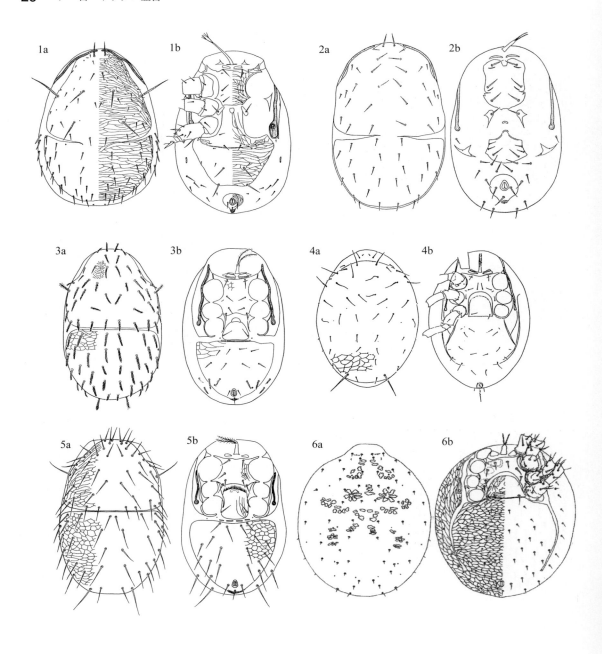

トゲダニ亜目 Gamasida 全形図（2）
1：ウエノキツネダニ *Veigaia uenoi* Ishikawa，2：クシゲキツネダニ *Gamasolaelaps ctenisetiger* Ishikawa，3：フサゲアイノダニ *Gamasellus plumosus* Ishikawa，4：ツヤトゲダニ属の1種 *Gamasiphis* sp.，5：ハクビヤドリダニ *Euryparasitus pagumae* Ishikawa，6：オサムシマルツヤトゲダニ *Stylochirus fimetarius* (Müller)
a：背面，b：♀腹面
（1：Ishikawa, 1972b；2：Ishikawa, 1978；3：Ishikawa, 1983；4：石川，1991；5：Ishikawa, 1988；6：Mašán and Halliday, 2010 から）

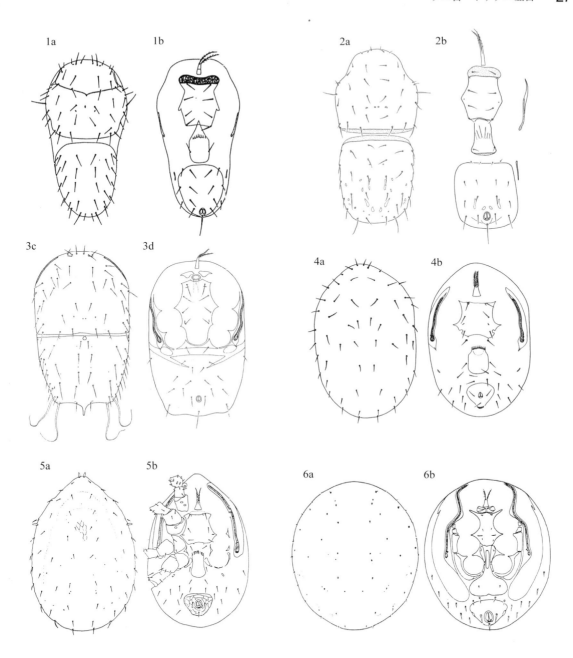

トゲダニ亜目 Gamasida 全形図（3）
1：コシボソダニ属の 1 種 *Rhodacarus* sp., 2：ナミコシボソダニ属の 1 種 *Rhodacarellus* sp., 3：オナガヨコスジムシダニ *Dendrolaelaps unispinatus* Ishikawa, 4：ヒカゲヤリダニ *Alliphis geotrupes* Ishikawa, 5：スカラベダニ *Scarabaspis spinosus* Ishikawa, 6：セマルヤリダニ *Evimirus uropodinus* (Berlese)
a：♀背面, b：♀腹面, c：♂背面, d：♂腹面
（1：石川, 1991；3：Ishikawa, 1977a；4：石川, 1979a；5：Ishikawa, 1968；6：Ishikawa, 1979a から）

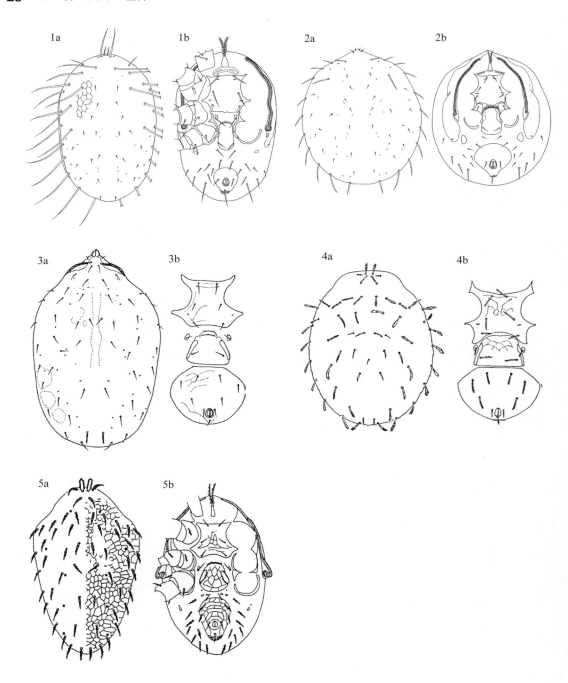

トゲダニ亜目 Gamasida 全形図（4）
1：ホガケナガヤリダニ *Copriphis hogai* (Ishikawa), 2：コガネムシダニ *Copriphis disciformis* (Ishikawa), 3：フタバクチナガハエダニ *Holostaspella bifoliata* (Trägårdh), 4：マヨイハエダニ *Glyptholaspis confusa* (Foà), 5：モリカワハエダニ *Macrocheles morikawai* Ishikawa
a：背面, b：♀腹面
（1, 2：Ishikawa, 1984；3, 4：石川, 1980c；5：Ishikawa, 1969a から）

ダニ目・トゲダニ亜目 29

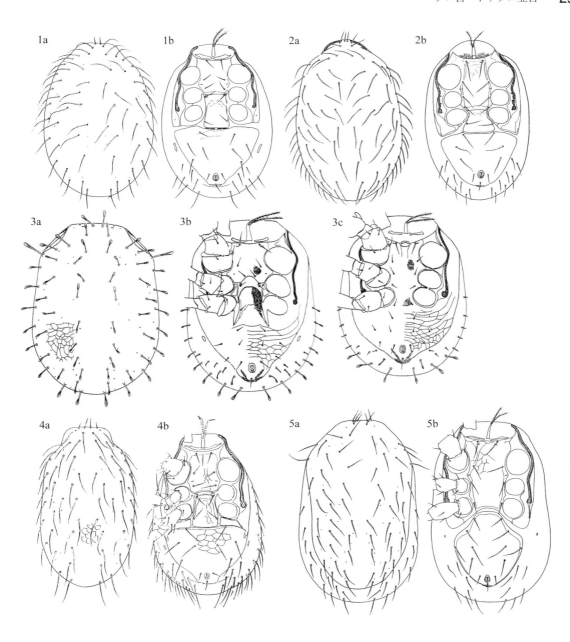

トゲダニ亜目 Gamasida 全形図（5）
1：シベリアカマゲホコダニ *Gamasholaspis communis* Petrova, 2：ホコダニモドキ *Euparholaspulus primoris* Petrova, 3：オモゴヘラゲホコダニ *Holaspulus omogoensis* Ishikawa, 4：シナノコシビロホコダニ *Neparholaspis shinanonis* Ishikawa, 5：ヒメダルマホコダニ *Proparholaspulus suzukii* Ishikawa
a：背面, b：♀腹面, c：♂腹面
(1, 2：Ishikawa, 1980b；3：Ishikawa, 1995；4：Ishikawa, 1979b；5：Ishikawa, 1980a から)

— 181 —

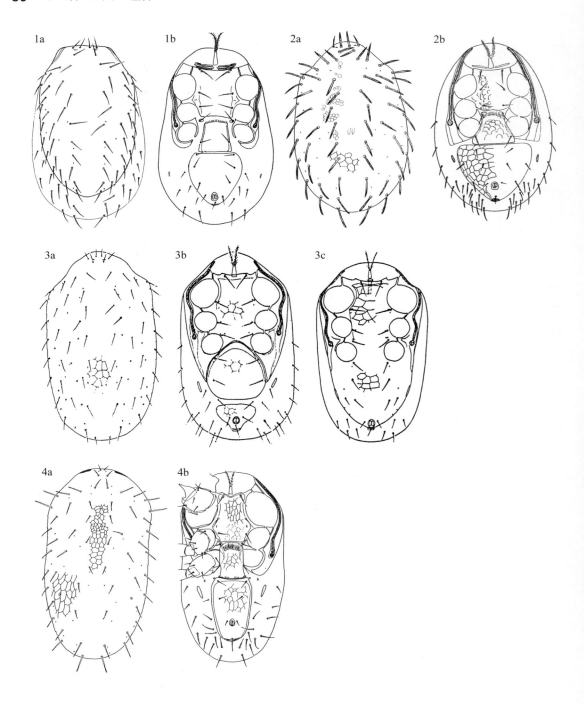

トゲダニ亜目 Gamasida 全形図 (6)

1：ミツマタホコダニ *Holaspina trifurcatus* (Ishikawa)，2：ペトロバヤリゲホコダニ *Parholaspis mordax* Petrova，3：イシヅチダルマダニ *Pachylaelaps ishizuchiensis* Ishikawa，4：カザアナアシブトヒラタダニ *Pachyseius cavernicola* Ishikawa
a：背面，b：♀腹面，c：♂腹面
(1：Ishikawa, 1980a；2：Ishikawa, 1980b；3：Ishikawa, 1977b；4：Ishikawa, 1989 から)

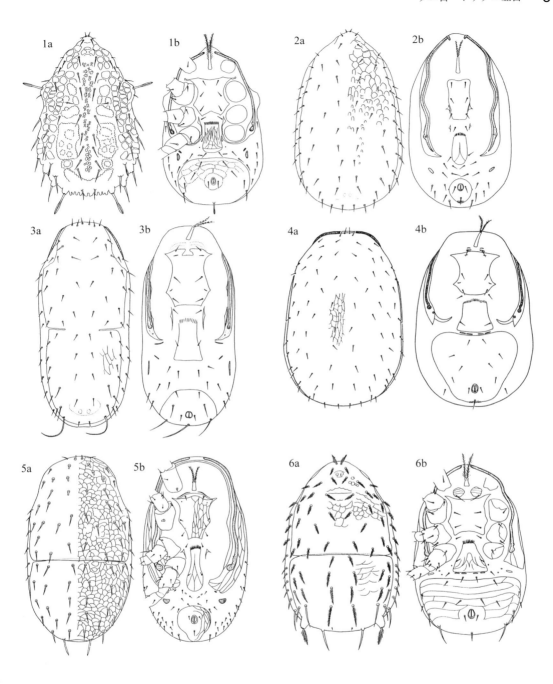

トゲダニ亜目 Gamasida 全形図 (7)
1：シガキノコダニ Zerconopsis sinuata Ishikawa, 2：ヒラタマヨイダニ Iphidozercon variolatus Ishikawa, 3：シボリセナホソスカシダニ Leioseius brevisetosus Ishikawa, 4：ヒラタウスイロマヨイダニ Neojordensia planata Ishikawa, 5：カワラモンツエモチダニ Antennoseius imbricatus Ishikawa, 6：クモマアトツノダニ Asca nubes Ishikawa
a：背面, b：♀腹面
(1, 6：Ishikawa, 1969a；2, 3, 5：Ishikawa, 1969b；4：Ishikawa, 1979a から)

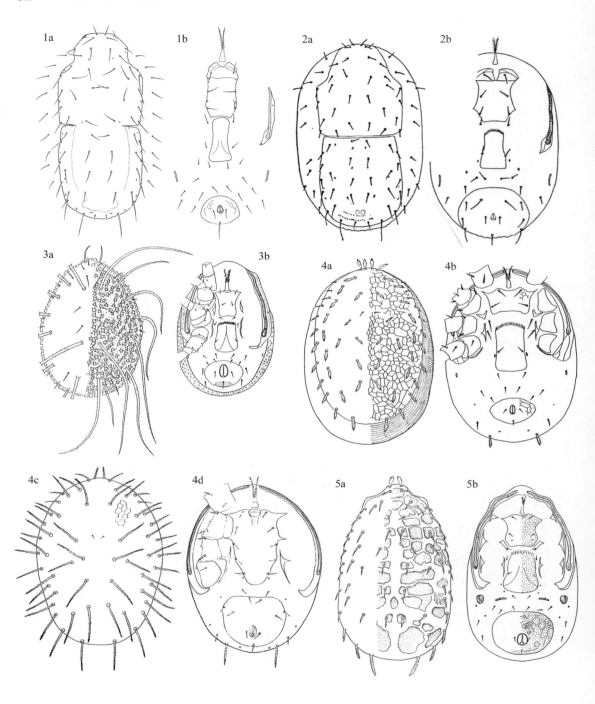

トゲダニ亜目 Gamasida 全形図 (8)
1：コガタマヨイダニ属の 1 種 Arctoseius sp., 2：スカシダニモドキ Gamasellodes insignis Hirschmann, 3：ホシモンカザリダニ Epicriopsis stellata Ishikawa, 4：カンザシカフンダニ Neocypholaelaps favus Ishikawa, 5：スカシマドカザリダニ Ameroseius variolarius Ishikawa
a：♀背面, b：♀腹面, c：♂背面, d：♂腹面
(2：石川, 1980c；3, 5：Ishikawa, 1972a；4：Ishikawa, 1968 から)

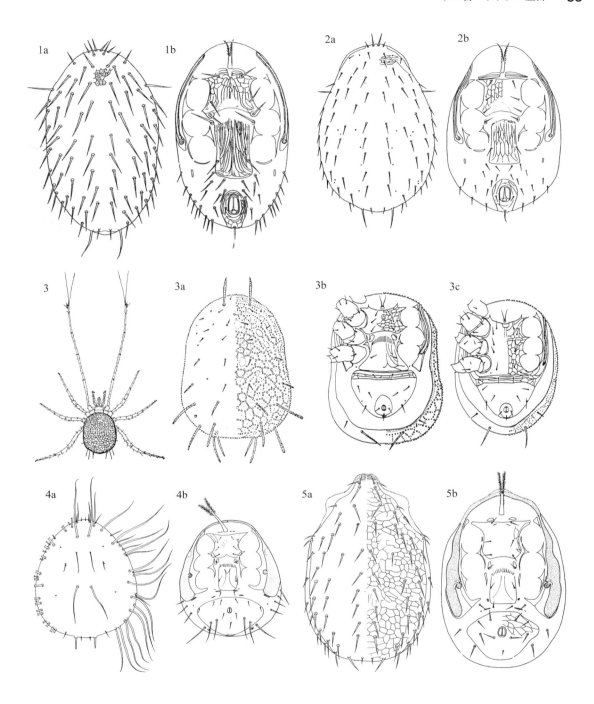

トゲダニ亜目 Gamasida 全形図 (9)
1：スジカワラハリダニ *Mucroseius aciculatus* (Ishikawa), 2：ヤマトハリダニ *Proctolaelaps nipponicus* Ishikawa, 3：アオキウデナガダニ *Podocinum aokii* Ishikawa, 4：ハバビロマヨイダニ *Platyseius triangralis* Ishikawa, 5：トサキカンダニ *Cheiroseius tosanus* (Ishikawa)
a：背面, b：♀腹面, c：♂腹面
(1, 2：Ishikawa, 1968；3：Ishikawa, 1970；4, 5：Ishikawa, 1969b から)

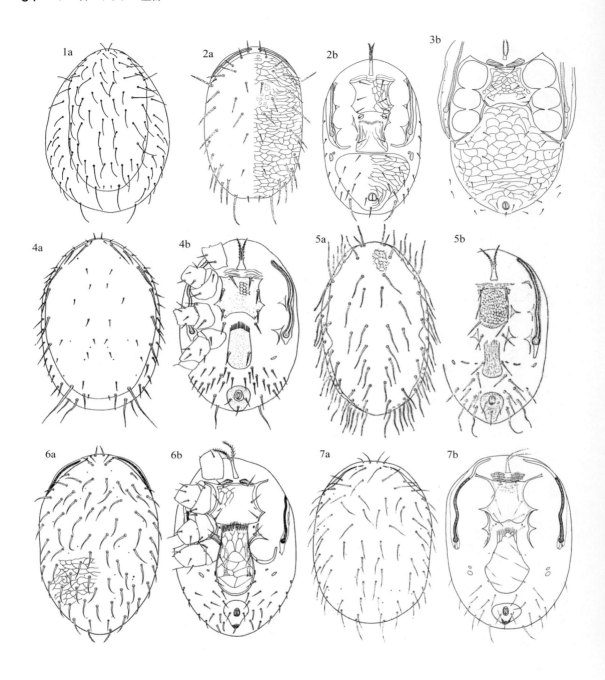

トゲダニ亜目 Gamasida 全形図 (10)
1：フツウマヨイダニ *Blattisocius dentriticus* (Berlese), 2：ケシキスイマヨイダニ *Lasioseius lasiodactyli* Ishikawa, 3：マルイタトゲダニ属の1種 *Ololaelaps* sp., 4：カブトホソトゲダニ *Hypoaspis* (*Hypoaspis*) *allomyrinatus* (Ishikawa), 5：ケナガコウチュウトゲダニ *Hypoaspis* (*Coleolaelaps*) *longisetatus* Ishikawa 6：ヤケヤスデフトトゲダニ *Hypoaspis* (*Cosmolaelaps*) *hortensis* Ishikawa, 7：ヤマウチアシボソトゲダニ *Hypoaspis* (*Euandrolaelaps*) *yamauchii* Ishikawa
a：背面, b：♀腹面
(1：江原, 1980；2：Ishikawa, 1969b；4：Ishikawa, 1968；5：石川, 1980c；6：Ishikawa, 1986；7：Ishikawa, 1982 から)

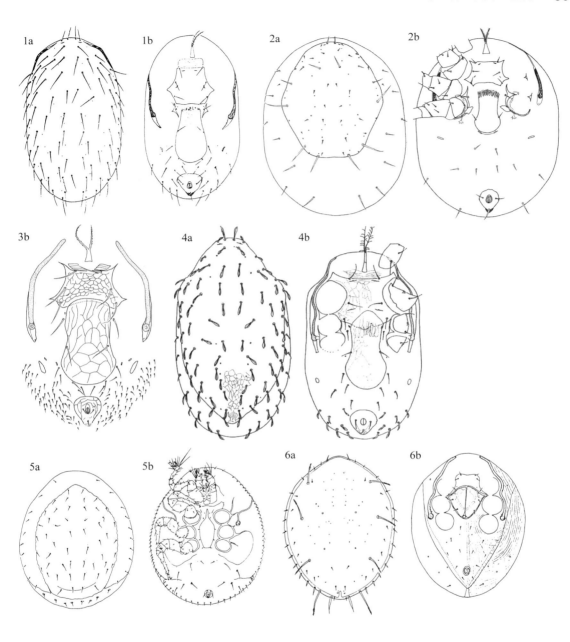

トゲダニ亜目 Gamasida 全形図（11）

1：モウリホソトゲダニ *Hypoaspis* (*Gaeolaelaps*) *mohrii* Ishikawa, 2：リュキュウヤスデトゲダニ *Hypoaspis* (*Julolaelaps*) *parvitergalis* Ishikawa, 3：ホソトゲダニ属ハナバチトゲダニ亜属の一種 *Hypoaspis* (*Pneumolaelaps*) sp., 4：ケントゲダニ *Hypoaspis* (*Stratiolaelaps*) *miles* (Berlese), 5：イトダニ科の1種 Uropodidae sp., 6：マキバイトダニモドキ *Lobogynium pascuum* Ishikawa
a：背面, b：♀腹面
(1：Ishikawa, 1982；2：Ishikawa, 1986；4：Evans and Till, 1966；5：石川, 1991；6：Ishikawa, 1968 から)

36　ダニ目・トゲダニ亜目

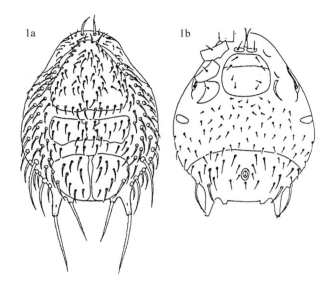

トゲダニ亜目 Gamasida 全形図 (12)
1：ネッタイダニ属の1種 *Sejus* sp.
a：背面, b：♀腹面
(1：石川, 1991 から)

ダニ目 Acari

トゲダニ亜目 Gamasida

　第Ⅱ～Ⅳ脚基節外側方に気門をもつ一群のダニで，ヤドリダニ亜目と呼ばれた．体長 0.3 ～ 1.2 mm 内外．淡褐色ないし茶褐色を呈する．分類同定は，個体数の圧倒的に多い♀が用いられ，体表を覆うさまざまな肥厚板の形態，感覚毛の剛毛式，顎体部の構造などの標徴によって行われる．雌雄は生殖板の形態により容易に識別される．

　トゲダニ類は，落葉・腐植層や堆肥などの有機物の多い環境で自由生活を営むが，生活環のある時期に昆虫などの節足動物に付着して生活する種もある．トゲダニ類の多くは，土壌中で生息密度の高い土壌線虫やトビムシなどを捕食しているが，ハエの卵，幼虫，他のダニ類を捕食するものや，菌類を食する種も見られる．

　生活環は，卵→幼虫→若虫→成虫を経過する不完全変態型である．幼虫は 3 対，若虫と成虫はともに 4 対の脚をもつ．幼虫では肥厚板は未発達，若虫の生殖板は不完全，成虫のそれは完成しているので，ダニのステージは容易に識別できる．

ユメダニ科 Epicriidae

　胴長 0.5 ～ 0.6 mm．周気管を欠き，気門は背板側面に開口することにより，他科と容易に識別される．背板は 1 枚，顆粒状の網目模様に覆われ，1 対の大型の隆起顆粒をもつ．第 1 脚付節腹面に先端の膨らんだ感覚毛をもつ．♂の生殖門は胸生殖板のほぼ中央に開口する．日本に広く分布．落葉・腐植層に生息し，捕食性．日本から 1 属が知られる．

ユメダニ属（p.5, 25）
Epicrius

　胴長 0.5 ～ 0.6 mm．黄褐色．背板は 1 枚．背板表面は顆粒突起からなる網目模様で覆われる．周気管を欠き，気門は背板側縁に開口する．第 1 胸板毛は前胸板上に存在する．第 1 脚脛節，付節に先端が球状の毛をもつ．落葉・腐植層で自由生活をする．日本からはヤマトユメダニ *Epicrius nemorosus* Ishikawa など 3 種が記録されており，北海道から琉球列島まで広く分布している．

マルノコダニ科 Zerconidae

　胴長 0.3 ～ 0.5 mm．背板は 2 枚．側縁部は鋸歯状．後背板の後端近くに 1 ～ 2 対の凹みをもち，周気管は短く，第 2 脚基節側方まで到達しないことが特徴．腹肛板は幅広く，よく発達する．♂の生殖門は，胸生殖板のほぼ中央に開口．日本に広く分布．落葉・腐植層に生息し，捕食性．動きは緩慢．日本から 4 属が知られる．

ナミマルノコダニ属（p.10, 25）
Mesozercon

　胴長 0.3 mm 程度．淡黄褐色．背板は前背板と後背板の 2 枚．背板側縁部は鋸歯状，後背板後端にはくぼみをもたない．周気管板は第 4 脚後方まで伸長し，特に外側がよく伸びるが，腹肛板とは融合しない．周気管板上には 2 本の単純毛があり，毛の長さはほぼ同じ．生殖板側方には孔板を欠くが，穴（腺の開口部）を 1 個もつ．落葉・腐植層で自由生活をする．日本からはケバマルノコダニ *Mesozercon plumatus* (Aoki) 1 種のみが記録されており，北海道から九州にかけて広く分布する．

キタマルノコダニ属（新称）（p.10, 25）
Neozercon

　胴長 0.3 mm 程度．黄褐色．背板は前背板と後背板の 2 枚．背板側縁部は鋸歯状．後背板後端の 2 対の凹みは小さい．周気管板は第 4 脚後方まで伸長し，特に外側がよく伸びるが，腹肛板とは融合しない．周気管板上に 2 本の毛があり，後方の毛は前方の毛よりも長く細枝毛となる．生殖板側方には孔板も穴も欠く．落葉・腐植層で自由生活をする．日本では，キタマルノコダニ（新称）*Neozercon insularis* Petrova のみが北海道から記録されている．

ホシモンマルノコダニ属（p.10, 25）
Mixozercon

　胴長 0.3 ～ 0.4 mm．小型．淡黄褐色．背板は前背板と後背板の 2 枚．背板側縁部は鋸歯状，後背板後端近くに 2 対のくぼみをもつ．周気管板上には 2 本の毛があり，後方の毛は前方の毛よりも長く細枝毛となる．生殖板側方には孔板はない．落葉・腐植層で自由生活をする．日本からはホシモンマルノコダニ *Mixozercon stellifer* (Aoki) 1 種のみが記録されており，背板表面に星状の模様をもつ．

マルノコダニ属 (p.10, 25)
Zercon

胴長 0.3～0.4 mm．小型．黄褐色．背板は前背板と後背板の 2 枚．背板表面には網目模様，点刻をもち，側縁部は鋸歯状，後背板後端近くに 1～2 対の顕著なくぼみをもつ．周気管は退化的で，前端は第 2 脚基節側方まで達しない．周気管板は第 4 脚基節後方まで伸びるが，腹肛板とは融合しない．周気管板後縁は直線状．周気管板上には 2 本の毛があり，後方の毛は前方の毛よりも長く細枝毛となる．生殖板側方に孔板があり，2～4 個の孔をもつ．腹肛板は切れ込みのない完全な形で腹側後体部を覆う．落葉・腐植層で自由生活をする．アナマルノコダニ *Zercon japonicus* Aoki など 3 種が本州，四国から記録されているが，日本におけるマルノコダニ科の分類学的研究は遅れており，未記載種，未記録種が多数存在すると思われる．

ヤドリダニ科
Parasitidae

胴長 0.8～1.4 mm．トゲダニ亜目の中では，大型の部類に属する．背板は 1 枚または 2 枚．♀の後胸板は大型で，先の尖った三角形の生殖板の前部両側に位置することにより，他科と容易に識別できる．日本に広く分布．落葉・腐植層，堆肥などに生息し，敏捷に活動して捕食行動をし，昆虫に付着することもある．日本から 3 属が知られる．

ヤドリダニ属 (p.11, 25)
Parasitus

胴長 1.0～1.5 mm．大型．茶褐色．♀の背板は前背板と後背板に分かれ，前背板上の背板毛 $z5$ が前後の $j5$, $j6$ とは異質で太い細枝毛となる．また，♂は叉状突起をまったく欠くか，変形することが多く，正常な 2 叉型の場合，♂生殖口に接近する．落葉・腐植層，堆肥などに生息し，線虫などを捕食する．昆虫の体表や哺乳類の巣内から見つかる種類もある．本州，四国などから 3 種（ケブトヤドリダニ *Parasitus gregarius* Ito，エダゲムシクイダニ *P. consanguineus* Oudemans & Voigts，ケナガヤドリダニ *P. fimetorum* (Berlese, 1904)）が記録されているが，分類学的研究が進んでおらず，未記載種，未記録種が多数生息するものと考えられる．

オビヤドリダニ属 (p.11, 25)
Poecilochirus

胴長 0.5～2.0 mm．茶褐色．♀背板は前背板，後背板に分かれ，前背板上の背板毛 $z5$ は $j5$, $j6$ と同様の形状をしている．触肢腿節の前側方毛はへら状となる．第二若虫は，胸板に黒い帯状の模様をもつ．落葉・腐植層，堆肥などに生息し，線虫，昆虫の卵などを捕食する．第二若虫は甲虫（主にモンシデムシ類，オサムシ類）に便乗することが知られている．日本からは 1 種クロオビヤドリダニ *Poecilochirus carabi* G. & R. Canestrini が北海道から記録されている．

ナミヤドリダニ属 (p.11, 25)
Vulgarogamasus

胴長 1.0～2.0 mm．茶褐色．♀背板は前背板，後背板に分かれ，前背板上の背板毛 $z5$ は $j5$, $j6$ と同様の形状をしている．触肢腿節の前側方毛は枝毛状となる．♂の叉状突起は正常．落葉・腐植層，堆肥などに生息し，線虫などを捕食する．日本からは 1 種フジサンムシクイダニ *Vulgarogamasus fujisanus* (Ishikawa) が本州の洞窟中のグアノから記録されている．

キツネダニ科
Veigaiidae

胴長 0.8～1.2 mm．背板は 2 枚に分離した種と分離が不完全なために中央部で融合している種がある．本科の顕著な特徴は生殖板に環状構造体をもつことである．日本に広く分布．落葉・腐植層，堆肥，洞窟中のコウモリのグアノ上などで敏捷に活動し，捕食性．若虫は昆虫に付着することがある．日本から 2 属が知られる．

キツネダニ属 (p.11, 26)
Veigaia

胴長 0.6～1.0 mm．茶褐色～黄褐色．背板は前背板と後背板に分離するか，切れ込み背板となる．♀生殖板は腹板と部分的に融合し，大型の生殖腹板となる．顎体突起は三叉型で，中央突起は Y 字型となる．落葉・腐植層で自由生活をする．北海道から九州にかけて広く分布し，ウエノキツネダニ *Veigaia uenoi* Ishikawa など 4 種が知られている．

クシゲキツネダニ属 (p.11, 26)
Gamasolaelaps

胴長 0.3～0.4 mm．小型．黄褐色．切れ込み背板をもつ．♀生殖板は腹板と完全に融合するが，腹板の部分は縮小している．通常，顎体突起は中央突起を欠いた二叉型であり，中央突起をもつ場合は，その先端が分岐しない．落葉・腐植層で自由生活をする．日本からはクシゲキツネダニ *Gamasolaelaps ctenisetiger* Ishikawa 1 種のみが知られ，北海道から琉球列島にかけて広く分布している．

ツブトゲダニ科
Ologamasidae

胴長 0.4〜0.8 mm．背板は 1 枚または 2 枚．肥厚板のクチクラの肥厚度は高く，その形態は変化に富む．周気管板は第 4 脚の外脚板と部分的に融合する．もし，気門後方で完全に融合するときは，腹肛板は背板と融合する．日本に広く分布．落葉・腐植層に生息し，捕食性．日本から 5 属が知られる．

アイノダニ属（p.12, 29）
Gamasellus

胴長 0.4〜0.7 mm．淡黄褐色，褐色．背板は前背板と後背板の 2 枚．背板表面には網目模様をもつ．背板毛の一部の毛は羽毛状毛．前胸板は 2 対から 3 対．胸板には 4 対の毛をもつ．腹肛板は大型で，腹側後体部のほぼ全面を覆うが，背板とは融合しない．落葉・腐植層で自由生活をする．日本からは 6 種が記録されており，うち 5 種は日本固有種である．エゾアイノダニ *Gamasellus ezoensis* Ishikawa は北海道のみに分布する．

ツヤトゲダニ属（p.12, 26）
Gamasiphis

胴長 0.3〜1.0 mm．背板は 1 枚で，腹肛板と後端あるいは後側縁で融合する．背板毛は単純毛あるいはへら状毛．胸板には 4 対の毛をもつ．落葉・腐植層で自由生活をする．日本から記録されている種類に関しては，未だ種までの同定はなされていない．

ハラビロダニ属（p.12, 26）
Euryparasitus

胴長 1.2 mm 内外．背板は前背板，後背板の 2 枚．背板表面には網目模様をもつ．背板毛は単純毛か微細な細枝毛．前胸板は 1 対のみ．胸板には 4 対の毛をもつ．腹肛板は幅広い．落葉・腐植層や洞窟内，小型哺乳類の巣内などで自由生活をする．日本からは，ハクビシンの巣内からハクビヤドリダニ *Euryparasitus pagumae* Ishikawa 1 種のみが記録されている．

マルツヤトゲダニ属（新称）（p.12, 26）
Stylochirus

胴長 1.0 mm 内外．背板は 1 枚で，腹肛板と後端で融合する．側脚板と周気管板は融合せず，離れる．背板毛は単純毛で短い．胸板には 4 対の毛をもつ．苔や落葉中に見られる．日本から記録されているオサムシマルツヤトゲダニ（新称）*Stylochirus fimetarius* (Müller) は，第二若虫の状態でオサムシ類の鞘翅下に付着しているのが見られる．

他に 2 属（*Hydrogamasus* 属，*Geogamasus* 属）の記録がある．

コシボソダニ科
Rhodacaridae

胴長 0.3〜0.5 mm．胴体は細長い．背板は 2 枚．体は淡褐色．前背板に硬化小結節をもつことが顕著な特徴．触肢端体は 3 本に分岐．胸板毛は 4 対．胸板前縁部のクチクラの肥厚度は弱い．第 4 脚膝節，脛節には各々 10 本の毛をもつ．日本に広く分布．落葉・腐植層に生息し，捕食性．行動は活発ではない．日本からは 2 属の生息を確認しているが，いずれも種までの同定はなされていない．

コシボソダニ属（p.13, 27）
Rhodacarus

胴長 0.4〜0.5 mm．淡褐色．体は細長く，背板は前背板と後背板の 2 枚．前背板に 3 つの硬化小結節をもつ．顎体部腹面の内口下片毛は外口下片毛と歯列帯側毛の間に位置する．落葉・腐植層に生息する．日本に生息する種に関しては，まだ種までの同定はなされていない．

ナミコシボソダニ属（新称）（p.13, 27）
Rhodacarellus

胴長 0.3〜0.4 mm．淡褐色．体は細長く，背板は前背板と後背板の 2 枚．前背板に 4 つの硬化小結節をもつ．顎体部腹面の内口下片毛は外口下片毛とほぼ同じ位置にある．落葉・腐植層に生息する．日本に生息する種に関しては，まだ種までの同定はなされていない．

ヨコスジムシダニ科
Digamasellidae

胴長 0.4〜0.6 mm．背板は 2 枚．後背板後縁部の毛は著しく長い．触肢端体は 2 本に分岐．胸板は後胸板と融合し，4 対の毛をもつことが特徴．♂の第 5 生殖胸板毛は，第 4 脚内側の独立した肥厚板上に生じる．日本に広く分布．落葉・腐植層に生息し，捕食性．昆虫にも付着する．日本から 1 属が知られる．

ヨコスジムシダニ属（p.6, 27）
Dendrolaelaps

胴長 0.4〜0.6 mm．淡褐色．背板は前背板と後背板の 2 枚．前背板に 4 つの硬化小結節をもつ．背板毛はたいてい単純毛であり，後背板後縁部の毛は他と比べて長くなる．触肢端体は 2 本に分岐．第 4 脚膝節，脛節には各々 7 本の毛をもつ．落葉・腐植層，堆肥などに生息し，昆虫にも付着する．オナガヨコスジムシダ

ニ *Dendrolaelaps unispinatus* Ishikawa など3種が，本州，四国から記録されており，いずれも甲虫類の体表から採集されている．

ヤリダニ科
Eviphididae

胴長0.4～0.9 mm．背板は1枚，類円盤型の種もある．顎体突起は細長い槍形でその表面に微小毛をもつことが特徴．背板前端の毛は太い棘状で，背板周縁の毛も棘状のことがある．日本に広く分布．落葉・腐植層や堆肥中に生息し，捕食性．シデムシ科，センチコガネ科などの昆虫の体表にも見られる．日本から4属が知られる．

ホソヤリダニ属（p.17, 27）
Alliphis

胴長0.3～0.5 mm．淡褐色．背板は1枚．長円形の背板は表面に薄い網目模様をもち，背板毛は単純毛．触肢付節には長毛を欠く．落葉・腐植層，堆肥などに生息するが，昆虫に便乗するものが多い．日本からはヒカゲヤリダニ *Alliphis geotrupes* Ishikawa など3種が北海道，四国から知られており，いずれも甲虫上から採集されている．

コガネヤリダニ属（p.17, 27）
Scarabaspis

胴長0.5 mm程度．黄褐色．背板は1枚で長円形．背板毛は短い．第1脚基節の2本の毛と第2脚基節後方の毛は円盤状で，この特徴により他の属と容易に識別可能である．日本からはスカラベダニ *Scarabaspis spinosus* Ishikawa 1種のみが，センチコガネ体表上から記録されている．

セマルヤリダニ属（p.17, 27）
Evimirus

胴長0.3～0.4 mm．茶褐色．背板は1枚で丸く，隆起し，半球状に近い．背板毛は短い単純毛．背板の頂毛は欠くことが多い．周気管板はよく発達し，生殖板側縁に接近する．触肢付節に2本の長毛をもつ．落葉・腐植層で自由生活をする．日本からはセマルヤリダニ *Evimirus uropodinus* (Berlese) 1種のみが知られており，北海道から琉球列島まで広く分布している．

ナミヤリダニ属（新称）（p.17, 28）
Copriphis

胴長0.4～0.9 mm．黄褐色～赤褐色．背板は1枚．背板は長円形～円形．隆起し半球状に近くなる場合もある．背板毛は短い単純毛，槍状毛，あるいは非常に長くなる場合もある．周気管板後端は生殖板後縁に達するまで伸長する．落葉・腐植層，堆肥などで自由生活をするが，センチコガネ科，コガネムシ科などの昆虫に便乗する種も多い．日本からは3種（アカマルヤリダニ *Copriphis cultratellus* Berlese，コガネムシダニ *C. disciformis* (Ishikawa)，ホガケナガヤリダニ *C. hogai* (Ishikawa)）が知られる．これらは，ヤリダニ属 *Eviphis*，ケナガヤリダニ属 *Pelethiphis* として記録，記載されていたが，現在ではナミヤリダニ属に移されている．

ハエダニ科
Macrochelidae

胴長0.5～1.4 mm．周気管基部は外側に湾曲し，気門後部に接続することにより，他科と容易に識別できる．背板は1枚．♀の生殖板は左右1対の棍棒状肥厚部をもつ．日本に広く分布．落葉・腐植層，堆肥などに生息し，活発に捕食活動をする．若虫，成虫は昆虫などの節足動物に付着することがある．日本から3属が知られる．

クチナガハエダニ属（p.14, 28）
Holostaspella

胴長0.5～1 mm．褐色．背板は1枚．背板表面は網目模様や隆起などにより装飾される．背板の前端は突出し，その先端に頂毛j1をもつ．j1は通常短い細枝毛．背板毛は単純毛，細枝毛，鋸歯状毛などさまざまである．♀第2脚腿節に突起あるいは隆起をもつ．♀第2脚付節腹側に肥厚した毛をもつことが多い．落葉・腐植層，堆肥中で自由生活をし，昆虫に便乗する種も多い．日本からはフタバクチナガハエダニ *Holostaspella bifoliata* (Träggårdh) など4種が記録されており，広く分布している．

アミメハエダニ属（p.14, 28）
Glyptholaspis

胴長1.2～1.5 mm．赤褐色，茶褐色．背板は1枚．背板毛は羽毛状毛，細枝毛をもつことが多い．胸板表面は隆起した網目模様で覆われる．胸板後端は第3脚基節後縁まで伸長し，後胸板と接する．落葉・腐植層で自由生活をし，昆虫にも便乗する．日本から記録されているのはマヨイハエダニ *Glyptholaspis confusa* (Foà) 1種のみで，北海道，本州，四国に分布している．

ハエダニ属（p.14, 28）
Macrocheles

胴長0.5～1.3 mm．黄褐色，茶褐色．背板は1枚．背板毛は単純毛，細枝毛，羽毛状毛などさまざまであ

る．胸板表面は網目模様，線，点刻などで装飾される．胸板後端の伸長は第3脚基節中程までで，後胸板に接することはなく離れて存在する．落葉・腐植層，堆肥，放牧地などに生息し線虫・小昆虫などを捕食する．昆虫に便乗するものも多数知られる．ハエダニ属の模式種である *Macrocheles muscaedomesticae* (Scopoli) は，イエバエ体表上，堆肥などに見られる．日本からは約20種が知られており，広く分布している．

ホコダニ科
Parholaspididae

　胴長0.4～1.2 mm．背板は1枚．顎体部小角は著しく長いことが特徴．背板毛は，単純毛の他，匙（スプーン）状毛，槍状毛など．普通，♀生殖板と腹肛板は独立するが，それらが融合したものなど多様を示す．触肢付節の端体は3本に分岐．鋏角はよく発達する．日本に広く分布．落葉・腐植層に主として生息し，捕食性．個体数は多い．日本から7属が知られる．

カマゲホコダニ属 (p.14, 29)
Gamasholaspis

　胴長0.4～0.9 mm．淡褐色，茶褐色．背板は1枚．背板表面は網目模様や小点刻で覆われる．背板毛は単純毛，鎌状あるいは槍状毛．背板毛z1を欠く．生殖板，腹肛板は融合しない．腹肛板と周気管板は融合しない（ただし，ヒメカマゲホコダニ *Gamasholaspis pygmaeus* Ishikawa では融合する）．鋏角固定指の背毛は楔形．落葉・腐植層で自由生活をする．日本からはカマゲホコダニ *G. browningi* (Bregetova & Koroleva) など7種が知られており，北海道から九州にかけて分布している．

ホコダニモドキ属 (p.14, 29)
Euparholaspulus

　胴長1.0～1.2 mm．茶褐色．背板は1枚．背板毛は単純毛で，z1を欠く．前胸板は数対の小さな板からなる．胸板上には4対の毛をもち，後胸板を欠く．生殖板，腹肛板，周気管板はそれぞれ融合せず，分離して存在する．鋏角固定指の背毛は単純毛．落葉・腐植層で自由生活をする．日本からはホコダニモドキ *Euparholaspulus primoris* Petrova のみが知られており，北海道から九州にかけて分布している．

ヘラゲホコダニ属 (p.15, 29)
Holaspulus

　胴長0.5～0.7 mm．黄褐色．背板は1枚．背板表面は網目模様や小点刻によって装飾される．ほとんどの背板毛はへら状となる．前胸板は1対．♀の周気管板，生殖板，腹肛板は融合する．鋏角固定指の背毛は単純毛．落葉・腐植層で自由生活をする．日本からはイシガキヘラゲホコダニ *Holaspulus ishigakiensis* Ishikawa など5種が知られており，本州から琉球列島にかけて分布している．

コシビロホコダニ属 (p.15, 29)
Neparholaspis

　胴長0.7～1.0 mm．茶褐色．背板は1枚．背板表面は網目模様で覆われる．背板毛はへら状毛あるいは細長い単純毛．前胸板は1対．♀の腹肛板は周気管板は融合するが，生殖板とは融合しない．鋏角固定指の背毛は楔形．落葉・腐植層で自由生活をする．シナノコシビロホコダニ *Neparholaspis shinanonis* Ishikawa など3種が本州，四国，九州から知られている．

ダルマホコダニ属 (p.15, 29)
Proparholaspulus

　胴長0.6 mm内外．背板は1枚．背板毛は単純毛．前胸板は1対．後胸板を欠き，胸板の後端は第4脚基節まで伸長し，胸板上に4対の毛をもつ．生殖板は腹肛板と合一し，ダルマ型の生殖腹板となる．周気管板は生殖腹板とは融合しない．鋏角固定指の背毛は単純毛．落葉・腐植層で自由生活をする．日本からはヒメダルマホコダニ *Proparholaspulus suzukii* Ishikawa 1種のみが知られており，北海道，四国，九州からの記録がある．

ホコダニ属 (p.15, 30)
Holaspina

　胴長0.4～0.9 mm．淡黄褐色，淡茶褐色．背板は1枚．背板表面は薄い網目模様で覆われる．背板毛は単純毛．前胸板は1対あるいは多数の小さな板からなる．♀の周気管板，生殖板，腹肛板は融合しない．後胸板は胸板と分離して存在する．鋏角固定指の背毛は単純毛．落葉・腐植層で自由生活をする．日本からはミツマタホコダニ *Holaspina trifurcatus* (Ishikawa) など11種が知られており，北海道から琉球列島にかけて広く分布している．これまで用いられていた *Parholaspulus* 属は，Johnston (1969) により *Holaspina* 属のシノニムとされているため，*Holaspina* 属を用いることとした．

ヤリゲホコダニ属 (p.15, 30)
Parholaspis

　胴長0.7～1.3 mm．茶褐色．背板は1枚．背板表面は網目模様と小点刻で覆われる．背板毛の多くは槍状毛．背板毛z1をもつ．胸板，後胸板，生殖板，腹肛板，周気管板はそれぞれ融合することなく分離して存在す

る．鋏角固定指の背毛は単純毛．落葉・腐植層で自由生活をする．日本からは2種（ペトロバヤリゲホコダニ *Parholaspis mordax* Petrova, サツマヤリゲホコダニ *P. meridionalis* Ishikawa）が知られており，北海道から九州にかけて分布している．

ダルマダニ科
Pachylaelapidae

胴長0.5～1.4 mm．背板は1枚．本科の特徴は，①第2脚付節の棘が顕著に発達，②胸板は第4脚基節に達する（ダルマダニ属のみ），③外脚板がよく発達しダルマ型の生殖腹板の前半を囲むことである（ダルマダニ属のみ）．日本に広く分布．落葉・腐植層に生息し，捕食性．昆虫にも付着する．土壌中での垂直分布を見ると，他のトゲダニ類より深層性．日本から2属が知られる．

アシブトヒラタダニ属（p.16, 30）
Pachyseius

胴長0.5～0.6 mm．背板は1枚．背板表面は網目模様に覆われ，単純毛，へら状毛などの背板毛をもつ．胸板と後胸板は融合しない．生殖板と腹肛板をもち，周気管板はそれらの板と離れて存在する．第2脚付節には肥厚した棘状の毛がある．欧州では落葉層やコケの中から採集されているが，日本からの記録は，高知県の鍾乳洞内に生息するカザアナアシブトヒラタダニ *Pachyseius cavernicola* Ishikawa 1種のみである．

ダルマダニ属（p.16, 30）
Pachylaelaps

胴長0.5～1.4 mm．黄褐色，茶褐色．背板は1枚．背板表面は網目模様に覆われる．背板毛の多くは単純毛．胸板は第4脚基節に達し，後胸板と融合する．生殖腹板の側縁は周気管板と接するか融合する．第2脚付節には肥厚した棘状の毛がある．落葉・腐植層などで自由生活をし，昆虫に便乗する種類も含む．日本からはイシヅチダルマダニ *Pachylaelaps ishizuchiensis* Ishikawa など4種が知られており，広く分布している．

マヨイダニ科
Ascidae

胴長0.3～0.7 mm．背板は1枚または2枚．切れ込み背板をもつものもある．触肢端体は2本に分岐．生殖板後縁は直線に近い．腹肛板をもつか，腹板を欠く．日本に広く分布．落葉・腐植層に多く見られるが，植物上のものはハダニを捕食したり，家屋内でコナダニを捕食したりする種もある．日本からは8属が知られる．

キノコダニ属（p.21, 31）
Zerconopsis

胴長0.4～0.6 mm．淡褐色．背板は1枚で切れ込み背板をもつものもある．背板表面には網目模様をもつ．背板毛のうち何対かは（たいてい $s4$, $Z3$, $Z5$）パドル状の毛である．生殖板毛は生殖板上あるいは生殖板横の膜上に存在する．腹肛板は幅広．主にキノコ中に生息するが，落葉・腐植層，昆虫の体表上にも見られる．シガキノコダニ *Zerconopsis sinuata* Ishikawa など4種が本州，四国から記録されている．

ヒラタマヨイダニ属（p.21, 31）
Iphidozercon

胴長0.3～0.4 mm．淡褐色，茶褐色．背板は通常1枚であるが，切れ込み背板をもつ種類もある．背板表面には網目模様をもつ．背板毛は単純毛．生殖板毛は生殖板横の膜上に存在する．周気管前端が内側に屈曲する．落葉・腐植層で自由生活をし，昆虫に便乗する種類もある．ヒラタマヨイダニ *Iphidozercon variolatus* Ishikawa など3種が本州，四国，九州から記録されている．

ホソスカシダニ属（p.22, 31）
Leioseius

胴長0.3～0.5 mm．淡褐色．体は細長く，背板は切れ込み背板をもつ．落葉・腐植層で自由生活をする．昆虫の体表からも見つかっている．シボリセナホソスカシダニ *Leioseius brevisetosus* Ishikawa が四国から記録されている．以前，同じ属に含まれていたスカシダニモドキ（旧名称はホソスカシダニ）は，現在では，別属の *Gamasellodes* に移されている．

ウスイロマヨイダニ属（p.22, 31）
Neojordensia

胴長0.5 mm程度．淡褐色．背板は1枚．背板後体部に通常20対の背板毛をもつ．背板表面には網目模様をもつ．落葉・腐植層で自由生活をする．ヒラタウスイロマヨイダニ *Neojordensia planata* Ishikawa など3種が九州などから記録されている．

ツエモチダニ属（p.22, 31）
Antennoseius

胴長0.5～0.7 mm．淡褐色．背板は前背板と後背板に分かれる．背板表面には網目模様をもつ．背板毛は単純毛，葉状毛，円錐棘毛など．胸板，生殖板，腹板あるいは腹肛板をもつ．第1胸板毛は通常，前胸板上にある．生殖板後縁は丸い．第1脚は他の脚よりも長く，爪を欠く．落葉・腐植層で自由生活をする．日本から

はヤマトツエモチダニ *Antennoseius japonicus* Ishikawa など3種が知られており，北海道から九州にかけて分布している．

アトツノダニ属（p.22, 31）
Asca

胴長0.3～0.4 mm．淡褐色．背板は前背板と後背板に分かれる．背板表面には網目模様をもつ．後背板後縁に1対の顕著な突起をもつ．背板毛は単純毛あるいは細枝毛．第1胸板毛は前胸板上にあることが多い．生殖板の後縁は直線．腹肛板は大型で幅広い．各脚とも爪をもつ．落葉・腐植層で自由生活をするが，昆虫に便乗する種もある．日本からはクモマアトツノダニ *Asca nubes* Ishikawa など4種が知られており，北海道から九州にかけて分布している．

コガタマヨイダニ属（新称）（p.21, 32）
Arctoseius

胴長0.3～0.5 mm．背板は1枚で，切れ込み背板，もしくは弱い切れ込みをもつ背板をもつ場合がある．背板毛S2を欠く．背板毛は単純毛．多くの場合，肛板をもち，側肛毛1対と後肛毛1本の3本の毛が存在する．背板前縁はアーチ状にならず，背板毛j1は背側から確認できる．周気管前端は折れ曲がらない．落葉・腐植層，土壌，堆肥中などで自由生活をする．日本に生息することは確認しているものの，まだ種までの同定，報告はなされていない．

クビレマヨイダニ属（新称）（p.23）
Protogamasellus

胴長0.3 mm程度．体は細長く，背板は2枚に分かれる．前背板には背板毛z6を通過する横断線，後背板には背板毛J1基部から背板縁に伸びる横断線が見られる．第4脚膝節に8本，第4脚脛節に9本の毛をもつ．落葉・腐植層，土壌中で自由生活をする．日本に生息することは確認しているものの，まだ種までの同定，報告はなされていない．

スカシダニモドキ属（新称）（p.23, 32）
Gamasellodes

胴長0.3 mm内外．ホソスカシダニ属とよく似るが，背板が2枚であることで区別される．また，クビレマヨイダニ属ともよく似るが，本属は背板表面に横断線を欠く．第4脚膝節に9本，第4脚脛節に10本の毛をもつ．落葉・腐植層で自由生活をする．ミツバチの巣箱，アリの巣からも採集されている．スカシダニモドキ（新称） *Gamasellodes insignis* Hirschmann 1種のみが四国から記録されている．

カザリダニ科
Ameroseiidae

胴長0.3～0.5 mm．背板は1枚．その表面は網目状や星状の紋理，さまざまな彫刻模様によって覆われる．♀の胸板は2対の毛をもつことが特徴．顎体部小角は普通先端が分岐する．日本に広く分布．落葉・腐植層，堆肥，敷わらなどで自由生活し，昆虫にも付着する．菌類などを食す．日本から3属が知られる．

ホシモンカザリダニ属（p.16, 32）
Epicriopsis

胴長0.3～0.4 mm．茶褐色．背板は1枚．背板表面は星状の突起に覆われる．背板毛は24対以下で，うち何対かは非常に長い．落葉・腐植層で自由生活をし，昆虫にも便乗する．日本からは1種ホシモンカザリダニ *Epicriopsis stellata* Ishikawa のみが知られており，北海道から琉球列島まで広く分布している．

カフンダニ属（p.16, 32）
Neocypholaelaps

胴長0.3～0.5 mm．乳淡褐色．背板は1枚．背板表面は網目模様に覆われる．背板毛は葉状毛，単純毛，細枝毛などさまざまである．鋏角固定指には歯を欠くか小さい1本の歯をもつ．花粉食性であり，ミツバチに便乗した状態でも見つかる．日本ではカンザシカフンダニ *Neocypholaelaps favus* Ishikawa，アフリカカフンダニ *N. africana* Evans の2種が，本州，四国，九州から記録されている．

カザリダニ属（p.16, 32）
Ameroseius

胴長0.3～0.4 mm．淡褐色．背板は1枚．背板表面は凹模様や網目模様に覆われる．背板毛は27対以上あり，その形は葉状毛，細枝毛，長毛などさまざまである．鋏角固定指には2本以上の歯をもつ．*Kleemannia* 属はカザリダニ属のシノニムとされ，現在ではカザリダニ属に含められている．落葉・腐植層，堆肥などで自由生活するものや，昆虫に便乗するものがある．日本からはスカシマドカザリダニ *Ameroseius variolarius* Ishikawa など7種が知られており，本州から琉球列島にかけて分布している．

ホソゲマヨイダニ科（新称）
Melicharidae

胴長0.3～0.5 mm．背板は1枚．背板表面は網目模様あるいは鱗状の模様で覆われる．♀胸板第3対の小孔は欠く．卵形の肛板をもち，1対の側肛毛と1本の後肛毛をもつ．鋏角固定指の棘は膜状に変形し，可

動指腹面には短い突起をもつ．本州，四国，九州などで落葉・腐植層，昆虫の体表などから記録されている．日本からは2属が知られる．ホソゲマヨイダニ科は後述のマヨイダニモドキ科とともに，以前はマヨイダニ科に含まれていたが，現在では独立した科として扱われている．

ムクロダニ属（新称）（p.23, 33）
Mucroseius

胴長0.3～0.5 mm．淡褐色．背板は1枚．背板表面は網目模様あるいは鱗状の模様で覆われる．背板毛は単純毛．肛板をもち，1対の側肛毛と1本の後肛毛をもつ．鋏角固定指先端に，先細または先の丸い突起（mucro ムクロ）をもつ．第4脚付節には，1本または2本の巨大毛をもつ（ad2，pd2）．カミキリムシに便乗する．日本からは3種（ニホンムクロダニ（新称）*Mucroseius nipponensis* Lindquist & Wu，ウロコムクロダニ（新称）*M. squamosus* Lindquist & Wu，スジカワラハリダニ *M. aciculatus* Ishikawa）が知られている．

ハリダニ属（p.23, 33）
Proctolaelaps

胴長0.4～0.5 mm．淡褐色．背板は1枚．背板表面は網目模様あるいは鱗状の模様で覆われる．背板毛は単純毛．肛板をもち，1対の側肛毛と1本の後肛毛をもつ．鋏角固定指先端の突起はない．通常，第4脚付節には巨大毛を欠く（巨大毛をもつ場合，pd2以外の毛）．落葉・腐植層で自由生活をする．昆虫に付着して見つかることもある．日本からはホソゲマヨイダニ *Proctolaelaps pygmaeus*（Müller）など5種が本州，四国，九州から記録されている．

ウデナガダニ科
Podocinidae

胴長0.4～0.5 mm．第1脚は胴長の約2.5倍あるため，一見して他科と識別できる．第1脚末端に1～2本の付節長より長い感覚毛をもつ．背板は1枚，顆粒状紋理によって覆われる．日本に広く分布．落葉・腐植層に生息し，捕食性．個体数は多くない．日本から1属が知られる．

ウデナガダニ属（p.9, 33）
Podocinum

胴長0.4～0.5 mm．淡黄褐色，茶褐色．第1脚が非常に長く，胴長の2倍以上．第1脚付節には爪を欠き，長い感覚毛をもつ．背板は1枚．背板表面は微小な顆粒に覆われ，顆粒により網目模様を形成することが多い．落葉・腐植層で自由生活をする．日本からはアオキウデナガダニ *Podocinum aokii* Ishikawa など5種が知られており，北海道から九州にかけて分布している．

マヨイダニモドキ科
Blattisociidae

胴長0.3～0.6 mm．背板は1枚．背板表面には網目模様をもつ．背板毛は単純毛，鋸歯状毛，矢筈状毛など様々．胸板第3対の小孔は，後胸板上あるいは膜上にある．腹肛板をもち，肛門周囲の3本の毛の他に，2～7対の毛をもつ．鋏角固定指の棘は針状．落葉・腐植層に生息するほか，昆虫に便乗する種，人家に出現する種などがいる．日本からは4属が知られる．マヨイダニモドキ科は前述のホソゲマヨイダニ科とともに，以前はマヨイダニ科に含まれていたが，現在では独立した科として扱われている．

ハバビロマヨイダニ属（p.24, 33）
Platyseius

胴長0.5 mm程度．茶褐色．背板は1枚．背板表面には網目模様をもつ．背板毛は単純毛で，背板後体部のJ系列の毛は2対から4対．第1胸板毛は第2，第3胸板毛に比べ顕著に短い．前付節の爪間体中央は先細になる．顎体部前口下片毛は長く鞭状となる．落葉・腐植層で自由生活をする．日本からはハバビロマヨイダニ *Platyseius triangralis* Ishikawa 1種のみが知られており，四国，九州に分布している．

キカンダニ属（p.24, 33）
Cheiroseius

胴長0.3～0.6 mm．淡褐色．背板は1枚．背板表面には網目模様をもつ．背板毛は単純毛あるいは檜状毛で，背板後体部のJ系列の毛を5対もつ．第1胸板毛は第2，第3胸板毛とほぼ同長．周気管はよく発達し，前端で左右が合一することもある．前付節の爪間体中央は先細になる．顎体部前口下片毛は長く鞭状となる．アシナガキカンダニ *Cheiroseius phalangioides*（Evans & Hyatt）は，第4脚が著しく長く，胴長の2倍を超える．落葉・腐植層で自由生活をするが，昆虫に便乗する種もある．本州，四国，九州から8種が知られている．

フツウマヨイダニ属（p.24, 34）
Blattisocius

胴長0.3～0.5 mm．淡褐色．背板は1枚．背板表面には網目模様をもつ．背板毛は鋸歯状毛あるいは単純毛．胸板，生殖板，腹肛板をもつ．腹肛板は幅の狭いものから広いものまでさまざま．顎体部の小角は細長い．鋏角の固定指は可動指よりも著しく短く，退化的であり，歯を欠くことが多い（ただし，フツウマヨ

イダニ Blattisocius dentriticus (Berlese) では，鋏角固定指は発達し，数個の歯をもつ）．人家内やさまざまな動植物上に見られる．日本からは4種が記録されており，北海道から九州にかけて分布している．フツウマヨイダニ B. dentriticus (Berlese) は世界に広く分布することが知られている．

カザリマヨイダニ属（p.24, 34）
Lasioseius

　胴長 0.3～0.5 mm．淡褐色．背板は1枚．背板毛は単純毛，細枝毛，矢筈状毛など．鋏角固定指は細かい歯を多数もつことが多い．落葉・腐植層で自由生活をし，昆虫に便乗する種類もある．日本からはカザリマヨイダニ *Lasioseius sugawarai* Ehara など8種が記録されており，北海道から九州にかけて分布している．

トゲダニ科
Laelapidae

　胴長 0.4～1.3 mm．背板は1枚．背板毛は単純毛，細枝毛，楔状毛など様々．♀の生殖板の後縁は丸みを帯びるが，生殖板と腹板が融合して大型の生殖腹板を形成すると，後縁は直線となり肛板に接近する．また，生殖板と腹肛板が完全に融合し一体となる場合もある．顎体突起は滑らかな隆起となるか，鋸歯状となる場合が多い．第1脚膝節，脛節の前方側面の毛は2本．日本に広く分布．落葉・腐植層には捕食性で自由生活の種が，動物の巣には寄生性の種が見られる．節足動物，脊椎動物の寄生種，便乗種も多い．日本から 11 属が知られるが，土壌性，昆虫便乗性の種は主に2属7亜属に属する．

マルイタトゲダニ属（新称）（p.18, 34）
Ololaelaps

　胴長 0.5～0.8 mm．背板は1枚．背板表面は網目模様に覆われる．背板毛は単純毛．胸板と後胸板が一体となり，4対の毛をもつ．生殖板と腹肛板が完全に融合し一体となる．落葉・腐植層で自由生活．小型哺乳類の巣の中にも見られる．日本に生息することは確認しているものの，まだ種までの同定，報告はなされていない．

ホソトゲダニ属ケナガホソトゲダニ亜属（新称）（p.19, 34）
Hypoaspis (Hypoaspis)

　胴長 0.6～0.7 mm．背板は1枚．背板周縁の一部の背板毛は背板中央の毛に比べて顕著に長い．第4脚付節に巨大毛をもつ．カブトムシ，コガネムシ類の体表に見られる．日本からは，カブトホソトゲダニ *Hypoaspis (Hypoaspis) allomyrinatus* (Ishikawa) が四国から，ヤンバルホソトゲダニ *H. (H.) jambar* Ishikawa が沖縄から記録されている．

ホソトゲダニ属コウチュウトゲダニ亜属（新称）（p.18, 34）
Hypoaspis (Coleolaelaps)

　胴長 1 mm 内外．背板は1枚で，中央左右に弱い切れ込みをもつ．背板表面は網目模様に覆われる．多くの背板毛は細長く，後の毛の根元に達する，または超える長さとなる．通常，第4脚腿節，膝節，付節に巨大毛をもつ．ヒゲコガネ類体表に見られる．ケナガコウチュウトゲダニ *Hypoaspis (Coleolaelaps) longisetatus* Ishikawa 1種のみが四国から記録されている．

ホソトゲダニ属フトトゲダニ亜属（新称）（p.19, 34）
Hypoaspis (Cosmolaelaps)

　胴長 0.4～0.8 mm．背板は1枚．背板表面は網目模様に覆われる．背板毛は楔形，ナイフ状，剣状など．背板後方中央に不対の背板毛数本をもつことが多い．落葉・腐植層で自由生活．アリの巣内やヤスデの体表などからも記録されている．日本では，ヤケヤスデフトトゲダニ *Hypoaspis (Cosmolaelaps) hortensis* Ishikawa が本州，四国から，フトトゲダニ *H. (C.) vacua* (Michael) が北海道から記録されている．

ホソトゲダニ属アシボソトゲダニ亜属（新称）（p.20, 34）
Hypoaspis (Euandrolaelaps)

　胴長 0.8～0.9 mm．背板は1枚．背板毛は単純毛．生殖板後半が幅広になり，生殖板上に2対の毛をもつ．第2脚腿節，膝節，脛節の腹面に肥厚した棘状の毛をもつ．坑道，洞窟などで見つかる他，畑作地の土壌，小型哺乳類の体表などからも見つかっている．日本からはヤマウチアシボソトゲダニ *Hypoaspis (Euandrolaelaps) yamauchii* Ishikawa，トゲアシボソトゲダニ *H. (E.) pavlovskii* (Bregetova) の2種が記録されている．

ホソトゲダニ属ホソトゲダニ亜属（新称）（p.20, 35）
Hypoaspis (Gaeolaelaps)

　胴長 0.4～0.7 mm．背板は1枚．背板毛は単純毛．生殖板後半は広まらず（あるいはわずかに広がる程度），生殖板上の毛は1対．ホソトゲダニ *Hypoaspis (Gaeolaelaps) kargi* Costa，トゲダニモドキ *H. (G.) queenslandicus* (Womersley)，モウリホソトゲダニ *H. (G.) mohrii* Ishikawa，タンカンホソトゲダニ *H. (G.) praesternalis* Willmann の4種が記録されている．

ホソトゲダニ属ヤスデトゲダニ亜属（新称）(p.18, 35)
Hypoaspis (*Julolaelaps*)

胴長 0.5～0.6 mm．背板は1枚．背板周囲の膜質部が発達する．周気管は短く，第2脚基節中程まで，あるいは第3脚基節に達する程度．ヤスデ類体表に見られる．リュウキュウヤスデトゲダニ *Hypoaspis* (*Julolaelaps*) *parvitergalis* Ishikawa など3種が，本州，四国，沖縄から記録されている．

ホソトゲダニ属ハナバチトゲダニ亜属（新称）(p.20, 35)
Hypoaspis (*Pneumolaelaps*)

胴長 0.5～0.7 mm．背板は1枚．背板表面は網目模様に覆われる．背板毛は単純毛．後体部腹面（肛板周囲）に毛が密集することが多い．周気管は幅広．第4脚膝節腹面の毛は2本．マルハナバチの体表や巣の中に見られる．日本に生息することは確認しているものの，まだ種までの同定，報告はなされていない．

ホソトゲダニ属ケントゲダニ亜属（新称）(p.19, 35)
Hypoaspis (*Stratiolaelaps*)

胴長 0.6 mm 内外．背板は1枚．背板表面は網目模様に覆われる．背板毛は葉状．顎体部の小角は細長く，触肢腿節前端に達する．落葉・腐植層，小型哺乳類の巣の中などに生息する．日本からはケントゲダニ *Hypoaspis* (*Stratiolaelaps*) *miles* (Berlese) 1種のみが知られる．

イトダニ科 (p.4, 35)
Uropodidae

胴長 0.3～1.4 mm．背板は普通1枚．類円盤型が多い．胸板は生殖板を囲む．第1脚基節は左右が接近する．脚溝あり．顎体部は背板に隠れる種が多い．口下片毛は直線上に配列する．日本に広く分布．落葉・腐植層に生息する．第2若虫は糸状の分泌物で昆虫に付着して移動することがある．アリの巣にも見られる．日本から11属が知られる．

イトダニモドキ科
Diplogyniidae

胴長 1 mm 内外．一見イトダニ類に似るが，♀の生殖板は左右1対の側生殖板と1枚の内生殖板からなること，鋏角可動指に樹枝状突起をもつことにより，容易に他のトゲダニ類と識別できる．胸板と生殖板以外の腹面肥厚板は融合する．日本に広く分布．堆肥などに生息し，捕食性．ときに昆虫に付着．日本から1属が知られる．

イトダニモドキ属 (p.4, 35)
Lobogynium

胴長 1 mm 内外，茶褐色．背板は1枚．背板毛のうち，背板上の3対，背板側縁の2対は太く長い．胸板は3対の毛をもち，3番目の毛は胸板後端に位置する．側生殖板の前端は伸長し，後胸板に接するあるいは後胸板を覆う．側生殖板上の毛は2対．腹肛板は逆三角形で後方に伸長するが，胴体後端には達しない．日本ではマキバイトダニモドキ *Lobogynium pascuum* Ishikawa 1種のみが四国から知られており，コガネムシ，エンマムシなど甲虫の体表から記録されている．

ネッタイダニ科
Sejidae

胴長 0.9 mm 内外．背面に2～数個の背板と1対以上の背縁板をもつことにより，一見して他のトゲダニ類と識別できる．胸板は分画される．日本では日本海流の影響を受ける半島部や暖帯林の落葉・腐植層，朽木などに生息し，捕食性．昆虫にも付着する．日本から1属が知られる．

ネッタイダニ属 (p.4, 36)
Sejus

胴長 0.9 mm 内外．背板は2枚以上で，小型の背縁板を1対以上もつ．胸板は分画されるか膜状で小型．生殖板は大きく，1対以上の生殖板毛をもつ．腹肛板は腹面後端に広がり大型．落葉・腐植層，朽木内などで自由生活をする．日本から記録されている種類は，未だ種までの同定がなされていない．過去に，*Sejus* 属として数種が日本から記録されているが，現在では，これらはすべてマヨイダニ科のキカンダニ属 *Cheiroseius* に移されている．

引用・参考文献

Aoki, J. (1964). Der erste Bericht über die Familie Zerconidae aus Japan (Acarina : Mesostigmata). *Pac. Ins.*, **6** : 489-493.

Aoki, J. (1966). Nachtragsarten der Familie Zerconidae aus Japan. *Bull. Nat. Sci. Mus., Tokyo*, **9** : 61-68.

Blaszak, C. (1979). Systematic studies on the family Zerconidae. IV. Asian Zerconidae (Acari, Mesostigmata). *Acta Zool. Cracov.*, **24** : 3-112.

Costa, M. & P. E. Hunter (1971). The genus *Coleolaelaps* Berlese, 1914 (Acarina : Mesostigmata). *Redia*, **52** : 323-360.

江原昭三（1980）．マヨイダニ科．pp.48-49．日本ダニ類図鑑（江原昭三編），562pp．全国農村教育協会，東京．

Evans, G. O. & W. M. Till (1966). Studies on the British Dermanyssidae (Acari : Mesostigmata). Part II Classification. *Bull. Br. Mus. (Nat. Hist.) Zool.*, **14** : 107-370.

Evans, G. O. & W. M. Till (1979). Mesostigmatic mites of Britain and Ireland (Chelicerata : Acari - Parasitiformes). An introduction to their external morphology and classification. *Trans. Zool. Soc. Lond.*, **35** : 139-270.

Halliday, R. B., D. E. Walter & E. E. Lindquist (1998). Revision of the Australian Ascidae (Acarina : Mesostigmata). *Invertebr. Taxon.*, **12** : 1-54.

Hyatt, K. H. (1980). Mites of the subfamily Parasitinae (Mesostigmata : Parasitidae) in the British Isles. *Bull. Br. Mus. Nat. Hist. (Zool.)*, **38** : 237-378.

Ishikawa, K. (1968). Studies on the mesostigmatid mites associated with the insects in Japan (I). *Rep. Res. Matsuyama Shinonome Jr. Coll.*, **3** : 197-218.

Ishikawa, K. (1969a). Taxonomic investigations on free-living mites in the subalpine forest on Shiga Heights IBP area. I. Mesostigmata (Part 1). *Bull. Nat. Sci. Mus., Tokyo*, **12** : 39-64.

Ishikawa, K. (1969b). Studies on the mesostigmatid mites in Japan. IV. Family Blattisocidae Garman. *Rep. Res. Matsuyama Shinonome Jr. Coll.*, **4** : 111-139.

Ishikawa, K. (1970). Studies on the mesostigmatid mites in Japan. III. Family Podocinidae Berlese. *Annot. Zool. Japon.*, **43** : 112-122.

Ishikawa, K. (1972a). Studies on the mesostigmatid mites in Japan. V. Family Ameroseiidae Evans. *Annot. Zool. Japon.*, **45** : 94-103.

Ishikawa, K. (1972b). The fauna of the lava caves around Mt. Fuji-san. XI. Mesostigmata (Acarina). *Bull. Nat. Sci. Mus., Tokyo*, **15** : 445-451.

Ishikawa, K. (1977a). On the mesostigmatid mites associated with the cerambycid beetle, *Monochamus alternatus* Hope (I). *Annot. Zool. Japon.*, **50** : 99-104.

Ishikawa, K. (1977b). Mites of the genus *Pachylaelaps* Berlese (Acari, Mesostigmata, Pachylaelapidae) in Japan (I). *Annot. Zool. Japon.*, **50** : 249-254.

Ishikawa, K. (1978). The Japanese mites of the family Veigaiidae (Acari, Mesostigmata). I. Descriptions of two new species. *Annot. Zool. Japon.*, **51** : 100-106.

Ishikawa, K. (1979a). Studies on some mesostigmatid mites (Acarina) from the Japanese Archipelago. *Rep. Res. Matsuyama Shinonome Jr. Coll.*, **10** : 107-120.

Ishikawa, K. (1979b). Taxonomic and ecological studies in the family Parholaspidae (Acari, Mesostigmata) from Japan (Part 1). *Bull. Nat. Sci. Mus., Ser. A (Zool.)*, **5** : 249-269.

Ishikawa, K. (1980a). Taxonomic and ecological studies in the family Parholaspidae (Acari, Mesostigmata) from Japan (Part 2). *Bull. Nat. Sci. Mus., Ser. A (Zool.)*, **6** : 1-25.

Ishikawa, K. (1980b).Taxonomic and ecological studies in the family Parholaspidae (Acari, Mesostigmata) from Japan (Part 3). *Bull. Nat. Sci. Mus., Ser. A (Zool.)*, **6** : 153-174.

石川和男（1980c）．ヤドリダニ科，ハエダニ科．pp.26-27, 86-91．日本ダニ類図鑑（江原昭三編），562pp．全国農村教育協会，東京．

石川和男（1980d）．ヤドリダニ科，マヨイダニ科，ハエダニ科，トゲダニ科．Pp.26-27, 42-43, 86-91, 95-95．日本ダニ類図鑑（江原昭三編著），562pp．全国農村教育協会，東京．

Ishikawa, K. (1982). Gamasid mites (Acarina) found in the subterranean domain of southwest Japan. *J. speleol. Soc. Japan*, **7** : 88-100.

Ishikawa, K. (1983). Mites of the genus *Gamasellus* Berlese (Acari, Rhodacaridae) in Japan (I). *Annot. Zool. Japon.*, **56** : 111-121.

Ishikawa, K. (1984). Studies on the mesostigmatid mites associated with the insects in Japan (II). *Rep. Res. Matsuyama Shinonome Jr. Coll.*, **15** : 89-102.

Ishikawa, K. (1985). A new gamasid mite associated with the Okinawan long-armed scarabaeid beetle, *Cheirotonus jambar*. *Bull. Nat. Sci. Mus. Ser. A (Zool.)*, **11** : 185-189.

Ishikawa, K. (1986). Gamasid mites (Acarina) associated with Japanese millipeds. *Rep. Res. Matsuyama Shinonome Jr. Coll.*, **17** : 165-177.

Ishikawa, K. (1987). Two new species of *Epicrius* (Acarina, Epicriidae) collected by driven traps in Japan. *J. speleol. Soc. Japan*, **12** : 29-34.

Ishikawa, K. (1988). A new *Euryparasitus* (Acarina, Gamasida, Rhodacaridae) collected from mine adits of Japan. *J. speleol. Soc. Japan*, **13** : 14-17.

Ishikawa, K. (1989). Occurrence of *Pachyseius* (Acarina, Gamasida, Pachylaelapidae) in a Limestone Cave of Japan. *J. speleol. Soc. Japan*, **14** : 28-31.

石川和男（1991）．ダニ目トゲダニ亜目．pp.29-31, figs. 85-96．日本産土壌動物検索図説（青木淳一編），201pp．東海大学出版会，東京．

Ishikawa, K. (1994). Two new species of the genus *Holaspulus* (Acarina : Gamasida : Parholaspidae) from the Ryukyu Islands, Japan. *Zool. Sci.*, **11** : 139-142.

Ishikawa, K. (1995). Two new species of the genus *Holaspulus* (Acari : Gamasida : Parholaspidae) from Japan. Acarologia, **36** : 185-190.

石川和男・高久元（1999）．ダニ目トゲダニ亜目．Pp. 173-210．日本産土壌動物―分類のための図解検索（青木淳一編著），1076pp．東海大学出版会，東京．

Johnston, D. E. (1969) Notes on types of Nearctic Acari in the Berlese collection. Parholaspididae (Parasitiformes – Mesostigmata). *Redia*, **51** : 269-275.

Karg, W. (1993). Acari (Acarina), Milben Parasitiformes (Anactinochaeta) Cohors Gamasina Leach Raubmilben. Die Tierwelt Deutschland, Teil 59, 523pp.

Krantz, G. W. & B. D. Ainscough (1990). Acarina : Mesostigmata (Gamasida). pp.583-665. In : Dindal, D. L. (Ed.) Soil Biology Guide. John Wiley & Sons, New York, 1349pp.

Krantz, G. W. & D. E. Walter (2009). A Manual of Acarology, 3rd edition. Texas Tech University Press, Texas, 807pp.

Lindquist, E. E. & G. O. Evans (1965). Taxonomic concepts in the Ascidae, with a modified setal nomenclature for the idiosoma of the Gamasina (Acarina : Mesostigmata). *Mem. Entomol. Soc. Canada*, **47** : 1-64.

Lindquist, E. E. & K. W. Wu (1991). Review of mites of the genus *Mucroseius* (Acari : Mesostigmata : Ascidae) associated with sawyer beetles (Cerambycidae : *Monochamus* and *Mecynippus*) and pine wood nematodes [Aphelenchoididae : *Bursaphelenchus xylophilus* (Steiner and Buhrer) Nickle], with descriptions of six new species from Japan and North America, and notes on their previous misidentification. *Can. Ent.*, **123** : 875-927.

Mašán, P. & R. B. Halliday (2010). Review of the European genera of Eviphididae (Acari : Mesostigmata) and the species occurring in Slovakia. *Zootaxa*, **2582** : 1-122.

Petrova, A. D. (1977). Family Zerconidae. Pp. 577-621. In : Gilyarov, M. S. (Ed.) A Key to the Soil-inhabiting Mites. Mesostigmata. Nauka, Leningrad, 717pp.

Saito, M. & G. Takaku (2011). First record of *Hypoaspis* (*Gaeolaelaps*) *paraesternalis* Willmann (Acari : Mesostigmata : Laelapidae) from Japan. *J. Acarol. Soc. Jpn.*, **20** : 87-93.

Takaku, G., H. Katakura, & N. Yoshida (1994). Mesostigmatic mites (Acari) associated with ground, burying, roving carrion and dung beetles (Coleoptera) in Sapporo and Tomakomai, Hokkaido, northern Japan. *Zool. Sci.*, **11** : 305-311.

Takaku, G. & T. Sasaki (2007). Arboreal and forest floor mites (Acari : Gamasida, Oribatida) found in the Tomakomai Experimental Forest of Hokkaido University, Hokkaido, northern Japan. *J. Hokkaido Univ. Edu. (Nat. Sci.)*, **58** : 23-36.

節足動物門
ARTHROPODA

鋏角亜門 CHELICERATA
クモガタ綱 Arachnida
ダニ目 Acari
ケダニ亜目 Prostigmata

芝 実 M. Shiba

クモガタ綱 Arachnida・ダニ目 Acari・ケダニ亜目 Prostigmata

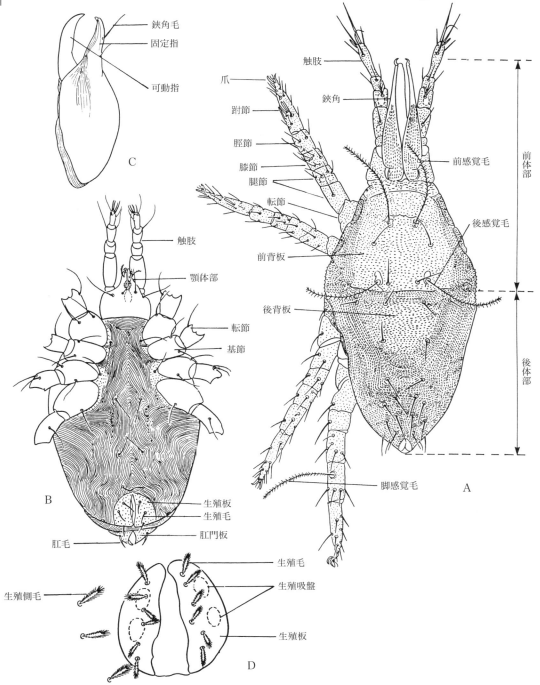

ケダニ亜目 Prostigmata 形態用語図解
A：オソイダニ科テングダニモドキ属 *Paraborzia* sp. 背面，B：ハリクチダニ科ハリクチダニ属 *Raphignathus* sp. 腹面，C：アギトダニ科ナミアギトダニ属 *Poecilophysis* sp. 鋏角，D：ハシリダニ科タマゲハシリダニ属マユゲハシリダニ *Cocceupodes planiticus* Shiba 生殖器（D：Shiba, 1978 から）

表1 ケダニ亜目の高次分類体系の比較．中央欄のものが本書で採用した体系．
*Norton et al. (1983) に基づいてササラダニ亜目 (Oribatida) へ移動
**Krantz & Walter (2009) に基づいて追加
***土壌産として新たに追加されたもの

1. 日本産土壌動物（第一版, 1999）	2. 日本産土壌動物（第二版, 2015）	3. Krantz & Walter (2009)（土壌に生息するもののみを示した）
ケダニ亜目	ケダニ亜目	ケダニ目
ヤマスジダニ科	Prostigmata	クシナケダニ亜目
クシナチビダニ科	Sphaerolichida	クシナケダニ亜目 クシナチビダニ上科
オタイコナチビダニ科	Sphaerolichidae	オタイコナチビダニ上科
ヘネトビダニ科	Lordalychidae	オタイコナチビダニ科
パチナチビダニ科	Actinedida s. str.	ケダニ亜目
ホソキチビダニ科	Prostigmata	Prostigmata
ヨコンマチビダニ科*	Heterostigmatina	ケダニ亜目
ニセコクチダニ科	Tarsocheylidae	ヨロイダニ上科
ハダニ科	Tarsonemidae	ヨロイダニ科
ケダニ亜目	Pygmephoridae	オソイダニ上科
異気門ダニ上科	Scutacaridae	オソイダニ科
ホコリダニ科	Promota	ヘンリダニ上科
ヒサンダニ科	Bdellidae	ヘンリダニ科
ケサンダニ科	Cunaxidae	アキドダニ上科
主前気門ダニ上科	Strandmanniidae	テンダニ上科
テンダニ科	Rhagidiidae	テンダニ科
オソイダニ科	Penthaleidae	オソイダニ上科
ケブカアキトダニ科	Penthalodidae	オソイダニ科
アキトダニ科	Eupodoidea	ヘンリダニ上科
ミドリハシリダニ科	Labidostommatidae	ヘンリダニ科
カタハシリダニ科	Paratydeidae	アキトダニ科
ヘンリダニ科	Triophtydeidae	ケブカアキトダニ科
ヨロイダニ科	Iolinidae	カタハシリダニ科
ニセコハリダニ科	Tydeidae	ミドリハシリダニ科
コハリダニ科	Ereynetidae	Tydeoidea
	Caeculidae	Triophtydeidae
Ereynetidae	Cheyletidae	Iolinidae
Sphaerolichidae	Anystidae	Tydeidae
Lordalychidae	Adamystidae	Ereynetidae
Nanorchestidae	Tetranychidae	ヘミダニ上団
Pachygnathidae	Tuckerellidae	ヘミダニ上団
Hybalicidae	Tenuipalpidae	カワダニ上科
Pediculochelidae	Teneriffiidae	カワダニ科
Terpnacaridae	Caligonellidae	ツメダニ上科
Alicorhagiidae	Cryptognathidae	ツメダニ科
Caeculidae	Raphignathidae	イソハモリダニ上科
Cheyletidae	Eupalopsellidae	イソハモリダニ科
Anystidae	Stigmaeidae	ハモリダニ上科
Adamystidae	Barbutiidae	ハモリダニ科
Tetranychidae	Parasitengona	エビダニ科
Tuckerellidae	Calyptostomidae	ニセコハリダニ上科
Tenuipalpidae	Smarididae	ニセコハリダニ科
Teneriffiidae	Erythraeidae	ケダニ上団
Tarsocheylidae	Trombiculidae	タカラダニ上団
Caligonellidae	Johnstonianidae	ヤリタカラダニ上科
Cryptognathidae	Tanaupodidae	ヤリタカラダニ科
Raphignathidae	Trombellidae	ナガタカラダニ上科
Eupalopsellidae	Eutrombidiidae	ナガタカラダニ科
Stigmaeidae	Microtrombidiidae	タカラダニ上科
Barbutiidae		タカラダニ科
Parasitengona		ツツガムシ上科
ヤリタカラダニ科		ジョンストンダニ科***
ナガタカラダニ科		マダラケダニ科**
タカラダニ科		トゲケダニ科**
ツツガムシ科		バッタケダニ科**
ヒメケダニ科		ヒメナガダニ科**
ナガケダニ科		ナミケダニ亜団
ケナガケダニ上団		ナミケダニ団
ケダニ上団		タナウポダニ亜団
		マダラケダニ亜団

Trombidiformes
Sphaerolichida
Sphaerolichoidea
Lordalycoidea
Lordalychidae
Sphaerolichidae
Prostigmata
Labidostommatides
Labidostommatoidea
Labidostommatidae
Cunaxidae
Eupodides
Bdelloidea
Bdellidae
Cunaxidae
Eupodoidea
Eupodidae
Rhagidiidae
Strandmanniidae
Penthalodidae
Penthaleidae
Tydeoidea
Triophtydeidae
Iolinidae
Tydeidae
Ereynetidae
Anystides
Anystina
Caeculoidea
Caeculidae
Adamystoidea
Adamystidae
Anystoidea
Anystidae
Teneriffiidae
Paratydeoidea
Paratydeidae
Parasitengona
Erythraiae
Calyptostomatoidea
Calyptostomidae
Erythraeoidea
Erythraeidae
Smarididae
Trombidiae
Trombidiidae
Tanaupodoidea
Tanaupodidae

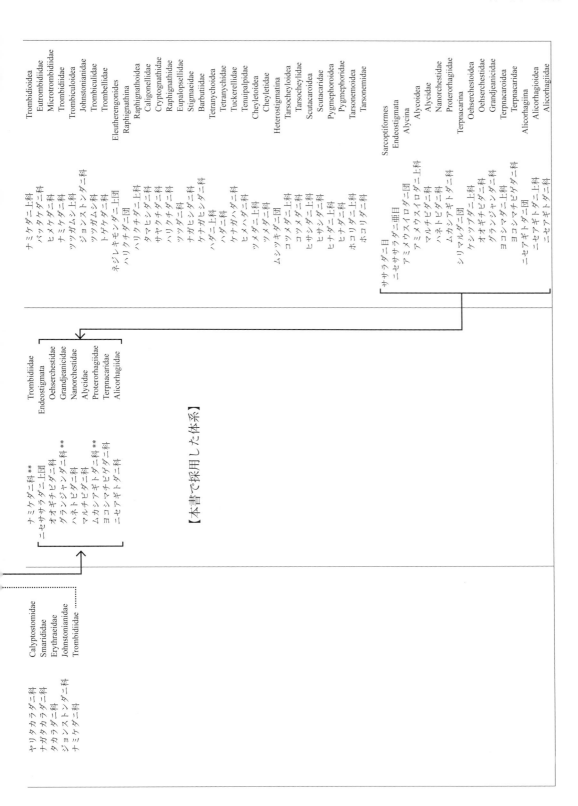

【本書で採用した体系】

ケダニ類の属への検索の改訂にあたって

1999 年「日本産土壌動物 分類のための図解検索」が刊行され，ケダニ類も属までの検索図が示された．それから 10 年以上が経過したが，種の段階への分類は遅々として進んでいない状態である．

2009 年 G. W. Krantz & D. E. Walter の編集により，"A Manual of Acarology, 3rd ed." が刊行され，その中でケダニ類の分類体系も大きく変更される提案がなされている．この提案を受けて，日本でも同年，安倍ほか (2009) により変更されたダニの分類体系の上科以上の分類単位の学名に対して和名を付けて発表された．しかしながら，ダニ類を亜綱とする分類体系は「ダニ目」の項で説明されたように，完全に広く受け入れられた訳ではない．

表 1 に，1．日本産土壌動物（1999）；2．日本産土壌動物（本書）；3．Krantz & Walter (2009) の 3 つの体系を掲載した．

本稿では，ケダニを亜目とする体系を残しながら (Trombidiformes と Sarcoptiformes は用いない)，3 の体系（Krantz & Walter, 2009）に当てはめることが出来るように，科レベルで共通の 50 科とした体系に改訂した．したがって科とその下位分類群は，2 と 3 については，全く同じである．この体系は，ケダニ類の体系としては，独自のものであるが暫定的措置であることも付け加える．なお，本書で提案したケダニ亜目の分類体系については，本書の執筆者の一人である島野が芝とともに検討したものを示してある．

ケダニ類に関して，1 と 3 の間の変更の主要な項目は次の 6 点である（＊を付した変更点は，Krantz & Walter (2009) による新しい変更ではないが，1, 3 間の主要な変更のため，ここに示した）．3．の体系（表 1 の右欄）では以下の通りになっている．

① ダニ目を昇格させてダニ亜綱とし，この下に 6 目を配置している．

② 失気門上団 Endeostigmata は次のように 3 つに再編された．

失気門ダニ上団 Endeostigmata
- 2 科（クシゲチビダニ科とオタイコチビダニ科）ケダニ目に残り，クシゲダニ亜目を新設
- 11 科（大部分）ササラダニ目に移項してニセササラダニ亜目 Endeostigmata を新設
- 1 科（ホコリチリダニ科 Pediculochelidae）ササラダニ目に移項するが，ニセササラダニ亜目からは離脱する

③ コハリダニ科 Tydeidae は 3 科に分離分割された．

コハリダニ科 Tydeidae
- ミツメコハリダニ科 Triophtydeidae
- コガタコハリダニ科 Iolinidae
- コハリダニ科 Tydeidae

④ ナミケダニ科 Trombidiidae は 10 科に分離分割した．主要な科は次のようになる．

ナミケダニ科 Trombidiidae
- マダラケダニ科 Tanaupodidae
- トゲケダニ Trombellidae
- バッタケダニ科 Eutrombidiidae
- ヒメケダニ科 Microtrombidiidae
- ナミケダニ科 Trombidiidae

⑤ ＊コツメダニ科 Trarsocheylidae は，ムシツキダニ上団 Heterostigmatina に移動された．

⑥ ＊ホコリチビダニ科 Pediculochelidae は，ササラダニ目 Sarcoptiformes ササラダニ亜目 Oribatida に移動された．

ダニ目・ケダニ亜目　5

ケダニ亜目 Prostigmata の上団・科・属への検索

暗赤色中型～小型，前体部と後体部の区切りの横溝はない．感覚毛は2対．基節 I～IV は近接している．鋏角の固定指は可動指より短い

大きさは大小まちまち．前体部と後体部の区切りの横溝ははっきりしている．感覚毛は1対のものが多い．気門の開口部がはっきりしたものがない

暗赤色もあるが黄白色が多い．前体部と後体部の区切の横溝はないか，あっても不完全．基節 II と III は離れる．気門の開口部は見られない

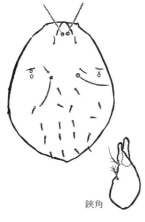
鋏角

クシゲダニ上団
Sphaerolichida

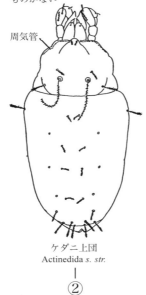
周気管

ケダニ上団
Actinedida *s. str.*
②

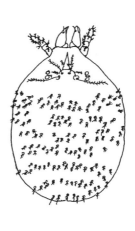

ニセササラダニ上団
Endeostigmata
㊽

触肢の末端節先端にクシ状毛がある．感覚毛の分岐は短い

触肢末端節の先端に2本の単純毛があり，クシゲ状毛はない．感覚毛の分岐は長く，前感覚毛は窓状の凹地より生じる

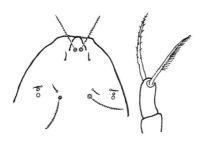
触肢末端節

クシゲチビダニ科
Sphaerolichidae
クシゲチビダニ属
Sphaerolichus
（p.52, 86）

触肢末端節

オタイコチビダニ科
Lordalychidae
オタイコチビダニ属
Hybalicus
（p.52, 86）
①

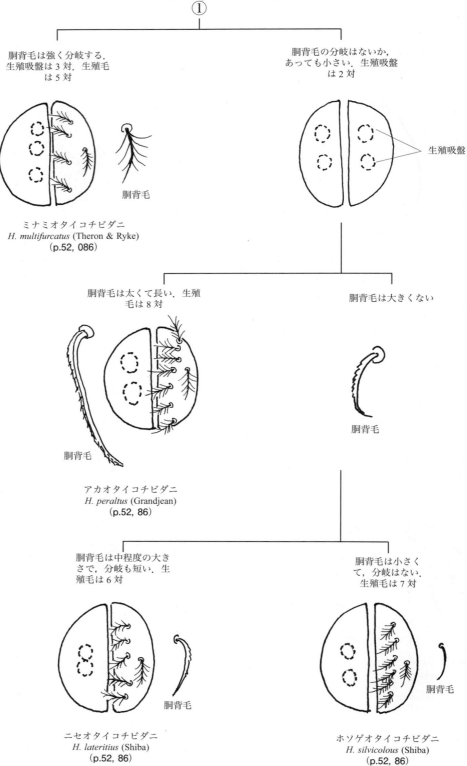

ダニ目・ケダニ亜目 **7**

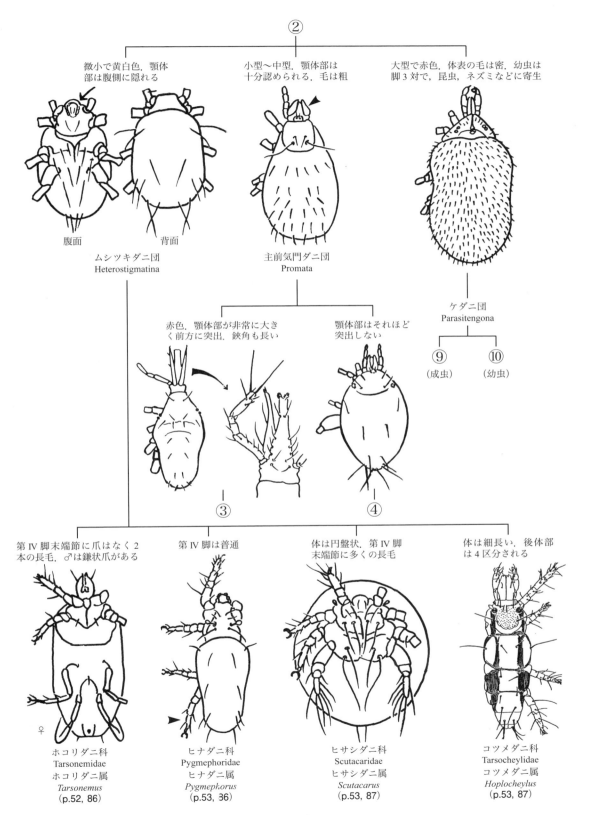

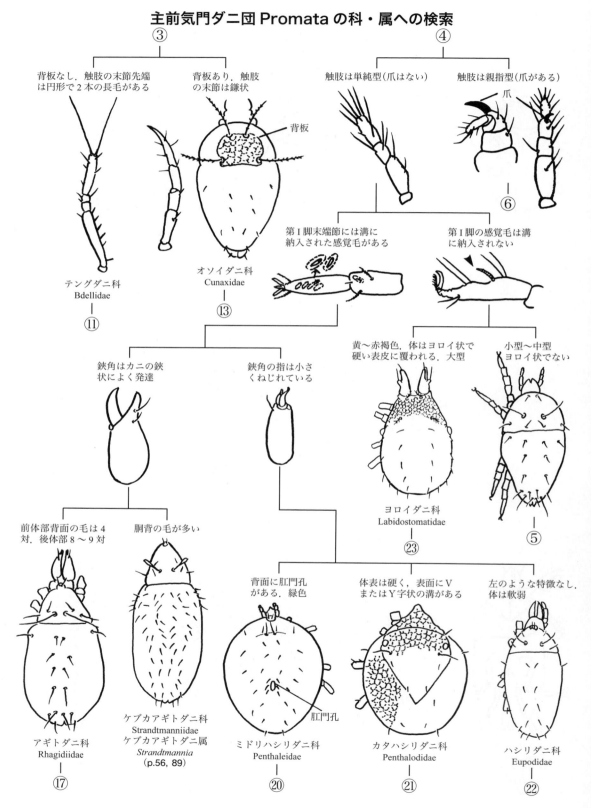

ダニ目・ケダニ亜目 9

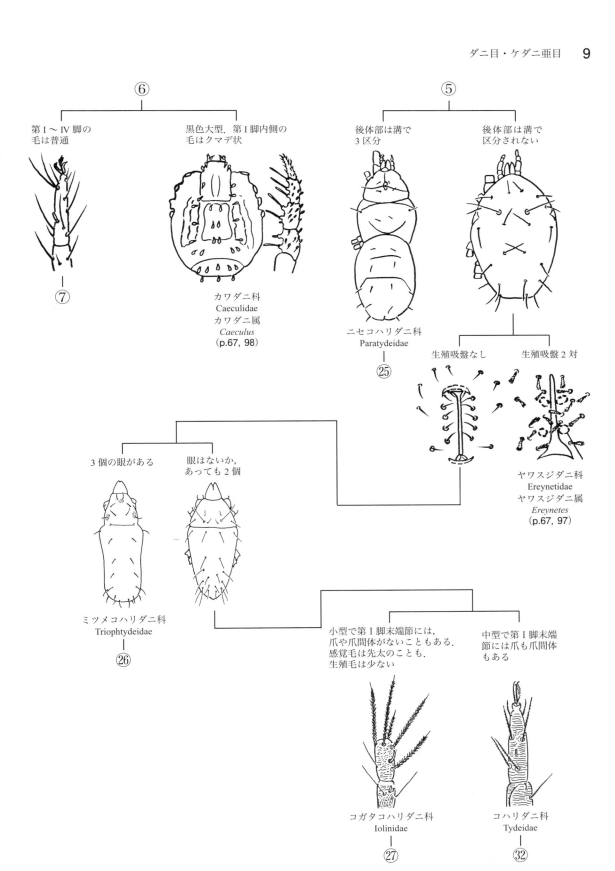

10　ダニ目・ケダニ亜目

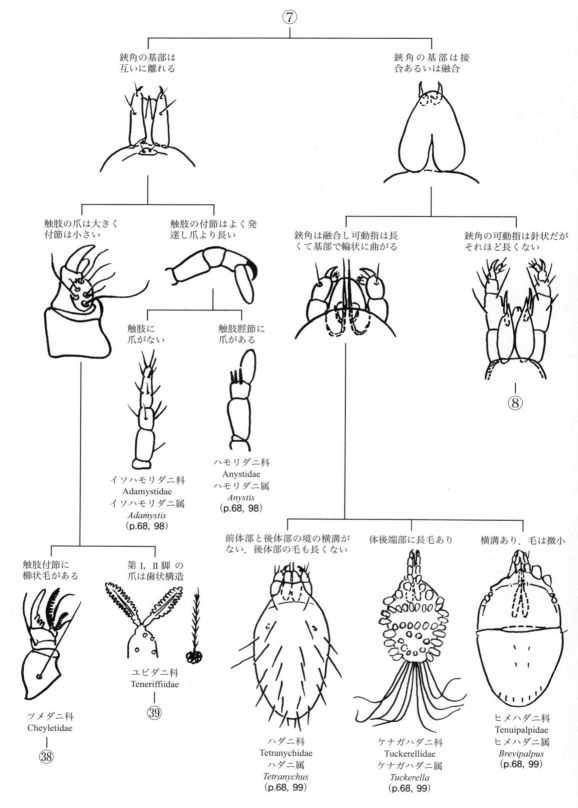

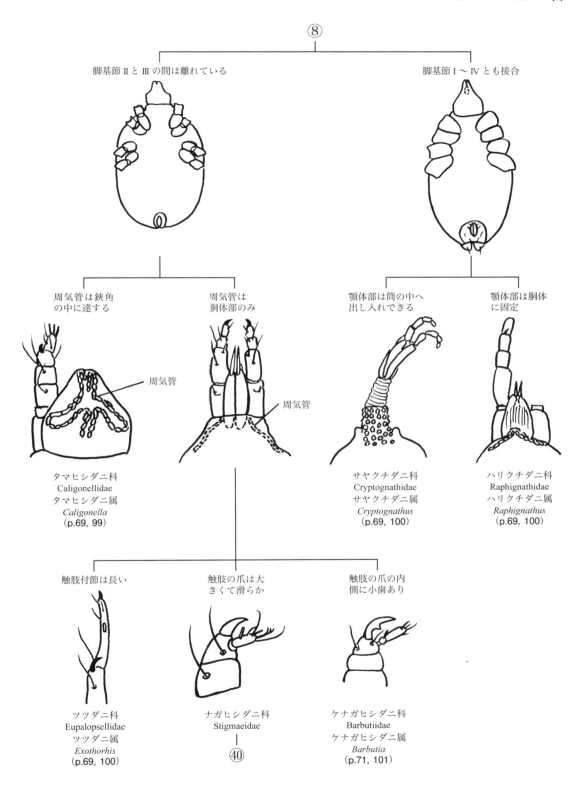

ケダニ団 Parasitengona 成虫の科・属への検索

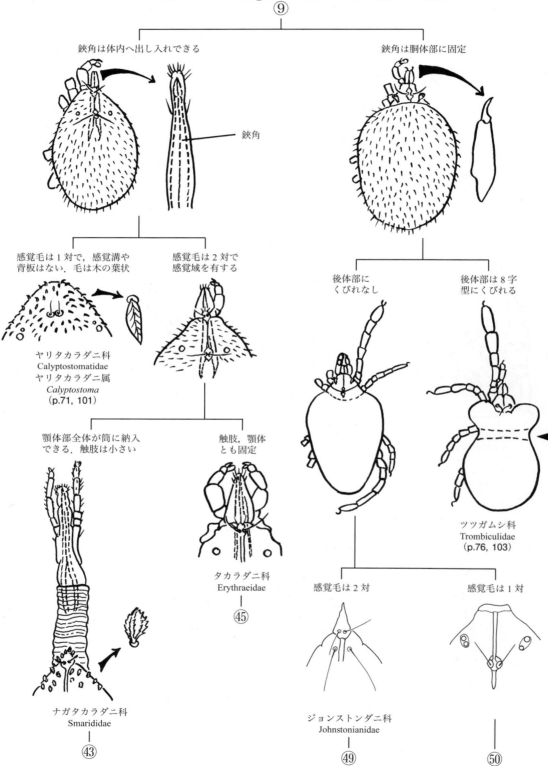

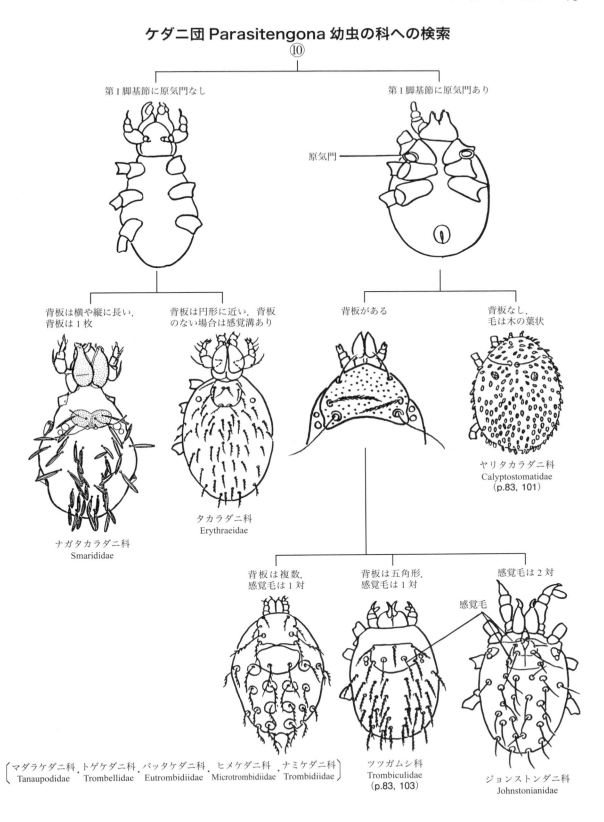

テングダニ科 Bdellidae の属への検索

⑪

- 顎体腹面に 6〜7 対の毛 
  - 触肢末端節は短い 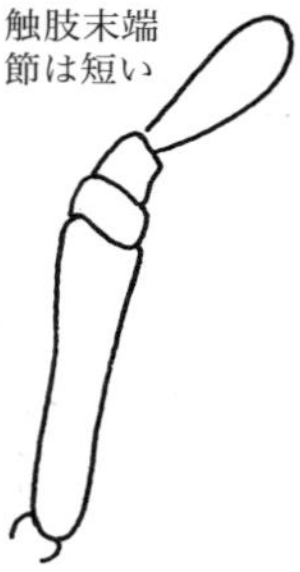
    - テングダニ属 *Bdella* （p.53, 87）
  - 触肢末端節は長い 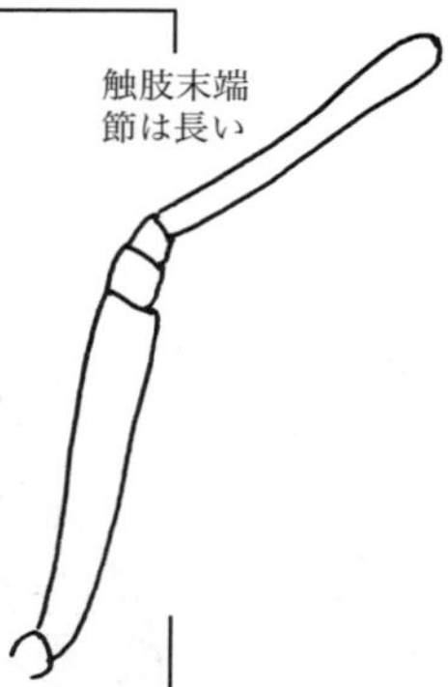
    - 鋏角の基部は膨れる 
      - フトテングダニ属 *Odontoscirus* （p.53, 87）
    - 鋏角の基部は膨れない 
      - 鋏角の毛は 3 本以上 
        - ケモチテングダニ属 *Neomolgus* （p.53, 87）
      - 鋏角の毛は 2 本か 1 本 
        - フツウテングダニ属 *Bdellodes* （p.53, 87）
- 顎体腹面に 2 対の毛 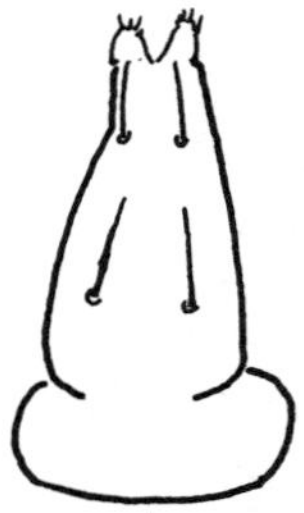
  - ⑫

ダニ目・ケダニ亜目　**15**

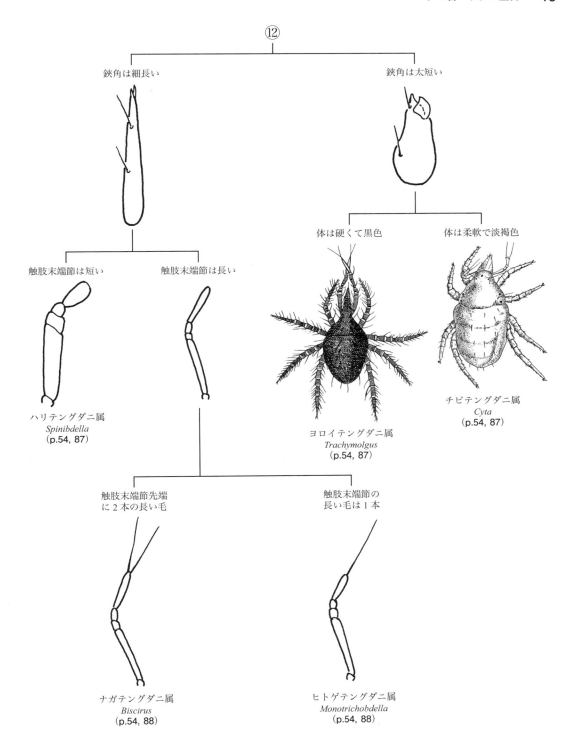

オソイダニ科 Cunaxidae の属への検索

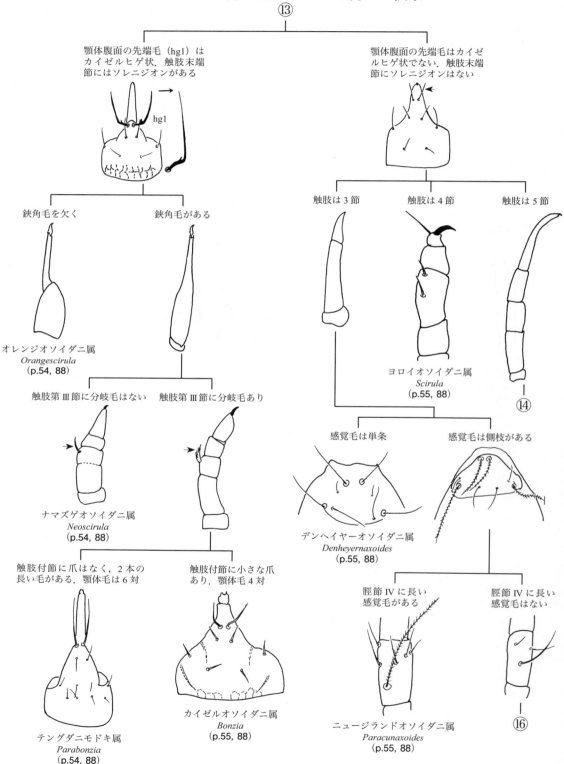

ダニ目・ケダニ亜目 **17**

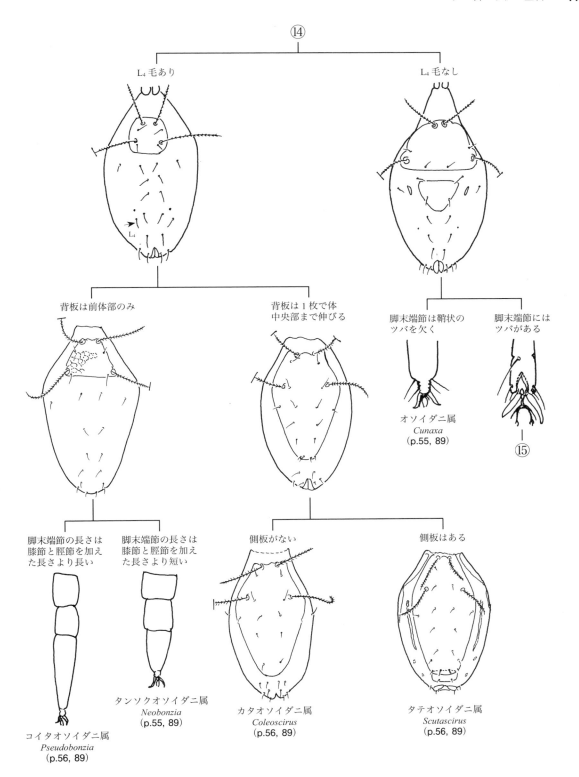

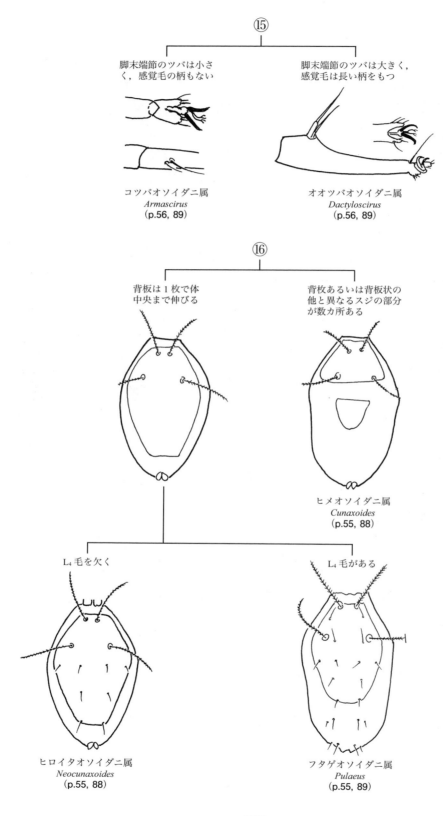

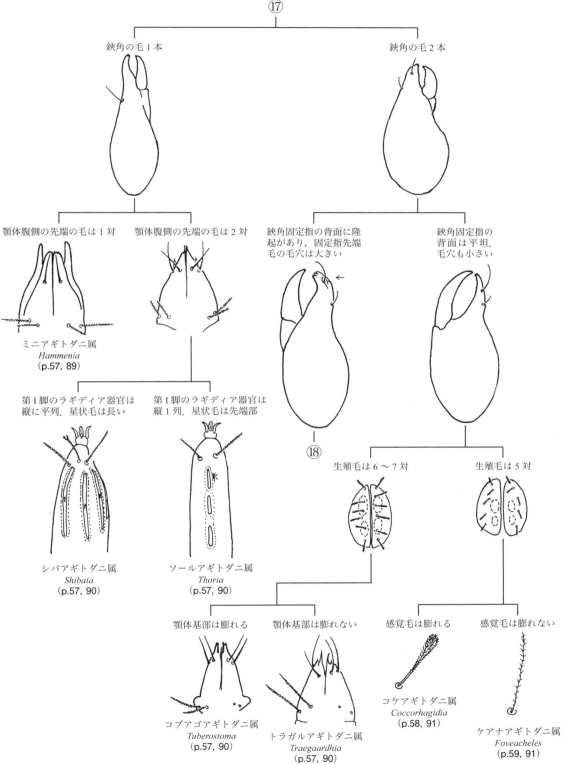

20　ダニ目・ケダニ亜目

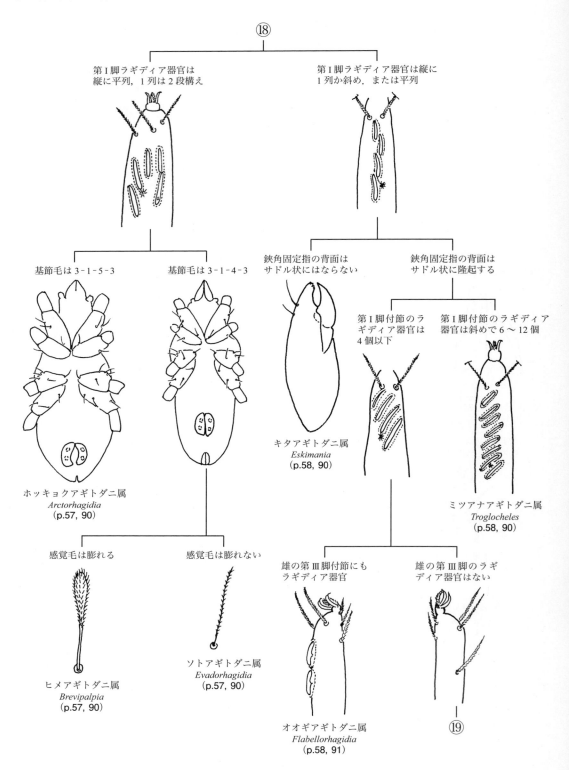

ダニ目・ケダニ亜目 21

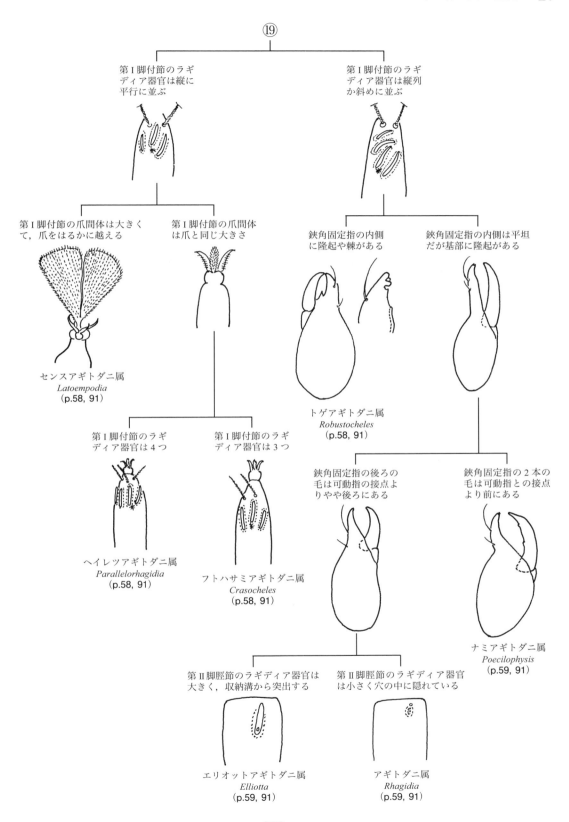

― 223 ―

ミドリハシリダニ科 Penthaleidae の属への検索

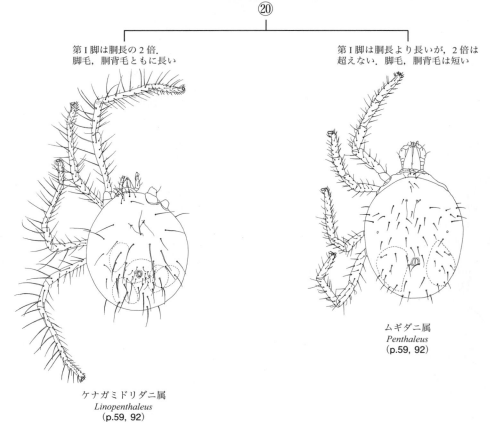

カタハシリダニ科 Penthalodidae の属への検索

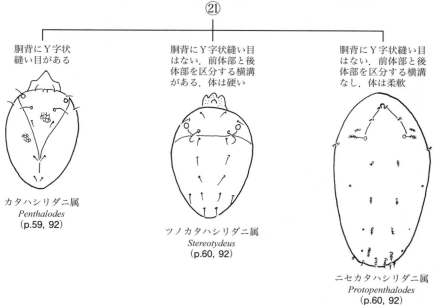

ダニ目・ケダニ亜目 23

ハシリダニ科 Eupodidae の属への検索

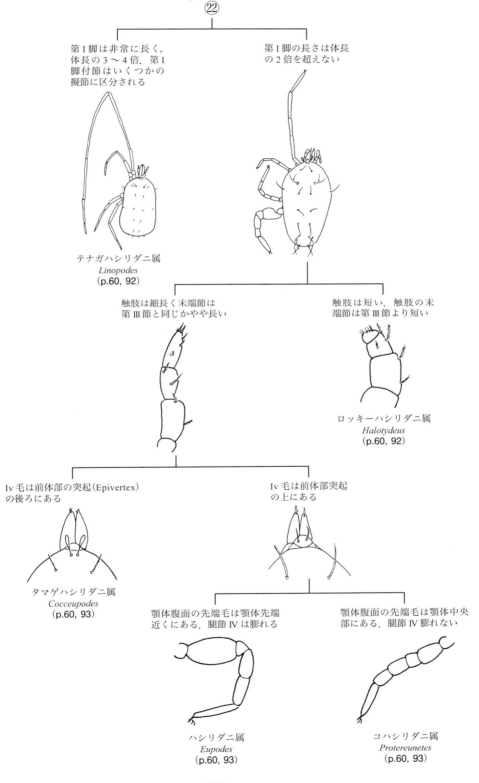

ヨロイダニ科 Labidostomidae の属への検索

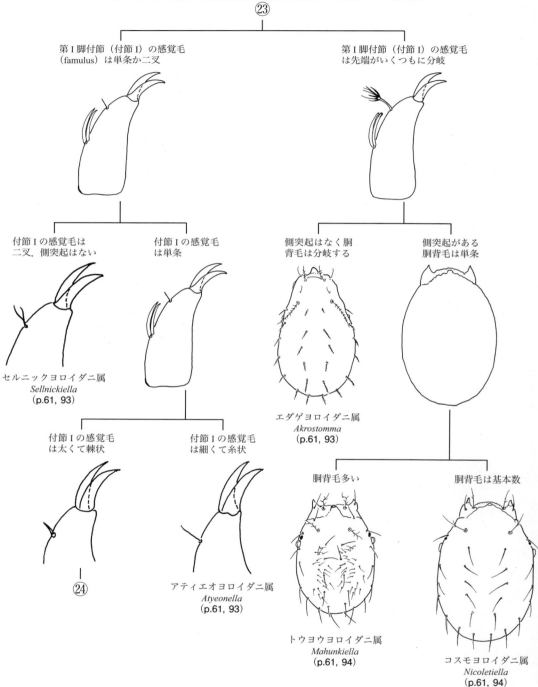

ダニ目・ケダニ亜目　25

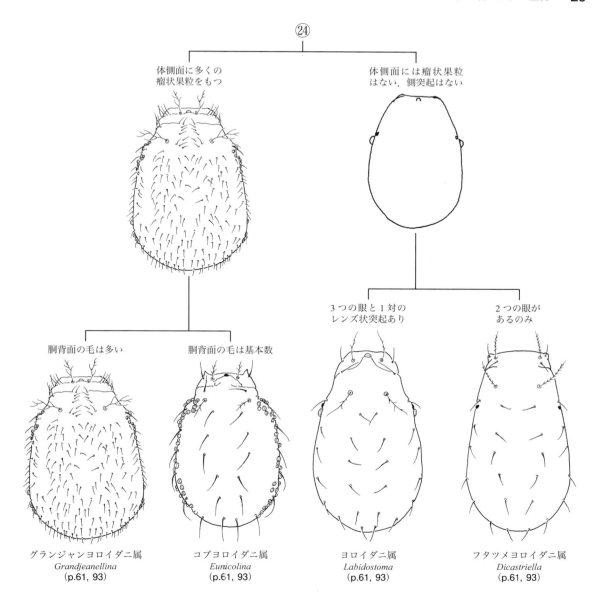

26 ニセコハリダニ科 Paratydeidae の属への検索

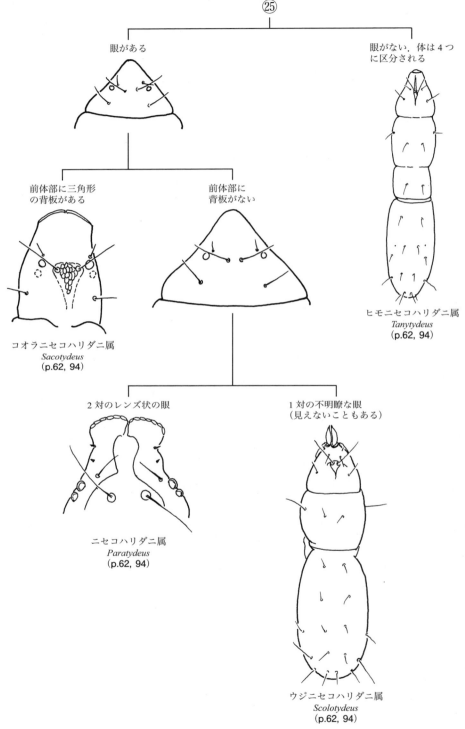

ダニ目・ケダニ亜目 27

ミツメコハリダニ科 Triophtydeidae の属への検索

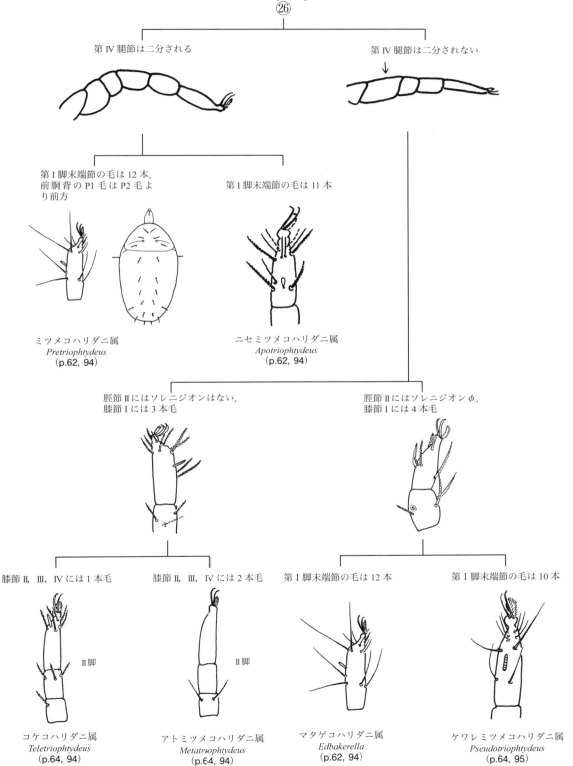

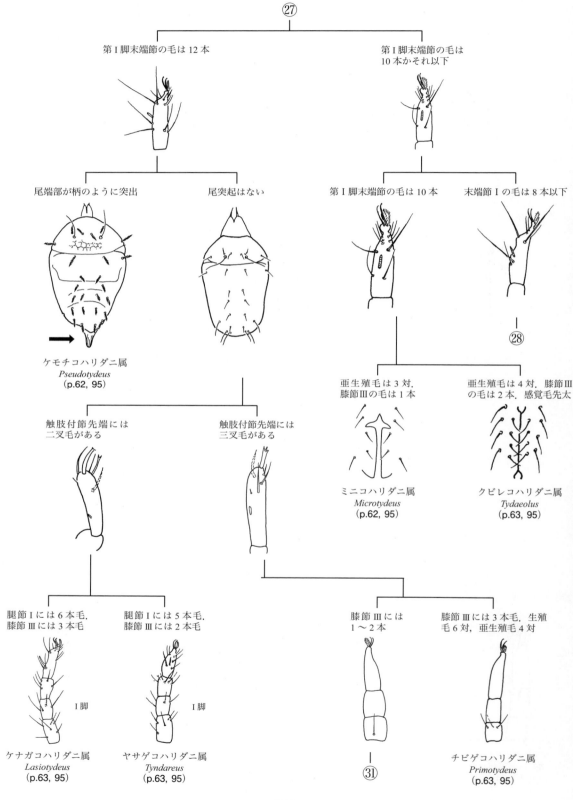

ダニ目・ケダニ亜目　29

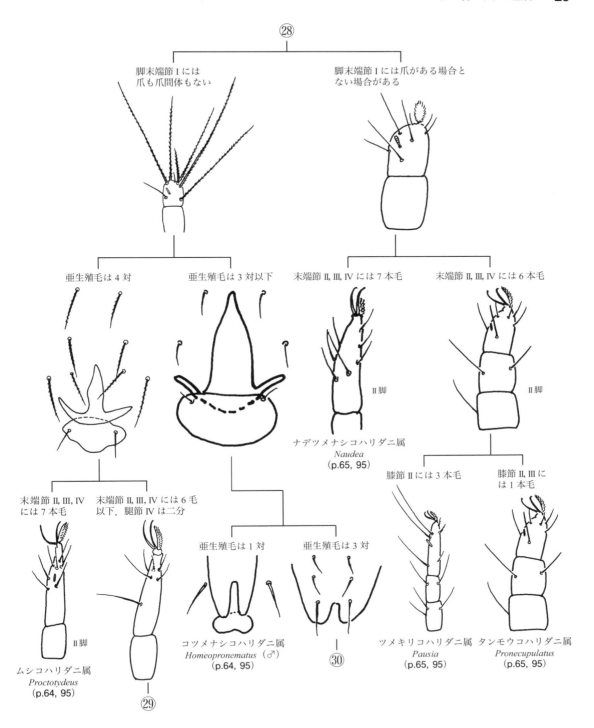

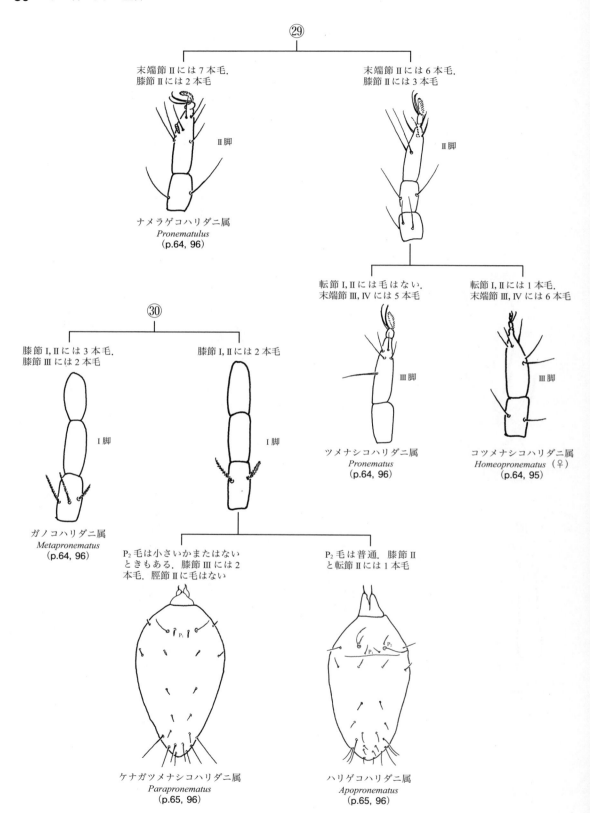

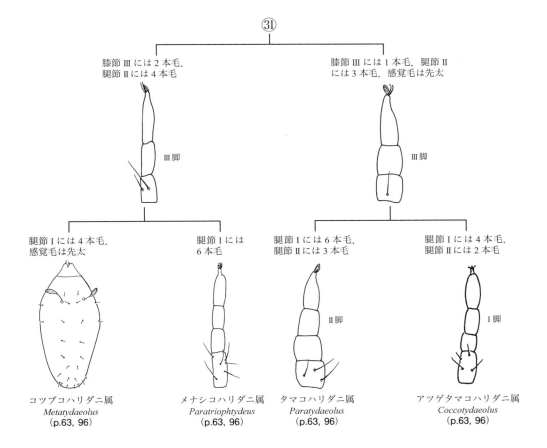

32　ダニ目・ケダニ亜目

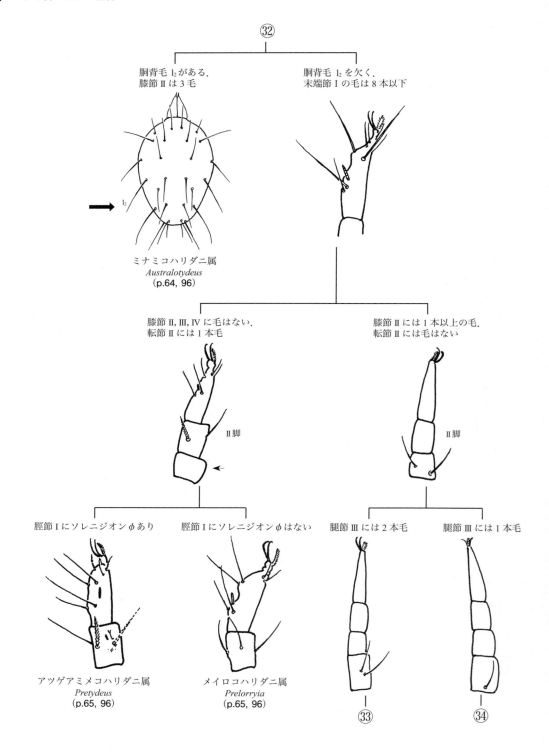

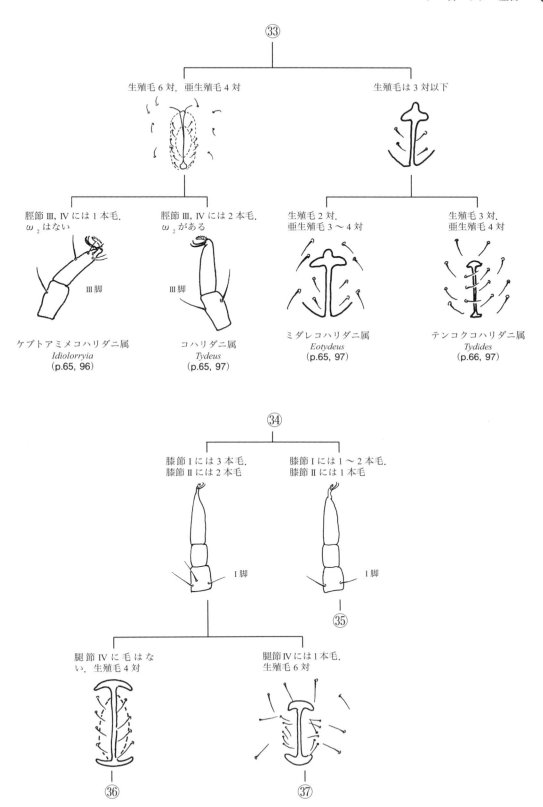

34 ダニ目・ケダニ亜目

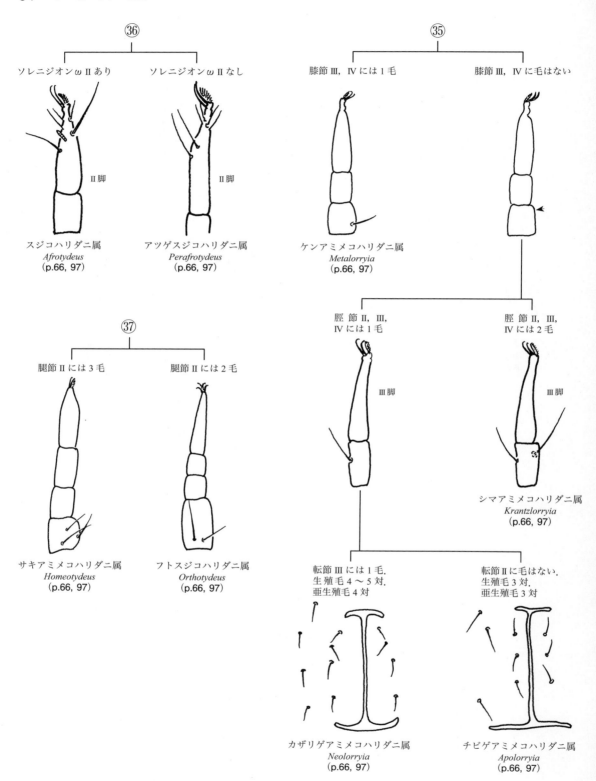

ツメダニ科 Cheyletidae の属への検索 ㊳

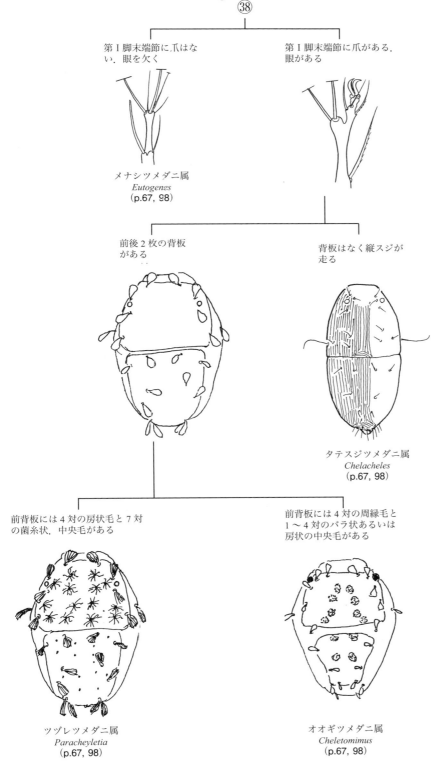

36　ダニ目・ケダニ亜目

ユビダニ科 Teneriffiidae の属への検索

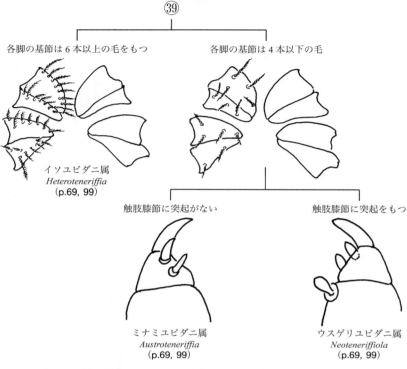

ナガヒシダニ科 Stigmaeidae の属への検索

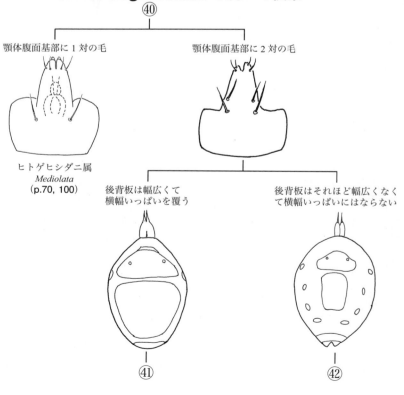

ダニ目・ケダニ亜目　37

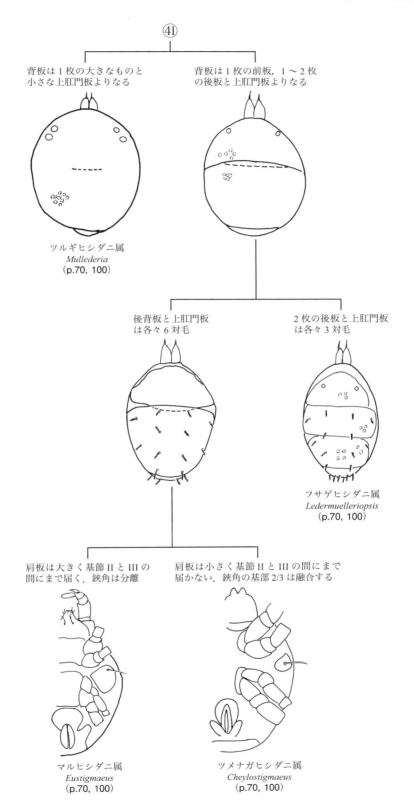

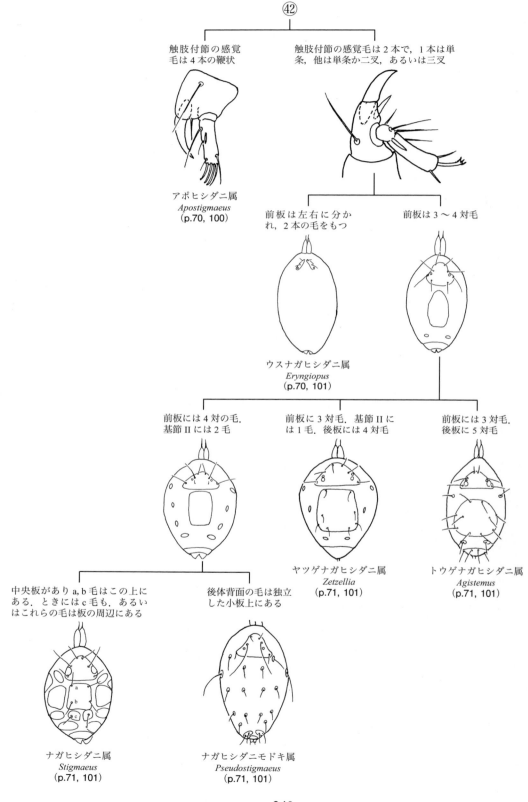

ナガタカラダニ科 Smarididae の属への検索

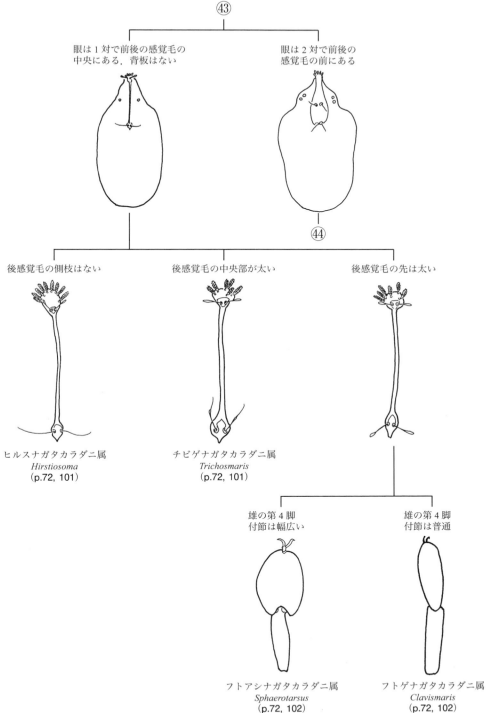

40　ダニ目・ケダニ亜目

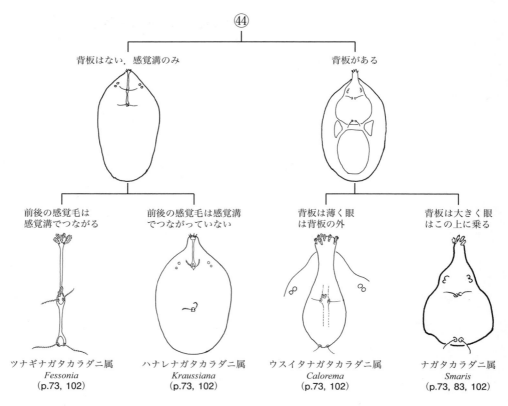

タカラダニ科 Erythraeidae の属への検索

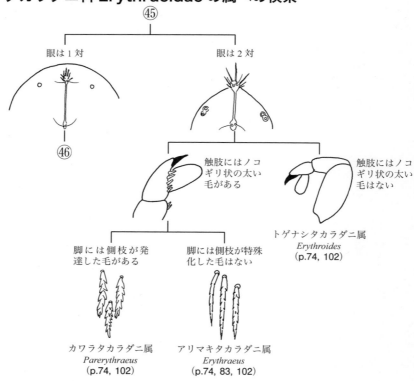

— 242 —

ダニ目・ケダニ亜目 41

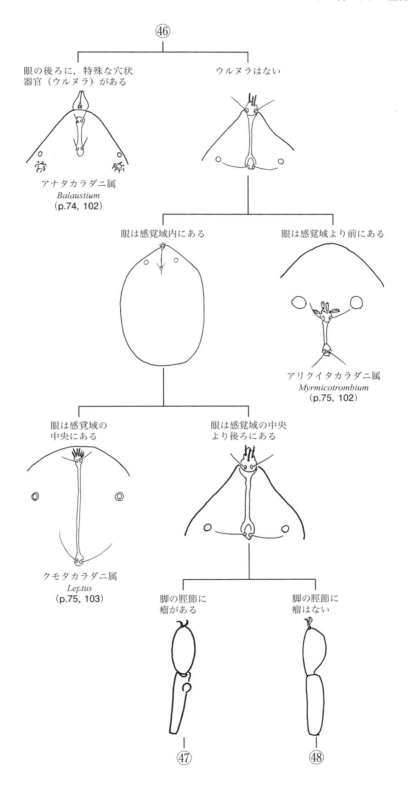

42　ダニ目・ケダニ亜目

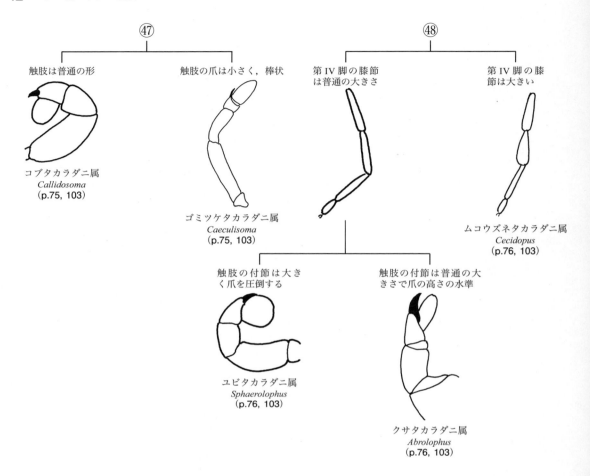

ジョンストンダニ科 Johnstonianidae の属への検索

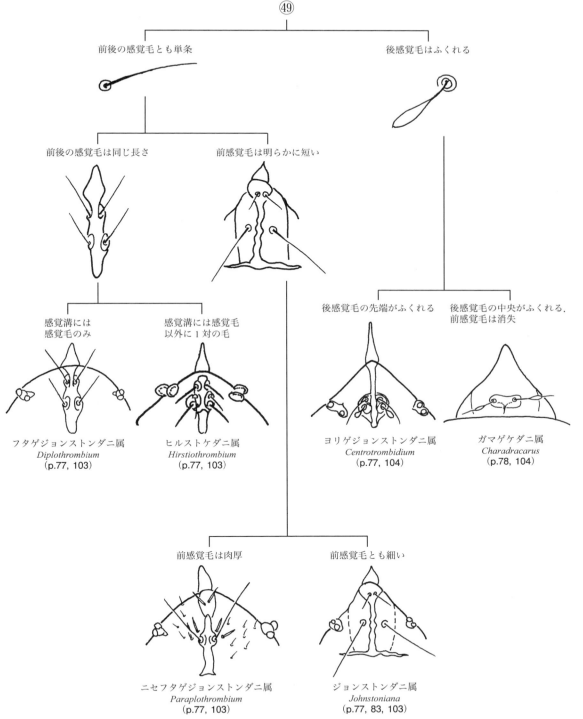

44　ダニ目・ケダニ亜目

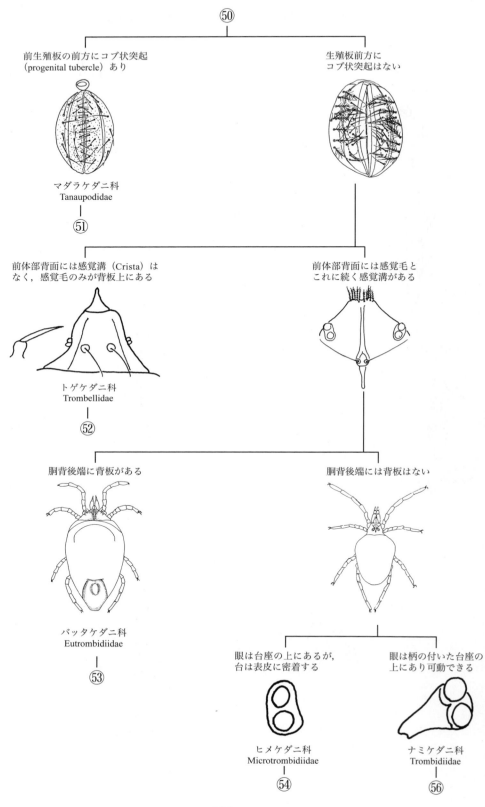

マダラケダニ科 Tanaupodidae の属への検索

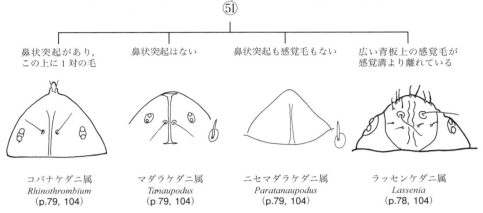

トゲケダニ科 Trombellidae の属への検索

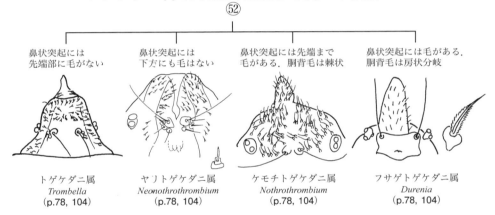

バッタケダニ科 Eutrombidiidae の属への検索

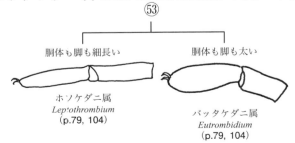

46　ダニ目・ケダニ亜目

ヒメケダニ科 Microtrombidiidae の属への検索

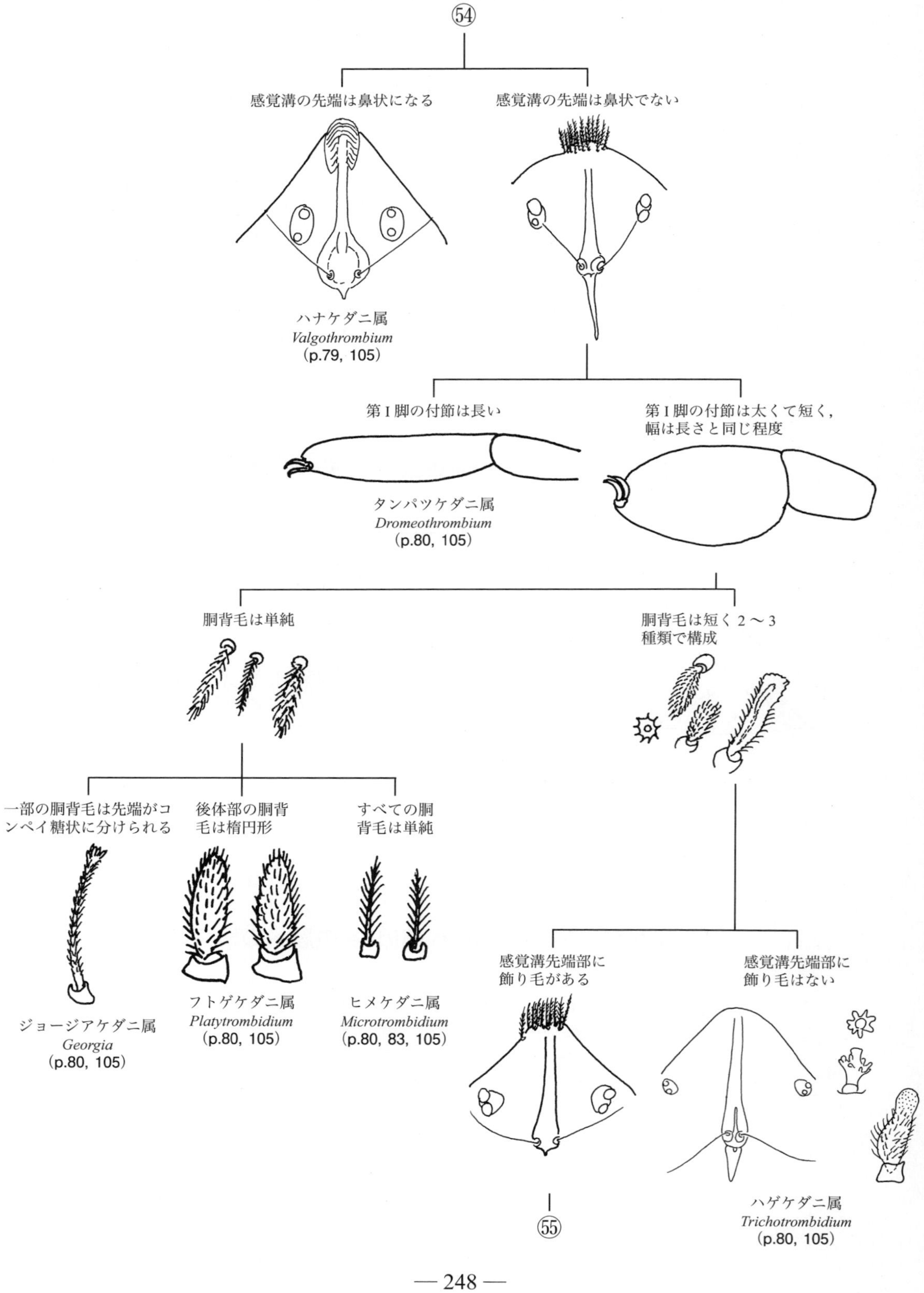

�54

- 感覚溝の先端は鼻状になる 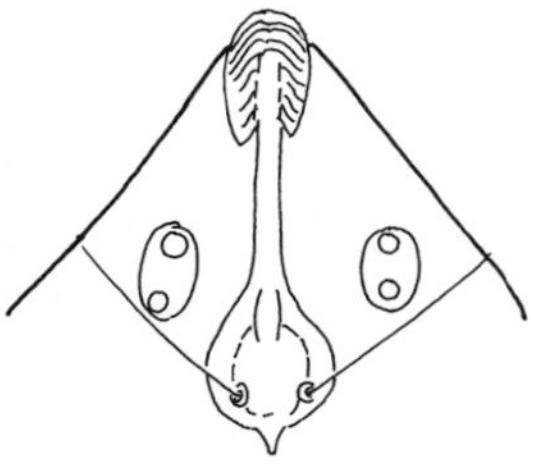
  - ハナケダニ属 *Valgothrombium* (p.79, 105)
- 感覚溝の先端は鼻状でない 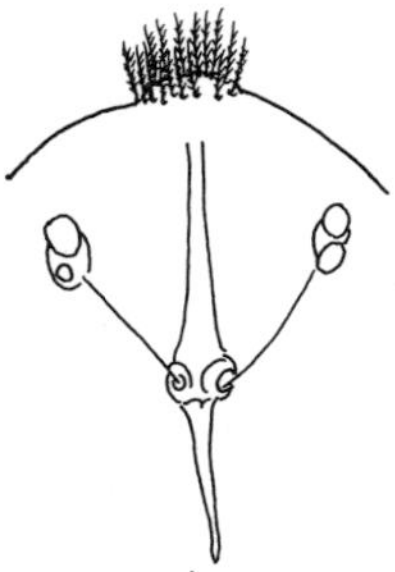
  - 第Ⅰ脚の付節は長い 
    - タンパツケダニ属 *Dromeothrombium* (p.80, 105)
  - 第Ⅰ脚の付節は太くて短く，幅は長さと同じ程度 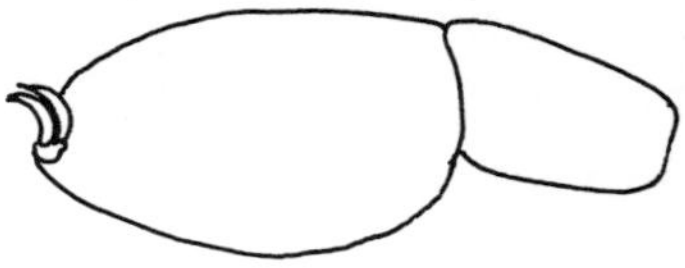
    - 胴背毛は単純 
      - 一部の胴背毛は先端がコンペイ糖状に分けられる 
        - ジョージアケダニ属 *Georgia* (p.80, 105)
      - 後体部の胴背毛は楕円形 
        - フトゲケダニ属 *Platytrombidium* (p.80, 105)
      - すべての胴背毛は単純 
        - ヒメケダニ属 *Microtrombidium* (p.80, 83, 105)
    - 胴背毛は短く2〜3種類で構成 
      - 感覚溝先端部に飾り毛がある 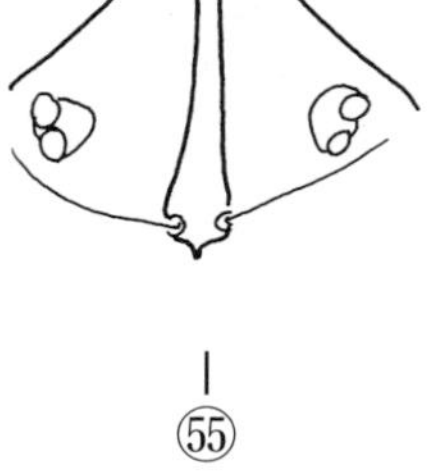
        - �55
      - 感覚溝先端部に飾り毛はない 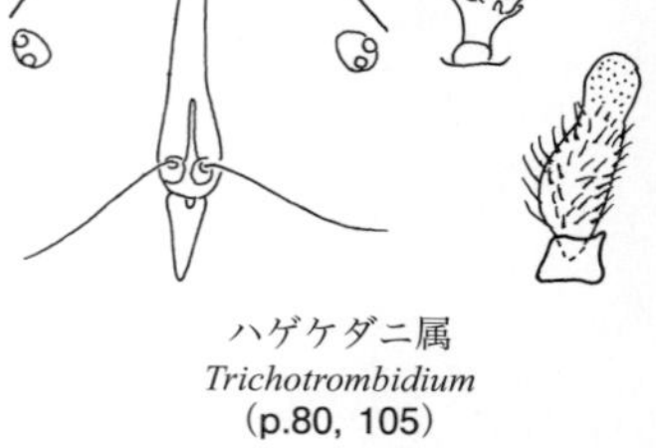
        - ハゲケダニ属 *Trichotrombidium* (p.80, 105)

ダニ目・ケダニ亜目 **47**

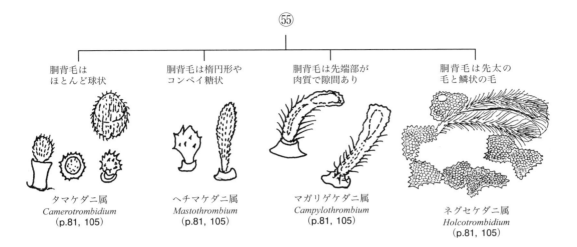

ナミケダニ科 Trombidiidae の属への検索

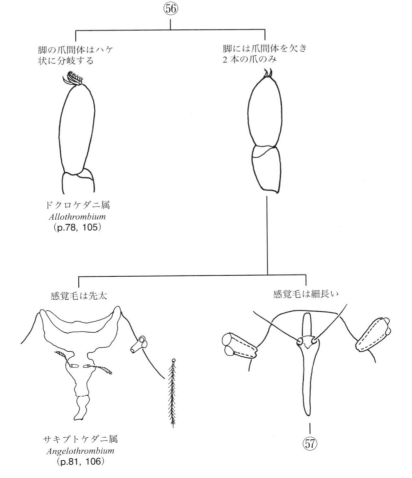

48 ダニ目・ケダニ亜目

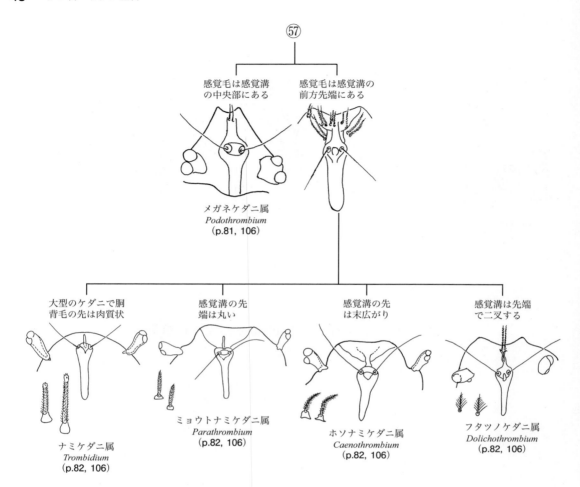

ニセササラダニ上団 Endeostigmata の科・属への検索

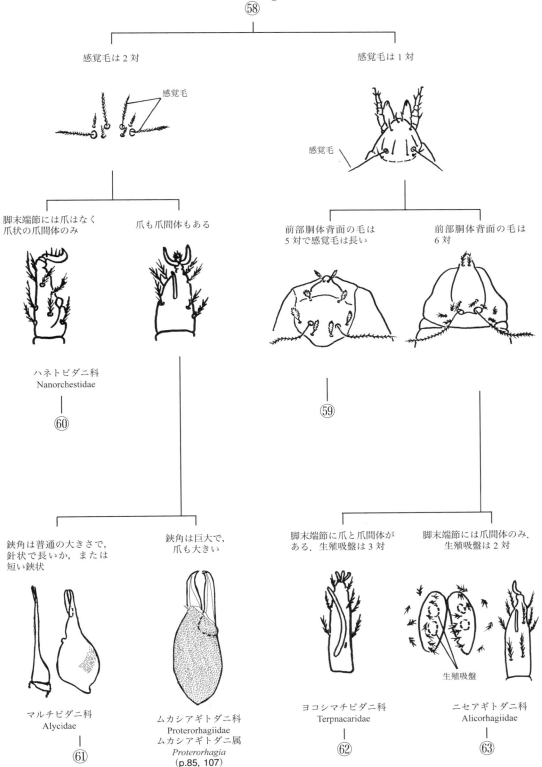

ダニ目・ケダニ亜目

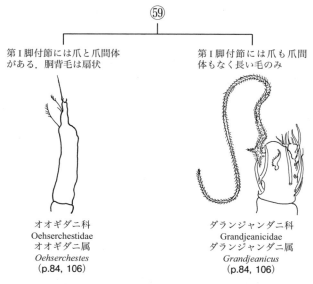

ハネトビダニ科 Nanorchestidae の属への検索

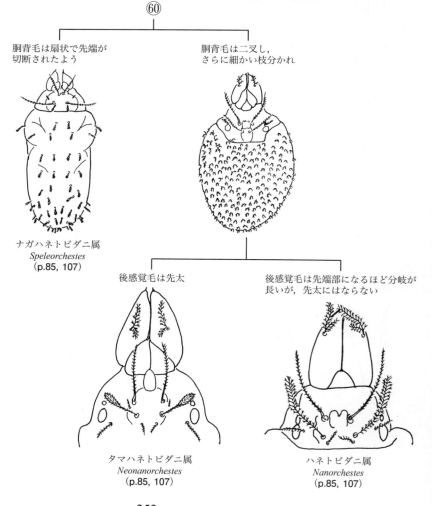

ダニ目・ケダニ亜目　51

マルチビダニ科 Alycidae の属への検索

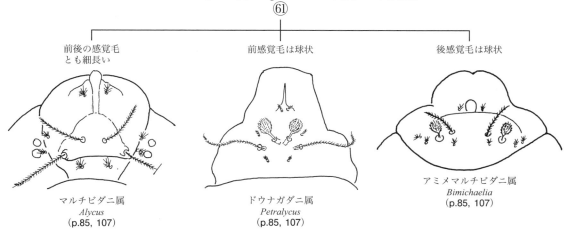

ヨコシマチビダニ科 Terpnacaridae の属への検索

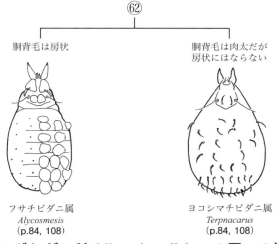

ニセアギトダニ科 Alicorhagiidae の属への検索

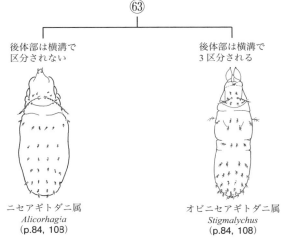

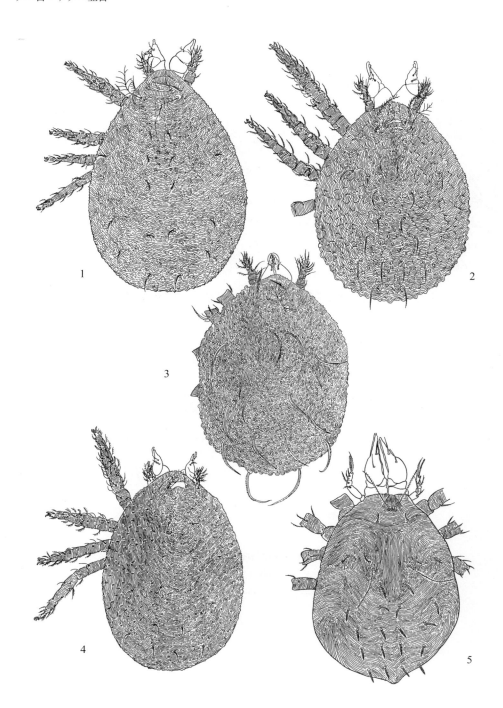

ケダニ亜目 Prostigmata 全形図（1）
1：ミナミオタイコチビダニ Hybalicus multifurcatus (Teron & Ryke)，2：アカオタイコチビダニ Hybalicus peraltus (Grandjean)，3：ニセアカオタイコチビダニ Hybalicus lateritius (Shiba)，4：ホソゲオタイコチビダニ Hybalicus silvicolous (Shiba)，5：クシゲチビダニ属 Sphaerolichus sp.
(1, 2, 3, 4：Shiba, 1986；5：芝　原図)

ダニ目・ケダニ亜目 53

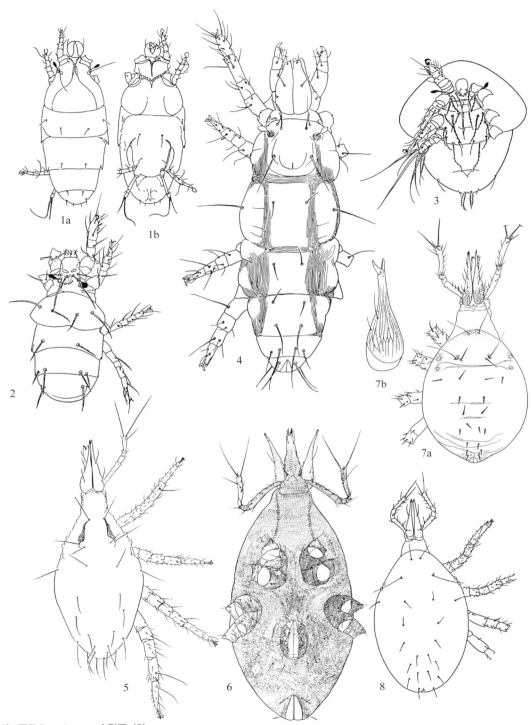

ケダニ亜目 Prostigmata 全形図（2）
1：ホコリダニ属の一種 *Tarsonemus* sp., 2：ヒナダニ属の一種 *Pygmephorus* sp., 3：ヒサシダニ属の一種 *Scutacarus* sp., 4：コツメダニ属コツメダニ *Hoplocheylus discalis* Atyeo & Baker, 5：テングダニ属アカテングダニ *Bdella muscorum* (Ewing), 6：フトテングダニ属フトテングダニ *Odontoscirus nipponicus* Shiba, 7：ケモチテングダニ属モリアミメテングダニ *Neomolgus pygmaeus* Shiba, 8：フツウテングダニ属ヤマトテングダニ *Bdellodes japonicus* (Ehara)
（5：Shiba & Morikawa, 1966；6：Shiba, 1985；7：Shiba, 1971；8：江原，1980 から；他は芝原図）

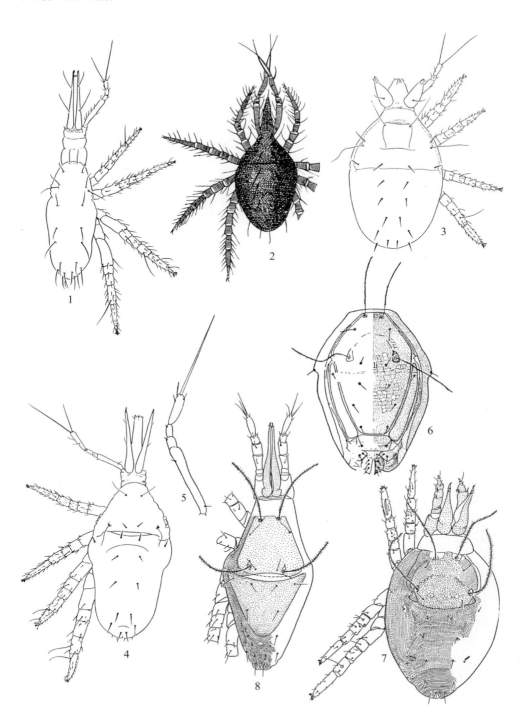

ケダニ亜目 Prostigmata 全形図（3）

1：ハリテングダニ属ホソハリテングダニ *Spinibdella corticis* (Ewing)，2：ヨロイテングダニ属 *Trachymolgus nigerrinus* Canestrine，3：チビテングダニ属チビテングダニ *Cyta latirastris* (Hermann)，4：ナガテングダニ属ハマテングダニ *Biscirus silvaticus* Kramer，5：ヒトゲテングダニ属 *Monotrichobdella maxoshurni* Baker & Baloch，6：オレンジオソイダニ属 *Orangescirula youngchaunesis* Bu & Li，7：ナマズゲオソイダニ属の一種 *Neoscirula* sp.，8：テングダニモドキ属テングダニダマシ *Parabonzia bdelliformis* (Atyeo)

(1, 3, 4：Shiba & Morikawa, 1996；2：Thor, 1931；5：Atyeo, 1960；6：Smiley, 1992 から；他は芝原図)

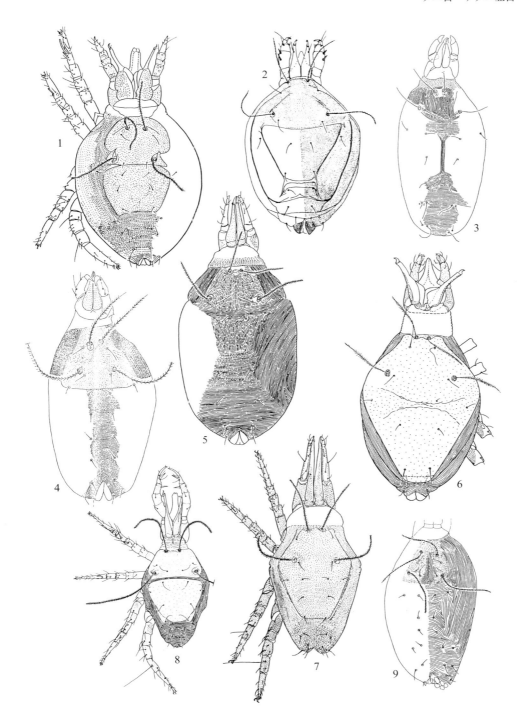

ケダニ亜目 Prostigmata 全形図（4）
1：カイゼルオソイダニ属カイゼルオソイダニ *Bonzia halacaroides* Oudemans，2：ヨロイオソイダニ属 *Scirula impressa* Berlese，3：デンヘイヤーオソイダニ属 *Denheyernaxoides martini* Smiley，4：ニュージーランドオソイダニ属 *Paracunaxoides newxealandicus* Smiley，5：ヒメオソイダニ属スジオソイダニ *Cunaxoides croceus* (Koch)，6：ヒロイタオソイダニ属の一種 *Neocunaxoides* sp.，7：フタゲオソイダニ属の一種 *Pulaeus* sp.，8：オソイダニ属ヤマオソイダニ *Cunaxa veracruzana* Baker & Hoffmann，9：タンソクオソイダニ属 *Nebonzia moseri* Smiley
（1, 5, 8：江原，1980；2〜3, 7, 9：Smiley, 1992 から；他は芝原図）

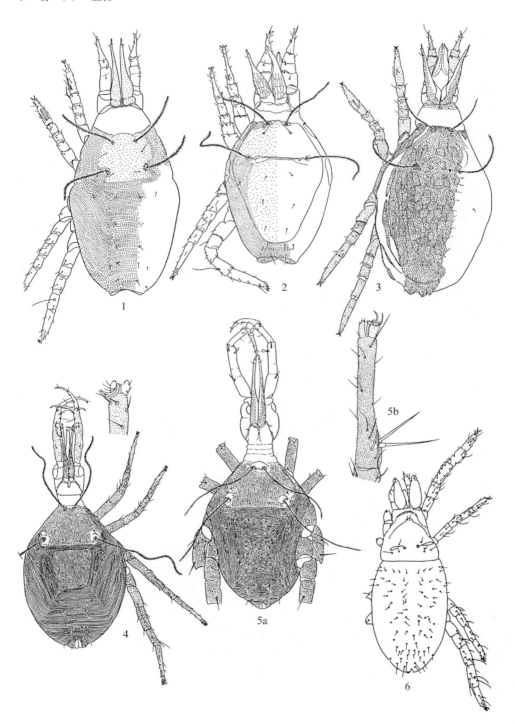

ケダニ亜目 Prostigmata 全形図（5）
1：コイタオソイダニ属シイオソイダニ *Pseudobonzia snowi* (Baker & Hoffmann), 2：カタオソイダニ属 *Coleoscirus mizunoi* Shiba, 3：タテオソイダニ属コオラオソイダニ *Scutascirus polyscutosus* Den Heyer, 4：コツバオソイダニ属ミトゲオソイダニ *Armascirus multiculus* Shiba, 5：オオツバオソイダニ属スプーンオソイダニ *Dactyloscirus inermis* (Trägårdh), 6：ケブカアギトダニ属ケブカアギトダニ *Strandtmannia celtarum* Zacharda
（1, 3：江原，1980；2：Shiba, 1976；4, 5：Shiba, 1986 から；他は芝原図）

ケダニ亜目 Prostigmata 全形図（6）
1：ミニアギトダニ属の一種 *Hammenia* sp., 2：シバアギトダニ属ヒトゲアギトダニ *Shibaia longisensilla* (Shiba), 3：ソールアギトダニ属アツゲアギトダニ *Thoria uniseta* (Thor), 4：ホッキョクアギトダニ属の一種 *Arctorhagidia* sp., 5：ヒメアギトダニ属の一種 *Brevipalpia* sp., 6：ソトアギトダニ属の一種 *Evadorhagidia* sp., 7：コブアゴアギトダニ属 *Tuberostoma gressiti* (Womersley & Strandtmann), 8：トラガルアギトダニ属ヤマトアギトダニ *Traegaardhia japonica* (Morikawa)
（7：Womersley & Strandtmann, 1963 から；他は芝原図）

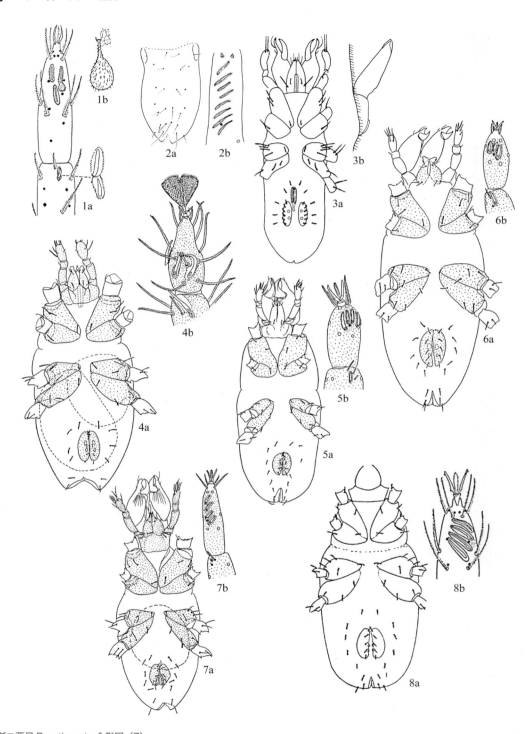

ケダニ亜目 Prostigmata 全形図（7）
1：キタアギトダニ属エスキモーアギトダニ *Eskimania capitata* (Strandtmann)，2：ミツアナアギトダニ属 *Troglocheles vornatscheri* Willmann，3：オオギアギトダニ属 *Flabellorhagidia pecki* (Elliott)，4：センスアギトダニ属の一種 *Latoempodia* sp.，5：ヘイレツアギトダニ属の一種 *Parallelorhagidia* sp.，6：フトハサミアギトダニ属の一種 *Crasocheles* sp.，7：トゲアギトダニ属ナミトゲアギトダニ *Robustocheles mucronata* (Willmann)，8：コケアギトダニ属コケアギトダニ *Coccorhagidia pittardi* Strandtmann
（1, 8：Strandtmann, 1971；2：Zacharda, 1978；3：Elliott, 1976 から；他は芝原図）

ダニ目・ケダニ亜目 59

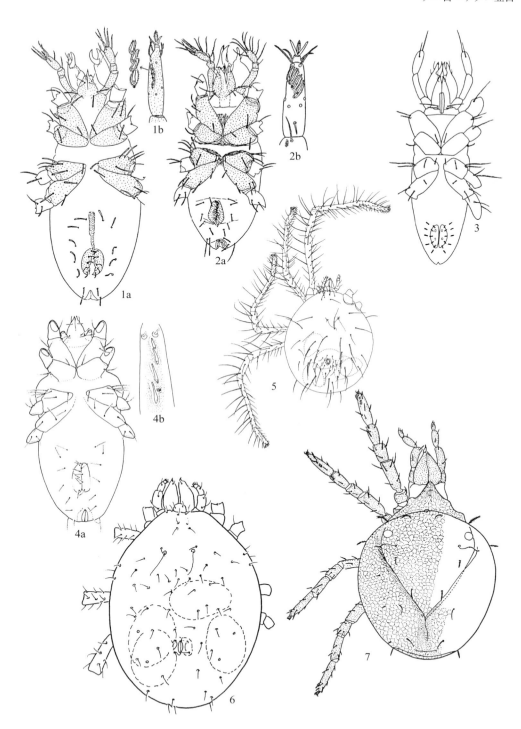

ケダニ亜目 Prostigmata 全形図（8）
1：ケアナアギトダニ属ハタアギトダニ *Foveacneles osloensis* (Thor), 2：ナミアギトダニ属ワートンアギトダニ *Poecilophysis pratensis* (Koch), 3：エリオットアギトダニ属 *Elliotta hawarthi* (Elliott), 4：アギトダニ属サトアギトダニ *Rhagidia diversicolor* (Koch), 5：ケナガミドリダニ属の一種 *Linopenthaleus* sp., 6：ムギダニ属ムギダニ *Penthaleus major* (Dugés), 7：カタハシリダニ属アミメカタハシリダニ *Penthalodes carinatus* Shiba
（3：Elliott, 1976；4：Zacharda, 1978；7：Shiba, 1969から；他は芝原図）

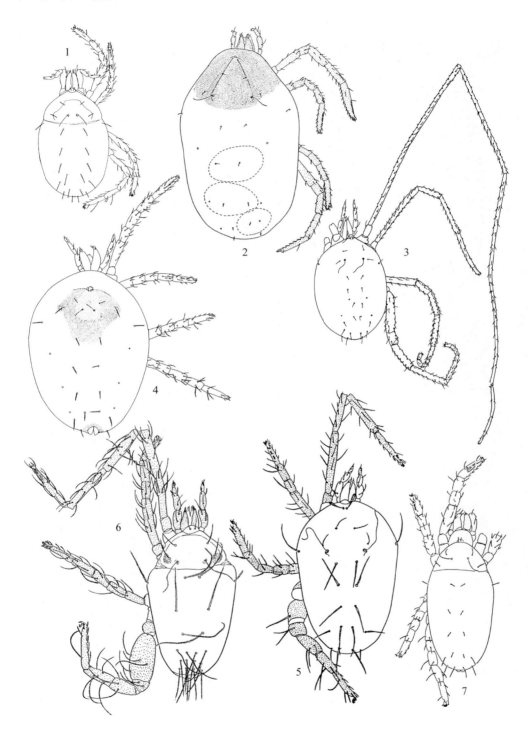

ケダニ亜目 Prostigmata 全形図（9）

1：ツノカタハシリダニ属 *Stereotydeus shoupi* Strandtmann，2：ニセカタハシリダニ属の一種 *Protopenthalodes* sp.，3：テナガハシリダニ属ウブゲテナガハシリダニ *Linopodes pubescens* Morikawa，4：ロッキーハシリダニ属の一種 *Halotydeus* sp.，5：タマゲハシリダニ属マユゲハシリダニ *Cocceupodes planiticus* Shiba，6：ハシリダニ属ケナガハシリダニ *Eupodes temperatus* Shiba，7：コハシリダニ属チビハシリダニ *Protereunetes minutus* Strandtmann

（1：Strandtmann, 1967；3：Morikawa, 1963；5, 6, 7：Shiba, 1978 から；他は芝原図）

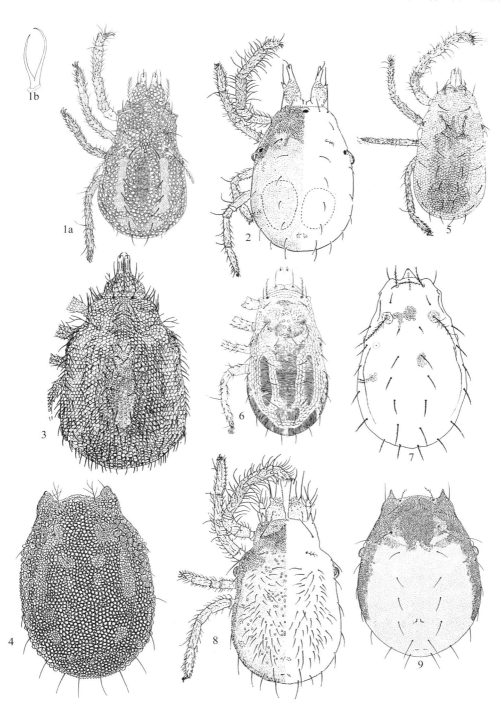

ケダニ亜目 Prostigmata 全形図(10)

1：セルニックヨロイダニ属 *Sellnickiella brasiliensis* (Feider & Vasiliu), 2：アティエオヨロイダニ属ウスゲヨロイダニ *Atyeonella simplex* Shiba, 3：グランジャンヨロイダニ属 *Grandjeanellina nova* (Sellnick), 4：コブヨロイダニ属の一種 *Eunicolina* sp., 5：ヨロイダニ属 *Labidostoma integrum* Feider & Vasiliu, 6：フタツメヨロイダニ属 *Dicastriella coineaui* Feider & Vasiliu, 7：エダゲヨロイダニ属 *Akrostomma grandjeani* Robaux, 8：トウヨウヨロイダニ属エゾヨロイダニ *Mahunkiella ezoensis* (Shiba), 9：コスモヨロイダニ属キイロヨロイダニ *Nicoletiella denticulata* (Schrank)

(1, 6：Feider & Vasiliu, 1970a；2, 8：Shiba, 1972；3：Feider & Vasiliu, 1968；5：Feider & Vasiliu, 1970b；7：Robaux, 1977 から；他は芝原図)

62 ダニ目・ケダニ亜目

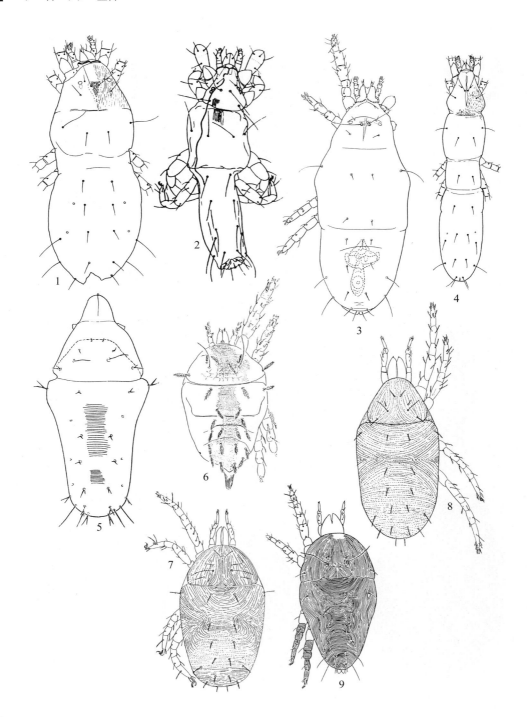

ケダニ亜目 Prostigmata 全形図（11）
1：コオラニセコハリダニ属 *Sacotydeus lootsi* Theron, Meyer & Ryke, 2：ニセコハリダニ属 *Paratydeus alexanderi* Baker, 3：ウジニセコハリダニ属ウジニセコハリダニ *Scolotydeus simplex* Delfinado & Baker, 4：ヒモニセコハリダニ属ヒョウタンダニ *Tanytydeus cristatus* (Theron, Meyer & Ryke), 5：マタゲコハリダニ属 *Edbakerella marshalli* (Andre), 6：ケモチコハリダニ属 *Pseudotydeus perplexus* Baker & Delfinado, 7：ミツメコハリダニ属 *Pretriophtydeus tilbrooki* (Strandtmann), 8：ニセミツメコハリダニ属 *Apotriophtydeus erebus* (Strandtmann), 9：ミニコハリダニ属の一種 *Microtydeus* sp.
(1, 4：Theron, Meyer & Ryke, 1969；2：Baker, 1949；5：Andre, 1979；6：Baker & Delfinado, 1974；7, 8：Strandtmann, 1967 から；他は芝原図)

— 264 —

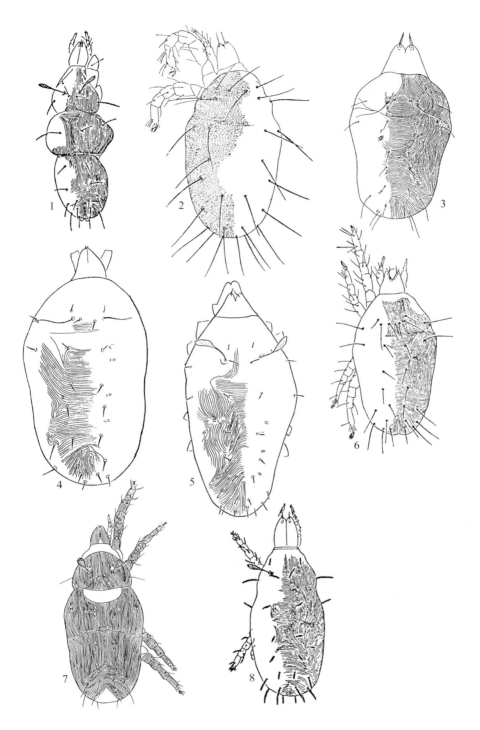

ケダニ亜目 Prostigmata 全形図（12）
1：クビレコハリダニ属 *Tydaeolus tenuiclaviger* (Thor), 2：ケナガコハリダニ属 *Lasiotydeus krantzi* Baker, 3：ヤサゲコハリダニ属 *Tyndareus eloquens* Livshitz & Kuznetzov, 4：チビゲコハリダニ属 *Primotydeus strandtmanni* Andre, 5：コツブコハリダニ属 *Metatydaeolus joannis* Andre, 6：メナシコハリダニ属 *Parctriophtydeus protydeus* (Baker), 7：タマコハリダニ属の一種 *Paratydaeolus* sp., 8：アツゲタマコハリダニ属 *Coccotydaeolus krantzi* Baker
（1〜2, 6, 8：Baker, 1965；3：Livshitz & Kuznetzov, 1972；4〜5：Andre, 1980 から；他は芝原図）

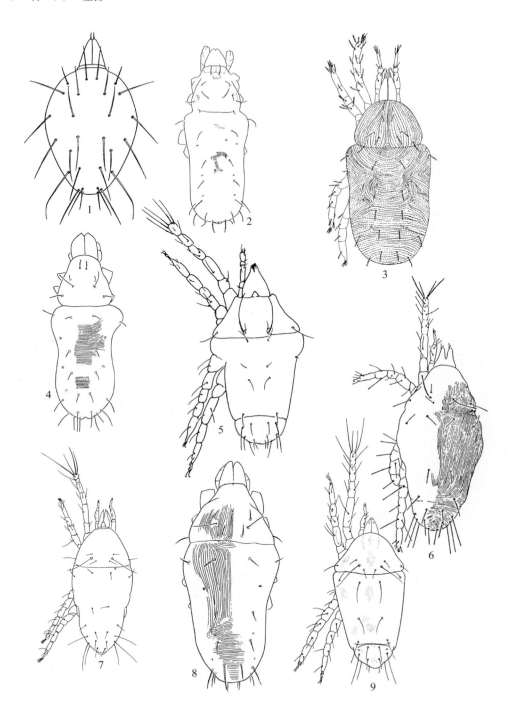

ケダニ亜目 Prostigmata 全形図 (13)
1：ミナミコハリダニ属 *Australotydeus kirsteneae* Spain，2：ケワレミツメコハリダニ属 *Pseudotriophtydeus vegei* Andre，3：コケコハリダニ属 *Teletriophtydeus wadei* (Strandtmann)，4：アトミツメコハリダニ属 *Metatriophtydeus lebruni* Andre，5：ムシコハリダニ属 *Proctotydeus pyrobippeus* (Treat)，6：ナメラゲコハリダニ属 *Pronematulus vandus* Baker，7：ツメナシコハリダニ属ツメナシコハリダニ *Pronematus davisi* Baker，8：コツメナシコハリダニ属 *Homeopronematus vidae* Andre，9：ガノコハリダニ属 *Metapronematus leucohippens* (Treat)
（1：Spain, 1969；2, 4, 8：Andre, 1980；3：Strandtmann, 1967；5：Treat, 1967；6：Baker, 1965；9：Treat, 1970 から；他は芝原図）

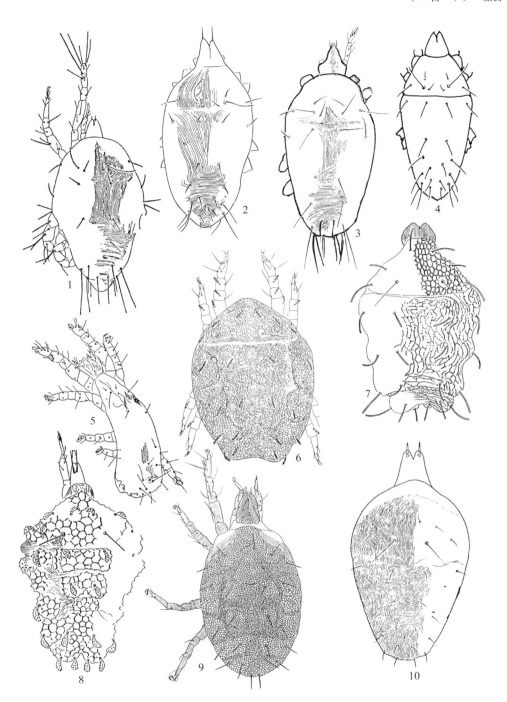

ケダニ亜目 Prostigmata 全形図（14）

1：ケナガツメナシコハリダニ属 *Parapronematus acaciae* Baker，2：ハリゲコハリダニ属 *Apopronematus bareri* Andre，3：ナデツメナシコハリダニ属 *Naudea magdalenae* Baker & Delfinado，4：ツメキリコハリダニ属 *Pausia taurica* Kuznetzov，5：タンモウコハリダニ属 *Pronecupulatus anahuacensis* Baker，6：アツゲアミメコハリダニ属 *Pretydeus kevani* (Marshall)，7：メイロコハリダニ属 *Prelorryia indioensis* (Baker)，8：ケブトアミメコハリダニ属 *Idiolorryia macquillani* (Baker)，9：コハリダニ属アミメコハリダニ *Tydeus bedfordiensis* (Evans)，10：ミダレコハリダニ属 *Eotydeus mirabilis* Kuznetzov

(1, 5：Baker, 1965；2：Andre, 1980；3：Baker & Delfinado, 1976；4：Kuznetzov & Livshits, 1972；6：Marshall, 1970；7〜8：Baker, 1968；10：Kuznetzov, 1973 から；他は芝原図)

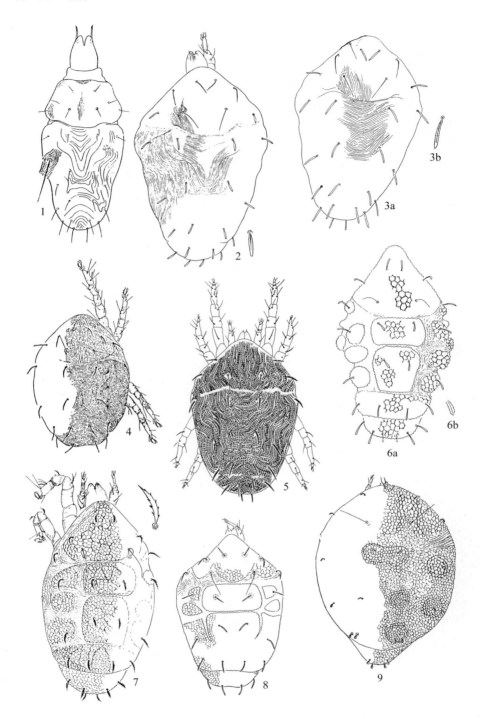

ケダニ亜目 Prostigmata 全形図（15）
1：テンコクコハリダニ属 *Tydides ulter* Kuznetzov, 2：スジコハリダニ属 *Afrotydeus kenyensis* (Baker), 3：アツゲスジコハリダニ属テトラコハリダニ *Perafrotydeus meyerae* (Baker), 4：サキアミメコハリダニ属 *Homeotydeus cumbrensis* (Baker), 5：フトスジコハリダニ属 *Orthotydeus lindquist* (Marshall), 6：ケンアミメコハリダニ属 *Metalorryia armaghensis* (Baker), 7：シマアミメコハリダニ属 *Krantzlorryia grewia* (Baker), 8：カザリゲアミメコハリダニ属 *Neolorryia pandana* (Baker), 9：チビゲアミメコハリダニ属 *Apolorryia congoensis* (Baker)
（1：Kuznetzov, 1975；2〜4, 6〜9：Baker, 1970；5：Marshall, 1970 から）

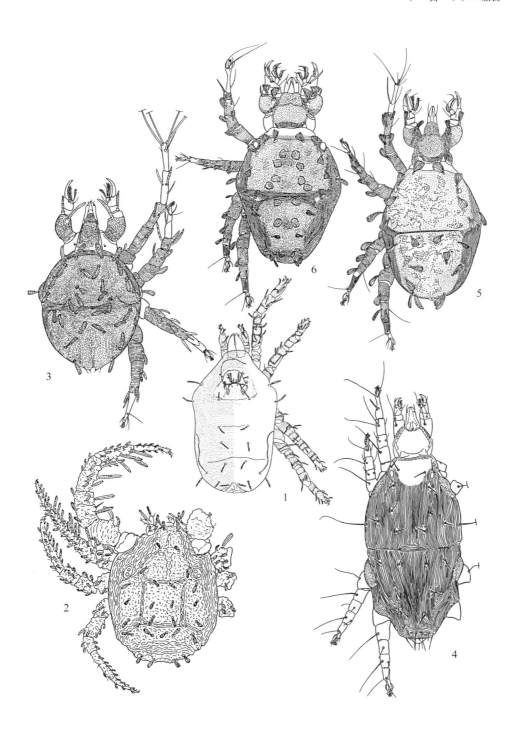

ケダニ亜目 Prostigmata 全形図（16）
1：ヤワスジダニ属フジマンジダニ *Ereynetes cavernatus* Shiba，2：カワダニ属ウチダカワダニ *Caeculus uchidai* Asanuma，3：メナシツメダニ属ナラシノメクラツメダニ *Eutogenes narashinoensis* Hara & Hanada，4：タテスジツメダニ属 *Chelacheles* sp.，5：ツヅレツメダニ属 *Paracheyletia* sp.，6：ヒメツメダニ属ハマベツメダニ *Cheletomimus* (*Hemicheyletia*) *gracilis* Fain, Bochkov & Corpuz-Raros
（1：Shiba, 1971a；他は芝原図）

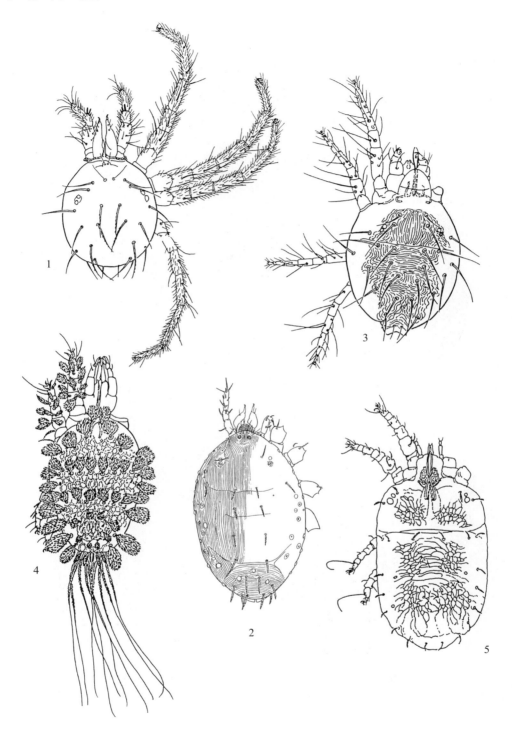

ケダニ亜目 Prostigmata 全形図（17）
1：ハモリダニ属ハモリダニ *Anystis baccarum* (Linnaeus), 2：イソハモリダニ属の一種 *Adamystis* sp., 3：ハダニ属カンザワハダニ *Tetranychus kanzawai* Kishida, 4：ケナガハダニ属アワケナガハダニ *Tuckerella japonica* Ehara, 5：ヒメハダニ属の一種 *Brevipalpus* sp. (4：Ehara, 1975 から；他は芝原図)

ダニ目・ケダニ亜目 69

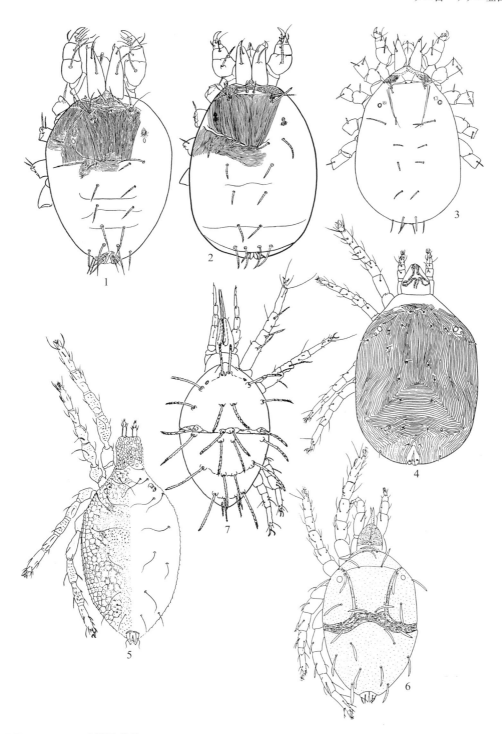

ケダニ亜目 Prostigmata 全形図 (18)
1:イソユビダニ属イソユビダニ *Heteroteneriffia marina* Hirst, 2:ミナミユビダニ属タマキビユビダニ *Austroteneriffia littorina* Shiba & Furukawa, 3:ウスゲユビダニ属マツウスゲユビダニ *Neoteneriffiola hojoensis* Shiba & Furukawa, 4:タマヒシダニ属の一種 *Caligonella* sp., 5:サヤクチダニ属ウロコサヤクチダニ *Cryptognathus maritimus* Shiba, 6:ハリクチダニ属の一種 *Raphignathus* sp., 7:ツツダニ属オキナワツツダニ *Exothorhis okinawana* Ehara
(1〜3:Shiba & Furukawa, 1975;5:Shiba, 1969;7:Ehara, 1967 から;他は芝原図)

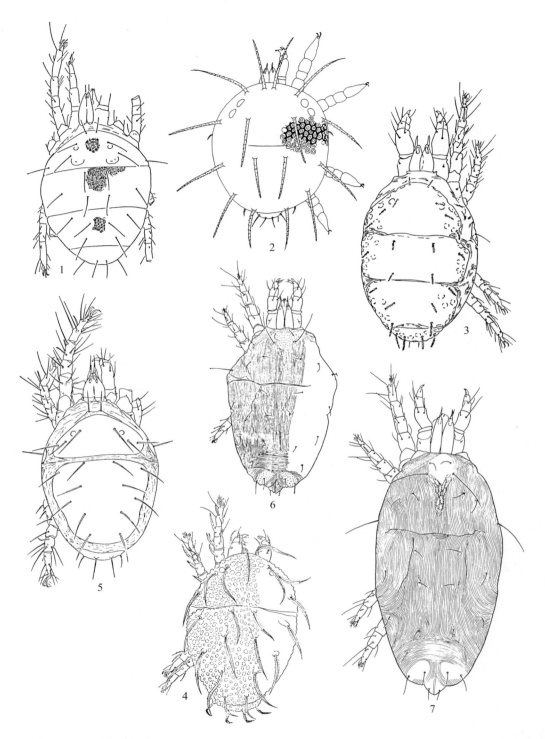

ケダニ亜目 Prostigmata 全形図 (19)
1：ヒトゲヒシダニ属 *Mediolata pini* Canestrini, 2：ツルギヒシダニ属 *Mullederia arborea* Wood, 3：フサゲヒシダニ属 *Ledermulleriopsis plumosa* Willmann, 4：マルヒシダニ属サヤゲヒシダニ *Eustigmaeus segnis* (Koch), 5：ツメナガヒシダニ属 *Cheylostigmaeus pannonicus* Summers, 6：アポヒシダニ属アポヒシダニ *Apostigmaeus navicella* Grandjean, 7：ウスナガヒシダニ属の一種 *Eryngiopus* sp.
(1：Gonzalez, 1965；2：Wood, 1964；3：Summers, 1957a；5：Summers, 1957b から；他は芝原図)

ダニ目・ケダニ亜目 71

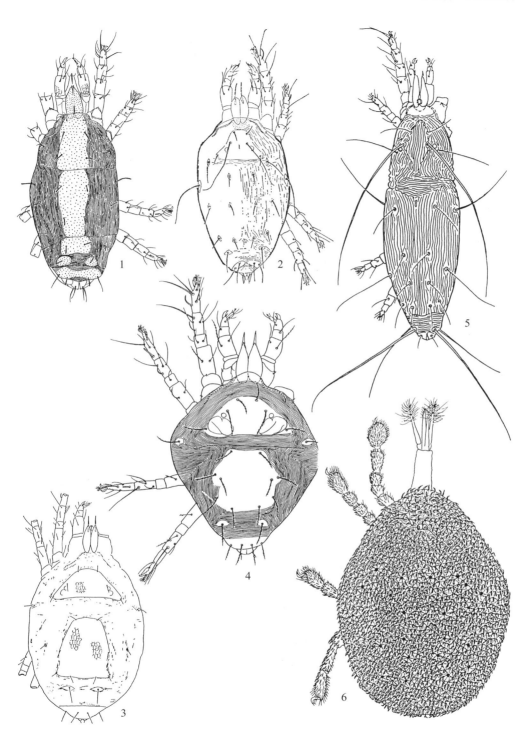

ケダニ亜目 Prostigmata 全形図（20）
1：ナガヒシダニ属ウミヒシダニ *Stigmaeus fissuricola* Halbert，2：ナガヒシダニモドキ属 *Pseudostigmaeus striatus* Wood，3：ヤツゲナガヒシダニ属 *Zetzellia silvicola* Gonzalez，4：トウゲナガヒシダニ属ケボソナガヒシダニ *Agistemus terminalis* (Quayle)，5：ケナガヒシダニ属の一種 *Barbutia* sp.，6：ヤリタカラダニ属の一種 *Calyptostoma* sp.
（1：Shiba, 1976；2：Wood, 1966；3：Gonzalez, 1965 から；他は芝原図）

72 ダニ目・ケダニ亜目

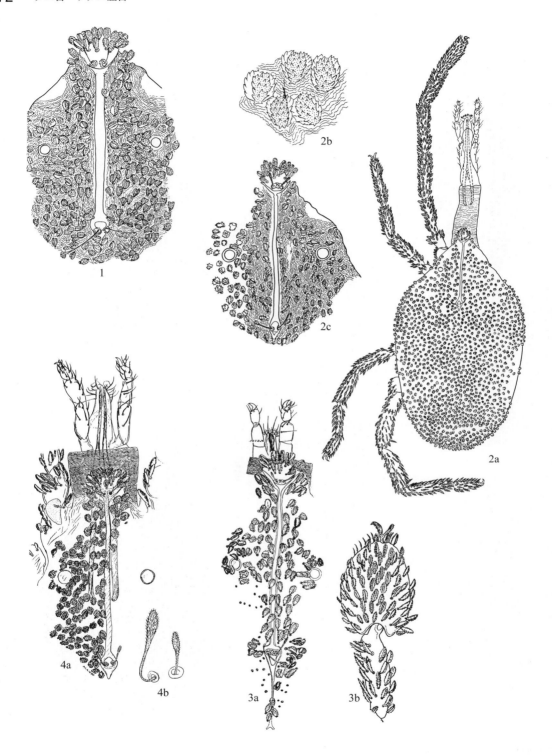

ケダニ亜目 Prostigmata 全形図（21）
1：ヒルスナガタカラダニ属の一種 *Hirstiosoma* sp., 2：チビゲナガタカラダニ属の一種 *Trichosmaris* sp., 3：フトアシナガタカラダニ属 *Sphaerotarsus leptopilus* Womersley & Southcott, 4：フトゲナガタカラダニ属 *Clavismaris conifera* Southcott
（3：Southcott, 1960；4：Southcott, 1962 から；他は芝原図）

— 274 —

ダニ目・ケダニ亜目 73

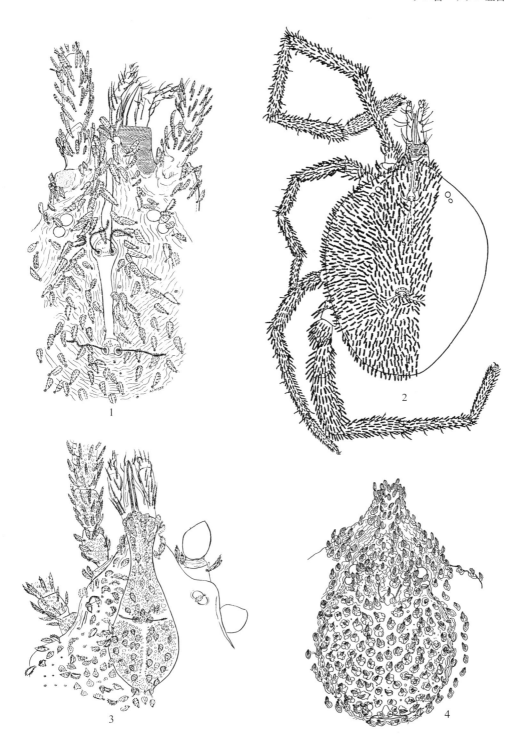

ケダニ亜目 Prostigmata 全形図（22）
1：ツナギナガタカラダニ属 *Fessonia taylori* Southcott, 2：ハナレナガタカラダニ属シロタビタカラダニ *Kraussiana mitsukoae* Shiba, 3：ウスイタナガタカラダニ属 *Calorema ezteka* Southcott, 4：ナガタカラダニ属チビナガタカラダニ *Smaris grandjeani* (Oudemans)
（1：Southcott, 1961；2：Shiba, 1976；3：Southcott, 1962 から；他は芝原図）

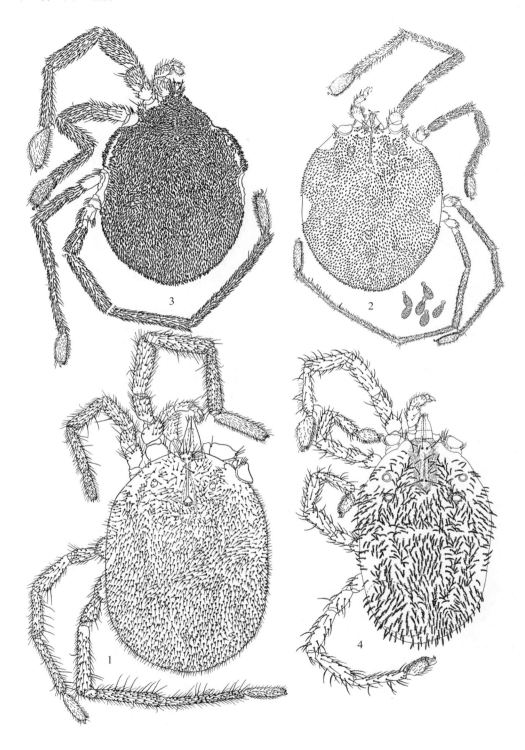

ケダニ亜目 Prostigmata 全形図 (23)
1：トゲナシタカラダニ属の一種 *Erythroides* sp., 2：カワラタカラダニ属の一種 *Parerythraeus* sp., 3：アリマキタカラダニ属アオキアリマキタカラダニ *Erythraeus aokii* Shiba, 4：アナタカラダニ属の一種 *Balaustium* sp.
(1〜4：芝原図)

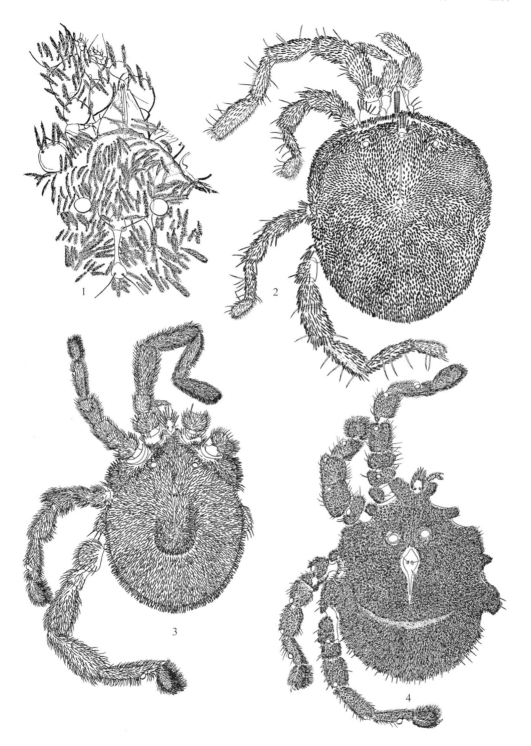

ケダニ亜目 Prostigmata 全形図（24）
1：アリクイタカラダニ属 *Myrmicotrombium brevicristatum* Womersley，2：クモタカラダニ属の一種 *Leptus* sp.，3：コブタカラダニ属の一種 *Callidosoma* sp.，4：ゴミツケタカラダニ属の一種 *Caeculisoma* sp.
（1：Southcott, 1957 から；他は芝原図）

76　ダニ目・ケダニ亜目

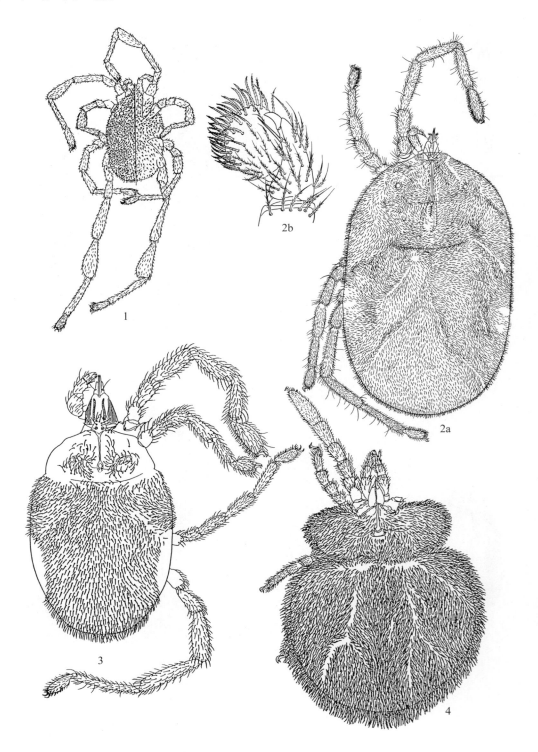

ケダニ亜目 Prostigmata 全形図（25）
1：ムコウズネタカラダニ属 *Cecidopus shyamae* Khot, 2：ユビタカラダニ属の一種 *Sphaerolophus* sp., 3：クサタカラダニ属の一種 *Abrolophus* sp., 4：ツツガムシ科　成虫（属，種不明）
（1：Khot, 1965 から；他は芝原図）

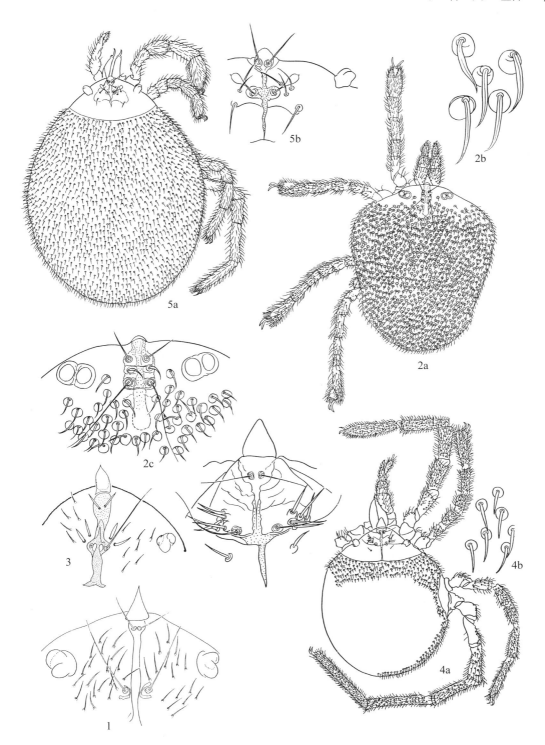

ケダニ亜目 Prostigmata 全形図(26)

1:フタゲジョンストンダニ属 *Diplothrombium chiliensis* Robaux, 2:ヒルストケダニ属 *Hirstiothrombium* sp., 3:ニセフタゲジョンストンダニ属 *Paraplothrombium problematicum* Robaux, 4:ジョンストンダニ属ジョンストンダニ *Johnstoniana errans* George, 5:ヨリゲジョンストンダニ属の一種 *Centrotrombidium* sp.
(1, 3:Robaux, 1968 から;他は芝原図)

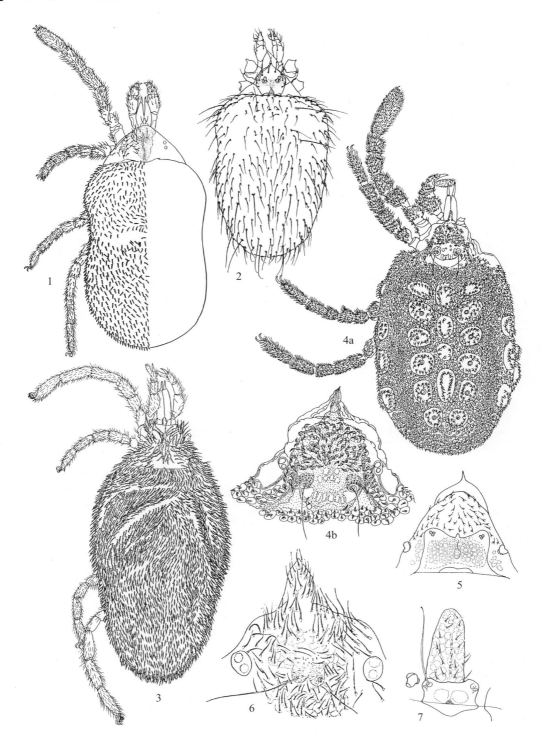

ケダニ亜目 Prostigmata 全形図（27）
1：ラッセンケダニ属モロハジョンストンダニ *Lassenia spinifera* Newell, 2：ガマゲケダニ属 *Charadracarus bundi* Newell, 3：ドクロケダニ属の一種 *Allothrombium* sp., 4：トゲケダニ属トビイシケダニ *Trombella glandurosa* Berlese, 5：ヤリトゲケダニ属 *Neonothrombium americanum* Robaux, 6：ケモチトゲケダニ属 *Nothrothrombium otiorum* (Berlese), 7：フサゲトゲケダニ属 *Durenia glandurosa* Robaux
（1：Shiba, 1972；2：Newell, 1960；5, 6：Robaux, 1968；7：Robaux, 1967 から；他は芝原図）

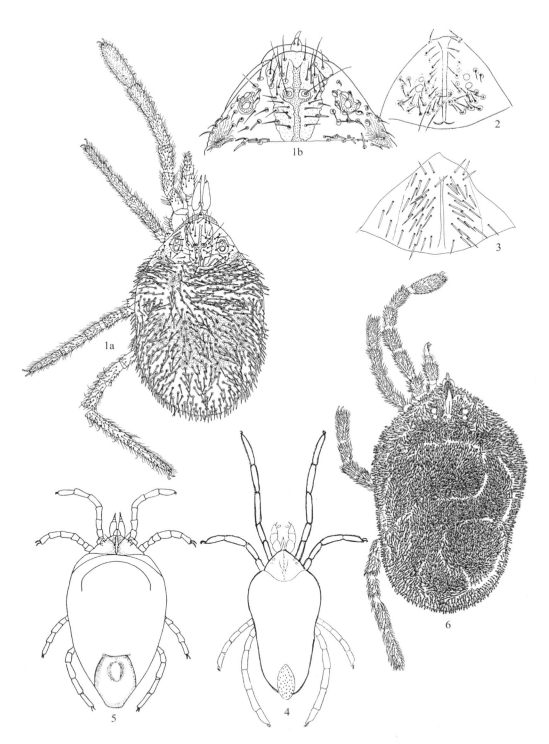

ケダニ亜目 Prostigmata 全形図（28）
1：コバナケダニ属の一種 *Rhinothrombium* sp., 2：マダラケダニ属 *Tanaupodus bifurcatus* Carl, 3：ニセマダラケダニ属 *Paratanaupodus insensus* Robaux, 4：ホソケダニ属 *Leptothrombium pyrenaicum* Andre, 5：バッタケダニ属 *Eutrombidium asiaticum* Andre, 6：ハナケダニ属の一種 *Valgothrombium* sp.
（2：Robaux, 1967；3：Robaux, 1968；4：Andre, 1926；5：Andre, 1961 から；他は芝原図）

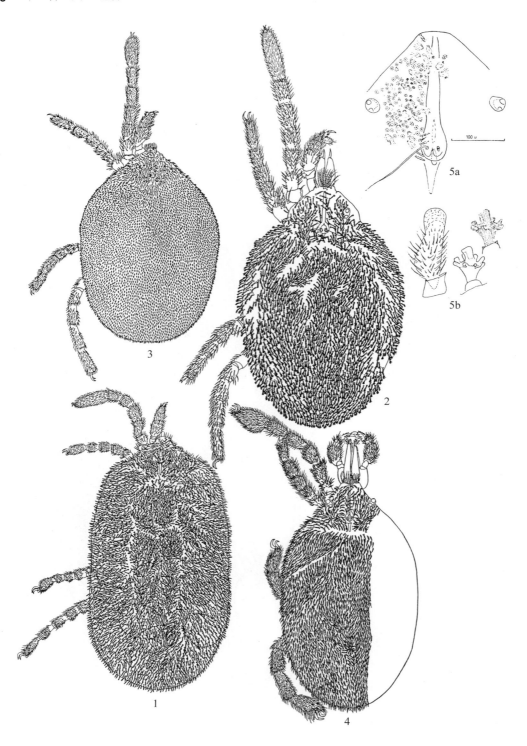

ケダニ亜目 Prostigmata 全形図（29）
1：タンパツケダニ属の一種 *Dromeothrombium* sp., 2：ジョージアケダニ属の一種 *Georgia* sp., 3：フトゲケダニ属の一種 *Platytrombidium* sp., 4：ヒメケダニ属ナンヨウヒメケダニ *Microtrombidium jabanicum* Berlese, 5：ハゲケダニ属 *Trichotrombidium muscarum* (Ryley)
(4：Shiba, 1976；5：Robaux, 1967 から；他は芝原図)

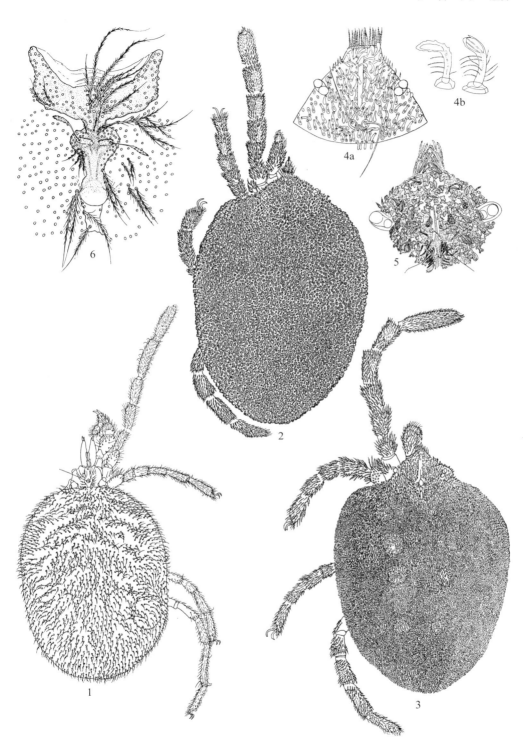

ケダニ亜目 Prostigmata 全形図 (30)
1：メガネケダニ属の一種 *Podothrombium* sp., 2：タマケダニ属タキケダニ *Camerotrombidium takii* Asanuma, 3：ヘチマケダニ属の一種 *Mastothrombium* sp., 4：マガリゲケダニ属 *Campylothrombium dobrogiacum* Feider, 5：ネグセケダニ属ネグセケダニ *Holcotrombidium dentipile* (Canestrini), 6：サキブトケダニ属 *Angelothrombium pandorae* Newell & Tevis
(4：Feider, 1955；5：Shiba, 1976；6：Newell & Tevis, 1959 から；他は芝原図)

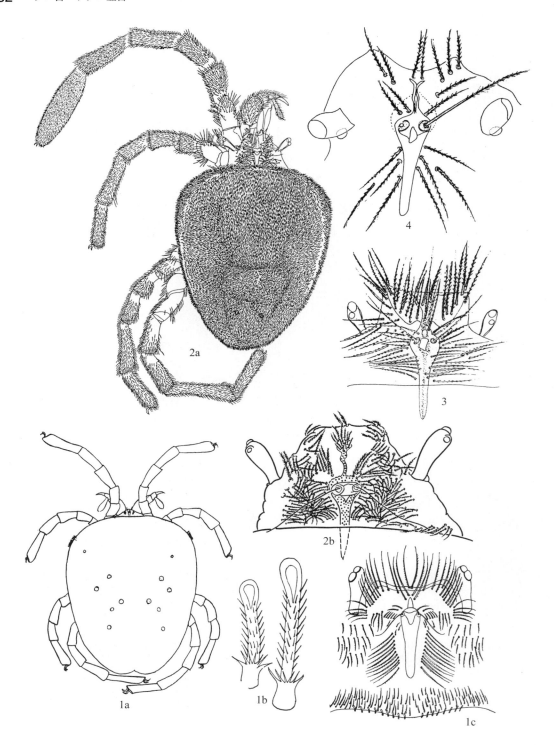

ケダニ亜目 Prostigmata 全形図(31)
1:ナミケダニ属アカケダニ *Trombidium holosericeum* Linnaeus, 2:ミョウトナミケダニ属 *Parathrombium* sp., 3:ホソナミケダニ属 *Caenothrombium unisetum* Robaux, 4:フタツノケダニ属 *Dolichothrombium faurnierae* Robaux
(1:Schweizer & Bader, 1963;3〜4:Robaux, 1967 から;他は芝原図)

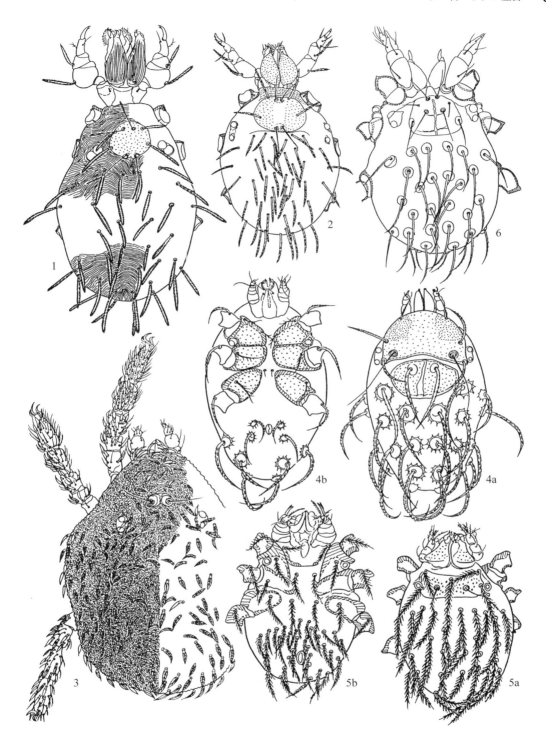

ケダニ亜目 Prostigmata 全形図 (32)
1：ナガタカラダニ属の一種（幼虫）*Smaris* sp., 2：アリマキタカラダニ（幼虫）*Erythraeus nipponicus* Kawashima, 3：ヤリタカラダニ属の一種（幼虫）*Calyptostoma* sp., 4：ヒメケダニ属の一種（幼虫）*Microtrombidium* sp., 5：ツツガムシ科の一種（幼虫）*Leptotrombidium* sp., 6：ジョンストンダニ（幼虫）*Johnstoniana errans* George
(2：江原，1980；他は芝原図)

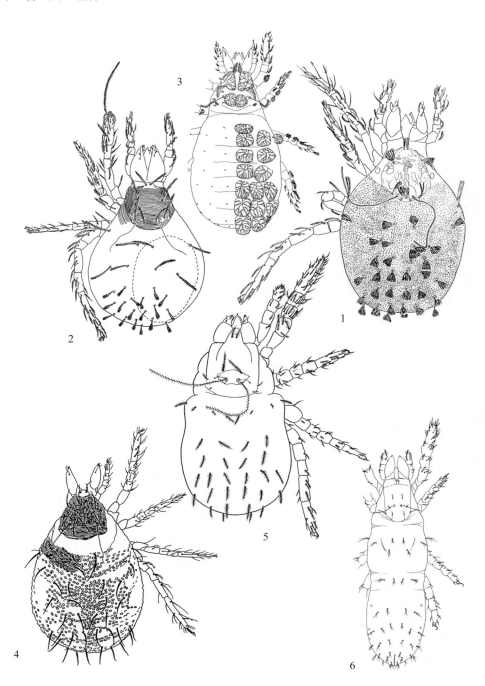

ケダニ亜目 Prostigmata 全形図(33)
1:オオギダニ属 *Oehserchestes* sp., 2:グランジャンダニ属 *Grandjeanicus* sp., 3:フサチビダニ属 *Alycosmesis retiformis* Theron & Meyer, 4:ヨコシマチビダニ属ヨコシマチビダニ *Terpnacarus bouvieri* Grandjean, 5:ニセアギトダニ属ケナガニセアギトダニ *Alicorhagia fragilis* Grandjean, 6:オビニセアギトダニ属 *Stigmalychus veretrum* Theron, Meyer & Ryke
(3:Theron & Meyer, 1975;5:Shiba, 1968;6:Theron, Meyer & Ryke, 1970)

ダニ目・ケダニ亜目　85

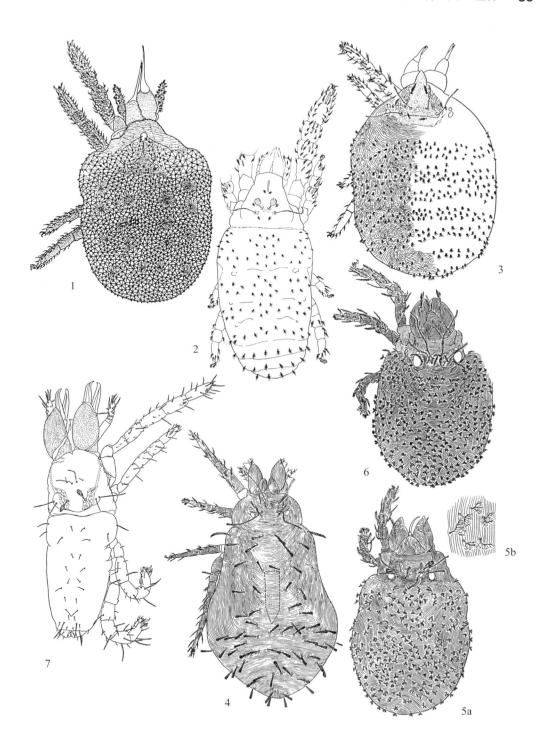

ケダニ亜目 Prostigmata 全形図（34）
1：アミメマルチビダニ属 *Bimichaelia* sp., 2：ドウナガダニ属 *Petralycus longicornis* Theron, 3：マルチビダニ属ハタケマルチビダニ *Alycus ornithorhynchus* (Grandjean), 4：ナガハネトビダニ属 *Speleorchestes* sp., 5：タマハネトビダニ属 *Neonanorchestes* sp., 6：ハネトビダニ属ハマハネトビダニ *Nanorchestes amphibius* Topsent & Trouessart, 7：ムカシアギトダニ属 *Proterorhagia* sp.
（2：Theron, 1977；3：Shiba, 1982；他は芝原図）

ダニ目 Acari

ケダニ亜目 Prostigmata

　気門は胴部の前端部近く，顎体の基部に開口しているが，見えにくい．体長 2000 μm 以上の大型のものから，200 μm 以下の小さなものまでまちまちの大きさ．体色は白色もあるが，黒・褐色・黄・緑・赤紅と有色のものが多い．触肢は指状のものから，第 4 節に大きな爪を有するものもある．鋏角は鋏状のものから，固定指が針状になったものもある．大部分が捕食性．

クシゲダニ上団 Sphaerolichida

　中型（体長 250 μm 〜 400 μm）のダニで赤橙色．気門の位置は見えにくい．前体部と後体部を区切る横溝はない．感覚毛は 2 対．眼はある場合とない場合がある．クシゲチビダニ科 Sphaerolichidae とオタイコチビダニ科 Lordalychidae の 2 科を含む．

クシゲチビダニ科 Sphaerolichidae
クシゲチビダニ属（p.5, 52）
Sphaerolichus

　体長 300 〜 400 μm．2 対の感覚毛は細長くて，側枝が密にある．眼は 2 対．鋏角は鋏状で固定指の背面に 2 本の毛．固定指と可動指ともに内側にコブ状突起とブラシ状の毛の集まりがある．触肢末端節の先端には 2 本の毛があり，この 1 本は長い側枝が密に生じ，クシ状にある．第 I 脚末端節と脛節にはいろいろな形のソレニジオンがある．

オタイコチビダニ科 Lordalychidae
オタイコチビダニ属（p.5, 52）
Hybalicus

　体長 200 〜 400 μm．前体部と後体部を区切る横溝はない．前体部には 2 対の通常毛と 2 対の感覚毛がある．前感覚毛は広い窓状の部分から生じる．体表面は穴あき状にデコボコしたり，皺深い種もあり，スムースではない．鋏角の固定指は可動指より極端に短く，不揃い．生殖吸盤は 2 〜 3 対．落葉層に生息．日本には次の 4 種が見られる．

①**アカオタイコチビダニ**（p.6, 52）
H. peraltus Grandjean
　体長 400 μm 内外．胴背毛は太くて長い．生殖毛は 8 対．生殖吸盤は 2 対．北海道から沖縄まで普通に生息している．

②**ニセアカオタイコチビダニ**（p.6, 52）
H. lateritius Shiba
　アカオタイコチビダニより小さくて，胴背毛も中程度の大きさ．生殖毛は 6 対．生殖吸盤は 2 対．本州，四国，九州に分布．

③**ホソゲオタイコチビダニ**（p.6, 52）
H. silvicolous Shiba
　体長 300 μm 内外．胴背毛は細くて小さく，側枝もない．生殖毛は 7 対．生殖吸盤は 2 対．北海道，本州，四国に分布．

④**ミナミオタイコチビダニ**（p.6, 52）
H. multifurcatus Theron & Ryke
　胴背毛の側枝は強く分岐して長い．生殖吸盤は 3 対（他の種はすべて 2 対）．生殖毛は 5 対．沖縄の竹富島より記録されている．

ケダニ上団 Actinedida *s. str.*

ムシツキダニ団 Heterostigmatina

　体長 200 〜 400 μm と小型で白色ないし淡黄褐色．後体部がいくつかに区分されることが多い．前体部の感覚毛は球状で顎体部は非常に小さく，前体部の腹側に隠れていることが多い．第 I 脚と第 IV 脚の末端節は特異な形態で爪がないこともある．ホコリダニ科，ヒナダニ科，ヒサシダニ科のほかに 2 科を含む．

ホコリダニ科 Tarsonemidae
ホコリダニ属（p.7, 52）
Tarsonemus

　体長 200 μm 内外．♀の第 IV 脚付節は爪を欠き，2 本の長毛となる．♂の爪は鎌状．多様な植物に寄生して幼芽を加害するので農業害虫として重要．落葉層，ワラ積や樹木の皮下などでも見られる．日本からナミホコリダニ *T. granaries* Lindquist ほか 16 種が知られる．

ヒナダニ科 Pygmephoridae
ヒナダニ属（p.7, 53）
Pygmephorus

　体長 200 〜 400 μm．淡黄色．後体部はいくつかに区分される．ネズミやモグラの体表のものは第 I 脚の

付節の爪が巨大化している．この属のものはハサミヒナダニ P. spinosus Kramer ほか3種が知られる．本科のものはこのほかに10属19種が知られ，マッシュルームの菌糸を食害するなど農業上重要なものも含まれる．

ヒサシダニ科
Scutacaridae
ヒサシダニ属（p.7, 53）
Scutacarus

体長200 μm内外．淡黄褐色で円形に近い．前背板が屋根のように前方に伸びて顎体部を完全に覆う．第Ⅳ脚の付節の爪は欠く．本属は日本からツメナシヒサシダニ S. quadrangularis (Paoli) のほかに8種が記録されている．さらに本科のダニは13属32種が報告されている．アリやゴミムシ寄生も多いが，コケや土壌中からも見つかっている．

コツメダニ科
Tarsocheylidae
コツメダニ属（p.7, 53）
Hoplocheylus

体長約400 μm内外．黄白色．眼はない．前体部の感覚毛は1対で球状．後体部は，5つに横線で区分される．胴背毛は，すべて単条．触肢の付節は板状であまり発達していない．コツメダニ H. discalis Atyeo & Baker 1種のみが全国の倒木や切り株に生息している．

主前気門ダニ団 Promata

体長300～1000 μm内外で体色は白・黄・淡褐色・黒・緑・赤色とさまざまである．気門は鋏角の基部に開口するが見えにくい．体毛は少ないが，単条から分岐するものまでいろいろである．触肢は単条あるいは親指状まで変化に富む．眼はあるものとない種がある．捕食性から植食性，寄生性のものまで多様である．

テングダニ科
Bdellidae

橙色あるいは赤色．眼は普通左右に各1対．顎体部が前方にテングの鼻のように突出する．触肢の付節末端部に2本の長毛がある．生殖吸盤は2対．潮間帯から草地，森林落葉層，樹冠にまで広範囲に生息する．補食性で活発に動く．

テングダニ属（p.14, 53）
Bdella

体長1000 μm内外．暗赤色〜赤橙色．顎体部腹面には6対毛．前感覚毛と後感覚毛を結ぶ皮膚下に網目状の肥厚板がある．触肢末端節はⅡ節より短い．第Ⅱ脚脛節には太くて長い感覚毛はない．アカテングダニ B. muscorum Ewing のほかに2種が記録されている．

フトテングダニ属（p.14, 53）
Odontoscirus

体長約1600 μm．暗赤橙色．顎体部腹面には6対毛．鋏角の基部は，著しく膨れている．鋏角の両指には内側に数本の鋸歯がある．触肢末端節は第Ⅱ節とほぼ等長．日本からはフトテングダニ O. nipponicus Shiba とアマミテングダニ O. amamiensis Shiba の2種が報告されている．

ケモチテングダニ属（p.14, 53）
Neomolgus

体長1100〜2400 μm．暗赤橙色．顎体部腹面には6対毛．鋏角は普通だが，背面に3本以上の毛を有する．触肢末端節は第Ⅱ節と同じ程度の長さ．日本からはモリアミメテングダニ N. pygmaeus Shiba のほかに5種が記録されている．

フツウテングダニ属（p.14, 53）
Bdellodes

体長1500〜1800 μm．暗赤橙色．顎体部腹面には6対毛．鋏角は普通で背面に1〜2本を有する．前体部の後感覚毛はカップ状の大きな毛穴より生じる種もある．触肢末端節は第Ⅱ節よりやや長い．日本では，ヤマトテングダニ B. japonicus (Ehara) のほかに2種が知られている．

ハリテングダニ属（p.15, 54）
Spinibdella

体長1100〜1300 μm．赤橙色．顎体部腹面には2対毛．鋏角は細長い．触肢末端節は短く先太で，第Ⅱ節には2本以上の毛がある．日本からはホソハリテングダニ S. corticis (Ewing) のほか2種が記録されている．

ヨロイテングダニ属（p.15, 54）
Trachymolgus

体長500〜800 μm．黒色．胴体，脚ともすべて硬く肥厚して，表面には網目状の模様を装う．鋏角は太くて短い．日本では冬期にコケや倒木に見られるが，種名は未確定．

チビテングダニ属（p.15, 54）
Cyta

体長800〜1000 μm．暗赤褐色．2対の眼のほかに，前感覚毛の間に1個の対をなさない眼がある．鋏角は

太くて短い．鋏角背面の先端毛は可動指の基部より前方にある．チビテングダニ C. latirostris (Hermann) の 1 種のみが日本から記録されている．

ナガテングダニ属（p.15, 54）
Biscirus

体長 1000～2300 μm．暗赤色．鋏角はハリテングダニに似るが，触肢第 II 節には，2 本の毛しかない．日本からは，ハマテングダニ *B. silvaticus* Kramer とテナガテングダニ *B. pseudothori* Shiba の 2 種が報告されている．

ヒトゲテングダニ属（p.15, 54）
Monotrichobdella

体長約 1350 μm．暗赤色．ナガテングダニ属に似るが，触肢末端節の長毛は 1 本のみ．日本での生息は不明．

オソイダニ科
Cunaxidae

淡紅色ないし暗赤色．眼を欠くが背板がある．触肢の付節末端部が槍状あるいは鎌状に尖ることでテングダニと識別できる．生殖吸盤は 2 対．体表のクチクラはよく発達している．草地やコケに多く，森林落葉層にも生息し，種類も多い．

オレンジオソイダニ属（p.16, 54）
Orangescirula

体長 300 μm 内外．中央背板は大きく，前体部と後体部を覆う．2～5 対の側板がある．腹面も 1 枚の腹板と 1 対の生殖板をそなえる．鋏角毛を欠く．触肢の先端には鉤状の爪がある．顎体部の基部は幅広くて丸みを帯びる．顎体毛は 4 対で先端の 1 対は大きくて，カイゼルヒゲ状．日本での生息は不明．

ナマズゲオソイダニ属（p.16, 54）
Neoscirula

体長 300 μm 内外．前背板のみで，後体部には背板はない．触肢は 5 節よりなり，末端節の先端に鉤状の爪がある．触肢第 III 節の背面の毛は棘状で単条．顎体毛は 4 対で，最先端の 1 対はカイゼルヒゲ状．日本には 2 種が生息するが種名は未確定．

テングダニモドキ属（p.16, 54）
Parabonzia

体長 400 μm 内外．背板は薄いが，前板と中央板がある．触肢は 5 節で末端節には先端にソレニジオンがあり，爪を欠く．触肢第 III 節には分岐した毛がある．顎体毛は 6 対で，最先端の 1 対は大きくて，他の 2 倍長．日本ではテングダニダマシ *P. bdelliformis* (Atyeo) が切り株に生息．

カイゼルオソイダニ属（p.16, 55）
Bonzia

体長 500 μm 内外．背板は前板と中央板の 2 枚がある．腹面は 1 対の腹板があり，生殖板の 2 枚も腹板と密着している．触肢は 5 節よりなり，末端節には鉤状の爪がある．触肢第 III 節には分岐した毛がある．顎体毛は 4 対で最先端の 1 対は大きくカイゼルヒゲ状で，基部近くにつり針状のかえしがある．日本ではカイゼルオソイダニ *B. halacaroides* Oudemann が，湿地のコケに生息する．

ヨロイオソイダニ属（p.16, 55）
Scirula

体長 500 μm 内外．前体部の背板と後体部の背板は融合して 1 枚になっている．腹板も脚の基節板と完全に融合している．触肢は 4 節で，末端節の先端には大きな鉤状の爪がある．日本では湿地のコケより 1 種が見られるが，種名は未確定．

デンヘイヤーオソイダニ属（p.16, 55）
Denheyernaxoides

体長 300 μm 内外．背板はない．前後の感覚毛は単条で側枝をもたない．触肢は 3 節で，第 II と第 III 節には長い毛をそなえる．顎体毛は 4 対．日本ではケナガヒメオソイダニ *D. brevirostris* (Canestrini) が樹上のコケより記録されている．

ニュージーランドオソイダニ属（p.16, 55）
Paracunaxoides

体長約 300 μm 内外．背板は前板のみ．触肢は 3 節で，末端部の先は鎌状になる．顎体毛は 4 対．日本での生息は不明．

ヒメオソイダニ属（p.18, 55）
Cunaxoides

体長 300～400 μm．背板は薄いが 1～4 枚で，前体部のみの場合と後体部へと連続する場合，また前体部と後体部に完全に分離している場合がある．触肢は 3 対で末端節の先端は爪状，胴背毛 L4 を欠く．日本ではスジオソイダニ *C. croceus* (Koch) 1 種が記録されている．

ヒロイタオソイダニ属（p.18, 55）
Neocunaxoides

体長 300～400 μm．背板は 1 枚で前体部と後体部

のほとんどを覆う．触肢は3節で末端節は鎌状．顎体毛は4対，胴背毛L4を欠く．日本からは，ボウゲオソイダニ N. clavatus (Shiba) が沖縄より記録されている．

フタゲオソイダニ属 (p.18, 55)
Pulaeus

体長約300 μm．背板は1枚で，後体部にまで伸びる．触肢は3節よりなる．末端節は鎌状．胴背毛L4はある．日本ではチビオソイダニ P. pseudominutus (Shiba) のほかに2種の記録がある．

オソイダニ属 (p.17, 55)
Cunaxa

体長400～600 μm．前体部には必ず背板があるが後体部にはある種とない種がある．触肢は5節よりなり，末端部は鎌状で先端部に爪を有する．触肢第IV節の先端内側には大きな突起はない．第I脚末端節の基部のソレニジオンは柄を欠く．日本ではヤマオソイダニ C. veracruzana Baker & Hoffman のほかに5種の記録がある．

タンソクオソイダニ属 (p.17, 55)
Neobonzia

体長約300 μm．前体部に背板があるが，この背板は中央の線刻で二分される．後体部に背板はない．脚の末端節は短い．触肢は5節よりなり，末端節の先端に爪がある．日本での生息は不明．

コイタオソイダニ属 (p.17, 56)
Pseudobonzia

体長200～600 μm．前背板はあるが後体部に背板はない．背板上には網目状の模様が刻まれている．触肢は5節で，末端節には鉤状の爪がある．基節板も網目状模様がある．日本では，シイオソイダニ P. snowi (Baker & Hoffman) とアミメオソイダニ P. clathratus (Shiba) の2種が記録されている．

カタオソイダニ属 (p.17, 56)
Coleoscirus

体長400～700 μm．背板は前体部から後体部へと伸びる1枚とほかに1対の小さな背板のある種もある．♀の第I脚と第II脚の基節は1枚の腹板と完全に融合する．触肢は5節よりなり，末端節の先端は爪状．日本では，倒木から2種が得られるが種名は未確定．

タテオソイダニ属 (p.17, 56)
Scutascirus

体長300～400 μm．背板は前体部から後体部のほとんどを覆う1枚の大きなものと後体部に小さな4枚の側板がある．♀の第I脚と第II脚の基節は1枚に融合している．触肢は5節で末端節の先端には爪がある．日本では，コオラオソイダニ S. polyscutosus Den Heyer が記録されている．

コツバオソイダニ属 (p.18, 56)
Armascirus

体長500～1000 μm．前体部のほとんどを覆う前背板と後背板には中央板と1対の側板がある種とない種が含まれる．背板には網目状模様が刻まれている．触肢は5節よりなり，末端節は鎌状で先端部には小さな爪がある．脚の爪は鞘状の肉質盤で弱く保護される．第I脚末端節基部のソレニジオンの根元には柄はない．日本からは，オオカマオソイダニ A. hastus Shiba とミトゲオソイダニ A. multioculus Shiba の2種が記録されている．

オオツバオソイダニ属 (p.18, 56)
Dactyloscirus

体長400～1100 μm．背板の位置は極めてコツバオソイダニ属に似る．脚の爪はよく発達した鞘の中に納まるようになっている．脚末端節基部の2本の大きなソレニジオンは柄の上にある．日本からはスプーンオソイダニ D. inermis (Tragardh) とツメサヤオソイダニ D. mesonatus Shiba の2種が記録されている．

ケブカアギトダニ科
Strandtmanniidae
ケブカアギトダニ属 (p.8, 56)
Strandtmannia

体長400 μm内外．白色．アギトダニ科のものによく似ているが，胴背毛の毛が多いことで識別できる．生殖吸盤は2対．世界で1属1種．日本でも全国の森林土壌中に，この種ケブカアギトダニ S. celtarum Zacharda が冬から春にかけて見られる．

アギトダニ科
Rhagidiidae

白色のものが多いが淡赤色の種もいる．鋏角がよく発達して鋏状．第I脚とII脚の付節には鞘に納まった感覚器が並ぶ．その数と配列の仕方は種によって異なる．触肢は単純型．生殖吸盤は2対．捕食性で活発に動く．

ミニアギトダニ属 (p.19, 57)
Hammenia

体長300 μm内外．感覚毛は先太，前体部先端の尖

起は小さい．基節毛は 3-1-4-3．鋏角毛は 1 本で，可動指は幅広く，内側に数個の鋸歯がある．固動指は先端部が強く内側へ湾曲し，内側は膜状の鞘が覆う．第 I 脚末端部のラギディア器官は 3 個がバラバラにある．星状毛は巨大．日本には 3 種が生息するが，種は未確定．

シバアギトダニ属（p.19, 57）
Shibaia

体長 500 μm 内外．感覚毛は細くて長い．基節毛は，3-1-4-3．鋏角毛は 1 本で可動指の基部のレベルより後ろにある．第 I 脚末端節のラギディア器官は 4～5 個で平行に並び，その先端に長い星状毛がある．生殖毛，亜生殖毛とも 5 対．日本では，ヒトゲアギトダニ *S. longisensilla* (Shiba)，キタヒトゲアギトダニ *S. tatrica* Zacharda の 2 種のほかに 11 種が生息するが，種は未確定．

ソールアギトダニ属（p.19, 57）
Thoria

体長 600～800 μm．感覚毛は細くて短く，他の胴背毛と同程度の長さ．基節毛は 3-1-4-4(-8) で，第 IV 基節毛はばらつきがある．鋏角毛は 1 本で可動指の基部のレベルより前に位置する．第 I 脚末端節のラギディア器官は 3 個で縦列する．星状毛は先端近くのラギディア器官のすぐ横にあり，小さい．第 II 脚のラギディア器官は 2 個で縦に直列する．日本ではアツゲアギトダニ *T. uniseta* (Thor) のほかに 1 種が生息する．

ホッキョクアギトダニ属（p.20, 57）
Arctorhagidia

体長 1000～1500 μm．感覚毛は先太．基節毛は 3-1-5-3．鋏角毛は 2 本とも可動指の基部のレベルより前方に位置する．鋏角固定指はサドル状に内側へ強く屈曲し，先端部は 4 個の肉状隆起がある．第 I 脚末端節のラギディア器官は 3～4 個で，2 段構えで，先端列の 2～3 個は平行に並ぶ．日本では 2 種が生息するが，種は未確定．

ヒメアギトダニ属（p.20, 57）
Brevipalpia

体長 300 μm 内外．感覚毛は先太．基節毛は 3-1-4-3．鋏角も小さく，鋏角毛の後ろのものは可動指の接合部位置のレベルにある．固定指の先端は二分し，内側に屈曲する．第 I 脚，第 II 脚ともラギディア器官は 3 個で，縦に 2 列になり，1 列は 2 個が縦に直列する．生殖毛は 4 対．日本では 1 種が全国に分布するが，種は未確定．

ソトアギトダニ属（p.20, 57）
Evadorhagidia

体長 900～1500 μm．感覚毛は細くて短い．基節毛は 3-1-4-3 または 3-1-4-4．鋏角は細い．2 本の鋏角毛は可動指の接合部のレベルより前方にある．可動指は直線状で内側に小鋸歯を多数もつ．第 I 脚末端節のラギディア器官は 3～5 個で平行に並ぶ．第 I 脚脛節には 2 本の小さなソレニジオンをもつことが多い．日本には 2 種が生息するが，種は未確定．

コブアゴアギトダニ属（p.19, 57）
Tuberostoma

体長 800～1300 μm．感覚毛は短くて細い種とやや先太になるものまでを含む．基節毛は 3-1-4-3 または 3-1-4-4．鋏角は小さい．2 本の鋏角毛は可動指の接合部より前方にある．固定指はサドル状で強く内側に曲がる．顎体部基部は瘤状に膨れる．第 I 脚末端節のラギディア器官は 3～4 個で横に斜めに並ぶ．生殖毛は 7 対以上．日本での生息は不明．

トラガルアギトダニ属（p.19, 57）
Traegaardhia

体長 1100 μm 内外．感覚毛は細長い．基節毛は 3-1-6-3，または 3-1-5-3．鋏角毛は，2 本とも可動指の接合部のレベルより前に位置する．可動指は細長く，内側の表面はスムーズ．固定指の先端は二叉する．第 I 脚末端節のラギディア器官は 3 個で，縦 1 列に別々の収納溝に納まる．生殖毛は 6～7 対，亜生殖毛は 6～9 対．日本には，ヤマトアギトダニ *T. japonica* (Morikawa) が広く分布する．

キタアギトダニ属（p.20, 58）
Eskimania

体長 900 μm 内外．感覚毛は先太で短い．基節毛は，3-1-4-3．鋏角は細長く，鋏指は短い．固定指の背面は平滑でサドル状に屈曲せず，先端は四分される．鋏角毛は近接しており，可動指の接合部のレベルよりずっと前にある．第 I 脚，第 II 脚末端節のラギディア器官は 3 個で先端の 2 つは平行に並ぶ．生殖毛と亜生殖毛はともに 5 対．日本には，エスキモーアギトダニ *E. capitata* (Strandtmann) が生息する．

ミツアナアギトダニ属（p.20, 58）
Troglocheles

体長 1500～2000 μm．感覚毛は細長い．基節毛は 3-1-5-3，または 3-1-4-3．鋏角は細長い．鋏角毛は固定指の中央より先端に寄り添ってある．第 I 脚末端節のラギディア器官は 6 個以上で，斜めに並ぶ．生殖毛，

亜生殖毛とも5対．後体部背面に3対の小孔がある．
日本での生息は未確認．

オオギアギトダニ属（p.20, 58）
Flabellorhagidia

体長900 μm．感覚毛は細長い．基節毛は，3-1-5-3．鋏角指は細長く，鋏角の長さの半分にもなる．鋏角毛は可動指の接合部のレベルより前方に位置する．第Ⅰ脚末端節のラギディア器官は4個で斜めに並ぶ．第Ⅲ脚末端節にもラギディア器官がある．生殖毛は6対，亜生殖毛は5対．洞穴に生息．日本での生息は未確認．

センスアギトダニ属（p.21, 58）
Latoempodia

体長400～500 μm．感覚毛は細い．基節毛は3-1-4-3．鋏角は細長い．鋏角毛の後方の1本は可動指の接合部のレベルより後ろにある．第Ⅰ脚末端節は太くて短く，爪間体はうちわ状で大きく，爪の高さをはるかに超える．第Ⅰ脚のラギディア器官は3個で並列する．星状毛は大きい．生殖毛，亜生殖毛ともに5対．全国に1種が生息するが，種は未確定．

ヘイレツアギトダニ属（p.21, 58）
Parallelorhagidia

体長300～400 μm．感覚毛は先太．基節毛は3-1-4-3，または3-1-6-3．鋏角は小さい．第Ⅰ脚のラギディア器官は4個で並列する．生殖毛，亜生殖毛ともに5対．日本には3種が生息するが，種は未確定．

フトハサミアギトダニ属（p.21, 58）
Crasocheles

体長400～500 μm．感覚毛は細長い．基節毛は，3-1-4-3．鋏角は太くて短い．鋏角毛の後方のものは可動指の接合部のレベルにある．第Ⅰ脚末端節のラギディア器官は3個で並列する．生殖毛は4～5対，亜生殖毛は3～5対．日本には1種が生息するが，種は未確定．

トゲアギトダニ属（p.21, 58）
Robustocheles

体長500～1000 μm．感覚毛は細いものと肉厚のものがある．基節毛は3-1-5-3または3-1-6-3．鋏角は太く，鋏指は肉厚で，固定指の基部付近に棘状の大きな歯をもっているものがある．第Ⅰ脚末端節のラギディア器官は4個で斜めに並ぶ．生殖毛は5～6対，亜生殖毛は5対．日本にはナミトゲアギトダニ *R. mucronata* (Willmann)が全国に生息．ほかに4種が生息するが，種は未確定．

コケアギトダニ属（p.19, 58）
Coccorhagidia

体長500～700 μm．感覚毛は先太．基節毛は3-1-4-3．鋏角は小さく，鋏角毛は2本とも可動指の接合部のレベルより前にある．第Ⅰ脚と第Ⅱ脚の末端節のラギディア器官は，ともに4個で斜めに並ぶ．生殖毛，亜生殖毛ともに5対．日本全国にコケアギトダニ *C. pittardi* Strandtmannが分布し，ほかに1種が生息するが，種は未確定．

ケアナアギトダニ属（p.19, 59）
Foveacheles

体長800～1500 μm．感覚毛は細い．基節毛は，3-1-6-3．一部の種で3-1-5-3．鋏角は太くてよく発達している．鋏角固定指はサドル状に屈曲し，先端の鋏角毛の毛穴はくぼみの中に位置する．第Ⅰ脚の末端節のラギディア器官は3～5個で斜めに並ぶ．生殖毛5～6対，亜生殖毛4～5対．日本にはハタアギトダニ *F. osloensis* (Thor)，ブナノキアギトダニ *F. crenata* (Shiba)のほかに数種が生息するが，種は未確定．

ナミアギトダニ属（p.21, 59）
Poecilophysis

体長500～1100 μm．感覚毛は細いものがほとんどだが，少し先太の種もある．基節毛は3-1-6-3または3-1-6-4．鋏角はよく発達し，可動指は鎌状に曲がり，内側に小さな鋸歯や少し大きな棘状歯をもつものもある．鋏角毛の2本は常に可動指の接合部のレベルより前方にある．第Ⅰ脚末端節のラギディア器官は4個で斜めに並ぶ．生殖毛，亜生殖毛とも5～6対．日本には，ワートンアギトダニ *P. pratensis* (Koch)とカマコブアギトダニ *P. saxonica* (Willmann)が極めて普通に分布する．ほかに数種が生息するが，種は未確定．

エリオットアギトダニ属（p.21, 59）
Elliotta

体長600 μm内外．感覚毛は細長い．基節毛は3-1-4-3．鋏角は細長く，固定指の背面は屈曲しない．鋏角毛の2本は可動指との接合レベル付近にある．第Ⅰ脚末端節のラギディア器官は4個で斜めに並ぶ．脛節Ⅰの先端に大きな溝に埋没した巨大なソレニジオンがある．生殖毛，亜生殖毛とも5対．ハワイ，北米の洞穴に生息．日本での生息は未確認．

アギトダニ属（p.21, 59）
Rhagidia

体長700～1500 μm．感覚毛は細くて短い．基節毛は3-1-6-3または3-1-5-3．鋏角は中程度の大きさで，

固定指の内側には棘はないが，基部に隆起した高まりがある種もある．第Ｉ脚末端節のラギディア器官は4個で，斜めに並ぶ．生殖毛は5〜6対，亜生殖毛も5〜6対だが，6〜14対の種もある．日本にはサトアギトダニ *R. diversicolor* (Koch) が低地の草地に生息している．

ミドリハシリダニ科
Penthaleidae

緑色でコケ上や草地に多い．肛門孔が胴背面に開くことで他科と識別できる．生殖吸盤は2対．植食性で葉面から吸収する葉緑体で胴体部は緑色となるが，脚は赤色．

ケナガミドリダニ属（p.22, 59）
Linopenthaleus

胴長約 800 μm．暗緑色．胴背毛は密にそなわっている．肛門が背面に開孔している．触肢は5節で末端部は短い．脚は胴長の2倍以上の長さで，長い毛と多くのソレニジオンを有する．第Ｉ脚末端節には3個のラギディア器官が1つの納溝の中にある．地上や樹上のコケに生息．日本にはコケハシリダニ *L. irki* Willmann のほかに2種が生息するが，種名は未確定．

ムギダニ属（p.22, 59）
Penthaleus

胴長 300〜1000 μm．暗緑色．脚は赤色．胴背毛は短く，まばらである．肛門は背側に開孔する．触肢は5節で末端節は短い．脚は胴長の2倍以下．第Ｉ脚末端節のラギディア器官は2〜3個で1つの納溝に納まっている．ムギやハクサイの害虫として知られるものがあるが，地上や樹上のコケに普通．日本ではムギダニ *P. major* (Dugés) とハクサイダニ *P. erythrocephalus* Koch の記録がある．

カタハシリダニ科
Penthalodidae

暗赤色．胴体部は果粒状の点刻模様がある．第Ｉ脚とⅡ脚の付節と脛節にはハシリダニ類特有の感覚器を装う．

カタハシリダニ属（p.22, 59）
Penthalodes

胴長 400〜500 μm．暗褐色．眼は1対．脚を含めて極めて硬い表皮に包まれている．胴体部は卵形で背にはＹ字状の縫い目がある．体表は小さな果粒により，多角形模様や点刻がある．第Ｉ脚末端節には2個のラギディア器官が縦に並ぶ．日本からはアミメカタハシリダニ *P. carinatus* Shiba の記録がある．ほかに4種が生息しているが，種名は未確定．

ツノカタハシリダニ属（p.22, 60）
Stereotydeus

胴長 300〜400 μm．胴体部は暗緑色．脚は赤い．体表は硬いものと柔らかい種がある．前体部と後体部を区分する横溝がある．前体部突起は前方へ突出し，1対の眼がある．触肢は4節よりなる．第Ｉ脚末端節には3個のラギディア器官がある．日本からはイソハシリダニ *S. rupicolamartimus* Shiba の1種が記録されている．

ニセカタハシリダニ属（p.22, 60）
Protopenthalodes

体長 300〜400 μm．体表には点刻があるが，柔らかい．前体部と後体部を区分する横溝はない．不明瞭な眼が1対ある．前体部先端の鼻状突起は先端よりずっと後ろにある．触肢は4節よりなる．第Ｉ脚末端節の3個のラギディア器官は1本に融合して納溝に納まる．日本には3種が生息するが，種名は未確定．

ハシリダニ科
Eupodidae

多くは白色だが淡紅色から暗緑色の種までいる．第Ｉ脚が非常に長いものや第Ⅳ脚の腿節が肥大して太くなっているものまで種数も多い．生殖吸盤は2対．第Ｉ脚とⅡ脚の付節には感覚器がある．森林落葉層から草地の植物上にも見られる．

テナガハシリダニ属（p.23, 60）
Linopodes

体長 700〜800 μm．体は非常に柔らかい．第Ｉ脚が胴長の3〜4倍もある．前体部と後体部を区分する横溝はない．前体部の鼻状突起の上には毛はなく，毛は後方に離れている．第Ｉ脚末端節はいくつかの擬節により区分され，2個のラギディア器官は離れた位置にある．生殖毛は6対．日本からウブゲテナガハシリダニ *L. pubescens* Morikawa とキタテナガハシリダニ *L. iwatensis* Morikawa の2種が知られる．

（p.23, 60）
Halotydeus

体長 400〜500 μm．体は柔らかい．前体部の鼻状突起に1対の毛がある．前体部と後体部を区分する横溝はない．第Ｉ脚末端節は2個のラギディア器官がある．触肢は4節よりなるが短い．特に末端節は板状で短い．磯や山地の岩上に生息する．日本には3種が生

息するが，種名は未確定．

タマゲハシリダニ属（p.23, 60）
Cocceupodes

体長 300〜500 µm．前体部の鼻状突起の後方に離れて，1 対の毛（iv）があり，この毛は先太の種が多いが，そうでない種もある．触肢は 4 節よりなる．生殖毛は 3〜6 対で縦 1 列に並ぶ．亜生殖毛は 4 対．基節毛は 3-1-3-3．第 I 脚末端節には 2 個のラギディア器官がある．第 IV 脚膝節の膨らみは小さい．日本からはマユゲハシリダニ *C. planiticus* Shiba 1 種が報告されている．

ハシリダニ属（p.23, 60）
Eupodes

体長 400〜600 µm．前体部の鼻状突起上に 1 対の毛がある．前体部と後体部を区分する溝は明瞭，胴背毛は非常に長い．生殖毛は 6 対で前より 4 番目の 1 本は外側にずれて生じる．第 I 脚末端節のラギディア器官は 2 個．第 IV 脚膝節は大きく膨れる．日本からはケナガハシリダニ *E. temperatus* Shiba のほか 4 種の記録がある．

コハシリダニ属（p.23, 60）
Protereunetes

体長約 300 µm．前体部の鼻状突起の上に 1 対の毛がのっている．前体部と後体部の区分ははっきりしている．胴背毛は小さい．生殖毛は 6 対で，縦 1 列に並ぶ．亜生殖毛は 5 対．脚は体長より短い．第 I 脚末端節のラギディア器官は 2 個．日本からはチビハシリダニ *P. minutus* Strandt-mann のほか 3 種の記録がある．

ヨロイダニ科
Labidostomatidae

黄色ないし赤褐色．前体部と後体部の区切りがなく，胴背面は 1 枚の硬い表皮で覆われる．レンズ状の眼が左右各 1 対と体前端部中央に 1 個，計 5 個（体側の後方のものは実際はレンズ状器管）．感覚毛は 2 対．

セルニックヨロイダニ属（p.24, 61）
Sellnickiella

胴長約 700 µm．前体部前方側面に突起を欠く．感覚毛は多くの分岐をもつ．第 I 脚末端節の感覚毛は二叉．ブラジルより記録されているが，日本に生息するか不明．

アティエオヨロイダニ属（p.24, 61）
Atyeonella

胴長約 1100 µm．前体部前方側面に突起はない．眼は側方 1 対と前方先端中央 1 個の計 3 個．眼の後ろに大きなレンズ状器官がある．前後の胴背の感覚毛の分岐は少なく，前感覚毛は単条の種もある．第 I 脚末端節の感覚毛は細くて単条．日本からはウスゲヨロイダニ *A. simplex* Shiba 1 種が報告されている．

グランジャンヨロイダニ属（p.25, 61）
Grandjeanellina

胴長約 900 µm．前体部の側突起はない．3 個の眼のほかに体側に多くのレンズ状器官がある．胴背毛は多い．前後の感覚毛は 3〜4 分岐．第 I 脚末端節の感覚毛は太くて棘状．日本に生息するかは不明．

コブヨロイダニ属（p.25, 61）
Eunicolina

胴長約 800 µm．前体部の側突起がある．3 個の眼のほかに，体側に多くのレンズ状器官がある．胴背毛は少ない（中央胴背毛は 5 対）．前後の感覚毛とも側枝は 3 本．第 I 脚末端節の感覚毛は棘状．日本では沖縄に 1 種が生息するが種名は未確定．

ヨロイダニ属（p.25, 61）
Labidostoma

胴長約 600 µm．前体部の側突起はない．3 個の眼のほかに，体側に 1〜3 対のレンズ状器官がある．胴背毛は基本数のみ．前後感覚毛の側枝は 8〜12 本．第 I 脚末端節の感覚毛は棘状．日本では沖縄に 1 種が生息するが種名は未確定．

フタツメヨロイダニ属（p.25, 61）
Dicastriella

胴長約 400 µm．前体部の側突起はない．眼は体側の 2 個のみで，中央の眼を欠く．胴背毛は基本数のみ．前後感覚毛とも側枝は 8〜12 本．第 I 脚末端節の感覚毛は棘状．南米（チリ）に生息するが日本にいるか不明．

エダゲヨロイダニ属（p.24, 61）
Akrostomma

胴長約 400 µm．前体部の側突起はない．眼は体側の 2 個と前端部の 1 個の計 3 個．体側の眼の後ろにはレンズ状突起がある．胴背毛は基本数で密に分岐をもつ．前後感覚毛とも側枝を多くもつ．第 I 脚末端節の感覚毛は先端が 7〜8 に分岐し，中央のマッチ棒の頭状の 1 本を取り囲むように配置されている．北米・ヨ

ーロッパに生息するが，日本に生息の可能性は少ない．

トウヨウヨロイダニ属（p.24, 61）
Mahunkiella

胴長約 1200 μm 内外．前体部の側突起はよく発達している．眼は定位置の 3 個，体側の眼のすぐ後ろにレンズ状器官がある．胴背毛は通常のものとほかに多数のやや小さな毛がある．胴背の感覚毛は 3～5 本の側枝をもつ．第 I 脚末端節の感覚毛は 7～8 本に分岐し，半球状．日本からヤマトヨロイダニ *M. multisetosa* (Shiba) とエゾヨロイダニ *M. ezoensis* (Shiba) の 2 種の記録がある．

コスモヨロイダニ属（p.24, 61）
Nicoletiella

胴長約 800 μm．前体部の側突起は大きい．目は定位置の 3 個．体側の眼のすぐ後ろに大きなレンズ状器官がある．胴背毛は基本数だけ．胴背の前後の感覚毛は 2～3 本の側枝をもつ種から 10 本以上の側枝をもつ種まである．第 I 脚末端節の感覚毛は先端が 7～8 本に分岐し，半球状．日本では，キイロヨロイダニ *N. denticulata* (Schrank) 1 種の記録があり，ほかに 2 種が生息しているが種名は未確認．

ニセコハリダニ科
Paratydeidae

白色ないし淡黄色．後体部はいくつにも区分される．鋏角の基部は融合しない．脚は胴長より極端に短い．

コオラニセコハリダニ属（p.26, 62）
Sacotydeus

体長 600 μm 内外．前体部には背板状の三角形構造があり，その表面は網目状模様を装う．1 対の眼と眼のすぐ後ろに眼後体がある．後体部はくびれによって 2 つに分かれる．脚の爪間体は小さい．日本には 1 種が生息するが種名は未確定．

ニセコハリダニ属（p.26, 62）
Paratydeus

体長約 370 μm．前体部には背板状の構造はなく，2 対の明瞭なレンズ状の眼がある．後体部はくびれによって二分される．北米テキサス州より記録されているが，日本に生息するかどうかは不明．

ウジニセコハリダニ属（p.26, 62）
Scolotydeus

体長約 400 μm．前体部に背板はない．眼は 1 対．後体部は 1 本の明瞭な横溝で二分される．生殖毛は 10 対．亜生殖毛は 6 対．日本では，ウジニセコハリダニ *S. simplex* Delfinado & Baker が本州，四国のコケに生息している．

ヒモニセコハリダニ属（p.26, 62）
Tanytydeus

体長 400～500 μm 内外．前体部の背板は細長い．感覚毛は背板上から離れて生じる．眼はない．後体部は不明瞭な 2 本の横溝で 3 区分される．生殖毛は 4 対，亜生殖毛は 5 対．日本では，ヒョウタンダニ *T. cristata* (Theron, Meyer & Ryke) の記録がある．

ミツメコハリダニ科（新称）
Triophtydeidae

ミツメコハリダニ属（p.27, 62）
Pretriophtydeus

体長 250 μm．胴背毛は側枝をもち 11 対，12 毛を欠く．P1 毛は，P2 毛よりも前にある．生殖毛は 6 対，亜生殖毛は 4 対．基節毛 I～IV, 3-1-3-3．膝節 IV は 2 つに分かれる．日本では草地の枯れ葉上に 2 種が生息するが種は未確定．

ニセミツメコハリダニ属（p.27, 62）
Apotriophtydeus

体長約 320 μm．眼は 3 個．胴背毛は 11 対，12 毛を欠く．P1 毛は P2 毛より前方に生じる．生殖毛は 6 対，亜生殖毛は 5 対．基節毛 I～IV, 3-1-3-3．膝節 IV は二分される．

コケコハリダニ属（p.27, 64）
Teletriophtydeus

体長約 230 μm．胴背毛は分岐し 11 対，12 毛を欠く，P1 毛は感覚毛より少し後ろにある．生殖毛は 6 対，亜生殖毛は 5 対．基節毛 I～IV, 3-1-3-3．膝節 IV は二分される．コケに 1 種が生息するが，種は未確定．

アトミツメコハリダニ属（p.27, 64）
Metatriophtydeus

体長約 220 μm．眼は 3 個．胴背毛は 11 対，12 毛を欠く．生殖毛は 6 対，亜生殖毛は 5 対または 4 対．基節毛 I～IV, 3-1-3-3．膝節 IV は二分されない．日本に生息するかは不明．

マタゲコハリダニ属（新称）（p.27, 62）
Edbakerella

体長約 300 μm．胴背毛の大部分が，二又に分岐する．胴背毛は 11 対，12 毛を欠く．生殖毛は 6 対，亜生殖毛は 5 対．基節毛 I～IV, 3-1-3-3．日本ではマツの樹

皮下で普通に見られる．種は未確定．
　この属は最初はメイヤーコハリダニ属 *Meyerella* が用いられていたが，*Meyerella* はすでに海綿の中で使用されていることから André (2004) は *Edbakerella* を新しく提唱した．

ケワレミツメコハリダニ属（p.27, 64）
Pseudotriophtydeus

　体長約 250 μm．眼は眼点状ではあるが，1 対と胴背毛 P1 の間に 1 個，計 3 個の眼がある．感覚毛は 11 対，胴背毛とほとんど同じ形態で長さも同じ程度．胴背毛の分岐はまばら．生殖毛は 6 対，亜生殖毛は 5 対．基節毛 I 〜 IV，3-1-3-3．日本に生息するかは不明．

コガタコハリダニ科（新称）
Iolinidae

ケモチコハリダニ属（p.28, 62）
Pseudotydeus

　体長約 210 μm．胴背毛は密に分岐をもち房状．胴背毛は 11 対，12 毛を欠く．生殖毛は 4 対，亜生殖毛も 4 対．基節毛 I 〜 IV，3-1-4-3．肛門部が後端から突出する．日本に生息するかは不明．

ミニコハリダニ属（p.28, 62）
Microtydeus

　体長約 170 μm．眼はない．胴背毛は 11 対，12 毛を欠く．感覚毛は細長く，密に短い側枝をもつ．生殖毛は 2 対，亜生殖毛は 3 対．基節毛 I 〜 IV，3-1-4-3．日本では落葉層や草地から採集されるが，種は未確定．

クビレコハリダニ属（p.28, 63）
Tydaeolus

　体長約 150 μm．眼はない．感覚毛は先太．胴背毛は 11 対，12 毛を欠く．前体部と後体部の区切りはくびれ，さらに後体部も 2 つにくびれている．日本に生息するかは不明．

ケナガコハリダニ属（p.28, 63）
Lasiotydeus

　体長 250 μm．眼は 2 対．胴背毛は 11 対，12 毛を欠く．胴背毛は極めて長く，感覚毛とほぼ等長．生殖毛は 6 対，亜生殖毛は 4 対．基節毛 I 〜 IV，3-1-4-3．脚の爪間体はよく発達している．日本ではコケに生息するが，種は未確定．

ヤサゲコハリダニ属（p.28, 63）
Tyndareus

　体長約 290 μm．胴背毛は 11 対，12 毛を欠く．胴背毛 P1 と P2 は感覚毛の前方にほぼ同じレベルで並ぶ．生殖毛は 6 対，亜生殖毛は 4 対．基節毛 I 〜 IV，3-1-4-3．日本に生息するかは不明．

チビゲコハリダニ属（p.28, 63）
Primotydeus

　体長約 400 μm．胴背毛は 11 対，12 毛を欠く．感覚毛は長いが，胴背毛は極めて短い．生殖毛は 6 対，亜生殖毛は 4 対．アラスカより記録があるが日本に生息するかは不明．

ムシコハリダニ属（p.29, 64）
Proctotydeus

　体長 230 〜 270 μm．胴背毛は 11 対，12 毛を欠く．亜生殖毛は 4 対．基節毛 I 〜 IV，3-1-4-2．第 I 脚末端節には爪も爪間体もない．昆虫に付着して見つかっている．日本に生息するかは不明．

コツメナシコハリダニ属（p.29, 30, 64）
Homeopronematus

　体長約 270 μm．前体部と後体部は横線によって区切られる．眼はない．胴背毛は 11 対，12 毛を欠く．前体部胴背毛 P1 は感覚毛のレベルよりずっと後ろに生じる．感覚毛は鞭状で長くない．亜生殖毛 4 対．第 I 脚末端節は爪も爪間体もなく，先端部にある毛は，基部半分は棘状の側枝をもつが，先端半分は単状である．日本には 1 種がマツの切り株に生息するが，種は未確定．

ナデツメナシコハリダニ属（p.29, 65）
Naudea

　体長約 300 μm．胴背毛は 10 対，12 毛と h1 毛を欠く．亜生殖毛は，4 対．基節毛 I 〜 IV，3-1-4-2．膝節 IV は二分される．

ツメキリコハリダニ属（p.29, 65）
Pausia

　体長約 220 μm．胴背毛は 11 対，12 毛を欠く．前体部の P1 毛は感覚毛レベルより少し後ろにある．胴背毛は，細くて長い．亜生殖毛は 4 対．基節毛 I 〜 IV，3-1-4-2．膝節 IV は二分される．

タンモウコハリダニ属（p.29, 65）
Pronecupulatus

　体長約 200 μm．胴背毛 11 対で 12 毛を欠く．爪を欠く．極めて小型で樹上性．日本での生息は不明．

ナメラゲコハリダニ属 （p.30, 64）
Pronematulus

体長約 220 μm．胴背毛は 11 対，12 毛を欠く．亜生殖毛は 4 対．基節毛 I ～ IV，3-1-4-2．第 I 脚末端節は脛節より短く，爪も爪間体もない．日本ではマツの切り株等から 2 種が採集されているが，種は未確定．

ツメナシコハリダニ属 （p.30, 64）
Pronematus

体長約 280 μm．胴背毛は 10 対，12 毛と h1 毛を欠く．亜生殖毛は 4 対．基節毛 I ～ IV，3-1-4-2．第 I 脚末端節には爪も爪間体もない．日本からは *P. bonatii* の記録がある．

ガノコハリダニ属 （p.30, 64）
Metapronematus

体長約 250 μm．胴背毛は 10 対，12 毛と h1 毛を欠く．眼はない．亜生殖毛は 3 対．第 I 末端節は，爪も爪間体もない．膝節 IV は分割されない．ガに付着．日本に生息するかは不明．

ケナガツメナシコハリダニ属 （p.30, 65）
Parapronematus

体長約 180 μm．胴背毛は 9 対，12 毛，h1 毛，ps を欠く．亜生殖毛は 3 対．基節毛 I ～ IV，3-1-4-2．第 I 末端節の毛は非常に長く，全体に密に側枝を装う．膝節 IV は分割されない．日本には 1 種が生息するが，種は未確定．

ハリゲコハリダニ属 （p.30, 65）
Apopronematus

体長約 330 μm．胴背毛は 11 対，12 毛を欠く．前体部の背毛 P1 は，感覚毛の後ろにある．後体部の背毛の 14 と 15 は長い．亜生殖毛は 3 対，基節毛 I ～ IV，3-1-4-2．第 I 脚膝節は二分される．第 I 脚末端節の毛はすべて単状．日本での生息は未確認．

コツブコハリダニ属 （p.31, 63）
Metatydaeolus

体長約 140 μm．感覚毛は先太．胴背毛は短くて 11 対，12 毛を欠く．眼はない．生殖毛は 4 対，亜生殖毛は 3 対．基節毛 I ～ IV，3-1-4-3．日本での生息は不明．

メナシコハリダニ属 （p.31, 63）
Paratriophtydeus

体長約 300 μm．胴背毛は 11 対，12 毛を欠く，前体部胴背毛 P1 は，感覚毛と同じレベルにあり，前体部胴背毛 P2 より後ろに生じる．胴背毛は単状．生殖毛は 4 対．亜生殖毛も 4 対．基節毛 I ～ IV，3-1-4-3．日本には 1 種が生息するが，種は未確定．

タマコハリダニ属 （p.31, 63）
Paratydaeolus

体長約 220 μm．感覚毛は先太で球状．眼はない．胴背毛は 11 対，12 毛を欠く．前体部胴背毛 P1 は感覚毛のレベルより後ろにある．生殖毛は 3 対，亜生殖毛は 4 対．基節毛 I ～ IV，3-1-4-3．日本に生息するかは不明．

アツゲタマコハリダニ属 （p.31, 63）
Coccotydaeolus

体長約 150 μm．眼はない．胴背毛は 11 対，12 毛を欠く．感覚毛は，先太．生殖毛は 3 対，亜生殖毛は 4 対．基節毛 I ～ IV，3-1-4-2．日本には 1 種が生息するが種は未確定．

コハリダニ科
Tydeidae
ミナミコハリダニ属 （p.32, 64）
Australotydeus

体長約 320 μm．胴背毛は 11 対，h1 を欠く．胴背毛は太くて長い．感覚毛も胴背毛と同じ形．生殖毛は 6 対，亜生殖毛は 4 対．基節毛 I ～ IV，2-1-4-3．日本では樹上のコケに 1 種が生息するが種は未確定．

アツゲアミメコハリダニ属 （p.32, 65）
Pretydeus

体長約 400 μm．胴背毛は 10 対，12 毛と h1 毛を欠く．胴背毛は側枝が発達して太い．胴背表面は全域に網目状模様を装う．生殖毛は 6 対，亜生殖毛は 4 対．基節毛 I ～ IV，3-1-4-3．脚の爪間体はよく発達している．日本からはワラコハリダニ *P. lacteus* (Shiba) の記録がある．

メイロコハリダニ属 （p.32, 65）
Prelorryia

体長約 320 μm．胴背毛は 9 対，12 毛，h1 毛と h2 毛を欠く．胴背表面には網目状構造を装う．胴背毛は肉厚で大きい．生殖毛は 6 対，亜生殖毛は 4 対．基節毛 I ～ IV，3-1-4-3．日本には 1 種が生息するが，種は未確認．

ケブトアミメコハリダニ属 （p.33, 65）
Idiolorryia

体長約 190 μm．胴背毛は 9 対，12 毛，h1 毛と h2 毛を欠く．胴背毛は太くて短く，側枝は先が丸い．生

殖毛は6対，亜生殖毛は4対．基節毛Ⅰ～Ⅳ，3-1-4-2．顎体部は長く，鋏角の可動指はまっすぐで長い．触肢の末端節も細長い．日本には2種が生息するが，種は未確定．

コハリダニ属（p.33, 65）
Tydeus

体長約300 μm．眼は2対．胴背毛は10対，12毛とh1毛を欠く．生殖毛は6対．基節毛Ⅰ～Ⅳ，3-1-4-2．膝節Ⅳは2つに分かれない．体表面は線刻があり，一部かすべてが網目状構造になる．日本では，ミダレコハリダニ *T. gloveri* (Ashmed)，アミメコハリダニ *T. bedfordiensis* (Evans)，ジュズコハリダニ *T. kochi* Oudemans が記録されている．

ミダレコハリダニ属（p.33, 65）
Eotydeus

体長約210 μm．眼は欠く．胴背毛は，極めて小さくて10対，12毛とh1毛を欠く．生殖毛は2対，亜生殖毛は3対．基節毛Ⅰ～Ⅳ，3-1-4-2．日本に生息するかは不明．

テンコクコハリダニ属（p.33, 66）
Tydides

体長約230 μm．胴背毛は10対，12毛とh1毛を欠く．感覚毛は，短くて細い．生殖毛は3対，亜生殖毛は4対．基節毛Ⅰ～Ⅳ，3-1-4-2．日本に生息するかは不明．

スジコハリダニ属（p.34, 66）
Afrotydeus

体長約280 μm．胴背毛は10対，12毛とh1毛を欠く．胴背毛のうちP1とP2を除く8対は肉厚になる．胴背表面には線刻のみ．生殖毛は4対，亜生殖毛も4対．基節毛Ⅰ～Ⅳ，3-1-4-2．膝節Ⅳは分かれない．日本には1種が生息するが，種は未確定．

アツゲスジコハリダニ属（p.34, 66）
Perafrotydeus

体長約310 μm．胴背毛は10対，12毛とh1毛を欠く．胴背毛P1も含めて9対は肉厚になる．P2は細長い．生殖毛は4対，亜生殖毛も4対．基節毛Ⅰ～Ⅳ，3-1-4-2．日本からは，テトラコハリダニ *P. meyerae* (Baker) 1種が記録されている．

サキアミメコハリダニ属（p.34, 66）
Homeotydeus

体長約360 μm．眼が2対ある．胴背毛は10対，12毛とh1毛を欠く．前体部背面前方に網目状模様の線刻がある．生殖毛は6対，亜生殖毛は4対．基節毛Ⅰ～Ⅳ，3-1-4-2．日本での生息は未確認．

フトスジコハリダニ属（p.34, 66）
Orthotydeus

体長約300 μm．胴背毛は10対，12毛とh1毛を欠く．胴背の線刻は太く，レール状をなす．生殖毛は6対，亜生殖毛は4対．基節毛Ⅰ～Ⅳ，3-1-4-2．日本には1種が生息するが，種は未確定．

ケンアミメコハリダニ属（p.34, 66）
Metalorryia

体長約220 μm．眼が2対ある．胴背毛は10対，12毛とh1毛を欠く．後体部の胴背の網目状構造は，線刻によって14の島状に区分される．胴背毛は肉厚で先太．生殖毛は6対，亜生殖毛は4対．基節毛Ⅰ～Ⅳ，3-1-4-2．日本ではコケに2種が生息するが，種は未確定．

シマアミメコハリダニ属（p.34, 66）
Krantzlorryia

体長約220 μm．眼はない．胴背毛は10対，12毛とh1毛を欠く．体表面は網目状線刻を装う．感覚毛は大きなカップ状の毛穴から生じる．生殖毛は6対，亜生殖毛は4対．基節毛Ⅰ～Ⅳ，3-1-4-3．日本には1種が生息するが，種は未定．

カザリゲアミメコハリダニ属（p.34, 66）
Neolorryia

体長約210 μm．眼はない．胴背毛は9対，12毛，h1とh2毛を欠く．胴背表面には網目状模様を装う．胴背毛はすべて切れ込みのある葉状．生殖毛は5対，亜生殖毛は4対．基節毛Ⅰ～Ⅳ，3-1-4-2．日本には1種が生息するが，種は未確定．

チビゲアミメコハリダニ属（p.34, 66）
Apolorryia

体長約260 μm．胴背毛は9対，12毛，h1毛とh2毛を欠く．胴背毛はすべてが小さくて木の葉状．胴背表面には網目状構造を装う．生殖毛は3対，亜生殖毛も3対．基節毛Ⅰ～Ⅳ，3-1-4-2．日本に生息するかは不明．

ヤワスジダニ科
Ereynetidae

ヤワスジダニ属（p.9, 67）
Ereynetes

体長300 μm内外．黄白色ないし淡褐色．前胴体部の感覚毛周辺に肥厚板がある．後体部後部側方にも長

い 1 対の感覚毛状の毛がある．鋏角の基部は完全に融合する．土壌中にも，コウモリのグアノからも見つかっている．日本からはフジマンジダニ *E. cavernarum* Shiba の報告がある．

カワダニ科
Caeculidae
淡褐色ないし黒色．脚も含めてクチクラが厚く皮革状となる．眼は 2 対．背板は 7 枚．胴背毛は短くて球状．第 I 脚と II 脚には長い毛が熊手状に配されている．

カワダニ属（p.9, 67）
Caeculus
体長約 1700 μm．黒褐色．クチクラは厚く皮革状，背板の間の露出面には多数の皺を装う．胴背板は 7 枚，胴背毛は棍棒状で短い．眼は 2 対．第 I 脚の内側には大きな肉厚の毛を列生する．日本からはウチダカワダニ *C. uchidai* Asanuma のみが北海道，四国，奄美大島から知られる．

ツメダニ科
Cheyletidae
淡褐色ないし赤色．触肢の爪はよく発達している．触肢付節は平板状で 1 本ないし 2 本の櫛歯状毛がある．胴体には普通複数の背板がある．屋内種は皮疹の原因種として重視されている．

メナシツメダニ属（改称，メクラツメダニ属より）(p.35, 67)
Eutogenes
体長 350 μm 内外．胴背には前後 2 枚の背板がある．前背板上に眼はない．第 I 脚末端節には爪はなく，4 本の長い毛がある．触肢の脛節の爪は大きく，付節の櫛状毛より長い．日本からはナラシノメクラツメダニ *Eutogenes narashinoensis* Hara & Hanada が千葉県習志野市の大学の研究室より記載されているが，室内はもとより，屋外の森の倒木の皮下に生息している．

タテスジツメダニ属（新称）(p.35, 67)
Chelacheles
体長 400 μm 内外．赤橙色の細長い体型．胴背には背板はなく，縦にスジが走る．眼がある．触肢脛節の爪の基部に 3 つのコブ状歯がある．触肢付節の櫛状毛は 1 本．胴背毛は細くて短く，側枝はない．倒木や立枯れの樹皮下に生息している．日本には 2 種が生息するが未同定．

ツヅレツメダニ属（新称）(p.35, 67)
Paracheyletia
体調 450 μm 内外．胴背面には前後の背板がある．

前背板には 1 対の目と 4 対の扇状側縁毛と 7 対の菌糸状に枝を伸ばした中央毛がある．触肢脛節の爪の内側には 13〜14 本の歯がある．触肢付節の櫛状毛は 2 本．第 I 脚末端節の爪は非常に小さくて見えにくい．倒木や立枯れ木樹皮下に生息．日本には *P. pyriformis* (Banks) に近似の 1 種が見られる．

オオギツメダニ属（新称）(p.35, 67)
Cheletomimus
体長 350 μm 内外．前後の背板がある．後背板は大きな 1 枚のことが多いが，小さな 2 枚のこともある．前背板には 1 対の眼と 4 対の側縁毛と 1〜4 対の中央毛がある．中央毛は扇状から棒状，バラ状のものまで種によってまちまちである．触肢脛節の爪の内側には 6〜16 個の歯がある．
Fain 他（2002）によって 4 つの属が統合されて *Cheletomimus* 属のもとに 3 亜属が配置された．今までハマベツメダニの学名を *Hemicheyletia wellsi* Baker と誤同定していたが，今回ハマベツメダニは，*Cheletomimus* (*Hemicheyletia*) *gracilis* Fain, Bochkov & Corpuz-Raros と訂正する．日本には本種が砂浜のゴミ下や森林落葉下で普通に見られる．その他にウロコツメダニ *Cheletomimus* (*Hemicheyletia*) *bakeri* (Ehara) がハウスから記載されている．

ハモリダニ科
Anystidae
ハモリダニ属（p.10, 68）
Anystis
体長 1000 μm 内外．赤橙色．胴体部は球形で前体部と後体部を区切る横溝はない．感覚毛は 2 対．触肢は親指型だが付節がよく発達し，一見，単純型と見誤ることがある．脚はよく発達し，活発に動く．植物上でハダニなどの捕食者として働く．ハモリダニ *A. baccarum* (Linnaeus) とキイロハモリダニ *A. salicinus* (Linnaeus) の 2 種が全国に分布．

イソハモリダニ科
Adamystidae
淡黄色から淡褐色．触肢は単純型で，脛節の爪はない．第 I 脚と II 脚の爪に歯状構造がある．海岸の岩上でジグザグ運動をしており，行動は素早い．

イソハモリダニ属（p.10, 68）
Adamystis
体長 600〜700 μm．卵形．前体部と後体部の区切りはない．眼は 2 対．前体部先端に瘤状突起がある．胴背側は 1 枚の背板で完全に覆われる．脚基節 I〜

IVは接合する．触肢は指状で4節，鋏角の爪は鉤状で，鋏角毛は1本．脚の爪は水かき状に側毛をそなえる．爪間体はない．四国，九州の海岸岩上に生息．種名は未確定．

ハダニ科
Tetranychidae

淡黄，淡黄緑または赤色．眼は2対．鋏角は融合し，口針は針状に突出する．触肢は親指型．脚の付節の爪間体は粘毛を有する．

ハダニ属（p.10, 68）
Tetranychus

体長500 μm内外．赤色．後体部と前体部の区切りはない．胴背毛は長い．後体部背面の条線は横と縦条の部分が混在する．爪間体は3対の毛からなる．本属にはカンザワハダニ *T. kanzawai* Kishida ほか8種が知られる．ハダニ科にはこの属以外に11属59種が記録されている．

ケナガハダニ科
Tuckerellidae

赤色．胴背面は網目状模様を装う．前胴体部には4対のうちわ状の毛，後胴体部にはうちわ状の毛と木の葉状の毛があり，さらに後端部には長い鞭状毛がある．

ケナガハダニ属（p.10, 68）
Tuckerella

体長約400 μm．赤色．卵形．前胴体部と後体部の区切りは不明瞭．胴部背面は網目状構造．前体部背面に4対，後体部に26対の毛をもつ．後体部の18対はうちわ状，後端部の6対は鞭状で長く，2対は木の芽状，日本ではナミケナガハダニ *T. pavoniformis* (Ewing) が本州，四国，九州，沖縄本島から，アワケナガハダニ *T. japonica* Ehara は本州，四国のサンゴジュから記録されている．

ヒメハダニ科
Tenuipalpidae

赤色．眼は2対．前体部と後体部の境界線ははっきりしている．胴背は網目状の多角形模様を装う．胴背毛は小さい．

ヒメハダニ属（p.10, 68）
Brevipalpus

体長300 μm以外．楕円形．胴背面は条線を装う．前体部と後体部の区切りは明瞭．胴背毛は12〜14対．本属はすべて植物寄生でマツヒメハダニ *B. lincola* (Canestrini & Fanzogo) のほか5種が報告されている．この属以外にも4属7種が植物上から記録されている．

ユビダニ科
Teneriffiidae

赤橙色ないし暗赤色．眼は2対．胴背前体部には不明瞭な背板がありこの上に2対の感覚毛がある．触肢の付節は板状で，脛節の爪はよく発達し大きい．第I脚の付節の爪は両側に櫛歯状の構造がある．

イソユビダニ属（p.36, 69）
Heteroteneriffia

体長1000 μm内外．暗赤色，脚は明るい赤，眼は2対．1対の感覚毛は短い．背板は不明瞭．脚基節と生殖器周辺の毛は多い．触肢膝節の先端には，瘤状突起はない．イソユビダニ *H. marina* Hirst 1種のみが，本州，四国，九州，沖縄本島，三宅島の磯に生息．

ミナミユビダニ属（p.36, 69）
Austroteneriffia

体長1000 μm内外．より暗い暗赤色．背板は区別できぬほど不明瞭．胴背毛は短い．触肢の膝節には瘤状突起はない．脚基節毛，亜生殖毛とも少ない．脚基節毛は4-3-4-3(2)，亜生殖毛は6〜7対．イソユビダニより上部のタユキビ帯に生息．タマキビユビダニ *A. littorina* Shiba & Furukawa が，四国，九州，奄美大島，徳之島より報告されている．

ウスゲユビダニ属（p.36, 69）
Neoteneriffiola

体長900〜1100 μm．赤橙色．眼は2対．背板ははっきりしている．触肢の膝節には瘤状突起がある．生殖毛6対，亜生殖毛5〜6対．ミナミユビダニ属に似るが，触肢の膝節の瘤の存在で区別できる．樹上に生活．マツウスゲユビダニ *N. hojoensis* Shiba & Furukawa は，四国，隠岐島の海岸近くのマツから，ウスゲユビダニ *N. japonica* Ehara は北海道のハルニレから報告されている．

タマヒシダニ科
Caligonellidae

タマヒシダニ属（p.11, 69）
Calligonella

体長500 μm内外．淡赤色．眼は2対．胴体は丸くて，表面は線刻模様を装う．鋏角は完全に融合し，周気管が曲がりくねって鋏角にまで入り込んでいる．触肢脛節の爪は1本で，付節は長い．土壌中にもいるがマツ

の切り株などに生息．日本では数種が生息するが種名は未確定．

サヤクチダニ科
Cryptognathidae
サヤクチダニ属（p.11, 69）
Cryptognathus

体長 300 μm 内外．赤橙色．眼は2対．前体部先端は前方に突出し，顎体部を包むようになり，顎体部をこの中に引き込むことができる．胴体部と脚のクチクラはよく発達し，表面は線刻，点刻や多角形模様を装う．コケや切り株などで生息．世界でこの1属のみで，日本からはウロコサヤクチダニ *C. maritimus* Shiba のみの記録がある．

ハリクチダニ科
Raphignathidae
ハリクチダニ属（p.11, 69）
Raphignathus

体長約 500 μm．鋏角は完全に融合して1つになる．鋏指は針状で長い．前体部には中央板と1対の側板がある．側板上に1対の眼がある．後体部は1枚の背で覆われ6対毛をもつ．基節 I～IV は互いに接合する．ヤマハリクチダニ *R. racilis* (Rack) ほか，土壌中や切り株からの数種がいるが，種名は未確定．

ツツダニ科
Eupalopsellidae
ツツダニ属（p.11, 69）
Exothorhis

体長 400～500 μm．赤色．1対の眼と眼後体がある．前胴背部に4対，後背部に9対の太くて長い毛を有する．体毛は歯状側岐が顕著である．触肢の付節は極めて長く，脛節の爪は1本．オキナワツツダニ *E. okinawana* Ehara が沖縄のカンキツ類から知られる．

ナガヒシダニ科
Stigmaeidae

淡橙色から濃赤色．眼はあるものとこれを欠く種もある．通常背板を装う．触肢脛節の爪は大きくて滑らか．胴背毛は単条から扇状，柳葉状と種によってまちまちである．

ヒトゲヒシダニ属（p.36, 70）
Mediolata

体長 300～400 μm．胴体背面は4つに区分される．体表面は多角形模様を刻む．眼は1対．触肢は細長く，末端節は特に細長く，脛節の爪の2倍の高さに達する．

顎体部腹面の基部の毛は1対で，他の属と区別できる．日本での生息は未確認．

ツルギヒシダニ属（p.37, 70）
Mullederia

体長約 400 μm．ほぼ円形で，胴背面は完全に1枚の背板で覆われる．後体後端部に上肛門板が区分される．背板は密に多角形模様を装う．背毛は太くて長い．2対の眼ははっきりしている．四国のシイやカシの葉上で生活している．

フサゲヒシダニ属（p.37, 70）
Ledermuelleriopsis

体長約 300 μm．胴背面は3本の横溝で4区分される．後体部の背板にはそれぞれ3対毛がある．背板表面は穴あき状の模様で覆われる．胴背毛は短い．鋏角は互いに分離している．日本には1種が生息するが種名は未確定．

マルヒシダニ属（p.37, 70）
Eustigmaeus

体長 300～400 μm．胴背面は2本の横溝で3区分される．前体部の背板には4対の毛と1対の眼がある．後背板には6対，上肛門板上には2対の毛を有する．背板表面は点刻や多角形模様が刻まれている．鋏角は分離している．日本からはサヤゲヒシダニ *L. segnis* (Koch) のほかに3種の記録がある．

ツメナガヒシダニ属（p.37, 70）
Cheylostigmaeus

体長 400～600 μm．胴背面は前板，後板，上肛門板と1対の背板に区分される．前板も後板も全体を覆うほどには発達していない．前板には1対の眼と4対の毛，後板には7対毛，上肛門板には2対毛．胴背毛は大きくて太い．触肢を含めて顎体部はよく発達して強大．日本に生息するかは不明．

アポヒシダニ属（p.38, 70）
Apostigmaeus

体長 400～500 μm．小型で細長い体形．前板は小さくこの上に2対の毛がある．眼はない．後体部の背板は背毛の周りを囲むように小さなものに分割される．上肛門板は二分され，それぞれ2本の毛を有する．触肢末端節には4本の感覚毛．日本からはアポヒシダニ *A. navicella* Grandjean の記録がある．

ウスナガヒシダニ属（p.38, 70）
Eryngiopus

体長約 400 μm．アポヒシダニ属に似るが，眼がある．前背板は中央の線刻により二分される．胴背毛の周囲の小さな背板状構造はない．触肢末端節の感覚毛は 1 本．日本には 1 種が生息するが種名は未確定．

ナガヒシダニ属（p.38, 71）
Stigmaeus

体長 300〜500 μm．背板は 10〜16 枚あり，組み合わせも多様である．背板の間隔はかなり広い．前中央板には，3〜4 対の毛がある．眼はあるものとない種がある．触肢末端節の感覚毛は先端で三叉する．日本からはウミヒシダニ *S. fissuricola* Halbert とサヌキヒシダニ *S. callunae* Evans の 2 種の記録がある．

ナガヒシダニモドキ属（p.38, 71）
Pseudostigmaeus

体長約 400 μm．ナガヒシダニ属に似るが，後中央背板を欠く．前中央板には 3 対の毛と眼後体がある．基節 II には 2 毛．日本に生息するかは不明．

ヤツゲナガヒシダニ属（p.38, 71）
Zetzellia

体長約 350 μm．前背板には，3 対の毛と 1 対の眼，1 対の大きな眼後体 "postoculan body" がある．後体部の背板は種によって組み合わせが異なる．基節 II には 1 毛．植物上で見られる．

トウゲナガヒシダニ属（p.38, 71）
Agistemus

体長 300〜400 μm．ヤツゲナガヒシダニ属に似るが，後体部の中央板上には 5 対の毛を有する．触肢脛節の爪はよく発達し，棘状の飾り爪をもつ．日本からはケボソナガヒシダニ *A. terminalis* (Quayle) ほか 5 種が植物上から記録されている．

ケナガヒシダニ科
Barbutiidae

ケナガヒシダニ属（p.11, 71）
Barbutia

体長 300 μm 内外．赤色．眼は 2 対．鋏角や触肢の構造はナガヒシダニ科によく似るが，触肢脛節の爪の腹側中央に 1 つの歯があることで識別できる．胴背毛は細長く，前体部の 1 対と後体部後端の 1 対は極めて長い．*Barbutia* sp. が，本州，四国のミズナラなどの樹皮下や倒木に見られる．

ケダニ団 Parasitengona

体長 1000〜2000 μm と大型で赤色ないし赤褐色．触肢は典型的な親指状で，体毛は密である．鋏角は固定指のみが発達しているものと針状に長いものとがある．前体部背面に感覚域があり 1〜2 対の感覚毛を有する．眼はあるものが多い．幼虫は寄生性で昆虫などの無脊椎動物あるいはネズミなどの脊椎動物．科によって宿主は異なる．タカラダニ科，ナミケダニ科，ツツガムシ科のほかに 4 科を含む．

ヤリタカラダニ科
Calyptostomatidae

ヤリタカラダニ属（p.12, 13, 71, 83）
Calyptostoma

体長 2000 μm 内外．赤橙色．眼は 2 対．顎体部は胴体部の中へ出し入れ自由．胴背部には背板も感覚溝もなく，1 対の感覚毛が独立している．胴背面は波線状の不規則な模様を装う．コケや湿った森林落葉層に見られる．日本からはコノハヤリタカラダニ *C. verutinus* (Müller) 1 種のみの記録がある．ほかに数種が生息しているが種名は未確定．

ナガタカラダニ科
Smarididae

赤橙色から暗赤色．顎体部は胴体中へ自由に出し入れできる．感覚毛は 2 対．背板と感覚溝のあるもの，感覚溝のみ有するものなどまちまちである．胴背毛は短く，円形から棍棒状であるが鋸状の側歯を装う．

ヒルスナガタカラダニ属（p.39, 72）
Hirstiosoma

胴長約 1700 μm．眼は 1 対で感覚域の中央レベルにある．前感覚域は前方に突出し，20 本ほどの飾り毛をもつ．前感覚域と後感覚域は，感覚溝（クリスタ）で連結される．前後の感覚毛は単条．体毛は太くて短く，鋸歯状の側枝をもつ．日本では樹上のコケや地上のコケで 1 種が見られるが種名は未確定．

チビゲナガタカラダニ属（p.39, 72）
Trichosmaris

胴長約 1500 μm．眼は 1 対で感覚域の中央のレベルにある．前感覚域と後感覚域は感覚溝で連結される．前感覚毛は短くて，先端部は側分岐毛が長く，先太に見える．後感覚毛は細長いが，中央まで側毛があり，それより先は単条で，中央部の側毛が長いので中太に見える．胴背毛は普通のタイプ．日本には 2 種が生息するが種名は未確定．

フトアシナガタカラダニ属（p.39, 72）
Sphaerotarsus

胴長約1000 μm．眼は1対で感覚域の中央レベルにある．前感覚域は前方に突出し，12～15本の飾り毛と短い先太の感覚毛をもつ．後感覚毛も短く先太である．♂の第IV脚末端節は幅広く膨れるが，♀では普通の大きさ．日本での生息は不明．

フトゲナガタカラダニ属（p.39, 72）
Clavismaris

胴長約1000 μm．眼は1対で感覚域の中央レベルにある．フトアシナガタカラダニ属によく似るが，前後の感覚毛はより先太で，♂でも第IV脚末端節は幅広くはならない．日本での生息は不明．

ツナギナガタカラダニ属（p.40, 73）
Fessonia

胴長900～1100 μm．眼は2対で感覚域の中央レベルだが，前感覚毛より前に位置する．感覚溝は前体部前端にまで伸びるが，前感覚毛は前端にはなく，感覚溝の中央よりやや後方に位置する．後感覚毛は感覚溝の後端に位置する．両感覚毛とも小さな側枝を密にそなえる．日本には1種が生息しているが種名は未確定．

ハナレナガタカラダニ属（p.40, 73）
Kraussiana

体長1500～2500 μm内外．感覚溝は前感覚毛から前方にある．後感覚毛はずっと後方に独立して生じる．眼は2対で前感覚毛のレベルにある．脚の末端節は白く見える．日本からは，シロタビタカラダニ *K. mitsukoae* Shiba 1種の記録がある．

ウスイタナガタカラダニ属（p.40, 73）
Calorema

胴長約800 μm．感覚域は狭い背板に囲まれている．2対の眼は背板から離れており，前感覚毛の少し前方のレベルに位置する．前感覚毛は背板の中央よりやや後方に，後感覚毛は後端にある．感覚毛は密に側枝をもち先端がやや太くなる．日本での生息は不明．

ナガタカラダニ属（p.40, 73, 83）
Smaris

胴長約1000 μm．前体部の中央背板は大きくて，この上に2対の毛と前後の感覚毛がのっている．この背板の前方は鼻状に前方に突出する．前体部に側板のある種もある．後体部には後背板のほかに1対の中央板がある．種によっては腹側にも腹板のあるものもある．感覚毛はかなり長く，側枝を密にそなえる．日本からはチビナガタカラダニ *S. grandjeani* (Oudemans) 1種の記録がある．

タカラダニ科
Erythraeidae

黄褐色から赤橙，暗赤色と体色は濃い．眼は1対ないし2対．背板と感覚溝のあるものから背板を欠くものまでさまざまである．顎体部は胴体部に固定されているが，鋏角は自由に出し入れできる．日本からは20種以上記録されているが，未知種は多い．捕食性で潮間帯から草地，森林落葉層，樹皮上，ビルのコンクリート壁面まで生息場所となっている．幼虫は大部分がクモや昆虫寄生．

トゲナシタカラダニ属（p.40, 74）
Erythroides

体長1000～1400 μm．2対の眼．脚の毛は鋸歯状の側枝をもつ．触肢の脛節や膝節に顕著な棘状毛をもたない．感覚溝は狭い背板上にある．日本では北海道のみに生息．

カワラタカラダニ属（p.40, 74）
Parerythraeus

体長約2700 μm．2対の眼．脚の毛は鋸歯状の側枝をそなえる．触肢の脛節や膝節には棘状毛がある．四国の川の下流域の河原に生息．

アリマキタカラダニ属（p.40, 74, 83）
Erythraeus

体長2000～2500 μm．2対の眼．脚の毛は鋸歯状の側枝をもたないかあってもごく弱い．触肢の脛節の腹側には強い棘状毛がある．日本には北海道や本州の高山にアオキアリマキタカラダニ *E. aokii* Shiba，全国の低地にアリマキタカラダニ *E. nipponicus* Kawashimaが生息している．

アナタカラダニ属（p.41, 74）
Balaustium

体長約1000 μm．1対の眼．感覚溝はないが不明瞭な背板がある．眼の後ろに特殊な穴（urnula）がある．日本にはハマベアナタカラダニのほかに3種が生息するが種は未確定．

アリクイタカラダニ属（p.41, 75）
Myrmicotrombium

体長約900 μm．1対の眼は感覚溝の先端よりも前にある．日本での生息は未確認．

クモタカラダニ属 (p.41, 75)
Leptus

体長 1700～3000 μm. 1 対の眼は感覚域の中央より前のレベルに位置する. 胴背毛は多い. 触肢の爪と末端節の先端はほぼ同じ高さ. 日本からはセミタカラダニ *L. trimaculatus* (Hermann) のほかに幼虫での記録が 4 種ある. 幼虫は節足動物 (クモ, 昆虫) 寄生.

コブタカラダニ属 (p.42, 75)
Callidosoma

体長 800～3000 μm. 1 対の眼は感覚溝の中央部のレベルより後ろに位置する. 脚脛節の先端に 1 個の瘤がある. 触肢は大きい. 日本には, 1 種が生息するが種は未確定.

ゴミツケタカラダニ属 (p.42, 75)
Caeculisoma

体長 1700～3000 μm. 1 対の眼は感覚溝の中央のレベルより後ろに位置する. 脚脛節の瘤はコブタカラダニと同様にある. 触肢は非常に小さく, 特に付節の発達が弱いので, 1 本の棒状に見える. 日本にはコブタカラダニのほかに 1 種が生息するが種は未確定. 幼虫ではヒグラシタカラダニ *C. chiyoae* の記録がある.

ムコウズネタカラダニ属 (p.42, 76)
Cecidopus

体長約 2000 μm. 1 対の眼は感覚溝の中央のレベルより後ろにある. 感覚溝は幅の狭い背板の上にある. 触肢末端節は大きくて, 脛節の爪をはるかに越える. ♂の第 IV 脚膝節は幅広くなる. 日本に生息するかは不明.

ユビタカラダニ属 (p.42, 76)
Sphaerolophus

体長 1500～4000 μm. ムコウズネタカラダニと似るが, 胴背毛が側枝をもち, ♂の IV 脚膝節は強大化しない. 幼虫はクモに寄生. 日本にはユビブトタカラダニの記録がある.

クサタカラダニ属 (p.42, 76)
Abrolophus

体長約 1000 μm. 1 対の眼は感覚溝の中央のレベルより後ろにある. 感覚溝は幅狭い背板をもつ. 草地や樹上に生息する. 日本では, ウスゲタカラダニ *A. guinguesetum* (Schweizer & Bader) とミキタカラダニ *A. cuspidatus* の 2 種が記録されている.

ツツガムシ科 (p.12, 13, , 76, 83)
Trombiculidae

成虫は 1500 μm 内外. 淡赤色. 眼は 1～2 対. 前胴背面には背板はなく感覚溝のみ. 感覚毛は 1 対. 後体部は 8 字状のくびれがある. 幼虫はトリやネズミ類に寄生し, アカツツガムシ *Leptotrombidium akamushi* (Brumpt) やタテツツガムシ *L. scutellare* (Nagayo, Miyagawa, Mitamura, Tamiya & Tenjin) はツツガムシ病の媒介者として有名. 日本からは 80 種以上の幼虫の記録がある.

ジョンストンダニ科
Johnstonianidae

黄橙色から暗赤色. 眼は 2 対. 前体部背面に 2 対の感覚毛がある. 胴背毛は単条である. 谷川など川岸のコケ上や湿った落葉上に生息している. 幼虫はガガンボ, ユスリカなどの水生昆虫に寄生.

フタゲジョンストンダニ属 (p.43, 77)
Diplothrombium

体長 500～800 μm. 前体部の鼻状突起は強く突出する. 2 対の感覚毛は離れている. 触肢は短くて, 脛節の爪のつけ根内側に 1 つの飾爪がある. 第 I 脚末端節の背面基部に, 数本の感覚毛が, 盛り上がった台上にむらがって生じる. ホソフタゲジョンストンダニ *Diplothrombium longipalpe* (Berlese) が四国に生息.

ヒルストケダニ属 (p.43, 77)
Hirstiothrombium

体長約 900 μm. 2 対の感覚毛は感覚溝の先方に近接して生じる. この 2 対の感覚毛の中間に, 一見, 感覚毛のように見える 1 対の長い毛がある. 前体部先端の鼻状突起は感覚溝の先端部とは連続しない. 2 対の眼は大きい. 日本には 2 種が生息するが種名は未確定.

ニセフタゲジョンストンダニ属 (p.43, 77)
Paraplothrombium

体長約 1000 μm. 前体部の鼻状突起は小さくて, 幅広い. 感覚溝の中に感覚毛は取り込まれているが, 前感覚毛は通常の胴背毛に変化して, 後感覚毛のみがある. 触肢の脛節の腹側の飾爪は大きい. 日本に生息するかどうかは不明.

ジョンストンダニ属 (p.43, 77, 83)
Johnstoniana

体長 1700～3200 μm. 前体部の鼻状突起は三角形. 感覚溝は先端と中央の感覚毛の位置で幅広く膨らんでいる. 前後の感覚毛は, 細長い. 不明瞭ではあるが,

後感覚域の周辺には背板状の肥厚部がある．触肢の腹側の飾爪は三日月型．日本では，全国の山地の谷川の岩上にジョンストンダニ *J. errans* George が生息する．

ヨリゲジョンストンダニ属 (p.43, 77)
Centrotrombidium

体長 100 μm 内外．前体部の鼻状突起は幅狭くて先が尖る．前後の感覚毛は非常に近接して，同じ感覚溝の膨らみの中に取り込まれている．前感覚毛は単条だが，後感覚毛は球状．触肢の飾爪は小さい．胴背毛は肉厚で先が丸い．日本には 2 種が生息するが種名は未確定．

ガマゲケダニ属 (p.43, 78)
Charadracarus

体長 500 ～ 700 μm．前体部に背板はあるが，感覚溝はない．後感覚毛は，先端か中央部が膨れている．前感覚毛は，通常の背板毛と同じ形になっている．背板の先端は鼻状に突起し，先が尖っている．胴背毛は細く，数本の側枝をもつ．生殖吸盤は 2 対．四国，九州，北海道の土壌中に 1 種が生息するが種名は未確定．

マダラケダニ科（新称）
Tanaupodidae

コバナケダニ属 (p.45, 79)
Rhinothrombium

胴長 1200 ～ 2500 μm．眼は感覚毛のレベルにある．前体部の先端は鼻状に突出し，2 本の通常の毛を装う．感覚溝より離れて感覚毛が生じる．胴背毛は単条で幅広い．触肢脛節には爪のほかに 1 本の飾爪がある．日本での生息は未確認．

マダラケダニ属 (p.45, 79)
Tanaupodus

胴長 600 ～ 1000 μm．眼は感覚毛のレベルより前にある．前体部の先端は鼻状に突出しない．感覚毛は感覚溝に密着する．胴背毛は短くて肉太．日本には本州，北海道に 1 種が生息するが，種名は未確定．

ニセマダラケダニ属 (p.45, 79)
Paratanaupodus

胴長約 700 μm．小型．背板と感覚溝はあるが感覚毛はない．眼もない．触肢末端節は小さくて脛節の爪の半分．胴背毛は幅広い．生殖吸盤は 2 対．日本に生息するかは不明．

ラッセンケダニ属 (p.45, 78)
Lassenia

体長 1300 ～ 1700 μm．明瞭な背板があり，感覚溝はこの中にあるが，先端まで届かず途中で止まる．後感覚毛は感覚溝より離れている．前感覚毛は鼻状突起の上にあるが，短い．日本からは，モロハジョンストンダニ *L. spinifera* Newell が記録されている．

トゲケダニ科（新称）
Trombellidae

トゲケダニ属 (p.45, 78)
Trombella

胴長 1500 ～ 2500 μm．2 対の眼は小さい．感覚溝はなく背板上に感覚毛が独立している．後体部背面には特殊な穴状構造のあるものもある．日本からはトビイシケダニ *T. glandurosa* Berlese の報告がある．

ヤリトゲケダニ属 (p.45, 78)
Neonothrothrombium

胴長 700 ～ 1000 μm．背板の先端は鼻状に前方に突出するが，突起部には毛はない．胴背毛は棘状か指状．触肢末端節は脛節の爪とほぼ同じ高さ．

ケモチトゲケダニ属 (p.45, 78)
Nothrothrombium

胴長 1100 ～ 2000 μm．背板の先端は鼻状に前方に突出し，毛を装う．胴背毛は棘状．日本に生息するかは不明．

フサゲトゲケダニ属 (p.45, 78)
Durenia

胴長約 700 μm．小型．背板の先端は丸く，この部分にも毛がある．胴背毛には鞘状に微側枝を装う．触肢末端節は脛節の爪の高さより低いレベル．第 I 脚末端節は幅と同じ長さで短い．生殖吸盤は 2 対．日本には 1 種が生息するが種名は未確定．

バッタケダニ科（新称）
Eutrombidiidae

ホソケダニ属 (p.45, 79)
Leptothrombium

胴長 1400 ～ 2600 μm．胴体部も脚も細長い．胴体背面の後端に尾背板がある．感覚毛は眼より後ろのレベルにある．日本に生息するかは不明．

バッタケダニ属 (p.45, 79)
Eutrombidium

胴長 2000 ～ 3000 μm．胴体部は幅広い．胴体背面

の後端に背板がある．触肢の脛節には腹側にも 2 〜 3 本の飾爪がある．日本では東北地方から 1 種が採集されているが，種名は未確定．

ヒメケダニ科（新称）
Microtrombidiidae
ハナケダニ属（p.46, 79）
Valgothrombium

胴長 700 〜 1700 µm．感覚溝の先端は鼻状突起部に侵入するように終わる．感覚溝の後端は大きく膨れ感覚毛を包む．眼は感覚毛とほぼ同じレベルに位置する．日本からはウチダハナダニ *V. uchidai* Asanuma とフサゲハナケダニ *V. confusum* (Berlese) の記録がある．

タンパツケダニ属（p.46, 80）
Dromeothrombium

胴長 900 〜 1500 µm．感覚溝の先端は平坦で 5 〜 15 本の飾毛がある．感覚毛は非常に長く，眼のレベルより後ろにある．第 I 脚末端節は細長い．胴背毛は短く，側枝も長い．日本に 2 種が広く分布するが種名は未確定．

ジョージアケダニ属（p.46, 80）
Georgia

胴長 1000 µm 内外．感覚溝の先端はやや膨らみ飾毛がある．感覚毛は眼のレベルより後ろにある．胴背毛の後体部のものは先端の側枝が肉厚くなり，コンペイトウ状になる．第 I 脚末端節は幅広い．日本では北海道と東北地方に 2 種が生息するが，種名は未確定．

フトゲケダニ属（p.46, 80）
Platytrombidium

胴長 1300 〜 2400 µm．感覚溝の先端は少し膨らみ，飾毛を装う．感覚毛は眼のレベルより後ろにある．後体部の胴背毛は短いが肉厚で，スパチュラ状．6 月頃，谷川の岩上に，別の種が 7 〜 9 月頃，河口の潮だまりの砂浜に出現するが，種名は未確定．

ヒメケダニ属（p.46, 80, 83）
Microtrombidium

胴長 800 〜 1900 µm．感覚溝の先端は少し凹んで，飾毛を装う．感覚毛は眼のレベルより後ろにある．胴背毛は短いが側枝は長い．第 I 脚末端節は膨れている．日本ではヒメケダニ *M. pusillum* (Hermann)，ナンヨウヒメケダニ *M. jabanicum* Berlese とブナヒメケダニ *M. karriensis* Womersley が記録されている．

ハゲケダニ属（p.46, 80）
Trichotrombidium

胴長 1100 〜 1500 µm．感覚溝の先端は途中で止まる．前体部先端は平坦で飾毛はない．感覚毛は眼のレベルより後ろにある．胴背毛は短くて太く，その先端部は肉質の膨らみをもつ．日本には 1 種が生息するが種名は未確定．

タマケダニ属（p.47, 81）
Camerotrombidium

胴長 1000 〜 3000 µm．眼は盤上にのり，柄はない．感覚溝の先端は途中で消失する．前体部先端はほぼ平坦で飾毛をそなえる．触肢の脛節の腹側に飾爪はない．胴背毛は楕円形から球形で，柄のような毛穴から生じる．第 I 脚の末端節はやや太い．日本からはタキケダニ *C. takii* Asanuma の記録がある．

ヘチマケダニ属（p.47, 81）
Mastothrombium

胴長 1200 〜 1500 µm．眼は盤上にある．感覚溝の先端は，途中で消失．前体部の前縁は少し膨れて，飾毛を装う．触肢の脛節の腹側には飾爪はなく，背側に 1 列に並ぶ太い棘状毛と大きな飾爪がある．胴背毛はヘチマ状の大きい毛と短いコンペイトウ状のものの 2 種．毛穴は柄のようにはならない．日本には 1 種が生息するが，種名は未確定．

マガリゲケダニ属（p.47, 81）
Campylothrombium

胴長 1400 〜 2500 µm．眼は盤上にある．感覚溝の先端は前体部の前縁近くまで届く．前縁部は少し隆起し，飾毛を装う．胴背毛は台状の毛穴より生じ，毛の長さの半分より上は肉質で中が空洞になる．本州，四国に 1 種が生息するが，種名は未確定．

ネグセケダニ属（p.47, 81）
Holcotrombidium

胴長 2000 〜 2400 µm．感覚溝の先端は，前体部前縁隆起に届く．飾毛がある．胴背毛は，大きな袋状毛と鱗状の毛，それに通常の毛が混在する．沖縄にネグセケダニ *H. dentipile* (Canestrini) が生息する．

ナミケダニ科
Trombidiidae
ドクロケダニ属（p.47, 78）
Allothrombium

胴長 2000 〜 5000 µm．2 対の眼は長い柄の上にある．背板と感覚溝はドクロの眼のように見える．脚末端節

の爪間体は房状に密に分岐する．幼虫はアリマキに寄生．日本からはドクロケダニ A. angulatus Feiderのみの記録がある．

サキブトケダニ属（p.47, 81）
Angelothrombium

胴長4000〜5000 μm．前体部が広がった背板上の中央部に，先端が太い感覚毛がある．日本に生息するかは不明．

メガネケダニ属（p.48, 81）
Podothrombium

胴長800〜2500 μm．眼は板の上にのっている．感覚溝は感覚毛の部分で大きく膨らみ，先端部はすぐに消失する．感覚毛は膨らんだ部分の大きな毛穴から生じる．前体部の先端部はU字形にへこみ，飾毛はない．脚は細長い．ハタメガネケダニ P. macrocarpum Berleseほか3種が記録されている．

ナミケダニ属（p.48, 82）
Trombidium

胴長2000〜3000 μm．眼は感覚毛の毛穴のレベルより後ろにあり，柄をもつ．感覚毛より前方は，感覚溝が棍棒状で短い．後体部の毛は先端部がデコボコの肉質を裸出する．日本全国にアカケダニ T. holosericeum Linnaeusが分布している．

ミョウトナミケダニ属（p.48, 82）
Parathrombium

胴長1100〜1400 μm．眼は感覚毛の毛穴のレベルより前方にあり，長い柄をそなえる．背板は感覚毛の前方では棒状で短い．後体部の胴背部は，肉厚で全体に微側毛を装う．フタゲケダニ P. bidactylus Newellが4〜5月頃に地上を徘徊している．

ホソナミケダニ属（p.48, 82）
Caenothrombium

胴長1600〜3000 μm．眼は感覚毛の毛穴のレベルより前にある．感覚毛から後ろの感覚溝は広くて長く，前方は末広がりで背板へと連なる．第Ⅰ脚末端節は短くて幅も狭い．後体部の胴背毛は肉厚で側枝が全体にある．日本に生息するかは不明．

フタツノケダニ属（p.48, 82）
Dolichothrombium

胴長1000〜1300 μm．眼は感覚毛の毛穴のレベルにある．前体部前縁はU字型に弱くへこみ，中央に2本の対をなす毛を有する．後体部の胴背毛は短く，側枝は少数だが長い．日本には1種が生息するが種名は未確定．

ニセササラダニ上団 Endeostigmata

ケダニ類の旧失気門上団 Endeostigmataの構成科のうち大部分の11科を含む．気門の開口部が見られないことから，Kramtz & Walter (2009)ではササラダニ目 Sarcoptiformesに編入された（ケダニ亜目の項，表参照）．中型から小型のダニで赤橙色のものもいるが，大部分は色は薄い．感覚毛は1〜2対．眼はあるものとないものがある．第Ⅳ脚基節が発達してジャンプするものまで含まれる．

長い間，ケダニ類の中の1群として扱われてきたが，Krantz & Walter (2009)の分類ではササラダニ目に属する．ここではあえてケダニ目の末尾につけたす形で取り扱った．

オオギチビダニ科
Oehserchestidae

以前に用いられた Hybalicidaeの科名は Theron (1974)により命名されていたが，Kethley (1977)は模式属の *Hybalycus*は Jacot (1939)が用いた *Oehserchestes*とシノニムであるとし，Oehserchestidaeを提唱した．前体部には1対の感覚毛と4対の体毛がある．生殖吸盤は3対．

オオギチビダニ属（p.50, 84）
Oehserchestes

体長150〜250 μm．後体部は円形で盛り上がっている．前体部は1対の感覚毛と4対の扇状毛がある．感覚毛は大きなカップ状の毛穴より生じ，非常に長い．眼はあるものとないものがある．基節Ⅳは大きくて，ジャンプに適応．第Ⅰ脚末端節には爪はなく，針状や爪状の爪間体だけがある．日本には，コメツオオギダニ O. flabelliger (Berlese)の他にもう1種が生息するが種名は未確認．

グランジャンダニ科（新称）
Grandjeanicidae

オオギチビダニ科 Oehserchestidaeのダニに極めて類似するが，第Ⅰ脚末端節の先端に非常に長い1本の毛を持つことで区別できる．生殖吸盤は3対．

グランジャンチビダニ属（p.50, 84）
Grandjeanicus

体長約300 μm．楕円形．感覚毛は対で細長い．眼はない．前体部の体毛は長くて側枝を密にもつが，先

太ではない．後体部の背毛はスパチュラ状．第 I 脚末端節には爪も爪間体もないが，1 本の巨大な毛がある．日本には 1 種が生息するが種名は未確定．

ハネトビダニ科
Nanorchestidae

白色から暗赤緑色．体表面は点刻模様を装う．胴背毛は，ほうき状に分岐する．第 IV 脚の基節がよく発達して，テコの原理でジャンプできる．第 I 脚付節に爪はなく爪状の爪間体のみがある．潮間帯から畑，草地，森林土壌，樹冠上とほとんどの場所で優占種となる．

ナガハネトビダニ属（p.50, 85）
Speleorchestes

体長約 300 μm．暗赤色，後体部が膨れて洋梨型．前体部と後体部の区切りの横溝ははっきりしている．前体部には 2 対の眼と 4 対の体毛，2 対の感覚毛がある．感覚毛は細いが，密に側枝をもつ．胴背毛はスパチュラ状で短い．日本からはナガハネトビダニ *S. poduroides* Hirst の記録がある．

タマハネトビダニ属（p.50, 85）
Neonanorchestes

体長約 200 μm．暗緑赤色，脚はアズキ色，卵円形．前体部の後感覚毛は先太．胴背毛は二叉し，さらに小さく分岐する．脚末端節の爪はなく，爪状の爪間体があるのみ．日本では樹上のコケや土壌中に 2 種が生息するが，種名は未確定．

ハネトビダニ属（p.50, 85）
Nanorchestes

体長 130〜250 μm．暗緑赤色，脚はアズキ色，卵円形．タマハネトビダニに似るが，後感覚毛は長くて密に側枝をもつ．日本ではハマハネトビダニ *N. amphibius* Topsent & Trouessart とフタゲハネトビダニ（新称）*N. antarcticus* Strandtmann の記録がある．

マルチビダニ科
Alycidae

旧科名 Pachygnathidae はクモ類に同じ科名が使用されていたことが明らかになって，Alycidae に変更された．白色ないし黄白色．胴体は楕円形で，表面は点刻や多角形模様を装う．眼はないものと 2 対を有する種もある．2 対の感覚毛があるが，前後どちらかが球状の先がふくれることもある．生殖吸盤は 2〜3 対．

マルチビダニ属（p.51, 85）
Alycus

体長 400〜600 μm．卵円形．前体部には 2 対の長い感覚毛と 4 対の短い毛がある．眼は 2 対．鋏角は鋏状だが，短くて太い種と針状に先が尖る種もある．鋏角毛も 0〜2 本と多様．胴背毛は短く，側枝は少なくて長い．日本からはハタケマルチビダニ *A. ornithorhynchus* (Grandjean) 1 種の記録がある．

ドウナガダニ属（p.51, 85）
Petralycus

体長約 250 μm．長楕円形．前体部には 2 対の感覚毛と 3 対の体毛．前感覚毛は先が球状，後感覚毛は細長い．眼はない．鋏角は鋏状で鋏角毛は 1 本．胴背毛は短くてマキビシ形．日本には 1 種が生息するが種名は未確定．

アミメマルチビダニ属（p.51, 85）
Bimichaelia

体長 300〜900 μm．卵円形．前体部には 2 対の感覚毛がある．前感覚毛は細長いが後感覚毛は球状で短い．眼は欠くことが多い．鋏角は先が針状に尖る．鋏角毛を欠く．胴背毛はマキビシ型から木の葉状と種によって多様．日本からはクチキアミメチビダニ *B. diadema* Grandjean のほかに 3 種が記録されている．

ムカシアギトダニ科（新称）
Proterorhagiidae
ムカシアギトダニ属（新称）（p.49, 85）
Proterorhagia

大型，550 μm 内外．前体部には 2 対の感覚毛と 4 対の胴背毛．後感覚毛は短くて，先が球状にふくれる．前体部と後体部の区切りの溝ははっきりしている．鋏角は強大で，固定指・可動指ともに大きくて先が二叉する．固定指の基部に 1 本の毛．触肢は 5 節よりなる．生殖毛は 6 対，亜生殖毛は 5 対，生殖吸盤は 3 対である．ケダニ目のアギトダニ科 Rhagidiidae ときわめて類似するが，アギトダニは生殖吸盤が 2 対であり区別できる．またアギトダニの脚のソレニジオンはラギディア器官という納溝に包まれているが，ムカシアギトダニではソレニジオンは裸出している．日本には 1 種が生息し，北海道・本州・四国の森林落葉下で普通に見られる．

ヨコシマチビダニ科
Terpnacaridae

白色ないし淡赤色．体表面は小さな凹みや線刻を装う．前体部背面には 1 対の長い感覚毛と 5 対の通常毛

がある．前体部の表皮下に肥厚部がある．鋏角の固定指と可動指はともに小さい．生殖吸盤は 3 対．

フサチビダニ属 (p.51, 84)
Alycosmesis

体長 150 ～ 200 μm．前体部には 5 対の房状体毛と 1 対の感覚毛がある．感覚毛は先半分に側枝をもつ．眼は，前体部先端腹側に 1 個あるのみ．後体部は不明瞭な横溝で 7 区分される．胴背毛は房状からひしゃげた円形までさまざま．鋏角は鋏状．鋏角毛は 2 本．日本での生息は不明．

ヨコシマチビダニ属 (p.51, 84)
Terpnacarus

体調 300 ～ 400 μm．前体部には 5 対の毛と 1 対の感覚毛．感覚毛は細長い．眼は前体部先端腹側に 1 個のみ．鋏角は鋏状で，鋏角毛は 2 本．後体部は表面が穴あき状でデコボコの種と線刻のみのスムーズな種がある．胴背毛は肉太で側枝も多いが，房状にはならない．日本からはヨコシマチビダニ *T. bouvieri* Grandjean ほか 2 種が記録されている．

ニセアギトダニ科
Alicorhagiidae

白色．前体部背面の毛は 1 対の感覚毛を含めて 6 対．すべての脚の付節は爪を欠き，爪状の爪間体のみがある．第 I 脚脛節の感覚器の形が種の特徴となる．生殖吸盤は 2 対．

ニセアギトダニ属 (p.51, 84)
Alicorhagia

体長 300 ～ 400 μm．前体部は 5 対の毛と 1 対の感覚毛．感覚毛は大きなカップ状の毛穴から生じ細長く，密に短い側枝をもつ．眼はない．鋏角は鋏状で鋏角毛は 1 本．脚末端節 I ～ IV には爪はなく，爪状の爪間体のみ．生殖板毛は 10 対．日本からはケナガニセアギトダニ *A. fragilis* Berlese ほか 2 種が記録されている．

オビニセアギトダニ属 (p.51, 84)
Stigmalychus

体長約 300 μm．ニセアギトダニ属に似るが，後体部は不明瞭な区切りがなら 3 つに区分される．生殖毛は 6 対．九州，四国に 1 種が生息するが，種名は未確定．

引用・参考文献

安部 弘・他（2009）．「資料」ダニ亜綱の高次分類群に対する和名の提案．日本ダニ学会誌, 18 (2)：99-104.

André, H. M. (1980). A generic revision of the family Tydeidae (Acari : Actinedida) IV. Generic descriptions, keys and conclusions. *Bull. Ann. Soc. r. belge Ent.*, 116 : 103-168.

André, H. M. (2004). Revalidation of *Oriola* and replacement name for *Meyerella* (Acari : Tydeidae). *Internat. J. Acarol.* 30 : 279-280.

André, H. M. & A. Fain (2000). Phylogeny, ontogeny and adaptive radiation in the superfamily Tydeoidea (Acari : Actinedida), with a reappraisal of morphological characters. *Zool. J. Linn. Soc.* 130 : 405-448.

André, M. M. (1926). Une foune Francise nouvele de Thrombidion. *Bull. Mus. Paris.* 32 : 372-374.

André, M. M. (1930). Sur une nouvele espece Francaise d' Acarien, Appartenant au Gener *Typhlothrombium* Berlese. *Bull. Mus. Paris.*, 2 : 527-531.

André, M. M. (1960). Contribution a l'etude des Thrombidions d' Indochine, *Acarologia*, 2 : 315-326.

André, M. M. (1961). Thombidion adulte nouveau (*Euthrombidium asiaticum*) de Mongolie centrale. *Acarologia*, 13 : 165-171.

青木淳一（1973）．土壌動物学．xiii ＋ 814pp．北隆館，東京．

青木淳一（編）（1999），日本産土壌動物—分類のための図解検索．Xxxix ＋ 1076p．東海大学出版会，東京．

Asanuma, K. (1940). Occurrence of Acari of the family Caeculidae in Japan. *Annot. Zool. Japan*, 19 : 271-275.

Asanuma, K. (1951). A new trombidiid mite. *Tamiyaia nippon* nov. gen. et sp., from Japan. *Misc. Rep. Res. Inst. Natural Resources*, 23 : 14-49.

Asanuma, K. (1952a). *Camerotrombidium takii* nov. sp., a new species of Trombidiidae trom Hachijo Island, the Izu Seven Islands. *Japan. Misc. Rep. Res. Inst. Natural Resources*, 27 : 97-100.

Asanuma, K. (1952b). Description of a new trombidiid mite, *Valgothrombium uchidai* n. sp., from Japan. *Misc. Rep. Res. Inst. Natural Resources*, 27 : 100-102.

Atyeo, W. T. (1960). A revision of the mite family Bdellidae in north an central America (Acari : Prostigmata). *Univ. Kansas Sci. Bull.*, 11 : 345-499.

Atyeo, W. T. & E. W. Baker (1964). Tarsocheylidae, a new family of prostigmatic mites (Acarina). *Univ. Nebraska state Mus.*, 4 : 243-256.

Baker, E. W. (1940). Paratydeidae, a new family of mite. *Proc. Ent. Soc. Wash.*, 51 : 119-122.

Baker, E. W. (1965). A review of the genera of the family Tydeidae (Acarina). *Advance in Acarology. Cornell University Press. Ithaea New York*, 2 : 95-133.

Baker, E. W. (1968a). The genus *Lorryia*. *Ann. Entmol. Soc. Amer.*, 61 : 986-1008.

Baker, E. W. (1968b). The genus *Pronematus* Canestrini. *Ann. Entomol. Soc. Amer.*, 61 : 1091-1097.

Baker, E. W. (1968c). The genus *Paralorryia*. *Ann. Entomol. Soc. Amer.*, 61 : 1097-1106.

Baker, E. W. (1970). The genus *Tydeus*: subgenera and species groups with descriptions of the new species (Acarina : Tydeidae). *Ann. Entomol. Soc. Amer.*, 63 : 163-177.

Baker, E. W. and M. D. Delfinado. (1974). Pseudotydeinae, a new subfamily of Tydeidae (Acarina). *Proc. Entomol. Soc. Wash.*, 76 : 444-447.

Baker, E. W. & M. D. Delfinado (1976). Notes on the genus

Naudea Meyer and Rodrigues, with description of a new species (Acarina: Tydeida). *Intl. J. Acar.*, **2** : 35-38.

Coineau, Y. (1964a). Une nouvelle espece Francaise de Labidostommidae (Acariens, Prostigmates) *Eunicolina travei* sp. n.. *Vie et Milieu*, **15** : 153-175.

Coineau, Y. (1964b). Un nouveau *Labidostoma* a pustules multiples : *Labidostoma jacquemarti* n. sp. (Labidostommidae. Acar. Prostigmat 2). *Rev. Ecol. Biol. Sol.*, **1** : 543-552.

Cunliffe, F. (1957). Notes on the Anystidae with a description of a new genus and species *Adamystis donnae*, and a new subfamily, Adamystinae (Acarina). *Proc. Ent. Soc. Wash.*, **59** : 172-176.

Delfinado, M. D. (1974). Terrestrial mites of New York (Acarina : Prostigmata). I-Tarsocheylidae, Paratydeidae, and Pseudocheylidae. *New York Ent. Soc.*, **82** : 202-211.

Ehara, S. (1961). Some snout mites from Japan (Acarina : Bdellidae). *Publ. Seto Mar. Biol. Lab.*, **9** : 247-263.

Ehara, S. (1962a). Notes on some predatory mites (Phytoseiidae and Stigmaeidae). *Jap. J. Appl. Ent. Zool.*, **6** : 53-60.

Ehara, S. (1962b). Mites of greenhouse plants in Hokkaido, with a new species of Cheyletidae. *Annot. Zool. Japan.* **35** : 106-111.

Ehara, S. (1964). Predaceous mites of the genus *Agistemus* in Japan (Acarina : Stigmaeidae). *Annot. Zool. Japan.*, **37** : 226-232.

Ehara, S. (1965). Two new species of Teneriffiidae from Japan, with notes on the genera *Heteroteneriffia* and *Neoteneriffiola* (Acarina : Prostigmata). *Publ. Seto Mar. Eiol. Lab.*, **13** : 221-229.

Ehara, S. (1967). Raphignathoid mites associated with plants in Okinawa Island (Eupalopsellidae, Stigmaeidae). *Proc. Japan Acad.*, **43** : 332-326.

Ehara, S. (1975). Descriptions of a new species of *Tuckerella* from Japan (Acarina : Tuckerellidae). *Intl. J. Acar.*, **1** : 1-5.

江原昭三・真梶徳純（1975）．農業ダニ学．328pp．全国農村教育協会．東京．

江原昭三（編）（1980）．日本ダニ類図鑑．526pp．全国農村教育協会．東京．

江原昭三（編）（1993）．日本原色植物ダニ図鑑．298pp．全国農村教育協会．東京．

Elliott, W. R. (1976). New cavernicolous Rhagidiidae from Idaho, Washington, and Utah (Prostigmata : Acari: Arachnida). *Occ. Pab. Mus. Texas Tech. Univ.*, **43** : 1-15.

Fain, A., A. V., Bochkov & L. A. Corpuz-Raros (2002). A revision of the *Hemicheyletia* generic group (Acari : Cheyletidae). *Bull. inst. Roy. Sci. Nat. Belg Entmol.* 72 : 27-66.

Feider, Z. (1955). Acarina Trombidoidae. *Fauna R. P. R.* **5** (1) : 1-187.

Feider, Z. and N. Vasiliu (1968). Un nouveau genredela Famille Nicoletiellidae Canestrini 1891 et description de l'-espece *Grandjeanellina nova* (Sellnick) 1931. *Ext. Travaux Mus. Hist. Nat. Grig. Ant.*, **8** : 641-662.

Feider, Z. & N. Vasiliu (1970a). Especes de Nicoletiellidae (Acariformes) de Roumanie. *Acad. Rep. Soc. Roumanie*, **(1970)** : 371-391.

Feider, Z. & N. Vasiliu (1970b). Six especes de Nicoletiellides d'Amerique du sed. *Acarologia*, **12** : 282-309.

Feider, Z. (1977). Principales direction d'evolution dec organes et des taxons de la Famille Johnstonianidae (Trombidia, Tetraclada). *Acarologia*, **19** : 82-88.

Gonzalez, F. (1965). A taxonomic study of the genus *Mediolata*, *Zetzellia* and *Agistemus* (Acarina : Stigmaeidae). *Univ. Calif. Publs. Ent.*, **41** : 64pp.

Hara, J. & M. Hanada (1960). On a newly recorded mite, *Eutogenes narashinoensis* new species, from Japan (Acarina : Cheyletidae). *Jpn. J. Sanit. Zool.* 11 : 25-27.

伊戸泰博（1977）．日本産ホコリダニ科の分類と検索．ダニ学の進歩—その医学・農学・獣医学・生物学にわたる展望—（佐々 学・青木淳一編），223-249．図鑑の北隆館，東京．

Jesionowska, K. (1989). New genus and new species of mite of the family Penthalodidae (Actinotrichida, Actinedida, Eupodoidea) from Poland. *Acta Zool. Cracov.*, **32** : 57-67.

Kawashima, K. (1958). Studies on larval erythraeid mites. *Kyushu J. Med. Sci.*, **9** : 190-211.

Kawashima, K. (1961a). Notes on larval mites on the genus *Charletonia* Oudemans 1910 in Japan (Acarina : Erythraeidae). *Kyushu J. Med. Sci.*, **12** : 15-19.

Kawashima, K. (1961b). On the occurrence of the genus *Erythraeus* Latreille in Japan, with key to known genera and species of Japanese larval Erythraeidae (Acarina). *Kyushu J. Med. Sci.*, **12** : 233-239.

Kathley, J. B. (1977). The status of *Hybalicus* Berlese, 1913 and *Oeherchestes* Jacot, 1939 (Acari : Endeostigmata). *Fieldiana Zool.* 72: 59-64.

Khot, N. S. (1965). Studies of Indian Erythraeoidae (Acarina) series V. - Mites of the subfamily Callidosomatinae Southcott. *Acarologia*, **7** : 63-78.

Kishida, K. (1910). Notes on the family Calyptostomatidae in Japan (Acarina). Private Publ. Tokyo.

Krantz, G. W. (1970). A manual of Acarology. 355p. Oregon State University Book Stores, Inc. Corvallis.

Krantz, G. W. & D. E. Walter (eds.) (2009). A Manual of Acarology, 3rd ed., Texas Tech University Press, Texas, viii+807p.

黒佐和義（1977）．日本産ゴミムシ類に見い出されるヒサシダニ．ダニ学の進歩—その医学・農学・獣医学・生物学にわたる展望—（佐々 学・青木淳一編），371-404．図鑑の北隆館，東京．

Kurosa, K. (1972a). The scutacarid mites of Japan II. *Lophodispus latus* gen. et sp. nov.. *Bull. Nat. Sci. Mus. Tokyo*, **15** : 29-35.

Kurosa, K. (1972b). The scutacarid mites of Japan III. Three new species of the subgenus *Archidispus*. *Bull. Nat. Sci. Mus. Tokyo*, **15** : 621-636.

Kuznetzov, N. N. (1973). A new subgenus and two new species of the family Tydeidae (Acariformes) from Crimea. *Zool. Zh.*, **52** : 1577-1579.

Kuznetzov, N. N. (1975). New genus and species of Tydeidae (Acariformes) of the Crimean fauna. *Zool. Zh.*, **54** : 1255-1257.

Kuznetzov, N. N. & I. Z. Livshits (1972). A new genus and

species of Tydeidae (Acariformes) from Crimea. *Zool. Zh.*, **51** : 1738-1740.

Lindquist, E. E & J. G. Palacios-Vargas (1991). Proterorhagiidae (Acari, Endeostigmata), a new family of rhagidiid-like mites from Mexico. *Acarologia* 32 : 341-363.

Livshitz, I. Z. & N. N. Kuznetzov (1972). A new genus of mites (Acariformes, Tydeidae). *Zool. Zh.*, **51** : 1081-1083.

Marshall, V. G. (1970). Tydeid mites (Acarina : Prostigmata) from Canada. I. New and redescribed species of *Lorryia*. *Ann. Soc. Ent.*, **15** : 17-52.

Mcdaniel, B. & E. G. Bolen (1981). A new genus and two new species of Nanorchestidae from Padre Island, Texas (Acari : Prostigmata). *Acarologia*, **22** : 253-256.

Morikawa, K. (1963). Terrestrial prostigmatic mites from Japan, I. Some new species of Eupodiidae and Rhagidiidae. *Acta. arachnol.*, **18** : 13-20.

Newell, I. M. (1960a). Chardracarus new genus, Charadracarinae new subfamily (Acari, Johnstonianidae), and the status of *Typhlothrombium* Berlese 1910. *Pac. Sci.*, **14** : 156-172.

Newell, I. M. & L. Tevis, (1960b). *Agnelothrombium pandorae* n. g., n. sp. (Acari, Trombidiidae), and notes on the biology of the giant red velvet mites. *Ann. Ent. Sco. Amer.*, **57** : 293-304.

Price, D. W. (1972). Genus *Pediculochelus* (Acarina : Pediculochelidae), with notes on *P. raulti* and description of two new species. *Ann. Ent. Soc. Amer.*, **66** : 303-307.

Robaux, P. (1966). Sur quelques Thrombidiidae rares ou nouveaux pour la faune de France : (Acari-Thrombidiidae). *Acarologia*, **8** : 611-630.

Robaux, P. (1967). Contribution a l'etude des Acariens Thrombidiidae d'Europe. I. -Etude des Thrombidions adulte de la Peninsule Iberique. II. -Liste critique des Thrombidions d'Europe. *Mem. Mus Nat. Hist. Nat., Ser. A, Zool.*, **46** (I) : 1-124.

Robaux, P. (1968). Thrombidiidae d'Amerique de sud. I -Tanaupodinae, Johnstonianinae, Thrombellini (Acarina-Thrombidiidae). *Acarologia*, **10** : 450-466.

Robaux, P. (1969). Thrombidiidae d'Amerique du sud. II. -Chyzerini, Thrombidiinae; solenidiotaxie du palpe chez quelques Thrombidiidae; relations entre les *Podothrombium* Berlese 1910, *Variathrombium* n. g. et les Thrombidiinae s. l., *Acarologia*, **11** : 70-93.

Robaux, P. (1975). Observations sur quelques Actinedida (=Prostigmata) du sol d'Amerique du Nord V. Barbuttidae, une nouvelle Famille Acariens (Acari : Raphignathoidea) et description d'une nouve espece. Appartenant au genera *Barbutia*. *Acarologia*, **17** : 480-488.

Robaux, P. (1977). Observations sur quelques Actinedida (=Prostigmates) du sol d'Amerique du Nord. VI. Sur deux especes nouvelles. de Labidostommidae (Acari). *Acarologia*, **18** : 442-461.

佐々 学（編）（1956）．ダニ類—その分類・生態・防除．V + 486pp．東京大学出版会，東京．

Sasa, M. (1961). New mites of the genus *Pygmephorus* from small manmals in Japan. *Jap. J. Exp, Med.*, **31** (3) : 191-208.

Schweizer, J. & C. Bader. (1963). Die Landmilben der Schweiz (Mittelland, Jura und Alpen). *Mem. Soc. Hel. Sci. Na*t., **84** : 209-372.

Shiba, M. & K. Morikawa. (1966). Prostigmatic mites from Japan (2) Bdellidae I. (Bdellinae, Cytinae, Spinibdellinae). *Rep. Res. Matsuyama Shinonome Jun. Coll.*, **2** : 17-37.

Shiba, M. (1968). Prostigmatic mites from Japan (III). On some endeostigmatic mites. *Rep. Res. Matsuyama Shinonome J. Coll.*, **3** : 219-228.

Shiba, M. (1969a). A new species of the genus *Cryptognathus* (Acarina : Prostigmata) from Japan. *Rep. Res. Matsuyama Shinonome J. Coll.*, **4** : 171-173.

Shiba, M. (1969b). Taxonomic investigations on free-living mites in the subalpine forest on Shiga Heights IBP Area II. Prostigmata. *Bull. Nat. Sci. Mus. Tokyo*, **12** : 65-105.

Shiba, M. (1971a). The fauna of the lava caves around Mt. Fujisan III. Prostigmata (Acari). *Bull. Nat. Sci. Mus., Tokyo*, **14** : 221-229.

Shiba, M. (1971b). The mites of the genus *Neomolgus* Oudemans from Japan (Acarina : Bdellidae). *Rep. Res. Matsuyama Shinonome J. Coll.*, **5** : 89-105.

Shiba, M. (1972). Some prostigmatid mites from Mt. Poroshiri in Hokkaido northern Japan. *Mem. Nat. Sci. Mus. Tokyo*, **5** : 45-55.

Shiba, M. and K. Furukawa. (1975). Studies of the family Teneriffiidae (Acarina : Prostigmata) in Japan. *Rep. Res. Matsuyama Shinonome J. Coll.*, **7** : 111-126.

Shiba, M. (1976). Taxonomic investigation on free-living Prostigmata from Malay Peninsula. *Nat. Life in Southeast Asia*, **7** : 83-229.

芝　実（1977）．日本産前気門ダニ類 Prostigmata の分類．ダニ学の進歩 —その医学・農学・獣医学・生物学にわたる展望— （佐々　学・青木淳一編），119-179．図鑑の北隆館，東京．

Shiba, M. (1978). On some eupodiform mites from Japan (Acarina : Prostigmata) *Rep. Res. Matsuyama Shinonome J. Coll.*, **9** : 133-152.

Shiba, M. (1982). The mites of the genus *Pachygnathus* Dugés (Acarina : Actinedida) from Japan. *Rep. Res. Matsuyama Shinonome J. Coll.*, **13** : 55-66.

Shiba, M. (1983). Three species of the genus *Alicorhagia* Berlese (Acarina : Actinedida) from Japan. *Rep. Res. Matsuyama Shinonome J. Coll.*, **14** : 81-89.

Shiba, M. (1984). The mites of the family Cunaxidae (Acarina : Prostigmata) in Japan I. Genus *Cunaxa* von Heyden. *Rep. Res. Matsuyama Shinonome J. Coll.*, **15** : 103-118.

Shiba, M. (1985). Two new species of the genus *Odontoscirus* Thor (Acarina : Bdellidae) from Japan. *Rep. Res. Matsuyama Shinonome J. Coll.*, **16** : 77-82.

Shiba, M. (1986a). The mites of the family Lordalychidae (Acarina : Endeostigmata) from Japan. *Rep. Res. Matsuyama Shinonome J. Coll.*, **17** : 137-150.

Shiba, M. (1986b). The mites of the family Cunaxidae (Acarina : Prostigmata) in Japan II. Genera *Armascirus* Den Heyer and *Dactyloscirus* Berlese. *Rep. Res. Matsuyama Shinonome J. Coll.*, **17** : 151-163.

Smiley, R. L. & J. C. Moser (1968). New species of mites from pine. *Proc. Ent. Soc. Wash.*, **70** : 307-317.

Smiley, R. L. (1992). The Predatory mite family Cunaxidae (Acari) of the world with a new classification. 356pp. Indira Publishing House, Michigan.

Southcott, R. V. (1946). Studies on Australian Erythraeidae (Acarina). *Proc. Linn. Soc. New. South Wales*, **71** : 6-48.

Southcott, R. V. (1957). The genus *Myrmicotrombium* Womersley 1934 (Acarina, Erythraeidae), with remarks on the systematics of the Erythraeoidea and Trombidioidea. *Rec. S. Aust. Mus.*, **13** : 91-98.

Southcott, R. V. (1960). Notes on the genus *Sphaerotarsus* (Acarina, Smarididae). *Trans. Roy. Soc. S. Aust.*, **83** : 149-161.

Southcott, R. V. (1961a). Studies on the systematics and biology of the Erythraeoidea (Acarina) with a critical revision of the genera & subfamilies. *Aust. Jour. Zool.* **9** : 367-611.

Southcott, R. V. (1961b). Description of two new Australian Smarididae (Acarina), with remarks on chaetotaxy and geographical distribution. *Trans. Roy. Soc. S. Aust.*, **85** : 133-153.

Southcott, R. V. (1962). The Smarididae (Acarina) of north and central America and some other countries. *Trans. Roy. Soc. S. Aust.*, **86** : 159-245.

Strandtmann, R. W. (1967). Terrestrial Prostigmata (Trombidiform mites). *Ant. Res. Ser.*, **10** : 51-80.

Strandtmann, R. W. (1971). The eupodoid mites of Alaska (Acarina : Prostigmata). *Pac. Ins.*, **13** : 75-118.

Summers, F. M. (1957a). American species of *Ledermuelleria* and *Ledermuelleriopsis*, with a note on new synonymy in Neognathus. *Ent. Soc. Wash.*, **59** : 49-60.

Summers, F. M. (1957b). Two mites of the genus *Cheylostigmaeus*, including a new species from Point Barrow, Alaska. *Pan-Paci. Ent.*, **33** : 163-169.

Summers, F. M. (1960). Several stigmaeid mites formerly included in *Mediolata* redescribed in *Zetzellia* Ouds., and *Agistemus*, new genus. *Proc. Ent. Soc. Wash.*, **62** : 233-247.

Summers, F. M. & D. W. Price (1970). Review of the mite family Chryletidae. *Univ. Cal. Publ. Ent.* 61. vi+153p. Univ. Cal. Press, LosAngeles.

Theron, P. D., M. K. P. Meyer & P. A. J. Ryke (1969). Two new genera of the family Paratydeidae (Acari : Prostigmata) from south African soils. *Acarologia*, **11** : 697-710.

Theron, P. D., M. K. P. Meyer & P. A. J. Ryke (1970). The family Alicorhagiidae Grandjean (Acari : Trombidiformes) with descriptions of a new genus and species from south African soils. *Acarologia*, **12** : 668-676.

Theron, P. D. (1975a). Two new species of the family Nanorchestidae (Acari : Endeostigmata) from Pasture soil in south Africa. *Wet. Byd.*, **63** : 1-9.

Theron, P. D. (1975b). Three new speceis of the genus *Alycosmesis* (Acari : Terpnacaridae) from south Africa. *J. ent. Soc. sth. Afr.*, **38** : 289-296.

Theron, P. D. (1977). New species of the genus *Petralycus* Grandjean (Acari : Endeostigmata) from south Africa. *Acarologia*, **19** : 38-45.

Thor, Sig (1931). Bdellidae, Nicoletiellidae, Cryptognathidae. *Das Tierreich*, **56** : 1-64.

Treat, A. E. (1961). A tydeid mite from noctuid moths. *Acarologia*, **3** : 147-152.

Treat, A. E. (1970). Two tydeid mites from the ears of noctuid moths. *Amer. Mus. nov.*, (2426) : 1-14.

Volgin, V. I. (1969). Acarina of the Family Cheyletidae, world fauna. *Akad. Nauk. S. S. S. R., Zool. Inst., Opredel. P. Faune S. S. S. R.* no. 101 : 1-432.

Walter, D. E. (2001). Endemism and cryptogenesis in "segmented" mites : A review of Australian Alicorhagiidae, Terpnacaridae, Oehserchesidae and Grandjeanicidae (Acari, Sarcoptiformes). *Ann. J. Entomol.* 40 : 207-218.

Womersley, H. and R. W. Strandtmann (1963). On some free living Prostigmatic mites of Antarctica. *Pac. Ins.*, **5** : 451-472.

Wood, T. G. (1964). A new genus of Stigmaeidae (Acarina, Prostigmata) from New Zealand. *N. Z. J. Sci.*, **7** : 579-584.

Wood, T. G. (1967). New Zealand mites of the family Stigmaeidae (Acari, Prostigmata). *Trans. roy. Soc. N. Z., Zool.*, **9** : 93-139.

Wood, T. G. (1972). New and redescribed species of *Ledermuelleria* Oudms. and *Villersia* Oudms. (Acari : Stigmaeidae) from Canada. *Acarologia*, **13** : 301-318.

Zacharda, M. (1978). Strandtmanniidae - a new family of Eupodoidea (Acarina : Prostigmata). *Ves. Cesko. Spol. Zool.*, **43** : 76-81.

Zacharda, M. (1979). Soil mites of the family Rhagidiidae (Actinedida : Eupodoides). Morphology, Systematics, Ecology. *Acta Universitats Carolinae - Biologica*, **1978** : 489-785.

節足動物門
ARTHROPODA

鋏角亜門 CHELICERATA
クモガタ綱 Arachnida
ダニ目 Acari
コナダニ亜目 Astigmata

岡部貴美子 K. Okabe

クモガタ綱 Arachnida・ダニ目 Acari・コナダニ亜目 Astigmata

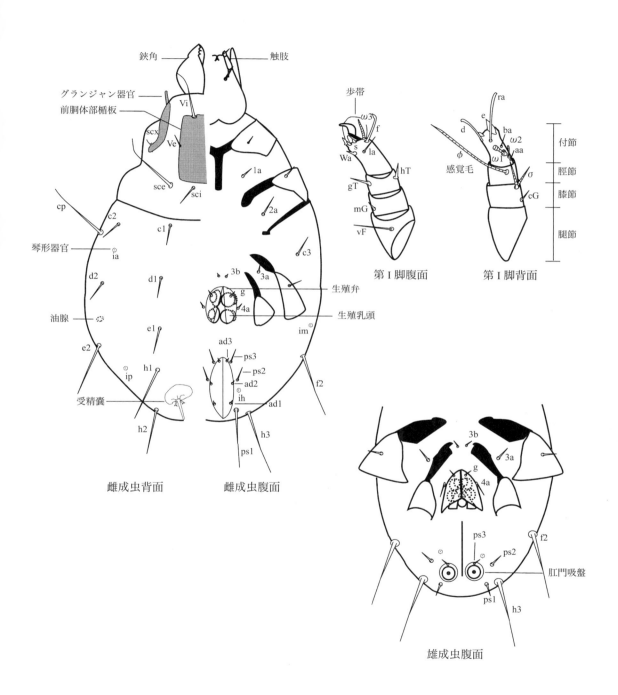

コナダニ亜目 Astigmata 形態用語図解

コナダニ亜目 Astigmata（成虫）の科への検索表

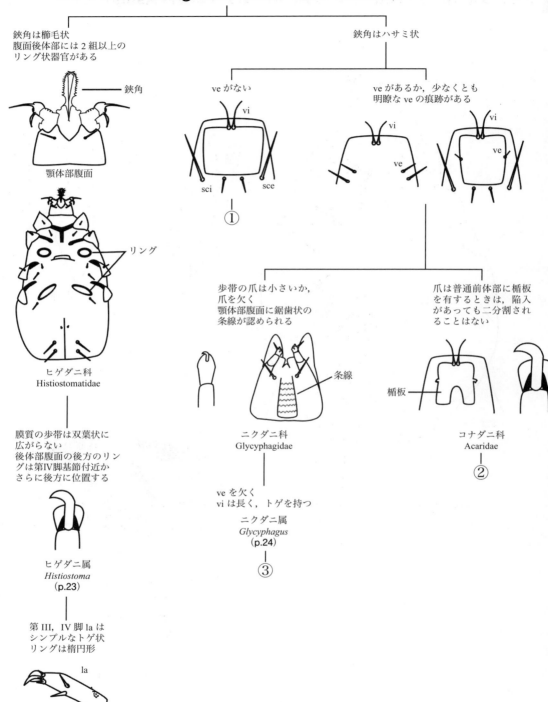

ダニ目・コナダニ亜目　3

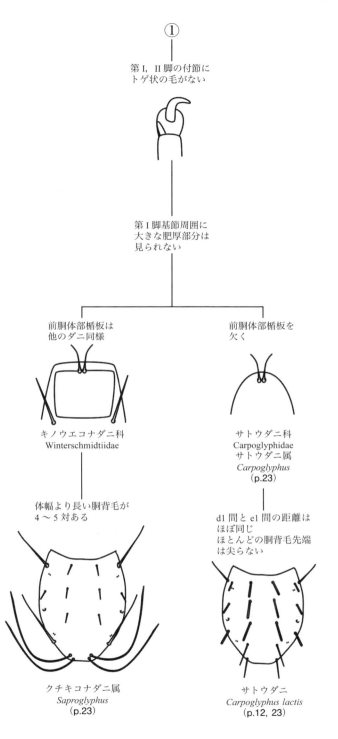

4 ダニ目・コナダニ亜目

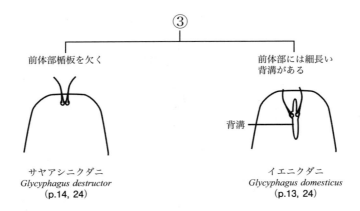

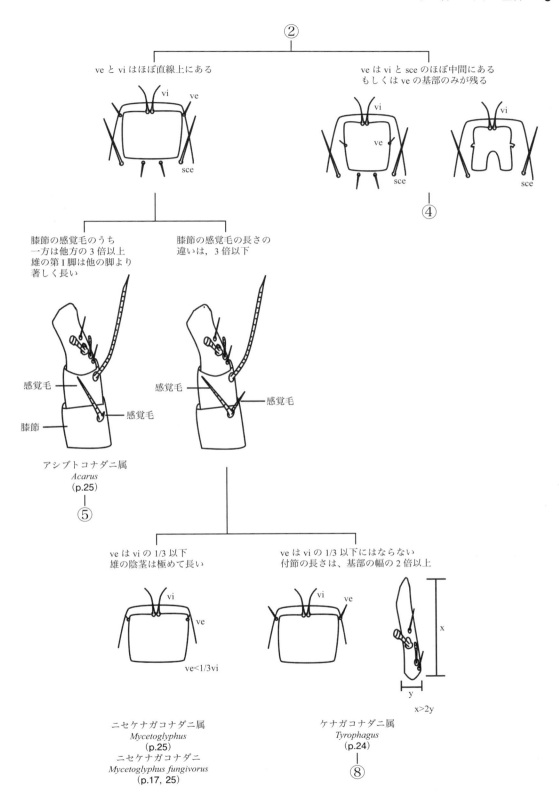

6　ダニ目・コナダニ亜目

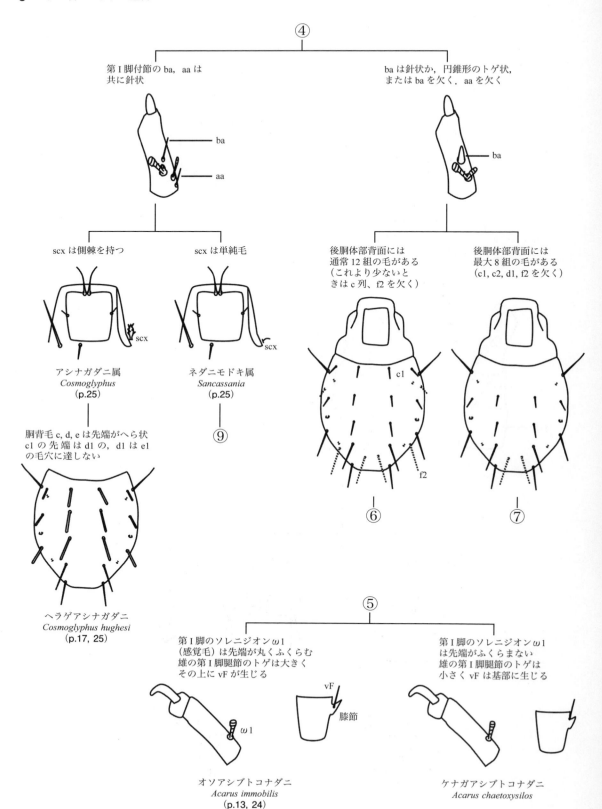

ダニ目・コナダニ亜目 7

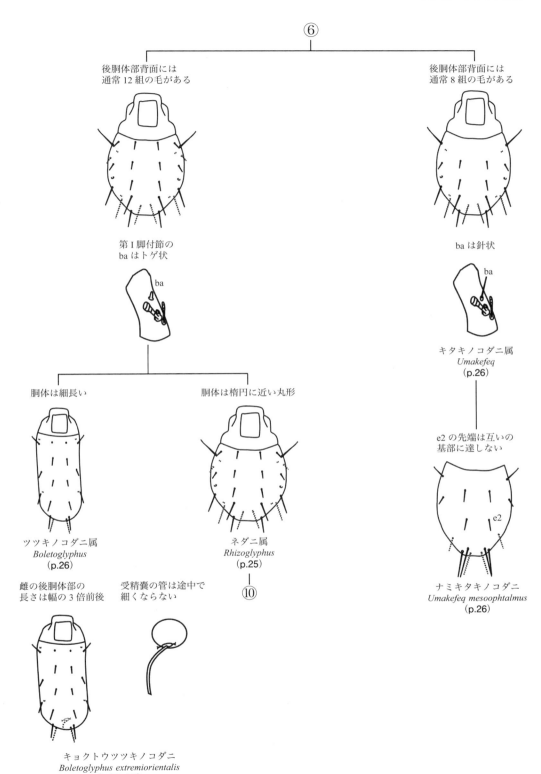

8 ダニ目・コナダニ亜目

⑦

第I脚付節の ba を欠く
後胴体部背面の c1, c2, d1, f2 を欠く
雌の体は細長い

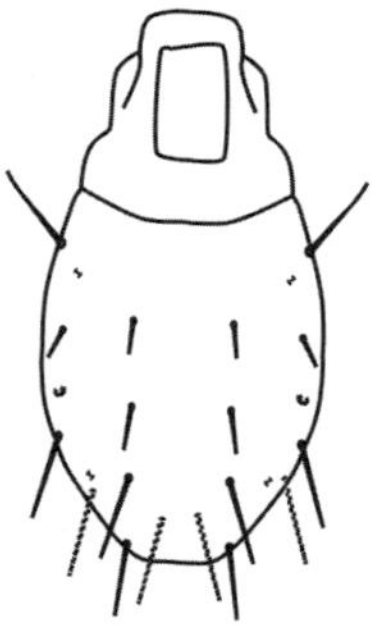

ムシクイコナダニ属
Thyreophagus
(p.27)

ba はトゲ状

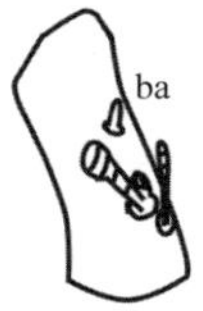

付節の長さは幅の3～4倍

付節の長さは幅の2倍以下

雄の尾端は肥厚し羽状突起物がある

雄の尾端は肥厚するが突起物はない

オバネダニ属
Histiogaster
(p.27)

ミズコナダニ属
Schwiebea
(p.26)

⑪

雄の生殖吸盤脇の毛 ps3 はトゲ状

雄の生殖吸盤脇の毛 ps3 は針状

雌の e2 は胴体部末端に達しない

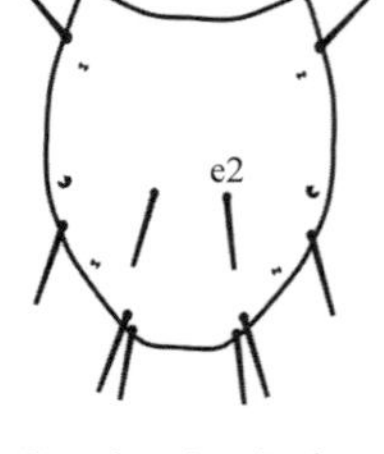

雄の尾端肥厚部は前方に板状に突出する

雄の尾端肥厚部は前方に長く突出する

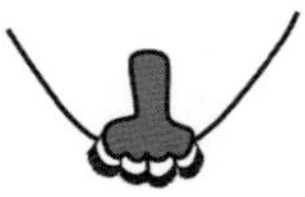

キタオオバネダニ
Histiogaster robustus
(p.22, 27)

キノコオバネダニ
Histiogaster rotundus
(p.27)

キノカワオバネダニ
Histiogaster arbosignis
(p.22, 27)

ダニ目・コナダニ亜目　9

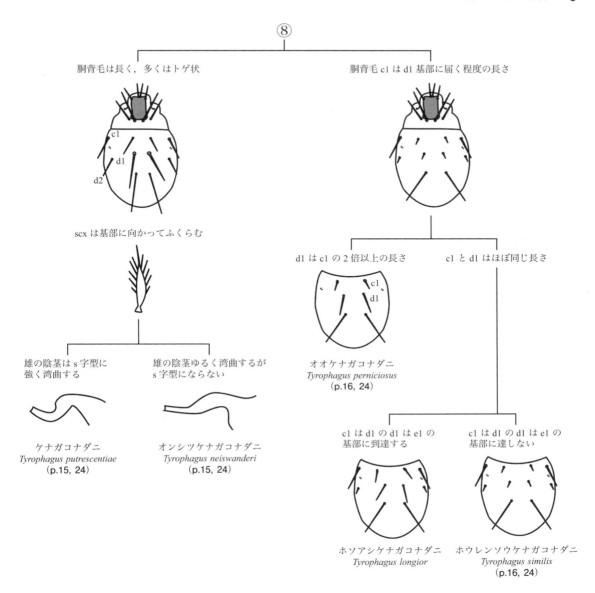

10　ダニ目・コナダニ亜目

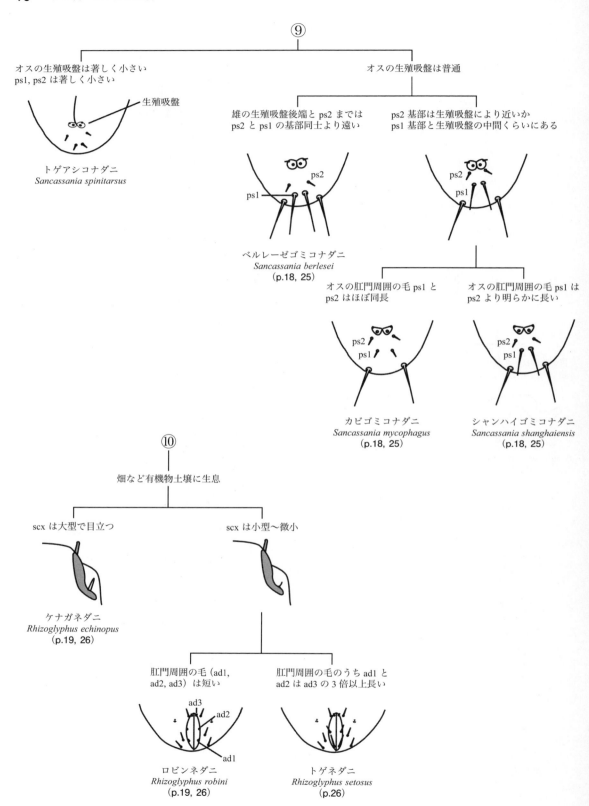

— 326 —

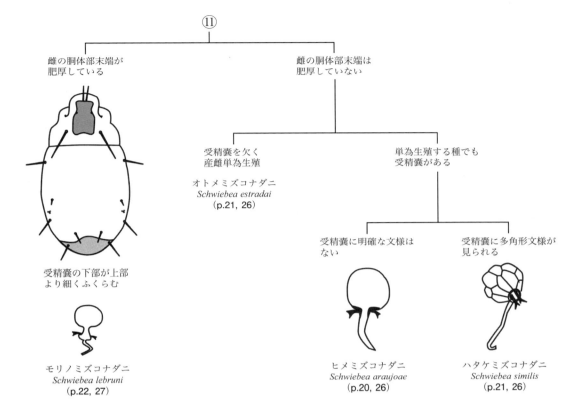

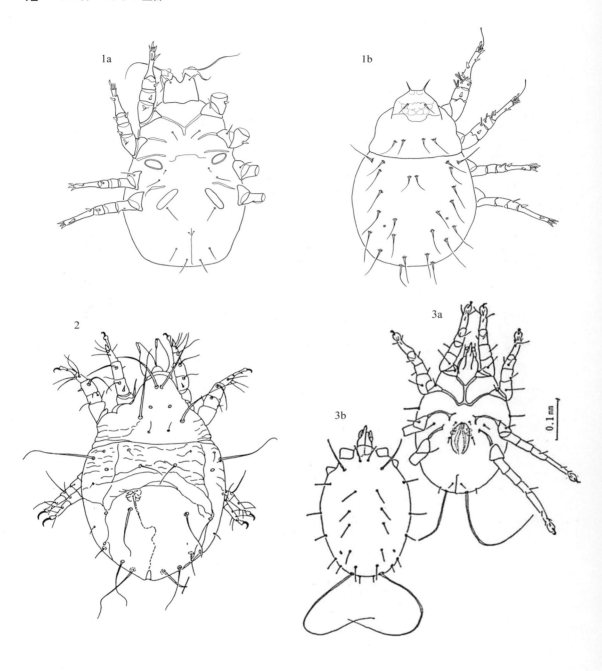

コナダニ亜目 Astigmata 全形図（1）
1：ゴミタメヒゲダニ *Histiostoma humidiatus* (Vitzthum) (a：♀腹面, b：背面), 2：ナミイソコナダニ *Hyadesia* sp., 3：サトウダニ *Carpoglyphus lactis* (Linnaeus) (a：腹面, b：背面)
(1：岡部原図, 2：芝原図, 3：江原(編), 1980)

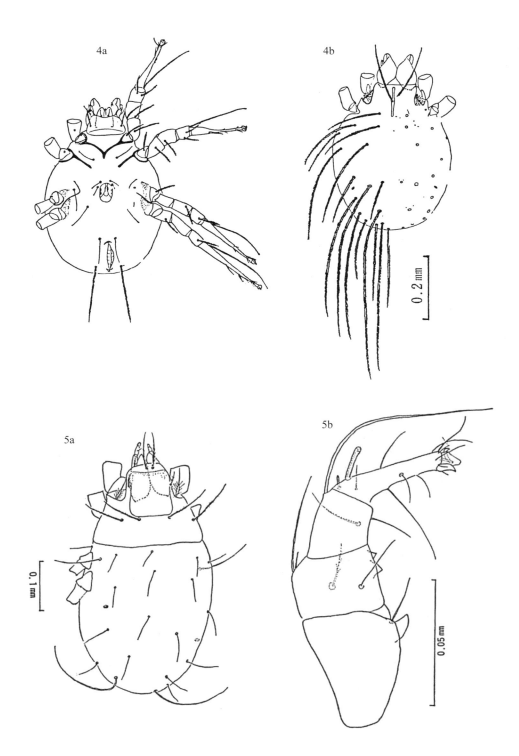

コナダニ亜目 Astigmata 全形図 (2)
4：イエニクダニ *Glycyphagus domesticus* (DeGeer)(a：腹面, b：背面), 5：オソアシブトコナダニ *Acarus immobilis* Griffith(a：♀背面, b：♂左Ⅰ脚側面)
(4：江原(編), 1980, 5：佐々・青木(編), 1977)

14 ダニ目・コナダニ亜目

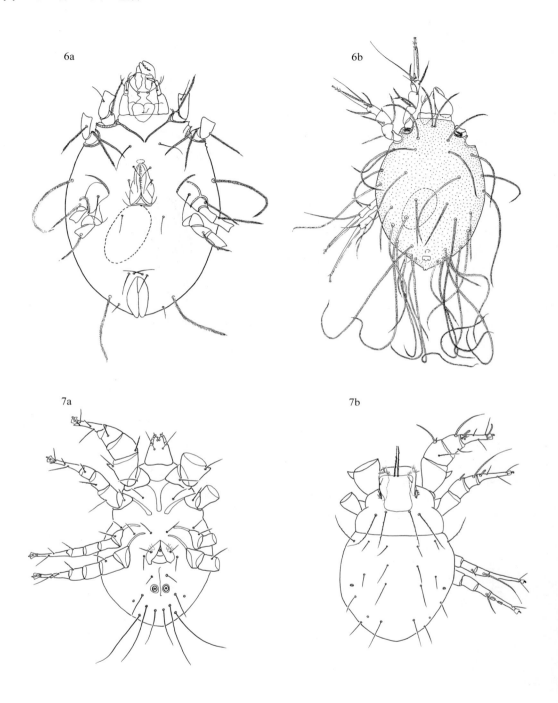

コナダニ亜目 Astigmata 全形図 (3)
6：サヤアシニクダニ Glycyphagus destructor (Schrank) (a：♀腹面，b：背面)，7：アシブトコナダニ Acarus siro Linnaeus (a：♂腹面，b：背面)
(3：芝，1987，4：岡部原図)

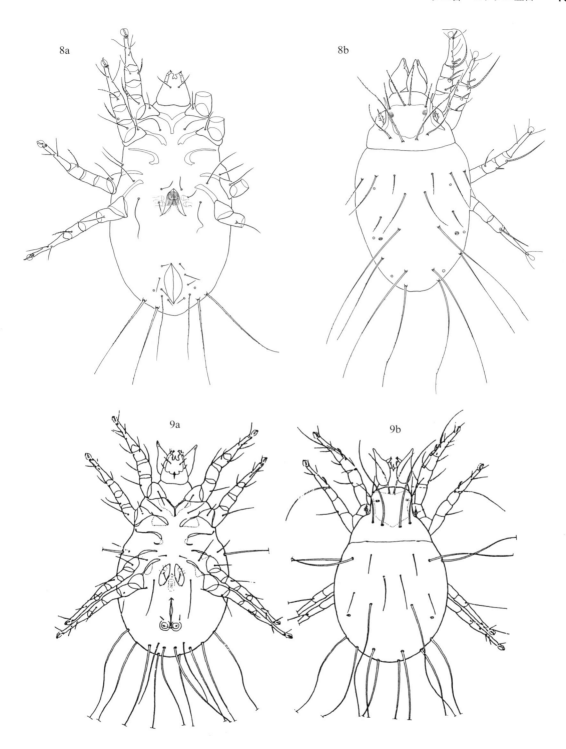

コナダニ亜目 Astigmata 全形図（4）
8：ケナガコナダニ *Tyrophagus putrescentiae* (Schrank)（a：♀腹面，b：背面），9：オンシツケナガコナダニ *Tyrophagus neiswanderi* Johnston and Bruce（a：♂腹面，b：背面）
（8：岡部原図，9：中尾・黒佐，1988）

16　ダニ目・コナダニ亜目

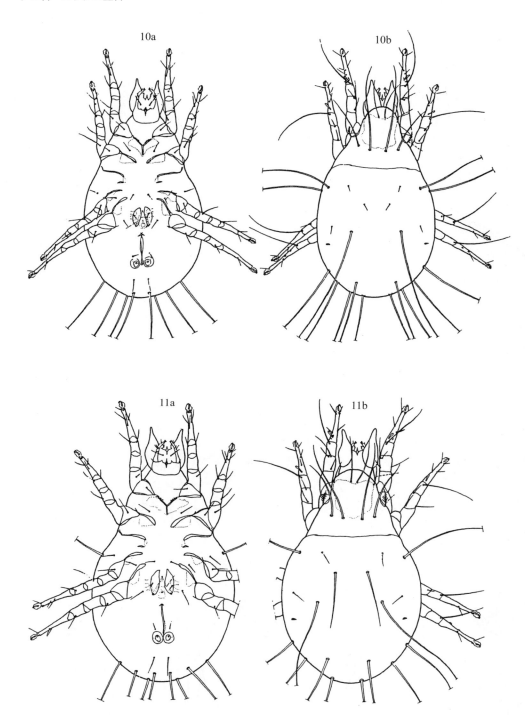

コナダニ亜目 Astigmata 全形図（5）
10：ホウレンソウケナガコナダニ *Tyrophagus similis* Volgin（a：♂腹面，b：背面），11：オオケナガコナダニ *Tyrophagus perniciosus* Zachvatkin（a：♂腹面，b：背面）
（10・11：中尾・黒佐，1988）

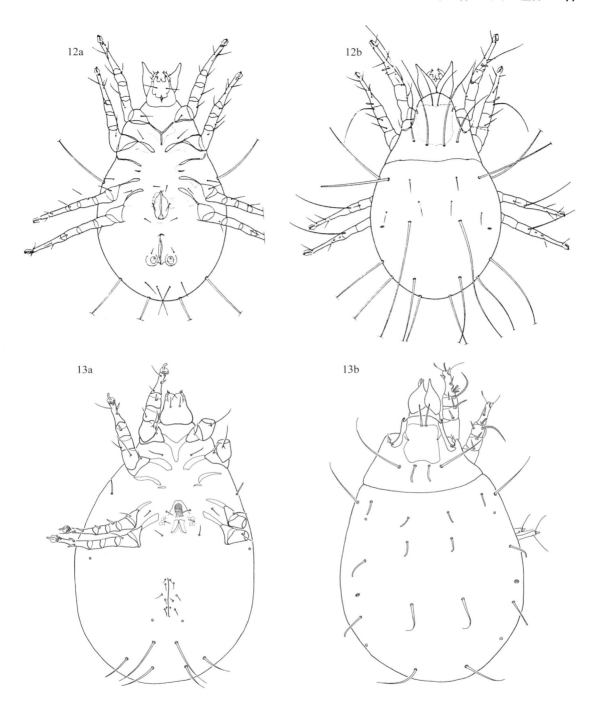

コナダニ亜目 Astigmata 全形図 (6)
12：ニセケナガコナダニ *Mycetoglyphus fungivorus* Oudemans (a：♂腹面, b：背面), 13：ヘラゲアシナガダニ *Cosmoglyphus hughesi* Samśiňák (a：♀腹面, b：背面)
(12：中尾・黒佐, 1988, 13：岡部原図)

18　ダニ目・コナダニ亜目

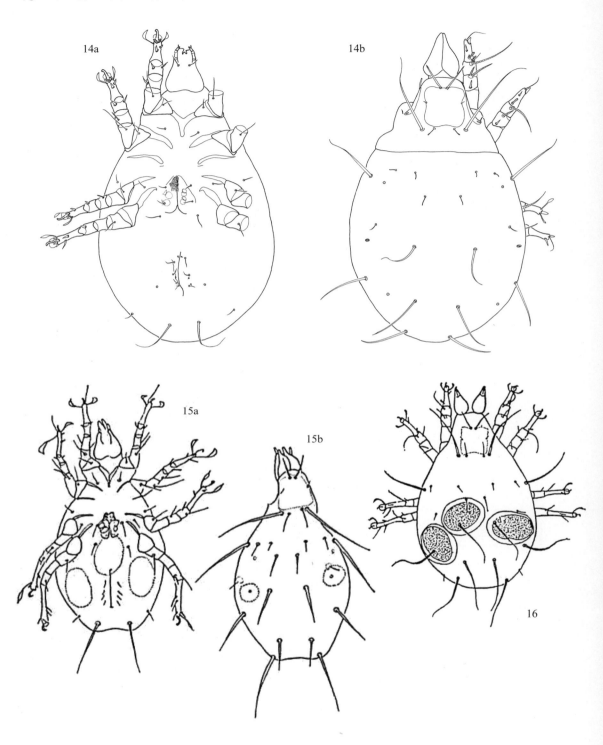

コナダニ亜目 Astigmata 全形図（7）
14：カビゴミコナダニ *Sancassania mycophagus* (Mégnin)（a：♀腹面，b：背面），15：ベルレーゼゴミコナダニ（新称）*Sancassania berlesei* (Michael)（a：腹面，b：背面），16：シャンハイゴミコナダニ *Sancassania shanghaiensis* Zou & Wang
（14：岡部原図，15：江原（編），1980，16：Zou & Wang, 1989）

ダニ目・コナダニ亜目　**19**

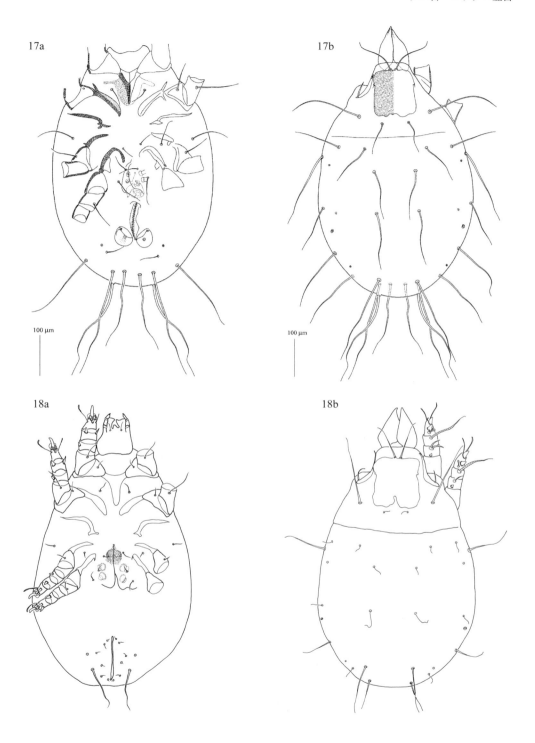

コナダニ亜目 Astigmata 全形図（8）
17：ケナガネダニ（新称）*Rhizoglyphus echinopus* Fumouze & Robin（a：♂腹面，b：背面），18：ロビンネダニ *Rhizoglyphus robini* Claparède
（a：♀腹面，b：背面）
（17：Fan & Zhang, 2003，18：岡部原図）

20 ダニ目・コナダニ亜目

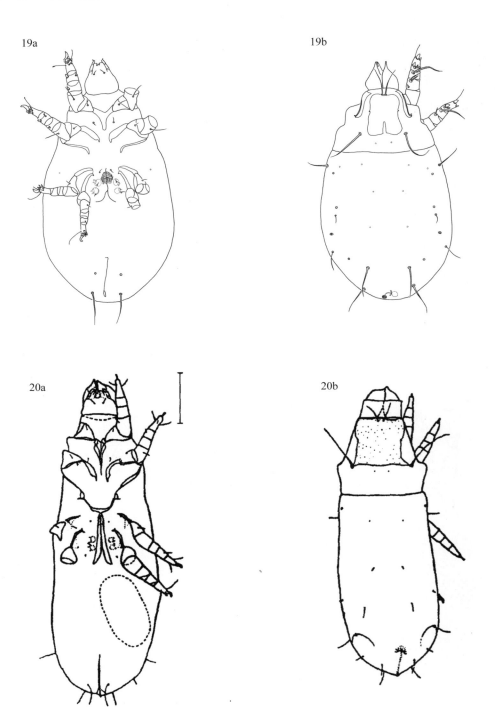

コナダニ亜目 Astigmata 全形図（9）
19：ヒメミズコナダニ *Schwiebea araujoae* Fain (a：♀腹面, b：背面), 20：キョクトウツツキノコダニ（新称）*Boletoglyphus extremiorientalis* Klimov (a：♀腹面, b：背面)
(19：岡部原図, 20：Klimov, 1998)

ダニ目・コナダニ亜目　21

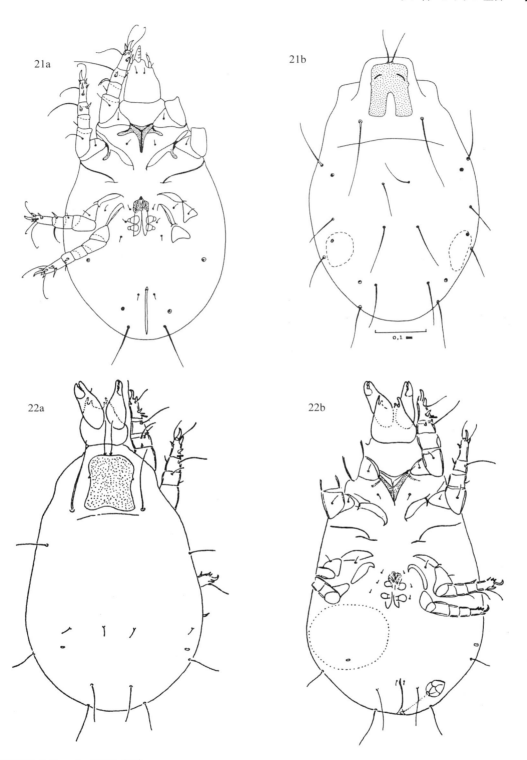

コナダニ亜目 Astigmata 全形図 (10)
21：オトメミズコナダニ（新称）*Schwiebea estradai* Fain & Ferrando (a：♀腹面, b：背面), 22：ハタケミズコナダニ（新称）*Schwiebea similis* Manson (a：♀腹面, b：背面)
(21：Fain & Ferrando, 1990, 22：Manson, 1972)

22 ダニ目・コナダニ亜目

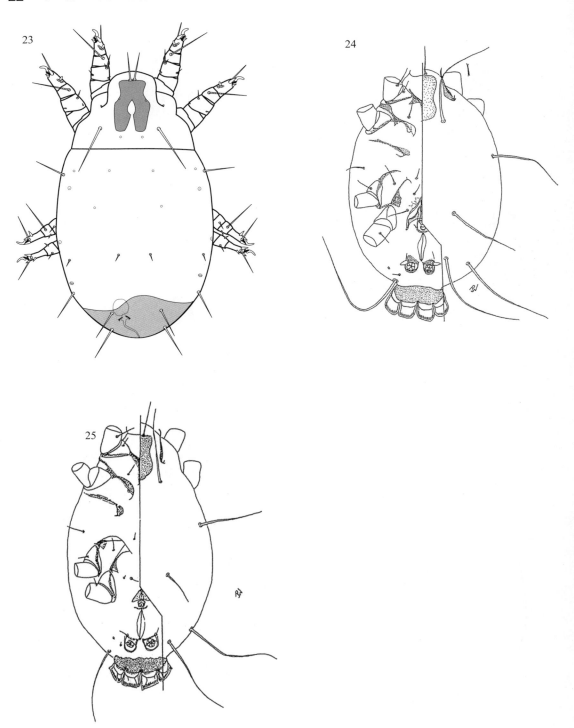

コナダニ亜目 Astigmata 全形図（11）
23：モリノミズコナダニ（新称）*Schwiebea lebruni* Fain, 24：キタオオオバネダニ（新称）*Histiogaster robustus* Woodring, 25：キノカワオバネダニ（新称）*Histiogaster arbosignis* Woodring
（23：Okabe & O'Connor, 2001, 24・25：Woodring, 1966）

ダニ目 Acari

コナダニ亜目 Astigmata

　成虫の体長は200 μmから1000 μmほどである．一般に体は乳白色か黄褐色を呈し，柔らかいか，弱く硬化する．胴感毛はなく，気門や周気管も欠く．触肢は，普通2節からなる．成虫は，しばしば弱く発達した2組の生殖乳頭を持つ．多くのコナダニが，他のステージとは形態的に著しく異なる第二若虫を持つ．体が硬化し，他の動物に付着するための器官（吸盤など）が良く発達した第二若虫は，耐久あるいは分散ステージと考えられ，土壌中からもしばしば採集される．増殖ステージのコナダニは，菌食性・腐食性・植食性・寄生性などである．土壌性のコナダニは，有機物の多い土壌やきのこ，枯死倒木などからしばしば採集される．

　従来，コナダニ類は独立した目として扱われていたが，ここではササラダニ目の中の一亜目として取り扱う．

ヒゲダニ科
Histiostomatidae

　体長300〜500 μm．成虫は柔らかい体を持つ．雌の産卵孔は横長に開く．また通常，全増殖ステージを通して体の腹面にリング状の構造物を持つ．鋏角は櫛毛状で，細かい毛で腐敗した動植物などの表面をなぞるようにして，バクテリアなどを摂食する．第二若虫の第Ⅳ脚の先端はしばしば鞭状で，これをしならせて昆虫などに飛び乗る．交尾は，雄が雌の背中に乗る．

ヒゲダニ属 (p.2)
Histiostoma

　日本産ヒゲダニ科のダニのうち多くの種がこの属に含まれるものと考えられる．土壌性のヒゲダニは，きのこ，地上に落ちて腐った果実，腐った植物の地下部，動物の糞などから採集される．また，しばしば第二若虫が節足動物の体表面から採集される．ヒゲダニ科の中では，分類上最も整理されていないグループである．日本からはこれまで *Histiostoma laboratrium* Hughes, *H. humidiatus* Vitzthum の2種が記録されているが，多くの未記載種があるものと考えられる．

ゴミタメヒゲダニ (p.2, 12)
Histiostoma humidiatus Vitzthum

　雌の鋏角の櫛毛は微小で，鋏角毛は繊細で細長い．体長はばらつくが400 μm程度．腹面のリング状構造は比較的細長い．単為生殖する．湿った環境を好む．

サトウダニ科
Carpoglyphidae

　前胴体部楯板を欠き，前後の胴体部を分ける溝も欠く．前胴体部に1対の眼を持つ．腹面の第Ⅰ脚基節外周肥厚部は閉鎖する．1属のみからなる．前種の2科と共にカイガラムシダニ上科に属し，ジュエキダニの姉妹群にあたる．

サトウダニ属 (p.3)
Carpoglyphus

　サトウダニ属のダニは樹皮や樹上の鳥の巣などから発見されたほか，樹液などからも記録されている．

サトウダニ (p.3, 12)
Carpoglyphus lactis (Linnaeus)

　砂糖やドライフルーツなどの食品害虫としてよく知られる．ミツバチの人工巣からもしばしば発見される．サトウダニ属のダニは樹皮や樹上の鳥の巣などから発見されたほか，樹液などからも記録されている．

キノウエコナダニ科
Winterschmidtiidae

　通常，細長い跗節先端の歩帯は比較的小型で，小さな爪を持つ．カイガラムシダニ上科の中で最も種数の多い科で，4上科70種以上を含む．昆虫と共生する種が多数知られているほか，植物体上に生息する種や，きのこや枯死木から得られる種もある．カリバチと共生するドロバチヤドリコナダニ亜科 (Ensliniellinae) は寄主特異性が高い．日本ではカリバチと共生する種が6種以上，葉上に生息する種が1種記録されている．

クチキコナダニ属 (新称) (p.3)
Saproglyphus

　クチキやキノコなどから採集されることから土壌性の種を含む属である．日本では屋内塵から比較的高率で発見されているが，種の詳細が不明である．

ニクダニ科
Glycyphagidae

　体長300〜600 μm．形態は変化に富むが，顎体部腹面の鋸歯状の模様によって科への同定ができる．体表面は柔らかいものから硬化したものまで様々で，毛は通常側棘に覆われる．第二若虫は，ほ乳類に便乗するのに好適な形態をとるものが多い．ほとんどのニクダニ科のダニは，ほ乳類の巣に生息すると考えられる．屋内塵としても採集される．

ニクダニ属 (p.2)
Glycyphagus

体は通常硬化している．多くの種が齧歯類の巣から発見されるが，屋内塵などから見いだされることもある．世界共通種が多い．日本では，4種の採集記録がある．

サヤアシニクダニ (p.4, 14)
Glycyphagus destructor (Schrank)

成虫は前体部背面の楯板を欠く．胴背毛は長く，小さなトゲを密生する．跗節のwa（鞘状鱗と呼ばれることがある）は大きく，節を包むように見える．屋内塵での頻度が高いが，ネズミやハチの巣から見つかることもある．

イエニクダニ (p.4, 13)
Glycyphagus domesticus (DeGeer)

成虫の前体部背面楯板は，細長い背溝に変形している．viはこの背溝の上下の中央部に位置する．waは前種に比べて小さく跗節を包まない．屋内塵で普通だが，貯穀害虫としては重要でないといわれる．前種同様，動物の巣から見つかることがある．

コナダニ科
Acaridae

コナダニ団の中で最も分化したグループと考えられる．形態は一般的なコナダニのもので，際だった特徴をあげることが難しい．食性は幅広く，土壌動物としてコナダニでは，きのこ，土壌中の有機物（敷藁，植物遺体），動物の死骸の摂食が観察されている．また野外の生息場所は，土中の有機物，土中や倒木内の昆虫の巣，きのこの子実体内，きのこの胞子管内など様々である．第二若虫の多くは節足動物を利用して分散しているらしい．交尾の姿勢は，雌雄が各々反対方向を向き，平行になる．

アシブトコナダニ属 (p.5)
Acarus

体長500 μm前後．敷藁などからしばしば採集される．貯蔵食品，屋内塵などからは世界的に普通に見られる．雄の第I脚が著しく太いのが特徴である．一種のダニで2つの異なる形態の第二若虫（分散型と耐久型）が見られることがある．形態のよく似た種が多いので，同定には注意が必要である．

オソアシブトコナダニ (p.6, 13)
Acarus immobilis Griffith

アシブトコナダニ（*Acarus siro*）を含む形態的に極めてよく似た近縁3種のうちの一種．アシブトコナダニに比べると跗節先端毛sは短く，また感覚毛ω1は太く，横臥しない．世界的に屋内塵に普通だが，人家または人家そばの鳥の巣などからも見つかる．

ケナガコナダニ属 (p.5)
Tyrophagus

体長300〜600 μm．ケナガコナダニ（*Tyrophagus putrescentiae*）は屋内にごく普通に見られる．この属のダニは，ビニールハウス内でホウレンソウなどの地上部を加害することがある．食性は幅広く，様々な貯蔵食品，カビ，植物及び昆虫の死体などを摂食する．第二若虫は普通見られない．大発生して集合しやすいため，長い毛がゆらゆら動くのが，肉眼でも認められることがある．草原の土からも採集される．

ケナガコナダニ (p.9, 15)
Tyrophagus putrescentiae (Schrank)

成虫の体長は280〜450 μm程度．前胴体部楯板の斑紋は種内の変異が大きく，種間の比較に用いるのは困難である．雄の陰茎はS字型に湾曲する．第I脚基節外周の肥厚部下辺はほとんどひずまない．scxは中央部がふくらむ〜ふくらまないものまで様々だが，比較的長い．本種はケナガコナダニ属の中では世界的に屋内で最も普通で，食品のみならず畳，排水溝，食品棚や壁紙などからも発見される．最近では人家や人家周辺の土壌表面にも普通に生息する．きのこ菌床栽培で菌床に害菌を伝搬する害虫になることがある．

オンシツケナガコナダニ (p.9, 15)
Tyrophagus neiswanderi Johnston & Bruce

成虫の体長は400〜500 μm前後．ケナガコナダニによく似るが，屋内ではケナガコナダニほど普通ではない．雄の陰茎はケナガコナダニよりも緩く湾曲する．温室栽培の花卉に発生し蕾を加害したり，きのこ栽培で子実体を食害することがある．世界的に普通．

ホウレンソウケナガコナダニ (p.9, 16)
Tyrophagus similis Volgin

成虫の体長は300〜500 μm前後．胴体部前方の背毛（c1, d1, d2）は他の種に比べて短い．ハウス栽培でしばしば害虫化し，特にホウレンソウでの被害がよく知られる．他の種に比べて低温でよく増殖する．

オオケナガコナダニ (p.9, 16)
Tyrophagus perniciosus Zachvatkin

成虫の体長は400〜600 μm前後．ケナガコナダニ属の中では比較的大型．scxは基部が広がるが，先端

に向けて細くなり鋭くとがる．d1 は c1 の 2 ～ 3 倍，d2 の 2 ～ 4 倍程度長い．キュウリ，メロン，カボチャなどの農作物の他，鳥の飼育ケージなどからも採集される．日本では北海道で発生が記録されている．

ニセケナガコナダニ属（p.5）
Mycetoglyphus

体は多くのケナガコナダニ属のダニよりやや大きい．ケナガコナダニ属に形態的に似ており，害虫としての発生環境も似ているため，確認のためにはスライド標本を作る必要がある．日本では，北海道のハウス栽培ホウレンソウから採集された記録がある．雄の陰茎はきわめて長い．第二若虫は，ケナガコナダニ属との形態的な違いが認められない．

ニセケナガコナダニ（p.5, 17）
Mycetoglyphus fungivorus Oudemans

形態はホウレンソウケナガコナダニによく似るが本種は大型で，成虫の体長は 400 ～ 700 μm．日本ではホウレンソウの害虫になることもある．腐敗した野菜，きのこ，藁などから記録されている．

アシナガダニ属（p.6）
Cosmoglyphus

体長 500 ～ 900 μm．ネダニモドキ属やネダニ属によく似るが，scx がケナガコナダニ属などに似て側棘を持つことで区別できる．発生する環境も両属によく似ており，沖縄県で栽培されたサツマイモの地下部，北海道及び京都府の有機物の多い畑土などから発見されている．屋内塵からも認められる．第二若虫はネダニモドキ属よりも濃い褐色のものが多い．

ヘラゲアシナガダニ（p.6, 17）
Cosmoglyphus hughesi Samśiňák

成虫の体長は 400 ～ 700 μm．ネダニ亜科の多の属と異なり，scx がオオオナモミの種のような形をしていて，中央部がふくらむ．体型はネダニやネダニモドキに似るが，胴背毛 c, d の先端が丸みを帯びて，尖ることがない．畑土など有機物の多い土壌中から採集される．米ぬかから記録されたことがある．

ネダニモドキ属（p.6）
Sancassania

この属の取り扱いに対しては長らく論争が絶えなかったが，ゴミコナダニ属 *Caloglyphus* は *Sancassania* のシノニムとされ．農業害虫のいわゆる「ネダニ」を含み，植物の地下部から採集されることがある．貯蔵された球根類からも発見される．カビを好んで摂食するものが多い．同一個体群内でも体サイズに変異が大きく，種の同定の際は注意が必要である．また，雄の第Ⅲ脚の太さや，それに伴う後胴体部背面の毛の太さと長さが様々に変化する．ネダニモドキ属の雌は体内に多数の卵を持つと肥大化し，体長が 900 μm 以上に達することもある．日本にはトゲアシコナダニ（*S. spinitarsus*）や下記 3 種を含む 4 種を超える多くの種が分布していると推測される．

ベルレーゼゴミコナダニ（新称）（p.10, 18）
Sancassania berlesei (Michael)

雌成虫の体長は 1 mm 近くになることがある．雄の肛門周囲毛（生殖吸盤の後方に位置する）は p1, p2, p3 ともほぼ同程度に短い．

カビゴミコナダニ（p.10, 18）
Sancassania mycophagus Mégnin

前種と非常によく似るが，雄の肛門周囲毛のうち p1 は目立って長い．前者同様，世界的に普通種．有機物の多い畑土などの土壌から採集される．前種とあわせて，いわゆる「ネダニ」として，ユリ科やヒガンバナ科の球根，球茎などの土中の根や茎部を食害することで知られる．

シャンハイゴミコナダニ（p.10, 18）
Sancassania shanghaiensis Zou & Wang

雌は大型で特に多数の卵を体内に持つものは，卵形に大きくふくらむ．雌は前 2 種とよく似るが，雄の肛門周囲の毛が 1 対は生殖吸盤に近接し，もう 1 対が後体部末端に届くくらい長いことで区別できる．本種が記載された中国ではマッシュルームの培地（堆肥）から発見されたが，日本全国で有機物の多い畑地や堆肥から採集されている．

ネダニ属（p.7）
Rhizoglyphus

体の大きさは，アシナガダニ属やネダニモドキ属とほぼ同じで，形は卵様に丸いものが多い．農業害虫としてロビンネダニ（*R. robini*）がよく知られる．植物の地下部（おそらくある程度腐敗したもの）の他，きのこの子実体からも採集される．高湿度環境を好み，相対湿度約 100% でよく増殖する．第二若虫は比較的大きく，茶色から茶褐色．雄の第Ⅲ脚と後胴背毛は，しばしばネダニモドキ属同様変異を示す．きのこからは，以下の 3 種よりも小型の種が採集される．一方，畑土からは跗節がより細長く，跗節毛 ba, aa がネダニモドキとの中間型をとるなどの複数種が採集される．国内には現在記載されているよりも更に多くの種

ケナガネダニ（新称）（p.10, 19）
Rhizoglyphus echinopus Fumouze & Robin

　世界的に普通種．雌成虫はネダニモドキ属ほどふくれることはないが，500〜700 μm 程度でコナダニとしては大型である．前胴体部楯板後方の sci が長いこと，胴背毛が全体的に長めなことで，ロビンネダニと区別することができる．日本には分布していないと考えられるが，かつてロビンネダニが本種として記録されていたことがある．

ロビンネダニ（p.10, 19）
Rhizoglyphus robini Claparède

　世界的に普通種．第 I，II 脚は太くがっしりしている．前種によく似るが，sci, c1, d1 など胴体部の前方の毛が短いことで区別できる．日本では最も普通で，腐敗した植物を好む．リター層などから抽出されることは稀で，ほとんどの場合植物体から分離される．総産卵数は前者よりやや多い．

トゲネダニ（新称）（p.10）
Rhizoglyphus setosus Manson

　世界的に普通種で日本にも分布記録がある．前出 2 種とよく似るが，ロビンネダニよりも雌の肛門毛が長い．被害作物や被害の状況は前 2 種とほぼ同じである．

ツツキノコダニ属（新称）（p.7）
Boletoglyphus

　カブトゴミムシダマシ亜科に便乗する第二若虫から，最初に記載された．成虫は木材腐朽菌の子実体の中でも，特に多孔菌類を好んで生息する．胴体部は細長く管孔内に生息するのに適しており，また比強靭な鋏角を持つ．日本ではサルノコシカケ類から少なくとも 2 種以上が採集されている．北海道から九州まで広く分布する．

キョクトウツツキノコダニ（新称）（p.7, 20）
Boletoglyphus extremiorientalis Klimov

　マンネンタケやツリガネタケの仲間の管孔に生息する．前胴体部背面の sci はほぼ消失していることから，近縁種と区別できる．コブスジツノゴミムシダマシなどから第二若虫が採集されている．第二若虫の胴体部背面は顕著な点刻を持つ．

キタキノコダニ属（新称）（p.7）
Umakefeq

　雌は胴体部が細長いが，前属よりはやや丸みを帯びる．前胴体部楯板の後方には，セル状の模様が見られる．後胴体部背面は c1, c2, c3, f2 を欠く．第二若虫は前胴体部背面両端に 1 対の単眼を持つ．きのこから採集される．

ナミキタキノコダニ（新称）（p.7）
Umakefeq mesoophtalmus Klimov

　ロシアのサルノコシカケ類から採れたキノコムシの仲間の成虫に便乗していた第二若虫から記載された．日本では，傘に針状のヒダを持つヒダナシタケ目の子実体などから，しばしば採集される．一度に大量に採集されることが多い．関東周辺から記録されている．

ミズコナダニ属（p.8）
Schwiebea

　体はネダニのように丸くて大きい（成虫の体長 500-900 μm）ものから，やや細長く小さい（300 μm 程度）ものまで様々である．雄の胴体部末端が硬化して，赤く着色しているので，実体顕微鏡下でもネダニ属と区別しやすいが，農業害虫としてのいわゆる「ネダニ」の一種である．土壌中から最も頻繁に採集される．湿原土壌や地下水中など，著しく湿度が高い土あるいは水中からも発見されている．単為生殖をするものが，少なくとも日本に 4 種以上生息する．第二若虫は様々な節足動物に便乗する．菌食性で野外のきのこ子実体からも見つかっている．

ヒメミズコナダニ（p.11, 20）
Schwiebea araujoae Fain

　雌の体長は 400 μm 前後で，プールミズコナダニよりやや小型．湿ったリター層などから採集されるが，日本の屋内プールからの記録もある．産雌単為生殖種で，雄は見つかっていない．

オトメミズコナダニ（新称）（p.11, 21）
Schwiebea estradai Fain & Ferrando

　前出種と極めてよく似る．産雌単為生殖のため雄を産出しない．特に目立つ外部形態はないが，雌の受精嚢が消失していることから他種と区別することができる．養殖鮭の体表やエラなどから採集され記載されたが，日本では湿原周囲の草地の土から採集された．

ハタケミズコナダニ（新称）（p.11, 21）
Schwiebea similis Manson

　前種と極めてよく似るが，やや小型，両性生殖をする，雌の受精嚢の文様が異なるなどの点で区別できる．水の中から採集されたことはなく，畑の土や堆肥などから採集された．ほぼ全国的に分布する．

モリノミズコナダニ（新称）(p.11, 22)
Schwiebea lebruni Fain

前出3種とは大きく異なり，雌も雄同様に胴体部尾端が赤く肥厚する．雌の体長は400 μm 程度で比較的小型な上，ほっそりした印象を受ける．温帯林のリター層から採集されたが，水中からの記録はない．両性生殖をする．前出3種に比べると発育速度は遅く，やや低温を好む．

ムシクイコナダニ属 (p.8)
Thyreophagus

後胴体部背毛は最大で8組，通常は c1, c2, d1, f2 を欠く．成虫の胴体部はやや細長い．雄の尾端の肥厚部は幅広い．屋内塵や，昆虫の死体などから採集されることがある．日本ではハチの巣から見つかったことがあるが，種は不明．

オバネダニ属 (p.8)
Histiogaster

本属の雄成虫は胴体部尾端に4枚の羽根状の構造物を持つことから，容易に他のグループと区別できる．一方雌成虫は，ややほっそりした胴背毛の少ない胴体部を持つ以外は，典型的なコナダニの形態を有する．キクイムシの孔道や枯死木の樹皮から見つかるが，ワインの樽底，貯蔵食品などから採集されたこともある．日本では樹液および周辺に生息する種がある．またきのこ栽培上の害虫になることがある．日本からは4種が採集されている．

キタオオオバネダニ（新称）(p.8, 22)
Histiogaster robustus Woodring

カナダで野生のサクラの癌腫より採集された．次種によく似るが，胴体部が大型の個体群を含むこと，雄の尾端から胴背面前方に伸びる板状の肥厚部が短く，幅広であることなどから区別できる．

キノコオバネダニ（新称）(p.8)
Histiogaster rotundus Woodring

前種に似るが，雄の尾端から胴背面前方に伸びる肥厚部が細長い．第二若虫の胴体部腹面の基節外周肥厚部 I, III, IV の毛はいずれも吸盤状．1対の単眼はやや小さく丸みを帯びる．北米のキクイムシの孔道から発見され記載されたが，日本でも本州〜九州で普通．原木栽培，菌床栽培いずれにおいても，シイタケなどの子実体を摂食する害虫になることがあるが，野生きのこから発見されたことはない．カシノナガキクイムシなどに便乗する．

キノカワオバネダニ（新称）(p.8, 22)
Histiogaster arbosignis Woodring

日本産オバネダニ属の雄の多くは生殖吸盤毛（ps3）がトゲ状だが，本種は針状．また第二若虫の胴体部腹面の基節外周肥厚部 I, III, IV の毛はいずれも通常毛である．第二若虫の1対の単眼は，大きく縦長である．アメリカ合衆国で，キクイムシ類の孔道から採集され記載された．日本では昆虫の飼育容器や糸状菌の培地に混入しているものが，西日本で発見されている．

引用・参考文献

江原昭三（編）(1980) 日本ダニ類図鑑．全国農村教育協会，562pp.

Fain, A. & M. Ferrando (1990) A new species of Shwiebea Oudemans (Acari, Acaridae) parasitizing the trout Salmo trutta fario in Spain. *Rev. Iber. Parasitol.*, **50**(1-2) : 67-71.

Fan, Q.-H. & Zhang, Z.-Q. (2003) Revision of Rhizoglyphus Claparède (Acari : Acaridae) of Australasia and Oceania. *Syst. Appl. Acarol. Special Publications*, **16** : 1-16.

Fashing, N. J. & Okabe K. (2006) Hericia sanukiensis, a new species of Algophagidae (Astigmata) inhabiting sap flux in Japan. *Syst. Appl. Acarol.*, **22** : 1-14.

Klimov P. V. (1998) Review of mites of the genus *Boletoglyphus* (Acariformes, Acaridae). *Entomological Review*, **78** : 1094-1101.

Klimov P. V. (1999) A description of a new genus, *Umakefeq* n., including new species of mycetophagous acarid (Acariformes, Acaridae) from eastern Palaearctic. *Acarina*, **7** : 93-106.

Manson, D. (1972) A contribution to the study of the genus *Rhizoglyphus* Claparede, 1869 (Acari : Acaridae). *Acarologia*, **13** : 621-650.

Manson DCM (1972) Three new species and a redescription of mites of the genus Schwiebea (Acarina : Tyroglyphidae). *Acarologia*, **14** : 71-80.

中尾・黒佐(1988). 日本応用動物昆虫学会誌第32巻第2号：135-142.

Okabe, K. & O'Connor, B. M. (2001) Ontogeny and morphology in *Schwiebea elongata* Banks, 1906 (Acari : Acaridae). *Acarologia*, **41** : 255-272.

Okabe, K. & O'Connor, B. M. (2001) Thelytokous mites in the family Acaridae (Acari, Astigmata). In Acarology -Proceedings of the 10th International Congress- (Halliday, R. B., Walter, D. E., Proctor, H. C., Norton, R. A. & Colloff, M. J eds) : 170-175.

Woodring J. P. (1966) North American Tyroglyphidae (Acari) : III. The genus Histiogster, with descriptions of four new species. *Louisiana Academy of Science*, **29** : 115-136.

Zou Ping & Wang Xiaozu (1989). A new species and two new records of Acaridae associated with edible fungi from China. *Acata Agriculturae Shanghai*, **5**(2) : 21-24.

節足動物門
ARTHROPODA

鋏角亜門 CHELICERATA
クモガタ綱 Arachnida
ダニ目 Acari
ササラダニ亜目 Oribatida

大久保憲秀 N. Ohkubo・島野智之 S. Shimano・青木淳一 J. Aoki

ダニ目・ササラダニ亜目　1

クモガタ綱 Arachnida・ダニ目 Acari・ササラダニ亜目 Oribatida

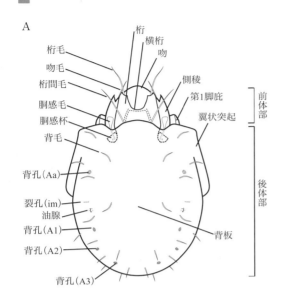

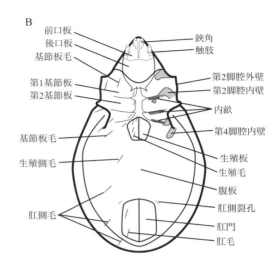

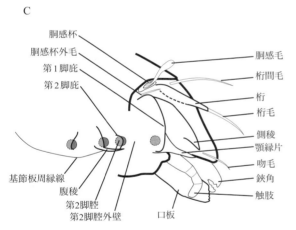

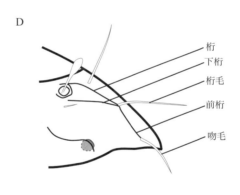

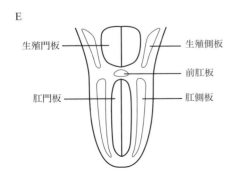

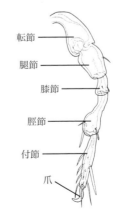

ササラダニ亜目形態用語図解
A：背面，B：腹面，C, D：側面，E：腹面，F：脚

— 347 —

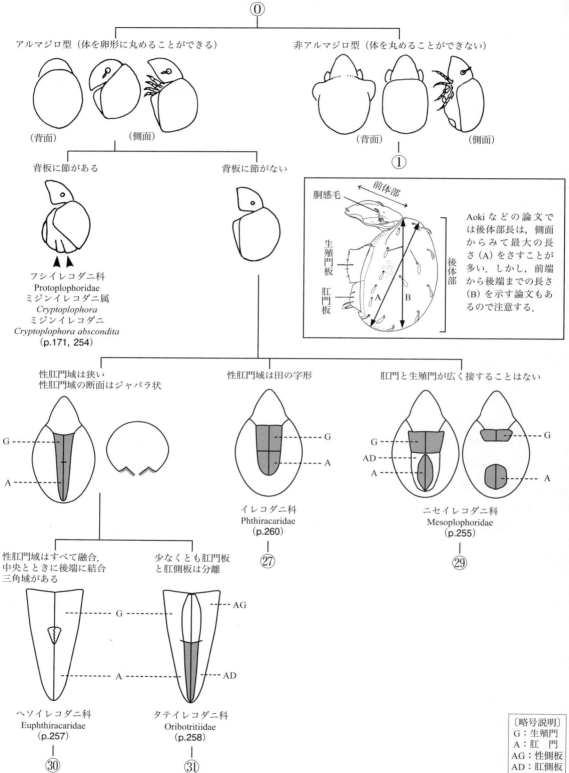

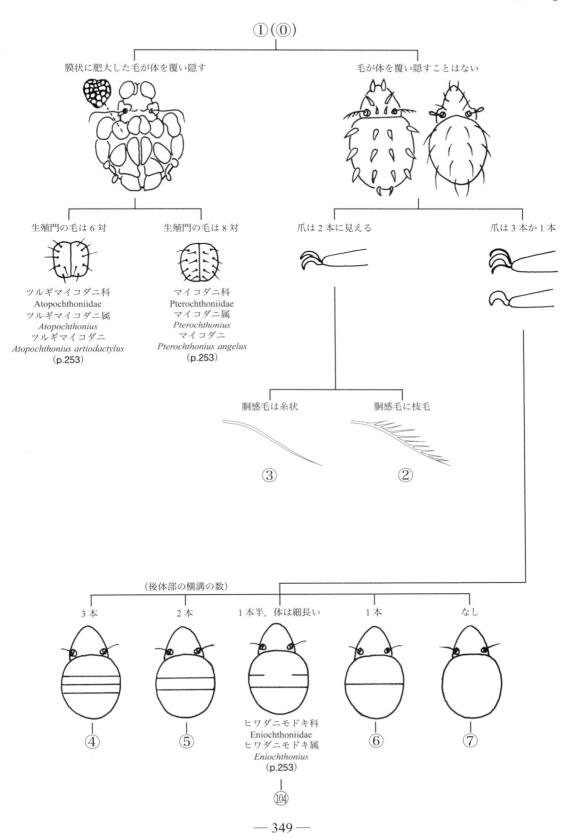

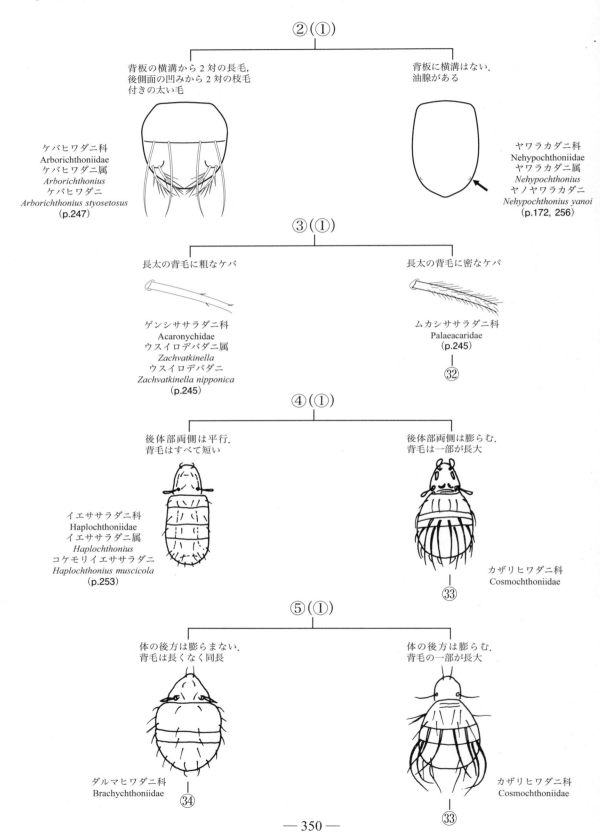

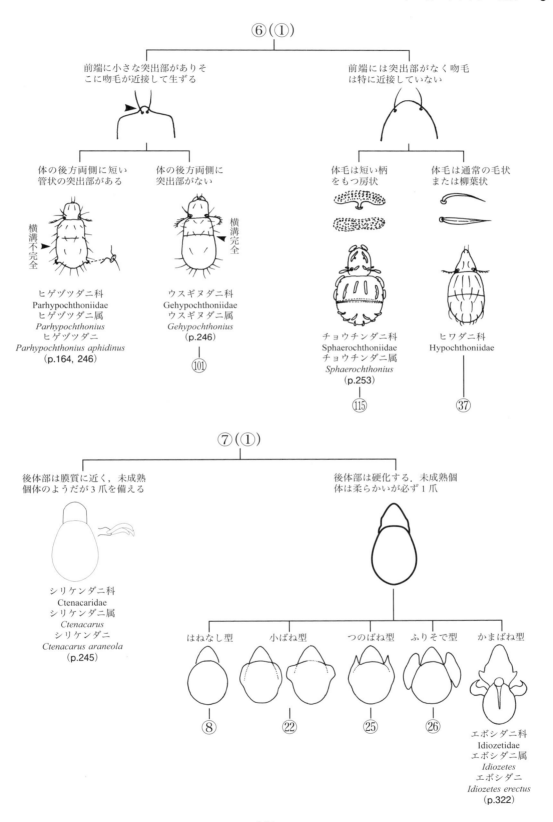

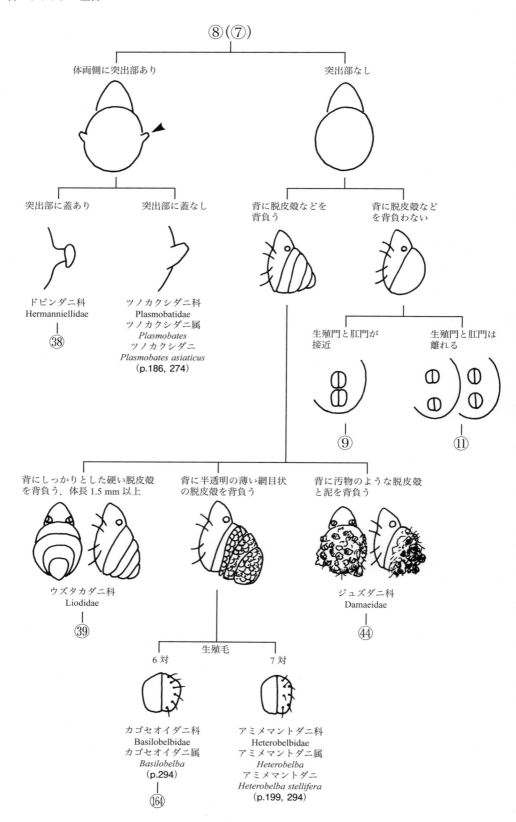

ダニ目・ササラダニ亜目 7

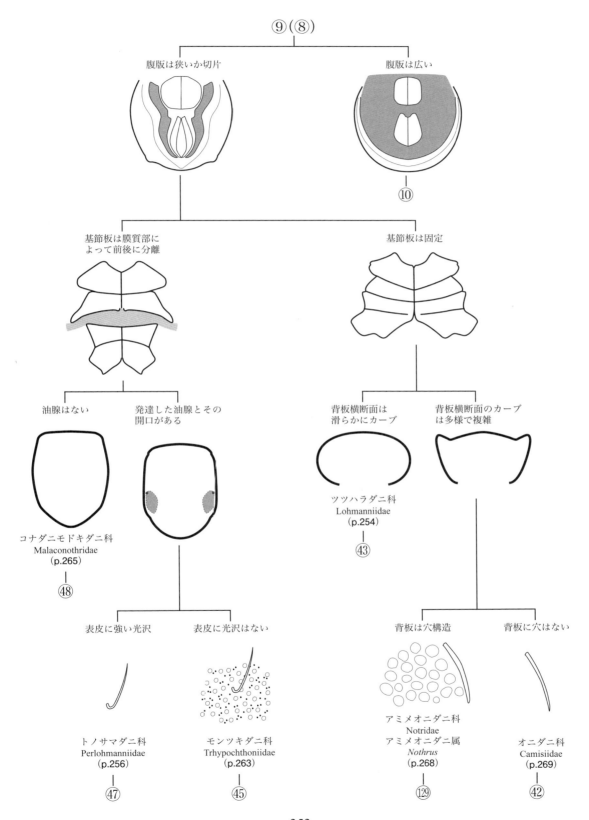

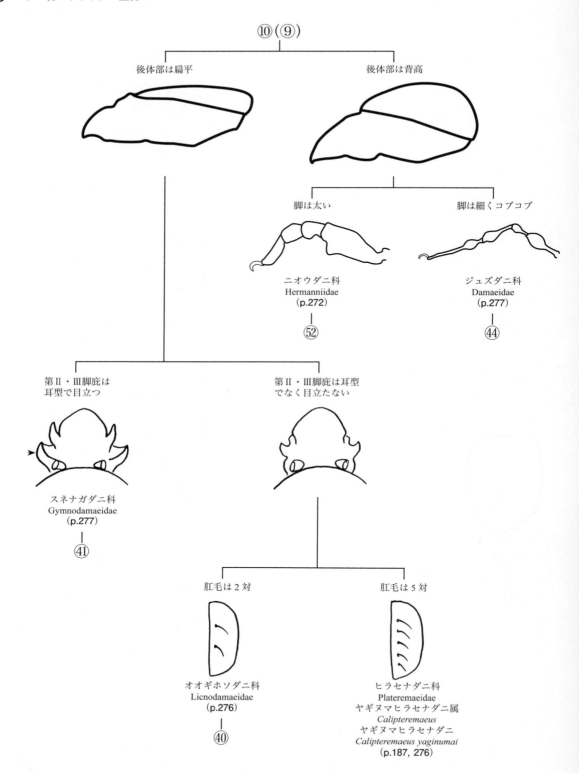

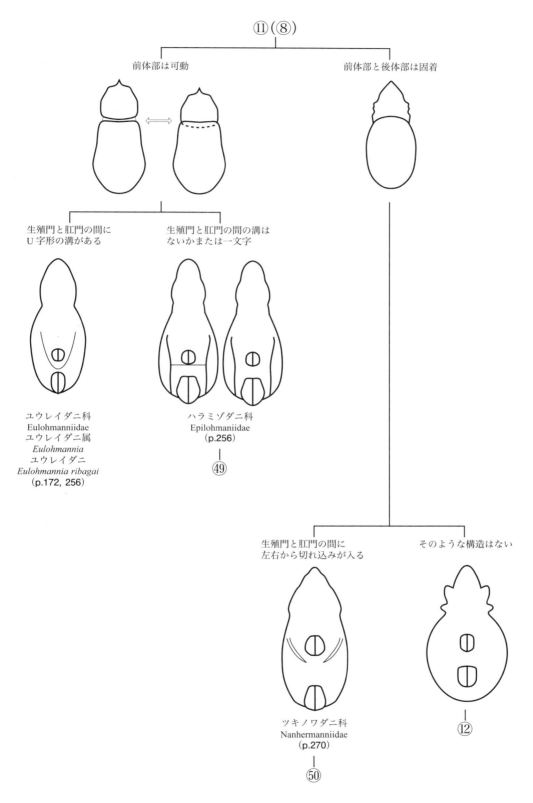

10 ダニ目・ササラダニ亜目

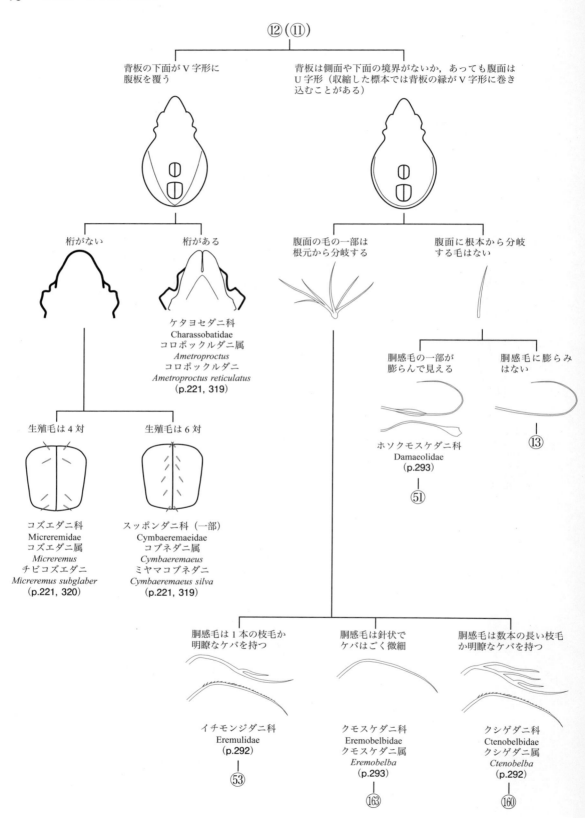

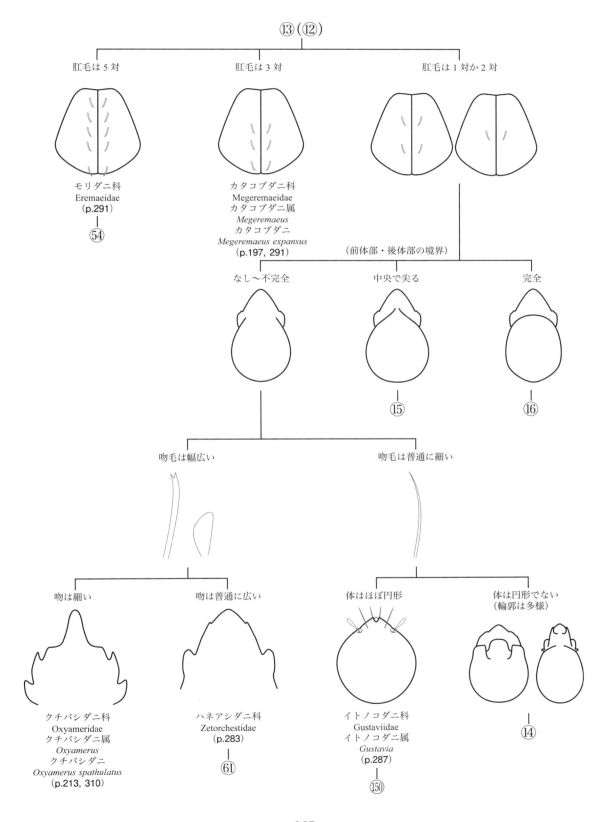

12　ダニ目・ササラダニ亜目

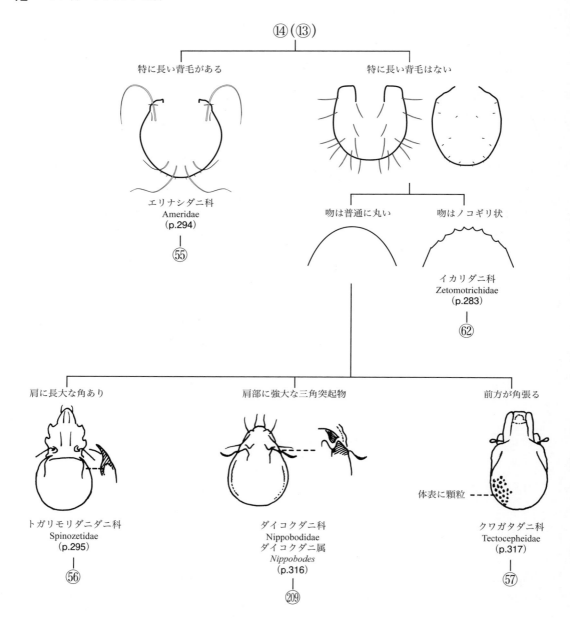

— 358 —

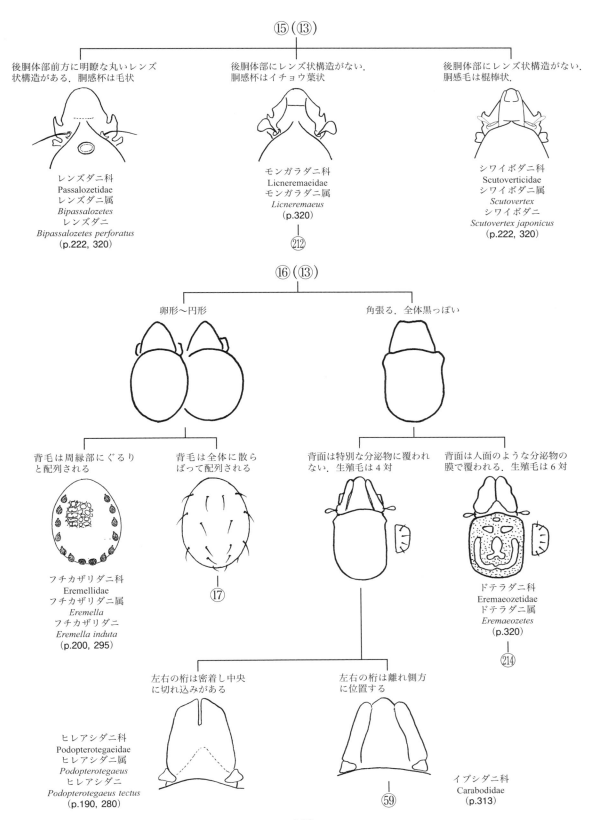

14 ダニ目・ササラダニ亜目

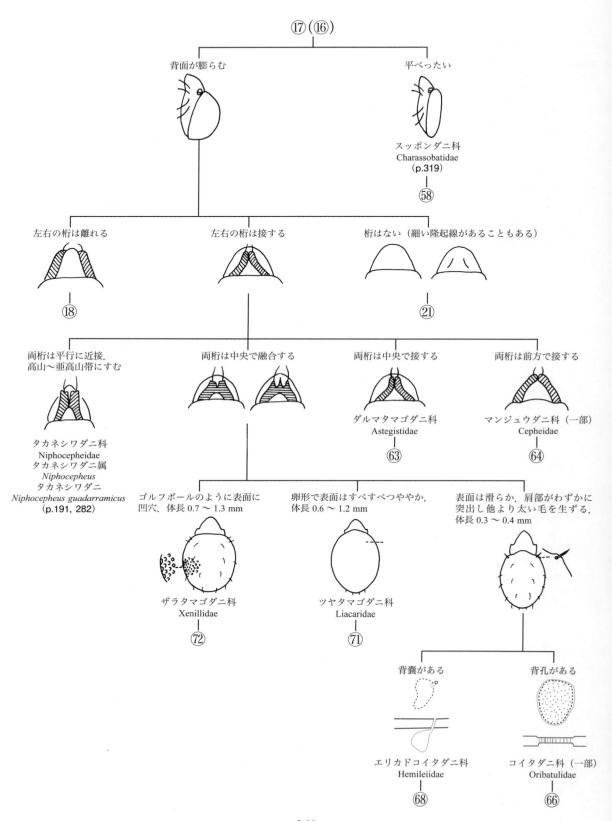

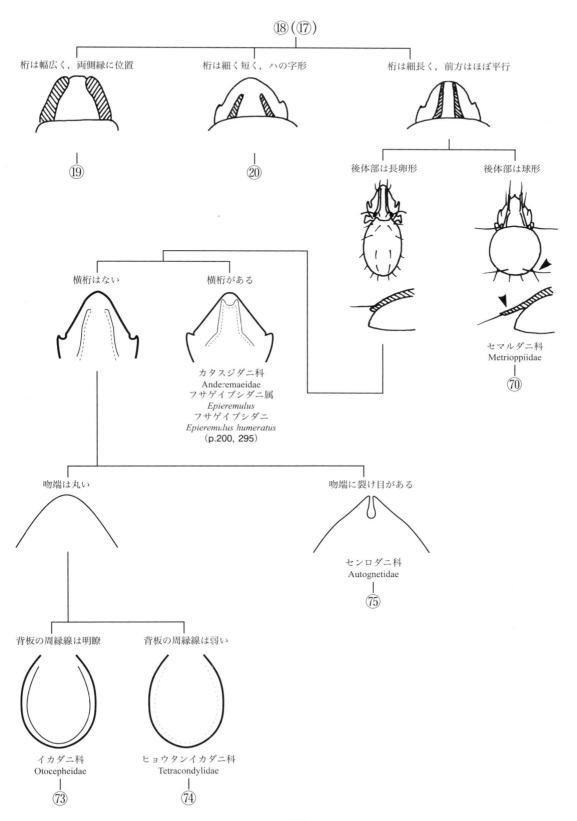

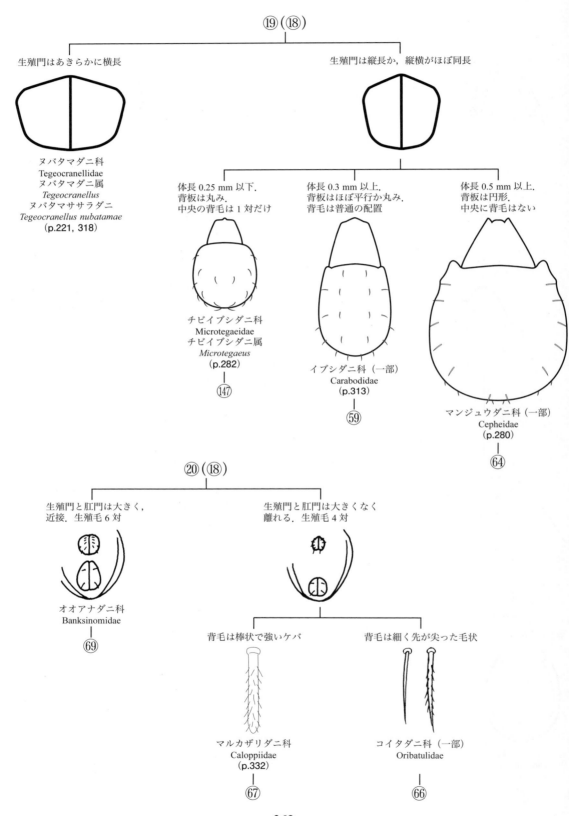

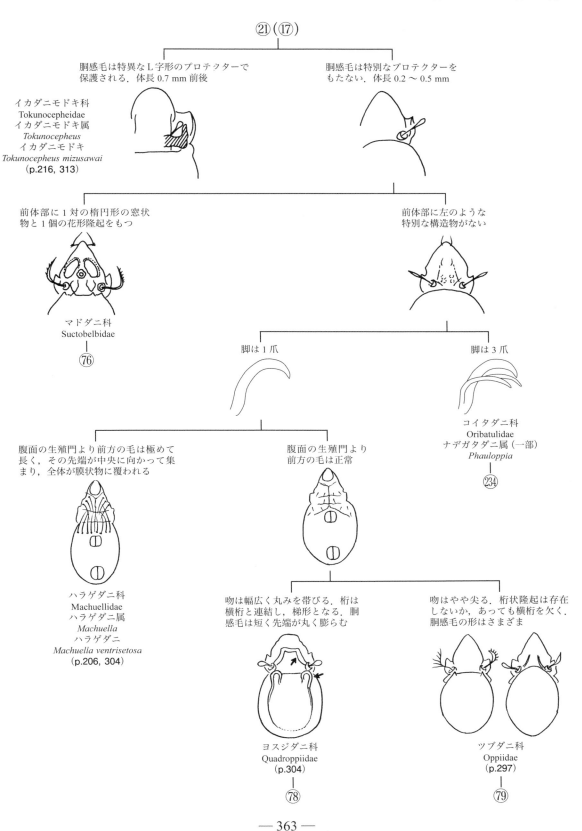

18 ダニ目・ササラダニ亜目

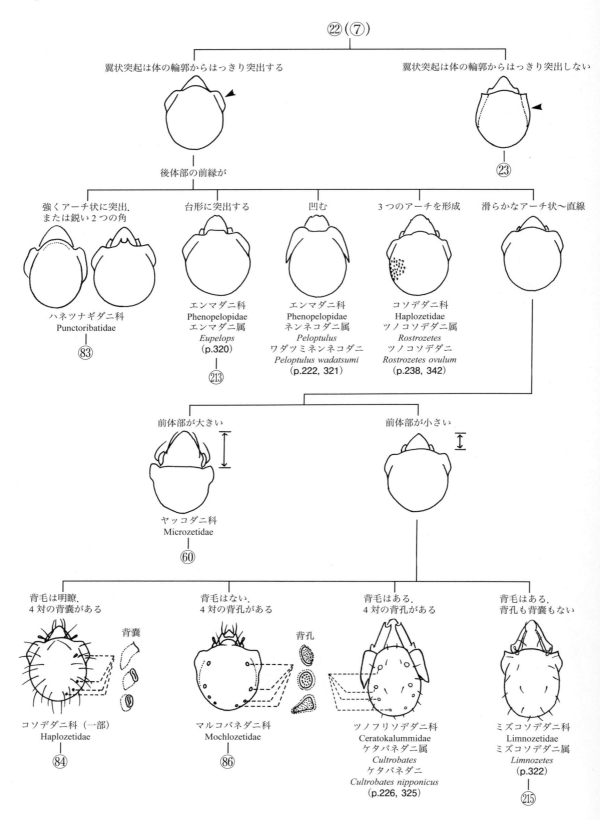

— 364 —

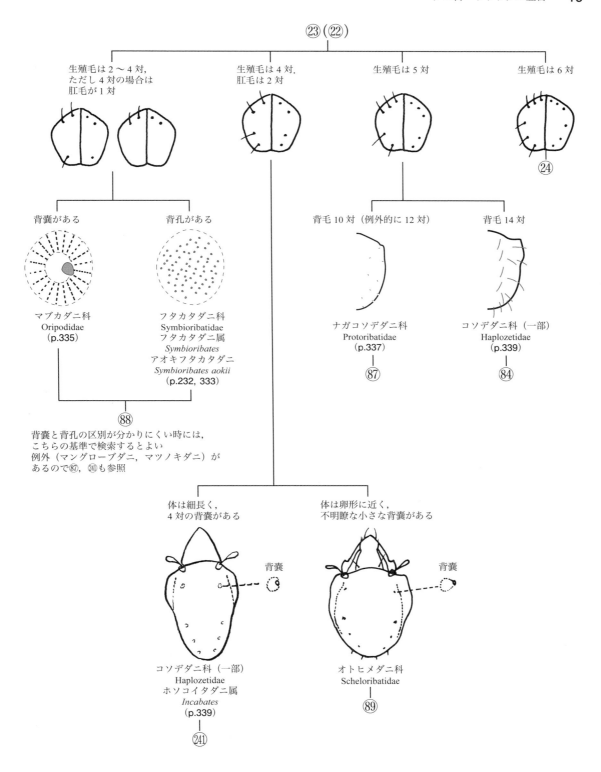

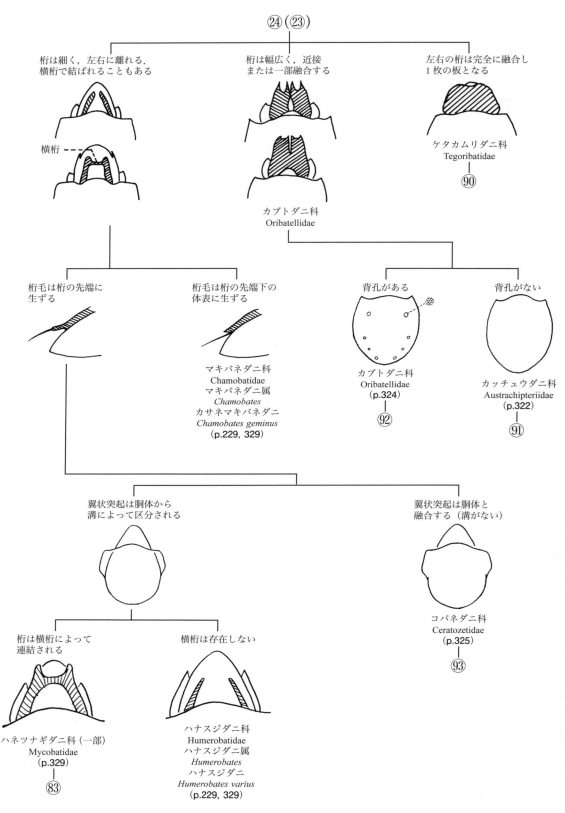

ダニ目・ササラダニ亜目 21

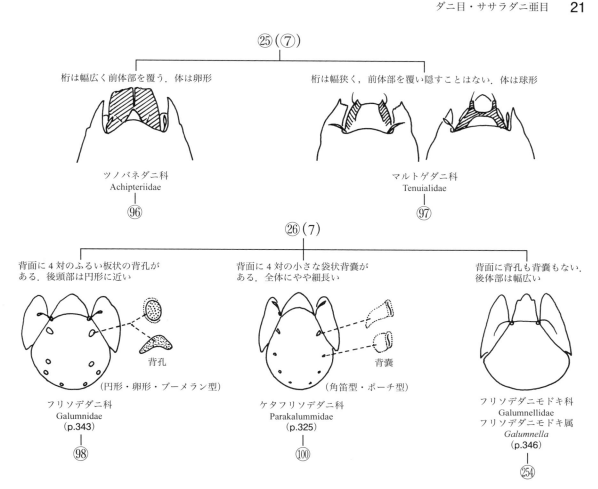

イレコダニ科 Phthiracaridae の属への検索

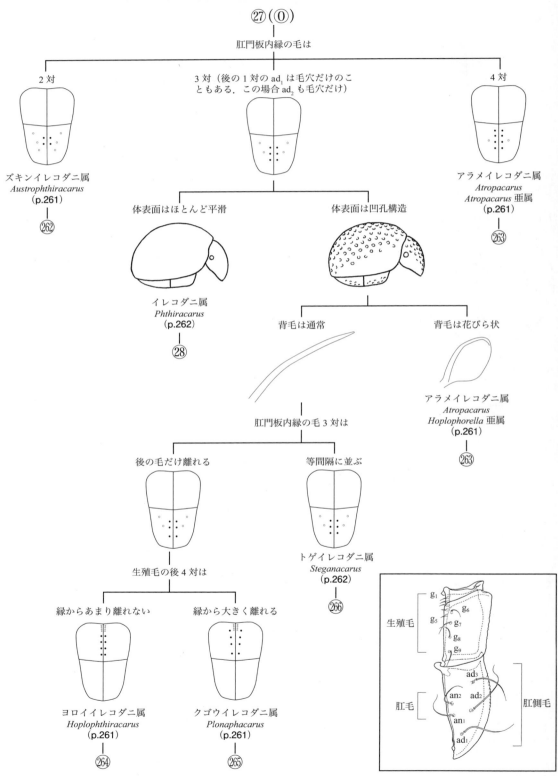

イレコダニ属 *Phthiracarus* の亜属への検索

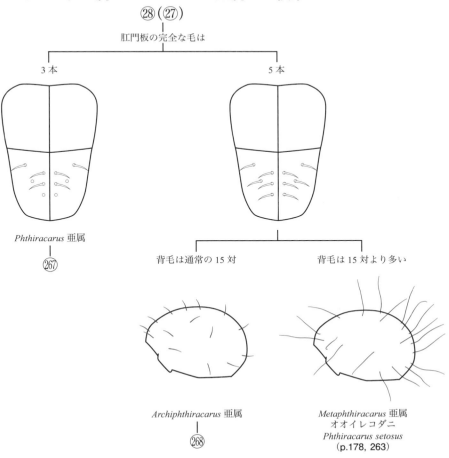

ニセイレコダニ科 Mesoplophoridae の属・種への検索

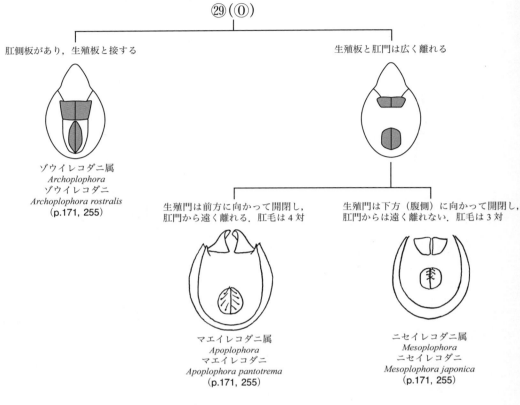

ヘソイレコダニ科 Euphthiracaridae の属への検索

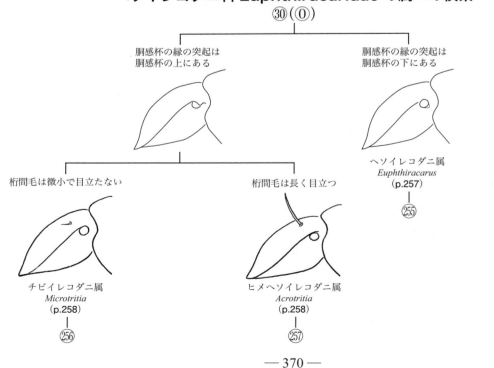

ダニ目・ササラダニ亜目 25

タテイレコダニ科 Oribotritiidae の属・種への検索

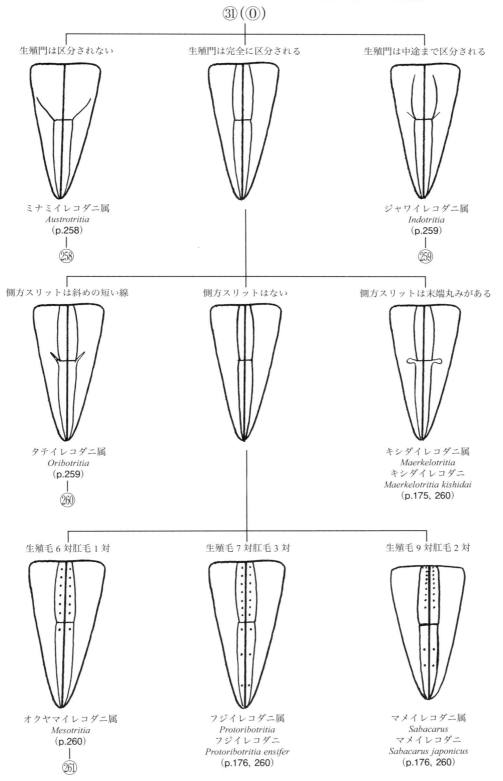

ムカシササラダニ科 Palaeacaridae の属・種への検索

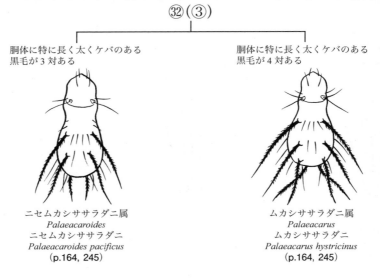

カザリヒワダニ科 Cosmochthoniidae の属・種への検索

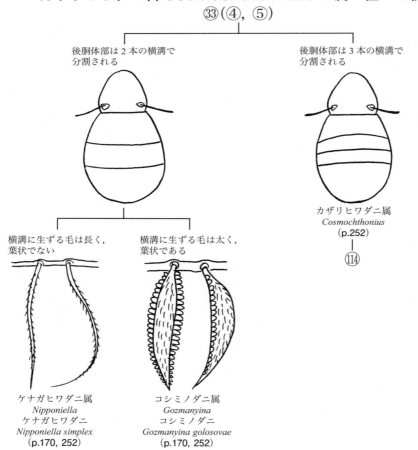

ダニ目・ササラダニ亜目　27

ダルマヒワダニ科 Brachychthoniidae の属・種への検索

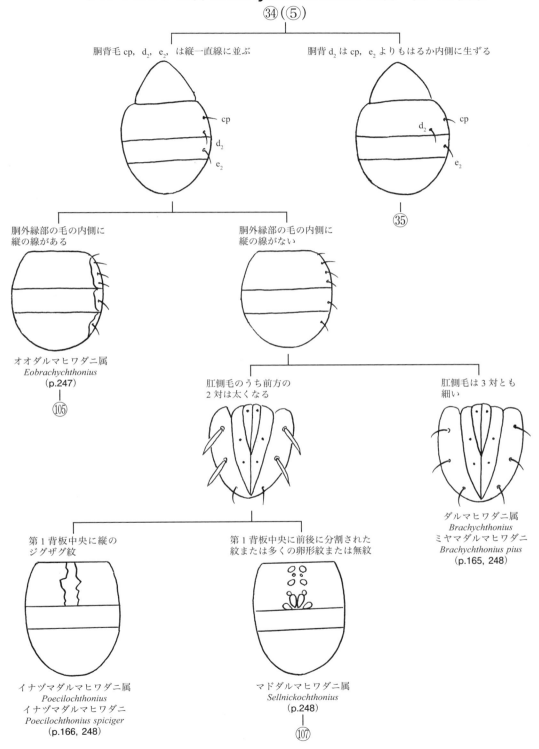

— 373 —

28　ダニ目・ササラダニ亜目

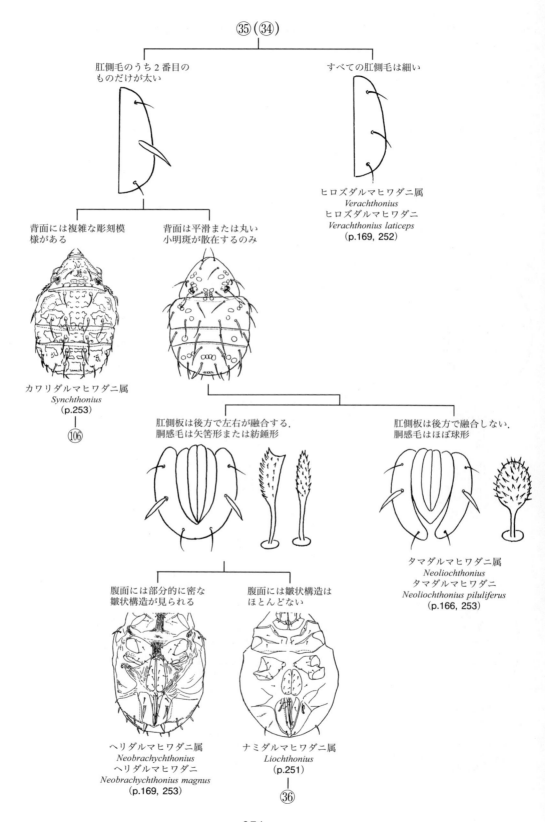

ダニ目・ササラダニ亜目　29

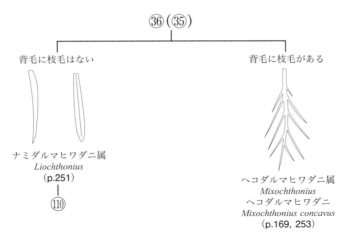

ヒワダニ科 Hypochthoniidae の属・種への検索

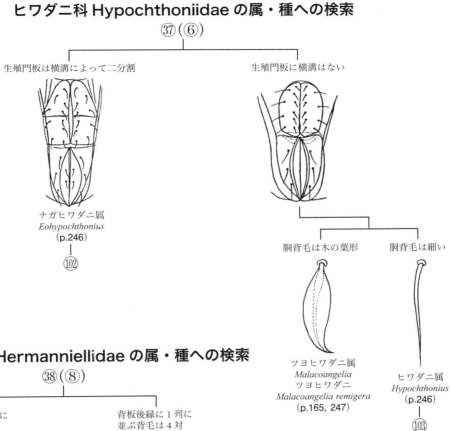

ドビンダニ科 Hermanniellidae の属・種への検索

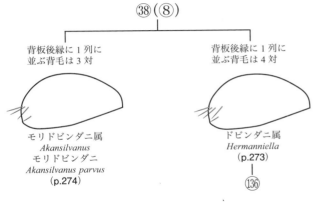

— 375 —

ウズタカダニ科 Liodidae の属・種への検索

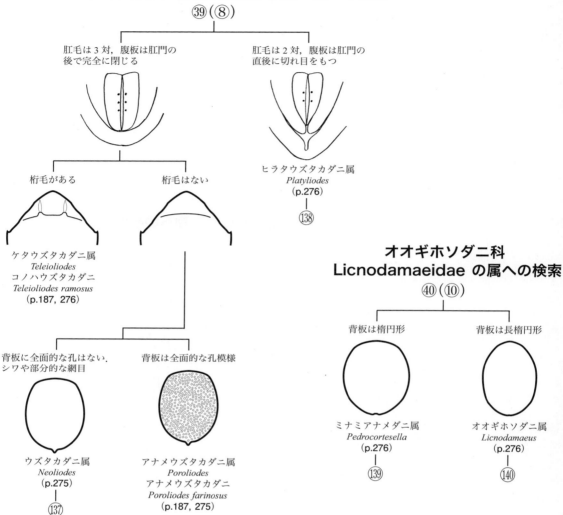

スネナガダニ科 Gymnodamaeidae の属・種への検索

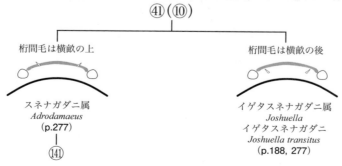

ダニ目・ササラダニ亜目　31

オニダニ科 Camisiidae の属・種への検索

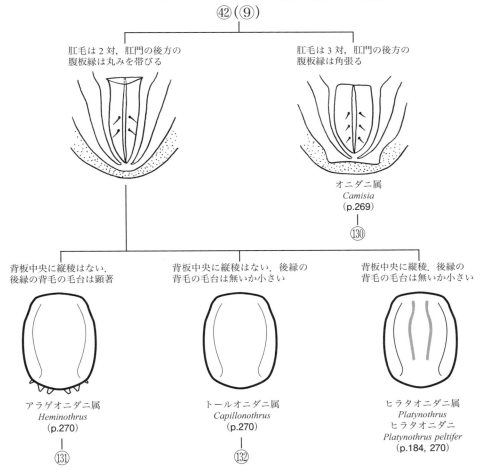

ツツハラダニ科 Lohmanniidae の属・種への検索

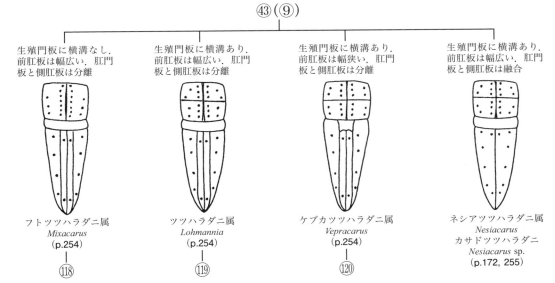

ジュズダニ科 Damaeidae の属・種への検索

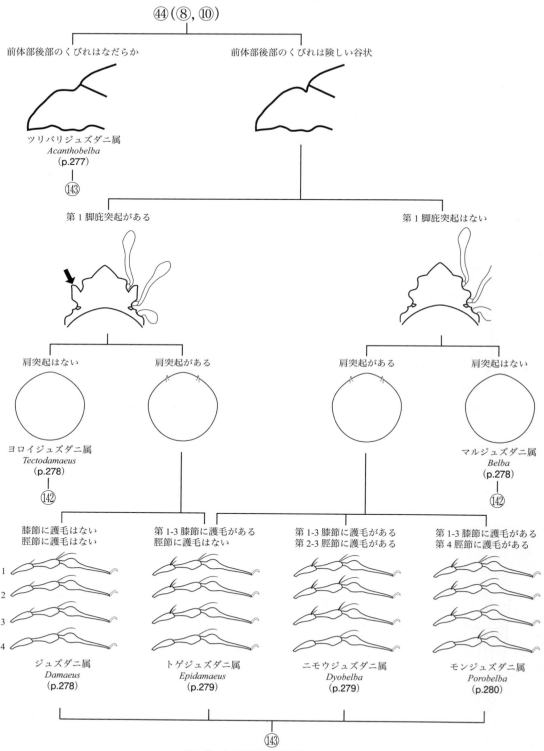

モンツキダニ科 Trhypochthoniidae の属・種への検索

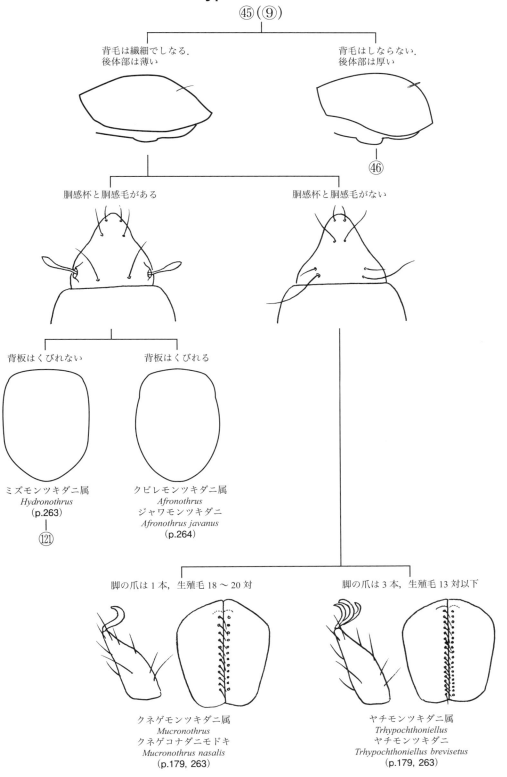

34 ダニ目・ササラダニ亜目

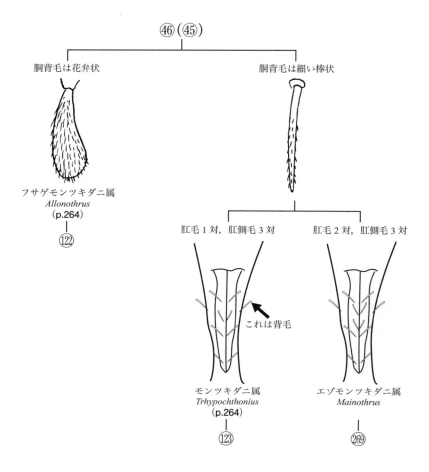

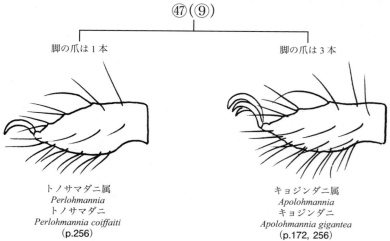

トノサマダニ科 Perlohmanniidae の属・種への検索

コナダニモドキ科 Malaconothridae の属・亜属への検索

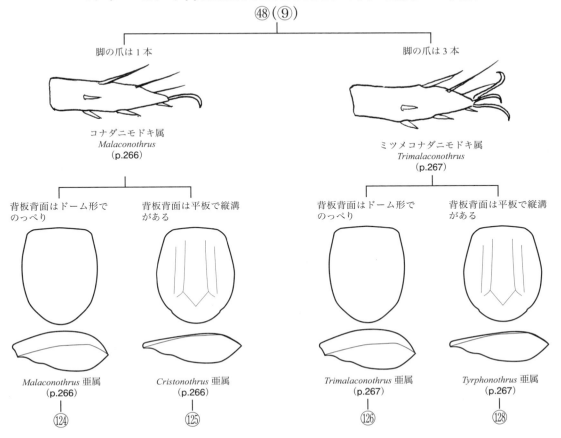

ハラミゾダニ科 Epilohmanniidae の属への検索

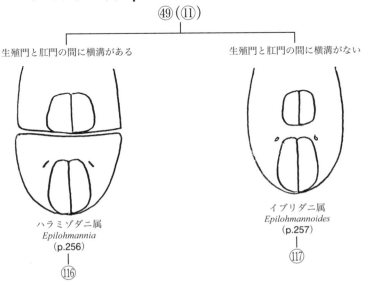

ツキノワダニ科 Nanhermanniidae の属・種への検索

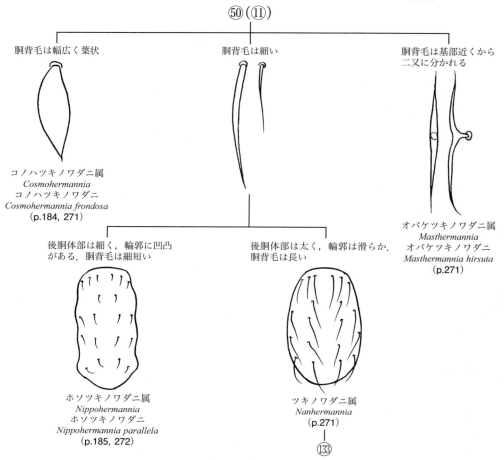

ホソクモスケダニ科 Damaeolidae の属・種への検索

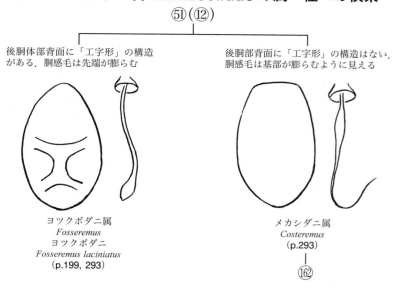

ダニ目・ササラダニ亜目   37

ニオウダニ科 Hermanniidae の属・種への検索

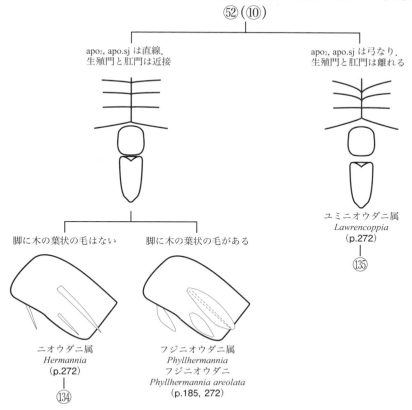

イチモンジダニ科 Eremulidae の属への検索

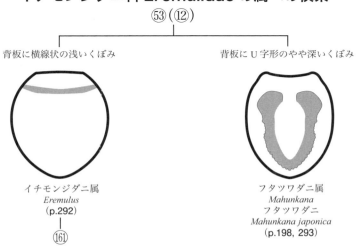

モリダニ科 Eremaeidae の属・種への検索

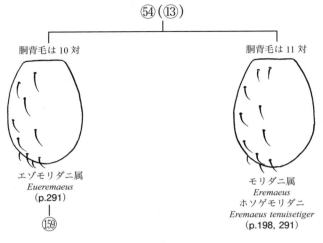

エリナシダニ科 Ameridae の属・種への検索

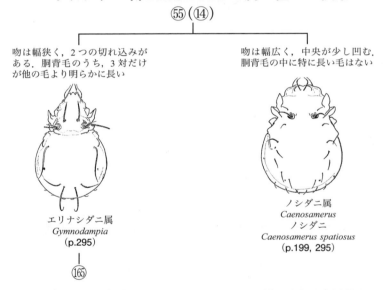

トガリモリダニ科 Spinozetidae の属・種への検索

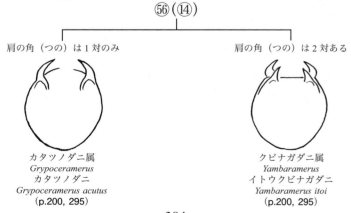

クワガタダニ科 Tectocepheidae の属・種への検索

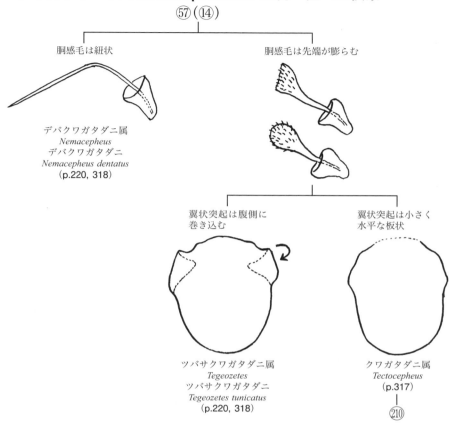

スッポンダニ科 Cymbaeremaeidae の属・種への検索

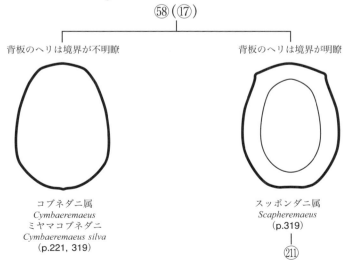

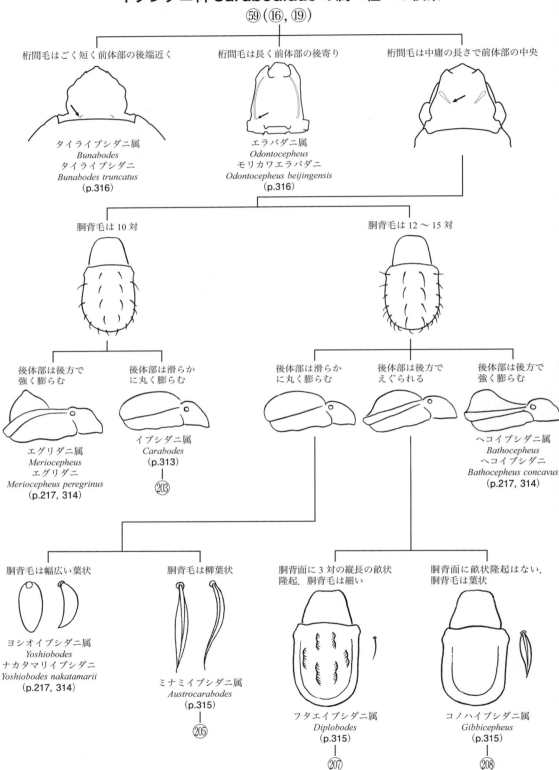

ヤッコダニ科 Microzetidae の属・種への検索

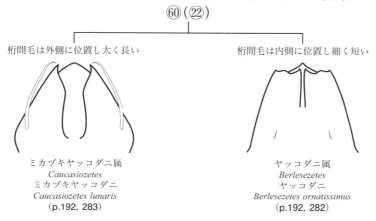

⑥⓪（㉒）

桁間毛は外側に位置し太く長い — ミカヅキヤッコダニ属 *Caucasiozetes* ミカヅキヤッコダニ *Caucasiozetes lunaris*（p.192, 283）

桁間毛は内側に位置し細く短い — ヤッコダニ属 *Berlesezetes* ヤッコダニ *Berlesezetes ornatissimus*（p.192, 282）

ハネアシダニ科 Zetorchestidae の属・種への検索

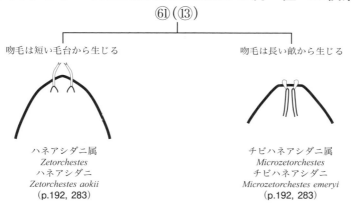

⑥①（⑬）

吻毛は短い毛台から生じる — ハネアシダニ属 *Zetorchestes* ハネアシダニ *Zetorchestes aokii*（p.192, 283）

吻毛は長い畝から生じる — チビハネアシダニ属 *Microzetorchestes* チビハネアシダニ *Microzetorchestes emeryi*（p.192, 283）

イカリダニ科 Zetomotrichidae の属・種への検索

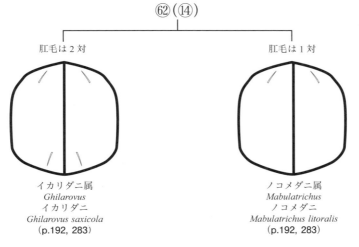

⑥②（⑭）

肛毛は 2 対 — イカリダニ属 *Ghilarovus* イカリダニ *Ghilarovus saxicola*（p.192, 283）

肛毛は 1 対 — ノコメダニ属 *Mabulatrichus* ノコメダニ *Mabulatrichus litoralis*（p.192, 283）

ダルマタマゴダニ科 Astegistidae の属・種への検索

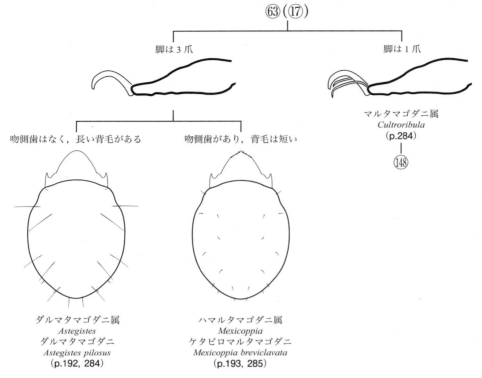

マンジュウダニ科 Cepheidae の属・種への検索

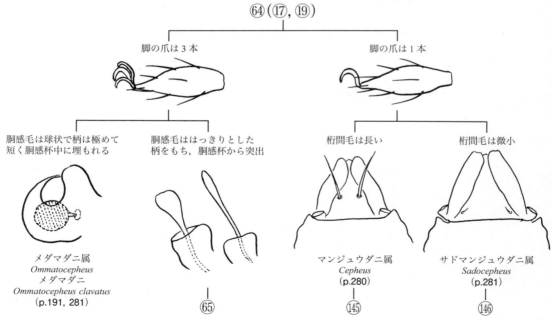

ダニ目・ササラダニ亜目　43

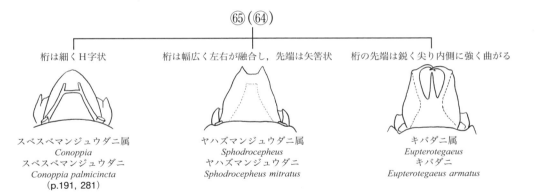

コイタダニ科 Oribatulidae の属・種への検索

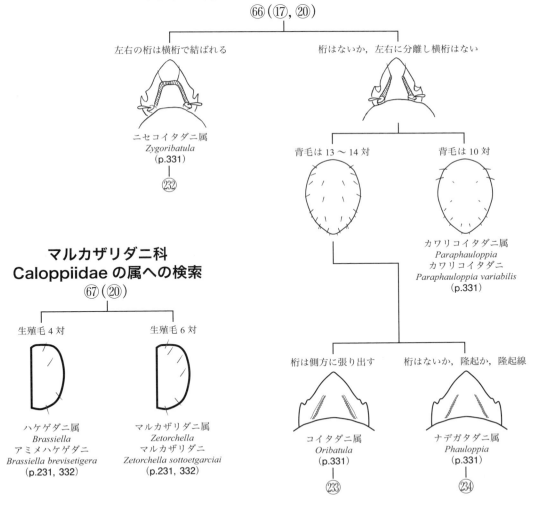

エリカドコイタダニ科 Hemileiidae の属・種への検索

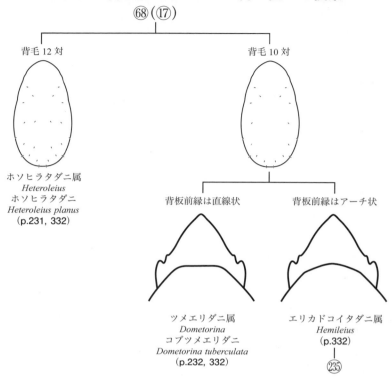

オオアナダニ科 Banksinomidae の属・種への検索

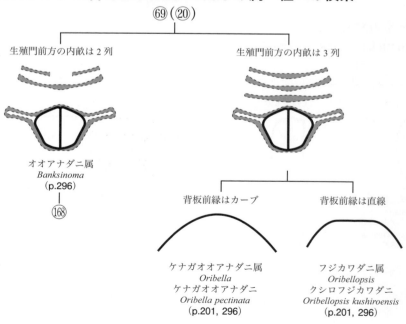

セマルダニ科 Metrioppiidae の属・種への検索

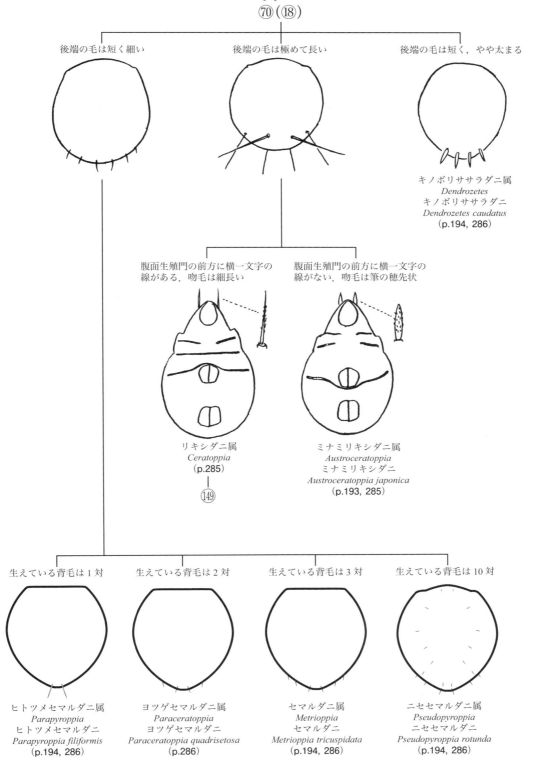

ツヤタマゴダニ属 Liacarus の属・亜属・種への検索

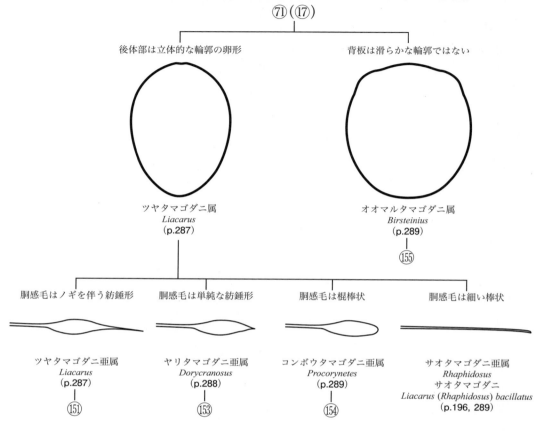

ザラタマゴダニ科 Xenillidae の属・種への検索

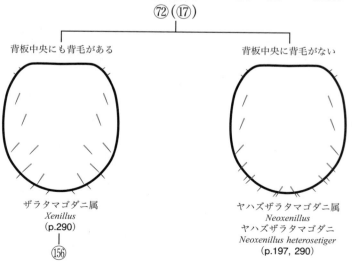

ダニ目・ササラダニ亜目　47

イカダニ科 Otocepheidae の属・種への検索

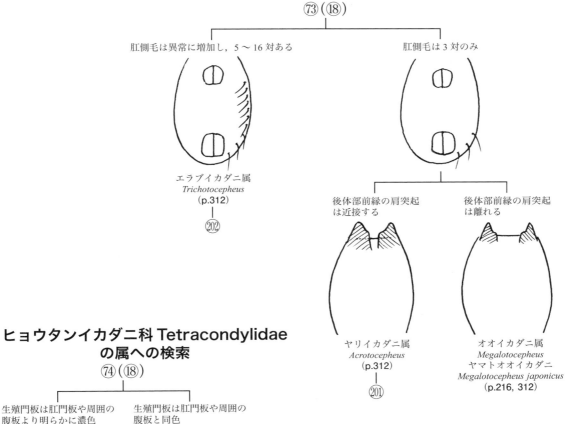

ヒョウタンイカダニ科 Tetracondylidae の属への検索

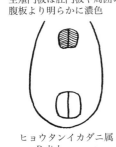

センロダニ科 Autognetidae の属への検索

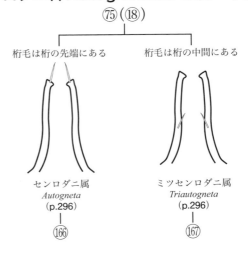

48 ダニ目・ササラダニ亜目

マドダニ科 Suctobelbidae の属・種への検索

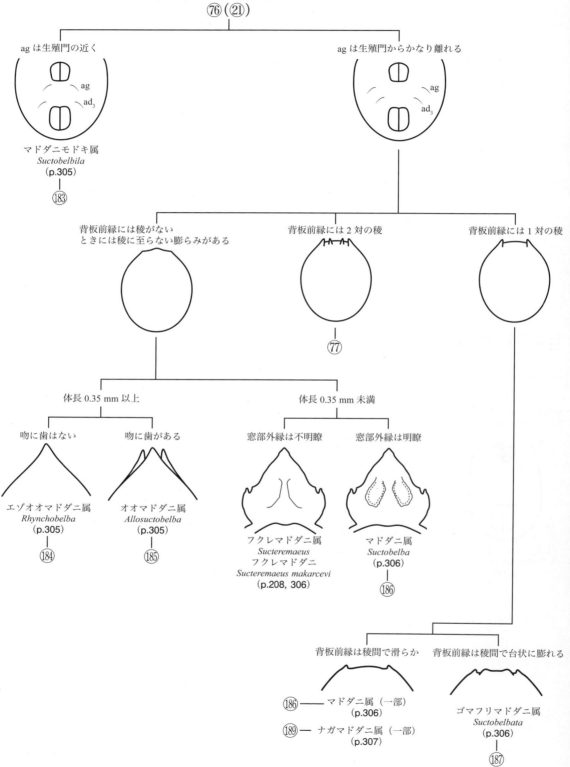

― 394 ―

ダニ目・ササラダニ亜目　49

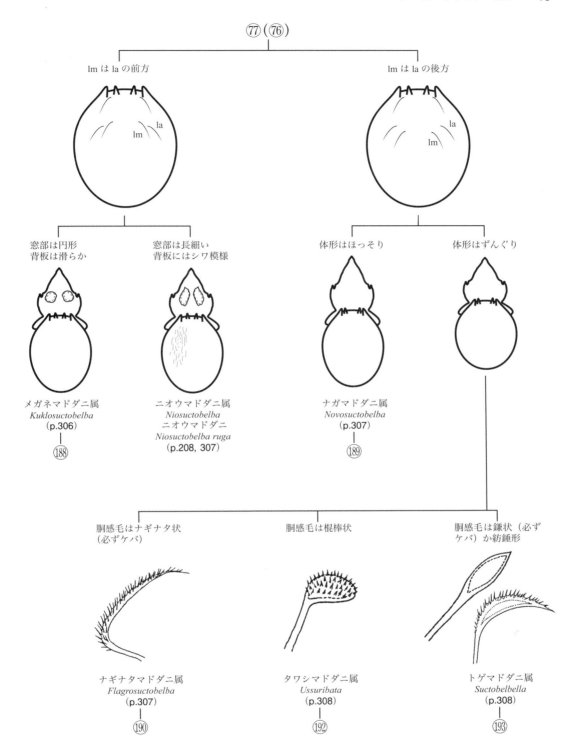

― 395 ―

ヨスジダニ科 Quadroppiidae の属への検索

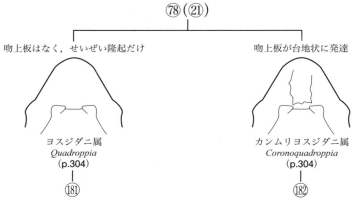

ツブダニ科 Oppiidae の属・種への検索

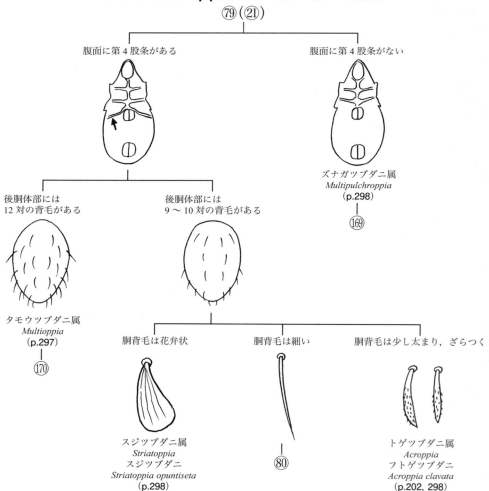

ダニ目・ササラダニ亜目 51

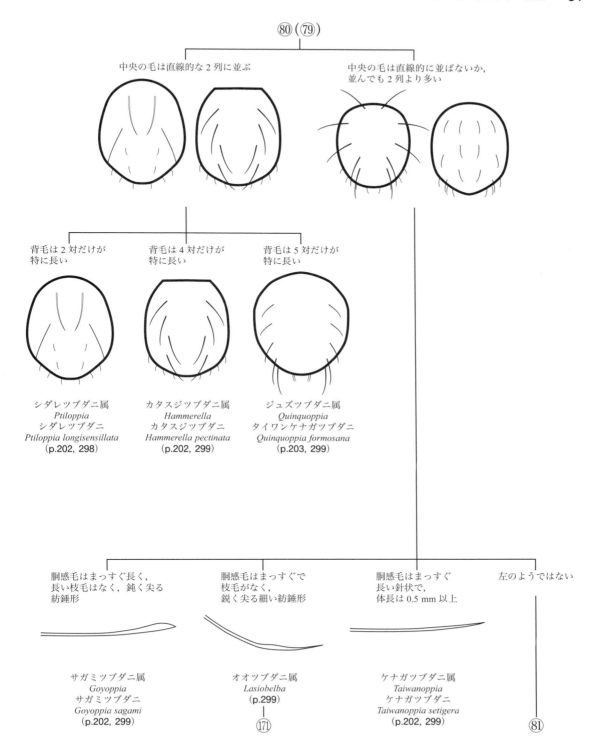

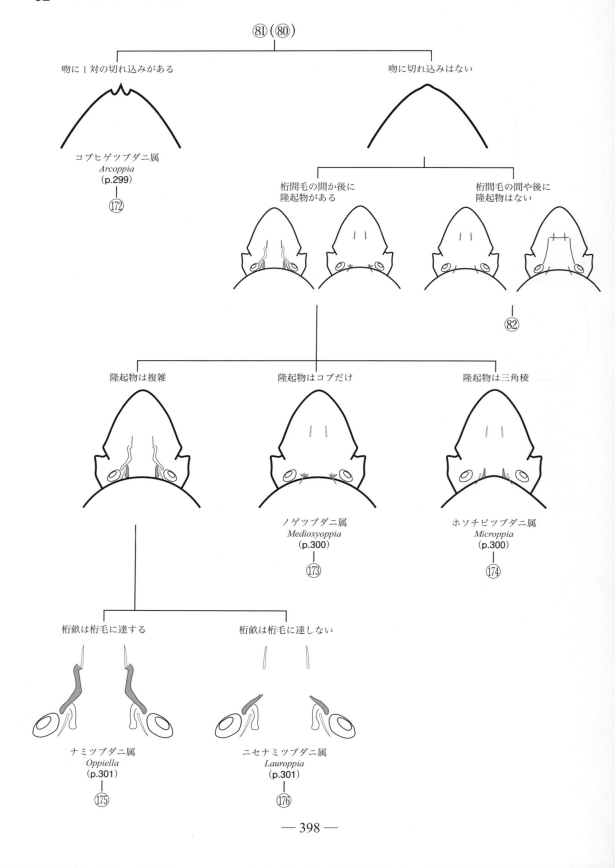

ダニ目・ササラダニ亜目 53

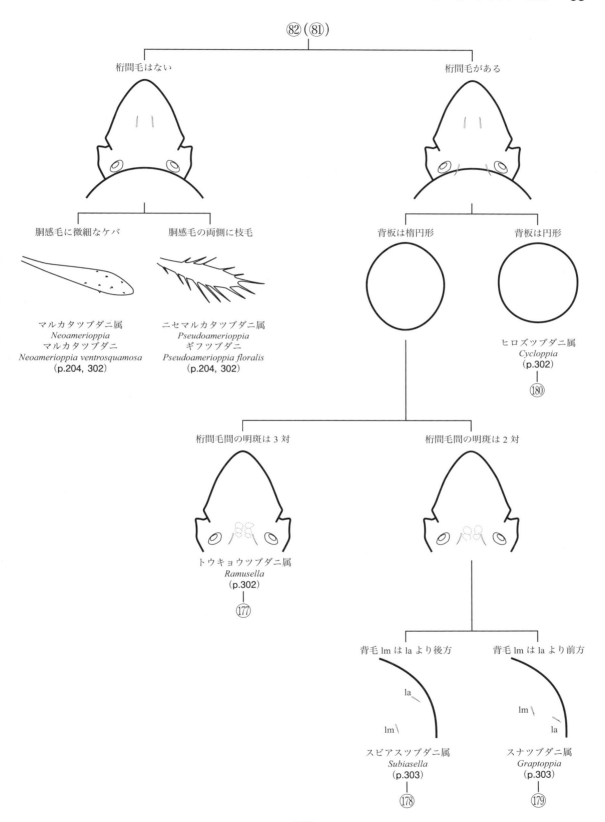

ハネツナギダニ科 Punctoribatidae の属・種への検索

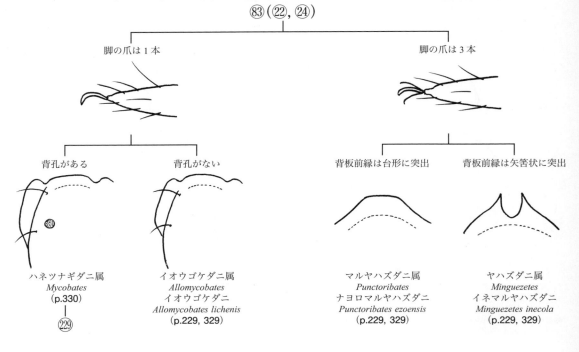

コソデダニ科 Haplozetidae の属・種への検索

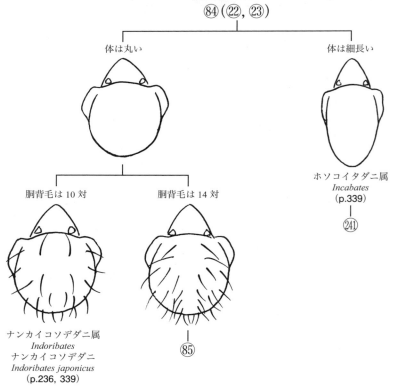

ダニ目・ササラダニ亜目　55

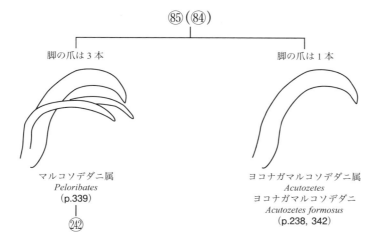

マルコバネダニ科 Mochlozetidae の属・種への検索

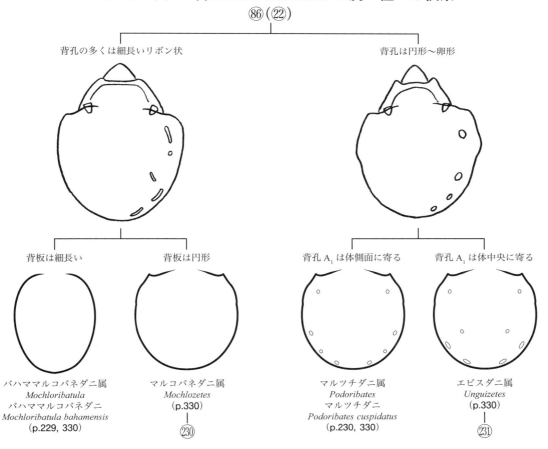

— 401 —

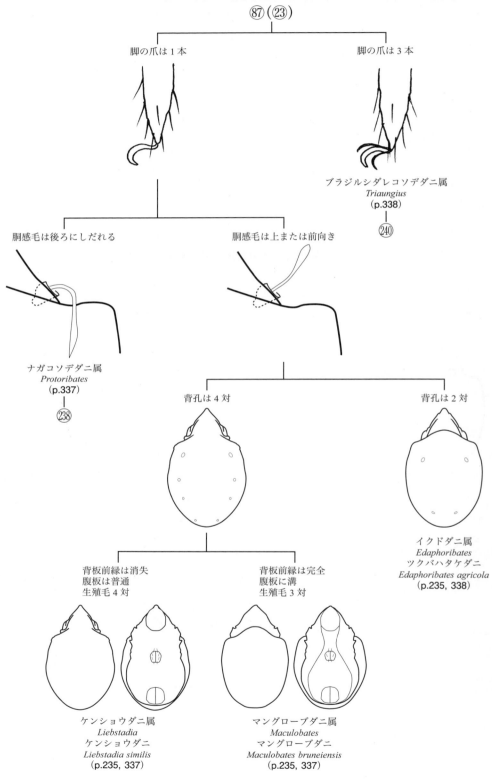

マブカダニ科 Oripodidae・フタカタダニ科 Symbioribatidae の属・種への検索

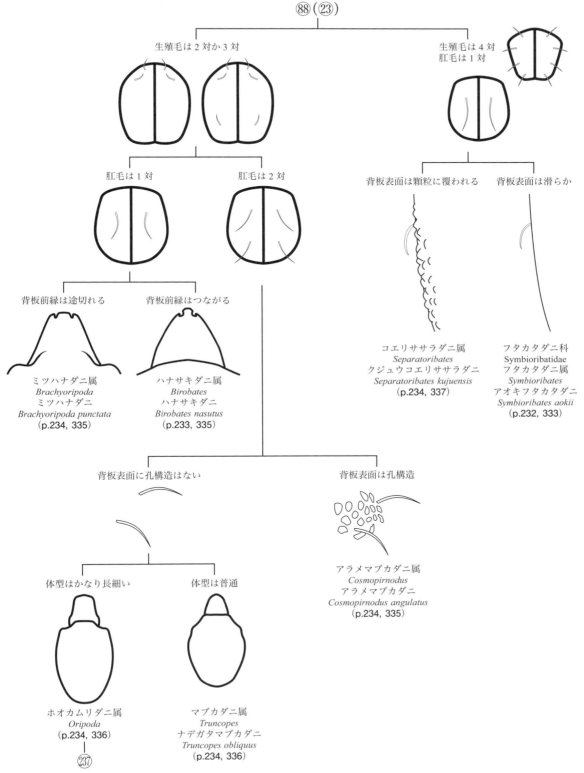

オトヒメダニ科 Scheloribatidae の属・種への検索

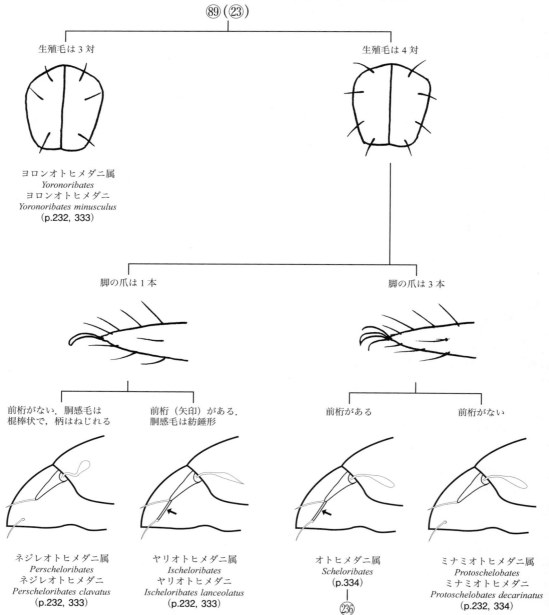

ケタカムリダニ科 Tegoribatidae の属・種への検索

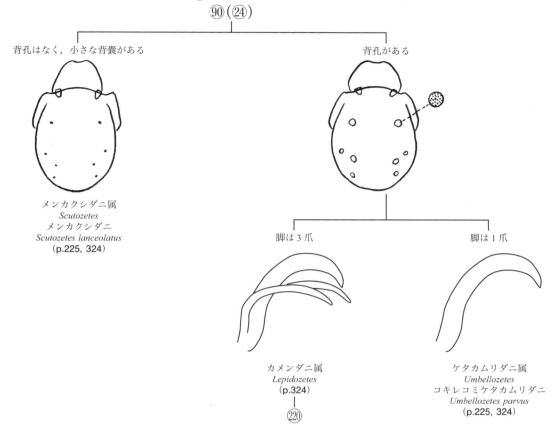

カッチュウダニ科 Austrachipteriidae の属・種への検索

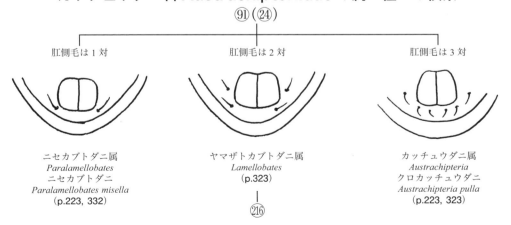

カブトダニ科 Oribatellidae の属・種への検索

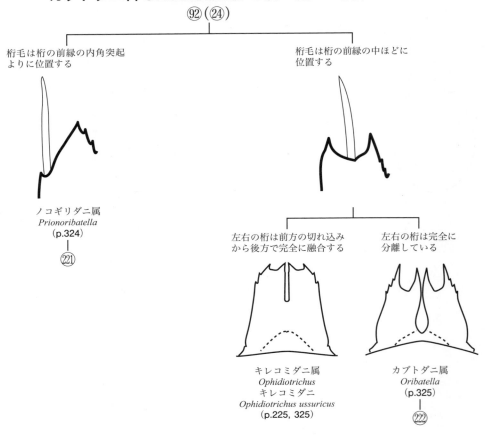

コバネダニ科 Ceratozetidae の属・種への検索

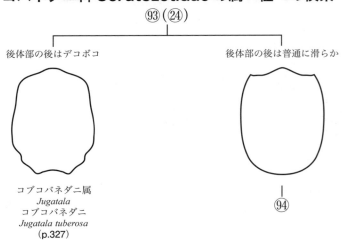

ダニ目・ササラダニ亜目 61

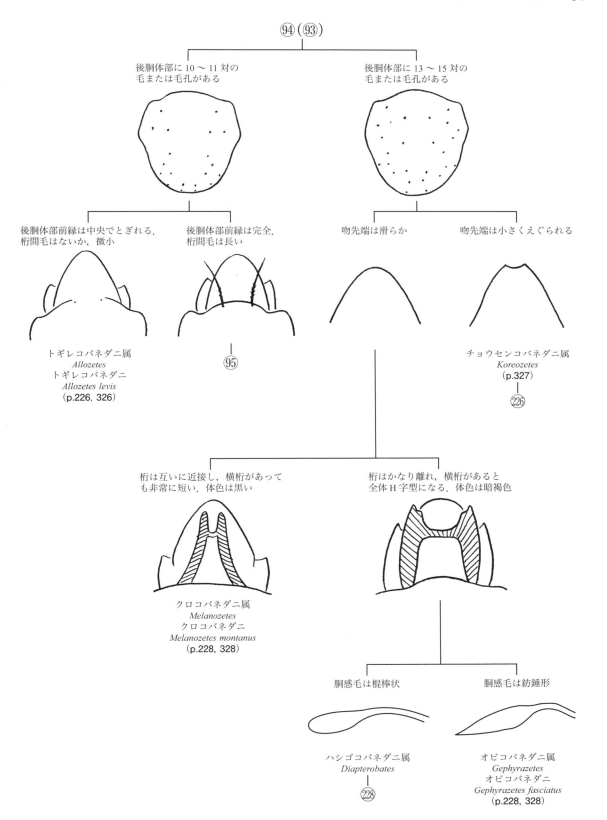

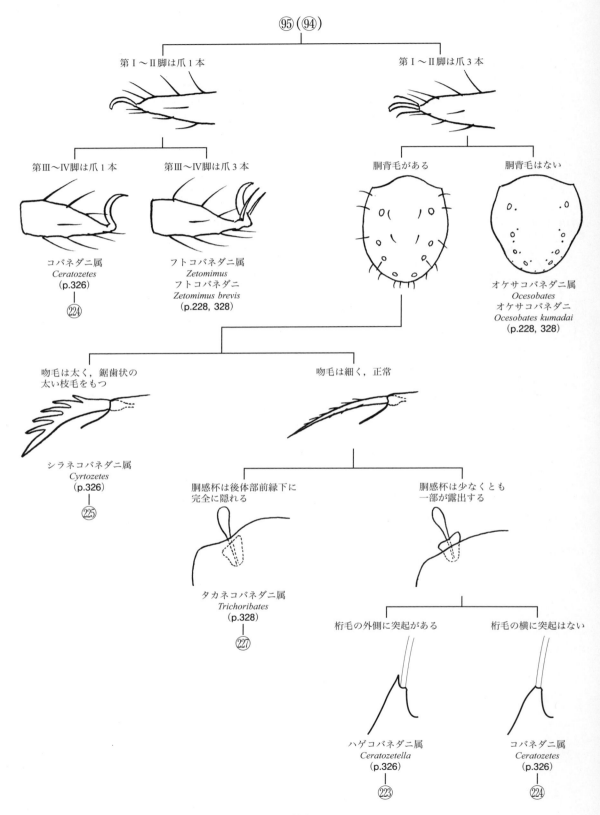

ツノバネダニ科 Achipteriidae の属・種への検索

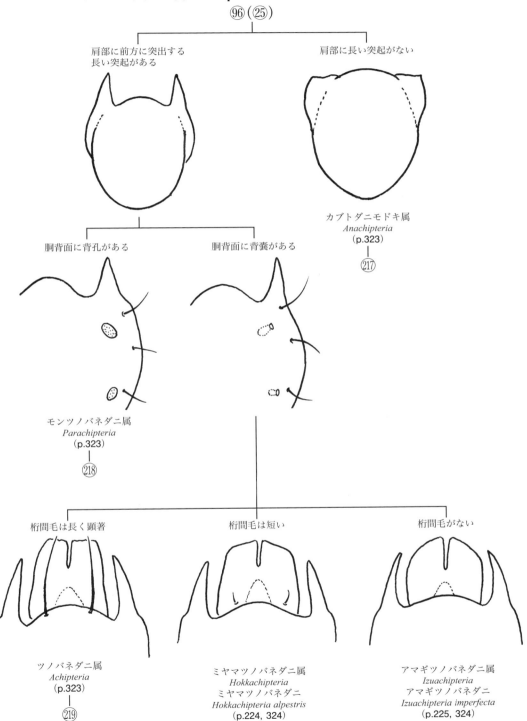

マルトゲダニ科 Tenuialidae の属・種への検索
⑨⑦(㉕)

体の輪郭はほとんど円形で平たく，全体が円盤形．背毛は明瞭

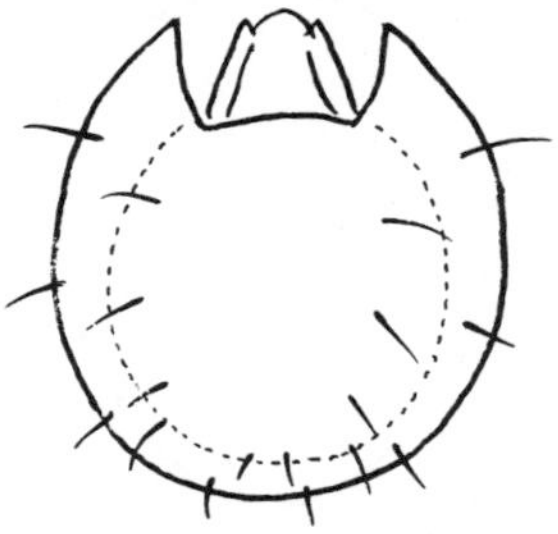

エンバンダニ属
Peltenuiala
エンバンダニ
Peltenuiala orbiculata
(p.197, 290)

体の輪郭から肩突起がはみ出し，背面は強く膨らむ．背毛はほとんどなく，ときに後方の 1 対が見えるのみ

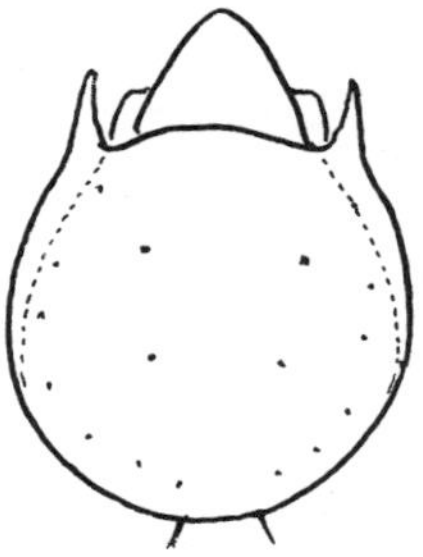

桁は幅広く左右縁に位置し，先端突起がない

マルトゲダニ属
Tenuiala
ハッカイマルトゲダニ
Tenuiala nuda
(p.197, 290)

桁は近接した先端突起をもつ

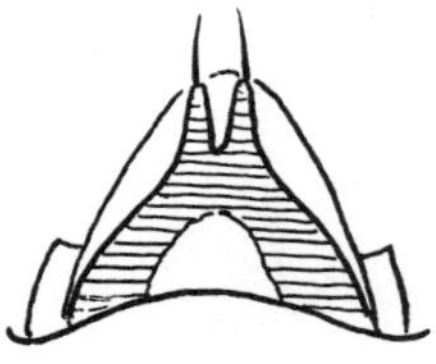

マルツヤダニ属
Hafenrefferia
(p.290)
⑮⑦

桁は離れた先端突起をもつ

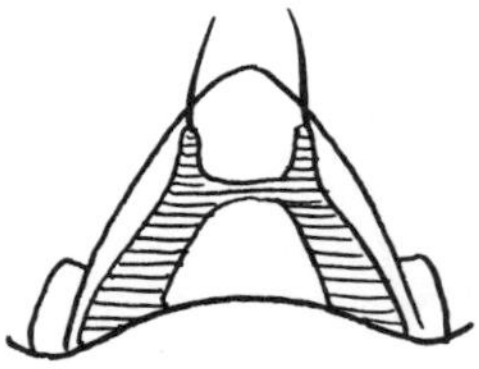

オオマルツヤダニ属
Tenuialodes
(p.291)
⑮⑧

桁の先端は深く湾入する

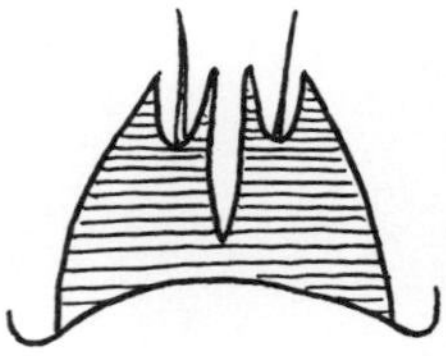

エチゴマルトゲダニ属
Ceratotenuiala
エチゴマルトゲダニ
Ceratotenuiala echigoensis
(p.197, 291)

フリソデダニ科 Galumnidae の属・種への検索
⑨⑧(㉖)

前体部側面には L 線のみがある

アズマフリソデダニ属
Dimidiogalumna
アズマフリソデダニ
Dimidiogalumna azumai
(p.240, 344)

前体部側面に L 線と S 線がある

⑨⑨

前体部側面に S 線だけがある

ヤンバルフリソデダニ属
Allogalumna
ヤンバルフリソデダニ
Allogalumna rotundiceps
(p.239, 343)

前体部側面に L 線も S 線もない

ヤマトフリソデダニ属
Disparagalumna
ヤマトフリソデダニ
Disparagalumna rostrata
(p.343)

ダニ目・ササラダニ亜目 65

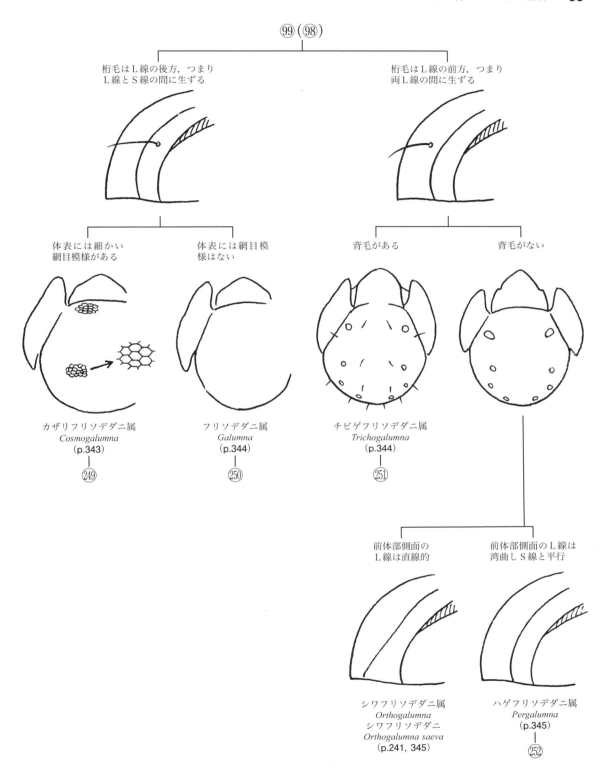

ケタフリソデダニ科 Parakalummidae の属への検索

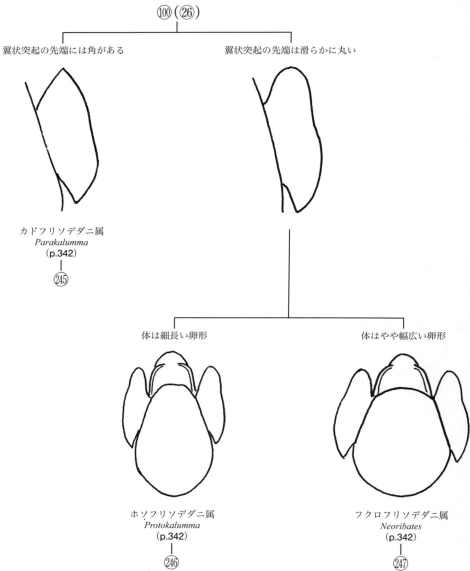

⑩(㉖)
- 翼状突起の先端には角がある → カドフリソデダニ属 *Parakalumma* (p.342) ㉔⑤
- 翼状突起の先端は滑らかに丸い
  - 体は細長い卵形 → ホソフリソデダニ属 *Protokalumma* (p.342) ㉔⑥
  - 体はやや幅広い卵形 → フクロフリソデダニ属 *Neoribates* (p.342) ㉔⑦

ダニ目・ササラダニ亜目 67

ウスギヌダニ属 *Gehypochthonius* の種への検索

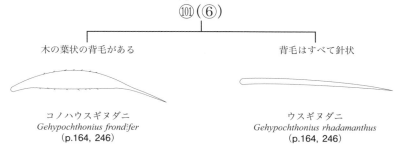

ナガヒワダニ属 *Eohypochthonius* の種への検索

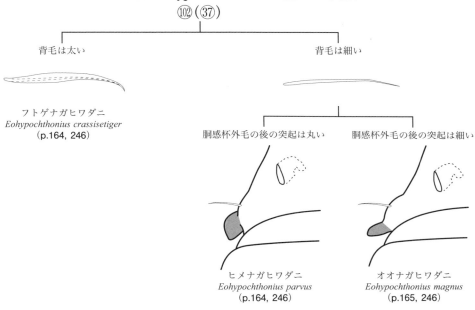

ヒワダニ属 *Hypochthonius* の種への検索

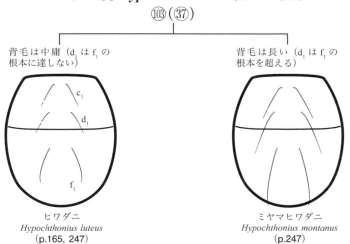

ヒワダニモドキ属 *Eniochthonius* の種への検索

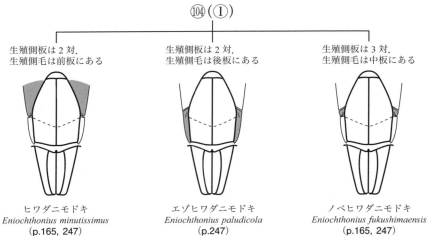

ヒワダニモドキ
Eniochthonius minutissimus
(p.165, 247)

エゾヒワダニモドキ
Eniochthonius paludicola
(p.247)

ノベヒワダニモドキ
Eniochthonius fukushimaensis
(p.165, 247)

オオダルマヒワダニ属 *Eobrachychthonius* の種への検索

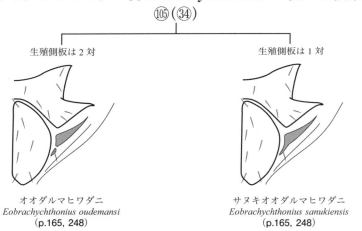

オオダルマヒワダニ
Eobrachychthonius oudemansi
(p.165, 248)

サヌキオオダルマヒワダニ
Eobrachychthonius sanukiensis
(p.165, 248)

カザリダルマヒワダニ属 *Synchthonius* の種への検索

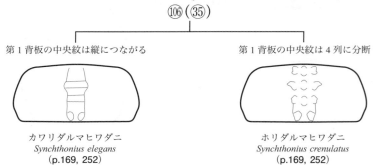

カワリダルマヒワダニ
Synchthonius elegans
(p.169, 252)

ホリダルマヒワダニ
Synchthonius crenulatus
(p.169, 252)

ダニ目・ササラダニ亜目　69

マドダルマヒワダニ属 *Sellnickochthonius* の種への検索

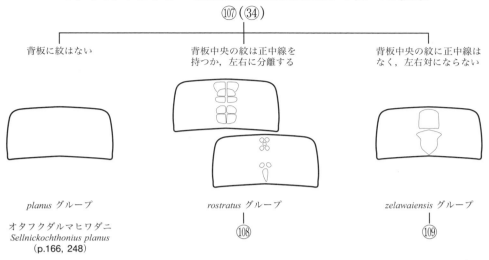

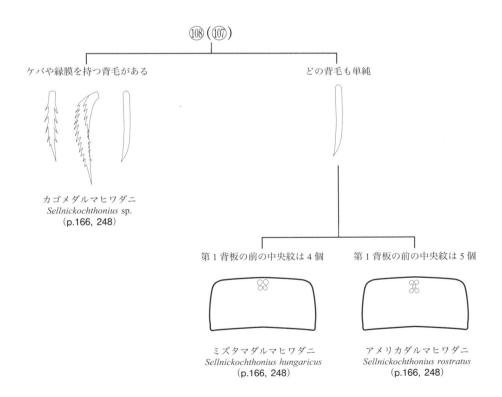

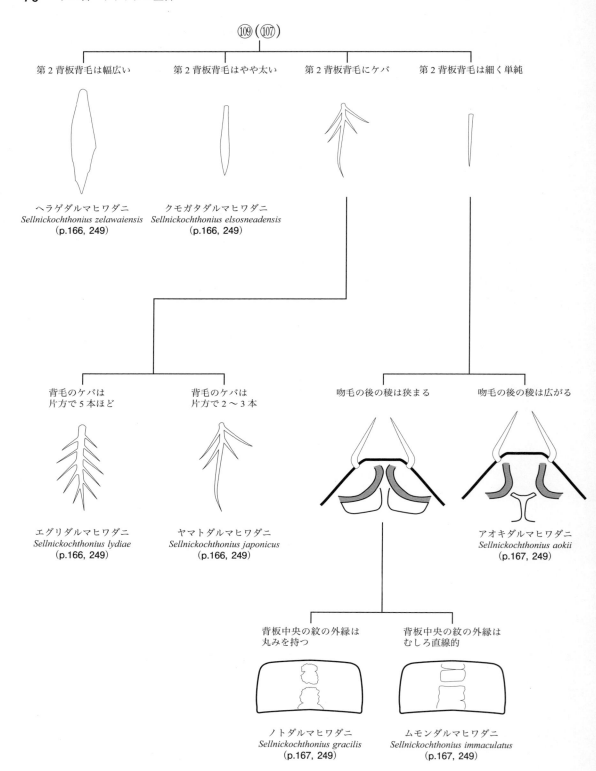

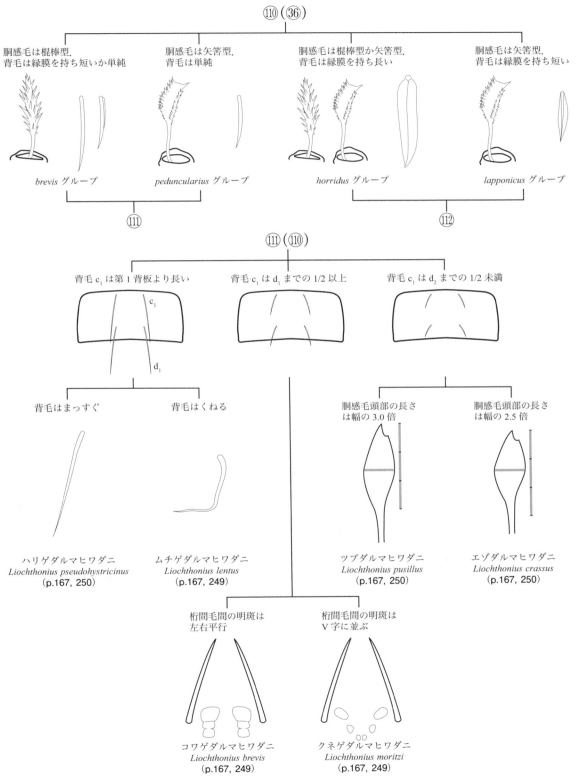

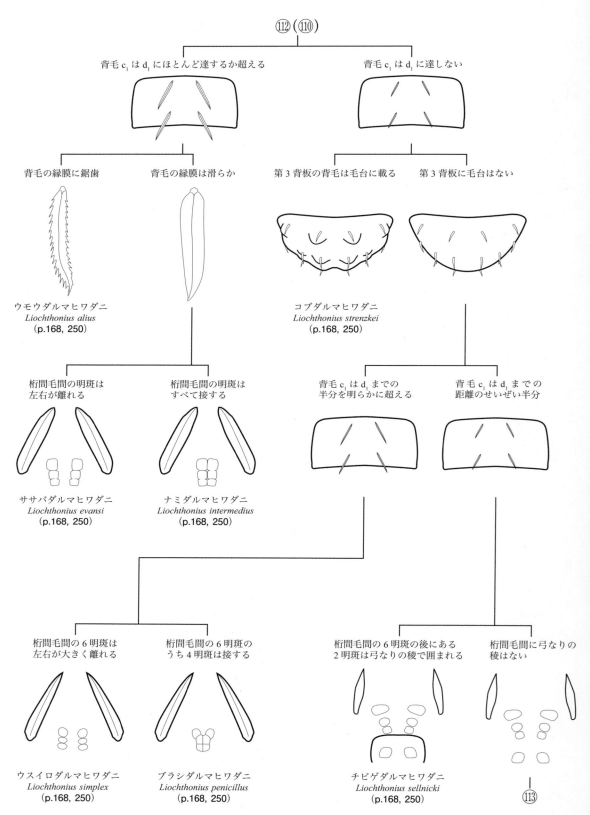

ダニ目・ササラダニ亜目 73

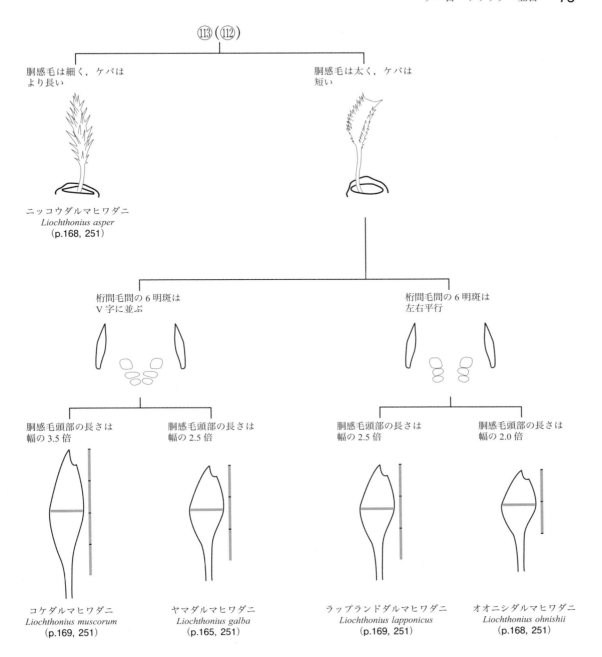

カザリヒワダニ属 *Cosmochthonius* の種への検索

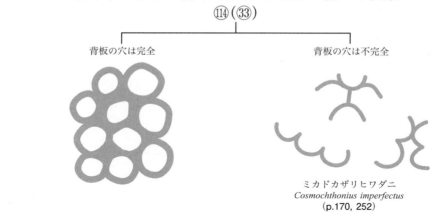

チョウチンダニ属 *Sphaerochthonius* の種への検索

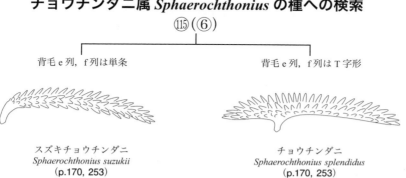

ダニ目・ササラダニ亜目 75

ハラミゾダニ属 *Epilohmannia* の種への検索

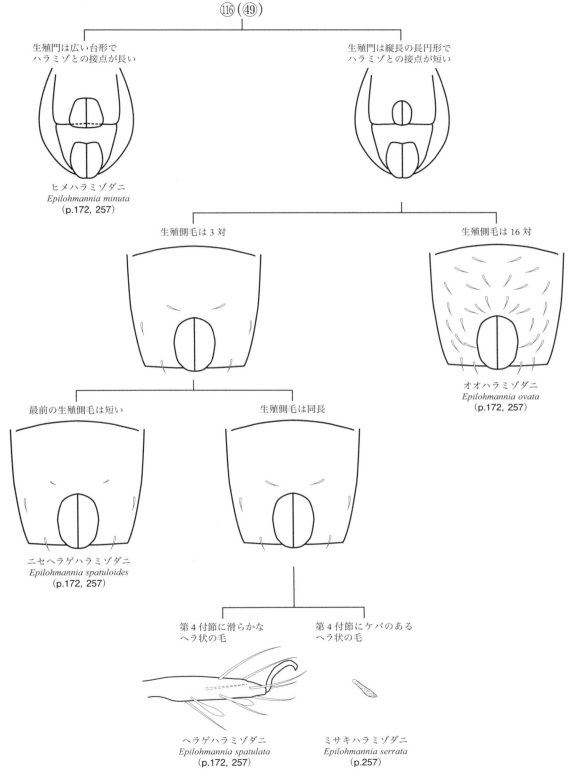

イブリダニ属 *Epilohmannoides* の種への検索

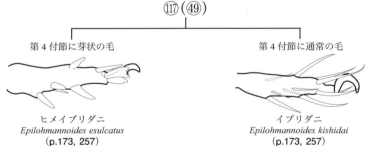

フトツツハラダニ属 *Mixacarus* の種への検索

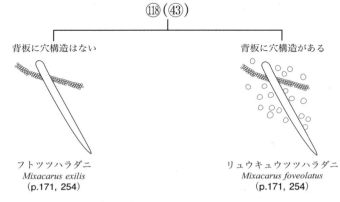

ツツハラダニ属 *Lohmannia* の種への検索

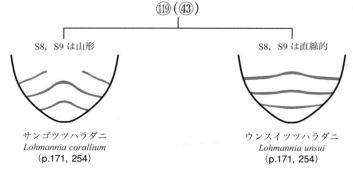

ケブカツツハラダニ属 *Papillacarus* の種への検索

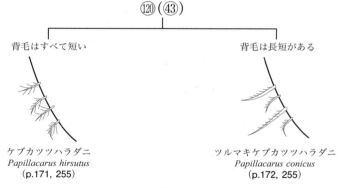

ダニ目・ササラダニ亜目　77

ミズモンツキダニ属 *Hydronothrus* の種への検索

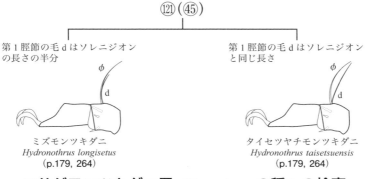

フサゲモンツキダニ属 *Allonothrus* の種への検索

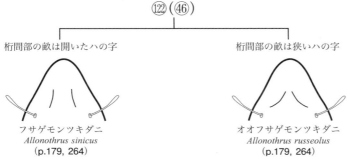

モンツキダニ属 *Trhypochthonius* の種への検索

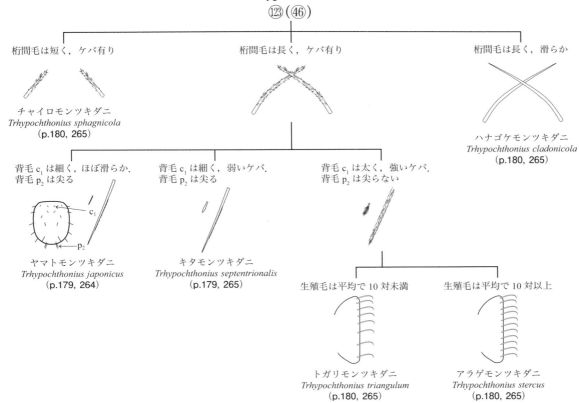

コナダニモドキ属（*Malaconothrus* 亜属）の種への検索

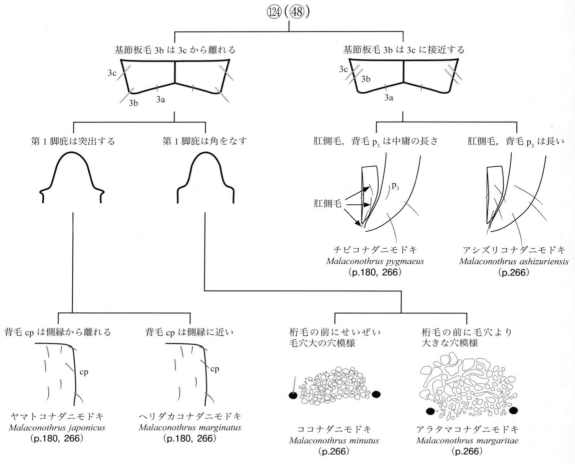

コナダニモドキ属（*Cristonothrus* 亜属）の種への検索

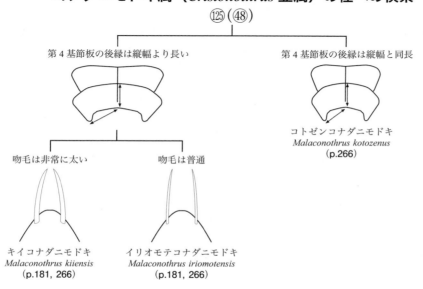

ミツメコナダニモドキ属（*Trimalaconothrus* 亜属）の種への検索

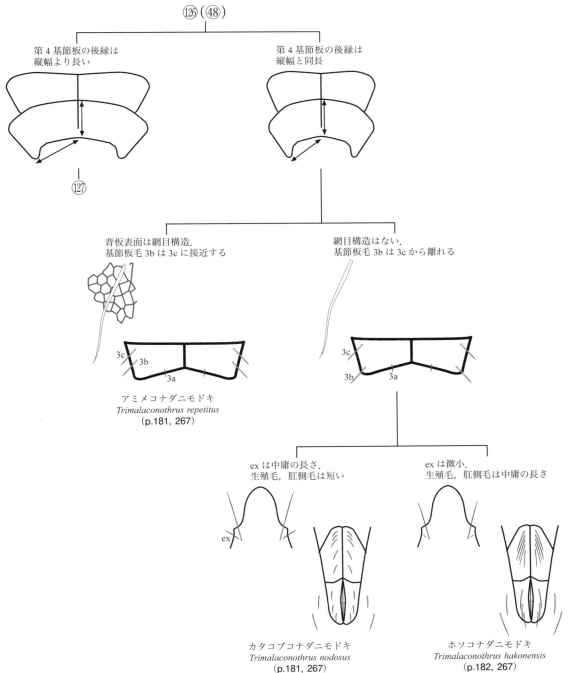

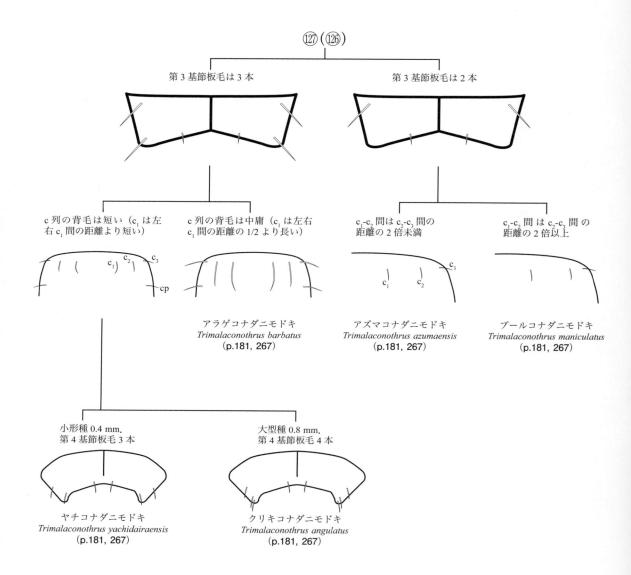

ミツメコナダニモドキ属（*Tyrphonothrus* 亜属）の種への検索

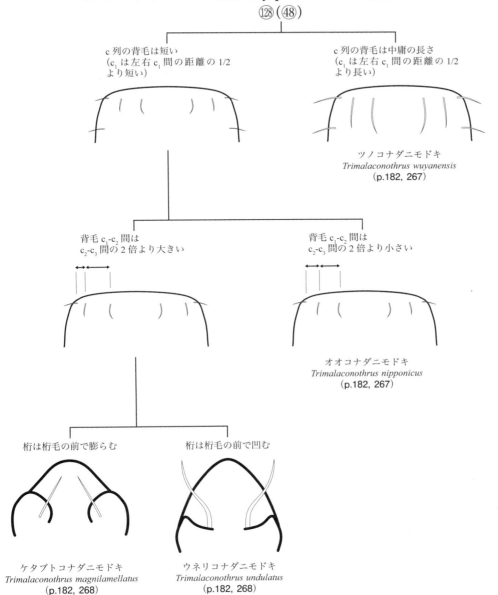

82 ダニ目・ササラダニ亜目

アミメオニダニ属 Nothrus の種への検索

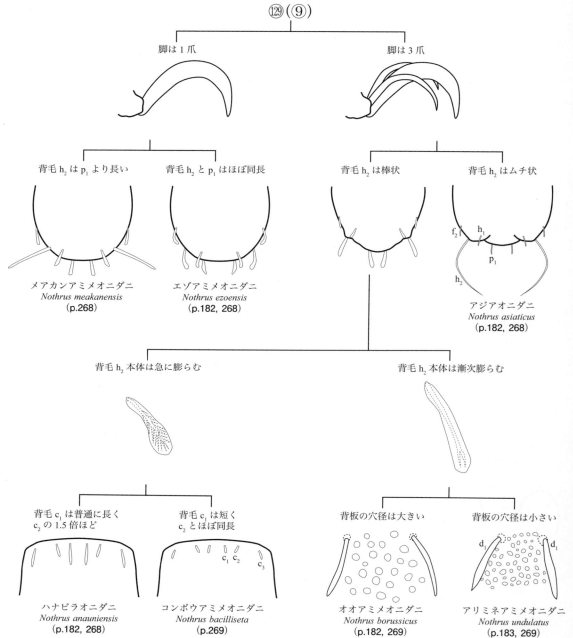

オニダニ属 *Camisia* の種への検索

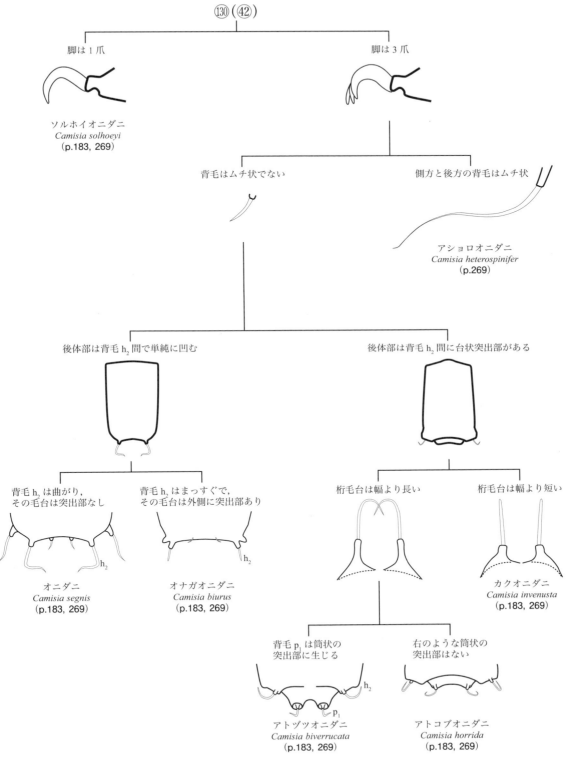

アラゲオニダニ属 *Heminothrus* の種への検索

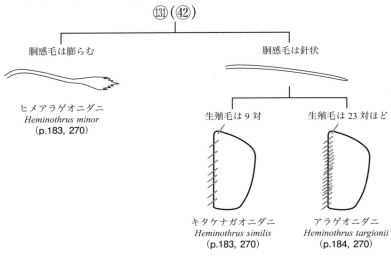

トールオニダニ属 *Capillonothrus* の種への検索

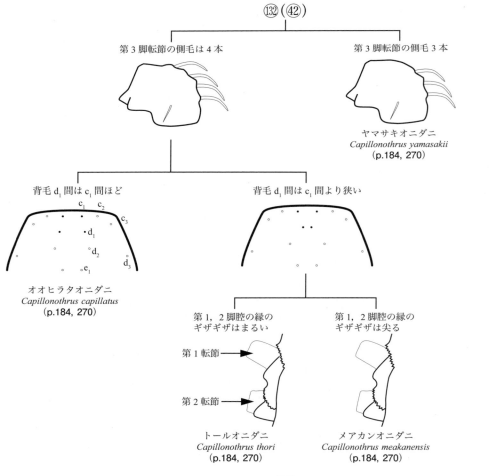

ダニ目・ササラダニ亜目　85

ツキノワダニ属 *Nanhermannia* の種への検索

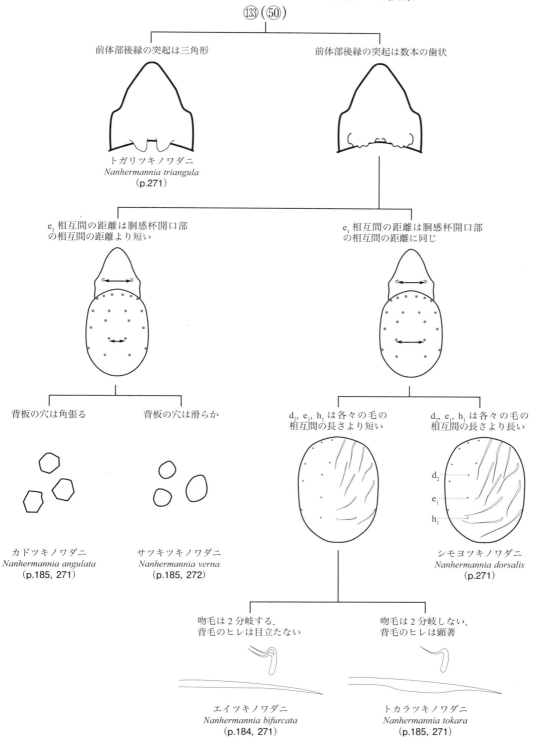

ニオウダニ属 *Hermannia* の種への検索

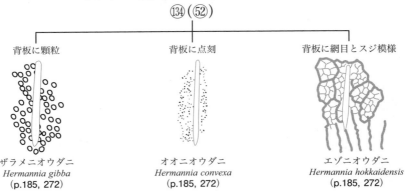

ユミニオウダニ属 *Lawrencoppia* の種への検索

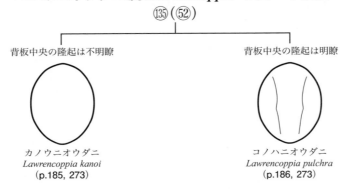

ドビンダニ属 *Hermanniella* の種への検索

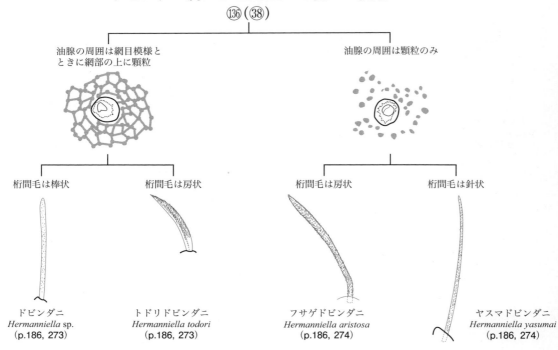

ダニ目・ササラダニ亜目 87

ウズタカダニ属 *Neoliodes* の種への検索

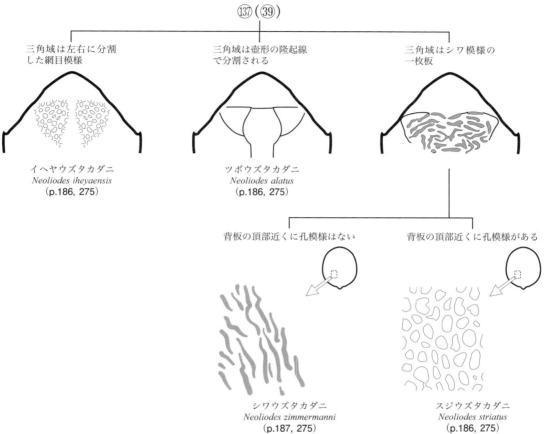

ヒラタウズタカダニ属 *Platyliodes* の種への検索

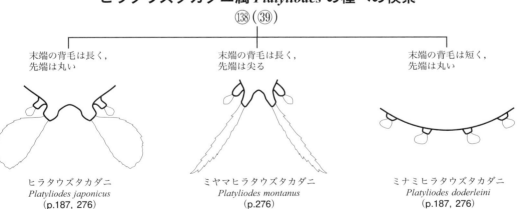

ミナミアナメダニ属 *Pedrocortesella* の種への検索

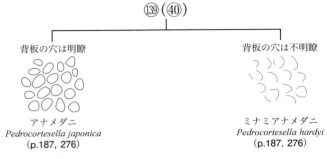

オオギホソダニ属 *Licnodamaeus* の種への検索

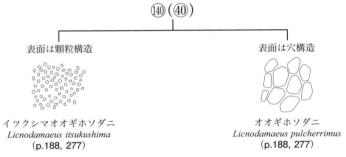

スネナガダニ属 *Adrodamaeus* の種への検索

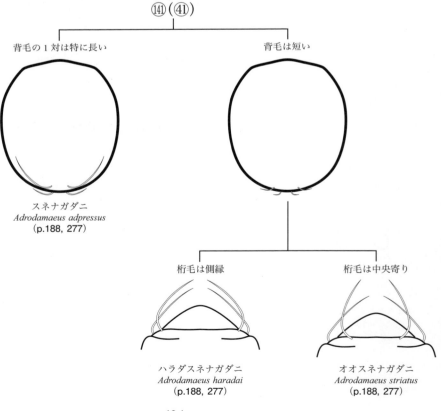

肩突起がないジュズダニ科 Damaeidae の種への検索

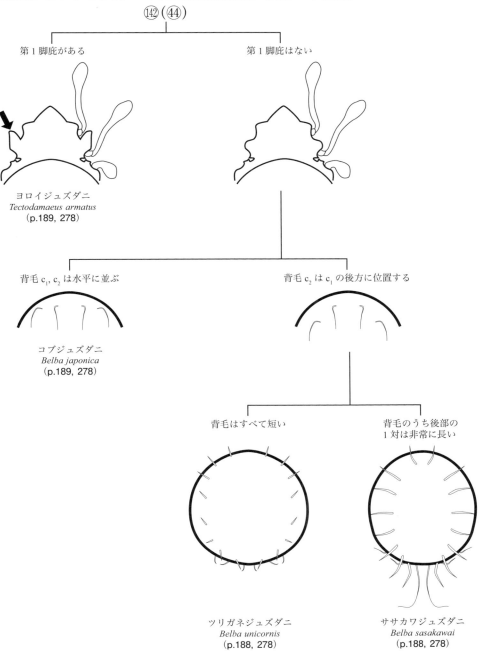

肩突起があるジュズダニ科 Damaeidae の種への検索

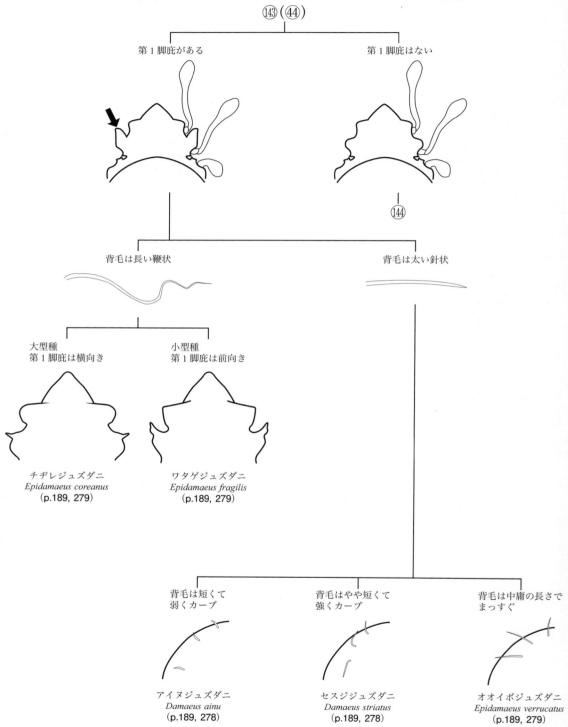

ダニ目・ササラダニ亜目　91

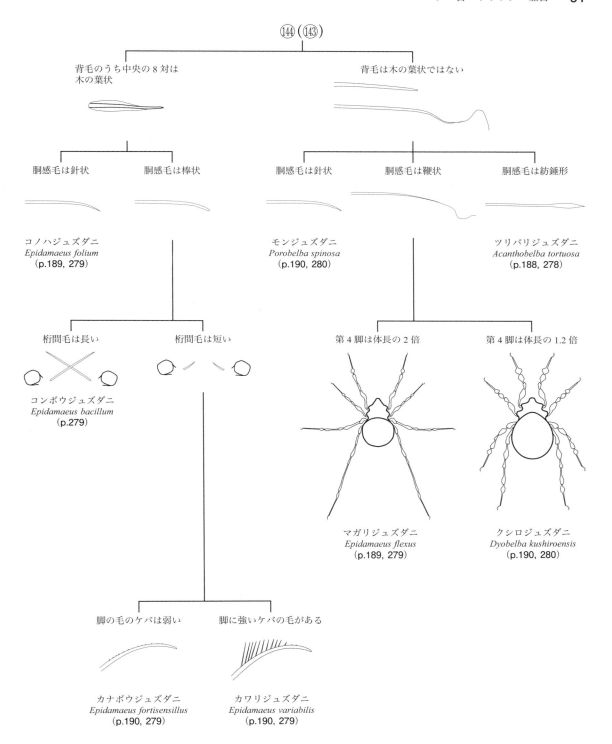

マンジュウダニ属 *Cepheus* の種への検索

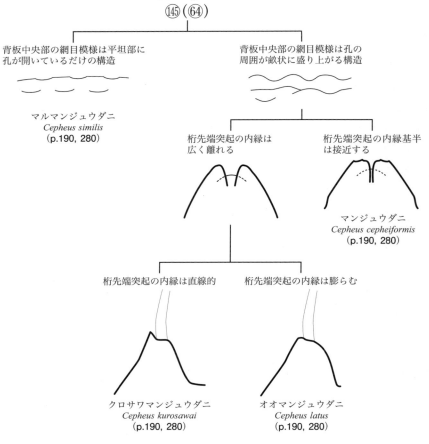

サドマンジュウダニ属 *Sadocepheus* の種への検索

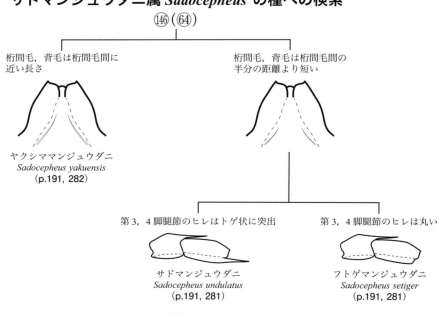

チビイブシダニ属 Microtegeus の種への検索

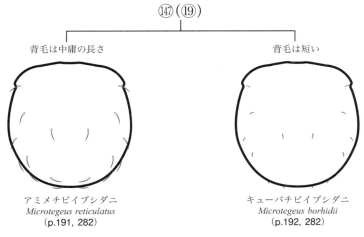

マルタマゴダニ属 Cultroribula の種への検索

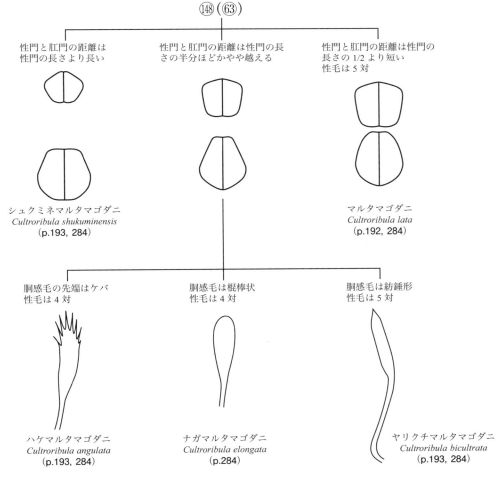

リキシダニ属 *Ceratoppia* の種への検索

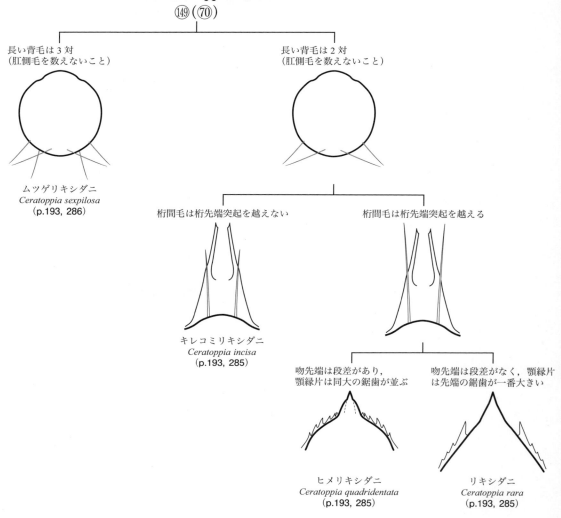

イトノコダニ属 *Gustavia* の種への検索

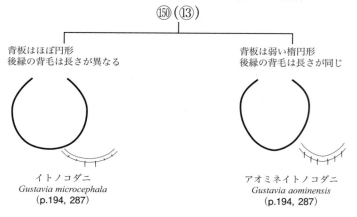

ダニ目・ササラダニ亜目　95

ツヤタマゴダニ亜属 *Liacarus* の種への検索

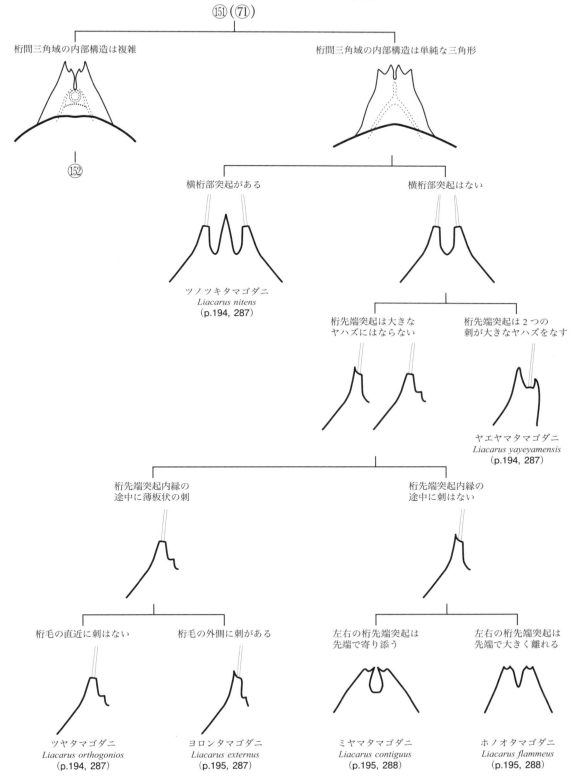

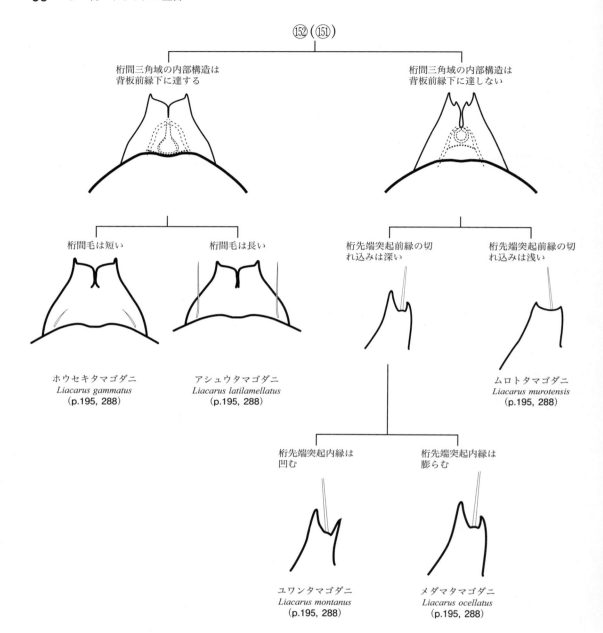

ダニ目・ササラダニ亜目 97

ヤリタマゴダニ亜属 *Dorycranosus* の種への検索

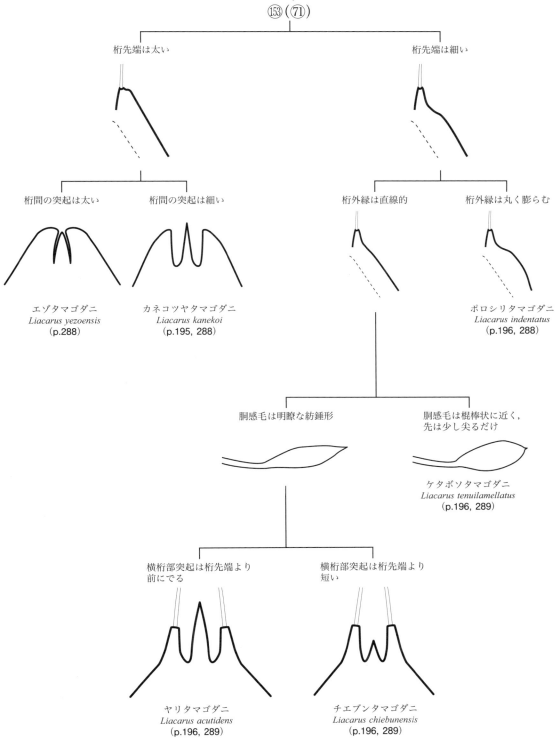

— 443 —

コンボウタマゴダニ亜属 *Procorynetes* の種への検索

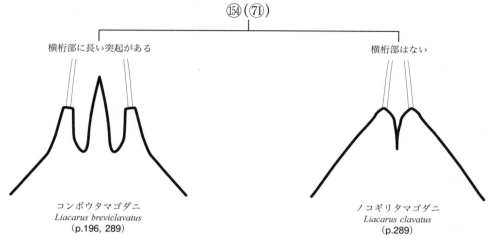

オオマルタマゴダニ属 *Birsteinius* の種への検索

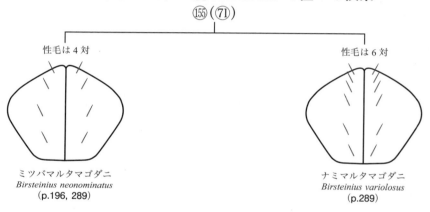

ザラタマゴダニ属 *Xenillus* の種への検索

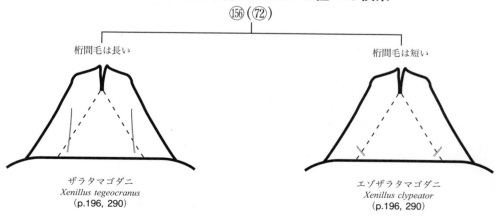

マルツヤダニ属 *Hafenrefferia* の種への検索

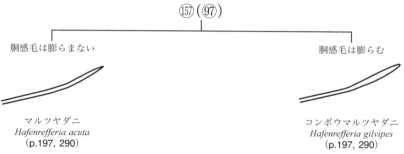

オオマルツヤダニ属 *Tenuialodes* の種への検索

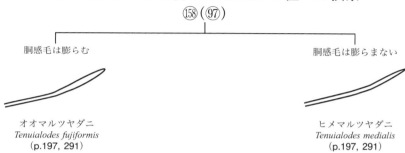

エゾモリダニ属 *Eueremaeus* の種への検索

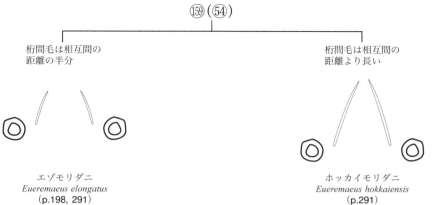

クシゲダニ属 *Ctenobelba* の種への検索

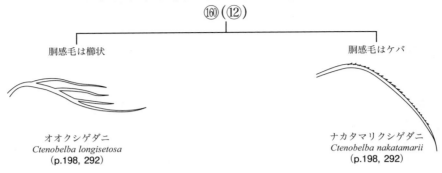

⑯⑿

- 胴感毛は櫛状 → オオクシゲダニ *Ctenobelba longisetosa* (p.198, 292)
- 胴感毛はケバ → ナカタマリクシゲダニ *Ctenobelba nakatamarii* (p.198, 292)

イチモンジダニ属 *Eremulus* の種への検索

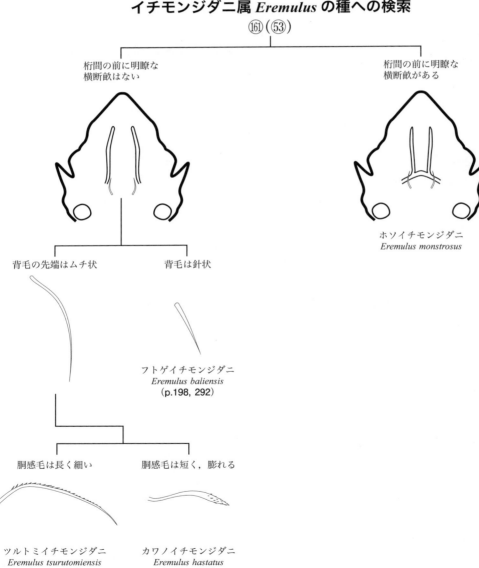

⑯⑤

- 桁間の前に明瞭な横断畝はない
  - 背毛の先端はムチ状
    - 胴感毛は長く細い → ツルトミイチモンジダニ *Eremulus tsurutomiensis* (p.198, 292)
    - 胴感毛は短く，膨れる → カワノイチモンジダニ *Eremulus hastatus* (p.198, 292)
  - 背毛は針状 → フトゲイチモンジダニ *Eremulus baliensis* (p.198, 292)
- 桁間の前に明瞭な横断畝がある → ホソイチモンジダニ *Eremulus monstrosus*

ダニ目・ササラダニ亜目　101

メカシダニ属 *Costeremus* の種への検索

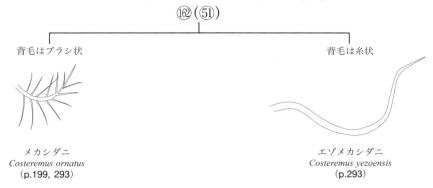

⑯②(㊶)

背毛はブラシ状 — メカシダニ *Costeremus ornatus* (p.199, 293)

背毛は糸状 — エゾメカシダニ *Costeremus yezoensis* (p.293)

クモスケダニ属 *Eremobelba* の種への検索

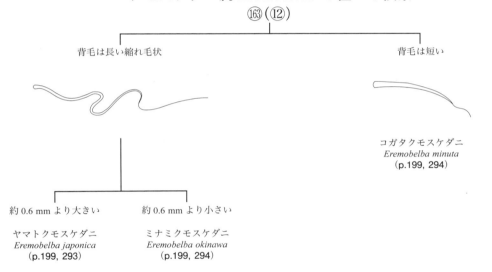

⑯③(⑫)

背毛は長い縮れ毛状
- 約 0.6 mm より大きい — ヤマトクモスケダニ *Eremobelba japonica* (p.199, 293)
- 約 0.6 mm より小さい — ミナミクモスケダニ *Eremobelba okinawa* (p.199, 294)

背毛は短い — コガタクモスケダニ *Eremobelba minuta* (p.199, 294)

カゴセオイダニ属 *Basilobelba* の種への検索

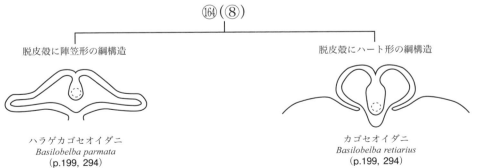

⑯④(⑧)

脱皮殻に陣笠形の網構造 — ハラゲカゴセオイダニ *Basilobelba parmata* (p.199, 294)

脱皮殻にハート形の網構造 — カゴセオイダニ *Basilobelba retiarius* (p.199, 294)

エリナシダニ属 *Gymnodampia* の種への検索

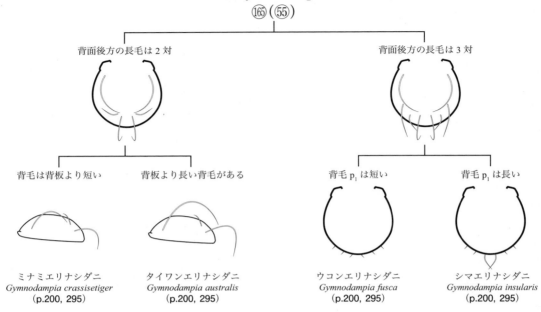

センロダニ属 *Autogneta* の種への検索

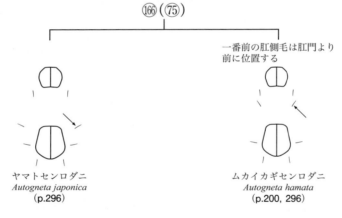

ミツセンロダニ属 *Triautogneta* の種への検索

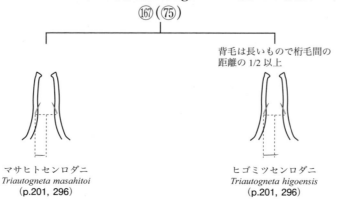

オオアナダニ属 *Banksinoma* の種への検索

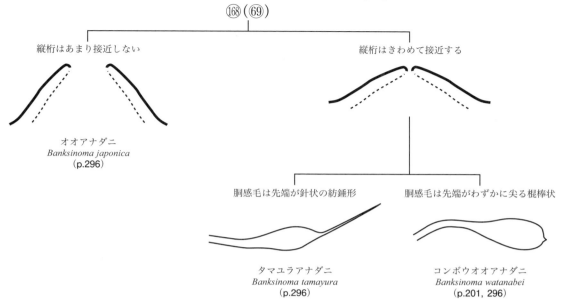

ズナガツブダニ属 *Multipulchroppia* の種への検索

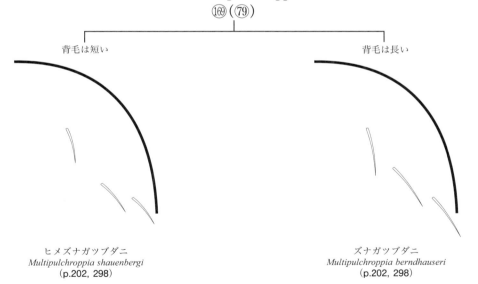

タモウツブダニ属 *Multioppia* の種への検索

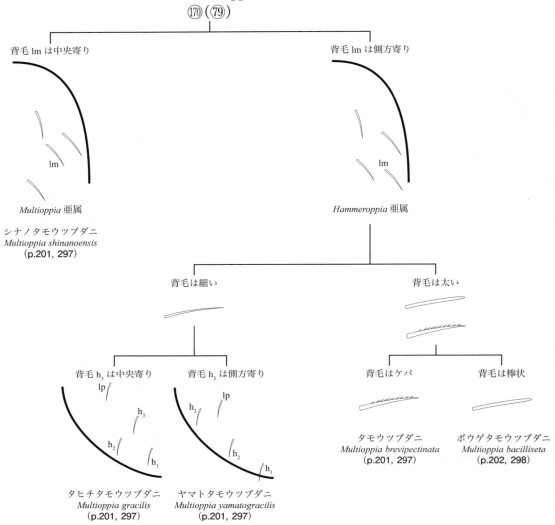

オオツブダニ属 *Lasiobelba* の種への検索

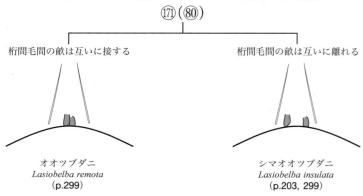

コブヒゲツブダニ属 *Arcoppia* の種への検索

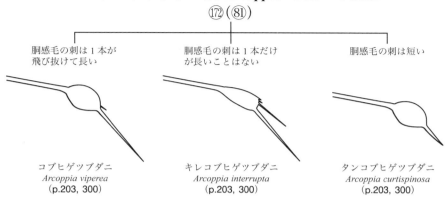

ノゲツブダニ属 *Medioxyoppia* の種への検索

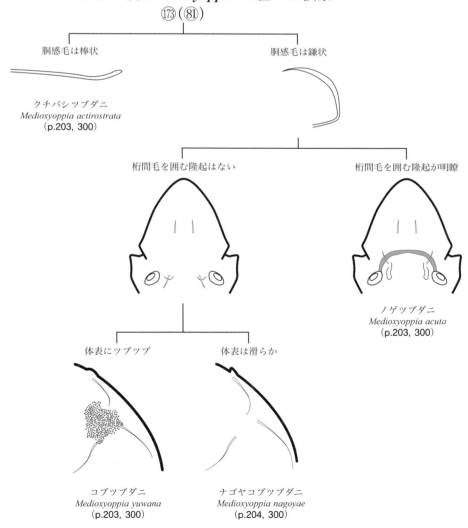

ホソチビツブダニ属 *Microppia* の種への検索

⑭(㉘)

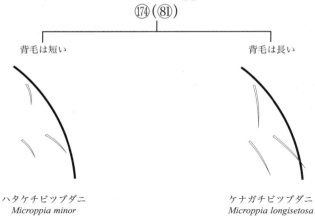

背毛は短い — ハタケチビツブダニ *Microppia minor* (p.301)

背毛は長い — ケナガチビツブダニ *Microppia longisetosa* (p.204, 300)

ナミツブダニ属 *Oppiella* の種への検索

⑮(㉘)

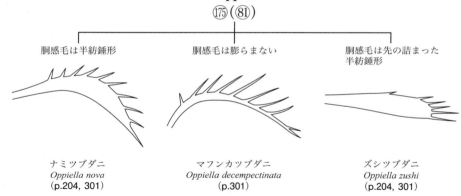

胴感毛は半紡錘形 — ナミツブダニ *Oppiella nova* (p.204, 301)

胴感毛は膨らまない — マフンカツブダニ *Oppiella decempectinata* (p.301)

胴感毛は先の詰まった半紡錘形 — ズシツブダニ *Oppiella zushi* (p.204, 301)

ニセナミツブダニ属 *Lauroppia* の種への検索

⑯(㉘)

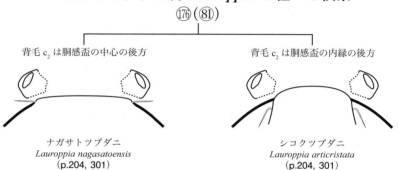

背毛 c_2 は胴感盃の中心の後方 — ナガサトツブダニ *Lauroppia nagasatoensis* (p.204, 301)

背毛 c_2 は胴感盃の内縁の後方 — シコクツブダニ *Lauroppia articristata* (p.204, 301)

トウキョウツブダニ属 *Ramusella* の種への検索

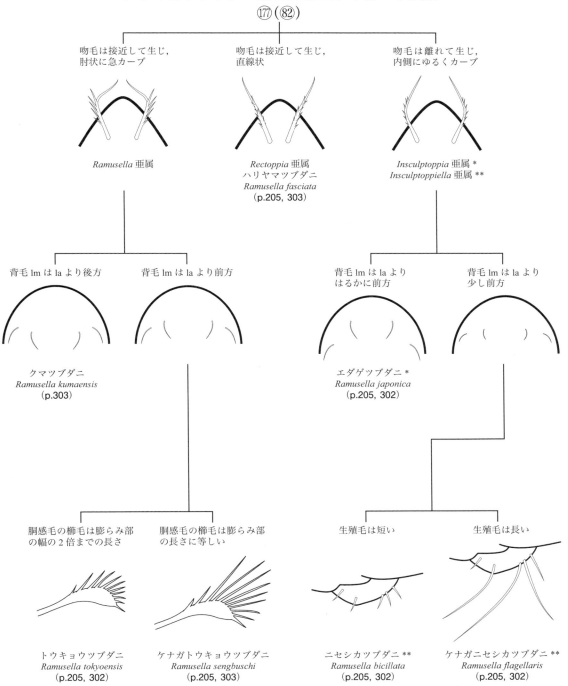

スビアスツブダニ属 *Subiasella* の種への検索

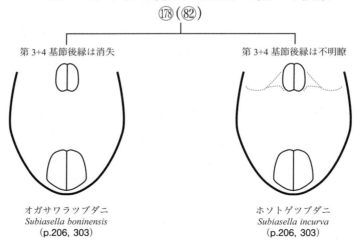

スナツブダニ属 *Graptoppia* の種への検索

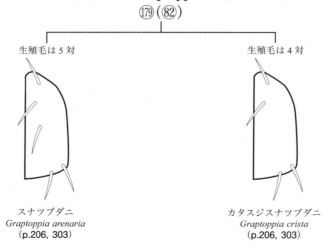

ヒロズツブダニ属 *Cycloppia* の種への検索

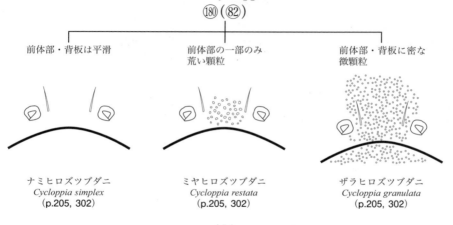

ダニ目・ササラダニ亜目　109

ヨスジダニ属 *Quadroppia* の種への検索

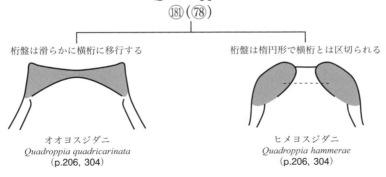

カンムリヨスジダニ属 *Coronoquadroppia* の種への検索

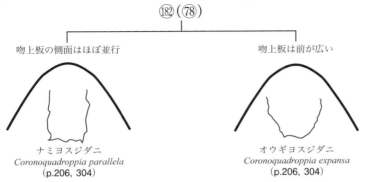

マドダニモドキ属 *Suctobelbila* の種への検索

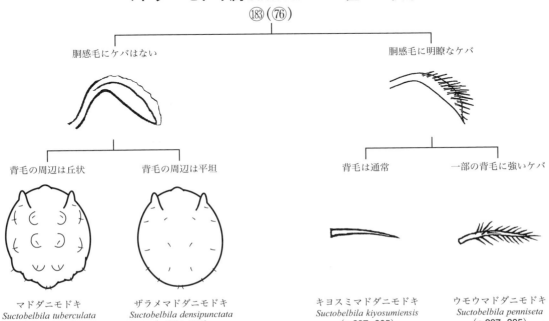

エゾオオマドダニ属 *Rhynchobelba* の種への検索

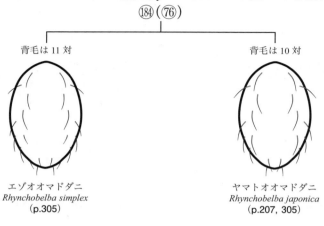

オオマドダニ属 *Allosuctobelba* の種への検索

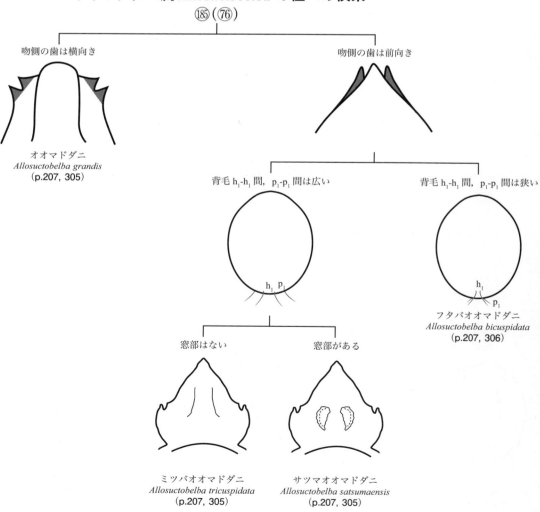

マドダニ属 *Suctobelba* の種への検索

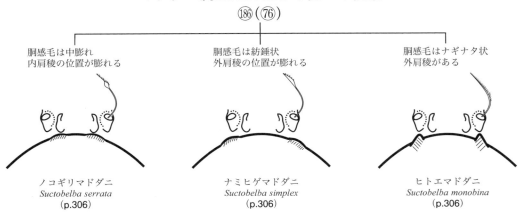

ゴマフリマドダニ属 *Scutobelbata* の種への検索

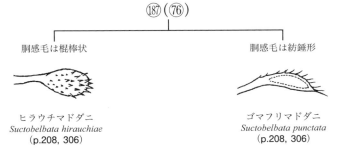

メガネマドダニ属 *Kuklosuctobelba* の種への検索

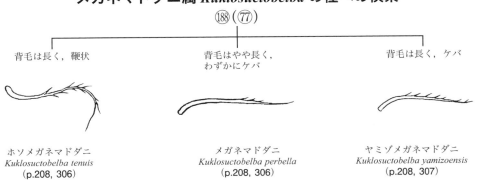

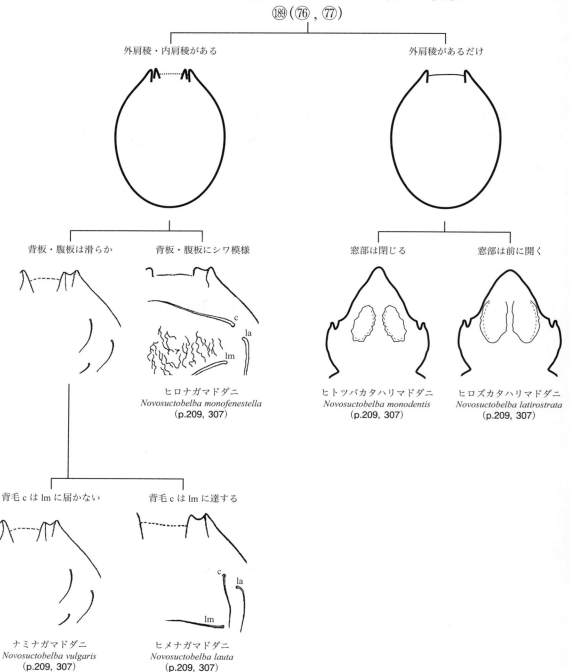

ナギナタマドダニ属 Flagroscutobelba の種への検索

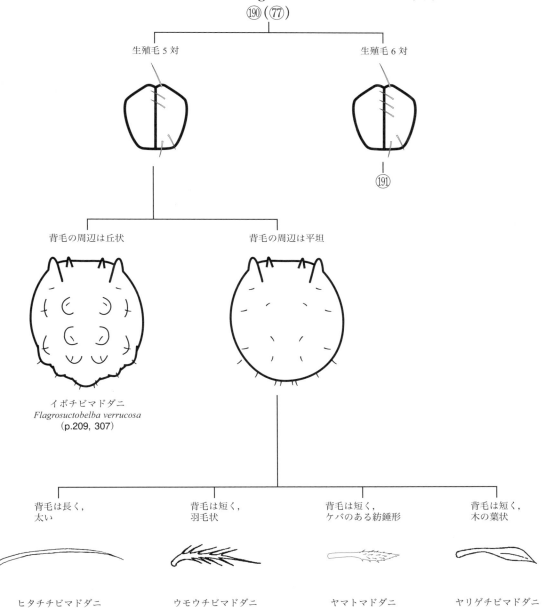

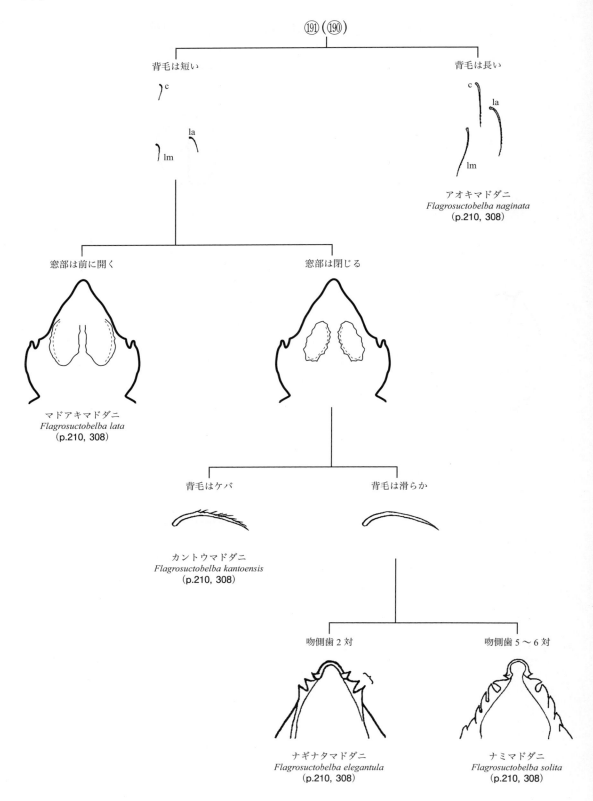

ダニ目・ササラダニ亜目　115

タワシマドダニ属 *Ussuribata* の種への検索

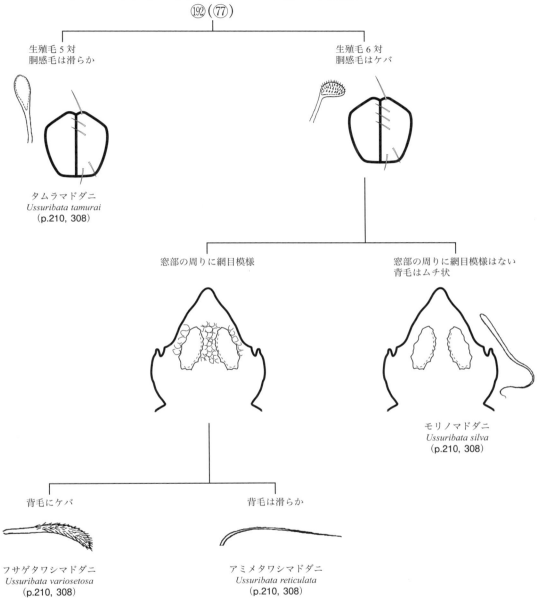

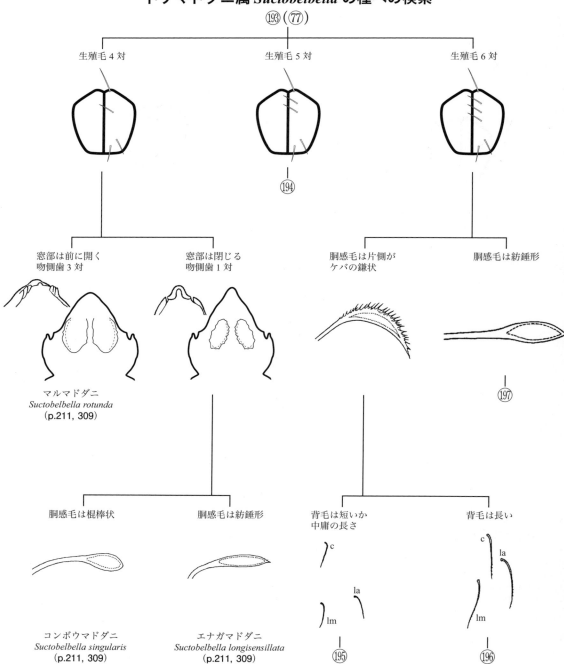

ダニ目・ササラダニ亜目 117

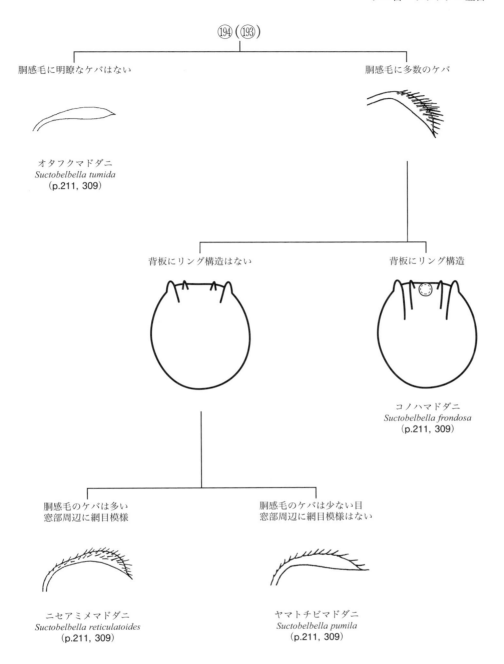

118　ダニ目・ササラダニ亜目

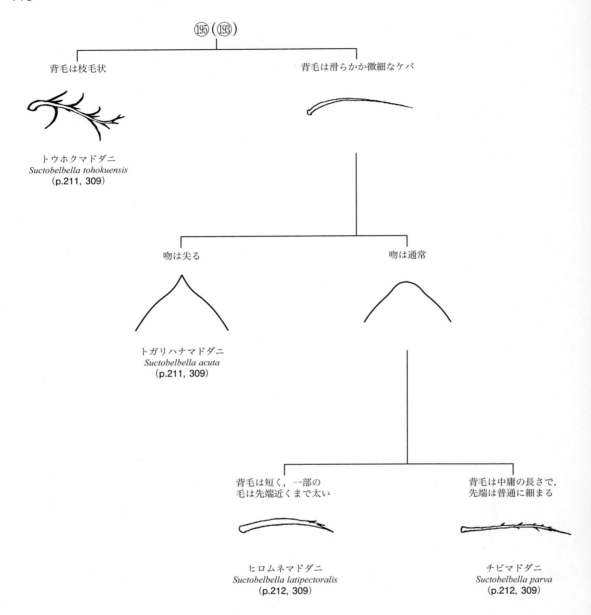

ダニ目・ササラダニ亜目 119

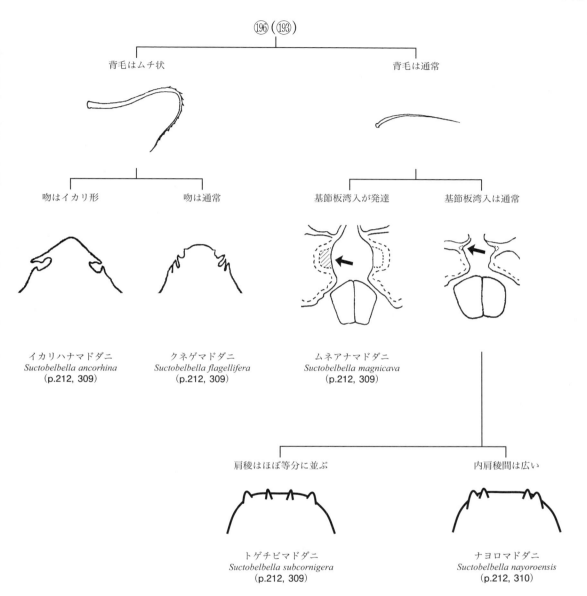

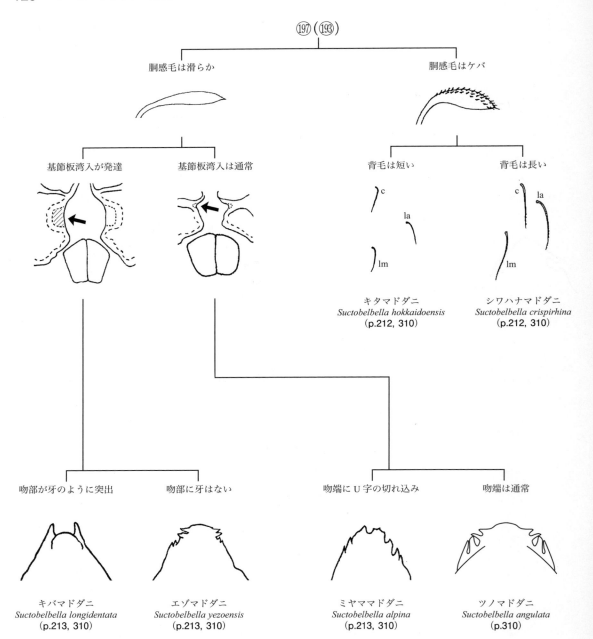

ヒョウタンイカダニ属 *Dolicheremaeus* の種への検索

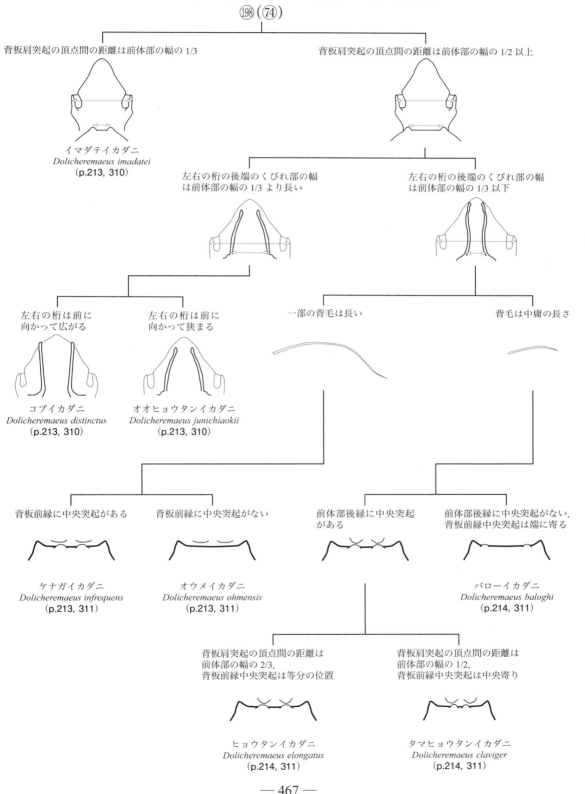

コンボウイカダニ属 *Fissicepheus* の種への検索

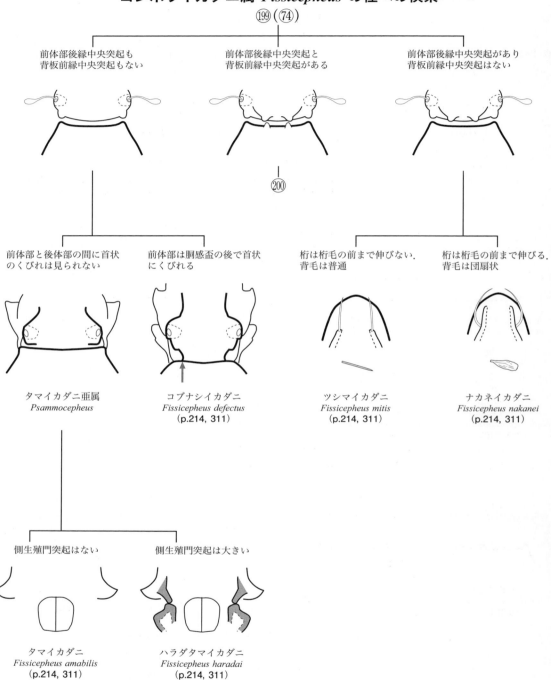

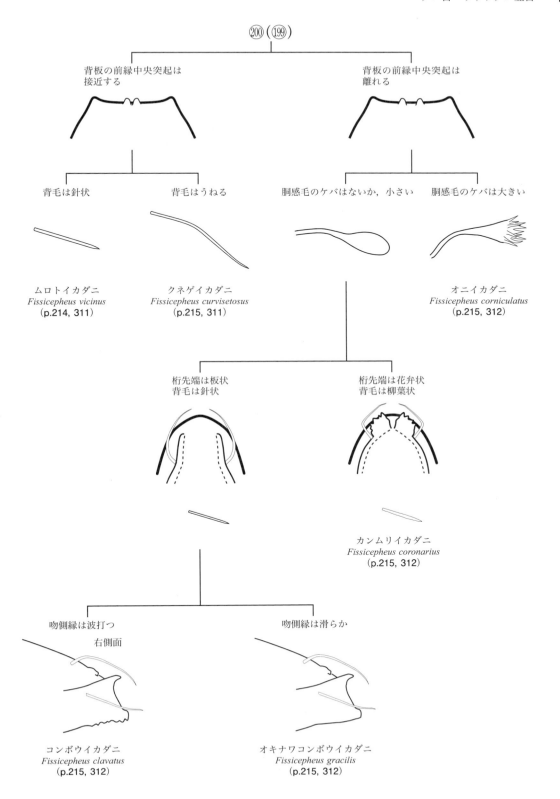

ヤリイカダニ属 *Acrotocepheus* の種への検索

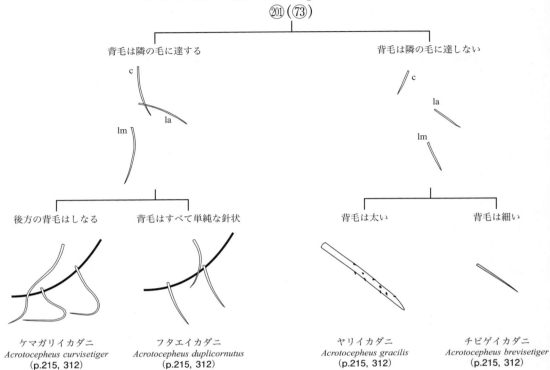

エラブイカダニ属 *Trichotocepheus* の種への検索

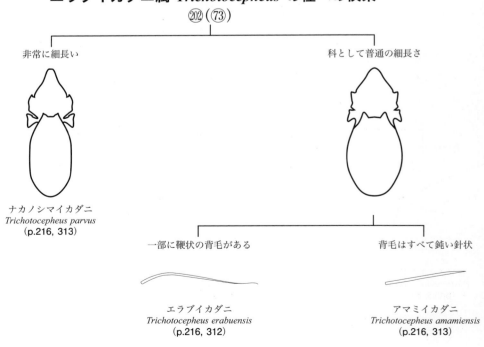

ダニ目・ササラダニ亜目　125

イブシダニ属 *Carabodes* の種への検索

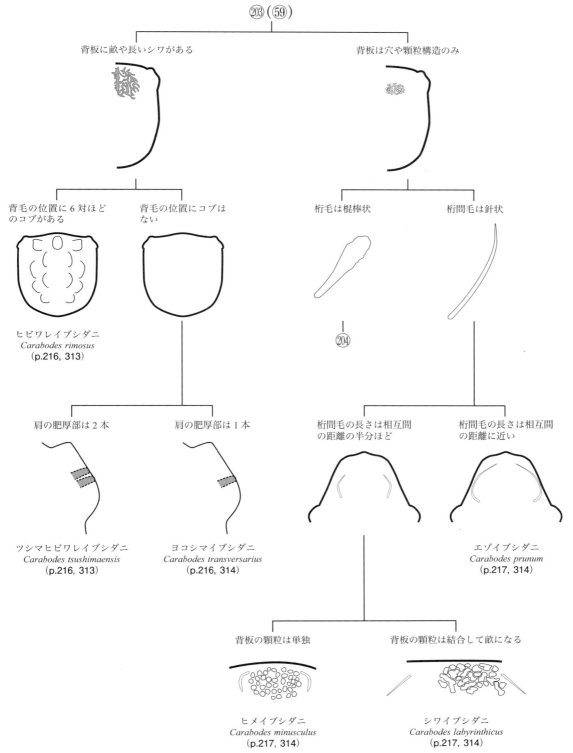

— 471 —

126　ダニ目・ササラダニ亜目

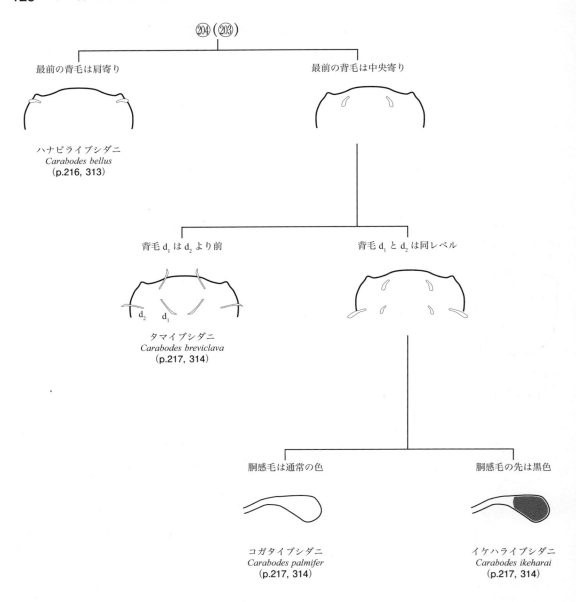

ミナミイブシダニ属 *Austrocarabodes* の種への検索

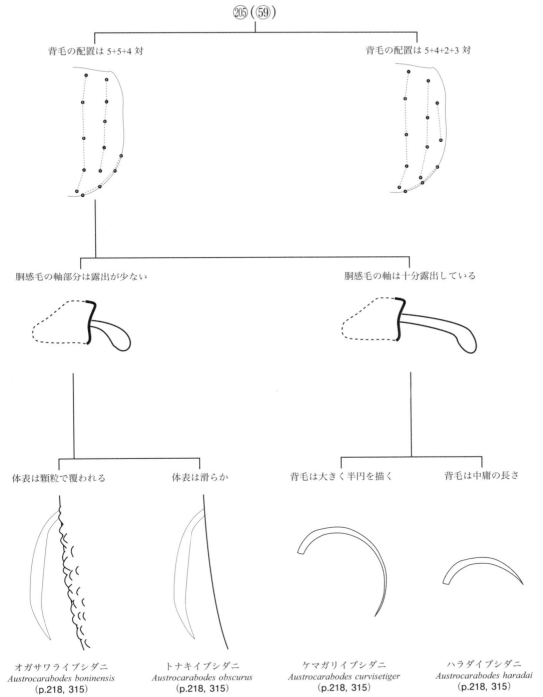

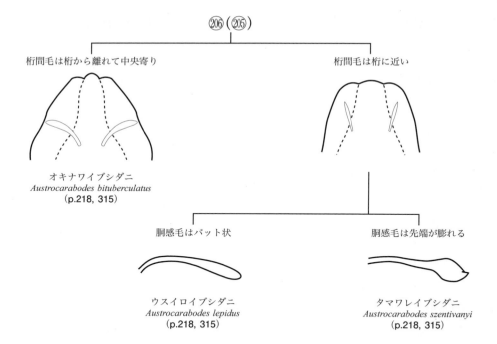

フタエイブシダニ属 *Diplobodes* の種への検索

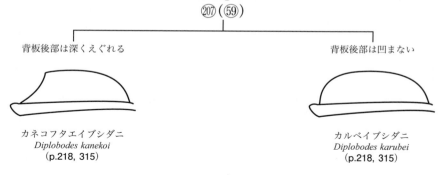

コノハイブシダニ属 *Gibbicepheus* の種への検索

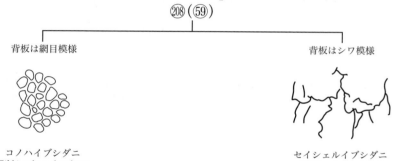

ダイコクダニ属 Nippobodes の種への検索

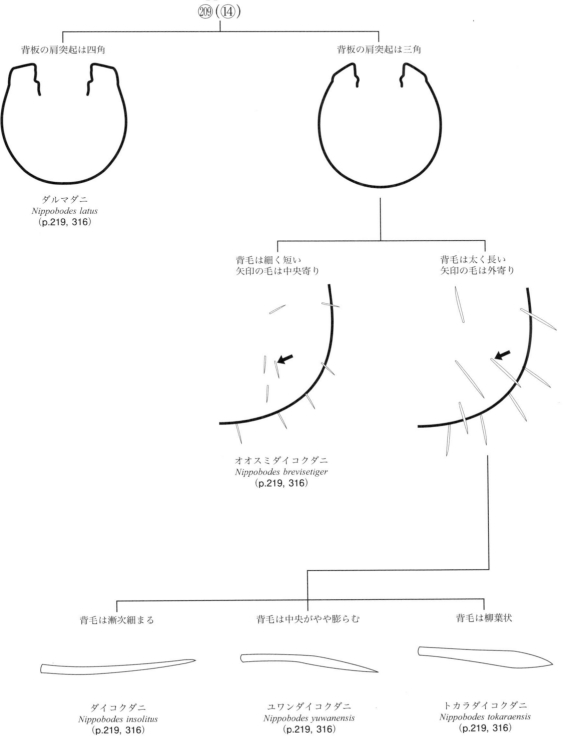

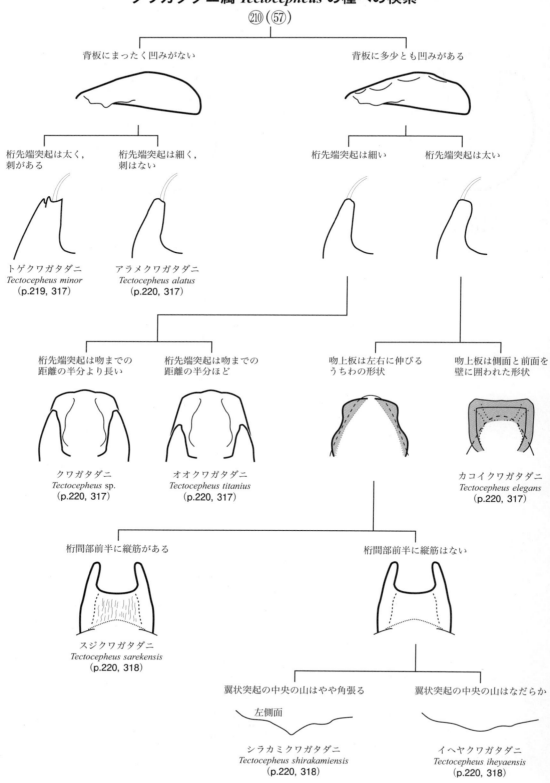

ダニ目・ササラダニ亜目　131

スッポンダニ属 *Scapheremaeus* の種への検索

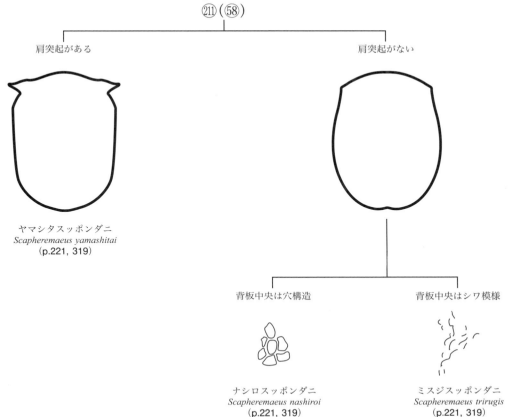

モンガラダニ属 *Licneremaeus* の種への検索

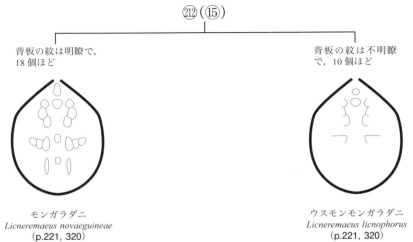

エンマダニ属 *Eupelops* の種への検索

㉑③(㉒)

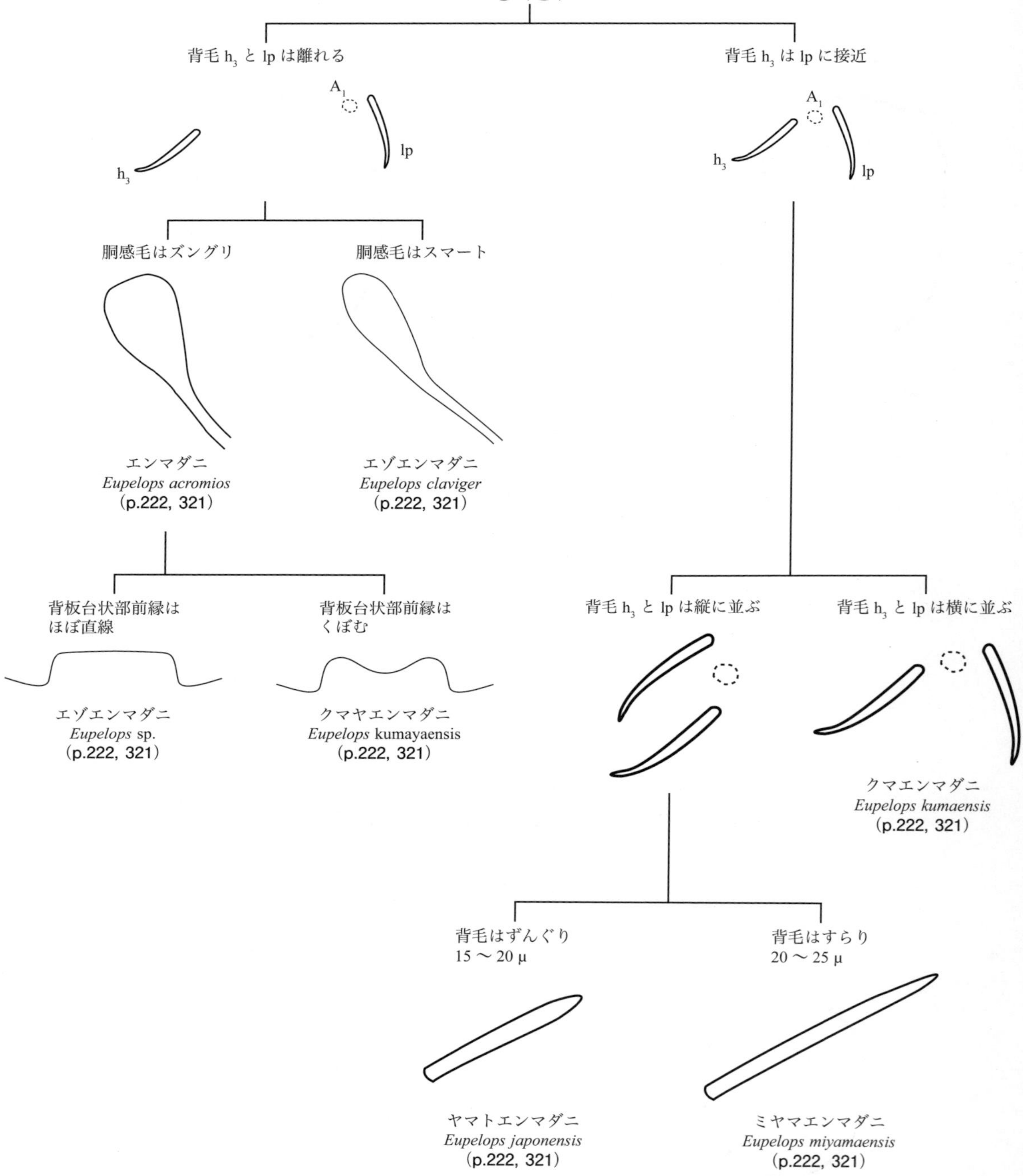
背毛 h3 と lp は離れる
A1
h3
lp
背毛 h3 は lp に接近
A1
h3
lp
胴感毛はズングリ
胴感毛はスマート
エンマダニ
Eupelops acromios
(p.222, 321)
エゾエンマダニ
Eupelops claviger
(p.222, 321)
背板台状部前縁はほぼ直線
背板台状部前縁はくぼむ
エゾエンマダニ
Eupelops sp.
(p.222, 321)
クマヤエンマダニ
Eupelops kumayaensis
(p.222, 321)
背毛 h3 と lp は縦に並ぶ
背毛 h3 と lp は横に並ぶ
クマエンマダニ
Eupelops kumaensis
(p.222, 321)
背毛はずんぐり
15 ～ 20 μ
背毛はすらり
20 ～ 25 μ
ヤマトエンマダニ
Eupelops japonensis
(p.222, 321)
ミヤマエンマダニ
Eupelops miyamaensis
(p.222, 321)

ドテラダニ属 *Eremaeozetes* の種への検索

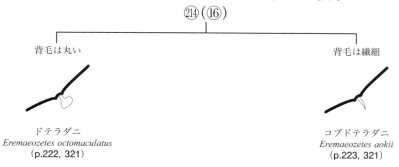

(214)(⑯)

背毛は丸い

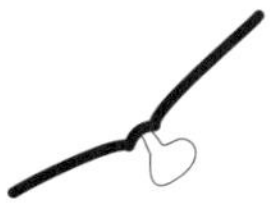

ドテラダニ
Eremaeozetes octomaculatus
(p.222, 321)

背毛は繊細

コブドテラダニ
Eremaeozetes aokii
(p.223, 321)

ミズコソデダニ属 *Limnozetes* の種への検索

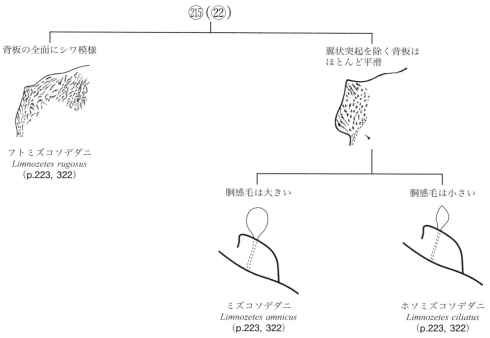

(215)(㉒)

背板の全面にシワ模様

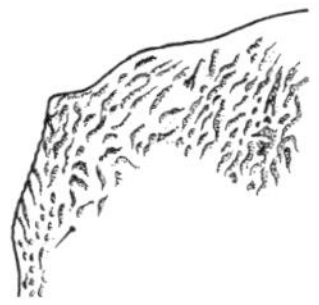

フトミズコソデダニ
Limnozetes rugosus
(p.223, 322)

翼状突起を除く背板はほとんど平滑

胴感毛は大きい

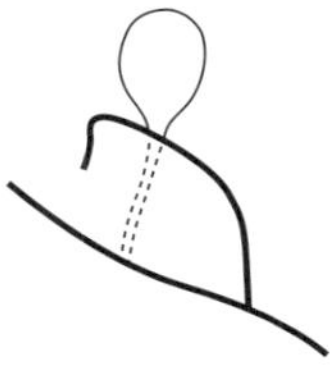

ミズコソデダニ
Limnozetes amnicus
(p.223, 322)

胴感毛は小さい

ホソミズコソデダニ
Limnozetes ciliatus
(p.223, 322)

ヤマザトカブトダニ属 *Lamellobates* の種への検索

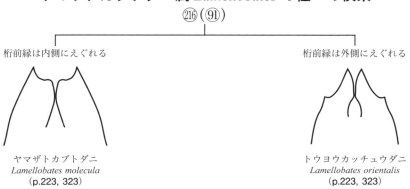

(216)((91))

桁前縁は内側にえぐれる

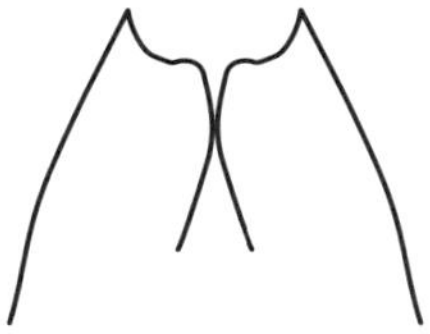

ヤマザトカブトダニ
Lamellobates molecula
(p.223, 323)

桁前縁は外側にえぐれる

トウヨウカッチュウダニ
Lamellobates orientalis
(p.223, 323)

カブトダニモドキ属 *Anachipteria* の種への検索

(217)((96))

胴感毛は短い棍棒状

カブトダニモドキ
Anachipteria grandis
(p.224, 323)

胴感毛は長い紡錘形

オオカブトダニモドキ
Anachipteria achipteroides
(p.224, 323)

モンツノバネダニ属 *Parachipteria* の種への検索

(218)((96))

桁の前縁はえぐれる
桁毛は長く尖る

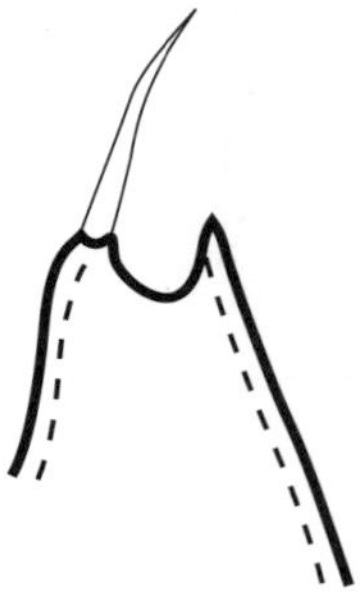

ヤハズツノバネダニ
Parachipteria distincta
(p.224, 323)

桁の前縁は裁断状
桁毛は短い

ヤクシマツノバネダニ
Parachipteria truncata
(p.224, 323)

桁の前縁は膨れる
桁毛の先は太い

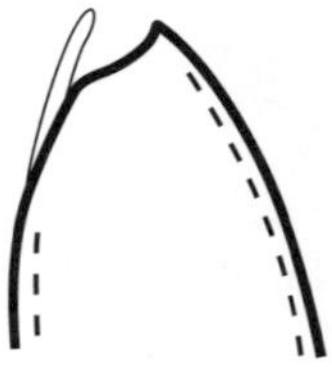

キタツノバネダニ
Parachipteria punctata
(p.224, 323)

ツノバネダニ属 *Achipteria* の種への検索

(219)((96))

桁の前縁の外側半分は
えぐれて鋸歯状

キノボリツノバネダニ
Achipteria curta
(p.224, 323)

桁の前縁は全体が
えぐれて鋸歯状

タテヤマツノバネダニ
Achipteria serrata
(p.224, 323)

桁先端突起の前縁は
丸く膨らむ

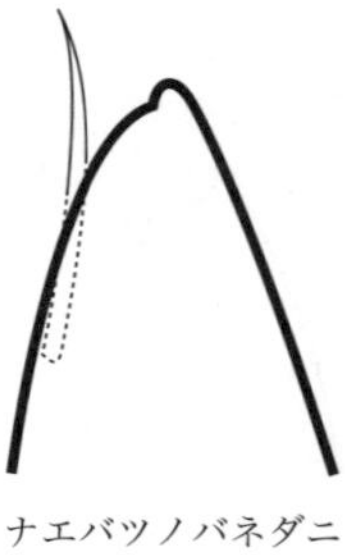

ナエバツノバネダニ
Achipteria coleoptrata
(p.224, 324)

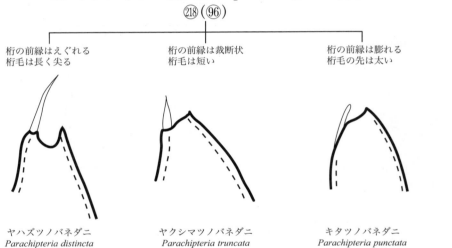

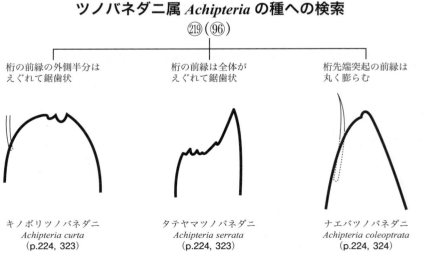

ダニ目・ササラダニ亜目　135

カメンダニ属 *Lepidozetes* の種への検索

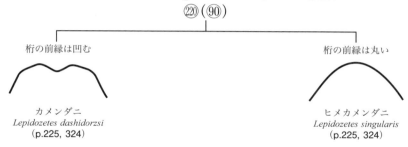

ノコギリダニ属 *Prionoribatella* の種への検索

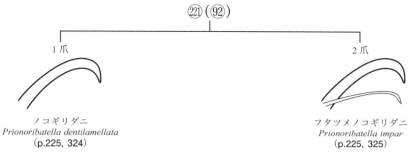

カブトダニ属 *Oribatella* の種への検索

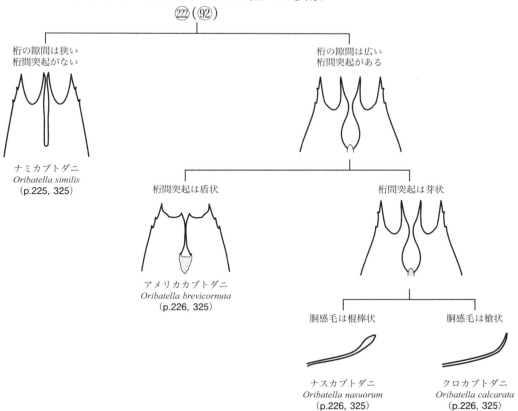

ハゲコバネダニ属 *Ceratozetella* の種への検索

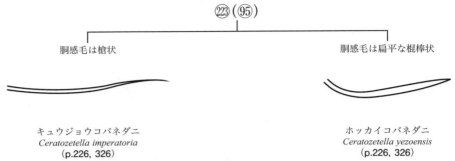

コバネダニ属 *Ceratozetes* の種への検索

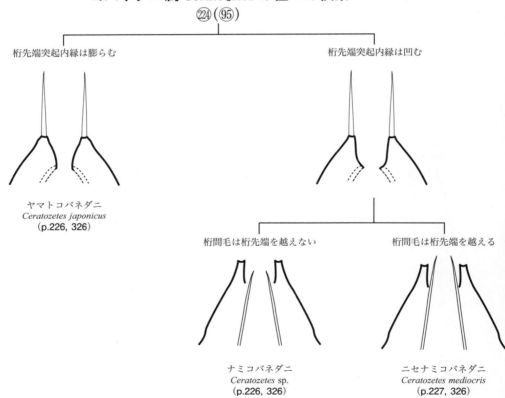

シラネコバネダニ属 Cyrtozetes の種への検索

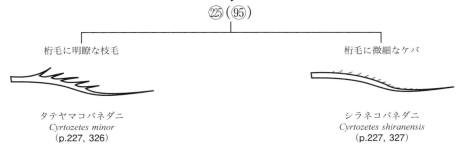

㉕(95)

- 桁毛に明瞭な枝毛 → タテヤマコバネダニ *Cyrtozetes minor* (p.227, 326)
- 桁毛に微細なケバ → シラネコバネダニ *Cyrtozetes shiranensis* (p.227, 327)

チョウセンコバネダニ属 Koreozetes の種への検索

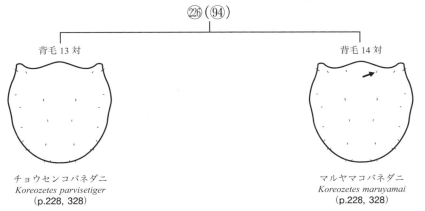

㉖(94)

- 背毛13対 → チョウセンコバネダニ *Koreozetes parvisetiger* (p.228, 328)
- 背毛14対 → マルヤマコバネダニ *Koreozetes maruyamai* (p.228, 328)

タカネコバネダニ属 Trichoribates の種への検索

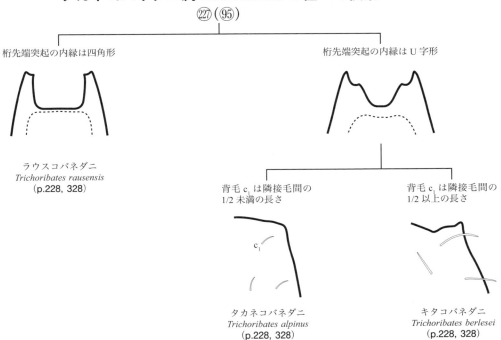

㉗(95)

- 桁先端突起の内縁は四角形 → ラウスコバネダニ *Trichoribates rausensis* (p.228, 328)
- 桁先端突起の内縁はU字形
  - 背毛 c_1 は隣接毛間の1/2未満の長さ → タカネコバネダニ *Trichoribates alpinus* (p.228, 328)
  - 背毛 c_1 は隣接毛間の1/2以上の長さ → キタコバネダニ *Trichoribates berlesei* (p.228, 328)

ハシゴコバネダニ属 *Diapterobates* の種への検索

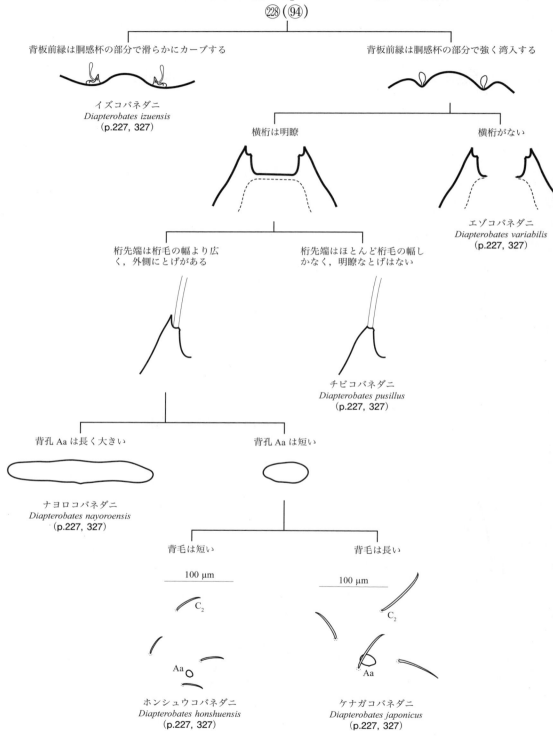

ハネツナギダニ属 *Mycobates* の種への検索

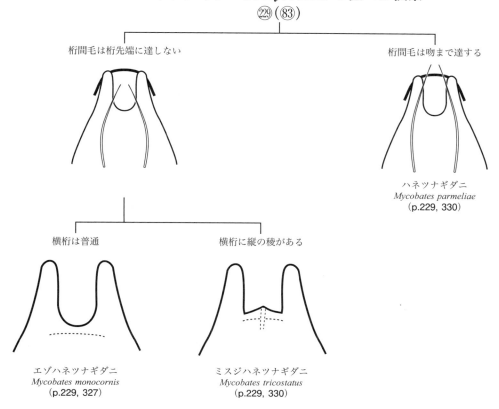

マルコバネダニ属 *Mochlozetes* の種への検索

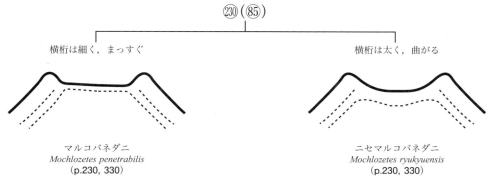

エビスダニ属 *Unguizetes* の種への検索

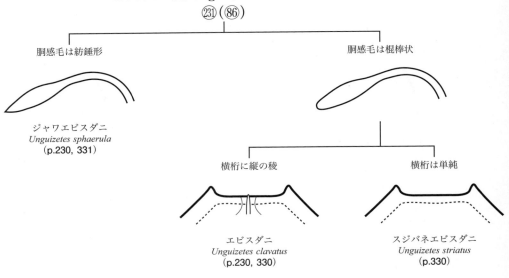

ニセコイタダニ属 *Zygoribatula* の種への検索

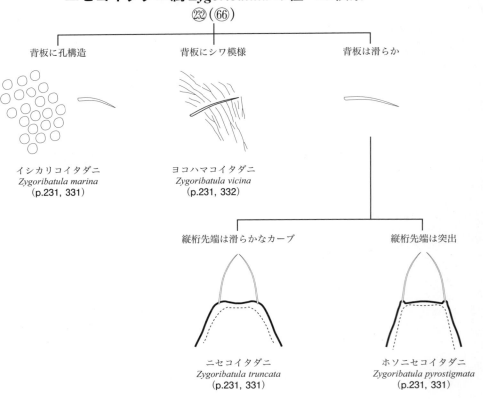

コイタダニ属 *Oribatula* の種への検索
㉝ (㊻)

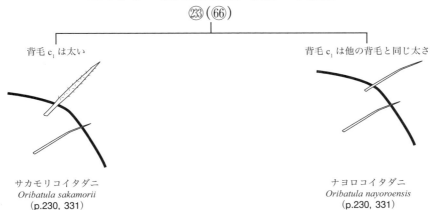

背毛 c_1 は太い — サカモリコイタダニ *Oribatula sakamorii* (p.230, 331)

背毛 c_1 は他の背毛と同じ太さ — ナヨロコイタダニ *Oribatula nayoroensis* (p.230, 331)

ナデガタダニ属 *Phauloppia* の種への検索
㉞ (㉑, ㊻)

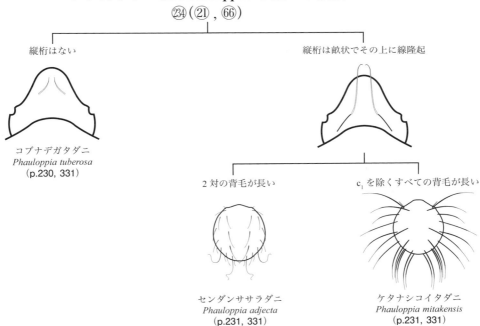

縦桁はない — コブナデガタダニ *Phauloppia tuberosa* (p.230, 331)

縦桁は畝状でその上に線隆起

2 対の背毛が長い — センダンササラダニ *Phauloppia adjecta* (p.231, 331)

c_1 を除くすべての背毛が長い — ケタナシコイタダニ *Phauloppia mitakensis* (p.231, 331)

エリカドコイタダニ属 *Hemileius* の種への検索
㉟ (㊽)

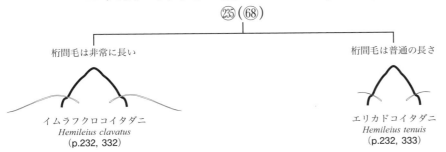

桁間毛は非常に長い — イムラフクロコイタダニ *Hemileius clavatus* (p.232, 332)

桁間毛は普通の長さ — エリカドコイタダニ *Hemileius tenuis* (p.232, 333)

オトヒメダニ属 Scheloribates の種への検索

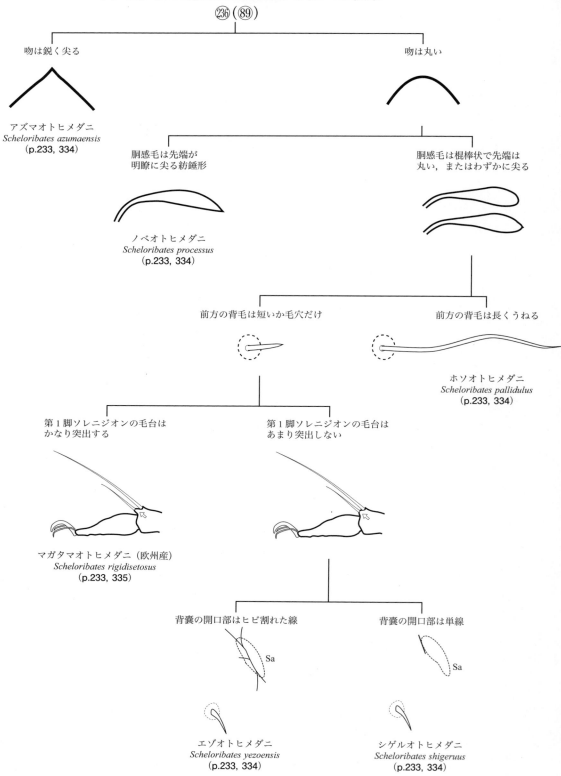

ホオカムリダニ属 *Oripoda* の種への検索

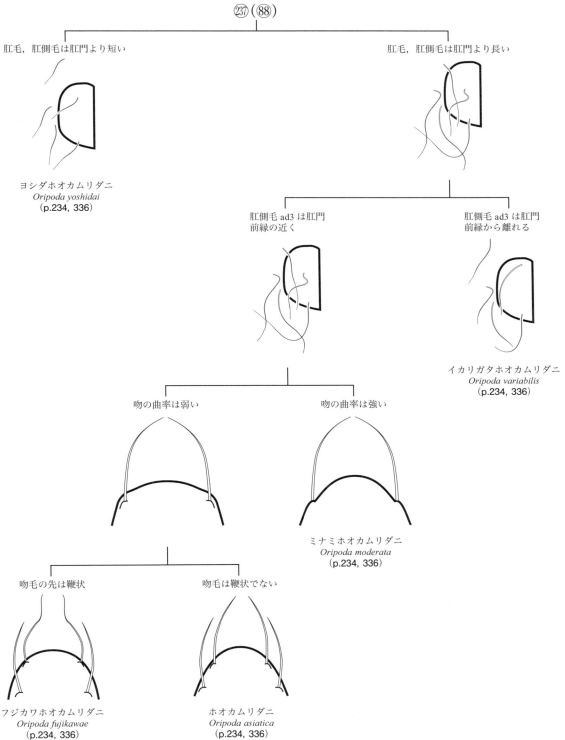

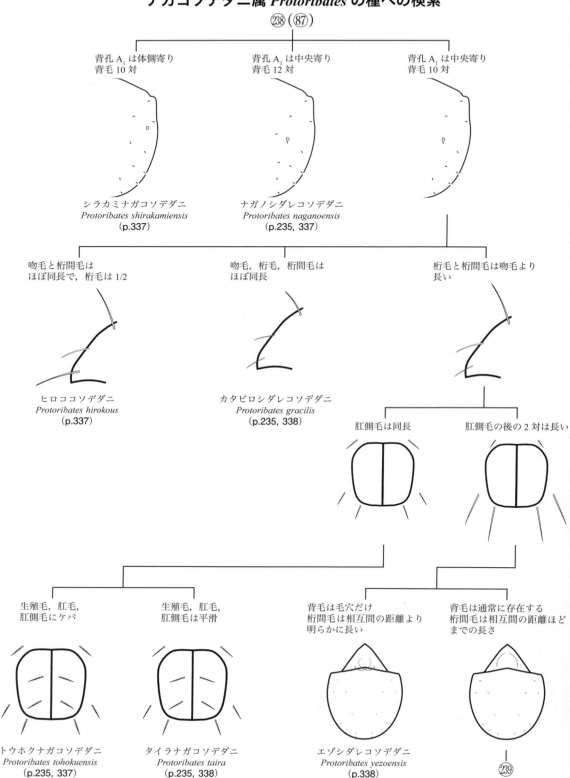

239（238）

桁毛は太く，先が丸い

キバシダレコソデダニ
Protoribates crassisetiger
（p.235, 338）

桁毛は通常で，先は繊細に尖る

ハコネナガコソデダニ
Protoribates hakonensis
（p.235, 338）

ブラジルシダレコソデダニ属 *Triaungius* の種への検索

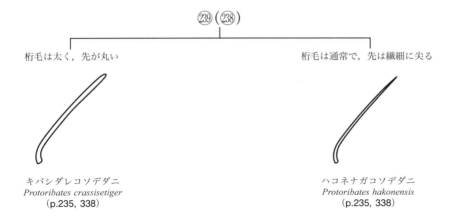

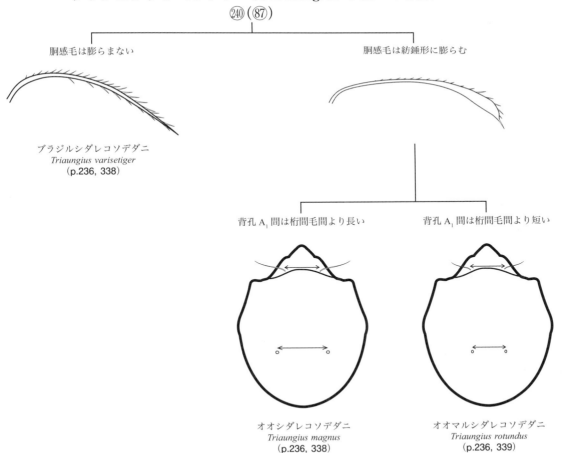

240（87）

胴感毛は膨らまない

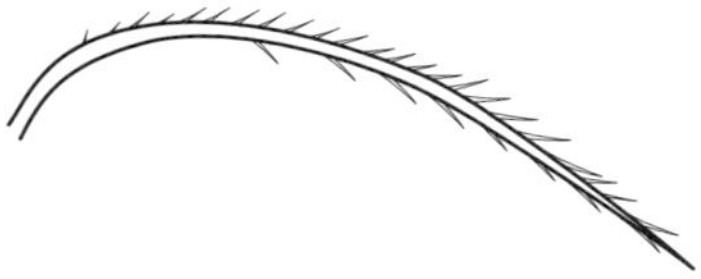

ブラジルシダレコソデダニ
Triaungius varisetiger
（p.236, 338）

胴感毛は紡錘形に膨らむ

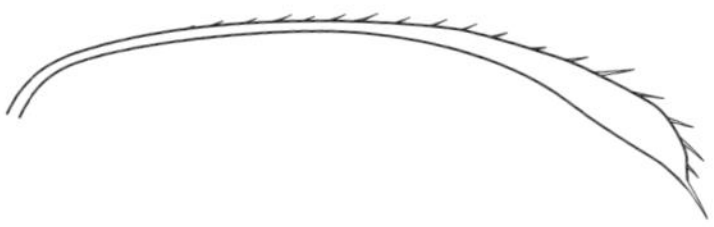

背孔 A_1 間は桁間毛間より長い

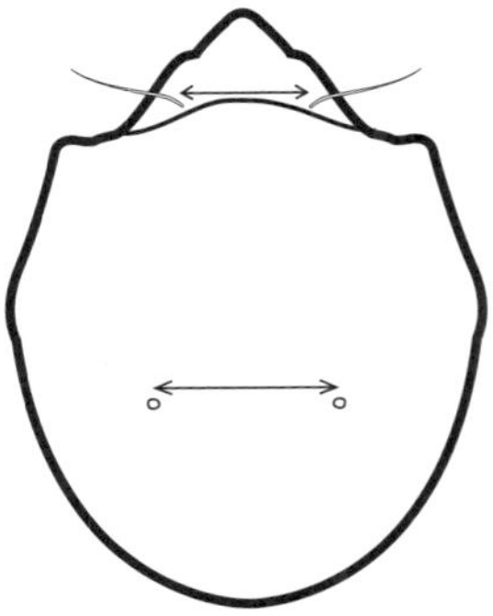

オオシダレコソデダニ
Triaungius magnus
（p.236, 338）

背孔 A_1 間は桁間毛間より短い

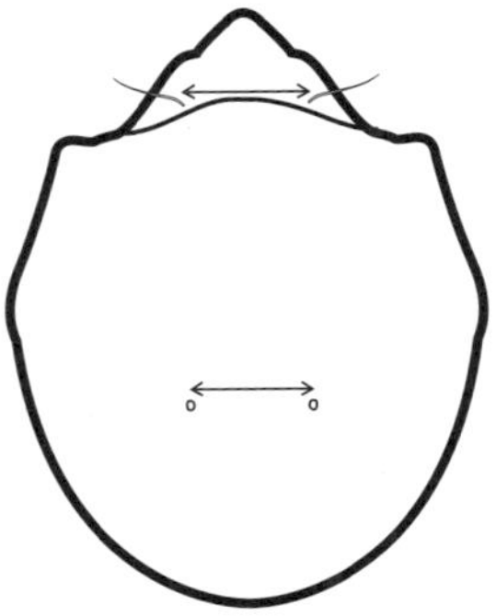

オオマルシダレコソデダニ
Triaungius rotundus
（p.236, 339）

ホソコイタダニ属 *Incabates* の種への検索

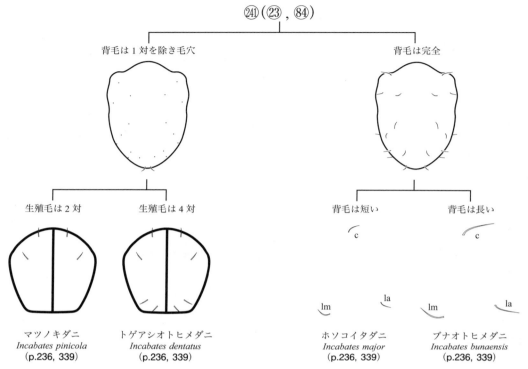

マルコソデダニ属 *Peloribates* の種への検索

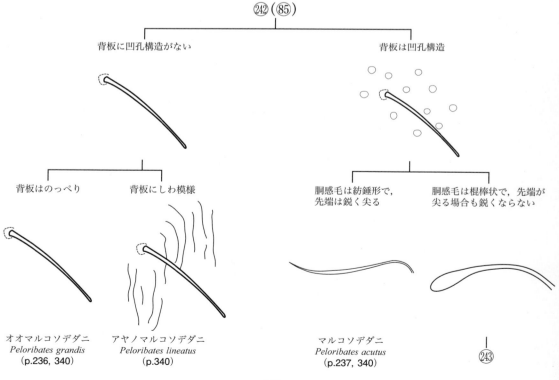

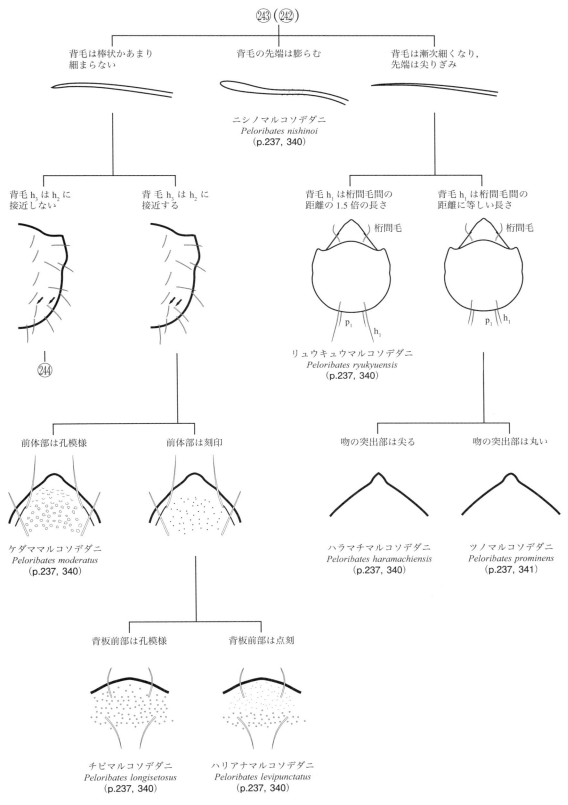

148　ダニ目・ササラダニ亜目

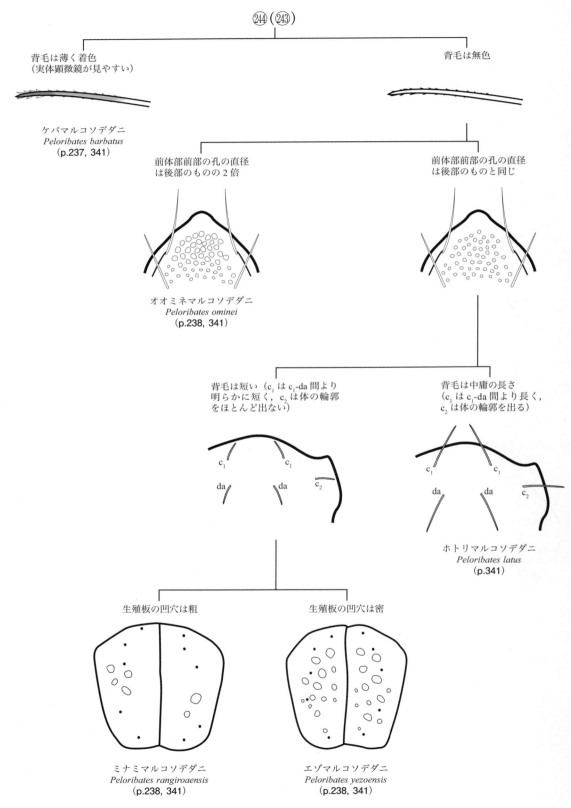

カドフリソデダニ属 *Parakalumma* の種への検索

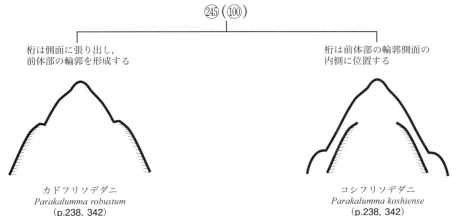

ホソフリソデダニ属 *Protokalumma* の種への検索

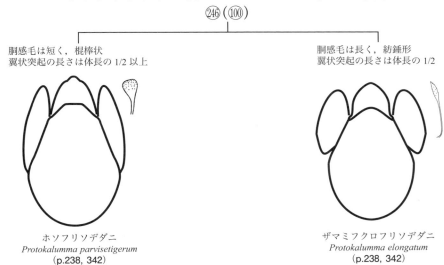

フクロフリソデダニ属 *Neoribates* の種への検索

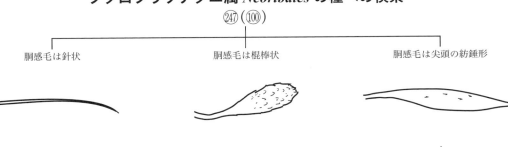

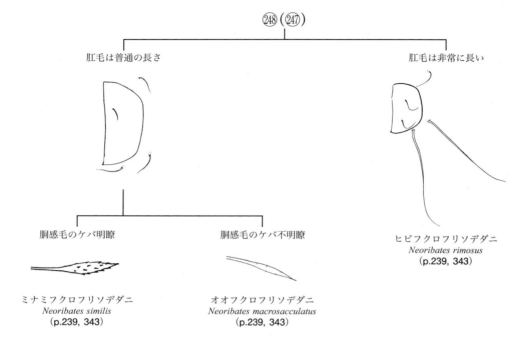

カザリフリソデダニ属 Cosmogalumna の種への検索

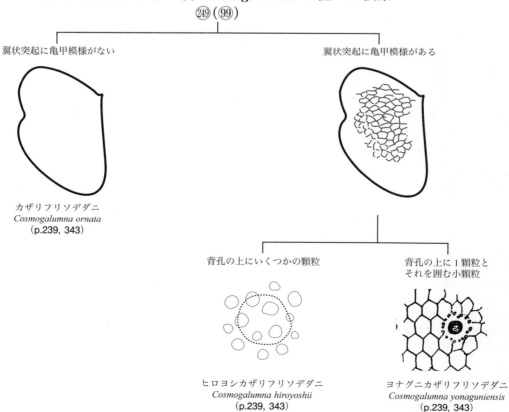

ダニ目・ササラダニ亜目 151

フリソデダニ属 *Galumna* の種への検索

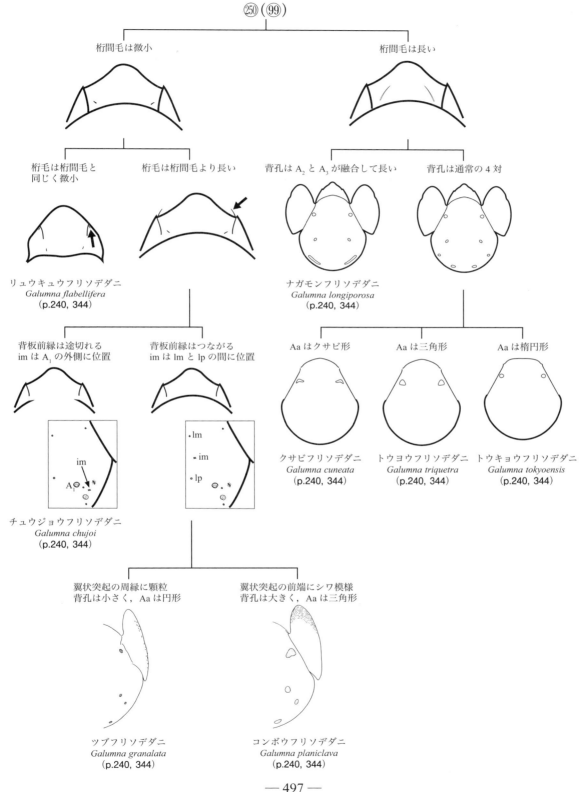

— 497 —

チビゲフリソデダニ属 *Trichogalumna* の種への検索

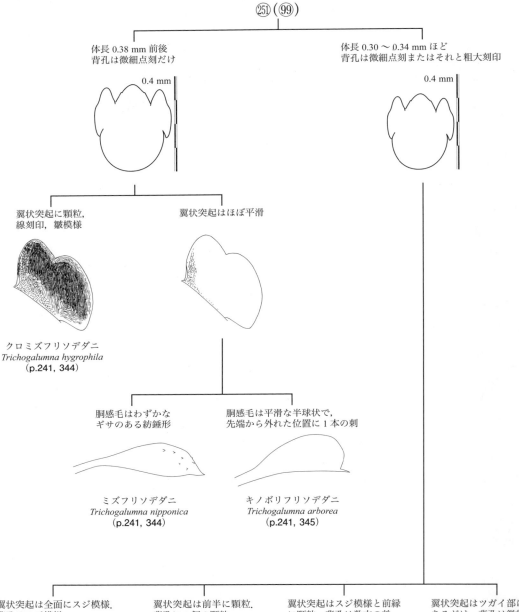

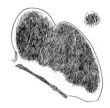

スジチビゲフリソデダニ
Trichogalumna lineata
(p.241, 345)

ツブチビゲフリソデダニ
Trichogalumna granuliala
(p.241, 345)

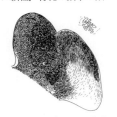

キメラチビゲフリソデダニ
Trichogalumna chimaera
(p.241, 345)

ハヤシチビゲフリソデダニ
Trichogalumna imperfecta
(p.241, 345)

ダニ目・ササラダニ亜目 153

ハゲフリソデダニ属 Pergalumna の種への検索

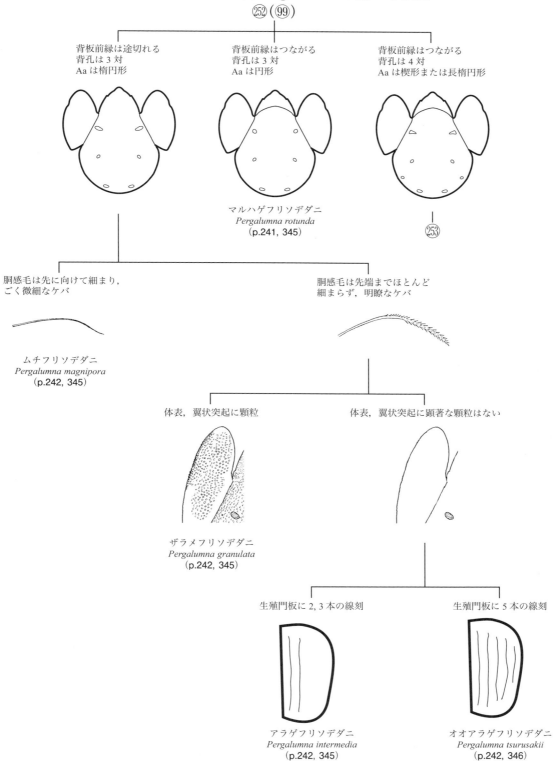

154　ダニ目・ササラダニ亜目

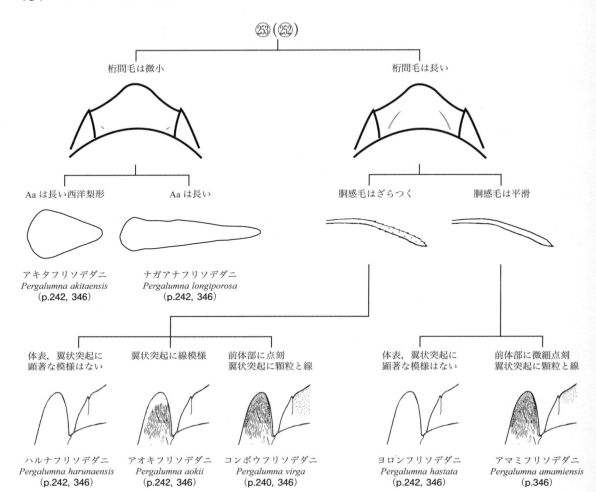

フリソデダニモドキ属 *Galumnella* の種への検索

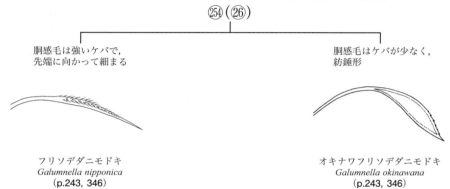

ダニ目・ササラダニ亜目   155

ヘソイレコダニ属 Euphthiracarus の種への検索

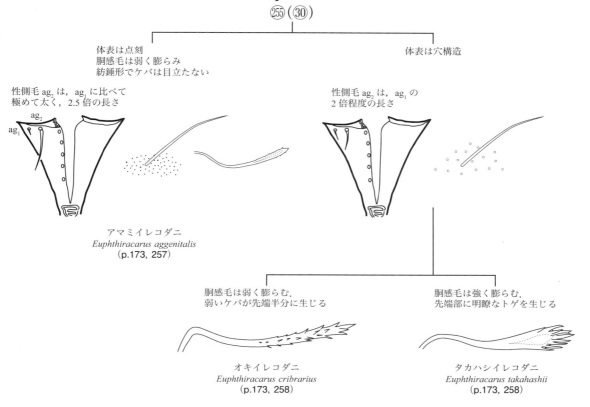

チビイレコダニ属 Microtritia の種への検索

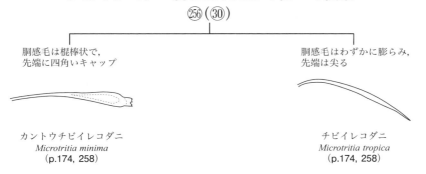

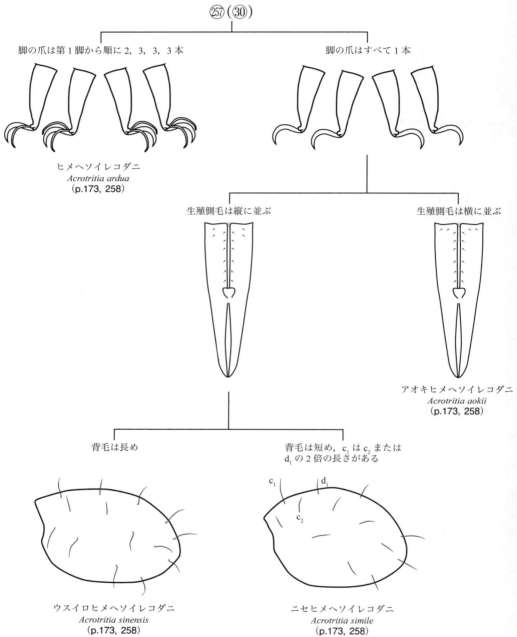

ダニ目・ササラダニ亜目　157

ミナミイレコダニ属 *Austrotritia* の種への検索

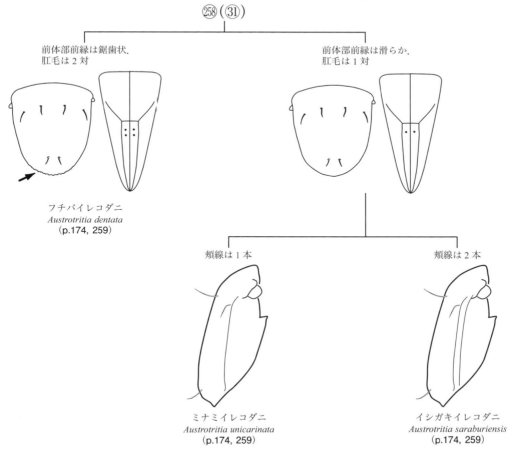

ジャワイレコダニ属 *Indotritia* の種への検索

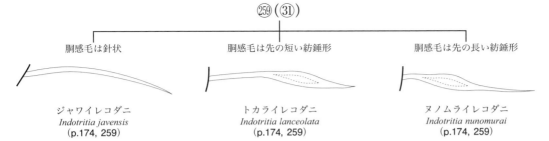

158　ダニ目・ササラダニ亜目

タテイレコダニ属 *Oribotritia* の種への検索

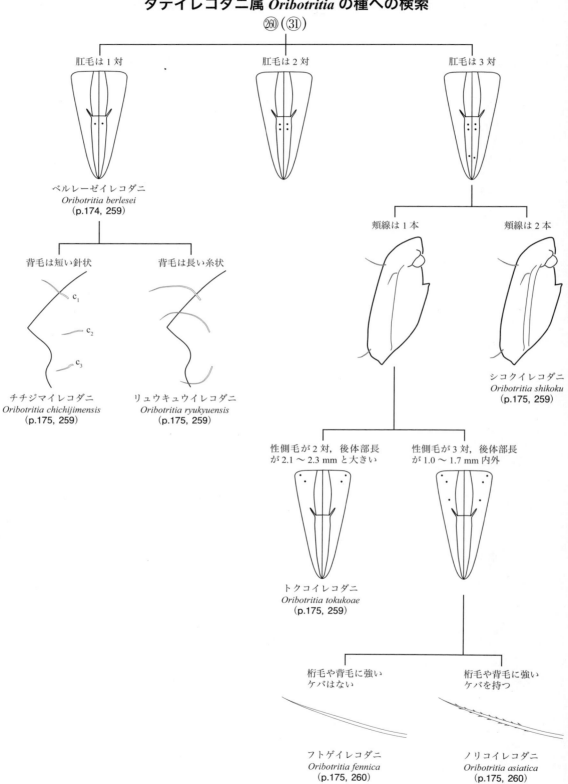

オクヤマイレコダニ属 *Mesotritia* の種への検索

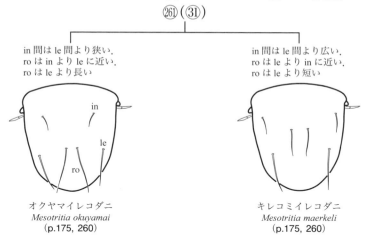

ズキンイレコダニ属 *Austrophthiracarus* の種への検索

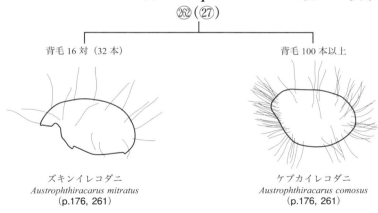

アラメイレコダニ属 *Atropacarus* の種への検索

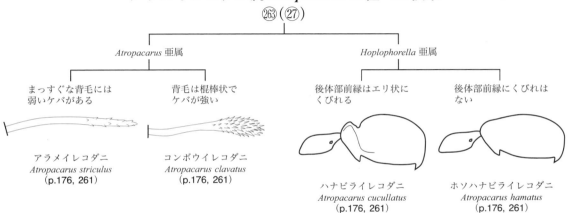

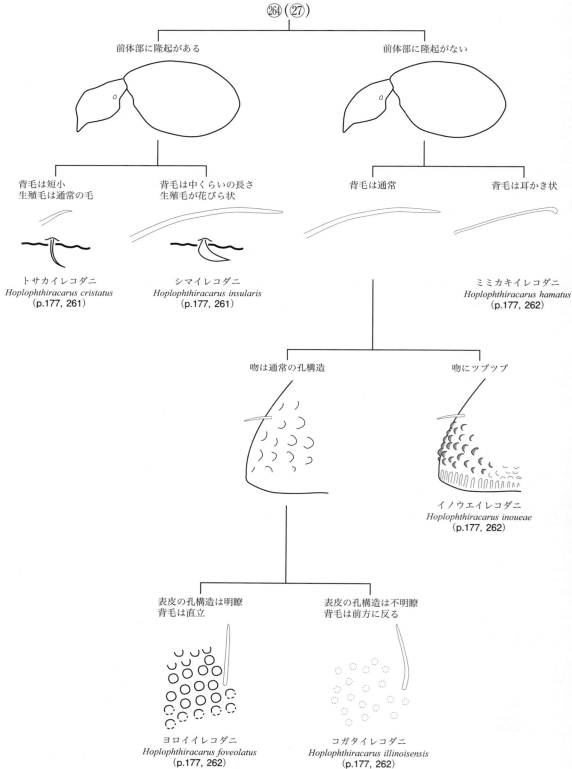

クゴウイレコダニ属 *Plonaphacarus* の種への検索

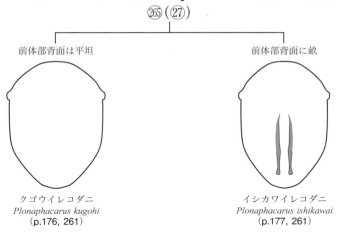

トゲイレコダニ属 *Steganacarus* の種への検索

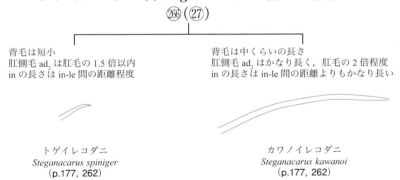

イレコダニ属 *Phthiracarus*（*Phthiracarus* 亜属）の種への検索

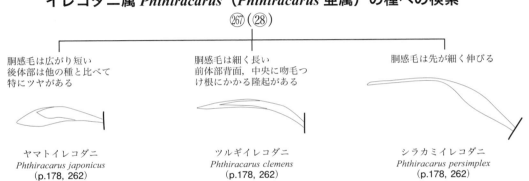

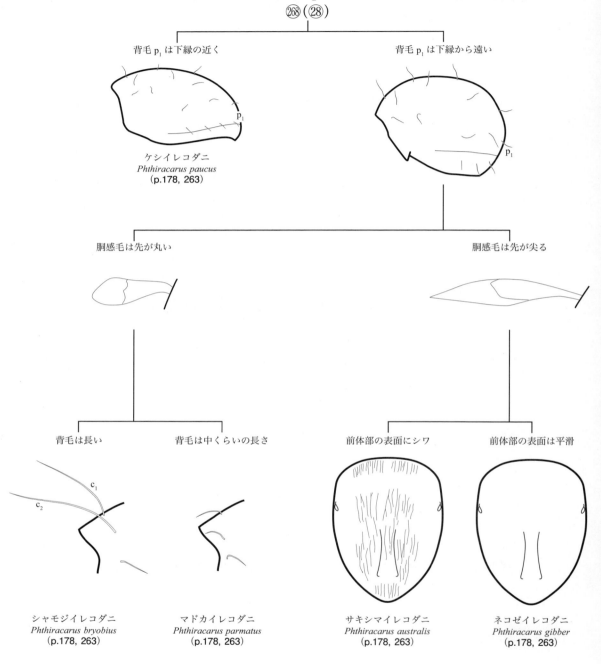

エゾモンツキダニ属 *Mainothrus* の種への検索

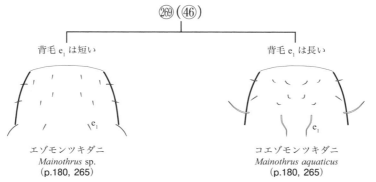

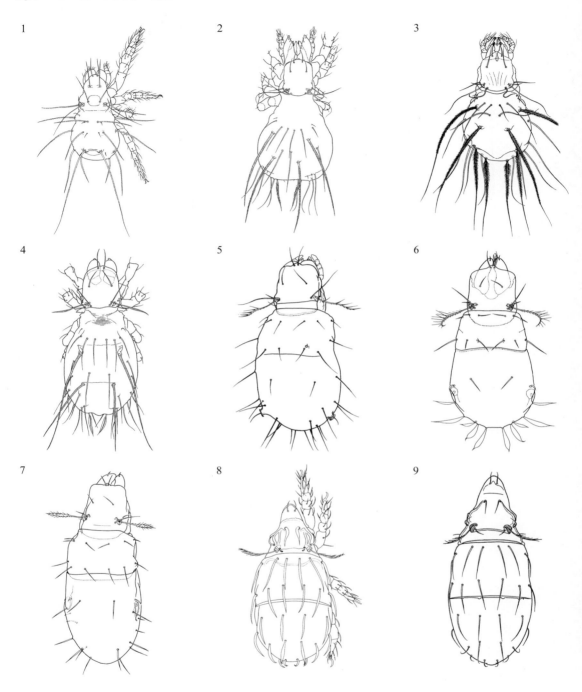

ササラダニ亜目 Oribatida 全形図（1）
1：ウスイロデバダニ *Zachvatkinella nipponica* Aoki，2：ニセムカシササラダニ *Palaeacaroides pacificus* Lange，3：ムカシササラダニ *Palaeacarus hystricinus* Trägårdh，4：シリケンダニ *Ctenacarus araneola* (Grandjean)，5：ヒゲヅツダニ *Parhypochthonius aphidinus* Berlese，6：コノハウスギヌダニ *Gehypochthonius frondifer* Aoki，7：ウスギヌダニ *Gehypochthonius rhadamanthus* Jacot，8：フトゲナガヒワダニ *Eohypochthonius crassisetiger* Aoki，9：ヒメナガヒワダニ *Eohypochthonius parvus* Aoki
（1, 2, 4：Aoki, 1980d；3：Aoki, 1975a；5：Aoki, 1969a；6～7：Aoki, 1975b；8：Aoki, 1959a；9：Aoki, 1977b）

ダニ目・ササラダニ亜目 165

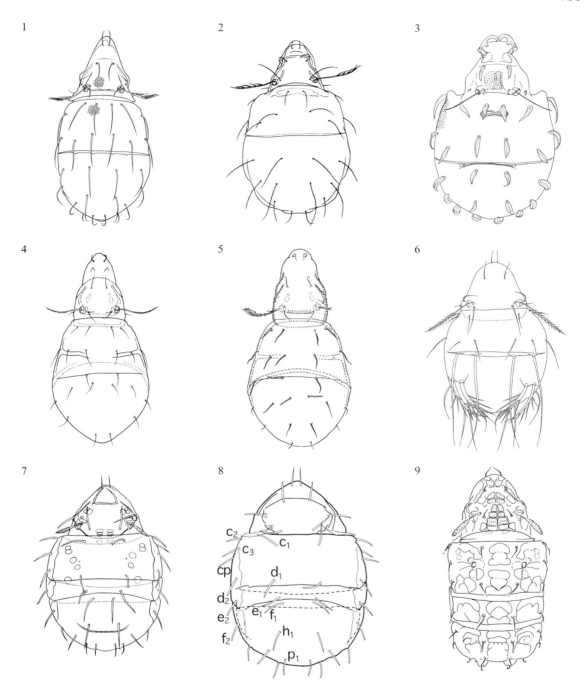

ササラダニ亜目 Oribatida 全形図 (2)
1：オオナガヒワダニ Eohypochthonius magnus Aoki，2：ヒワダニ Hypochthonius rufulus C. L. Koch，3：ツヨヒワダニ Malacoangelia remigera Berlese，4：ヒワダニモドキ Eniochthonius minutissimus (Berlese)，5：ノベヒワダニモドキ Eniochthonius fukushimaensis (Shiraishi & Aoki)，6：ケバヒワダニ Arborichthonius styosetosus Norton，7：オオダルマヒワダニ Eobrachychthonius oudemansi Hammen，8：サヌキオオダルマヒワダニ Eobrachychthonius sanukiensis Fujikawa，9：ミヤマダルマヒワダニ Brachychthonius pius Moritz
(1：Aoki, 1977b；2：青木，1959；3：Nakatamari, 1980；4：青木，1977；5：Shiraishi & Aoki, 1994；6：青木，1998a；7：Chinone & Aoki, 1972；8：大久保原図；9：Moritz, 1976)

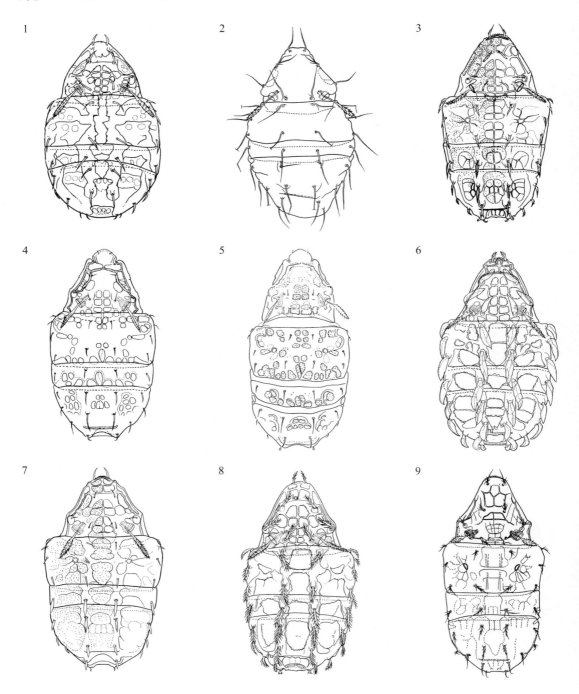

ササラダニ亜目 Oribatida 全形図（3）
1：イナヅマダルマヒワダニ *Poecilochthonius spiciger* (Berlese), 2：オタフクダルマヒワダニ *Sellnickochthonius planus* (Chinone), 3：カゴメダルマヒワダニ *Sellnickochthonius* sp., 4：ミズタマダルマヒワダニ *Sellnickochthonius hungaricus* (Balogh), 5：アメリカダルマヒワダニ *Sellnickochthonius rostratus* (Jacot), 6：ヘラゲダルマヒワダニ *Sellnickochthonius zelawaiensis* (Sellnick), 7：クモガタダルマヒワダニ *Sellnickochthonius elsosneadensis* (Hammer), 8：エグリダルマヒワダニ *Sellnickochthonius lydiae* (Jacot), 9：ヤマトダルマヒワダニ *Sellnickochthonius japonicus* (Chinone)
（1, 3, 4, 6 〜 8：Chinone & Aoki, 1972；2, 9：Chinone, 1974；5：Moritz, 1976）

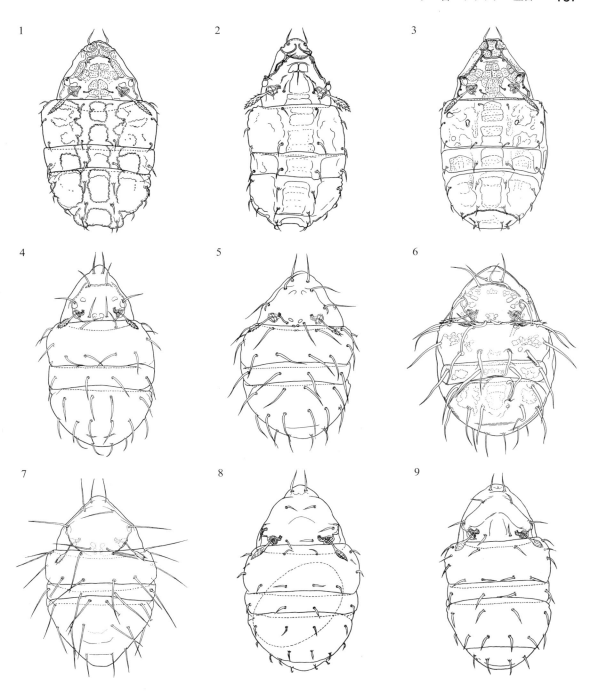

ササラダニ亜目 Oribatida 全形図（4）
1：ノトダルマヒワダニ Sellnickochthonius gracilis (Chinone)，2：ムモンダルマヒワダニ Sellnickochthonius immaculatus (Forsslund)，3：アオキダルマヒワダニ Sellnickochthonius aokii (Chinone)，4：コワゲダルマヒワダニ Liochthonius brevis (Michael)，5：クネゲダルマヒワダニ Liochthonius moritzi Balogh & Mahunka，6：ムチゲダルマヒワダニ Liochthonius lentus Chinone，7：ハリゲダルマヒワダニ Liochthonius pseudohystricinus Balogh & Mahunka，8：ツブダルマヒワダニ Liochthonius pusillus Chinone，9：エゾダルマヒワダニ Liochthonius crassus Chinone
（1〜6：Chinone, 1974；7：Chinone & Aoki, 1972；8, 9：Chinone, 1978）

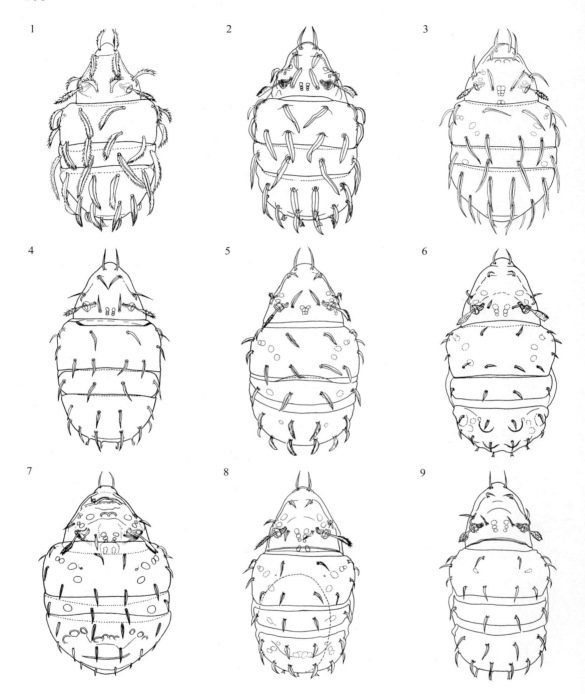

ササラダニ亜目 Oribatida 全形図（5）
1：ウモウダルマヒワダニ *Liochthonius alius* Chinone, 2：ササバダルマヒワダニ *Liochthonius evansi* (Forsslund), 3：ナミダルマヒワダニ *Liochthonius intermedius* Chinone & Aoki, 4：ウスイロダルマヒワダニ *Liochthonius simplex* (Forsslund), 5：ブラシダルマヒワダニ *Liochthonius penicillus* Chinone, 6：コブダルマヒワダニ *Liochthonius strenzkei* Forsslund, 7：チビゲダルマヒワダニ *Liochthonius sellnicki* (Thor), 8：ニッコウダルマヒワダニ *Liochthonius asper* Chinone, 9：オオニシダルマヒワダニ *Liochthonius ohnishii* Chinone
（1, 5～6, 8～9：Chinone, 1978 ; 2, 4：Chinone, 1974 ; 3, 7：Chinone & Aoki, 1972）

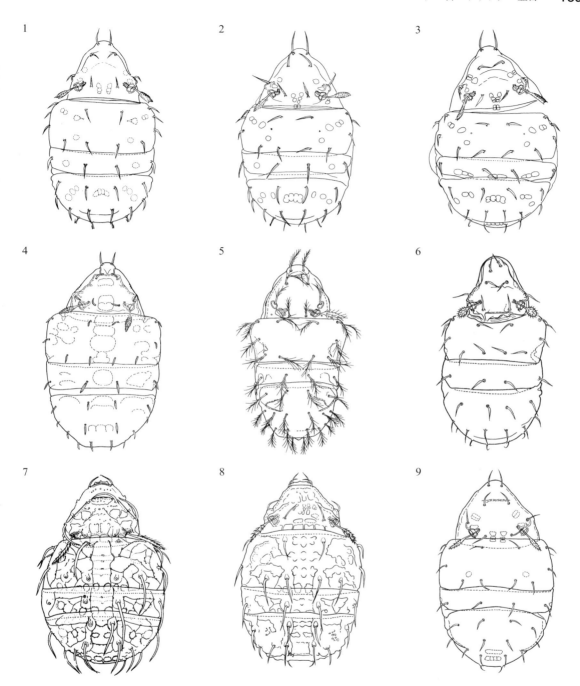

ササラダニ亜目 Oribatida 全形図（6）
1：ラップランドダルマヒワダニ *Liochthonius lapponicus* (Trägårdh), 2：ヤマダルマヒワダニ *Liochthonius galba* Chinone, 3：コケダルマヒワダニ *Liochthonius muscorum* Forsslund, 4：ヘリダルマヒワダニ *Neobrachychthonius magnus* Moritz, 5：ヘコダルマヒワダニ *Mixochthonius concavus* (Chinone), 6：タマダルマヒワダニ *Neoliochthonius piluliferus* (Forsslund), 7：カワリダルマヒワダニ *Synchthonius elegans* Forsslund, 8：ホリダルマヒワダニ *Synchthonius crenulatus* (Jacot), 9：ヒロズダルマヒワダニ *Verachthonius laticeps* (Strenzke)
（1〜3, 8：Chinone, 1978；4〜6, 9：Chinone, 1974；7：Chinone & Aoki, 1972）

170 ダニ目・ササラダニ亜目

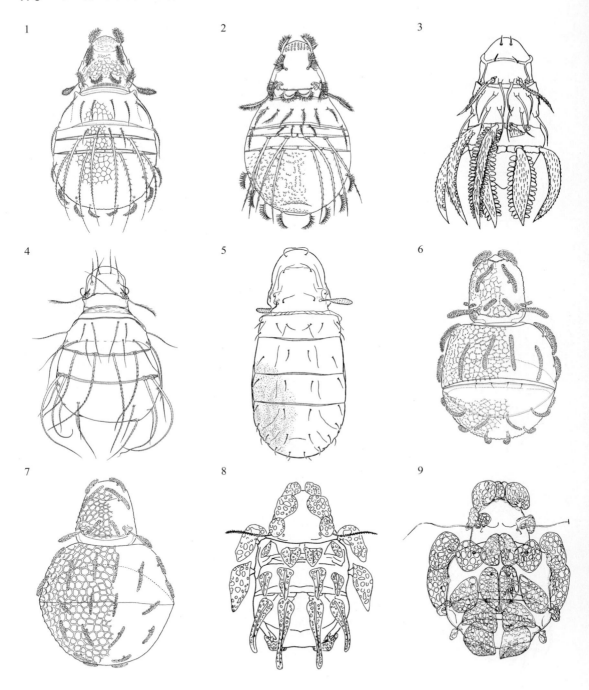

ササラダニ亜目 Oribatida 全形図（7）
1：カザリヒワダニ *Cosmochthonius reticulatus* Grandjean，2：ミカドカザリヒワダニ *Cosmochthonius imperfectus* Aoki，3：コシミノダニ *Gozmanyina golosovae* (Gordeeva)，4：ケナガヒワダニ *Nipponiella simplex* (Aoki)，5：コケモリイエササラダニ *Haplochthonius muscicola* Fujikawa，6：スズキチョウチンダニ *Sphaerochthonius suzukii* Aoki，7：チョウチンダニ *Sphaerochthonius splendidus* (Berlese)，8：ツルギマイコダニ *Atopochthonius artiodactylus* Grandjean，9：マイコダニ *Pterochthonius angelus* (Berlese)
（1, 5：鈴木，1977；2：Aoki, 2000；3：Gordeeva, 1980；4：Aoki, 1966a；6：Aoki, 1977c；7：Aoki, 1984b；8：Balogh, 1961；9：Aoki & Ohnishi, 1974）

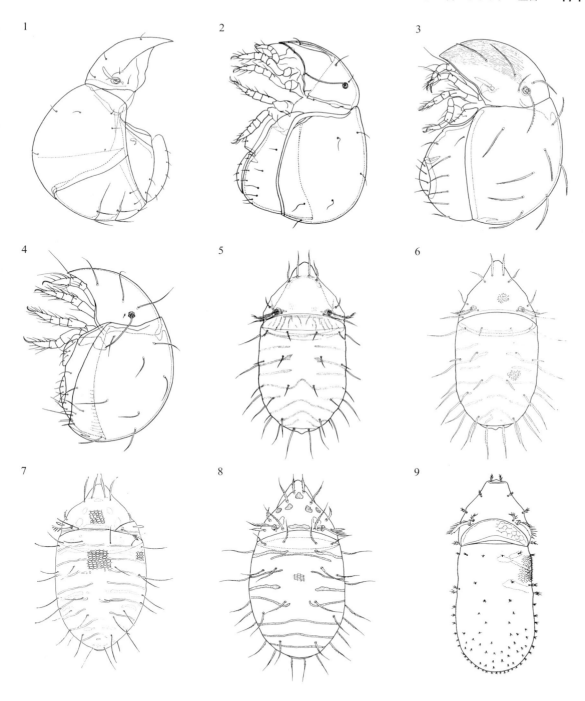

ササラダニ亜目 Oribatida 全形図（8）

1：ミジンイレコダニ *Cryptoplophora abscondita* Grandjean，2：ゾウイレコダニ *Archoplophora rostralis* (Willmann)，3：マエイレコダニ *Apoplophora pantotrema* (Berlese)，4：ニセイレコダニ *Mesoplophora japonica* Aoki，5：フトツツハラダニ *Mixacarus exilis* Aoki，6：リュウキュウツツハラダニ *Mixacarus foveolatus* Aoki，7：サンゴツツハラダニ *Lohmannia corallium* Nakatamari，8：ウンスイツツハラダニ *Lohmannia unsui* Aoki，9：ケブカツツハラダニ *Papillacarus hirsutus* (Aoki)
(1, 3：Aoki, 1980c；2：青木，1965；4〜5：Aoki, 1970b；6：Aoki, 1987c；7：Nakatamari, 1982；8：Aoki, 2006a；9：Aoki, 1961a)

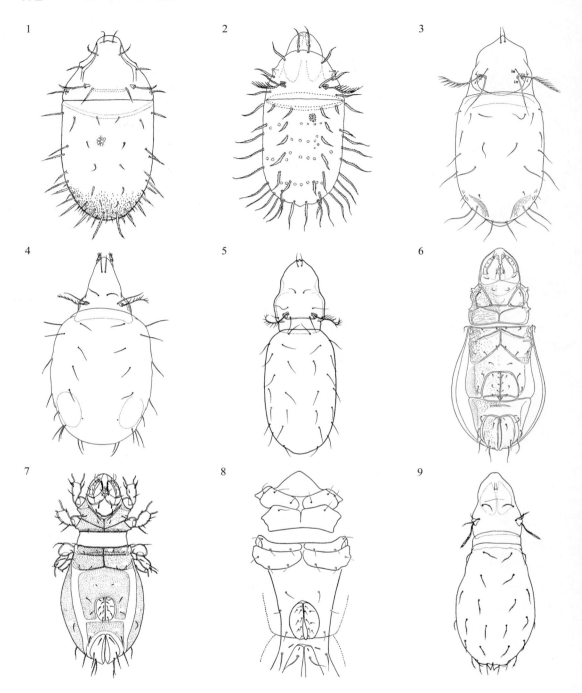

ササラダニ亜目 Oribatida 全形図（9）
1：ツルマキケブカツツハラダニ *Papillacarus conicus* Fujikawa，2：カサドツツハラダニ *Nesiacarus* sp.，3：ヤノヤワラカダニ *Nehypochthonius yanoi* Aoki，4：キョジンダニ *Apolohmannia gigantea* Aoki，5：ユウレイダニ *Eulohmannia ribagai* Berlese，6：ヒメハラミゾダニ *Epilohmannia minuta* Berlese，7：ニセヘラゲハラミゾダニ *Epilohmannia spatuloides* Bayartogtokh，8：ヘラゲハラミゾダニ *Epilohmannia spatulata* Aoki，9：オオハラミゾダニ *Epilohmannia ovata* Aoki
（1：青木，2009；2：和田，1987；3：Aoki, 2002c；4：Aoki, 1960；5：Aoki, 1975a；6：Aoki, 1965a；7：Bayartogtokh, 2000；8：Aoki, 1970b；9：Aoki, 1961a）

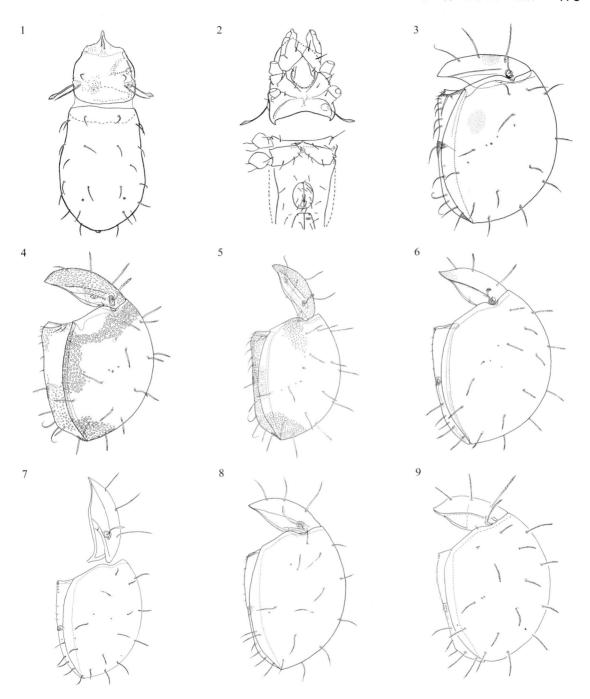

ササラダニ亜目 Oribatida 全形図（10）
1：ヒメイブリダニ Epilohmannoides esulcatus Ohkubo，2：イブリダニ Epilohmannoides kishidai Ohkubo，3：アマミイレコダニ Euphthiracarus aggenitalis Aoki，4：オキイレコダニ Euphthiracarus cribrarius (Berlese)，5：タカハシイレコダニ Euphthiracarus takahashii Aoki，6：ヒメヘソイレコダニ Acrotritia ardua (C. L. Koch)，7：アオキヒメヘソイレコダニ Acrotritia aokii Niedbała，8：ウスイロヒメヘソイレコダニ Acrotritia sinensis Jacot，9：ニセヒメヘソイレコダニ Acrotritia simile (Mahunka)
（1：Ohkubo, 1979；2：Ohkubo, 2002；3：Aoki, 1984a；4～6, 8：Aoki, 1980b；7：Niedbała, 2000（改変図）；9：Mahunka, 1982（改変図））

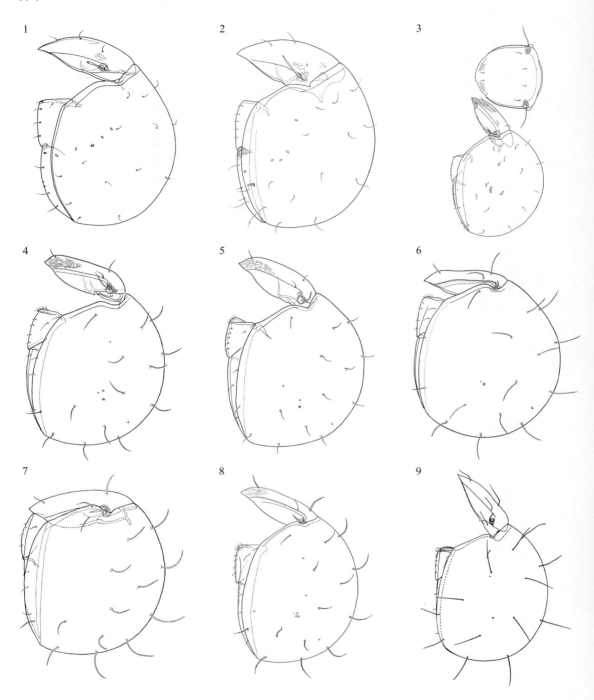

ササラダニ亜目 Oribatida 全形図（11）
1：カントウチビイレコダニ *Microtritia minima* (Berlese)，2：チビイレコダニ *Microtritia tropica* Märkel，3：フチバイレコダニ *Austrotritia dentata* Aoki，4：イシガキイレコダニ *Austrotritia saraburiensis* Aoki，5：ミナミイレコダニ *Austrotritia unicarinata* Aoki，6：ジャワイレコダニ *Indotritia javensis* (Sellnick)，7：トカライレコダニ *Indotritia lanceolata* (Aoki)，8：ヌノムライレコダニ *Indotritia nunomurai* Hirauch & Aoki，9：ベルレーゼイレコダニ *Oribotritia berlesei* (Michael)
（1〜2, 7：Aoki, 1980b；3〜6：Aoki, 1980a；8：Hirauchi & Aoki, 2011；9：Märkel, 1964）

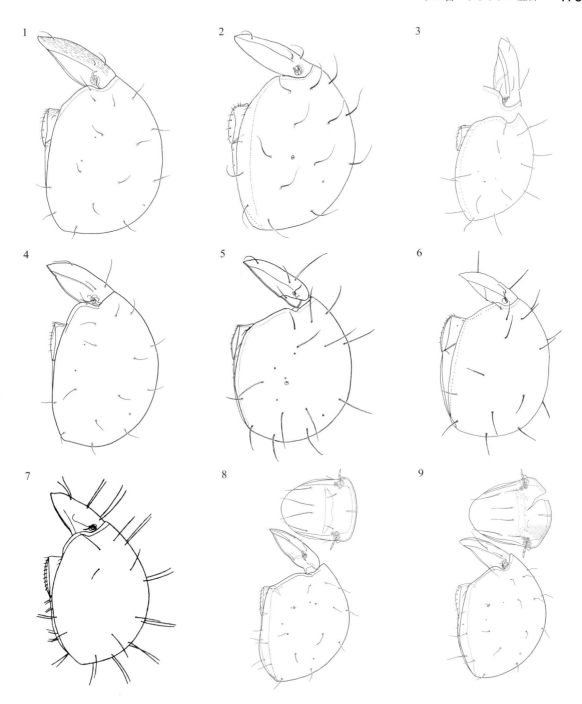

ササラダニ亜目 Oribatida 全形図（12）
1：チチジマイレコダニ *Oribotritia chichijimensis* Aoki，2：リュウキュウイレコダニ *Oribotritia ryukyuensis* Nakatamari，3：シコクイレコダニ *Oribotritia shikoku* Niedbała，4：トクコイレコダニ *Oribotritia tokukoae* Aoki，5：フトゲイレコダニ *Oribotritia fennica* Forsslund & Märkel，6：ノリコイレコダニ *Oribotritia asiatica* Hammer，7：キシダイレコダニ *Maerkelotritia kishidai* (Aoki)，8：オクヤマイレコダニ *Mesotritia okuyamai* Aoki，9：キレコミイレコダニ *Mesotritia maerkeli* Sheals
（1, 4〜5, 8〜9：Aoki, 1980a；2：Nakatamari, 1985；3：Niedbała, 2006（改変図）；6：Hammer, 1977；7：Aoki, 1958c）

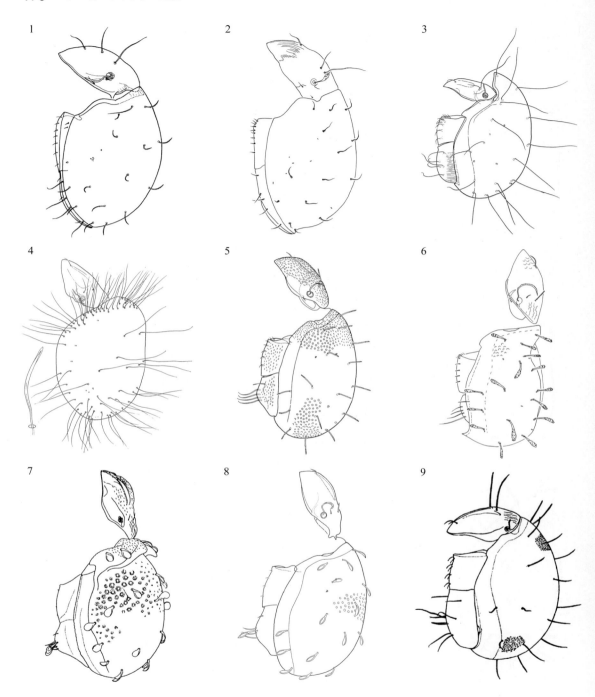

ササラダニ亜目 Oribatida 全形図（13）
1：フジイレコダニ *Protoribotritia ensifer* Aoki，2：マメイレコダニ *Sabacarus japonicus* Shimano & Aoki，3：ズキンイレコダニ *Austrophthiracarus mitratus* (Aoki)，4：ケブカイレコダニ *Austrophthiracarus comosus* (Aoki)，5：アラメイレコダニ *Atropacarus striculus* (C. L. Koch)，6：コンボウアラメイレコダニ *Atropacarus clavatus* Niedbała，7：ハナビライレコダニ *Atropacarus cucullatus* (Ewing)，8：ホソハナビライレコダニ *Atropacarus hamatus* (Ewing)，9：クゴウイレコダニ *Plonaphacarus kugohi* (Aoki)
（1：Aoki, 1969b；2：Shimano & Aoki, 1997（改変図）；3～5, 8：Aoki, 1980a；6：Niedbała, 2000（改変図）；7：Aoki, 1959a；9：Aoki, 1959a）

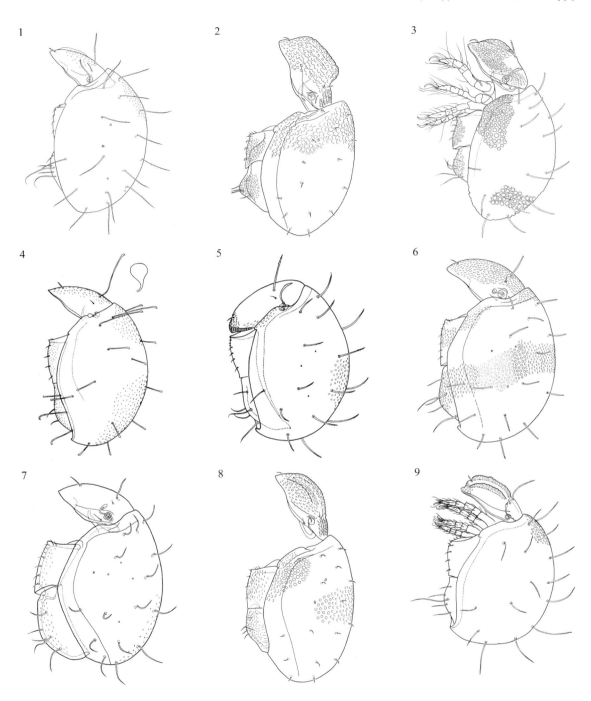

ササラダニ亜目 Oribatida 全形図（14）
1：イシカワイレコダニ *Plonaphacarus ishikawai* (Aoki), 2：トサカイレコダニ *Hoplophthiracarus cristatus* (Aoki), 3：シマイレコダニ *Hoplophthiracarus insularis* Aoki, 4：ミミカキイレコダニ *Hoplophthiracarus hamatus* (Hammer), 5：イノウエイレコダニ *Hoplophthiracarus inoueae* Aoki, 6：ヨロイイレコダニ *Hoplophthiracarus foveolatus* Aoki, 7：コガタイレコダニ *Hoplophthiracarus illinoisensis* (Ewing), 8：トゲイレコダニ *Steganacarus spiniger* (Aoki), 9：カワノイレコダニ *Steganacarus kawanoi* (Aoki)
（1～2, 6～8：Aoki, 1980a；3：Aoki, 2006a；4：青木, 1982；5：Aoki, 1994；9：Aoki, 2009）

ササラダニ亜目 Oribatida 全形図 (15)
1：ヤマトイレコダニ *Phthiracarus japonicus* Aoki，2：ツルギイレコダニ *Phthiracarus clemens* Aoki，3：シラカミイレコダニ *Phthiracarus persimplex* Mahunka，4：オオイレコダニ *Phthiracarus setosus* (Banks)，5：サキシマイレコダニ *Phthiracarus australis* (Aoki)，6：ネコゼイレコダニ *Phthiracarus gibber* (Aoki)，7：マドカイレコダニ *Phthiracarus parmatus* (Nakatamari)，8：シャモジイレコダニ *Phthiracarus bryobius* Jacot，9：ケシイレコダニ *Phthiracarus paucus* Niedbała
(1：Aoki, 1958b；2, 4〜6, 8：Aoki, 1980a；3：*P. persimplex* = *P. shirakamiensis* Fujikawa, 2004 ホロタイプとして指定された標本(NSMT-Ac11561)より作図；7：Nakatamari, 1985；9：Niedbała, 1991 (改変図))

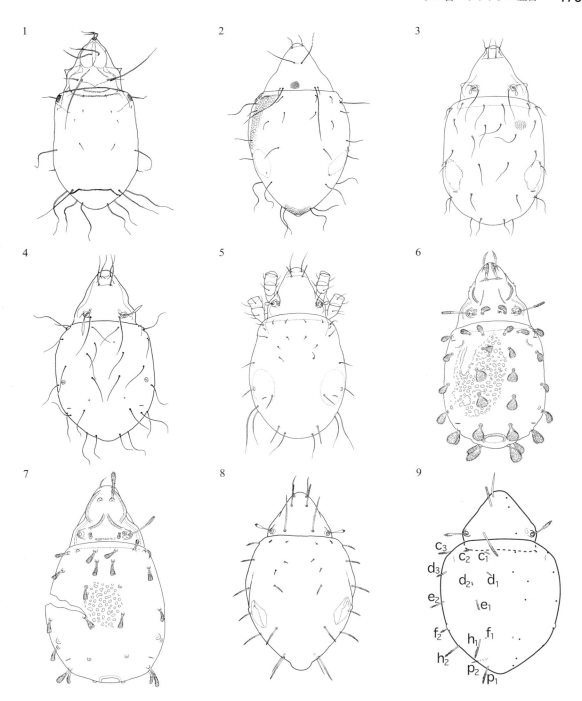

ササラダニ亜目 Oribatida 全形図（16）

1：クネゲコナダニモドキ *Mucronothrus nasalis* (Willmann)，2：ヤチモンツキダニ *Trhypochthoniellus brevisetus* Kuriki，3：ミズモンツキダニ *Hydronothrus longisetus* (Berlese)，4：タイセツヤチモンツキダニ *Hydronothrus taisetsuensis* (Kuriki)，5：ジャワモンツキダニ *Afronothrus javanus* (Csiszar)，6：フサゲモンツキダニ *Allonothrus sinicus* Wang & Norton，7：オオフサゲモンツキダニ *Allonothrus russeolus* Wallwork，8：ヤマトモンツキダニ *Trhypochthonius japonicus* Aoki，9：キタモンツキダニ *Trhypochthonius septentrionalis* Fujikawa
（1：西川ほか，1983；2：Kuriki & Aoki, 1989；3, 6～7：青木，2000；4：Kuriki, 2005；5：Aoki, 2006a；8：Aoki, 1970b；9：大久保原図）

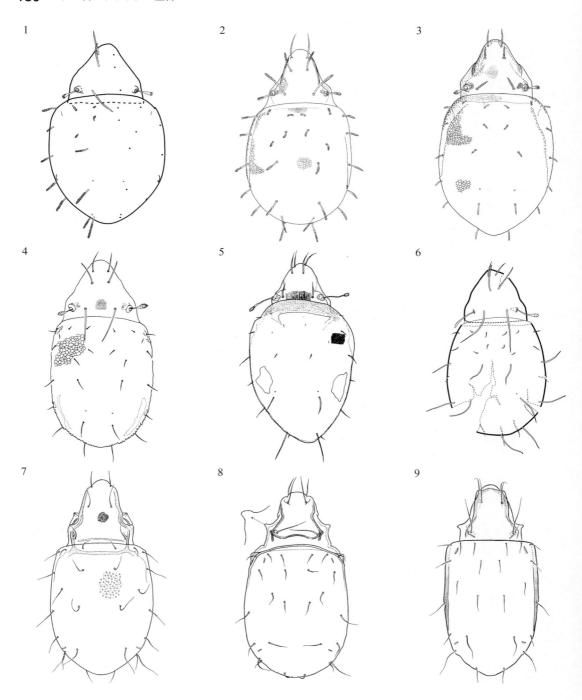

ササラダニ亜目 Oribatida 全形図（17）
1：トガリモンツキダニ *Trhypochthonius triangulum* K. Nakamura, Y.-N. Nakamura & Fujikawa，2：アラゲモンツキダニ *Trhypochthonius stercus* Fujikawa，3：チャイロモンツキダニ *Trhypochthonius sphagnicola* Weigmann，4：ハナゴケモンツキダニ *Trhypochthonius cladonicola* (Willmann)，5：エゾモンツキダニ *Mainothrus* sp.，6：コエゾモンツキダニ *Mainothrus aquaticus* Choi，7：チビコナダニモドキ *Malaconothrus pygmaeus* Aoki，8：ヤマトコナダニモドキ *Malaconothrus japonicus* Aoki，9：ヘリダカコナダニモドキ *Malaconothrus marginatus* Yamamoto
（1, 6：大久保原図；2：青木，2000；3：青木，1995；4：栗城，2013；5：西川ほか，1983；7：Aoki, 1969a；8：Aoki, 1966c；9：Yamamoto, 1998）

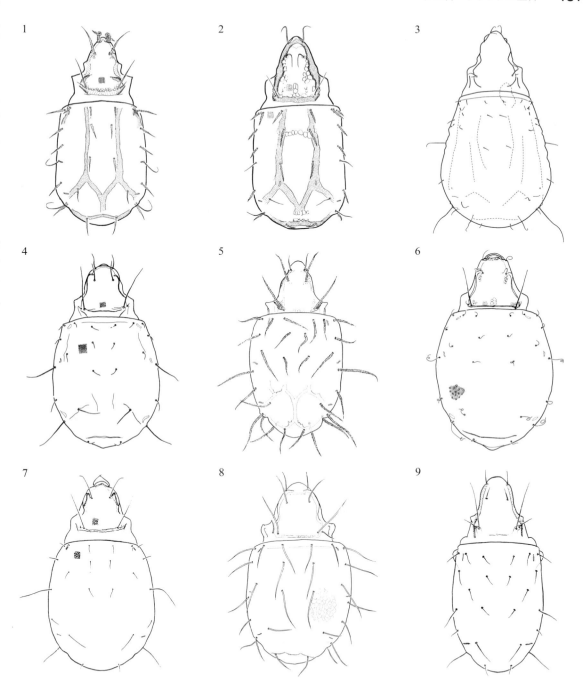

ササラダニ亜目 Oribatida 全形図（18）

1：キイコナダニモドキ *Malaconothrus kiiensis* Yamamoto, 2：イリオモテコナダニモドキ *Malaconothrus iriomotensis* Yamamoto & Aoki, 3：プールコナダニモドキ *Trimalaconothrus maniculatus* Fain & Lambrechts, 4：アズマコナダニモドキ *Trimalaconothrus azumaensis* Yamamoto, Kuriki & Aoki, 5：アラゲコナダニモドキ *Trimalaconothrus barbatus* Yamamoto, 6：ヤチコナダニモドキ *Trimalaconothrus yachidairaensis* Yamamoto, Kuriki & Aoki, 7：クリキコナダニモドキ *Trimalaconothrus angulatus* Willmann, 8：アミメコナダニモドキ *Trimalaconothrus repetitus* Subías, 9：カタコブコナダニモドキ *Trimalaconothrus nodosus* Yamamoto
（1：Yamamoto, 1996；2：Yamamoto & Aoki, 1997；3：大久保原図, 1987；4, 6：Yamamoto *et al.*, 1993；5, 8：Yamamoto, 1977；7, 9：Yamamoto, 1997）

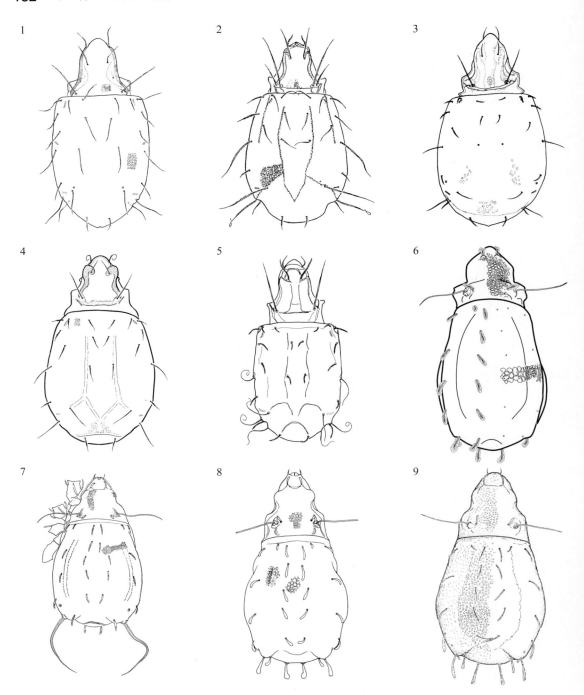

ササラダニ亜目 Oribatida 全形図（19）

1：ホソコナダニモドキ *Trimalaconothrus hakonensis* Yamamoto, 2：ツノコナダニモドキ *Trimalaconothrus wuyanensis* Yamamoto, Aoki, Wang & Hu, 3：オオコナダニモドキ *Trimalaconothrus nipponicus* Yamamoto & Aoki, 4：ケタブトコナダニモドキ *Trimalaconothrus magnilamellatus* Yamamoto, 5：ウネリコナダニモドキ *Trimalaconothrus undulatus* Yamamoto, Kuriki & Aoki., 6：エゾアミメオニダニ *Nothrus ezoensis* Fujikawa, 7：アジアオニダニ *Nothrus asiaticus* Aoki & Ohnishi, 8：ハナビラオニダニ *Nothrus anauniensis* Canestrini & Fanzago, 9：オオアミメオニダニ *Nothrus borussicus* Sellnick

（1：Yamamoto, 1977；2：Yamamoto *et al.*, 1997；3：Yamamoto & Aoki, 1971；4：Yamamoto, 1996；5：Yamamoto *et al.*, 1993；6：大久保原図；7：Aoki & Ohnishi, 1974；8：青木，1965；9：Olszanowski, 1996）

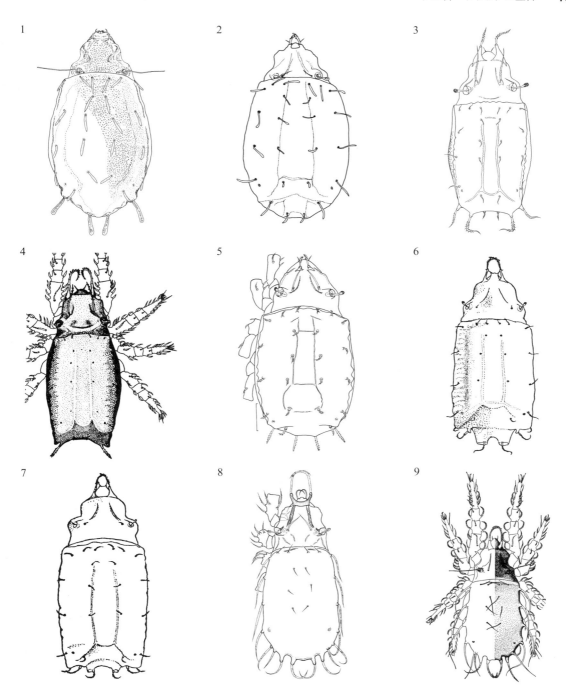

ササラダニ亜目 Oribatida 全形図（20）
1：アリミネアミメオニダニ Nothrus undulatus Hirauchi & Aoki，2：ソルホイオニダニ Camisia solhoeyi Colloff，3：オニダニ Camisia segnis (J. F. Hermann)，4：オナガオニダニ Camisia biurus (C. L. Koch)，5：カクオニダニ Camisia invenusta (Michael)，6：アツヅツオニダニ Camisia biverrucata (C. L. Koch)，7：アトコブオニダニ Camisia horrida (J. Hermann)，8：ヒメアラゲオニダニ Heminothrus minor Aoki，9：キタケナガオニダニ Heminothrus similis Fujikawa
（1：Hirauchi & Aoki, 2003；2：Shimano et al., 2002；3：青木，2000；4：青木，1959；5：Aoki, 2006a；6, 7：Sellnick & Forsslund, 1954；8：Aoki, 1969a；9：Aoki, 1958a）

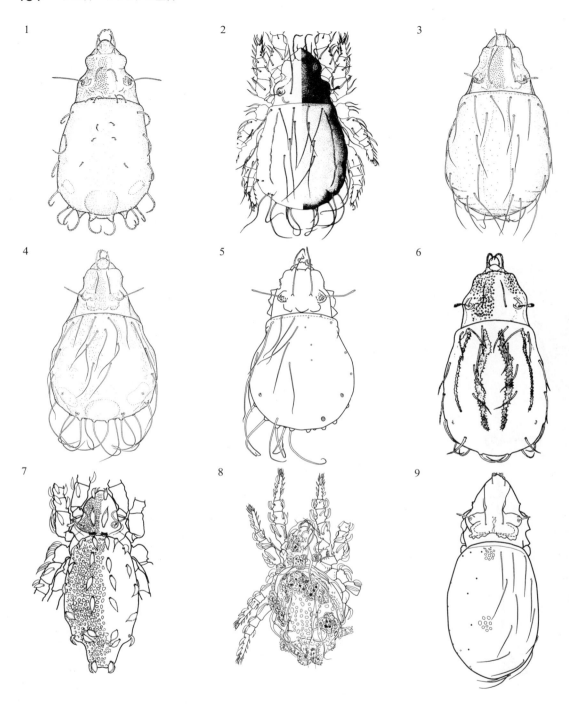

ササラダニ亜目 Oribatida 全形図（21）
1：アラゲオニダニ *Heminothrus targionii* (Berlese)，2：ヤマサキオニダニ *Capillonothrus yamasakii* (Aoki)，3：オオヒラタオニダニ *Capillonothrus capillatus* (Berlese)，4：トールオニダニ *Capillonothrus thori* (Berlese)，5：メアカンオニダニ *Capillonothrus meakanensis* (Fujikawa)，6：ヒラタオニダニ *Platynothrus peltifer* (C. L. Koch)，7：コノハツキノワダニ *Cosmohermannia frondosa* Aoki & Yoshida，8：タモウオバケツキノワダニ *Masthermannia multiciliata* Y. Nakamura, Y.-N. Nakamura & Fujikawa，9：エイツキノワダニ *Nanhermannia bifurcata* Fujikawa
(1, 3〜4：Olszanowski, 1996；2：Aoki, 1958a；5, 9：大久保原図；6：丸山，1994；7：Aoki & Yoshida, 1970；8：青木，1965)

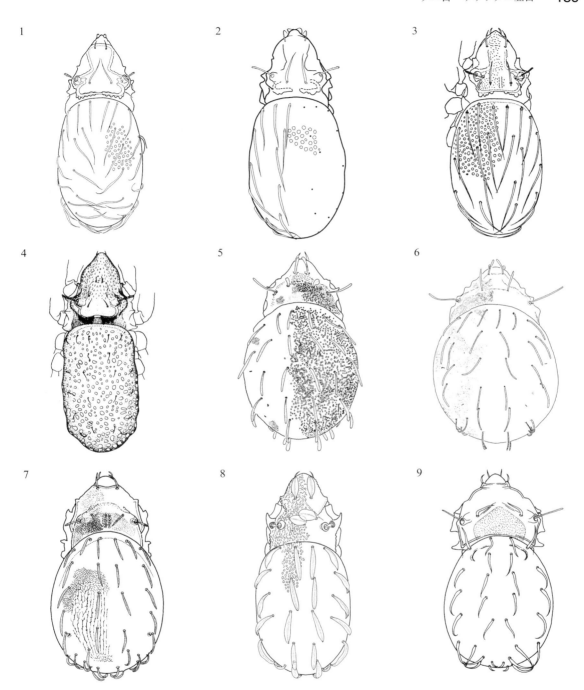

ササラダニ亜目 Oribatida 全形図（22）
1：トカラツキノワダニ *Nanhermannia tokara* Aoki, 2：カドツキノワダニ *Nanhermannia angulata* Fujikawa, 3：サツキツキノワダニ *Nanhermannia verna* Fujikawa, 4：ホソツキノワダニ *Nippohermannia parallela* (Aoki), 5：ザラメニオウダニ *Hermannia gibba* (C. L. Koch), 6：オオニオウダニ *Hermannia convexa* (C. L. Koch), 7：エゾニオウダニ *Hermannia hokkaidensis* Aoki & Ohnishi, 8：フジニオウダニ *Phyllhermannia areolata* Aoki, 9：カノウニオウダニ *Lawrencoppia kanoi* (Aoki)
（1：Aoki, 1987b；2：大久保原図；3：青木, 1980；4：Aoki, 1961a；5～6：Woas, 1978；7：Aoki & Ohnishi, 1974；8：Aoki, 1970a；9：Aoki, 1959a）

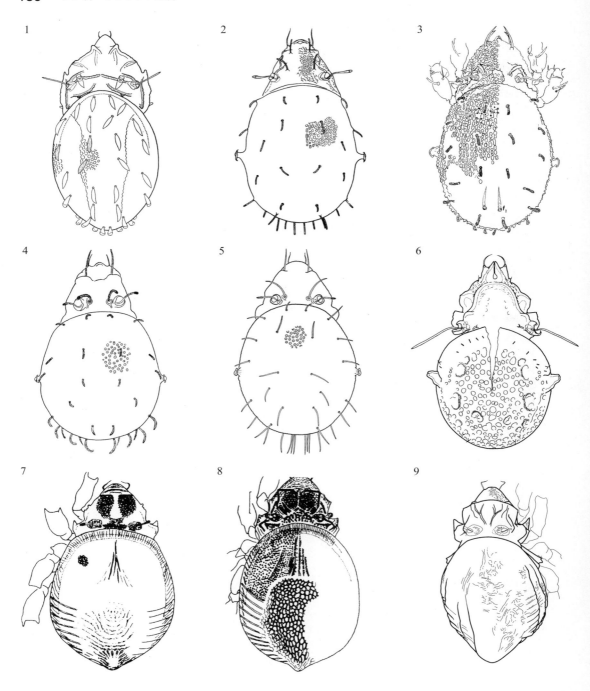

ササラダニ亜目 Oribatida 全形図（23）

1：コノハニオウダニ *Lawrencoppia pulchra* (Aoki)，2：ドビンダニ *Hermanniella* sp.，3：トドリドビンダニ *Hermanniella todori* Mizutani, Shimano & Aoki，4：フサゲドビンダニ *Hermanniella aristosa* Aoki，5：ヤスマドビンダニ *Hermanniella yasumai* Aoki，6：ツノカクシダニ *Plasmobates asiaticus* (Aoki)，7：イヘヤウズタカダニ *Neoliodes iheyaensis* Y.-N. Nakamura, Fukumori & Fujikawa，8：スジウズタカダニ *Neoliodes striatus* (Warburton)，9：ツボウズタカダニ *Neoliodes alatus* (Hammer)
(1, 5～6：Aoki, 1973a；2, 4：Aoki, 1965c；3：Mizutani *et al.*, 2003；7～8：Aoki, 2006a；9：大久保原図)

ダニ目・ササラダニ亜目　**187**

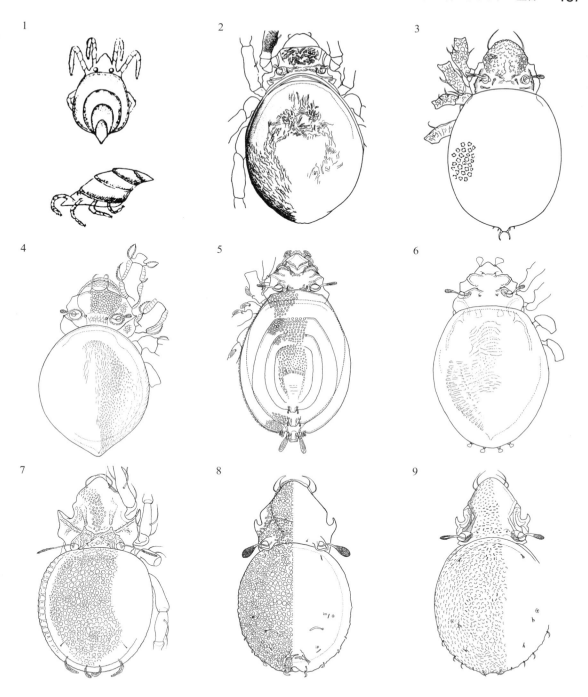

ササラダニ亜目 Oribatida 全形図（24）
1：エゾウズタカダニ *Neoliodes kornhuberi* (Karpelles)，2：シワウズタカダニ *Neoliodes zimmermanni* (Sellnick)，3：アナメウズタカダニ *Phroliodes farinosus* (C. L. Koch)，4：コノハウズタカダニ *Teleioliodes ramosus* (Hammer)，5：ヒラタウズタカダニ *Platyliodes japonicus* Aoki，6：ミナミヒラタウズタカダニ *Platyliodes doderleini* (Berlese)，7：ヤギヌマヒラセナダニ *Calipteremaeus yaginumai* (Aoki)，8：アナメダニ *Pedrocortesella japonica* Aoki & Suzuki，9：ミナミアナメダニ *Pedrocortesella hardyi* Balogh
（1：Karpelles, 1883；2：青木，1963；3：Pérez-Íñigo, 1997；4, 6：青木，2009；5：Aoki, 1979；7：Aoki, 1977c；8：Aoki & Suzuki, 1970；9：Aoki, 1984a）

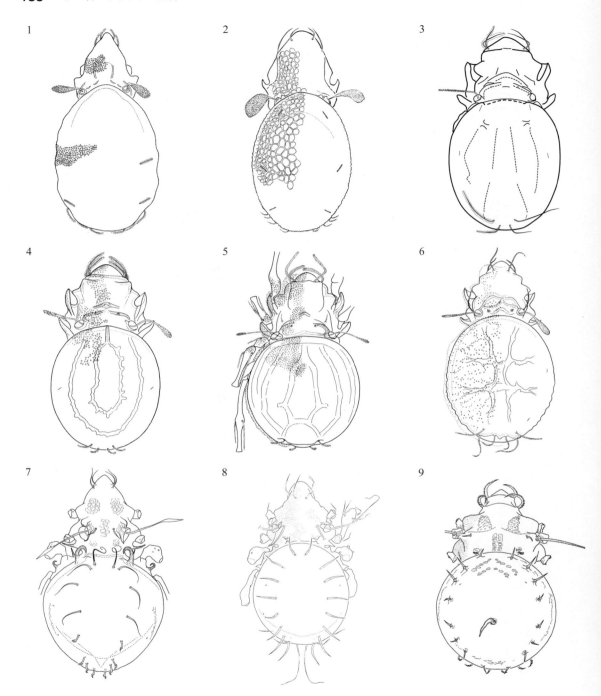

ササラダニ亜目 Oribatida 全形図（25）

1：イツクシマオオギホソダニ *Licnodamaeus itsukushima* Fujikawa，2：オオギホソダニ *Licnodamaeus pulcherrimus* (Paoli)，3：スネナガダニ *Adrodamaeus adpressus* (Aoki & Fujikawa)，4：ハラダスネナガダニ *Adrodamaeus haradai* (Aoki)，5：オオスネナガダニ *Adrodamaeus striatus* (Aoki)，6：イゲタスネナガダニ *Joshuella transitus* (Aoki)，7：ツリバリジュズダニ *Acanthobelba tortuosa* Enami & Aoki，8：ササカワジュズダニ *Belba sasakawai* Enami，9：ツリガネジュズダニ *Belba unicornis* Enami
（1, 4, 6：Aoki, 1984b；2：山本，1979；3：大久保原図；5：Aoki, 1984a；7：Enami & Aoki, 1993；8：Enami, 1989；9：Enami, 1994）

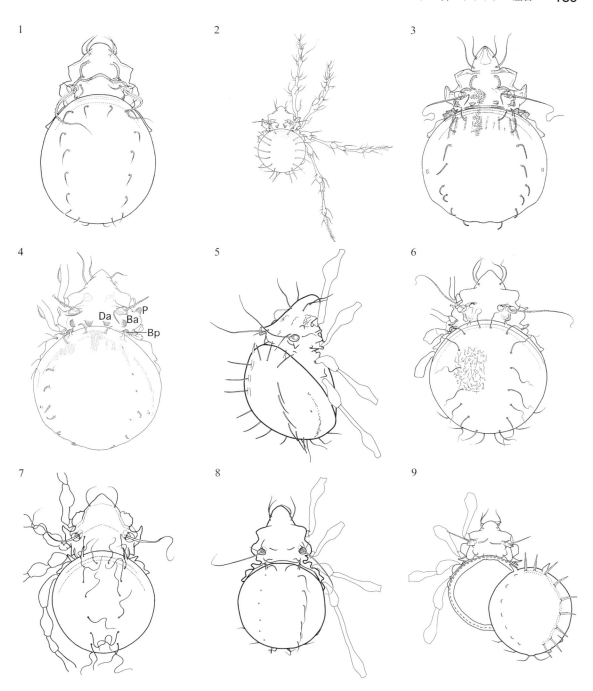

ササラダニ亜目 Oribatida 全形図（26）
1：コブジュズダニ *Belba japonica* Aoki，2：ヨロイジュズダニ *Tectodamaeus armatus* Aoki，3：セスジジュズダニ *Damaeus striatus* (Enami & Aoki)，4：アイヌジュズダニ *Damaeus ainu* Enami & Aoki，5：オオイボジュズダニ *Epidamaeus verrucatus* Enami & Fujikawa，6：チヂレジュズダニ *Epidamaeus coreanus* (Aoki)，7：ワタゲジュズダニ *Epidamaeus fragilis* Enami & Fujikawa，8：マガリジュズダニ *Epidamaeus flexus* Fujikawa & Fujita，9：コノハジュズダニ *Epidamaeus folium* Fujikawa & Fujita
（1〜2：Aoki, 1984b；3：Enami & Aoki, 1988；4：Enami & Aoki, 1998；5, 8〜9：大久保原図；6：Aoki, 1966e；7：青木, 1977）

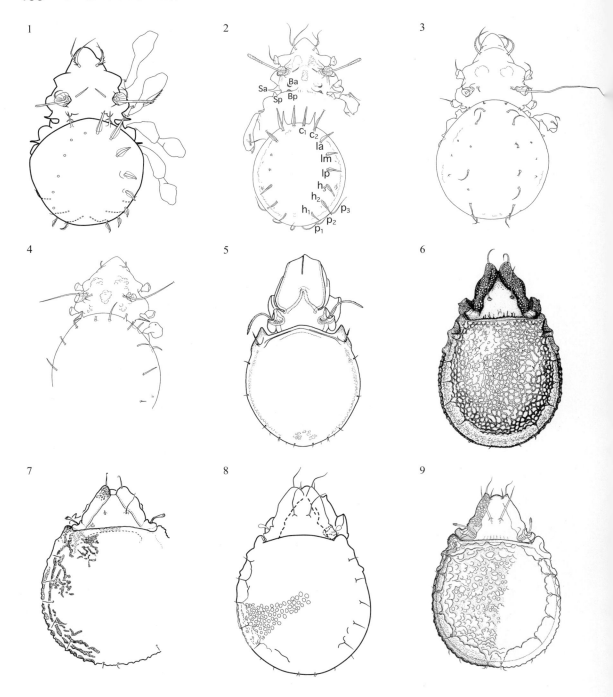

ササラダニ亜目 Oribatida 全形図（27）

1：カワリジュズダニ *Epidamaeus variabilis* Fujikawa & Fujita，2：カナボウジュズダニ *Epidamaeus fortisensillus* Enami & Aoki，3：クシロジュズダニ *Dyobelba kushiroensis* Enami & Aoki，4：モンジュズダニ *Porobelba spinosa* (Sellnick)，5：ヒレアシダニ *Podopterotegaeus tectus* Aoki，6：マンジュウダニ *Cepheus cepheiformis* (Nicolet)，7：オオマンジュウダニ *Cepheus latus* C. L. Koch，8：マルマンジュウダニ *Cepheus similis* Fujikawa，9：クロサワマンジュウダニ *Cepheus kurosawai* Aoki

（1, 8：大久保原図；2～3：Enami & Aoki, 2001；4：Enami, 2003；5：Aoki, 1969a；6：青木，1965；7：Weigmann, 2006；9：Aoki, 1986a）

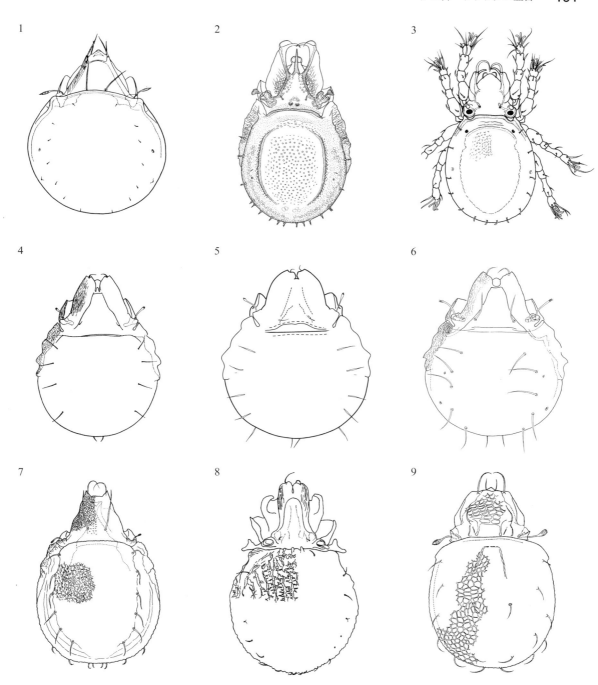

ササラダニ亜目 Oribatida 全形図（28）

1：スベスベマンジュウダニ *Conoppia palmicincta* (Michael)，2：キバダニ *Eupterotegaeus armatus* Aoki，3：メダマダニ *Ommatocepheus clavatus* Woolley & Higgins，4：サドマンジュウダニ *Sadocepheus undulatus* Aoki，5：フトゲマンジュウダニ *Sadocepheus setiger* Fujita & Fujikawa，6：ヤクシママンジュウダニ *Sadocepheus yakuensis* Aoki，7：ヤハズマンジュウダニ *Sphodrocepheus mitratus* Aoki，8：タカネシワダニ *Niphocepheus guadarramicus* Subías，9：アミメチビイブシダニ *Microtegeus reticulatus* Aoki
（1：丸山，1987；2：Aoki, 1969a；3：Aoki, 1974a；4：Aoki, 1965b；5：大久保原図；6：Aoki, 2006a；7：Aoki, 1967b；8：丸山，2003；9：Aoki, 1965d）

192 ダニ目・ササラダニ亜目

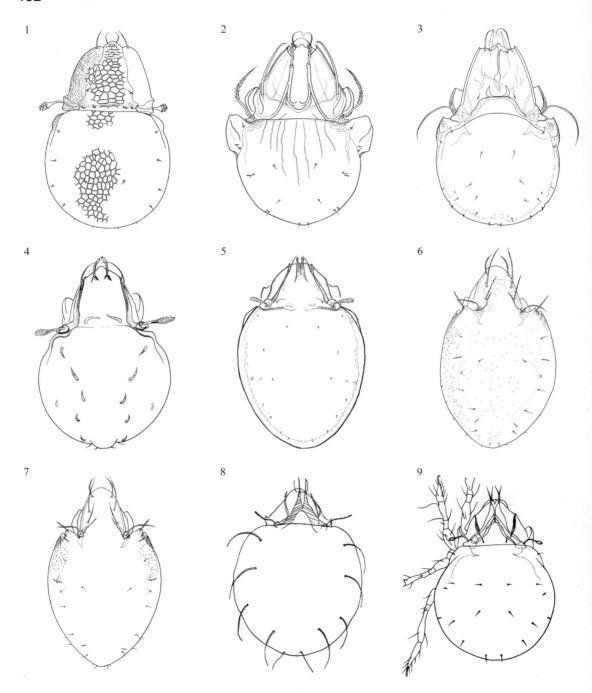

ササラダニ亜目 Oribatida 全形図（29）
1：キューバチビイブシダニ *Microtegeus borhidii* Balogh & Mahunka, 2：ヤッコダニ *Berlesezetes ornatissimus* (Berlese), 3：ミカヅキヤッコダニ *Caucasiozetes lunaris* (Aoki), 4：ハネアシダニ *Zetorchestes aokii* Krisper, 5：チビハネアシダニ *Microzetorchestes emeryi* (Coggi), 6：イカリダニ *Ghilarovus saxicola* Aoki & Hirauchi, 7：ノコメダニ *Mabulatrichus litoralis* Aoki & Hirauchi, 8：ダルマタマゴダニ *Astegistes pilosus* (C. L. Koch), 9：マルタマゴダニ *Cultroribula lata* Aoki
（1, 3：Aoki, 1984a；2：Aoki, 1970b；4：青木，1965；5：山本，1979；6〜7：Aoki & Hirauchi, 2000；8：Willmann, 1931；9：Aoki, 1961a）

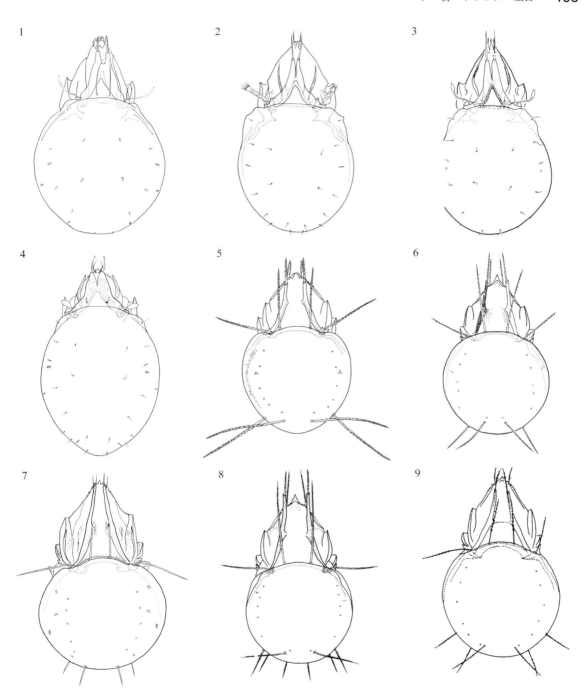

ササラダニ亜目 Oribatida 全形図（30）
1：シュクミネマルタマゴダニ *Cultroribula shukuminensis* Nakatamari, 2：ハケマルタマゴダニ *Cultroribula angulata* Aoki, 3：ヤリクチマルタマゴダニ *Cultroribula bicultrata* (Berlese), 4：ケタビロマルタマゴダニ *Mexicoppia breviclavata* (Aoki), 5：ミナミリキシダニ *Austroceratoppia japonica* Aoki, 6：リキシダニ *Ceratoppia rara* Fujikawa, 7：キレコミリキシダニ *Ceratoppia incisa* Kaneko & Aoki, 8：ヒメリキシダニ *Ceratoppia quadridentata* (Haller), 9：ムツゲリキシダニ *Ceratoppia sexpilosa* Willmann
(1：Nakatamari, 1982；2, 5：Aoki, 1984a；3：Weigmann, 2006；4：Aoki, 1984b；6：丸山，1987；7：Kaneko & Aoki, 1982；8：Aoki, 1969a；9：丸山，2003)

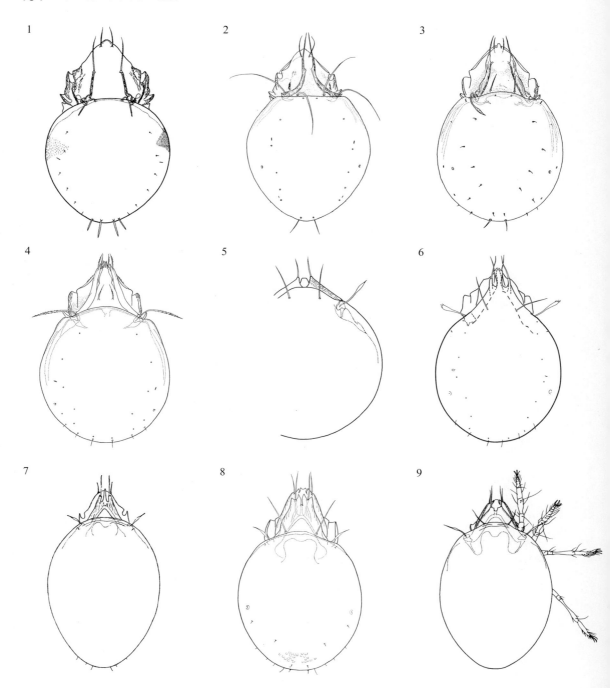

ササラダニ亜目 Oribatida 全形図（31）
1：キノボリササラダニ *Dendrozetes caudatus* Aoki，2：ヒトツメセマルダニ *Parapyroppia filiformis* Hirauchi，3：ニセセマルダニ *Pseudopyroppia rotunda* Hirauchi，4：セマルダニ *Metrioppia tricuspidata* Aoki & Wen，5：イトノコダニ *Gustavia microcephala* (Nicolet)，6：アオミネイトノコダニ *Gustavia aominensis* Fujikawa，7：ツノツキタマゴダニ *Liacarus nitens* (Gervais)，8：ヤエヤマタマゴダニ *Liacarus yayeyamensis* Aoki，9：ツヤタマゴダニ *Liacarus orthogonios* Aoki
（1：Aoki, 1970d；2～3：Hirauchi, 1998a；4：Aoki & Wen, 1983；5：青木，1977；6：大久保原図；7：青木，1964；8：Aoki, 1973a；9：Aoki, 1959a）

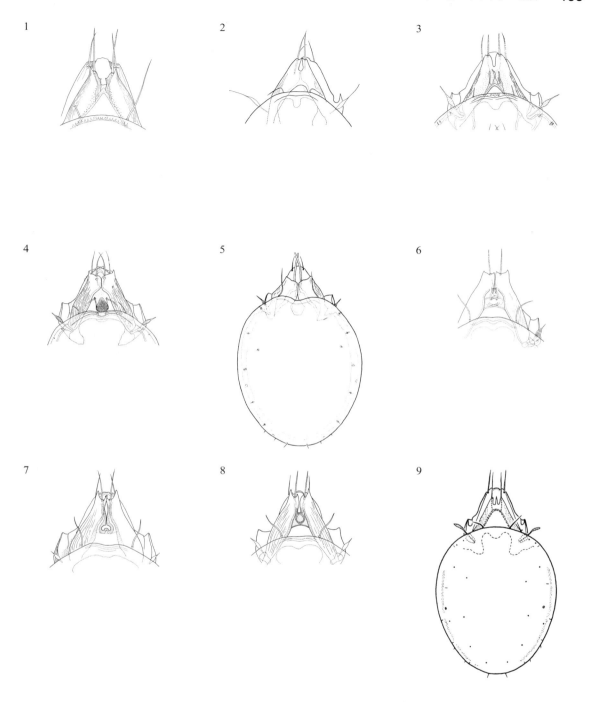

ササラダニ亜目 Oribatida 全形図（32）
1：ヨロンタマゴダニ *Liacarus externus* Aoki, 2：ミヤマタマゴダニ *Liacarus contiguus* Aoki, 3：ホノオタマゴダニ *Liacarus flammeus* Aoki, 4：ホウセキタマゴダニ *Liacarus gammatus* Aoki, 5：アシュウタマゴダニ *Liacarus latilamellatus* Kaneko & Aoki, 6：ムロトタマゴダニ *Liacarus murotensis* Aoki, 7：ユワンタマゴダニ *Liacarus montanus* Aoki, 8：メダマタマゴダニ *Liacarus ocellatus* Aoki, 9：カネコツヤタマゴダニ *Liacarus kanekoi* Bayartogtokh & Aoki
（1：Aoki, 1987a；2：Aoki, 1969a；3〜4：Aoki, 1967d；5：Kaneko & Aoki, 1982；6：Aoki, 1988c；7：Aoki, 1984a；8：Aoki, 1987b；9：Bayartogtokh & Aoki, 2002）

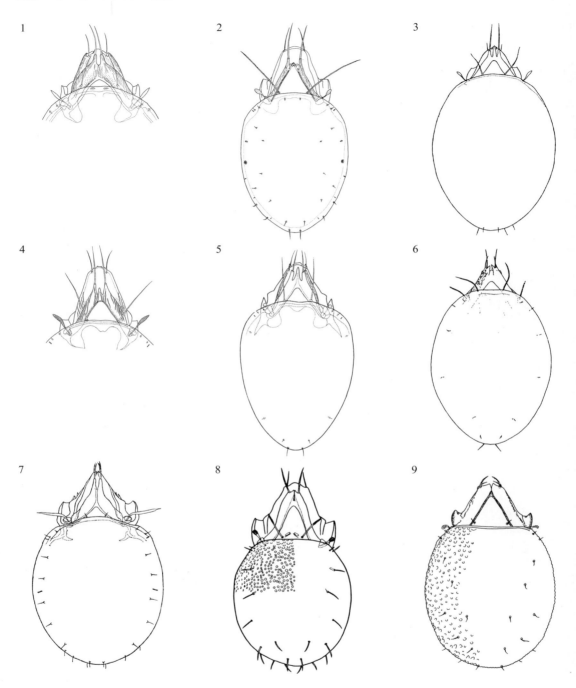

ササラダニ亜目 Oribatida 全形図（33）
1：ポロシリタマゴダニ *Liacarus indentatus* (Aoki)，2：ケタボソタマゴダニ *Liacarus tenuilamellatus* Hirauchi，3：ヤリタマゴダニ *Liacarus acutidens* Aoki，4：チエブンタマゴダニ *Liacarus chiebunensis* Fujita & Fujikawa，5：コンボウタマゴダニ *Liacarus breviclavatus* Aoki，6：サオタマゴダニ *Liacarus bacillatus* Fujikawa & Aoki，7：ミツバマルタマゴダニ *Birsteinius neonominatus* Subías，8：ザラタマゴダニ *Xenillus tegeocranus* (J. F. Hermann)，9：エゾザラタマゴダニ *Xenillus clypeator* Robineau-Desvoidy
（1：Aoki, 1973b；2：Hirauchi, 1998b；3, 7：Aoki, 1965b；4：Aoki, 2006b；5：Aoki, 1970d；6：丸山，1994；8：丸山，1987；9：Pérez-Íñigo, 1997）

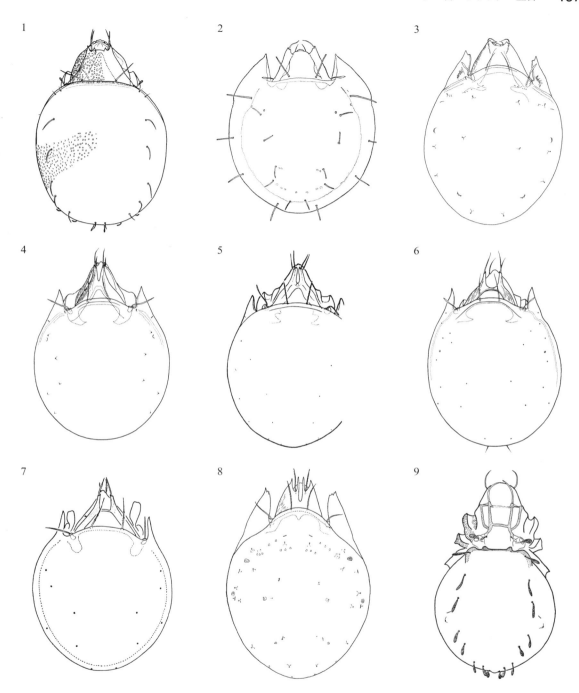

ササラダニ亜目 Oribatida 全形図 (34)
1：ヤハズザラタマゴダニ *Neoxenillus heterosetiger* (Aoki), 2：エンバンダニ *Peltenuiala orbiculata* (Aoki & Ohnishi), 3：ハッカイマルトゲダニ *Tenuiala nuda* Ewing, 4：マルツヤダニ *Hafenrefferia acuta* Aoki, 5：コンボウマルツヤダニ *Hafenrefferia gilvipes* (C. L. Koch), 6：オオマルツヤダニ *Tenuialodes fusiformis* Aoki, 7：ヒメマルツヤダニ *Tenuialodes medialis* Woolley & Higgins, 8：エチゴマルトゲダニ *Ceratotenuiala echigoensis* Aoki & Maruyama, 9：カタコブダニ *Megeremaeus expansus* Aoki & Fujikawa
(1：Aoki, 1967d；2：Aoki & Ohnishi, 1974；3：Maruyama & Aoki, 1996；4：Aoki, 1966f；5：Kunst, 1971；6：Aoki, 1969a；7：Woolley & Higgins, 1965；8：Aoki & Maruyama, 1983；9：丸山, 1984a)

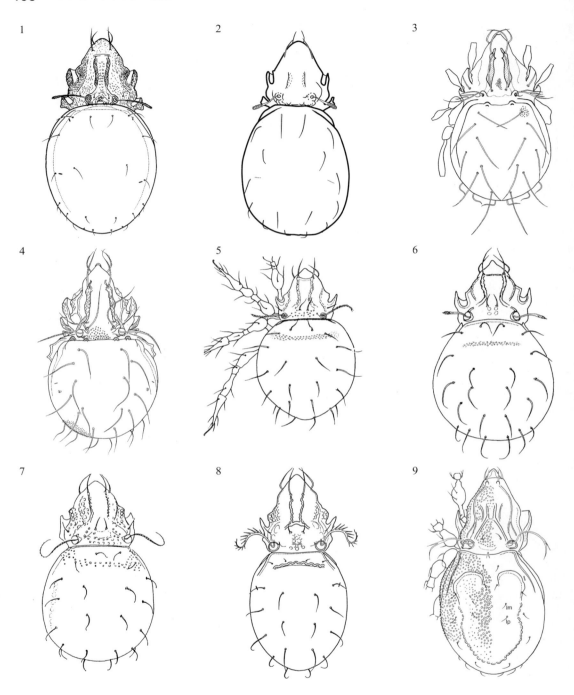

ササラダニ亜目 Oribatida 全形図（35）
1：ホソゲモリダニ *Eremaeus tenuisetiger* Aoki, 2：エゾモリダニ *Eueremaeus elongatus* (Fujikawa), 3：オオクシゲダニ *Ctenobelba longisetosa* Suzuoka & Aoki, 4：ナカタマリクシゲダニ *Ctenobelba nakatamarii* Aoki, 5：ツルトミイチモンジダニ *Eremulus tsurutomiensis* Fujikawa, 6：カワノイチモンジダニ *Eremulus hastatus* Hammer, 7：フトゲイチモンジダニ *Eremulus baliensis* Hammer, 8：ホソイチモンジダニ *Eremulus monstrosus* Hammer, 9：フタツワダニ *Mahunkana japonica* (Aoki & Karasawa)
（1：Aoki, 1970b；2：大久保原図；3：Suzuoka & Aoki, 1980；4：Aoki, 2007；5：Aoki, 1961b；6：青木, 2003；7：Hammer, 1982；8：青木原図；9：Aoki & Karasawa, 2007）

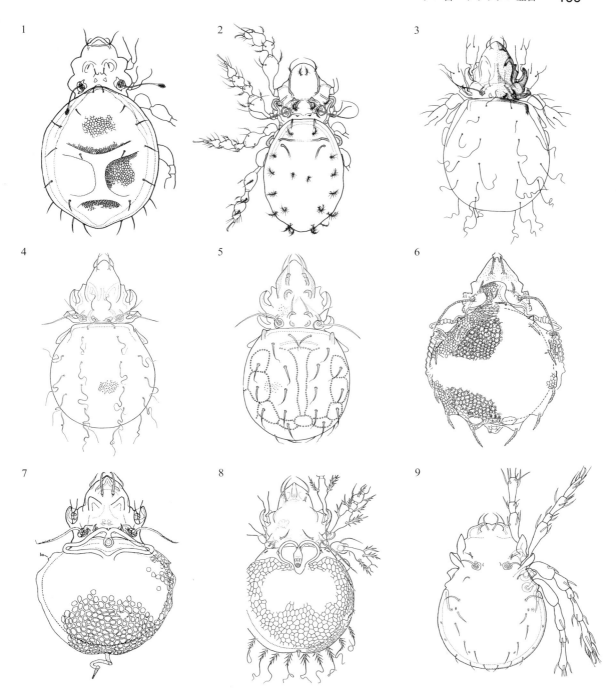

ササラダニ亜目 Oribatida 全形図（36）
1：ヨツクボダニ *Fosseremus laciniatus* (Berlese), 2：メカシダニ *Costeremus ornatus* Aoki, 3：ヤマトクモスケダニ *Eremobelba japonica* Aoki, 4：ミナミクモスケダニ *Eremobelba okinawa* Aoki, 5：コガタクモスケダニ *Eremobelba minuta* Aoki & Wen, 6：アミメマントダニ *Heterobelba stellifera* Okayama, 7：ハラゲカゴセオイダニ *Basilobelba parmata* Okayama, 8：カゴセオイダニ *Basilobelba retiarius* (Warburton), 9：ノシダニ *Caenosamerus spatiosus* Aoki
(1：Aoki, 1961b；2：Aoki, 1970b；3：Aoki, 1959a；4：Aoki, 1987c；5：Aoki & Wen, 1983；6：Okayama, 1980a；7：Okayama, 1980b；8：Grandjean, 1959；9：Aoki, 1977d)

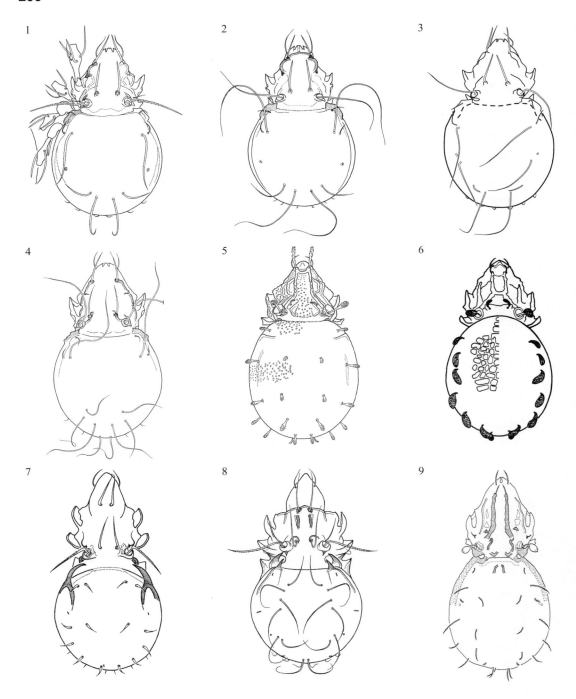

ササラダニ亜目 Oribatida 全形図（37）

1：ミナミエリナシダニ *Gymnodampia crassisetiger* (Aoki)，2：タイワンエリナシダニ *Gymnodampia australis* (Aoki)，3：ウコンエリナシダニ *Gymnodampia fusca* (Fujikawa)，4：シマエリナシダニ *Gymnodampia insularis* (Aoki)，5：フサゲイブシダニ *Epieremulus humeratus* (Aoki)，6：フチカザリダニ *Eremella induta* Berlese，7：カタツノダニ *Grypoceramerus acutus* Suzuki & Aoki，8：イトウクビナガダニ *Yambaramerus itoi* Aoki，9：ムカイカギセンロダニ *Autogneta hamata* Ota

（1：Aoki, 1984a；2：Aoki, 1991；3：大久保原図；4：Aoki, 2006a；5：Aoki, 1987b；6：丸山，1984a；7：Suzuki & Aoki, 1970b；8：Aoki, 1996b；9：Ota, 2009）

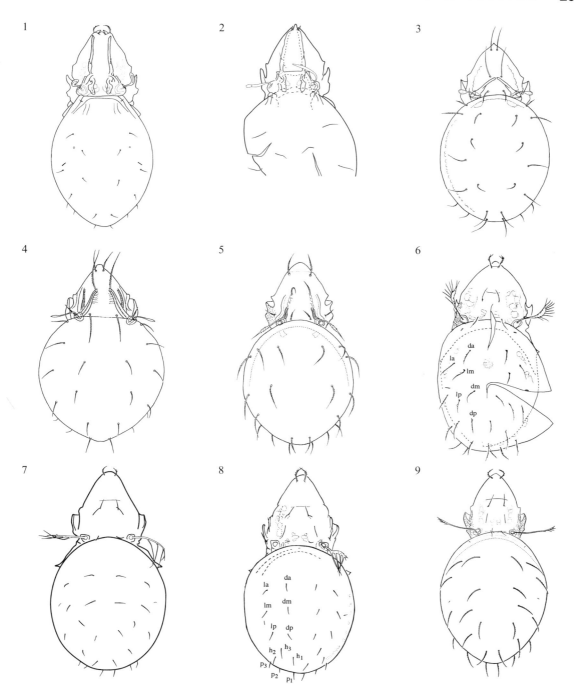

ササラダニ亜目 Oribatida 全形図（38）
1：マサヒトセンロダニ Triautogneta masahitoi (Aoki), 2：ヒゴミツセンロダニ Triautogneta higoensis Fujikawa, 3：コンボウオオアナダニ Banksinoma watanabei Aoki, 4：クシロフジカワダニ Oribellopsis kushiroensis (Aoki), 5：ケナガオオアナダニ Oribella pectinata (Michael), 6：シナノタモウツブダニ Multioppia shinanoensis Fujita, 7：ヤマトタモウツブダニ Multioppia yamatogracilis Fujikawa, 8：タヒチタモウツブダニ Multioppia gracilis Hammer, 9：タモウツブダニ Multioppia brevipectinata Suzuki
（1：Aoki, 1963；2, 7：大久保原図；3：Aoki, 2002a；4：Aoki, 1992a；5：Aoki & Shimano, 2011；6：Fujita, 1989a；8：Ohkubo, 1996a；9：Suzuki, 1975b）

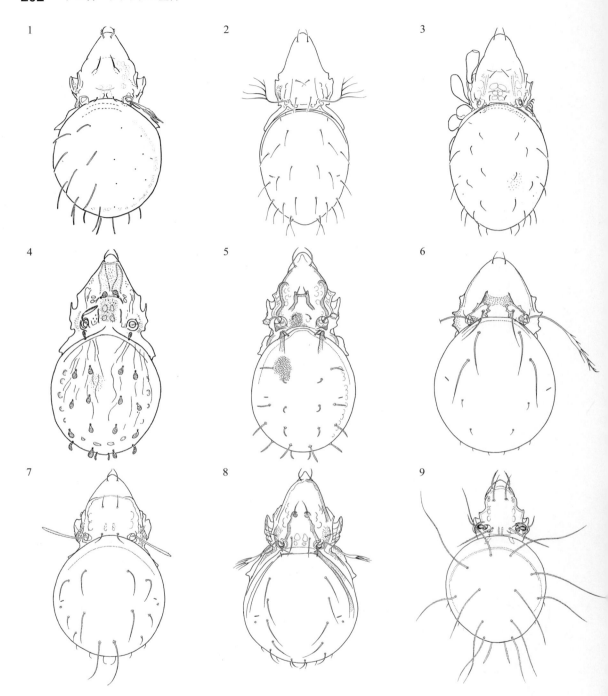

ササラダニ亜目 Oribatida 全形図（39）
1：ボウゲタモウツブダニ *Multioppia bacilliseta* Ohkubo，2：ズナガツブダニ *Multipulchroppia berndhauseri* (Mahunka)，3：ヒメズナガツブダニ *Multipulchroppia shauenbergi* (Mahunka)，4：スジツブダニ *Striatoppia opuntiseta* Balogh & Mahunka，5：フトゲツブダニ *Acroppia clavata* (Aoki)，6：シダレツブダニ *Ptiloppia longisensillata* (Aoki)，7：サガミツブダニ *Goyoppia sagami* (Aoki)，8：カタスジツブダニ *Hammerella pectinata* (Aoki)，9：ケナガツブダニ *Taiwanoppia setigera* (Aoki)
（1：Ohkubo, 1996a；2：Mahunka, 1978；3：Ohkubo, 1992；4：Balogh & Mahunka, 1968；5〜6, 8：Aoki, 1983；7：Aoki, 1984b；9：Aoki, 2006a）

ダニ目・ササラダニ亜目 203

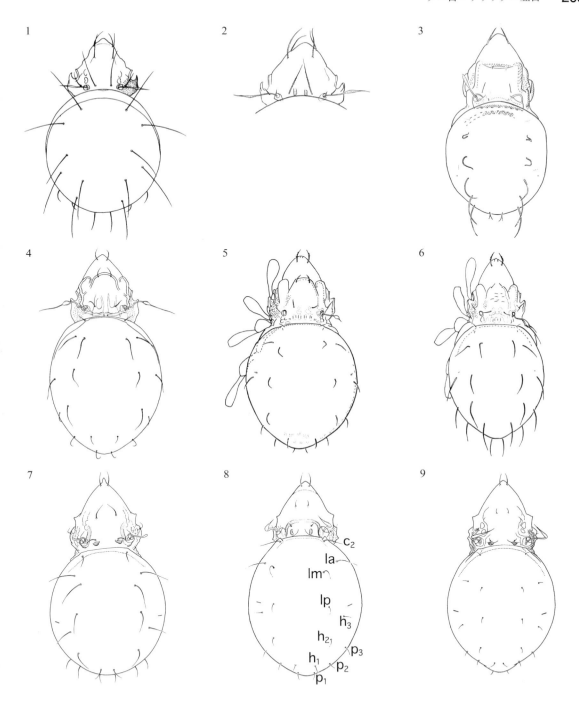

ササラダニ亜目 Oribatida 全形図（40）
1：オオツブダニ *Lasiobelba remota* Aoki，2：シマオオツブダニ *Lasiobelba insulata* Ohkubo，3：タイワンケナガツブダニ *Quinquoppia formosana* (Ohkubo)，4：コブヒゲツブダニ *Arcoppia viperea* (Aoki)，5：タンコブヒゲツブダニ *Arcoppia curtispinosa* Ohkubo，6：キレコブヒゲツブダニ *Arcoppia interrupta* Ohkubo，7：クチバシツブダニ *Medioxyoppia actirostrata* (Aoki)，8：ノゲツブダニ *Medioxyoppia acuta* (Aoki)，9：コブツブダニ *Medioxyoppia yuwana* (Aoki)
(1, 4：Aoki, 1959a；2：Ohkubo, 2001；3：Ohkubo, 1995a；5〜6：Ohkubo, 1996a；7, 9：Aoki, 1983；8：Aoki, 1984b)

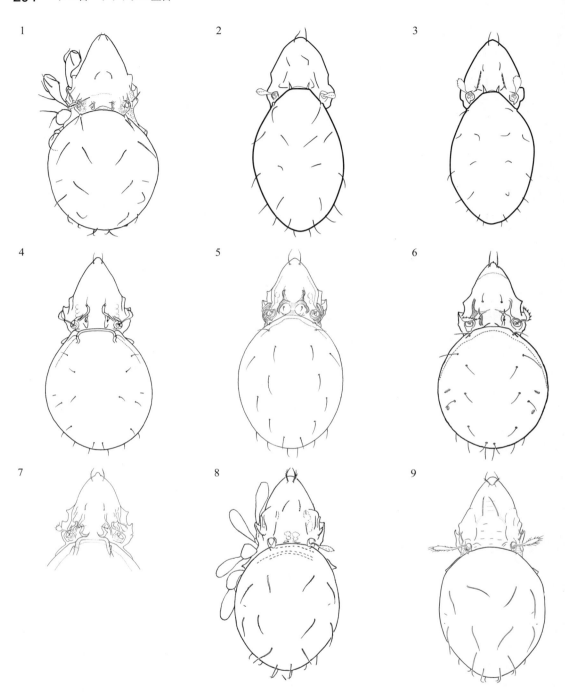

ササラダニ亜目 Oribatida 全形図（41）
1：ナゴヤコブツブダニ *Medioxyoppia nagoyae* Ohkubo, 2：ケナガチビツブダニ *Microppia longisetosa* Subías & Rodriquez, 3：ハタケチビツブダニ *Micropppia minor* (Paoli), 4：ナミツブダニ *Oppiella nova* (Oudemans), 5：ズシツブダニ *Oppiella zushi* Aoki, 6：ナガサトツブダニ *Lauroppia nagasatoensis* (Fujikawa), 7：シコクツブダニ *Lauroppia articristata* (Aoki), 8：マルカタツブダニ *Neoamerioppia ventrosquamosa* (Hammer), 9：ギフツブダニ *Pseudoamerioppia floralis* (Ohkubo)
（1：Ohkubo, 1991；2～3：大久保原図；4：青木, 1977；5：Aoki, 1984b；6：丸山, 1984b；7：Aoki, 1988c；8：Ohkubo, 1996a；9：Ohkubo, 1990）

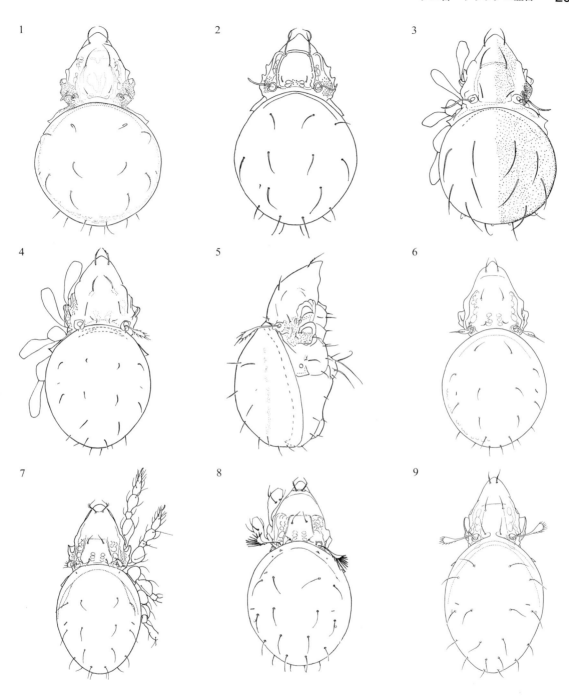

ササラダニ亜目 Oribatida 全形図（42）
1：ナミヒロズツブダニ *Cycloppia simplex* (Suzuki), 2：ミヤヒロズツブダニ *Cycloppia restata* (Aoki), 3：ザラヒロズツブダニ *Cycloppia granulata* Ohkubo, 4：ニセシカツブダニ *Ramusella bicillata* Ohkubo, 5：ケナガニセシカツブダニ *Ramusella flagellaris* Ohkubo, 6：エダゲツブダニ *Ramusella japonica* (Aoki), 7：トウキョウツブダニ *Ramusella tokyoensis* (Aoki), 8：ケナガトウキョウツブダニ *Ramusella sengbuschi* Hammer, 9：ハリヤマツブダニ *Ramusella fasciata* (Paoli)
（1：Suzuki, 1973；2：Aoki, 1963；3：Ohkubo, 2003；4〜5：Ohkubo, 1996a；6：Aoki, 1983；7：Aoki, 1974c；8：Hammer, 1968；9：青木, 2000）

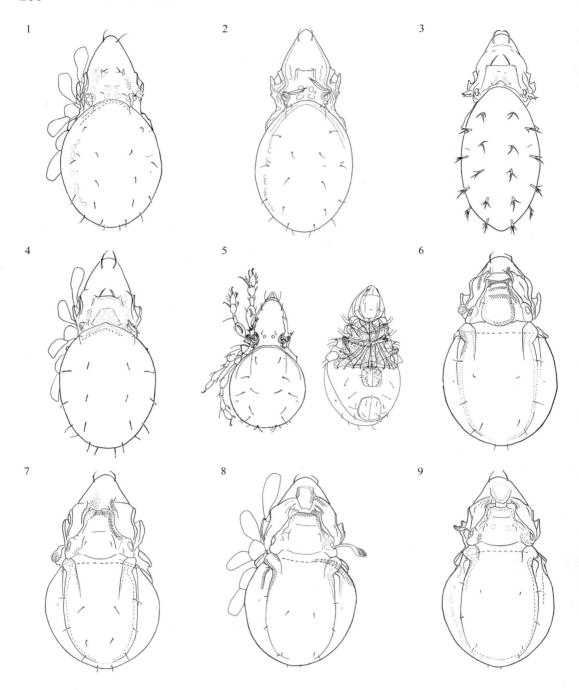

ササラダニ亜目 Oribatida 全形図（43）
1：オガサワラツブダニ *Subiasella boninensis* Ohkubo，2：ホソトゲツブダニ *Subiasella incurva* (Aoki)，3：スナツブダニ *Graptoppia arenaria* Ohkubo，4：カタスジスナツブダニ *Graptoppia crista* Ohkubo，5：ハラゲダニ *Machuella ventrisetosa* Hammer，6：オオヨスジダニ *Quadroppia quadricarinata* (Michael)，7：ヒメヨスジダニ *Quadroppia hammerae* Minguez, Ruiz & Subías，8：ナミヨスジダニ *Coronoquadroppia parallela* Ohkubo，9：オウギヨスジダニ *Coronoquadroppia expansa* Ohkubo
（1, 4：Ohkubo, 1996a；2：Aoki, 1983；3：Ohkubo, 1993；5：Hammer, 1961；6～7：大久保原図；8～9：Ohkubo, 1995b）

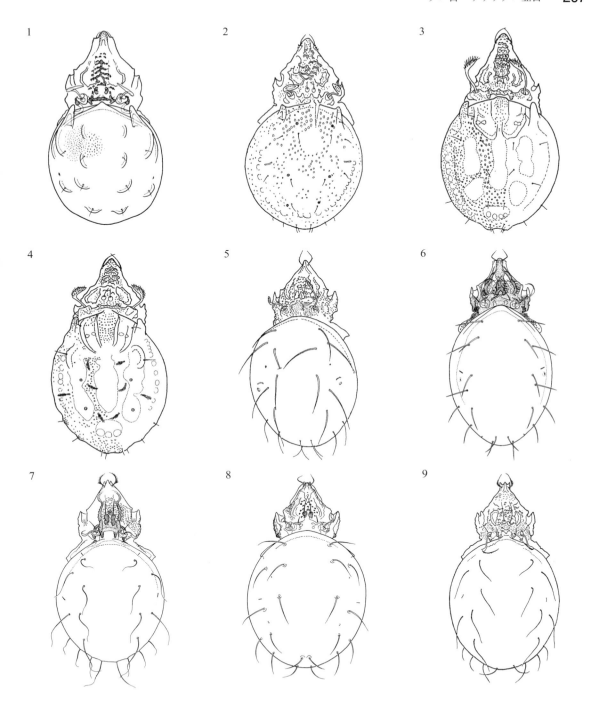

ササラダニ亜目 Oribatida 全形図（44）
1：マドダニモドキ *Suctobelbila tuberculata* Aoki，2：ザラメマドダニモドキ *Suctobelbila densipunctata* Chinone，3：キヨスミマドダニモドキ *Suctobelbila kiyosumiensis* Chinone，4：ウモウマドダニモドキ *Suctobelbila penniseta* Chinone，5：ヤマトオオマドダニ *Rhynchobelba japonica* (Chinone)，6：オオマドダニ *Allosuctobelba grandis* (Paoli)，7：ミツバオオマドダニ *Allosuctobelba tricuspidata* Aoki，8：フタバオオマドダニ *Allosuctobelba bicuspidata* Aoki，9：サツマオオマドダニ *Allosuctobelba satsumaensis* Chinone
（1：Aoki, 1970b；2～5, 9：Chinone, 2003；6：Aoki, 1970b；7～8：Aoki, 1984a）

ササラダニ亜目 Oribatida 全形図（45）
1：フクレマドダニ *Sucteremaeus makarcevi* (Krivolutsky & Golosova), 2：ノコギリマドダニ *Suctobelba serrata* Chinone, 3：ナミヒゲマドダニ *Suctobelba simplex* Chinone, 4：ヒラウチマドダニ *Suctobelbata hirauchiae* Chinone, 5：ゴマフリマドダニ *Suctobelbata punctata* (Hammer), 6：ホソメガネマドダニ *Kuklosuctobelba tenuis* Chinone, 7：メガネマドダニ *Kuklosuctobelba perbella* Chinone, 8：ヤミゾメガネマドダニ *Kuklosuctobelba yamizoensis* Chinone, 9：ニオウマドダニ *Niosuctobelba ruga* Chinone
（1〜9：Chinone, 2003）

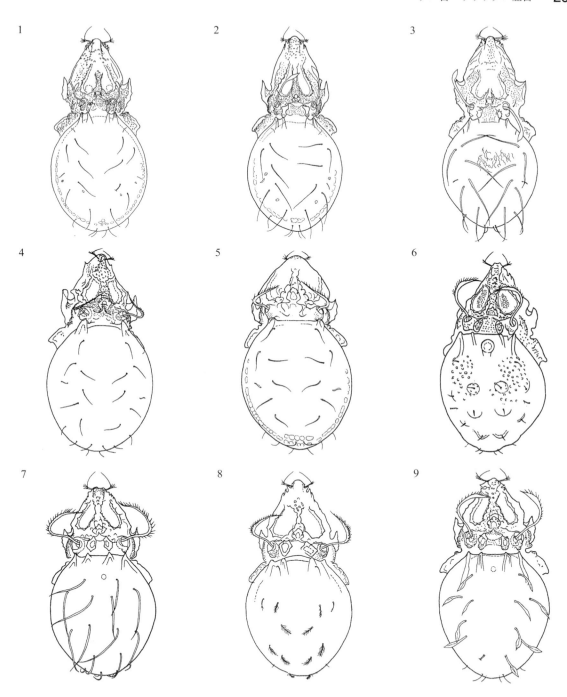

ササラダニ亜目 Oribatida 全形図（46）
1：ナミナガマドダニ *Novosuctobelba vulgaris* (Chinone), 2：ヒメナガマドダニ *Novosuctobelba lauta* (Chinone), 3：ヒロナガマドダニ *Novosuctobelba monofenestella* (Chinone), 4：ヒトツバカタハリマドダニ *Novosuctobelba monodentis* Chinone, 5：ヒロズカタハリマドダニ *Novosuctobelba latirostrata* Chinone, 6：イボチビマドダニ *Flagrosuctobelba verrucosa* (Chinone), 7：ヒタチチビマドダニ *Flagrosuctobelba ibarakiensis* (Chinone), 8：ウモウチビマドダニ *Flagrosuctobelba plumosa* (Chinone), 9：ヤリゲチビマドダニ *Flagrosuctobelba hastata* (Pankow)
（1～9：Chinone, 2003）

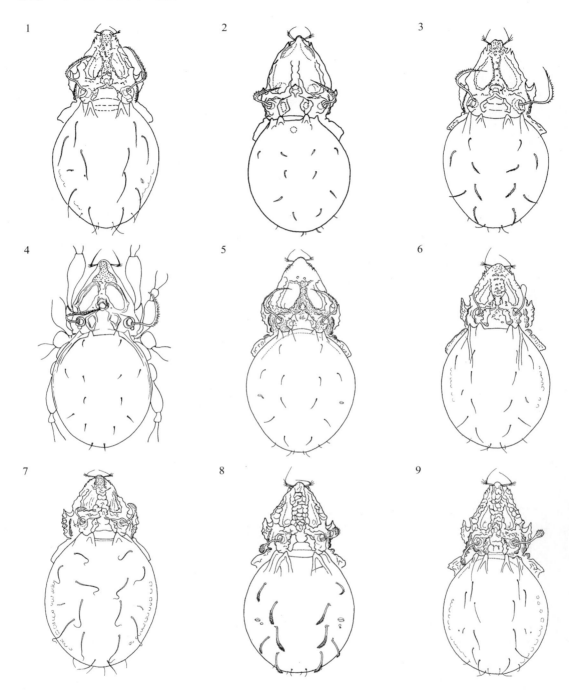

ササラダニ亜目 Oribatida 全形図（47）
1：アオキマドダニ *Flagrosuctobelba naginata* (Aoki)，2：マドアキマドダニ *Flagrosuctobelba lata* (Chinone)，3：カントウマドダニ *Flagrosuctobelba kantoensis* (Chinone)，4：ナギナタマドダニ *Flagrosuctobelba elegantula* (Hammer)，5：ナミマドダニ *Flagrosuctobelba solita* (Chinone)，6：タムラマドダニ *Ussuribata tamurai* (Chinone)，7：モリノマドダニ *Ussuribata silva* (Fujikawa)，8：フサゲタワシマドダニ *Ussuribata variosetosa* (Hammer)，9：アミメタワシマドダニ *Ussuribata reticulata* (Chinone)
（1～3, 5～9：Chinone, 2003；4：Aoki, 1961a）

ダニ目・ササラダニ亜目　211

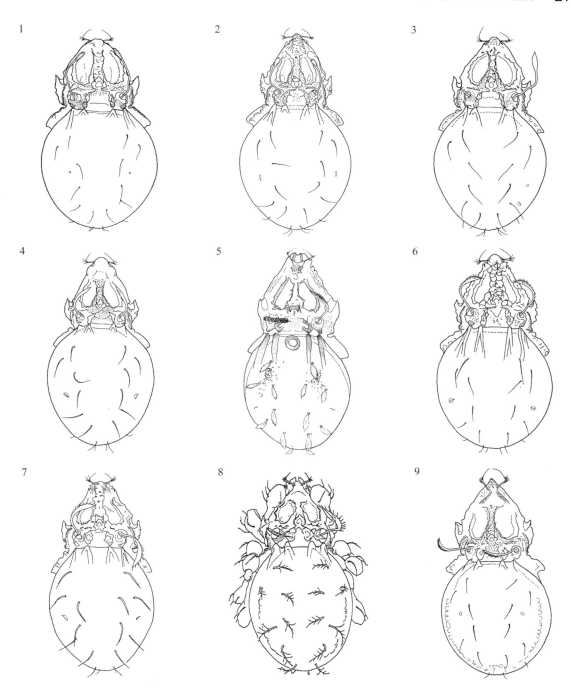

ササラダニ亜目 Oribatida 全形図（48）
1：マルマドダニ *Suctobelbella rotunda* Chinone，2：コンボウマドダニ *Suctobelbella singularis* (Strenzke)，3：エナガマドダニ *Suctobelbella longisensillata* Fujita & Fujikawa，4：オタフクマドダニ *Suctobelbella tumida* Chinone，5：コノハマドダニ *Suctobelbella frondosa* Aoki & Fukuyama，6：ニセアミメマドダニ *Suctobelbella reticulatoides* Chinone，7：ヤマトチビマドダニ *Suctobelbella pumila* Chinone，8：トウホクマドダニ *Suctobelbella tohokuensis* Enami & Chinone，9：トガリハナマドダニ *Suctobelbella acuta* Chinone
（1～4, 6～7, 9：Chinone, 2003；5：Aoki & Fukuyama, 1976；8：Enami & Chinone, 1997）

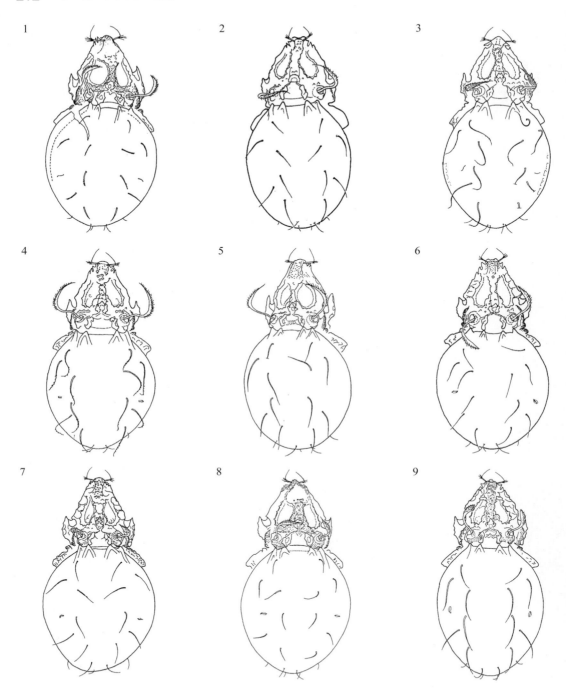

ササラダニ亜目 Oribatida 全形図（49）
1：ヒロムネマドダニ *Suctobelbella latipectoralis* Chinone, 2：チビマドダニ *Suctobelbella parva* Chinone, 3：イカリハナマドダニ *Suctobelbella ancorhina* Chinone, 4：クネゲマドダニ *Suctobelbella flagellifera* Chinone, 5：ムネアナマドダニ *Suctobelbella magnicava* Chinone, 6：トゲチビマドダニ *Suctobelbella subcornigera* (Forsslund), 7：ナヨロマドダニ *Suctobelbella nayoroensis* Fujita & Fujikawa, 8：キタマドダニ *Suctobelbella hokkaidoensis* Chinone, 9：シワハナマドダニ *Suctobelbella crispirhina* Chinone
（1～9：Chinone, 2003）

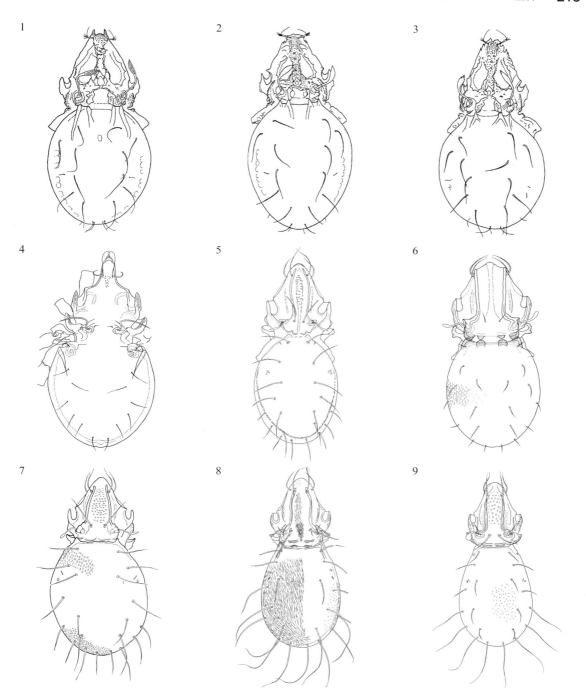

ササラダニ亜目 Oribatida 全形図（50）
1：キバマドダニ *Suctobelbella longidentata* Chinone，2：エゾマドダニ *Suctobelbella yezoensis* Fujita & Fujikawa，3：ミヤママドダニ *Suctobelbella alpina* Chinone，4：クチバシダニ *Oxyamerus spathulatus* Aoki，5：イマダテイカダニ *Dolicheremaeus imadatei* Aoki，6：コブイカダニ *Dolicheremaeus distinctus* Aoki，7：オオヒョウタンイカダニ *Dolicheremaeus junichiaokii* Subías, 2010，8：ケナガイカダニ *Dolicheremaeus infrequens* Aoki，9：オウメイカダニ *Dolicheremaeus ohmensis* Aoki
（1～3：Chinone, 2003；4：Aoki, 1965d；5：青木, 2009；6：Aoki, 1982a；7：Aoki, 2006a；8：Aoki, 1967c；9：Aoki, 2003）

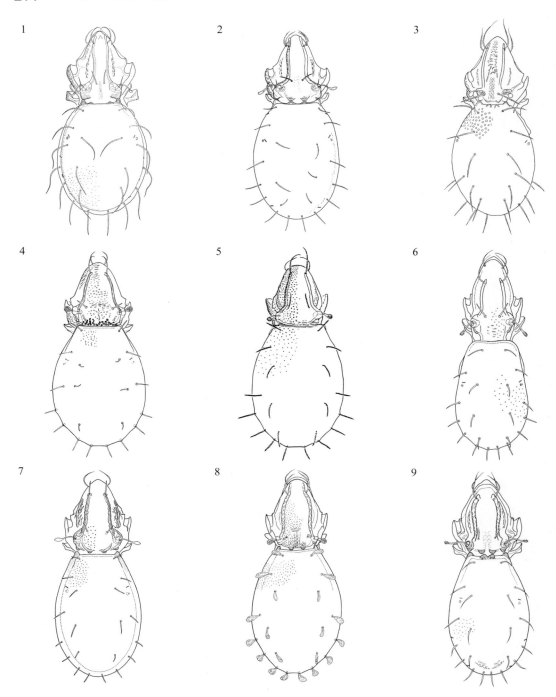

ササラダニ亜目 Oribatida 全形図（51）
1：バローイカダニ *Dolicheremaeus baloghi* Aoki，2：ヒョウタンイカダニ *Dolicheremaeus elongatus* Aoki，3：タマヒョウタンイカダニ *Dolicheremaeus claviger* Mahunka，4：タマイカダニ *Fissicepheus amabilis* Aoki，5：ハラダタマイカダニ *Fissicepheus haradai* Choi，6：コブナシイカダニ *Fissicepheus defectus* Aoki，7：ツシマイカダニ *Fissicepheus mitis* Aoki，8：ナカネイカダニ *Fissicepheus nakanei* Aoki，9：ムロトイカダニ *Fissicepheus vicinus* Aoki
（1～2：Aoki, 1967c；3：青木，2009；4：Aoki, 1970d；5：Choi, 1986；6：Aoki, 2006a；7：Aoki, 1970b；8～9：Aoki, 1986b）

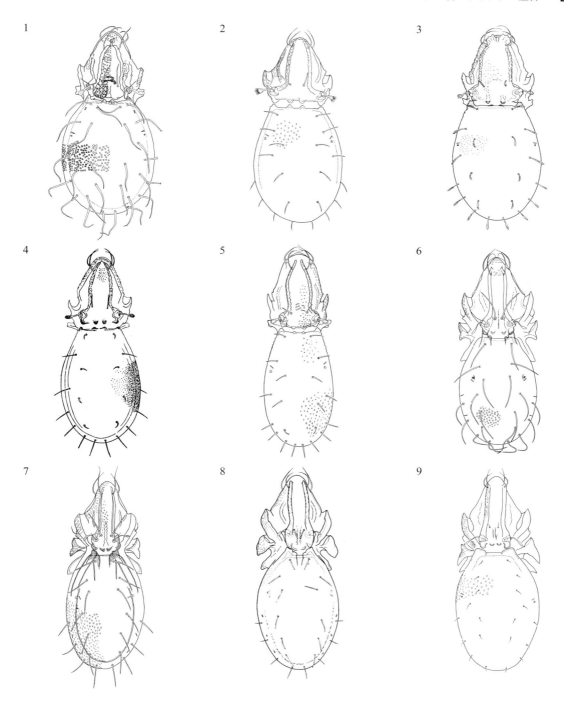

ササラダニ亜目 Oribatida 全形図（52）
1：クネゲイカダニ *Fissicepheus curvisetosus* Kubota, 2：オニイカダニ *Fissicepheus corniculatus* Aoki, 3：カンムリイカダニ *Fissicepheus coronarius* Aoki, 4：コンボウイカダニ *Fissicepheus clavatus* (Aoki), 5：オキナワコンボウイカダニ *Fissicepheus gracilis* Aoki, 6：ケマガリイカダニ *Acrotocepheus curvisetiger* Aoki, 7：フタエイカダニ *Acrotocepheus duplicornutus* (Aoki), 8：ヤリイカダニ *Acrotocepheus gracilis* Aoki, 9：チビゲイカダニ *Acrotocepheus brevisetiger* Aoki
（1：Kubota, 2001；2, 9：青木，2009；3：Aoki, 1967c；4：Aoki, 1959a；5：Aoki, 2006a；6：Aoki, 1984a；7：青木，2006；8：Aoki, 1973a）

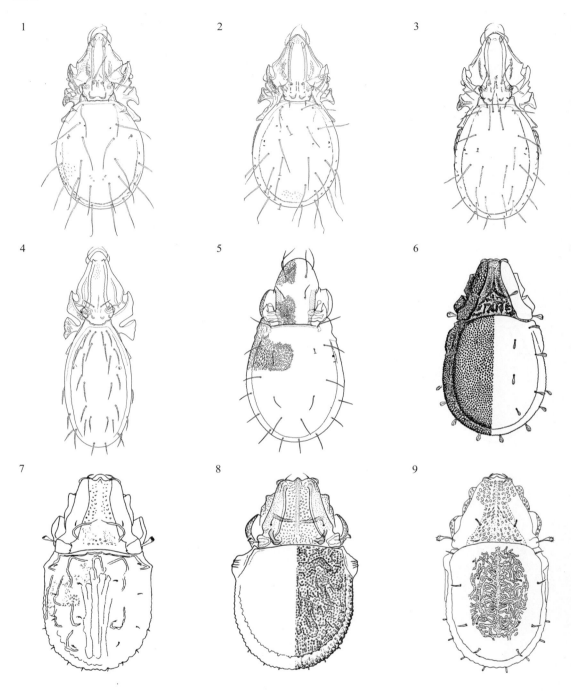

ササラダニ亜目 Oribatida 全形図（53）

1：ヤマトオオイカダニ *Megalotocepheus japonicus* Aoki，2：エラブイカダニ *Trichotocepheus erabuensis* Aoki，3：アマミイカダニ *Trichotocepheus amamiensis* Aoki，4：ナカノシマイカダニ *Trichotocepheus parvus* Aoki，5：イカダニモドキ *Tokunocepheus mizusawai* Aoki，6：ハナビライブシダニ *Carabodes bellus* Aoki，7：ヒビワレイブシダニ *Carabodes rimosus* Aoki，8：ツシマヒビワレイブシダニ *Carabodes tsushimaensis* Aoki，9：ヨコシマイブシダニ *Carabodes transversarius* Choi & Aoki
（1～3：Aoki, 1965e；4：青木, 2009；5：Aoki, 1966b；6：Aoki, 1959b；7：丸山, 1994；8：Aoki, 1970b；9：和田, 1989）

ダニ目・ササラダニ亜目　217

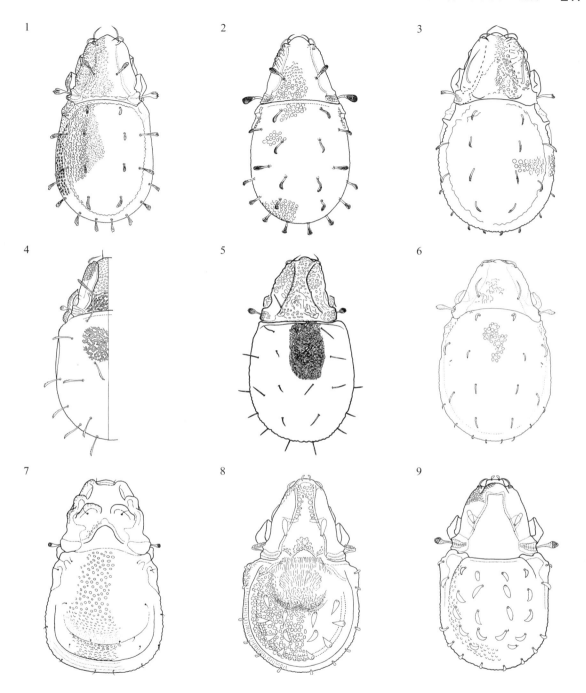

ササラダニ亜目 Oribatida 全形図（54）
1：コガタイブシダニ *Carabodes palmifer* Berlese，2：イケハライブシダニ *Carabodes ikeharai* Aoki，3：エゾイブシダニ *Carabodes prunum* Fujikawa，4：タマイブシダニ *Carabodes breviclava* Aoki，5：シワイブシダニ *Carabodes labyrinthicus* (Michael)，6：ヒメイブシダニ *Carabodes minusculus* Berlese，7：エグリダニ *Meriocepheus peregrinus* Aoki，8：ヘコイブシダニ *Bathocepheus concavus* Aoki，9：ナカタマリイブシダニ *Yoshiobodes nakatamarii* (Aoki)
(1：Aoki, 1970b；2：Aoki, 1988a；3：大久保原図；4：Aoki, 1970d；5：Ito, 1982b；6：Bernini, 1976；7, 9：Aoki, 1973a；8：Aoki, 1978)

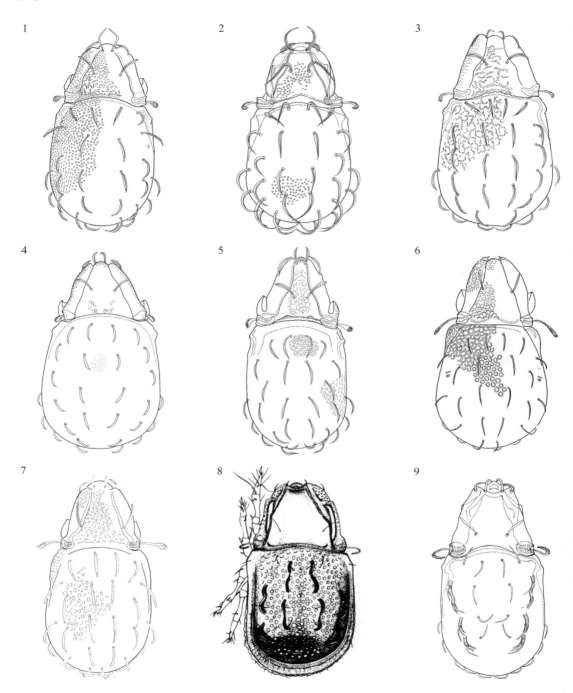

ササラダニ亜目 Oribatida 全形図（55）

1：オガサワライブシダニ *Austrocarabodes boninensis* (Aoki)，2：ケマガリイブシダニ *Austrocarabodes curvisetiger* Aoki，3：ハラダイブシダニ *Austrocarabodes haradai* (Aoki)，4：トナキイブシダニ *Austrocarabodes obscurus* Aoki，5：オキナワイブシダニ *Austrocarabodes bituberculatus* Aoki，6：ウスイロイブシダニ *Austrocarabodes lepidus* (Aoki)，7：タマワレイブシダニ *Austrocarabodes szentivanyi* (Balogh & Mahunka)，8：カネコフタエイブシダニ *Diplobodes kanekoi* Aoki，9：カルベイブシダニ *Diplobodes karubei* Aoki
（1, 3, 6：Aoki, 1978；2：Aoki, 1982a；4～5：Aoki, 2006a；7：Aoki, 1987c；8：Aoki, 1958d；9：Aoki, 2002b）

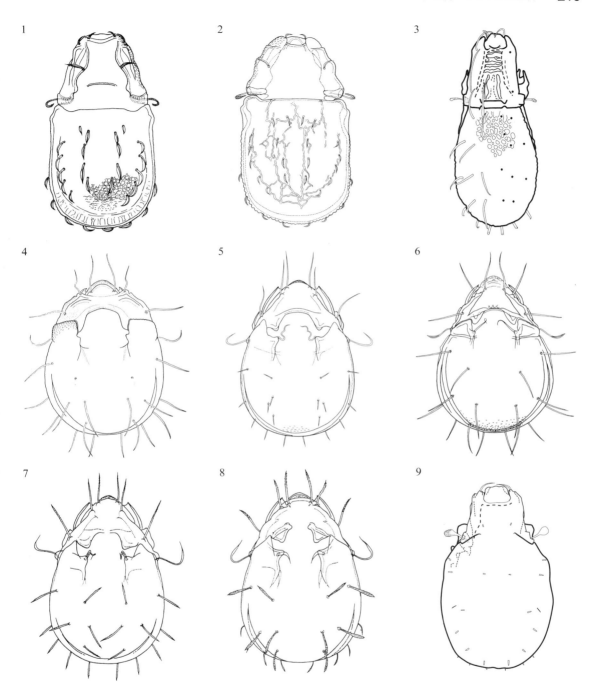

ササラダニ亜目 Oribatida 全形図（56）
1：コノハイブシダニ *Gibbicepheus frondosus* Aoki, 2：セイシェルイブシダニ *Gibbicepheus micheli* Mahunka, 3：モリカワエラバダニ *Odontocepheus beijingensis* Wang, 4：ダルマダニ *Nippobodes latus* (Aoki), 5：オオスミダイコクダニ *Nippobodes brevisetiger* Aoki, 6：ダイコクダニ *Nippobodes insolitus* Aoki, 7：ユワンダイコクダニ *Nippobodes yuwanensis* Aoki, 8：トカラダイコクダニ *Nippobodes tokaraensis* Aoki, 9：トゲクワガタダニ *Tectocepheus minor* Berlese
(1, 6：Aoki, 1959a；2：青木, 2009；3, 9：大久保原図；4：Aoki, 1970b；5：Aoki, 1981；7：Aoki, 1984a；8：Aoki, 1989)

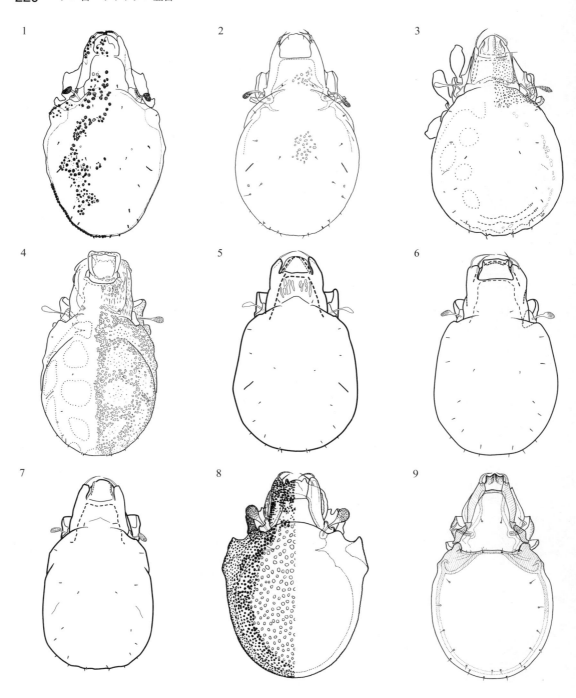

ササラダニ亜目 Oribatida 全形図（57）

1：アラメクワガタダニ *Tectocepheus alatus* Berlese，2：クワガタダニ *Tectocepheus* sp.，3：オオクワガタダニ *Tectocepheus titanius* Ohkubo，4：カコイクワガタダニ *Tectocepheus elegans* Ohkubo，5：スジクワガタダニ *Tectocepheus sarekensis* Trägårdh，6：シラカミクワガタダニ *Tectocepheus shirakamiensis* Fujikawa，7：イヘヤクワガタダニ *Tectocepheus iheyaensis* Y.-N. Nakamura, Fukumori & Fujikawa，8：ツバサクワガタダニ *Tegeozetes tunicatus* Berlese，9：デバクワガタダニ *Nemacepheus dentatus* Aoki
（1：西川ほか，1983；2：青木，2000；3：Ohkubo, 1982a；4：Ohkubo, 1981b；5～7：大久保原図；8：Aoki, 1970b；9：Aoki, 1968）

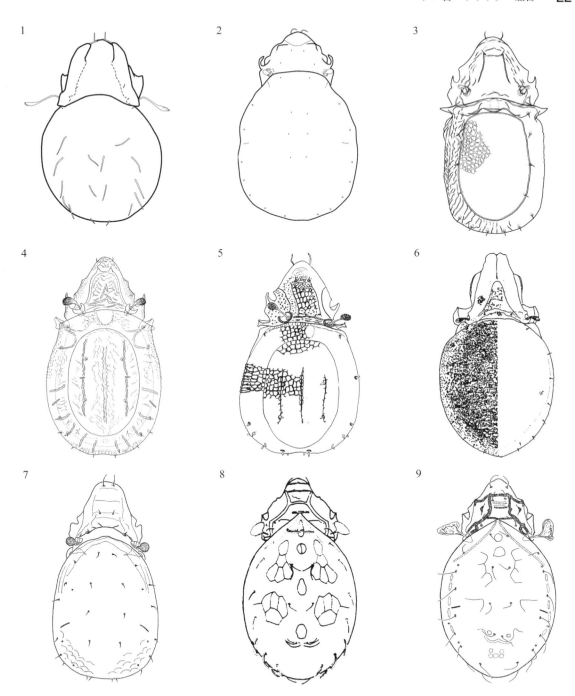

ササラダニ亜目 Oribatida 全形図（58）
1：ヌバタマササラダニ *Tegeocranellus nubatamae* Fujikawa，2：ミヤマコブネダニ *Cymbaeremaeus silva* Fujikawa，3：ヤマシタスッポンダニ *Scapheremaeus yamashitai* Aoki，4：ミスジスッポンダニ *Scapheremaeus trirugis* Hammer，5：ナシロスッポンダニ *Scapheremaeus nashiroi* Nakatamari，6：コロポックルダニ *Ametroproctus reticulatus* (Aoki & Fujikawa)，7：チビコズエダニ *Micreremus subglaber* Ito，8：モンガラダニ *Licneremaeus novaeguineae* Balogh，9：ウスモンモンガラダニ *Licneremaeus licnophorus* (Michael)
（1, 2：大久保原図；3：Aoki, 1970d；4：青木, 2000；5：Nakatamari, 1989；6：丸山, 1993；7：Ito, 1982a；8：青木, 2009；9：Ito, 1982b）

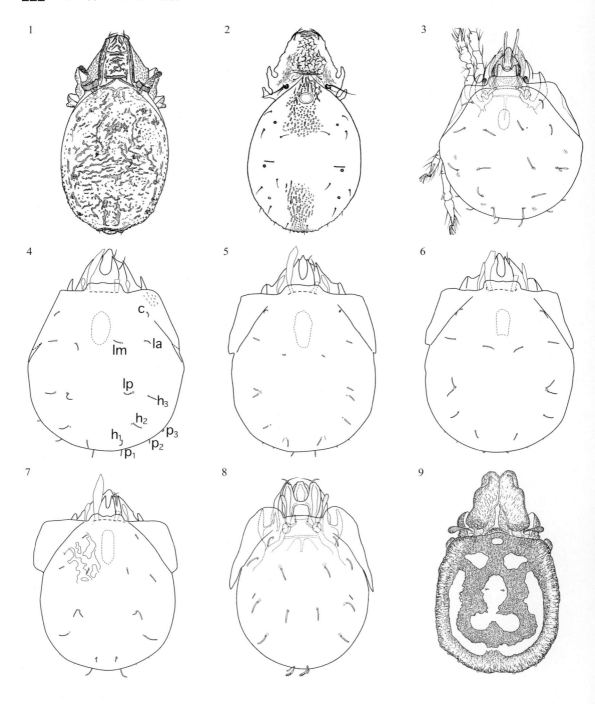

ササラダニ亜目 Oribatida 全形図（59）

1：シワイボダニ *Scutovertex japonicus* Aoki，2：レンズダニ *Bipassalozetes perforatus* (Berlese)，3：エンマダニ *Eupelops acromios* (J. F. Hermann)，4：エゾエンマダニ *Eupelops* sp.，5：ヤマトエンマダニ *Eupelops japonensis* Fujikawa，6：ミヤマエンマダニ *Eupelops miyamaensis* Fujikawa，7：クマエンマダニ *Eupelops kumaensis* Fujikawa，8：ワダツミネンネコダニ *Peloptulus wadatsumi* Fujikawa，9：ドテラダニ *Eremaeozetes octomaculatus* Hammer

（1：青木，2000；2：Strenzke, 1953；3：Aoki, 1969a；4～7：大久保原図；8：Aoki, 1975a；9：青木，1982）

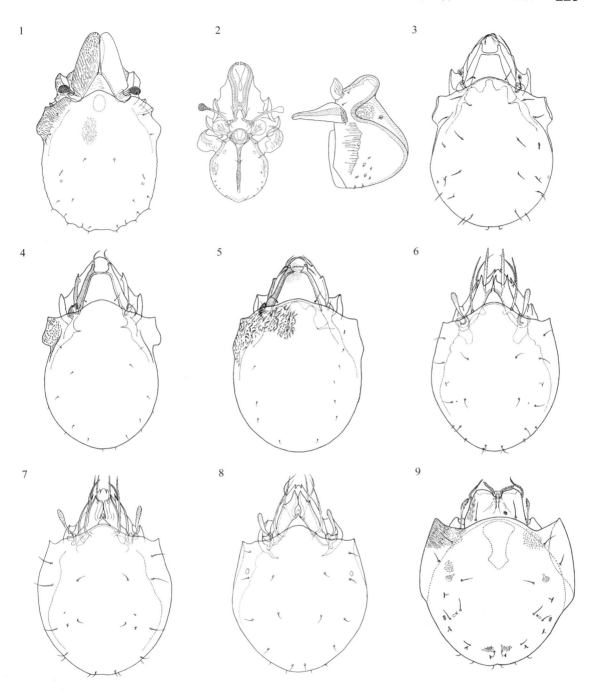

ササラダニ亜目 Oribatida 全形図（60）

1：コブドテラダニ *Eremaeozetes aokii* Collof，2：エボシダニ *Idiozetes erectus* Aoki，3：ミズコソデダニ *Limnozetes amnicus* Behan-Pelletier，4：ホソミズコソデダニ *Limnozetes ciliatus* (Schrank)，5：フトミズコソデダニ *Limnozetes rugosus* (Sellnick)，6：ニセカブトダニ *Paralamellobates misella* (Berlese)，7：ヤマザトカブトダニ *Lamellobates molecula* Berlese，8：トウヨウカッチュウダニ *Lamellobates orientalis* Csiszar，9：クロカッチュウダニ *Austrachipteria pulla* Aoki & Honda
（1：Aoki, 2006a；2：Aoki, 1976c；3：丸山，2003；4～5：青木，1998b；6：Aoki, 1984a；7：Aoki, 1965d；8：青木，2009；9：Aoki & Honda, 1985）

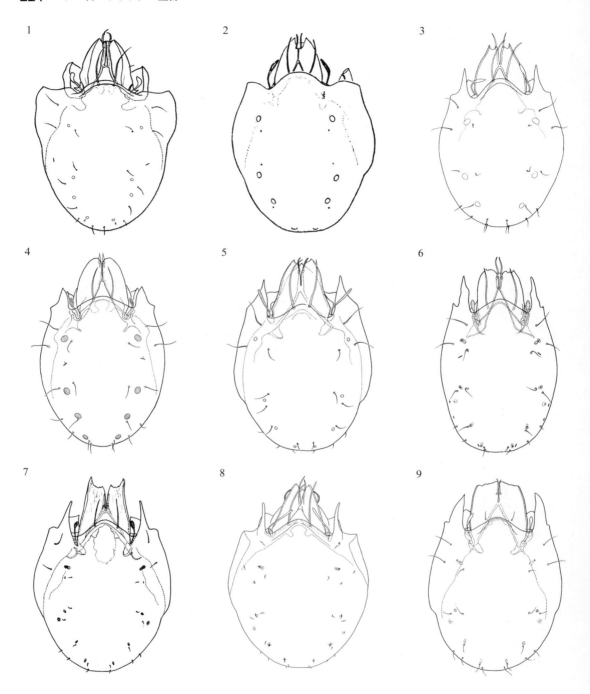

ササラダニ亜目 Oribatida 全形図（61）
1：カブトダニモドキ *Anachipteria grandis* Aoki，2：オオカブトダニモドキ *Anachipteria achipteroides* (Ewing)，3：ヤハズツノバネダニ *Parachipteria distincta* (Aoki)，4：ヤクシマツノバネダニ *Parachipteria truncata* Aoki，5：キタツノバネダニ *Parachipteria punctata* (Nicolet)，6：キノボリツノバネダニ *Achipteria curta* Aoki，7：タテヤマツノバネダニ *Achipteria serrata* Hirauchi & Aoki，8：ナエバツノバネダニ *Achipteria coleoptrata* (Linnaeus)，9：ミヤマツノバネダニ *Hokkachipteria alpestris* (Aoki)
（1：Aoki, 1961a；2：Woolley, 1958；3：Aoki, 1959b；4：Aoki, 1976a；5：青木，1998b；6：Aoki, 1970d；7：Hirauchi & Aoki, 1997；8：Maruyama, 2003；9：Aoki, 1973b）

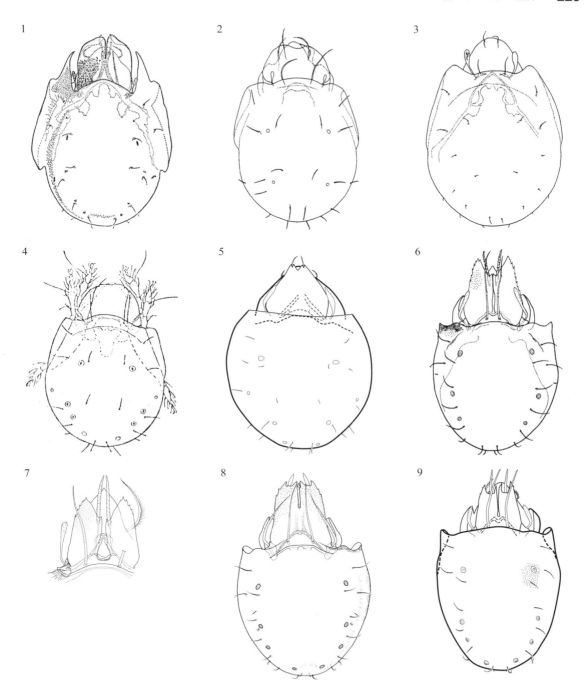

ササラダニ亜目 Oribatida 全形図（62）
1：アマギツノバネダニ *Izuachipteria imperfecta* (Suzuki)，2：カメンダニ *Lepidozetes dashidorzsi* Balogh & Mahunka，3：ヒメカメンダニ *Lepidozetes singularis* Berlese，4：メンカクシダニ *Scutozetes lanceolatus* Hammer，5：コキレコミケタカムリダニ *Umbellozetes parvus* Fujikawa，6：ノコギリダニ *Prionoribatella dentilamellata* (Aoki)，7：フタツメノコギリダニ *Prionoribatella impar* Aoki，8：キレコミダニ *Ophidiotrichus ussuricus* Krivoluckij，9：ナミカブトダニ *Oribatella similis* Fujikawa
(1：Suzuki, 1972；2～3：丸山，2003；4：Hammer, 1952；5, 9：大久保原図；6：Aoki, 1965b；7：Aoki, 1976a；8：Aoki, 1975a)

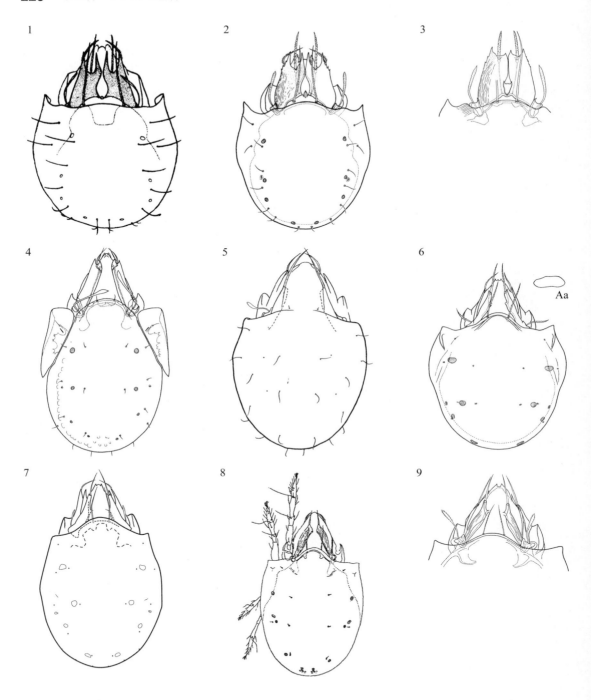

ササラダニ亜目 Oribatida 全形図（63）

1：クロカブトダニ Oribatella calcarata C. L. Koch, 2：ナスカブトダニ Oribatella nasuorum Fujikawa, 3：アメリカカブトダニ Oribatella brevicornuta Jacot, 4：ケタバネダニ Cultrobates nipponicus Aoki, 5：トギレコバネダニ Allozetes levis Ohkubo, 6：キュウジョウコバネダニ Ceratozetella imperatoria (Aoki), 7：ホッカイコバネダニ Ceratozetella yezoensis (Fujita & Fujikawa), 8：ヤマトコバネダニ Ceratozetes japonicus Aoki, 9：ナミコバネダニ Ceratozetes sp.

（1：Sellnick, 1928；2, 9：Aoki, 1970b；3：Aoki, 1970d；4：Aoki, 1982a；5：Ohkubo, 1981a；6：Aoki, 1963；7：大久保原図；8：Aoki, 1961a）

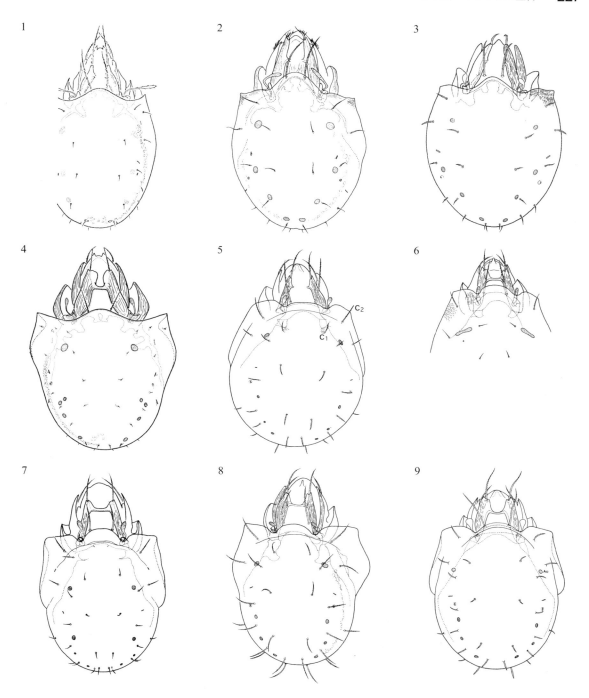

ササラダニ亜目 Oribatida 全形図 (64)

1：ニセナミコバネダニ *Ceratozetes mediocris* Berlese，2：タテヤマコバネダニ *Cyrtozetes minor* Hirauchi，3：シラネコバネダニ *Cyrtozetes shiranensis* (Aoki)，4：イズコバネダニ *Diapterobates izuensis* Suzuki，5：エゾコバネダニ *Diapterobates variabilis* Hammer，6：ナヨロコバネダニ *Diapterobates nayoroensis* Fujikawa，7：チビコバネダニ *Diapterobates pusillus* Aoki，8：ケナガコバネダニ *Diapterobates japonicus* Aoki，9：ホンシュウコバネダニ *Diapterobates honshuensis* Aoki
(1：Menke, 1966；2：Hirauchi, 1999；3：Aoki, 1976b；4：Suzuki, 1971；5〜6, 8〜9：Aoki, 1982b；7：Aoki, 1969a)

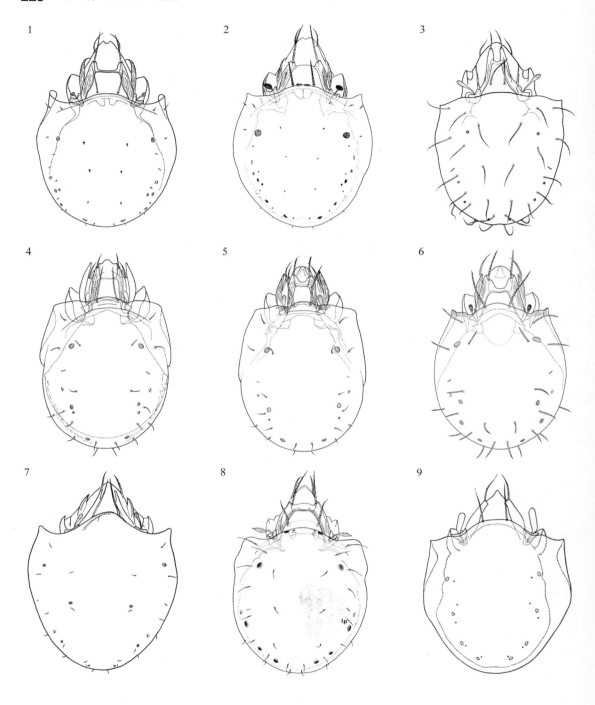

ササラダニ亜目 Oribatida 全形図（65）

1：チョウセンコバネダニ *Koreozetes parvisetiger* Aoki, 2：マルヤマコバネダニ *Koreozetes maruyamai* (Hirauchi), 3：クロコバネダニ *Melanozetes montanus* (Fujikawa), 4：ラウスコバネダニ *Trichoribates rausensis* Aoki, 5：タカネコバネダニ *Trichoribates alpinus* Aoki, 6：キタコバネダニ *Trichoribates berlesei* (Jacot), 7：フトコバネダニ *Zetomimus brevis* Ohkubo, 8：オビコバネダニ *Gephyrazetes fasciatus* Hirauchi, 9：オケサコバネダニ *Ocesobates kumadai* Aoki

（1：Aoki, 1974b；2, 8：Hirauchi, 1999；3：Aoki, 1969a；4～5：Aoki, 1982b；6：青木，2000；7：Ohkubo, 1987；9：Aoki, 1965b）

ダニ目・ササラダニ亜目　229

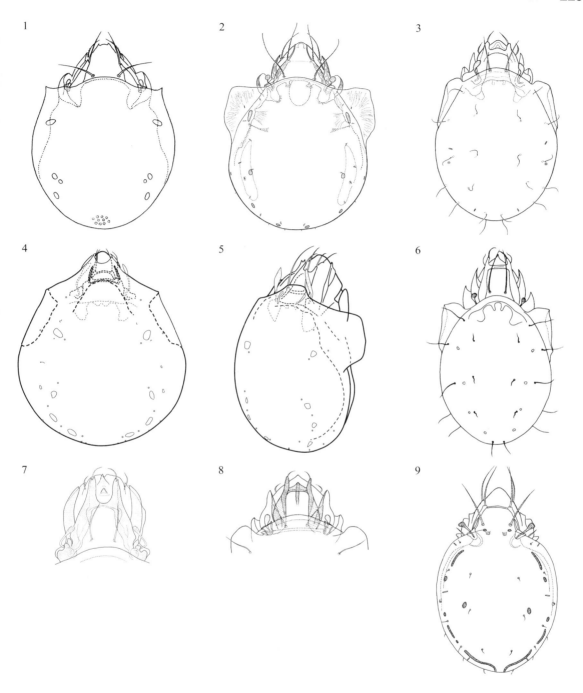

ササラダニ亜目 Oribatida 全形図（66）
1：カサネマキバネダニ *Chamobates geminus* Fujikawa，2：ハナスジダニ *Humerobates varius* Ohkubo，3：イオウゴケダニ *Allomycobates lichenis* Aoki，4：イネマルヤハズダニ *Minguezetes inecola* Nozaki & Y. Nakamura，5：ナヨロハネツナギダニ *Punctoribates ezoensis* (Fujikawa)，6：ハネツナギダニ *Mycobates parmeliae* (Michael)，7：エゾハネツナギダニ *Mycobates monocornis* Aoki，8：ミスジハネツナギダニ *Mycobates tricostatus* Aoki，9：バハママルコバネダニ *Mochloribatula bahamensis* Norton
（1：青木，1977；2：Suzuki, 1975a；3：Aoki, 1976b；4〜5：大久保原図；6：青木，1965；7：Aoki, 1973b；8：Aoki, 2006a；9：青木・本橋，2003）

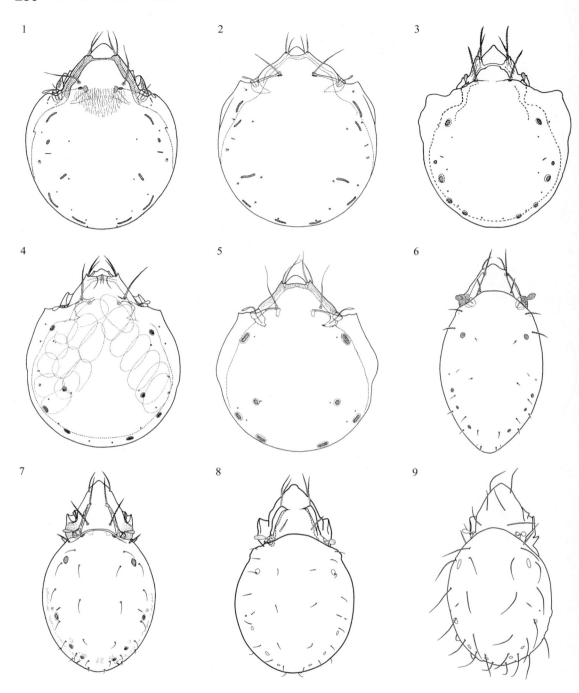

ササラダニ亜目 Oribatida 全形図（67）

1：マルコバネダニ *Mochlozetes penetrabilis* Grandjean, 2：ニセマルコバネダニ *Mochlozetes ryukyuensis* Aoki, 3：マルツチダニ *Podoribates cuspidatus* Sakakibara & Aoki, 4：エビスダニ *Unguizetes clavatus* Aoki, 5：ジャワエビスダニ *Unguizetes sphaerula* (Berlese), 6：カワリコイダダニ *Paraphauloppia variabilis* (Bayartogtokh & Aoki), 7：サカモリコイタダニ *Oribatula sakamorii* Aoki, 8：ナヨロコイタダニ *Oribatula nayoroensis* Fujita & Fujikawa, 9：コブナデガタダニ *Phauloppia tuberosa* (Fujikawa).
（1：Aoki, 1992b；2：Aoki, 2006a；3：Sakakibara & Aoki, 1966；4：Aoki, 1967a；5：青木，2009；6：Bayartogtokh & Aoki, 2000；7：Aoki, 1970c；8～9：大久保原図）

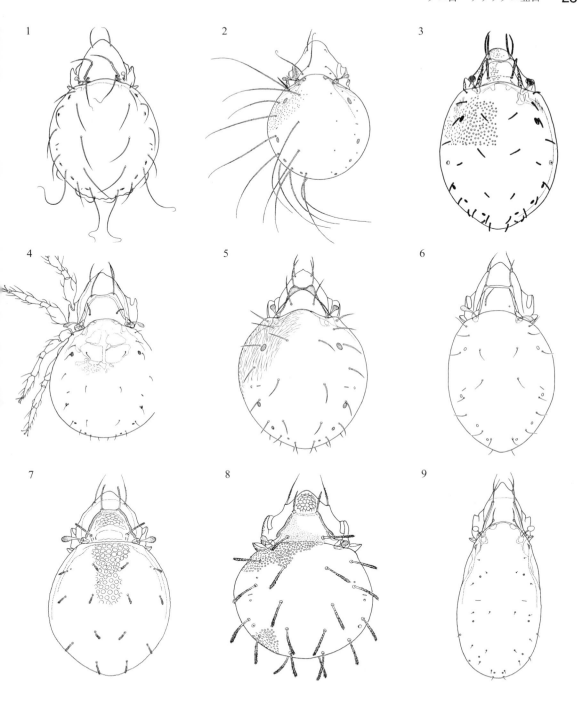

ササラダニ亜目 Oribatida 全形図（68）
1：センダンササラダニ *Phauloppia adjecta* Aoki & Ohkubo, 2：ケタナシコイタダニ *Phauloppia mitakensis* Suzuki, 3：イシカリコイタダニ *Zygoribatula marina* Fujikawa, 4：ニセコイタダニ *Zygoribatula truncata* Aoki, 5：ヨコハマコイタダニ *Zygoribatula vicina* Aoki, 6：ホソニセコイタダニ *Zygoribatula pyrostigmata* (Ewing), 7：アミメハケゲダニ *Brassiella brevisetigera* Aoki, 8：マルカザリダニ *Zetorchella sottoetgarciai* (Corpuz-Raros), 9：ホソヒラタダニ *Heteroleius planus* (Aoki)
（1：Aoki & Ohkubo, 1974b；2：Suzuki, 1979；3：丸山, 1987；4：Aoki, 1961c；5～6：青木, 2000；7～8：青木, 2009；9：Aoki, 1984a）

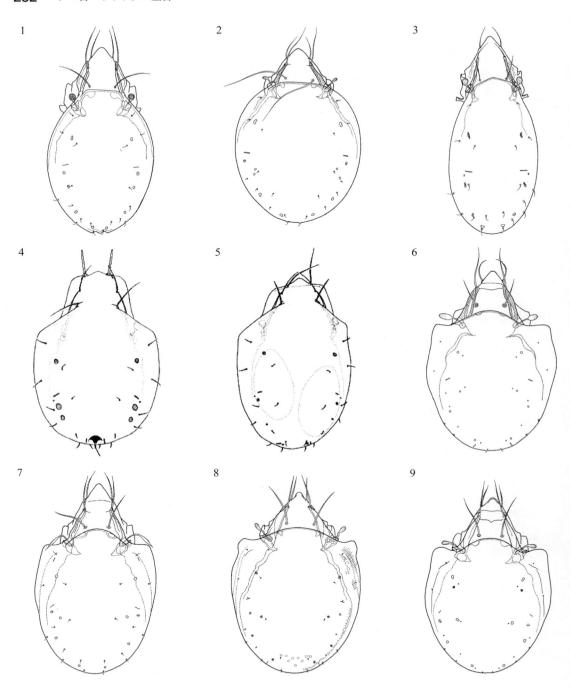

ササラダニ亜目 Oribatida 全形図（69）

1：コブツメエリダニ *Dometorina tuberculata* Aoki，2：イムラフクロコイタダニ *Hemileius clavatus* Aoki，3：エリカドコイタダニ *Hemileius tenuis* Aoki，4：アオキフタカタダニ♂ *Symbioribates aokii* Karasawa & Behan-Pelletier，5：同♀，6：ヨロンオトヒメダニ *Yoronoribates minusculus* Aoki，7：ヤリオトヒメダニ *Ischeloribates lanceolatus* Aoki，8：ネジレオトヒメダニ *Perscheloribates clavatus* Hammer，9：ミナミオトヒメダニ *Protoschelobates decarinatus* (Aoki)
（1, 7～9：Aoki, 1984a；2：Aoki, 1992b；3：Aoki, 1982a；4～5：Karasawa & Behan-Pelletier, 2007；6：Aoki, 1987a）

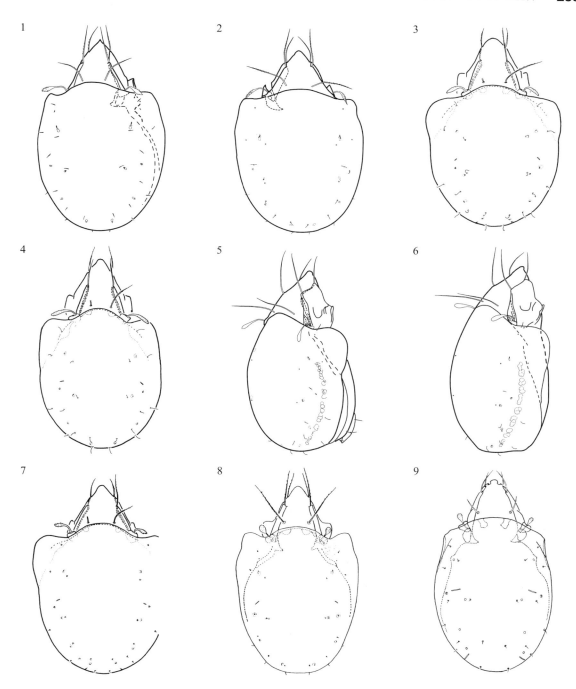

ササラダニ亜目 Oribatida 全形図（70）
1：アズマオトヒメダニ *Scheloribates azumaensis* Enami, Y. Nakamura & Katsumata, 2：ノベオトヒメダニ *Scheloribates processus* K. Nakamura, Y.-N. Nakamura & Fujikawa, 2013, 3：ハバビロオトヒメダニ *Scheloribates laevigatus* (C. L. Koch), 4：ホソオトヒメダニ *Scheloribates pallidulus* (C. L. Koch), 5：エゾオトヒメダニ *Scheloribates yezoensis* Fujita & Fujikawa, 6：シゲルオトヒメダニ *Scheloribates shigeruus* Fujikawa, 7：コンボウオトヒメダニ *Scheloribates latipes* (C. L. Koch), 8：マガタマオトヒメダニ *Scheloribates rigidisetosus* Willmann, 9：ハナサキダニ *Birobates nasutus* Aoki
（1〜2, 5〜6：大久保原図；3〜4, 7：Weigmann, 2006；8：Mahunka, 1991；9：Aoki, 2006a）

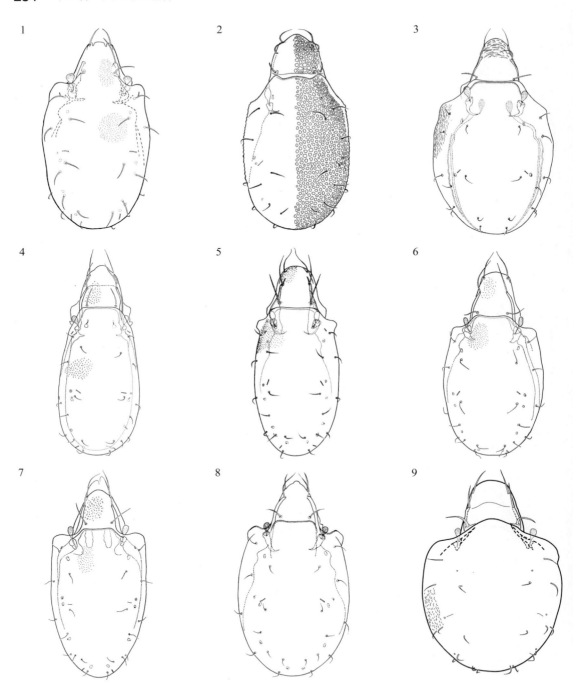

ササラダニ亜目 Oribatida 全形図（71）

1：ミツハナダニ *Brachyoripoda punctata* Ohkubo，2：アラメマブカダニ *Cosmopirnodus angulatus* Ichisawa & Aoki，3：ナデガタマブカダニ *Truncopes obliquus* (Aoki & Yamamoto)，4：ヨシダホオカムリダニ *Oripoda yoshidai* (Aoki & Ohkubo)，5：フジカワホオカムリダニ *Oripoda fujikawae* (Aoki & Ohkubo)，6：ホオカムリダニ *Oripoda asiatica* (Aoki & Ohkubo)，7：ミナミホオカムリダニ *Oripoda moderata* (Aoki & Ohkubo)，8：イカリガタホオカムリダニ *Oripoda variabilis* (Aoki & Yamamoto)，9：クジュウコエリササラダニ *Separatoribates kujuensis* Matsushima, Y.-N. Nakamura & Y. Nakamura

（1：Ohkubo, 1980；2：Ichisawa & Aoki, 1998；3, 8：Aoki & Yamamoto, 2007；4〜7：Aoki & Ohkubo, 1974a；9：大久保原図）

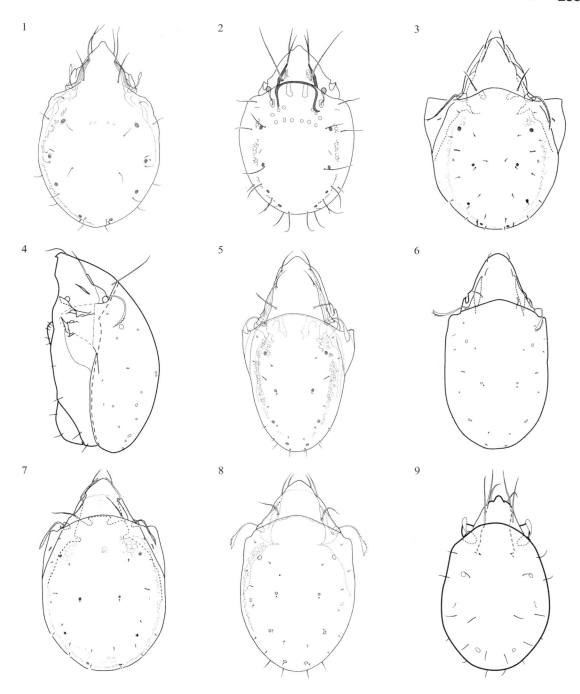

ササラダニ亜目 Oribatida 全形図（72）
1：ケンショウダニ *Liebstadia similis* (Michael), 2：マングローブダニ *Maculobates bruneiensis* Ermilov, Chatterjee & Marshall, 3：ナガノシダレコソデダニ *Protoribates naganoensis* (Fujita), 4：トウホクナガコソデダニ *Protoribates tohokuensis* Fujikawa, 5：カタビロシダレコソデダニ *Protoribates gracilis* (Aoki), 6：タイラナガコソデダニ *Protoribates taira* Fujikawa, 7：キバシダレコソデダニ *Protoribates crassisetiger* Choi, 8：ハコネナガコソデダニ *Protoribates hakonensis* Aoki, 9：ツクバハタケダニ *Edaphoribates agricola* (Y. Nakamura & Aoki)
（1：青木，1995；2：Iseki & Karasawa, 2014；3, 7：Fujita, 1989b；4, 6, 9：大久保原図；5：Aoki, 1982a；8：Aoki, 1994）

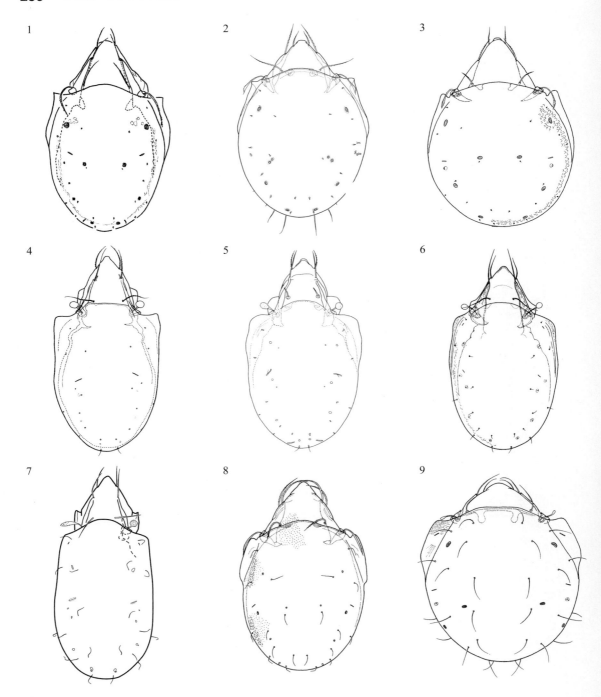

ササラダニ亜目 Oribatida 全形図（73）
1：ブラジルシダレコソデダニ *Triaungius varisetiger* (Wen, Aoki & Wang), 2：オオシダレコソデダニ *Triaungius magnus* (Aoki), 3：オオマルシダレコソデダニ *Triaungius rotundus* (Aoki), 4：マツノキダニ *Incabates pinicola* (Aoki & Ohkubo), 5：トゲアシオトヒメダニ *Incabates dentatus* (Katsumata), 6：ホソコイタダニ *Incabates major* Aoki, 7：ブナオトヒメダニ *Incabates bunaensis* (Fujikawa), 8：ナンカイコソデダニ *Indoribates japonicus* (Aoki), 9：オオマルコソデダニ *Peloribates grandis* (Willmann)
（1：Fujita, 1989b；2：Aoki, 1982a；3：Aoki, 2002b；4：Aoki & Ohkubo, 1974a；5：Katsumata, 1988；6：Aoki, 1970d；7：大久保原図；8：Aoki, 1988a；9：Aoki, 1992b）

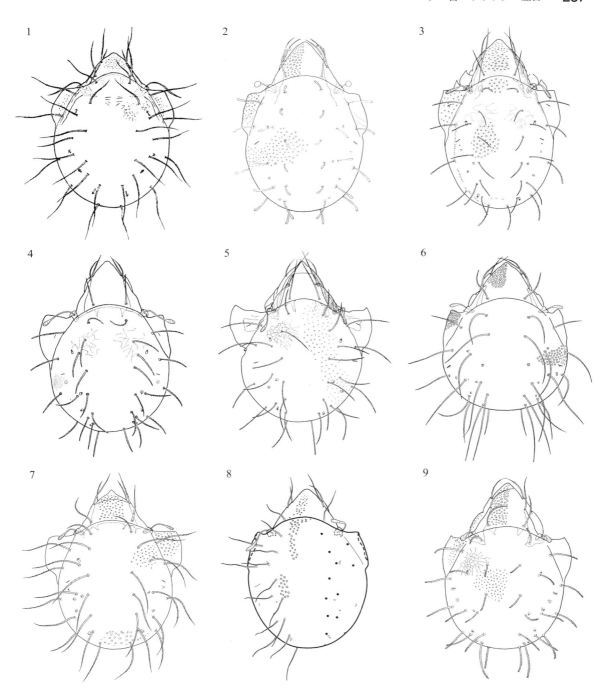

ササラダニ亜目 Oribatida 全形図（74）

1：マルコソデダニ *Peloribates acutus* Aoki，2：ニシノマルコソデダニ *Peloribates nishinoi* Aoki，3：ケダママルコソデダニ *Peloribates moderatus* Aoki，4：チビマルコソデダニ *Peloribates longisetosus* (Willmann)，5：ハリアナマルコソデダニ *Peloribates levipunctatus* Aoki，6：リュウキュウマルコソデダニ *Peloribates ryukyuensis* Aoki & Nakatamari，7：ハラマチマルコソデダニ *Peloribates haramachiensis* Aoki，8：ツノマルコソデダニ *Peloribates prominens* Fujikawa，9：ケバマルコソデダニ *Peloribates barbatus* Aoki
(1：Aoki, 1961c；2：Aoki, 1977a；3, 5：Aoki, 1984a；4：Aoki & Nakatamari, 1974；6：Aoki & Nakatamari, 1974；7：Aoki, 1999；8：大久保原図；9：Aoki, 1977a)

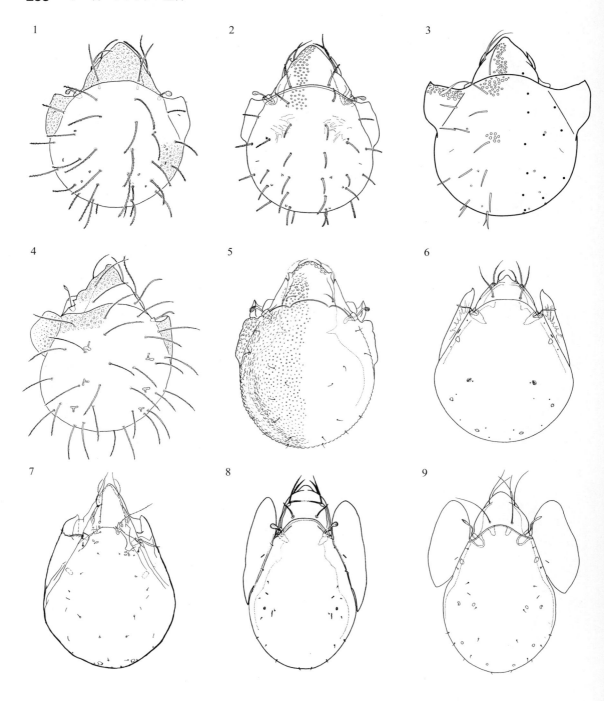

ササラダニ亜目 Oribatida 全形図（75）
1：オオミネマルコソデダニ *Peloribates ominei* Nakatamari，2：ミナミマルコソデダニ *Peloribates rangiroaensis* Hammer，3：エゾマルコソデダニ *Peloribates yezoensis* Fujikawa，4：ヨコナガマルコソデダニ *Acutozetes formosus* (Nakatamari)，5：ツノコソデダニ *Rostrozetes ovulum* (Berlese)，6：カドフリソデダニ *Parakalumma robustum* (Banks)，7：コシフリソデダニ *Parakalumma koshiense* (Y.-N. Nakamura)，8：ホソフリソデダニ *Protokalumma parvisetigerum* (Aoki)，9：ザマミフクロフリソデダニ *Protokalumma elongatum* (Aoki)
(1, 4：Nakatamari, 1985；2：Aoki & Nakatamari, 1974；3：大久保原図；5：青木，1977；6：Aoki, 1984a；7：Nakamura, 2009；8：Aoki, 1965b；9：青木，2009)

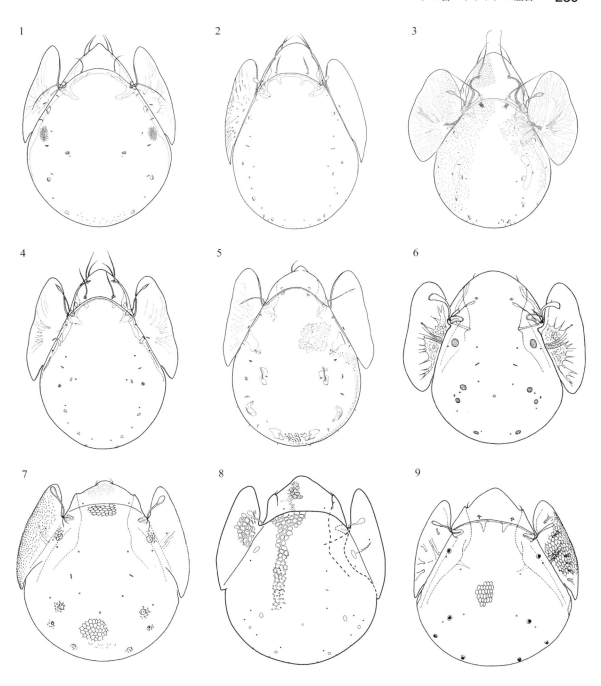

ササラダニ亜目 Oribatida 全形図（76）
1：マルフクロフリソデダニ *Neoribates rotundus* Aoki, 2：マルガオフクロフリソデダニ *Neoribates pallidus* Aoki, 3：ヒビフクロフリソデダニ *Neoribates rimosus* Suzuki, 4：ミナミフクロフリソデダニ *Neoribates similis* Fujikawa, 5：オオフクロフリソデダニ *Neoribates macrosacculatus* Aoki, 6：ヤンバルフリソデダニ *Allogalumna rotundiceps* Aoki, 7：カザリフリソデダニ *Cosmogalumna ornata* Aoki, 8：ヒロヨシカザリフリソデダニ *Cosmogalumna hiroyoshii* Y. Nakamura & Fujikawa, 9：ヨナグニカザリフリソデダニ *Cosmogalumna yonaguniensis* (Aoki)
（1：Aoki, 1982a；2：Aoki, 1988c；3：Suzuki, 1978；4：青木, 1980；5：Aoki, 1966d；6：Aoki, 1996a；7：Aoki, 1988b；8：大久保原図；9：青木, 2009）

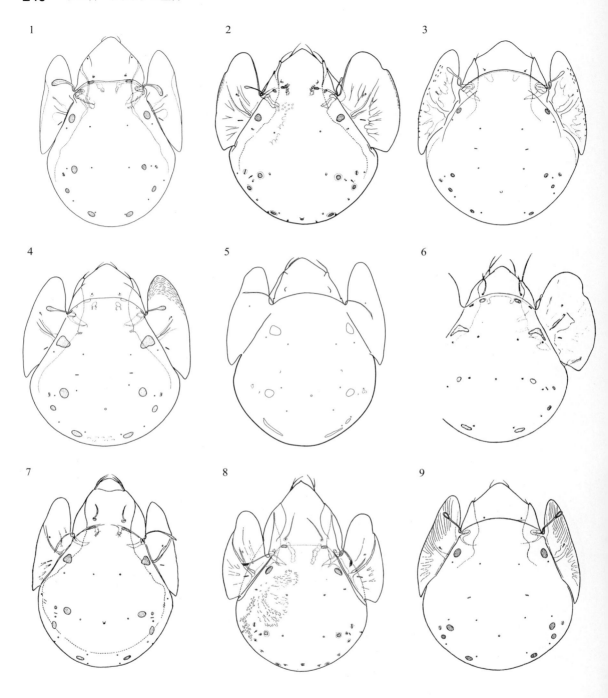

ササラダニ亜目 Oribatida 全形図（77）

1：リュウキュウフリソデダニ *Galumna flabellifera* Hammer，2：チュウジョウフリソデダニ *Galumna chujoi* Aoki，3：ツブフリソデダニ *Galumna granalata* Aoki，4：コンボウフリソデダニ *Galumna planiclava* Hammer，5：ナガモンフリソデダニ *Galumna longiporosa* Fujikawa，6：クサビフリソデダニ *Galumna cuneata* Aoki，7：トウヨウフリソデダニ *Galumna triquetra* Aoki，8：トウキョウフリソデダニ *Galumna tokyoensis* Aoki，9：アズマフリソデダニ *Dimidiogalumna azumai* Aoki

（1, 4：Aoki, 1982a；2, 8：Aoki, 1966d；3：Aoki, 1984a；5：大久保原図；6：Aoki, 1961c；7：Aoki, 1965d；9：Aoki, 1996a）

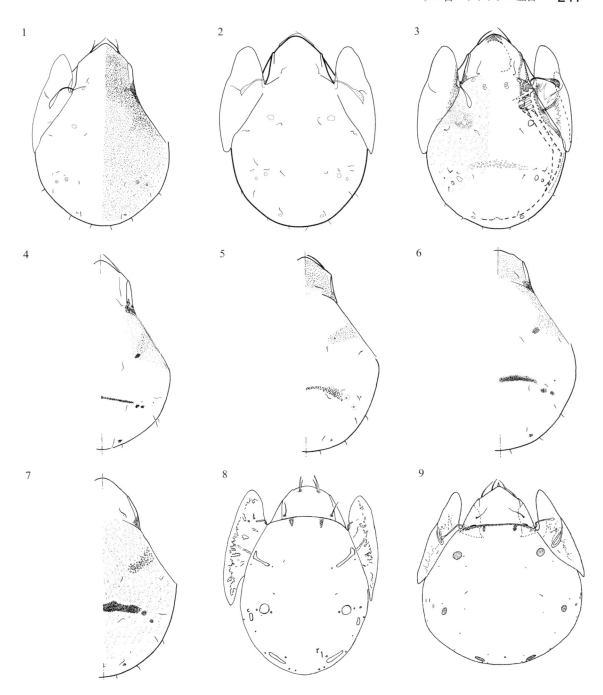

ササラダニ亜目 Oribatida 全形図（78）
1：クロミズフリソデダニ *Trichogalumna hygrophila* Ohkubo，2：ミズフリソデダニ *Trichogalumna nipponica* (Aoki)，3：キノボリフリソデダニ *Trichogalumna arborea* Ohkubo，4：スジチビゲフリソデダニ *Trichogalumna lineata* Ohkubo，5：ツブチビゲフリソデダニ *Trichogalumna granuliala* Ohkubo，6：キメラチビゲフリソデダニ *Trichogalumna chimaera* Ohkubo，7：ハヤシチビゲフリソデダニ *Trichogalumna imperfecta* Ohkubo，8：シワフリソデダニ *Orthogalumna saeva* Balogh，9：マルハゲフリソデダニ *Pergalumna rotunda* Stary
（1, 3 〜 7：Ohkubo, 1984；2：大久保原図；8：Balogh, 1960；9：Stary, 2005）

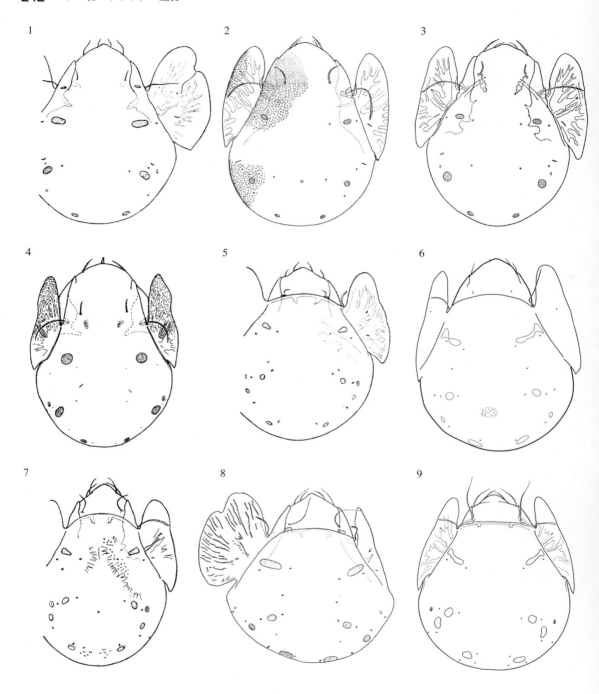

ササラダニ亜目 Oribatida 全形図（79）
1：ムチフリソデダニ *Pergalumna magnipora* (Hammer)，2：ザラメフリソデダニ *Pergalumna granulata* Balogh & Mahunka，3：アラゲフリソデダニ *Pergalumna intermedia* Aoki，4：オオアラゲフリソデダニ *Pergalumna tsurusakii* Stary，5：アキタフリソデダニ *Pergalumna akitaensis* Aoki，6：ナガアナフリソデダニ *Pergalumna longiporosa* Fujita & Fujikawa，7：ハルナフリソデダニ *Pergalumna harunaensis* Aoki，8：アオキフリソデダニ *Pergalumna aokii* Nakatamari，9：ヨロンフリソデダニ *Pergalumna hastata* Aoki
(1, 5, 7：Aoki, 1961c；2：青木，2009；3：Aoki, 1963；4：Stary, 2005；6：大久保原図；8：Nakatamari, 1982；9：Aoki, 1987a)

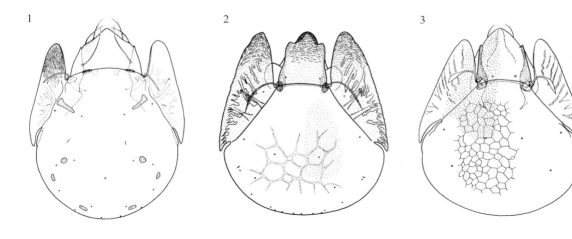

ササラダニ亜目 Oribatida 全形図（80）
1：アマミフリソデダニ *Pergalumna amamiensis* Aoki，2：フリソデダニモドキ *Galumnella nipponica* Suzuki & Aoki，3：オキナワフリソデダニモドキ *Galumnella okinawana* Aoki
(1：Aoki, 1984a；2：Suzuki & Aoki, 1970a；3：青木，2009)

ダニ目 Acari

ササラダニ亜目 Oribatida

　自然界の土壌中では種数からみても生息数からみても最も優勢なダニ群である．その姿形はダニ類の一般のイメージからはほど遠く，硬い表皮に覆われ，さまざまな突起を持ち彫刻をほどこした体つきは甲虫類を想わせる．ただし，原始的な科においては体が軟弱淡色で，一見，コナダニ類やケダニ類に似た様子をしている．幼虫や若虫も体が軟弱淡色で成虫とは似ても似つかない場合が多い．♀は1回の産卵でわずか1〜2個の大型の卵を産むものが多く，卵－幼虫－第1若虫－第2若虫－第3若虫－成虫の順に発育する．種ごとの特徴は外形に顕著に表れているので同定は容易のように思われるが，体に厚みがあり体色の濃いものが多いので，検鏡が困難なこともある．そのような場合には，乳酸に入れて温めて透光性を高めるか，潰すか，解体する必要がある．分類上最も重要な特徴は，生殖門や肛門の形，生殖毛や肛毛の数，爪の数，桁の形・位置，胴感毛の形，背毛の数・位置・形，体表面の構造などに表れる．毛の形は特に重要であるが，向きによってまったく異なる形に見えることがあるので注意を要す．雌雄の差が外部形態に表れることはほとんどない．

　ササラダニ類の食物は落葉・落枝・腐葉・朽ち木などの植物遺体や腐植質あるいは菌類などであるが，稀に線虫を捕食するものが知られている．最も好むすみかは植物遺体が厚く積もる森林土壌であるが，有機物を含む土壌のあるところならどこにでも生息し，森林のほか，草原・果樹園・畑・庭園・都市植栽などの土壌にも見出される．ササラダニ類は自然環境の違いに敏感であるが，人為的な環境の変化にも極めて敏感に反応し，その種組成を変化させるので，環境の指標生物としての価値が高いと思われる．

　自由生活ダニ類の中ではずば抜けて種が多い上に，その多様な形態の面白さや環境指標への応用への期待から，分類を志す研究者の数は多い．そのため毎年のように新種新属が記載され，熱帯地方ではもちろんのこと温帯地方における新科の発見すら珍しくない．幸いなことに今日では世界中の文献リストおよび種リストの整備がなされており，かつてのように研究者自らが種のデータベースを構築しなければ分類学研究を進められないというようなことはなくなった．既存のリストに従って必要な文献を集めるのは容易である．これからササラダニ類の分類を始める人にはとても幸せな時期といえよう．

　世界の種リストの一覧としては，系統的に科属種が整理された Subías (2004) が最もまとまっており，内容はインターネットで更新されている．系統分類の体系は研究者によって少しずつ異なっていて，年を経てかなり変動してきた．本書では，科以上の高次位分類体系は2014年版更新情報 (Subías, 2014) にほぼ従う．属種のシノニム関係も原則的に2014年版の裁定を採用したが，納得できない一部のものには従っていない．なお MIXONOMATA 上団（EUPTYCTIMA 団）では一部を Niedbała (2011) に従った．

　日本では種リストとして藤川ほか (1993) があり，国内でのそれまでの採集記録が網羅されていた．しかし新しい分類学的知見の蓄積した現在，原典の同定に対する疑問や，その後の種の分離などで，いくつかの記録は価値が低くなっている．本書の採用した種は2014年5月末現在で日本から記載された種が主になるが，外国原産種の日本記録に関しては原則として図を伴って報告されたものに限ることとした．ただし実物標本があって，この執筆中に同定した種についてはあえて載せたものがある．一方，図から見て明らかに誤同定であったと確認できる場合も，正しいと思われる学名に修正したり，種小名を外して sp. として掲載した．したがって2014年5月末までに報告されているにもかかわらず本書で引用されなかった種は，日本における分布が疑問視されるか正体不明のものである．ただし海産ササラダニ類のウミノロダニ科 (Fortuyniidae)，マンゲツダニ科 (Selenoribatidae) と純粋な淡水産ササラダニ類のミズノロダニ科 (Hydrozetidae) は本書の趣旨（土壌動物）に合わないので省いた．

　学名にシノニム関係がある場合は，基本的には古い和名を対応させたので，しばしば原記載の学名と和名が一致しない．属を移動させたことによって，種の和名が別属仕様の和名のままになっているが，今後も属は大きく変動する可能性が高いため，属名に合わせて種の和名を変更するのは差し控えた．

　系統を考慮した検索は専門知識を要するものである．本書は初心者であっても簡単に検索できるように図解検索を取り入れたのであるから，以下の検索図でも実用的に使える分かりやすい特徴を採用するよう努めた．属や特に科での区分は系統学的な分岐になっていないことがある．そのため本書に載っていない未知の種についてはまるで見当違いの検索結果に行きついてしまうこともあろう．検索図での結果は，必ず全形図で確認し，さらに本文の形態説明も照らし合わせてほしい．

　末尾に入れた光学顕微鏡写真は，1個体につき数枚から数十枚の画像を被写界深度を変えてデジタル撮影したのち，3〜10ほどの階層に分けて CombineZP により自動合成し，さらに Photoshop により全階層を手動合成した．その過程で，ピントの位置や解像度から

みて当然映っていたはずの構造（特に毛など）が合成画像から消えている場合があるので注意してほしい（島野原図を除く）．

PALAEOSOMATA 上団

原始的な形態を残しているグループ．表皮の硬化がほとんど発達しない．胴感毛は膨らまないか弱く膨むだけで，滑らか．

本書では6上団に分けているが，BRACHYPYLINA 上団を高等ササラダニ類，それ以外を下等ササラダニ類という区分の仕方があった．ササラダニの後体部は6体節が融合したとされており，下等ササラダニ類ではその名残として背毛が6列に並んでいる．前からc列毛（最大3対），d列毛（最大3対），e列毛（最大2対），f列毛（最大2対），h列毛（3対），p列毛（3対）と呼ばれることが多く，正中側から c_1, c_2, c_3 のように番号がつく． d_3 はc列毛とd列毛の中間に位置する場合にc列毛に数えられ，cpとされることがある．

ゲンシササラダニ科
Acaronychidae

体は柔らかく，体毛は黒く，腿節は二つに分かれる．背板は小片に分かれる．背毛のうち4対は太くて非常に長くケバを持つ．脚は2爪に見える．

ウスイロデバダニ属 (p.4)
Zachvatkinella

世界に7種．背毛 p_2 は太い．

ウスイロデバダニ (p.4, 164)
Zachvatkinella nipponica Aoki, 1980

体長0.38 mm．背毛 e_1 は体長ほどの長さで e_2, f_2 の2倍， p_2 は長い広葉状， c_2, c_3, d_1, f_1, p_1, p_3, p_4 は短い針状．背毛のケバは粗．生殖毛9対，生殖側毛3対，肛毛3対，肛側毛4対．爪の先端1/3ほどは膨らむ．北海道，本州．

ムカシササラダニ科
Palaeacaridae

世界に2属のみ．体は柔らかく，体毛は黒く，腿節は二つに分かれる．背板は前半で小片に分かれ，後背板がある．背毛のうち3〜4対は太くて非常に長く，ケバを密生する．脚は2爪．

ニセムカシササラダニ属 (p.26)
Palaeacaroides

世界に1種のみ．長大な背毛は3対．

ニセムカシササラダニ (p.26, 164)
Palaeacaroides pacificus Lange, 1972

体長0.35 mm．背毛 c_1 と c_2 は同長， f_1, h_2, p_1 は微針状， p_2 は d_2, e_1 より細く短い．生殖毛9対，生殖側毛3対，肛毛4対，肛側毛5対．肛側毛のうち後から2番目は長い．東北から近畿．

ムカシササラダニ属 (p.26)
Palaeacarus

長大な背毛は4対．世界に5種いるが，細かい特徴で分けられており，それらの種の同定は困難．

ムカシササラダニ (p.26, 164)
Palaeacarus hystricinus Trägårdh, 1932

体長0.33 mm．背毛 c_1 は c_2 の半分以下の長さ， h_1 と p_1 は短い芽状．日本産は触肢付節に先端の分岐した毛が3本あり（基亜種は2本），背毛 h_1, p_1 の膨らみが基亜種よりやや弱いことから亜種 *japonicus* Aoki, 1980とされる．北海道，本州．

シリケンダニ科
Ctenacaridae

体は柔らかく，体毛は黒く，腿節は二つに分かれる．背板は透明なので見にくいがほぼ全面を覆う．背毛は多く，18対以上．第2〜4脚は3爪．

シリケンダニ属 (p.5)
Ctenacarus

世界に2種．胴感毛は膨らみ，先端は尖る．背毛のうち2対は太くて非常に長く，後端の1対は葉状．第1脚も3爪．

シリケンダニ (p.5, 164)
Ctenacarus araneola (Grandjean, 1932)

体長0.38 mm．吻端は突出しない．胴感毛は弱い紡錘形．背毛にケバはない．背板背面の背毛は c_3 以外は長い．後端の葉状の背毛は長い広葉状で先端は尖る．生殖毛9〜11対，生殖側毛6対，肛毛6〜7対，肛側毛6〜8対．神奈川県，小笠原諸島，南西諸島．

PARHYPOSOMATA 上団

ヒゲヅツダニ上科だけからなるグループ．表皮の硬化は弱い．背毛d列の後方に横溝がある．胴感毛は単純ではなく，普通枝毛を持つ．吻の前縁は広く弱いカーブ．吻毛は接近する．単為生殖．

ヒゲヅツダニ科
Parhypochthoniidae

世界に1属のみ．背板の横溝はやや不完全．油腺は後方にあって大きく突出し，中から毛を生じる．胴感毛は枝毛を持つ．

ヒゲヅツダニ属（p.5）
Parhypochthonius

世界で10種ほどの記載があるが，ほとんどの種は正体がわからない．

ヒゲヅツダニ（p.5, 164）
Parhypochthonius aphidinus Berlese, 1904

体長0.52 mm．前体部の毛は胴感毛以外は滑らか．背毛は滑らか．背毛 c_3 は c_2 より短い．タイプ産地は欧州産であるが，日本産では胴感毛の長いケバが4～5本しかなく（欧州産は9本ほど），吻縁前縁は吻毛の位置で弱く突出する．北海道から中部，屋久島．

ウスギヌダニ科
Gehypochthoniidae

世界に1属のみ．体は柔らかく細長い．背板は明瞭に前後2枚に分かれる．背毛15対．油腺を持つ．生殖側毛2対，肛毛2対，肛側毛3対．基節板毛式は3-2-3-4．

ウスギヌダニ属（p.5, 67）
Gehypochthonius

胴感毛が枝毛で後端の背毛が木の葉状のグループと胴感毛がケバで後端の背毛も針状のグループに分かれる．

コノハウスギヌダニ（p.67, 164）
Gehypochthonius frondifer Aoki, 1975

体長0.29 mm．胴感毛は膨らまず，両側に枝毛を持つ（片側のものは短い）．第1背板の背毛は短から中庸の長さの針状．第2背板の背毛は短から中庸の長さで，3対は針状，6対はやや幅の広い木の葉状．生殖毛10対．東北から中部．

ウスギヌダニ（p.67, 164）
Gehypochthonius rhadamanthus Jacot, 1936

体長0.27 mm．胴感毛は少し膨らみ，ケバを持つ．背毛は短から中庸の長さの針状．生殖毛9対．北海道から近畿．

ENARTHRONOTA 上団

背板が数枚に分割されているグループ．とりわけ原始的でもなく，表皮が硬化する方向に進化したわけでもないグループが入る．ただしツツハラダニ科とニセイレコダニ科は硬い．

ヒワダニ科
Hypochthoniidae

肌色．むしろ扁平．背板は前後に分かれ，接合部はヒダ状になって折重なる．ヒダ部の前縁近くに2対の毛痕または毛を備える．生殖毛は内側に6本，外側に4本．

ナガヒワダニ属（p.29, 67）
Eohypochthonius

生殖門は大きな六角形で，生殖板は横溝によって前後に分かれる．吻縁は滑らか．体表は点刻とひび割れ状の微細な刻印．背板のヒダ部から2対の小さな毛台が後方に伸びる（毛は生えていない）．背毛 c_2 は普通の長さ．

フトゲナガヒワダニ（p.67, 164）
Eohypochthonius crassisetiger Aoki, 1959

体長0.36 mm．背毛に縁膜．桁間毛は中太りの広葉状で，全面にケバを持つ．最前の生殖毛は前生殖板の前から1/3の位置．本種に似た未記録種（背毛の縁膜はより狭く，桁間毛はケバがなく先太りの棍棒状）がいるので注意．北海道，関東から南西諸島（ただし未記録近似種との区別はされていない）．

ヒメナガヒワダニ（p.67, 164）
Eohypochthonius parvus Aoki, 1977

体長0.28 mm．背毛は単純．桁間毛は針状．最前の生殖毛の位置は，前生殖板真中の少し前．全国．

オオナガヒワダニ（p.67, 164）
Eohypochthonius magnus Aoki, 1977

体長0.38 mm．背毛は単純．桁間毛は棒状．最前の生殖毛は前生殖板の前から1/4の位置．胴感杯外後毛の後方の突起は細く，前縁は丸みを帯びない（他の2種は太く，前縁は丸い）．北海道から九州．

ヒワダニ属（p.29, 67）
Hypochthonius

吻縁には密に細かい鋸歯．体表には特定の位置に点刻域があって規則的な模様をあらわす．背板のヒダ部に2対の毛痕．背毛 c_2 は微細．幼生は成体と非常に

よく似ているが生殖門がはるかに小さく円形．日本ではウスイロヒワダニの名前で $H.\ luteus$ が記録されているが，この記録はヒワダニ属の幼生を見誤った可能性がある．

ヒワダニ（p.67, 165）
Hypochthonius rufulus C. L. Koch, 1836

体長 0.6 mm ほど．背板は比較的短く，c_1 は d_1 に達するが，d_1，d_2 はおのおの e_1，e_2 の付け根に達しない．胴感毛のケバは 5 本ほど．背毛のケバは片側のみ．関東から中部．

ミヤマヒワダニ（p.67, 165）
Hypochthonius montanus Fujikawa, 2003

体長 0.79 mm．胴感毛のケバは 5 本ほど．背毛は長く，c_1，d_1，d_2 はおのおの d_1，e_1，e_2 の付け根を超え，もっとも長い h_1 は第 1 背板より長い．東北．

ツヨヒワダニ属
Malacoangelia

吻はデコボコで吻毛も異形であり，イボイノシシの顔のよう．胴感毛は両側に短いケバを持つ．背板の形は前方に突出する．背板のヒダ部に 2 対の短い毛．体表に顆粒．

ツヨヒワダニ
Malacoangelia remigera Berlese, 1913

体長 0.34 mm．吻毛は噴水状に 2 分する．背毛は短めで広い縁膜．背板には多数の規則的なへこみ．関東から南西諸島．

ヒワダニモドキ科
Eniochthoniidae

世界に 1 属．背板は 2 分され，前背板にはさらに中央で途切れる横断線がある．生殖板は横断線で前後に 2 分される．吻毛は後ろ向きに生える．

ヒワダニモドキ属（p.3, 68）
Eniochthonius

しばしば *Hypochthoniella* のシノニムとされるが，国際動物命名規約（第 4 版）第 70 条に従うとシノニム関係は成立していない．

ヒワダニモドキ（p.68, 165）
Eniochthonius minutissimus (Berlese, 1904)

体長 0.43 mm．胴感毛のケバは長短あり，長いもので 10 本ほど．生殖側板は生殖毛の後で区切れて，2 分割する．全国．

エゾヒワダニモドキ（p.68）
Eniochthonius paludicola (Fujikawa, 1994)

体長 0.37 mm．胴感毛のケバは長短あり，長いもので 5 本ほど．生殖側板は生殖毛の前で区切れて，2 分割する．北海道．

ノベヒワダニモドキ（p.68, 165）
Eniochthonius fukushimaensis (Shiraishi & Aoki, 1994)

体長 0.36 mm．胴感毛のケバは本属の中では比較的長く，長短あり，長いもので 10 本ほど．生殖側板は生殖毛の前後で区切れて，3 分割する．東北，関東．

ケバヒワダニ科
Arborichthoniidae

世界に 1 属 1 種．脚は 2 爪．背板に横断線があり，そこから 2 対の非常に長い毛を生じる．後方側面に浅いへこみがあって，強い枝毛を持つ太い毛 2 対を生じる．

ケバヒワダニ属（p.4）
Arborichthonius

無気門亜目のように見えるので注意．

ケバヒワダニ（p.4, 165）
Arborichthonius styosetosus Norton, 1982

体長 0.19 mm．日本産はタイプ産地である北米のものより小型．神奈川県，屋久島，沖縄本島．

ダルマヒワダニ科
Brachychthoniidae

極小形の種が多く，体色は同じ種でも山吹色か透明．背板は膜質部によって分かれ，中央に 3 枚（第 1〜3 背板），側面に 0〜4 対の小さな背側上板，側面から腹面にかけて 2 対の背側板（後の 1 対は第 3 背板と融合することがある）．背板にはかなり規則的な模様があって，種の識別に役立つ（規則的とはいえ変異があるので注意）．第 1 背板に 1 対の肥厚リングを持つことがある（背毛 cp の内側，d_1 の外斜め上）．

オオダルマヒワダニ属（p.27, 68）
Eobrachychthonius

本科としては比較的大型の種が多い．第 1，2 背板の側縁は肥厚し，背毛 c_2，cp，d_2，e_2 を伴う．前体部と背板には小径の円明斑．背側上板は 4 対．真中の肛側毛は長く太い．

オオダルマヒワダニ (p.68, 165)
Eobrachychthonius oudemansi Hammen, 1952

体長 0.26 mm．生殖側板は 2 分し，前の方は長三角形で，後の小さい方に生殖側毛．桁間毛間に欠．背毛は中庸の長さ（f_1 は f_1-h_1 間の距離ほど）．基節板毛式は 3-1-3-4．北海道，本州に記録があるが次種との区別がされていない．

サヌキオオダルマヒワダニ (p.68, 165)
Eobrachychthonius sanukiensis Fujikawa, 2008

体長 0.28 mm．オオダルマヒワダニに似るが，生殖側板は分かれず，背毛はより太く，胴感毛の根元より明らかに太い．近畿，四国．

ダルマヒワダニ属 (p.27)
Brachychthonius

前体部と背板には密に大柄の模様．背面から見ると，背板後端はへこむ傾向がある．背側上板は 2 対．肛側毛は 3 対とも細い．日本でこれまでに本属として記録された種はほとんどがマドダルマヒワダニ属に移され，残ったのは北海道から中部にかけての 2 種の記録だけである．写真付きで記録された 1 種だけを挙げておく．

ミヤマダルマヒワダニ（学名記録変更）(p.27, 165)
Brachychthonius pius Moritz, 1976

体長 0.18 mm．青木・原田 (1979) により *Brachychochthonius berlesei* (Willmann, 1928) として記録されたものは見出しの学名の種と思われる．第 1 背板の硬化リングは円形に閉じる．第 2 背板中央の紋は 3 個．長野県．

イナヅマダルマヒワダニ属 (p.27)
Poecilochthonius

前体部と背板には大柄の模様．背側上板は 2 対．第 1 背板の中央の模様は前から後までギザギザにつながる（左右対称であり，形にあまり個体変異はない）．世界に 3 種．

イナヅマダルマヒワダニ (p.27, 166)
Poecilochthonius spiciger (Berlese, 1910)

体長 0.18 mm．側面から見ると前体部側縁の突起は直角．背毛は比較的短い（f_1 は f_1-h_1 間の距離より短い）．背毛 p_1 と p_2 はやや斜めの縦並び．第 1 背板の硬化リングは弧の一部のみで，模様の輪郭に重なる．全国．

マドダルマヒワダニ属 (p.27, 69)
Sellnickochthonius

ダルマヒワダニ属に似るが肛側毛は前の 2 対が太く，背側上板は 3 対．前体部と背板は深い凹凸を持ちそれに伴う模様が明瞭なため，多くの種は模様の絵合わせによって比較的容易に同定できる．ナミダルマヒワダニ属の背板に見られる明斑（表面構造ではなく，おそらく筋肉の付着点）はもともと不明瞭なうえ本属では凹凸の体表模様と重なるので観察困難であるが，基本的には相同の位置に存在すると思われる．

オタフクダルマヒワダニ (p.69, 166)
Sellnickochthonius planus (Chinone, 1974)

体長 0.13 mm．外観はナミダルマヒワダニ属に似るが，d_2 は側方に位置し，前 2 対の肛側毛は太く，左右の肛側板は分離する．胴感杯外毛の後にある膨らみは耳たぶ状．吻はあまり丸くなく，前縁に 15 個ほどの微鋸歯．背毛は長く（c_1 は相互間の距離より長い），根本で大きくカーブする．背毛 d_1，e_1，e_2 の位置は他種より前寄りで，d_1 は背板の長さの前から 3：2 の位置，e_1 と e_2 は背板の後縁より前縁に近い位置にある．前体部と背板には隆起模様が見られないが，ナミダルマヒワダニ属にある基本配置の明斑（桁間毛間と背板のもの）はすべて見られる．基節板毛式は 3-1-3-4．関東から九州．

カゴメダルマヒワダニ（学名記録変更）(p.69, 166)
Sellnickochthonius sp.

体長 0.14 mm．Chinone & Aoki (1972) が北米をタイプ産地とする *S. jugatus* (Jacot, 1938) と同定した種である．北米産は別属であるダルマヒワダニ属とされるので種が異なると考えなければならない．背板の紋は中央は角張り，側方は不定形（不定形であっても規則的）．第 1 背板の中央紋は正中線で分かれるかのように左右接する．ほとんどの背毛はケバを持ち，e_1，f_1 では顕著．北海道から九州．

ミズタマダルマヒワダニ (p.69, 166)
Sellnickochthonius hungaricus (Balogh, 1943)

体長 0.17 mm．吻は側面で大きくくびれる．背板の紋は概して丸い．第 1 背板の中央紋は前に 1 対＋1 対，後に 1 対＋1 個＋1 対（中央の 1 個は縦長でしばしば正中線が入る）．次種の亜種とされたことがあるが分布が重なるので別種が妥当である．全国で記録されているが，次種と混同されていると思われる．

アメリカダルマヒワダニ (p.69, 166)
Sellnickochthonius rostratus (Jacot, 1936)

体長 0.17 mm．前種に酷似するが，第 1 背板の前の中央紋は 1 対＋1 個＋1 対（中央の 1 個は円形でしばしば正中線が入る）．おそらく前種より普通種．

ヘラゲダルマヒワダニ （p.70, 166）
Sellnickochthonius zelawaiensis (Sellnick, 1928)
　体長 0.16 mm．吻毛は太く鋸歯を持つ．背毛はカヌー状で縁はほぼ滑らか．背板は毛台がかなり立体的で，模様は非常に彫りが深い．背板中央の模様の底は平滑．北海道から九州．

クモガタダルマヒワダニ （p.70, 166）
Sellnickochthonius elsosneadensis (Hammer, 1958)
　体長 0.14 mm．第1背板の背毛は針状，第2，3背板の背毛は紡錘形にやや膨らみ縁は滑らか．背板の模様の彫りはむしろ浅い．背板中央の模様の底に顆粒を散布．北海道から九州．

エグリダルマヒワダニ （p.70, 166）
Sellnickochthonius lydiae (Jacot, 1938)
　体長 0.14 mm．胴感毛頭部は長い．背面の毛は両方に枝毛を持つ（片方に5本ほど）．背板は毛台がかなり立体的．背板中央の紋は大柄で，縁は小さく波打つ．*Brachychthonius hammerae* Chinone & Aoki, 1972 はシノニムとされる．茨城県．

ヤマトダルマヒワダニ （p.70, 166）
Sellnickochthonius japonicus (Chinone, 1974)
　体長 0.14 mm．胴感毛頭部は短い．背面の毛は両方に枝毛を持つ（片方に 2〜3 本）．背板は毛台があまり立体的でない．背板中央の紋は大柄で，縁はむしろ滑らか．東北，関東．

ノトダルマヒワダニ （p.70, 167）
Sellnickochthonius gracilis (Chinone, 1974)
　体長 0.15 mm．吻毛の後にある1対の稜は狭く寄り添う．背板中央の2列の毛列畝は第1，2背板ではあまり膨らまず，第1背板における畝の外縁は三山形に入り組む．背板中央の模様は縁が小さく波打つ．本州，四国．

ムモンダルマヒワダニ （p.70, 167）
Sellnickochthonius immaculatus (Forsslund, 1942)
　体長 0.15 mm．吻毛の後にある1対の稜は狭く寄り添う．背板中央の2列の毛列畝は膨らむが，外縁，内縁とも輪郭は不明瞭で直線的．北海道，本州．

アオキダルマヒワダニ （p.70, 167）
Sellnickochthonius aokii (Chinone, 1974)
　体長 0.18 mm．吻毛の後にある1対の稜は互いに広く離れる．背板中央の紋の外縁の並びは直線的．*Brachychochthonius miyauchii* Chinone, 1978 **syn. nov.** はシノニム．秋田県．

ナミダルマヒワダニ属 （p.28, 29, 71）
Liochthonius
　前体部と背板の明斑は非常に見にくいことがあり，無いとされている種では見落とされている可能性が高い．桁間毛間の明斑は，基本的には縦4個が2列に並び，後端の1対は常に前のものから離れる．背板の明斑は，基本的には第1背板側方に4対（前の2個は接する），第2背板側方に1対，第3背板中央に4個が並び側方に3対．背側上板はない．背板の凸凹はほとんどない．胴感毛は尖頭1の紡錘形（棍棒状に膨れ，全周に長いケバがまばらに生じる）または尖頭2のヤハズ形（大きく膨れ先端が多少ともヤハズ形に広がり，一辺を除き短い鱗状のケバを密に生じる）．胴感毛の尖頭の数と背毛の縁膜の有無の組み合わせで便宜的な四つのグループに分けられている．世界に70種以上，日本に20種ほど．

brevis グループ
　胴感毛は紡錘形で，背毛は比較的単純で縁膜はないか，あっても片側に狭く見えるだけのグループ．

コワゲダルマヒワダニ （p.71, 167）
Liochthonius brevis (Michael, 1888)
　体長 0.20 mm．日本では *L. perpusillus* (Berlese, 1910) として記録されたがこれは見出しの種のシノニムとされる．背毛は基半のみ狭い縁膜があり，中庸の長さ（c_1 は d_1 に達しない）．桁間毛間の対明斑は前後に前3個が接し後端の1個は離れ，左右は離れてほぼ平行に並ぶ（欧州産では左右が接する）．背板の明斑は基本形．胴感毛は紡錘形．北海道．

クネゲダルマヒワダニ （p.71, 167）
Liochthonius moritzi Balogh & Mahunka, 1983
　体長 0.17 mm．ホモニムである *L. tuxeni* Chinone, 1974 に対する新名として命名された．背毛はやや太く単純で長い（c_1 は d_1 に達する）．桁間毛間の対明斑は前後左右大きく離れ，後方がすぼまる．胴感毛はやや細い紡錘形．関東．

ムチゲダルマヒワダニ （p.71, 167）
Liochthonius lentus Chinone, 1974
　体長 0.20 mm．背板に多数の明斑があって本属であることが疑われるが，適切な属がないのでそのままにしておく．背毛は毛台から生じ，かなり長く，縁膜がなくてムチ状に曲がる．桁間毛間は狭い．桁間毛間の

対明斑は左右大きく離れ，後方がすぼまる．胴感毛は細い紡錘形．北海道．

peduncularius グループ

胴感毛はヤハズ形で，背毛は比較的単純で縁膜はないか，あっても片側に狭くあるだけのグループ．他のグループで両側に縁膜があっても折り畳まれて片側だけに見えることがあるので注意．

ハリゲダルマヒワダニ（p.71, 167）
Liochthonius pseudohystricinus Balogh & Mahunka, 1983

体長 0.18 mm．日本産に対する *L. hystricinus* (Forsslund, 1942) sensu Chinone & Aoki (1972) の同定が間違っているとして与えられた名前．胴感杯外毛は長く桁毛，桁間毛と同等で，吻毛より長い．背板の毛は非常に長い（c_1，c_2 は第 1 背板より長い）．桁間毛間の対明斑は前後左右離れ，平行．関東．

ツブダルマヒワダニ（p.71, 167）
Liochthonius pusillus Chinone, 1978

体長 0.19 mm．背毛 c_1 は c_1-d_1 間の距離の半分以下で，c_1 相互間の距離は d_1 相互間の距離より長い．北海道．

エゾダルマヒワダニ（p.71, 167）
Liochthonius crassus Chinone, 1978

体長 0.19 mm．ツブダルマヒワダニとほとんど区別がつかないが，本種では胴感毛頭部の膨らみがより強いとされる．北海道．

horridus グループ

背毛にかなり発達した縁膜を持つグループで，胴感毛は紡錘形またはヤハズ形．

ウモウダルマヒワダニ（p.72, 168）
Liochthonius alius Chinone, 1978

体長 0.16 mm．胴感毛は紡錘形．*L. plumosus* Chinone & Aoki, 1972 の新参シノニムだが，古参のものがホモニムのため，その置換名として使われる．背毛は長く c_1 は d_1 を超える．背面の毛の縁膜は後方のものを除き顕著な鋸歯．関東．

ササバダルマヒワダニ（p.72, 168）
Liochthonius evansi (Forsslund, 1958)

体長 0.16 mm．胴感毛はヤハズ形．桁間毛間の 6 明斑は前後が接し，左右が離れる．背毛は長く c_1 は d_1 に達する．*L. forsslundi levis* Chinone, 1974 は種レベルでシノニムとされる．関東．

ナミダルマヒワダニ（p.72, 168）
Liochthonius intermedius Chinone & Aoki, 1972

体長 0.18 mm．胴感毛は紡錘形．桁間毛間の 6 明斑はすべて接する．背毛は長いが c_1 は d_1 にわずかに届かない．全国．

ウスイロダルマヒワダニ（p.72, 168）
Liochthonius simplex (Forsslund, 1942)

体長 0.16 mm．胴感毛は紡錘形．桁間毛間の 6 明斑は前後が接し，左右が離れる．北海道，本州．

ブラシダルマヒワダニ（p.72, 168）
Liochthonius penicillus Chinone, 1978

体長 0.19 mm．胴感毛は片面がブラシ状だが，基本的にはヤハズ形のグループと考えてよかろう．桁間毛間の 6 明斑は前後に接し，後の 4 個は左右も接する．背毛の縁膜には羽毛状にスジが入っていてかすかに鋸歯がある．スジが明瞭な個体ではウモウダルマヒワダニのような強い鋸歯があるように見えるが本種の背毛 c_1 は d_1 に達しない（本種は胴感毛の形も異なる）．中部から南西諸島．

lapponicus グループ

胴感毛はヤハズ形で，背毛に弱い縁膜を持つグループ．日本産の種では胴感毛がほとんど紡錘形に近いような（ヤハズといえなくもない）ものも含み，*horridus* グループとの境界が不明瞭である．

コブダルマヒワダニ（p.72, 168）
Liochthonius strenzkei Forsslund, 1963

体長 0.17 mm．胴感毛はヤハズ形．第 3 背板は背毛の毛台のためデコボコ．背毛 c_1 相互間の距離は d_1 相互間の距離とほぼ同じ．桁間毛間の 6 明斑は前後が接触し左右ほぼ平行．関東．

チビゲダルマヒワダニ（p.72, 168）
Liochthonius sellnicki (Thor, 1930)

体長 0.20 mm．胴感毛はヤハズ形．桁毛間をつなぐ畝がある．背毛 f_1，h_1 の各々の後に横畝がある．背毛 c_1 相互間の距離は d_1 相互間の距離とほぼ同じ．桁間毛間の 6 明斑は前後左右に離れ，左右は後がすぼまる．桁間毛間の再後端の 2 明斑は弓なりの肥厚部によって前の 6 明斑から分離される．前体部中央に二重橋形の肥厚部がある．第 1 背板には外方に微小な稜を伴う小さな肥厚リングを持つ．第 3 背板側方の 3 明斑のうち

ニッコウダルマヒワダニ（p.73, 168）
Liochthonius asper Chinone, 1978
　体長 0.18 mm．胴感毛は紡錘形．桁間毛間の 6 明斑は前後が離れ，左右は前に開き後でややすぼまる．桁間毛間の 4 対目の 2 明斑は左右大きく離れる．第 1 背板に点状の肥厚リングがある．第 3 背板の側方の明斑のうち後の 2 個は接触する．関東．

オオニシダルマヒワダニ（p.72, 168）
Liochthonius ohnishii Chinone, 1978
　体長 0.16 mm．胴感毛はヤハズ形．桁間毛間の 6 明斑は前後が接触し左右は大きく離れて後が多少すぼまる．桁間毛間の 4 対目の 2 明斑は左右大きく離れる．第 1 背板に肥厚リングがあり明斑とつながる．第 3 背板側方の 3 明斑は斜めに並ぶ．北海道．

ラップランドダルマヒワダニ（p.73, 169）
Liochthonius lapponicus (Trägårdh, 1910)
　体長 0.21 mm．Chinone（1978）による茨城県産に基づく再記載では，オオニシダルマヒワダニとほとんど区別がつかないが，本種では胴感毛頭部の膨らみがより強いとされる．中部．

ヤマダルマヒワダニ（p.73, 169）
Liochthonius galba Chinone, 1978
　体長 0.21 mm．胴感毛はヤハズ形．桁間毛間の 6 明斑は前後が接触し，左右は前に開き後で接触する．桁間毛間の 4 対目の 2 明斑は左右接近する．第 1 背板に点状の肥厚リングがある．第 3 背板の側方の明斑は互いに離れる．北海道．

コケダルマヒワダニ（p.73, 169）
Liochthonius muscorum Forsslund, 1964
　体長 0.22 mm．胴感毛はヤハズ形．ヤマダルマヒワダニとほとんど区別がつかないが，本種では胴感毛頭部（膨らみ部分）がより長く，第 3 背板の側方の明斑のうち前の 2 個は接触する．北海道．

ヘリダルマヒワダニ属（p.28）
Neobrachychthonius
　基節板毛式 3-1-3-3（他の属はタマダルマヒワダニ属以外 3-1-3-4）．背側上板は 2 対．桁毛，桁間毛は短い．世界に 2 種．

ヘリダルマヒワダニ（p.28, 169）
Neobrachychthonius magnus Moritz, 1976
　体長 0.22 mm．体表に顆粒を持つ．膜質部はシワシワ．吻毛，桁毛はおのおの台状の隆起部から生じる．背毛は短く縁膜を持つ（日本産では背毛はあまり尖らない）．桁間毛間の明斑は 1 個に融合して大きい．各背板の正中部に大柄の明斑がある．第 3 背板は f_1 間の h_2 間のおのおのでへこむ．胴感毛は紡錘形で尖頭は 1 個．関東から近畿．

ヘコダルマヒワダニ属（p.29）
Mixochthonius
　背側上板は 1 対．前体部，背板の毛は長い枝毛を持つ．p 列の背毛は横一文字に並ぶ．背板は形が張り，後方は細い．肛側毛 3 対のうち少なくとも真中のものは太い．世界に 2 種．

ヘコダルマヒワダニ（p.29, 169）
Mixochthonius concavus (Chinone, 1974)
　体長 0.18 mm．胴感毛はデコボコの棍棒状で，ケバは長く粗．桁間毛は桁毛までの半分ほどの長さ．肛側毛は前が細く短く，真中が太く長く，後は太く長くケバがある．北海道から関東．

タマダルマヒワダニ属（p.28）
Neoliochthonius
　基節板毛式 3-1-3-3（他の属はヘリダルマヒワダニ属以外 3-1-3-4）．背側上板は 1 対．肛側板は肛門の後で左右分離する．胴感毛の頭部は楕円体．世界に 3 種．

タマダルマヒワダニ（p.28, 169）
Neoliochthonius piluliferus (Forsslund, 1942)
　体長 0.14 mm と小さく，胴感毛の頭部の長さは幅の 1.5 倍，背毛は比較的短く f_1 は h_1 に達しないことは見出しの種の特徴であるが，日本産では，桁間毛は胴感毛の頭部より長く背毛 c_1 と同長で，背毛は基半が膨らむ．このような組み合わせの特徴は既存の 3 種の中には見当たらないので，将来同定を見直す必要がある．関東．

カワリダルマヒワダニ属（p.28, 68）
Synchthonius
　前体部と背板には大柄の模様．背側上板は 1 対．側面から見ると前体部側縁に数本の歯．生殖毛 6 対（他属は 7 対）．背毛は毛台から生じ，背板は非常に凸凹．背毛は細く単純．世界に 2 種．

カワリダルマヒワダニ (p.68, 169)
Synchthonius elegans Forsslund, 1956
　体長 0.23 mm．背毛は長い．第1背板の中央の紋は縦1本につながる．前体部側縁の歯はやや前向き．

ホリダルマヒワダニ (p.68, 169)
Synchthonius crenulatus (Jacot, 1938)
　体長 0.20 mm．背毛は中庸の長さ．第1背板の中央の紋は4本の横列に分かれる．前体部側縁の歯は下向き．

ヒロズダルマヒワダニ属 (p.28)
Verachthonius
　背側上板は1対．肛側毛は3対とも細い．背毛 p_2 は p_1 の前に縦に並ぶ．第3背板の側面に前から h_2 まで稜が走る．世界に6種．

ヒロズダルマヒワダニ (p.28, 169)
Verachthonius laticeps (Strenzke, 1951)
　体長 0.19 mm．桁間毛間の6明斑は横長の楕円で左右離れる（欧州産では真中の斑が一番大きいとされるが，日本産では一番小さい）．背毛 c_1 は d_1 までの距離の 0.4 倍ほど．近畿，中国．

カザリヒワダニ科
Cosmochthoniidae
　体表は分泌性薄膜で覆われる．背板背面は3または4枚に分割される．背毛 e列と f列はかなり長く，おのおのの背板の後縁から生じる．

カザリヒワダニ属 (p.26, 74)
Cosmochthonius
　世界に30種以上．4背板に分かれる．背毛は木の葉状にならない．背毛 c列，d列は細く，ケバは上面（体表から見た外側）において左右に広がる（したがって背面観察では，背面が見える c_1 等は左右にケバが分かれ，側面が見える c_3 等は片面だけケバが出る．背毛 e列，f列は太く，比較的粗なケバが左右に広がる．残りの背毛はかなり太く，歯ブラシ状に片側にケバを密生する．吻に小さい凹部の列が数本並ぶ．

カザリヒワダニ (p.74, 170)
Cosmochthonius reticulatus Grandjean, 1947
　体長 0.34 mm．吻端に1，2個の小さな切れ込み．背板の刻印はややいびつな円形の穴で，各穴は5から6個の穴ですき間なく囲まれて網模様を形成する．網部は穴部の 1/4 ほどの幅．薄膜はその網部をなぞるように肥厚し，むしろ角張った網模様を形成する．桁毛は前後に枝分かれし，後の枝は前より短い．背毛 e_1 のケバは片側20本弱，背毛 f_1 のケバは片側10本強．背板肩部に突起．第1脚は2爪，他の脚は3爪．全国．

ナヨロカザリヒワダニ (p.74)
Cosmochthonius nayoroensis Fujikawa, 1980
　体長 0.29 mm．カザリヒワダニに極似するが，原記載図では f列の背毛が e列のものよりはるかに短い．北海道で1頭得られただけ．

ミカドカザリヒワダニ (p.74, 170)
Cosmochthonius imperfectus Aoki, 2000
　体長 0.31 mm．桁毛が前後に枝分かれすることはない．第1～3背板には刻印がない．第4背板の刻印は輪郭の不完全な小穴で，数個ずつ連結する．東京都．

コシミノダニ属 (p.26)
Gozmanyina
　3背板に分かれる．背毛は c列，d列は木の葉状にならず，e列，f列は木の葉状．生殖側板あり．肛側板なし．

コシミノダニ (p.26, 170)
Gozmanyina golosovae (Gordeeva, 1980)
　体長 0.16 mm．日本での形態記載や図示の記録がないので，種同定については要検討．北海道，山梨県．

ケナガヒワダニ属 (p.26)
Nipponiella
　世界に1種のみ．3背板に分かれる．前体部の毛と背毛は針状．生殖側板なし．肛側板あり．肛後板あり．

ケナガヒワダニ (p.26, 170)
Nipponiella simplex (Aoki, 1966)
　体長 0.76 mm．前体部の毛と背毛のケバは微小．吻毛相互間はむしろ接近する．胴感毛は太くならず，少数の枝毛背毛 c_1，d_1 の各相互間の距離は広く，f_1 相互間は非常に広い．

イエササラダニ科
Haplochthoniidae
　硬化が弱く白色の小型種のグループ．背板は4つに分かれ，側面はほぼ平行．生殖門は巨大な長四角．

イエササラダニ属 (p.4)
Haplochthonius
　吻毛がある．生殖毛7対，肛毛4対，肛側毛4対．生殖側毛はない．基節板毛式は 3-2-2-4，3-2-3-3 また

は 3-2-2-3.

コケモリイエササラダニ （p.4, 170）
Haplochthonius muscicola Fujikawa, 1996

　体長 0.20 mm．乳白色．背毛は非常に細く中庸の長さで，e_1 は第 3 背板の長さの 1/2 を超えるが後縁には達しない．基節板毛式は 3-2-2-4．日本で従来イエササラダニ *A. simplex* Willmann, 1930 と同定されていたものかもしれず，その種のシノニムの可能性がある．室内塵から採集される．全国．

チョウチンダニ科
Sphaerochthoniidae
　背面からは前体部と後体部を合わせた輪郭がチョウチンのように見える．背板背面は 2 分または 3 分する．体表は網目の刻印（網部分が隆起）．

チョウチンダニ属 （p.5, 74）
Sphaerochthonius

　背板は前背板，後背板，側板 1 対に分かれる．前背板は後背板の上へ可動的に折り重なり，深く重なる場合は後体部は円形となる．側板は腹板のように腹側に回り込む．体表は黒色微顆粒を伴う分泌性薄膜で覆われる．背面の多くの毛は枝毛を密生するが，その枝毛は黒色顆粒に包まれ全体として房状に見える．体表の網目は五角形または六角形．脚は 3 爪だが，両脇の 2 本は毛ほどの太さしかない．終齢と成体との区別がつきにくいが，終齢は 1 爪で，背板は第 1〜4 背板に分かれる（第 1 背板は成体の前背板，第 2〜4 背板は後背板に相当）．

スズキチョウチンダニ （p.74, 170）
Sphaerochthonius suzukii Aoki, 1977

　体長 0.31 mm．前体部の毛と背毛（p_2 と p_3 を除く）はナマコ状で上面に短いが強いケバを密生し，ケバごとに顆粒で覆われる．背毛 p_2 と p_3 と肛側毛も顆粒で覆われる．吻毛，桁毛は T 字形．前背板の背毛は T 字形の c 列 4 対．後背板の背毛は背面に単純な房状の e 列 2 対，f 列 2 対，腹面に T 字形の h 列 3 対と p_1．下側板の背毛は針を叢生する p_2 と p_3．肛側毛は p_2 と同形．体表の顆粒は網部で大型，網目部で小型．e 列，f 列の各々の背毛列は円弧状の稜に載っており，稜は網目模様と一体化している（つまりその稜の部分の網目模様は一直線）．h 列は f 列の稜の後（終齢の第 4 背板相当部分）に位置する．南西諸島．

チョウチンダニ （p.74, 170）
Sphaerochthonius splendidus (Berlese, 1904)

　体長 0.27 mm．前種に似るが，小型で背毛はすべて T 字形．関東から南西諸島．

ツルギマイコダニ科
Atopochthoniidae
　狭義には世界に 1 属のみ（広義には他の 2 科を含めることがある）．背板は 3 枚に分かれる．背面の背毛は網目模様で，団扇状のものとつるぎ状のものがある．背毛は 14 対（d_1，d_2 がない）．生殖毛 6 対，肛毛 3 対（内側最前に前肛毛と呼ばれる別の 1 対がある），肛側毛 4 対．生殖側毛はない．脚は 2 爪．

ツルギマイコダニ属 （p.3）
Atopochthonius

　世界に 2 種のみ．

ツルギマイコダニ （p.3, 170）
Atopochthonius artiodactylus Grandjean, 1948

　体長 0.2 mm ほど．北海道から中部．

マイコダニ科
Pterochthoniidae
　世界に 1 属のみ．背板は 4 枚に分かれる．背面の背毛は網目模様の大きな団扇状．背毛は 16 対．背面の背毛は切妻屋根のように配置され背板全体を覆う．生殖毛 8 対，肛毛 3 対（内側最前に前肛毛と呼ばれる別の 1 対がある），肛側毛 4 対．生殖側毛はない．脚は 1 爪．ツルギマイコダニ科に含められることがある．

マイコダニ属 （p.3）
Pterochthonius

　世界に 1 種のみ．

マイコダニ （p.3, 170）
Pterochthonius angelus (Berlese, 1910)

　体長 0.36 mm．実体顕微鏡下ではササラダニらしからぬ外見なのではじめて見る時は注意．北海道から九州，屋久島．

フシイレコダニ科
Protoplophoridae
　イレコダニ類のような外観をしているが，生殖門と肛門は離れ，背板が前後に分かれ，系統的にはヒワダニ科，ダルマヒワダニ科，イエササラダニ科やマイコダニ科に近いとされる．

ミジンイレコダニ属 (p.2)
Cryptoplophora

後背板にはさらに不完全な溝が2本ある．肛門板と肛側板が融合し合わせて4対の毛を生じる．吻毛は吻先から離れて生じる．胴感毛は団扇状．吻縁はギザギザ．

ミジンイレコダニ (p.2, 171)
Cryptoplophora abscondita Grandjean, 1932

体長0.13 mm．胴感毛のケバは密で繊細．九州，南大東島．

ツツハラダニ科
Lohmanniidae

全体がやや扁平な筒状．体側に各々の脚を納める空洞がある．前体部と後体部は側面で蝶番のように連結する．連結部の背面にある膜質部は背板前縁の下に折り込まれる．連結部の腹面は深い裂け目（epo. sj の位置）．体表面には点刻や穴構造のほか顆粒を伴う浅い溝構造があり，さらに表皮内に点刻を持つように見える明斑があって非常に複雑．顆粒を伴う浅い溝構造については種の識別に使われるが，個体変異があり，地理変異も大きいと考えられるので，これだけが種の差異となる場合はシノニムまたは亜種関係の可能性が高い．海岸性の種と内陸性の種がいる．

フトツツハラダニ属 (p.31, 76)
Mixacarus

生殖板は前後に分かれない．肛門板と肛側板は分離する．前肛板の幅は広い．

フトツツハラダニ (p.76, 171)
Mixacarus exilis Aoki, 1970

体長0.62 mm．体表面に次種のような穴構造はなく，点刻のみ．ツツハラダニ属のような顆粒を伴う浅い溝構造がSbとS2～S10まである．S3からS5は中央で途切れる．S6はe_1間で山形．S7はf_1に重なる．S8からS10は山形で，S8とS10については中央で途切れがち．背毛c_1, c_2, d_1, d_2, e_1, e_2, f_2は他の毛より短く，先端は鈍く尖るか丸い．後周縁の毛は多少のケバがある．本州から南西諸島．

リュウキュウツツハラダニ (p.76, 171)
Mixacarus foveolatus Aoki, 1987 **stat. nov.**

体長0.71 mm．対馬で発見されたフトツツハラダニの久米島産亜種として記載されたが，対馬には両方が見られるので亜種の関係ではない．また概して前者は内陸部，後者（本種）は海岸地帯に棲み分けているので種レベルの違いと考えられる．従って種に格上げする．体表面において点刻の他に穴構造が見られることでのみ，フトツツハラダニから区別される．穴の大きさには変異があるが，浅溝構造内の顆粒の直径より大きい．*M. hexagonus* Fujikawa, 2008 はどちらかの種のシノニムと思われる．本州から南西諸島．

ツツハラダニ属 (p.31, 76)
Lohmannia

大型種が多い．生殖板は前後に分かれる．肛門板と肛側板は分離する．前肛板の幅は広い．基本的には，背面の顆粒を伴う浅溝構造は前体部に1列（Sb），背板に8列（S2-S9）．Sbは桁間毛間の明斑部の直後，S2はc列の直後，S3はc列とd列の中央，S4はd列の直後，S5はd列とe列の中央，S6はe列の直後，S7はf列の直後，S8はf列とh列の中央，S9はh列の直後に位置する．普通SbとS2は中央で途切れることがない．

サンゴツツハラダニ (p.76, 171)
Lohmannia corallium Nakatamari, 1982

体長1.1 mm．吻毛は長い．胴感毛は櫛毛が4～6本で，先端の2本ほどは短い．2対の胴感杯外毛のうち後のものは先がやや尖った広葉状で，長さは幅の2.7倍ほど（縦方向に折れて細く見えることがあるので注意）．体表面に網目模様．吻端は凸凹だが，方向によっては滑らかに見えるので注意．S3からS7は中央で途切れる．S6はe_1を回り込む．S7はf_1からやや離れる．S8とS9は山形．近畿や小笠原諸島にはS8とS9の中央の途切れる個体がいるが本種ではないかと思われる．南西諸島．

ウンスイツツハラダニ (p.76, 171)
Lohmannia unsui Aoki, 2006

体長1.0 mm．吻毛はやや短い．胴感毛は櫛毛が6～7本ですべて長い．2対の胴感杯外毛のうち後のものは前種より細めの広葉状．体表面に網目模様．S3からS6は中央で途切れる．S6はe_1を回り込む．S7はf_1から離れる．S8とS9は山形にならない．なお原記載図ではSbとS2は描かれておらず，S3の直後に描かれた1本線は別の構造物と思われる．屋久島．

ケブカツツハラダニ属 (p.76)
Papillacarus

生殖板は前後に分かれる．肛門板と肛側板は分離する．前肛板の幅は狭い．背板は多毛化し，また一面に円錐形の微毛を密生する．*Vepracarus* Aoki, 1965 はシノニムとされる．

ケブカツツハラダニ (p.76, 171)
Papillacarus hirsutus (Aoki, 1961)
　体長 0.40 mm. 体毛は短く, 枝毛は相対的に長い. Sb は側面までつながる. S1 は c_1 で途切れる. S2 は短い. S3 は d_1 で途切れる. それより後の浅溝構造は枝毛のついた背毛の周辺に発達するだけ. 内陸性の種. 本州から南西諸島.

ツルマキケブカツツハラダニ (p.76, 172)
Papillacarus conicus Fujikawa, 2008
　体長 0.59 mm. 背毛は短から中庸の長さで強いケバ. 完全なのは Sb と S2 だけ. S3 と S4 の間の d_1 斜め外方にほぼ円形の独立した浅溝構造がある. S5 はない. S6 は e_1 の周辺でブツ切れになる. S7 は短い. S8, S9, S10 はブツ切れ. なお原記載図で S2 の前にある 1 本線は別の構造物. 青木 (2009) により日本でザラゲツツハラダニ *P. aciculatus* (Berlese, 1905) として記録されていた種は本種. 本州から南西諸島.

ネシアツツハラダニ属 (p.31)
Nesiacarus
　生殖板は前後に分かれる. 肛門板と肛側板は融合する. 前肛板の幅は広い.

カサドツツハラダニ (学名記録変更) (p.31, 172)
Nesiacarus sp.
　体長 0.51 mm. タヒチ島をタイプ産地とする *N. granulatus* Hammer, 1972 と同定されていたが未記載種の可能性が高い. 体表面に点刻 (顆粒ではない). 全体部側縁に小さいが明瞭な突起. 背毛はケバが強く, 背面に比較的短いものが 9 対 (c_2, d_2 含む), 周縁に長いものが 12 対 (腹面からはみ出るものを含む). 浅溝構造はブツ切れの穴になる傾向があり, S4 より後は穴が入り乱れて何番目の S かわかりにくい. 神奈川県, 九州, 南西諸島.

ニセイレコダニ科
Mesoplophoridae
　後体部は背板と腹板に分離し, 背板に横溝はない. 小型種が多いが, 中型種もいる.

ゾウイレコダニ属 (p.24)
Archoplophora
　世界に 1 種のみ. 生殖側板, 肛側板がある. 生殖門と肛側板は接触する.

ゾウイレコダニ (p.24, 171)
Archoplophora rostralis (Willmann, 1930)
　後体部長 0.20 mm. 前体部, 後体部の毛はむしろ短い. 胴感毛は短い側枝をそなえる. 日本全国. タイプ産地はグアテマラ.

マエイレコダニ属 (p.24)
Apoplophora
　生殖門と肛門の間の距離は肛門長より長い. 生殖板は三角形.

マエイレコダニ (p.24, 171)
Apoplophora pantotrema (Berlese, 1913)
　後体部長 0.32 mm. 胴感毛は短い側枝をそなえる. 背毛は中くらいの長さ. 前体部, 背板, 腹板の毛に微細なケバ. 南西諸島. タイプ産地はジャワ.

ニセイレコダニ属 (p.24)
Mesoplophora
　生殖門と肛門の間の距離は肛門長より短い. 生殖板は四角形と三角形がカギ形に組合わさる形.

ニセイレコダニ (p.24, 171)
Mesoplophora japonica Aoki, 1970
　亜属 *Parplophora* に属する (肛毛は 2 対より多い). 後体部長 0.30 mm. 肛毛は 3 対. 背毛は中くらいの長さ. 胴感毛はほとんど膨れず, 滑らかで, 先は尖る. 全国. タイプ産地は対馬.

MIXONOMATA 上団 (DICHOSOMATA 団)
　表皮の硬化が進み, 背板は分割されない. 後体部油腺を持つようになる (イレコダニ科などは持たない). 前体部と後体部は膜質部によって接続する. Dichosomata 団は前体部と後体部が少し上下に可動のグループ.

ヤワラカダニ科
Nehypochthoniidae
　世界に 1 属のみ. 脚は 3 爪だが中央のものは退化しているので 2 爪に見える. 吻毛は接近する. 胴感毛に枝毛. 前体部と背板は膜部でつながる.

ヤワラカダニ属 (p.4)
Nehypochthonius
　世界に 2 種. 背毛は滑らか. 背毛 c_3, f_1, f_2 は微小.

ヤノヤワラカダニ (p.4, 172)
Nehypochthonius yanoi Aoki, 2002
　体長 0.59 mm．体表は滑らか．背毛 d 列は互いにほぼ同長．静岡県．

トノサマダニ科
Perlohmanniidae
　巨大な種が多い．体はむしろ扁平．背板は非常につややか．腹板は生殖側板と肛側板に分離する．前体部，背板，口部，基節板 1+2，基節板 3+4，生殖板，肛門，腹板は互いに膜質部で分離する．第 1 付節の腹面に歯ブラシ状の多数の毛．吻毛は吻端から大きく離れ，互いに接近する．胴感毛は枝毛を持つ．腹板は生殖側板と肛側板に分離する．触肢基節の毛（m）は 3 本．日本の属は生殖板が前後に 2 分される．

トノサマダニ属 (p.34)
Perlohmannia
　脚は 1 爪．吻毛の対の位置は左右対称でなく，斜めにずれる傾向がある．

トノサマダニ (p.34)
Perlohmannia coiffaiti Grandjean, 1961
　体長 1.1 mm．タイプ産地はフランスで，原記載によれば肩の外側の膜質部に載っている硬化板はキョジンダニのものよりはるかに大きく，背毛 c_3 はその硬化板上ではなく側稜から生じる．キョジンダニより少ない．北海道から九州．

キョジンダニ属 (p.34)
Apolohmannia
　トノサマダニ属の亜属とされることがある．脚が 3 爪である他は情報が不足していてトノサマダニ属との区別がつかない．

キョジンダニ (p.34, 172)
Apolohmannia gigantea Aoki, 1960
　体長 1.5 mm．背板の縁は肩から e_2 の直後にかけてと左右 p_1 間で鋭い稜をなし，背面から見ると cp，e_2 と稜後端の部分に小さな段差がある．背板前縁の境界である膜質部は肩を回り込んで c_2 のあたりまで伸びたあと線ほどに細くなって背板側稜に沿って e_2 までつながる．背毛 c_3 はその膜質部の上に位置するごく小さな硬化板の上から生じる．肛門板と肛側板の間と肛側板の外側に細い硬化部がある．肛門の後にほぼ方形の硬化部（おそらく腹板由来）がある．生殖毛は前 6 本，後 2 本で，長さは前から長長短短短長短長．
Perlohmannia heterosa Fujikawa, 2008 **syn. nov.** はシノニム．北海道から九州．

ユウレイダニ科
Eulohmanniidae
　世界に 1 属 1 種であり，本科だけで上科を構成する．前体部と後体部はぐるりと膜質部でつながる．基節板 3，4 から腹板にかけての境界がない．生殖門と肛門の間に U 字形の膜質部がある．

ユウレイダニ属 (p.9)
Eulohmannia
　体は細長く扁平．基節板 3, 4 と腹板にかけて多毛化．吻端に 1 対の切れ込み．胴感毛に枝毛．前体部背面と背板背面には網目模様．第 1 脚を幽霊のように曲げている．

ユウレイダニ (p.9, 172)
Eulohmannia ribagai Berlese, 1910
　体長 0.69 mm．イタリアで記載され，日本産は背毛が長く亜種 *bifurcata* Fujikawa, 2014 とされる．北海道から中部．

ハラミゾダニ科
Epilohmanniidae
　前体部と後体部は完全に膜質部で分離し，蝶番のような構造がない．吻の前縁は前体部の幅の 2/3 以上を占めるほど広い．後体部は下膨れの筒状．肛門は後体部後端に回り込み，時として背面からも見える．しばしば第 4 付節の毛に種の特徴が現れる．薄茶色または赤みが強い褐色．

ハラミゾダニ属 (p.35, 75)
Epilohmannia
　生殖門の後縁に接して腹板を前後に 2 分する膜質の溝（ハラミゾ）がある．吻前縁は丸い．生殖門の幅が広く台形に近いグループと，縦に長い長円形のグループに分けることができ，将来は属を分けるべきである．本属のタイプ種は前者のグループに含まれる．なお前者のグループには，生殖板が前後に分離しているように記載されている種がいるが，そのような横溝は存在しない（生殖板がハラミゾの後方へ庇のように張り出しているために，腹板のハラミゾが生殖板の横溝であるかのように透けて見えているだけ）．海外では雌雄二型のある種が知られている（♀は生殖門がはるかに大きく，第 4 基節板後縁が大きく弓なりにカーブする）．

ヒメハラミゾダニ（p.75, 172）
Epilohmannia minuta Berlese, 1920
　体長 0.41 mm．生殖門が台形のグループに属する．日本産は亜種 pacifica Aoki, 1965（原記載は *E. pallida pacifica*）とされ，以下はその説明．全面に密な微顆粒をまとい，前体部，第 1, 2, 4 基節板，生殖板には穴構造．第 4 付節の毛は 9 本で，数本の芽状の毛を持つ．各々の第 1 基節板の中央は三角状に膨れる．第 4 転節は長く，末端に 2 本の突起を持つ．*E. foveolata* Fujikawa, 2008 **syn. nov.** と *E. rubra* Fujikawa, 2010 **syn. nov.** は *E. minuta pacifica* の亜種レベルにおけるシノニム．東北から南西諸島．

オオハラミゾダニ（p.75, 172）
Epilohmannia ovata Aoki, 1961
　体長 0.69 mm．本種以下は生殖門が長円形のグループに属する．生殖側毛は 16 対ほど．本種のように生殖側毛が多毛化しているグループを *Neoepilohmannia* とすることがあるが，生殖門の形によるグルーピングにそぐわないため本書ではその属名を有効としない．*E. vicina* Fujikawa, 2008 **syn. nov.** はシノニム．全国．

ミサキハラミゾダニ（p.75）
Epilohmannia serrata Fujikawa, 2008
　体長 0.50 mm．第 4 付節の毛は 10 本．第 3, 4 脛節と第 3 付節に各 1 本，第 4 付節に 2 本の幅広いヘラ状の毛がある．高知県．

ヘラゲハラミゾダニ（p.75, 172）
Epilohmannia spatulata Aoki, 1970
　体長 0.54 mm．第 4 付節の毛は 10 本で，うち 2 本は広いヘラ状．第 4 脛節にも 1 本のへら状の毛がある．対馬．

ニセヘラゲハラミゾダニ（新称）（p.75, 172）
Epilohmannia spathuloides Bayartogtokh, 2000
　体長 0.6 mm ほど．基節板毛は概して短い．生殖側毛は一番前のものは後のものより短い．第 4 付節の毛は 12 本で，うち 2 本は細いヘラ状，1 本は棒状，第 4 脛節の 1 本の毛は棒状．第 3 脚の毛は普通．本州には本種に似るが基節板毛がより長く，生殖側毛がすべて同長で，第 4 付節のヘラ状の毛が棒状の未知種がいて，普通に見られる．山梨県．

イブリダニ属（p.35, 76）
Epilohmannoides
　腹板を前後に分ける膜質の溝はない．吻端は尖る．*Iburidania* Aoki, 1959 **nom. nud.** は本属であるが不適格名．

ヒメイブリダニ（p.76, 173）
Epilohmannoides esulcatus Ohkubo, 1979
　体長 0.38 mm．吻端は突出し尖る．口板は基節板と融合する．生殖側毛 2 対．第 4 付節の毛は太く短い．第 4 脚の爪は小さい．ササラダニ亜目は第 1 付節に famulus（ε）と呼ばれる 1 本の毛を持つが，本種はその毛が欠如するきわめて珍しい例．関東から南西諸島．

イブリダニ（p.76, 173）
Epilohmannoides kishidai Ohkubo, 2002
　体長 0.57 mm．吻端はあまり尖らない．口板は硬化した後縁で縁取られ，基節板から明瞭に分離する．生殖側毛 3 対．第 4 付節の毛は普通に長く細い．第 1 付節は famulus を備える．前種より体色が赤みがかって濃い．*Iburidania bipectinata* Aoki, 1959 **nom. nud.** は本種であるが属名も種小名も不適格名．*E. setoensis* Fujikawa, 2008 **syn. nov.** はシノニム．近畿，四国．

MIXONOMATA 上団（EUPTYCTIMA 団）
　Euptyctima 団は前体部と後体部が大きく可動で，物理的な刺激を与えると脚を格納して球形になる．日本における分布は Niedbała (2012) も参照した．

ヘソイレコダニ科
Euphthiracaridae
　後体部の幅は高さより狭い．性肛門域は左右の 2 枚に融合して狭く，中央に蝶番のような結合部があり，後端は V 字形．

ヘソイレコダニ属（p.24, 155）
Euphthiracarus
　性肛門域の後端にも蝶番のような結合部がある．3 亜属に分かれ，日本の 3 種は基亜属に属する．基亜属は，背板が点刻または孔構造で，吻毛は桁毛より明らかに前方に位置する．

アマミイレコダニ（p.155, 173）
Euphthiracarus aggenitalis Aoki, 1984
　後体部長 0.46〜0.48 mm．前体部，背板は点刻．胴感毛は弱く膨らむ紡錘形で，ケバは目立たない．2 対の生殖側毛のうち，外側は微細，内側は長大（長さは 2 倍以上）．生殖毛は 9 対で，特に後の 4 対は長い．脚は 1 爪．奄美大島．タイプ産地は奄美大島．

オキイレコダニ (p.155, 173)
Euphthiracarus cribrarius (Berlese, 1904)
　後体部長 0.52 mm．前体部，後体部は凹孔構造．日本産は亜種 *Euphthiracarus cribrarius foveolatus* Aoki, 1980 とされ，以下の特徴を持つ．胴感毛は先に向かってかすかに膨れる棒状でケバが目立ち，先端は短く尖る．桁毛，桁間毛は尖り棒状だが，吻毛は弱く曲がるか鞭状．生殖側毛2対は同長という原記載は間違いで，内側の毛が長い（青木，2000；Shimano and Norton, 2003）．生殖毛は7対という原記載は間違いで，9対（同上）．脚は3爪，側爪は細い．日本産亜種のタイプ産地は隠岐島．基亜種のタイプ産地はノルウェー．

タカハシイレコダニ (p.155, 173)
Euphthiracarus takahashii Aoki, 1980
　後体部長 0.59〜0.63 mm．前体部，後体部は毛穴ほどの大きさの凹孔構造．胴感毛は棍棒状で先端に顕著なケバ．桁毛，桁間毛，背毛，肛側毛は針状．2対の生殖側毛のうち，外側は内側のものの半分の長さ．生殖毛は8対前後で後方ほど長い（特に後の4対）．脚は3爪，側爪は細い．伊豆諸島，四国．タイプ産地は三宅島．

ヒメヘソイレコダニ属 (p.24, 156)
Acrotritia
　性肛門域の蝶番のような結合部は中央に1個だけ．生殖毛は7〜9対．第3, 4脚転節の毛は2本．*Rhysotritia* はシノニム．

ヒメヘソイレコダニ (p.156, 173)
Acrotritia ardua (C. L. Koch, 1841)
　後体部長 0.4〜0.6 mm．第1脚は2爪，他は3爪で共に側爪は細い．後体部の体高は次種より高い．胴感毛の先端はハケ状．背毛は微細なケバのある針状．生殖毛9対（変異あり）．生殖側毛2本は縦に並ぶ．Aoki (1980) の warm-temperate 型，あるいは，島野・青木（1997）の BT 型は本種．全国．タイプ産地はドイツ．

アオキヒメヘソイレコダニ (p.156, 173)
Acrotritia aokii Niedbała, 2000
　後体部長 0.3〜0.5 mm．脚は1爪．後体部の体高は前種より低い．胴感毛の先端は紡錘形．背毛はやや棒状で先端附近のケバが目立つ．生殖毛9または10対．生殖側毛2本は横に並ぶ．北海道，本州．タイプ産地は北朝鮮．

ウスイロヒメヘソイレコダニ（新称）(p.156, 173)
Acrotritia sinensis Jacot, 1923
　後体部長 0.4 mm．脚は1爪．生殖毛9対（ホロタイプの観察結果による．ただし，原記載は7対）．生殖側毛2本は縦に並ぶ．Aoki (1980) の cold-temperate 型，あるいは，島野・青木（1997）の M 型は本種．京都府，鳥取全国．タイプ産地は中国（北京）．

ニセヒメヘソイレコダニ（新称）(p.156, 173)
Acrotritia simile (Mahunka, 1982)
　後体部長 0.4 mm．脚は1爪．c_1 は，c_2 または d_1 の2倍の長さがある．生殖毛9対．生殖側毛2本は縦に並ぶ．鳥取県．タイプ産地は韓国．

チビイレコダニ属 (p.24, 155)
Microtritia
　性肛門域の蝶番のような結合部は中央に1個だけ．生殖毛は4〜5対．第3, 4脚転節の毛は1本．

カントウチビイレコダニ (p.155, 174)
Microtritia minima (Berlese, 1904)
　後体部長 0.29〜0.37 mm．胴感毛の先は丸く，その先に袋状のキャップをかぶる．生殖毛4対．生殖側毛1対．2対の肛門毛は微細．北海道〜九州．タイプ産地はイタリア．

チビイレコダニ (p.155, 174)
Microtritia tropica Märkel, 1964
　後体部長 0.29 mm．胴感毛は弱く膨らむ紡錘形で，先端は鋭く尖る．桁間毛は微細．生殖毛5対．生殖側毛なし．南西諸島．タイプ産地はペルー．

タテイレコダニ科
Oribotritiidae
　後体部は球状．生殖側板と肛側板の境界はないか不完全．肛門板と肛側板は分離する．性肛門域の後端はV字形．性肛門域の毛式で属や種の区別をしているが，この部分の毛式は個体変異も見られるので，絶対ではないことに注意する．

ミナミイレコダニ属 (p.25, 157)
Austrotritia
　世界に20種あまり．生殖板と生殖側板の境界がない．生殖側板と肛門板の境界線は斜めに伸び，外方で途切れる．

フチバイレコダニ （p.157, 174）
Austrotritia dentata Aoki, 1980

後体部長 0.70〜0.77 mm．前体部吻縁に細かな鋸歯（日本産の他の種は滑らか）．前体部毛と背毛は短く繊細．生殖毛 8 対，生殖側毛 2 対，肛毛 2 対，肛側毛 3 対．第 4 脚脛節の毛は 5 本．本州中部以南，タイプ産地は神奈川県．

イシガキイレコダニ （p.157, 174）
Austrotritia saraburiensis Aoki, 1965

後体部長 0.87 mm．前体部毛と背毛は太く中庸の長さ．生殖毛 7 対，生殖側毛 2 対，肛毛 1 対，肛側毛 3 対．第 4 脚脛節の毛は 5 本．*A. ishigakiensis* Aoki, 1980 はシノニムとされる．南西諸島．タイプ産地はタイ．

ミナミイレコダニ （p.157, 174）
Austrotritia unicarinata Aoki, 1980

後体部長 0.77 mm．前体部側面の頬線は 1 本（日本産の他の種は 2 本）．前体部毛と背毛は短く繊細．生殖毛 9〜10 対，生殖側毛 2 対，肛毛 1 対，肛側毛 3 対．第 4 脚脛節の毛は 4 本．小笠原諸島，福岡県（大島・白島）．タイプ産地は小笠原諸島母島．

ジャワイレコダニ属 （p.25, 157）
Indotritia

世界に 30 種以上．生殖板と生殖側板の境界は前方で途切れる．生殖側板と肛門板の境界線は斜めに伸び，外方で途切れる．

ジャワイレコダニ （p.157, 174）
Indotritia javensis (Sellnick, 1923)

後体部長 0.59〜0.85 mm．胴感毛は針状．生殖毛 9 対，生殖側毛 3 対，肛毛 1 対，肛側毛 3 対．本州以南．タイプ産地はジャワ島．

トカライレコダニ （p.157, 174）
Indotritia lanceolata (Aoki, 1988)

後体部長 0.67 mm．胴感毛は紡錘形．生殖毛 7 対，生殖側毛 2 対，肛毛 1 対，肛側毛 3 対．*Austrotritia* として記載されたが，Niedbała (2000) によって，本属に移動された．個体数が得られていないのでさらに確認が必要．トカラ列島，タイプ産地は中之島（トカラ列島）．

ヌノムライレコダニ （p.157, 174）
Indotritia nunomurai Hirauch & Aoki, 2011

後体部長 0.39〜0.53 mm．トカライレコダニに似るが胴感毛は中程膨れ，先は漸次細まる．生殖毛 9 対，生殖側毛 2 対，肛毛 1 対，肛側毛 3 対．タイプ産地は富山県．

タテイレコダニ属 （p.25, 158）
Oribotritia

世界に 80 種以上．大型の種が多い．生殖板と生殖側板の境界は完全．生殖側板と肛門板の境界線は斜めに伸び，外方で途切れる．

ベルレーゼイレコダニ （p.158, 174）
Oribotritia berlesei (Michael, 1898)

後体部長 1.5 mm．背毛は長い．生殖毛 8 対，生殖側毛 2 対，肛毛 1 対，肛側毛 3 対（日本産の種で肛毛が 1 対なのは本種のみ）．北海道，東京都．タイプ産地はイタリアであり，北米，東洋，オーストラリア地域にかけての分布が知られていないため別種の可能性がある．

チチジマイレコダニ （p.158, 175）
Oribotritia chichijimensis Aoki, 1980

後体部長 1.0〜1.3 mm．胴感毛は長く（0.1 mm），かすかに膨らむ．前体部毛，背毛はずんぐりした針状（桁間毛 0.05 mm）．生殖毛 8 対，生殖側毛 2 対，肛毛 2 対，肛側毛 3 対．小笠原諸島．タイプ産地は小笠原諸島父島．

リュウキュウイレコダニ （p.158, 175）
Oribotritia ryukyuensis Nakatamari, 1985 **stat. nov.**

後体部長 0.9〜1.5 mm．胴感毛はカーブし，やや短く（0.08 mm），やや膨らむ．前体部毛，背毛は糸状（桁間毛 0.13 mm）．生殖毛 8 対，生殖側毛 2 対，肛毛 2 対，肛側毛 3 対．はじめチチジマイレコダニの亜種として記載されたが別種とする．本州，南西諸島．タイプ産地は沖縄本島．

シコクイレコダニ （p.158, 175）
Oribotritia shikoku Niedbała, 2006

後体部長 1.3 mm．前体部側面の頬線は 2 本で，外側の線は弱い（日本産の他の種は 1 本）．胴感毛は中央の膨らむ紡錘形でしだいに細まる．桁間毛（0.2 mm）＞吻毛＝胴感毛杯外毛＞桁毛＞胴感毛．生殖毛 7 対，生殖側毛 3 対，肛毛 3 対，肛側毛 3 対．四国．タイプ産地は愛媛県．

トクコイレコダニ （p.158, 175）
Oribotritia tokukoae Aoki, 1973

世界でも最大級の巨大な種，後体部長 2.2 mm．胴感毛は長く糸状．桁間毛は長く糸状．背毛は細く短い．生殖毛は 2 対で微小．生殖毛 8 対，生殖側毛 2 対，肛毛 3 対，肛側毛 3 対．北海道，山梨県．タイプ産地

フトゲイレコダニ（p.158, 175）
Oribotritia fennica Forsslund & Märkel, 1963

後体部長 1.0～1.7 mm．胴感毛は長く，かすかに膨らむ．桁間毛は非常に長い．生殖毛 8 対，生殖側毛 3 対，肛毛 3 対，肛側毛 3 対．北海道，四国．タイプ産地はフィンランド．

ノリコイレコダニ（p.158, 175）
Oribotritia asiatica Hammer, 1977

後体部長 1.6 mm．胴感毛は針状．肛毛 3 対．日本産は亜種 *Oribotritia asiatica norikoae* Suzuoka, 1983 とされ，吻毛，桁毛，背毛にケバがあり，生殖毛 8 対，生殖側毛 3 対，肛毛 3 対，肛側毛 3 対で，性肛門域は滑らか．日本産亜種のタイプ産地は山口県．基亜種のタイプ産地はパキスタン．

キシダイレコダニ属（p.25）
Maerkelotritia

世界に 5 種．生殖板と生殖側板の境界は完全．生殖側板と肛側板の境界は水平に伸び，短い．頬線はない．胴感杯の下に突起がある．タイプ種はアラスカ産だが，キシダイレコダニの新参シノニムとされる．

キシダイレコダニ（p.25, 175）
Maerkelotritia kishidai (Aoki, 1958)

後体部長 0.6～1.5 mm．前体部毛，背毛は長い．胴感毛は糸状．生殖毛 9～12 対，生殖側毛 2 対，肛毛 1 対，肛側毛 4 対．日本産は 3 型に分けられており検討が必要．全国．タイプ産地は栃木県．

オクヤマイレコダニ属（p.25, 159）
Mesotritia

世界に 30 種以上．胴感杯の下に突起がある．生殖板と生殖側板の境界は完全．生殖側板と肛側板は完全に融合．頬線は 1 本．生殖板の前面折れ曲がり部には毛がない．吻毛，桁毛，桁間毛の配置が独特．

オクヤマイレコダニ（p.159）
Mesotritia okuyamai Aoki, 1980

後体部長 0.93 mm．胴感毛は短い紡錘形．背毛は細く短い．生殖毛 6 対，生殖側毛 2 対，肛毛 1 対，肛側毛 3 対．北海道，本州，九州．タイプ産地は栃木県．

キレコミイレコダニ（p.159, 175）
Mesotritia maerkeli Sheals, 1965

後体部長 0.58～0.67 mm．前種より小型で，吻毛はより後方に位置して桁毛より短く，桁毛間は桁間毛間より狭い．*M. spinosa* Aoki, 1980 はシノニムとされる．屋久島．タイプ産地はヒマラヤ（ネパール）．

フジイレコダニ属（p.25）
Protoribotritia

世界に 5 種のみ．胴感杯の下に突起がある．生殖板と生殖側板の境界は完全．生殖側板と肛側板は完全に融合．側面から見た前体部背面の輪郭は強くカーブする．第 4 脚，膝節にソレニディオンがある．吻毛，桁毛，桁間毛は等間隔．

フジイレコダニ（p.25, 176）
Protoribotritia ensifer Aoki, 1969

後体部長 0.33～0.34 mm．胴感杯の下に突起がある．胴感毛は先端近くに 2 本のトゲ．桁間毛は，屹立している．背毛は概して太く短くケバがある．生殖毛 7 対，生殖側毛 2 対，肛毛 3 対，肛側毛 4 対．生殖側毛，肛毛は微細．北海道，本州，九州，屋久島．タイプ産地は富士山．

マメイレコダニ属（p.25）
Sabacarus

世界に 2 種のみ．胴感杯の下に突起がある．生殖板と生殖側板の境界は完全．生殖板と肛側板は完全に融合．桁毛は桁間毛の直前に位置する．第 4 脚，膝節にソレニディオンはない．ps_1 が後体部縁で互いに近接．

マメイレコダニ（p.25, 176）
Sabacarus japonicus Shimano & Aoki, 1997

後体部長 0.31～0.34 mm．胴感杯の後方下に突起がある．胴感毛は先が明瞭に膨らむケバ立ったヘラ形．桁毛は桁間毛の直前に位置する．生殖毛 9 対，生殖側毛 2 対，肛毛 2 対，肛側毛 3 対．生殖側毛は微細，肛毛は長い．第 1 脚，膝節にソレニディオンが 1 本，かつ，第 4 脚，膝節に歩脚毛なし．背板後縁は反り返る．タイプ産地は富山県．他に，綾（宮崎県）から得られた（Shimizu *et al*, 2012）．

イレコダニ科
Phthiracaridae

性肛門域は田の字形．つまり生殖板と生殖側板が融合，肛門板と肛側板が融合（本書では以後，前者を生殖板，後者を肛門板と呼ぶ）．後体部は横幅が広い．分類体系は非常に流動的であり研究者によって異なる．本書では属，亜属の関係や種の所属はおおむね Niedbała (2011) に従った．ただし彼はイレコダニ

属を亜属に分けていないため，種同定の便宜上 Subías (2014) の亜属を使った．

ズキンイレコダニ属（p.22, 159）
Austrophthiracarus
　肛門板の内縁には 2 本の肛毛が並ぶだけ．概して肛側毛 ad_1 は肛毛より長い．

ズキンイレコダニ（p.159, 176）
Austrophthiracarus mitratus (Aoki, 1980)
　後体部長 0.78 〜 0.91 mm．背板前縁は前に顕著に突出る．桁間毛，背毛はかなり長くケバ．生殖毛は 2 列に並び，g_6 は g_5 の斜前．関東〜南西諸島．タイプ産地は愛媛県．

ケブカイレコダニ（p.159, 176）
Austrophthiracarus comosus (Aoki, 1980)
　後体部長 1.1 〜 1.2 mm．背毛と肛門板の毛は多毛化する傾向がある．背毛は長いムチ状で 100 〜 150 本に達する．胴感毛はやや膨らむひも状．生殖板の毛は短く，肛門板の毛は長い．肛門板の毛は 6 対．タイプ産地は愛媛県．他の記録なし．

アラメイレコダニ属（p.22, 159）
Atropacarus
　生殖毛はほぼ 1 列に並ぶ．

アラメイレコダニ（p.159, 176）
Atropacarus striculus (C. L. Koch, 1835)
　本種と次種は基亜属で，肛門板の内縁には前から ad_1, an_2, an_1, ad_1 の 4 本が並ぶ．
　後体部長 0.32 〜 0.45 mm．背毛 16 対は棒状で弱いケバ．全国．タイプ産地はドイツ．

コンボウアラメイレコダニ（p.159, 176）
Atropacarus clavatus Niedbała, 1986
　後体部長 0.34 〜 0.41 mm．背毛 16 対は棍棒状で強いケバ．著者は Aoki, 1980 とされているが，変種として記載されていて不適格なので，はじめて適格に引用した Niedbała でなければならない．タイプ産地は愛媛県．他の記録なし．

ハナビライレコダニ（p.159, 176）
Atropacarus cucullatus (Ewing, 1909)
　本種と次種は亜属 *Hoplophorella* で，g_5 と g_6 の間隔は広く，肛門板の内縁には前から an_2, an_1, ad_1 の 3 本が並ぶ．
　後体部長 0.36 〜 0.40 mm．背板前縁に顕著なエリが発達．桁毛と桁間毛は同長．背毛は広い花びら状．関東〜南西諸島．タイプ産地は米国．

ホソハナビライレコダニ（p.159, 176）
Atropacarus hamatus (Ewing, 1909)
　後体部長 0.30 〜 0.34 mm．背板前縁はエリがなくて通常の形態．桁間毛は桁毛より長い．背毛は狭い花びら状．*Hoplophorella floridae* Jacot, 1933 はシノニムとされる．西表島．タイプ産地は米国．

クゴウイレコダニ属（p.22, 161）
Plonaphacarus
　肛門板の内縁には前から an_2, an_1 の 2 本が等間隔に並ぶ．

クゴウイレコダニ（p.161, 176）
Plonaphacarus kugohi (Aoki, 1959)
　後体部長 0.55 〜 0.63 mm．前体部中央は平坦．桁間毛，背毛はケバのある針状で中庸の長さ．生殖毛 g_6 は g_5 の斜前．本州〜南西諸島．タイプ産地は宮崎県．

イシカワイレコダニ（p.161, 176）
Plonaphacarus ishikawai (Aoki, 1980)
　後体部長 0.80 〜 0.95 mm．前体部中央隆起は狭く低い畝状．胴感毛は膨らみがない棒状．桁間毛，背毛はケバのある針状で中庸の長さ．生殖毛 g_6 は g_5 の斜前．近畿，中国，四国．タイプ産地は愛媛県．

ヨロイイレコダニ属（p.22, 160）
Hoplophthiracarus
　世界に 50 種以上．生殖毛は前の g_1-g_5 と後の g_6-g_9 は 1 列になったり，ずれて 2 列になったりし，ずれる場合は g_6 が g_5 の前になったり後になったりする（前になった場合はイレコダニ属と同じ配置になる）．体表は概して大きな孔構造．肛門板の内縁には前から an_2, an_1, ad_1 の 3 本が並び，概して肛側毛 ad_1 は肛毛（an_1, an_2）より長い．

トサカイレコダニ（p.160, 177）
Hoplophthiracarus cristatus (Aoki, 1980)
　後体部長 0.45 mm．前体部中央隆起は広く高い顕著な台地状．前体部毛，背毛はずんぐりして極短い．後方の生殖毛は短小な花びら状．タイプ産地は奄美大島．他の記録なし．

シマイレコダニ（p.160, 177）
Hoplophthiracarus insularis Aoki, 2006
　後体部長 0.45 〜 0.51 mm．前体部中央隆起は高い丘

ミミカキイレコダニ (p.160, 177)
Hoplophthiracarus hamatus (Hammer, 1973)

後体部長 0.43 mm. 前体部中央は平坦. 胴感毛は短く, 球形. 桁間毛, 背毛, 肛側毛は先端が耳かき状に膨れる. 桁間毛と背毛 c_2, c_3 は他の背毛の 2 倍の長さ, 肛側毛は短い背毛よりやや長い. 渡名喜島, 南硫黄島. タイプ産地はトンガ諸島.

イノウエイレコダニ (p.160, 177)
Hoplophthiracarus inoueae Aoki, 1994

後体部長 0.33 ～ 0.50 mm. 吻の縁の柵模様と吻端の顆粒が大きな特徴. 北海道. タイプ産地は神奈川県.

ヨロイイレコダニ (p.160, 177)
Hoplophthiracarus foveolatus Aoki, 1980

後体部長 0.37 ～ 0.49 mm. 前体部中央は平坦. 桁間毛, 背毛はケバのある棒状で中庸の長さ. 生殖毛 g_6 は g の斜後. 関東～九州. タイプ産地は神奈川県.

コガタイレコダニ (p.160, 177)
Hoplophthiracarus illinoisensis (Ewing, 1909)

後体部長 0.27 (～ 0.38) mm. 背毛はやや短く, 鈍く尖る針状. 生殖毛は, ほぼ 1 列に並ぶ. Niedbała (2000) および Niedbała (2002) によって *H. pavidus* (Berlese, 1913) として記録されていた種 (Aoki, 1980) は本種とされたが, 後体部長 0.27 mm 内外で, かつ土壌から得られるものは *H. illinoisensis* には該当しない可能性がある. ミズゴケ湿原などに生息するもの (Aoki, 1980 など) が, *H. illinoisensis*. しかし未だ精査を要する. 本州～南西諸島. タイプ産地はイタリア.

トゲイレコダニ属 (p.22, 161)
Steganacarus

日本産は亜属 *Rhacaplacarus* に属し, 肛門板の内縁には前から an_2, an_1, ad_1 の 3 本が等間隔に並び, ad_1 は肛毛 (an_1, an_2) より長くはならない.

トゲイレコダニ (p.161, 177)
Steganacarus spiniger (Aoki, 1980)

後体部長 0.52 ～ 0.62 mm. 前体部前背面に, 中央の縦隆起とそれをはさむ 1 対の縦隆起. 体毛は概してずんぐりしたトゲ状. 肛毛と肛側毛はほぼ同長. 近畿, 四国. タイプ産地は愛媛県.

状. 桁間毛, 背毛はケバのある棒状で中庸の長さ. 後方の生殖毛は短小な花びら状. 生殖毛 g_6 は g_5 の後方. タイプ産地は沖縄県渡嘉敷島. 他の記録なし.

カワノイレコダニ (p.161, 177)
Steganacarus kawanoi (Aoki, 2009) **comb. nov.**

後体部長 0.59 ～ 0.60 mm. 前体部前背面に, 太く明瞭な中央の縦隆起とそれをはさむ明瞭な 1 対の縦隆起. 桁間毛は長くケバ. 桁毛, 吻毛は短い. 背毛は桁間毛ほどの長さでケバ. 肛毛と肛側毛 ad_1 はほぼ同長で, ad_2 はかなり長く, ad_3 はより短い. はじめ *Hoplophthiracarus* として記載された. タイプ産地は沖縄本島. 他の記録なし.

イレコダニ属 (p.22, 23, 161, 162)
Phthiracarus

14 の名義属・亜属が 4 亜属に整理された世界で 200 種を超える大グループ. 生殖毛は前の g_1-g_5 と後の g_6-g_9 が 2 列に並び, g_6 は g_5 の斜前にずれる, 体表は概して孔構造は見られず, せいぜい点刻. 肛門板の内縁には前から an_2, an_1, ad_1 の 3 本が並ぶ.

ヤマトイレコダニ (p.161, 178)
Phthiracarus japonicus Aoki, 1958

本種と次 2 種は基亜属に属し, 肛毛は 2 対, 肛側毛は 1 対と毛痕 2 対. 後体部長 0.37 ～ 0.69 mm. 胴感毛の長さは幅の 5 倍ほど. 前体部背面はツルツル. *P. miyamaensis* Fujikawa, 2004 はシノニムとされる. 全国. タイプ産地は長野県.

ツルギイレコダニ (p.161, 178)
Phthiracarus clemens Aoki, 1963

後体部長 0.58 ～ 0.82 mm. 胴感毛の長さは幅の 10 倍ほど. 前体部背面の前方中央に縦隆起, 後方は丘状に膨らむ. 九州産亜種 *kyushuensis* Aoki, 1980 は基亜種のシノニムとされる. ネパール産は肛毛が 5 本対揃っているので *Archiphthiracarus* 亜属に含める考え方もある. 全国. タイプ産地は東京都.

シラカミイレコダニ (p.161, 178)
Phthiracarus persimplex Mahunka, 1982

後体部長 0.57 mm. 胴感毛は中程が膨らみ先は長く伸びる. 肛側毛は相互間の距離より短い. Niedbała (2011) により, *P. shirakamiensis* Fujikawa, 2004 はシノニムとされる. Fujikawa (2004) では毛とされている ad_1, ad_2 は, ホロタイプとされた標本の観察結果より痕跡であることを確認し, 同様の Niedbała (2011) の指摘を支持する (従って, ここでは *Phthiracarus* 亜属への所属となる). しかしながら, 同標本は, 背毛の長さなどで *P. persimplex* とは異なる形質も持つため再検討必要. 青森県. タイプ産地は北朝鮮.

オオイレコダニ (p.23, 178)
Phthiracarus setosus (Banks, 1895)

　Metaphthiracarus 亜属に属し, 背毛が15対より多く, 肛門板の毛は5対で完全. 後体部長 0.98～1.2 mm. 背毛は長いムチ状で18対ほど. 胴感毛はやや膨らむひも状. 生殖板の毛は短く, 肛門板の毛(特に肛側毛)は長い. 本種は亜属のタイプ種である *M. bacillatus* Aoki, 1980(タイプ産地は愛媛県)の古参シノニムとされる. *P. hirsutus* Fujikawa, 2003 はシノニムとされる. 北海道, 本州, 四国. タイプ産地はニューヨーク州(米国).

サキシマイレコダニ (p.162, 178)
Phthiracarus australis (Aoki, 1980)

　本種以下は *Archiphthiracarus* 亜属に属し, 背毛等の多毛化はなく, 肛門板の毛は5対で完全. 後体部長 0.44～0.60 mm. 前体部の表面に細かい縦シワ(同亜属の他の種は滑らか). 胴感毛は先の尖る紡錘形. 肛側毛は相互間の距離より短い. タイプ産地は石垣島. 他の記録なし.

ネコゼイレコダニ (p.162, 178)
Phthiracarus gibber (Aoki, 1980)

　後体部長 0.60～0.71 mm. 背板の裂孔は4対(同亜属の他の種は ia, im の2対のみ). 胴感毛は先の尖る紡錘形. 肛側毛は相互間の距離より短い. タイプ産地は奄美大島. 他の記録なし.

マドカイレコダニ (p.162, 178)
Phthiracarus parmatus (Nakatamari, 1985)

　後体部長 0.56～0.71 mm. 胴感毛の先は丸い. 肛側毛は相互間の距離より短い. 南西諸島. タイプ産地は沖縄本島.

シャモジイレコダニ (p.162, 178)
Phthiracarus bryobius Jacot, 1930

　後体部長 0.42～0.57 mm. 胴感毛の先は丸い. 桁毛は長い. 肛側毛は相互間の距離より長い. 北海道, 本州. タイプ産地は米国.

ケシイレコダニ (新称) (p.162, 178)
Phthiracarus paucus Niedbała, 1991

　後体部長 0.32 mm. 背毛 p_1～p_4 は一列に並ぶ(同亜属の他の種は p_1 が列から大きく外れる). 胴感毛の先は丸い. 桁毛は短い. 肛側毛は相互間の距離より短い. 京都府, 鳥取県. タイプ産地はオーストラリア.

HOLOSOMATA 上団

　表皮はなんとなく革質状. Mixonomata でもなく Brachypylina でもないグループが集められた便宜的なグループ.

モンツキダニ科
Trhypochthoniellidae

　生殖側毛はない. 油腺は体内の貯蔵嚢が大きく発達し, 分泌液をためている時は濃く着色している(和名の由来).

クネゲモンツキダニ属 (p.33)
Mucronothrus

　脚は1爪. 吻は突出する. 吻毛は互いに接近する. 胴感杯は円盤状で開口部はきわめて狭い. 胴感毛は糸状で細く, 桁間毛の1/3以下の長さ. 生殖毛 18～20対, 肛毛2対, 肛側毛2対. 背面の背毛は後方ほど長い. 背板は亀甲模様.

クネゲコナダニモドキ (p.33, 179)
Mucronothrus nasalis (Willmann, 1929)

　体長 0.73 mm. 吻の突出部は正三角形. 第4脛節の通常毛は3本(1本はソレニジオンの護毛のため見にくい). 汎世界種とされ, アルプス, ヒマラヤ, アンデス等の高山や高緯度地方の水生環境で得られているが, 三重県の記録は標高 800 m にすぎない. 北海道, 岩手県, 三重県.

ヤチモンツキダニ属 (p.33)
Trhypochthoniellus

　ミズモンツキダニ属に似るが, 胴感杯, 胴感毛が常に退化または消失している(桁間毛の外側に見られる毛は胴感杯外毛). 脚は3爪. 水生環境に生息する.

ヤチモンツキダニ (p.33, 179)
Trhypochthoniellus brevisetus Kuriki, 2005

　体長 0.56 mm. 胴感杯は完全に消失. 背毛 c_1 は c_1-d_1 間より短い. 背毛 h_3 は h_2 から大きく離れて, 腹側に回り込む. 付節のソレニジオンは1本. 鋏角の毛 cha は微小で, chb の近くに生じる. 従来日本で記録された *T. setosus* (Willmann, 1929) はこの種である. 痕跡的な胴感杯を持ち, かつ付節のソレニジオン2本のものが知られており, 異型とされているが別種の可能性もある. 北海道, 東北.

ミズモンツキダニ属 (p.33, 77)
Hydronothrus

　ヤチモンツキダニ属のシノニムとされたが, 胴感杯が見られる(恒常的には消失しない)ことは十分独立

属にする価値があると考える．胴感毛は滑らか．背板は亀甲模様．背毛は比較的長く繊細．生殖毛6対以上，肛毛1対，肛側毛2対．基節板毛式は3-1-3-2（原記載で3-0-3-2とされたのは間違い）．脚は3爪．水生環境に生息する．

ミズモンツキダニ（p.77, 179）
Hydronothrus longisetus (Berlese, 1904)

　体長 0.53 mm．桁毛の前方から畝隆起が伸び，先端に吻毛を生じる．畝間から吻端にかけて数本の縦のうねりがあるので斜め後方の観察では吻縁が波打って見えるが，吻縁は滑らかに丸い．桁毛間に横桁のような不明瞭なシワがある．背毛は滑らか．生殖毛は9対ほど．背毛 h_3 は h_2 に接近する．第1脛節の毛dはソレニジオンの半分の長さ．多くのシノニムを含む汎世界種で，日本で記録のある *H. crispus* Aoki, 1964, *Trhypochthoniellus excavata* Willmann, 1919 もシノニムとされる．*T. ashoroensis* Fujikawa, 2000 **syn. nov.**, *T. porticus* Fujikawa, 2000 **syn. nov.** は区別がつかないので本種のシノニムとしておく．全国．

タイセツヤチモンツキダニ（p.77, 179）
Hydronothrus taisetsuensis (Kuriki, 2005) **comb. nov.**

　体長 0.45 mm．ミズモンツキダニに似るが，小型で，背板に亀甲模様がなく，生殖毛6〜8対と少なく，第1脛節の毛dはソレニジオンと同じ長さ．はじめ *Trhypochthoniellus* として記載された．北海道（大雪山）．

クビレモンツキダニ属（新称）（p.33）
Afronothrus

　後体部はミズモンツキダニ属のように扁平だが，付節の形や毛はモンツキダニ属に似る．生殖毛4対，肛毛は毛穴のみ1対，肛側毛2対．基節板毛式 3-1-3-2．脚3爪．背毛は繊細で，背板前半（特に中央寄り）のものは短く，h_2, h_3 はかなり長い．背板はd列毛の後でくびれる．非水生環境で見られる．

ジャワモンツキダニ（p.33, 179）
Afronothrus javanus (Csiszár, 1961) **comb. nov.**

　体長 0.54 mm．タイプ産地はジャワ島で日本からも記録された．*Trhypochthonius* として記載されたが，日本産個体の特徴はジャワモンツキダニ属であることを示す（種の同定には疑問があるが，脚の3爪のうち中央の爪が短いことから本属の他の既知種ではないと思われる）．背毛は p_1 はごく微細なケバを持つが他の毛は滑らか．背板のd列毛の後に明瞭な横断線がある（標本のつぶれに起因するシワではない）．座間味島，石垣島，西表島．

フサゲモンツキダニ属（p.34, 77）
Allonothrus

　赤味の強い褐色．背面の多くの毛はケバがあり縦に巻き込む．桁間部にハの字形の畝，その外側に（ ）形の畝，横桁様の肥厚がある．背板は穴構造．肛毛2対，肛側毛3対．

フサゲモンツキダニ（学名記録変更）（p.77, 179）
Allonothrus sinicus Wang & Norton, 1988

　体長 0.50 mm．横桁を前縁とする四角系の不明瞭な隆起部，桁間毛間に円形の浅いへこみ．前体部側面に2〜3本の鋸歯．後部に硬化部に縁取られた大きな丸いへこみ．背毛は先が大きく広がる．生殖毛7対は針状で，前5対はケバを持ち後2対は半分の長さで滑らか．肛側毛は後のものほど太く，最前の1対はほとんどケバのない棒状，後2対はケバのある棍棒状．脚は3爪で，中央のものは太く長い．山本（1978）により日本で *A. schuilingi* Hammen, 1953 と同定されていたもの．*A. henroi* Fujikawa, 2004 **syn. nov.** はシノニム．海岸近くの岩場の非湿生植生で見られる．近畿から南西諸島．

オオフサゲモンツキダニ（p.77, 179）
Allonothrus russeolus Wallwork, 1960

　体長 0.63 mm．吻毛は比較的細く短い．桁間部のハの字形の畝は前方でかなり接近する．背毛は先がやや広がる．生殖毛11対ほど．肛側毛は滑らか．脚は3爪で，同じ太さだが中央のものは短い．沖縄本島．

モンツキダニ属（p.34, 77）
Trhypochthonius

　脚は3爪．胴感毛はケバを持つ．背毛は概して太くケバを持ち，背面のものは後方ほど長い．ミズモンツキダニ属より背高が大きい．生殖毛は6〜18対．肛毛1対，肛側毛3対．非水生環境で見られる．

ヤマトモンツキダニ（p.77, 179）
Trhypochthonius japonicus Aoki, 1970

　体長 0.66 mm．吻毛と桁毛はほぼ同長で桁間毛はそれらの1.4倍ほど．背毛 c_3 から f_2 にかけてと両 p_2 間にかけて鋭い稜線が形成され，後者は馬蹄形で背面からは臀部の強い丸い膨らみとして観察され，側面から見ると少し出っ張る．背毛 c_1 はかなり細くほとんどケバがない．背毛 c_2 は c_1 より少し長い．背毛 P_2 は鋭く尖り，ケバは弱い．生殖毛は8対前後だが個体群間の変異が大きい．*T. misumaiensis* Fujikawa, 2000 **syn. nov.** はシノニム．北海道から九州．

キタモンツキダニ （p.77, 179）
Trhypochthonius septentrionalis Fujikawa, 1995

体長 0.61 mm．背毛 c_1 はやや細く，ケバがある．背毛 p_2 は鋭く尖りケバは弱い．背毛 c_2 は c_1 より明らかに長く c_3 の 1/2．背毛 p_2 は鋭く尖り，ケバは弱い．生殖毛は 7 対ほど．北海道から九州．

トガリモンツキダニ （p.77, 180）
Trhypochthonius triangulum K. Nakamura, Y.-N. Nakamura & Fujikawa, 2013

体長 0.59 mm．背毛 c_1 は細くなく他の背毛と同様の強いケバがある．背毛 c_2 は c_3 より少し短い程度．背毛 p_2 は他の背毛と同様の強いケバがあり，先端が尖ることはない．生殖毛は 7 対ほど．ヤマトモンツキダニのように臀部の丸みが背面の輪郭からはみ出ることはない．従来日本でモンツキダニ *T. tectorum* (Berlese, 1896) として記録され，青木（2000）によって図示された種ではないかと思われる．東北から九州．

アラゲモンツキダニ （p.77, 180）
Trhypochthonius stercus Fujikawa, 2000

体長 0.61 mm．トガリモンツキダニとは生殖毛が 10 対以上であることによって区別される．同時に記載された *T. fujinitaensis* Fujikawa, 2000 **syn. nov.** は区別がつかないので *stercus* を有効名とする．関東から近畿．

チャイロモンツキダニ （p.77, 180）
Trhypochthonius sphagnicola Weigmann, 1997

体長 0.54 mm．濃い褐色．桁毛，桁間毛は短い．胴感毛は短い目で太い棍棒状．背毛は後方のものも短い．青木（1995）が北海道から記録した *T. nigricans* Willmann, 1928 は栗城（2013）により本種とされた．北海道．

ハナゴケモンツキダニ （p.77, 180）
Trhypochthonius cladonicola (Willmann, 1919)

体長 0.52 mm．桁毛，桁間毛，背毛は滑らかで後方のものは中庸の長さ．東北．

エゾモンツキダニ属 （p.34, 163）
Mainothrus

世界に 3 種．胴感毛は長く，先は膨らむ．前体部の毛，背部の背毛には微細なケバがあるが，ほとんど滑らかで尖る．前体部に点刻，背板に亀甲模様．基節板毛式は 3-1-3-2．生殖毛 6 対．肛毛 2 対，肛側毛 3 対．脚は 3 爪．

エゾモンツキダニ （p.163）
Mainothrus sp.

体長 0.9 mm ほど．やや濃色．背毛 e_1 は前方の毛と同じく微小．西川ら（1983b）が北海道から *M. badius* (Berlese, 1905) として記録し，Kuriki *et al.* (2001) が別種だと指摘した種で，その学名の種よりはるかに大型．北海道，東北，愛媛県．

コエゾモンツキダニ（日本新記録・新称）（p.163, 180）
Mainothrus aquaticus Choi, 1996

体長 0.6 mm ほど．背毛 e_1 は後方の毛と同じく太く長い．三重県．

コナダニモドキ科
Malaconothridae

胴感杯・胴感毛がない．前体部後縁あたりにある 1 対の有色顆粒団の内臓は明瞭．背板は側縁が稜になって背面と腹面に分かれる．第 3，4 基節板毛は 3 対または 2 対．生殖毛数は種区分の目安にはなるが体長との相関が見られ，±1 ほどの個体変異はごく普通．肛毛は基本的に 2 対でときに 1 対とされるが，非常に微細な場合があって確認しにくい．体毛のケバ（特に微細なもの）の有無は確認しにくいし個体群間の差があると思われるので注意すること．肛側毛は常に 3 対．パリっと剥がれる分泌性の薄い皮膜を被る．顆粒や穴構造はその皮膜由来で，真の表皮は点刻だけのことが多い．脚の爪が 1 本と 3 本のグループに分かれ，おのおのが背板中央に広い縦溝を持つものと持たないもののグループに分けられる．前者が属の区分で，後者が亜属の区分とされているが，系統的に逆である可能性があり今後検討されなければならない．なお溝構造に関しては存在しないグループと明瞭に存在するグループとの中間があって，そのグループの所属がはっきりしない．存在しないグループの背板背面は滑らかなカーブのドーム状．明瞭に存在するグループの背板背面はむしろ平で，前半 2/3 ほどに 1 対のかなり広い縦溝があり，その後に逆 W 字形のへこみがある．中間のグループの背板背面はドーム状に膨らんで，縦溝がないか非常に不明瞭であり，かろうじて逆 W 字形のへこみが認められる（本書では第 1 か第 2 のグループに振り分けた）．なお背面後端近くにみられることのある横方向のスジは背板後端の縁の境界溝であり，どのグループにも共通する．水生環境や半湿生環境のコケでよく見られるが，樹上の樹皮下に生息する種もいる．世界に 160 種以上を産する．最近 Collof は桁の形態によって *Malaconothrus* と *Tyrphonothrus* の 2 属に整理した．この体系の是非についてはしばらく様子を見ることにし，本書では採用しない．

コナダニモドキ属 (p.35, 78)
Malaconothrus

脚は1爪．背板がのっぺりしている方が基亜属 *Malaconothrus* で，明瞭な縦溝を持つほうが亜属 *Cristonothrus* である．不明瞭なグループや原記載の不備な種もいるので，両方の検索図を調べること．

チビコナダニモドキ (p.78, 180)
Malaconothrus pygmaeus Aoki, 1969

本種以下6種は基亜属．
体長 0.35 mm．生殖毛6対は中庸の長さ．肛側毛は中庸の長さ．肛毛は1対のみ．ケバのある体毛は生殖毛の前4対のみ．背毛は短から中庸の長さ；$h_2 > h_1 > e_1 > d_1 \fallingdotseq p_2 > cp > e_2 > c_3 = f_2 = h_3 \fallingdotseq d_2 \fallingdotseq c_1 = p_1 \fallingdotseq c_2 = p_3$．胴感杯外毛は中庸の長さ．体表には皮膜由来の点刻と大きさの異なる網目構造があり，穴構造については前体部背面は密，背板は粗に散布．皮膜下の体表表面は点刻のみだが，皮膚下に大きさの揃った不明瞭な明斑模様を粗に均一に散布．基節板毛 $3b$ は $3c$ に近接する．第1脚庇は角張る．*M. setoumi* Fujikawa, 2005 **syn. nov.** はシノニム．長野県．

アシズリコナダニモドキ (p.78)
Malaconothrus ashizuriensis Fujikawa, 2005

体長 0.40 mm．チビコナダニモドキより基節板毛 $3b$, $3c$，肛側毛，背毛 p_3 が長いように思われるが，ほとんど区別できない．高知県．

ヤマトコナダニモドキ (p.78, 180)
Malaconothrus japonicus Aoki, 1966

体長 0.52 mm．生殖毛6対は長い．肛側毛は長い．肛毛は1対しかなく中庸の長さ．体毛は滑らか．背毛は e_2, h_1, h_2 は中庸の長さで他はやや短い．c_2 は c_1 と c_3 の中央に位置する．cp は側縁からかなり離れて位置する．吻毛間に横畝がある．胴感杯外毛は短い．第1脚庇は強く突出する．群馬県．

ヘリダカコナダニモドキ (p.78, 180)
Malaconothrus marginatus Yamamoto, 1998

体長 0.47 mm．ヤマトコナダニモドキに似ており，背毛 cp, d_2 がより外方に位置する他は区別が難しい．生殖毛5対で中庸の長さ．肛側毛は中庸の長さ．肛毛は1対しかなく長い．背毛は短から中庸の長さ；$h_2 \fallingdotseq h_1 > p_2 = e_2 > e_1 \fallingdotseq cp = p_1 \fallingdotseq c_1 = c_3 = d_1 = d_2 = f_2 = h_3 \fallingdotseq c_2 = p_3$．$c_2$ は c_1 と c_3 の中央に位置する．cp は側縁の近くに位置する．吻毛間に横畝がある．胴感杯外毛は短い．第1脚庇は真横に突出する．背板側縁は cp から e_2 にかけて肥厚する．タイプ産地は中国四川省，和歌山県，愛媛県．

ココナダニモドキ (p.78)
Malaconothrus minutus Fujikawa, 2005

体長 0.36 mm．生殖毛5対で中庸の長さ．肛側毛は中庸の長さ．肛毛1対．ケバのある体毛はごく微細なものも含めて吻毛，背毛の一部，a, $3c$, $4c$, 生殖毛，肛側毛．背毛は中庸．胴感杯外毛は短い．前胴体背面に密な穴模様，背板と基節板に粗な穴模様．愛媛県，香川県．

アラタマコナダニモドキ (p.78)
Malaconothrus margaritae Fujikawa, 2005

体長 0.43 mm．ココナダニモドキとの区別は困難．生殖毛5～6対で中庸の長さ．肛側毛は中庸の長さ．肛毛1対．ケバのある体毛はごく微細なものも含めて吻毛，桁毛，桁間毛，d_1, p_1, p_2, $4b$, $4c$．背毛は短から中庸の長さ．胴感杯外毛は短い．前体部背面に不定形の穴模様．高知県．

コトゼンコナダニモドキ (p.78)
Malaconothrus kotozenus Fujikawa, 2005

本種以下3種は亜属 *Cristonothrus*．
体長 0.44 mm．生殖毛5～6対で中庸の長さ．肛側毛は中庸の長さ．ケバのある体毛はごく微細なものも含めて前体部背面の毛，c_1, c_3, cp, h_3 と p列を除く背毛，a, $3b$, $4b$, 生殖毛，肛側毛．背毛は短い．前体部背面の4対の毛は短く，ほぼ同じ長さ．第1脚庇は角張る．香川県．

キイコナダニモドキ (p.78, 181)
Malaconothrus kiiensis Yamamoto, 1996

体長 0.45 mm．生殖毛5対は長い．肛側毛はかなり長い．肛毛1対．ケバのある体毛はごく微細なものも含めて吻毛，桁毛，胴感杯外毛，e_2, h_2, p_2 を除く背毛．背毛は e_2, h_2, p_2, p_3 はやや長く他は中庸からやや短；$p_2 = h_2 \fallingdotseq p_3 > e_2 > c_3 > h_3 > cp = f_1 = p_1 > d_2 > d_1 = e_1 = h_1 > c_1 = c_2$．吻毛は非常に太い．第1脚庇は角張る．三重県，和歌山県．

イリオモテコナダニモドキ (p.78, 181)
Malaconothrus iriomotensis Yamamoto & Aoki, 1997

体長 0.40 mm．生殖毛5対は生殖板の前半分に位置し中庸の長さ．肛側毛は長い．肛毛1対．ケバのある体毛は e_2, h_1, h_2, p_2 を除く背毛と再後端の肛側毛．背毛は短から中庸の長さ；$p_2 > h_2 > e_1 = d_1 > p_3 > c_1 = c_2 = cp = e_2 = f_2 = h_1 > d_2 = h_3 > c_3 = p_1$．胴感杯外毛は短い．桁間毛は桁毛に達しない．背毛 d_1

間に明斑がある．西表島．

ミツメコナダニモドキ属（p.35, 79）
Trimalaconothrus

脚は3爪．背板がのっぺりしている方が基亜属 *Trimalaconothrus* で，明瞭な縦溝を持つほうが亜属 *Tyrphonothrus*．不明瞭なグループや原記載の不備な種もいるので，両方の検索図を調べること．

アズマコナダニモドキ（p.80, 181）
Trimalaconothrus azumaensis Yamamoto, Kuriki & Aoki, 1993

本種以下8種は基亜属．ただし本種と次種は不明瞭ながら背板に縦溝を持つ．
体長0.54 mm．生殖毛6～8対で中庸の長さ．肛側毛は中庸の長さ．肛毛は短いが，後のものは特に微細．体毛は細くほぼ滑らか．背毛はe_2, h_1, h_2, p_2 は長く他は短い．背毛 c_1-c_2 間は c_2-c_3 間の2倍より短い．背毛 c_1-c_1 間，d_1-d_1 間，e_1-e_1 間の距離は互いにほぼ等しい．桁毛は吻毛の1.2倍．胴感杯外毛は短い．吻毛にケバはない．第3基節板毛2対．ミズゴケから記載された．福島県．

プールコナダニモドキ（p.80, 181）
Trimalaconothrus maniculatus Fain & Lambrechts, 1987

体長0.56 mmほど．アズマコナダニモドキによく似るが，生殖毛は5～6対，背毛 c_1-c_2 間は c_2-c_3 間の2倍より長く，背毛 d_1-d_1 間 < c_1-c_1 間 < e_1-e_1 間．タイプ産地はベルギーで，日本では水泳プールから発見された．関東，近畿．

アラゲコナダニモドキ（p.80, 181）
Trimalaconothrus barbatus Yamamoto, 1977

体長0.53 mm．生殖毛6対で中庸の長さ．肛側毛は中庸の長さ．強いケバのある体毛は桁毛，桁間毛，胴感杯外毛，背毛，肛側毛．背毛は太く概して中庸の長さ；$h_2 > p_2 ≒ e_2 > h_1 > d_2 ≒ h_3 > f_2 > p_1 ≒ p_3 ≒ cp ≒ c_1 ≒ c_2 ≒ c_3 > d_1 ≒ e_1$．神奈川県，愛媛県．

ヤチコナダニモドキ（p.80, 181）
Trimalaconothrus yachidairaensis Yamamoto, Kuriki & Aoki, 1993

体長0.41 mm．生殖毛5～7対で中庸の長さ．肛側毛は中庸の長さ．体毛は繊細で滑らか．背毛はカールし，e_2, h_1, h_2, p_2 は中庸の長さで他は短い．背板は不明瞭な穴構造．吻毛，桁毛はカールする．胴感杯外毛は短い．福島県．

クリキコナダニモドキ（p.80, 181）
Trimalaconothrus angulatus Willmann, 1931

体長0.83 mmの大型種．生殖毛8対で中庸の長さ．肛側毛は中庸の長さ．体毛は細く，吻毛以外はケバがない．背毛は e_2, h_1, h_2, p_2 は中庸の長さで他は短い；$e_2 > h_2 > p_2 > h_1 > cp = d_2 = e_1 = f_2 > c_1 = d_1 = p_1 = p_3 = h_3 > c_2 = c_3$．胴感杯外毛は短い．桁は弱いS字形．第4基節板毛4対．背板は密に点刻．*T. kurikii* Yamamoto, 1997 はシノニムとされる．福島県．

アミメコナダニモドキ（p.79, 181）
Trimalaconothrus repetitus Subías, 2004

本種以下7種は *Tyrphonothrus* に属する．
体長0.48 mm．生殖毛4対で，後2対は前2対よりはるかに長い．肛側毛は長い．桁間毛は吻毛に届かない．背毛は滑らかで長い；$e_1 ≒ d_1 > c_1 > d_2 ≒ cp > c_3 ≒ e_2 > c_2 ≒ f_2 ≒ h_1 ≒ h_2 > p_1$．背板に網目模様．*T. reticulatus* Yamamoto, 1977 が一次ホモニムのため，見出しの学名に改名された．神奈川県，愛媛県．

カタコブコナダニモドキ（p.79, 181）
Trimalaconothrus nodosus Yamamoto, 1997

体長0.35 mm．生殖毛5対で中庸の長さ．肛側毛はやや短い．肛毛は1対のみ．体毛は細く滑らか．背毛は e_2, h_1, h_2, p_2 は中庸の長さで他はやや短い．胴感杯外毛は中庸の長さ．肩が張り出す．福島県．

ホソコナダニモドキ（p.79, 181）
Trimalaconothrus hakonensis Yamamoto, 1977

体長0.42 mm．生殖毛5対で長い．肛側毛は長い．背毛は中庸の長さ；$e_2 ≒ c_3 > p_2 > h_2 > e_1 ≒ d_1 ≒ h_1 ≒ p_3 ≒ c_1 ≒ d_2 ≒ cp ≒ f_2 > p_1 ≒ c_2$．胴感杯外毛は短い．神奈川県．

ツノコナダニモドキ（p.81, 182）
Trimalaconothrus wuyanensis Yamamoto, Aoki, Wang & Hu, 1993

本種以下4種は亜属 *Tyrphonothrus* に属する．
体長0.57 mm．生殖毛7対で長い．肛側毛は長い．体毛は概してケバを持ち，ケバがごく弱いか滑らかな毛は c_1, c_2, d列, e_1, 1a, 2a, 3a, 肛毛．背毛の長さは長から短まで；$h_1 ≒ h_2 ≒ e_2 ≒ p_2 > h_3 > p_3 ≒ c_1 ≒ c_2 ≒ d_1 > cp ≒ d_2 ≒ c_3 > e_1 > f_2 ≒ p_1$．胴感杯外毛は長い．吻毛間に横畝があり，その中央は前に突き出る．背板は穴構造．タイプ産地は中国浙江省．和歌山県．

オオコナダニモドキ（p.81, 182）
Trimalaconothrus nipponicus Yamamoto & Aoki, 1971

体長0.65 mm．生殖毛7～9対で短い．肛側毛は短

い．ケバのある背毛は c 列, d 列, f_2, h_3, p_1. 背毛のうち e_2, h_1, h_2, p_2 は中庸の長さで，他は短い；$h_2 > e_2 = h_1 = p_2 > d_2 > p_3 ≒ cp ≒ f_2 > e_1 = h_3 = p_1 = d_1 = c_1 = c_2 = c_3$. 静岡県．

ケタブトコナダニモドキ（p.81, 182）
Trimalaconothrus magnilamellatus Yamamoto, 1996

体長 0.68 mm．生殖毛 8 対で長い．肛側毛は中庸の長さ．体毛は概して滑らかだが，次の背毛は弱いケバを持つ；c 列, d 列, e_1, f_2, h_3, p_1, p_3. 背毛の長さは長から短まで；$h_2 = p_2 = e_2 = h_1 > d_2 = e_1 > f_2 = p_1 >$ c 列 $= d_1 = p_3 = h_3$. 背毛 c_1-c_2 間は c_2-c_3 間の 2 倍より大きい．胴感杯外毛は短い．桁は S 字形で太く顕著．和歌山県．

ウネリコナダニモドキ（p.81, 182）
Trimalaconothrus undulatus Yamamoto, Kuriki & Aoki, 1993

体長 0.38 mm．生殖毛 6 対で中庸の長さ．肛側毛は長い．後の肛毛は非常に長い．ケバのある体毛は吻毛，桁毛，胴感杯外毛，中庸以下の背毛，肛側毛，背毛は e_2, h_1, h_2, p_2 は細く長くうねり，他は中庸から短で，太くケバがある．桁間毛はかなり長く，吻毛に達する．胴感杯外毛は短い．桁は強く曲がり，前方は角形の畝でつながる．桁間部に H の字形の畝．福島県．

アミメオニダニ科
Nothridae

一見するとオニダニ科に似るが次の特徴で明確に区分できる．胴感毛は長く，先端が膨らむことはない．背板に一面の穴または網目．基節板毛は多毛化する傾向．肛毛は 2 対．

アミメオニダニ属（p.7, 82）
Nothrus

吻に切れ込みがある．胴感毛は直線的で，先端がムチのようにしなることはない．体毛の多くは表皮が膜状に膨れている．この皮膜は分泌物らしくアルカリ処理で先に溶けてしまい，残った毛の本体は滑らかな細く鋭い針状であったり，枝毛の多い針状や二股になったりする．胴感毛も同様で，普通は棒状で多少とも鱗やケバがあり先端は鈍く尖るが，アルカリ処理したものは，先の鋭く尖る滑らかな針状になる．膜の厚さや毛本体の形態は種特異的であるが，区別して記載されていない場合の評価には注意が必要である．基節板毛式（一例 7-5-6-6）は個体変異があり種の区分には使いにくい．日本にはまだ未同定の種がいる．

メアカンアミメオニダニ（p.82）
Nothrus meakanensis Fujikawa, 1999

体長 0.90 mm．背毛 c_2 は短い．h_2 は h_1 の 2.5 倍ほどで先端が膨らむことはない（h_2 本体には極先端に少しケバがあるだけ）．前口板の m 毛は 3 対．脚は 1 爪．Fujikawa (1972) により北海道から記録されていた *N. silvestris* Nicolet, 1855 を新種としたもので従来ヘラゲオニダニと呼ばれていた種と思われる（欧州の *N. silvestris* は前口板の m 毛が 2 対である他ほとんど差異がない）．本種と同時に命名された *N. taisetsuensis* Fujikawa, 1999 **syn. nov.** は同種と考えられるので，*meakanensis* を有効名に使うこととする．北海道．

エゾアミメオニダニ（p.82, 182）
Nothrus ezoensis Fujikawa, 1999

体長 0.66 mm．後体部は細長い．背板は孔構造というよりむしろ網目状．背毛 c_2 は短い．h_2 は中央の背毛とほぼ同長で，本体の全体に長いケバがあり皮膜は先端で膨らむ．脚は 1 爪．原記載の基節板毛式は 5(6)-4-5(6)-4．本種と同時に命名された *N. hatanoensis* Fujikawa, 1999 **syn. nov.** は同種と考えられるので，*ezeonsis* を有効名に使うこととする．北海道，佐渡島．

アジアオニダニ（p.82, 182）
Nothrus asiaticus Aoki & Ohnishi, 1974

体長 1.1 mm．後体部は後半で大きく膨らむ．背毛 c_2 は c_1 寄りにある（他の多くの種は c_1 寄り）．h_2 は非常に長く，本体にケバはない．脚は 3 爪．タイプ産地ドイツのヨコヅナオニダニ *N. palustris* C. L. Koch, 1839 の日本産亜種として記載されたがその後種に格上げされ，それに伴い基亜種の日本における公式記録は消失したことになる（*N. palustris* は背毛 p_2 が f_2 より長く，本種は同長）．*N. akitaensis* Fujikawa, 1999 **syn. nov.** はシノニム．全国．

ハナビラオニダニ（p.82, 182）
Nothrus anauniensis Canestrini & Fanzago, 1876

体長 0.80 mm．後体部は細長い．背毛 c_1 の長さは c_2 の 1.6 倍ほど．背毛は先端が膨らむ．背毛 h_2 本体は全体に長く拡散するケバがあって，それに相応して皮膜が膨らんでいる．脚は 3 爪．はじめドイツをタイプ産地とする *N. biciliatus* C. L. Koch, 1841 と同定されていたが，今日その種は正体が曖昧ながら *N. anauniensis* Canestrini & Fanzago, 1876 であろうとされている．*N. ashoroensis* Fujikawa, 1999 **syn. nov.**, *N. sadoensis* Fujikawa, 1999 **syn. nov.** はシノニム．*N. separatum* Y. Nakamura, Y.-N. Nakamura & Fujikawa, 2013 はシノニムの可能性がある．全国．

アリミネアミメオニダニ (p.82, 182)
Nothrus undulatus Hirauchi & Aoki, 2003

体長 1.1 mm. 後体部は細長い. 従来の日本のオオアミメオニダニの採集記録の一部には本種が含まれると思われる. オオアミメオニダニに似るが, 中央の背毛は幅はより広く, 背毛 c_2 は c_1 よりやや短い程度で, 後体部側縁と後縁の輪郭は強く波打ち, 背毛 d_2 あたりの孔構造ははるかに小径で密, 胴感毛は滑らかで, 基節板毛, 生殖毛, 肛毛, 肛側毛にはヒレがある. 脚は 3 爪. 東北から中部.

オオアミメオニダニ (p.82, 182)
Nothrus borussicus Sellnick, 1928

体長 1.0 mm ほど. 中央の背毛は細めで先端はほとんど膨らまず, 後端の背毛はより長く, 末端の膨らみが強い (背毛 h_2 本体は先端近くだけにケバがあって, その部分の皮膜が膨らんでいる). 背毛 c_1 の長さは c_2 の 1.5 倍ほど. 胴感毛は弱くケバ. 基節板毛, 生殖毛, 肛毛, 肛側毛は針状. 後体部の輪郭は背毛 h_2 の部分で膨らむが, 概して滑らか. 脚は 3 爪. *N. ishikariensis* Fujikawa, 1999 **syn. nov.** はシノニム. 北海道.

コンボウアミメオニダニ (p.82)
Nothrus bacilliseta Fujikawa, 2006

体長 0.84 mm. 背毛は短く, 特に背毛 c_1, c_2 は同長で短く, c_3 より短い. 脚は 3 爪. 広島県.

オニダニ科
Camisiidae

硬化部であっても柔らかで, 茶色から黒褐色の革質の質感. アミメオニダニ科に似るが生殖側毛がある (2 対). 体表は細かいゴミを伴う分泌性皮膜で覆われ, 種まで同定するにはクリーニングが必須.

オニダニ属 (p.31, 83)
Camisia

肛毛 3 対. 脚の爪数により 2 亜属に分けられ, 3 本爪は基亜属, 1 本爪は *Ensicamisia* である. 後体部は概して長方形. 背板は稜線によって背上板, 前板, 側板が直角に分離する. 後縁の稜構造は種によって変わる. 背上板は概して中央がたわむようにへこむ平板で, 側縁は平行.

ソルホイオニダニ (p.83, 183)
Camisia solhoeyi Colloff, 1993

体長 0.84 mm. 本種は亜属 *Ensicamisia* に属する (脚は 1 爪). 日本でニッコウオニダニ *C. lapponica* (Trägårdh, 1910) として記録されていた種かもしれない (その記録は再検討を要す. その学名の種であれば背毛は広葉状). 背毛は先太りの棒状. 背毛 h_1 は他の毛より明らかに短い. 桁毛は相互間の距離より長い. 生殖毛 10 対. 北海道から近畿.

アショロオニダニ (p.83)
Camisia heterospinifer Fujikawa, 1998

本種以下は基亜属に属する (脚は 3 爪).

体長 0.92 mm. 日本ではじめナマハゲオニダニ *C. spinifer* (C. L. Koch, 1835) として記録されていた種ではないかと思われる. 背毛 c_1 は c_2 よりはるかに長い. 側方の背毛は (f_2 も) 非常に長いムチ状で, h_2 はその中で一番短いがそれでも毛台より長い. 北海道, 本州.

オニダニ (p.83, 183)
Camisia segnis (J. F. Hermann, 1804)

体長 0.86 mm. 背上板の長さは幅の 1.5 倍ほど. 桁毛はその毛台より少し長い程度. 背毛 h_2 の外側に突出部はない. 後角の 2 対の背毛 (h_2, h_3) は同長で他のものより長く, ややうねる. 樹上でよく見られる. 北海道から九州.

オナガオニダニ (p.83, 183)
Camisia biurus (C. L. Koch, 1839)

体長 1.0 mm. 日本ではじめ *C. exuvialis* Grandjean, 1939 の学名で記録されていた種. 背上板の長さは幅の 2 倍近い. 桁毛はその毛台よりあきらかに長くムチ状. 背毛 h_2 の外側に突出部あり. 後角の 1 対の背毛 (h_2) は直線的で他のものより長い. 北海道から九州.

カクオニダニ (p.83, 183)
Camisia invenusta (Michael, 1888)

体長 0.7 mm. 桁間毛は相互間の距離より長い. 背毛は短い. 背毛 d_1 相互間と e_1 相互間には横畝がある. 南西諸島.

アトヅツオニダニ (p.83, 183)
Camisia biverrucata (C. L. Koch, 1839)

体長 1.1 mm. 本種の日本産は図を伴った報告がなく, 形態の詳細は不明. 桁間毛は微小. 背毛は短い. 背毛 h_1 は巨大な筒から生じる. 本州.

アトコブオニダニ (p.83, 182)
Camisia horrida (J. Hermann, 1804)

体長 0.9 mm. 桁間毛は微小. 背毛は短い. 山梨県.

アラゲオニダニ属 (p.31, 84)
Heminothrus

肛毛2対．背板に縦方向の稜はない．後端の背毛に顕著な毛台．

ヒメアラゲオニダニ (p.84, 183)
Heminothrus minor Aoki, 1969

体長0.54 mm．桁間毛は相互間の距離ほどの長さ．胴感毛は先が膨れる．側面の背毛は隣の毛根を超える長さでケバは弱い．北海道から九州．

キタケナガオニダニ (p.84, 183)
Heminothrus similis Fujikawa, 1998

体長0.64 mm．桁間毛は相互間の距離より長く，桁毛の毛台に達する．胴感毛は棒状．側面の背毛はケバは弱く，長いムチ状で隣の毛根を超える．後縁の背毛のケバはやや強い．日本ではじめケナガオニダニ *H. longisetosus* Willmann, 1926 として記録されていた種ではないかと思われる（全形図はその種）．その学名の種であれば背毛 h_1 毛台間がカーブしており，直線状である本種から区別できる．北海道から九州．

アラゲオニダニ (p.84, 184)
Heminothrus targionii (Berlese, 1885)

体長0.91 mm．桁間毛は相互間の距離より短くケバは強大．胴感毛は棒状．背毛はケバが強大で，側面のものは隣の毛根に達しない．北海道，本州．

トールオニダニ属（新称）(p.31, 84)
Capillonothrus

肛毛2対．背板に縦方向の稜はない．後端の背毛に顕著な毛台はない．基節板はへこみなく融合．胴感杯の近くに小さなへこみ．背板の背上板と側板は稜で直角に分かれる．背上板の側縁は広く隆起した縁取りとなる．アラゲオニダニ属の亜属とされることもある．

ヤマサキオニダニ (p.84, 184)
Capillonothrus yamasakii (Aoki, 1958)

体長0.67 mm．日本産の本属で第3転節の側毛が3対なのは本種だけ．背上板は概して扁平だが，縁と中央は弱く膨らむ．背上板は後方で最大幅となる．普通種．北海道，本州．

オオヒラタオニダニ (p.84, 184)
Capillonothrus capillatus (Berlese, 1914)

体長1.0 mm．生殖毛は20対ほど．背上板は膨らむ．北海道に基亜種と亜種 *kikonaiensis* (Fujikawa, 1982) が分布すると報告されているので種レベル，亜種レベルで同定の再検討が必要．北海道から関東．

トールオニダニ (p.84, 184)
Capillonothrus thori (Berlese, 1904)

体長0.81 mm．背上板はむしろ扁平．背上板は中央で最大幅となる．日本産は欧州産に比べて，Fujikawa (1982) の図では桁間毛がはるかに長く，背毛 c_2 が c_1 と同長で（欧州産は短い），生殖毛は 14〜16 対と多い（欧州産は 12〜14 対）ので別種の可能性が高い．第1，2脚腔外壁の縁のギザは丸い．北海道，福井県，隠岐島．

メアカンオニダニ (p.84, 184)
Capillonothrus meakanensis (Fujikawa, 1982)

体長1.1 mm．日本産トールオニダニに似るが，第1，2脚腔外壁の縁のギザが鋭く尖ることで区別される．生殖毛は 11〜14 対．北海道，東北．

ヒラタオニダニ属 (p.31)
Platynothrus

肛毛2対．背板中央に縦方向の1対の稜．後端の背毛に顕著な毛台はない．背板の背上板と側板は稜で直角に分かれる．背上板の側縁は広く隆起した縁取りを形成する．アラゲオニダニ属の亜属とされることもある．

ヒラタオニダニ (p.31, 184)
Platynothrus peltifer (C. L. Koch, 1839)

体長0.77 mm．前体部は明瞭な穴刻印，背板に浅い穴刻印．背上板は中央に1対のツヤのある畝が走り，畝には小穴がうがたれ，境界線で特に密．背上板の縁取りは体幅の1/6ほどの幅で，内縁線は明瞭な段差になる．側板上縁は強く波打つ．桁毛は小さいが目立つケバ．背毛は前方のものは滑らか，後方のものは極微細なケバ．背毛 d_3, e_2, f_2 は背上板と側板の境界に生じる．背板後縁の2対は小さな毛台から生じる．日本産は亜種 *japonensis* Fujikawa, 1972 とされ，生殖毛 11〜13 対で，背上板の穴刻印は不明瞭で主に中央の畝間に見られる．普通種．北海道から九州．

ツキノワダニ科
Nanhermanniidae

後体部は筒状で，背板と腹板の境界は第4脚の後から生殖門後方に三日月形に回り込み，体中央で消失する．普通は背板と腹板に穴模様がある．桁間毛，背毛は生え際で体表に張り付くように大きく曲がる．前体部後縁から1対の薄板が後方に張り出す．生殖門はほぼ円形．胴感毛は頭部にケバ．

コノハツキノワダニ属 (p.36)
Cosmohermannia

　世界に2種．大型．後体部側縁は軽くうねり，後端は細くなって強く突出する．基節板毛式は3-1-5-5．背毛は中庸の長さで，コブの上に生じることはない（木の葉状であることは属の特徴ではない）．前体部背面の中央部は狭いが側面の境界は不明瞭．胴感毛は棒状．

コノハツキノワダニ (p.36, 184)
Cosmohermannia frondosa Aoki & Yoshida, 1970

　体長1.1 mm．桁毛，桁間毛，背毛，肛毛，肛側毛は非常に薄い木の葉状．背毛はほぼ4列に並び，列に沿って弱い畝となる．背板の穴はいびつな円形で，穴間の距離は穴の直径より短い．前体部背面の穴はよりいびつ．前体部後縁の薄板は3個ほどの小さな歯を持つ．福島県以南から南西諸島．

オバケツキノワダニ属 (p.36)
Masthermannia

　砂塵を被っている．桁毛，桁間毛，背毛，肛側毛はT字形で横枝の部分は薄い．背毛は大きなコブの上に生じ，コブの部分には穴構造がない．前体部背面の中央と側面の境界は明瞭．胴感毛は先の尖った棒状．

オバケツキノワダニ (p.36, 184)
Masthermannia multiciliata Y. Nakamura, Y.-N. Nakamura & Fujikawa, 2013

　体長0.46 mm．日本でオバケツキノワダニ *M. hirsuta* (Hartmann, 1949) として記録されていた種ではないかと思われる（全形図はその種）．日本産では，T字形の毛は他の種に比べてかなり幅広．脚の腿節や膝節に見られる太い毛は他の種に比べてかなり幅広．前体部後縁の薄板は小さい三角形．基節板毛式は3-1-3-4．全国．

ツキノワダニ属 (p.36, 85)
Nanhermannia

　後体部の側縁から後縁にかけての輪郭は滑らかなカーブを描き，コブはまったくない．前体部背面の中央と側面の境界は比較的明瞭．背毛は長く，隣の毛に達する．従来ツキノワダニと呼ばれていたものは以下の種の複合である．また学名は *N. nanus* (Nicolet, 1855)（nana と綴られていたのは間違い）があてられていたが，現在の知見で日本にこの学名の種はいない．

トガリツキノワダニ (p.85)
Nanhermannia triangula Fujikawa, 1990

　体長0.54 mm．欧州をタイプ産地とする *N. elegantula* Berlese, 1913 との区別がつかないが，さしあたり独立種としておくことにする．前体部背面の中央と側面の境界はほぼ平行．前体部側面輪郭は背面から見ると第1脚の前で凸凹．前体部後縁の薄板は三角形．背毛 d_2，e_1，h_1 の各々の相互間の距離はほぼ等しく，胴感杯開口部の相互間の距離と同じ．d_1 相互間にある穴は4個ほどで，穴間の距離は穴の直径より狭い．背板後方の穴はより大きく，穴間の距離はより狭い．北海道，青森県．

エイツキノワダニ (p.85, 184)
Nanhermannia bifurcata Fujikawa, 1990

　体長0.50 mm．前体部背面の中央と側面の境界は前方でやや広がる．前体部後縁の薄板は5個ほどの小さな歯を持つ．背毛は比較的細く，他種より短い目で c_1 は d_1 の毛穴を少し超える程度の長さ．背毛 d_2，e_1，h_1 の各々の相互間の距離はほぼ等しく，胴感杯開口部の相互間の距離と同じ．背板の穴は前方も後方も同じ大きさと密度で，やや小さく穴間の距離は穴の直径より広い．吻毛は中央から同じ太さで2分岐する．北海道から中部．

シモヨツキノワダニ (p.85)
Nanhermannia dorsalis (Banks, 1896)

　体長0.56 mm．エイツキノワダニに似るが，吻毛は分岐せず，背毛はより長い．*N. hiemalis* Fujikawa, 2003 はシノニムとされる．岩手県．

トカラツキノワダニ (p.85, 185)
Nanhermannia tokara Aoki, 1987

　体長0.51 mm．前体部背面の中央と側面の境界はくびれた位置で桁毛間の幅より短く，桁毛の位置では桁毛間の幅よりはるかに広がる．前体部後縁の薄板は6個ほどの短い歯を持ち，左右の隙間はごく浅い．背毛は中央部の体表側がヒレ状に膨らむ．背毛 d_2，e_1，h_1 の各々の相互間の距離はほぼ等しく，胴感杯開口部の相互間の距離と同じ．中之島．

カドツキノワダニ (p.85, 185)
Nanhermannia angulata Fujikawa, 2003

　体長0.47 mm．同属の中では小形の種．前体部背面の中央と側面の境界はくびれた位置で桁毛間の幅より広く，前に向かって緩いカーブで膨らむ．中央部と側面に穴模様があり，側面ではより粗．桁間毛は比較的長く，桁毛までの距離の0.85倍．背毛は太く，c_1 は c_1-d_1 間の1.5倍の長さ．桁間毛と背毛の生え際は背面から見ると鈍く尖る．背毛 e_1，h_1 の各々の相互間の距離はほぼ等しく，胴感杯開口部の相互間の距離

の 3/4 ほど，d_2 相互間の距離は胴感杯開口部の相互間の距離よりやや短い程度．背板の穴は角張り，前方も後方も同じ大きさと密度で，穴間の距離は穴の直径ほどかそれよりやや狭い．d_1 相互間にある穴は 5 個ほど．第 1 膝節の通常毛は 4 本．東北，近畿．

サツキツキノワダニ（p.85, 185）
Nanhermannia verna Fujikawa, 2003

体長 0.59 mm．一見カドツキノワダニに似るが次の点で区別できる．背板の穴は滑らかな円形．桁間毛は桁毛までの距離の半分を超えるほどの長さ．前体部背面の中央と側面の境界はくびれ方がやや強く，側面にはほとんど穴構造がない．第 1 膝節の通常毛は 5 本．東北，近畿．

ホソツキノワダニ属（p.36）
Nippohermannia

世界に 1 種．背毛は短い針状で，体表に沿って緩くカーブする．桁毛は互いに接近し，吻から大きく離れる．後体部は比較的細く，側縁は概して平行だが規則的に弱い凸凹を示す．前体部背面の中央と側面の境界は不明瞭．胴感毛は棒状．前体部後縁の薄板は 4 個ほどの歯を持つ．基節板毛式は 3-1-3-4．

ホソツキノワダニ（p.36, 185）
Nippohermannia parallela (Aoki, 1961)

体長 0.47 mm．前体部後縁の薄板はよく発達して左右の隙間は深い．前方では穴はほぼ円形で穴間の距離は穴の直径より長いが，後方では穴がいびつまたは長くなり穴間の距離は穴の直径より短くなる．全国．

ニオウダニ科
Hermanniidae

前体部は幅広く，後体部は長円形．体毛はリボン状になることが多い．現在の属・亜属の分類基準は問題があるので，本書は独自の基準を使用する．自然分類の感覚では，本科は，apo_2（第 1-2 基節板間の内歯），apo.sj（第 2-3 基節板間の内歯）が平行でかつ生殖門と肛門が近接するグループと，apo_2, apo.sj が弓なりにカーブしてかつ生殖門と肛門がある程度離れるグループに二大別することができる．前者には *Hermannia*, *Phyllhermannia*, *Heterohermannia* のタイプ種が，後者には *Lawrencoppia*, *Neohermannia* のタイプ種が含まれる．

ニオウダニ属（p.37, 86）
Hermannia

左右の apo_2, apo.sj は直線で，おのおの中央でほとんど直線的につながる．生殖門と肛門は近接する．脚に広葉状の毛はない．

ザラメニオウダニ（p.86, 185）
Hermannia gibba (C. L. Koch, 1839)

体長 0.86 mm．属のタイプ種の古参シノニムとされる．日本産の図示や形態記述はないが，欧州産のものは次の特徴を持つ．前体部背面，背板，基節板，生殖門板，腹板に顆粒．桁間毛は短く広い．桁毛，背毛は先端に向かってやや膨らむ．基節板毛式は 3-1-3-4．生殖毛 9 対．中部，四国．

オオニオウダニ（p.86, 185）
Hermannia convexa (C. L. Koch, 1839)

体長 1.3 mm の大型種．日本産の図示や形態記述はないが，欧州産のものは次の特徴を持つ．背板は刻印．生殖門板に網目模様．背毛は比較的細い棒状．生殖毛 10 対ほど，生殖側毛 2 対で，共に短い．第 3, 4 基節板毛は 5 対以上．北海道．

エゾニオウダニ（p.86, 185）
Hermannia hokkaidensis Aoki & Ohnishi, 1974

体長 0.84 mm．前体部背面と生殖門板に網目模様．背板の前半は二重の網目模様で，後半は縦縞模様．吻毛の先端は小さく 2 分する．背毛，桁間毛は長葉状．桁毛の前に後に反る横断畝がある．基節板毛式は 3-1-5-6．生殖毛は 5～9 対．生殖側毛は 3 対で長く，先端は丸い．*H. shimanoi* Aoki, 2006 **syn. nov.** はシノニム．北海道．

フジニオウダニ属（p.37）
Phyllhermannia

左右の apo_2, apo.sj は直線で，おのおの中央でほとんど直線的につながる．生殖門と肛門は近接する．脚に広葉状の毛がある．

フジニオウダニ（p.37, 185）
Phyllhermannia areolata Aoki, 1970

体長 0.76 mm．前体部背面と肛門周りの腹板は一面に微小突起．背板は穴模様．基節板は網目模様．桁毛，桁間毛，背毛，肛側毛，一部の基節板毛は木の葉状で，桁間毛は特に広い．胴感毛は短く，先端は大きく膨らむ．基節板毛式は 3-1-3-4．生殖毛 9 対，生殖側毛 2 対で，共に短い．山梨県，山口県．

ユミニオウダニ属（新称）（p.37, 86）
Lawrencoppia

左右の apo_2, apo.sj は弓なりにカーブし，おのおの

中央で明瞭な角度をなしてつながる．生殖門と肛門はある程度離れる．背板に多毛現象は生じない．

カノウニオウダニ （p.86, 185）
Lawrencoppia kanoi (Aoki, 1959) **comb. nov.**

体長0.79 mm．背板の中央部は多少隆起するが，次種ほど顕著な境界は見られない．生殖門の周囲に微小突起．吻毛，桁毛は針状．桁間毛，背毛は根本がヒレ状に広がる．生殖毛9対ほど．第3基節板毛4対ほど，第4基節板毛6対ほどで共に非常に長い．はじめ *Hermannia* として記載された．*Hermannia maruokaensis* Y. Nakamura, Y.-N. Nakamura, Hashimoto & Gotoh, 2009 **syn. nov.** はシノニム．関東から南西諸島．

コノハニオウダニ （p.86, 186）
Lawrencoppia pulchra (Aoki, 1973) **comb. nov.**

体長0.57 mm．背板の中央部は顕著に隆起し，中央部と側面に網目模様．腹板は網目模様で，生殖門と肛門の周囲は微小突起．吻毛，桁毛は針状．桁間毛，背毛はスプーン状．生殖毛7対．はじめ *Phyllhermannia* として記載された後 *Hermannia* に移されていた．関東から南西諸島．

BRACHYPYLINA 上団 (PYCNONOTICAE 団)

この上団は高等ササラダニ類と呼ばれることがある（その場合は他のすべては下等ササラダニ類と呼ばれる）．表皮は強く硬化する．前体部と後体部の間には膜質部がなくなり両者は完全に固定するが，代わりに背板と腹板の間に膜質部が多少とも発達する．Pycnonoticae 団は背板に背孔や背嚢がないグループ．

高等ササラダニ類では背毛の呼び方が下等ササラダニ類とは異なる．必要に応じて全形図で背毛の表記体系を示しておいた（カナボウジュズダニ，タヒチタモウツブダニ，ノゲツブダニ，エゾエンマダニ）．ただし同じグループであっても研究者によって，また時代によって変化する．

ドビンダニ科
Hermanniellidae

後胴体部は立体的に卵形で，背板は膜部によって前体部や腹板から完全に分離する．油腺が巨大に発達し，管状に突出する．表皮は基本的に穴構造で，背板の穴の中には背嚢のような袋が小さな明点として観察される．より大型の嚢構造が腹板側縁に沿って多数見られる．背板以外は分泌性薄膜で覆われ，背板は中央部（油腺よりやや内側の位置まで）に薄膜状の脱皮殻を背負う．成体の真の背毛は，中央に10対以下の非常に微細なものと，後縁に5対以下の長いものがあると思われるが，正しく記載された種はほとんどない（多くの記載は脱皮殻の毛を成体の毛と間違えている）．脱皮殻の毛は成体の長毛の形態と似ている．

ドビンダニ属 （p.29, 86）
Hermanniella

茶色．桁間毛は胴感毛ほどかそれより長い．成体の背毛は中央に微毛9対と後縁に長毛5対と思われるが，記載例が少ないのでよくわからない．最終齢の背毛は長く太いが，成体になっても脱皮殻に付着したまま背負われているので，よく成体の毛であるかのように間違えられる．背毛は房状になっていることが多いが，脱皮殻や汚れを取るために薬剤処理すると滑らかな針状になることがあるので，分泌性のものかもしれない．房の太さや形状は種の区別に利用されているので，針状の毛として記載されたものは元の姿でないかもしれず，注意を要する．

ドビンダニ （学名記録変更） （p.86, 186）
Hermanniella sp.

体長0.58 mm．吻端に吻毛までの距離の半分を超える長い切れ込みがあるが，左右の切片が重なり合うので見にくい．Aoki（1965）によって *H. punctulata* Berlese, 1908 と同定されたが，Marshall *et al.*（1987）は別種と考えた．Fujikawa（1993）はモリドビンダニであるとしたが，その種とも異なる．桁間毛は単純な毛台から生じ，胴感毛の露出部の1.5倍の長さ．胴感杯は桁間毛から大きく外方に離れ，すぐ外側は前体部の側壁になって，側壁の輪郭が胴感杯の前にハの字形に伸びる．その前に側稜（桁畝と前桁がつながったもの？）が吻側縁まで弓なりに伸び，外側に1枚の側壁を形成する．桁毛と吻毛は側稜から内側に大きく離れて生じる．背板表面は，脱皮殻に覆われる部分は穴構造で，周縁は網目構造．背板の長毛はケバが弱くまっすぐで，長さが異なり（後から1：0.6：1.7：1：0.3くらいの比率），5対のうち4対は1列に並び，1対は更に後縁近くに位置する．また，ほぼ棍棒状だが，後から1, 3番目は先が膨らみ，2, 4, 5番目は鈍頭に尖る．背板の微毛は微細な芽状．生殖毛は6対+1対の2列に並ぶ．脱皮殻は小さい顆粒に覆われる．北海道から南西諸島．

トドリドビンダニ （p.86, 186）
Hermanniella todori Mizutani, Shimano & Aoki, 2003

体長0.51 mm．吻に吻毛までの距離の半分ほどの短い切れ込みがあるが，左右の切片が重なり合うので見にくい．桁間毛は単純な毛台から生じ，胴感毛の露出

部の 0.8 倍の長さで，緩くカーブし，先端の膨らむ太い房状．胴感杯は桁間毛から少し外方に離れるが，前体部輪郭の外縁には達しない．側稜が吻側縁まで弓なりに伸び，外側に 1 枚の側壁を形成する．桁毛と吻毛は側稜から内側に大きく離れて生じる．背板表面は，脱皮殻に覆われる部分は穴構造で，周縁は網目構造．背板の長毛はケバが強くて短く，5 対のうち 4 対は軸が偏向した先端の膨らむ房状で 1 列に並び，1 対はそれらよりやや短く，先端が鈍く尖る棒状で更に後縁近くに位置する．背板の微毛はヒトデ状に 4 本前後の腕が伸び，f_1 毛は互いに接近する．生殖毛 6 対は 1 列に並ぶ．脱皮殻は小さい顆粒に覆われ，毛は比較的短いが成体の長毛より長く，f_1 毛だけは尖る（f_1 毛は前向きに生えるとされるが，そうとは限らない）．関東．

フサゲドビンダニ （p.86, 186）
Hermanniella aristosa Aoki, 1965

体長 0.58 mm．吻端に切れ込みはない．桁間毛は胴感杯を小さくしたようなラッパ状の構造から生じ，胴感毛の露出部の 1.1 倍の長さ．胴感杯は桁間毛の近くに位置する．桁毛は桁畝の先端から生じる．吻毛まで前桁がある．背板表面は，脱皮殻に覆われる部分は穴構造で，周縁はその穴と同径の着色顆粒構造．背板の長毛はケバが強く（薬剤処理によって滑らかな針状になる），カーブした太い棒状で，5 対のうち 4 対は 1 列に並び，1 対はそれらの対の後から 2〜3 番目の間で更に縁近くに位置する．背板の微毛は時計の秒針の形（短い軸の上に長い枝とその反対側に短い枝がついている）．生殖毛 7 対は 1 列に並ぶ．脱皮殻はやや大きい黒い顆粒に覆われる．本州から南西諸島．

ヤスマドビンダニ （p.86, 186）
Hermanniella yasumai Aoki, 1973

大型の種で体長 0.78 mm．吻端に切れ込みはない．桁間毛は胴感杯を小さくしたようなラッパ状の構造から生じ，胴感毛の露出部の 1.5 倍の長さ．胴感杯は桁間毛の近くに位置する．桁毛は桁畝の先端からやや内側の位置，吻毛まで弱い前桁がある．背板表面は，脱皮殻に覆われる部分は穴構造で，周縁はその穴と同径の着色顆粒構造．背板の長毛はケバが弱くまっすぐで先端はやや細まった鈍頭で，5 対のうち 4 対はほぼ同じ長さで 1 列に並び，1 対はやや短くてそれらの対の後から 3-4 番目の間で更に縁近くに位置する．背板の微毛は磁針の形（短い軸の上にトランプのダイヤを引き延ばした形の枝がついている）．生殖毛は 5 対 + 2 対の 2 列に並ぶ．脱皮殻はやや大きい黒い顆粒に覆われる．和歌山県，南西諸島．

モリドビンダニ属 （p.29）
Akansilvanus

世界に 1 種．ドビンダニ科は微妙に異質なグループで構成されており，ドビンダニ属はまだ十分に区分できていないグループの寄せ集めである．本属は再定義しないと他の属（特にドビンダニ属）から区別できないが，正当な独立属の可能性があるのでシノニムとせずに残しておくことにする．背板後端の長毛は 4 対で，脚爪の内側基部に 1 本の顕著な刺があることでドビンダニ属の日本産の種からは区別できる．

モリドビンダニ （p.29）
Akansilvanus parvus Fujikawa, 1993

体長 0.57 mm．吻端に切れ込みがある．桁毛，桁間毛は発達した毛台から生じる．桁間毛は胴感毛の露出部より長い．胴感毛は先の膨れた紡錘形で先端近くにケバがある．胴感杯は桁間毛の近くに位置する．背板表面は，脱皮殻に覆われる中央部分は穴構造で，周縁は穴の径が大きくなってむしろ網目構造となる．背板の長毛はケバがごく弱く，まっすぐで漸次細まって先端は鈍く尖り，4 対のうち 3 対はほぼ同じ長さで 1 列に並び，1 対は短くてそれらの対より前の更に縁近くでやや寝るように位置する．背板の微毛は 9 対で，2〜数本に分岐し水平に広がる．生殖毛 6 対は 1 列に並ぶ．脱皮殻は小さい無色の顆粒に覆われる．本州には胴感毛の膨らまない未知種がいる．北海道．

ツノカクシダニ科
Plasmobatidae

背板と前体部中央部の融合した脱皮殻を背負い，その背板部分は網目状，前体部部分は二列の穴模様の長方形．桁毛は毛台から生じて短い．桁前畝が桁畝のように大きく発達して先端に長い吻毛を生じる．桁間毛は短い．背板の油腺は斜め前に大きく突出する．背毛は毛台から生じて短い．

ツノカクシダニ属 （p.6）
Plasmobates

一見すると超小型ウズタカダニ属のようにみえる．生殖毛 7 対．肛側毛 3 対で，生殖側毛はない．背板前縁に房状の付属物はない．

ツノカクシダニ （p.6, 186）
Plasmobates asiaticus Aoki, 1973

体長 0.37 mm．胴感毛は先がやや太い紡錘形で，先端は尖る．背板には小さな穴が多数と 2〜3 対の大きな凹みがある．背毛 6 対．原記載では生殖毛 6 対とされるが 7 対あり，原記載図のような中央の吻の切れ込

みもない（U字型の広く浅い溝である）．九州，南西諸島．

ウズタカダニ科
Neoliodidae

脱皮殻を背負っている．生殖板は前後に2分する．生殖門と肛門の間は狭い．腿節にヒレを持つ．

ウズタカダニ属 (p.30, 87)
Neoliodes

1 mm を超える大型種のグループ．脱皮殻と膜状の分泌物を取り除かないと種の同定に必要な形態が観察できない（最終齢の脱皮殻は微針でつついてもなかなか取れないので注意）．濃赤黒色でかなり硬い．背板は盛り上がっている．前体部背面は横溝によって前後に分かれ，後部はほぼ三角状の台地（後部三角域）をなす．胴感毛は概して棍棒状で，先端に色素を持つ．肛毛3対．樹皮下など乾燥気味の環境に生息する．歩行は非常にのろい．

イヘヤウズタカダニ (p.87, 186)
Neoliodes iheyaensis Y.-N. Nakamura, Fukumori & Fujikawa, 2010

体長 1.1 mm．前体部後部三角域は縁が不明瞭な丘状で，左右に分離し，おのおのは穴模様を伴う．胴感毛は細い棍棒状．背板は概して滑らか．しばしば終齢の脱皮殻しか背負っていない（全形図はその状態）．全齢の脱皮殻を背負う場合も後方への突出は弱い．生殖毛は 5+2 対．日本で従来ハチワスレウズタカダニ *N. bataviensis* Sellnick, 1925（タイプ産地ジャワ島）と同定されていた種ではないかと思われ（全形図はその種），分布域からみるとシノニムの可能性も考えられる．北海道には本種に近似するが胴感毛の先が膨れた未知種がいる．九州，小笠原諸島，南西諸島．

スジウズタカダニ (p.87, 186)
Neoliodes striatus (Warburton, 1912)

体長 1.9 mm．前体部後部三角域は縞畝模様（畝の長さは地域差がある）で，前縁は明瞭に角張る（全形図にあるように中央で明瞭に2分されることはない）．胴感毛は丸く膨らむ．背板は前半は不明瞭ながら中央に縦スジとその周囲にシワと顆粒，後半は刻印が明瞭であり中央が網目模様で側面に放射状のスジ（全形図は最終齢脱皮殻を背負っているので顆粒が密）．腿節のヒレは小さく，腿節の最大幅を超えない．側面から見た脱皮殻の後端は全体の丸い輪郭から少し突き出る程度．生殖毛は 5+3 対．近畿，南西諸島．

ツボウズタカダニ（日本新記録・新称）(p.87, 186)
Neoliodes alatus (Hammer, 1980)

体長 1.3 mm．前体部後部三角域の中央に壺型をなす1対の隆起線があり，三角域側縁はその壺型の隆起線から分岐する隆起線をなす．壺型の内側は網目模様に見える．胴感毛は丸く膨らむ．背板は前方中央に縦スジ，後半側面に放射状のスジ，また頂部近くの模様はシワ型と網目型の2型がある（原記載は網目型）．腹板のシワは肛門前角付近に2対ほどの縦シワがあり，その他はほぼ横シワ．腿節のヒレは大きく，膝節の直径程の長さがある．側面から見ると他種より背が高く，脱皮殻の後端は鋭く突出する．生殖毛は 6+4 対．タイプ産地はジャワ島．近畿，中国，四国，九州，南西諸島．

エゾウズタカダニ (p.187)
Neoliodes kornhuberi (Karpelles, 1883)

日本で最初に記載されたダニで，タイプ産地は函館市．ホロタイプがドイツにあるので正体が分からないが，日本でシワウズタカダニと同定されているものかもしれない．北海道には少なくとももう1種，イヘヤウズタカダニ近似種が生息するが，原記載図の脱皮殻の尖り方から見てその種ではないと思われる．北海道．検索図には出ていない．

シワウズタカダニ (p.87, 187)
Neoliodes zimmermanni (Sellnick, 1959)

体長 1.5 mm．各地で採集されるが，他種に比べて背板の模様の形状や生殖毛の数（前は5〜6本，後は2〜4本で，左右で異なるのが普通）の変異がかなり大きいのでいくつかの種の複合かもしれない．一応次の特徴を備えたものを本種としておく．前体部後部三角域はシワ模様であり，網目模様はなく，溝や対になった隆起線で明瞭に左右に分かれることもない．背板は基本的にシワ模様であり，シワ間が孔のように見えることもあるが決して孔構造ではない．腿節のヒレは小さく，腿節の最大幅を超えない．側面から見た脱皮殻の後端は全体の丸い輪郭から少し突き出る程度（全形図は脱皮殻のない状態）．タイプ産地はポリネシア（マロティリ諸島）．本州，伊豆諸島，南西諸島．

アナメウズタカダニ属 (p.30)
Poroliodes

世界に1種のみ．背板は全面に孔模様．

アナメウズタカダニ (p.30)
Poroliodes farinosus (C. L. Koch, 1840)

体長 1.0 mm．樹上と土壌環境の両方から採集される．

北海道，本州，四国．

ケタウズタカダニ属（p.30）
Teleioliodes

桁毛が存在し，脱皮殻に明瞭な毛が残っている．背板は盛り上がっている．

コノハウズタカダニ（p.30, 187）
Teleioliodes ramosus (Hammer, 1971) **comb. nov.**

体長 1.0 mm．前体部中央は網目模様．背板は大部分に顆粒（全形図は脱皮殻のない状態）．はじめ *Liodes* として記載され，後に *Neoliodes* に移されていた．脚に幅がかなり広い木の葉状の毛がある．南西諸島．

ヒラタウズタカダニ属（p.30, 87）
Platyliodes

薄茶色で柔らかい．桁毛がある．背板は背面が平坦で，側縁で折れ曲がり腹面に回りこむ．腹板・背板間の膜質部が広く発達し肛門の後端で腹板を2分し，また背板後端に向かって細く湾入する．背毛のうち少なくとも後端の2対は顕著．肛毛2対．

ヒラタウズタカダニ（p.87, 187）
Platyliodes japonicus Aoki, 1979

体長 0.87 mm．桁毛間の幅は吻毛間の幅より広い．後端2対の背毛は先端の丸い広葉状と小さい丸葉状．本州，四国，南西諸島．

ミヤマヒラタウズタカダニ（p.87）
Platyliodes montanus Fujikawa, 2001

体長 0.99 mm．桁毛間の幅は吻毛間の幅と同じか，やや狭い．後端2対の背毛は先端の尖る柳葉状と小さい広葉状．日本で従来ヒメヒラタウズタカダニ *P. macroprionus* Woolley & Higgins, 1969（タイプ産地北米）と同定されていた種ではないかと思われる．本州．

ミナミヒラタウズタカダニ（p.87, 187）
Platyliodes doderleini (Berlese, 1883)

体長 0.93 mm．桁毛間の幅は吻毛間の幅と同じか，やや狭い．後端2対の背毛はほぼ同大の丸葉状．新鮮な標本は実体顕微鏡下であちこちの輪郭が金緑色に光る．南西諸島．

ヒラセナダニ科
Plateremaeidae

背板背面はむしろ扁平．背毛は後半にのみ生じる．前体部に横溝があり，その溝を挟んで1対のコブが向き合う．第2脚庇は発達しない．肛毛は4〜7対（日本の1属は5対）．

ヤギヌマヒラセナダニ属（p.8）
Calipteremaeus

世界に1種だけ．生殖毛7対は2列に並ぶ．肛毛5対．第4基節板は通常より多毛．

ヤギヌマヒラセナダニ（p.8, 187）
Calipteremaeus yaginumai (Aoki, 1977)

体長 0.71 mm．前体部の横溝より前は穴構造．胴感毛は細い棍棒状．背板上面は網目模様で，三か所がへこむ．加計呂麻島．

オオギホソダニ科
Licnodamaeidae

背板背面はむしろ扁平．背毛は後半にのみ生じる．脚は普通の形状であり，棒状にならない．第2脚庇は発達しない．肛毛2対．

ミナミアナメダニ属（p.30, 88）
Pedrocortesella

背板の上面はスネナガダニ科のように概して扁平だが，表面は概して穴構造．*Hexachaetoniella* が近似の別属とされているが，区別点が曖昧なので本書では無効名として扱う．

アナメダニ（p.88, 187）
Pedrocortesella japonica Aoki & Suzuki, 1970

体長 0.55 mm．胴感毛はしゃもじ形に扁平．背板上面は概して扁平だが，U字形の浅い溝に囲まれて中央部はやや盛り上がる．背毛6対は鎌状に曲がり，1対は裂孔 im と ip との真中に，4対は上面後縁に，1対は側面後端に位置する．表面の穴構造は明瞭．全国．

ミナミアナメダニ（p.88, 187）
Pedrocortesella hardyi Balogh, 1968

体長 0.55 mm．背毛5対．タイプ産地のニューギニア産では肛側毛3対だが，日本産では2対のみ．表面の穴構造は不明瞭．南西諸島．

オオギホソダニ属（p.30, 88）
Licnodamaeus

体は長楕円．胴感毛は扁平．肛毛2対．表面が網目構造のグループと顆粒構造のグループに分かれる．世界で10種ほどを産するが，ほとんどはどちらのグループかが分かるだけでグループ内での種の区別はほとんど不能である．

イツクシマオオギホソダニ（p.88, 188）
Licnodamaeus itsukushima Fujikawa, 2006

体長 0.3 mm ほど．顆粒構造のグループ．従来日本でウネリオオギホソダニ *L. undulatus* (Paoli, 1908) とされていた種ではないかと思われる（全形図はその種）．関東以南の本州．

オオギホソダニ（p.88, 188）
Licnodamaeus pulcherrimus (Paoli, 1908)

体長 0.3 mm．網目構造のグループ．北海道には体長 0.4 mm を超え二重網目になっている別種がいる．本州，南西諸島．

スネナガダニ科
Gymnodamaeidae

脚は細く，比較的長い．背板の上面は扁平かやや盛り上がる程度で，ゆるやかに種特異的な凹凸がある．背毛は後半にのみ生じる．第2脚庇は大きく発達．日本に産する4種は共に *Allodamaeus* として記載されたが，その属はヒラセナダニ科（第2脚庇がない）である．80種以上の名義種が含まれ，Subías (2014) は 15 の名義属を6属に統合している．属の分類基準には統一性がない．

スネナガダニ属（p.30, 80）
Adrodamaeus

膝節の両端がソケット状に結合していることで *Gymnodamaeus* から区別でき，第4脚庇突起がないことで *Arthrodamaeus* から区別できる．一部の脚の節は棒状．前体部や背板に柱状結晶性の分泌物が発達し，背板では種特異的な模様を形成する．体全体が顆粒のついた薄膜に覆われる．毛は細く滑らかだが，微細な顆粒のついた分泌物に覆われて房状に見える．

スネナガダニ（p.88, 188）
Adrodamaeus adpressus (Aoki & Fujikawa, 1971) **comb. nov.**

体長 0.60 mm．はじめ *Allodamaeus* として記載され後に *Gymnodamaeus* に移されていたが，膝節がソケット構造であることから本属とする．背板の上面はほぼ扁平だが，楕円ドーナツ状のへこみがある．背板の畝状分泌物は肩後方のへこみに少し生じる．薄膜の顆粒は球状．北海道，本州．

ハラダスネナガダニ（p.88, 188）
Adrodamaeus haradai (Aoki, 1984)

体長 0.42 mm．一見次種に似るがはるかに小型．桁毛は前体部背面輪郭の縁に生じる．背板の上面はやや膨らむ．背板の畝状分泌物は二重の同心楕円．薄膜の顆粒は球状．関東．

オオスネナガダニ（p.88, 188）
Adrodamaeus striatus (Aoki, 1984)

体長 0.72 mm．桁毛は前体部背面輪郭の縁より内側に生じる．背板の上面はやや膨らむ．背板の畝状分泌物は三重の同心楕円となり，中の二つは枝で結ばれて亀甲状になることがある．薄膜の顆粒は球状．南西諸島．

イゲタスネナガダニ属（p.30）
Joshuella

生殖毛は6対とされる（他の属の多くは7対）．

イゲタスネナガダニ（p.30, 188）
Joshuella transitus (Aoki, 1984)

体長 0.42 mm．背板は扁平で，井の字形に分泌物が隆起する．本属の生殖毛は6対とされていて本種（7対）には合わないが，下記の点を考えるとスネナガダニ属の3種とは異質なのでこのままの所属にしておく．桁間毛は横畝の後方に位置する．脚がやや短く単純な棒状ではない．薄膜の顆粒は芽状でかなり粗．北海道，本州．

ジュズダニ科
Damaeidae

背板は概して半球状で，背毛は8対が縦列に並び，さらに3対が後縁に位置する．脱皮殻，土塊，卵を背負っていることがある．腿節，膝節，脛節は基部が細く末端がしばしば急に大きく膨らみ，付節は中央基部寄りが膨らみその前後が細いので脚全体として数珠のように見える（一部のツブダニ科も似ているので注意）．脚は概して長く，第4脚は体長と同じかその2倍以上．胴感杯はパラボラアンテナ状．吻は鳥のクチバシ状．第2脚腔外壁（第1，2脚間の膨らみ）が発達して第1脚庇になったものを突起Pと呼ぶ（第1脚庇は板状なので，背面からは見る角度によっていろいろな形の突起に見える）．本科の属の区分は変異性の大きい脚の毛数や観察しにくい護毛（ソレニジオンの毛根と接する毛）の有無を重要形質としているため，分類体系はかなりあやしい．突起と背毛の記号はアイヌジュズダニ，カナボウジュズダニの全形図を参照．

ツリバリジュズダニ属（p.32）
Acanthobelba

小型．胴感毛は紡錘形．側面から見ると前体部と後体部の間は強くくびれる．肩突起は長い．第1脚庇はない．常に脱皮殻を背負い，泥は着けず，脚は綿状の分泌物で厚く覆われる．第4脚は体長より短い．世界

ツリバリジュズダニ（p.91, 188）
Acanthobelba tortuosa Enami & Aoki, 1993

体長 0.30 mm．胴感毛は滑らか．背毛は c_1, c_2, la, lm はほぼ同じ太さで c_1 の先端は鞭状．lp と h 系列は太く短く先端は広がってケバ状，p 系列は短い．突起は Sa, Sp は細く鋭く，肩突起（Sa），腹稜（di）は釣り針状で内側に曲がる．Da など前体部・後体部境界域のコブ群はない．本州．

マルジュズダニ属（p.32）
Belba

肩突起はない．第 1 脚庇はない．世界に 30 種以上．

ササカワジュズダニ（p.89, 188）
Belba sasakawai Enami, 1989

体長 0.40 mm．突起 Da, Dp がある．突起 Sa, Sp は尖りぎみ．背毛は滑らかで，中央の 8 対は太く中庸の長さだが前方ほど短く，後縁の 3 対は細く，最後端の 1 対は非常に長いが他の 2 対は中庸の長さ．第 4 脚は体長より長い．近畿．

ツリガネジュズダニ（p.89, 188）
Belba unicornis Enami, 1994

体長 0.52 mm．従来日本で *B. corynopus* (J. F. Hermann, 1804) と同定されていたのは本種（Enami 1994）．突起 Da がある．突起 Sa, Sp は尖る．背板を側面から見ると背が高くて頂部に 1 個の突起があり，釣鐘のように見える．背毛は中央の 8 対は滑らかで太く，概して後方ほど短く，後縁の 3 対はケバがあって太く，中央の後端の毛ほどの長さ．関東から近畿．

コブジュズダニ（p.89, 189）
Belba japonica Aoki, 1984 **stat. nov.**

体長 0.4 mm ほど．*B. verrucosa* Bulanova-Zachvatkina, 1962（この種は *B. compta* (Kulczynski, 1902) のシノニムとされる）の日本産亜種として記載されたが種に格上げする．表皮は顆粒を伴った分泌性薄膜に覆われる．第 1, 2 脚腔外壁に顕著な凸凹はない．突起 Ba がある．突起 Sa, Sp の発達は弱く，小さく丸い．前体部中央に顕著な畝状の構造．背板後端の中央は弱くへこむ．胴感毛は非常に長い鞭状．背毛 c_1, c_2 はほぼ水平に並ぶ．背毛は c_1 が最も長く，c_2 は隣の毛の位置に達する長さで以下は後方ほど短くなり，後縁の末端の毛は短く，他の 2 本は微細．基節板毛は毛台から生じる．生殖門は肛門より幅広い．第 4 脚は体長より短い．基亜種は関東産であり，北海道産は亜種 *Belba japonica barbata* Fujita & Fujikawa, 1986 **stat. nov.**（同属の独立種として記載された）．前者は前体部を横断する畝は強くカーブするが，後者では直線的．九州から記載された *B. itsukiensis* Fujikawa, 2011 は関東産亜種のシノニムの可能性がある．北海道，関東，近畿．

ヨロイジュズダニ属
Tectodamaeus

大型．ジュズダニ属に似るが肩突起がない．第 1 脚庇がある．*Parabelbella* の亜属とされることがあり，世界に 10 種以上．

ヨロイジュズダニ
Tectodamaeus armatus Aoki, 1984

体長 0.94 mm．突起 Da, Ba, Bp が顕著．胴感毛は針状．背毛は中央の 8 対は中庸の長さ（最短の c_2 は最長の lm の 2/3）の太い針状で先端は丸く，後縁の 3 対は細く中庸の長さで先端は尖る．第 1 脚庇は第 2 脚腔外壁と合わせて菱形をなす．関東，中部．

ジュズダニ属（p.32）
Damaeus

肩突起がある．突起 P（第 1 脚庇でないものを含む）が発達する．突起 Da, Ba, Bp は顕著．脚は長い．多くの亜属に分割されることがあり，基亜属だけでも世界に 30 種以上．以下の 2 種は基亜属に属する．

セスジジュズダニ（p.90, 189）
Damaeus striatus (Enami & Aoki, 1988)

体長 0.66 mm．第 1 脚腔外壁は背面からみると直角に大きく発達．前体部中央に顕著な畝状の構造．胴感毛は長く，先端は鞭状．背板は背が低く半球に至らない．肩突起は中庸の長さ．背毛は肩突起ほどの長さで，中央のものは大きくカーブする．背板は中央の毛の列間において前方と後方に数本の縦シワ．第 4 脚は体長の 1.3 倍．近畿，四国．

アイヌジュズダニ（p.90, 189）
Damaeus ainu Enami & Aoki, 1998

体長 0.78 mm．脚の毛に基づく分類方式では *Belbodamaeus* 属であるが，原記載時の所属に関する考察に従いジュズダニ属としておく．前体部背面は平板．胴感毛は針状で，相互間の距離より短い．突起 Da, Ba, Bp は顕著．肩突起は中庸の長さ．背毛は，中央のものはケバがあり短く太く弱くカーブし，後縁のものはより長い．背板前方中央に不明瞭な 1 本の縦溝があり，中央の毛列に沿っても溝の見られることがある．基節板毛 1a, 1c, 2a, 3a はごく微小．第 4 脚

は体長の 1.9 倍．北海道．

トゲジュズダニ属（p.32）
Epidamaeus

ジュズダニ属の亜属とされることがあり，世界に 80 種以上．肩突起があり，その他の特徴が既存の属に当てはまらない種の掃き溜めのようなグループである．第 1 脚庇の有無は属の区別点にされていないが，少なくとも存在する種は将来本属から分離するべきである．

オオイボジュズダニ（p.90, 189）
Epidamaeus verrucatus Enami & Fujikawa, 1989

体長 0.60 mm．本種と次の 2 種は突起 P が存在するグループ．本種の突起 P は小さな第 1 脚庇をなす．第 1 脚腔外壁は凸凹で，背面からみると直角よりやや鋭角．胴感毛は長い針状．肩突起は長い．背毛は中央のものは針状で，後縁のものは長い鞭状．中央の背毛はごく不明瞭な畝状隆起の上にのっている．最前の背毛は互いに接近する．基節板に Va があり，互いの距離は生殖門の幅より狭い．第 4 脚は体長の 1.7 倍．中部，近畿，四国．

チヂレジュズダニ（p.90, 189）
Epidamaeus coreanus (Aoki, 1966)

体長 0.78 mm．胴感毛は鞭状．肩突起は短い．背毛は中央のものは長い鞭状で，後縁のものは中庸の長さ．山梨県，愛媛県．

ワタゲジュズダニ（p.90, 189）
Epidamaeus fragilis Enami & Fujikawa, 1989

体長 0.37 mm．*Kunstidamaeus* 属に近い種と思われるが本種の胴感毛は鞭状．第 1 脚腔外壁は大きな網目構造のため凸凹．第 1 脚庇は前向きに大きく発達．突起 Ba, Sa, Sp があり，Ba はコブ状ではなく長い突起として発達し，Sa は横向きに長く張り出す．肩突起は長い．背毛は中央のものは非常に長い鞭状でより正中寄りに位置し，後縁のものは中庸の長さ．第 4 脚は体長ほどかやや長い．*Damaeus longiseta* Fujikawa, 2006 **syn. nov.** はシノニム．北海道，近畿，中国．

マガリジュズダニ（p.91, 189）
Epidamaeus flexus Fujikawa & Fujita, 1985

体長 0.75 mm．本種以下は第 1 脚庇が存在しないグループ．胴感毛は鞭状だがほとんど直線で先端が曲がるだけ．突起 Ba, Bp がある．背毛は中庸の長さ．基節板に突起 E2a, E2p, Va, Vp があり，黒色で目立つ．第 4 脚は体長の 2.0 倍．脱皮殻は背負わないことが多い．

E. angulatus Fujikawa & Fujita, 1985 **syn. nov.** はシノニム．北海道．

コノハジュズダニ（p.91, 189）
Epidamaeus folium Fujikawa & Fujita, 1985

体長 0.84 mm．第 2 脚腔外壁は角（かど）の丸い直角．胴感毛は針状で先端が鈍く尖る．突起 Ba, Bp がある．肩突起は背毛よりやや短く，基部はかなり太い．背毛は中央のものは基部の広い木の葉状で前から 6 番目までは明らかに幅広く，後縁のものはカーブした針状．基節板に突起 VMa, VMp がある．第 4 脚は体長の 1.2 倍．北海道．

カワリジュズダニ（p.91, 190）
Epidamaeus variabilis Fujikawa & Fujita, 1985

体長 0.50 mm．第 2 脚腔外壁はほとんど膨らまない．桁毛の基部は強いケバ．桁間毛は先端が鈍く尖る針状で，相互間の距離の 1/2 の長さ．胴感毛は棒状．突起 Ba, Bp がある．背毛は中央のものは基部の広い木の葉状で中庸の長さ．脚の毛は概して短く，強いケバを持つ．常に脱皮殻を背負い，泥は着けず，脚は綿状の分泌物で厚く覆われる．第 4 脚は体長ほどかやや短い．北海道．

コンボウジュズダニ（p.91, 189）
Epidamaeus bacillum Fujikawa & Fujita, 1985

体長 0.64 mm．胴感毛は棒状で先が太くなることはない．桁間毛は相互間の距離より長い．背毛は中央のものは基部の広い木の葉状で中庸の長さ．第 4 脚は体長の 1.6 倍．*Epidamaeus* を *Damaeus* の亜属と考える研究者にとっては本種の学名は *D. bacillum* Kulczynsky, 1926 の二次ホモニムとなるため，*D. fujikawae* Subías, 2010 が有効名とされる．北海道．

カナボウジュズダニ（p.91, 190）
Epidamaeus fortisensillus Enami & Aoki, 2001

体長 0.57 mm．胴感毛は先がやや太い棍棒状．桁間毛は相互間の距離の 1/2 より短い．突起 Ba, Bp がある．肩突起は背毛よりやや短く，基部はかなり太い．背毛は中央のものは基部の広い木の葉状で中庸の長さ，後縁のものはカーブした針状で長い．基節板に突起 VMa, VMp がある．第 4 脚は体長の 1.5 倍．北海道．

ニモウジュズダニ属（新称）（p.32）
Dyobelba

肩突起がある．第 1 脚庇はない．*Subbelba* の亜属とされることがあり，世界に 10 種ほど．脛節の護毛が第 2, 3 脚に各 1 本（合計で二毛が和名の由来）あることが

クシロジュズダニ (p.91, 190)
Dyobelba kushiroensis Enami & Aoki, 2001
　体長 0.62 mm．突起 Ba は小さい．突起 Sa は丸く，Sp は角（かど）の丸い四角形．肩突起は小さい．桁間毛は滑らかでむしろ微小．背毛は小さなケバがあり短い（中央の 8 対は前の方が後のものよりわずかに長い）．第 4 脚は体長の 1.2 倍．北海道．

モンジュズダニ属 (p.32)
Porobelba
　小型．肩突起がある．第 1 脚庇はない．背板後端に 1 個の背孔がある．脚は短い．世界に 3 種．

モンジュズダニ (p.91, 190)
Porobelba spinosa (Sellnick, 1920)
　体長 0.32 mm．胴感毛は針状で先端半分は綿毛状の分泌物で覆われる．肩突起は短く，先が 2 分することもある．背毛は c_1 が最も長く，c_2, la, lm がそれに続き，他の毛は短い．背毛の h_1-h_2, p_1-p_1, p_1-p_2 間の距離はほぼ同じで狭い．常に脱皮殻を背負い，泥は付けず，脚は綿状の分泌物で厚く覆われる．第 4 脚は体長とほぼ同長．北海道．

ヒレアシダニ科
Podopterotegaeidae
　旧北区，新北区に分布する 1 属からなる．背毛 10 対または 11 対．生殖毛 5 対．肛側毛 3 対．

ヒレアシダニ属 (p.13)
Podopterotegaeus
　世界に 4 種．桁は本体の左右が融合して前体部を広く覆い，桁先端突起は板状で吻を超える．胴感毛は棒状で，房状のケバを持つ．肩は突出．背毛は 10 対または 11 対で，肩部の 2 対は近接して太くケバがあり，残りの 8 対は側方と後縁に位置して細く短い．第 3，4 脚転節，腿節は大きなひれを持つ．

ヒレアシダニ (p.13, 190)
Podopterotegaeus tectus Aoki, 1969
　体長 0.36 mm．桁先端突起の前縁は弱くへこみ，前縁中央に桁毛を生じる．背毛は 10 対（肩部 2 対，体側 2 対，後縁 6 対）．肩の毛 c_2 は c_1 よりやや太く少し長い．p 列の背毛は下向きに生える．*P. miyamaensis* Fujikawa, 2008 **syn. nov.** はシノニム．北海道から九州．

マンジュウダニ科
Cepheidae
　背面から見ると背板は円に近い楕円で，背毛は周縁に並ぶ．桁は板状に発達し，先端突起を持つ．生殖毛は 6 対．科の学名は新参ホモニムのために無効であるが，まだ有効名が設定されていない（Compactozetidae が提唱されているが不適格名である）．

マンジュウダニ属 (p.42, 92)
Cepheus
　濃褐色から茶褐色．かなり硬い．体はむしろ扁平．背板は縁取りがあり，中央はシワ隆起や孔刻印をもつ．脚は 1 爪．

マンジュウダニ (p.92, 190)
Cepheus cepheiformis (Nicolet, 1855)
　体長 0.7 mm ほど．タイプ産地であるフランスの個体とは十分に一致しないので，将来は学名が変わるかもしれない．日本産の形態は次のとおり．左右の桁先端突起は内縁の基半で平行に接近し，大きくカーブして桁毛に達し，桁毛の両側の輪郭はやや凸凹．横桁部分はほとんどない．桁の外縁は大きくうねる．桁は前方ほど幅広くなる．桁間毛間の距離は他の種より広いめ．胴感毛は茶さじ状．背板中央はほぼ同大の小孔を目とする網目模様で，網の部分はところどころに結節があって，さらに小孔が数個から十数個含まれるような大柄な網目を形成する．本州．

オオマンジュウダニ (p.92, 190)
Cepheus latus C. L. Koch, 1836
　体長 0.8 mm ほど．マンジュウダニよりやや大きく，幅広い．桁先端突起の内縁はゆるくカーブする．横桁部分は短い．欧州産では，背板中央の刻印は，粒状の突起がいくつも連結してできた断続的なシワと，シワ間の谷底にあいた小さめの同大の円孔で構成される．胴感毛は棍棒状．中部以北．

マルマンジュウダニ (p.92, 190)
Cepheus similis Fujikawa, 2004
　体長 0.72 mm．桁先端突起の内縁は直線状．桁先端突起の間は広い V 字の谷をなして，横桁部分はほとんどない．背板中央の刻印はシワがなく，同大の浅い円孔だけ（円孔間の距離は比較的広いので，網目模様にならない）．東北以北．

クロサワマンジュウダニ (p.92, 190)
Cepheus kurosawai Aoki, 1986
　体長 0.8 mm ほど．桁の幅はほぼ同じ．桁先端突起

の内縁は直線状または小さくうねり，桁毛の外側は角張る．横桁部は広い．吻毛，桁毛はほぼ滑らか，桁間毛はごく微細なケバ．桁間毛の間は狭く，毛台の1.5〜2.5倍の距離．胴感毛は棍棒状だが，先端はあまり膨らまない．背毛はほとんど滑らかだが，ごく微細なケバが見られることもある．背板中央は高低の畝による不定形の網目模様があり，網目の中に大小の丸穴があく．網目が不明瞭で丸穴が目立つ場合と，その逆の場合がある．形態の変異幅が大きいように思われ，*C. hokkaiensis* Fujikawa, 1992 と *C. spinosus* Fujikawa, 2004 は変異幅の中にあると考えればシノニムの可能性がある．関東以北．

スベスベマンジュウダニ属（p.43）
Conoppia

桁は細く，先端突起は短い．細い横桁がある．脚は3爪．

スベスベマンジュウダニ（p.43, 191）
Conoppia palmicincta (Michael, 1880)

体長1 mmほどの大型種．側稜には遊離突起がない．胴感毛は長く，細い紡錘形．背板は丸く，背が高い．背毛は後端の短い1対のほかは，痕跡的かきわめて短い．生殖毛6対．

キバダニ属（p.43）
Eupterotegaeus

桁先端突起は吻を超えて大きく発達し，桁毛の内側で牙状に伸びる．背板はむしろ扁平で，中央が縁取られる．背板の肩片は発達し，前方に突出する．

キバダニ（p.43, 191）
Eupterotegaeus armatus Aoki, 1969

体長0.62 mm．桁先端突起の牙は左右が交差するほどに発達．桁先端突起間に1本の刺がある．胴感毛はイチョウ葉状．背板中央に小穴の刻印．亜高山で見られることが多い．本州から南西諸島．

メダマダニ属（p.42）
Ommatocepheus

キバダニ属に似るが，桁はキバダニ属ほどは発達せず，胴感毛は黒い球形で胴感胚の中に埋まっており（目玉のように見えるのが和名の由来），背板の肩片は小さい．桁先端突起間に刺はない．日本では1種記録されているが，まだ未記録種がいる．

メダマダニ（p.42, 191）
Ommatocepheus clavatus Woolley & Higgins, 1964

体長0.55 mmほど（0.1 mmほどの個体差あり）．桁間毛は短い．背板中央に小穴の刻印（網目構造にならない）．生殖毛は5対（6対かもしれない）で，隣り合う毛の間隔より短い．肛側毛3対のうち，最前端のものは非常に短く，一番長い最後尾のものでも相互間の間隔ほどの長さしかない．桁毛，桁間毛，背毛，肛側毛は分泌物で覆われて実際の1.5〜2倍くらいの太さに見える．日本産は亜種 *japonicus* Aoki, 1974 とされる．樹上性．本州．北海道から記録された種は本種とは確定されていない．

サドマンジュウダニ属（p.42, 92）
Sadocepheus

濃褐色であるが，表皮は薄い皮膜で覆われ，皮膜と表皮の間は厚い白色蝋物質で満たされる．背板は山高で，蝋物質を除去した表皮は平滑．背毛は側縁に6対と後縁に3対．

サドマンジュウダニ（p.92, 191）
Sadocepheus undulatus Aoki, 1965

体長0.77 mm．少ない．背板の肩から側面にかけての四つの山はゆるやかで（個体差あり），3番目の山が角（かど）になることはない．桁間毛は桁間毛間の幅の1/4ほどの長さ．背毛は中央が膨らまず，前方の毛は桁間毛の1.5倍ほど，最後尾の側縁毛と後縁毛は前方の毛の2/3ほど．桁先端突起は，概して内縁は丸くカーブし，前縁は桁毛の内側と外側に小さな突起がある．胴感毛先端のケバは2層ほどしかない．第3, 4脚腿節のヒレは前方が刺として突出する．佐渡島，近畿．

フトゲマンジュウダニ（p.92, 191）
Sadocepheus setiger Fujita & Fujikawa, 1986 **stat. nov.**

体長0.77 mm．本属の最普通種．背板の肩から側面にかけての四つの山はゆるやかで（個体差あり），3番目の山が角（かど）になることはない．桁間毛は桁間毛間の幅の1/2ほどの長さ．背毛は中央が明瞭に膨らむ紡錘形で，前方の毛は桁間毛より少し長く，最後尾の側縁毛と後縁毛は半分の長さ．桁先端突起の形状は個体差が大きいが，概して内縁から桁毛にかけて滑らかにカーブし，桁毛の外側は小さく尖る．胴感毛先端のケバは数層．第3, 4脚腿節のヒレは丸い．はじめ *S. undulatus* Aoki, 1965 の亜種として記載された．*S. tohokuensis* Fujikawa, 2004 はほとんど差がなく，シノニムの可能性がある．北海道，本州．

ヤクシママンジュウダニ (p.92, 191)
Sadocepheus yakuensis Aoki, 2006
　体長 0.75 mm. 背板の肩から側面にかけての四つの山は大きくえぐれ，特に最前の山は尖ることが多く，3 番目の山は直角の角（かど）（つまり丸みがない）をなす．桁間毛は桁間毛間の幅より長い．背毛は中央がかすかに膨らむ紡錘形で，側縁の毛は桁間毛とほぼ同長，後縁の毛はそれよりやや短い．桁先端突起の形状は個体差が大きいが，概して内縁から桁毛にかけて丸くカーブし，桁毛の外側は小さく尖る．胴感毛先端のケバは数層．第 3, 4 脚腿節のヒレは丸い．九州，南西諸島．

ヤハズマンジュウダニ属 (p.43)
Sphodrocepheus
　一見マンジュウダニ属に似るが，脚は 3 爪で，左右の桁がヤハズ形につながり，背毛はより長い．

ヤハズマンジュウダニ (p.43, 191)
Sphodrocepheus mitratus Aoki, 1967
　体長 0.81 mm. 背板の周縁は二重に縁取られる．内側の周縁に 6 対，背板後縁に 4 対の背毛が並ぶ．背板中央は孔構造．関東．

ノコギリマンジュウダニ
Sphodrocepheus dentatus Fujikawa, 1972
　体長 0.71 mm. この種は本属ではないが，所属させるべき属が不明なため原記載のままの学名にしておく（脚が 3 爪の *Tritegeus* 属に似るが，本種は 1 爪）．生殖門と肛門の距離は生殖門の幅に等しい．背毛は一列に並ばない．北海道．検索図，全体図には出ていない．

タカネシワダニ科
Niphocepheidae
　世界に 1 属．マンジュウダニ科に似るが，生殖毛が非常に多い．基本的には寒地の高山性のグループ．

タカネシワダニ属 (p.14)
Niphocepheus
　桁は中央寄りで，互いにほぼ平行し，先端突起を持つ．背板には縁があり，中央部には縦スジの模様．第 1, 2 脚庇だけでなく，第 3, 4 脚庇も大きく発達．生殖門と肛門は接近する．脚は 3 爪．世界に 4 種．

タカネシワダニ（学名記録変更）(p.14, 191)
Niphocepheus guadarramicus Subías, 1977
　体長 0.9 mm ほど．はじめ青木（1976）により *N. nivalis* (Schweizer, 1922) の学名で図なしで記録され，後に写真（青木・伊藤, 1987）が公開された．写真から判断すると既知種の中ではスペインの種 *N. guadarramicus* に近いのでさしあたりその種の学名に変更しておく．背板中央の縦スジは前から後まで途切れず，はしご段状に横スジを生じる．日本には縦隆起がギザギザの未知種がもう 1 種いる．山地性（高山に限らない）．本州．

チビイブシダニ科
Microtegeidae
　2 属からなる熱帯系の小型のグループ．背毛は，側方と後縁に集まり，中央部には 1 ～ 2 対しかない．

チビイブシダニ属 (p.93)
Microtegeus
　桁は側方に位置し，先端突起はない．

アミメチビイブシダニ (p.93, 191)
Microtegeus reticulatus Aoki, 1965
　体長 0.27 mm. 前体部，背板に網目模様．桁間毛，背毛は中庸の長さ．生殖門と肛門の周囲は 8 の字形の肥厚部で囲まれる．南西諸島．

キューバチビイブシダニ (p.93, 192)
Microtegeus borhidii Balogh & Mahunka, 1974
　体長 0.23 mm. 前種に似るが，桁間毛，背毛は短い．南西諸島．

ヤッコダニ科
Microzetidae
　これまでに 50 属以上が記載された大所帯のグループ．小型種で構成される．前体部の比率が大きい．桁は大きく複雑に発達．翼状突起は長く腹側に回り込む．熱帯系の種が多い．

ヤッコダニ属 (p.41)
Berlesezetes
　桁間毛は桁の外縁近くから生じ，太く非常に長い．桁先端突起は斜めに裁断され，その外角は鋭く尖り，内角からケバの強い桁毛を生じる．

ヤッコダニ (p.41, 192)
Berlesezetes ornatissimus (Berlese, 1913)
　体長 0.20 mm. 従来 *Microzetes auxiliaris* Grandjean, 1936 で記録されていたがシノニムとされる．胴感毛は強いケバを持ち，長く漸次細くなり，先端は尖る．背板前縁から数本の縦シワが走る．本州から南西諸島．

ミカヅキヤッコダニ属（p.41）
Caucasiozetes

桁間毛は桁の内縁近くから生じ，短い．桁毛は桁先端突起前縁の中央から生じ，かなり太い．桁間部は台形．胴感毛は長く漸次細くなり，先端は尖る．

ミカヅキヤッコダニ（p.41, 192）
Caucasiozetes lunaris (Aoki, 1984) **comb. nov.**

体長 0.27 mm．桁先端突起の前縁はやや凸凹だがほぼ水平に裁断される．桁間部の前に 1 対の三日月形の構造．胴感毛のケバは弱い．はじめ *Nellacarus* として記載され，後に *Microzetes* に移されていた．南西諸島．

ハネアシダニ科
Zetorchestidae

第 4 脚を使った数センチのジャンプ能力がある．その強大な筋肉のためか，死後は第 4 脚が前向きに伸びて硬直する．

ハネアシダニ属（p.41）
Zetorchestes

丸っこい体型．吻毛は毛台から下向きに生え，太いリボン状で，先端が明瞭に 2 分する．背板中央の毛は大まかな 2 列に並ぶ．日本産の種では肛毛は 1 対．

ハネアシダニ（p.41, 192）
Zetorchestes aokii Krisper, 1987

体長 0.44 mm．背毛 9 対で，前の 6 対は太く，後端の 3 対は細い．関東以南から南西諸島．

チビハネアシダニ属（p.41）
Microzetorchestes

世界に 1 種のみ．吻毛は平行に接近する長い畝の上に生じる．肩はやや突き出る．胴感毛は広葉状で，ほとんど厚みがない．背毛 10 対で，背板中央の毛はばらける．肛毛 2 対．

チビハネアシダニ（p.41, 192）
Microzetorchestes emeryi (Coggi, 1898)

体長 0.36 mm．タイプ産地は欧州．日本産は吻毛の先端が小さいながら明瞭に 2 分する．近畿．

イカリダニ科
Zetomotrichidae

前体部背部と背板に複屈折してキラキラ光る微点構造を散布（本科を特徴づける）．体はレモン形．吻縁はギザギザのことが多い．背板の肩は丸く突出し 1 本の毛（概して強大）を持つ．生殖毛は 4 対または 5 対，肛毛は 2 対または 1 対，肛側毛は 3 対または 2 対であるが，これらの組み合わせごとに属が作られているため，到底自然分類とは思えない．実際日本の種は 2 属に分けて記載されているが，共にどの既知属の概念にも該当しない．これまでに記載された日本の種はすべてイカリダニ 1 種の種内変異である可能性もある．原記載の属のままにしておく．

イカリダニ属（p.41）
Ghilarovus

裂孔 im は長く明瞭．生殖毛 4 対，肛毛 2 対．肛側毛は 3 対とされるが，日本の種では 2 対．背板前縁は胴感杯間で消失する．

イカリダニ（p.41, 192）
Ghilarovus saxicola Aoki & Hirauchi, 2000

体長 0.35 mm．胴感杯のあたりの背板前縁から連続してぐねぐねした隆起が前体部に向かって伸び，桁間毛内側前方で細くなって消失する（この隆起線は背板前縁ではない）．胴感杯間で背板前縁の外表面構造は完全に途切れるが，内表面には中央 1/3 ほどを残してきわめて不明瞭ながら軽くカーブした境界線が見られる．背板の肩部には胴感毛より太い c_2 が三角形の肥厚部から生じ，その肥厚部を中心として団扇状の薄い板が発達し，その板の外方裏にイボ状の突起がある．肩から多くの線条が毛 la のレベルまで走る．側面体内に隆起線と間違うような長く弓なりの線構造がある．背板後端はヒダが重なる．基節板 2a，1a，1b，1c はこの順に長く太くなる．原記載では肛側毛 2 対であるが，3 対の個体群もいる．*G. sanukiensis* Fujikawa, 2006 **syn. nov.** はシノニム（この種の原記載には誤りがあり，ホロタイプの脚毛式はイカリダニと同じであり，背板後端はヒダが重なる）．中部以南の本州，四国．

ノコメダニ属（p.41）
Mabulatrichus

イカリダニ属との違いはほとんどなく，あえて肛毛が 1 対であることで区別する．この区別点を認めず，基節板毛 1a が非常に長いことや吻の鋸歯の大きさが均一でないことを属の特徴とする研究者もいるが，それに従うと日本産の種は本属に該当しなくなる．

ノコメダニ（p.41, 192）
Mabulatrichus litoralis Aoki & Hirauchi, 2000

体長 0.41 mm．基節板毛 1a は 2a より少し長いが，非常に長いわけではない．本種は本属のタイプ種よりも別属とされるイカリダニに似ている．しかし，肛毛 1 対である以外に，体が大きいこと，裂孔 ia が明瞭に

認められること，裂孔 im の近くに py と呼ばれる器官（本来なら本属はこの器官を持たないとされる）が明瞭に認められることで区別できる．肛側毛2対．*M. kumayaensis* Y.-N. Nakamura, Fukumori & Fujikawa, 2010 **syn. nov.** はシノニム．広島県，沖縄．

ダルマタマゴダニ科
Astegistidae

桁は前体部の中央で接し，先端突起がほぼ平行して長く伸びるという，桁の形態の類似だけで集められた雑多なグループの寄せ集めの科である．また属の区別も曖昧である．

ダルマタマゴダニ属 （p.42）
Astegistes

長い背毛のあることが必須の特徴．大型種．脚は3爪．生殖毛は6対．背板と前体部の間の境界はないとされるが，分かりにくい場合がある．世界に2種しかいない．

ダルマタマゴダニ （p.42, 192）
Astegistes pilosus (C. L. Koch, 1841)

体長0.6 mmほど．この学名の種は欧州から記載され，桁先端突起は桁本体と同じくらいの長さ，側稜先端突起は側稜本体と同じくらいの長さ，背毛は9対，生殖門と肛門の距離は生殖門の長さの半分よりはるかに狭く，生殖毛はむしろ外縁に沿って並ぶ．北海道．

マルタマゴダニ属 （p.42, 93）
Cultroribula

概して小型の種である．脚は1爪．吻突起でない吻側歯を持つものは別属とされる．本属は本科の中でもとりわけ雑多なグループの掃き溜めであり，将来多くの属に分けなければならない（一部のグループは本科への所属さえ疑問である）．

マルタマゴダニ （p.93, 192）
Cultroribula lata Aoki, 1961

体長0.23 mm．吻突起は鋭く長い牙状で，横からみると上縁がゆるくS字にカーブする．吻は吻突起間で深くえぐれ，その底部は丸いか角（かど）状．吻毛は吻縁から離れて位置する．桁から先端突起にかけての外縁は中央で強く膨らむ．桁先端突起の内縁は外側に反る．側稜の上縁はかるく窪み，先端の1/10ほどは遊離突起となる．桁間毛間の距離は胴感胚間の距離の1/3かそれよりやや広く，桁間毛の長さは相互間の距離ほどかやや短い．胴感毛は平滑で，先端の鋭い紡錘形．背板は円形に近い．背毛は10対．肩の背毛は桁間毛程の長さ．内畝のうち第3-4基節板間内畝は消失．生殖門は大きく，左右を合わせた前縁は長くゆるやかな弧状をなす．生殖毛5本のうち，前の3本は内縁に沿って並び，4本目は中央外縁寄り，最後端の1本は後縁中央近くに位置する．生殖門と肛門は接近する．全国（原記載は東京都）．

シュクミネマルタマゴダニ （p.93, 193）
Cultroribula shukuminensis Nakatamari, 1982

体長0.38 mm．桁の先端突起は基部の1/2強が融合する．桁間毛は非常に長い．胴感毛は細かいケバを持つ棍棒状．生殖毛6本で，前の3本は前縁に沿い，後の3本は三角形に並ぶ．生殖門と肛門は広く離れる．南西諸島．

ハケマルタマゴダニ （p.93, 193）
Cultroribula angulata Aoki, 1984

体長0.17 mm．吻は三つに分かれる．桁間毛がない．胴感毛の先端にケバがある．背板の肩部は強く発達する．生殖毛は4対．南西諸島．

ナガマルタマゴダニ （p.93）
Cultroribula elongata Fujikawa, 1972

体長0.26 mm．吻は三つに分かれ，中央のものは尖る．桁の先端突起は基部の1/2ほどが融合する．胴感毛は棍棒状．背板の肩部は強く発達する．生殖毛は4対．関東，北海道．

ヤリクチマルタマゴダニ （p.93, 193）
Cultroribula bicultrata (Berlese, 1905)

体長0.24 mm．吻と1対の吻突起は長く鋭く尖り，狭いV字の裂溝で隔てられる．吻は吻突起よりやや短く，先端1/3が急に細まる．吻毛は裂溝の付け根付近に位置する．桁から先端突起にかけての外縁は滑らかなカーブを描き，桁先端突起の内縁は直線か，かすかに膨らむ．桁先端突起は基部1/4で融合する．側稜の後1/3は広いがそれより前は細く，先端の2/5ほどは鋭い遊離突起となる．胴感毛は紡錘形だが，先端はそれほど鋭くない．桁間毛は短く，中央から外れて桁の上に位置する．背板の肩部は強く発達する．背毛は10対．内畝のうち第3-4基節板間内畝は生殖門の前部に接する．生殖門の前縁と外縁はほぼ直角をなす直線で，左右の前縁は「ヘ」の字をなす．生殖毛は5本（タイプ産地である欧州産は6対）で，前の3本は斜めに並び，4番目はほぼ中央，最後端のものは通常（つまり後縁近くの中央）の位置．生殖門と肛門はほぼ同長で，相互間の距離は生殖門の長さの1/2．近畿，四国．

ハマルタマゴダニ属（新称）（p.42）
Mexicoppia stat. nov.

吻側歯が数本あることだけでグループ分けされた雑多な属．桁間毛は短い．脚は3爪．*Furcoppia* 属の亜属であったが，背毛があることを重視して属に昇格する．

ケタビロマルタマゴダニ（p.42）
Mexicoppia breviclavata (Aoki, 1984) comb. nov.

体長0.32 mm．桁はかなり太い．胴感毛は短く太い．生殖毛は6対．生殖門と肛門間の距離は生殖門の長さの1/2弱．はじめ *Cultororibula* として記載され，*Furcoppia* 属の亜属 *Mexicoppia* に移されていた．関東．

セマルダニ科
Peloppiidae

背板が丸く（球ではない），背毛は後部の数対だけが他の毛より長い．桁は細め．鋏角が長いグループ（タイプ属のグループ）と普通のグループに分けて後者を独立科（Ceratoppiidae）とすることがあるが，本書では一つの科とする．本科でよく使われるMetrioppiidaeは不適格名である．

ミナミリキシダニ属（p.45）
Austroceratoppia

リキシダニ属に似るが，基節板は2分されず1枚につながって生殖門の後端まで達し，吻毛はきわめて太く，角（かど）状に大きく発達した毛台から生じる．

ミナミリキシダニ（p.45, 193）
Austroceratoppia japonica Aoki, 1984

体長0.48 mm．吻は正三角形で，左右非対称の微細なギザがある．顎縁片は5本ほどの鋸歯を持つ．背毛は2対で胴感毛より長い．背毛痕跡の前から1〜3番目はほぼ等間隔，3〜5番目の間隔はそれより狭くほぼ等間隔．表皮体内面において痕跡毛根の周辺に密な点刻．関東から南西諸島．

リキシダニ属（p.45）
Ceratoppia

背面から見た背板は円形．背毛は後部に長いのが2〜3対だけで，体軸よりの1対は一番長く，斜め上の前向きに生える．背毛痕跡は6対（背毛3対の種）または7対（背毛2対の種）で1〜5番目までは体側よりにほぼ一列に並び，残りの1〜2本は背毛（1本の場合は中央の背毛）の内方に生じる．背毛痕跡の毛根空洞は小さく，開口部はその直径の半分ほど．脚は細く長い．桁の先端突起は細く桁ほどの長さがある．吻部はギザギザであるが，吻先端が突出し，それに続いて裂溝を挟んで1対の吻突起が見られることがあり（ない種もいる），さらに数本の鋸歯を持つ顎縁片が大なり小なり発達している．胴感毛は膨らみがない．基節板は，生殖門の前の直線の横断線で前後に2分される．

リキシダニ（p.94, 193）
Ceratoppia rara Fujikawa, 2008

体長0.79 mm．従来日本で *C. bipilis* (J. Hermann, 1804) とされていた種である．*C. bipilis* は旧北区から新北区まで広く分布していていくつかの亜種を持つため，*rara* はこの種の亜種にすべきかもしれない．口板毛は2対（本属の他の種は1対）．吻は三角形で，長く鋭く突出する．顎縁片は大きく発達し，先端の突起は目立つがそれに続く2〜3本の鋸歯は小さく見にくい．吻毛と桁毛は同長で，桁先端突起とほぼ同じ長さ．桁間毛は桁（先端突起を含む）よりやや長い．一番後の背毛の長さは胴感毛の0.8倍ほど．背毛痕跡間の距離は，前から1-2番目間は2-3番目間よりわずかに狭いことが多く，3-4番目間は最も狭く，4-5番目間はそれまでの中で一番広い．表皮体内面において痕跡毛根の周辺に不明瞭に密な点刻．北海道から九州．

キレコミリキシダニ（p.94, 193）
Ceratoppia incisa Kaneko & Aoki, 1982

体長0.59 mm．吻先端は小さく突出し，丸い裂溝を挟んで吻突起が見られる．顎縁片の発達は弱く，鋸歯（5本前後）は吻突起と同大．吻毛は桁先端突起の長さの半分ほど，桁毛は吻毛のさらに半分ほどの長さ．桁間毛は桁先端突起の1/2に達するくらい．背毛は他の種に比べてかなり短く，一番後の背毛の長さは胴感毛の1/4ほど．背毛痕跡間の距離は，前から1〜4番目まで徐々に狭まり，4-5番目間は一番広い．表皮体内面において痕跡毛根の周辺にやや広く疎な点刻．近畿，中国．

ヒメリキシダニ（p.94, 193）
Ceratoppia quadridentata (Haller, 1882)

体長0.64 mm．吻は明瞭な段差のある山状に鋭く突出する．吻毛，桁毛，桁間毛はおのおの桁先端突起の長さの1.0，0.8，2.2倍ほど．顎縁片の鋸歯は先端の突起も含めて6〜7個ほどで，後方の小さい2〜3個以外はほぼ同大．一番後の背毛の長さは胴感毛の1/2ほど．背毛痕跡は前から1〜4番目まではほぼ等間隔，4-5番目間は前のものより1.5〜2倍．表皮体内面において痕跡毛根の周辺に狭く疎な点刻．北海道から南西諸島．

ムツゲリキシダニ (p.94, 193)
Ceratoppia sexpilosa Willmann, 1938

体長 0.73 mm．吻先端は小さく，吻突起は丸い角（かど）状で，両者は丸い裂孔によって分かれるが，吻突起と裂溝の大部分は吻先端部におおい隠されている．顎縁片は吻先端部のすぐ近くまで達して吻突起と上下に重なり，鋸歯は先端の突起も含めて 7～9 個ほどで，前方の 2～3 個は小さく密に並び，後方の 2～3 個は不明瞭．吻毛，桁毛，桁間毛はおのおの桁先端突起の長さの 1.0, 1.3, 2.3 倍ほど．背毛痕跡間の距離は，前から 1～5 番目はほぼ等間隔．側面前方の背毛の長さは胴感毛の 1/2 ほど．表皮体内面の痕跡毛根の周辺の点刻はかなり広く散らばり，毛根直近は明瞭であるが離れるほど不明瞭になる．旧北区から新北区まで広く記録されているが，背毛が 3 対というだけで本種とされるきらいがあり，将来見直す必要がある．近畿以北から北海道．

キノボリササラダニ属 (p.45)
Dendrozetes

桁は細くほとんど張り出し部がなく，先端に遊離部もない．胴感毛は棍棒状．背毛は 8 対で，後端の 1～2 対は太く長いが，他は微小．3 対の肛側毛のうち後の 2 対は背毛の後端の大きいものと同じ形状．これらの太い毛は毛軸が非常に細く，一見すると柳葉のように見えるが円筒形である．樹上から採集されている．

キノボリササラダニ (p.45, 194)
Dendrozetes caudatus Aoki, 1970

体長 0.74 mm．胴感毛は繊細なケバを持つが，縦縞はない．長い背毛は 2 対で，繊細なケバを疎に持つ．他の 6 対の背毛は微小で，前の 5 対は体側にそって一列に並ぶが，最後尾のものは上下の太い毛の中間に位置していて見つけにくい．北海道，本州，四国．

ヒトツメセマルダニ属 (p.45)
Parapyroppia

背毛 10 対のうち 9 対は毛痕のみ．生殖毛 6 対．脚は 1 爪．

ヒトツメセマルダニ (p.45, 194)
Parapyroppia filiformis Hirauchi, 1998

体長 0.58 mm．胴感毛は鞭状．桁先端突起は短い．桁間毛は長い．中部．

ニセセマルダニ属 (p.45)
Pseudopyroppia

背毛 10 対．胴感毛は紡錘形．桁先端突起は短い．生殖毛 6 対．脚は 3 爪．世界に 2 種だけ．

ニセセマルダニ (p.45, 194)
Pseudopyroppia rotunda Hirauchi, 1998

体長 0.43 mm．吻の突出部の形は変異が大きい．背毛の ta 間の距離は類縁種に例がないほど短く，r_1 間の距離は p_1 間の距離より短い．背毛 ta は微小で，p_1 は他の背毛より太く長い．中部．

セマルダニ属 (p.45)
Metrioppia

鋏角はきわめて細長い（peloptoid 型）．背毛 10 対のうち 7 対は毛痕のみ．桁毛の内側に長い刺がある．桁先端突起は長く，吻近くまで達する．胴感毛は膨らみがない．生殖毛 6 対．脚は 3 爪．

セマルダニ (p.45, 194)
Metrioppia tricuspidata Aoki & Wen, 1983

体長 0.46 mm．吻の切れ込みは深い．吻は長く，先端が 2 分することが多く，吻を挟む 1 対の鋸歯は細長く尖る．表皮体内面において痕跡毛根の周辺に疎な点刻．北海道，本州．

ヨツゲセマルダニ属（新称）(p.45)
Paraceratoppia

鋏角は通常の形．背毛 10 対のうち，8 対は毛痕のみ．桁先端突起に刺はない．吻先端突起は短く，吻までの距離の 1/3 にも満たない．胴感毛は膨らみがない．生殖毛 6 対．脚は 3 爪．

ヨツゲセマルダニ (p.45)
Paraceratoppia quadrisetosa (Fujita & Fujikawa, 1986) **comb. nov.**

体長 0.74 mm．吻の切れ込みは浅い．吻は尖り，吻を挟む 1 対の鋸歯はあまり尖らない．表皮体内面において痕跡毛根の周辺に広く密で明瞭な点刻．原記載では背板前縁の中央が途切れるとされるが，実際には繋がっている．はじめ *Metrioppia* として記載された．北海道．

イトノコダニ科
Gustaviidae

1 属からなる．鋏角の一部は非常に細長くて（第 1 脚の膝節から末端までの長さに相当），筒状に変形した口器を通って出入りし，先端 1/3 は鋸歯がある（和名の由来）．

イトノコダニ属 (p.11)
Gustavia

　背板と前体部背面とは滑らかに融合し，境界線は肩のあたりに残っているだけで広く消失．吻端は普通Uの字にえぐれ，両端は尖る．前体部には顕著な桁（および先端突起），前桁，側稜がある．胴感毛は背板の下に隠れる．背毛は10対だが，後縁の3対を除き毛穴だけ．日本に2種の記録があるが，両種の中間的な未記録の大型種（0.6 mm）が四国から南西諸島にかけて分布する．

イトノコダニ (p.94, 194)
Gustavia microcephala (Nicolet, 1855)

　体長 0.54 mm．青木（2009）は学名を *G. fusifer* (C. L. Koch, 1841) に変更したがその学名の種ではない（たぶんアオミネイトノコダニの誤認）．背板は円形に近く，体長/体幅比は1.2ほど．桁先端突起は三角形．横桁は短いが明瞭に発達し，Uの字形．前桁は桁先端突起の根本につながり，前は吻の切れ込み内縁の前寄りに達して，直前に吻毛を生じる．側稜は吻側縁に達する．胴感毛の頭部は紡錘形だが，数本のケバが1列に生えるため鋭く尖って見える．背板は滑らかにみえるが，密に微細な点刻がある．後縁の背毛は，最後部の1対は短く，他の2対は微小．全国から記録されているが次種との混同があると思われる．

アオミネイトノコダニ (p.94, 194)
Gustavia aominensis Fujikawa, 2008

　体長 0.44 mm．背板はやや楕円形で，体長/体幅比は1.4ほど．桁先端突起は細い，横桁はなく，桁は広く離れる．前桁は桁先端突起の根本につながり，前は吻の切れ込み先端の手前まで達して，前端に吻毛を生じる．側稜は吻側縁に達する．胴感毛は前種に似るが，先端は心持ち丸みが強い．背板は滑らかにみえるが，密に微細な点刻がある．後縁の背毛は3対とも同じ長さで短い．欧州の *G. fusifer* (C. L. Koch, 1841) と区別がつかず検討を要する．四国．

ツヤタマゴダニ科
Liacaridae

　大型，卵形で顕著なツヤがある．背毛は細く，後端の1〜2対を除いて微小．

ツヤタマゴダニ属 (p.46, 95)
Liacarus

　赤褐色で，胴を一周するように濃い色の帯がある．大きさの種内個体変異は大きく，体長で2割近くの差もめずらしくない．吻に1対の深い切れ込みがある．胴感毛の形で4亜属に分かれるが，いかにも便宜的な区分の感がいなめないため，亜属から属への格上げがためらわれている．非常に大きなグループなので，別の基準で属を細分化する必要がある．局地的な種が多い．なお桁間部内部に複雑な構造を持つ5種は異質であり，将来は別属にすべきである．この構造はホウセキタマゴダニの場合では，桁は裏面が左右連続した一枚板となってケタカムリダニ科のように前体部を覆い，裏面中央部は丸底フラスコを押し付けたように体中へ湾入する（フラスコ底の部分は背面からは顆粒のある膨らみのように透けて見える）．

ツノツキタマゴダニ (p.95, 194)
Liacarus nitens (Gervais, 1844)

　本種と以下10種は基亜属 *Liacarus* に属し，胴感毛はノギのある紡錘形．
　体長 1.2 mm ほど．吻端は長四角で，両脇の切れ込みはやや広い．桁先端突起は直線状に先細り，先端は小さなヤハズ形．桁間毛は長い．桁先端突起間に桁先端突起より長い突起が伸びる．胴感毛のノギは膨らんでいる部分より短い．別亜属のカネコツヤタマゴダニに似るが，胴感毛の形態（亜属の差異点）で区別できる．関東，中部．

ヤエヤマタマゴダニ (p.95, 194)
Liacarus yayeyamensis Aoki, 1973

　体長 0.84 mm．吻は顕著に切れ込み，吻端はさらにへこむ．桁先端突起はヤハズ形で，突起は内側の方が長く，内縁はやや膨らむ．桁先端突起間に小さい突起がある．桁間毛は長い．胴感毛のノギは膨らんでいる部分と同じくらいの長さ．西表島，石垣島．

ツヤタマゴダニ (p.46, 95, 194)
Liacarus orthogonios Aoki, 1959

　体長 0.89 mm．桁は短く，側面から見ると前体部の半分しかない．桁先端突起の内縁に薄板状の角張った突起を持つが，この突起は桁の腹面に巻き込む傾向があり，その場合は突起が存在しないように見えるので注意．桁毛の外側に突起はない．桁間毛は長く，桁先端突起を超える．胴感毛は長く，ノギは膨らんでいる部分より長い．本属の最普通種．北海道から南西諸島まで．

ヨロンタマゴダニ (p.95, 194)
Liacarus externus Aoki, 1987

　体長 0.86 mm．桁先端突起の内縁にツヤタマゴダニのような突起があるが，外角（桁毛の外側）は顕著に尖る．桁間毛は長い．胴感毛のノギは膨らんでいる部

分の半分の長さ．奄美大島，沖永良部島，与論島，伊良部島．

ミヤマタマゴダニ （p.95, 195）
Liacarus contiguus Aoki, 1969

体長 0.67 mm．桁先端突起は先細りながら左右接近し，内角（桁毛内側）に小さな突起．桁間毛は長い．胴感毛は長く，ノギは膨らんでいる部分より長い．背板前縁は弱くへこむ．*L. pseudocontiguus* Fujikawa, 1991 **syn. nov.** はシノニム．北海道から近畿．

ホノオタマゴダニ （p.95, 195）
Liacarus flammeus Aoki, 1967

体長 0.67 mm．桁先端突起は先細り，先端は単に小さくへこむか明瞭なヤハズ形で変異が大きい．桁間毛は短い．胴感毛のノギは膨らんでいる部分と同じくらいの長さ．背板前縁は弱くへこむ．本州，トカラ列島，奄美大島．

ホウセキタマゴダニ （p.96, 195）
Liacarus gammatus Aoki, 1967

体長 0.71 mm．桁先端突起の前縁は裁断状で，外角は尖り，内縁は左右互いに接する．桁毛は桁先端突起の内角裏面に生じる．桁間毛は短い．胴感毛のノギは膨らんでいる部分と同じくらいの長さ．桁間部内部に複雑な構造が透けて見え，桁間部三角域の後端（背板前縁の直下）に達する．前体部と後体部の背面境界線はへこむが，その上に背板前縁がほぼ直線に覆い被さる．関東以南の本州，種子島．

アシュウタマゴダニ （p.96, 195）
Liacarus latilamellatus Kaneko & Aoki, 1982

体長 0.75 mm．桁先端突起の前縁は裁断状で，内縁は左右互いに接する．桁毛は太く，桁先端突起の内角裏面に生じる．桁間毛は長い．胴感毛のノギは膨らんでいる部分と同じくらいの長さ．桁間部内部に複雑な構造が透けて見え，背板前縁より後に達する．背板前縁は中央で大きくへこむ．*L. luscus* Hirauchi, 1998 **syn. nov.** はシノニム．京都府，富山県．

ムロトタマゴダニ （p.96, 195）
Liacarus murotensis Aoki, 1988

体長 0.68 mm．吻は顕著に2裂し，吻端はさらにへこむ．桁先端突起は弱いヤハズ形で，内縁は左右互いに接する．桁間毛は長い．胴感毛のノギは膨らんでいる部分より短い．桁間部内部に複雑な構造が透けて見え，桁間部三角域の前半分を占める．高知県．

ユワンタマゴダニ （p.96, 195）
Liacarus montanus Aoki, 1984

体長 0.77 mm．吻の切れ込みは丸く，吻端の前縁は軽く凸凹で，吻側縁に小さな鋸歯がある．桁先端突起はヤハズ形で，突起は外側の方が長く，内縁はややへこむ．原記載図では左右の桁先端突起が重なっているが，必ずしもそのような個体ばかりではない．桁間毛は長い．胴感毛のノギは膨らんでいる部分より短い．桁間部内部に複雑な構造が透けて見え，桁間部三角域の前半分を占める．背板前縁は弱く凹む．屋久島，奄美大島．

メダマタマゴダニ （p.96, 195）
Liacarus ocellatus Aoki, 1987

体長 0.77 mm．桁先端突起はヤハズ形で，突起は外側の方が長く，内縁は膨らむ．桁間毛は長い．胴感毛のノギは膨らんでいる部分より短い．桁間部内部に複雑な構造が透けて見え，桁間部三角域の前半分を占める．背板前縁は弱く凹む．トカラ列島．

エゾタマゴダニ （p.97）
Liacarus yezoensis Fujikawa & Aoki, 1970

本種と以下6種は亜属 *Dorycranosus* に属し，胴感毛はノギのない紡錘形．

体長 0.95 mm．桁の外縁は先端突起の先端近くまで直線状で，外角部はカーブするか弱く尖る．横桁部の突起は桁先端突起の先端に達するくらいの長さで，両側は左右の桁先端突起に接する．桁先端突起と横桁部突起の間の切れ込みはやや浅く，桁間三角域までの1/2より少し深い．桁間毛はかなり長く，漸次細くなり鈍く尖る．*L. arduus* Fujikawa, 1989 **syn. nov.** はシノニム．中部以北から北海道．

カネコツヤタマゴダニ （p.97, 195）
Liacarus kanekoi Bayartogtokh & Aoki, 2002

体長 0.81 mm．桁の外縁は先端突起の先端に至るまで直線状．横桁部の突起は桁先端突起より細く，桁先端を少し超える長さ．桁先端突起と横桁部突起の間の切れ込みは浅く，桁間三角域までの半分の深さで，底はU字形．桁間毛はやや短く，先端は鈍く尖る．背板後端の背毛（p_1）は他の背毛よりはるかに長い．長野県，富山県．

ポロシリタマゴダニ （p.97, 196）
Liacarus indentatus (Aoki, 1973)

体長 0.92 mm．桁は幅広く（その結果として桁間三角域は非常に狭い），外縁は大きく膨らむ．桁先端突起は細く短く，先端は丸まる．左右の桁先端突起は平

行で，すき間はU字形をなす．北海道，山形県．

ケタボソタマゴダニ （p.97, 196）
Liacarus tenuilamellatus Hirauchi, 1998

体長0.83 mm．桁は細く，桁先端突起は先細って先端は桁毛の幅しかない．桁先端突起は左右平行．横桁部はかなり広く，山状の構造が見える．桁毛はかなり長く，桁先端を超える．背板前縁にc系列の背毛が3対ある（他の多くの種は2対）．富山県．

ヤリタマゴダニ （p.97, 196）
Liacarus acutidens Aoki, 1965

体長0.96 mm．桁の外縁，桁先端突起の外縁はおのおの直線状だが，つなぎ目で折れ曲がる．横桁部の突起は桁先端突起ほどの太さで，桁先端を超える．桁先端突起と横桁部突起の間の切れ込みは深く，桁間三角域まで達し，底はV字形．桁間毛はかなり長く，漸次細くなり鈍く尖る．背板後端の背毛（p_1）は他の背毛よりはるかに長い．本亜属では最普通種．北海道，本州．

チエブンタマゴダニ （p.97, 196）
Liacarus chiebunensis Fujita & Fujikawa, 1984

体長0.95 mm．桁外縁は直線かかすかに膨らむ．桁先端突起は細く，先端は桁毛の幅しかない．横桁部の突起は桁先端突起よりやや細く，桁先端までの半分の長さ．桁先端突起と横桁部突起の間の切れ込みは浅く，桁間三角域までの半分の深さで，底はU字形．桁間毛はかなり長く，漸次細くなり鈍く尖る．胴感毛の先端は鈍く尖る．背板後端の背毛（p_1）は他の背毛よりはるかに長く，肩の毛（c_1）は胴感毛の軸部の幅ほどの長さ．北海道大黒島産亜種として記載されたL. c. akkeshi Aoki, 2006 syn. nov. は基亜種（北海道本島）のシノニム．北海道．

コンボウタマゴダニ （p.98, 196）
Liacarus breviclavatus Aoki, 1970

本種と次種は亜属Procorynetesに属し，胴感毛は棍棒状．

体長1.01 mm．桁外縁は先端までほぼ直線的．桁先端突起はやや先細りで，先端はごく弱いヤハズ形．横桁部の突起は桁先端突起よりやや細く，桁先端より前に伸びる．胴感毛の形以外は別亜属のツノツキタマゴダニとそっくりである．樹上から採集されており，樹上特異種の胴感毛は科属に関係なく棍棒状を呈することが知られているため，本種を本亜属に置くのは間違いかもしれない．中部以南から九州．

ノコギリタマゴダニ （p.98）
Liacarus clavatus Fujikawa & Aoki, 1970

本属では小さく体長0.57 mmで，他の種に比べると後体部が短い．吻側縁に鋸歯がある．桁は幅広く，外縁は先端に向かってS字に緩くカーブする．桁先端突起の内縁は膨らみ，左右接する．桁間毛は短い．北海道，山梨県．

サオタマゴダニ （p.46, 196）
Liacarus bacillatus Fujikawa & Aoki, 1970

本種は亜種Rhaphidosusに属し，胴感毛は棒状．

体長1.12 mm．桁はやや幅広く，外縁は膨らむ．桁先端突起前縁の内角は三角形に尖って左右接近し，外角近くがへこんで桁毛を生じる．横桁部の突起は桁先端突起の先端間での半分で，両側は左右の桁先端突起に接する．桁先端突起と横桁部突起の間の切れ込みはやや浅く，桁間三角域までの1/2より浅い．桁間毛はかなり長く，漸次細くなり鈍く尖る．北海道，山梨県．

オオマルタマゴダニ属（新称）（p.46, 98）
Birsteinius

背毛は11対（c_1, c_2がある）．脚は1爪．

ミツバマルタマゴダニ （p.98, 198）
Birsteinius neonominatus (Subías, 2004) comb. nov.

体長0.34 mm．吻は鋭く深い裂溝に挟まれた，先端が丸い長方形のヘラ状．裂溝の外側の吻縁から吻毛を生じる．側稜は細く直線的に伸び，漸次細まり，吻の裂溝を過ぎてからは稜線となって吻毛まで達する．桁から先端突起にかけての外縁は中央で弱く膨らむ．桁の先端突起は基部の2/3が融合し，先端の遊離部は漸次細まる．桁間毛間は胴感胚間の距離の1/2ほどで，桁間毛は短い．胴感毛は平滑で細い円筒状に膨らみ，先端は急に細く糸状になる．背板の肩部の発達は弱い．背毛は11対（肩部の毛が2対ある）で，体側に並ぶ．肩部の毛のうち前のものは他の背毛より短く桁間毛ほどの長さで，後のものは他の背毛より長い．第1基節板間の中央内畝は比較的明瞭．第3-4基節板間内畝は生殖門の前部に接する．生殖毛4本は内縁に沿って並ぶ．生殖門と肛門は広く離れる．はじめの学名はCultroribula tridentata Aoki, 1965 であったがC. tridentata Mihelcic, 1958 の一次ホモニムのため永久に使えず，C. neonominata Subíasの学名が与えられていた．北海道，本州，九州（原記載は佐渡島）．

ナミマルタマゴダニ （p.98）
Birsteinius variolosus (Fujikawa, 1991) comb. nov.

体長0.43 mm．ミツバマルタマゴダニに似るが，生

殖毛は6本．生殖毛は内縁に沿って並ぶ．はじめ Cultroribula として記載された．北海道．

ザラタマゴダニ科
Xenillidae

ツヤタマゴダニ属に似るが，それより寸胴の体型で，ツヤがなく，全面に孔刻印がある．同じサンプルからでも体長に1割以上の大きさの変異が見られる．日本に2属知られるが，未記録のものがもう1属いる．

ザラタマゴダニ属 (p.46, 98)
Xenillus

茶褐色であるが，脱色して黄褐色になった個体も多い．生殖毛5対．横桁部は非常に狭く，左右の桁先端突起は寄り添う．日本に数種を産するが，学名を伴って記録されたのは欧州をタイプ産地とする2種だけである（同定の再検討の余地はある）．

ザラタマゴダニ (p.97, 196)
Xenillus tegeocranus (J. F. Hermann, 1804)

体長0.9 mmほど．桁間毛は長く先は鈍い．桁先端突起の前縁内角は尖り，外角は丸く桁毛を生じる．横桁部に突起がある．肩部の背毛2対はほぼ同長で短い．他の背毛9対は中庸の長さで先は鈍い．本属の最普通種で北海道から九州まで分布するが，背毛の長さに地理変異があるので別種・別亜種の検討が必要である．北海道のものが欧州のものに最も近いと思われる．南西諸島のものも本種と同定されているが，背毛が非常に長く，別種の可能性がある．

エゾザラタマゴダニ (p.97, 196)
Xenillus clypeator Robineau-Desvoidy, 1839

体長0.9 mmほど．ザラタマゴダニに似るが，桁間毛と背毛は短い．桁先端突起の前縁は変異が大きく，裁断状であったり，角（かど）が尖っていたりする．Fujikawa（1972）による北海道の同学名の図はザラタマゴダニのものであり，北海道に分布するかどうかは不明．近畿．

ザラタマゴダニ属 (p.46)
Neoxenillus

濃赤褐色．桁先端突起は広く短く，ヤハズ形．横桁部がやや広い．背毛11対のうち中間の6対は体側に沿って並ぶ．生殖毛6対．

ヤハズザラタマゴダニ (p.46, 197)
Neoxenillus heterosetiger (Aoki, 1967)

体長1.25 mmほど．吻先端はややデコボコの台形で，両端は吻縁との境で切れ込む．桁間毛は長い．胴感毛は短く，ごく小さい棍棒状．背毛は肩の2対は細く短いが，残りは太く中庸の長さ．後端の3対はケバが強く，尖らない．*N. scopulus* Fujikawa, 2004 **syn. nov.** はシノニム．本州．

マルトゲダニ科
Tenuialidae

後体部の肩は鋭く前方に突出する．北方系と思われ，高山性の種が多い．

エンバンダニ属 (p.64)
Peltenuiala

体の輪郭がほとんど円形で平たく，丸皿を二つ合わせた空飛ぶ円盤のよう．9対の長い背毛．桁は全長にわたり幅がほぼ等しく，横桁を持たない．左右の桁は広く離れる．

エンバンダニ (p.64, 197)
Peltenuiala orbiculata (Aoki & Ohnishi, 1974)

体長0.91 mm．桁の先端突起は短い．胴感毛は棍棒状で滑らか．北海道，本州（高山域）．

マルトゲダニ属 (p.64)
Tenuiala

桁は太く，先端突起は三角形で短い．左右の桁は前方で接近する．背板には7対の毛孔．

ハッカイマルトゲダニ (p.64, 197)
Tenuiala nuda Ewing, 1913

体長1.01 mm．胴感毛は尖った紡錘形で滑らか．後体部の肩突起の先端には鋸歯がある．北米で記載され，新潟県でも発見された．

マルツヤダニ属 (p.64, 99)
Hafenrefferia

左右の桁は前体部の中程で接近し，それより前方は先端突起として細く長く伸びる．背板には10対の毛孔．吻は3裂する．

マルツヤダニ (p.99, 197)
Hafenrefferia acuta Aoki, 1966

体長0.85 mm．桁先端突起の内縁は左右でV字形をなす．胴感毛は尖った棒状で微細なケバ．北海道，本州．

コンボウマルツヤダニ (p.99, 197)
Hafenrefferia gilvipes (C. L. Koch, 1839)

体長0.92 mm．桁先端突起の内縁は左右ほぼ平行．

胴感毛は先が膨らむ．欧州を中心とする旧北区に分布し，北海道からも見つかった．

オオマルツヤダニ属（p.64, 99）
Tenuialoides

桁は左右に離れるが，細い横桁で連結される．先端突起は長い．背板に1対の毛（p_1）と9対の毛孔がある．

オオマルツヤダニ（p.197）
Tenuialoides fusiformis Aoki, 1969

体長1.13 mm．胴感毛は紡錘形．長野県から記載された．北海道で得られたやや小型（体長1.00 mm）の *T. translamellatus* (Aoki & Fujikawa, 1969) はシノニムとされる．

ヒメマルツヤダニ（p.197）
Tenuialoides medialis Woolley & Higgins, 1966

体長0.86 mm（北米での記載）．胴感毛は細いとされ，原記載図では膨らみがない．北米で記載され，屋久島でも記録された．

エチゴマルトゲダニ属（p.64）
Ceratotenuiala

左右の桁は広く，基部近くで融合し，それより前方は先端突起として長く伸びる．先端突起は大きく2分する．後体部の肩突起の先端には鋸歯がある．世界に1種のみ．

エチゴマルトゲダニ（p.64, 197）
Ceratotenuiala echigoensis Aoki & Maruyama, 1983

体長0.10 mm．新潟県．

カタコブダニ科
Megeremaeidae

1属からなる．桁畝の外側に顕著な畝がある．背板前縁に2対のコブ．中央の背毛は縦列に並ぶ．北米から中国にかけて生息．

カタコブダニ属（p.11）
Megeremaeus

肩突起2対．桁の先端は短い突起となって桁毛を生じる．桁の外側に2個の畝（前のものは側稜）．胴感毛は櫛毛状．背毛10対で，中央側方に7対，後縁に3対．生殖毛6対．肛毛は2～3対．

カタコブダニ（p.11, 197）
Megeremaeus expansus Aoki & Fujikawa, 1971

体長1.0 mm．桁は基部1/4の位置でH字につながる．

桁間毛は短く，先が膨らむ．中央側方に並ぶ背毛のうち，後5対は先が膨らむ．肛毛3対．北海道から近畿．

モリダニ科
Eremaeidae

ツヤのない黄褐色．桁は中央で平行に寄り添い，桁毛には達しない．胴感杯は中央寄り．胴感毛は細かいケバの密生した棍棒状．生殖毛6対．日本産の属では肛毛5対．

モリダニ属（p.38）
Eremaeus

前体部は一見イカダニ科に似るが，桁と胴感杯が中央寄りで，桁毛は桁から離れて位置する．桁はつい立て状．胴感杯間には4～5対のコブがある．背板は卵形．背毛11対．

ホソゲモリダニ（p.38, 198）
Eremaeus tenuisetiger Aoki, 1970

体長0.70 mm．体長は体幅の2倍を超えない．桁は前体部の長さの1/2ほど．胴感毛は弱く膨らんだ棍棒状．桁間毛は繊細で短い．肛毛5対．一番前の肛側毛は肛門の前縁より前方．北海道，本州，対馬．

エゾモリダニ属（p.38, 99）
Eueremaeus

背毛は c_2 がなく10対．背毛の数の違いだけでモリダニ属から区別される．

エゾモリダニ（p.99, 198）
Eueremaeus elongatus (Fujikawa, 1972)

体長0.52 mm．体長は体幅の2倍以上．桁は前体部の長さの1/3ほど．胴感毛は明瞭に膨らんだ棍棒状．桁間毛は太くケバがあり，相互間の距離の半分の長さ．肛毛5対．一番前の肛側毛は肛門の前縁のレベル．肛門の後で腹板が突出する．北海道，山梨県．

ホッカイモリダニ（p.99）
Eueremaeus hokkaiensis Fujikawa, 1991

体長0.56 mm．エゾモリダニに似るが，桁間毛は相互間の距離より長く，体長は体幅の2倍を超えない．北海道．

クシゲダニ科
Ctenobelbidae

1属からなる．桁は平行で比較的寄り添う．胴感毛は概して櫛状．背毛10対．生殖側毛は多毛化する傾向がある．

クシゲダニ属 (p.10, 100)
Ctenobelba

4亜属に分かれ，基亜属タイプ種のタイプ産地は欧州である．アジア産はすべて亜属 *Aokibelba* とされ，次の共通する特徴を持つ．桁毛の少し前まで桁畝が伸びる．桁間毛は桁の長さに近い．背板前縁中央に1対のコブ．第3, 4脚脚庇はつながって二山に発達．背毛 r_2, r_3 は互いに接近する．基節板毛の多くは枝毛を持つ．生殖側毛は非常に多い．

オオクシゲダニ (p.100, 198)
Ctenobelba longisetosa Suzuoka & Aoki, 1980

体長 0.78 mm．生殖毛，生殖側毛は針状．背板後縁の3対の毛はカーブする．背毛 h_1 は他の毛より明らかに長い．近畿，中国，四国．

ナカタマリクシゲダニ (p.100, 198)
Ctenobelba nakatamarii Aoki, 2007

体長 0.84 mm．胴感毛は櫛状でなく，微小なケバがあるだけ．背板前縁中央のコブは2対．背板後縁の3対の毛はカーブする．背毛の長さは同じくらい．生殖毛，生殖側毛は分岐する．奄美，沖縄本島．

イチモンジダニ科
Eremulidae

腹面の毛のいくつかは根元から枝分かれする．背板前縁は直線的．桁毛は桁畝または毛台から生じ，吻の近くに位置する．

イチモンジダニ属 (p.37, 100)
Eremulus

桁畝は中央寄りで長く，平行または前方がやや広がり，先端に桁毛を生じる．見る方向によって桁の前端と後方近くに横桁状の構造が見られることがある．胴感杯は比較的大きく，側方に位置し，開口部の後半は細かい鋸歯で縁取られる．胴感毛はケバ立ち，長く，普通は先細り．胴感毛の間に小穴構造．背毛の前から2番目と3番目の間は横断的に浅い横溝があり小穴構造を示す．表面に見られる顆粒は分泌性薄膜のも の．背板前縁はほぼ直線．背毛は10対または11対で，配置は種間の変化が少ない．基節板毛，生殖毛，生殖側毛は枝分かれする傾向．生殖毛6対．生殖側毛3対．世界に30種以上の記録があるが，それらの多くは互いに区別がつかない．桁のカーブの形状，桁間毛の間隔，背板の横断条の穴の大きさ・密度は変異の大きい特徴であるが，多くの記載種では種内変異幅の検討がなされていない．

ツルトミイチモンジダニ (p.100, 198)
Eremulus tsurutomiensis Fujikawa, 2012

体長 0.4 mm ほど．桁の前後に横桁状の畝はない．桁間毛は胴感杯の開口部前縁より少し前方のレベルに位置して相互間の距離は桁後部の左右間の距離の 1/2 ほど．また桁間毛は胴感杯の径の2倍ほどの長さで，漸次細まって先端は尖る．背毛は滑らかで，根本はやや太いが漸次細まり先端はかなり細い．背板前縁近くのものが最も短く桁間毛とほぼ同長，中央の前から3番目，4番目のものが最も長く3〜4番目間の距離よりやや長い．沖永良部島から採集されイチモンジダニ *E. avenifer* Berlese, 1913 (タイプ産地ジャワ島) として記録された種や八重山諸島から *E. flagellifer* Berlese, 1908 (タイプ産地イタリア) として記録された種ではないかと思われる（全形図は前者のもの）．世界の近似種数種との区別がつかないが，さしあたり独立種としておく．ただし Mahunnka & Mahunka-Papp (1955) による Berlese のタイプ標本の再記載に照らし合わせると，*E. avenifer* ほど桁の後部は左右接近せず，*E. flagellifer* ほど背毛は長くない．北海道から南西諸島．

カワノイチモンジダニ (p.100, 198)
Eremulus hastatus Hammer, 1961

体長 0.42 mm．横桁状の畝がある．桁は大きくうねる．胴感毛は長くなく，先がやや膨らみ先端は尖る．背毛は滑らかで，根本はやや太いが漸次細まり先端はかなり細い．タイプ産地はペルー．福井県．

フトゲイチモンジダニ（日本新記録・新称）(p.100, 198)
Eremulus baliensis Hammer, 1982

体長 0.38 mm．背毛が短い近似種の中で，本種は桁間毛と前縁の背毛（c_1, c_2）の長さが胴感杯の径とほぼ同じであることに特徴がある（他の種は2倍ほどの長さ）．桁の前後に横桁状の畝はない．桁間毛は胴感杯の開口部前縁より少し前方のレベルに位置して相互間の距離は桁後部の左右間の距離よりやや狭い．また桁間毛は胴感杯の径よりわずかに長く，漸次細まって先端は尖る．背毛は急に細まって先端は鋭く尖る．背毛 c_1, c_2 は最も短く（桁間毛よりわずかに短い），中央の前から3番目，4番目のものが最も長くて c_1 のほぼ1.5倍．タイプ産地はインドネシア．南西諸島．

ホソイチモンジダニ（日本新記録・新称）(p.100, 198)
Eremulus monstrosus Hammer, 1972

体長 0.27 mm．細長い体型．桁の後端に明瞭な横畝．桁間毛は胴感杯の開口部前縁よりかなり前方のレベルに位置して相互間の距離は桁後部の左右間より広い．また桁間毛は胴感杯の幅ほどの長さ．胴感毛のケバは

長く，櫛毛状に近い．背板前方のイチモンジ構造は明瞭で，波打つ．背毛のうち前縁の2対は胴感杯の径より短く，他の毛は長め．タイプ産地はタヒチ．東京．

フタツワダニ属（新称）（p.37）
Mahunkana

胴感毛は2分する．背板はU字形のへこみがあり，その前縁は明瞭に硬化．桁毛は吻に近く，毛台から生じるが桁畝状の隆起からは離れる．桁間毛の前に楕円状の構造．背毛11対．生殖門と肛門は8字状の畝で囲われる．

フタツワダニ（p.37, 198）
Mahunkana japonica (Aoki & Karasawa, 2007)

体長0.23 mm．桁間毛の前の楕円状構造は存在する．背板のへこみは，顆粒構造が小さく，前縁の硬化はやや角張り，後縁は外縁とは半円状の凸凹で明瞭に縁取りされ，内縁はなだらか．背毛は桁毛より太い．背毛1pは1m近くに位置する．九州，南西諸島．

ホソクモスケダニ科
Damaeolidae

メカシダニ属の所属は不明なので便宜的に本科に含めておく．ヨツクボダニを含む狭義の本科は生殖毛6対，生殖側毛3対．桁毛は吻の近くに位置する．

ヨツクボダニ属（p.36）
Fosseremus

背板にエの字形の隆起があり，へこんだ部分は細かい網目模様を呈する．背毛は細い針状だが，房状の分泌物で太く見える．

ヨツクボダニ（p.36, 199）
Fosseremus laciniatus (Berlese, 1905)

体長0.25 mm．タイプ産地はイタリア．日本産は肛側毛が長いムチ状であり別種の可能性がある．全国．

メカシダニ属（p.36, 101）
Costeremus

所属させるべき科がよくわからない（Hungarobelbidaeに入れられることもあるが，その科とも思えない）．同属とは思えない二つのグループで構成され，どちらも日本に1種づつ分布する．属のタイプ種はメカシダニの方．韓国と中国にも2グループ2種が分布する．2グループに共通する特徴は次のとおり．表皮は脚も含めて分泌性の皮膜で覆われる．胴感毛は長いムチ状で，基部は膨らんでいるか，分泌物をまとって膨らんでいるように見える．桁間毛は互いに接近．前体部は中央で前後の山に分かれ，その境界で1対のコブが向き合う．後方の山の後縁にも1対のコブがある．脚は数珠状に膨れる．第1脚庇はドーム状で，肥厚した濃色の皮膜を被る．第4脚庇は刺のあるドーム状．背毛11対．

メカシダニ（p.101, 199）
Costeremus ornatus Aoki, 1970

体長32 mm．胴感毛は基部附近が分泌物で太く見えるが，毛の本体は膨らんでいない．桁間毛間は吻毛間の距離の1/2より短い．吻毛は滑らかで長い．桁毛，桁間毛，外胴感杯毛，背毛，肛側毛は滑らかで短くやや太い単純な針状だが，ブラシのような有色の外皮を被っている．背板には3対の畝がある．肩の畝はハの字形に広がり，後の2対は互いに向き合ってその間は横断的な浅い横溝になっている．第1脚庇と第4脚庇突起に濃色の硬膜化した皮膜．基節板は生殖門の前で大きくえぐれる．生殖毛6対で，最前のものはかなり長い．北海道，本州，対馬．

エゾメカシダニ（p.101）
Costeremus yezoensis Fujikawa & Fujita, 1985

体長0.33 mm．胴感毛は基部附近でかすかに膨らみ分泌物をまとう．桁間毛間は吻毛間の距離の1/2．背板に目立った畝はない．背毛は長いムチ状で，基半に分泌物をまとい枝毛はない．メカシダニとは背毛の配置がかなり異なる（なお原記載図において前から6番目の背毛が互いに接近して描かれているが，実際は7番目の背毛の相互間の距離より少し狭いだけ）．ホロタイプでは第4脚庇突起には濃色の硬膜化した皮膜がない．北海道，愛媛県．

クモスケダニ科
Eremobelbidae

1属からなり，世界中に広く分布する．第1脚を細かく横振動させながら歩行する．

クモスケダニ属（p.10, 101）
Eremobelba

桁毛は吻毛の近くに位置し，桁畝状の毛台に生じる．桁間毛はハの字形の不明瞭な畝に生じ，その後に1対の明瞭なコブ．桁背板前縁は直線に近い台状．背毛11対（うち後縁には2対のみ）．根元から枝分かれする基節板毛がある．肛側毛は多い．表皮は顆粒構造．

ヤマトクモスケダニ（p.101, 199）
Eremobelba japonica Aoki, 1959

体長0.69 mm．暗褐色から褐色．側稜が耳形の低い

畝状に発達．桁間毛は前方に向かって生え，中程で上に向かってカーブする．胴感毛は微細な鱗状のケバを持ち，斜め後ろ下方に弧を描くようにカーブして漸次細くなり，先端は細く鋭く尖るが折損していることも多い．背毛は微細な鱗状のケバを持ち縮れ毛状で，中央に列に並んだ 5 対（一番前は他より短く，内寄り），側方に列に並んだ 4 対（一番後は内寄り），後縁に 2 対（最後端の毛の相互間の距離は広い）．枝分かれする基節板毛は 4 対．全面に顆粒のついた分泌性薄膜を被るが，表皮も一面の顆粒構造である．北海道から南西諸島．

ミナミクモスケダニ（p.101, 199）
Eremobelba okinawa Aoki, 1987

体長 0.49 mm．薄褐色．ヤマトクモスケダニとは体長以外に区別点がなくシノニムの可能性があるが，混在地域においては二者が明瞭に区分できるので独立種としておく．混在していない地域における体長 0.6 mm 前後の個体の同定は困難である．本種は胴感毛の先端が尖り方がかすかに鈍い傾向があるようにも思えるが，決定的ではない．桁毛が特に太いということはなく，胴感毛のケバも両種に見られる．関東から南西諸島．

コガタクモスケダニ（p.101, 199）
Eremobelba minuta Aoki & Wen, 1983

体長 0.35 mm．背板に顆粒による亀甲模様がある．背毛は短く，先端はムチ状．枝分かれする基節板毛は 5 対．関東から近畿．

アミメマントダニ科
Heterobelbidae

脱皮殻（前体部中央部と背板）を背負い，肩部でひも状につながる．生殖毛 7 対．

アミメマントダニ属（p.6）
Heterobelba

背板は滑らかで，背毛は後縁に繊細な 3 対のみ．生殖毛は 4+3 対の 2 列．生殖側毛 2 対．脚の爪は第 4 脚のみ 3 本で，残りは 1 本．

アミメマントダニ（p.6, 199）
Heterobelba stellifera Okayama, 1980

体長 0.41 mm．脱皮殻の模様は表面と裏面で異なり，表面は五角形（時に六角形）の蜂の巣状のセル構造で，角（かど）は丸く肥厚するが，裏面は各々のセルの中心から伸びるヒトデ状の腕で互いに連結され，腕の上には丸い顆粒が載っている（表裏の片方しか描かれていない図では別種のように見えるので注意）．吻毛は細い．桁毛，桁間毛は太く，強いケバ．桁間毛は桁毛に達しない．*H. montana* Fujikawa, 2004 **syn. nov.** はシノニム．本州から南西諸島．

カゴセオイダニ科
Basilobelbidae

網目状の脱皮殻を背負い，背板前方の一個の突起に対して 1 対のもやいづなのように強固につながれ，また脱皮殻同士も後方にある 1 本のもやいづなで互いにつながれる．

カゴセオイダニ属（p.6, 101）
Basilobelba

鋏角は通常の形で，細長くはない．脚は分泌物で厚く覆われる．

ハラゲカゴセオイダニ（p.101, 199）
Basilobelba parmata Okayama, 1980

体長 0.43 mm．前方のもやいづなは陣笠形．桁毛，桁間毛は太い．背板はつややかな半球形．背毛は 5 対だけで，後縁の 3 対は接近して並ぶ．生殖側毛と肛側毛を合わせると 25～30 対ほどになる．九州，小笠原諸島，南西諸島．

カゴセオイダニ（p.101, 199）
Basilobelba retiarius (Warburton, 1912)

体長 0.42 mm．前方のもやいづなはハート形．種小名は網と三つ又の槍を武器とするローマ剣闘士を意味し，脱皮殻（と胴感毛？）を武器に見立てた名詞なので *retiaria* と綴ってはいけない．南大東島．

エリナシダニ科
Ameridae

吻に 1 対の切れ込み．背部境界域はへこむ．背毛は後縁の 3 対を除き，両側面にほぼ 1 列に並ぶ．

ノシダニ属（p.38）
Caenosamerus

赤黒色．硬い．前体部後部から背板前部にかけてなだらかにつながる．背面は概して扁平で，前体部から背板前半にかけての中央部はへこみ，前体部腹面は正中線に向かって三角の船底状に傾き，後体部腹面はかなり膨らむ．第 1，2 脚庇は大きく発達．背板の肩の近くに巨大な噴火口状の分泌腺が開口．*Amerus* 属に似るが，吻の両縁は円弧状に膨らみ，さらに側稜がその膨らみに張り付くように寄り添うため，吻部は非常に幅広い（*Amerus* 属の吻部はほぼ三角形）．また本属

では背板後部はあまり膨らまない．

ノシダニ （p.38, 199）
Caenosamerus spatiosus Aoki, 1977
　体長 0.87 mm. 第4脚転節に板状のヒレが大きく発達．*Caenosamerus shirakamiensis* Fujikawa, 2002 **syn. nov.** はシノニム．本州，四国，九州．

エリナシダニ属 （p.38, 102）
Gymnodampia
　所属すべき科は流動的で，研究者によって異なる．背部境界域は深く直線的にへこむ．第1脚庇は大きく発達．第2脚庇はない．胴感毛は斜め後に大きな弧でカーブする．背毛の数は種によって違うが最大 10 対で，日本の種では lp, h_3 の両方か片方が欠ける．背毛 lm, lp, h 列は中庸から長毛で，大きな弧でカーブする．ほぼ長方形の肩突起．*Defectamerus* はシノニムとされる．

ミナミエリナシダニ （p.102, 200）
Gymnodampia crassisetiger (Aoki, 1984)
　体長 0.64 mm. 長毛の背毛は前から lm, h_2, h_1 の 3 対で，背板長よりはるかに短い．肩突起から後方に向かって背毛 h_1 近くまで浅い溝（実体顕微鏡で見える）が走る．長毛の背毛はその溝より体中側に沿って並ぶ．第4腿節の毛は 2 本．本州，南西諸島．

タイワンエリナシダニ （p.102, 200）
Gymnodampia australis (Aoki, 1991)
　体長 0.64 mm. ミナミエリナシダニに酷似するが，背毛 lm, h_1 は背板長より長い．本州，南西諸島．

ウコンエリナシダニ （p.102, 200）
Gymnodampia fusca (Fujikawa, 2003)
　体長 0.61 mm. 長毛の背毛は前から lm, lp, h_2, h_1 の 4 対．*Defectamerus conformis* Fujikawa, 2003 はシノニムとされる．本州．

シマエリナシダニ （p.102, 200）
Gymnodampia insularis (Aoki, 2006)
　体長 0.64 mm. 長毛の背毛は前から lm, h_3, h_2, h_1, p_1 の 5 対．h_3 相互間の距離は h_2 相互間の距離ほどかやや短い．南西諸島．

カタスジダニ科
Caleremaeidae
　近縁の科の中であまり特徴のない属が集められたグループなので，共通する特徴に乏しい．

フサゲイブシダニ属 （p.15）
Epieremulus
　桁畝があって，後方はハの字形，前方は互いに平行．桁毛は横桁状に連結する毛台から生じる．背毛は房状．

フサゲイブシダニ （p.15, 200）
Epieremulus humeratus (Aoki, 1987)
　体長 0.34 mm. 対表は顆粒構造．小山状の肩突起の他に板状の構造が見られる．神奈川県，南西諸島．

フチカザリダニ科
Eremellidae
　小型種のグループ．桁畝は後方はハの字形，前方は互いに平行のことが多い．胴感毛は膨れる．背毛は 7 対が側面のことが多く，3 対が後縁に位置する．

フチカザリダニ属 （p.13）
Eremella
　桁畝は後方はハの字形，前方は互いに平行．胴感毛は丸く膨れる．背毛は 7 対が側面，3 対が後縁．

フチカザリダニ （p.13, 200）
Eremella induta Berlese, 1913
　体長 0.25 mm. 桁間毛と中央の 7 対の背毛は丸まった広葉状．背板に網目模様．新潟県，愛媛県．

トガリモリダニ科
Spinozetidae
　第1脚腔外壁より前方はほとんど口器の幅だけで突出．第1, 2脚庇は大きく発達．胴感毛は根元近くで折れ曲がった針状で，片側にケバ．背板前縁は膜質部なしで前体部につながる．

カタツノダニ属 （p.38）
Grypoceramerus
　世界に 1 種のみ．桁等の畝はない．背板には肩に大きなツノがある．生殖毛 6 対は 2 列に並ぶ．肛側毛 3 対は前方に位置する．第3脚腔外壁はやや突出し，さらに基節板毛 3c はきわめて長い毛台から生じる．

カタツノダニ （p.38, 200）
Grypoceramerus acutus Suzuki & Aoki, 1970
　体長 0.35 mm. 背毛は短く，中央の 7 対は太いが，後縁の 3 対は細い．北海道から近畿．

クビナガダニ属 （p.38）
Yambaramerus
　世界に 2 種のみ．黄褐色．桁毛，桁間毛は毛台に生

じる．桁は短い．後体部には背板と第3脚腔の上方から前向きのツノを生じる．第3脚腔外壁は大きく突出し，さらに基節板毛3cのきわめて長い毛台を持つ．

イトウクビナガダニ（p.38, 200）
Yambaramerus itoi Aoki, 1996

体長 0.31 mm．桁は三角の板状に遊離する．背毛10対のうち後縁の3対は細い．腹面の毛はすべて細い．生殖毛6対は1列に並ぶ．肛側毛3対は普通の位置にある．南西諸島．

センロダニ科
Autognetidae

桁が平行に走り，前体部の中央より前に伸びるが，吻に達しない（ミツセンロダニ属は吻に達するが，いずれ別科にすべきグループである）．吻端に1個の裂け目がある（本科には裂け目が無いか3個の属も含まれるが，別科にすべきグループである）．

センロダニ属（p.47, 102）
Autogneta

一見ヒョウタンイカダニ科に似るが，背板に周縁線がなく，そこに相当する位置の背毛は3対だけ（ヒョウタンイカダニ科では4対）．桁は前体部の中央より前に伸びるが，吻に達しない．桁毛は桁の先端に生じる．一部のイカダニ科のように吻端に1個の切れ込みがある．

ヤマトセンロダニ（p.102）
Autogneta japonica Fujikawa, 1972

体長 0.34 mm．胴感毛は細い棍棒状．一番前の肛側毛は肛門より前には出ない．北海道．

ムカイカギセンロダニ（p.102, 200）
Autogneta hamata Ota, 2009

体長 0.30 mm．桁の外側中央やや後ろ寄りの所に前後に向き合う1対の小さい突起．桁毛を囲うようにして内側に1対の「）」形の畝．前体部後縁中央突起は顕著．胴感毛は棍棒状．背板前縁中央から逆V字形の不明瞭な隆起部が後方に向かって伸びる．一番前の肛側毛は生殖側毛に近づく．群馬県，長野県．

ミツセンロダニ属（p.47, 200）
Triautogneta

一見ナミツブダニ属等のツブダニ科に似るが，桁が非常に長く，吻近くに達する．桁毛は桁の中央より後寄りに生じる．一部のツブダニ科のように吻端が2裂する．

マサヒトセンロダニ（p.102, 201）
Triautogneta masahitoi (Aoki, 1963) **comb. nov.**

ヒゴミツセンロダニとの区別はほとんどつかないが，原図によると本種の背毛はより短く，半分から2/3くらいの長さ．はじめ *Autogneta* として記載された．茨城県，東京都，神奈川県．

ヒゴミツセンロダニ（p.102, 201）
Triautogneta higoensis Fujikawa, 2009

体長 0.30 mm．吻は丸い舌状に突出する．胴感毛は細いヘラ状で，両縁に細かなケバを持つ（観察の方向によってケバは見えなくなる）．桁毛の内側に1対の八つ橋状の畝があり，その後端は前体部後縁中央突起を成す．その突起の前方に横桁状の畝，内側に1対の明斑がある．背板肩部から2対の畝が伸びる．背板前縁中央からやや離れて逆U字形の不明瞭な隆起部が後方に向かって伸びる．熊本県，宮崎県．

オオアナダニ科
Thyrisomidae

前体部に縦畝がある．生殖門と肛門はかなり大きく，接近する．

オオアナダニ属（p.44, 103）
Banksinoma

生殖門の前方に位置する水平の内畝は2本で，中央において前の畝は分離し，後の畝は融合する．桁毛は桁の前方に位置する．桁の外側に側稜はない．吻は滑らかで鋸歯はない．桁は短く，先端は近接する．桁毛は桁の前に生ずる．背毛11対．

オオアナダニ（p.103）
Banksinoma japonica Fujikawa, 1979

体長 0.37 mm．桁の先端はそれほど近接しない．胴感毛はケバのある紡錘形．北海道．

タマユラアナダニ（p.103）
Banksinoma tamayura Fujikawa, 2004

体長 0.34 mm．吻先端は突出する．桁の先端は近接する．胴感毛は紡錘形で，先端は針状に伸びる．青森県．

コンボウオオアナダニ（新称）（p.103, 201）
Banksinoma watanabei Aoki, 2002

体長 0.54 mm．吻先端は尖りぎみ．桁の先端は近接する．胴感毛はほとんど滑らかな棍棒状で，先端がわずかに尖る．東京都，高知県．

フジカワダニ属 (p.44)
Oribellopsis

生殖門の前方に位置する水平の内歯は3本で，おのおのの中央で融合する．桁毛は桁の先端から生じる．桁の外側に側稜がある．吻は滑らかで鋸歯はない．桁は普通に長く，先端は極端に近接しない．背板前縁は直線的．*Gemmazetes* はシノニムとされる．本属と次属は別科の Oribellidae とされることもある．

クシロフジカワダニ (p.44, 201)
Oribellopsis kushiroensis (Aoki, 1992)

体長 0.54 mm．吻は丸く突出する．桁毛は長い．胴感毛はほとんど滑らかな細めの紡錘形．側稜には明瞭な網目模様．背毛 10 対．生殖毛 6 対のうち，前方中央寄りに位置するのは3対だけ（オオアナダニ属では4対）．北海道．

ケナガオオアナダニ属 (p.44)
Oribella

生殖門の前方に位置する水平の内歯は3本で，おのおのの中央で融合する．桁の外側に側稜がある．吻は滑らかで鋸歯はない．桁は普通に長く，先端は極端に近接しない．背板前縁はカーブする．

ケナガオオアナダニ (p.44, 201)
Oribella pectinata (Michael, 1885)

体長 0.31 mm．タイプ産地は欧州．日本産は，桁の前半は目立たず，胴感毛の膨らみ部分はより短い．北海道．

ツブダニ科
Oppiidae

巨大な科で，世界では 14 亜科 130 属以上 1000 種以上を含む．過去，いくつかのグループは独立科となったが，まだ多くの異質なグループで構成されている．共通の特徴として，板状の桁，翼状突起や背孔・背嚢を持たない．また第3，4基節板は融合して第3+4基節板になることが多い．背毛の記号はタヒチタモウツブダニ（12対体系）とツゲツブダニ（9対体系）の全系図を参照．共に肩に毛がある場合は c_2 と呼ばれる．

タモウツブダニ属 (p.50, 104)
Multioppia

背毛 12 対．胴感毛は多少とも紡錘状に膨れ，枝毛かケバがある．生殖毛 5 対．第3+4基節板の後縁はある．従来日本では胴感毛の形態によって基亜属と *Multilanceoppia* 亜属に分けられていたが，背毛配置によって基亜属と *Hammeroppia* 亜属に分けるほうが合理的である（どちらの基準を使うかによって種の所属が変るので注意すること）．基亜属は背毛 lm が中央に寄り，背毛 dm は裂孔 im のレベルかそれより後方に位置する．*Hammeroppia* 亜属は背毛 lm が側方に寄り，背毛 dm は裂孔 im のレベルかそれより前方に位置する．本書では *Multilanceoppia* を無効名として扱う．まだいくつか未記録種がいる．

シナノタモウツブダニ (p.104, 201)
Multioppia shinanoensis Fujita, 1989

基亜属に属する．

体長 0.24 mm．桁毛と胴感杯の中間に短い桁線．胴感毛は少し膨らみ，10本ほどの長い枝毛を持つ．背毛にケバ．長野県．

ヤマトタモウツブダニ (p.104, 201)
Multioppia yamatogracilis Fujikawa, 2004

本種以下は *Hammeroppia* 亜属に属する．

体長 0.30 mm．桁毛はハの字型の短い畝の先端に生じる．桁線はない．胴感毛は膨らまず，4，5本の長い枝毛を持つ．桁間桁間に数本の短い縦シワ．背毛は，dm，dp の各相互間の距離はほぼ等しくて da の相互間の距離より短く，lp は中央に寄り，h_3 は lp の外側で，p_2 は p_1 より p_3 寄りに位置する．肛側裂孔の向きは個体差が大きい．本種は基亜属に置かれていた．北海道から南西諸島まで普通．

タヒチタモウツブダニ (p.104, 201)
Multioppia gracilis Hammer, 1972

体長 0.27 mm．ヤマトタモウツブダニに似るが，桁毛と胴感杯の中間に短い桁線があり，桁間毛間のシワがなく，背毛の配置が大きく異なる．本種の背毛は，da，dm，dp の各相互間の距離はほぼ等しく，lp はそれほど中央寄りではなく，h_3 は lp-h_2 のラインより内側に位置する．愛媛県，小笠原諸島．

タモウツブダニ (p.104, 201)
Multioppia brevipectinata Suzuki, 1975

体長 0.45 mm．桁毛の前方に長い横シワ．桁毛と胴感杯の中間に短い1～3本の桁線（ないこともある）．桁間毛間に1個の前に伸びる肥厚部．桁毛は短いハの字型の弱い肥厚部から生じる．胴感毛は膨らまず，短い枝毛を持つ．桁間毛は桁毛とほぼ同型同大で，背毛よりは細く短い．背毛は太く，10本くらいまでのケバがある．*M. crassuta* Fujikawa, 2004 **syn. nov.** はシノニム．*M. b. lenis* Fujita & Fujikawa, 1986 **syn. nov.** は基亜種のシノニム．北海道から南西諸島まで普通．

ボウゲタモウツブダニ（p.104, 202）
Multioppia bacilliseta Ohkubo, 1996

体長 0.29 mm. 桁毛はハの字型の短い畝の先端に生じる. 桁線はない. 胴感毛は膨らまず, 3 本ほどの長い枝毛を持つ. 桁間桁間に 1 対の短い縦シワ. 背毛は長い棒状. 小笠原諸島.

ズナガツブダニ属（p.55, 103）
Multipulchroppia

第 3+4 基節板の後縁が消失. 背毛 12 対 + 毛穴 c2. 胴感毛はかすかに膨らみ長い枝毛を備える. 桁は直線状の低い畝で, 先端近くの内側に離れて桁毛を生じる. 細長い体型. 生殖毛 5 対.

ズナガツブダニ（p.103, 202）
Multipulchroppia berndhauseri (Mahunka, 1978)

体長 0.65 mm. 大型で体色が濃い. 桁間毛は相互間の距離の長さ. 背毛は隣の毛に達する長さ. 背板に密な顆粒と中央部だけ異型の疎な顆粒. 胴感毛の枝の数は 3〜6 本. 南西諸島.

ヒメズナガツブダニ（p.103, 202）
Multipulchroppia shauenbergi (Mahunka, 1978)

体長 0.39 mm. 体色は薄い. 桁間毛は桁毛と同長で短い. 背毛は短い. 背板に顆粒はない. 胴感毛の枝の数は 5〜7 本. ズナガツブダニとの中間的な形態をした未記録種が近畿から九州にいるので注意（体長 0.5 mm ほど. 体色は薄く, 桁間毛, 背毛は両種の中間的長さで, 背板には密な顆粒だけがある）. 日本産は亜種 *punctulata* Ohkubo, 1992 とされる. 中部, 近畿.

スジツブダニ属（p.50）
Striatoppia

背板, 腹板に細い縦筋. 長く, 非常に太い前桁がある. 桁があり, 桁間部には田の字型の模様があり, その両側縁は畝状. 胴感毛は普通は半紡錘形で片側にケバ. 桁毛は木の葉状. 桁間毛は微小. 背毛は 9 対で, 最前の 1 対と最後尾の 1 対は小さい房状で, 残りは木の葉状. 基節板毛のうち 3 対は太い. 生殖毛 5 対.

スジツブダニ（p.50, 202）
Striatoppia opuntiseta Balogh & Mahunka, 1968

体長 0.22 mm. 胴感毛は長く, 先は漸次細くなって尖る（やや短くて先が丸まる未記録種がいるので注意）. 本州.

トゲツブダニ属（p.50）
Acroppia

桁は明瞭. 胴感毛は膨れてケバを持つ. 背板は肩瘤から伸びる畝がある. 背毛 10 対は太い. 生殖毛 6 対. 肛側裂孔は逆ハの字に位置する. 日本に 1 種.

フトゲツブダニ（p.50, 202）
Acroppia clavata (Aoki, 1983) **comb. nov.**

体長 0.28 mm. 濃色. 体表は顆粒で覆われる. 桁は前半分が平行で, 先はやや尖る. 横桁があるが, 見る方向によってはわからなくなる. 桁毛は桁のほぼ先端に位置する. 桁間毛間に田の字の模様. 胴感毛は棍棒状で先端近くに 2 列のケバ. 背毛は片側に 3 列の小さいケバを持ち, 先は鈍く尖る. はじめ *Oxyoppia* として記載された. 北海道から南西諸島.

シダレツブダニ属（p.51）
Ptiloppia

吻に 1 対の切れ込みがある. 桁はハの字形で短い. 桁毛は微細. 桁間毛の内側に 1 対の縦畝. 胴感毛は非常に長い紡錘形で短い枝毛がある. 背毛 8 対で, 前縁に微細な 1 対（c_2）, 中央の 4 対は縦列に並び, 後縁に 3 対. 生殖毛 5 対で, 前の 3 対は三角形に並ぶ. *Elaphoppia* とシノニム関係の可能性があるが, その属は吻に切れ込みがないとされる. 当初は背毛の長毛の数も属の差異とされていたが, その後定義に合わない種が発見されたので区別点にならない. *Parasynoppia* Aoki, 1983 **syn. nov.** は吻が丸く, 背毛の長毛が 2 対と記載されたことから *Elaphoppia* のシノニムとされていたが, 実際には吻に切れ込みがあるので *Ptiloppia* のシノニムとしなければならない. 日本に 1 種.

シダレツブダニ（p.51, 202）
Ptiloppia longisensillata (Aoki, 1983) **comb. nov.**

体長 0.21 mm. 吻端は四角で, 両側に深い切れ込み. 桁間毛の内側の畝はイナヅマ状. 中央の背毛のうち前の 2 対は長い. はじめ *Parasynoppia* のタイプ種として記載され, その後 *Elaphoppia* に移されていた. 関東以南から南西諸島.

サガミツブダニ属（p.51）
Goyoppia

前体部には桁や溝などの構造がない. 背板にコブや畝はない. 胴感毛は長くまっすぐ伸び, 微細なケバのある棍棒状で先端は鈍く尖る. 背毛は 9 対（肩部の毛がない）. 生殖門は角（かど）のとれた長方形で, 生殖毛は 5 対. 第 2 基節板後縁に 3 対のコブ. 日本で記録されているのは 1 種だが, 未記載種が少なくとも 2

種いる．

サガミツブダニ （p.51, 202）
Goyoppia sagami (Aoki, 1984)

体長 0.27 mm．桁毛は相互間の距離よりやや短い．桁間毛は相互間の距離より長い．背毛のうち中央部の4対は長く，最前の1対については相互間の距離より短い（背毛がすべて短かい種がいるので注意）．関東以南の本州，四国．

カタスジツブダニ属 （p.51）
Hammerella

5亜属からなり，日本には基亜属の1種を産する．以下は基亜属の形態．吻は丸く突出．桁は明瞭胴感毛は紡錘形で片側に枝毛．背板には小さな肩コブがあり，比較的接近する．生殖門は角（かど）のとれた長方形で，生殖毛は6対．

カタスジツブダニ （p.51, 202）
Hammerella pectinata (Aoki, 1983)

体長 0.34 mm．桁毛は桁先端の円盤状の肥厚部から生じる．最前の肛側毛は性側毛より内側に位置する．関東から沖縄島あたりまで．

ケナガツブダニ属 （p.51）
Taiwanoppia

2亜属からなり，日本には基亜属の1種を産する．以下は基亜属の形態．背毛の長さは3型の9対（非常に長い6対，剣形の1対，短い2対）．前体部には桁や溝などの構造がない．背板にコブや畝はない．胴感毛は短く，球に近い棍棒状．桁間毛は長い．生殖門は角（かど）のとれた長方形で，生殖板の前縁内角はへこむ．生殖毛は原記載では5対を属の特徴とするが，ケナガツブダニでは4対，6対の標本が得られている．最後尾の肛側毛は肛門後角の外方に位置する．第1付節背部に肥厚したリングがある．

ケナガツブダニ （p.51, 202）
Taiwanoppia setigera (Aoki, 2006) **comb. nov.**

体長 0.62 mm．吻は弱く尖る．胴感毛前体部後縁中央にある1対の肥厚部は平行．背板前縁に長い台状の肥厚部があり，その両端が小さなコブのように見える．長い背毛のうちも最長のものは lm で，最短の h_3 の 2.5倍．背毛 p_2, p_3 は p_1 から大きく離れる．はじめ *Heteroppia* として記載された．八重山諸島．

オオツブダニ属 （p.51, 104）
Lasiobelba

大型種が多い．桁はない．桁間毛感に1対の短い縦畝．背板はやや楕円の半球状．生殖門は角（かど）のとれた長い台形で，生殖板の前縁内角はへこむ．生殖毛5対．

オオツブダニ （p.104, 203）
Lasiobelba remota Aoki, 1959

体長 0.86 mm．前体部は滑らか．体表に微顆粒はない．桁間毛間の畝は互いに接する．関東から九州．

シマオオツブダニ （p.104, 203）
Lasiobelba insulata Ohkubo, 2001

体長 0.81 mm．前体部に不明瞭なシワ．体表にきわめて微細な顆粒．桁間毛間の畝は互いに離れる．中央の基節板毛は微細．南西諸島．

ジュズツブダニ属 （新称） （p.51）
Quinquoppia

吻毛はやや離れて位置する．桁は短い線状．背面からは，桁の外方が畝状に見え，その先端は横桁のように結ばれる（これらは表面が段の角（かど）になっている構造なので，見る方向によってはわからなくなる）．桁毛は微小で，桁から大きく離れた横桁状の部分に位置する．桁間毛は微小で，胴感杯の内側に位置する．胴感杯の空洞部は大きい．胴感毛は長く，微細なケバのある紡錘形．背毛9対＋毛穴 c_2 で，5対は長い．生殖門は角（かど）のとれた長方形．生殖毛5対．

タイワンケナガツブダニ （p.51, 203）
Quinquoppia formosana (Ohkubo, 1995)

体長 0.23 mm．吻毛は普通に長い．背毛のうち，中央の長い5対は直列に並び，後端のやや短い2対は縦に並び，後側の微小な2対は表面にはりつくように寝ている．最前の肛側毛は肛門から遠く離れる．*Q. nobilis* Tseng, 1982 のシノニムの可能性がある．南西諸島．

コブヒゲツブダニ属 （p.52, 105）
Arcoppia

桁畝は前半分が発達し，普通は横桁と滑らかなカーブでつながる．前体部側面に側板が大きく発達し，背面からでも桁畝の外側に大きくカーブする畝として観察できる．桁毛は桁畝の上に生じる．吻に1対の切れ込み．胴感毛はコブ状の膨らみがあり，コブの先端はときとして裁断状で，1～3本の針状の毛を生じる（うち1本は長い）．背板前縁は明瞭に存在するように見えるが実際は中央が途切れて前体部と滑らかにつなが

る．

コブヒゲツブダニ（p.105, 203）
Arcoppia viperea (Aoki, 1959)

体長 0.38 mm．吻の切れ込みは比較的深く，3 つの突起部は同大の鋭い三角形．胴感毛の膨らみはコブ状で，針突起は軸部よりやや短く，同時にごく短い針が 1～2 本生じることもある．背毛は前のものほど長く，la は中庸の長さで胴感毛の針突起とほぼ同長．これらの特徴には幅があり，種差なのか亜種とすべき差なのかよくわからないので，さしあたり本州から南西諸島まで 1 種としておく．

タンコブヒゲツブダニ（p.105, 203）
Arcoppia curtispinosa Ohkubo, 1996

体長 0.46 mm．胴感毛の膨らみはコブ状で，針突起はごく短い．背毛は短い．*Basidoppia* に移されたことがあるがその属（吻端の切れ込みは 1 個のみ）ではない．小笠原諸島．

キレコブヒゲツブダニ（p.105, 203）
Arcoppia interrupta Ohkubo, 1996

体長 0.47 mm．胴感毛の膨らみはヘラ状で，長さの異なる針突起が 2～3 本．横桁のないことがある．桁畝間の表面はやや凹凸．背毛は中庸の長さ．小笠原諸島．

ノゲツブダニ属（p.52, 105）
Medioxyoppia

日本の特産（ロシアで記載された種が本属に移されているが別属にすべき）．胴感毛は中程が膨らむ半紡錘形で 1 列の短いケバを持ち，先端に向かってかなり長きにわたり細まって，先端は鋭く尖る（例外：クチバシツブダニ）．また中程で大きくカーブし体軸側やや前方に向かう．吻毛は互いに接近する．桁は畝，線共にない．桁間毛の後ろにコブがある（ナミツブダニ属等の桁間毛間隆起に相当するが，桁間毛周りの発達がごく弱く，後端がよく発達してコブになっている）．肩コブは小さい．背毛は 10 対．

クチバシツブダニ（p.105, 203）
Medioxyoppia actirostrata (Aoki, 1983)

体長 0.46 mm．吻は突出して尖る．胴感毛はケバのほとんどない棍棒状で，南西諸島産はやや膨らんで先端が鈍く尖り，本州産は膨らみがなく先端はむしろ丸い．生殖毛 5 対．関東から南西諸島．

ノゲツブダニ（p.105, 203）
Medioxyoppia acuta (Aoki, 1984)

体長 0.38 mm．桁間毛を囲むように "( )" 状の明瞭な隆起がある．肩コブは小さいが明瞭．生殖毛 6 対．本州．

コブツブダニ（p.105, 203）
Medioxyoppia yuwana (Aoki, 1983)

体長 0.35 mm．属のタイプ種．体表にツブツブ．背毛は短く非常に繊細で，ホロタイプの背毛 te は 20 μm（桁毛，背毛の先端 1/2～2/3 程は非常に繊細なため長さを見誤りやすく，また途中で折損しやすい．原記載図は実際よりかなり短く描かれている）．桁間毛の外側に隆起はほとんど発達しない．肩コブは痕跡的．京都府，南西諸島．

ナゴヤコブツブダニ（p.105, 204）
Medioxyoppia nagoyae Ohkubo, 1991

体長 0.30 mm．コブツブダニに似るが体表は滑らか．背毛はやや短く te で 30 μm．桁間毛の外側の隆起の発達は弱い．肩コブは小さいが認められる．生殖毛 6 対．*M. hamata* Fujikawa, 2004 **syn. nov.** はシノニム．本州から九州．

ホソチビツブダニ属（p.52, 106）
Micropppia

0.2 mm ほどで科の中では最も小型．細長い．吻は丸い．桁畝は弱く発達する．横桁はないが，桁毛と桁間毛の間に不明瞭な横溝が見られることがある．胴感毛は大きく膨らんだ棍棒状で小さなケバをまばらに持つ．桁間毛の内側に 1 対の鋭い三角形（背板前縁に底を持つ）の稜がほぼ平行に突出する．稜間に背板前縁に沿う山形の肥厚部がある．背板前縁は大きくカーブ．背毛 10 対．背毛 la と lm はほぼ同じレベルに位置する．生殖毛 4 対はほぼ 1 列に並び，2 番目と 3 番目の間は広い．

ケナガチビツブダニ（日本新記録・新称）（p.106, 204）
Micropppia longisetosa Subías & Rodriquez, 1988 **stat. nov.**

体長 0.19 mm．汎世界種である *M. minor* (Paoli, 1908) のスペイン産亜種とされていたが分布が重なるので表記の種に格上げする．日本産における特徴は次のとおり．桁畝の存在が明瞭で，桁毛には達しないが，つぶれた標本では桁毛に達するように見えることがある．背毛は繊細で，c_2 は lm-la 間の距離を超える長さ，lm は lm-la 間の距離に近い長さがある．背毛 c_2 の場所に痕跡的な肩コブ．本州から南西諸島．

ハタケチビツブダニ（改称）(p.106, 204)
Microppia minor (Paoli, 1908)

体長 0.19 mm. 前種とは背毛が短いことで区別される（c_2, lm は lm-la 間の距離より明らかに短い）. 日本産は亜種 *Microppia minor agricola* (Fujikawa, 1982) **comb. nov., stat. nov.**（原記載では *Oppia agricola*）であり, 基亜種（イタリア産）とは桁畝の存在が明瞭なことで区別できる. 北海道, 山梨県.

ナミツブダニ属 (p.52, 106, 204)
Oppiella

亜属に分けられることもある. 基亜属の特徴は次のとおり. 桁畝は後半はハの字型, 前半は平行になって桁毛に達する. 桁間毛間に畝がある. 胴感毛は半紡錘形か紡錘形に膨らみ, ある程度長いケバを持つ. 背板前縁は台形状に突出し, 台形の側縁は稜となり背毛 c_2 を超えて後方に伸びる. 肩コブは明瞭. 第1基節板の側方に縦畝があって, 毛 1c を生じる. 第3+4基節板後縁はギザになっており, 外端で前方に折れて内表皮の縦畝として長く伸びる. 生殖毛5対.

ナミツブダニ (p.106, 204)
Oppiella nova (Oudemans, 1902)

体長 0.25 mm ほど. 属のタイプ種. オランダから記載された有名な汎世界種であるが, 複合種のおそれがある. 日本でナミツブダニとして記録されたものも, 他属も含んだいくつかの類似種（未記録種, 未記載種）が誤同定されていると思われる. 基亜属の特徴の他に, 次のような種の特徴を持つ. 吻は丸く, ほとんど突出しない. 胴感毛の半紡錘形の膨らみは比較的短く, ケバはその膨らみの太さほどの長さ. 肩コブは背板前縁より前には出ない. 背毛は隣り合う背毛までの距離より短い. 背毛 lm は la より後に位置する. 全国.

マフンカツブダニ (p.106)
Oppiella decempectinata (Fujikawa, 1986) **comb. nov.**

体長 0.35 mm. 属の所属が不明なので, 広義のナミツブダニ属としておく. 吻端に丸い突出部. 桁畝は桁毛に達する. 胴感毛は膨らまず, 櫛歯状. 背板前縁は直線状. 肩コブは背板前縁より前に出る. 背毛は長く, 隣の毛に達する. c_1 は肩コブより体中寄りに位置し他の背毛より太い. 生殖毛5対. はじめ *Mahunkella* として記載され, その後 *Lauroppia* に移されていた. 北海道で1頭採集されたのみ.

ズシツブダニ (p.106, 204)
Oppiella zushi Aoki, 1984

体長 0.38 mm. 原記載のとおり広義のナミツブダニ属に近いが, どの亜属にも該当しないので所属の検討が必要である. *Neotrichoppia* 属（またはその亜属 *Confinoppia*）へ移されたこともあるが明らかに間違い. 吻は丸い. 桁畝前半の平行部分は互いにやや離れる. 桁間毛は丸い肥厚部の中心に位置する. 前体部後縁に後方に向く1対のコブがある. 胴感毛は先の詰まった半紡錘形. 背板前縁は丸い（前体部とつながるように見えることがあるが境界がある）. 肩コブは小さい. 背毛 lm は la の前に位置する. 基節板毛 1c は第1脚庇から生じる. 基節板毛 4a と 4b は比較的近接する. 生殖毛5対. 本州.

ニセナミツブダニ属（新称）(p.52, 106)
Lauroppia

ナミツブダニ属の亜属として扱われることもあり, *Rhinoppia*（独立属あるいは *Oppiella* 属の亜属）のシノニムとされることもある. 桁畝は短く, 桁毛は桁畝から離れて生じる.

ナガサトツブダニ (p.106, 204)
Lauroppia nagasatoensis (Fujikawa, 2010) **comb. nov.**

体長 0.25 mm ほど. 日本で従来ヨーロッパツブダニと呼ばれてオランダをタイプ産地とする *Lauroppia neerlandica* (Oudemans, 1900) の学名が充てられていた種ではないかと思われる（全形図はその種）. その学名の種は *Moritzoppia*（独立属あるいは *Oppiella* 属の亜属）に属する別種であり日本には分布しない. 吻は吻毛の間で明らかな段差でやや突出し, 突出部の先端は普通丸いがときとして三山になる. 桁畝前方は発達が弱く桁毛に達しない. 桁間毛間の畝はS字型. 胴感毛は短い目の半紡錘形で, ケバは紡錘形部の太さほど. 前体部後縁に背板前縁からつながるかのような三角の膨らみ（しかし繋がってはいない）. 背板前縁はゆるやかにカーブするが, 背毛 c_2 より後方に稜線として伸びることはない. c_2 の外側に小さな肩コブがあるが, 背板の輪郭から少しのぞくだけで, 前縁より前に出ることはない. 背毛は中庸の長さ. 生殖毛6対のうち1対は前角近くに生じる. はじめ *Medioxyoppia* として記載された. 全国.

シコクツブダニ (p.106, 204)
Lauroppia articristata (Aoki, 1988)

体長 0.25 mm. 吻は丸く突出. 桁間毛間の畝はS字型に強く曲がる. 背板前縁の台形突出部は狭い. 四国.

マルカタツブダニ属 (p.53, 204)
Neoamerioppia

2亜属に分かれるが, 日本には基亜属の1種を産する.

胴感毛は棍棒状または紡錘形で，細かいケバ．桁間毛がない．生殖毛5対．

マルカタツブダニ（p.204）
Neoamerioppia ventrosquamosa (Hammer, 1979)

体長0.28 mm．吻毛は互いに接近する．桁線がある．背毛10対（c_2は微小）．小笠原諸島，南西諸島．

ニセマルカタツブダニ属（新称）（p.53）
Pseudoamerioppia

桁間毛がない．生殖毛5対．マルカタツブダニ属に似るが，本属は胴感毛が扁平な紡錘形で，両縁に枝毛を持つ．二つの属ははじめ桁畝（あるいは桁線）の有無で区別されたのであるが，この特徴は役に立たない．

ギフツブダニ（p.53, 204）
Pseudoamerioppia floralis (Ohkubo, 1990)

体長0.29 mm．吻毛は互いに接近する．桁線がある．背毛10対（c_2は微小）．温室栽培の鉢物花卉から得られたもので，外来種の可能性がある．岐阜県．

ヒロズツブダニ属（p.53, 108）
Cycloppia

背板は半球状．前体部にはいくぶん不明瞭な大きな輪があり，桁毛は輪の畝部，桁間毛は輪のすぐ内側に生じる．胴感毛は先の鈍く尖った棒状．背毛lmはlaより前に位置する．日本に3種．

ナミヒロズツブダニ（p.108, 205）
Cycloppia simplex (Suzuki, 1973)

体長0.44 mm．属のタイプ種．前体部，背板の表面は平滑．背毛tiは相互間の距離より短い．一時ミヤヒロズツブダニのシノニムとされていたが，その種より普通．本州から九州．

ミヤヒロズツブダニ（p.108, 205）
Cycloppia restata (Aoki, 1963)

体長0.42 mm．前体部の一部に荒い顆粒．背板の表面は平滑．背毛lmは相互間の距離ほどの長さ．本州から九州．

ザラヒロズツブダニ（p.108, 205）
Cycloppia granulata Ohkubo, 2003

体長0.47 mm．前体部，背板の表面は密に微細な顆粒．背毛lmは相互間の距離ほどの長さ．南西諸島．

トウキョウツブダニ属（p.53, 107）
Ramusella

4亜属に分割されたり，それらの亜属が独立属とされたり，すべてシノニムとされたりして，このグループの分類体系は不安定である．吻は丸い．桁畝はないか，あっても弱いか線状．胴感毛には必ず櫛毛がある（詳細な所属がわからない場合に櫛毛または長いケバがあると本属に入れられる傾向がある）．桁間毛間の明斑は3対（2対ではない）．背板は楕円形で，肩にコブや稜はない．背毛9対（c_2がない）．生殖毛5対．

ニセシカツブダニ（p.107, 205）
Ramusella bicillata Ohkubo, 1996

本種と次種は *Insculptoppiella* 亜属（胴感毛は両側にケバ，ただし片方のケバは先端だけのこともある．吻毛は内側に向かって滑らかにカーブ）．

体長0.28 mm．胴感毛はやや扁平な棍棒状で，小笠原諸島産では両側にケバがあるが，北海道産は片方のケバは先端付近しかない．小笠原諸島，北海道．

ケナガニセシカツブダニ（p.107, 205）
Ramusella flagellaris Ohkubo, 1996

体長0.26 mm．前種に酷似するが，生殖毛が極端に長い．小笠原諸島，北海道．

エダゲツブダニ（p.107, 205）
Ramusella japonica (Aoki, 1983)

本種は *Insculptoppia* 亜属（胴感毛は片側にケバ．吻毛は内側に向かって滑らかにカーブ．本種の吻毛は滑らかであるが，本亜属では普通は疎にケバがあり，ときには *Ramusella* 亜属との区別が曖昧なこともある）．

体長0.27 mm．胴感毛のケバは短い．背毛lmはlaよりはるかに前方に位置する．Subías (2012) は *Ramuselloppia* に移動したが，背毛の配置に大きな違いがあるのでその所属は検討を要する．奄美．

トウキョウツブダニ（p.107, 205）
Ramusella tokyoensis (Aoki, 1974)

本種と次の2種は *Ramusella* 亜属（胴感毛は片側に櫛毛，吻毛は互いに接近した位置から生じ，外側に伸びた後，中程で内側に向かって肘状に急カーブする）．

体長0.24 mm．吻毛は毛台から生じ，基半3/5には密に長い目のケバ，折れ曲がり点から先は細くなりケバを持たない．胴感毛は短い半紡錘形に強く膨らみ，櫛毛は10本ほど，一番長い櫛毛は膨らみ部の幅の2倍．桁部は後方の桁線から前方は桁畝に変わって平行に伸び，桁毛の外側前方で直角に曲がって横桁をなす．背毛は中庸の長さで1～3本ほどの短いが明瞭なケバを

持ち，lm は la-lm 間ほどの長さほど．背毛 lm は la よりわずかに前方のレベルに位置する．肛側毛に明瞭なケバ．本州．

ケナガトウキョウツブダニ（新称）（p.107, 205）
Ramusella sengbuschi Hammer, 1968

体長 0.24 mm．タイプ産地はニュージーランド．前種に似るが，胴感毛の櫛毛はかなり長く，一番長いものでは膨らみ部の長さに等しい．胴感毛の非常に膨らんだ未記録近似種がいるので注意．北海道から南西諸島．

クマツブダニ（p.107）
Ramusella kumaensis Fujikawa, 2010

体長 0.24 mm．背毛 lm は la より後方のレベルに位置する（本属の日本の既知種でこのような特徴があるのは本種だけ）．他の特徴はトウキョウツブダニと同じ．熊本県．

ハリヤマツブダニ（p.107, 205）
Ramusella fasciata (Paoli, 1908)

本種は *Rectoppia* 亜属（吻毛は外側に向かって直線的または反るように開く）．

体長 0.39 mm．吻毛は太い房毛状．胴感毛はスプーン状で，縁に 10 本ほどの櫛毛と数本の微細な毛．背毛は中庸の長さでケバがある（背毛が本種の 2 倍以上の長さの未記録種がいる）．関東，近畿．

スビアスツブダニ属（改称）（p.53, 108）
Subiasella

5 亜属に分けられ，日本には *Lalmoppia* 亜属が記録されている．この亜属の特徴は次のとおり．吻は丸い．明瞭な桁畝はない．桁間毛間の丸い明斑は 2 対．背板前縁は丸い．肩コブはあっても小さい．背毛 10 対は比較的短い針状で，lm は la より後方に位置する．普通 c_2 は毛穴だけ．第 3+4 基節板後縁は無いか有っても不明瞭．生殖毛 5 対．元の和名はズビアスツブダニ属．

オガサワラツブダニ（p.108, 206）
Subiasella boninensis Ohkubo, 1996

体長 0.21 mm．桁畝は桁毛の位置にごく弱く見られるだけ．肩コブの膨らみはないが，ごく不明瞭な稜線が見られる．背毛 c_2 は毛根もない．第 2 基節板後縁と第 3+4 基節板前縁とで二重になっているように見える．第 3+4 基節板後縁は消失．基節板毛 3a は体軸からかなり離れて基節板前縁の毛台から生じる．小笠原諸島．

ホソトゲツブダニ（p.108, 206）
Subiasella incurva (Aoki, 1983)

体長 0.22 mm．*Oxyoppia* 属の *Oxyoppiella* 亜属にも似るが，*Subiasella* 属であるオガサワラツブダニとの類似性が高いので本属にしておく．桁畝の前半と横桁は不明瞭ながら見られる．肩コブとそれから続く稜線は小さいが明瞭．背毛 c_2 は微小だが毛根だけのことも多い．第 2 基節板後縁と第 3+4 基節板前縁とで二重になっているように見える．第 3+4 基節板後縁は不明瞭．基節板毛 3a は体軸からかなり離れて基節板前縁の毛台から生じる．*Microppia septentrionalis* Fujikawa, 2004 **syn. nov.** はシノニム．北海道から南西諸島．奄美大島から記載されたが，南西諸島には他にも未記録近似種（脚に微顆粒があったり，胴感毛が球状）がいるので注意．

スナツブダニ属（p.53, 108）
Graptoppia

日本には生殖毛の数により区分される 2 亜属が分布する．吻は丸い．桁（畝または線）と横桁が発達し，桁毛は横桁の上に生じる．背板は長楕円．胴感毛は膨らみ，櫛毛がある．背毛 9 対．

スナツブダニ（p.108, 206）
Graptoppia arenaria Ohkubo, 1993

体長 0.20 mm．基亜属 *Graptoppia*（生殖毛 5 対）に属する．背毛，肛毛，肛側毛は太く，大きく枝分かれ．海浜植物の生える環境の砂中に生息する．北海道，三重県．

カタスジスナツブダニ（p.108, 206）
Graptoppia crista Ohkubo, 1996

体長 0.20 mm．亜属 *Stenoppia*（生殖毛 4 対）に属する．背毛，生殖側毛，肛側毛の先端は小さく 2 分．背毛 c_2 の外側に弱い肩稜．原記載において種小名が *crista* と *cristata* の二通りで綴られているので *crista* を有効名とする（国際動物命名規約条 24.2.3）．小笠原諸島．

ハラゲダニ科
Machuellidae

基節板毛は太くて非常に長く，中央に絡まるように集まってゼリー状の分泌物で覆われる．胴感毛は棍棒状．背毛 10 対．

ハラゲダニ属（p.17）
Machuella

桁毛の相互間の距離は吻毛のより長い．背板前縁はアーチ型．脛節と付節は融合しかけている．

ハラゲダニ（p.17, 206）
Machuella ventrisetosa Hammer, 1961

体長 0.19 mm．第 4 基節板毛は 4 対．生殖毛 6 対で，前の 4 対は非常に長い．胴感毛は滑らか．肩から 1～7 対ほどのスジが左右非対称に伸びるが，数，長さには変異が大きく，亜種や種の区分としては使わない方がよさそうである．本州から南西諸島．

ヨスジダニ科
Quadroppiidae

小型で特異な形態なので科の同定は容易．前体部は桁と横桁が発達し，桁の先端は板状の構造物（桁盤）が載っている．桁毛は桁から離れる．背板の肩瘤は後方に伸びて，溝に縁取られた 1 対の太い畝となる．畝内側の境界線は短く，外側の境界線は次第に不明瞭になり後方では周縁線となって背板を一周する（標本を見る角度により周縁線の後方は途切れて見える）．背毛は 9 対，周縁線の内側に 2 対 + 4 対（肩部の 1 対を含む），外側に 1 対 + 2 対．基節板の中央には 2 個の孔．日本には未記載種を含めて 8 種以上いるが，普通の環境ではナミヨスジダニとヒメヨスジダニ以外はきわめて稀．

ヨスジダニ属（p.50, 109）
Quadroppia

カンムリヨスジダニ属とは吻上板がないことで区別されるが，その位置が大きく盛り上がる種では吻上板のように見えることがある．

オオヨスジダニ（p.109, 206）
Quadroppia quadricarinata (Michael, 1885)

体長 0.19 mm．左右の桁盤は境界なしで横桁につながる．横桁は中央が細まる．桁先外側の畝は前方で腹側に曲がって角（かど）をなす．前体部に顆粒はない．桁毛は桁間毛より長く，背毛程の長さ．中央 2 対の背毛のうち後方の 1 対は周縁線の近く（本属の通常の位置）．生殖門の前の基節板中央の孔の両側面は平行．稀種．近畿．

ヒメヨスジダニ（p.109, 206）
Quadroppia hammerae Minguez, Ruiz & Subías, 1985

体長 0.16 mm の小型種．桁盤は斜めに向く楕円形．桁毛の周辺，桁盤，胴感杯の内側，肩瘤には顆粒．横桁は桁盤の幅より短く，直線的．桁先外側の畝はうねりながら前方に伸びる．桁毛は背毛より短い．中央 2 対の背毛のうち後方の 1 対は周縁線からかなり離れ，相互間の距離も他種に比べて狭い．生殖門の前の基節板中央の孔の両側面は平行．*Q. minima* Fujikawa, 2004 syn. nov. はシノニム．全国に普通．

カンムリヨスジダニ属（p.50, 109）
Coronoquadroppia

ヨスジダニ属に似るが，吻上板があり，吻上板に向かって 2 対の畝が伸びている．吻上板は少なくとも側縁が明確な稜をなす．

ナミヨスジダニ（p.109, 206）
Coronoquadroppia parallela Ohkubo, 1995

体長 0.20 mm．吻上板はいびつな長方形で，側縁と後縁が稜．桁盤はいびつな三角形や四角形．横桁は直線的で，桁盤の幅よりやや長い．桁毛，桁間毛，背毛は短い．生殖門の前の孔の両側面は後がやや狭まる．*C. circumita* (Hammer, 1961) のシノニムとされることがあるが，その種では横桁が桁盤の幅の 2 倍ある．*C. trapezoidea* Fujikawa, 2004 syn. nov. はシノニム．全国に普通．

オウギヨスジダニ（p.109, 206）
Coronoquadroppia expansa Ohkubo, 1995

体長 0.21 mm．ナミヨスジダニに似るが，吻上板の側縁は前に向かって扇のように広がる．稀種．群馬県，愛媛県．

マドダニ科
Suctobelbidae

体長 0.15～0.64 mm．多くは 0.3 mm 以下の小型のダニ．一見ツブダニ科に似るが，前体部背面の構造が複雑で顆粒を備えていること，脚の各節が一層強く膨らんでいることなどで区別される．前体部に 1 対の窓部（低い台状の張り出し）を持つグループがあり，科名の由来になっている．桁毛は一個または近接する 1 対の桁結節から生じる．鋏角がきわめて細長く，半筒状になった吻の先端から前方に突き出される．通常その筒の腹側（下端）には鋏角をガイドする機能を持つと思われる 1 対の突起（吻突起）が腹面下方に伸びる．筒の側面後方には明らかにそれとは機能を異にする 1 ないし数本の歯（吻側歯）が並ぶことがあり，重要な分類形質である．潰れた標本では半筒状の吻が平面的に展開され，吻突起と吻側歯が並んで見える．基節板は左右に分離して中央のすき間は浅い溝になるが，第 2, 3 基節板の境界部において洞窟状に湾入（基節板湾入）することがある．背毛の記号はツブダニ科の 9 対体系のものを使えるが，c_2 相当の毛は c と呼ばれる．

マドダニモドキ属 （p.48, 109）
Suctobelbila

生殖毛 6 対は 3 対が中央前方，1 対が中央後方，2 対が側方に位置する．生殖側毛は生殖門の近くに位置する．背板前縁に 1 対の肩稜があり，中央は瘤があるか途切れる．背板と腹面は顆粒で覆われることが多い．吻毛は普通にカーブ．背毛 10 対．

マドダニモドキ （p.109, 207）
Suctobelbila tuberculata Aoki, 1970

体長 0.18 mm．胴感毛は片側にごく微細なケバのある紡錘形．吻は丸く，側歯あり．桁結節は 1 対．背板前縁中央は尖るように膨らむ．背毛 c は肩稜の上に生じる．本州から南西諸島．

ザラメマドダニモドキ （p.109, 207）
Suctobelbila densipunctata Chinone, 2003

体長 0.18 mm．胴感毛は紡錘形で，片側に凸凹の縁取りがある．吻は丸く，4～5 本の側歯．桁結節は 1 対．背板前縁中央は途切れる．背毛 c は肩稜の上に生じる．鹿児島県．

キヨスミマドダニモドキ （p.48, 207）
Suctobelbila kiyosumiensis Chinone, 2003

体長 0.20 mm．胴感毛は紡錘形で，半面に明瞭なケバ．吻側歯あり．背板前縁中央は弱く膨らむ．肩稜の間に 2 対の隆起があり，背毛 c はその隆起の上に生じる．千葉県．

ウモウマドダニモドキ （p.48, 207）
Suctobelbila penniseta Chinone, 2003

体長 0.20 mm．胴感毛は紡錘形で，半面に明瞭なケバ．吻側歯なし．背板前縁中央は途切れる．肩稜の間に 2 対の隆起があり，背毛 c はその隆起の上に生じる．千葉県．

エゾオオマドダニ属 （p.48, 110）
Rhynchobelba

本科としてはきわめて特大の種を含む（オーストリアには 0.9 mm を超える種がいる）．吻側歯がない．欧州を中心とした旧北区に分布し，日本には 2 種．

エゾオオマドダニ （p.110）
Rhynchobelba simplex (Fujikawa, 1972)

体長 0.64 mm．背毛 11 対．生殖毛 6 対．肛門は巨大（幅は生殖門の 2 倍）．北海道．

ヤマトオオマドダニ （p.110）
Rhynchobelba japonica (Chinone, 2003) **comb. nov.**

体長 0.41 mm．背毛 10 対．桁結節 1 対．胴感毛はわずかに膨らむ尖頭の紡錘形で滑らか．生殖毛 6 対．はじめ *Allosuctobelba* として記載された．関東．

オオマドダニ属 （p.48, 110）
Allosuctobelba

本科の中では大型．後胴体は長卵形．前縁は滑らかで，肩稜や膨らみがない．吻は鼻状．吻側面に歯（または突起）があることでエゾオオマドダニ属から区別される．吻毛は大きくカーブ．背毛 10 対．

オオマドダニ （p.110, 207）
Allosuctobelba grandis (Paoli, 1908)

体長 0.5 mm ほど．吻が大きく腹側に巻き込むので吻の前縁は背面から観察できないが，滑らかに丸まる．背面からは丸い吻端の両側に 2 対の歯があるように見える．前方の歯は吻前縁の延長線上にあり，吻突起に相当するかもしれない．少なくとも後方の歯は吻側歯である．桁結節は前方で融合して 1 個になることがあるが，融合は不完全なことも多い．桁結節の外側に小さめの三日月形の窓部があり，その内縁の境界はやや不明瞭．胴感毛は先端にノギのある弱い紡錘形でケバがある．背毛は中庸の長さの針状で，先端はあまり尖らない．生殖毛 6 対（日本初記録の図は対馬産で，生殖毛が 4 対しか描かれていないが，対馬産も実際には 6 対である）．欧州に 2 亜種，フィリピンに 1 亜種を含むが，日本産については亜種の検討がなされていない．本州から九州．

ミツバオオマドダニ （p.110, 207）
Allosuctobelba tricuspidata Aoki, 1984

体長 0.55 mm．吻前端は 3 分岐に見える．桁結節は長く，1 対または前方で融合して 1 個．窓部はなく，隆起した畝があるだけ．胴感毛は先端にノギのある紡錘形で，ノギにケバがある．背毛はやや長く，細くてしなる．奄美大島産を基亜種とし，トカラ列島産亜種 *tokara* Aoki, 1987（体長 0.41 mm）は背毛がより短く，しなることはなく，吻端はより尖る．南西諸島．

サツマオオマドダニ （p.110, 207）
Allosuctobelba satsumaensis Chinone, 2003 **stat. nov.**

体長 0.38 mm．吻前端は 3 分岐に見える．桁結節は 1 対で小さい．小さい半月形の窓部がある．胴感毛は先端にノギのある紡錘形で，ノギにケバがある．背毛は中庸の長さでしならない．ミツバオオマドダニの亜種として記載された．鹿児島県．

フタバオオマドダニ (p.110, 207)
Allosuctobelba bicuspidata Aoki, 1984
体長 0.45 mm. 吻前端は 2 分岐に見える. 桁結節 1 対. 窓部がある. 胴感毛はケバのある紡錘形. 背毛 h_1-h_1 間はかなり狭い. 生殖毛 6 対. 南西諸島.

フクレマドダニ属 (p.48)
Sucteremaeus
世界で 1 種. 背毛 10 対. 背板前縁に 2 対の膨らみ. 吻は軽く突出し, 突起や切れ込みはない. 吻毛は腕型に折れる. 窓部外縁は不明瞭. 桁結節は円形. 胴感毛は片側にケバのあるナギナタ状. 生殖毛 6 対. *Kathetosuctobelba* Chinone, 2003 はタイプ種が同じなので客観シノニム.

フクレマドダニ (p.48, 208)
Sucteremaeus makarcevi (Krivolutsky & Golosova, 1974)
体長 0.24 mm. 背毛は細く短い. 日本の種はアブハジアから報告された種と同じとされる. *Rhynchobelba planeta* Fujikawa, 2004 はおそらくシノニム. 東北から中部.

マドダニ属 (p.48, 111)
Suctobelba
本科で最も古い属なので, 属の定義や所属種が変遷し続けた結果として特徴が曖昧になり, 所属不明種の一時保管庫のようになっている. タイプ種に見られる特徴は次の通り. 前方の開く窓部がある. 桁結節は 1 個. 背毛 10 対. 背板前縁の肩稜には至らない 1 対の低い膨らみがある. 背板前縁は中央で途切れる.

ノコギリマドダニ (p.111, 208)
Suctobelba serrata Chinone, 2003
体長 0.32 mm. 内肩稜に相当する位置に 1 対の低い膨らみがある. 吻は細っそりし, 長きにわたって 8 対ほどの側歯を持つ. 吻毛は先端近くまでケバがあり, 弱くカーブする. 窓部前方は開く. 桁結節は 1 対. 胴感毛は片側にケバのある中膨れの紡錘形. 生殖毛 6 対. 栃木県.

ナミヒゲマドダニ (p.111, 208)
Suctobelba simplex Chinone, 2003
体長 0.24 mm. 外肩稜に相当する位置に 1 対の低い膨らみがある. 吻は突起と側歯が重なって, 3～4 対以上の歯があるように見える. 吻毛は先端近くまでケバがあり, あまりカーブしない. 窓部前方は広く開く. 桁結節は 1 個. 胴感毛は片側にケバのある紡錘形. 生殖毛 6 対. 関東, 九州.

ヒトエマドダニ (p.111)
Suctobelba monobina Fujikawa, 2004
体長 0.26 mm. 外肩稜と考えられる形質を持つことから本属ではないが, 所属すべき属がわからないので, 原記載の所属のままにしておく. 吻先は広く, 4 個の側歯を持つ. 胴感毛は片側にケバのあるナギナタ状. 背毛にかすかなケバ. 生殖毛 5 対. 青森県.

ゴマフリマドダニ属 (p.48)
Suctobelbata
背板前縁には 1 対の外肩稜に挟まれて横長の台状の膨らみがある. 吻毛と窓部の間に 1 対のへこみがある. 吻に側歯. 吻毛は大きくカーブ. 背毛 10 対. 生殖毛 6 対.

ヒラウチマドダニ (p.111, 208)
Suctobelbata hirauchiae Chinone, 2003
体長 0.32 mm. 胴感毛は全面にケバのある棍棒形. 背毛はヒレ状. 富山県.

ゴマフリマドダニ (p.111, 208)
Suctobelbata punctata (Hammer, 1955)
体長 0.28 mm. 胴感毛は片側に 1 列 12～15 本のケバのある紡錘形. 窓部にも顆粒がある. 日本の種はアラスカから報告された種と同じとされる. *Unicobelba aomoriensis* Fujikawa, 2004 **syn. nov.** はシノニム. 東北から中部.

メガネマドダニ属 (p.49, 111)
Kuklosuctobelba
窓部が丸っぽくて左右に広く離れ, 眼鏡のよう. 吻毛は腕状に折れる. 胴感毛は片側にケバのある紡錘形. 背板前縁は直線的で, 等間隔に並ぶ 4 個の肩稜が後方に長く発達する. 背毛は 10 対で, p 系列以外はケバがある. 背毛 la と lm は接近し, la は lm より後方に位置する. 生殖毛 6 対.

ホソメガネマドダニ (p.111, 208)
Kuklosuctobelba tenuis Chinone, 2003
体長 0.20 mm. 吻側歯はない. ほっそりした体型 (体長は幅の 2 倍). 内肩稜は背毛 c に達する. 背毛は長くうねり, ケバが多い. 千葉県.

メガネマドダニ (p.111, 208)
Kuklosuctobelba perbella Chinone, 2003
体長 0.20 mm. 次種に似るが, 吻側歯は 2 対で, 胴感毛のケバの数が約 15 本と少ない. 関東から九州.

ヤミゾメガネマドダニ（p.111, 208）
Kuklosuctobelba yamizoensis Chinone, 2003
　体長 0.17 mm. 前種に似るが，吻側歯は 3 対で，胴感毛のケバの数が多い．茨城県．

ニオウマドダニ属（p.49）
Niosuctobelba
　世界に 1 種．背板，腹面の一面の縞模様が本属を特徴づける．吻毛は大きくカーブ．胴感毛は滑らかな紡錘形．背板前縁は直線的で，等間隔に並ぶ 4 個の肩稜が後方に長く発達する．背毛は 10 対．生殖毛 6 対．

ニオウマドダニ（p.49, 208）
Niosuctobelba ruga Chinone, 2003
　体長 0.26 mm. 背毛は長い．島根県．

ナガマドダニ属（p.49, 112）
Novosuctobelba
　内肩稜と外肩稜が融合．吻毛は腕状に折れる．吻側歯あり．桁結節は 1 個．胴感毛は長く，滑らかな紡錘形．窓部は前方で開き，前方において内縁は外縁より短い．胴感杯間結節はいびつな棒状．背毛 9 対．生殖毛 6 対．肩稜が 1 対で内肩稜のない 2 種が本属に含まれているが，所属すべき属がわからないので，原記載の所属のままにしておく．*Leptosuctobelba* はシノニムとされる．

ナミナガマドダニ（p.112, 209）
Novosuctobelba vulgaris (Chinone, 2003)
　体長 0.30 mm. 吻側歯 4～5 対．窓部の内縁は明らかに外縁より短い．次種に似るが次種より背毛が短い．北海道，本州，四国．

ヒメナガマドダニ（p.112, 209）
Novosuctobelba lauta (Chinone, 2003)
　体長 0.25 mm. 吻側歯 4 対ほど．窓部の内縁前方は不明瞭であるが，外縁よりやや短い．背毛は細く，長い．本州，南西諸島．

ヒロナガマドダニ（p.112, 209）
Novosuctobelba monofenestella (Chinone, 2003)
　体長 0.30 mm. 吻側歯 4 対ほど．窓部の内縁は前方半分以上が消失．背板，腹板に微細な波線模様．背毛は太く，長い．中国，九州，南西諸島．

ヒトツバカタハリマドダニ（p.209）
Novosuctobelba monodentis Chinone, 2003
　体長 0.21 mm. 吻側歯 1 対．吻毛は腕状に折れる．窓部の前縁は閉じる．桁結節 1 個は大きい．胴感杯間結節はほとんど発達しない．胴感毛は片側にケバのあるナギナタ状．背毛 10 対．生殖毛 6 対．本属ではないが所属すべき適切な属が見当たらない．北海道，本州．

ヒロズカタハリマドダニ（p.112, 209）
Novosuctobelba latirostrata Chinone, 2003
　体長 0.22 mm. 吻前端は丸くえぐれ，側歯 2 対．吻毛は腕状に折れる．窓部の前縁は大きく開く．桁結節 1 個は大きく，三角形．胴感毛は次第に細まり，片側にケバ．肩稜間の背板前縁は直線的．背毛 10 対．生殖毛 6 対．本属ではないが所属すべき適切な属が見当たらない（*Suctobelbata* とする意見もあるが，おそらくその属でもない）．島根県．

ナギナタマドダニ属（p.49）
Flagrosuctobelba
　胴感毛は片側にケバのあるナギナタ状であり，ケバ部の長さは胴感杯間の距離に匹敵する．ケバ部の軸はほとんど膨らまない．この胴感毛の形状によってトゲマドダニ属から区別される．吻毛は腕状に折れる．背板前縁には 2 対の稜．

イボチビマドダニ（p.113, 209）
Flagrosuctobelba verrucosa (Chinone, 2003)
　体長 0.17 mm. 生殖毛 5 対．吻側歯 3～4 対．胴感毛のケバ部の軸はそれほど太まらない．胴感杯間結節は涙形．背毛は太く，短く，生え際は大きく膨らむ．背板前縁近くにリング構造．茨城県．

ヒタチチビマドダニ（p.113, 209）
Flagrosuctobelba ibarakiensis (Chinone, 2003)
　体長 0.16 mm. 生殖毛 5 対．吻側歯 4 対ほど．胴感毛のケバ部の軸はそれほど太まらない．胴感杯間結節は紡錘形．背毛は太く，長い．関東．

ウモウチビマドダニ（p.113, 209）
Flagrosuctobelba plumosa (Chinone, 2003)
　体長 0.18 mm. 生殖毛 5 対．吻側歯 5～7 対．c, p_1, p_2 を除く背毛は羽毛状．生殖毛 5 対．*Suctobelbella muronokiensis* Fujikawa, 2004 **syn. nov.** はシノニム．関東から南西諸島．

ヤマトマドダニ（p.113）
Flagrosuctobelba nipponica (Fujikawa, 1986) **stat. & comb. nov.**
　体長 0.18 mm. 生殖毛 5 対．吻側歯 3 対．はじめペルーの *Suctobelbella claviseta* (Hammer, 1961) の日本産亜種として設立されたが，その種とは属が異なるので種に格上げする．従前に日本で記録されてフクレゲマ

ドダニ *S. claviseta* として知られていた種と思われる．北海道から関東．

ヤリゲチビマドダニ （p.113, 209）
Flagrosuctobelba hastata (Pankow, 1986)

体長 0.16 mm．生殖毛 5 対．吻側歯 3 対．胴感杯間結節はいびつな楕円形．p_1, p_2, h_1 を除く背毛は扁平な紡錘形のヒレを持つ．本州，四国，九州．

アオキマドダニ （改称） （p.114, 210）
Flagrosuctobelba naginata (Aoki, 1961)

体長 0.19 mm．生殖毛 6 対．吻側歯 3 対．胴感毛のケバ部の軸はそれほど太まらない．胴感杯間結節はいびつな棒状．背毛は長い．この学名の種は従来ナギナタマドダニと呼ばれていたが，原記載図とホロタイプは互いに別種であり，ホロタイプの方はアオキマドダニとして記載された *Suctobelbella aokii* Chinone, 2003 **syn. nov.** の古参シノニムである．一方原記載図の種はナギナタマドダニの和名で広く知られてきたため，その和名はそのように同定されてきた未記載種の方にあてることとする．関東以南の本州．

マドアキマドダニ （p.114, 210）
Flagrosuctobelba lata (Chinone, 2003)

体長 0.20 mm．生殖毛 6 対．吻側歯 2 対．胴感毛のケバ部の軸はそれほど太まらない．胴感杯間結節は菱型．窓部は前に大きく開く．背毛は短く，うち 6 対は太い．中部以南の本州，四国，九州．

カントウマドダニ （p.114, 210）
Flagrosuctobelba kantoensis (Chinone, 2003)

体長 0.17 mm．生殖毛 6 対．吻側歯 3 対．胴感毛はケバ部での中央で膨れる．胴感杯間結節は括弧状．背毛は短く，うち 5 対は太く，ケバがある．関東．

ナギナタマドダニ （学名記録変更） （p.114, 210）
Flagrosuctobelba elegantula (Hammer, 1958)

体長 0.21 mm．生殖毛 6 対．吻側歯 2 対（潰れた標本では吻突起と合わせて 3 本に見える）．胴感杯間結節は三角形で，背毛は短い．*Suctobelba naginata* Aoki, 1961 のタイプシリーズには複数の種が含まれており，ホロタイプは後に記載されたアオキマドダニ *Suctobelbella aokii* Chinone, 2003（新参シノニム）と等しく，一方原記載で図示された種はその図を判断材料にして *Suctobelba elegantula* Hammer, 1958（古参シノニム）であるとされた．日本では図示された方の種がナギナタマドダニの和名で広く知られてきたため，こちらの学名の種にこの和名を継承することとする．ナ

ギナタマドダニと同定されてきたものは本属に含まれる多種を混同しているおそれがあるので，全国に記録は多いが最普通種というわけではない．

ナミマドダニ （p.114, 210）
Flagrosuctobelba solita (Chinone, 2003)

体長 0.22 mm．生殖毛 6 対．吻側歯 5～6 対．胴感毛のケバ部の軸はそれほど太まらない．桁結節は三角形．背毛は短い．関東．

タワシマドダニ属 （p.49, 115）
Ussuribata

胴感毛の頭部が棍棒状であることによってトゲマドダニ属から区別される．吻毛は腕状に折れる．背板前縁には 2 対の稜．

タムラマドダニ （p.115, 210）
Ussuribata tamurai (Chinone, 2003) **comb. nov.**

体長 0.27 mm．生殖毛 5 対．吻側歯 4 対．胴感毛は滑らかな棍棒状．はじめ *Suctobelbella* として記載された．本州，九州．

モリノマドダニ （p.115, 210）
Ussuribata silva (Fujikawa, 2004) **comb. nov.**

体長 0.20 mm．生殖毛 6 対．吻側歯 3 対．胴感毛は片面全面に短いケバのある棍棒状．背毛は長く，うねる．Chinone (2003) が誤同定で日本から記録した *Suctobelbella spirochaeta* Mahunka, 1983 はこの種である．はじめ *Suctobelbella* として記載された．東北から関東．

フサゲタワシマドダニ （p.115, 210）
Ussuribata variosetosa (Hammer, 1961) **comb. nov.**

体長 0.23 mm．生殖毛 6 対．吻側歯 3 対．窓部の周囲に網目模様．胴感毛は片面全面に短いケバのある棍棒状．はじめ *Suctobelbella* として記載された．茨城県，鹿児島県．

アミメタワシマドダニ （p.115, 210）
Ussuribata reticulata (Chinone, 2003) **comb. nov.**

体長 0.23 mm．生殖毛 6 対．吻側歯 3 対．胴感毛は片面全面に短いケバのある棍棒状．窓部の周囲に網目模様．はじめ *Suctobelbella* として記載された．本州，四国．

トゲマドダニ属 （p.46, 116）
Suctobelbella

胴感毛は鎌形か紡錘形に膨れ，滑らかであるか，片面の前面か線状に短いケバがある．吻毛は腕状に折れ

る．背板前縁には2対の稜．背毛9対．

マルマドダニ（p.116, 211）
Suctobelbella rotunda Chinone, 2003
　体長0.21 mm．生殖毛4対．吻側歯3対．胴感毛は少しケバだった棍棒状．窓部は前方に開く．桁結節は三角．関東．

コンボウマドダニ（p.116, 211）
Suctobelbella singularis (Strenzke, 1950)
　体長0.25 mm．生殖毛4対．吻側歯1対．胴感毛は棍棒状か先がわずかに尖る．窓部外縁はあまりカーブしない．*S. margarita* Fujikawa, 2004 **syn. nov.** はシノニム．東北から中部．

エナガマドダニ（p.116, 211）
Suctobelbella longisensillata Fujita & Fujikawa, 1987
　体長0.21 mm．生殖毛4対．吻突起は横に伸び，1対あって前方に牙状に伸びる吻側歯と先端でクロスする．胴感毛は紡錘形で，かなり長い．窓部外縁は強くカーブ．*S. nitida* Chinone, 2003 **syn. nov.** はシノニム．北海道から中部．

オタフクマドダニ（p.116, 211）
Suctobelbella tumida Chinone, 2003
　体長0.22 mm．生殖毛5対．吻側歯2対．胴感毛は滑らかな紡錘形．窓部は前方に開く．背毛9対，中庸の長さ．青森県から得られた *S. shironeseta* Fujikawa, 2004 **syn. nov.** はシノニム．本州．

コノハマドダニ（p.116, 211）
Suctobelbella frondosa Aoki & Fukuyama, 1976
　体長0.17 mm．生殖毛5対．吻側歯3対．胴感毛は片側に顕著なケバがあるが，それほど太まらない．背板前縁近くにリング構造．背毛のうち6対は鋸歯のある木の葉状．本州，四国，九州．

ニセアミメマドダニ（p.116, 211）
Suctobelbella reticulatoides Chinone, 2003
　体長0.21 mm．生殖毛5対．吻側歯3対．窓部の周囲に網目模様．胴感毛は片側にケバの多い紡錘形．窓部は閉じる．背毛は中庸の長さ．本州，四国，九州．

ヤマトチビマドダニ（p.116, 211）
Suctobelbella pumila Chinone, 2003
　体長0.17 mm．生殖毛5対．吻側歯2対．胴感毛は片側にケバのある紡錘形．窓部は前方に開く．背毛は太く，中庸の長さ．北海道，関東．

トウホクマドダニ（p.118, 211）
Suctobelbella tohokuensis Enami & Chinone, 1997
　体長0.17 mm．生殖毛6対．吻側歯3本．胴感杯間結節はいびつな楕円形．胴感毛は櫛状の鎌形．背毛は2対を除き枝毛状．福島県．

トガリハナマドダニ（p.118, 211）
Suctobelbella acuta Chinone, 2003
　体長0.27 mm．生殖毛6対．吻は背面からは先端が尖って見える．吻側歯2対．胴感毛は片側にケバのある鎌形．窓部は前方に大きく開く．背毛の長さは中庸．関東，中部．

ヒロムネマドダニ（p.118, 212）
Suctobelbella latipectoralis Chinone, 2003
　体長0.26 mm．生殖毛6対．吻側歯5〜6対．吻毛と窓部の間は滑らかに膨らむ．胴感毛は片側にケバのある鎌形．窓部は楕円形．胴感杯間結節はいびつな紡錘形．背毛は短い目．基節板湾入が発達．北海道，本州．

チビマドダニ（p.118, 212）
Suctobelbella parva Chinone, 2003
　体長0.17 mm．生殖毛6対．吻側歯3対．胴感毛は片側にケバのある鎌形．桁結節は半円形．背毛の長さは中庸．関東，九州．

イカリハナマドダニ（p.119, 212）
Suctobelbella ancorhina Chinone, 2003
　体長0.19 mm．生殖毛6対．吻はイカリ型で，切れ込みの奥が湾のように広がる．胴感毛は片側にケバのある鎌形．胴感杯間結節は菱型．背毛は長く微細なケバがある．全国．

クネゲマドダニ（p.118, 212）
Suctobelbella flagellifera Chinone, 2003
　体長0.19 mm．生殖毛6対．吻側歯4対．胴感毛は片側にケバのある鎌形．胴感杯間結節はS字形．背毛は長く微細なケバがある．北海道から九州．

ムネアナマドダニ（p.119, 212）
Suctobelbella magnicava Chinone, 2003
　体長0.20 mm．生殖毛6対．吻側歯4対．胴感毛は片側にケバのある鎌形．窓部は閉じた楕円形．背毛は長い．基節板湾入が発達．北海道，関東．

トゲチビマドダニ（p.119, 212）
Suctobelbella subcornigera (Forsslund, 1941)
　体長0.19 mm．生殖毛6対．吻側歯3対．胴感毛は

片側にケバのある鎌形．背毛は長い．肩稜はほぼ等分の位置に並び，内肩稜間の距離は外肩稜 - 内肩稜間の距離よりわずかに長い程度．北海道，関東．

ナヨロマドダニ（p.119, 212）
Suctobelbella nayoroensis Fujita & Fujikawa, 1987

体長 0.26 mm．生殖毛 6 対．吻側歯 2 〜 3 対．胴感毛は片側にケバのある鎌形．*S. granifera* Chinone. 2003 **syn. nov.** はシノニム．北海道，関東．

キタマドダニ（p.120, 212）
Suctobelbella hokkaidoensis Chinone, 2003

体長 0.29 mm．生殖毛 6 対．吻側歯 3 対．吻毛と窓部の間は滑らかに広く膨らむ．胴感毛は片面に短いケバの多い尖頭の紡錘形．背毛は短い．北海道，中部．

シワハナマドダニ（p.120, 212）
Suctobelbella crispirhina Chinone, 2003

体長 0.21 mm．生殖毛 6 対．吻側歯 3 対．吻毛と窓部の間に 2 本の横畝．胴感毛は片面に短いケバの多い尖頭の紡錘形．背毛は長い．北海道，関東．

キバマドダニ（p.120, 212）
Suctobelbella longidentata Chinone, 2003

体長 0.22 mm．生殖毛 6 対．吻突起は牙のように大きく発達し，吻側歯 3 対．胴感毛は滑らかな紡錘形．窓部は楕円形，前に開く．桁結節は大きく発達．背毛は長い．基節板湾入が発達．関東から九州．

エゾマドダニ（p.120, 212）
Suctobelbella yezoensis Fujita & Fujikawa, 1984

体長 0.23 mm．生殖毛 6 対．吻側歯 2 〜 3 対．胴感毛は滑らかな紡錘形．背毛は長い．基節板湾入が発達．北海道．

ミヤママドダニ（p.120, 212）
Suctobelbella alpina Chinone, 2003

体長 0.20 mm．生殖毛 6 対．吻先端に U 字形の切れ込み．吻側歯 3 対．胴感毛は滑らかな紡錘形．背毛は長い．長野県．

ツノマドダニ（p.120）
Suctobelbella angulata Fujikawa, 2004

体長 0.24 mm．前種に酷似してほとんど区別できないが，吻先端に U 字形の切れ込みがない．青森県．

クチバシダニ科
Oxyameridae

1 属からなる．体高は低く，特に前体部は扁平．桁毛は吻端寄りに生じる．第 1, 2 脚庇が発達．鋏角は長い．背板前縁の境界線は消失．肩から斜めに稜線が伸びる．

クチバシダニ属（p.11）
Oxyamerus

側面から見ると流線型．東南アジア中心に分布する．世界に 8 種．

クチバシダニ（p.11, 213）
Oxyamerus spathulatus Aoki, 1965

体長 0.50 mm．吻は長く突出．吻毛は扁平に広がる．胴感毛はケバのある針状．タイプ産地はタイ．南西諸島．

ヒョウタンイカダニ科
Tetracondylidae

イカダニ科に比べて小型で，背板の周縁線は弱い．背毛は 10 対のうち 4 対が背板の縁に位置する．

ヒョウタンイカダニ属（p.47, 121）
Dolicheremaeus

コンボウイカダニ属に比べると左右の桁の間隔が狭く，体色は生殖板より薄い（そのため相対的に生殖板は濃色に見える）ことが多い．第 2 基節板毛は多くのササラダニ類と同じく 1 対．側生殖門突起はない．生殖毛 4 対．肛側裂孔は肛門の近くに位置する．

イマダテイカダニ（p.121, 213）
Dolicheremaeus imadatei Aoki, 2009

体長 1.03 mm の大型種．暗赤褐色．胴感杯や背板肩突起が体軸側に強く寄っていて特異な体型になっている．胴感毛は先が膨らむ．背板の周縁線は強く発達．与那国島．

コブイカダニ（p.121, 213）
Dolicheremaeus distinctus Aoki, 1982

体長 0.51 mm．前体部の比率が後体部に比べて大きく桁間も広くて特異な体型になっている．桁間毛は短い．背板に網目模様．屋久島から沖縄島．

オオヒョウタンイカダニ（p.121, 213）
Dolicheremaeus junichiaokii Subías, 2010

体長 0.93 mm．桁の広がり方はコンボウイカダニ属に似る．胴感毛は紡錘形．*D. magnus* Aoki, 2006 として記載されたが，この学名は二次ホモニムのため無効．屋久島から沖縄島．

ケナガイカダニ（p.121, 213）
Dolicheremaeus infrequens Aoki, 1967

体長 0.93 mm．桁は桁毛の少し前で終わる．前体部後縁中央突起は低くやや不定形．背毛は前方は中庸の長さだが，後方ほど長い．基亜種の産地は徳島県で，後方の6対の背毛はムチ状．八丈島産は亜種 *hachijoensis* Aoki, 1967 とされ，ムチ状の背毛は後方の3対のみで，それほど長くない．奄美大島産は亜種 *amamiensis* Aoki, 1982 とされ，前方の背毛が他の亜種に比べて長い．沖縄本島産は亜種 *taiwanus* Aoki, 1991 とされ，八丈島産亜種よりさらに背毛が短い．関東以南．

オウメイカダニ（p.121, 213）
Dolicheremaeus ohmensis Aoki, 2003

体長 0.53 mm．桁は桁毛の少し前でスジ状に終わる．左右の桁の後部のくびれ部は前体部の幅のほぼ1/3．桁間に大きく粗な孔構造．前体部後縁中央突起はかなり横長．胴感毛はいびつな棍棒状．背毛は周縁線に沿う4対だけが長く鞭状．東京都，三重県．

バローイカダニ（p.121, 214）
Dolicheremaeus baloghi Aoki, 1967

体長 0.75 mm．胴感毛はヘラ状．前体部後縁中央突起がなく，背板前縁中央突起は小さくて肩突起に接近する．基亜種の産地である奄美大島産では背毛の一部がうねっている．関東以南．

ヒョウタンイカダニ（p.121, 214）
Dolicheremaeus elongatus Aoki, 1967

体長 0.56 mm．桁は桁毛の前に長く発達．胴感毛は紡錘形．全国に分布し，本州では最普通種．

タマヒョウタンイカダニ（p.121, 214）
Dolicheremaeus claviger Mahunka, 2000

体長 0.93 mm．胴感杯や背板肩突起が体軸側に寄るが，イマダテイカダニほどではない．胴感毛は強く膨らんだ棍棒状．西表島．

コンボウイカダニ属（p.47, 122）
Fissicepheus

ヒョウタンイカダニ属に比べると左右の桁の間隔が広い．生殖門の色は腹板と同じことが多い．第2基節板毛は存在しない．肛側裂孔は肛門からかなり離れる．普通は生殖門と第4脚の間に前後の対になった隆起（側生殖門前突起，後突起）がある．胴感毛は棍棒状に膨らむことが多い．日本，韓国から東南アジアに生息．2亜属からなる．

タマイカダニ（p.122, 214）
Fissicepheus amabilis Aoki, 1970

体長 0.58 mm．本種と次種は亜属 *Psammocepheus* に属する．桁は桁毛の前には伸びない．胴感毛は球状．前体部後縁と背板前縁の中央突起は共になく，前体部後縁には顆粒状の突起を密生する．側生殖門突起がない（この特徴をもとに本亜属が設立された）．樹上性．東京都，奈良県．

ハラダタマイカダニ（p.122, 214）
Fissicepheus haradai Choi, 1986

体長 0.78 mm．本亜属の第2の種として韓国から記載されたが，亜属の特徴とされた側生殖門突起の消失が見られず，むしろ後突起は大きく発達している．桁は桁毛の前には伸びない．胴感毛は球状．前体部後縁と背板前縁の中央突起は共にない．愛知県，愛媛県，福岡県．

コブナシイカダニ（p.122, 214）
Fissicepheus defectus Aoki, 2006

体長 0.67 mm．本種以下は基亜属 *Fissicepheus* に属する．桁は桁毛のすぐ前で終わる．胴感毛はケバのある棍棒状．前体部後縁と背板前縁の中央突起は共にない．側生殖板後突起は生殖門に沿ってO形に大きく発達．沖縄島．

ツシマイカダニ（p.122, 214）
Fissicepheus mitis Aoki, 1970

体長 0.48 mm．桁は桁毛の前には伸びない．胴感毛は棍棒状．背板の前縁中央突起はない．南西諸島の宝島産は亜種 *takara* Aoki, 2009 とされ，胴感毛は棍棒状．関東以南．

ナカネイカダニ（p.122, 214）
Fissicepheus nakanei Aoki, 1986

体長 0.65 mm．桁は桁毛より前は平行．胴感毛は滑らかな棍棒状．背板の前縁中央突起はない．背毛は団扇状．北海道，四国．

ムロトイカダニ（p.123, 214）
Fissicepheus vicinus Aoki, 1986

体長 0.57 mm．桁は桁毛のすぐ前で終わる．胴感毛は棍棒状で，先端ははじけたように刺が生じる．背板の前縁中央突起は互いに接触する．高知県．

クネゲイカダニ（p.123, 215）
Fissicepheus curvisetosus Kubota, 2001

体長 0.65 mm．背毛は14対で，長くうねる（他の

種は10対で，中庸の長さ）．桁は桁毛より前は接近する．胴感毛は滑らかな棍棒状．背板の前縁中央突起は互いに接近する．愛媛県．

オニイカダニ（p.123, 215）
Fissicepheus corniculatus Aoki, 2009
体長0.53 mm．胴感毛はイソギンチャクの触手のよう．与那国島．

カンムリイカダニ（p.123, 215）
Fissicepheus coronarius Aoki, 1967
体長0.59 mm．桁は屏風のように直立し，桁毛の前では横に倒れて花びらのように見える．胴感毛は棍棒状で，先端ははじけたように刺が生じる．背板の前縁中央突起は小さい．背毛は柳葉状で，小さな鋸歯を持つ．側生殖板前突起は小さな三角形．中部以南から沖縄島付近まで．

コンボウイカダニ（p.123, 215）
Fissicepheus clavatus (Aoki, 1959)
体長0.77 mm．吻側縁が細かに波打つのが大きな特徴（側面からでないと観察できない）．桁は桁毛より前で接近する．胴感毛はごく微細なケバのある棍棒状で，九州産はやや細長く，南西諸島産はより丸い．背毛は先が鈍く尖る棒状で，本土産に比べ南西諸島産はより長い．本州から南西諸島まで記録されているが，オキナワコンボウイカダニと混同されていたと思われるので注意．タイプ産地は宮崎県．*F. takenouchiensis* Fujikawa & Nishi, 2013 はシノニムの可能性がある．

オキナワコンボウイカダニ（p.123, 215）
Fissicepheus gracilis Aoki, 2006
体長0.67 mm．コンボウイカダニに似るが，より細長く吻側縁は側面から見るとほぼ滑らかで，背毛はより短く，吻の輪郭は背面からみるとより広く丸みを帯びる．コンボウイカダニより小さいとは限らない．胴感毛の形状はコンボウイカダニと同じく本土産はやや細長く，南西諸島産はより丸い．近畿以南から沖縄島あたり．タイプ産地は沖縄島．

イカダニ科
Otocepheidae
背板のぐるりは周沿線によって段差のある縁取りとなり，縁の後半に4対の背毛を生じる．

ヤリイカダニ属（p.47, 124）
Acrotocepheus
背毛は10対．背板の肩突起は四角形または内側に段がある三角形．左右の肩突起間は突起の幅程度の間隔．

ケマガリイカダニ（p.124, 215）
Acrotocepheus curvisetiger Aoki, 1984
体長1.13 mm．背毛は後端の3対は長く，うねる．奄美大島，徳之島．

フタエイカダニ（p.124, 215）
Acrotocepheus duplicornutus (Aoki, 1965)
体長1.20 mm．ケマガリイカダニに似るが，背毛はすべて同長．タイプ産地はタイであるが，日本産はそれより桁の間隔がやや狭く，第3脚庇の外縁がやや丸みを帯びる．屋久島，沖縄島．

ヤリイカダニ（p.124, 215）
Acrotocepheus gracilis Aoki, 1973
体長1.18 mm．背毛は太く，ケバがある．沖縄島，石垣島，西表島．

チビゲイカダニ（p.124, 215）
Acrotocepheus brevisetiger Aoki, 2009
体長0.98 mm．背毛はかなり短く，滑らかで細い．与那国島．

オオイカダニ属（p.47）
Megalotocepheus
背毛は10対．背板の肩突起は三角形で，左右に大きく離れる．

ヤマトオオイカダニ（p.47, 216）
Megalotocepheus japonicus Aoki, 1965
体長1.24 mm．基亜種のタイプ産地は山梨県．トカラ列島中之島産は背毛14対で，亜種 *setosus* Aoki, 1987 とされる．北陸以南から南西諸島．

エラブイカダニ属（p.47, 124）
Trichotocepheus
肛側毛は左右非対称に異常増毛する傾向があり，それによってのみ本属の特徴とされる．背板の肩突起はヤリイカダニ属のように内側に段があって左右が接近する．

エラブイカダニ（p.124, 216）
Trichotocepheus erabuensis Aoki, 1965
体長1.42 mm．基亜種は沖永良部島から記載され背毛14対で肛側毛に異常増毛が多く，西表島産は亜種 *modestus* Aoki, 1973 とされ背毛10対で肛側毛に異常

増毛がほとんどない．石垣島や沖縄本島にはこの区分に合わない個体がおり，本種の亜種の分割・同定は検討を要する．背毛はすべて色素を持たず，一部の毛は長くて先端が鞭状にしなる．14対の場合は4対が中央に並び，アマミイカダニのように体表に沿って寝ることはない．南西諸島．

アマミイカダニ（p.124, 216）
Trichotocepheus amamiensis Aoki, 1965

　体長 1.31 mm．背毛は14対で中庸の長さ．背板中央の4対の背毛は体表に沿うように寝ており，前2対は前向き，後2対は後ろ向きで，他の種と同様に透明だが，他の背毛は薄茶の色素を持つ．南西諸島．

ナカノシマイカダニ（p.124, 216）
Trichotocepheus parvus Aoki, 2009

　体長 0.90 mm（原記載では小型であることが本種の特徴とされているが，1.3 mm を超える個体もいる）．きわめて細長い体型．背毛15対は中庸の長さで，色素を持たない．背板の縁取りは顕著．中之島．

イカダニモドキ科
Tokunocepheidae

　世界に1属．日本，中国，韓国に分布．

イカダニモドキ属（p.17）
Tokunocepheus

　体表は穴模様．吻は丸い．桁はない．第1脚庇が丸く大きく発達．胴感杯はL字形に張り出す．胴感毛は先が膨れる．背板は肩が突出．背毛10対．生殖毛は変異があって3～4対．

イカダニモドキ（p.17, 216）
Tokunocepheus mizusawai Aoki, 1966

　体長 0.7 mm ほど（0.6 mm 以下または 0.8 mm 以上は別種の可能性あり）．胴感杯L字部分の先端は胴感毛先端を超えない．背毛は先が鈍い針状で，肩の毛は直後の毛との距離よりやや長い．関東から南西諸島．

イブシダニ科
Carabodidae

　桁は広く両側面に位置する．黒色または濃赤褐色．胴感毛は普通は太く見えるが，実際はレンゲスプーン状に巻き込んでいることが多い．イブシダニ属は北方系，日本産の他の属は南方系と思われる．

イブシダニ属（p.40, 125）
Carabodes

　背毛が10対しかない種の寄せ集め的な属であり，いくつかのグループ分けができる．吻から伸びる隆起があって背板周縁線が縁状に発達し体は非常に硬い（A1）または吻から伸びる隆起はなく背板周縁線が弱いミゾ状で体はやや硬い（A2）．黒色・濃赤褐色（B1）または赤褐色・淡褐色（B2）．最前の背毛の位置は肩部（C1）または体本体上（C2）．背板は顆粒模様（D1）または孔模様（D2）．なお孔模様が網目を構成する場合は網の部分が顆粒状であったりして，D1とD2を区別しにくいことがある．

ハナビライブシダニ（p.126, 216）
Carabodes bellus Aoki, 1959

　体長 0.66 mm．A1，B1，C2，D1．背毛，桁間毛は中庸の長さで団扇状．桁間部後半の隆起域はシワ模様で，前縁は三角形．背板中央部は顆粒が均一に分布．北海道から九州，屋久島まで記録があるが，少ない．

ヒビワレイブシダニ（p.125, 216）
Carabodes rimosus Aoki, 1959

　体長 0.60 mm．A1，B1，C1，D1．背毛，桁間毛は小さな房状．桁間部後半の隆起域は孔模様で，前縁が三角形，桁間毛の内側に1対の大きなコブ状の隆起．桁に孔模様はない．胴感毛は先端にハケ状のケバ．背板に6対と前縁中央に1個（0個のこともある）の大きなコブ状の表面が滑らかな隆起．普通は正中部に3本ほど（2～5本の幅あり）の太めの縦畝が接触して並ぶ．この縦畝の形は非常に変異が大きく，輪郭がデコボコのものや縦列がやや崩れている場合もある．*C. cerebrum* Fujikawa, 1993 **syn. nov.**, *C. silvosus* Fujikawa, 2004 **syn. nov.** はシノニム．北海道，本州．

ツシマヒビワレイブシダニ（p.125, 216）
Carabodes tsushimaensis Aoki, 1970

　体長 0.54 mm．A1，B1，C1，D1．桁間毛は小さな針状で，やや後部に位置し，互いに広く離れる．背毛は微細な房状．桁間部後半の隆起域の前縁はほぼ直線，後縁に1対の小さなコブ．桁に孔模様はない．肩片に2本の平行の肥厚部．背板中央には不定形の畝によるシワ模様があって，大まかに3本の縦筋を形成する．その3本の縦筋の間を占めるシワの向きはいろいろ．中央5対の背毛の位置はやや隆起する．茨城県，福岡県，対馬．

ヨコシマイブシダニ（p.125, 216）
Carabodes transversarius Choi & Aoki, 1986

体長 0.54 mm．A1，B1，C1，D1．ツシマヒビワレイブシダニに似るが，桁間毛は小さな棒状，肩片の肥厚部は 1 本のみ．また背板中央の大まかに 3 本に見える縦筋の間は，ハシゴ段のような横畝が並ぶ．山口県，対馬．

コガタイブシダニ（p.126, 217）
Carabodes palmifer Berlese, 1904

体長 0.42 mm．A2，B2，C2，D2．全体は長楕円形．背毛，桁間毛は中庸の長さの房状で，先端のケバは開く．桁間部は比較的起伏がなく，後部の三角隆起域もあまり隆起しない．桁間部と桁は孔模様で，桁間部の後部は孔が崩れたよう．体表の孔は多角状で，孔模様というより網目模様の感じ．*C. peniculatus* Aoki, 1970 はシノニムとされる．全国．

イケハライブシダニ（p.126, 217）
Carabodes ikeharai Aoki, 1988

体長 0.37．コガタイブシダニに似るが，生殖側毛がなく，胴感毛は黒く着色．多良間島，西表島．

エゾイブシダニ（p.125, 217）
Carabodes prunum Fujikawa, 1993

体長 0.42 mm．A2，B2，C2，D2．やや弱い長楕円形．桁間毛は長い針状で，やや後部に位置し，互いに広く離れる．背毛は先端のケバがあまり開かない房状で，中庸の長さだが後縁のものはやや短い．桁間部後半の隆起域は前縁は明瞭な三角形で，後縁に 1 対のコブがある．桁間部と桁は孔模様で，桁間部の後部は孔が崩れたよう．背板は孔が開くというより網目状の感じがより強く，孔は多角状．北海道．

タマイブシダニ（p.126, 217）
Carabodes breviclava Aoki, 1970

体長 0.55 mm．A2，C2，D2．胴感毛は先端半分にケバのある球状．背毛，桁間毛は中庸の長さで，先が膨らみケバがある．背板は不定形の孔模様．奈良県，愛媛県．

シワイブシダニ（p.125, 217）
Carabodes labyrinthicus (Michael, 1879)

体長 0.49 mm．A2，C2，D1．胴感毛は先端半分にケバのある球状．桁間毛は中庸の長さで針状．背板は不定形の密なシワ模様．樹上から採集された．北海道，長野県，愛媛県．

ヒメイブシダニ（p.125, 217）
Carabodes minusculus Berlese, 1923

体長 0.36 mm．A2，B2，C2，D1．背毛，桁間毛は中庸の長さで棍棒状．Bernini（1976）は 7 種を *minusculus* group としてまとめ，胴感毛は棍棒状で縦に穴があき，背部境界溝は狭く，明るい褐色で背板に顆粒を持つとしている．日本産種の同定においてはこのグループの再検査が必要であるが，少なくとも同グループの *C. willmanni* Bernini, 1975 が対馬にいて，前体部は孔模様である．ヒメイブシダニでは，前体部は顆粒に覆われる．関東，近畿，中国．

エグリダニ属（p.40）
Meriocepheus

世界に 1 種．ヘコイブシダニ属のように背板前方に大きな窪みがあるが，背毛が少なく 10 対で，桁は上下に凸凹にうねる．背板は縁がある．

エグリダニ（p.40, 217）
Meriocepheus peregrinus Aoki, 1973

体長 0.57 mm．背毛は微細．西表島で 1 頭採集されたのみ．

ヘコイブシダニ属（p.40）
Bathocepheus

世界に 2 種．ズングリした体型．エグリダニ属のように背板前方に大きな窪みがあるが，背毛 15 対は短い広葉状で，桁は滑らか．生殖門と肛門の間も窪む．背板は縁がある．

ヘコイブシダニ（p.40, 217）
Bathocepheus concavus Aoki, 1978

体長 0.39 mm．体表は結晶性の分泌物が多角状の模様を形成するが，特に背板の窪みと，生殖門・肛門間の窪みには柱状に堆積し白く見える．原記載では背板の窪み中の分泌物に埋れた 2 対の小さな背毛を見落としている．小笠原諸島．

ヨシオイブシダニ属（p.40）
Yoshiobodes

ズングリした体型．背毛は短い広葉状で，15 対．背板は縁がある．世界に 10 種ほど．

ナカタマリイブシダニ（p.40, 217）
Yoshiobodes nakatamarii (Aoki, 1973)

体長 0.36 mm．背毛は原記載図では 14 対だが，普通には 15 対見られる．桁間部に 2 対，背板前縁近くに 6 対程の不明瞭な縦畝がある．小笠原諸島，沖縄島，

西表島．

ミナミイブシダニ属 （p.40, 217）
Austrocarabodes

褐色または淡褐色．背板周縁線は弱いミゾ状で周縁は縁にならない．吻毛は横桁部の両端に生じ，吻先に向かってカーブする．背毛は柳葉状で14対だが，配置の型で次の2グループに分けられる．周縁4対で中央は5対+5対の2列に配置（A）と周縁3対で中央は5対+4対+2対の3列に配置（B）．

オガサワライブシダニ （p.127, 218）
Austrocarabodes boninensis (Aoki, 1978)

体長0.64 mm．背毛はA型配置．体表は顆粒で覆われる．小笠原諸島，南西諸島．

ケマガリイブシダニ （p.127, 218）
Austrocarabodes curvisetiger Aoki, 1982

体長0.53 mm．背毛はA型配置．桁毛，桁間毛，背毛は非常に長く，半円を描くようにカーブする．和歌山県より南．

ハラダイブシダニ （p.127, 218）
Austrocarabodes haradai (Aoki, 1978)

体長0.62 mm．背毛はA型配置．背板はシワシワの網目模様．小笠原諸島，トカラ列島．

トナキイブシダニ （p.127, 218）
Austrocarabodes obscurus Aoki, 2006

体長0.76 mm．背毛はA型配置．やや赤みがかった褐色．まるまる太った体型．胴感毛はごく短い．桁間部後方に多数の明斑．背板は滑らか．沖縄島，渡名喜島，黒島．

オキナワイブシダニ （p.128, 218）
Austrocarabodes bituberculatus Aoki, 2006

体長0.56 mm．背毛はB型配置．他種に比べ桁間部は狭い．桁毛は互いに接近する．鹿児島県より南．

ウスイロイブシダニ （p.128, 218）
Austrocarabodes lepidus (Aoki, 1978)

体長0.37 mm．背毛はB型配置．薄い黄土色．胴感毛は長く，小さなケバのある細いヘラ状．桁間部後方中央に1対の不明瞭な縦畝．背板は孔の周囲が肥厚して網目模様を形成する．肛側毛は小さな針状．小笠原諸島，南西諸島．

タマワレイブシダニ （p.128, 218）
Austrocarabodes szentivanyi (Balogh & Mahunka, 1967)

体長0.39 mm．背毛はB型配置．胴感毛は長く，先は肥厚しているが潰れた感じ．桁毛は後方寄りで左右に広く離れる．与論島より南．

フタエイブシダニ属 （p.40, 128）
Diplobodes

世界的にコノハイブシダニ属との混乱が生じているが，背板後縁の背毛がその属では4対，本属では5対であることによってかろうじて区別できる．背板の畝の有無または背毛の形（針状か木の葉状か）を本質的な相違と考える研究者にとっては，本属は新参シノニムである（両属のタイプ種は共に背板に畝があり，背毛は針状）．背板後部の大きな窪みの有無（本属のタイプ種にはあり，他方にはない）を区別点と考える場合は，近似属すべての種の所属を再検討しなければならない．

カネコフタエイブシダニ （p.128, 218）
Diplobodes kanekoi Aoki, 1958

体長0.59 mm．背板後部中央に大きな窪みがあり，その底には多数の明斑．中央の背毛は顕著な縦畝（ほぼ4列に配置される）から生じる．桁間毛，背毛は短く細い針状．近畿以南．

カルベイブシダニ （p.128, 218）
Diplobodes karubei Aoki, 2002

体長0.57 mm．背板に大きな窪みはない．中央の背毛は低い縦畝（ほぼ4列に配置されるが，中央の2列は非常に見にくい）から生じる．毛丈はやや長く先方がやや太まる．背毛は中庸の長さで太い針状．小笠原諸島．

コノハイブシダニ属 （p.40, 218）
Gibbicepheus

背板を背面から観察すると，前縁はほぼ直線状，肩部が裁断され，両脇はほぼ平行で，後縁はゆるい円弧をなす．また背板は縁がヘラ状に発達．

コノハイブシダニ （p.128, 219）
Gibbicepheus frondosus Aoki, 1959

体長0.77 mm．背板に大きな窪みはない．背板に畝はなく，孔模様．背毛の最前の4本は大きさが異なり，真ん中の対の間隔が広く，外側の対はやや前に位置する．関東以南．

セイシェルイブシダニ (p.128, 219)
Gibbicepheus micheli Mahunka, 1978

体長 0.61 mm．背板に大きな窪みはない．背板に畝はなく，シワ模様．背毛は木の葉状．背毛の最前の4本は同大で，等間隔で一列に並ぶが外側の対がやや後ろに位置する．波照間島．

タイライブシダニ属 (p.40)
Bunabodes

世界に1種．桁は桁毛の位置に大きく段差があり，そのため背面からは桁毛の外側で桁が尖っているように見えるが，桁の真の先端はもう少し前方にあり角張っている．吻は台形に突出．前体部中央前方寄りに砲弾形の隆起部．桁間毛は前体部後縁に位置する．背板前縁はわずかにカーブし，肩部が突出．背毛10対．生殖毛6対．生殖門と肛門間の距離は生殖門板の長さの半分ほど．脚は1爪で，その付け根は通常形態（基部に *Adhaesozetes* のような膜状物質はない）．

タイライブシダニ (p.40)
Bunabodes truncatus Fujikawa, 2004

体長 0.94 mm．薄茶色．体表に顆粒．前体部の顆粒は小さく，吻端まで分布するが，中央隆起部の側方にはない．後体部の顆粒は大きさの揃った滑らかな半球状で，分布はやや不均一．桁に2列ほどの網目模様が透けて見える．胴感毛は膨れず，先端にケバ．桁間毛は微小．背毛は短い．秋田県．

エラバダニ属 (p.40)
Odontocepheus

桁は太く平行で，桁毛より前は遊離する．側稜は板状に発達し縁に多数の突起．吻毛は背面後方にカーブ．胴感毛の先端はにぎりこぶし状．背板前縁は直線．肩の稜線は上下からなる二重構造．背毛14対は体表に沿うようにカーブし，最前の3対は前向きに生える．

モリカワエラバダニ （学名記録変更） (p.40, 219)
Odontocepheus beijingensis Wang, 1997

体長 0.63mm．桁毛は桁背面の中央外寄りに位置する．横桁の位置から後方に3〜4本の横皺，さらに後方には1対の縦畝．第1脚庇はシワ模様．背板前縁には前体部のものと向き合う1対のこぶ（原記載の2対は誤り）．背毛は粗にざらつく柳葉状．背板に大小の歪な円形の穴．生殖毛4対．肛側毛は広葉状．*O. morikawai* Fujikawa, 2012 **syn. nov.** はシノニム．近畿，四国．

ダイコクダニ科
Nippobodidae

黒色．前体部と背板の接続部は大きくえぐれ，巨大に発達した1対の前体部後縁のコブと背板の肩コブが蝶番のように組み合わさってえぐれた部分の両端を隠す．吻毛，桁毛，桁間毛は長くほぼ同型同大．背毛10対．

ダイコクダニ属 (p.12, 219)
Nippobodes

東南アジアから日本にかけて分布する．背毛の配置は肩コブ内側に1対（c_2），中央に3対，側面に2対，後方側縁に4対．同種でも体長に2割ほど差のあることがある．

ダルマダニ (p.129, 219)
Nippobodes latus (Aoki, 1970)

体長 0.81 mm．小判型．背板肩コブは四角形（他の種は三角形）．対馬．

オオスミダイコクダニ (p.129, 219)
Nippobodes brevisetiger Aoki, 1981

体長 0.59 mm．肩の膨れた卵形．背毛 c_2 は長い鞭状．他の背毛は短く繊細．背毛のうち中央前から2番目と側面2番目は接近する．前体部後縁のコブを中央でつなぐひさし構造がある（ひさし下部は洞穴のような空洞で，背面からはその突き当たりの壁が見えない）．南西諸島北部．

ダイコクダニ (p.129, 219)
Nippobodes insolitus Aoki, 1959

体長 0.68 mm．卵形．背毛 c_2 は他の背毛よりやや細く，滑らかで先端は鞭状．他の背毛は針状で，うろこ状のケバ．前体部後縁のコブをつなぐひさし構造はオオスミダイコクダニと同じ．近畿，四国，九州．

ユワンダイコクダニ (p.129, 219)
Nippobodes yuwanensis Aoki, 1984

体長 0.59 mm．卵形．背毛はケバがあり，中央でやや太まる．前体部後縁のコブをつなぐ中央のひさし構造は出っ張りが弱いので，背面から空洞部の突き当たりの壁が見える（そのため，中央で途切れているように見えることがある）．南西諸島．

トカラダイコクダニ (p.129, 219)
Nippobodes tokaraensis Aoki, 1989

体長 0.61 mm．卵形．背毛 c_2 は他の背毛より太く，滑らかで先端は鞭状でない．他の背毛はケバがあり，柳葉状．前体部後縁のコブをつなぐひさし構造はない．

トカラ諸島.

クワガタダニ科
Tectocepheidae

桁は桁先端突起も含めて比較的太く平行なため，前体部は角張って見える．翼状突起を持つ．デバクワガタダニ属を別科に分けることもある．

クワガタダニ属 (p.39, 130)
Tectocepheus

灰褐色で，全身が大きな濃色の顆粒をまとう分泌物由来の薄膜で覆われる．左右の桁は平行．桁先端突起は斜め内側下方に向かってねじれるので見る方向によって太さ，長さ，先端の形が変わる．吻から横桁部の前まで桁のように横に張り出す1対または左右が融合した1枚の吻上板を形成する．吻上板が側方に張り出す種においては，前傾標本では吻の輪郭が三山に見え，傾きがゆるいと水平の台のように見え，後傾標本では山としては観察されなくなるので，同じ種であってもまったく別種のように見える．背板前縁は途切れ，その前の前体部桁間部は三角状に隆起する．3つの山を持つ翼状突起が下方に伸びる．背板中央に1〜4対の円形のへこみがある場合は，へこみの底部に無色小型の真皮性顆粒を密生する．肛門は長いおむすび形．なお吻から桁にかけてはゴミに覆われているので，クリーニング処理をしないと種の同定に必要な形質を確認できないことが多い．

トゲクワガタダニ (p.130, 219)
Tectocepheus minor Berlese, 1903

体長0.25 mm. 分泌性顆粒はやや小粒で比較的密．桁毛の外側と内側に刺があり，桁先端突起外縁を形成する竜骨の先端も刺のように見えることがある（他種は刺がない）．桁毛は桁先端突起の内縁寄りから生じ（他種では外縁にある竜骨上から），毛根は内縁に沿って走る（他種では先端突起を斜めに横断する）．背板にへこみ（円形のもの）がまったくない（他種ではへこみを持つことが多い）．翼状突起の中央の山は鋭角をなす（他種は鈍角）．基節板周縁線は線状の隆起で末端は涙型に終わる（他種は全体がリボン状）．肛側裂孔は肛門側縁に平行する（他種は大きな角度をなす）．また他の種との比較が少ないが，本種には第4脚転節に大きな刺がある（少なくとも*T. velatus*と*T. sarekensis*にはないとされる）．日本に記録のある*T. cuspidentatus* Knülle, 1954はシノニムとされる．また*T. kumayaensis* Y.-N. Nakamura, Fukumori & Fujikawa, 2010 **syn. nov.**, *T. acutus* K. Nakamura, Y.-N. Nakamura & Fujikawa, 2013 **Syn. nov.**はシノニム．小笠原諸島を含み北海道から南西諸島まで普通．

アラメクワガタダニ (p.130, 220)
Tectocepheus alatus Berlese, 1913

体長0.34 mm. 分泌性顆粒は滑らかな円形で，半球状かそれ以上に厚みがあるのでかなり濃く見え，大粒から小粒までいろいろで，大粒の分布は粗．桁先端突起は細く，先端では桁毛の幅しかない．背にへこみがない．後体部は翼状突起の中央の山の後で大きくくびれる．北海道・愛知県の湿地，神奈川県．

クワガタダニ（学名記録変更）(p.130, 220)
Tectocepheus sp.

体長0.3 mmほど．桁先端突起は桁毛に向かって細まる．吻上板はほぼ平板で左右に弱く張り出すが，吻端が三山に見えることはない．日本ではこれまでイギリスをタイプ産地とする*T. velatus* (Michael, 1880)の学名が与えられてきたが，その種のシンタイプに別種が混じっている可能性があって正体が曖昧なため，類似種の分類研究が滞っている．原記載図では吻部がきわめて顕著な三山に描かれている．見る方向によってこの山の大きさは変るのであるが，どの方向からも三山に見えない種は*T. velatus*でないと言える．最近の欧米の研究者の見解として，*T. velatus*は背のへこみが1対で，桁先端突起は次第に細まり，桁間部（三角隆起部の前）に縦筋がないとされる．このうち背のへこみが1対という特徴は日本の種に当てはまるものが見当たらず，日本に真の*T. velatus*が分布するかどうかは疑問である．記録としては全国．

オオクワガタダニ (p.130, 220)
Tectocepheus titanius Ohkubo, 1982

本属の最大種で体長0.38 mm. 分泌性顆粒は中粒だが厚みが少ないため目立たない．吻上板は発達が弱く，吻縁の輪郭からはみ出ることはない（見る角度によってもほとんどはみ出ない）．桁先端突起は短く，吻先端までの1/2に達する程度で．桁毛に向かって細まる．生殖毛のうち前の2対は縦に並ぶ．基節板周縁線は大きな腎臓形．あまり多くない．北海道から南西諸島．

カコイクワガタダニ (p.130, 220)
Tectocepheus elegans Ohkubo, 1981

体長0.30 mm. 分泌性顆粒はややいびつで大粒から中粒が多い．吻上板は吻端を超えて発達し，左右の側縁と前縁がカギ型につながって壁状に盛り上がりパワーショベルの形状をなす．桁間部にかなり明瞭な縦筋．背板のへこみはかなり深く，通常の4対のほか側面にも見られる．へこみの位置には分泌性顆粒がほとんど

分布しない．生殖毛のうち前の2対は縦に並ぶ．基節板周縁線は体軸側は三日月形で，外側に向かって流れるように広がる．全国に普通．

スジクワガタダニ（日本新記録・新称）（p.130, 220）
Tectocepheus sarekensis Trägårdh, 1910

体長 0.32 mm．*T. velatus* の亜種とされることもあるが，欧州における分布状況を考えると亜種の関係ではありえない．種，亜種のどちらのレベルにせよ *T. velatus* と区別する場合には最近の研究者の見解として，本種の背のへこみは4対で，桁先端突起内縁は先端近くで大きく膨らんで時として内側に傾き，桁間部に縦筋があるとされる．桁間部の縦筋は真皮性のシワであるが，分泌物由来顆粒がシワに沿って並ぶ傾向があるため，顆粒のスジのように見えることもある．分泌性顆粒は中粒．吻上板は側方斜め上に大きく張り出すので，三山や水平の台のように見え，側縁は左右平行に近いが後部はやや張り出す．桁先端突起は桁毛より前に広く丸く伸びる．翼状突起の中央の山はなだらかで丸みをおびる．基節板周縁線は太いリボン状．生殖毛のうち前の2対は斜横に並ぶ．欧州ではいくつかのシノニムがあるとされているが，亜種レベルの独立タクソンである可能性があり，シノニムではなくて種の差である可能性さえある．したがって1種と見る場合には，かなりの個体変異があるように認識され，日本の種も広義の意味でこの種としてよかろう．タイプ産地はスウェーデン．北海道．

シラカミクワガタダニ（p.130, 220）
Tectocepheus shirakamiensis Fujikawa, 2001

体長 0.3 mm ほど．分泌性顆粒はややいびつで大粒から中粒が多い．吻上板は側方に大きく張り出して吻が三山に見え，桁先端突起が桁毛より前に広く丸く伸びるところはスジクワガタダニに似るが，桁間部の縦筋がなく（ただし桁には縦筋がある），翼状突起の中央の山はやや角張り（約110°の鈍角），基節板周縁線は体軸側は細くて体縁側は流れるように広がる．パラタイプにカコイクワガタダニが混じっているので，原記載の記述は役に立たない．本州から九州に普通．

イヘヤクワガタダニ（p.130, 220）
Tectocepheus iheyaensis Y.-N. Nakamura, Fukumori & Fujikawa, 2010

体長 0.31 mm．背の凹みは，原記載では無いとされるが浅く4対みられる．シラカミクワガタダニと同じく桁間部の縦筋はないが，スジクワガタダニと同じく翼状突起の中央の山はなだらかで丸みをおび，基節板周縁線は太いリボン状．吻上板はこれら2種より発達

が弱く，吻側縁まで張り出すことはない．南西諸島．

ツバサクワガタダニ属（p.39）
Tegeozetes

前体部はクワガタダニ属に似る．後体部は翼状突起が大きく発達し，背板はスッポンダニ属のようにへこむ．背板の中央にはほとんど顆粒がなく，円形の凹孔が開いている．肛門は通常の形で，クワガタダニ属のようなおむすび形ではない．

ツバサクワガタダニ（p.39, 220）
Tegeozetes tunicatus Berlese, 1913

体長 0.26 mm．ジャワ島から記載され，日本産は亜種 *breviclava* Aoki, 1970 とされる．*T. miyajima* Fujikawa, 2006 **syn. nov.** は亜種レベルで日本産亜種のシノニム．

デバクワガタダニ属（p.39）
Nemacepheus

世界に1種．桁毛は太い．胴感毛は棒状．多くの明瞭な吻縁突起がある．背板前縁には2対の背毛がある．肩は前方に突出する．肛門はややおむすび形．

デバクワガタダニ（p.39, 220）
Nemacepheus dentatus Aoki, 1968

体長 0.33 mm．中部以北から北海道．

ヌバタマダニ科
Tegeocranellidae

1属からなり，世界中に分布する．半湿生の環境に生息する．

ヌバタマダニ属（p.16）
Tegeocranellus

桁は前体部側面に板状に発達し，先端は遊離した突起となる．背板は短楕円で，前部にレンズ状の膨らみがある．背毛は肩に1対，中央側面に5対，中央に1対または3対，後縁に3対．基節板毛式は 2-1-2-3（1a と 3a が消失）．生殖門は横長の四角形．生殖門と肛門は接近する．1爪．

ヌバタマササラダニ（p.16, 221）
Tegeocranellus nubatamae Fujikawa, 2004

体長 0.35 mm．褐色．体表は滑らかだが，ゴミで汚れていることが多い．胴感毛は棍棒状で，片面にケバを密生．背板のレンズは上辺と下辺が膨らんだ台形で，レンズの左右にも膨らみがある．背毛は太く，肩部の1対はごく短く，中央の7対は中庸の長さ，中央後端

の1対と後縁の3対は短い．基節板毛 2a は痕跡的な毛穴だけ．近畿，四国．

スッポンダニ科
Cymbaeremaeidae

以下の二つの属はかなり異質だが，背板が上面と下面に分かれ，生殖毛が6対という特徴で本科に結びつけられている．

コブネダニ属（p.10, 39）
Cymbaeremaeus

世界に3種だけ．背板上面は縁と中央部の境界がなく，下面はV字形に腹面に回り込む．生殖門と肛門は近接する．表面は分泌物由来の模様がある．

ミヤマコブネダニ（p.10, 39, 221）
Cymbaeremaeus silva Fujikawa, 2002

体長 0.6 mm ほど．中央3対の背毛は左右かなり接近する．分泌物による模様は，背板上面中央部と下面，肛門周辺の腹板は網目，背板上面周辺部と基節板はシワ．本州．

スッポンダニ属（p.39, 131）
Scapheremaeus

背板上面は平坦な縁とやや盛り上がった中央部が明瞭に分かれる．背板下面はU字形．生殖門と肛門は十分離れる．胴感毛は棍棒状に膨れ，黒い色素を含むことが多いが，同じ種でも個体によって黒くないことがある．桁の有無で大きく二つのグループに分かれる．体表は普通，穴模様かシワ模様を呈し，どの部分がどのような模様かで種の区分に役立つ．背毛も分泌性皮膜を被っているため，その形と色が別種であるかのように変化するので注意すること．世界に100種以上を産し，日本にも下記の他に数種が未記録のままである．樹上性と思われる．

ヤマシタスッポンダニ（p.131, 221）
Scapheremaeus yamashitai Aoki, 1970

体長 0.41 mm．本種は桁があるグループ．桁先端突起は毛台程度．桁，横桁は細く，方形．肩突起はやや鋭く真横に突出する．背板上面の中央部は穴模様，周縁部はシワ模様で後半は放射状に並ぶ．前体部は網模様．腹面は口下板，生殖板，肛門板を含めてシワ模様．北海道から九州．

ミスジスッポンダニ（p.131, 221）
Scapheremaeus trirugis Hammer, 1958

体長 0.38 mm ほど．桁があるグループ．桁先端突起は毛台程度．桁，横桁は細く，アーチ形．肩はやや角張るだけで，突起にならない．背板中央部に3本の縦稜．背面はすべてシワ模様．南西諸島．

ナシロスッポンダニ（p.131, 221）
Scapheremaeus nashiroi Nakatamari, 1989

体長 0.35 mm．桁がないグループ．肩は丸い角（かど）をなし，突起にならない．背板中央部に3本の縦稜．前体部は桁間部が穴模様で側面は顆粒構造．背板上面は穴模様．口下板，基節板はシワ模様．生殖板は時に中点を持つ穴模様．第3, 4脚の周囲は顆粒構造．肛門板と肛門板の周囲は中点を持つ穴模様．*S. tosaensis* Fujikawa, 2005 **syn. nov.** はシノニム．四国，南西諸島．

ケタヨセダニ科
Ametroproctidae

体はやや扁平．桁と先端突起は太く，左右を合わせた外縁はほぼ三角形をなし，先端突起は互いに内縁で接する．生殖門と肛門は接近する．

コロポックルダニ属（p.10）
Ametroproctus

背板上面は扁平で，側面（下面に回り込んでいる）との境界は明瞭．肩突起がなく生殖毛が4対なら基亜属，肩が突き出て生殖毛が6対なら *Coropoculia* 亜属で，日本の種は後者．

コロポックルダニ（p.10, 221）
Ametroproctus reticulatus (Aoki & Fujikawa, 1972)

体長 0.61 mm．側面から見た第1脚庇の上方に切れ込みがある．背板上面はむしろへこみ，中央に王の字形のごく弱い隆起．前体部，背板上面の周辺部，背板側面，腹面は網目模様．背板中央部は概して縞模様であるが，タイプ産地である北海道産は前1/3は不規則な縞模様で後 2/3 は横縞模様，中部産はそれらの縞の大部分がブツ切れになって穴模様になった感じ．高山性．北海道，関東，中部．

BRACHYPYLINA 上団
(PORONOTICAE 団)

Poronoticae 団は背板に背孔か背嚢を持つグループ．背板と腹板の間の膜質部はよく発達し，両者は上下に可動（乾燥環境では背高が縮まり，体がつぶれるのを防ぐ機構になっている）．

コズエダニ科
Micreremidae

背板が腹板の輪郭よりはるかに大きく，腹面に回り

込む点がスッポンダニ科に似るが，背板の上面と下面（側面）を分ける境界が不明瞭．生殖門と肛門は大きく離れる．生殖毛4対．

コズエダニ属（p.10）
Micreremus
　腹面に回り込んだ背板はV字形．樹上性と思われる．

チビコズエダニ（p.10, 221）
Micreremus subglaber Ito, 1982
　体長0.28 mm．背板は非常に浅いへこみで粗く覆われる．基節板と腹板は背板より小さな浅いへこみで密に覆われる．生殖板，肛門板は縦シワ．関東，中部．

モンガラダニ科
Licneremaeidae
　背板の前縁は途切れる．背板に紋がある．生殖毛5対．

モンガラダニ属（p.13, 131）
Licneremaeus
　小型．背毛13対の位置に種差はほとんど見られない．背板の紋の数や形が種の特徴を示す（紋の基本的な配置は一定）．腹板は網目模様を持つことが多い．前体部の毛と背毛は繊細だが分泌物で覆われる．胴感毛は厚めの団扇状．

モンガラダニ（p.131, 221）
Licneremaeus novaeguineae Balogh, 1968
　体長0.19 mm．背板の基本的な紋配置は前端に1個，中央1個（または左右連結2個）+縦連結3対，中央1個+横連結3対，中央1個+1対だが，不明瞭な紋が追加されることもある．腹板の網目は側方だけ．前体部の毛の分泌物は房状．背毛の分泌物は広葉状．タイプ産地はニューギニアであるが，日本産は背板に稜がないなど，少なくとも亜種にはすべき形態差がある．関東以南から南西諸島．

ウスモンモンガラダニ（p.131, 221）
Licneremaeus licnophorus (Michael, 1882)
　体長0.49 mm．背板の紋は少なく，輪郭も不完全．長野県．

シワイボダニ科
Scutoverticidae
　普通は背板の前縁は途切れる．桁畝がある．生殖毛6対．

シワイボダニ属
Scutovertex
　左右の桁畝と先端突起は平行で，横桁とH字形につながる．3爪．

シワイボダニ
Scutovertex japonicus Aoki, 2000
　体長0.50 mm．顆粒状の短いシワと顆粒に覆われる．コンクリート建造物のコケからよく見つかる．本州，四国，九州．

レンズダニ科
Passalozetidae
　背板の前縁は途切れる．背板前部に明瞭なレンズ斑がある．生殖毛4対．

レンズダニ属（p.13）
Bipassalozetes
　近似の属とは脚の爪数で区別される．本属は2爪であり，他に1爪と3爪の属がある．

レンズダニ（p.13, 222）
Bipassalozetes perforatus (Berlese, 1910)
　体長0.36 mm．表面は短い枝分かれ状の隆起で密に覆われる．近似種が多く，種同定の妥当性は検討を要する．北海道．

エンマダニ科
Phenopelopidae
　背板前縁は突出し，桁間毛の付け根と胴感杯を覆う．背孔は小さくせいぜい毛穴の大きさまで．背孔は背毛の側近に位置する（A_1は離れることがある）．日本に産する属では，体表に分泌物をまとい，第4脚脛節にソレニジオンϕがなくて代わりに毛dがある．背毛の記号はエゾエンマダニの全形図を参照．

エンマダニ属（p.18, 132）
Eupelops
　硬く，濃赤褐色．桁間毛が巨大なヘラ状に肥大．背板はほぼ円形で，前縁は台形に突出する．背毛10対．背孔はおのおのの背毛の直近に位置し，毛根の大きさ以下である．背板と腹板の表皮は顆粒や結晶性の分泌物によるぶ厚い太線模様（顕微鏡で明るく見える部分）が不規則に形成される．背板前方中央のレンズ状明斑はツヤのある長円形．生殖毛6対のうち，前の1〜2対と後の1対はおのおの生殖門板の前縁，後縁の内壁から生じる．

エンマダニ (p.132, 222)
Eupelops acromios (J. F. Hermann, 1804)

体長 0.7 mm ほど．胴感毛は短く，先端があまり丸まらない棍棒状．左右の桁間は深いU字を形成する．背板台状部分の前縁はゆるやかにへこむが，中央に山ができることもある．背毛は中庸の長さで，先端に向かって広がる．タイプ産地ヨーロッパのものに比べて日本産は背毛の長さが2/3ほどしかなく，背毛の末端の広がりも弱い．背毛 h_3 と lp は大きく離れる．背毛 c の長さは te までの距離の1/2弱．

エゾエンマダニ（学名記録変更）(p.132, 222)
Eupelops sp.

体長 0.60 mm．Fujikawa (1972) により *E. claviger* (Berlese, 1916) として図示された種．胴感毛は長い棍棒状．左右の桁間はV字に近いU字．背板台状部分の前縁は直線的．背毛 h_3 と lp は大きく離れる．背毛 c の長さは te までの距離の1/3ほど．背毛は短い棒状で先端は鈍く尖る．北海道．

クマヤエンマダニ (p.132)
Eupelops kumayaensis Y.-N. Nakamura, Fukumori & Fujikawa, 2010

体長 0.61 mm．エゾエンマダニに酷似するが背板台状部分の前縁は中央が明瞭にへこみ，後方の背毛は先端が膨らむ．沖縄県．

ヤマトエンマダニ (p.132, 222)
Eupelops japonensis Fujikawa, 1990

体長 0.53 mm．胴感毛は長い紡錘形で先が弱く尖り，ケバはごく微細で粗．左右の桁間は深いU字を形成する．背板台状部分の前縁は直線に近いゆるやかな三山．背板の表皮（分泌性被膜下）は顆粒状．背孔 Aa はない．背孔 A_1 は毛孔ほどの大きさ，A_2，A_3 は微小．背毛は比較的短く棍棒状で，p_2，p_3 は特に短く細い．背毛 h_3 は背孔 A_1 を挟んで背毛 lp に非常に接近する．生殖側毛，最前の肛側毛はおのおの生殖門，肛門の直近に位置する．Aoki, & Shimano (2011) により北海道大黒島から記録された *E. curtipilus* (Berlese, 1916) は本種と思われる．北海道．

ミヤマエンマダニ (p.132, 222)
Eupelops miyamaensis Fujikawa, 2004

体長 0.54 mm．ヤマトエンマダニに酷似するが，背毛が少し長く背孔 Aa もない（中央の背毛は，本種 20〜25 μm，ヤマトエンマダニ 15〜20 μm）．東北．

クマエンマダニ (p.132, 222)
Eupelops kumaensis Fujikawa, 2009

体長 0.50 mm．胴感毛は長く棍棒状で先は丸く，ケバはごく短いが明瞭で密．背板台状部分の前縁は明瞭な三山．背板の表皮（分泌性被膜の下）はほぼ平滑．背毛は比較的短く棍棒状で，p_2，p_3 は特に短く細い．背毛 h_3 は背孔 A_1 を挟んで背毛 lp に非常に接近，横に並ぶ．肛側毛2対のみ（他の種は3対）．第4脛節には通常毛4本（他の種の多くは通常毛3本とソレニジオン1本）．北海道から南西諸島．

ネンネコダニ属 (p.18)
Peloptulus

エンマダニ属に似るが，翼状突起の形状が異なる．翼状突起の前端は背板前縁より前に突出し，後端はフリソデダニ科のようにたれる．

ワダツミネンネコダニ (p.18, 222)
Peloptulus wadatsumi Fujikawa, 2006

体長 0.45 mm．従来日本でネンネコダニ *P. americanus* (Ewing, 1907) と同定されていた種と思われる．吻は裁断形．桁先端突起は広く離れ，U字をなす．桁間毛は短い．背毛は棒状．

ドテラダニ科
Eremaeozetidae

熱帯系のダニで，太平洋の島々には多くの種が分化している．

ドテラダニ属 (p.13, 133)
Eremaeozetes

桁本体よりも先端突起の方が長く，突起は平行に寄り合い吻を完全に隠す．背板前方に明斑がある．翼状突起は鋭い三角形で，腹側に巻き込む．

ドテラダニ (p.133, 222)
Eremaeozetes octomaculatus Hammer, 1973

体長 0.43 mm．桁と先端突起の輪郭は凸凹．背毛は小さく丸い．背板を覆う分泌性膜は特徴的な破れかたをしている．南硫黄島，南大東島，沖縄島．

コブドテラダニ (p.132, 223)
Eremaeozetes aokii Collof, 2012

体長 0.36 mm．桁と先端突起の輪郭は滑らか．背毛は繊細．背板に中央を囲む畝（稜）はない．日本でははじめ *E. undulatus* Mahunka, 1985 の学名で記録された．渡名喜島．

エボシダニ科
Idiozetidae

1属からなる．桁は縁が広く膜状で，前体部から大きく離れて第1，2脚を格納し，吻を超えて前体部を覆う．桁の下に側稜が広く膜状に発達して左右の先端はヤハズ形に融合し，前縁は針状にキチン化しているので実体顕微鏡による側面観察では剛毛のように見える．吻毛は短く，吻先の毛台から生じる．胴感毛は長く，先端は黒く，団扇状に膨らむ．第1，2脚庇は大きく発達．背板はフタコブラクダの瘤間を板壁でつないだような形状で，その板の上縁はやや太い稜を形成し，壁部分は膜状．前の瘤は円筒状で，その下部から薄膜状の突起と細長い翼状突起を生じる．背嚢がある．肛毛は1対．

エボシダニ属 (p.5)
Idiozetes

東南アジアとマダガスカルから4種が発見された．

エボシダニ (p.5, 223)
Idiozetes erectus Aoki, 1976

体長 0.29 mm．暗褐色．体表は発泡スチロール状の分泌物で覆われる．背板の薄膜状突起は団扇型．背毛の生え際は平で膨らむことはない．生殖毛は6対（タイプ産地のマレーシア産では8対）．付節の先の毛は耳かき状．和歌山県，対馬，福岡県（姫島），南西諸島．

ミズコソデダニ科
Limnozetidae

異質な属で構成されるが，日本にはタイプ属にあたる1属だけ．

ミズコソデダニ属 (p.18, 133)
Limnozetes

多く湿性環境で見られる．褐色．側面から見ると長く垂れ下がった翼状突起が目立つ．桁はよく発達し，先端突起は桁毛の幅で終わる．桁毛は太く短い．側稜が発達し，その前端の延長上の敵に吻毛を生じる．胴感胚は大きい．胴感毛の形状は種特異的であるが欠損しやすい．背毛10対．背孔や背嚢はない．生殖毛は原則として6対で，ほぼ縦1列に並ぶ．基節板毛3a，4aの4本は横1列に並ぶ．生殖門の直前にある内敵は側方で2分する．日本では欧州や南米で古くに記載された3種が記録されているが，その後北米や東アジアから近似する種が次々と記載されているので，これまでの同定は見直す必要がある．

ミズコソデダニ（学名記録変更）(p.133, 223)
Limnozetes amnicus Behan-Pelletier, 1989

体長 0.29 mm．はじめ鈴岡（1982）により形態記述と写真をつけて *L. silvicola* Hammer, 1961 の学名で記録された種．脚先端の毛は普通に細長い（*L. silvicola* には太くて短い毛が2本ある）．側稜は遊離刺を持たない．胴感毛は厚みのあるシャモジ形で斜め上に反り返っているため，背面からは円形，側面からは棍棒状に見える．胴感毛の頭部は大きく，胴感胚の幅の1/2ほど．背毛は繊細で0.25 mmほど．翼状突起から肩にかけてにシワとコブの隆起がみられ，背板中央は平滑．生殖毛6対．本州，四国，九州．

ホソミズコソデダニ (p.133, 223)
Limnozetes ciliatus (Schrank, 1803)

体長 0.32 mm．脚先端の4本の毛は太くて短い．側稜は遊離刺を持つ．胴感毛は少し尖る紡錘形で，頭部の幅は胴感胚の幅の1/2よりはるかに小さい．翼状突起にシワとコブの隆起がみられ，背板中央は平滑．生殖毛は6〜7対．背毛の長さは中庸．北海道，本州．

フトミズコソデダニ (p.133, 223)
Limnozetes rugosus (Sellnick, 1923)

体長 0.35 mm．体は太め．側稜は遊離刺を持つ．胴感毛は微小な針状．背板は全面にシワ模様．北海道，東北．

カッチュウダニ科
Austrachipteriidae

カブトダニ科に似るが，背孔の代わりに背嚢となり，背毛が背板の周辺に偏ることはなく，桁外縁は鋸歯がない．またツノバネダニ科に似るが，背孔の代わりに背嚢となり，桁毛が桁の内角から生じることはない．日本産の3属は肛側毛の数によって区別できる．

ニセカブトダニ属 (p.59)
Paralamellobates

桁はカブトダニ属のものにそっくりで，前縁が深く湾入するヤハズ形．しかしカブトダニ属より後体部は細長く，背孔はない．小さくて見にくい背嚢．吻に1対の切れ込み．肛側毛は1対（ただしタイプ種は2対）．脚は1爪．ヤマザトカブトダニ属の亜属とされることがある．世界に3種．

ニセカブトダニ (p.59, 223)
Paralamellobates misella (Berlese, 1910)

体長 0.26 mm．日本では *P. schoutedeni* (Balogh, 1959) として記録され，一時 *P. ceylanica* (Oudemans, 1915) と

されたが，これらは表記の学名のシノニムとされる．記録が図示を伴っていなかったので種同定は再検討を要する．本種であれば少なくとも肛毛1対で，第1基節板側方に線模様はない．本州，隠岐，南西諸島．

ヤマザトカブトダニ属 (p.59, 133)
Lamellobates

桁前縁の湾入は浅い．吻に1対の切れ込み．胴感毛は棍棒状．背毛9対（p_3がない）．肛側毛は2対．脚は1爪．

ヤマザトカブトダニ (p.133, 223)
Lamellobates molecula Berlese, 1916

体長 0.28 mm．桁は前縁が内側に浅くえぐれ，左右の先端突起は基部と先端で接する．桁毛は桁前縁の中央から生じる．背毛は次種より長い．*L. palustris* Hammer, 1958 はシノニムとされる．南西諸島．

トウヨウカッチュウダニ (p.133, 223)
Lamellobates orientalis Csiszar, 1961

体長 0.28 mm．桁は前縁が外側にえぐれ，左右の先端突起は基部と中央で接する．桁毛は桁前縁の外角近くから生じる．背毛は短い．南西諸島．

カッチュウダニ属 (p.59)
Austrachipteria

大型種．桁は幅広く，横に張り出して前体部背面の大部分を覆う．翼状突起の前縁外方は背面から見てやや前方に突出する．肛側毛は3対．脚は3爪．

クロカッチュウダニ (p.59, 223)
Austrachipteria pulla Aoki & Honda, 1985

体長 0.79 mm．桁前縁はS字にカーブし，桁毛は内角の近くに位置する．後体部は丸っこい．背板には不定形の刻印，腹板には網目の刻印がある．関東，四国．

ツノバネダニ科
Achipteriidae

桁は広く基部は融合する．桁の先端外角は角張り，内角の裏側に桁毛を持つ（桁毛の位置でカブトダニ科と区別できる）．翼状突起前縁から鋭い角（つの）が前方に突出する（例外としてカブトダニモドキ属は突出しない）．背毛10対．4対の背孔か背嚢．

カブトダニモドキ属 (p.63, 134)
Anachipteria

桁間毛は長い．背毛または毛孔10対．背孔4対．本科の中では例外的に，丸い翼状突起を持つ．

カブトダニモドキ (p.134, 224)
Anachipteria grandis Aoki, 1961

体長 0.32 mm．胴感毛は太い棍棒状で微細なケバがある．体表は微細な点刻で覆われる．本種の属の所属には問題がありカブトダニ科かもしれないが，適当な属がないのでそのままにしておく．本州，九州．

オオカブトダニモドキ (p.134, 224)
Anachipteria achipteroides (Ewing, 1913)

体長 0.57 mm（北米の記録による）．胴感毛は紡錘形．北米で記載され，北海道でも発見された．

モンツノバネダニ属 (p.63, 134)
Parachipteria

背孔4対．左右の桁先端突起が基部で長く融合することはない．桁間毛は長い．背毛 ti は背孔 Aa の斜め後ろに位置する．脚は1爪．

ヤハズツノバネダニ (p.134, 224)
Parachipteria distincta (Aoki, 1959)

体長 0.41 mm．桁の前縁はえぐれる．背孔の表面に網目の刻印．全国．

ヤクシマツノバネダニ (p.134, 224)
Parachipteria truncata Aoki, 1976

体長 0.40 mm．桁の前縁は裁断状．桁毛は短い．屋久島．

キタツノバネダニ (p.134, 224)
Parachipteria punctata (Nicolet, 1855)

体長 0.60 mm．桁の前縁はむしろ膨らむ．桁毛はやや太い．胴感毛の先は尖らない．背孔は小さい．北海道．

ツノバネダニ属 (p.63, 134)
Achipteria

背囊4対．桁間毛は長い．

キノボリツノバネダニ (p.134, 224)
Achipteria curta Aoki, 1970

体長 0.58 mm．桁の前縁は内側が膨らんで外側は鋸歯状にえぐれ，外縁は丸みを帯びる．胴感毛は棍棒状で，柄は短い．背毛は長い．樹上性．北海道，四国．

タテヤマツノバネダニ (p.134, 224)
Achipteria serrata Hirauchi & Aoki, 1997

体長 0.82 mm．桁毛は桁の下に隠れる．桁の前縁はえぐれて鋸歯状，外角は尖る．胴感毛は棍棒状で，柄は比較的短い．背毛は短い．富山県．

ナエバツノバネダニ（p.134, 224）
Achipteria coleoptrata (Linnaeus, 1758)
　体長 0.68 mm．桁の内縁から前縁にかけて滑らかなカーブで膨らむ．胴感毛は棍棒状で，柄は長い．背毛は短い．長野県．

ミヤマツノバネダニ属（p.63）
Hokkachipteria
　世界に1種だけ．桁間毛が短いことが属の特徴．桁間毛の消失したアマギツノバネダニ属のシノニムとされることがある．

ミヤマツノバネダニ（p.63, 224）
Hokkachipteria alpestris (Aoki, 1973)
　体長 0.57 mm．北海道，中部山岳地帯．

アマギツノバネダニ属（p.63）
Izuachipteria
　世界に1種だけ．桁間毛がないことが属の特徴．

アマギツノバネダニ（p.63, 225）
Izuachipteria imperfecta (Suzuki, 1972)
　体長 0.52 mm．静岡県，山口県．

ケタカムリダニ科
Tegoribatidae
　左右の桁が完全に融合し，一枚の薄い板となって前体部を多い隠していることが科の大きな特徴．胴感毛は先の太い棍棒状．背穴または背嚢，脚は1爪または3爪，生殖毛は5対または6対といったかなり大きな区分の特徴で属が分けられるので，一つの科とするには問題があるように思われる．

カメンダニ属（p.59, 135）
Lepidozetes
　翼状突起は前方に少し突出する．胴感杯は前方を向く．背毛は10対で，中庸の長さ．背孔4対．日本産の種では生殖毛6対．脚は3爪．

カメンダニ（p.135, 225）
Lepidozetes dashidorzsi Balogh & Mahunka, 1965
　体長 0.5 mm 程．タイプ産地はモンゴルで，日本の個体は胴感毛が棍棒状（モンゴルのは紡錘形）．北海道．

ヒメカメンダニ（p.135, 225）
Lepidozetes singularis Berlese, 1910
　体長 0.35 mm 程．タイプ産地は欧州で，日本の個体は桁間毛が長い．胴感毛は棍棒状．近畿以北の本州．

メンカクシダニ属（p.59）
Scutozetes
　背嚢4対．背毛10対．脚は3爪．

メンカクシダニ（p.59, 225）
Scutozetes lanceolatus Hammer, 1952
　体長 0.48 mm．カナダから記載された．北海道．

ケタカムリダニ属（p.59）
Umbellozetes
　下記の日本産の種のこの属名は仮置である．本来なら *Umbellozetes* は背孔があり，脚は3爪である．日本種のように背孔があって脚は1爪という特徴を持つ属は *Neophysobates* しかないが，そのタイプ種は生殖毛が5対，肛側毛が2対，背毛がなく桁間毛が前方に位置するという独特の特徴を持つので，所属させがたい．

コキレコミケタカムリダニ（p.59, 225）
Umbellozetes parvus Fujikawa, 2004
　体長 0.30 mm．背孔4対．脚は1爪．生殖毛6対．左右融合した桁の板は先端でU字形にへこみ，さらに桁毛の位置でも小さくU字形にへこむ．桁間毛は後方にある．胴感毛の先は鈍く尖る．背毛は繊細．背板を横断する広い暗帯がある．ケタカムリダニと呼ばれる *Tegoribates trifolius* Fujikawa, 1972 の正体がよくわからないが本種のシノニムであれば種小名は *trifolius* を使わなければならない．北海道，中部以北の本州．

カブトダニ科
Oribatellidae
　左右の桁は広く発達する．桁毛は桁の前縁から生じ，ツノバネダニ科のような内角には位置しない．背毛は10対で，むしろ環状に配列される．背孔4対．脚の爪は1〜3本．

ノコギリダニ属（p.60, 135）
Prionoribatella
　世界に日本産の2種のみ．桁前縁は斜めに裁断され，外角は三角形に尖り，内角は小さい刺．桁桁外縁前方は鋸歯状．桁毛は太く，桁内角の小さな刺からやや内側に離れて位置する．胴感毛は棍棒状．背孔があるとされるが，背嚢である可能性がある．肛側毛は3対．

ノコギリダニ（p.135, 225）
Prionoribatella dentilamellata (Aoki, 1965)
　体長 0.35 mm．脚は1爪．左右の桁の間は狭い．桁外縁の鋸歯は4〜7個ほどで変異が大きく，左右でも異なる．胴感毛はやや扁平な棍棒状．桁，背板に点刻

背孔のように見える構造は，内部が多孔性の背嚢かもしれない．背毛は細く，カーブする．近畿以北の本州，屋久島．

フタツメノコギリダニ（p.135, 225）
Prionoribatella impar Aoki, 1976

体長 0.35 mm．脚は 2 爪（片方は細い）．左右の桁は広く離れ，内縁の基部に複雑な構造物がある．背孔があるとされる．近畿，屋久島．

キレコミダニ属（p.60）
Ophidiotrichus

桁の左右の先端突起の基部半分が融合する．桁毛は太く短い．脚は 1 爪．

キレコミダニ（p.60, 225）
Ophidiotrichus ussuricus Krivoluckij, 1971

体長 0.31 mm．シベリアから記載され，日本からも記録された．本州，九州．

カブトダニ属（p.60, 135）
Oribatella

本科で最も古い属であるため所属不明種の寄せ集めになりがちで，これといった共通の特徴がない．日本の種に共通な特徴は次のとおり．桁先端突起は前縁が大きくえぐれ，外角と内角がほぼ同長の突起となり，外縁先端近くに鋸歯がある．桁毛は太く，桁先端突起前縁の中央に生じる．翼状突起は先の丸い三角形．

ナミカブトダニ（p.60, 225）
Oribatella similis Fujikawa, 1990

体長 0.58 mm．左右の桁の隙間は狭く，外縁の鋸歯は小さい．桁間の突起はない．脚は 3 爪．1990 年に北海道から記載されたが，それまで *O. arctica litoralis* Strenzke, 1950（タイプ産地ドイツ）の学名で同じく北海道から記録されていたキタカブトダニかもしれない．ドイツのものと同じ種類かどうかは不明である．北海道．

クロカブトダニ（p.135, 226）
Oribatella calcarata C. L. Koch, 1836

大型種（ドイツでは体長 0.57〜0.67 mm）．胴感毛はほとんど膨らまない槍状．桁の内角突起はしばしば外角突起より長い．桁間の突起は芽状．北海道，中部以北の本州に記録があるが，種の同定は検討を要する．

ナスカブトダニ（p.135, 226）
Oribatella nasuorum Fujikawa, 2012

体長 0.36 mm．桁間の突起は芽状．桁毛に粗にやや強いケバ．桁間毛に微細なケバ．胴感毛はやや膨らむ紡錘形で桁間毛と同じくらいの微細なケバ．吻は下方に向き，先端はへこんで 1 対の鋭い突起に挟まれる．側稜の先端は裁断状で 5 個ほどの明瞭な鋸歯．背孔の体表直径は体内直径よりはるかに大きいため目玉のように見えることがある．翼状突起の前縁から先端にかけて弱い鋸歯．第 4 基節板毛の最外の 1 対（4c）は強大で，ケバを持つ．第 3 基節板毛の最外の 1 対（3c）は普通に細い．脚は 3 爪．対馬からカブトダニ *O. meridionalis* Berlese, 1908 として記録された種と思われる（その学名の種は欧州原産で，2 爪）．本州，九州，南西諸島．

アメリカカブトダニ（p.60, 226）
Oribatella brevicornuta Jacot, 1934

体長 0.33 mm．前種より小さく色が薄い．桁間の突起は盾状．胴感毛は先のやや尖った棍棒状．北米から記載された．本州，南西諸島．

ツノフリソデダニ科
Ceratokalummidae

日本産は 1 属 1 種．

ケタバネダニ属（p.18）
Cultrobates

体は長卵形で，翼状突起がよく発達し，胴体から溝によってはっきりと分離しているが，背板前縁より前には出ない．桁は太く長くまっすぐで左右に分離し，先端の湾入部から桁毛が生える．背孔 4 対．背毛 10 対．

ケタバネダニ（p.18, 226）
Cultrobates nipponicus Aoki, 1982

体長 0.26 mm．生殖毛 5 対．脚は 2 爪．

コバネダニ科
Ceratozetidae

桁は板状に発達し，先端突起を持つ．桁の下方に側稜が発達し，背面の鋸歯の数や先端突起の長さが種の区分に役立つ．胴感毛にはケバがある．

トギレコバネダニ属（p.61）
Allozetes

桁先端突起は発達が悪い．桁間毛はないか微小．背毛 10 対．背孔はない．

トギレコバネダニ (p.61, 226)
Allozetes levis Ohkubo, 1981

体長 0.29 mm. 桁毛にはほとんどケバがない. 胴感毛はシワがあるがケバはない. 桁は滑らか. 背板, 腹板の表面は滑らか. 三重県.

ハゲコバネダニ属 (p.62, 136)
Ceratozetella

桁先端突起の桁毛の外側に小さな刺があることによりコバネダニ属から区別される. 背板に毛孔 10 対.

キュウジョウコバネダニ (p.136, 226)
Ceratozetella imperatoria (Aoki, 1963)

大型種 (体長 0.73 mm). 艶のある濃褐色. 側稜には数個の鋸歯があり, その先端突起は吻毛の生え際を超える. 胴感毛は尖った槍状. 背孔 Aa は長細い. 脚は 3 爪. 全国.

ホッカイコバネダニ (p.136, 226)
Ceratozetella yezoensis (Fujita & Fujikawa, 1987)

体長 0.40 mm. 薄い赤褐色. コバネダニ属と色, 大きさ, 概形が非常に似ている. 側稜には 2～3 の鋸歯があり, その先端突起は吻毛の生え際を超える. 胴感毛は扁平な棍棒状 (したがって, 方向によっては単に棒状に見える). 背孔 Aa は円形. 脚は 3 爪. 北海道.

コバネダニ属 (p.62, 136)
Ceratozetes

左右の桁は中央に向かって寄るが, 接触したり横桁で結ばれることはない. 桁先端突起は前体部表面から明瞭に遊離し, その先端は桁毛の幅しかなく, 刺は持たない. 背毛は 10 対 (毛穴だけのこともある). 薄い赤褐色. 日本で図を伴って記録されたのは 3 種であるが, これまでの *C. mediocris* の取り扱いには問題があった. この種は欧米に分布することが知られているが, 日本での最初の記録である Aoki (1970) の対馬産の図は *C. mediocris* ではない. 一方, 本州各地にはナミコバネダニと呼ばれる種が広く分布しており, 日本ではこの種を *C. mediocris* と同定 (誤同定) していたように思われる. また, ヤマトコバネダニは *C. mediocris* のシノニムとされることがあるが, ナミコバネダニとあわせて, これら 3 種は互いに独立した種である. Fujikawa (1996) は北海道から *C. mediocris* に近似する新種としてニセナミコバネダニ *C. similis* (この学名そのものは *C. similis* Schweizer, 1956 の一次ホモニムなので *C. neonominata* Subías, 2004 に変更された) を記載したが, この種が真の *C. mediocris* の可能性がある.

ヤマトコバネダニ (p.136, 226)
Ceratozetes japonicus Aoki, 1961

体長 0.34 mm. 桁先端突起は比較的短く, 内縁は膨らむ. 桁先端突起の左右付け根間の距離は先端突起より短い. 桁間毛は桁先端突起の先端に達しない. 側稜には 2～3 の弱い鋸歯があり, その先端突起は吻毛の生え際までの 1/3 の長さ. 吻の側突起は丸く, その間は狭い切れ込み. 第 1, 2 脚膝節の腹面末端に刺がある. 第 2 脚腿節の腹面末端には三角状のヒレがある. 背毛は毛穴だけ (毛根を背毛のように見間違えやすいので注意). 脚は 3 爪. 東京都.

ナミコバネダニ (学名記録変更) (p.136, 226)
Ceratozetes sp.

体長 0.34 mm 程. 日本でこれまで *C. mediocris* と同定されていた種 (この種は日本でニセナミコバネダニとして分布する). ニセナミコバネダニに似るが, より小型で, 桁間毛は桁先端突起の先端に達しない (標本が前傾していると達しているように見えるので注意). これ以外の形質で差がある場合はまた別の種なので注意すること. *C. mediocris* とは明らかに異なる未同定種の数種が混同されているおそれがある. 本州以南.

ニセナミコバネダニ (p.136, 227)
Ceratozetes mediocris Berlese, 1908

体長 0.45 mm. 桁先端突起は桁毛の太さの約 3 倍の長さで, 内縁はへこむ. 桁先端突起の左右付け根間の距離は先端突起よりやや長い. 桁間毛は桁先端突起の先端を少し超える. 側稜には 2～3 の鋸歯があり, その先端突起は吻毛の生え際までの 1/2 の長さ. 吻の側突起は尖り, その間は W 状に切れ込むが, 中央の突起は小さい. 第 1, 2 脚膝節の腹面末端に刺がある. 第 2 脚腿節の腹面末端には三角状のヒレがある. 背毛は約 10 μm (c_2 は 20 μm). 脚は 3 爪. 北海道.

シラネコバネダニ属 (p.62, 137)
Cyrtozetes

桁は太く, 先端突起も太く長い. 側稜は末広がりで, 前縁には数個の鋸歯がある. 胴感毛は棍棒状. 背板前縁は強くカーブする. 翼状突起は釣鐘型に尖り, 周縁部には, 外周に平行する背側表面の線とそれにクロスする腹側表面の線によって格子模様ができている. 背毛 10 対は太い.

タテヤマコバネダニ (p.137, 227)
Cyrtozetes minor Hirauchi, 1999 **stat. nov.**

体長 0.42 mm. はじめカナダの *C. denaliensis* Behan-

Pelletier, 1985 の日本産亜種として記載されたが，顕著な差異があるので独立種とする．桁先端突起には桁毛の外側に刺がある．桁毛は5本ほどの明瞭な枝毛を持つ．胴感毛は桁先端突起の付け根に達するが超えない長さ（側面観察による）．中央の基節板毛は普通の細さで滑らか．腹稜の先端突起は第2脚腔の前に達する．富山県．

シラネコバネダニ （p.137, 227）
Cyrtozetes shiranensis (Aoki, 1976)

体長 0.51 mm．桁先端突起には桁毛の外側の刺がないか，あっても小さい．桁毛は10本を超える小さなケバを持つ．胴感毛は桁先端突起の付け根までの半分の長さ．基節板毛は太く，ケバがあり，特に 1a, 2a, 3a は先が尖らない．腹稜の先端突起は第2脚腔の前に達する．基節板には縦シワがない．東北から中部．

ハシゴコバネダニ属 （p.61, 138）
Diapterobates

胴感杯はほとんど背板の下に隠れ，背板前縁は胴感毛の現れる場所で強く湾入する（イズコバネダニを除く）．普通は横桁が発達し，ほぼ平行な左右の桁と合わせてハシゴのように見える（和名の由来）．背毛 13 対（イズコバネダニを除く）．

イズコバネダニ （p.138, 227）
Diapterobates izuensis Suzuki, 1971

体長 0.56 mm．本属への所属は不適切だが，既存の属がないのでそのままにしておく（むしろチョウセンコバネダニ属に似る）．吻端が湾入し，背面から観察できる．桁先端突起はきわめて幅広い．横桁は短い．背板前縁は胴感杯の部分で大きく湾入することはなく，胴感杯は大部分が露出する．背毛 14 対は微小．背孔 Aa は背毛 la より lm 寄りに位置する．背孔 A_1 は二つに分離する．東北から中部．

エゾコバネダニ （p.138, 227）
Diapterobates variabilis Hammer, 1955

体長 0.48 mm．カナダから記載された．北海道のものは亜種 *yezoensis* Aoki, 1982 とされるが，カナダの種が複数種の混合である可能性があって記載内容が曖昧なため，区別点は不明である．横桁がないことをもって本種と同定するのが妥当だろう．北海道産亜種には桁先端に刺があるが，本州には刺のないものが生息する．北海道，本州．

ナヨロコバネダニ （p.138, 227）
Diapterobates nayoroensis Fujikawa, 1984

体長 0.70 mm ほど．桁毛は桁先端突起の前縁中央に位置し，前縁外側は内側より長く，しばしば尖る．側稜の先端はえぐれて鋸歯がある．背孔 Aa はかなり長い．日本で従来モンナガコバネダニ *D. humeralis* (J. F. Hermann, 1804) と同定されていた種ではないかと思われる（全形図はその種）．北海道から近畿．

チビコバネダニ （p.138, 227）
Diapterobates pusillus Aoki, 1969

体長 0.37 mm．胴感毛は少し先が尖る（他の種は先が丸い）．桁先端突起の内縁と横桁を結ぶ輪郭は浅皿状の U 字形（他の多くの種は深皿状）．桁先端はほとんど桁毛の幅しかない（他の種は少なくとも桁毛の幅の2倍以上）．背毛は c_2 以外は比較的短い．第4脚の転節には狭いヒレがある．北海道から近畿．

ケナガコバネダニ （p.138, 227）
Diapterobates japonicus Aoki, 1982

体長 0.58 mm．背毛は c_2 以外も長い．第4脚の転節，腿節，膝節，膝節にヒレがある．関東，中部．

ホンシュウコバネダニ （p.138, 227）
Diapterobates honshuensis Aoki, 1982 **stat. nov**

体長 0.51 mm．エゾコバネダニの本州産亜種として記載されたが，横桁の有無は亜種のレベルの差異とは思えないので，種に昇格させる．桁先端は広く，刺がある．背毛は c_2 以外は比較的短い．第3脚の腿節と第4脚の転節，腿節，膝節，膝節にヒレがある．東北から中部．

コブコバネダニ属 （p.60）
Jugatala

世界に1種だけ．背孔は7対．背毛 11 対．桁先端突起はごく短く，緩やかなカーブの横桁でつながる．胴感杯は背板前縁に覆われる．背毛は明瞭．ハネツナギダニ科に入れられていたことがある．

コブコバネダニ （p.60）
Jugatala tuberosa Ewing, 1913

体長 0.6 mm ほど．背板後部にコブがある．北海道，本州中央．

チョウセンコバネダニ属 （p.61, 137）
Koreozetes

背孔 5 対（A_1 が2対に分かれている）．背毛 13～14 対は微小．桁は左右に広く離れ，細い横桁で結ば

れる．先端突起は太く短い．吻の切れ込みは背面からも観察できる．胴感毛は短い棍棒状．生殖門の一番前の3本の毛は三角形に配置する．*Ghilarovizetes* とは背穴が1対多いことで区別されるが，シノニムの可能性がある．

チョウセンコバネダニ（p.137, 228）
Koreozetes parvisetiger Aoki, 1974

体長0.61 mm．背毛13対．韓国から記載され，日本でも発見された．

マルヤマコバネダニ（p.137, 228）
Koreozetes maruyamai (Hirauchi, 1999) **comb. nov.**

体長0.57 mm．背毛14対（c系列が3対ある）．はじめ *Ghilarovizetes* の属名で記載された．富山県．

クロコバネダニ属（p.61）
Melanozetes

かなり濃い黒紫褐色．横桁があるように見えるが，実際には前後の段差が大きいので横桁のように見えるだけ．側稜の先端突起は短く，吻毛の生え際には達しない．背毛13本は太く長い．背板前縁のカーブは弱い．

クロコバネダニ（学名記録変更）（p.61, 228）
Melanozetes montanus (Fujikawa, 2004) **comb. nov.**

体長0.48 mm．日本では欧米産の *M. meridianus* Sellnick, 1928の学名が充てられていた（全形図の種）が別種の可能性が高く，ミヤマフカイロコバネダニ *Fuscozetes montanus* Fujikawa, 2004に相当するので，学名を変更しておく．北海道から九州．

タカネコバネダニ属（p.61, 137）
Trichoribates

左右の桁が横桁によって結ばれてH字形になること，胴感毛が短い棍棒状であることなどで，ハシゴコバネダニ属にきわめてよく似るが，背毛の数が少なく，10～11対しかないので区別できる．背孔 A_1, A_2 は接近する．

ラウスコバネダニ（p.137, 228）
Trichoribates rausensis Aoki, 1982

体長0.54 mm．左右の桁先端突起の内縁は平行で，横桁は細い．背毛10対．北海道，中部．

タカネコバネダニ（p.137, 228）
Trichoribates alpinus Aoki, 1982

体長0.51 mm．左右の桁先端突起の内縁はU字形に連結し，横桁は太い．背毛10対で短い．岐阜県．

キタコバネダニ（p.137, 228）
Trichoribates berlesei (Jacot, 1929)

体長0.67 mm．左右の桁先端突起の内縁はU字形に連結し，横桁は太い．背毛11対で中庸の長さ．ビルの高所のコケから得られた．はじめ *T. trimaculatus* (C. L. Koch, 1835) として記録されたが，その学名の種は正体がよく分からず，タイトルの種のシノニムであろうとされている．北海道．

フトコバネダニ属（p.62）
Zetomimus

第1，第2脚は爪が1本だが，第3，第4脚は爪が3本ある（2本は毛のように細い）というのが特徴．コバネダニ属に似るが，体は幅広く，桁は細め．水面を自在に歩くことができる．

フトコバネダニ（p.62, 228）
Zetomimus brevis Ohkubo, 1987

体長0.38 mm．胴感毛は棍棒状でほぼ滑らか．側稜は桁より大きく発達．背板にある背孔4対は小さいが，翼状突起下の付け根のものは大きく発達．近畿．

オビコバネダニ属（新称）（p.61）
Gephyrazetes

コバネダニ科の重要な特徴である側稜の発達が本属では弱い（線条にすぎない）ため，本科への所属はおそらく適切でない．Subías (2004) はマルコバネダニ科に移したが，本属は背板前縁が途切れないため，その所属も適切ではない．桁，横桁は太い．胴感毛は紡錘形．背毛は明瞭で14対．生殖毛5対．翼状突起は小さい．脚は3爪．

オビコバネダニ（p.61, 228）
Gephyrazetes fasciatus Hirauchi, 1999

体長0.46 mm．富山県．

オケサコバネダニ属（p.62）
Ocesobates

桁先端突起の発達は弱く三角形で，桁毛はその先端から生じる．胴感毛は棍棒状であり，コバネダニ属のように扁平でも大きなケバを持つこともない．

オケサコバネダニ（p.62, 228）
Ocesobates kumadai Aoki, 1965

体長0.25 mmの小型種．胴感毛はソーセージ型の棍棒状．背孔は比較的小さい．肛側毛は，前の1対は肛門後角の少し前で，後の2対は後角より後方に位置する．北海道，近畿以北の本州，佐渡島．

マキバネダニ科
Chamobatidae

桁は板状に発達し，桁の下方に側稜が発達するなどコバネダニ科に似るが，桁毛は先端突起の根本から生じる（コバネダニ科は先端突起の先端から）．

マキバネダニ属（p.20）
Chamobates

桁先端突起を持つ．吻は1対の吻突起を持つ．

カサネマキバネダニ（p.20, 229）
Chamobates geminus Fujikawa, 1997

体長 0.51 mm．濃い赤褐色．側稜は鋸歯はなく長く鋭い．前体部に疎な刻点．胴感毛はケバのある長い棍棒状で，先端はケバのためにややギザギザに見える．背毛は毛穴が10対．背孔 Aa は大きな長円形，A_1 は大小の2個に分かれる．日本各地でマキバネダニ *C. pusillus* (Berlese, 1895) の名で記録された種は2種の混同である可能性があり，少なくとも Fujikawa (1972) と青木（1977，全形図の種）のものは本種である．真の *C. pusillus* が日本に産するかどうかは不明．北海道．

ハナスジダニ科
Humerobatidae

ハナスジダニ属だけからなる科であったが，他の属も含める考え方もあり，科としての特徴は流動的である．

ハナスジダニ属（p.20）
Humerobates

桁の前にさらに吻へと続く前桁がある（和名の由来）．桁先端突起はごく短い．背板には背毛または毛穴が10対．桁の先端突起は短く，横桁はあっても曖昧な線状．

ハナスジダニ（p.20, 229）
Humerobates varius Ohkubo, 1982

体長 0.75 mm．桁の先端突起は細まる．横桁はかすかな線．背毛は毛穴だけ．基亜種にあるような基節板の硬化した横帯はない．海岸や公園のように下草がほとんどない環境の樹上に群生する．三重県では成体♀が越冬し，年2〜3世代．本州から沖縄．

ハネツナギダニ科
Punctoribatidae

背板前縁がアーチ状に前方に突出し，胴感毛や桁間毛の基部を抑えつけるように覆う．胴感毛は棍棒状で前方を向く．桁毛，桁間毛は体表に沿うように寝て生える．

イオウゴケダニ属（p.54）
Allomycobates

ハネツナギダニ属に似るが，背孔がない．桁先端突起は下方に長く湾曲する．横桁は湾曲する．世界に1種だけ．脚は1爪．

イオウゴケダニ（p.54, 229）
Allomycobates lichenis Aoki, 1976

体長 0.36 mm．茶色．背板や腹板にある毛根は皮膚内を水平に長く伸びるので，毛と直角をなす．基節板には前方に横一文字の大きい目の顆粒，後方には一面に微細な顆粒がある．第1脚膝節，第2脚膝節，脛節に刺がある．

ヤハズダニ属（新称）（p.54）
Minguezetes

後体部は幅広く，横から見ると後体部前部の体高が高い．胴感毛は長い棍棒状．桁間毛は畝でつながる．背毛はなく10対の毛穴だけ．背孔4対．背板前縁はヤハズ状に突出し，桁間毛の基部を覆う．第2脚付節に刺がある．マルヤハズダニ属 *Punctoribates* に含められることがある．

イネマルヤハズダニ（p.54, 229）
Minguezetes inecola Nozaki & Y. Nakamura, 2004

体長 0.36 mm．四国から記載されたが，北海道で記録されてマルヤハズダニ（タイプ産地アルゼンチン）やツノマルヤハズダニ（タイプ産地イタリア）と呼ばれていた種に同じではないかと思われる．この2種の学名には *M. manzanoensis* (Hammer, 1958) と *M. insignis* (Berlese, 1910) が当てられるが，本種とシノニムになるかどうかは不明である（つまり日本産は三つの学名のうち少なくとも二つは誤同定と思われる）．

マルヤハズダニ属（p.54）
Punctoribates

ヤハズダニ属とは，背板前縁の突出が角（かど）の丸い台形であることによって区別される．

ナヨロマルヤハズダニ（改称）（p.54, 229）
Punctoribates ezoensis (Fujikawa, 1982)

体長 0.35 mm．左右の桁間毛は畝でつながる．背孔4対．背板前縁は角（かど）の丸い台形状に突出し，桁間毛の基部を覆う．脚は3爪．10対の微細な背毛があり，胴感毛の先はむしろ尖り，第2脚付節には明瞭な刺がない．北海道から *Mycobates* として記載され

た．一方，関東で記録されてマツバヤシダニと呼ばれ P. punctum (C.L. Koch, 1839) の学名が使われていた種に同じかもしれない（本種は欧州をタイプ産地とする真の P. punctum とはシノニムではない）．広島県から記載された P. torii Fujikawa, 2006 は本種のシノニムの可能性がある．

ハネツナギダニ属（p.54, 139）
Mycobates

日本で図を伴って記録されたのは3種だけ．古い属なので，雑多な種が寄せ集められる傾向がある．背孔がある．

ハネツナギダニ（p.139, 229）
Mycobates parmeliae (Michael, 1884)

体長 0.34 mm．体型はやや細長い．桁間毛は長く，吻に達する．背毛は長い．

エゾハネツナギダニ（p.139, 229）
Mycobates monocornis Aoki, 1973

体長 0.52 mm．吻は小さくへこむ．桁先端には桁毛を挟んで二つの刺がある．側稜は幅広く，前端に 3〜4 の歯がある．桁間毛は桁先端に達しない．背毛は細く，吻毛程の長さ．背孔 Aa は円形．脚は 3 爪．北海道．

ミスジハネツナギダニ（p.139, 229）
Mycobates tricostatus Aoki, 2006

体長 0.35 mm．吻は尖る．横桁の中央は縦の畝で補強される．桁間毛は桁先端に達しない．10対の背毛は長く，しなる．屋久島．

マルコバネダニ科
Mochlozetidae

丸く大型．背板前縁は中央でとぎれる．採集例は少ないが，植物体上で集団発生していることがあるので，土壌生活者ではないのかもしれない．

バハママルコバネダニ属（新称）（p.55）
Mochloribatula

背孔の数が多く，一部はリボン状で，その形状・数には雌雄差が認められる．

バハママルコバネダニ（p.55, 229）
Mochloribatula bahamensis Norton, 1983

体長 0.58 mm．体は楕円形．背毛は短く，10対．背孔は 7 対または 8 対で，A_3 は♀では 3 対であるが，♂では 1 対に長くつながる（全体図はその状態）ことがある．バハマ諸島がタイプ産地であるが埼玉県で見つかり，アメリカを経由して観葉植物についてきた外来種と思われる．

マルコバネダニ属（p.55, 139）
Mochlozetes

背孔は 5 対（Aa が Aa_1 と Aa_2 に分かれる）で，多くは細長いリボン状．桁の遊離刺は丸みを帯びる．

マルコバネダニ（p.139, 230）
Mochlozetes penetrabilis Grandjean, 1930

体長 0.69 mm．横桁は細く，まっすぐ．背孔 Aa_2 は楕円形，A_1 は短いリボン状．ベネズエラがタイプ産地であるが栃木県で見つかり，タイを経由して洋ランについてきた外来種と思われる．

ニセマルコバネダニ（p.139, 230）
Mochlozetes ryukyuensis Aoki, 2006

体長 1.15 mm．横桁は比較的太く，曲がる．背孔 Aa_2 は長い個体と短い個体がいる．南西諸島．

マルツチダニ属（p.55）
Podoribates

エビスダニ属に似るが，背孔 A_1 の位置が体側寄りである（エビスダニ属では普通に体中央寄り）．

マルツチダニ（p.55, 230）
Podoribates cuspidatus Sakakibara & Aoki, 1966

体長 0.56 mm．横桁は曲がる．北海道, 本州, 南西諸島．

エビスダニ属（p.55, 140）
Unguizetes

桁先端突起は尖り，桁毛はその内縁から生じる．背孔は 5 対で楕円形．背毛はは毛穴のみ．背孔 A_1 は通常の位置．

エビスダニ（p.140, 230）
Unguizetes clavatus Aoki, 1967

体長 0.85 mm．横桁中央に縦の稜がある．胴感毛は棍棒状．背孔 Aa, A_2, A_3 は短い楕円形．タイプ産地はタイ．日本各地で記録されているが，他の2種との区別がされていないと思われる．

スジバネエビスダニ（p.140, 230）
Unguizetes striatus Fujikawa, 2004

体長 0.91 mm．横桁中央に縦の稜はない．胴感毛は棍棒状．背孔 Aa, A_2, A_3 は短い楕円形．秋田県．

ジャワエビスダニ（p.140, 230）
Unguizetes sphaerula (Berlese, 1905)
　体長 1.09 mm. 横桁中央に縦の稜はない. 胴感毛は紡錘形. 背孔 Aa, A_2, A_3 は長い楕円形. タイプ産地はジャワ島で, 南西諸島でも発見された.

コイタダニ科
Oribatulidae
　翼状突起はなく, 肩部がわずかに突出して, そこに1本の毛を生ずる. 胴感毛は棍棒状. 前桁はない. 背孔4対. 脚は3爪.

カワリコイタダニ属（新称）（p.43）
Paraphauloppia
　桁がある. 背毛は10対のみ.

カワリコイタダニ（新称）（p.43, 230）
Paraphauloppia variabilis (Bayartogtokh & Aoki, 2000) **comb. nov.**
　体長 0.32 mm. 桁はやや太く, 全長同じ太さ. 下桁がある. 前桁, 横桁はない. 桁間毛は桁の先端までの距離より短い. 背毛の前の2対は中庸の長さで太くケバを持ち, 他の毛は短い. はじめ *Eporibatula* として記載され, 後にコイタダニ属 *Oribatula* 属に移されていた. 八ヶ岳.

コイタダニ属（p.43, 230）
Oribatula
　桁は軒のように, 弱く張り出す. 下桁の発達は弱い. 前桁, 横桁はない. 背毛は13対または14対.

サカモリコイタダニ（p.141, 230）
Oribatula sakamorii Aoki, 1970
　体長 0.45 mm. 桁は細く, 全長同じ太さ. 桁間毛は桁の先端までの距離より長い. 背毛14対. 背毛 c_1 は他の毛より短くてかなり太く, 強いケバを持つ. 他の背毛は中庸の長さで細く, 微細なケバを持つ. 劣悪な環境に適応でき, 畑地や海浜でよく見られる. *O. kumayaensis* Y.-N. Nakamura, Fukumori & Fujikawa, 2010 はおそらくシノニム. 全国.

ナヨロコイタダニ（p.141, 230）
Oribatula nayoroensis Fujita & Fujikawa, 1987
　体長 0.38 mm. 体色はいくぶん薄め. 桁は幅広く, 先端は丸いが, 桁毛の外側や内側の尖る個体変異もある. 未発達の横桁のような構造があるが, 中央は途切れる. 吻の先端に丸い突出がある. 背毛13対（p系列毛は2対）. 背毛 c_1 は la と同じ太さで, ほぼ同長かわずかに短い. 肩に明瞭な突出部がある. 背孔 Aa と背毛の距離は毛孔の直径以下. 3対の肛側毛はほぼ同じ太さ. 北海道には, 未記録の極近似種がいて, 体長約 0.5 mm, 体色がやや濃く, 横桁は全くなく, 胴感毛は先端の鈍い紡錘形で, 背孔 Aa と背毛の距離は毛孔の直径以上. 北海道, 東北, 中部.

ナデガタダニ属（p.17, 43, 141）
Phauloppia
　Eporibalula はシノニムとされる. コイタダニ属に似るが, 桁の代わりに縦畝があるか, それもない. 背毛は14対. 脚は3爪.

コブナデガタダニ（p.141, 230）
Phauloppia tuberosa (Fujikawa, 1972)
　体長 0.47 mm. 縦畝もない. 背毛は中庸の長さ, ただし c_1 は太く短い. 背板後部は数本の隆起部があって, 凸凹に見える. 北海道から中部.

センダンササラダニ（p.141, 231）
Phauloppia adjecta Aoki & Ohkubo, 1974
　体長 0.74 mm. 縦畝がある. 背毛は比較的長く, h_1 と h_3 は特に長く鞭状, ただし c_1 は細く短い. 背孔 Aa は背毛 la を挟んで二つに分離する. 背板後部は数本の隆起部があって, 凸凹に見える. 本州.

ケタナシコイタダニ（p.141, 231）
Phauloppia mitakensis Suzuki, 1979
　体長 0.44 mm. 縦畝がある. 背毛は非常に長い, ただし c_1 は中庸の長さで強いケバがある. 関東, 関西, 四国.

ニセコイタダニ属（p.43, 140）
Zygoribatula
　コイタダニ属に似るが, 横桁がある. 背毛は13対または14対.

イシカリコイタダニ（p.140, 231）
Zygoribatula marina Fujikawa, 1972
　体長 0.46 mm. 背板に孔構造. 北海道, 新潟県.

ニセコイタダニ（p.140, 231）
Zygoribatula truncata Aoki, 1961
　体長 0.36 mm. 桁の先端は弱く滑らかにカーブして横桁に連結する. 桁の太さはほぼ同じ. 横桁の太さはほぼ同じ. 桁間毛は桁の先端までの距離より長い. 胴感毛は長い棍棒状. 背毛は細く短かく滑らか. 北海道には未記録の近似種がいて, 桁から横桁にかけてのカーブがややゴツゴツし, 桁間毛は桁の先端まで

の距離より短く，背毛はより長い．*Z. iheyaensis* Y.-N. Nakamura, Fukumori & Fujikawa, 2010 はおそらくシノニム．本州から南西諸島．

ヨコハマコイタダニ（p.140, 231）
Zygoribatula vicina Aoki, 2000

体長 0.46 mm．吻は鋭く尖る．桁の先端は強く滑らかにカーブして横桁に連結する．桁と横桁は桁毛の付近で太くなる．胴感毛は頭のつぶれた棍棒状．背板にはシワ模様．背毛は中庸の長さで，太く，ケバがある．神奈川県．

ホソニセコイタダニ（p.140, 231）
Zygoribatula pyrostigmata (Ewing, 1909)

体長 0.40 mm．北米で発見された種であるが，日本産では背毛 c_1, c_2 が縦に並ぶ（北米産は後の毛が内側に位置する）．桁の先端は桁毛の太さほどの幅で弱く突出し，滑らかにカーブして横桁に連結する．桁はむしろ細く，太さはほぼ同じ．横桁は中央がわずかに太い．桁間毛は桁の先端までの距離より短い．胴感毛は棍棒状．背毛は細く短かめで滑らか．Fujikawa (1972) が北海道から記録したエゾニセコイタダニと同じかもしれない．北海道，青森県．

マルカザリダニ科
Caloppiidae

細いハの字形の桁．背板は穴構造．背毛はケバを持ち，概して太い．

ハケゲダニ属（p.43）
Brassiella

背板は楕円形．生殖毛 4 対．中央の背毛はケバが密生しハケ状で，先端は尖らない．胴感毛は先の丸い棍棒状．

アミメハケゲダニ（p.43, 231）
Brassiella brevisetigera Aoki, 2009

体長 0.30 mm．桁間域は網目模様．背板は大きな穴構造．背毛は短い．先島諸島．

マルカザリダニ属（p.43）
Zetorchella

背板は円形に近い．生殖毛 6 対．中央の背毛はケバが密で先端の尖らない棒状またはケバが疎で先端の尖った針状．一見マルコソデダニに似るが，翼状突起がない．

マルカザリダニ（p.43, 231）
Zetorchella sottoetgarciai (Corpuz-Raros, 1979)

体長 0.48 mm．吻近くに網目模様，桁間域は点刻．背板は小さい穴構造．背毛は中庸の長さ．タイプ産地はフィリピン．先島諸島．

エリカドコイタダニ科
Hemileiidae

コイタダニ科とオトヒメダニ科の差を，前者は翼状突起がなく背孔があり，後者は翼状突起と背囊があるというように大まかにわけるならば，本科は翼状突起がなく背囊があるグループの寄せ集めということができる．

ホソヒラタダニ属（p.44）
Heteroleius

むしろ下膨れの，細長い体型．桁は細い．前桁はない．胴感毛は真上に伸びるので背面からは短く見える．背毛 12 対．背囊 4 対．生殖毛 3 対．脚 3 爪．

ホソヒラタダニ（p.44, 231）
Heteroleius planus (Aoki, 1984)

体長 0.32 mm．背囊の開口部は針穴状で，内部の囊部は毛根よりやや大きい球状．背毛は短い．南西諸島．

ツメエリダニ属（p.44）
Dometorina

背板前縁が直線．前桁がある．側面から見ると，胴感杯は桁後端から離れて位置する．

コブツメエリダニ（p.44, 232）
Dometorina tuberculata Aoki, 1984

体長 0.36 mm．背板後端に 1 対のへこみがある．南西諸島．

エリカドコイタダニ属（p.44, 141）
Hemileius

本科の中でもとりわけ特徴のない種が仮置されているような属なので，属の特徴は明確でない．前桁がある．背板前縁が直線でなく，側面から見ると，胴感杯は桁後端に接して位置することでツメエリダニ属から区別される．世界で 70 種ほどを含む．

イムラフクロコイタダニ（p.141, 232）
Hemileius clavatus Aoki, 1992

体長 0.64 mm．桁間毛は非常に長い．背毛は微細．背囊 S_1 はおのおの二つに分離する．栃木県の温室の花卉から発見されたが，タイからの外来種かもしれない．

エリカドコイタダニ (p.141, 232)
Hemileius tenuis Aoki, 1982
　体長 0.35 mm．細長い体型．背板は肩が角張る．背囊は不定形．第 2 脚庇は強く突出する．南西諸島．

フタカタダニ科
Symbioribatidae
　生時は幅広い体型．吻は広い．背毛 10 対．基節板毛式 3-1-1-2．生殖毛 4 対．生殖側毛なし．肛毛 1 対．脚 1 爪．胴感杯は背板に覆われる．第 1, 2 脚付節は短い．世界に 2 属．

フタカタダニ属 (p.19, 57)
Symbioribates
　ササラダニ類では珍しい雌雄異型（名の由来）．♂では吻毛がきわめて太く，背孔が大きい．♀では吻毛は通常で，背孔が小さい．生時は前体部は背板より色が薄いために両者の境界は明瞭．背部境界線は桁間毛間できわめて不明瞭．桁は胴感杯から桁毛に向かって伸びる．前桁はない．世界に 3 種．

アオキフタカタダニ (p.19, 57, 232)
Symbioribates aokii Karasawa & Behan-Pelletier, 2007
　体長 0.31 mm．吻は雌雄共に吻毛間で少しだけ突出する．翼状突起は腹側に巻き込む．桁の線は細く，直線状．桁毛，桁間毛は微細なケバ，吻毛は♂では滑らか，♀では微細なケバ．胴感毛は背板の下に隠れる．背孔は篩板状で，♂では 3 対と 1 個（背孔 A_3 が融合），♀ではより小型で 4 対．A_1 と A_2 は接近する．背毛は細く滑らか．背毛 p_1 は，♂では接触して並んだ毛台から生じて背穴 A_3 の上にかぶさり，♀では普通に互いに離れて位置する．樹上性．南西諸島．検索図に出てないが，本州にはユキグニフタカタダニ *S. yukiguni* Maruyama & Shimano, 2014 がいる（♂の背毛 p_1 は接近するが離れて位置する）．

オトヒメダニ科
Scheloribatidae
　コソデダニ科との区別は混乱しているが，基属であるオトヒメダニ属の体型に類似したグループが本科に集められている．桁は幅の半分が軒のように張り出す．亜桁がある．桁先端から吻毛に向かってつながる畝状の前桁を持つものが多い．翼状突起は可動ではない．背毛 10 対はきわめて繊細で，長さが 2～3μ のものは毛穴だけのように見える．背孔はなく代わりに背囊がある．

ヨロンオトヒメダニ属 (p.58)
Yoronoribates
　前桁がある．生殖毛 3 対．脚 3 爪．背毛は p_1 以外は毛穴．背板前縁の中央はオトヒメダニ属と同じく滑らかにカーブする．翼状突起前縁は水平か前方に傾くが，背板前縁より前には出ない．基節板周縁線は腹板側縁に達する．生殖毛が 3 対である事を特徴とする他の属のシノニムとされることがあるが，区別ができそうなので独立属のままにしておく．

ヨロンオトヒメダニ (p.58, 232)
Yoronoribates minusculus Aoki, 1987
　体長 0.30 mm．胴感毛は長い俵形に近い棍棒状．横桁線があり，後方に反る．基節板毛 3a の 1 対は縦に並ぶことが多い．三重県，南西諸島．

ヤリオトヒメダニ属 (p.58)
Ischeloribates
　前桁がある．生殖毛 4 対．基節板周縁線は第 4 脚の後で消える．脚 1 爪．

ヤリオトヒメダニ (p.58, 232)
Ischeloribates lanceolatus Aoki, 1984
　体長 0.33 mm．胴感毛は斜め後ろに向かい，紡錘形に弱く膨らみ，先端は鋭く尖る．長野県以南から南西諸島．

ネジレオトヒメダニ属 (p.58)
Perscheloribates
　前桁がない．生殖毛 4 対．基節板周縁線は腹板側縁に達する．脚 1 爪．オトヒメダニ属より少し赤みを帯びる．

ネジレオトヒメダニ (p.58, 232)
Perscheloribates clavatus Hammer, 1973
　体長 0.41 mm．吻はやや突き出る．胴感毛は根元近くでねじれ，先端は丸く膨らむ．体はむしろ幅広い．ポリネシア，フィリピンから知られ，日本産亜種は *torquatus* Aoki, 1984 とされて南西諸島に分布し，台湾からも記録されている．南西諸島．

ミナミオトヒメダニ属（新称）(p.58)
Protoschelobates
　本属はオトヒメダニ属のシノニムとされていたが，前桁がないことによって区分できる．生殖毛 4 対．脚 3 爪．

ダニ目・ササラダニ亜目

ミナミオトヒメダニ（p.58, 232）
Protoschelobates decarinatus (Aoki, 1984) **comb. nov.**

体長 0.38 mm．横桁線は中央で V 字形に接合する．胴感毛は細めの棍棒状で，微細なケバ．桁間毛は桁先端をはるかに超える長さ．背毛は毛穴だけ．背囊の開口部は針穴状．第 4 脚転節の背面に 2 本，腹面に 1 本の刺がある．はじめ *Scheloribates* として記載された．愛媛県，南西諸島．

オトヒメダニ属（p.58, 142）
Scheloribates

生殖毛 4 対．脚 3 爪．前桁がある．基節板周縁線は第 4 脚の後で消え，普通は腹板側縁に達しない．ツヤのある薄い褐色．プレパラート標本ではつぶれて横幅が広がりがち．分類整理が遅れており，世界で 200 種を超える．従来日本で最も広く普通に見られる種はタイプ産地がドイツの汎世界種であるコンボウオトヒメダニとハバビロオトヒメダニとされてきたが，国によって種差以上と思われる形態差がある．最近になって青木（2009）はコンボウオトヒメダニの和名に対してドイツ産のホソオトヒメダニに使われていた学名を当てるようになったが，本書ではその判断を採用しない．日本にはこの他オーストリアをタイプ産地とするマガタマオトヒメダニも記録されている．これらの 4 種が本当に日本に産するかどうかは今後の研究に委ねなければならないが，誤同定された個体も多いと考えられ，これまでの採集記録はあてにならない．さしあたり日本に産することが疑問視される種も含めて以下に列挙しておく．

アズマオトヒメダニ（p.142, 233）
Scheloribates azumaensis Enami, Y. Nakamura & Katsumata, 1996

体長 0.44 mm．吻は鋭く尖る．背板にごく微細なチリメン皺（光学顕微鏡ではわからない）．胴感毛は先のあまり尖らない紡錘形．背毛は短いが 10 対とも認められる．背囊 Sa は口が長く舞えに向かう壺形で，表皮開口部はごく短い単線．基節板周縁線は腹板側縁に達する．福島県．

ノベオトヒメダニ（p.142, 233）
Scheloribates processus K. Nakamura, Y.-N. Nakamura & Fujikawa, 2013

体長 0.46 mm．光学顕微鏡で観察できる背毛は後端の 6 対（ホロタイプで約 10μ の長さ）で，残り 4 対は毛穴のみ．桁間毛の先端は直線的な針状．背囊の表皮開口部は単線のスリット（表皮内部の放射状のシワを見間違えないこと）．検索図では鋭く尖る胴感毛を持つことでこの種に辿りつくが，その特徴を持つ種は未記録のものがいくつかいるので注意（小型で背囊の表皮開口部のスリットが枝分かれのものや桁間毛の先端がムチ状にしなるものは別種）．東北．

ハバビロオトヒメダニ（p.233）
Scheloribates laevigatus (C. L. Koch, 1836)

体長 0.6 mm ほど．大型でやや濃色の種．鋭く尖る胴感毛を持つ種は日本では本種と同定されるきらいがあったが，いくつかの種（一つには前種）の混合であり，この学名の種が日本に分布するかどうかは検討を要する．Weigmann（2006）によるタイプ産地ドイツ個体の形態は以下のとおり．翼状突起の前縁は後方に傾く．背毛は 30～50 μm はある．背板にはかすかに網模様になる縦の微細なシワ．胴感毛は片側によった紡錘形で，弱いケバ．生殖門板は外縁が丸味をおび，中央が最大幅の位置．記録としては本州から九州まで．日本産の正体が不明のため検索図には出ていない．全形図はドイツ産のもの．

ホソオトヒメダニ（p.142, 233）
Scheloribates pallidulus (C. L. Koch, 1841)

体長 0.4 mm ほど．胴感毛の先端は丸いが，多少なりとも尖る個体もいる．日本産の個体では背囊の表皮開口部は単線のスリット状．Weigmann（2006）によるタイプ産地ドイツ個体の形態は以下の通り．胴感毛は左右非対称の細い紡錘形．背毛はなびき，15～20 μm．生殖門板は横が丸く，中央が最大幅の位置．本州から九州まで．

エゾオトヒメダニ（p.142, 233）
Scheloribates yezoensis Fujita & Fujikawa, 1987

体長 0.46 mm．翼状突起の前縁は前方に傾く．背毛は短く，前方の 4 対は特に短く 3 μm ほど胴感毛は棍棒状で，先端はわずかに尖るか丸い．背囊の表皮開口部は枝分かれのあるスリット．本種にかなり似た未確定種がいて，背囊の表皮開口部は短い単線のスリットになっている．北海道，本州，九州．

シゲルオトヒメダニ（p.142, 233）
Scheloribates shigeruus Fujikawa, 2011

体長 0.39 mm．エゾオトヒメダニに似るが，胴感毛は棍棒状で，先が尖ることはなく，背囊の表皮開口部は単線である．本州，九州．

コンボウオトヒメダニ（p.233）
Scheloribates latipes (C. L. Koch, 1844)

体長 0.5 mm ほど．これまで日本では，棍棒状の胴

感毛を持つ一般的なオトヒメダニ属として同定されてきたため，数種（エゾオトヒメダニとその近似種，ホソオトヒメダニ，ヨロンオトヒメダニ，ネジレオトヒメダニなど）が混同されて記録されたようである．この学名の種が日本に産するかどうかは疑問であるが，いるとすればシゲルオトヒメダニ，エゾオトヒメダニかその近似種（エゾオトヒメダニの項参照）のいずれかがシノニムかもしれない．Weigmann (2006) によるタイプ産地ドイツ個体の形態は以下のとおりで，情報が不足するために日本では本種を確定できない．翼状突起の前縁は前方に傾くため，胴感杯の部分での湾入が目立つ．背毛は後部では10μmくらいだが，前部では3μm．背板は滑らか．胴感毛は紡錘形で，弱いケバ．生殖門板は外縁が直線状で，外縁の前端位置（生殖門板の中央より前寄り）が最大幅．記録は全国．日本産の正体が不明のため検索図には出ていない．全形図はドイツ産のもの．

マガタマオトヒメダニ (p.142, 233)
Scheloribates rigidisetosus Willmann, 1951

体長 0.5 mm 弱．日本産については正体がよくわからず，青木 (1980) の記述からみると別科ホソコイタダニ属の誤同定であった可能性もある．オーストリアをタイプ産地とし，本当に日本に産するかどうかは不明．Mahunka (1991) によるハンガリー産個体の形態は以下のとおり．背板には胴感杯の後部で微細な顆粒を生じる．吻は少しすぼまる．桁の先端は裁断状．前体部の毛は顕著に長い．胴感毛は棍棒状で内側に曲がり，ケバはほとんどない．翼状突起の前縁は前方に傾き，外縁は波打つ．背毛はある．背孔の袋部は微細な孔構造．第1脚ソレニジオンの毛台はかなり突出する．記録は本州．全形図はハンガリー産のもの．

マブカダニ科
Oripodidae

生殖毛1〜3対，または生殖毛4対かつ肛毛1対であることが本科の条件であり，生殖側毛と肛側毛も減少する傾向があって，これらの数の組み合わせは属区分に使われる（毛の対の数は腹毛式として生殖毛-生殖側毛-肛毛-肛側毛の順で表わされる）．ただし毛の数の発現が不安定なことも本科の特徴であり，同じ個体であってもしばしば左右で異なったり，個々の種では属の特徴に合わなかったりして，腹毛式は属のおおまかな目安にしかならない．胴感毛は棍棒状．背嚢を持つ．概して第2基節板の前縁と後縁の内歯は逆ハの字に大きく斜行し，第3基節板後縁の内歯は水平で短い．脚の付節は短い．樹上性の種が多い．

ハナサキダニ属（新称）(p.57)
Birobates

腹毛式は 3-0-1-3．生殖毛は1対が前，2対が後に位置する．背板前縁はカーブし，途切れない．脚は1爪．世界に4種．

ハナサキダニ (p.57, 233)
Birobates nasutus Aoki, 2006

体長 0.24 mm．吻に1対の丸い切れ込みがあり，吻端は丸い．背毛は微小．屋久島．

ミツハナダニ属 (p.57)
Brachyoripoda

タイプ種の腹毛式は 4-0-1-3 だが日本のミツハナダニはハナサキダニ属と同じ 3-0-1-3．背板前縁が中央で途切れることを本属の特徴と考え，さしあたりミツハナダニは本属に含めておく．脚は1爪．世界に3種．

ミツハナダニ (p.57, 234)
Brachyoripoda punctata Ohkubo, 1980

体長 0.36 mm．吻に1対の切れ込みがあり，吻端は台状．生殖門はタイプ種と同じおにぎり形．背毛の長さは中庸．体表全面に点刻．最後尾の肛側毛は肛門後角の側方に位置し，真中の肛側毛は肛門から大きく離れる．ホロタイプの生殖毛3対は左右で位置が異なり，本来なら4対あるかのような変異を示す．1頭だけで記載されたため，本当に4対あるかどうかの確認が出来ない．三重県の樹上から得られた．

アラメマブカダニ属（新称）(p.57)
Cosmopirnodus

腹毛式は 2-1-2-3．マブカダニ属に似るが，体表全面にある刻印は大きな穴状．世界に3種．

アラメマブカダニ (p.57, 234)
Cosmopirnodus angulatus Ichisawa & Aoki, 1998

体長 0.39 mm．背板前縁は桁間毛の後で突出する．第1-2基節板間の左右の内歯は中央で融合しない．神奈川県，愛媛県．

マブカダニ属 (p.57)
Truncopes

属の設立時には，体形が特に細長くないこと，吻前縁が切り落とし状であること，背板前縁がへこむこと，第2腿節が広いことによりホオカムリダニ属から区別できるとしていたが，これらの特徴の組み合わせでは両者を区別できない．便宜的にホオカムリダニ属では生殖毛が3対で，本属では2対であるとされているが，

この区別点はかなり問題があり，これまで日本で記載された種に限れば，その他の特徴から見てホオカムリダニ属と思われる種がマブカダニ属に，またマブカダニ属と思われる種がホオカムリダニ属に配置され，まったく逆になってしまっていた．本書では生殖毛の本数を属の区別点として採用しないこととする．体型はホオカムリダニ属はほど細長くならず，体長は体幅のせいぜい 1.5 倍強まで．背板前縁は直線的．第 2 基節板は生殖門によってほとんど左右に分離する．胴感杯は深く背板に覆われ，胴感毛の先端まで覆われることもある．胴感毛は棍棒状．背毛の長さは中庸．肛毛は 2 対．脚は 3 爪．濃い茶色．世界に 7 種．日本には 1 種だけ．

ナデガタマブカダニ （p.57, 234）
Truncopes obliquus (Aoki & Yamamoto, 2007) **comb. nov.**

体長 0.31 mm．吻は広く丸まり，♀ではシワ模様，♂では点刻がある．胴感毛の先端がかろうじて背板から覗く．背板の肩は斜めに切り落とされる．背毛は太い．生殖毛は 2 対で，生殖門板の前半に位置する．肛側毛 3 対．肛毛と肛側毛は長くならない．肛門板は点刻．はじめ *Oripoda* として記載された．近畿．

ホオカムリダニ属 （p.57, 143）
Oripoda

かなり細長い体型で，体長は体幅の 1.5 から 3 倍．生殖毛は 2 対または 3 対で，2 対が生殖門板の前半，1 対が後方に位置する（日本産はすべて 3 対）．世界に 40 種以上．

ヨシダホオカムリダニ （p.143, 234）
Oripoda yoshidai (Aoki & Ohkubo, 1974) **comb. nov.**

体長 0.37 mm．非常に細長く，体長が体幅の 3 倍以上になる個体もいる．翼状突起は発達が弱く，ほとんどないに等しい．吻は広く丸まるが，更に丸い突出部がある．背毛は太い．背嚢 Aa はかなり前寄りで，胴感毛のレベルに位置する．最前の肛側毛は肛門板前縁からかなり離れた前方に位置する．肛毛，肛側毛は細いムチ状だが，肛門の長さより短い．生殖側毛は 1 対だが，増加する変異がある．口板毛，基節板毛，生殖毛，生殖側毛は短い．本州．

フジカワホオカムリダニ （p.143, 234）
Oripoda fujikawae (Aoki & Ohkubo, 1974) **comb. nov.**

体長 0.49 mm．吻は広く丸まる．吻毛の先端は鞭状．背毛は太い．口板毛，基節板毛，生殖毛，生植側毛は長いか中庸．肛毛，肛側毛はムチ状で肛門板より長い．最前の肛側毛は肛門前縁のレベルに位置する．最前の肛毛は肛門板前縁寄りまたは中央寄り）．最前の肛側毛は肛門前縁のレベルに位置する．北海道，愛媛県．

ホオカムリダニ （p.143, 234）
Oripoda asiatica (Aoki & Ohkubo, 1974) **comb. nov.**

体長 0.47 mm．フランスをタイプ産地とする *Truncopes optatus* Grandjean, 1956 の北海道産亜種として記載されたが，体型が細く，第 1, 2 脚付節が短くないことから独立種とする．本種の第 1 脚付節は脛節の長さの 3/4（*T. optatus* では 1/2）．吻は広く丸まる．吻毛，桁毛は鞭状にならない．背毛は細い．口板毛，基節板毛，生殖毛，生植側毛は短い．肛毛，肛側毛はムチ状で肛門の長さより長い．最前の肛側毛は肛門前縁のレベルに位置する．最前の肛毛は肛門板前縁寄り．全国．

ミナミホオカムリダニ （p.143, 234）
Oripoda moderata (Aoki & Ohkubo, 1974) **comb. nov.**

体長 0.44 mm．吻は丸い．桁毛の先端は鞭状．前体部の刻印は大きさがまちまちの小孔状．背毛は細い．口板毛，基節板毛，生殖毛，生植側毛は短い．肛毛，肛側毛はムチ状で肛門板より長い．最前の肛側毛は肛門前縁のレベルに位置する．最前の肛毛は肛門板中央寄り．関東以南から南西諸島．

イカリガタホオカムリダニ （p.143, 234）
Oripoda variabilis (Aoki & Yamamoto, 2007) **comb. & stat. nov.**

体長 0.33 mm の小型種．吻は丸く，先端でさらに突出．吻毛，桁毛は鞭状でない．前体部表面に孔模様はない．前の肛毛は肛門板前縁寄り．最前の肛側毛は肛門からかなり離れた前方に位置．生殖毛は 2～4 対の変異が見られる．ミナミホオカムリダニの亜種として記載されたが，分布が重なるので別種とする．*Truncopes gozeensis* Y.-N. Nakamura, 2009 **syn. nov.** はシノニム．和歌山県，愛媛県．

コエリササラダニ属 （p.57）
Separatoribates

腹毛式は 4-0-1-3．生時の前体部は背板より色が薄い．背板前縁は中央部で不明瞭．胴感毛は背板の下に隠れる．桁は正三角形の低い畝状に盛り上がっているだけであり，稜や線を構成しない．前桁はない．翼状突起は大きく発達し，腹側に巻き込む．背嚢 4 対は，表面は小孔で，内部の袋部は放射状のスジで縁取られる．マブカダニ属（爪 3 本，生殖毛 2 対）に似るが，爪 1 本で生殖毛 4 対なので区別できる．別科のフタカタダニ属にも似るが，本属の吻毛は雌雄同型で，背孔のかわりに背嚢なので区別できる．世界に 1 種．

クジュウコエリササラダニ （p.57, 234）
Separatoribates kujuensis Matsushima, Y.-N. Nakamura & Y. Nakamura, 2009

体長 0.26 mm．吻は広くゆるやかにカーブ．吻毛，桁毛，桁間毛は微細なケバ．桁間毛の生え際は背板に覆われる．背板は顆粒に覆われる．背毛は桁間毛よりやや細く，滑らか．♂の背嚢は♀のものより大きい．樹上性．三重県，大分県，長崎県．

ナガコソデダニ科
Protoribatidae

最大の属であるナガコソデダニ属に多少とも似た属が寄せ集められた科であり，統一的な特徴に乏しい．そのナガコソデダニ属自体も所属の曖昧な種が放りこまれるために雑多なグループの寄せ集めになっていて，将来は属の整理が必要である．オトヒメダニ属のような桁構造と半固定した翼状突起を持つが，背嚢ではなく背孔がある．

ケンショウダニ属 （p.56）
Liebstadia

背板の肩部は大きくないが明瞭に突出し，角張る．脚は1爪，前桁，下桁がある．背毛10対．生殖毛4対．背孔 A_1 は体の側面寄りなので，別科として扱われることもある．

ケンショウダニ （p.56, 235）
Liebstadia similis (Michael, 1888)

体長 0.51 mm．赤みを帯びたつややかな茶色．背板前縁は消失するが，前体部は滑らかで背板は微細なシワと点刻があるので境界はわかる．胴感毛は紡錘形で，微小な刺をともなう．吻は長く突出し，さらにその先端は弱く3裂する．側面から見ると，桁は桁間毛と桁毛の間で，前桁は桁毛と吻毛の間で大きくへこむ．背板の肩突出部は細かなイボイボがある．第1脚脛節のソレニジオン ϕ_2 の生え際は ϕ_1 の毛台よりさらに強く突出する．北海道．

マングローブダニ属 （p.56）
Maculobates

タイプ種は背板前縁が途切れるためケンショウダニ属と近縁の位置に置かれ，しばしばその属と同じ科とされる．

マングローブダニ （p.56, 235）
Maculobates bruneiensis Ermilov, Chatterjee & Marshall, 2013

体長 0.41 mm．本種は背板前縁が完全なため，別属にすべきかもしれない（そのため科の所属もよくわからない）．脚は1爪，前桁，下桁がある．翼状突起は角の丸い三角．背毛10対．背孔4対．生殖毛3対のみ．肛毛2対．腹面を縦断するように壺型の溝が特徴．マングローブの幹に生息．沖縄県．

ナガコソデダニ属 （p.56, 144）
Protoribates

前体部後縁あたりでの体高が高く，胴感毛は明瞭なケバを持って後ろにしだれるのが特徴．体色は薄茶色．背孔 A_1（前から2番目の背孔）相互間の距離は比較的狭く，普通は桁間毛間の距離ほどである．桁毛は桁から内側に離れた位置に生える．生殖毛は5対で，最前のものは生殖門板前縁から生じる．基節板毛 2a は互いに広く離れ，3a は互いに接近する．脚の爪は原記載では1本であるが Weigman *et al.* (1993) によるとタイプ種の第1脚は1爪，第2～4脚は2～3爪が多いという．シダレコソデダニ *Xylobates* はシノニムとされる．

シラカミナガコソデダニ （p.144）
Protoribates shirakamiensis Fujikawa, 2004

体長 0.37 mm．背孔 A_1 は本属や他の有背孔グループの通常の位置から大きく外れていることから本属とは考えにくいが，所属すべき属がまだ作られていない．秋田県．

ナガノシダレコソデダニ （p.235）
Protoribates naganoensis (Fujita, 1989)

体長 0.44 mm．背毛が12対であることから本属とは考えにくいが，所属すべき属がまだ作られていない．胴感毛はほとんど膨らまない．長野県．

トウホクナガコソデダニ （p.144, 235）
Protoribates tohokuensis Fujikawa, 2004

体長 0.54 mm．遊離した腹稜が発達．吻は台形に突出する（標本の潰れ具合による）．桁毛は吻毛より長く，太さは桁間毛の2倍弱．胴感毛はわずかに膨らむだけで，ケバは短い．肛側毛は同長で，短い．生殖毛，生殖側毛，肛毛，肛側毛にはケバがある．秋田県，京都府．

ヒロココソデダニ （p.144）
Protoribates hirokous Y.-N. Nakamura, Fukumori & Fujikawa, 2010

体長 0.47 mm．吻毛と桁間毛が同長で，桁毛はその半分の長さ．体型は幅広，胴感毛のケバは非常に密で，背孔 A_2 と背毛 r_2 が離れた位置にあるという点で，他の同属（狭義）の種とはやや異なる位置を占める．南

西諸島．

カタビロシダレコソデダニ（p.144, 235）
Protoribates gracilis (Aoki, 1982)

体長 0.34 mm．細長い体型（肩部が広いことはない）．前体部，背板の前縁付近，口板，基節板，腹板には明瞭な点刻．腹板の点刻は基節板のものより粗．吻毛は細く滑らか．桁毛は吻毛よりわずかに短く，細くなめらか．桁間毛は数本のケバがあり，吻毛の 1.5 倍ほどの長さで太く，先が鈍く尖る．胴感杯の外側後方の膨らみは大きく目立つ．肛側毛のうち後の 2 対の長さは変異が大きいが，少なくとも最前のものより長い．第 4 脚腿節の腹側の毛はごく短い．*Xylobates brevisetosus* Fujita, 1989 **syn. nov.** はシノニム．本属の最普通種．本州，南西諸島．

タイラナガコソデダニ（p.144, 235）
Protoribates taira Fujikawa, 2006

体長 0.34 mm．生殖側毛は生殖門と肛門の間の前から 1/3 の位置．肛側毛は同長で，短い（背毛よりは長い）．南西諸島の *P. kumayaensis* Y.-N. Nakamura, Fukumori & Fujikawa, 2010 はシノニムの可能性がある．東北，関東，中国．

エゾシダレコソデダニ（p.144）
Protoribates yezoensis (Fujikawa, 1983)

体長 0.56 mm．桁毛は吻毛より長い．桁間毛は吻を超えるほど長い．肛側毛のうち後の 2 対は最前のものの 2 倍の長さ．北海道．

キバシダレコソデダニ（p.145, 235）
Protoribates crassisetiger Choi, 1986

体長 0.49 mm．桁毛はかなり太く，先端は尖らない．肛側毛のうち後の 2 対は長い．基亜種は韓国で記載され，日本産は亜種 *nipponicus* Fujita, 1989 とされる（基亜種は，基節板毛と生殖側毛が長い）．長野県．

ハコネナガコソデダニ（p.145, 235）
Protoribates hakonensis Aoki, 1994

体長 0.38 mm．細長い体型．桁毛は相互間の距離より短いが，吻毛より長い．背孔 Aa の周辺から後方にかけて網目模様（表皮の体内側）の見られることがある．生殖側毛は生殖門と肛門の間の前から 1/4 の位置．肛側毛のうち後の 2 対は長い．神奈川県．

ナガコソデダニ（p.144）
Protoribates lophothrichus (Berlese, 1904)

体長 0.5 mm ほど．Fujikawa（1972），青木（1977）で図示されているが，胴感毛の形態から見て明らかに Berlese の種とは異なり，日本産の種については正体不明．日本では本属で最も普通種とされていたが，いくつかの種の混同かもしれず，同定不能である．検索図，全形図には出ていない．

イクドダニ属（p.56）
Edaphoribates

ナガコソデダニ属とは，胴感毛が棍棒状であることによって区別される．脚は 1 爪．全体の体型はむしろオトヒメダニ属に似る．

ツクバハタケダニ（p.56, 235）
Edaphoribates agricola (Y. Nakamura & Aoki, 1989)

体長 0.33 mm．前体部後縁あたりでの体高が低いため体型は別科のオトヒメダニ属に似るが，背孔がある．背孔は Aa と A_2 の 2 対しかない．背毛 10 対は明瞭．背板の体側にそって長く浅い溝がある（実体顕微鏡が見やすい）．吻毛の前で大きな段差があり，吻が突出する．生殖毛 4 対．基節板毛 2a は互いに接近し，3a は互いにやや縦に並んで接近する．茨城県，神奈川県，愛知県．

ブラジルシダレコソデダニ属（p.56, 145）
Triaungius

大型種を含む．ナガコソデダニ属とは，脚が 3 爪であることによって区別される．

ブラジルシダレコソデダニ（p.145, 236）
Triaungius varisetiger (Wen, Aoki & Wang, 1984) **comb. nov.**

体長 0.53 mm．胴感毛はケバ立ち，膨れない．最前列の生殖毛は他のものより長く，前列 2 対はケバがある．肛側毛のうち前の 2 対は短いが，後端の 1 対はその 2 倍以上の長さで体の輪郭からはみ出し，太く，ケバがある．はじめ *Xylobates* として記載され，後に *Protoribates* に移されていた．*Brasilobates spinosus* Fujita, 1989 **syn. nov.** はシノニム．中国で記載され，本州，九州にも分布する．

オオシダレコソデダニ（p.145, 236）
Triaungius magnus (Aoki, 1982) **comb. nov.**

体長 0.77 mm．背孔 A_1 は接近する 2 対に分離することがある．左右の背孔 A_1 間の距離は桁毛間の距離より明らかに離れている．背毛はごく微小．桁間毛は長い．肛側毛のうち後の 2 対はかなり長い．はじめ *Xylobates* として記載され，後に *Protoribates* に移されていた．関東以南，南西諸島．

オオマルシダレコソデダニ (p.145, 236)
Triaungius rotundus (Aoki, 2002) **comb. nov.**

体長 0.77 mm．背毛はごく微小．桁間毛の長さは中庸．左右の背孔 A_1 間の距離は桁毛間の距離より短い．背毛はごく微小．肛側毛のうち前の2対の長さは中庸．はじめ *Xylobates* として記載され，後に *Protoribates* に移されていた．小笠原諸島．

コソデダニ科
Haplozetidae

桁は狭く，前桁はない．側稜がある．翼状突起は巻き込む．以上のような特徴を持つ属の雑多な寄せ集めの科なので体型もいろいろ．翼状突起は可動または不動．背孔か背嚢が4対．脚は1爪か3爪．生殖毛は普通は4対か5対．背毛は明瞭なことが多いが，欠如しがちな属もある．和名は翼状突起の見立てで，フリソデダニ科の振り袖に対する小袖の意．

ホソコイタダニ属 (p.19, 54, 146)
Incabates

胴感毛は短い棍棒状で上向き，先端は丸く，決して尖らない．翼状突起は不動で張り出しは弱い．背板前縁は翼状突起前縁まで完全につながっている（しばしば胴感毛の近くで途切れているかのように見えるのは体内の輪郭である）．背毛（最大10対）がある場合は細く短い．背嚢4対．第2基節板の前縁と後縁の内畝は逆ハの字形で，第3基節板の後縁の内畝は短い．生殖毛は原則として4対．脚は3爪．別科のオトヒメダニ属に似るが，体型がはるかに細長く，前桁を持たず，基節板周縁線が腹面側縁に達する．なお側面から観察すると表面のカーブの陰影があたかも前桁のように見えることがある．*Lauritzenia* の亜属とされることがある（この属の基亜属は1爪）．

マツノキダニ (p.146, 236)
Incabates pinicola (Aoki & Ohkubo, 1974) **comb. nov.**

体長 0.31 mm．胴感毛は頭部に極微細なケバ．桁間毛に明瞭なケバ．背板前縁は直線的．翼状突起前縁は外方が前に傾く．背毛は p_1 以外は毛穴だけ．背嚢は小さく，特に後の3対は毛穴ほどの大きさ．第4脚転節の背面に刺がある．生殖毛が生殖門板の前半に2対しかなく肛側毛も2対なのでマブカダニ科の *Oripoda* とされていたが，基節板の形態はマブカダニ科ではない．さしあたり本属に移すのが適切と思われる．中部，近畿，四国．

トゲアシオトヒメダニ (p.146, 236)
Incabates dentatus (Katsumata, 1988) **comb. nov.**

体長 0.28 mm．胴感毛に微細だが明瞭なケバ．桁間毛に微細なケバ．背板前縁はカーブする．翼状突起前縁はほぼ水平．背毛は p_1 以外は毛穴だけ．背嚢は毛孔より大きい．第4脚転節の背面に刺がある．はじめ *Scheloribates* として記載された．*Haplozetes makii* Y.-N. Nakamura, Fukumori & Fujikawa, 2010 **syn. nov.** はシノニム．本州から南西諸島にかけて見られる本属の最普通種．

ホソコイタダニ (p.146, 236)
Incabates major Aoki, 1970

体長 0.47 mm．胴感毛は滑らか．背板前縁はカーブする．翼状突起前縁は外方が後に傾く．背毛は10対とも認められるが短い．背嚢はむしろ大きい．四国で樹上から記録された．

ブナオトヒメダニ (p.146, 236)
Incabates bunaensis (Fujikawa, 2004) **comb. nov.**

体長 0.43 mm．胴感毛に微細だが明瞭なケバ．桁間毛にごく微細なケバ．背板前縁はカーブする．翼状突起前縁は外方が後に傾く．背毛は10対とも認められ，かなり長い．背嚢はむしろ大きい．第4脚転節の背面に刺はない．はじめ *Scheloribates* として記載された．Fujikawa (1972) によって北海道から記録されたニュージーランドをタイプ産地とするヒメホソコイタダニ *I. angustus* Hammer, 1967 は明らかに原記載の種ではなく，本種かもしれない．北海道，秋田県，三重県．

ナンカイコソデダニ属 (p.54)
Indoribates

5亜属に分けられることがあるが，日本の種は基亜属に属する．*Sundazetes*, *Nixozetes* はシノニムとされる．基亜属の特徴は次の通り．体は楕円形．胴感毛は細長く，後方にしだれる．翼状突起は可動とされる．背毛10対．背嚢を持つ．生殖毛5対．脚は1爪．

ナンカイコソデダニ (p.54, 236)
Indoribates japonicus (Aoki, 1989)

体長 0.72 mm．翼状突起の前方の付け根のところに小さい切れ込みがある．背毛は細く，短い目．生殖門はかなり小さく，肛門の1/3 ほどの長さ．腹面の毛は概して太く，強いケバ．肛毛と肛側毛は特に太く，先端が尖らず，ケバは先端近くだけ．多良間島．

マルコソデダニ属 (p.55, 146)
Peloribates

体は円形または楕円形で，前体部は三角形に近い．翼状突起は可動とされ，三角形に近い．背毛14対はむしろ太く，ケバがある．体表面に凹孔構造を持つ種

が多い．生殖毛5対．脚は3爪．日本では17種以上が記録されているが，未記録種もまだかなり多いので，検索図に合致しても本文の解説に合わなければ別種の可能性が考えられる．

オオマルコソデダニ（p.146, 237）
Peloribates grandis (Willmann, 1930)

体長0.71 mmの大型種．胴感毛の先は細長い棍棒状．背板は凹孔がなく滑らか．背毛は短く，laはdaまでの距離より短い．グアテマラで記載されたが，日本（栃木県）ではタイから輸入した洋ランに付着して侵入したものと考えられている．

アヤノマルコソデダニ（p.146）
Peloribates lineatus Fujikawa, 2006

体長0.46 mm．背毛13対（c_1がない）は短い．胴感毛の先は短い棍棒状．体表はシワ模様．広島県で1頭採集されただけ．

マルコソデダニ（p.146）
Peloribates acutus Aoki, 1961

体長0.56 mm．胴感毛の先は膨らみが弱く鋭い紡錘形．背毛はかなり長く，漸次細まって先端はかなり細く鋭い．背板の凹孔は，中央部では背毛の直径ほどの大きさで，孔間の距離は孔の直径かやや狭いくらい．また前方の凹孔はそれより小さく，相対的に孔間の距離は広くなる．翼状突起の凹孔は小さくまばら．背嚢は細長く底の丸い棒状．本州，九州．

ニシノマルコソデダニ（p.147, 237）
Peloribates nishinoi Aoki, 1977

体長0.38 mm．胴感毛の先は球状．桁間毛の先端は丸く膨れる．背板はむしろ長楕円形．凹孔は背板と腹板のほか，前体部，翼状突起，生殖門板，肛門板にも見られる．背板中央部での凹孔は背毛の直径より大きく，孔間の距離は孔の直径ほど．背毛はケバがきわめて微細な太い棒状で，先端は膨れて丸まる．背嚢は小さな巾着型．北海道から九州まで．

ケダママルコソデダニ（p.147, 237）
Peloribates moderatus Aoki, 1984

体長0.31 mm．胴感毛は長く，先は短い棍棒状．凹孔は不鮮明で，背板と腹板のほか，前体部，翼状突起，口板，生殖門板，肛門板にも見られる．桁間毛の先端は桁毛ほど尖らない．背板中央部，前体部の凹孔は背毛の直径より小さく，孔間の距離は孔の直径の2倍以上．翼状突起の凹孔は小さいか，点刻．背毛の長さは中庸で，先端はケバがなく丸まるが膨らむことはない．

チビマルコソデダニ（p.147, 237）
Peloribates longisetosus (Willmann, 1930)

体長0.31 mm．グアテマラで記載されたがその種とは異なる可能性がある．日本産の図示・記載（Aoki & Nakatamari 1974）によれば体表には点刻だけで孔構造がないとされるが，不明瞭ながら孔構造は存在する．以下は日本産個体の特徴である．胴感毛は長く，先は短い棍棒状．桁間毛の先端は桁毛ほど尖らない．背板中央部の凹孔は背毛の直径より小さく，孔間の距離は孔の直径の2倍以上．前体部は，沖縄産では背板と同じく凹孔であるが，本州産は点刻．翼状突起の凹孔は小さいか，点刻．背毛の長さは中庸で，先端はむしろ丸い．背毛h_3はh_2に近接する．背嚢は巾着型．本州中央から南西諸島．

ハリアナマルコソデダニ（p.147, 237）
Peloribates levipunctatus Aoki, 1984

体長0.32 mm．胴感毛の先は棍棒状．凹孔は不鮮明で，背板中央と腹板だけに見られる．背板中央部の凹孔は背毛の直径より小さく，孔間の距離は孔の直径の2倍以上．背板前方と前体部は点刻．背毛はかなり長く，p系列の3対では先端は丸まるが膨らむことはない．背毛h_3はh_2に近接する．背嚢は巾着型．南西諸島．

リュウキュウマルコソデダニ（p.147, 237）
Peloribates ryukyuensis Aoki & Nakatamari, 1974

体長0.47 mm．胴感毛の先は棍棒状．背板はむしろ円形．凹孔は背板と腹板のほか，前体部，翼状突起，生殖門板，肛門板にも見られる．背毛はかなり長く（最長の背毛は背板の長さの1/2を超える），漸次細まって先端はかなり細く鋭い．南西諸島．

ハラマチマルコソデダニ（p.147, 237）
Peloribates haramachiensis Aoki, 1999

体長0.38 mm．吻の先は尖る．胴感毛の先は細めの棍棒状．凹孔は背板と腹板のほか，前体部，翼状突起，肛門板にも見られ，孔間に刻点を散布する．凹孔の輪郭はギザギザ．背板の凹孔は中央部に多く（しかしやや粗で孔間の距離はその直径より明らかに広い），大小が混じり，中央部の最も大きいものでも背毛の直径よりやや小さい．背毛の周囲のかなり広い範囲は凹孔がなく点刻のみ．翼状突起では，凹孔は背毛の直径より小さく，基部1/3ほどに粗に分布．前体部では，凹孔は背毛の直径より小さく粗に全体に分布．腹板中央部の凹孔は背毛の直径ほどで，孔間の距離はその直径ほど．生殖門板には点刻だけ．肛門板には中から小の

孔と点刻がある．背毛はケバが弱くて長く，漸次細まって先端は鋭く尖る．背毛のp系列は他の背毛と同長同型．背嚢は巾着型．湿地から採集された．福島県．

ツノマルコソデダニ（p.147, 237）
Peloribates prominens Fujikawa, 2006

体長 0.34 mm．ハラマチマルコソデダニに似るが，吻は軽く丸く突き出る．背板中央部での凹孔は背毛の直径よりやや大きく，孔間の距離はその直径前後でバラバラ．背板前縁付近では，凹孔は背毛の直径ほどで，孔間の距離はその直径より広い．翼状突起では，凹孔は背毛の直径より小さく，基部付近に数個あるのみ．前体部では，凹孔は背毛の直径より小さく，孔間距離も広く，前方ほど小さくなって，吻近くでは点刻だけ．腹板中央部の凹孔は背板中央部と同じ．背毛は中庸の長さ．広島県，三重県．

ケバマルコソデダニ（p.148, 237）
Peloribates barbatus Aoki, 1977

体長 0.37 mm．胴感毛の先は太い棍棒状．桁間毛の先端は桁毛ほど尖らない．背板中央部での凹孔は背毛の直径より明らかに小さく，孔間の距離はその直径ほどかやや広い．背板前縁では中央部よりやや大きくなる．翼状突起はスジ模様が目立ち，凹孔は背板中央部と同じくらいの大きさ．前体部での凹孔は，桁間毛間で背毛の直径ほど，桁毛間ではそれより大きくなる．腹板中央の凹孔は背板中央部より大きい．生殖門板の凹孔は小さい．肛門板では小さい凹孔と点刻．背毛は薄く着色し，中庸の長さで，先端近くまでほとんど細まらないことが多く，先端はにぶく尖る．背毛 h_1 はやや長く，先端は尖りがち．背毛のケバは先端付近で太くなる．背嚢は内部構造が小さい．本州，九州．

オオミネマルコソデダニ（p.148, 238）
Peloribates ominei Nakatamari, 1985

体長 0.43 mm．吻は突出しない．胴感毛は長く，先は棍棒状．桁間毛の先端は桁毛ほど尖らない．凹孔は全面に見られる．背板の凹孔は，中央部で背毛の直径より小さく，孔間距離は孔の直径ほどかやや狭い．背板前縁から翼状突起の近くにかけて背毛の直径くらいの大きさになり，孔間距離がやや狭くなる．翼状突起の凹孔は，直径が背板のものの2倍で，孔間距離は狭い．前体部の凹孔は，背板近くでは背板中央のものと同じ直径だが，桁毛あたりの中央では翼状突起のものと同じくらいに大きくなり，孔間距離も狭まる．腹板中央の凹孔は，背板中央のものの1.5倍の直径で，孔間距離はその直径より狭い．口板，生殖門板，肛門板の凹孔は，背板のものと同じくらいの大きさ．背毛は

ケバが弱く，中庸の長さで，漸次細まり，先端は尖りぎみ．背毛 c_1 は相互間の距離より短い．背毛 p_1 は短く，先端の尖り方が弱い．背嚢は内部構造が小さい．*Acutozetes izumiensis* Fujikawa, 2011 **syn. nov.** はシノニム．愛媛県，鹿児島県，南西諸島．

ホトリマルコソデダニ（p.148）
Peloribates latus Fujikawa, 2006

体長 0.36 mm．胴感毛の先は棍棒状．桁間毛の先端は桁毛ほど尖らない．背板の凹孔は，中央部で背毛の直径ほどかそれより大きく，孔間距離は孔の直径ほどかやや狭い．背板前縁の1列はやや小さい．翼状突起の凹孔は，大小の大きさが入り混じる．前体部，腹板中央の凹孔は，背板中央部ほどの大きさ．口板では，小さいものから刻点までが入り交じる．生殖門板は刻点のみ．肛門板の凹孔は，小さいものと刻点．背毛はケバが弱く，中庸の長さで，漸次やや細まり，先端は鈍く尖る．背毛 p_1 はやや短い程度．背嚢は内部構造が小さい．鹿児島県の *P. fumotoensis* Fujikawa, 2011 は生殖門板に刻点と孔があるほかは区別点がなく，おそらくシノニム．広島県．

ミナミマルコソデダニ（p.148, 238）
Peloribates rangiroaensis Hammer, 1972

体長 0.4 mm ほど．胴感毛の先は棍棒状．桁間毛の先端は尖らない．背板はむしろ円形．凹孔は背板と腹板のほか，前体部，翼状突起，口板，生殖門板，肛門板にも見られる．背板中央部での凹孔は背毛の直径よりやや大きく，孔間の距離は孔の直径ほど．背毛は短い棒状．背嚢は小さな巾着型．基亜種はタヒチで記載され，日本（南西諸島）と中国のものは亜種 *asiaticus* Aoki & Nakatamari, 1974 とされる．南西諸島．

エゾマルコソデダニ（p.148, 238）
Peloribates yezoensis Fujikawa, 1986

体長 0.37 mm．吻は軽く丸く突き出るが原記載図ほど大きくない．胴感毛の先は棍棒状．桁間毛の先端は桁毛ほど尖らない．凹孔は全面に見られる．背板の凹孔は，中央部で背毛の直径より明らかに大きく，孔間距離は孔の直径より狭い．背板前縁に沿う1列の凹孔は小さい．背板前縁から翼状突起の近くにかけて孔間距離が狭くなる．翼状突起中央部，前体部の桁毛あたりの中央部，腹板中央部では，凹孔は背板中央部のものよりやや大きい．生殖門板の凹孔は，小さいものから点刻に近いものまでばらつきがあり，まばら．肛門板の凹孔は背板中央部のものよりやや小さい．背毛はケバが弱く，短く，漸次少し細まり，先端はにぶく尖る．背毛 p_1～p_3 は他の毛よりやや短く，先端の尖り

方が弱い．背嚢は内部構造が小さい．北海道．

ヨコナガマルコソデダニ属（新称）(p.55)
Acutozetes

マルコソデダニ属に似るが，はるかに大型で，脚は1爪，背毛は長く尖り，背嚢は二股に分かれることが多い．生殖毛5対．

ヨコナガマルコソデダニ (p.55, 238)
Acutozetes formosus (Nakatamari, 1985) **comb. nov.**

体長0.60 mm．吻の先は円盤状に突出する．胴感毛は長く，先はやや細めの紡錘形．背毛は中庸の長さで，根元ではかなり太いが漸次細まり，先端は尖る．凹孔は鮮明で，全面に見られるが，翼状突起の外方にはなく，また生殖門板，肛門板のものは小さくまばら．背板中央部での凹孔は背毛の直径よりやや小さく，孔間の距離は孔の直径よりやや短い．背嚢は特異な形で，太いT字型．はじめ*Peloribates*として記載された．沖縄本島．

ツノコソデダニ属 (p.18)
Rostrozetes

背板前縁が3つのアーチからなっているのが特徴．後体部は楕円形，体表は明瞭な凹孔構造を示す．翼状突起は可動とされる．背毛10対．脚は1爪．桁毛の前方にツノがあって和名の由来になっている．背板側面に溝構造の明瞭なグループと無いか不明瞭なグループがあり，日本産の種（1種のみ）は明瞭なグループに属する．個体変異が大きいとされたこともあるが，固定した地理的変異の可能性が高く，種・亜種の整理が必要である．日本産は1種とされている．

ツノコソデダニ (p.18, 238)
Rostrozetes ovulum (Berlese, 1908)

体長0.35 mmほど．原記載には日本，ジャワ島，北米（フロリダ）の標本が使われたらしいが，フロリダの標本がレクトタイプに指定された（Norton & Kethley, 1989）．しかし日本産では背板にやや明瞭な溝構造があるため別種の可能性がある．溝より内側は凹孔のある部分で，外側は縁に垂直なシワ模様（実は凹孔が数珠状に融合したもの）である．背板背側は翼状突起のところで溝の上に大きく張り出し，その後方でも軽く張り出す．前体部，翼状突起の凹孔は後体部背面のものより大きい．背板の凹穴は後方ほど小さい．体側では孔間のつなぎが盛り上がり，そのため体の輪郭や縁構造の輪郭線はイボ状の凸凹に見える．全国．

ケタフリソデダニ科
Parakalummidae

翼状突起が大きく耳状に発達し，可動．閉じると脚が隠れる．背嚢を持つ．桁は畝状．翼状突起には背毛がない．なお kalumma を語尾とする属名の性は国際動物命名規約（第4版）条30.1.2に従い中性である（kalumma と同じ語源でフリソデダニ科に多い galumna 語尾の属名の性は条30.2.4に従い女性）．

カドフリソデダニ属 (p.66, 149)
Parakalumma

翼状突起の前端に鋭角に尖る角（かど）があるのが和名の由来．フクロフリソデダニ属 *Neoribates* の亜属とされることがある．

カドフリソデダニ (p.149, 238)
Parakalumma robustum (Banks, 1895)

かなり大型で体長0.89 mm．胴感毛はほとんど膨れのない棍棒状で，弱いケバがある．タイプ産地は北米で2亜種からなるが，日本産は亜種の所属が決まっていない（日本産の体長は基亜種に近い）．南西諸島．

コシフリソデダニ (p.149, 238)
Parakalumma koshiense (Y.-N. Nakamura, 2009)

体長0.68 mm．吻が突出するが，前から見ないと観察できない．熊本県．

ホソフリソデダニ属 (p.66, 149)
Protokalumma

体は細長い卵形．胴感毛は先端が膨らむ．

ホソフリソデダニ (p.149, 238)
Protokalumma parvisetigerum (Aoki, 1965)

体長0.51 mm．次種より小型．胴感毛が短い棍棒状であることが特徴．全国．

ザマミフクロフリソデダニ (p.149, 238)
Protokalumma elongatum (Aoki, 2009)

体長0.83 mm．大型種で，翼状突起の比較的短い体型が特徴．前体部の3対の毛はきわめて長く，弱いケバ．胴感毛には紡錘形であるが，先端はそれほど鋭く尖らない．三重県，南西諸島．

フクロフリソデダニ属 (p.66, 149)
Neoribates

体はやや幅広い卵形．背毛は毛穴だけ．背板前縁は途切れない．

マルフクロフリソデダニ （p.149, 239）
Neoribates rotundus Aoki, 1982

体長 0.81 mm．本属の中ではかなり体幅が広いのが特徴．吻は丸く突出する．吻毛，桁毛のケバは弱く，桁間毛は滑らか．背毛 ti の外側に明斑がある．

マルガオフクロフリソデダニ （p.149, 239）
Neoribates pallidus Aoki, 1988

体長 0.56 mm．かなり体色が薄く，わかりやすい種の特徴になっている．最前の肛側毛は肛門からかなり離れて位置する．吻毛，桁毛，桁間毛のケバは明瞭．胴感毛に弱いケバ．後体部の背毛，背囊，裂孔は，後部を除いてほぼ直線状に並ぶ．樹上からも見つかっている．*N. alius* Fujikawa 2007 はシノニムとされる．四国．

ヒビフクロフリソデダニ （p.150, 239）
Neoribates rimosus Suzuki, 1978

体長 0.53 mm．背板，翼状突起に微細な線刻，前体部に小顆粒，腹板と肛門板に微点刻．吻毛，桁毛，桁間毛は滑らか．胴感毛に弱いケバ．関東．

ミナミフクロフリソデダニ （p.150, 239）
Neoribates similis Fujikawa 2007

体長 0.55 mm．背囊は小さい．日本で従来フクロフリソデダニ *N. roubali* (Berlese, 1910) と同定されていた種ではないかと思われる（全形図はその種）が，区別点がわからないのでシノニムとされる可能性がある．本属では最普通種で北海道から南西諸島．

オオフクロフリソデダニ （p.150, 239）
Neoribates macrosacculatus Aoki, 1966

体長 0.66 mm．背囊の大きさに雌雄異形が見られ，♀ではかなり大きく，♂では前種くらいである．♂は前種に似るが，前体部の毛のケバの状態で区別できる．中部以南の本州．

フリソデダニ科
Galumnidae

世界で 30 属以上，400 種以上を含む大きな科．褐色から黒褐色でつやがある．生殖毛 6 対．可動の耳状の翼状突起（和名はこれを振り袖に見立てたもの）を持ちケタフリソデダニ科に似るが，背囊の代わりに背孔で，桁はないか畝状にならず隆起線，翼状突起に背毛が生える．見かけがケタフリソデダニ科に似ているのは系統的に近いのではなく，進化の収斂と考えられている．胴感杯から伸びる隆起線がある場合は S 線（亜桁線）と呼ばれ，平行して体中側に並ぶ隆起線がある場合は L 線（桁線）と呼ばれる．

ヤンバルフリソデダニ属 （p.64）
Allogalumna

前体部側面に S 線があって，L 線がない．背板前縁は中央でとぎれる．前体部は丸っこい．小型．背板に背毛はなく，1 個の中央孔をもつ．

ヤンバルフリソデダニ （p.64, 239）
Allogalumna rotundiceps Aoki, 1996

体長 0.22 mm．胴感毛に特徴があり，半開きの扇子状で，先端にケバがある．裂孔 im は中央寄りにある．鹿児島県から沖縄本島．

ヤマトフリソデダニ属 （p.64）
Disparagalumna

前体部側面に L 線も S 線もない．胴感毛は紡錘形．桁間毛は長い．背板前縁は中央でとぎれる．背毛は短いが認められる．背孔 Aa は二つに分裂する．

ヤマトフリソデダニ （p.64）
Disparagalumna rostrata Fujikawa, 2008

体長 0.47 mm．胴感毛は中庸の太さ．二つの背孔 Aa は小さい．愛媛県．

カザリフリソデダニ属 （p.65, 150）
Cosmogalumna

背板の一部または全面に亀甲模様．胴感毛はしゃもじ形でケバがある．背毛は毛穴のみ．

カザリフリソデダニ （p.150, 239）
Cosmogalumna ornata Aoki, 1988

体長 0.33 mm．背板，腹板に亀甲模様．前体部背面，翼状突起，生殖板の体軸より，肛門板に顆粒．背孔の外表皮には顆粒．トカラ列島．

ヒロヨシカザリフリソデダニ （p.150, 239）
Cosmogalumna hiroyoshii Y. Nakamura & Fujikawa, 2004

体長 0.34 mm．背板中央，翼状突起のほぼ全面，腹板に亀甲模様．前体部背面，背板側面，背孔周辺，翼状突起の特に外縁，基節板に顆粒．生殖板，肛門板には一回り大きな顆粒があり，生殖板の顆粒の下には不明瞭な縦縞．石垣島．

ヨナグニカザリフリソデダニ （p.150, 239）
Cosmogalumna yonaguniensis (Aoki, 2009)

体長 0.32 mm．前体部は平滑．背板，翼状突起の内縁，腹板，生殖板，肛門板に亀甲模様．翼状突起の外縁に顆粒．生殖板に縦縞．背孔の外表皮には一つの瘤とそれを取り巻く小顆粒．与那国島．

フリソデダニ属 (p.65, 151)
Galumna
　前体部側面の L 線と S 線が平行にカーブする．桁毛は L 線の上または後方（L 線と S 線の中間）に生じる．古い属なので，やや雑多なグループである．

リュウキュウフリソデダニ (p.151, 240)
Galumna flabellifera Hammer, 1958
　体長 0.34 mm．背板前縁の中央はわずかにへこむ．胴感毛は反った棍棒状で，ケバがある．裂孔 im は背毛 ti と ms の間に位置する．南アメリカから記載され，タイと南西諸島からも発見された．日本産は亜種 orientalis Aoki, 1965 とされる．

チュウジョウフリソデダニ (p.151, 240)
Galumna chujoi Aoki, 1966
　体長 0.71 mm．胴感毛は平らなしゃもじ形．翼状突起に目立つ刻印はない．中部以南の本州，西表島．

ツブフリソデダニ (p.151, 240)
Galumna granalata Aoki, 1984
　体長 0.32 mm．胴感毛は棍棒状．背孔は小さめ．翼状突起の顆粒は 20 個ほどで，尖っている．鹿児島県，南西諸島．

コンボウフリソデダニ (p.151, 240)
Galumna planiclava Hammer, 1973
　体長 0.33 mm．胴感毛は棍棒状．背孔は大きめ．トンガから記載され，南西諸島産は亜種 ishigakiensis Aoki, 1982 とされる．

ナガモンフリソデダニ (p.151, 240)
Galumna longiporosa Fujikawa, 1972
　体長 0.71 mm．L 線の背面側の半分は不明瞭．胴感毛はかすかに膨れる紡錘形で先端が滑らかに尖る．背孔 A_2, A_3 は融合して 1 本のリボン状になることが多い．北海道．

クサビフリソデダニ (p.151, 240)
Galumna cuneata Aoki, 1961
　体長 0.67 mm．胴感毛は棍棒状．裂孔 im は背穴 A_1 の外側で，背毛 r_3 と油腺の間に位置する．東北から近畿．

トウヨウフリソデダニ (p.151, 240)
Galumna triquetra Aoki, 1965
　体長 0.50 mm．胴感毛は紡錘形で，かなり軸の方まで微細なケバがある．背毛 ti-ti 間は ms-ms 間の半分強の長さ．タイから記載され，沖永良部島，与論島でも発見された．

トウキョウフリソデダニ (p.151, 240)
Galumna tokyoensis Aoki, 1966
　体長 0.61 mm．背面から見ると L 線が中央に大きく張り出しているのは本種の大きな特徴．吻は尖る．胴感毛は短い紡錘形．裂孔 im は背穴 A_1 の外側で，背毛 r_3 と油腺の間あたりに位置する．*G. cavernalis* Fujikawa, 2007 **syn. nov.** はシノニム．本州．

アズマフリソデダニ属 (p.64)
Dimidiogalumna
　前体部側面には L 線があって，S 線はない．

アズマフリソデダニ (p.64, 240)
Dimidiogalumna azumai Aoki, 1996
　体長 0.33 mm．翼状突起に平行の線条がある．胴感毛は平滑な棍棒状．背板に 1 個の中央孔をもつ．神奈川県，沖縄本島．

チビゲフリソデダニ属 (p.65, 152)
Trichogalumna
　背板前縁は途切れる．背孔 A_1, A_2，背毛 ms, r_2, r_3，油腺，裂孔 im は互いに近接．翼状突起と背孔にかすかだが種特異的な模様（つぶしたプレパラート標本でないと観察しにくい）．しばしば顆粒横帯が左右の背孔 A_1 間やや前方と，生殖門と肛門の中間に見られる．日本では 1 種でさまざまな環境に広く生息していると考えられていたが，環境によって棲み分けをする複数の種で構成されることがわかった．個々の種の環境適応性は決して高くない．分割前の学名を引き継いだ *T. nipponica*（旧名チビゲフリソデダニ）はむしろ稀種．

クロミズフリソデダニ (p.152, 241)
Trichogalumna hygrophila Ohkubo, 1984
　体長 0.39 mm．濃色．背毛は短く翼状突起上の毛は 25μm ほど．背孔は小さく Aa で 10×7μm の楕円．翼状突起は明瞭な皺や顆粒の刻印．背板に顆粒横帯はない．生殖門板，肛門板に微細な縦縞がある．湿生地のコケから得られている．近畿．

ミズフリソデダニ (p.152, 241)
Trichogalumna nipponica (Aoki, 1966)
　体長 0.38 mm．胴感毛は数個のかすかなケバを持ち，先端が小さく尖る紡錘形．背毛は短く翼状突起上の毛は 25μm ほど．背孔は大きく Aa で 15×13μm の楕円．背板，腹板に顆粒横帯はない．翼状突起は全面にごくかすかなチリメン皺があるが，他の体表はどこも

ほとんどツルツルで，本属の中では最も特徴の乏しい種．コケから得られるようである．関東，近畿．

キノボリフリソデダニ（p.152, 241）
Trichogalumna arborea Ohkubo, 1984

体長 0.38 mm．胴感毛が半球状に丸まり 1 個の刺以外ツルツル（他の種は先が尖る紡錘形で大なり小なりギザギザがある）．背毛は長く翼状突起上の毛は 35μm ほど．背孔 Aa は 13×10μm の楕円．背板の顆粒横帯は顆粒の径が大きく不明瞭．幅板の顆粒横帯は顆粒の径がやや小さくやや明瞭．低木の枝や，幹のコケで見られるが，地表からも得られる．谷本（1980）によると三重県では主に成虫越冬し，年 2〜3 世代（親ダニの出現初めは 6 月末頃，8 月中旬，一部 9 月下旬）とされている．寿命が長いため，成ダニは年中見られる．♂の性比は年間をとおして 1％にも満たない．全国．

スジチビゲフリソデダニ（p.152, 241）
Trichogalumna lineata Ohkubo, 1984

体長 0.34 mm．背孔の表面に多数の細い平行線の刻印．翼状突起の刻印は線模様だけ．草原のような開けた環境にいる最普通種．これまでチビゲフリソデダニの名前で記録されてきた個体はこの種である可能性が高い．*T. trowella* K. Nakamura, Y.-N. Nakamura & Fujikawa, 2013 **syn. nov.** はシノニム．北海道から九州．

ツブチビゲフリソデダニ（p.152, 241）
Trichogalumna granuliala Ohkubo, 1984

体長 0.33 mm．翼状突起の前半の刻印はツブツブだけ．生殖門板にツブツブのある個体とない個体がいる．草原のような開けた環境にいる．近畿．

キメラチビゲフリソデダニ（p.152, 241）
Trichogalumna chimaera Ohkubo, 1984

体長 0.33 mm．一見スジチビゲフリソデダニに似るが，背穴の模様がスジでなく畝状であること，翼状突起の後方は線模様だが前縁に多かれ少なかれツブツブがあることで区別できる．草原のような開けた環境にいる．北海道，近畿．

ハヤシチビゲフリソデダニ（p.152, 241）
Trichogalumna imperfecta Ohkubo, 1984

体長 0.30 mm．翼状突起のつけ根に粗にツブツブ．林地の土壌環境にいる．近畿．

シワフリソデダニ属（p.65）
Orthogalumna

前体部側面の L 線はカーブが弱くて S 線と平行に走らず，前ほど距離が離れる．背毛はない．

シワフリソデダニ（p.65, 241）
Orthogalumna saeva Balogh, 1961

体長 0.59 mm．L 線は吻毛と桁間毛を結ぶ．桁毛は太い．胴感毛は細い棍棒状．背孔 Aa は長い折れ釘形で，A_1 は大きな円形，A_3 は長細い．マダガスカルで記載され，沖縄島でも発見された．

ハゲフリソデダニ属（p.65, 153）
Pergalumna

前体部側面の L 線と S 線が平行にカーブする．桁毛は L 線の前方に生じる．背毛はない．

マルハゲフリソデダニ（新称）（p.153, 241）
Pergalumna rotunda Stary, 2005

体長 0.86 mm．日本のハゲフリソデダニ属のほとんどの種は背板前縁がなく背孔 3 対か背板前縁があり背孔 4 対かのどちらかのグループに分けられるが，本種だけはその中間型を示す．背板はむしろ横長のため，全形は丸っぽい．吻は尖る．生殖門板に縦シワ．鳥取県．

ムチフリソデダニ（p.153, 242）
Pergalumna magnipora (Hammer, 1961)

体長 0.81 mm．胴感毛はムチ状で，ごく微細なケバがある．Aa は長い楕円形．ペルーで記載され，日本産は亜種 *capillaris* Aoki, 1961 とされる．基亜種には背板に中央孔があるが，日本産亜種にはない．*P. filiformis* Fujikawa, 2007 **syn. nov.** は日本産亜種のシノニム．本州から南西諸島．

ザラメフリソデダニ（p.153, 242）
Pergalumna granulata Balogh & Mahunka, 1967

体長 0.41 mm．体全体が顆粒に覆われているので容易に区別できる．前体部の顆粒は細かい．生殖門板には顆粒の他に縦隆起がある．胴感毛はブラシ状のケバ．ベトナムで記載され，沖縄島でも発見された．

アラゲフリソデダニ（p.153, 242）
Pergalumna intermedia Aoki, 1963

体長 0.45 mm．胴感毛はブラシ状のケバがあり，ケバの分だけ太く見えるが，軸部は先端までほぼ同じ太さ．生殖門板に 2 本（ときに 3 本）の縦すじ．吻は半円状に突出する．前体部，背板，翼状突起の全面にごく微細な点刻．背孔 Aa は楕円形．*P. rima* Fujikawa, 2007 **syn. nov.**, *P. chiyukiae* Fujikawa, 2011 **syn. nov.** はシノニム．全国．

オオアラゲフリソデダニ（新称） (p.153, 242)
Pergalumna tsurusakii Stary, 2005
　体長 0.61 mm．胴感毛はブラシ状のケバ．生殖門板に 5 本の縦すじ．吻は尖る．鳥取県．

アキタフリソデダニ (p.154, 242)
Pergalumna akitaensis Aoki, 1961
　体長 0.68 mm．本属の中で，桁間毛が短いのは本種と次種だけである．背孔 Aa は弱い楔形．胴感毛は棍棒状でわずかにケバがある．東北，関東．

ナガアナフリソデダニ (p.154, 242)
Pergalumna longiporosa Fujita & Fujikawa, 1987
　体長 0.60 mm．アキタフリソデダニに似ているが，背孔 Aa がかなり長いので区別できる．北海道．

ハルナフリソデダニ (p.154, 242)
Pergalumna harunaensis Aoki, 1961
　体長 0.56 mm．背孔 Aa はやや長い三角形で，輪郭は滑らか．胴感毛は棍棒状でわずかにケバがある．吻は鋭く尖り，両脇に 1 対の刺を持つ（つぶした標本でないと観察できない）．本種は Engelbrecht (1972) によりアフリカ産 *P. altera* (Oudemans, 1915) に同じとされていたが，脚の毛の形状が異なるので分割しておく．韓国産の *P. altera* Aoki, 1975 とも異なる．本州，九州．

アオキフリソデダニ (p.154, 242)
Pergalumna aokii Nakatamari, 1982
　体長 0.60 mm．背孔 Aa は長楕円や楔形で，輪郭は滑らか．胴感毛は細い紡錘形でわずかにケバがある．吻は鋭く尖る．南西諸島．

コンボウフリソデダニ (p.151, 154, 240)
Pergalumna virga Fujikawa, 2007
　体長 0.70 mm．背孔 Aa は長く，輪郭はギザギザ．翼状突起と体表全面に明瞭な刻印がある．タイプ標本にはハルナフリソデダニが混在しているので，原記載の記述は役に立たない．愛媛県．

ヨロンフリソデダニ (p.154, 242)
Pergalumna hastata Aoki, 1987
　体長 0.73 mm．胴感毛は細い紡錘形でなめらか．背孔 Aa は長く，いびつ．与論島，久米島．

アマミフリソデダニ (p.154, 243)
Pergalumna amamiensis Aoki, 1984
　体長 0.54 mm．背孔 Aa は長い楔形で，輪郭はなめらか．生殖門板に縦列の小刻印と小じわ，肛門板に微細点刻．神奈川県，奄美大島．

フリソデダニモドキ科
Galumnellidae

　フリソデダニ科より前体部の幅が狭く，後体部の幅が広い．体表はざらつく．胴感毛は長く，後方へしだれ，ケバがあって先端が尖る．鋏角はきわめて細長い（peloptoid 型）．吻は尖りぎみ．背面から見た後体部は下膨れで，翼状突起を閉じて脚を格納すると体全体がおにぎり形になる．桁は大きく膨らみ，前方に突出する．

フリソデダニモドキ属 (p.21, 154)
Galumnella
　脚を除く体表は全面に密に点刻．背面，腹面には弱く隆起した大柄の網目線模様がある．背孔，背嚢はない．生殖毛 6 対．

フリソデダニモドキ (p.154, 243)
Galumnella nipponica Suzuki & Aoki, 1970
　体長 0.47 mm．濃色．桁毛，桁間毛，背毛は微小．胴感毛はほとんど膨れないが，片面が弱いブラシ状のため少し膨らんでいるように見える．背板の網目模様は中央だけ．翼状突起の外縁近くはシワ状（シワの強弱は地理変異がありそう）．生殖門板前縁に位置する生殖毛は 3 対（2 対になる変異はある）．*G. angustifrons* Aoki, 1970 はシノニムとされる．関東から南西諸島．

オキナワフリソデダニモドキ (p.154, 243)
Galumnella okinawana Aoki, 2009
　体長 0.29 mm．前種よりはるかに小型．赤褐色．桁毛，桁間毛，背毛はない．胴感毛の先は強く膨れた短い紡錘形で，先端近くの片側に短いケバがある．背板の網目模様は中央だけ．生殖門板前縁に位置する生殖毛は 2 対だけ．南西諸島．

本書ではじめて提唱した命名法行為

(1) 不適格名　前の学名は，後の不適格名に代わる有効名．
イブリダニ属（この項目については本書ではじめて提唱したのではないが，有効名とされることがあるので確認のために記しておく）
　　有効名　*Epilohmannoides* Jacot, 1936
　　不適格名　*Iburidania* Aoki, 1959 **nom. nud.**
イブリダニ（この項目については本書ではじめて提唱したのではないが，有効名とされることがあるので確認のために記しておく）
　　有効名　*Epilohmannoides kishidai* Ohkubo, 2002
　　不適格名　*bipectinata* in *Iburidania bipectinata* Aoki, 1959 **nom. nud.**
カタスジスナツブダニ
　　有効名　*Graptoppia crista* Ohkubo, 1996
　　不適格名　*cristata* in *Graptoppia cristata* Ohkubo, 1996 **nom. nud.**

(2) シノニム関係　前の学名は本書ではじめて採用した有効名（古参シノニム），2番目以降は無効名（新参シノニム）．
シダレツブダニ属
　　Ptiloppia Balogh, 1983
　　= *Parasynoppia* Aoki, 1983 **syn. nov.**
フサゲモンツキダニ
　　Allonothrus sinicus Wang & Norton, 1988
　　= *A. henroi* Fujikawa, 2004 **syn. nov.**
キョジンダニ
　　Apolohmannia gigantea Aoki, 1960
　　= *Perlohmannia heterosa* Fujikawa, 2008 **syn. nov.**
ヒビワレイブシダニ
　　Carabodes rimosus Aoki, 1959
　　= *C. cerebrum* Fujikawa, 1993 **syn. nov.**
　　= *C. silvosus* Fujikawa, 2004 **syn. nov.**
ナミヨスジダニ
　　Coronoquadroppia parallela Ohkubo, 1995
　　= *C. trapezoidea* Fujikawa, 2004 **syn. nov.**
マガリジュズダニ
　　Epidamaeus flexus Fujikawa & Fujita, 1985
　　= *E. angulatus* Fujikawa & Fujita, 1985 **syn. nov.**
ワタゲジュズダニ
　　Epidamaeus fragilis Enami & Fujikawa, 1989
　　= *Damaeus longiseta* Fujikawa, 2006 **syn. nov.**
ヒメハラミゾダニ
　　Epilohmannia pallida pacifica Aoki, 1965
　　= *E. foveolata* Fujikawa, 2008 **syn. nov.**
　　= *E. rubra* Fujikawa, 2010 **syn. nov.**
オオハラミゾダニ
　　Epilohmannia ovata Aoki, 1961
　　= *E. vicina* Fujikawa, 2008 **syn. nov.**
イブリダニ
　　Epilohmannoides kishidai Ohkubo, 2002
　　= *E. setoensis* Fujikawa, 2008 **syn. nov.**
アオキマドダニ
　　Flagrosuctobelba naginata (Aoki, 1961)
　　= *Suctobelbella aokii* Chinone, 2003 **syn. nov.**
ウモウチビマドダニ
　　Flagrosuctobelba plumosa (Chinone, 2003)
　　= *Suctobelbella muronokiensis* Fujikawa, 2004 **syn. nov.**
トウキョウフリソデダニ
　　Galumna tokyoensis Aoki, 1966
　　= *G. cavernalis* Fujikawa, 2007 **syn. nov.**
イカリダニ
　　Ghilarovus saxicola Aoki & Hirauchi, 2000
　　= *G. sanukiensis* Fujikawa, 2006 **syn. nov.**
エゾニオウダニ
　　Hermannia hokkaidensis Aoki & Ohnishi, 1974
　　= *H. shimanoi* Aoki, 2006 **syn. nov.**
アミメマントダニ
　　Heterobelba stellifera Okayama, 1980
　　= *H. montana* Fujikawa, 2004 **syn. nov.**
ミズモンツキダニ
　　Hydronothrus longisetus (Berlese, 1904)
　　= *T. ashoroensis* Fujikawa, 2000 **syn. nov.**
　　= *T. porticus* Fujikawa, 2000 **syn. nov.**
トゲアシオトヒメダニ
　　Incabates dentatus (Katsumata, 1988)
　　= *Haplozetes makii* Y.-N. Nakamura, Fukumori & Fujikawa, 2010 **syn. nov.**
カノウニオウダニ
　　Lawrencoppia kanoi (Aoki, 1959)
　　= *Hermannia maruokaensis* Y. Nakamura, Y.N. Nakamura, Hashimoto & Gotoh, 2009 **syn. nov.**
チエブンタマゴダニ
　　Liacarus chiebunensis chiebunensis Fujita & Fujikawa, 1984
　　= *L. c. akkeshi* Aoki, 2006 **syn. nov.**
ミヤマタマゴダニ
　　Liacarus contiguus Aoki, 1969
　　= *L. pseudocontiguus* Fujikawa, 1991 **syn. nov.**
アシュウタマゴダニ
　　Liacarus latilamellatus Kaneko & Aoki, 1982
　　= *L. luscus* Hirauchi, 1998 **syn. nov.**
エゾタマゴダニ
　　Liacarus yezoensis Fujikawa & Aoki, 1970
　　= *L. arduus* Fujikawa, 1989 **syn. nov.**
ノコメダニ
　　Mabulatrichus litoralis Aoki & Hirauchi, 2000
　　= *M. kumayaensis* Y.-N. Nakamura, Fukumori & Fjikawa, 2010 **syn. nov.**
チビコナダニモドキ
　　Malaconothrus pygmaeus Aoki, 1969
　　= *M. setoumi* Fujikawa, 2005 **syn. nov.**
ナゴヤコブツブダニ
　　Medioxyoppia nagoyae Ohkubo, 1991
　　= *M. hamata* Fujikawa, 2004 **syn. nov.**
タモウツブダニ
　　Multioppia brevipectinata Suzuki, 1975
　　= *M. crassuta* Fujikawa, 2004 **syn. nov.**
亜種
　　Multioppia brevipectinata brevipectinata Suzuki, 1975
　　= *M. b. lenis* Fujita & Fujikawa, 1986 **syn. nov.**
ノシダニ
　　Caenosamerus spatiosus (Aoki, 1977)
　　= *Caenosamerus shirakamiensis* Fujikawa, 2002 **syn. nov.**

ヤハズザラタマゴダニ
  Neoxenillus heterosetiger (Aoki, 1967)
  = *N. scopulus* Fujikawa, 2004 **syn. nov.**
ハナビラオニダニ
  Nothrus anauniensis Canestrini & Fanzago, 1876
  = *N. ashoroensis* Fujikawa, 1999 **syn. nov.**
  = *N. sadoensis* Fujikawa, 1999 **syn. nov.**
アジアオニダニ
  Nothrus asiaticus Aoki & Ohnishi, 1974
  = *N. akitaensis* Fujikawa, 1999 **syn. nov.**
オオアミメオニダニ
  Nothrus borussicus Sellnick, 1928
  = *N. ishikariensis* Fujikawa, 1999 **syn. nov.**
エゾアミメオニダニ
  Nothrus ezoensis Fujikawa, 1999
  = *N. hatanoensis* Fujikawa, 1999 **syn. nov.**
ヘラゲオニダニ
  Nothrus meakanensis Fujikawa, 1999
  = *N. taisetsuensis* Fujikawa, 1999 **syn. nov.**
モリカワエラバダニ
  Odontocepheus beijingensis Wang, 1997
  = *O. morikawai* Fujikawa, 2012 **syn. nov.**
イカリガタホオカムリダニ
  Oripoda variabilis (Aoki & Yamamoto, 2007)
  = *T. gozeensis* Y.-N. Nakamura, 2009 **syn. nov.**
オオミネマルコソデダニ
  Peloribates ominei Nakatamari, 1985
  = *Acutozetes izumiensis* Fujikawa, 2011 **syn. nov.**
アラゲフリソデダニ
  Pergalumna intermedia Aoki, 1963
  = *P. rima* Fujikawa, 2007 **syn. nov.**
  = *P. chiyukiae* Fujikawa, 2011 **syn. nov.**
ムチフリソデダニ
  Pergalumna magnipora capillaris Aoki, 1961
  = *P. filiformis* Fujikawa, 2008 **syn. nov.**
ヒレアシダニ
  Podopterotegaeus tectus Aoki, 1969
  = *P. miyamaensis* Fujikawa, 2008 **syn. nov.**
カタビロシダレコソデダニ
  Protoribates gracilis (Aoki, 1982)
  = *Xylobates brevisetosus* Fujita, 1989 **syn. nov.**
ヒメヨスジダニ
  Quadroppia hammerae Minguez, Ruiz & Subías, 1985
  = *Q. minima* Fujikawa, 2004 **syn. nov.**
ナシロスッポンダニ
  Scapheremaeus nashiroi Nakatamari, 1989
  = *S. tosaensis* Fujikawa, 2005 **syn. nov.**
アオキダルマヒワダニ
  Sellnickochthonius aokii (Chinone, 1974)
  = *Brachychochthonius miyauchii* Chinone, 1978 **syn. nov.**
ホソトゲツブダニ
  Subiasella incurva (Aoki, 1983)
  = *Micropia septentrionalis* Fujikawa, 2004 **syn. nov.**
ゴマフリマドダニ
  Suctobelbata punctata (Hammer, 1955)
  = *Unicobelba aomoriensis* Fujikawa, 2004 **syn. nov.**
エナガマドダニ
  Suctobelbella longisensillata Fujita & Fujikawa, 1987
  = *S. nitida* Chinone, 2003 **syn. nov.**
ナヨロマドダニ
  Suctobelbella nayoroensis Fujita & Fujikawa, 1987
  = *S. granifera* Chinone. 2003 **syn. nov.**
コンボウマドダニ
  Suctobelbella singularis (Strenzke, 1950)
  = *S. margarita* Fujikawa, 2004 **syn. nov.**
オタフクマドダニ
  Suctobelbella tumida Chinone, 2003
  = *S. shironeseta* Fujikawa, 2004 **syn. nov.**
トゲクワガタダニ
  Tectocepheus minor Berlese, 1903
  = *T. kumayaensis* Y.-N. Nakamura, Fukumori & Fujikawa, 2010 **syn. nov.**
  = *T. acutus* K. Nakamura, Y.-N. Nakamura & Fujikawa, 2013 **syn. nov.**
ツバサクワガタダニ
  Tegeozetes tunicatus breviclava Aoki, 1970
  = *T. miyajima* Fujikawa, 2006 **syn. nov.**
ヤマトモンツキダニ
  Trhypochthonius japonicus Aoki, 1970
  = *T. misumaiensis* Fujikawa, 2000 **syn. nov.**
アラゲモンツキダニ
  Trhypochthonius stercus Fujikawa, 2000
  = *T. fujinitaensis* Fujikawa, 2000 **syn. nov.**
ブラジルシダレコソデダニ
  Triaungius varisetiger (Wen, Aoki & Wang, 1984)
  = *Brasilobates spinosus* Fujita, 1989 **syn. nov.**
スジチビゲフリソデダニ
  Trichogalumna lineata Ohkubo, 1984
  = *T. trowella* K. Nakamura, Y.-N. Nakamura & Fujikawa, 2013 **syn. nov.**

(3) 種の属の所属変更　前の学名は本書ではじめて採用した新しい所属の有効名，後の属名は原記載による属．
フトゲツブダニ
  Acroppia clavata (Aoki, 1983) **comb. nov.**
  Oxyoppia
ヨコナガマルコソデダニ
  Acutozetes formosus (Nakatamari, 1985) **comb. nov.**
  Peloribates
スネナガダニ
  Adrodamaeus adpressus (Aoki & Fujikawa, 1971) **comb. nov.**
  Allodamaeus
ジャワモンツキダニ
  Afronothrus javanus (Csiszar, 1961) **comb. nov.**
  Trhypochthonius
ミツツバマルタマゴダニ
  Birsteinius neonominatus (Subías, 2004) **comb. nov.**
  Cultroribula
ナミマルタマゴダニ
  Birsteinius variolosus (Fujikawa, 1991) **comb. nov.**
  Cultroribula
ミカヅキヤッコダニ
  Caucasiozetes lunaris (Aoki, 1984) **comb. nov.**
  Nellacarus

フクレゲマドダニ
   Flagrosuctobelba nipponica (Fujikawa, 1986) **comb. nov.**
   Suctobelbella
タイセツヤチモンツキダニ
   Hydronothrus taisetsuensis (Kuriki, 2005) **comb. nov.**
   Trhypochthoniellus
ブナオトヒメダニ
   Incabates bunaensis (Fujikawa, 2004) **comb. nov.**
   Scheloribates
トゲアシオトヒメダニ
   Incabates dentatus (Katsumata, 1988) **comb. nov.**
   Scheloribates
マツノキダニ
   Incabates pinicola (Aoki & Ohkubo, 1974) **comb. nov.**
   Oripoda
マルヤマコバネダニ
   Koreozetes maruyamai (Hirauchi, 1999) **comb. nov.**
   Ghilarovizetes
ナガサトツブダニ
   Lauroppia nagasatoensis (Fujikawa, 2010) **comb. nov.**
   Medioxyoppia
カノウニオウダニ
   Lawrencoppia kanoi (Aoki, 1959) **comb. nov.**
   Hermannia
コノハニオウダニ
   Lawrencoppia pulchra (Aoki, 1973) **comb. nov.**
   Phyllhermannia
クロコバネダニ
   Melanozetes montanus (Fujikawa, 2004) **comb. nov.**
   Fuscozetes
ケタビロマルタマゴダニ
   Mexicoppia breviclavata (Aoki, 1984) **comb. nov.**
   Cultororibula
ハタケチビツブダニ
   Microppia minor agricola (Fujikawa, 1982) **comb. nov.**
   Oppia
マフンカツブダニ
   Oppiella decempectinata (Fujikawa, 1986)   **comb. nov.**
   Mahunkella
ホオカムリダニ
   Oripoda asiatica (Aoki & Ohkubo, 1974) **comb. nov.**
   Truncopes
フジカワホオカムリダニ
   Oripoda fujikawae (Aoki & Ohkubo, 1974 **comb. nov.**
   Truncopes
ミナミホオカムリダニ
   Oripoda moderata (Aoki & Ohkubo, 1974) **comb. nov.**
   Truncopes
イカリガタホオカムリダニ
   Oripoda variabilis (Aoki & Yamamoto, 2007) **comb. nov.**
   Truncopes
ヨシダホオカムリダニ
   Oripoda yoshidai (Aoki & Ohkubo, 1974) **comb. nov.**
   Truncopes
ヨツゲセマルダニ
   Paraceratoppia quadrisetosa (Fujita & Fujikawa, 1986)
     comb. nov.
   Metrioppia
カワリコイダダニ
   Paraphauloppia variabilis (Bayartogtokh & Aoki, 2000)
     comb. nov.
   Eporibatula
ミナミオトヒメダニ
   Protoschelobates decarinatus (Aoki, 1984) **comb. nov.**
   Scheloribates
シダレツブダニ
   Ptiloppia longisensillata (Aoki, 1983) **comb. nov.**
   Parasynoppia
ヤマトオオマドダニ
   Rhynchobelba japonica (Chinone, 2003) **comb. nov.**
   Allosuctobelba
カワノイレコダニ
   Steganacarus kawanoi (Aoki, 2009) **comb. nov.**
   Hoplophthiracarus
ケナガツブダニ
   Taiwanoppia setigera (Aoki, 2006) **comb. nov.**
   Heteroppia
コノハウズタカダニ
   Teleioliodes ramosus (Hammer, 1971) **comb. nov.**
   Liodes
オオシダレコソデダニ
   Triaungius magnus (Aoki, 1982) **comb. nov.**
   Xylobates
オオマルシダレコソデダニ
   Triaungius rotundus (Aoki, 2002) **comb. nov.**
   Xylobates
ブラジルシダレコソデダニ
   Triaungius varisetiger (Wen, Aoki & Wang, 1984) **comb. nov.**
   Xylobates
マサヒトセンロダニ
   Triautogneta masahitoi (Aoki, 1963) **comb. nov.**
   Autogneta
ナデガタマブカダニ
   Truncopes obliquus (Aoki & Yamamoto, 2007) **comb. nov.**
   Oripoda
アミメタワシマドダニ
   Ussuribata reticulata (Chinone, 2003) **comb. nov.**
   Suctobelbella
モリノマドダニ
   Ussuribata silva (Fujikawa, 2004) **comb. nov.**
   Suctobelbella
タムラマドダニ
   Ussuribata tamurai (Chinone, 2003) **comb. nov.**
   Suctobelbella
フサゲタワシマドダニ
   Ussuribata variosetosa (Hammer, 1961) **comb. nov.**
   Suctobelbella

（4）種の亜属の所属変更　前の学名は本書ではじめて採用した新しい所属の有効名，後はこれまで所属していた亜属．
タモウツブダニ
   Multioppia (*Hammeroppia*) *brevipectinata* Suzuki, 1975
   (*Multilanceoppia*)
ヤマトタモウツブダニ

Multioppia (*Hammeroppia*) *yamatogracilis* Fujikawa, 2004
   (*Multioppia*)
ホソコナダニモドキ
   Trimalaconothrus (*Tyrphonothrus*) *hakonensis* Yamamoto, 1977
   (*Trimalaconothrus*)
オオコナダニモドキ
   Trimalaconothrus (*Tyrphonothrus*) *nipponicus* Yamamoto & Aoki, 1971
   (*Trimalaconothrus*)
カタコブコナダニモドキ
   Trimalaconothrus (*Tyrphonothrus*) *nodosus* Yamamoto, 1997
   (*Trimalaconothrus*)
アミメコナダニモドキ
   Trimalaconothrus (*Tyrphonothrus*) *repetitus* Subías, 2004
   (*Trimalaconothrus*)

(5) 亜属から属へのランク変更　前の学名は後の学名の亜属名であったが，本書ではじめて属名に昇格した．
ハマルタマゴダニ属
   Mexicopia Mahunka, 1983 **stat. nov.**
   Furcoppia Balogh & Mahunka, 1966

(6) 種と亜種のランク変更　前の学名は本書がはじめて採用した新しいランクの有効名，後の学名は原記載のもの．
サツマオオマドダニ
   Allosuctobelba satsumaensis Chinone, 2003 **stat. nov.**
   A. tricuspidata satsumaensis
コブジュズダニ
   Belba japonica Aoki, 1984 **stat. nov.**
   B. verrucosa japonica
亜種
   Belba japonica barbata Fujita & Fujikawa, 1986 **stat. nov.**
   B. barbata
タテヤマコバネダニ
   Cyrtozetes minor Hirauchi, 1999 **stat. nov.**
   C. denaliensis minor
フクレゲマドダニ
   Flagrosuctobelba nipponica (Fujikawa, 1986) **stat. nov.**
   Suctobelbella claviseta nipponica
ケナガチビツブダニ
   Micropppia longisetosa Subías & Rodriquez, 1988 **stat. nov.**
   M. minor longisetosa
ハタケチビツブダニ
   Micropppia minor agricola (Fujikawa, 1982) **stat. nov.**
   Oppia acricola
リュウキュウツツハラダニ
   Mixacarus foveolatus Aoki, 1987 **stat. nov.**
   M. exilis foveolatus
リュウキュウイレコダニ
   Oribotritia ryukyuensis Nakatamari, 1985 **stat. nov.**
   O. chichijimensis ryukyuensis
イカリガタホオカムリダニ
   Oripoda variabilis Aoki & Yamamoto, 2007 **stat. nov.**
   Truncopes moderatus variabilis
フトゲマンジュウダニ
   Sadocepheus setiger Fujita & Fujikawa, 1986 **stat. nov.**
   S. undulatus setiger

参考文献

日本産標本をもとにした新記載種が掲載されているか，全形図で引用した文献を主にして載せた．前者の場合は本文等で引用されていない場合がある．

Aoki, J. (1958a). Zwei *Heminothrus*-Arten aus Japan (Acarina : Oribatei). *Annotationes Zoologicae Japonenses*, **31** : 121-125.

Aoki, J. (1958b). Einige Phthiracariden aus Utsukushigahara, Mitteljapan (Acarina : Oribatei). *Annotationes Zoologicae Japonenses*, **31** : 171-175.

Aoki, J. (1958c). Eine neue Art von der Gattung *Oribotritia* Jacot (Acarina : Oribatei). *Acta Arachnologica*, **16** : 18-20.

青木淳一（1958d）．八丈島で採集されたイブシダニ科（新称）Carabodidae の一新属．動物学雑誌 **67** : 390-392.

Aoki, J. (1959a). Die Moosmilben (Oribatei) aus Südjapan. *Bulletin of the Biogeographical Society of Japan*, **21** : 1-22.

Aoki, J. (1959b). Zur Kenntnis der Oribatiden im Pilz. I. Bericht über einige Arten aus Nikko. *Annotationes Zoologicae Japonenses*, **32** : 156-161.

青木淳一（1959）．日本産ササラダニ類（Oribatei）の記録ならびに科の和名・形態学用語について．衛生動物 **10** : 127-135.

Aoki, J. (1960). Eine dreikrallige Gattung der Familie Perlohmanniidae (Acarina : Oribatei). *Japanese Journal of Zoology*, **12** : 507-511.

Aoki, J. (1961a). Beschreibungen von neuen Oribatiden Japans. *Japanese Journal of Applied Entomology and Zoology*, **5** : 64-69.

Aoki, J. (1961b). Notes on the oribatid mites (I). *Bulletin of the Biogeographical Society of Japan*, **22** : 75-79.

Aoki, J. (1961c). On six new oribatid mites from Japan. *Japanese Journal of Sanitary Zoology*, **12** : 233-238.

Aoki, J. (1963). Einige neue Oribatiden aus dem Kaiserlichen Palastgarten Japans. *Annotationes Zoologicae Japonenses*, **36** : 218-224.

青木淳一（1963）．寺院の本堂に大発生したササラダニについて．衛生動物 **14** : 183-185.

Aoki, J. (1964). A new aquatic oribatid mite from Kauai Island. *Pacific Insects*, **6** : 483-488.

青木淳一（1964）．丹沢山塊のササラダニ類．丹沢大山学術調査報告書，神奈川県 pp. 386-391.

Aoki, J. (1965a). Notes on the species of the genus *Epilohmannia* from the Hawaiian Islands (Acarina : Oribatei). *Pacific Insects*, **7** : 309-315.

Aoki, J. (1965b). Neue Oribatiden von der Insel Sado (Acarina : Oribatei). *Japanese Journal of Zoology*, **14** : 1-12.

Aoki, J. (1965c). Studies on the oribatid mites of Japan I. Two members of the genus *Hermanniella*. *Bulletin of the National Science Museum, Tokyo*, **8** : 125-130.

Aoki, J. (1965d). Oribatiden (Acarina) Thailands. I. *Nature and Life in Southeast Asia, Kyoto*, **4** : 129-193.

Aoki, J. (1965e). A preliminary revision of the family Otocepheidae (Acari : Cryptostigmata). I. Subfamily Otocepheinae. *Bulletin of the National Science Museum, Tokyo*, **8** : 259-341.

青木淳一（1965）．ササラダニ類．内田亨・佐々学編 ダニ類 pp. 278-340.

Aoki, J. (1966a). Studies on the oribatid mites of Japan II. *Trichtonius simplex* spec. nov. *Bulletin of the National Science Museum, Tokyo*, **9** : 1-7.

Aoki, J. (1966b). A remarkable new oribatid mite from South Japan (Cryptostigmata : Tokunocepheidae, fam. nov.). *Acarologia*, **8** : 358-364.

Aoki, J. (1966c). A new species of soil mite, *Malaconothrus japonicus*, from Central Japan (Cryptostigmata : Malaconothridae). *Annotationes Zoologicae Japonenses*, **39** : 169-172.

Aoki, J. (1966d). The large-winged mites of Japan (Acari : Cryptostigmata). *Bulletin of the National Science Museum, Tokyo*, **9** : 257-275.

Aoki, J. (1966e). Results of the speleological survey in South Korea 1966. V. Damaeid mites (Acari, Cryptostigmata) found in a limestone cave of South Korea. *Bulletin of the National Science Museum, Tokyo*, **9** : 563-569.

Aoki, J. (1966f). The second representative of the genus *Hafenrefferia* Oudemans (Acari ; Cryptostigmata) found in Central Japan. *Acta Arachnologica*, **20** : 1-5.

Aoki, J. (1967a). Oribatiden (Acarina) Thailands. II. *Nature and Life in Southeast Asia, Kyoto*, **5** : 189-207.

Aoki, J. (1967b). *Sphodrocepheus mitratus*, the second representative of the genus found in Central Japan (Acari : Cryptostigmata). *Annotationes Zoologicae Japonenses*, **40** : 111-114.

Aoki, J. (1967c). A preliminary revision of the family Otocepheidae (Acari, Cryptostigmata) II. Subfamily Tetracondylinae. *Bulletin of the National Science Museum, Tokyo*, **10** : 297-359.

Aoki, J. (1967d). The soil mites of the genera *Liacarus* and *Xenillus* from the Kanto District, Central Japan. *Memoirs of the National Science Museum, Tokyo*, **69** : 123-130.

Aoki, J. (1968). A new soil mite representing the new genus *Nemacepheus* (Acari : Tectocepheidae) found in Mt. Goyo, North Japan. *Memoirs of the National Science Museum, Tokyo*, **1** : 117-120.

Aoki, J. (1969a). Taxonomic investigations on free living mites in the subalpine forest on Shiga heights IBP area - III. Cryptostigmata. *Bulletin of the National Science Museum, Tokyo*, **12** : 117-141.

Aoki, J. (1969b). Eine neue Unterart der Bodenmilben aus Fujisan (Fudschijama) (Acari : Euphthiracaridae). *Acta Arachnologica*, **22** : 27-30.

Aoki, J. (1970a). A peculiar new species of the genus *Phyllhermannia*, collected at Mt. Fuji (Acari : Hermanniidae). *Bulletin of the National Science Museum, Tokyo*, **13** : 71-75.

Aoki, J. (1970b). The oribatid mites of the island of Tsushima. *Bulletin of the National Science Museum, Tokyo*, **13** : 395-442.

Aoki, J. (1970c). A new species of oribatid mite found on melon fruits in greenhouses. *Bulletin of the National Science Museum, Tokyo*, **13** : 581-584.

Aoki, J. (1970d). Description of oribatid mites collected by smoking of trees with Insecticides. I. Mt. Ishizuchi and

Mt. Odaigahara. *Bulletin of the National Science Museum, Tokyo*, **13** : 585-602.

Aoki, J. (1973a). Oribatid mites from Iriomote-jima, the southernmost island of Japan (I). *Memoirs of the National Science Museum, Tokyo*, **6** : 85-101.

Aoki, J. (1973b). oribatid mites from Mt. Poroshiri in Hokkaido, North Japan. *Annotationes Zoologicae Japonenses*, **46** : 241-252.

Aoki, J. (1974a). Descriptions of oribatid mites collected by smoking of trees with insecticides. II. A new subspecies of the genus *Ommatocepheus* from Mt. Odaighara. *Bulletin of the National Science Museum, Tokyo*, **17** : 53-55.

Aoki, J. (1974b). Oribatid mites from Korea. I. *Acta Zoologica Academiae Scientiarum Hungaricae*, **20** : 233-241.

Aoki, J. (1974c). A new species of oribatid mite found in the middle of Tokyo. *Bulletin of the National Science Museum, Tokyo*, **17** : 283-285.

Aoki, J. (1975a). Taxonomic notes on some little known oribatid mites of Japan. *Bulletin of the National Science Museum, Tokyo*, Ser. A, **1** : 57-65.

Aoki, J. (1975b). Two species of the primitive oribatid genus *Gehypochthonius* from Japan. *Annotationes Zoologicae Japonenses*, **48** : 55-59.

Aoki, J. (1976a). The oribatid mites of *Pseudosasa*-grass zone at the highest point of the Island of Yaku-shima, South Japan. *Memoirs of the National Science Museum, Tokyo*, **9** : 145-150.

Aoki, J. (1976b). Zonation of oribatid mite communities around Sesshogawara of Kusatsu, a spouting area of sulfurous acid gas, with description of two new species. *Bulletin of the Institute of Environmental Science and Technology, Yokohama National University*, **2** : 177-186.

Aoki, J. (1976c). Oribatid mites from the IBP study area, Pasoh Forest Reserve, West Malaysia. *Nature and Life in Southeast Asia, Kyoto*, **7** : 39-59.

Aoki, J. (1977a). Two new *Peloribates* species (Acari, Oribatida) collected from lichens growing on tombstones in Ichihara-shi, Central Japan. *Annotationes Zoologicae Japonenses*, **50** : 187-190.

Aoki, J. (1977b). Three species of the genus *Eohypochthonius* from Japan. *Acarologia*, **19** : 117-122.

Aoki, J. (1977c). New and interesting species of oribatid mites from Kakeroma Island, Southwest Japan. *Acta Arachnologica*, **27** : 85-93.

Aoki, J. (1977d). Discovery of a mite of the genus *Caenosamerus* from Japan. *Annotationes Zoologicae Japonenses*, **50** : 255-258.

青木淳一（1977）．日本産ササラダニ類140属の同定図集．佐々学・青木淳一編　ダニ学の進歩 pp. 179-222．

Aoki, J. (1978). New carabodid mites (Acari : Oribatei) from the Bonin Islands. *Memoirs of the National Science Museum, Tokyo*, **11** : 81-89.

Aoki, J. (1979). A new oribatid mite of the family Liodidae from Mt. Fuji. *Edaphologia*, **19** : 25-30.

Aoki, J. (1980a). A revision of the oribatid mites of Japan. I. The families Phthiracaridae and Oribotritiidae. *Bulletin of the Institute of Environmental Science and Technology,* Yokohama National University, **6** : 1-88.

Aoki, J. (1980b). A revision of the oribatid mites of Japan. II. The family Euphthiracaridae. *Acta Arachnologica*, **29** : 9-24.

Aoki, J. (1980c). A revision of the oribatid mites of Japan. III. Families Protoplophoridae, *Archoplophoridae and Mesoplophoridae. Proceedings of the Japanese Society of Systematic Zoology*, **18** : 5-16.

Aoki, J. (1980d). A revision of the oribatid mites of Japan. IV. The families Archeonothridae, Palaeacaridae and Ctenacaridae. *Annotationes Zoologicae Japonenses*, **53** : 124-136.

青木淳一（1980）．隠気門亜目．p. 398-489．江原昭三編：日本ダニ類図鑑，562pp．東京．

Aoki, J. (1981). Discovery of the second species of the genus *Nippobodes* from Ohsumi Islands (Acari : Oribatei). *Bulletin of the Biogeographical Society of Japan*, **36** : 29-33.

Aoki, J. (1982a). New species of oribatid mites from the southern island of Japan. *Bulletin of the Institute of Environmental Science and Technology, Yokohama National University*, **8** : 173-188.

Aoki, J. (1982b). The Japanese species of the genera *Trichoribates* and *Diapterobates* (Acari : Oribatida). *Bulletin of the Institute of Environmental Science and Technology, Yokohama National University*, **8** : 189-205.

青木淳一（1982）．南硫黄島のササラダニ類．南硫黄島原生自然環境保全地域調査報告書 pp. 361-367．

Aoki, J. (1983). Some new species of oppiid mites from South Japan (Oribatida : Oppiidae). *International Journal of Acarology*, **9** : 165-172.

Aoki, J. (1984a). New and unrecorded oribatid mites from Amami-Ohshima island, Southwest Japan. *Zoological Science*, **1** : 132-147.

Aoki, J. (1984b). New and unrecorded oribatid mites from Kanagawa, Central Japan (I). *Bulletin of the Institute of Environmental Science and Technology, Yokohama National University*, **11** : 107-118.

Aoki, J. (1986a). A new oribatid mite of the family Cepheidae (Acari) from Yonezawa in Northern Japan. *Entomological Papers presented to Yoshihiko Kurosawa, Tokyo*, pp. 33-35.

Aoki, J. (1986b). Two new species of the genus *Fissicepheus* from Shikoku (Acari : Oribatei). *Papers on Entomology presented to Prof. T. Nakane Commem. Ret. (Jap. Soc. Coleopt.), Tokyo*, pp. 71-74.

Aoki, J. (1987a). Three new species of oribatid mites from Yoron island, South Japan (Acari : Oribatida). *International Journal of Acarology*, **13** : 213-216.

Aoki, J. (1987b). Oribatid mites (Acari : Oribatida) from the Tokara Islands, Southern Japan. I. *Bulletin of the Biogeographocal Society of Japan*, **42** : 23-27.

Aoki, J. (1987c). Three species of oribatid mites from Kume-jima Island, Southern Japan. *Proceedings of the Japanese Society of Systematic Zoology*, **36** : 25-28.

Aoki, J. (1988a). Two new species of oribatid mites (Acari : Oribatida) from Tarama Island, South Japan. *The Biological Magazine Okinawa*, **26** : 13-16.

Aoki, J. (1988b). Oribatid mites (Acari : Oribatida) from the Tokara Islands, Southern Japan II. *Bulletin of the*

Biogeographical Society of Japan, **43** : 31-33.
Aoki, J. (1988c). New oribatid mites (Acari : Oribatida) from *Castanopsis* Forest of Muroto-zaki, South Japan. *Proceedings of the Japanese Society of Systematic Zoology*, **38** : 26-30.
Aoki, J. (1989). A revision of the family Nippobodidae (Acari : Oribatida). *Acta Arachnologica*, **38** : 15-20.
Aoki, J. (1991). Oribatid mites of high altitude forests of Taiwan. I. Mt. Pei-ta-wu Shan. *Acta Arachnologica*, **40** : 75-84.
Aoki, J. (1992a). A new oribatid mite from highmoor of Kushiro, Hokkaido (Oribatida : Banksinomidae). *Bulletin of the Institute of Environmental Science and Technology, Yokohama National University*, **18** : 51-53.
Aoki, J. (1992b). Oribatid mites inhabiting orchid plants in greenhouse. *Journal of the Acarological Society of Japan*, **1** : 7-13.
Aoki, J. (1994). New species of oribatid mites form a moor in Hakone, Central Japan. *Proceedings of the Japanese Society of Systematic Zoology*, **51** : 35-41.
青木淳一（1995）．釧路湿原におけるササラダニ類の生息状況調査第1報．横浜国立大学環境科学研究センター紀要 **21** : 187-194.
Aoki, J. (1996a). Two new species of oribatid mites of the family Galumnidae from Okinawa Island. *Edaphologia*, **56** : 1-4.
Aoki, J. (1996b). *Yambaramerus*, a peculiar new genus of oribatid mite fround from Okinawa Island (Oribatida : Ameronothridae). *The Biological Magazine Okinawa*, **34** : 9-12.
青木淳一（1998a）．在沖米海兵隊北部訓練場の森林土壌に生息するササラダニ類目録．横浜国立大学環境科学研究センター紀要 **24** : 141-145.
青木淳一（1998b）．釧路湿原のササラダニ類調査報告．希少野生生物種とその生息地としての湿地生態系の保全に関する研究報告書 pp. 229-251.
Aoki, J. (1999). A new species of the genus *Peloribates* from Japan (Acari : Oribatida). *Bulletin of the Institute of Environmental Science and Technology, Yokohama National University*, **25** : 55-58.
Aoki, J. (2000). A new species of the genus *Cosmochthonius* (Acari, Oribatida) from the Imperial Palace, Tokyo. *Memoirs of the National Science Museum, Tokyo*, **35** : 147-149.
青木淳一（2000）．都市化とダニ．東海大学出版会 188 pp.
Aoki, J. (2002a). New species of oribatid mte (Acari, Banksinomidae) from Ohme, west of Tokyo, *Japan. Special Bulletin of the Japanese Society of Coleopterology, Tokyo*, **5** : 37-39.
Aoki, J. (2002b). Two new species of oribatid mites collected from the Ogasawara Islands (Acari : Oribatida). *Bulletin of the Kanagawa Prefectural Museum. Natural science*, **31** : 19-22.
Aoki, J. (2002c). The second representative of the family Nehypochthoniidae found in Mishima City of Central Japan (Acari : Oribatida). *Bulletin of the Kanagawa Prefectural Museum. Natural science*, 31 : 23-25.
Aoki, J. (2003). A new species of oribatid mite of the genus *Dolicheremaeus* (Otocepheidae) from Tokyo. *Acta Arachnologica*, **52** : 31-33.
青木淳一（2003）．中池見湿地のササラダニ相．野原精一・河野昭一編 福井県敦賀市中池見湿地総合学術調査報告，国立環境研究所研究報告 **176** : 333-345.
Aoki, J. (2006a). New and newly recorded oribatid mites (Arachnida, Acari, Oribatida) from the Ryukyu Islands, Japan. *Bulletin of the National Science Museum, Tokyo*, Ser. A. **32** : 105-124.
Aoki, J. (2006b). Oribatid mites collected from drift litter on the beach of Daikoku-jima Island, Hokkaido (Acari : Oribatida). *Bulletin of the Kanagawa Prefectural Museum. Natural science*, **35** : 61-65.
青木淳一（2006）．屋久島の森のダニーササラダニ類一．pp. 180-187．In：世界遺産 屋久島 一亜熱帯の自然と生態系— 大澤雅彦・田川日出夫・山極寿一（編）．朝倉出版，東京．278pp.
Aoki, J. (2007). A new species of oribatid mite of the genus *Ctenobelba* collected from the US Army Base on Okinawajima Island (Oribatida : Ctenobelbidae). *The Biological Magazine Okinawa*, **45** : 11-13.
Aoki, J. (2009). A new species of oribatid mite (Acari : Phthiracaridae) from a virgin forest of Okinawa. *Acta Arachnologica*, **58** : 5-6.
青木淳一（2009）．南西諸島のササラダニ類．東海大学出版会，222pp.
青木淳一（2013）．タイワンケナガイカダニ（新称）の沖縄島での発見（ダニ亜綱：ササラダニ目：イカダニ科）．*Edaphologia*, **92** : 33-35.
Aoki, J., Fujikawa, T. (1969). Description of a new species of the genus *Hafenferrefia* Jacot (Acari, Tenuialidae). Taxonomic notes on oribatid mites of Hokkaido. I. *Annotationes Zoologicae Japonenses*, **42** : 216-219.
Aoki, J. & Fujikawa, T. (1971a). Occurrence of a Japanese representative of the North American genus *Megeremaeus* (Acari, Megeremaeidae). Taxonomic notes on oribatid mites of Hokkaido. IV. *Annotationes Zoologicae Japonenses*, **44** : 109-112.
Aoki, J. & Fujikawa, T. (1971b). A new species of the genus *Allodamaeus* Banks (Acari, Gymnodamaeidae). Taxonomic notes on oribatid mites of Hokkaido. V. *Annotationes Zoologicae Japonenses*, **44** : 113-116.
Aoki, J. & Fujikawa, T. (1972). A new genus of oribatid mites, exhibiting both the characteristic features of the families Charassobatidae and Cymbaeremaeidae (Acari : Cryptostigmata). *Acarologia*, **14** : 258-267.
Aoki, J. & Fukuyama, K. (1976). A peculiar new species of the genus *Suctobelbella* (Acari, Oribatida) from Japan. *Annotationes Zoologicae Japonenses*, **49** : 209-212.
青木淳一・原田洋（1979）．南アルプス仙丈ヶ岳におけるササラダニ類の垂直分布．国立科学博物館専報，**12** : 139-149.
Aoki, J. & Hirauchi, Y. (2000). Two new species of the family Zetomotrichidae (Acari : Oribatida) from Japan. *Species Diversity*, **5** : 351-359.
青木淳一・本橋美鈴（2003）．観葉植物ティランジアに付着してアメリカから移入されたササラダニ類の1種．神奈川県立博物館研究報告（自然科学）**32** : 23-26.

Aoki, J. & Honda, Y. (1985). A new species of oribatid mite, *Austrachipteria pulla*, from Shikoku, West Japan. *Acta Arachnologica*, **33** : 29-33.

青木淳一・伊藤雅道（1989）．丹沢札掛モミ林のササラダニ類．神奈川県教育委員会編　神奈川県指定天然記念物地域動物調査報告書 309-319.

Aoki, J. & Karasawa, S. (2007). A new species of the genus *Fenestrella* (Acari : Oribatida) from Okinawa. *Journal of the Acarological Society of Japan*, **16** : 5-9.

Aoki, J. & Maruyama, I. (1983). A new tenuialid mite representing a new genus from Central Japan (Acari : Oribatida). *Proceedings of the Japanese Society of Systematic Zoology*, **26** : 19-24.

Aoki, J. & Nakatamari, S. (1974). Oribatid mites from Iriomote-jima, the southernmost island of Japan (II). *Memoirs of the National Science Museum, Tokyo*, **7** : 129-134.

Aoki, J. & Ohkubo, N. (1974a). A proposal of new classification of the family Oripodidae (s.lat.), with description of new species. *Bulletin of the National Science Museum, Tokyo*, **17** : 117-147.

Aoki, J. & Ohkubo, N. (1974b). A new species of the genus *Phauloppia* (Acari, Oribatulidae) collected from bead-trees. *Annotationes Zoologicae Japonenses*, **47** : 115-120.

Aoki, J. & Ohnishi, J. (1974). New species and record of oribatid mites from Hokkaido, North Japan. *Bulletin of the National Science Museum, Tokyo*, **17** : 149-156.

Aoki, J. & Shimano, S. (2011). Oribatid mites of Daikoku-Jima Island of Hokkaido, Northern Japan (Acari : Oribatida). *Acta Arachnologica*, **60** : 65-70.

Aoki, J. & Suzuki, K. (1970). A new species of the genus *Pedrocortesella* from Japan (Acari : Cryptostigmata). *Bulletin of the National Science Museum, Tokyo*, **13** : 117-120.

Aoki, J. & Yamamoto, Y. (2007). New arboreal oribatids (Arachnida : Acari : Oribatida : Oripodidae) collected from broadleaf evergreen trees in Central Japan. *Species Diversity*, **12** : 271-277.

Aoki, J. & Yoshida, K. (1970). A new oribatid mite, *Cosmohermannia frondosus*, gen. n. et sp. n. from Yakushima island. *Bulletin of the Biogeographical Society of Japan*, **26** : 1-4.

Aoki, J. & Wen, Z.G. (1983). Two new species of oribatid mites from Shikine Islet. *Bulletin of the Institute of Environmental Science and Technology, Yokohama National University*, **9** : 165-169.

Balogh, J. (1960). Oribates (Acari) nouveaux de Madagascar (1er serie). *Mémoires de l'Institut Scientifique de Madagascar*, ser. A. **14** : 7-37.

Balogh, J. (1961). Identification keys of world oribatid (Acari) families and genera. *Acta Zoologica Academiae Scientiarum Hungaricae*, **7** : 243-344.

Balogh, J. & Mahunka, S. (1968). Some new oribatids from Indonesian soils. *Opuscula Zoologica, Budapest*, **8** : 341-346.

Banks, N. (1895). On the Oribatoidea of the United States. *Transactions of the American Entomological Society*, **22** : 1-16.

Bayartogtokh, B. (2000). Oribatid mites of the genus *Epilohmannia* (Acari : Oribatida : Epilohmanniidae) from Japan and Mongolia. *Systematic & Applied Acarology*, **5** : 187-206.

Bayartogtokh, B. & Aoki, J. (2000). A new and some little known species of *Eporibatula* (Acari : Oribatida : Oribatulidae), with remarks on taxonomy of the genus. *Zoological Science*, **17** : 991-1012.

Bayartogtokh, B. & Aoki, J. (2002). A new species of *Liacarus* (Acari : Oribatida : Liacaridae) from a subalpine coniferous forest in Central Japan. *Edaphologia*, **69** : 9-12.

Berlese, A. (1904). Acari nuovi. Manipulus III. *Redia*, **2** : 10-32.

Bernini, F. (1976). Notulae oribatologicae XIV. Revisione de *Caraboes minusculus* Berlese 1923 (Acarida, Oribatida). *Redia*, **59** : 1-49, pls. 1-9.

Chinone, S. (1974). Further contribution to the knowledge of the family Brachychthoniidae from Japan. *Bulletin of the Biogeographical Society of Japan*, **30** : 1-29.

Chinone, S. (1978). Additional report on the soil mites of the family Brachychthoniidae from Japan. *Bulletin of the Biogeographical Society of Japan*, **33** : 9-32.

Chinone, S. (2003). Classification of the soil mites of the family Suctobelbidae (Oribatida) of Japan. *Edaphologia*, **72** : 1-110.

Chinone, S. & Aoki, J. (1972). Soil mites of the family Brachychthoniidae from Japan. *Bulletin of the National Science Museum, Tokyo*, **15** : 217-251.

Choi, S.-S. (1986). The oribatid mites (Acari : Cryptostigmata) of Korea (6). *The Thesis Collection of the Won Kwang University*, **20** : 109-127.

Colloff, M. J. (2012). New eremaeozetid mites (Acari : Oribatida : Eremaeozetoidea) from the south-western Pacific region and the taxonomic status of the Eremaeozetidae and Idiozetidae. *Zootaxa*, **3435** : 1-39.

Enami, Y. (1989). A new species of *Belba* (Acari : Damaeidae) from Japan. *Proceedings of the Japanese Society of Systematic Zoology*, **40** : 39-42.

Enami, Y. (1994). A new species of the genus *Belba* (Acari : Damaeidae) from Japan. *Edaphologia*, **51** : 1-5.

Enami, Y. (2003). First record of *Porobelba spinosa* (Acari : Oribatida : Damaeidae) from Japan. *Edaphologia*, **71** : 41-45.

Enami, Y. & Aoki, J. (1988). A new species of the genus *Tectodamaeus* (Acari : Tectodamaeidae) from Japan. *Acta Arachnologica*, **37** : 33-36.

Enami, Y. & Aoki, J. (1993). A new genus and species of oribatid mite from Japan (Acari : Damaeidae). *Journal of the Acarological Society of Japan*, **2** : 15-18.

Enami, Y. & Aoki, J. (1998). Damaeid mites (Acari : Oribatei) from the Kushiro Wetland of Hokkaido, North Japan (1). *Journal of the Acarological Society of Japan*, **7** : 99-105.

Enami, Y. & Aoki, J. (2001). Damaeid mites (Acari : Oribatei) from the Kushiro Wetland of Hokkaido, North Japan (II). *Journal of the Acarological Society of Japan*, **10** : 87-96.

Enami, Y. & Chinone, S. (1997). A new species of the genus *Suctobelbella* (Acari : Oribatei) from the Tohoku District, North Japan. *Edaphologia*, **59** : 1-4.

Enami, Y. & Fujikawa T. (1989). Two new species of the genus *Epidamaeus* (Acari : Damaeidae) from Japan. *Edaphologia*,

40 : 13-20.

Enami, Y., Nakamura, Y. & Katsumata, H. (1996). A new species of the genus *Scheloribates* (Acari : Oribatida) from a crop field in Fukushima, north of Japan. *Edaphologia*, **56** : 11-16.

Ewing H. E. (1909). New American Oribatoidea. The *Journal of the New York Entomological Society, New York*, **17**(3) : 116-136.

Forsslund, K. H. & Märkel, K. (1963). Drei neue Arten der Familie Euphthiracaridae (Acari, Oribatei). *Entomologisk Tidskrift*, **84**(3-4) : 294-296.

Fujikawa T. (1970). Distribution of soil animals in three forests of Northern Hokkaido. II. Horizontal and vertical distribution of oribatid mites (Acarina : Cryptostigmata). *Applied Entomology and Zoology*, **5** : 208-212.

Fujikawa T. (1972). A contribution to the knowledge of the oribatid fauna of Hokkaido (Acari : Oribatei). *Insecta Matsumurana*, Ser. Entomol., **35** : 127-183.

Fujikawa T. (1979). Revision of the family Banksinomidae (Acari, Oribatei). *Acarologia*, **20** : 433-467.

Fujikawa T. (1980). Oribatid fauna from nature farm in Nayoro (1). *Edaphologia*, **22** : 15-21.

Fujikawa T. (1981). Oribatid fauna from nature farm in Nayoro (2). *Edaphologia*, **23** : 7-15.

Fujikawa T. (1982a). Oribatid fauna from nature farm in Nayoro (4). *Edaphologia*, **25/26** : 15-19.

Fujikawa T. (1982b). Oribatid fauna from nature farm in Nayoro (5). *Edaphologia*, **27** : 1-4.

Fujikawa T. (1982c). The six species of the genus *Platynothrus* from Hokkaido. *Acarologia*, **23** : 279-294.

Fujikawa T. (1983). Oribatid fauna from nature farm in Nayoro (6). *Edaphologia*, **28** : 7-12.

Fujikawa T. (1986). Oribatid fauna from nature farm in Nayoro (9). *Edaphologia*, **35** : 27-38.

Fujikawa T. (1989). Oribatid mites from *Picea glehni* forest at Mo-Ashoro, Hokkaido (1) A new species of the family Liacaridae. *Edaphologia*, **41** : 11-16.

Fujikawa T. (1990a). Oribatid mites from *Picea glehni* forest at Mo-Ashoro, Hokkaido (2) A new species of the family Phenopelopidae. *Edaphologia*, **42** : 26-30.

Fujikawa T. (1990b). Oribatids from *Picea glehni* forest at Mo-Ashoro, Hokkaido (3) Two new species of the family Nanhermanniidae. *Edaphologia*, 43 : 5-15.

Fujikawa T. (1990c). Oribatid mites from *Picea glehni* forest at Mo-Ashoro, Hokkaido (4) A new species of the family Oribatellidae. *Edaphologia*, **44** : 1-9.

Fujikawa T. (1991a). Oribatid mites from *Picea glehni* Forest at Mo-Ashoro, Hokkaido (5) Two new species of the families Astegistidae and Liacaridae. *Edaphologia*, **45** : 7-14.

Fujikawa T. (1991b). Oribatid mites from *Picea glehni* forest at Mo-Ashoro, Hokkaido (6) A new species of the family Eremaeidae. *Edaphologia*, **47** : 1-10.

Fujikawa T. (1992). Oribatid mites from *Picea glehni* forest at Mo-Ashoro, Hokkaido (7) A new species of the family Cepheidae and seven known species of seven other families. *Edaphologia*, **48** : 7-16.

Fujikawa T. (1993a). Oribatid mites from *Picea glehni* forest at Mo-Ashoro, Hokkaido (8) Two new species of the family Carabodidae. *Edaphologia*, **49** : 17-24.

Fujikawa T. (1993b). Oribatid mites from *Picea glehni* forest at Mo-Ashoro, Hokkaido (9) A new species belonging to a new genus of the family Hermanniellidae. *Edaphologia*, **50** : 15-22.

Fujikawa, T. (1994). Oribatid mites from *Picea glehnii* forest at Mo-Ashoro, Hokkaido (10) A new species of the family Eniochthoniidae. *Edaphologia*, **52** : 119-27.

Fujikawa, T. (1996a). Oribatid mites form *Picea glehni* forest at Mo-Ashoro, Hokkaido (12). A new species of the family Haplochthoniidae. *Edaphologia*, **56** : 5-10.

Fujikawa, T. (1996b). Oribatid mites form Picea glehni forest at Mo-Ashoro, Hokkaido (13). A new species of the family Ceratozetidae. *Edaphologia*, **57** : 21-30.

Fujikawa, T. (1997). Oribatid mites form *Picea glehni* forest at Mo-Ashoro, Hokkaido (14). A new species of the family Chamobatidae and a known species of the family Ceratozetidae. *Edaphologia*, **58** : 25-34.

Fujikawa, T. (1998). Oribatid mites from *Picea glehnii* forest at Mo-Ashoro, Hokkaido (15). Two new species and a known species of the family Camisiidae. *Edaphologia*, **61** : 45-59.

Fujikawa, T. (1999). Eight new species of the genus *Nothrus*. *Edaphologia*, **63** : 5-54.

Fujikawa, T. (2000). Five new species of the genera *Trhypochthoniellus* and *Trhypochthonius*. *Edaphologia*, **65** : 35-53.

Fujikawa, T. (2001a). A new and three known species of Tectocepheidae and Nodocepheidae from northeastern part of Nippon including the Shirakami-sanchi World Heritage Area (Acari : Oribatida). *Edaphologia*, **67** : 23-30.

Fujikawa, T. (2001b). A new oribatid species of Liodidae from Mt. Hayachine in Northern Nippon. *Edaphologia*, **68** : 17-22.

Fujjikawa, T. (2002). Three species of Cepheidae and Cymbaeremaeidae (Acari : Oribatida) from Nippon. *Edaphologia*, **69** : 13-23.

Fujjikawa, T. (2003a). A new species of the genus *Caenosamerus* from the Shirakami-Sanchi World Heritage Area (Acari : Oribatida). *Acarologia*, **42** : 203-211.

Fujikawa, T. (2003b). Five species of Nanhermanniidae (Acari : Oribatida) from Nippon. *Edaphologia*, **71** : 1-8.

Fujjikawa, T. (2003c). A new species of the genus *Hypochthonius* (Acari : Oribatida). *Edaphologia*, **73** : 11-17.

Fujjikawa, T. (2004a). Thirteen new species from the Shirakami-sanchi world Heritage Area (Acari : Oribatida). *Acarologia*, **43** : 369-392.

Fujjikawa, T. (2004b). Nineteen new species from the Shirakami-sanchi world heritage area, Nippon (Acari : Oribatida). *Acarologia*, **44** : 97-131.

Fujjikawa, T. (2004c). A new species of *Allonothrus* from Shikoku Island, Japan (Acari, Oribatei). *Edaphologia*, **74** : 11-14.

Fujjikawa, T. (2004d). A new species of *Tegeocranellus* from a marshy ground with native Habenaria radiata, Japan (Acari : Oribatei). *Edaphologia*, **75** : 11-16.

Fujikawa, T. (2005a). Five new species of *Malaconothrus* (Acari, Oribatiei) from Shikoku Island, Japan. *Edaphologia*, **76** :

23-32.

Fujjikawa, T. (2005b). A new species of *Scapheremaeus* (Acari, Oribatida) from Shikoku Island, Japan. *Edaphologia*, 78 : 1-4.

Fujjikawa, T. (2006a). Oribatid mites (Acari, Oribatida) from World Cultural Heritage Area in Miyajima, Japan. *Edaphologia*, 80 : 1-24.

Fujjikawa, T. (2006b). A new species of Zetomotrichidae from Shikoku Island in Nippon (Acari : Oribatida). *Acarologia*, 45 : 341-347.

Fujjikawa, T. (2007a). Two new species of *Neoribates* (Neoribates) (Acari, Oribatida) from Shikaku Island, Japan. *Edaphologia*, 81 : 1-7.

Fujjikawa, T. (2007b). Four new species of Galumnidae (Acari, Oribatida) from Shikoku Island in Japan. *Edaphologia*, 82 : 25-39.

Fujjikawa, T. (2008a). Eleven new species from Shikoku Island in Nippon (Acari, Oribatida). *Acarologia*, 48 : 69-103.

Fujjikawa, T. (2008b). A new species of the genus *Podopterotegaeus* (Acari : Oribatida). *Acarologia*, 48 : 105-109.

Fujjikawa, T. (2009a). A new genus and a new species of Autognetidae (Acari, Oribatida) from South Japan. *Edaphologia*, 84 : 1-4.

Fujjikawa, T. (2009b). A new species of Phenopelopidae (Acari, Oribatida) from South Japan. *Edaphologia*, 85 : 1-6.

Fujjikawa, T. (2010a). A new species of *Epilohmannia* (Acari, Oribatida, Epilohmanniidae) from South Japan. *Edaphologia*, 86 : 15-20.

Fujjikawa, T. (2010b). A new species of Oppiidae (Acari, Oribatida) from South Japan. *Edaphologia* 87 : 1-7.

Fujjikawa, T. (2011). Three new species of oribatid mites (Acari, Oribatida) from Itsuki Village, South Japan. *Edaphologia*, 89 : 1-12.

Fujjikawa, T. (2012a). Two new species of oribatid mites (Acari : Oribatida) from Miyazaki Prefecture, South Japan. *Edaphologia*, 90 : 1-11.

Fujjikawa, T. (2012b). A new species of *Odontocepheus* (Acari : Oribatida) from Shikoku Island, Japan. *Edaphologia*, 91 : 1-7.

Fujikawa, T. (2014). The second representative of the family Eulohmanniidae Grandjean, 1931 (Acari : Oribatida) from Japan. *Edaphologia*, 93 : 1-10.

Fujikawa T. & Aoki, J. (1969). Notes on two species of the Genus *Perlohmannia* Berlese (Acari, Perlohmanniidae). Taxonomic notes on oribatid mites of Hokkaido. II. *Annotationes Zoologicae Japonenses*, 42 : 220-225.

Fujikawa T. & Aoki, J. (1970). Five species of the genus *Liacarus* Michael (Acari : Liacaridae). Taxonomic notes on oribatid mites of Hokkaido. III. *Annotationes Zoologicae Japonenses*, 43 : 158-165.

Fujikawa T. & Fujita, M. (1985a). The second species of the genus *Costeremus* (Oribatida : Damaeolidae) from Nayoro, North Japan. *Edaphologia*, 34 : 1-4.

Fujikawa T. & Fujita, M. (1985b). Five new species belonging to the genus *Epidamaeus* from Nayoro of Hokkaido, North Japan (Oribatida). *Edaphologia*, 32 : 19-28.

藤川徳子・藤田正雄・青木淳一（1993）．日本産ササラダニ類目録．日本ダニ学会誌 2 (Suppl. 1) : 1-121.

Fujita, M. (1989a). Taxonomic study of oribatid mites from crop lands of Japan (I). *Acta Arachnologica*, 38 : 11-14.

Fujita, M. (1989b). Taxonomic study of oribatid mites from crop lands of Japan (II). *Edaphologia*, 41 : 17-24.

Fujita, M. & Fujikawa T. (1984). A new species of the genus *Liacarus* (Oribatida : Liacaridae) from Nayoro, North Japan. *Edaphologia*, 31 : 35-38.

Fujita, M. & Fujikawa T. (1986). List and description of oribatid mites in the forest litter as materials introducing soil animals into crop field of Nayoro (I). *Edaphologia*, 35 : 5-18.

Fujita, M. & Fujikawa T. (1987). List and description of oribatid mites in the forest litter as materials introducing soil animals into crop field of Nayoro (II). *Edaphologia*, 36 : 1-11.

Grandjean, F. (1959). *Hammation sollertius* n. g., n. sp. (Acarien, Oribate). *Mémoires du Muséum national d'histoire naturelle (Nouvelle série)*, sér. A, Zool., 16 : 173-198.

Hammer, M. (1952). Investigations on the microfauna of Northern Canada. Part I : Oribatidae. *Acta Arctica*, 4 : 5-108.

Hammer, M. (1961). Investigations on the oribatid fauna of the Andes Mountains. II. Peru. *Biologiske Skrifter, det Kongelige Danske Videnskabernes Selskab*, 13 (1) : 1-157, pls.1-43.

Hammer, M. (1968). Investigations on the oribatid fauna of New Zealand with a comparison between the oribatid fauna of New Zealand and that of the Andes Mountains, South America. Part III. *Biologiske Skrifter, det Kongelige Danske Videnskabernes Selskab*, 16 (2) : 1-96, pls.1-33.

Hammer M. (1973). Oribatids from Tongatapu and Eua, the Tonga Islands, and from Upolu, Western Samoa. *The Royal Danish Academy of Sciences and Letters, Biology*, 20(3) : 1-70.

Hammer, M. (1977). Investigations on the oribatid fauna of North-West Pakistan. *The Royal Danish Academy of Sciences and Letters, Biology*, 21(4) : 1-108.

Hammer, M. (1980). Investigations on the oribatid fauna of Java. *Biologiske Skrifter, det Kongelige Danske Videnskabernes Selskab*, 22 (9) : 1-79, pls.1-47.

Hammer, M. (1982). On a collection of oribatid mites from Bali, Indonesia (Acari : Cryptostigmata). *Entomologica scandinavica*, 13 : 445-464.

Hirauchi, Y. (1998a). Two new species of the family Metrioppiidae rom Central Japan (Acari : Oribatida). *Edaphologia*, 61 : 7-13.

Hirauchi, Y. (1998b). Two new species of the genus *Liacarus* from Mt. Tateyama, Central Japan (Acari : Oribatida). *Journal of the Acarological Society of Japan*, 7 : 13-21.

Hirauchi, Y. (1999). Some new taxa of the family Ceratozetidae (Oribatida) from the Tateyama Mountains, Central Japan (Acari : Oribatida). *Journal of the Acarological Society of Japan*, 8 : 103-116.

Hirauchi, Y. & Aoki. J. (1997). A new species of the genus *Achipteria* from Mt. Tateyama, central Japan (Acari : Oribatida). *Edaphologia*, 59 : 5-9.

Hirauchi, Y. & Aoki. J. (2003). A new species of the genus

Nothrus from Central Japan (Acari : Oribatida : Nothridae). *Edaphologia*, **71** : 17-23.

Hirauchi, Y. & Aoki, J. (2011). New species of the genus *Indotritia* from central Japan (Acari : Oribatida). *Journal of the Acarological Society of Japan*, **20** : 103-107.

Ichisawa, K. & Aoki, J. (1998). A new species of the genus *Cosmopirnodus* (Oribatida : Oripodidae) caught by water pan traps settled on the rooftop of buildings in Kanagawa Prefecture, Central Japan. *Journal of the Acarological Society of Japan*, **7** : 135-138.

Iseki, A. & Karasawa, S. (2014). First record of *Maculobates* (Acari : Oribatida : Liebstadiidae) from Japan, with a redescription based on specimens from the Ryukyu Archipelago. *Species Diversity*, **19** : 59-69.

Ito, M. (1982a). A new species of the genus *Micreremus* (Acarina, Oribatida) from Japan. *Annotationes Zoologicae Japonenses*, **55** : 46-50.

Ito, M. (1982b). Unrecorded species of the genera *Carabodes* and *Licneremaeus* (Acarina, Oribatida) from Japan. *Bulletin of the Institute of Nature Education in Shiga Heights, Shinshu University*, **20** : 49-54.

Jacot, A. P. (1923). Oribatoidea Sinensis II. *Journal of North China Branch. Royal Asiattic Society*, **54** : 168-181.

Jacot A. P. (1930). Oribatid mites of the subfamily Phthiracaridae of the Northeastern United States. *Proceedings of the Boston Society of Natural History*, **39** : 209-261.

Kaneko, N. & Aoki, J. (1982). Two new oribatid mites from Ashiu experimental forest of Kyoto University. *Edaphologia*, **27** : 15-22.

Karasawa, S. & Behan-Pelletier, V. (2007). Description of a sexually dimorphic oribatid mite (Arachnida : Acari : Oribatida) from canopy habitats of the Ryukyu Archipelago, Southwestern Japan. *Zoological Science*, **24** : 1051-1058.

Karpelles, L. (1883). Ueber eine noch nicht beschriebene *Nothrus*-Art. *Archiv für Naturgeschichte*, **49** : 455-457.

Katsumata, H. (1988). A new species of the genus *Scheloribates* from the Izu Peninsula (Oribatida : Scheloribatidae). *Edaphologia*, **39** : 25-28.

岸田久吉（1927）．ささらだに．p. 980．内田清之助（編） 日本動物図鑑，北隆館．

Kishida, K. (1930). On a new Japanese oribatid mite of the genus *Achiptera*, Berlese 1885. *Lansania*, Tokyo, **2** : 30-32.

Kishida, K. (1931). On the second species of *Tumidalvus*, a genus of Oribatoid mites. *Lansania*, **3** : 62-64.

Koch, C. L. (1835-1844). Deutschlands Crustaceen, Myriapoden und Arachniden. Vol. I-XL, Regensburg.

Koch, C. L. (1841). Deutschlands Crustaceen, Myriapoden und Arachniden. Regensburg : Bd. 31-32.

Krisper, G. (1987). Zetorchestes-Arten aus Neuguinea und Japan (Acari : Oribatida : Zetorchestidae). *Zoologische Mededelingen*, **61** : 327-357.

Kubota, T. (2001). A new arboreal species of the family Otocepheidae (Acari : Oribatida) found from *Quercus gilva* in Shikoku, West Japan. *Journal of the Acarological Society of Japan*, **10** : 111-118.

Kunst, M. (1971). Nadkohorta Pancirnici - Oribatei. pp. 531-580. In : Daniel, M., Cerny, V. (eds.) *Klic zvireny CSSR IV*. Academia Praha. 603 pp.

Kuriki, G. (2005). Oribatid mites from several mires in Northern Japan. I. Two new species of the genus *Trhypochthoniellus* (Acari : Oribatida). *Journal of the Acarological Society of Japan*, **14** : 83-92.

栗木源一（2013）．湿原に生息するササラダニ．魅力的な世界への誘い．112 pp. 歴史春秋出版，会津若松市．

Kuriki, G. & Aoki, J. (1989). Oribatid mites from Yachidaira-Moor, Northeast Japan. (I). Description of *Trhypochthoniellus setosus*, new record with special reference to the ontogenetic development. *Acta Arachnologica*, **38** : 63-68.

Kuriki, G., Choi, S.-S. & Fujikawa, T. (2001). Supplementary description of the type species of the geus *Mainothrus* Choi, 1996, belonging to the family Tryhpochthoniidae (Acari : Oribatida). *Acarologia*, **41** : 273-276.

Mahunka, S. (1978). Neue und interessante Milben aus dem Genfer Museum XXVII. A first surveey of the oribatid (Acari) fauna of Mauritius, Reunion and the Seychelles I. *Revue suisse de zoologie*, **85** : 177-236.

Mahunka, S. (1982). Ptychoide Oribatiden aus der Koreanischen Volksdemokratischen Republik (Acari). *Acta Zoologica Academiae Scientiarum Hungaricae*, **28**(1-2) : 83-103.

Mahunka, S. (1991). The oribatid (Acari : Oribatida) fauna of the Bátorliget Nature Reserves (NE Hungary). pp. 727-783. In : Mahunka, S. (ed.), *The Bátorliget Nature Reserves -After Forty Years*, Hungarian Natural History Museum, Budapest.

Märkel, K. (1964). Die Euphthiracaridae Jacot 1930 und ihre Gattungen (Acari, Oribatei). *Zoologische Verhandelingen, Leiden*, **67** : 3-78.

丸山一郎（1983）．新潟県産ササラダニ類50種のスケッチ図集．昭和58年度新潟県教員内地留学研修報告書 (2), 26 pp.

丸山一郎（1984）．中越地方低山ブナ林におけるササラダニの群集構造．新潟県生物教育研究会誌，**19** : 1-19, Tab. 1.

丸山一郎（1987）．柏崎海岸風衝草原におけるササラダニの群集構造．新潟県生物教育研究会誌，**22** : 1-10.

丸山一郎（1993）．中越地方の高地ブナ林におけるササラダニの群集構造．新潟県生物教育研究会誌，**28** : 53-67.

丸山一郎（1994）．巻機山の亜高山帯におけるササラダニ類の群集構造．新潟県生物教育研究会誌，**29** : 13-27.

丸山一郎（2003）．苗場山の亜高山帯におけるササラダニ類の群集構造．新潟県生物教育研究会誌，**38** : 1-15.

Maruyama, I. (2003). The first record of *Achipteria coleoptrata* (Linnaeus) from Japan and its redescription (Acari : Oribatida : Achipteriidae). *Edaphologia*, **71** : 25-29.

Maruyama, I. & Aoki, J. (1996). The first record of *Tenuiala nuda* Ewing from Japan and its derescription. *Acta Arachnologica*, **45** : 77-80.

Maruyama, I. & Shimano, S. (2014) A new species of the genus *Symbioribates* (Acari : Oribatida : Symbioribatidae) from Niigata Prefecture, Central Japan. *Edaphologia*, **94** : 1-8.

Matsushima, T, Nakamura, Y.-N. & Nakamura, Y. (2009). A new genus and a new species of Symbioribatidae (Acari, Oribatida) from South Japan. *Acarologia*, **49** : 105-110.

Menke, H.-G. (1966). Revision der Ceratozetidae. 4.

Ceratozetes mediocris Berlese (Arach., Acari, Oribatei). *Senckenbergiana biologica*, **47** : 371-378.

Michael, A. D. (1898). Oribatidae. *Das Tierreich*, **8** : 1-93.

Mizutani, Y., Shimano, S. & Aoki, J. (2003). A new species of *Hermanniella* (Acari : Oribatida : Hermanniellidae) from forest soil in Tokyo. *Journal of the Acarological Society of Japan*, **12** : 87-91.

Moritz, M. (1976). Revision der europäischen Gattungen und Arten der Familie Brachychthoniidae(Acari, Oribatei). Teil 2. *Mixochthonius* Niedbala, 1972, *Neobrachychthonius* nov. gen., *Synchthonius* V. d. Hammen, 1952, *Poecilochthonius* Balogh, 1943, *Brachychthonius* Berlese, 1910, *Brachychochthonius* Jacot, 1938. *Mitteilungen aus dem Zoologischen Museum in Berlin*, **52** : 27-136.

Nakamura, K., Nakamura, Y.-N. & Fujikawa. T. (2013). Oribatid mites (Acari, Oribatida) from Tohoku (Northeast Japan), collected after a tidal wave in 2011. *Acarologia*, **53** : 41-76.

Nakamura, Y. & Aoki, J. (1989). A new oribatid species, *Protoribates agricola* from a cropped andosol in Tsukuba, Central Japan. *Edaphologia*, **40** : 21-23

Nakamura, Y. & Fujikawa, T. (2004). Report on oribatid mites in eco-friendly agriculture with a description of third new species of the genus *Cosmogalumna* from the litter of coconut palm tree on Ishigaki Island, in Southern Japan. *Memoirs of the Faculty of Agriculture, Ehime University*, **49** : 11-18.

Nakamura, Y., Nakai, M. (2009). Re-description of two known species from japanese organic farm of 20 years' duration with erecting a new genus (Acari, Oribatida). *Acarologia*, **49** : 893-103.

中村好男・中村好徳・橋本新一・後藤貴文（2009）．牧草地のササラダニ相の特徴ならびに1新種の記載．九州大学大学院農学研究院学芸雑誌 **64**：109-118.

Nakatamari, S. (1980). The oribatid Fauna of the Miyako Islands (Acari : Oribatei). *The Biological Magazine Okinawa*, **18** : 59-62.

Nakamura, Y.-N. (2009a). A new species of Parakalummidae (Acari : Oribatida) from Southern Japan. *Acarologia*, **49** : 83-87.

Nakamura, Y.-N. (2009b). A new species of Oripodidae (Acari : Oribatida) from Southern Japan. *Acarologia*, **49** : 89-92.

Nakamura, Y.-N., Fukumori, S. & Fujikawa, T. (2010). Oribatid fauna (Acari, Oribatida) from the Kumaya Cave of Iheya Village in Central Ryukyu Arc, South Japan, with a description of several new species. *Acarologia*, **50** : 439-477.

Nakatamari, S. (1982). Three new species of oribatid mites (Acari : Oribatei) from Okinawa in Japan. *Acta Arachnologica*, **30** : 97-104.

Nakatamari, S. (1985). Three new species and a new subspecies of oribatid mites (Acari : Oribatei) from Okinawa in Japan. *Acta Arachnologica*, **33** : 19-27.

Nakatamari, S. (1989). A new oribatid mite of the genus *Scapheremaeus* (Acari : Cryptostigmata) from Okinawa in Southern Japn. *Memoirs of the National Science Museum, Tokyo*, **3** : 1-4.

Niedbała, W. (1986). Catalogue des Phthiracaroidea (Acari), clef pour la détermination des espèces et descriptions d'espèces nouvelles. *Annales Zoologici, Warszawa*, 40(4) : 309-370.

Niedbała, W. (1991). Phthiracaroidea (Acari, Oribatida) nouveaux d'Australie et d'Amerique Centrale. *Bulletin of the Polish Academy of Sciences, Biological Sciences, Warszawa*, **39**(1) : 97-107.

Niedbała, W. (2000). The ptyctimous mites fauna of the Oriental and Australian regions and their centres of origin (Acari : Oribatida). *Genus*, (supplement) : 1-493.

Niedbała, W. (2002). Ptyctimous mites (Acari, Oribatida) of the Nearctic Region. *Monographs of the Upper Silesian Museum*, **4** : 1–261.

Niedbała, W. (2006). New species of palaearctic Oribotritiidae (Acari, Oribatida). *Zootaxa*, **1175** : 55-68.

Niedbała, W. (2011). Ptyctimous mites (Acari : Oribatida) of the Palaearctic Region, systematic part. *Fauna Mundi*, **4** : 5-472.

Niedbała, W. (2012). Ptyctimous mites (Acari : Oribatida) of the Palaearctic Region, Distribution. *Fauna Mundi*, **5** : 3-348.

西川寿輝・工藤宏明・蛭田眞一（1983）．釧路湿原の土壌小形節足動物相・特にササラダニについて 1．定量調査から．釧路博物館報 **280**：3-11.

Nozaki, M. & Nakamura, Y. (2004). A new species of the genus *Minguezetes* from rice stubble of paddy field after grain harvest in Japan (Acari : Oribatida). *Acarologia*, **44** : 87-95.

Ohkubo, N. (1979). A new species of the genus *Epilohmannoides* (Acarina, Oribatida) from Japan. *Annotationes Zoologicae Japonenses*, **52** : 261-265.

Ohkubo, N. (1980). A new species of the genus *Brachyoripoda* (Acari, Oribatida) from Japan. *Annotationes Zoologicae Japonenses*, **53** : 137-139.

Ohkubo, N. (1981a). A new oribatid mite of the genus *Allozetes* Berlese. *Edaphologia*, **24** : 15-17.

Ohkubo, N. (1981b). A new species of *Tectocepheus* (Acarina, Oribatida) from Japan. *Annotationes Zoologicae Japonenses*, **54** : 42-52.

Ohkubo, N. (1982a). One more new species of the Japanese *Tectocepheus* (Acarina, Oribatida). *Annotationes Zoologicae Japonenses*, **55** : 110-117.

Ohkubo, N. (1982b). A new species of *Humerobates* with notes on *Baloghobates* (Acarina, Oribatida). *Acta Arachnologica*, **31** : 1-5.

Ohkubo, N. (1984). Several species of *Trichogalumna* (Acarina, Oribatida) from Japan. *Acarologia*, **25** : 293-306.

Ohkubo, N. (1987). A new species of *Zetomimus* (Acari, Oribatei) from Japan. *Zoological Science*, **4** : 897-902.

Ohkubo, N. (1990). A new species of *Ramusella* (Acari : Oribatei) from Japan. *Zoological Science*, **7** : 979-983.

Ohkubo, N. (1991). A new species of *Medioxyoppia* Subías (Acari : Oribatei) from Japan. *Acta Arachnologica*, **40** : 69-74.

Ohkubo, N. (1992). A new subspecies of *Multipulchroppia* Subias (Acarina : Oribatei) from Japan. *Journal of the Acarological Society of Japan*, **1** : 105-111.

Ohkubo, N. (1993). A new species of *Graptoppia* (Acari : Oribatei) from Japan. *Edaphologia*, **49** : 11-16.

Ohkubo, N. (1995a). A new oppiid mite (Acarina, Oribatida) from Taiwan. *Acta Arachnologica*, **44** : 61-64.

Ohkubo, N. (1995b). Species list of Quadroppiidae (Acari : Oribatida) with descriptions of a new genus and two new species.. *Journal of the Acarological Society of Japan*, **4** : 77-89.

Ohkubo, N. (1996). Some oppiid species (Acari : Oribatida) from Chichijima Island in the Bonin Islands, with notes on morphological terms of Oppiidae. *Acarologia*, **37** : 229-245.

Ohkubo, N. (2001). A revision of Oppiidae and its allies (Acarina : Oribatida) of Japan. 1. Genus *Lasiobelba*. *Journal of the Acarological Society of Japan*, **10** : 97-109.

Ohkubo, N. (2002). Two species of *Epilohmannoides* (Acari : Oribatida) of Japan. *Edaphologia*, **70** : 1-5.

Ohkubo, N. (2003). A revision of Oppiidae and its allies (Acarina : Oribatida) of Japan. 2. Genus *Cycloppia*. *Journal of the Acarological Society of Japan*, **12** : 73-85.

Okayama, T. (1980a). Taxonomic studies on the Japanese oribatid mites wearing nymphal exuviae. I. *Heterobelba stellifera*, sp.n.. *Acta Arachnologica*, **29** : 83-89.

Okayama, T. (1980b). Taxonomic studies on the Japanese oribatid mites wearing nymphal exuviae. II. *Basilobelba parmata*, sp. nov. *Annotationes Zoologicae Japonenses*, **53** : 285-296.

Olszanowski, Z. (1996). A monograph of the Nothridae and Camisiidae of Poland (Acari : Oribatida : Crotonioidea). *Genus International Journal of Invertebrate Taxonomy*, Supplement 5, 201pp.

Ota, A. (2009). A new species of *Autogneta* in Japan (Acari : Oribatida). *Journal of the Acarological Society of Japan*, **18** : 1-5.

Pérez-Íñigo, C. (1997). Acari. Oribatei, Gymnonota I. In : Ramos, M. A. (eds.) *Fauna Iberica vol. 9*. Museo Nacional de Ciencias Naturales. CSIC. Madrid. 374pp.

Sakakibara, I. & Aoki, J. (1966). *Podoribates cuspidatus*, a new oribatid mite of the family Mochlozetidae (Acari : Cryptostigmata). *Japanese Journal of Sanitary Zoology*, **17** : 22-24.

Sellnick, M. (1923). Die mir bekanntenArten der Gattung *Tritia* Berl. *Acari. Blatter für Milbenkunde*, **3** : 7-22.

Sellnick, M. (1928). Formenkreis : Hornmilben, Oribatei. In : Brohmer, P., Ehrmann, P., Ulmer, G. (eds.) *Die Tierwelt Mitteleuropas*, Band 3, Lieferung 4, Abteilung 9 : 1-42.

Sellnick, M. & Forsslund, K. H. (1954). Die Camisiidae Schwedens (Acar. Oribat.). *Arkiv för Zoologi*, **8** : 473-530.

Sheals, J. G. (1965). Primitive Cryptostigmatid mites from *Rhododendron* forests in the Nepal Himalaya. - *Bulletin of the British Museum (Natural History)*, **13(1)** : 5-35.

Shimano, S. & Aoki, J. (1997). A new species of oribatid mites of the family Oribotritiidae from Toyama in central Japan. *Edaphologia*, **59** : 55-59.

島野智之・青木淳一 (1997). 日本産ヒメヘソイレコダニ *Rhysotritia ardua* (C. L. KOCH) の2型に関する研究. I. 形態的比較と分布. *Acta Arachnologica*, **46** : 39-51.

Shimano, S. & Norton, R. A. 2003. Is the japanese oribatid mite *Euphthiracarus foveolatus* Aoki, 1980 (Acari : Euphthiracaridae) a junior synonym of *E. cribrarius* (Berlese, 1904)？ *Journal of the Acarological Society of Japan*, **12** : 115-126.

Shimano, S., Sakata, T. & Norton, R. A. (2002). Occurrence of *Camisia solhoeyi* (Oribatida : Camisiidae) in Japan. *Acta Arachnologica*, **51** : 145-147.

Shimizu, N., Yakumaru, R., Sakata, T., Shimano, S. and Kuwahara, Y. (2012). The absolute configuration of chrysomelidial : A widely distributed defensive component among Oribotririid mites (Acari : Oribatida). *Journal of Chemical Ecology*, **38** : 29-35.

Shiraishi, H. & Aoki, J. (1994). A new species of the genus *Hypochthoniella* (Acari : Oribatida) from soils on the suburban roadside in Fukushima City. *Edaphologia*, **52** : 29-32.

Stary, J. (2005). Records of oribatid mites (Acari, Oribatida) of the families Galumnidae, Galumnellidae and Parakalummidae from Japan with description of two new species of the genus Pergalumna. *Biologia, Bratislava*, **60** : 107-111.

Strenzke, K. (1953). *Passalozetes* bidactylus und *P. perforatus* von den schleswig-holsteinischen Jüsten (Acarina : Oribatei). *Kieler Meeresforschungen*, **9** : 230-234.

Subías, L. S. (2004). Listado sistemático, sinonímico y biogeográfico de los ácaros oribátidos (Acariformes : Oribatida) del mundo (Excepto fósiles). *Graellsia*, **60** : 3-305.

Subías, L. S. (2014). Listado sistemático, sinonímico y biogeográfico de los ácaros oribátidos (Acariformes : Oribatida) del mundo (Excepto fósiles). (*http://escalera.bio.ucm.es/usuarios/bba/cont/docs/RO_1.pdf* ; as of 6 October, 2014)

Subías, L. S. & Rodriquez, P. (1988). Oppiidae (Acari, Oribatida) de los sabinares (*Janiperus thurifera*) de España, VIII. Medioppiinae Subías y Mínquez. *Boletin de la Asociacion Espanola de Entomologia*, **12** : 27-43.

Suzuki, K. (1971). Some new species of oribatid mites from the Izu Peninsula. II. *Diapterobates izuensis* sp. n. *Bulletin of the Biogeographical Society of Japan*, **27** : 13-18.

Suzuki, K. (1972). Some new species of oribatid mites from Izu Peninsula. III. *Achipteria imperfecta* n. sp. *Bulletin of the Biogeographical Society of Japan*, **28** : 7-13.

Suzuki, K. (1973). Some new species of oribatid mites from Izu Peninsula. IV. *Lanceoppia simplex* sp. n. *Bulletin of the Biogeographical Society of Japan*, **29** : 1-6.

Suzuki, K. (1975a). Occurrence of *Baloghobates nudus* Hammer, 1967 in Japan. *Acta Arachnologica*, **26** : 69-78.

Suzuki, K. (1975b). Some new species of oribatid mites from Izu Peninsula. V. *Multioppia brevipectinata* sp. n. *Bulletin of the Biogeographical Society of Japan*, **31** : 7-20.

鈴木惠一 (1977). 室内産有節類 (ダニ目・隠気門亜目) 2種. 日本生物地理学会会報, **32** : 5-16.

Suzuki, K. (1978). A new species of the genus *Neoribates* (Berlese, 1914), *Neoribates rimosus* n. sp. (Acarida : Oribatida). *Acta Arachnologica*, **28** : 19-29.

Suzuki, K. (1979a). A new species of the genus *Phauloppia* collected from moss under snow. *Bulletin of the Biogeographical Society of Japan*, **34** : 9-19.

Suzuki, K. (1979b). *Neoribates aurantiacus* in Japan (Acari : Oribatida). *Acta Arachnologica*, **28** : 63-70.

Suzuki, K. & Aoki, J. (1970a). A new species of oribatid mite, *Galumnella nipponica*, from Central Japan (Acari : Cryptostigmata). *Annotationes Zoologicae Japonenses*, **43** : 166-169.

Suzuki, K. & Aoki, J. (1970b). Some new species of oribatid mites from the Izu Peninsula. I. *Grypoceramerus acutus* gen. n. et sp. n. *Annotationes Zoologicae Japonenses*, **43** : 207-210.

鈴岡洋志（1983）．山口県の森林土壌から見出されたササラダニ類 V．山口県立山口博物館研究報告，**9** : 27-44．

Suzuoka, H. & Aoki, J. (1980). A new species of the genus *Ctenobelba* from Japan. *Proceedings of the Japanese Society of Systematic Zoology*, **19** : 34-37.

Tagami, K., Ishihara, T., Hosokawa, J., Ito, M. & Fukuyama, K. (1992). Occurrence of aquatic oribatid and astigmatid mites in swimming pools. *Water Research*, **26** : 1549-1554.

谷本好久（1980）．キチビゲフリソデダニ（仮称）の生活史について．南紀生物，**22** : 26-28．

Travé, J. (1959). Sur le genre *Niphocepheus* Balogh 1943. Les famile nouvelle (Acariens Oribates). *Acarologia*, **1** : 475-498.

和田益夫（1987）．山口県笠戸島で採集されたタヒチ島原産 *Nesiacarus* 属ササラダニの1種．*Edaphologia*, **37** : 17-19．

和田益夫（1989）．韓国産イブシダニを日本で採集．*Edaphologia*, **40** : 31-32．

Weigmann, G. (2006). Hornmilben (Oribatia). *Die Tierwelt Deutschlands*, **76**, 520pp.

Willmann, C. (1931). Moosmilben oder Oribatiden (Cryptostigmata). In : Dahl, F. (ed.) *Die Tierwelt Deutschlands*, **22** : 79-200.

Woas, S. (1978). Die Arten der Gattung *Hermannia* Nicolet 1855 (Acari, Oribatei) I. *Beiträge zur naturkundlichen Forschung in Südwestdeutschland*, **37** : 113-141.

Woolley, T.A. (1958). Redescriptions of Ewing's oribatid mites, VII. Family Oribatellidae (Acari : Oribatei). *Transactions of the American Microscopical Society*, **77** : 135-146.

Woolley, T.A. & Higgins, H.G. (1965). A new genus and two new species of Tenuialidae with notes on the family (Acari : Oribatei). *Journal of the New York Entomological Society*, **73** : 232-237.

山本佳範（1978）．モンツキダニ科の日本未記録属の種2フサゲモンツキダニについて．南紀生物，**20** : 72-74．

山本佳範（1979）．ササラダニ類の日本新記録種2種について．南紀生物，**21** : 78-80．

Yamamoto, Y. (1996). Two new oribatid mites of the family Malaconothridae in Wakayama Prefecture, Central Japan (Acari : Oribatei). *Acta Arachnologica* **45** : 119-124.

Yamamoto, Y. (1997). Two new oribatid mites of the genus *Trimalaconothrus* found from a sphagnum bog at Akai, Northeast Japan (Acari : Oribatei : Malaconothridae). *Edaphologia*, **58** : 35-40.

Yamamoto, Y. (1998). Two species of oribatid mites of the genus *Malaconothrus* from Sichuan Province in the western part of China (Acari : Oribatida : Malaconothridae). *Acta Arachnologica*, **47** : 45-52.

Yamamoto, Y. & Aoki, J. (1971). The fauna of the lava caves around Mt. Fuji-san. VII. Malaconothridae (Acari, Cryptostigmata). *Bulletin of the National Science Museum, Tokyo*, **14** : 579-583.

Yamamoto, Y., Aoki, J., Wang, X. & Hu, S. (1997). Oribatid mites from subtropical forests of Wu-yan-ling, East China (1) Two new species of the family Malaconothridae (Acari : Oribatei). *Edaphologia*, **49** : 25-31.

Yamamoto, Y. & Aoki, J. (1997). A new oribatid mites of the genus *Malaconothrus* from a Iriomote Island, Southwest Japan (Acari : Oribatei : Malaconothridae). *Journal of the Acarological Society of Japan*, **6** : 43-47.

Yamamoto, Y., Kuriki, G. & Aoki, J. (1993). Three oribatid mites of the genus *Trimalaconothrus* found from a bog in the Northeastern Part of Japan (Acari : Oribatei : Malaconothridae). *Edaphologia*, **50** : 21-30.

山本佳範・山本英治（2000）．小田深山とその周辺地域におけるササラダニ類．小田深山の自然 I : 725-800．

ダニ目・ササラダニ亜目　361

ムカシササラダニ　*Palaeacarus hystricinus* Trägårdh

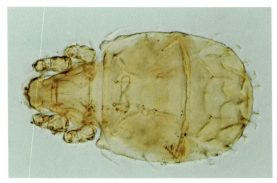
ツヨヒワダニ　*Malacoangelia remigera* Berlese

イナヅマダルマヒワダニ　*Poecilochthonius spiciger* (Berlese)

クモガタダルマヒワダニ　*Sellnickochthonius elsosneadensis* (Hammer)

チビゲダルマヒワダニ　*Liochthonius sellnicki* (Thor)

カザリヒワダニ　*Cosmochthonius reticulatus* Grandjean

チョウチンダニ　*Sphaerochthonius splendidus* (Berlese)

キョジンダニ　*Apolohmannia gigantea* Aoki

ヒメハラミゾダニ　*Epilohmannia minuta* Berlese

ケブカツツハラダニ　*Papillacarus hirsutus* (Aoki)

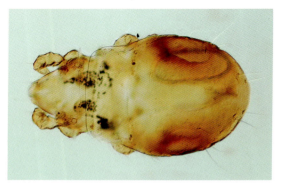

ジャワモンツキダニ　*Afronothrus javanus* (Csiszár)

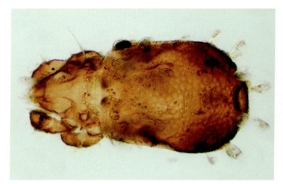

フサゲモンツキダニ　*Allonothrus sinicus* Wang & Norton

アラゲモンツキダニ　*Trhypochthonius stercus* Fujikawa, 2000

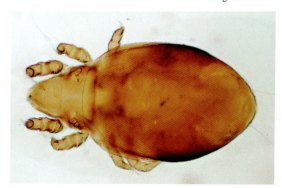

エゾモンツキダニ　*Mainothrus* sp.

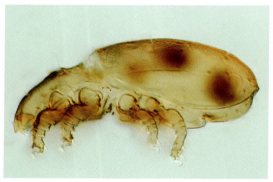

チビコナダニモドキ　*Malaconothrus pygmaeus* Aoki

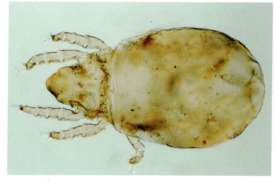

オオコナダニモドキ　*Trimalaconothrus nipponicus* Yamamoto & Aoki

エゾアミメオニダニ　*Nothrus ezoensis* Fujikawa

キタケナガオニダニ　*Heminothrus similis* Fujikawa

ヤマサキオニダニ　*Capillonothrus yamasakii* (Aoki)

ヒラタオニダニ　*Platynothrus peltifer* (C. L. Koch)

タモウオバケツキノワダニ　*Masthermannia multiciliata* Y. Nakamura, Y.-N. Nakamura & Fujikawa, 2013

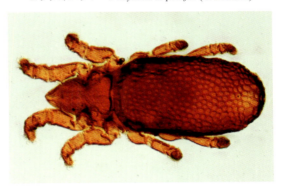
ホソツキノワダニ　*Nippohermannia parallela* (Aoki)

エゾニオウダニ　*Hermannia hokkaidensis* Aoki & Ohnishi

カノウニオウダニ　*Lawrencoppia kanoi* (Aoki)

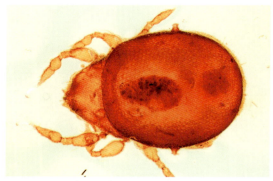

ドビンダニ　*Hermanniella* sp.

ツノカクシダニ　*Plasmobates asiaticus* Aoki

シワウズタカダニ　*Neoliodes zimmermanni* (Sellnick)

オオスネナガダニ　*Adrodamaeus striatus* (Aoki)

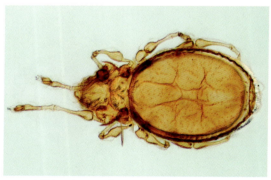

イゲタスネナガダニ　*Joshuella transitus* (Aoki)

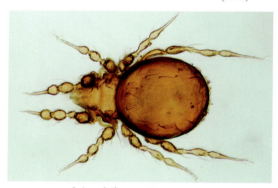

コブジュズダニ　*Belba japonica* Aoki

マガリジュズダニ　*Epidamaeus flexus* Fujikawa & Fujita

クシロジュズダニ　*Dyobelba kushiroensis* Enami & Aoki

ダニ目・ササラダニ亜目　365

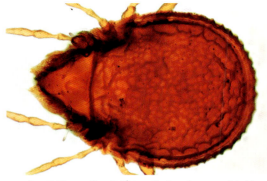
クロサワマンジュウダニ　*Cepheus kurosawai* Aoki

フトゲマンジュウダニ　*Sadocepheus setiger* Fujita & Fujikawa

ハネアシダニ　*Zetorchestes aokii* Krisper

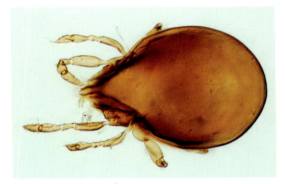
アオミネイトノコダニ　*Gustavia aominensis* Fujikawa

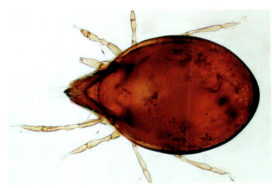
ツヤタマゴダニ　*Liacarus orthogonios* Aoki

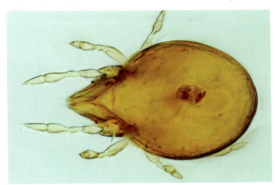
ミツバマルタマゴダニ　*Birsteinius neonominatus* Subías

ナカタマリクシゲダニ　*Ctenobelba nakatamarii* Aoki

フタツワダニ　*Mahunkana japonica* (Aoki & Karasawa)

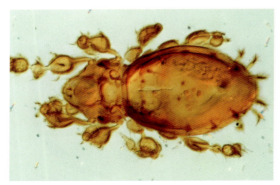
メカシダニ　*Costeremus ornatus* Aoki

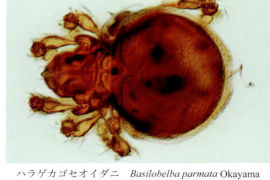
ハラゲカゴセオイダニ　*Basilobelba parmata* Okayama

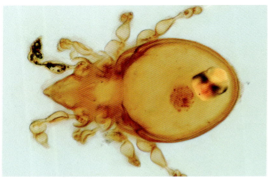
カタツノダニ　*Grypoceramerus acutus* Suzuki & Aoki

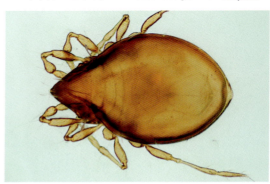
クシロフジカワダニ　*Oribellopsis kushiroensis* (Aoki)

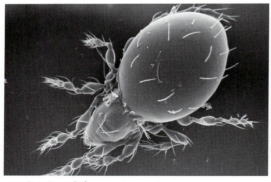
タモウツブダニ　*Multioppia brevipectinata* Suzuki

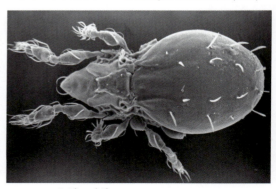
フトゲツブダニ　*Acroppia clavata* (Aoki)

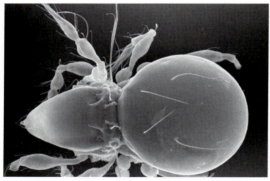
シダレツブダニ　*Ptiloppia longisensillata* (Aoki)

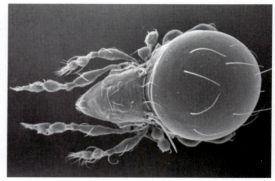
サガミツブダニ　*Goyoppia sagami* (Aoki)

ダニ目・ササラダニ亜目 367

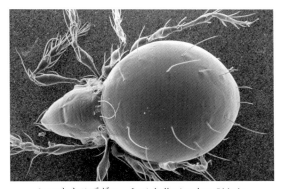
シマオオツブダニ　*Lasiobelba insulata* Ohkubo

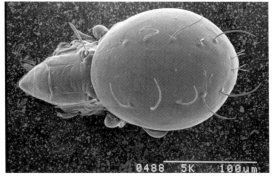
タイワンケナガツブダニ　*Quinquoppia formosana* (Ohkubo)

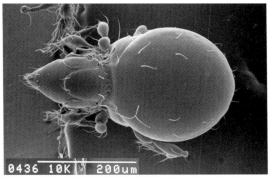
コブヒゲツブダニ　*Arcoppia viperea* (Aoki)

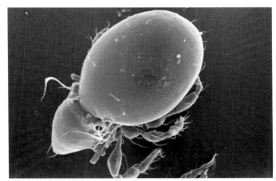
ナゴヤコブツブダニ　*Medioxyoppia nagoyae* Ohkubo

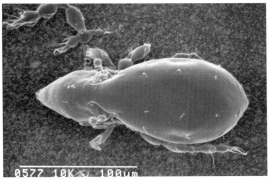
ハタケチビツブダニ　*Microppia minor* (Paoli)

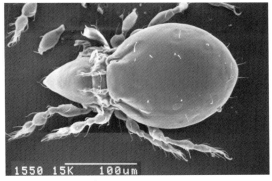
ナミツブダニ　*Oppiella nova* (Oudemans)

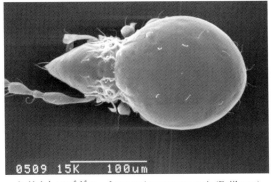
ナガサトツブダニ　*Lauroppia nagasatoensis* (Fujikawa)

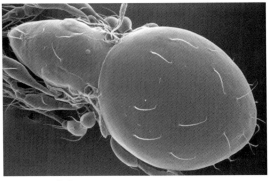
マルカタツブダニ　*Neoamerioppia ventrosquamosa* (Hammer)

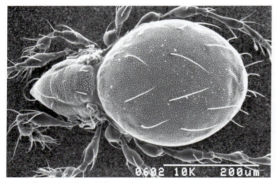
ザラヒロズツブダニ　*Cycloppia granulata* Ohkubo

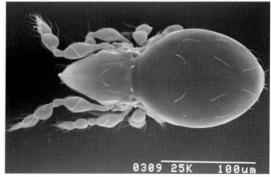
ケナガトウキョウツブダニ　*Ramusella sengbuschi* Hammer

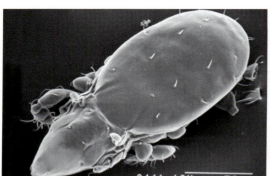
ホソトゲツブダニ　*Subiasella incurva* (Aoki)

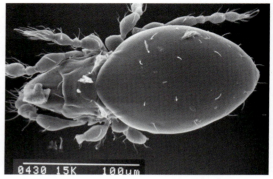
カタスジスナツブダニ　*Graptoppia crista* Ohkubo

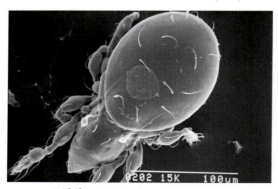
ハラゲダニ　*Machuella ventrisetosa* Hammer

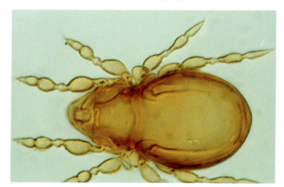
ナミヨスジダニ　*Coronoquadroppia parallela* Ohkubo

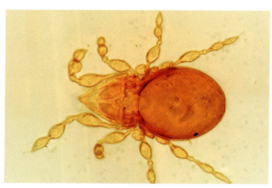
ナギナタマドダニ　*Flagrosuctobelba elegantula* (Hammer)

オキナワコンボウイカダニ　*Fissicepheus gracilis* Aoki

ダニ目・ササラダニ亜目　369

アマミイカダニ　*Trichotocepheus amamiensis* Aoki

ヒビワレイブシダニ　*Carabodes rimosus* Aoki

シラカミクワガタダニ　*Tectocepheus shirakamiensis* Funikawa

コロポックルダニ　*Ametroproctus reticulatus* (Aoki & Fujikawa)

エボシダニ　*Idiozetes erectus* Aoki（右：後体部背板）

ホソミズコソデダニ　*Limnozetes ciliatus* (Schrank)

ヤマザトカブトダニ　*Lamellobates molecula* Berlese

シラネコバネダニ　*Cyrtozetes shiranensis* (Aoki)

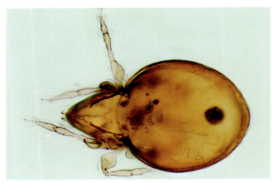

サカモリコイタダニ　*Oribatula sakamorii* Aoki

ユキグニフタカタダニ　雄　*Symbioribates yukiguni* Maruyama & Shimano

ホオカムリダニ　*Oripoda asiatica* (Aoki & Ohkubo)

クジュウコエリササラダニ　*Separatoribates kujuensis* Matsushima, Y.-N. Nakamura & Y. Nakamura

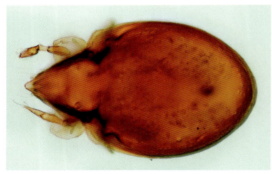

ケンショウダニ　*Liebstadia similis* (Michael)

カタビロシダレコソデダニ　*Protoribates gracilis* (Aoki)

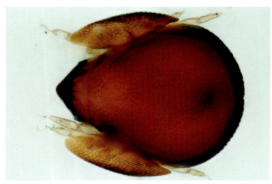

ヒロヨシカザリフリソデダニ　*Cosmogalumna hiroyoshii* Y. Nakamura & Fujikawa

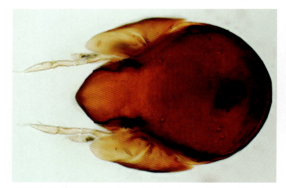

スジチビゲフリソデダニ　*Trichogalumna lineata* Ohkubo

ダニ目・ササラダニ亜目 371

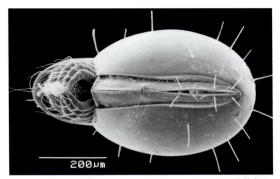
ヒメヘソイレコダニ *Acrotritia ardua* (C. L. Koch) 前体部と脚を不完全に閉じたところ．SEM像（島野原図）．

ヒメヘソイレコダニ *Acrotritia ardua* (C. L. Koch) 前体部と脚を開いたところ．SEM像（島野原図）．

ウスイロヒメヘソイレコダニ *Acrotritia sinensis* Jacot（島野原図）

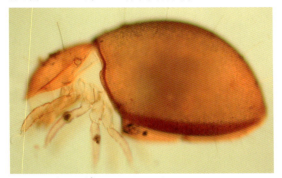
ヒメヘソイレコダニ *Acrotritia ardua* (C. L. Koch)（島野原図）

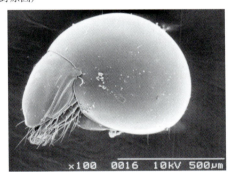
フチバイレコダニ *Austrotritia dentata* Aoki SEM像（島野原図）

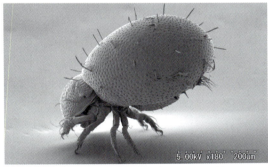
アラメイレコダニ *Atropacarus striculus* (C. L. Koch) SEM像（島野原図）

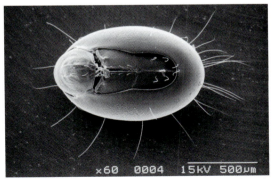
オオイレコダニ *Phthiracarus setosus* (Banks) 前体部と脚を閉じたところ．SEM像（島野原図）

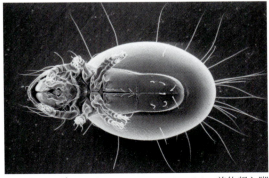
オオイレコダニ *Phthiracarus setosus* (Banks) 前体部と脚を開いたところ．SEM像（島野原図）

節足動物門
ARTHROPODA

鋏角亜門 CHELICERATA
クモガタ綱 Arachnida
サソリモドキ目（ムチサソリ目）Thelyphonida
ヤイトムシ目 Schizomida

下謝名松栄　M. Shimojana

クモガタ綱 Arachnida・サソリモドキ目（ムチサソリ目）Thelyphonida

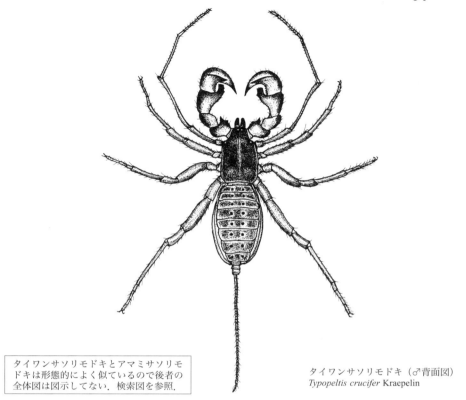

タイワンサソリモドキとアマミサソリモドキは形態的によく似ているので後者の全体図は図示してない．検索図を参照．

タイワンサソリモドキ（♂背面図）
Typopeltis crucifer Kraepelin

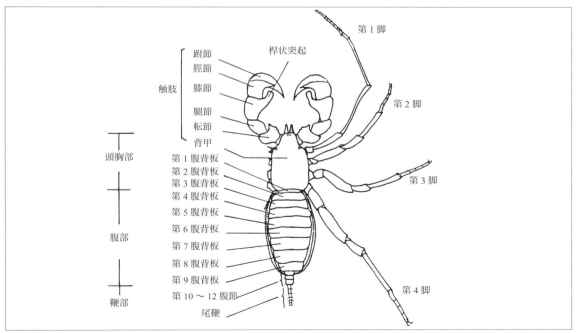

サソリモドキ目（ムチサソリ目）Thelyphonida 形態用語図解
（検索図使用時に必要なものだけを図示）

サソリモドキ目（ムチサソリ目）Thelyphonida の種への検索

サソリモドキ科
Thelyphonidae

桿状突起は膝節末端に対してほぼ垂直に伸びる．脛節内側にイボ（疣）状の顆粒が並ぶ．転節上の突起の末端は丸みをおびる．生殖板（第2腹節腹板）中央部の凹みはY字状

桿状突起は外側に反り返る．脛節内側の顆粒を欠く．転節上の突起の末端は尖る．生殖板中央の凹みは環状

♂触肢

♂触肢

♀生殖板

♀生殖板

タイワンサソリモドキ
Typopeltis crucifer
(p.1, 3)

アマミサソリモドキ
Typopeltis stimpsonii
(p.3)

サソリモドキ目（ムチサソリ目）
Thelyphonida

　頭胸部は分節していない．腹部は12節で，前腹部と後腹部に分かれないが第2〜9腹節は太く幅広い．第10〜12腹節は円筒状で末端には多数の節からなる細くて長い鞭状部がある．触肢は強大な鋏状．8〜12個の単眼がある．腹面に2対の書肺がある．卵生である．

サソリモドキ科
Thelyphonidae

　背甲は強大で分散していない．背甲の両外縁は平行で，長さは幅にまさる．腹部後端の鞭状部は著しく長く，多数の節からなる．

タイワンサソリモドキ（p.1, 2）
Typopeltis crucifer Kraepelin

　体長は38 mm内外で，雌は42 mmにも達する．雄の触肢は強大で膝節内側に桿状突起を有する．第1脚は最長．腹部後端に鞭状部をもつ．産卵期は夏で，産卵数は31〜37個である．八重山諸島と宮古諸島（多良間島）に見られ，山地の石下や倒木下にすむ．国外では台湾に分布．

アマミサソリモドキ（p.2）
Typopeltis stimpsonii (Wood)

　形態，体色および生態ともタイワンサソリモドキによく似るが体長はやや大きい．産卵期は夏で，産卵数は31〜61個．薩南半島から南下するにつれ産卵数は減少する．外敵に会うと鋏角を大きく開き，長い鞭状部を高くあげ，酢酸臭の液を放出する．

　琉球列島（沖縄島，久米島，伊是名島，徳之島，奄美大島，トカラ列島，口永良部島，硫黄島，竹島），九州（薩南半島，牛深，上甑島）に分布するが，本州・四国でも偶発的に採集されることがある．

引用・参考文献

江崎悌三（1943）．南洋群島の蠍．*Acta arachnol.*, **8**：1-5.

江崎悌三（1940）．サソリモドキの分布．*Acta arachnol.*, **5**：91-97.

佐藤井岐雄（1941）．サソリモドキの生態．*Acta arachnol.*, **6**：72-87.

高島春雄（1941）．日本産全蠍目及脚鬚目知見補遺．*Acta arachnol.*, **6**：87-98.

高島春雄（1941）．琉球列島産全蠍目脚鬚目．*Biogeographica*, **3**：265-273.

高島春雄（1942）．東亜産全蠍目類脚鬚類の調査（其の五）．*Acta arachnol.*, **7**：24-30.

高島春雄（1943）．日本産全蠍目及脚鬚目．*Acta arachnol.*, **8**：5-30.

吉倉真（1958）．サソリモドキの生活習性．*Acta arachnol.*, **16**：1-7.

吉倉真（1958）．日本産サソリモドキの研究．熊本大学教養部紀要．自然科学編第1号．

吉倉真（1966）．タイワンサソリモドキとアマミサソリモドキについて．Atypus No. 39：1-9.

吉倉真（1967）．日本のサソリモドキ．昆虫と自然 **2**(2)：10-11.

クモガタ綱 Arachnida・ヤイトムシ目 Schizomida

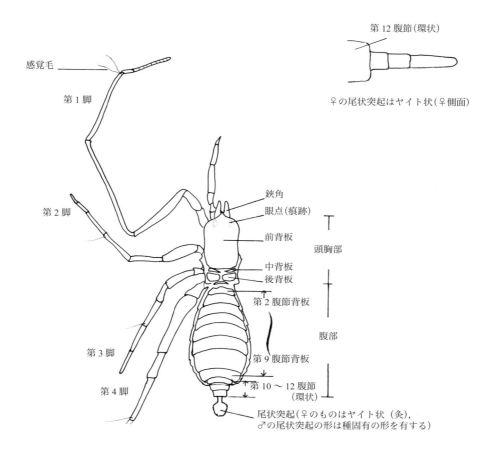

ヤイトムシ目 Schizomida 形態用語図解（♂）（左下：♂, 右上♀）

ヤイトムシ目 Schizomida の種への検索

ヤイトムシ科
Schizomidae

背甲は4裂．後背板は，二分しない．♀尾状突起は4節からなる

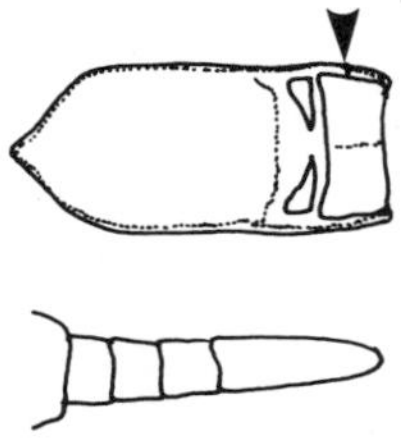

(♀の尾状突起を側面から見たもの)
ヤイトムシ属
Schizomus
(p.3, 4)

背甲は5裂．後背板は，二分する．♀尾状突起は3節からなる

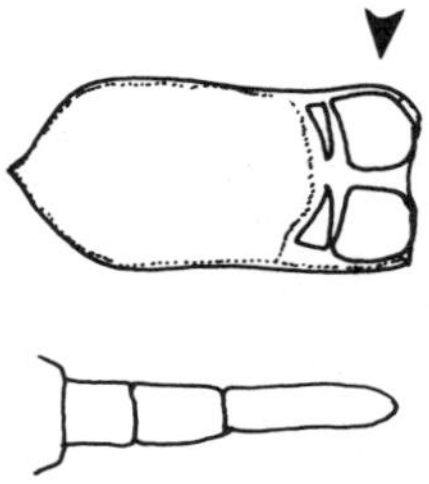

(♀の尾状突起を側面から見たもの)
サワダムシ属
Trithyreus
(p.3, 4)

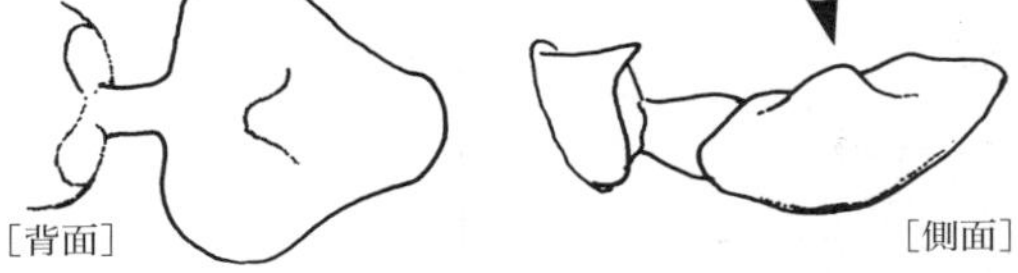

中央背面は隆起する

[背面]　[側面]

ヤイトムシ
Schizomus sauteri
(p.3, 4)

腹部後端の突起の形 (♂)

突起の形は角張る　　突起の形はW字状に凹む　　突起の形は半円状

[突起背面の形 ♂]

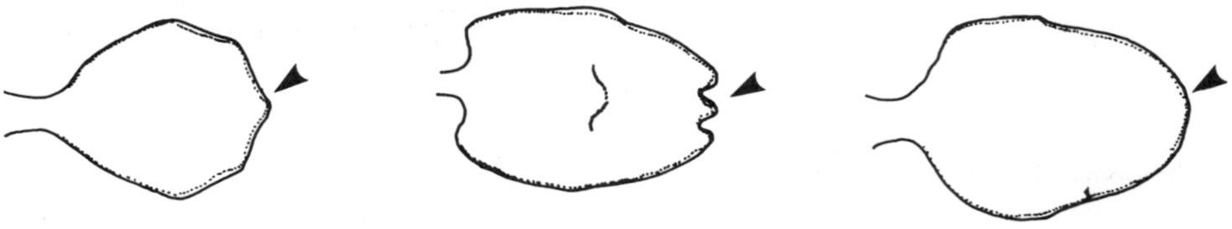

軽く波打つ　　段丘状をなす　　二山形をなす

[突起側面の形 ♂]

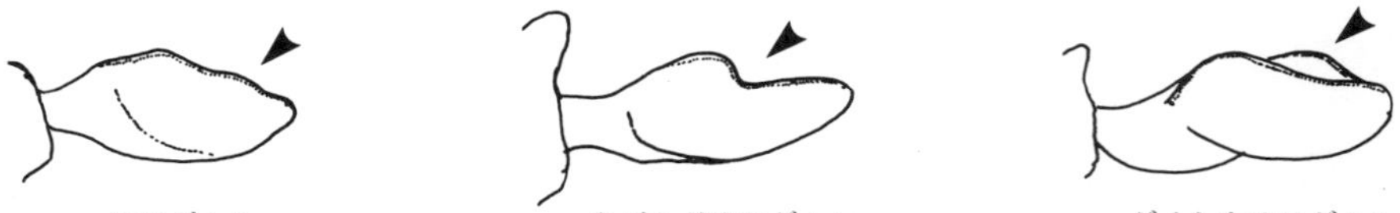

サワダムシ
Trithyreus sawadai
(p.3, 4)

ウデナガサワダムシ
Trithyreus siamensis
(p.3, 4)

ダイトウサワダムシ
Trithyreus daitoensis
(p.3, 4)

サワダムシ属 *Trithyreus* (♂の突起の形)

クモガタ綱・ヤイトムシ目 **3**

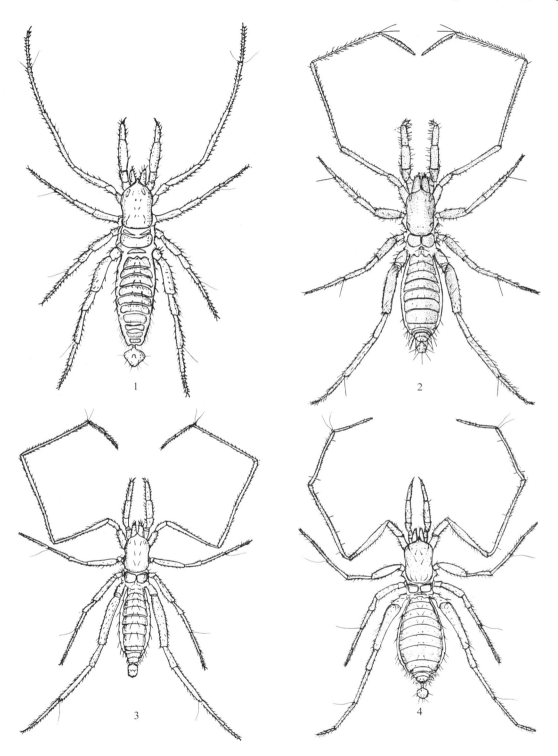

ヤイトムシ目 Schizomida 全形図
1：ヤイトムシ *Schizomus sauteri* Kraepelin，2：サワダムシ *Trithyreus sawadai* Kishida，3：ウデナガサワダムシ *Trithyreus siamensis* Hansen，
4：ダイトウサワダムシ *Trithyreus daitoensis* Shimojana．(すべて♂)．
(2：Sekiguchi & Yamasaki, 1972；3：Yamasaki & Shimojana, 1974 改変；4：Shimojana, 1981)

ヤイトムシ目 Schizomida

　頭胸部は1枚の前背板，2枚の中背板と1～2枚の後背板とに分かれ，前背板が最大で中背板が最小である．背甲前縁に通常1対の眼点（痕跡）がある．触肢は歩脚状で末端が尖り，上顎は小さく鋏状．腹部は12節で，第2～9腹背板は幅広いが10～12節は環状をなす．腹部末端には雌ではヤイト（灸）状，雄では種固有の形の鞭状突起がある．1対の書肺をもつ．卵生である．

ヤイトムシ科
Schizomidae

　後背板が二分することもあり，背甲は大小4～5枚に分かれる．腹部後端の突起は大変短く，3～4節からなる．

ヤイトムシ属
Schizomus

ヤイトムシ（p.2, 3）
Schizomus sauteri Kraepelin

　体長 3.3～4.5 mm．後背板は方形で，正中部で二分しない．第1脚は細くて長い．雄の突起の形は背面から見るとラケット状で，雌のものはヤイト（灸）状．琉球列島に広く分布し，山地の林床，洞口付近の石下にすむ．国外では台湾に分布．

サワダムシ属
Trithyreus

サワダムシ（p.2, 3）
Trithyreus sawadai Kishida

　体長は 4.5～5.1 mm．後背板が正中部で二分する．雄の腹部後端の突起の形はやや角張る（背面から見て）．小笠原諸島固有の種で，父島と母島に分布．林床の石下・落葉中や民家の残骸の下などにすむ．

ウデナガサワダムシ（p.2, 3）
Trithyreus siamensis Hansen

　体長は 5.0～7.0 mm．雄の腹部後端の突起の形はW字状に切れ込む．沖縄島と宮古島に分布し，洞口付近から洞内の石下にすむ．国外では，台湾，タイに分布．

ダイトウサワダムシ（p.2, 3）
Trithyreus daitoensis Shimojana

　体長は 4.0～6.0 mm．雄の腹部後端の突起の形はラケット状である（背面から見て）．沖縄県下の南北大東島固有の種で，鍾乳洞内（主として洞口付近）の石下や持ち込まれた木片下にすむ．洞内ではトビムシ類を捕食する．産卵期は7～8月で10個内外の卵を産む．

引用・参考文献

Kishida, K. (1930). On the occurence of the genus *Trithyreus* in Bonin Ialands. *Lansania, Tokyo*, **2** : 17-19. (In Japanese)

Sekiguchi, K and T. Yamasaki (1972). A redescription of "*Trithyreus sawadai*"(Uropygi : Schizomidae) from the Bonin Islands. *Acta Arachnol.*, **24** : 73-81.

Sekiguchi, K & T. Yamasaki (1975). The taxonomic status of "*Schizomus sawadai*"(Schizomida : Schizomidae). *Acta Arachnol.*, **26** : 79-80.

Sissom, W. D. (1980). The eyed schizomids, with a description of a new species from Sumatra (Schizomida : Schizomidae). *J. Arachnol.*, **8** : 187-192.

Shimojana, M. (1981). A new species of the genus *Trithyreus* (Uropygi, Schizomidae) from Daito-Islands, Okinawa Prefecture, Japan. *Acta Arachnol.*, **30** : 33-40.

Yamasaki, T & M. Shimojana (1974). Two schizomid whip-scorpions (Schizomida : Schizomidae) found in limestone caves of the Ryukyu Islands and Taiwan. *Annot. Zool. Japan.*, **47** : 175-186.

節足動物門
ARTHROPODA

鋏角亜門 CHELICERATA
クモガタ綱 Arachnida
クモ目 Araneae

加村隆英 T. Kamura・小野展嗣 N. Ono・西川喜朗 Y. Nishikawa

クモガタ綱 Arachnida・クモ目 Araneae

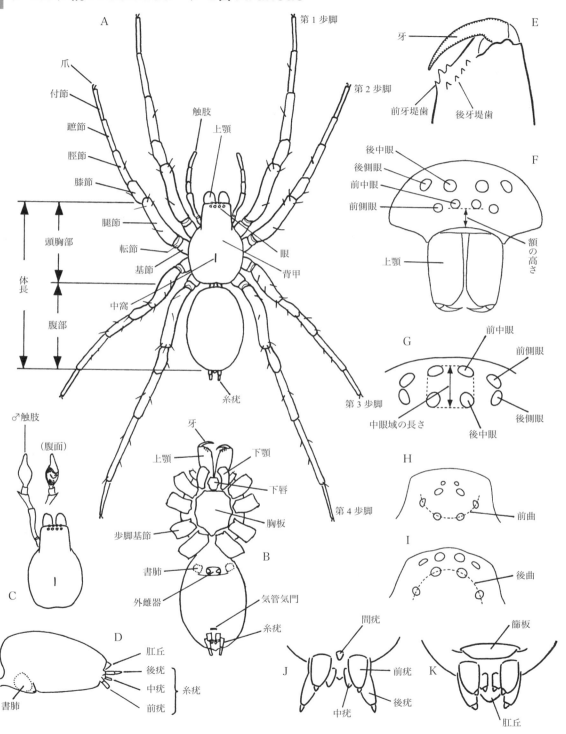

クモ目 Araneae 形態用語図解
A：背面，B：腹面，C：♂頭胸部背面，D：腹部側面，E：上顎後面，F：頭部前面，G, H, I：眼域背面，J, K：糸疣腹面

2 クモ目

クモ目 Araneae の亜目・下目・科への検索

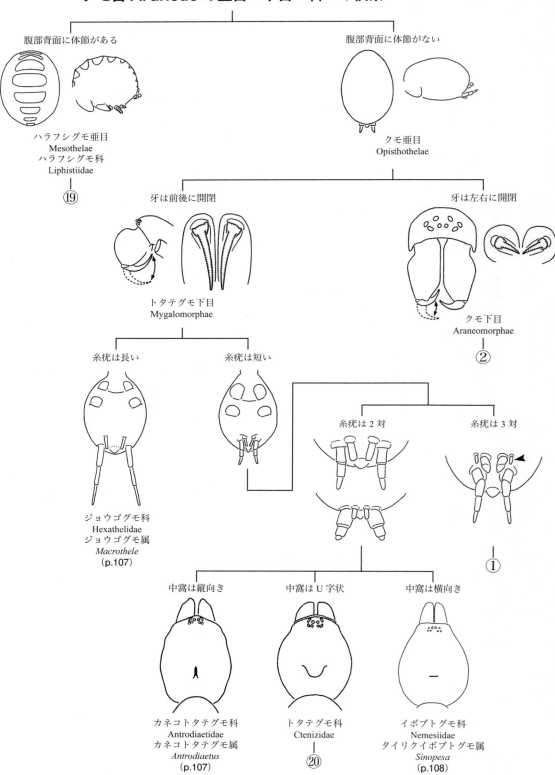

クモ目 3

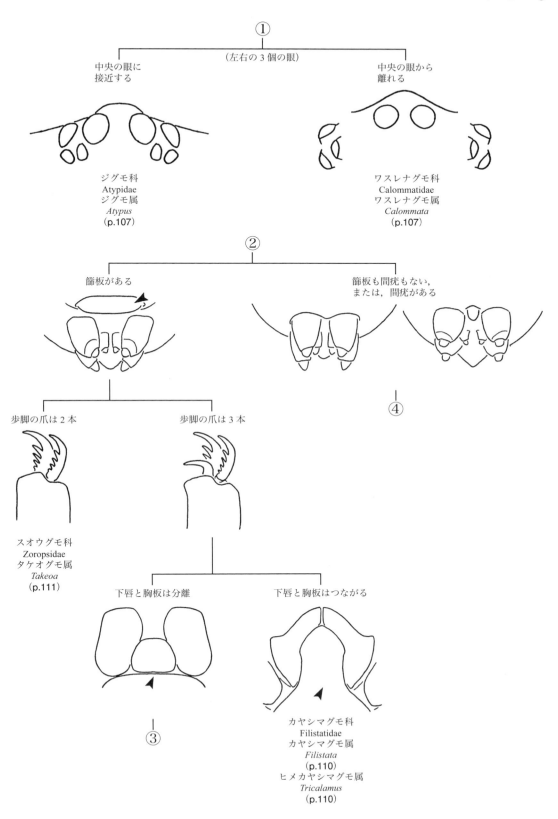

4 クモ目

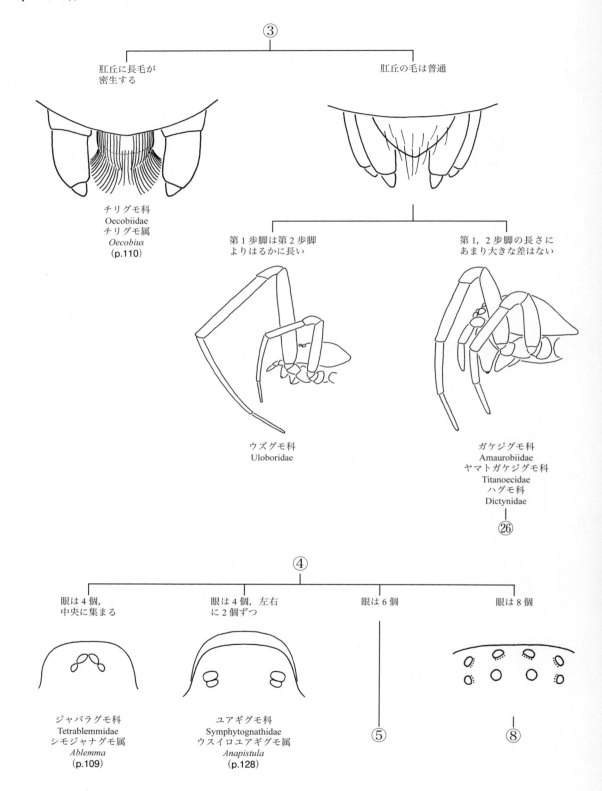

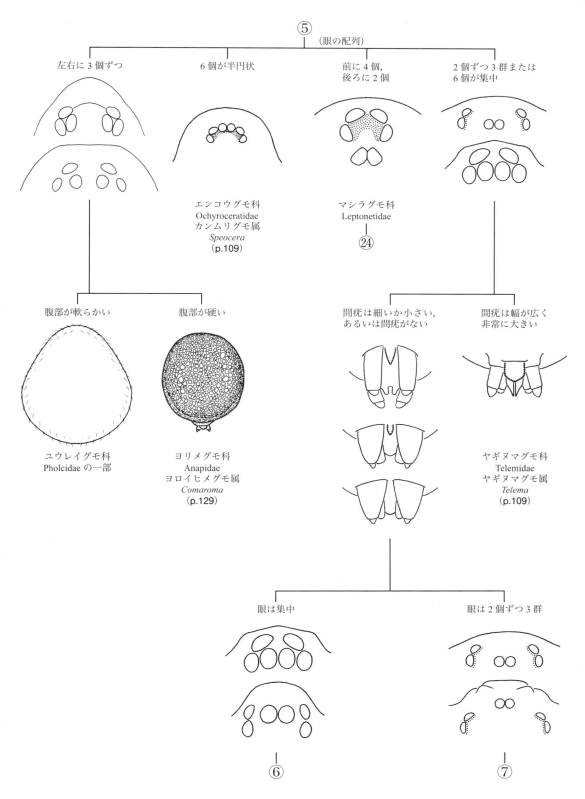

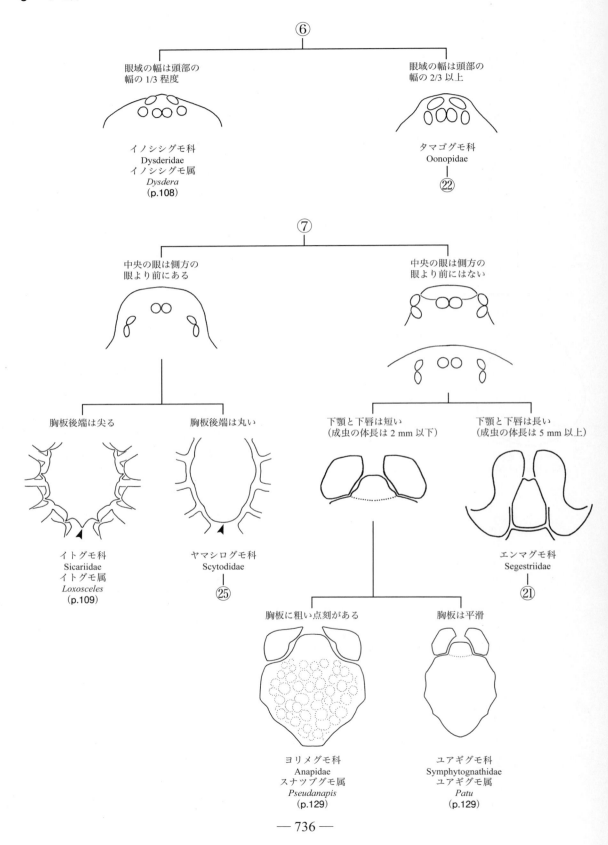

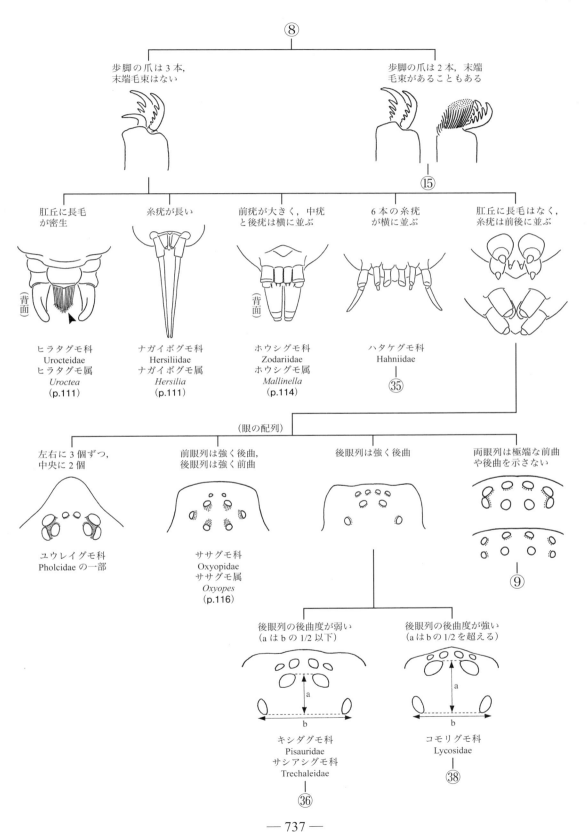

8 　クモ目

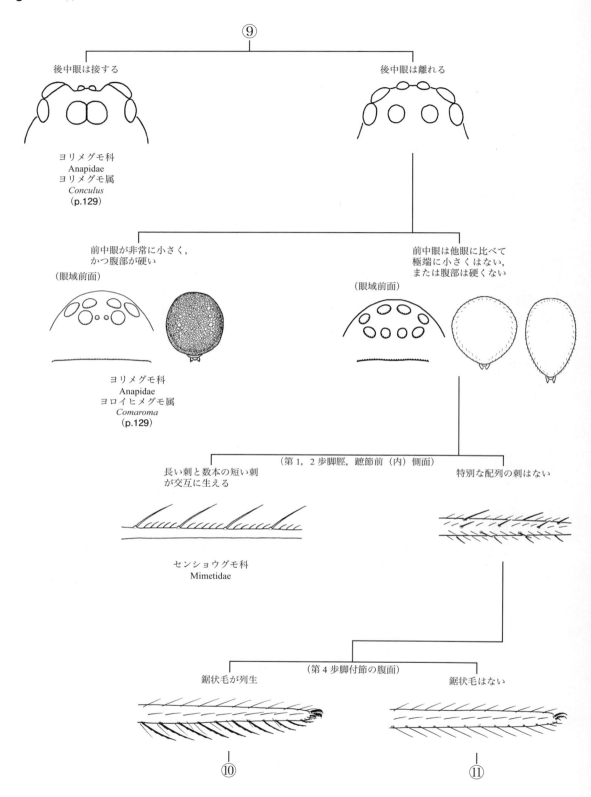

クモ目 9

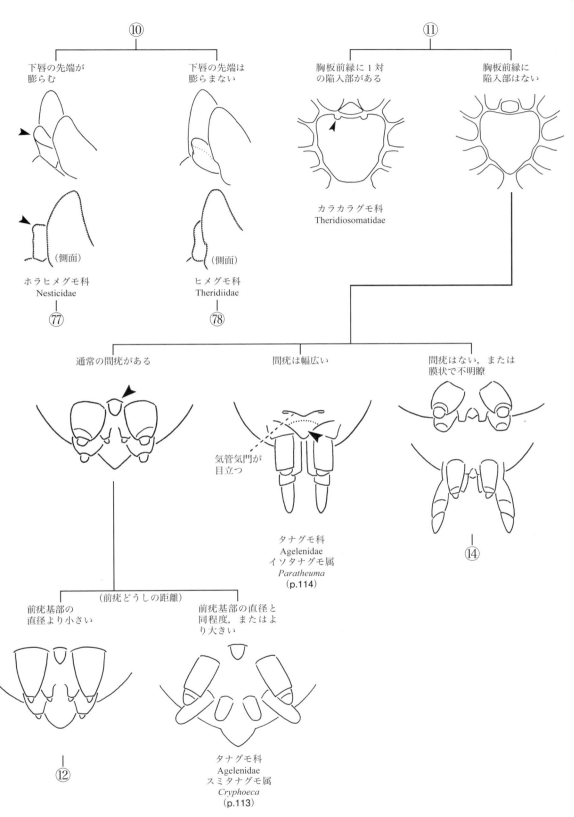

10 クモ目

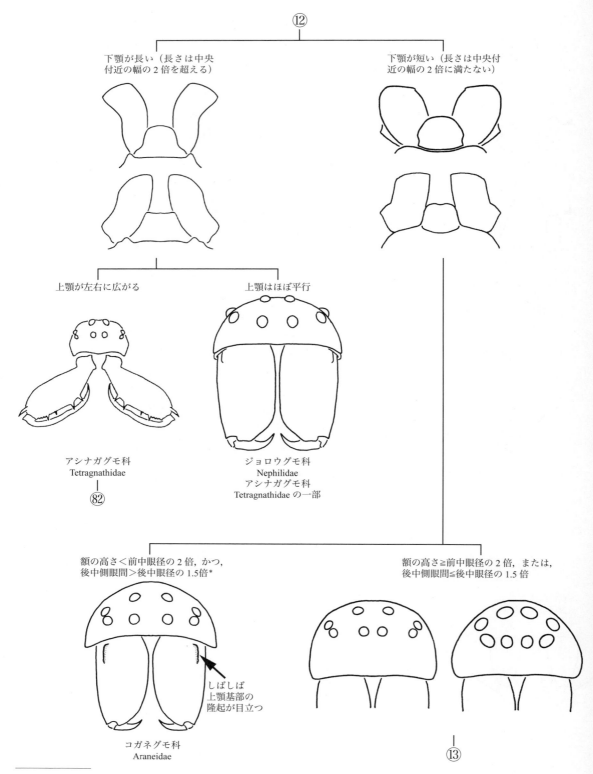

* コガネグモ科の一部の属は，額がやや高い，あるいは，後中側眼間があまり広くないことによって，この特徴に該当しない．なお，コガネグモ科はすべて非土壌性である．

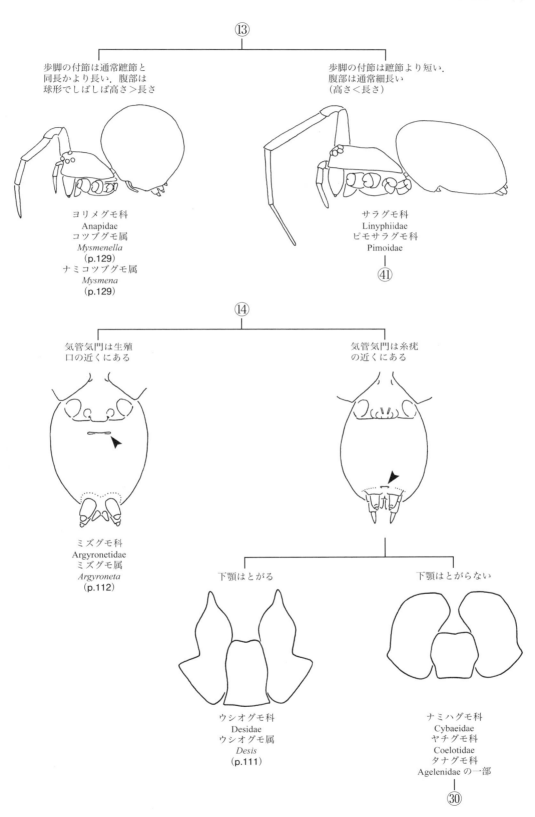

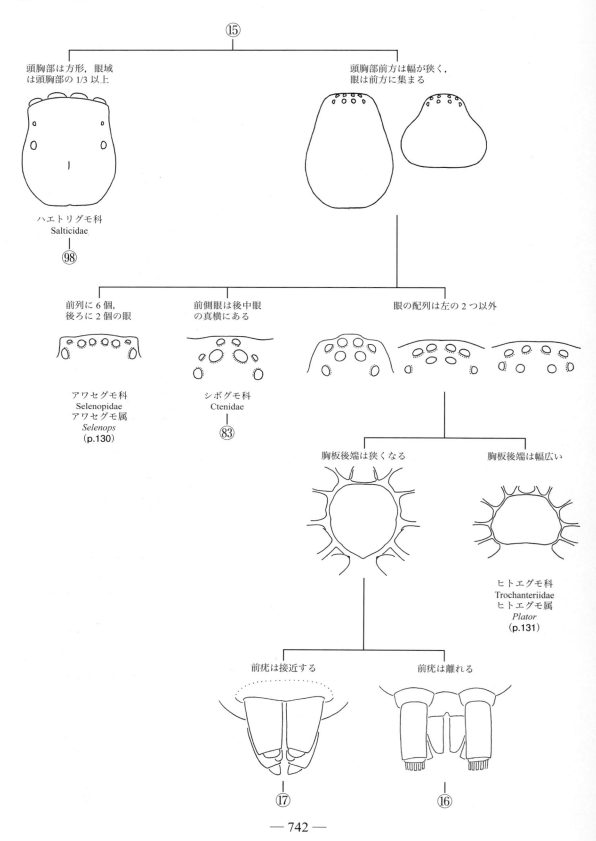

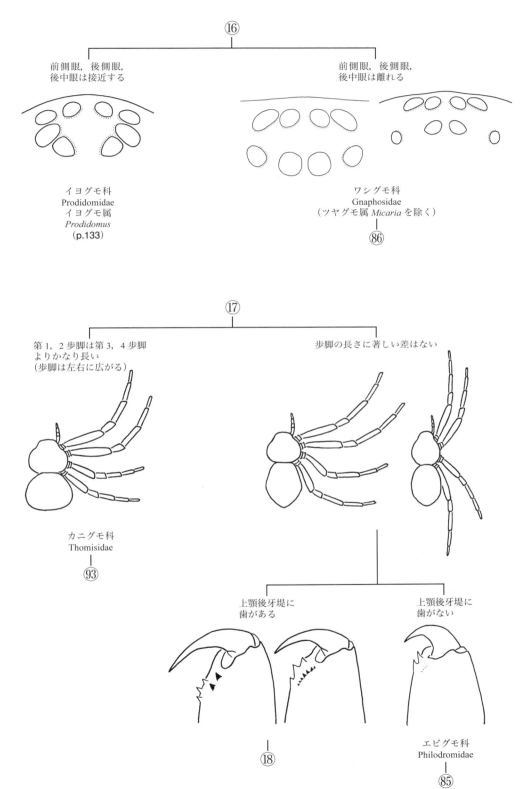

14 クモ目

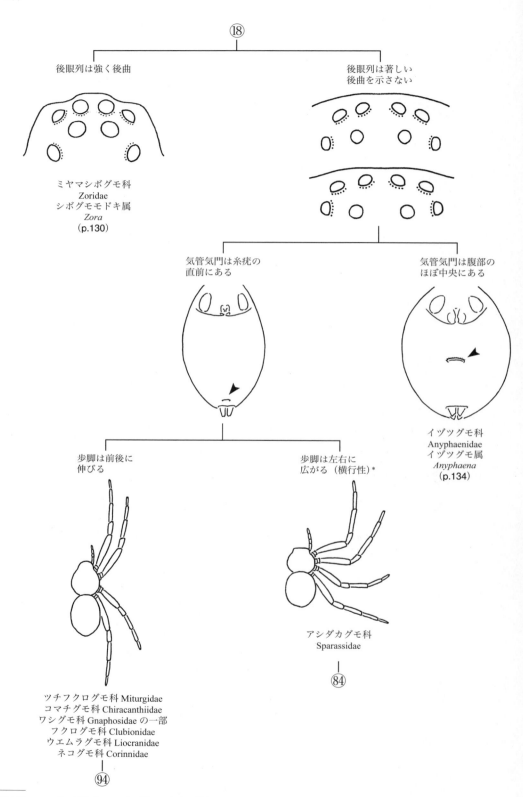

* アシダカグモ科のツユグモ属とカマスグモ属では歩脚の横行性は顕著でない．なお，これら2属は非土壌性である．

ハラフシグモ科 Liphistiidae の属への検索

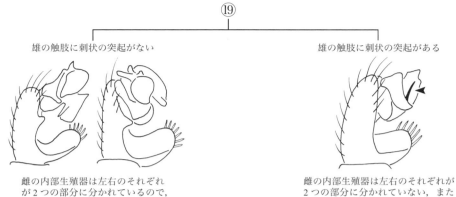

⑲
- 雄の触肢に刺状の突起がない / 雌の内部生殖器は左右のそれぞれが2つの部分に分かれているので，全体で4つのかたまりが見える
  - 分布域：九州〜沖縄本島
  - キムラグモ属 *Heptathela* (p.107)
- 雄の触肢に刺状の突起がある / 雌の内部生殖器は左右のそれぞれが2つの部分に分かれていない，または，左右が融合して中央に集まる
  - 分布域：沖縄本島〜八重山諸島
  - オキナワキムラグモ属 *Ryuthela* (p.106)

トタテグモ科 Ctenizidae の属への検索

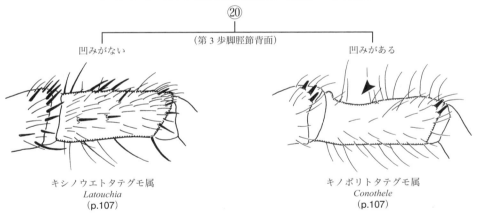

⑳ （第3歩脚脛節背面）
- 凹みがない
  - キシノウエトタテグモ属 *Latouchia* (p.107)
- 凹みがある
  - キノボリトタテグモ属 *Conothele* (p.107)

エンマグモ科 Segestriidae の属への検索

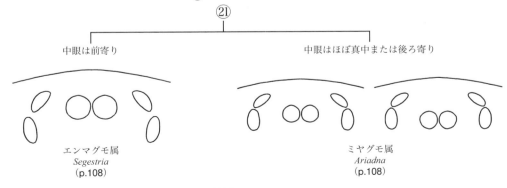

㉑
- 中眼は前寄り
  - エンマグモ属 *Segestria* (p.108)
- 中眼はほぼ真中または後ろ寄り
  - ミヤグモ属 *Ariadna* (p.108)

タマゴグモ科 Oonopidae の属への検索

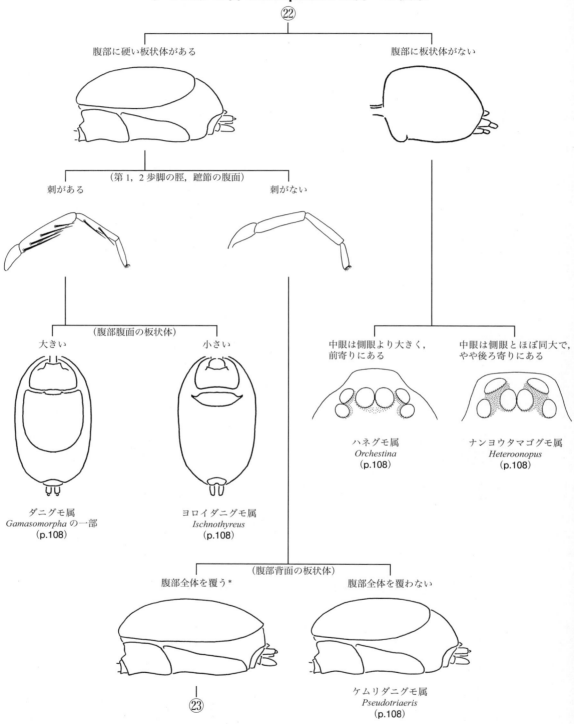

* ただし，時に個体によって腹部後端の軟質部が背面から見えることがある．

クモ目 17

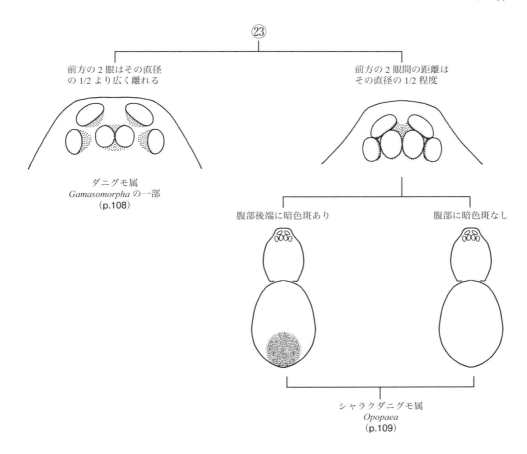

マシラグモ科 Leptonetidae の属への検索

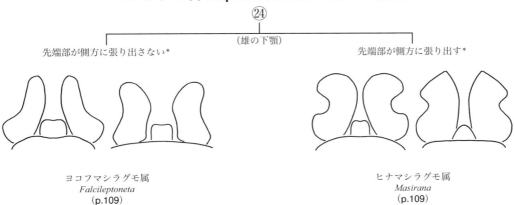

* ただし，種によっては明瞭に区別できないことがある．また，雌や幼虫では側方に張り出すことはなく，これら2属を区別できない．

ヤマシログモ科 Scytodidae の属への検索

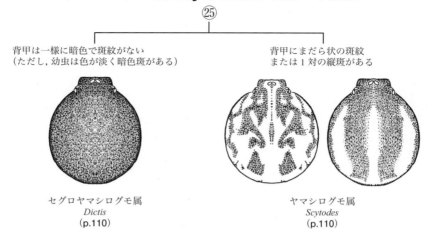

ガケジグモ科 Amaurobiidae・ヤマトガケジグモ科 Titanoecidae・ハグモ科 Dictynidae の属への検索

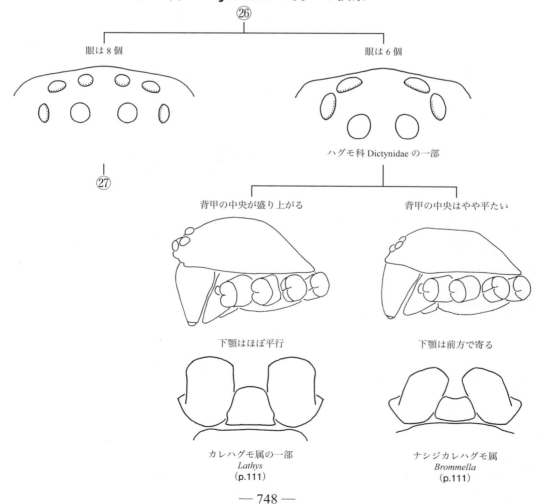

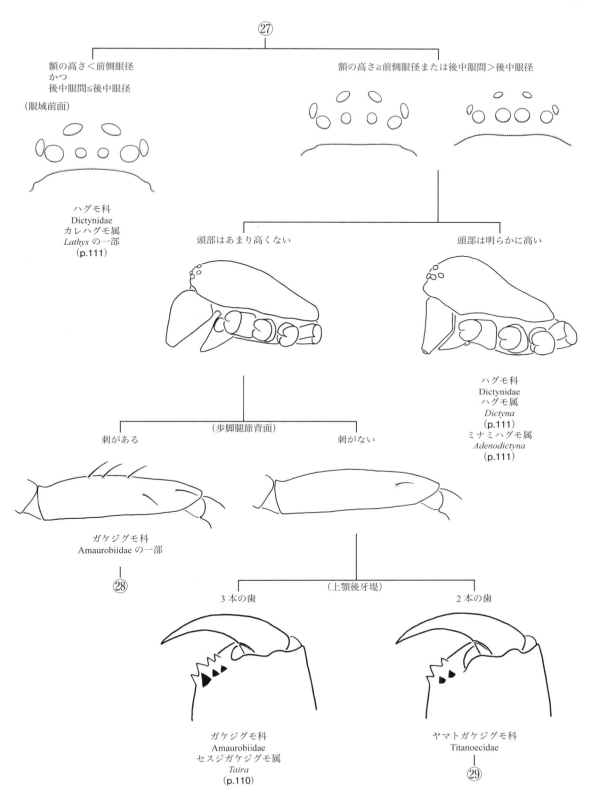

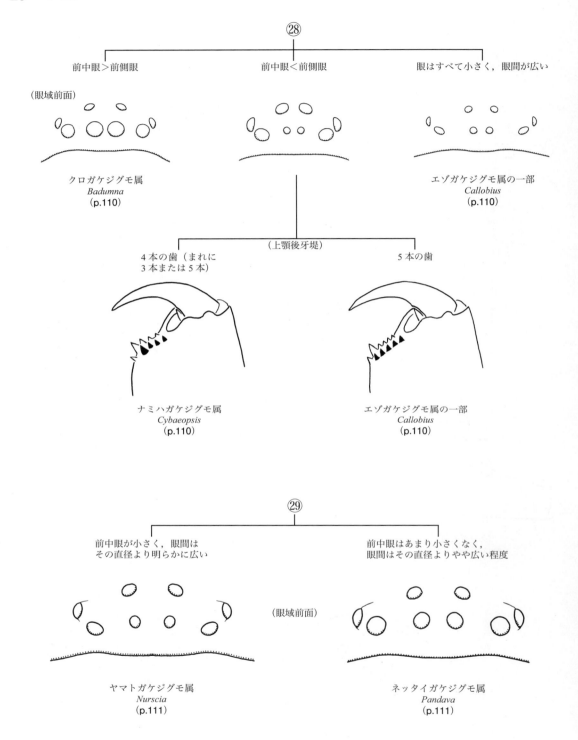

ナミハグモ科 Cybaeidae・ヤチグモ科 Coelotidae・タナグモ科 Agelenidae （スミタナグモ属 *Cryphoeca*，イソタナグモ属 *Paratheuma* を除く）の属への検索

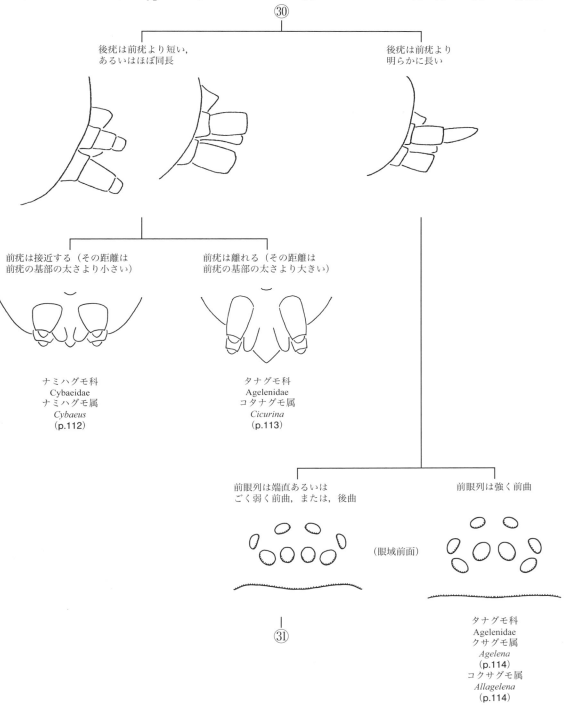

22　クモ目

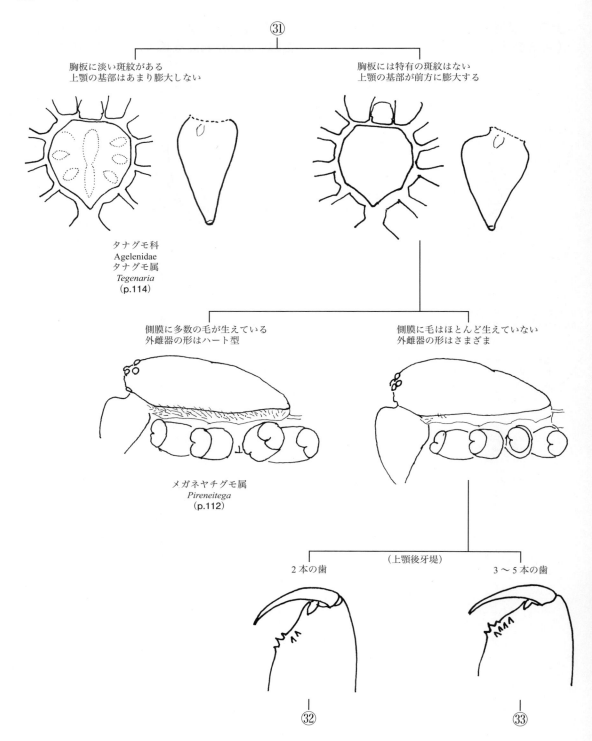

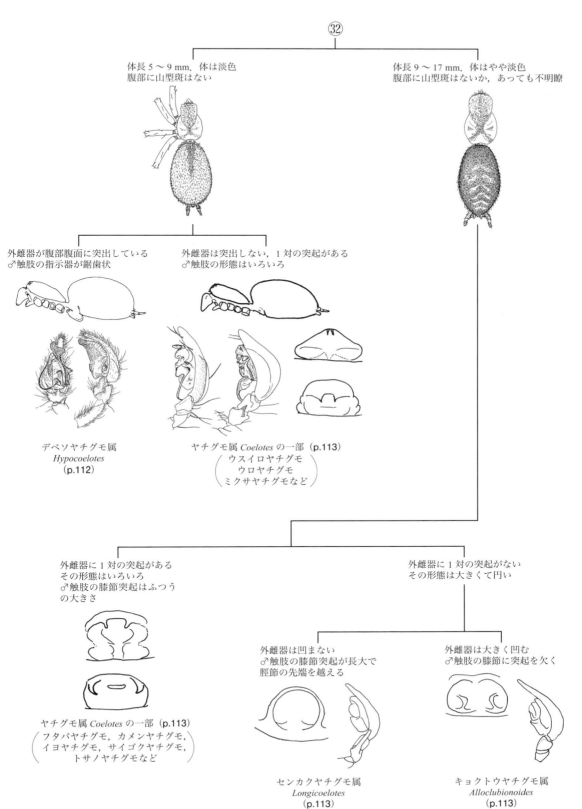

24 クモ目

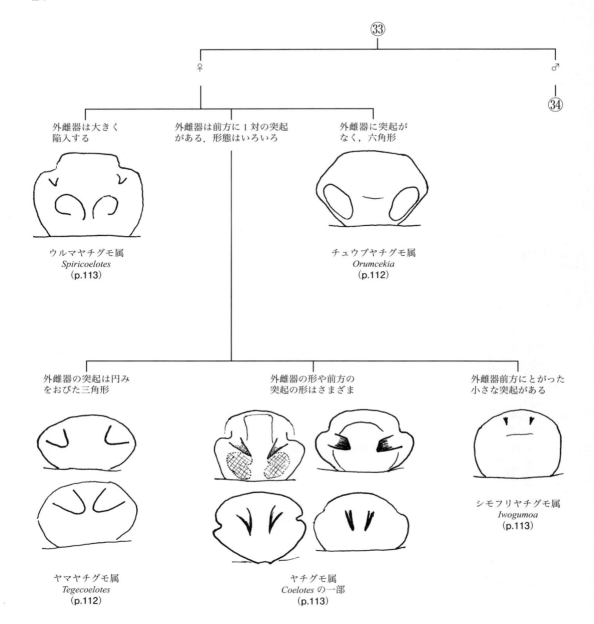

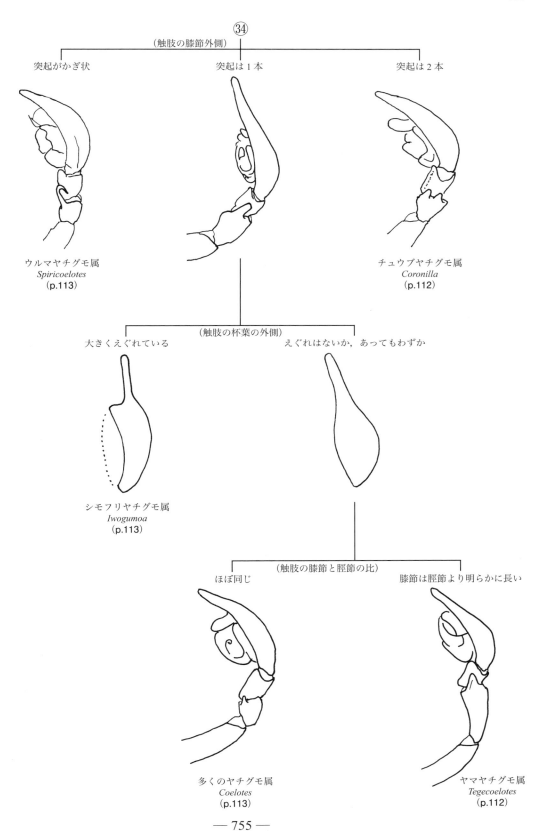

ハタケグモ科 Hahniidae の属への検索

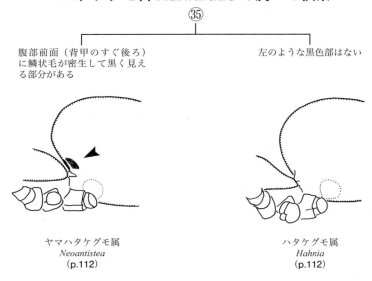

キシダグモ科 Pisauridae・サシアシグモ科 Trechaleidae の属への検索

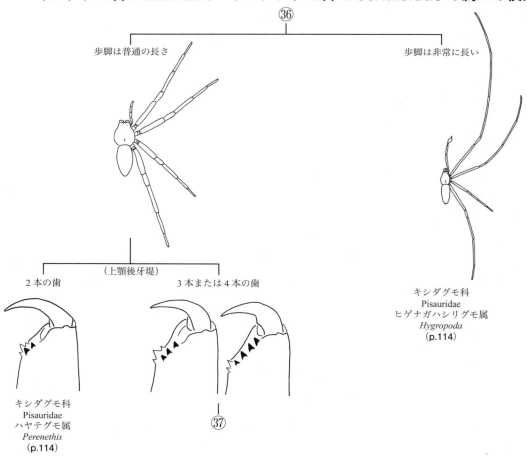

クモ目 27

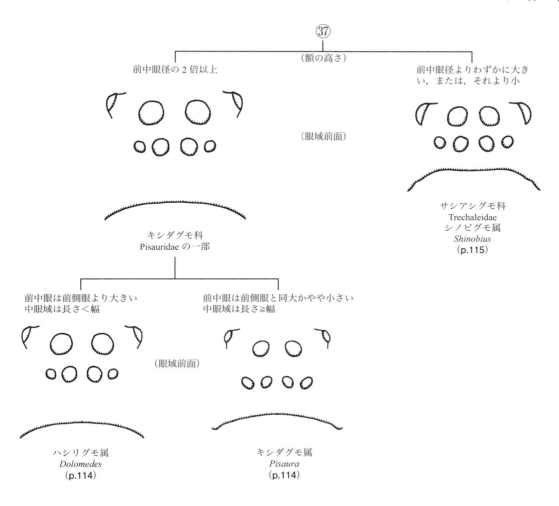

コモリグモ科 Lycosidae の属への検索

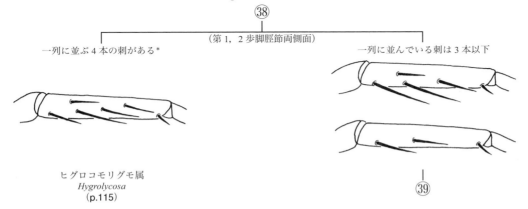

* 個体によっては一部の歩脚において，当該の刺が3本しかないことがあるので，左右の第1, 2歩脚すべてを確認すること．

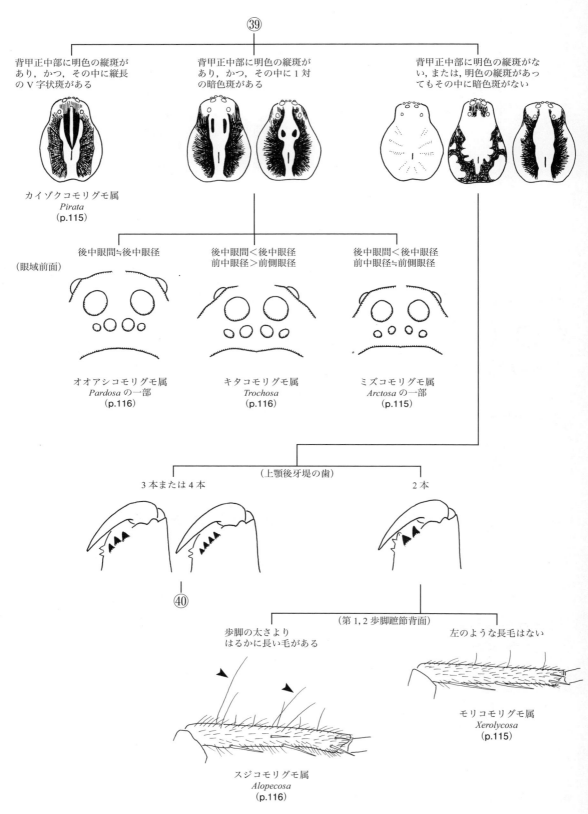

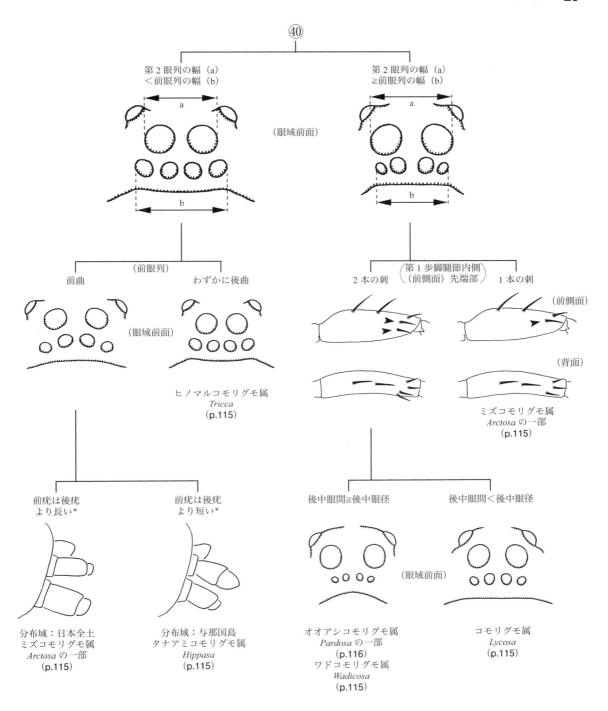

* 標本によって糸疣基部が腹部に埋没していることがあり，その場合は判別困難．

サラグモ科 Linyphiidae・ピモサラグモ科 Pimoidae の属への検索*

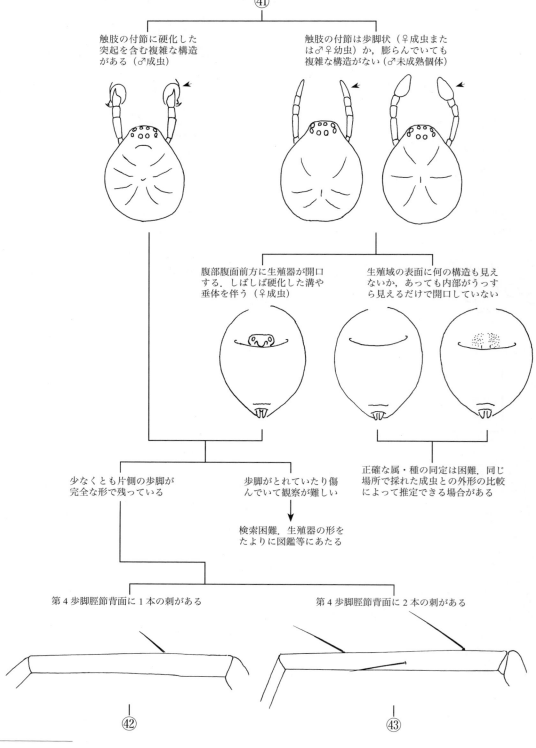

* ピモサラグモ科はアシヨレグモ属 *Weintrauboa* (p.127) のみ. 他はすべてサラグモ科.

クモ目 **31**

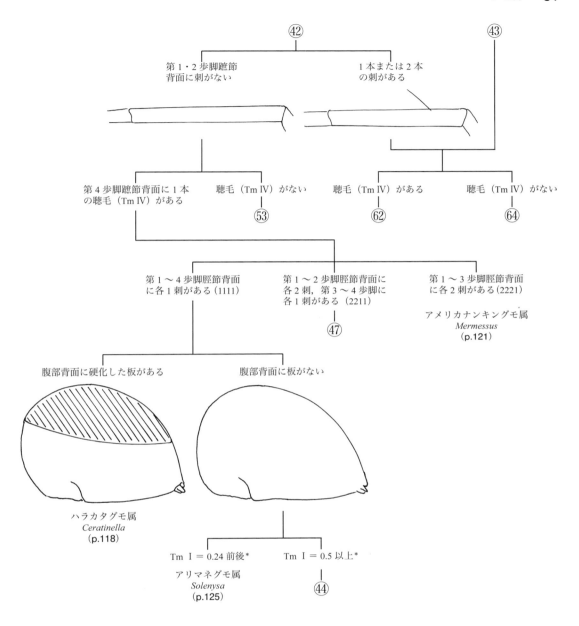

* Tm I（第1歩脚蹠節背面にある1本の聴毛の位置を表す数値）の計算の仕方

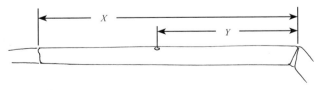

Tm I $= \dfrac{Y}{X}$　　数値が大きいほど聴毛は先端寄りにある

*精度の高い顕微鏡と測定装置を要する

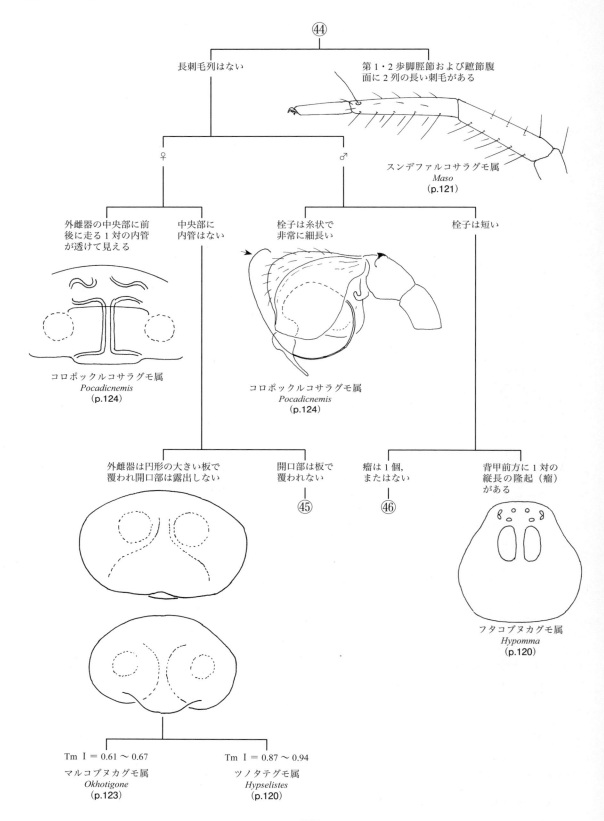

クモ目 33

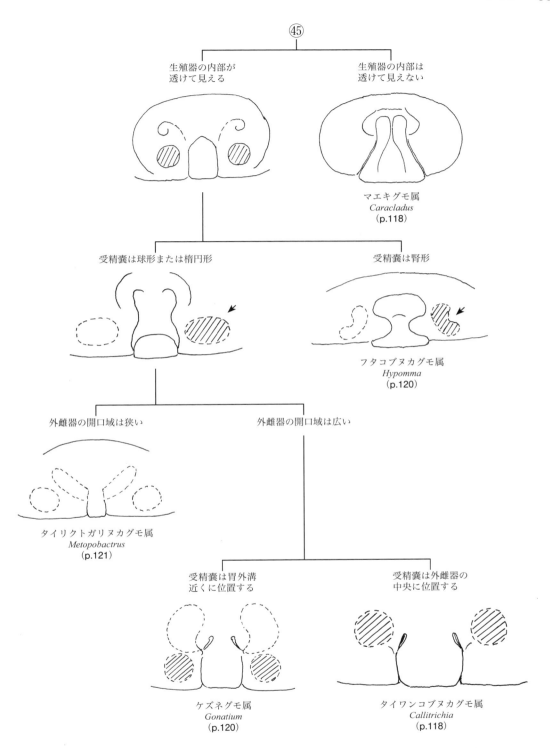

34　クモ目

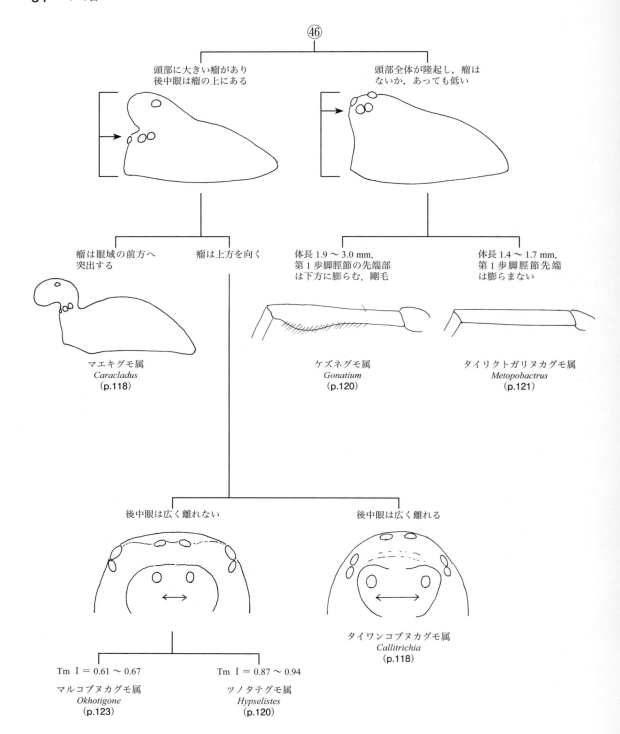

クモ目 35

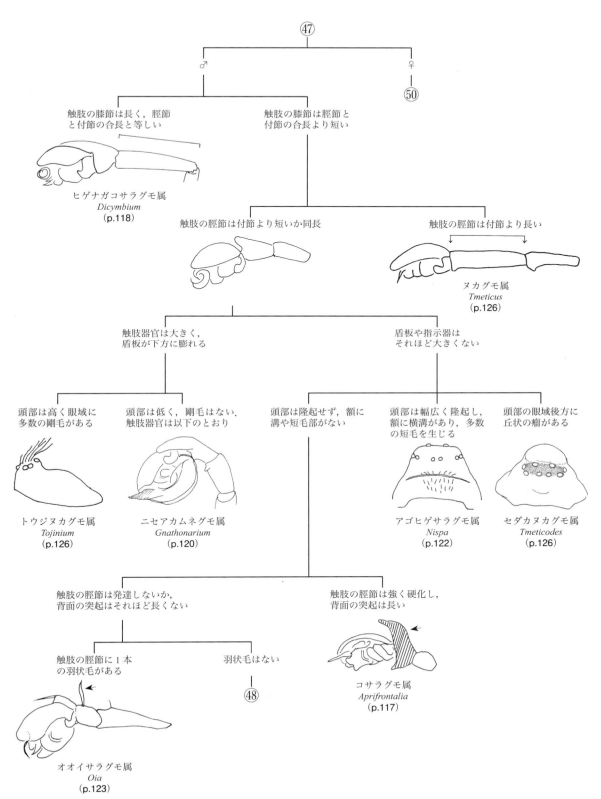

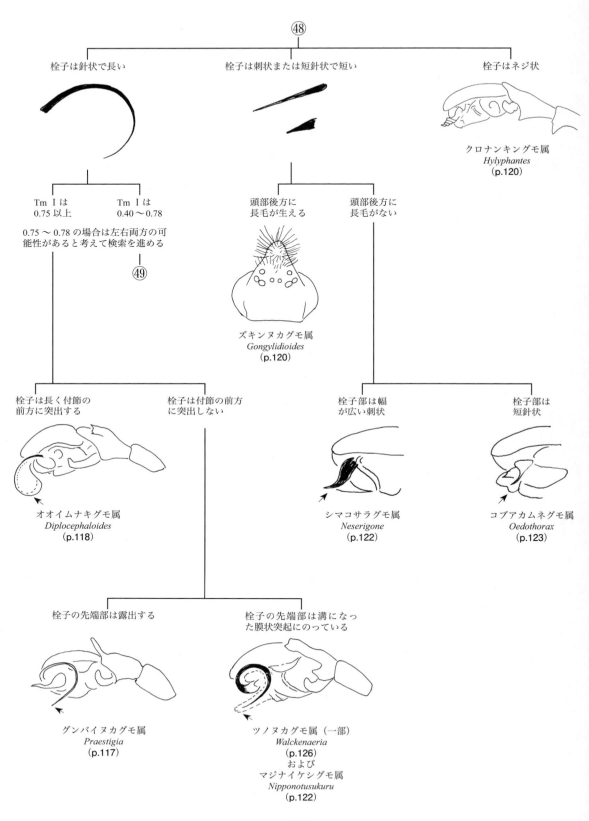

クモ目 37

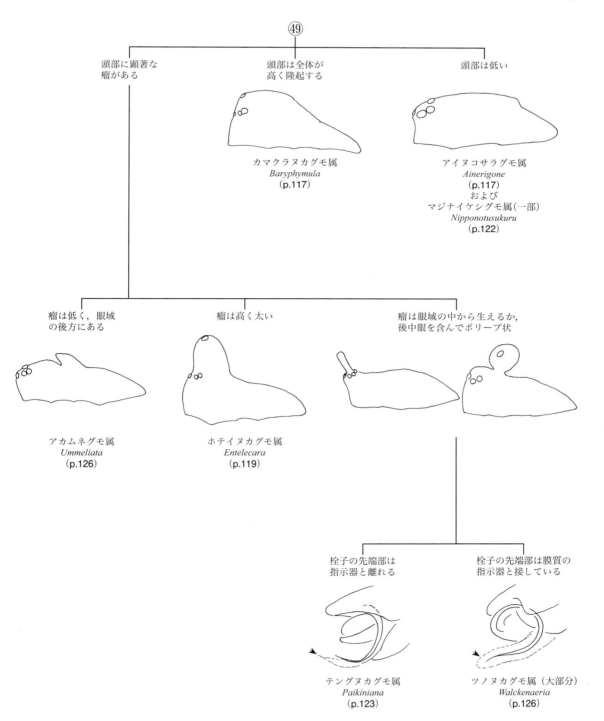

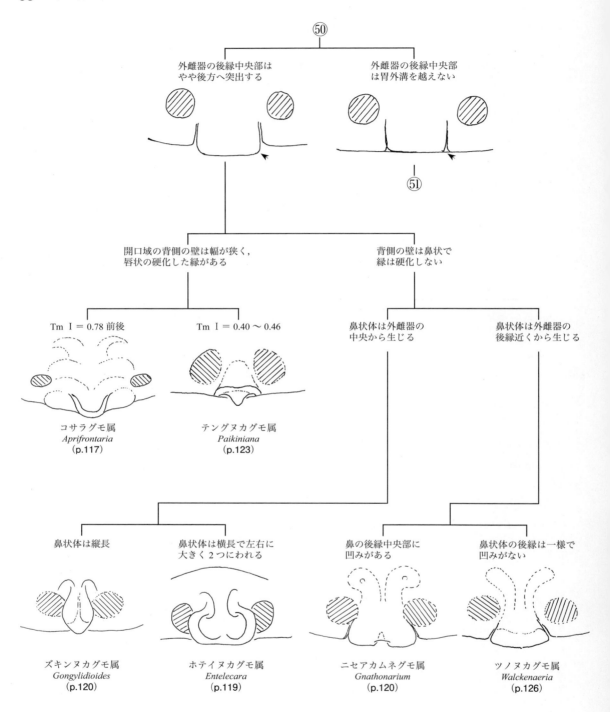

クモ目 39

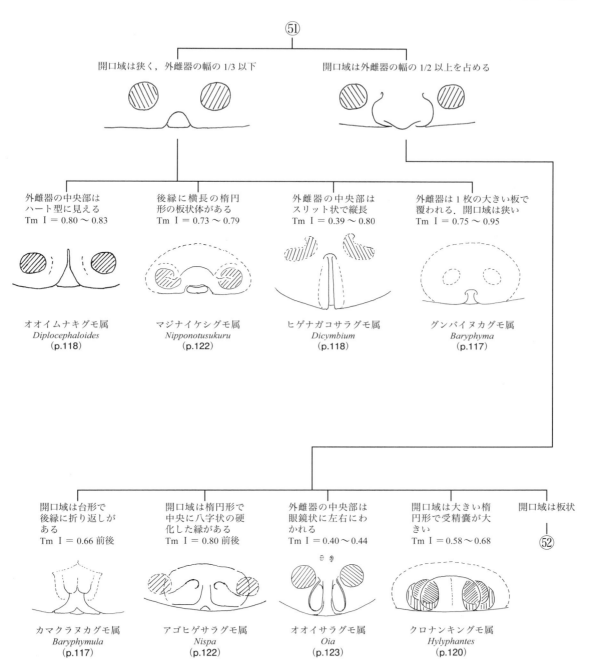

— 769 —

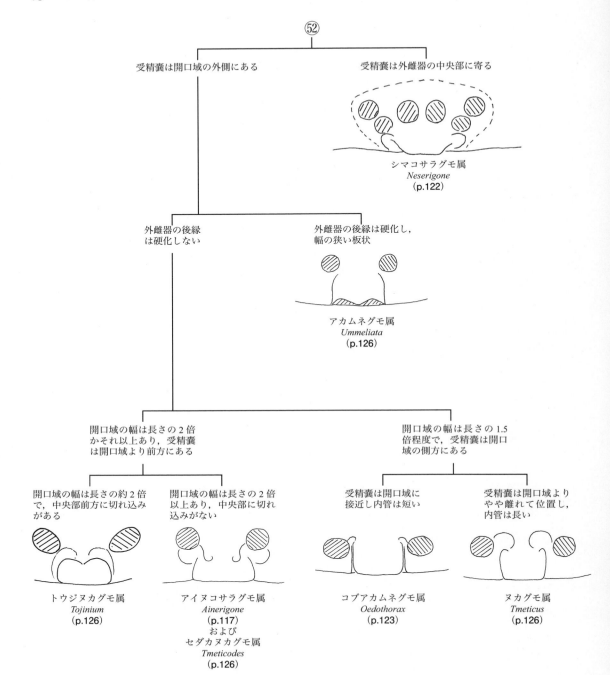

クモ目 41

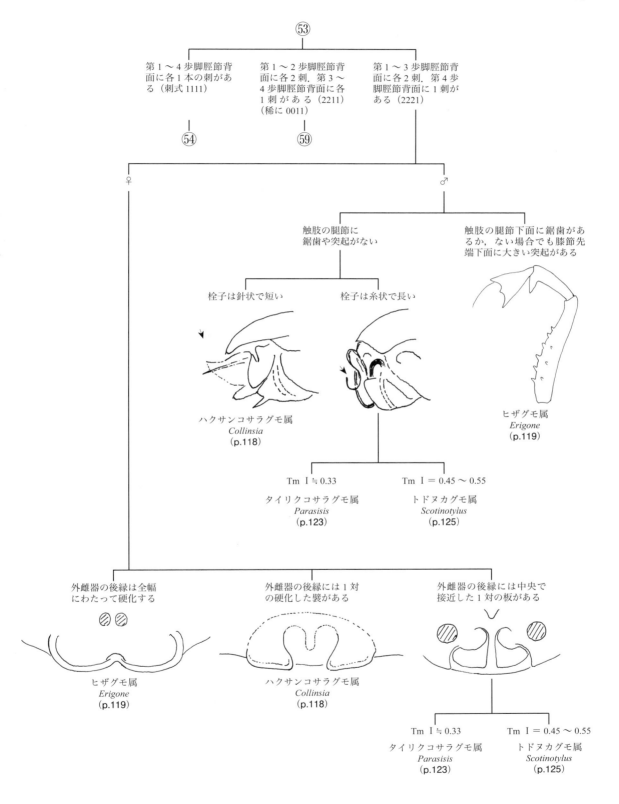

42 クモ目

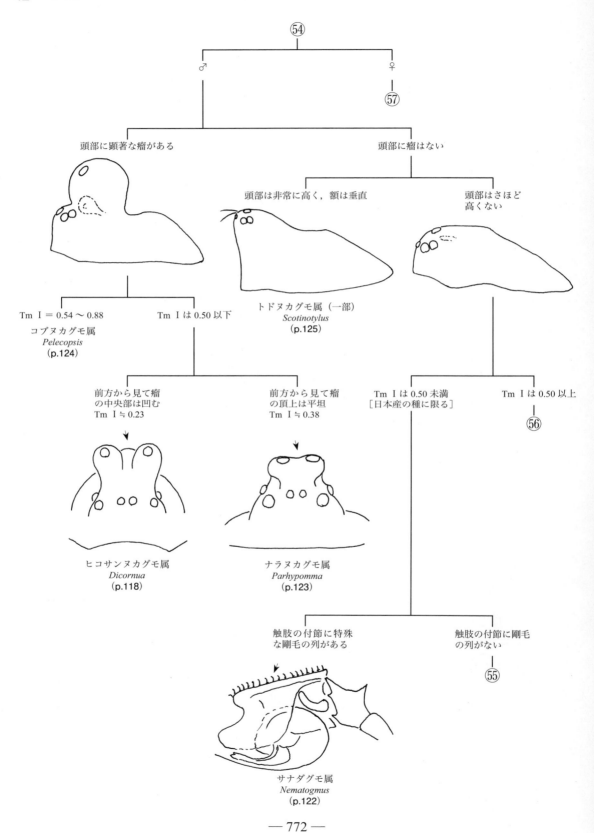

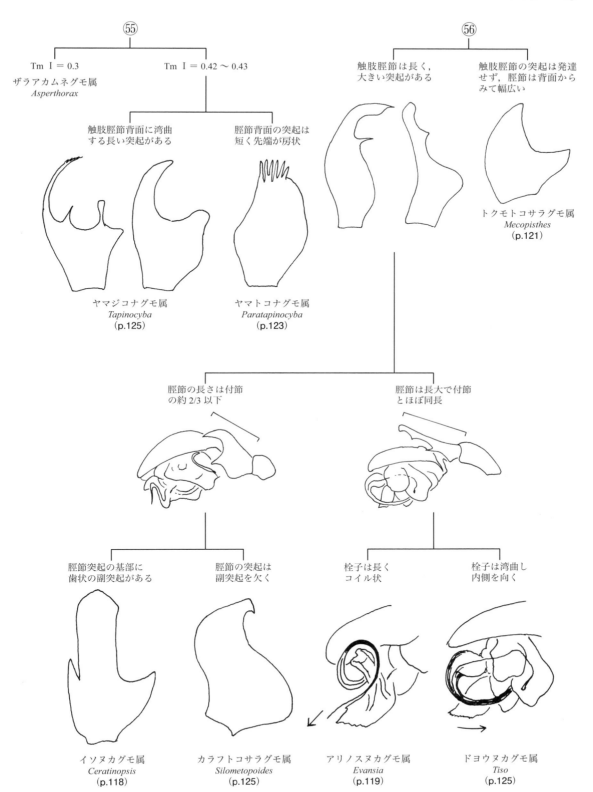

44　クモ目

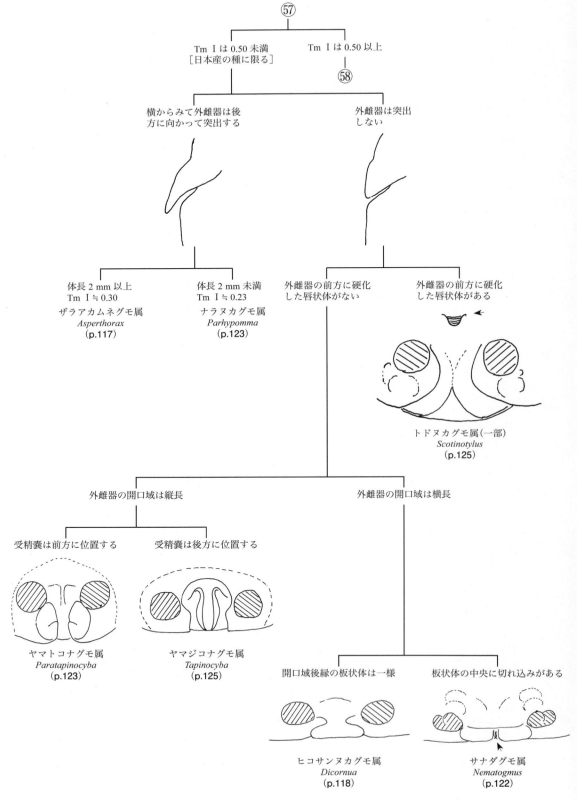

クモ目 45

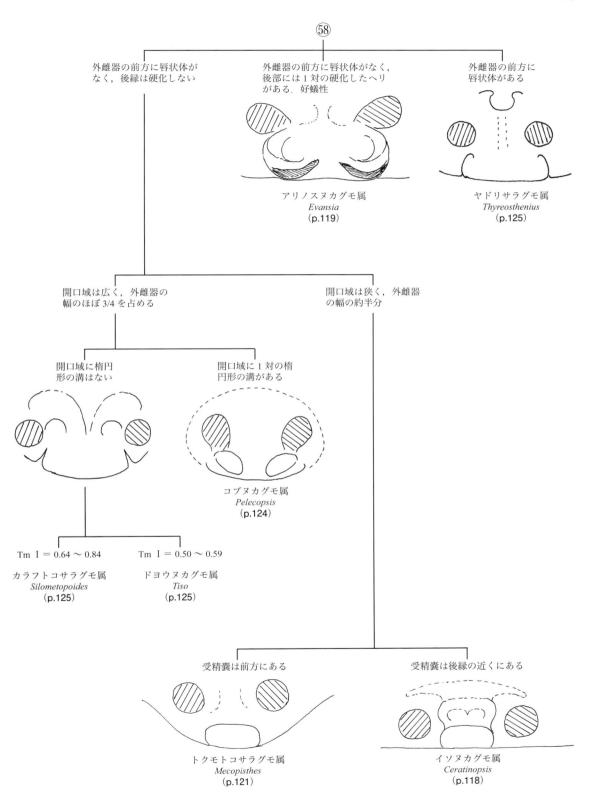

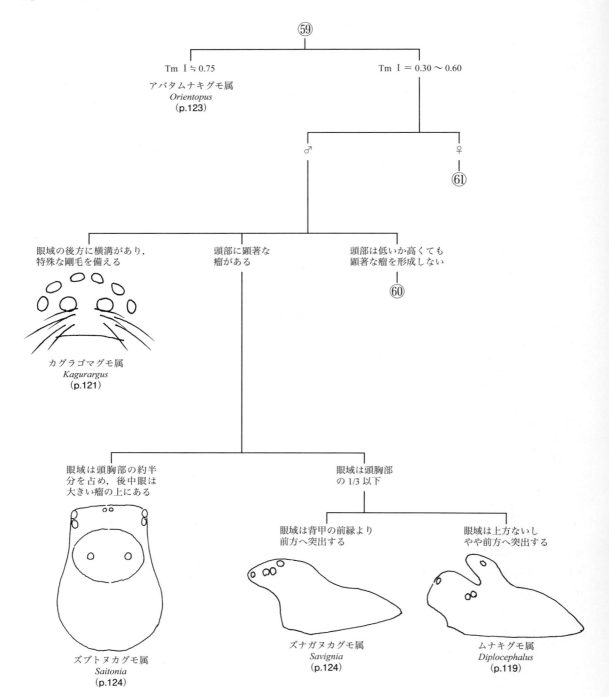

クモ目 47

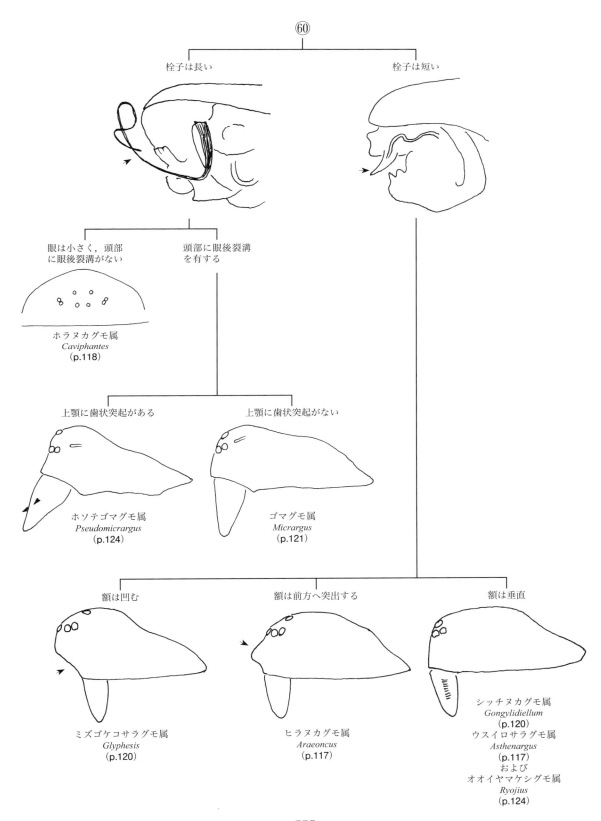

48　クモ目

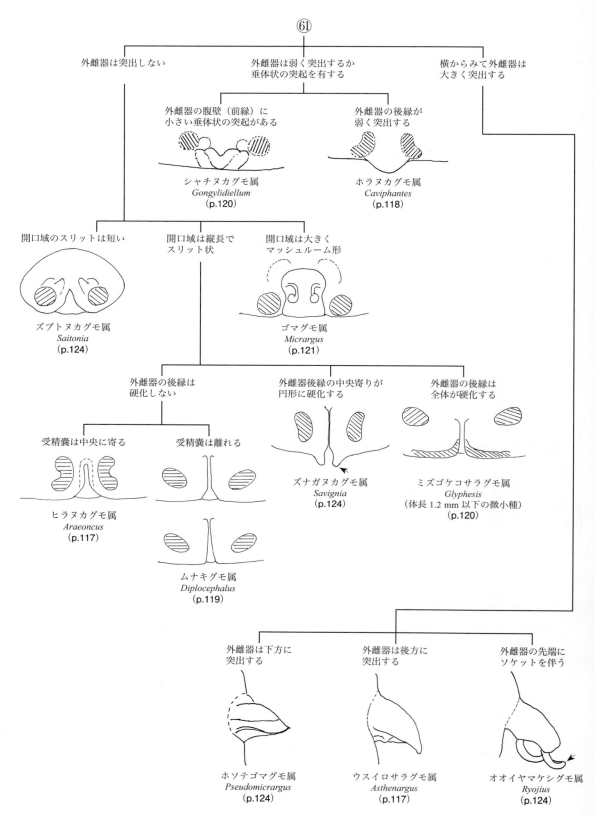

クモ目 **49**

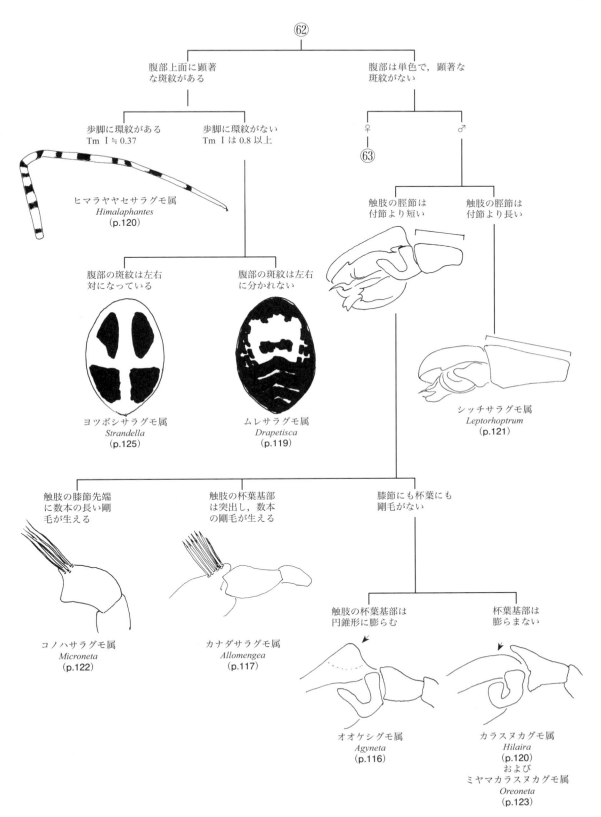

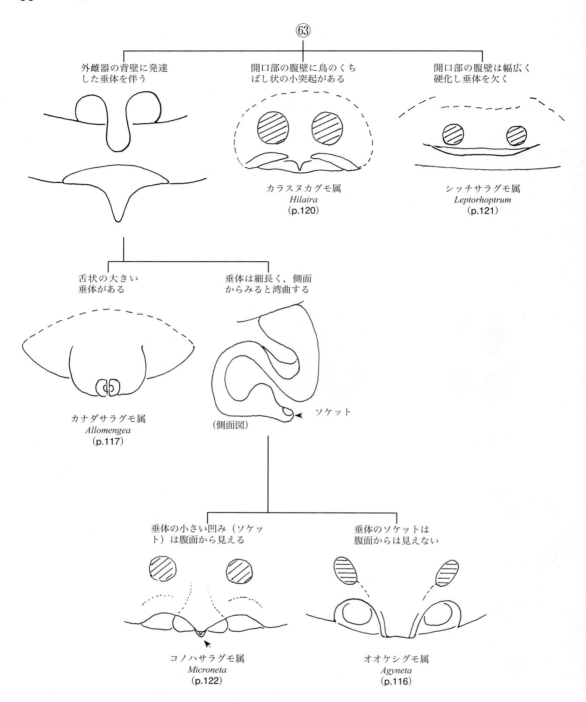

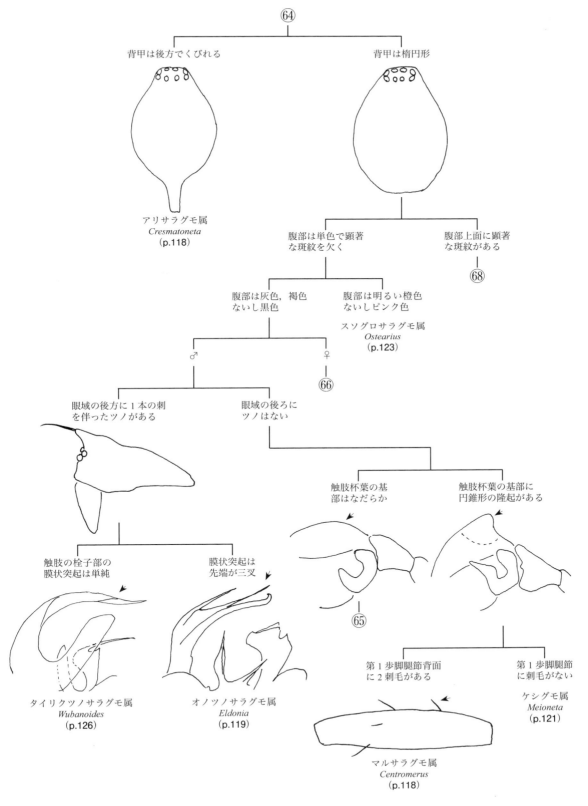

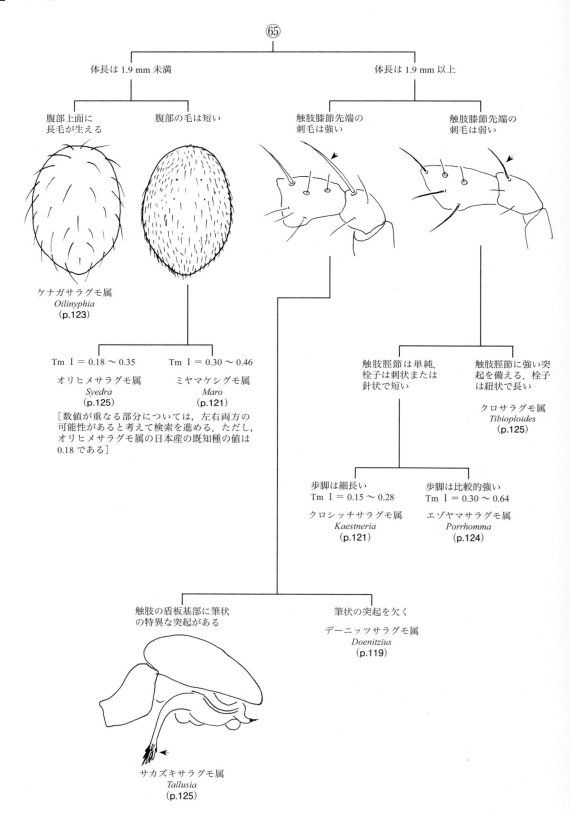

クモ目 53

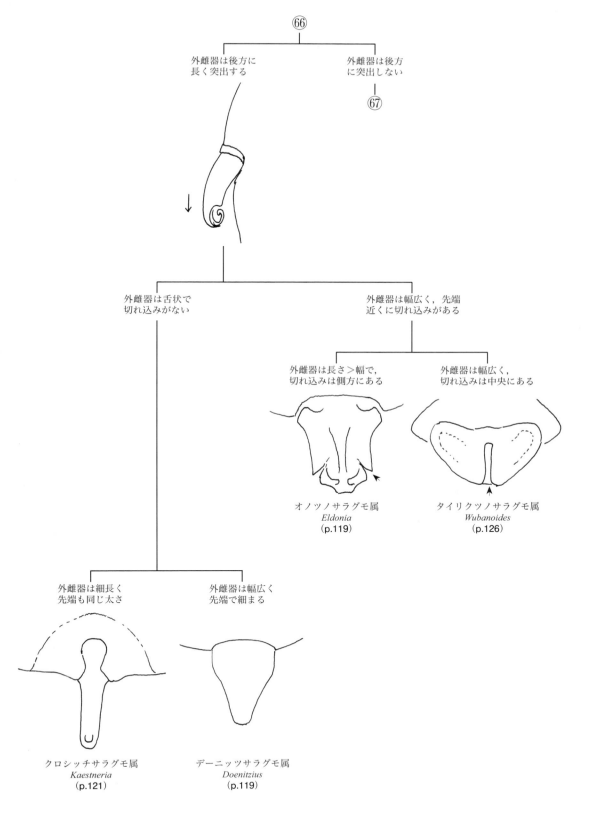

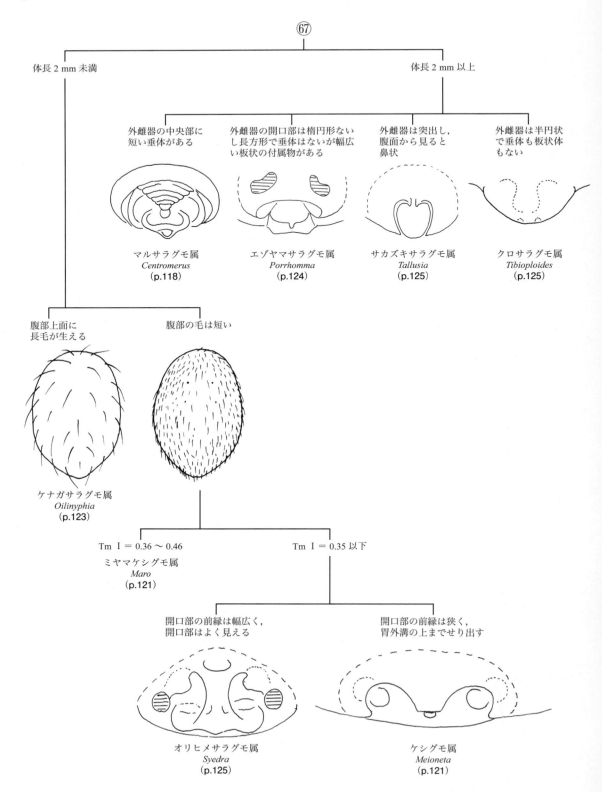

クモ目 55

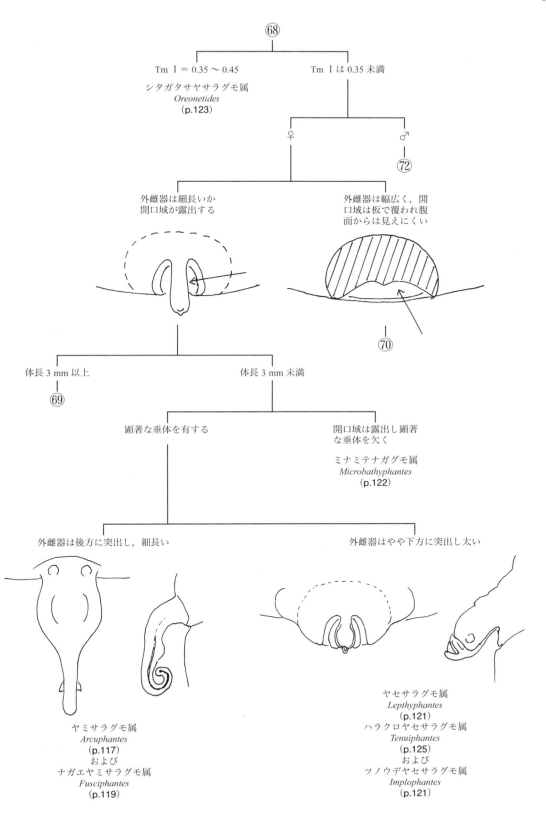

56 クモ目

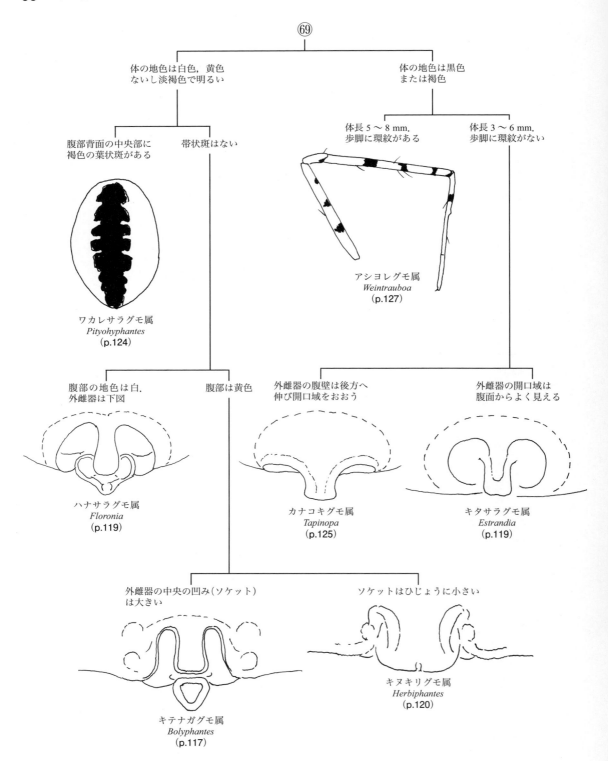

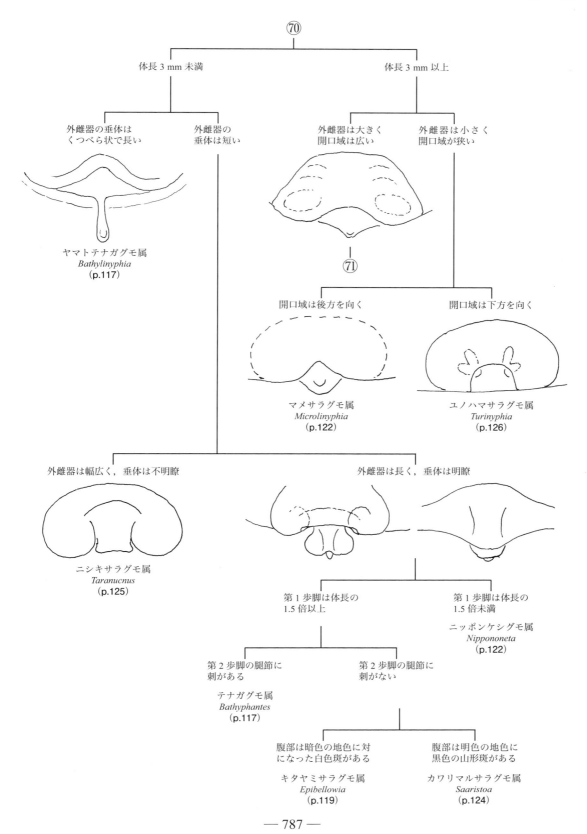

58 クモ目

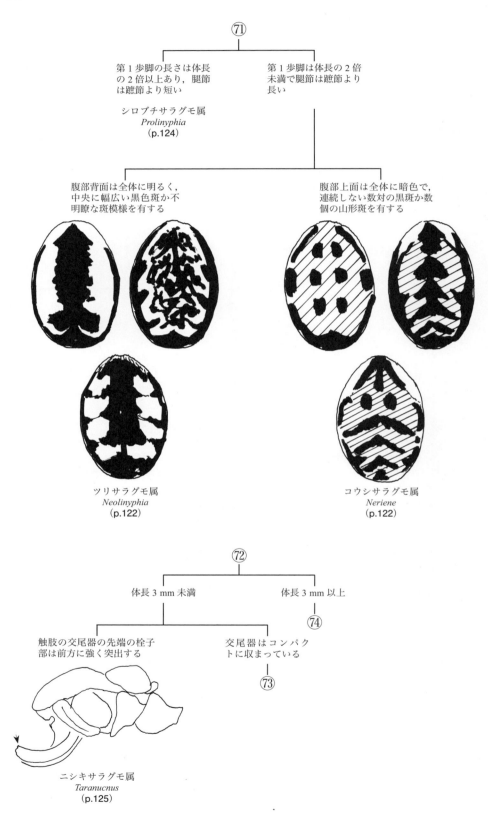

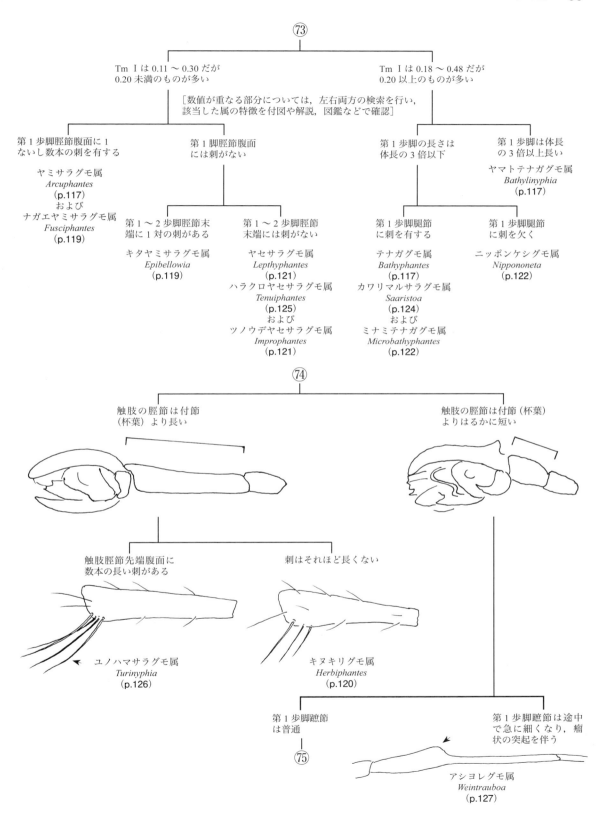

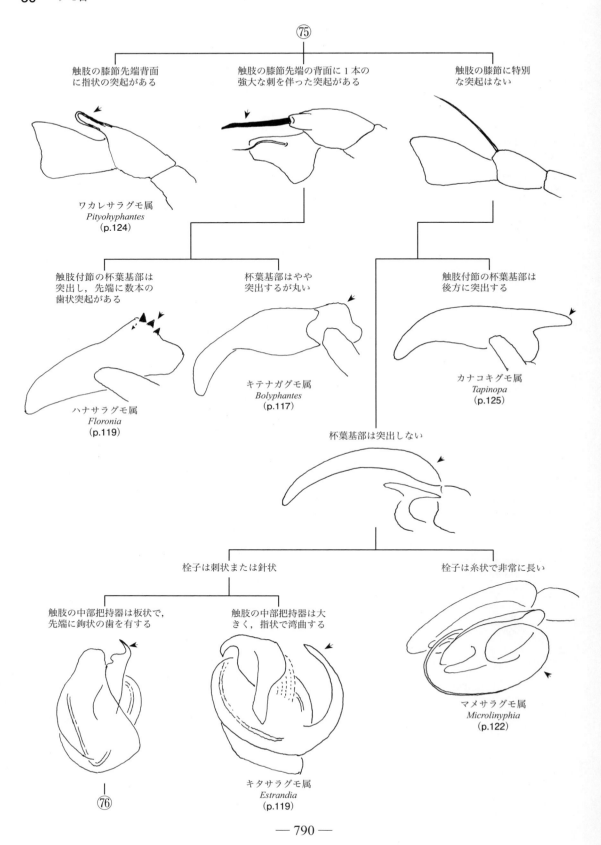

クモ目　61

⑦

　　　第1〜2歩脚蹠　　　　　　　　第1〜2歩脚蹠
　　　節に刺毛がある　　　　　　　　節に刺毛を欠く
　　　　　　　　　　　　　　　　　　ツリサラグモ属
　　　　　　　　　　　　　　　　　　Neolinyphia
　　　　　　　　　　　　　　　　　　（p.122）

後中眼は発達した眼丘上に　　　　後中眼の眼丘は低い．後中眼
ある．後中眼間は後中側眼　　　　間は後中側眼間より狭い．第
間より広い．第1歩脚の長　　　　1歩脚は体長の3倍以上長い
さは体長の2.5倍以下

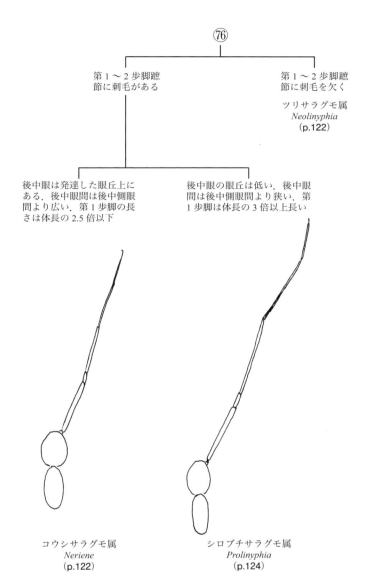

　コウシサラグモ属　　　　　シロブチサラグモ属
　　Neriene　　　　　　　　*Prolinyphia*
　　（p.122）　　　　　　　　（p.124）

ホラヒメグモ科 Nesticidae の属への検索

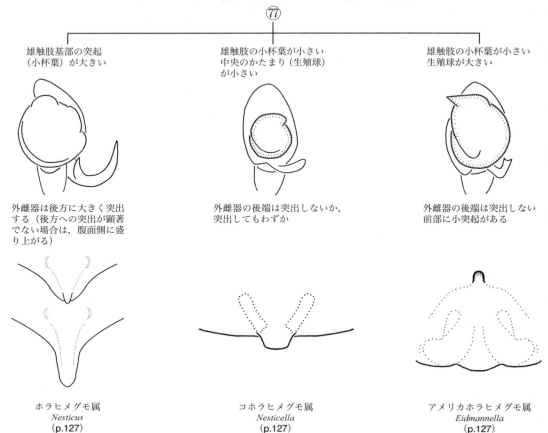

ヒメグモ科 Theridiidae の属への検索

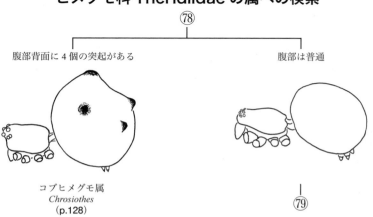

クモ目 63

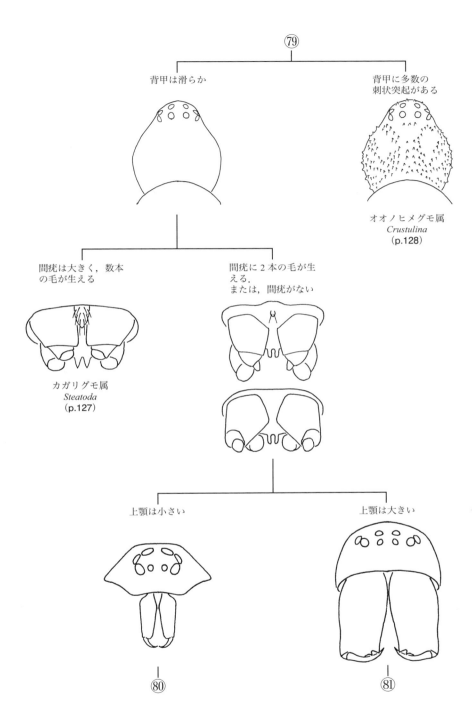

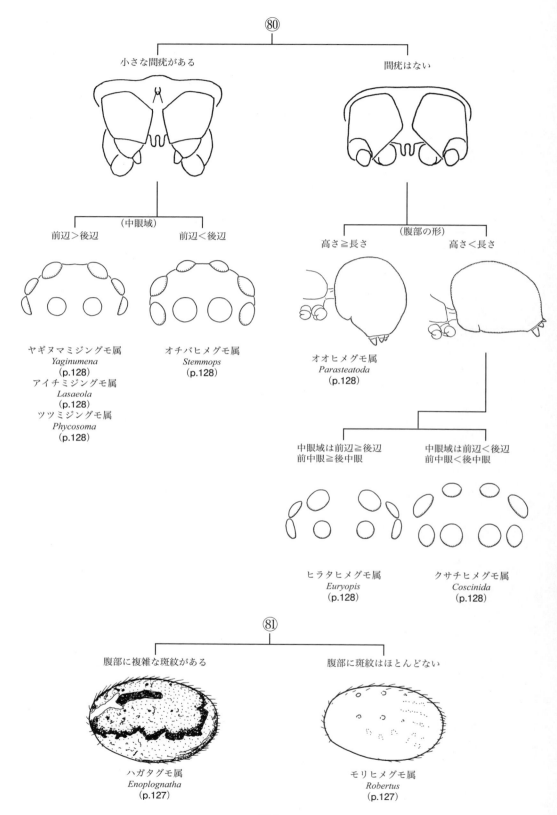

アシナガグモ科 Tetragnathidae の属への検索

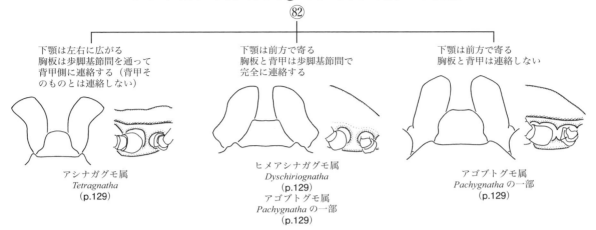

シボグモ科 Ctenidae の属への検索

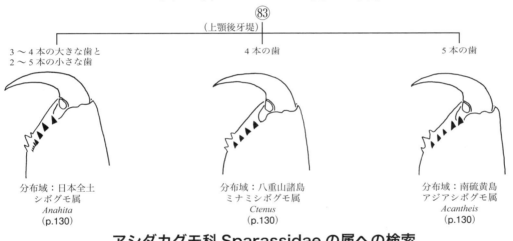

アシダカグモ科 Sparassidae の属への検索

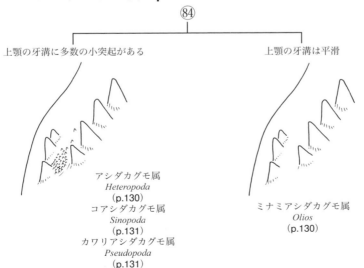

エビグモ科 Philodromidae の属への検索

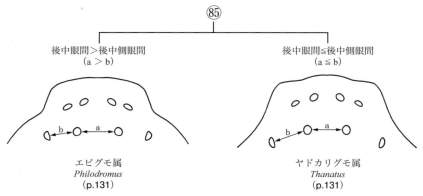

ワシグモ科 Gnaphosidae（ツヤグモ属 *Micaria* を除く）の属への検索

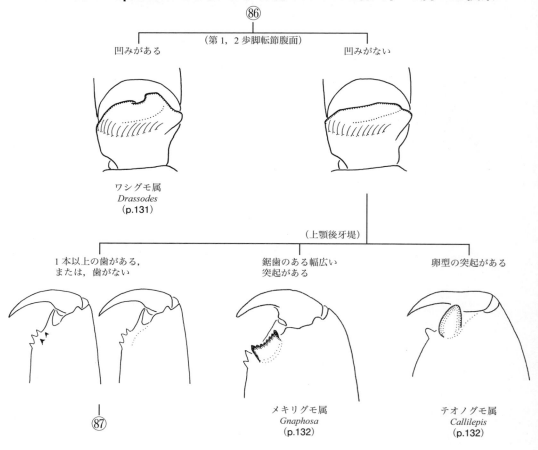

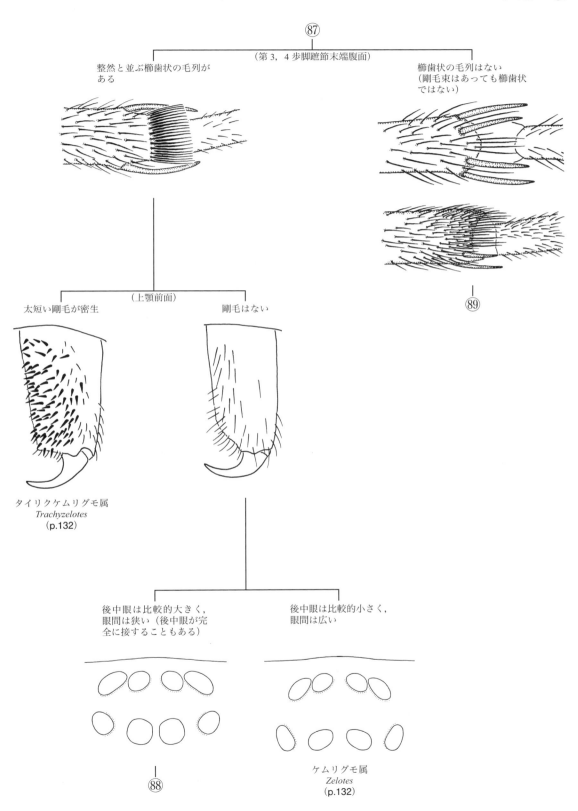

68　クモ目

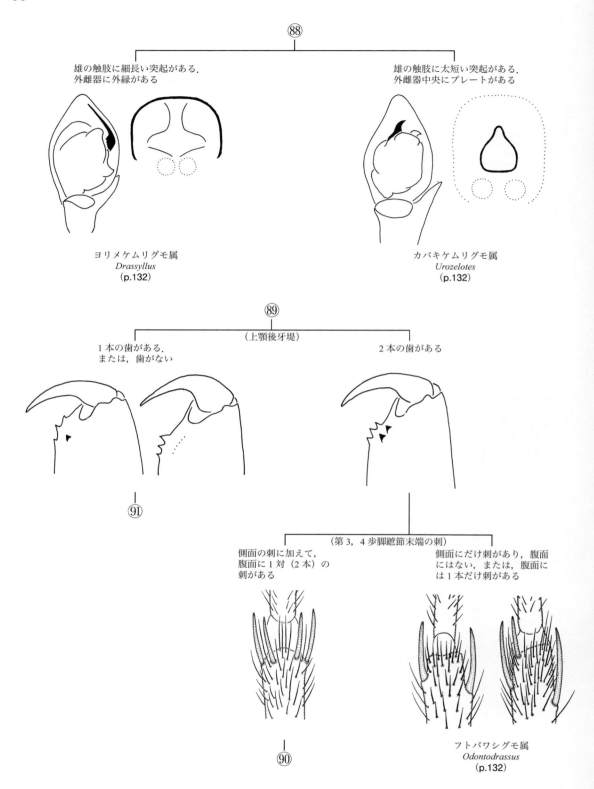

クモ目 69

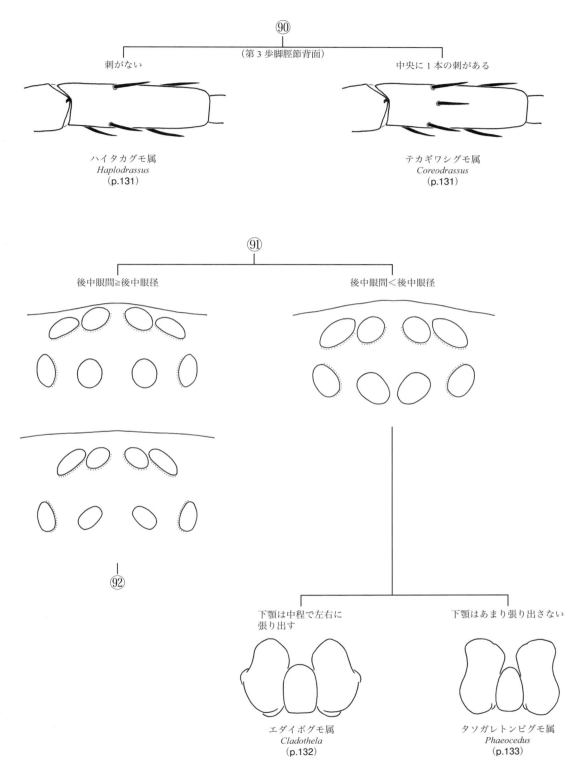

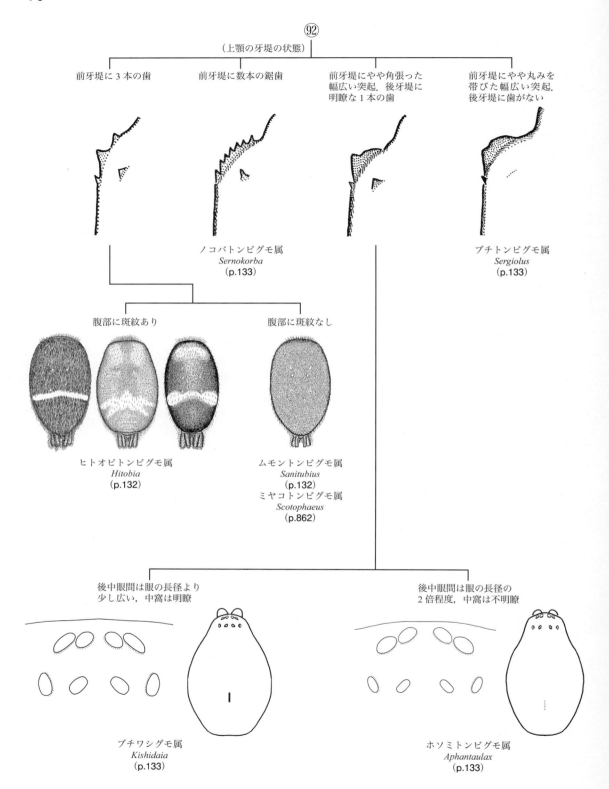

カニグモ科 Thomisidae の属への検索

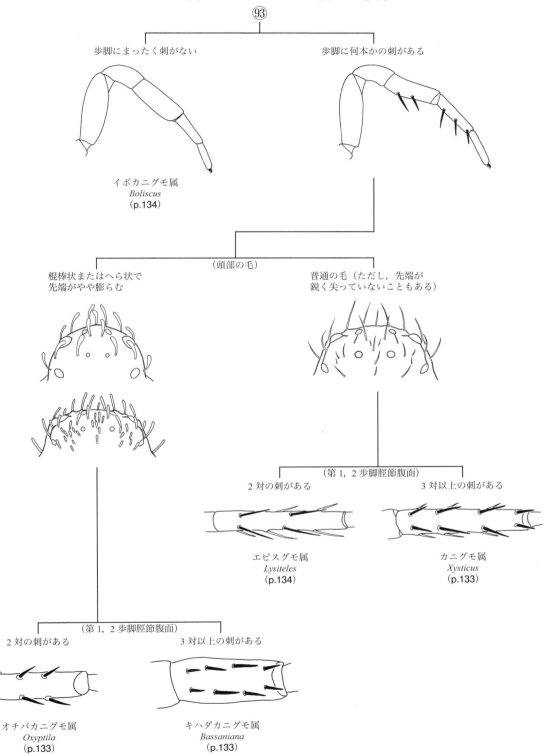

ツチフクログモ科 Miturgidae・コマチグモ科 Chiracanthiidae・ワシグモ科 Gnaphosidae の一部・フクログモ科 Clubionidae・ウエムラグモ科 Liocranidae・ネコグモ科 Corinnidae の属への検索

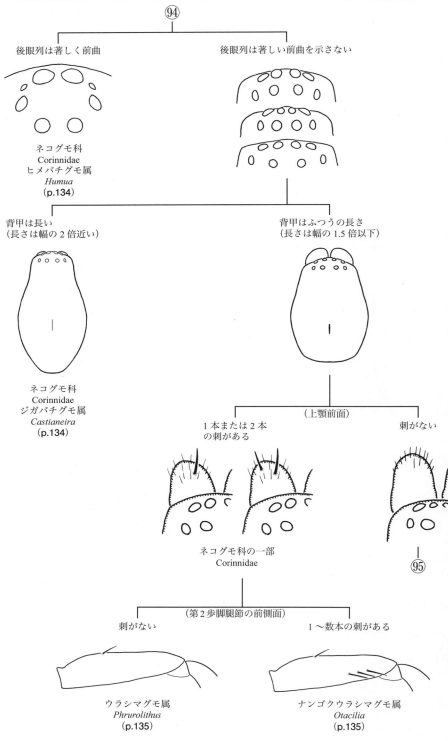

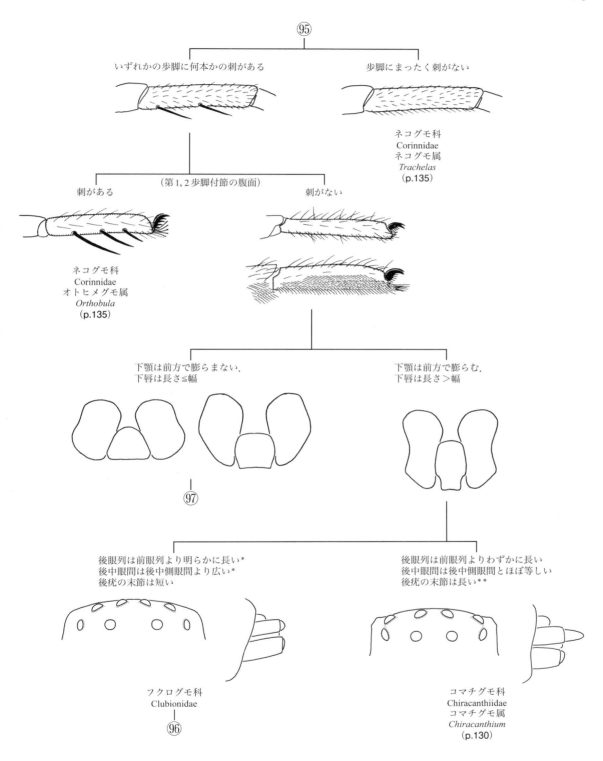

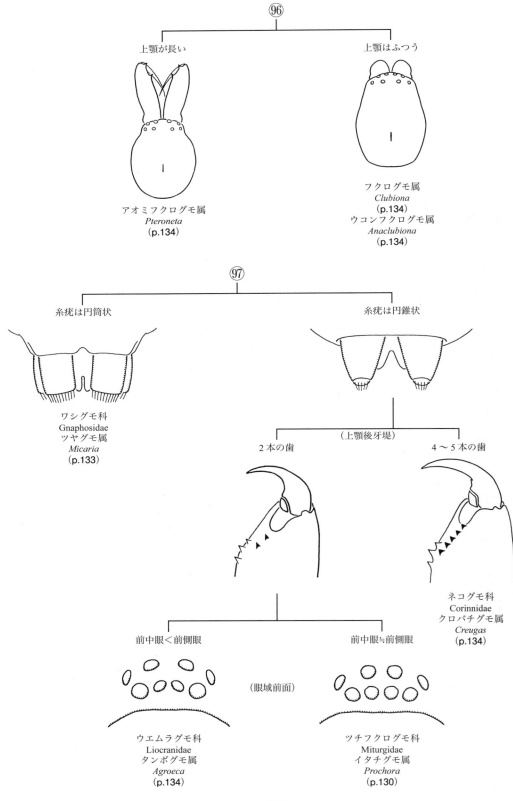

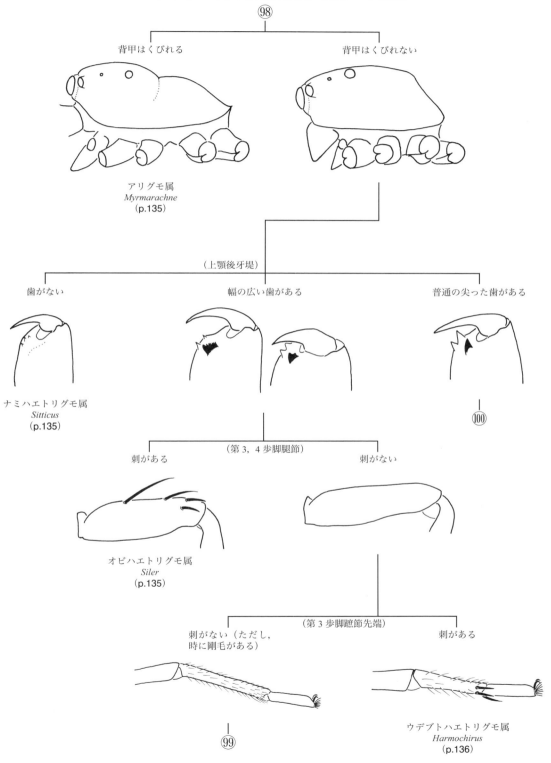

76　クモ目

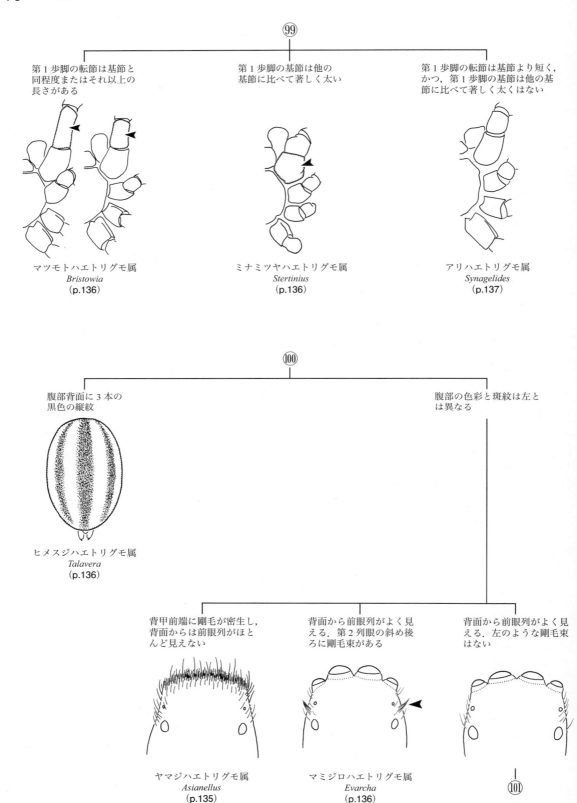

クモ目 77

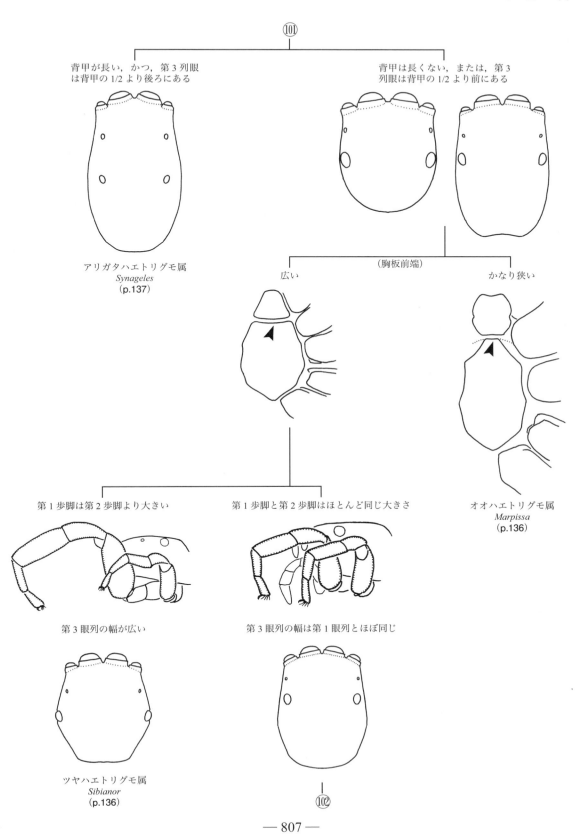

78　クモ目

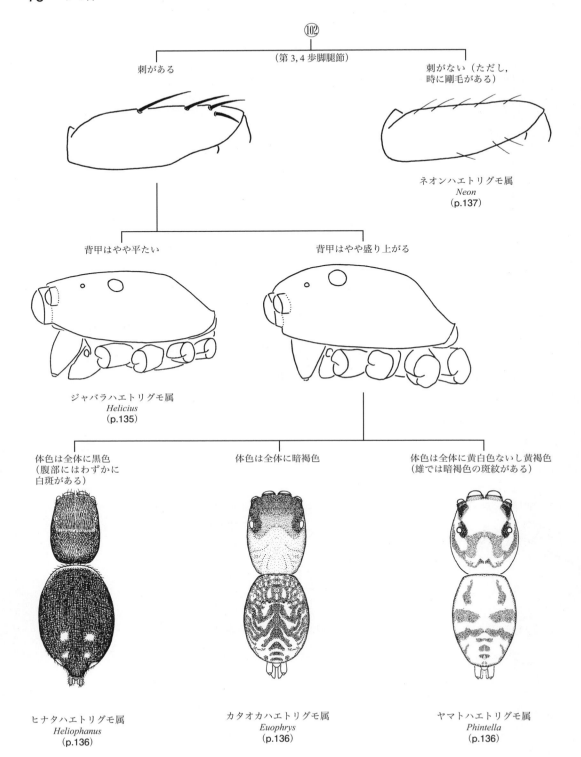

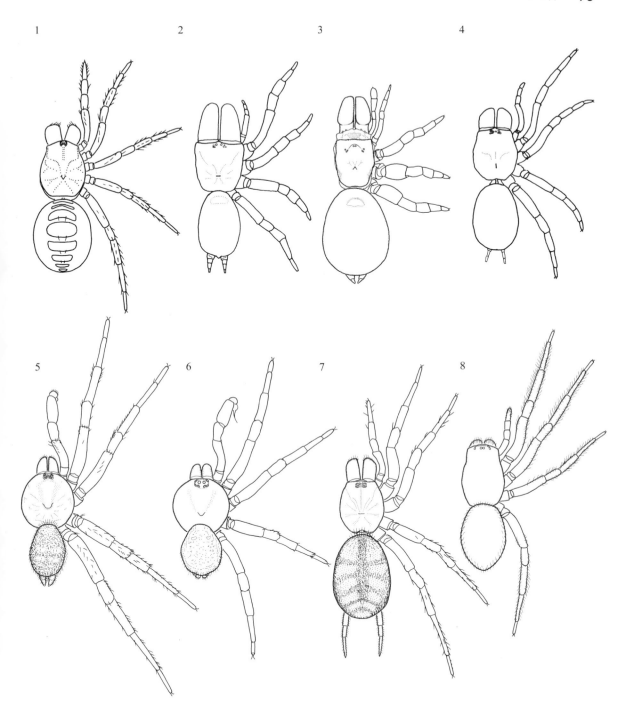

クモ目 Araneae 全形図（1）
1：キムラグモ *Heptathela kimurai* (Kishida), ♀, 2：ジグモ *Atypus karschi* Dönitz, ♀, 3：ワスレナグモ *Calommata signata* Karsch, ♀, 4：カネコトタテグモ *Antrodiaetus roretzi* (L. Koch), ♀, 5：キシノウエトタテグモ *Latouchia typica* (Kishida), ♂, 6：キノボリトタテグモ *Conothele fragaria* (Dönitz), ♂, 7：ヤエヤマジョウゴグモ *Macrothele yaginumai* Shimojana & Haupt, ♀, 8：ミヤグモ *Ariadna lateralis* Karsch, ♀
(1・3・5〜8：加村原図；2・4：西川原図)

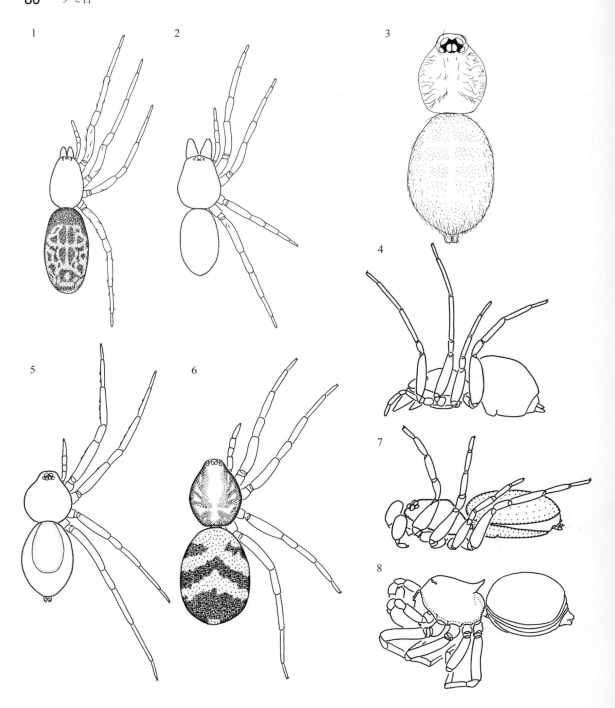

クモ目 Araneae 全形図 (2)
1：コマツエンマグモ *Segestria nipponica* Kishida, ♀, 2：イノシシグモ *Dysdera crocata* C. L. Koch, ♀, 3：ナンヨウタマゴグモ *Heteroonopus spinimanus* (Simon), ♀, 4：アカハネグモ *Orchestina sanguinea* Oi, ♀, 5：ナルトミダニグモ *Ischnothyreus narutomii* (Nakatsudi), ♀, 6：ダニグモ *Gamasomorpha cataphracta* Karsch, ♀, 7：シャラクダニグモ *Opopaea syarakui* (Komatsu), ♂, 8：シモジャナグモ *Ablemma shimojanai* (Komatsu), ♂
(1〜2・4〜8：加村原図；3：小野 (2009))

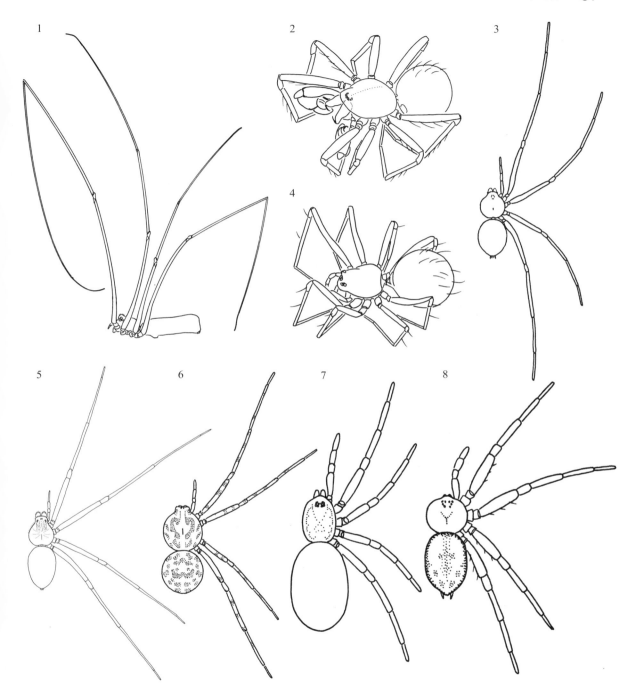

クモ目 Araneae 全形図（3）

1：ユウレイグモ Pholcus crypticolens Bösenberg & Strand, ♀, 2：カンムリグモ Speocera laureata Komatsu, ♂, 3：ヨコフマシラグモ属の一種 Falcileptoneta sp., ♀, 4：ヤマトヤギヌマグモ Telema nipponica (Yaginuma), ♀, 5：イトグモ Loxosceles rufescens (Dufour), ♀, 6：ユカタヤマシログモ Scytodes thoracica (Latreille), ♀, 7：カヤシマグモ Filistata marginata Kishida in S. Komatsu, ♀, 8：チリグモ Oecobius navus Blackwall, ♀
(1～8：加村原図)

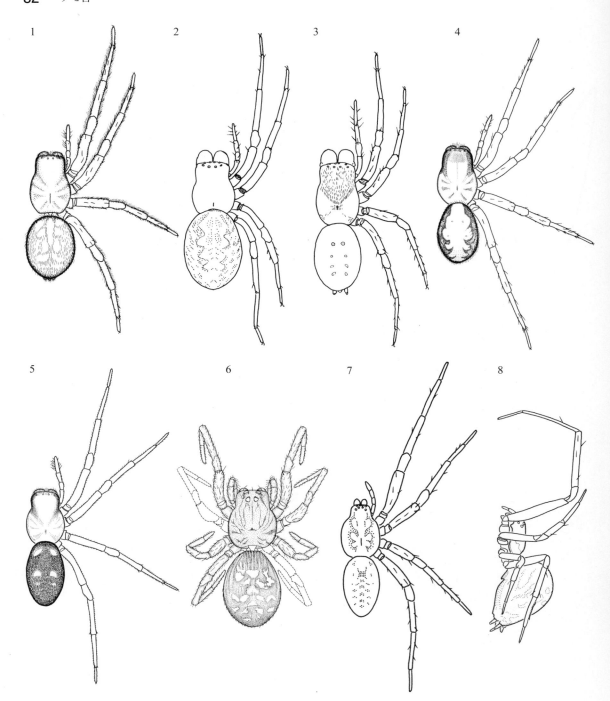

クモ目 Araneae 全形図（4）
1：クロガケジグモ *Badumna insignis* (L. Koch)，♀，2：セスジガケジグモ *Taira flavidorsalis* (Yaginuma)，♀，3：エゾガケジグモ *Callobius hokkaido* Leech，♀，4：ナミハガケジグモ *Cybaeopsis typica* Strand，♀，5：ヤマトガケジグモ *Nurscia albofasciata* (Strand)，♀，6：ムツメカレハグモ *Lathys sexoculata* Seo & Sohn，♀，7：ムロズミソレグモ *Takeoa nishimurai* (Yaginuma)，♀，8：ヤマウズグモ *Octonoba varians* (Bösenberg & Strand)，♀
（1・4〜5・7〜8：加村原図；2〜3：西川原図；6：小野 (1991)）

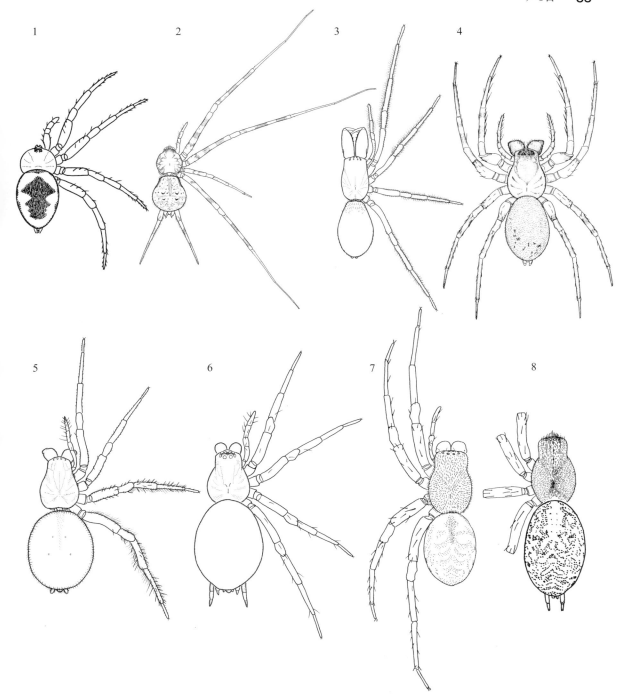

クモ目 Araneae 全形図（5）
1：ヒラタグモ *Uroctea compactilis* L. Koch，♀，2：ナガイボグモ属の一種 *Hersilia* sp.，♀，3：ヤマトウシオグモ *Desis japonica* Yaginuma，♀，4：クナシリナミハグモ *Cybaeus kunashirensis* Marusik & Logunov，♀，5：ミズグモ *Argyroneta aquatica* (Clerck)，♀，6：ハタケグモ *Hahnia corticicola* Bösenberg & Strand，♀，7：メガネヤチグモ *Pireneitega luctuosa* (L. Koch)，♀，8：ヒメヤマヤチグモ *Tegecoelotes michikoae* (Nishikawa)，♀
(1～3・5～6：加村原図；4：Ono & Nishikawa (1992)；7：西川原図；8：西川 (1977) を改変)

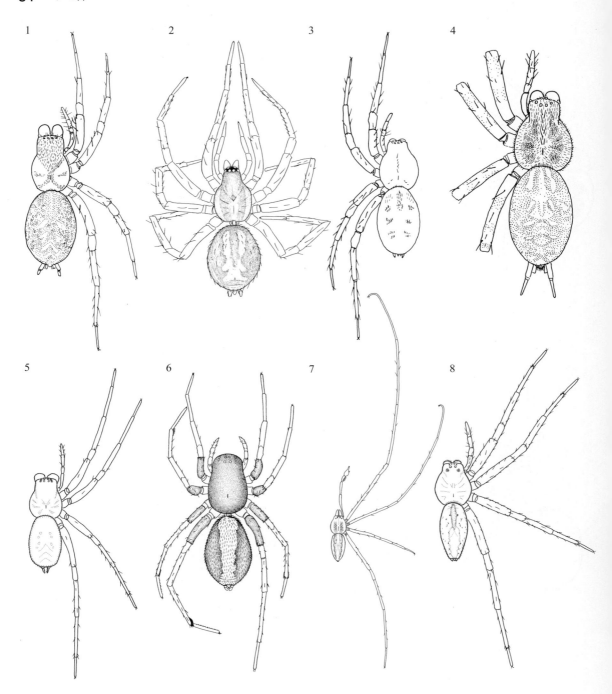

クモ目 Araneae 全形図 (6)

1：ムサシヤチグモ *Coelotes musashiensis* Nishikawa, ♀, 2：ムサシスミタナグモ *Cryphoeca shinkaii* Ono, ♀, 3：コタナグモ *Cicurina japonica* (Simon), ♀, 4：コクサグモ *Allagelena opulenta* (L. Koch), ♀, 5：イソタナグモ *Paratheuma shirahamaensis* (Oi), ♀, 6：ホウシグモ *Mallinella hoosi* (Kishida), ♀, 7：ヒゲナガハシリグモ *Hygropoda higenaga* (Kishida), ♂, 8：イオウイロハシリグモ *Dolomedes sulfureus* L. Koch, ♀

(1・3〜4：西川原図；2：Ono (2007)；5・8：加村原図；6：Ono & Tanikawa (1990)；7：八木沼 (1965) を模写)

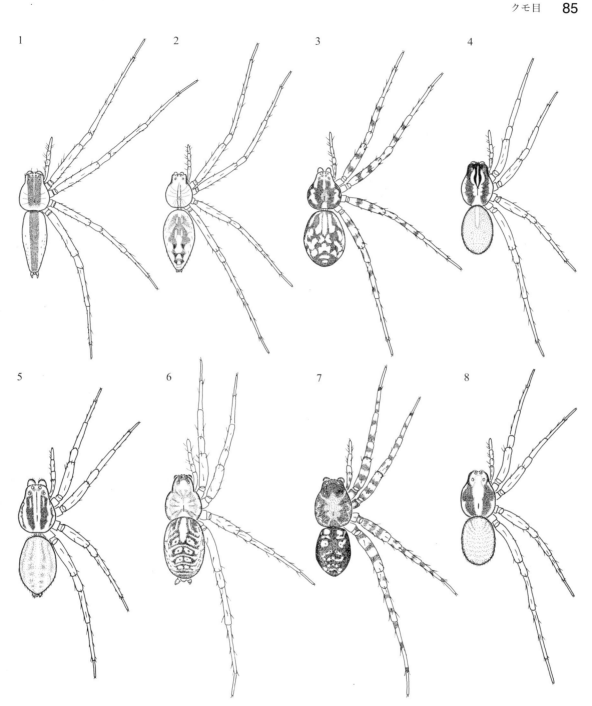

クモ目 Araneae 全形図（7）
1：ミナミハヤテグモ *Perenethis venusta* L. Koch，♀，2：アズマキシダグモ *Pisaura lama* Bösenberg & Strand，♀，3：シノビグモ *Shinobius orientalis*（Yaginuma），♀，4：カイゾクコモリグモ *Pirata piraticus*（Clerck），♀，5：シッチコモリグモ *Hygrolycosa umidicola* Tanaka，♀，6：ババコモリグモ *Hippasa babai* Tanikawa，♀，7：リュウキュウコモリグモ *Wadicosa okinawensis*（Tanaka），♀，8：モリコモリグモ *Xerolycosa nemoralis*（Westring），♀
（1～8：加村原図）

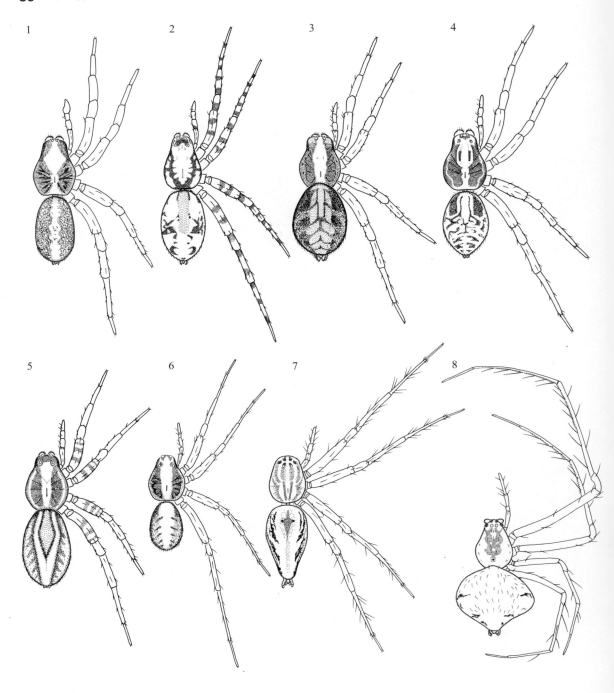

クモ目 Araneae 全形図（8）
1：ヒノマルコモリグモ *Tricca japonica* Simon, ♂, 2：カガリビコモリグモ *Arctosa depectinata* (Bösenberg & Strand), ♀, 3：ハラクロコモリグモ *Lycosa coelestis* L. Koch, ♀, 4：アライトコモリグモ *Trochosa ruricola* (De Geer), ♀, 5：チリコモリグモ *Alopecosa pulverulenta* (Clerck), ♀, 6：ハリゲコモリグモ *Pardosa laura* Karsch, ♀, 7：ササグモ *Oxyopes sertatus* L. Koch, ♀, 8：ハラビロセンショウグモ *Australomimetus japonicus* (Uyemura), ♀
（1〜8：加村原図）

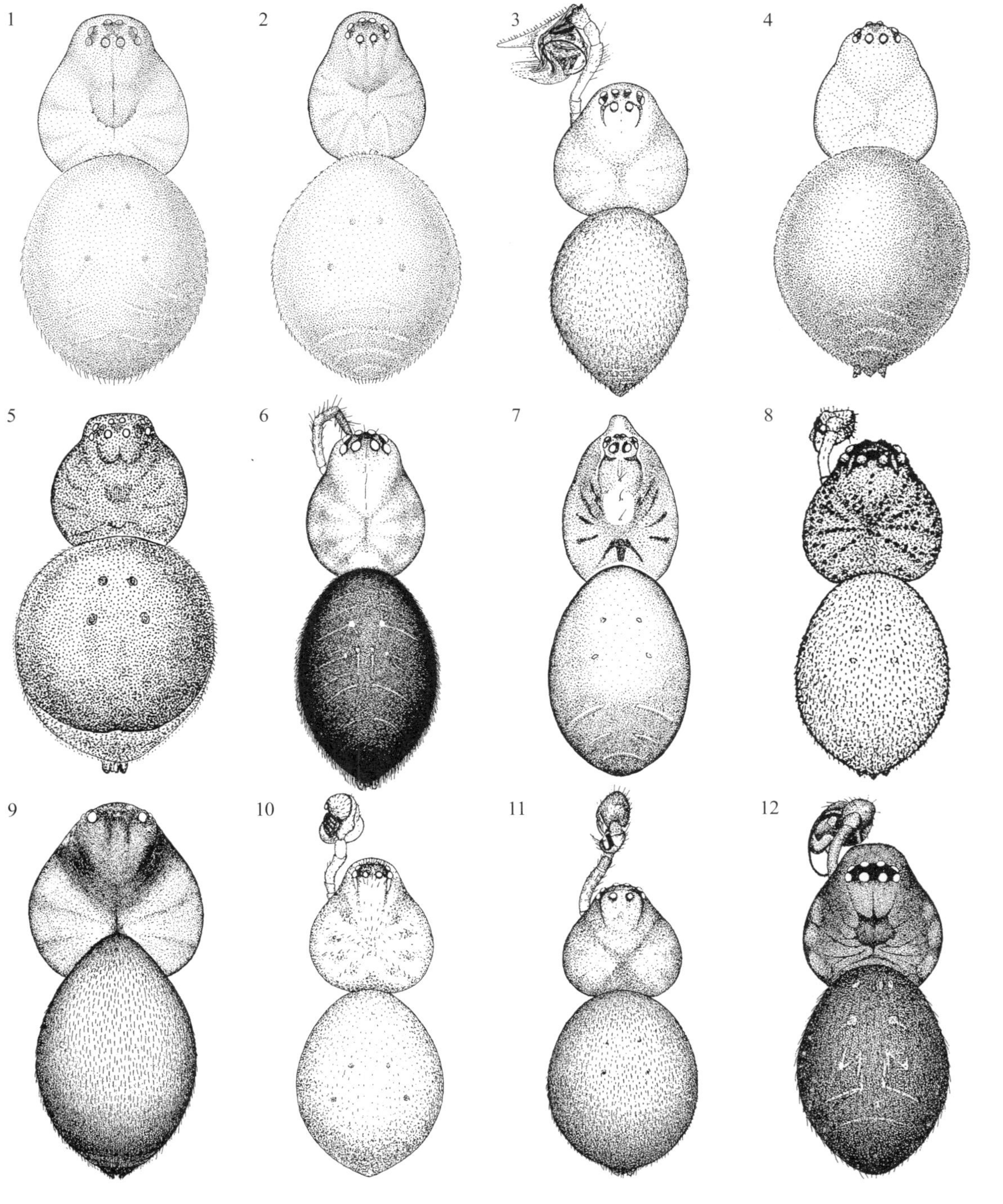

クモ目　87

クモ目 Araneae 全形図（9）

1：スンデファルコサラグモ *Maso sundevalli* (Westring), ♀, 2：コロポックルコサラグモ *Pocadicnemis pumila* (Blackwall), ♀, 3：チビアカサラグモ *Nematogmus sanguinolentus* (Walckenaer), ♂, 4：ツノタテグモ *Hypselistes asiaticus* Bösenberg & Strand, ♀, 5：チビピクロマルハラカタグモ *Ceratinella brevipes* (Westring), ♂, 6：イソヌカグモ *Ceratinopsis setoensis* (Oi), ♀, 7：スガナミヤマジコナグモ *Tapinocyba suganamii* Saito & Ono, ♂, 8：アバタムナキグモ *Orientopus yodoensis* (Oi), ♂, 9：ヒコサンヌカグモ *Dicornua hikosanensis* Oi, ♂, 10：アリマケズネグモ *Gonatium arimaense* Oi, ♂, 11：ナラヌカグモ *Parhypomma naraense* (Oi), ♂, 12：トクモトコサラグモ *Mecopisthes tokumotoi* Oi, ♂
（1～2・4～5・7：小野・松田・斉藤 (2009)；3・8～12：Oi (1960, 1964)；6：大井 (1960)）

— 817 —

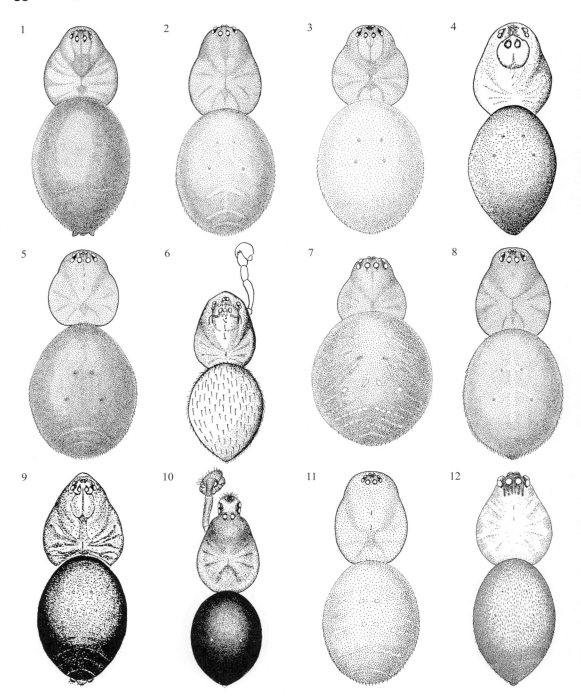

クモ目 Araneae 全形図（10）

1：タイリクトガリヌカグモ *Metopobactrus prominulus* (O. Pickard-Cambridge)，♀，2：ヤマトクビナガコサラグモ *Caracladus tsurusakii* Saito，♀，3：カラフトコサラグモ *Silometopus sachalinensis* (Eskov & Marusik)，♀，4：マルコブヌカグモ *Okhotigone sounkyoensis* (Saito)，♂，5：フタコブヌカグモ *Hypomma affine* Schenkel，♀，6：クマダヤマトコナグモ *Paratapinocyba kumadai* Saito，♂，7：ザラアカムネグモ *Asperthorax communis* Oi，♀，8：ヒゲナガコサラグモ *Dicymbium salaputium* Saito，♀，9：ミズゴケコサラグモ *Glyghesis cottonae* (La Touche)，♂，10：ズナガヌカグモ *Savignia kawachiensis* Oi，♂，11：イマダテテングヌカグモ *Oia imadatei* (Oi)，♀，12：ハラジロムナキグモ *Diplocephaloides saganus* (Bösenberg & Strand)，♂
(1～9：小野・松田・斉藤（2009）；10～12：Oi(1960, 1964))

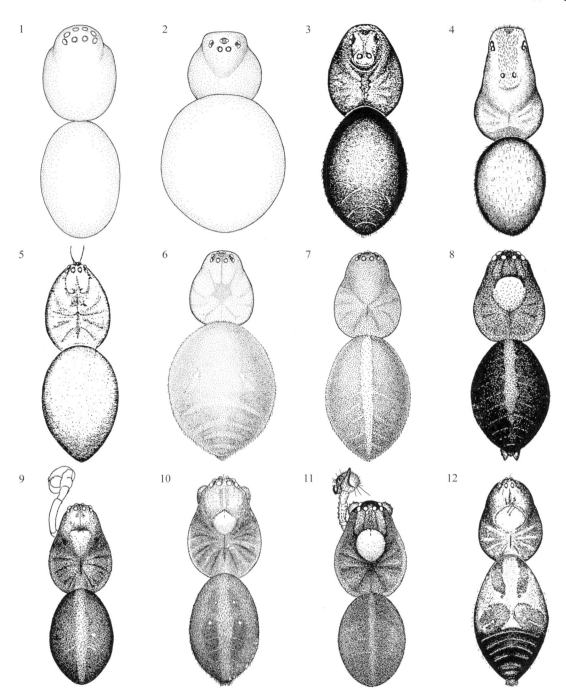

クモ目 Araneae 全形図（11）

1：ムナキグモ *Diplocephalus bicurvatus* Bösenberg & Strand, ♂, 2：ハラビロムナキグモ *Diplocephalus gravidus* Strand, ♀, 3：カワグチココヌカグモ *Saitonia kawaguchikonis* Saito & Ono, ♂, 4：ズナガコヌカグモ *Saitonia longicephala* (Saito), ♂, 5：トドヌカグモ *Scotinotylus eutypus* (Chamberlin), ♂, 6：サイトウヌカグモ *Ainerigone saitoi* (Ono), ♀, 7：オオサカアカムネグモ *Ummeliata osakaensis* (Oi), ♀, 8：オオサカアカムネグモ *Ummeliata osakaensis* (Oi), ♂, 9：セスジアカムネグモ *Ummeliata insecticeps* (Bösenberg & Strand), ♂, 10：コトガリアカムネグモ *Ummeliata angulituberis* (Oi), ♂, 11：アトグロアカムネグモ *Ummeliata feminea* (Bösenberg & Strand), ♂, 12：オノアカムネグモ *Ummeliata onoi* Saito, ♂
（1～8・12：小野・松田・斉藤（2009）; 9～11：Oi（1960））

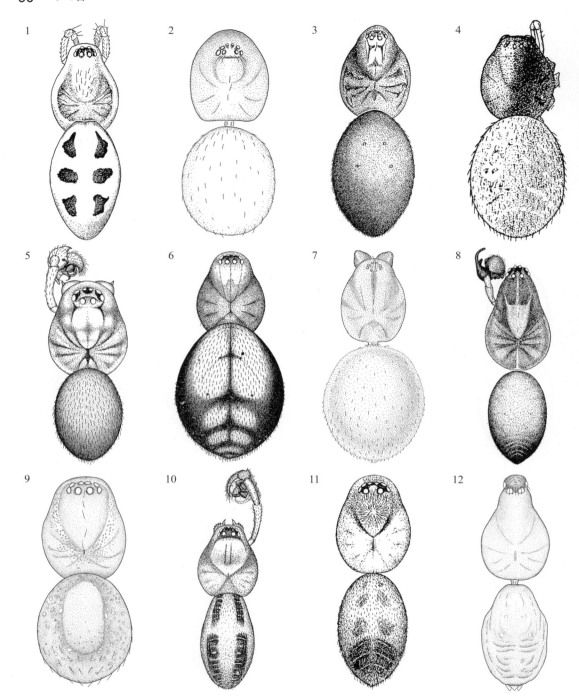

クモ目 Araneae 全形図（12）

1：ムツボシミヤマアカムネグモ *Oedothorax sexmaculatus* Saito & Ono, ♀, 2：カグラゴマグモ *Kagurargus kikuyai* Ono, ♂, 3：イチフサチョビヒゲヌカグモ *Walckenaeria ichifusaensis* Saito & Ono, ♂, 4：アカシロカグラグモ *Micrargus niveoventris* (Komatsu), ♂, 5：アサカワゴマグモ *Pseudomicrargus asakawaensis* (Oi), ♂, 6：ナニワナンキングモ *Mermessus naniwaensis* (Oi), ♀, 7：ホラヌカグモ *Caviphantes samensis* Oi, ♀, 8：コサラグモ *Aprifrontalia mascula* (Karsch), ♂, 9：ヒメウスイロサラグモ *Asthenargus matsudae* Saito & Ono, 10：クロスジアカムネグモ *Gnathonarium gibberum* Oi, ♂, 11：ズキンヌカグモ *Gongylidioides cucullatus* Oi, ♂, 12：キュウシュウツノサラグモ *Paikiniana iriei* (Ono), ♂

(1・3・7：小野・松田・斉藤(2009)；2・12：Ono(2007)；4：小松(1942)；5～6・8・10～11：Oi(1960, 1964)；9：小野原図)

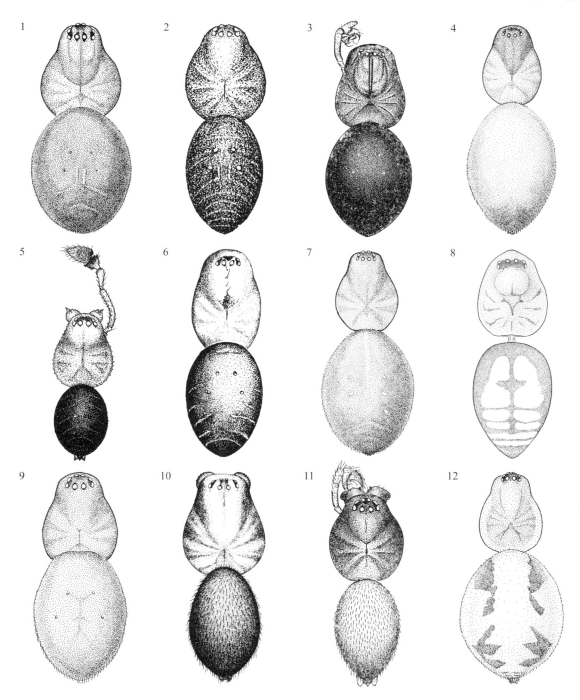

クモ目 Araneae 全形図（13）

1：グンバイヌカグモ *Barphyma kulczynskii* (Eskov), ♀, 2：クロナンキングモ *Hylyphantes graminicola* (Sundevall), ♀, 3：カマクラヌカグモ *Barphymula kamakuraensis* (Oi), ♂, 4：ハシグロナンキングモ *Neserigone nigriterminorum* (Oi), ♀, 5：カワリノコギリグモ *Erigone koshiensis* Oi, ♂, 6：マルムネヒザグモ *Erigone edentata* Saito & Ono, ♂, 7：ヌカグモ *Tmeticus bipunctis* (Bösenberg & Strand), ♀, 8：セダカヌカグモ *Tmeticodes gibbifer* Ono, ♂, 9：ハクサンコサラグモ *Collinsia japonica* (Oi), ♀, 10：ミダガハラサラグモ *Leptorhoptrum robustum* (Westring), ♂, 11：スソグロサラグモ *Ostearius melanopygius* (O. Pickard-Cambridge), ♂, 12：ヨツボシサラグモ *Strandella quadrinaculata* (Uyemura), ♀

(1・4・6〜7・9・12：小野・松田・斉藤(2009)；2〜3・5・10〜11：Oi(1960, 1964)；8：Ono(2010b))

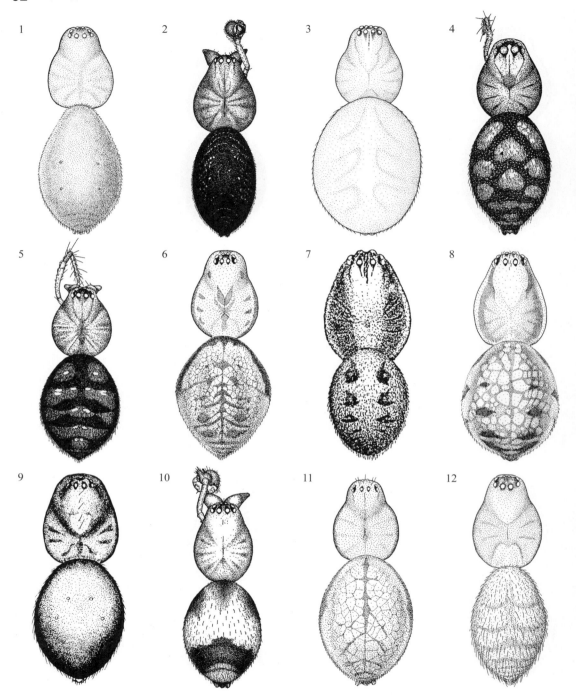

クモ目 Araneae 全形図（14）

1：サカズキサラグモ *Tallusia experta*（O. Pickard-Cambridge），♀，2：デーニッツサラグモ *Doenitzius peniculus* Oi，♂，3：シミズサラグモ *Oreonetides shimizui*（Yaginuma），♀，4：タマヤミサラグモ *Arcuphantes tamaensis*（Oi），♀，5：ナガエヤミサラグモ *Fusciphantes longiscapus* Oi，♀，6：ムレサラグモ *Drapetisca socialis*（Sundevall），♀，7：カナコキグモ *Tapinopa guttata* Komatsu，♀，8：ハナサラグモ *Floronia exornata*（L. Koch），♀，9：ヤマトオオイヤマケシグモ *Ryojius occidentalis* Saito & Ono，♂，10：ツノケシグモ *Nippononeta projecta*（Oi），♂，11：キテナガグモ *Bolyphantes alticeps*（Sundevall），♀，12：エビノマルサラグモ *Saaristoa ebinoensis*（Oi），♀（1・3・6・8〜9・11〜12：小野・松田・斉藤（2009）；2・4〜5・7・10：Oi（1960））

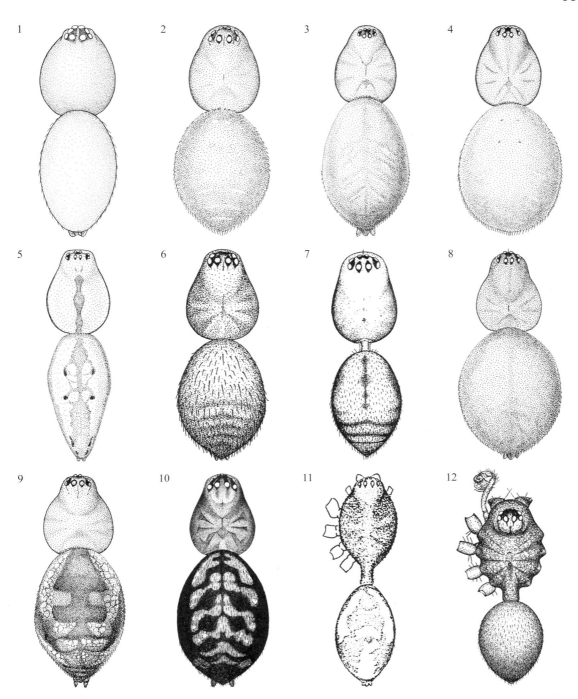

クモ目 Araneae 全形図 (15)

1：オオイオリヒメサラグモ *Syedra oii* Saito, ♂, 2：ヒメケシグモ *Meioneta mollis* (O. Pickard-Cambridge), ♀, 3：コノハサラグモ *Microneta viaria* (Blackwall), ♀, 4：マルサラグモ *Centromerus sylvaticus* (Blackwall), ♀, 5：キヌキリグモ *Herbiphantes cericeus* (S. Saito), ♀, 6：ヤセサラグモ *Lepthyphantes japonicus* Oi, ♀, 7：クボミケシグモ *Lepthyphantes concavus* (Oi), ♂, 8：カラフトヤセサラグモ *Sachaliphantes sachalinensis* (Tanasevitch), ♀, 9：ハラクロヤセサラグモ *Tenuiphantes nigriventris* (L. Koch), ♀, 10：キタヤミサラグモ *Epibellowia septentrionalis* (Oi), ♀, 11：アリサラグモ *Cresmatoneta nipponensis* Saito, ♀, 12：カンサイアリマネグモ *Solenysa partibilis* Tu, Ono & Li, ♂
(1〜5・8〜9・11：小野・松田・斉藤(2009)；6〜7・10・12：Oi(1960))

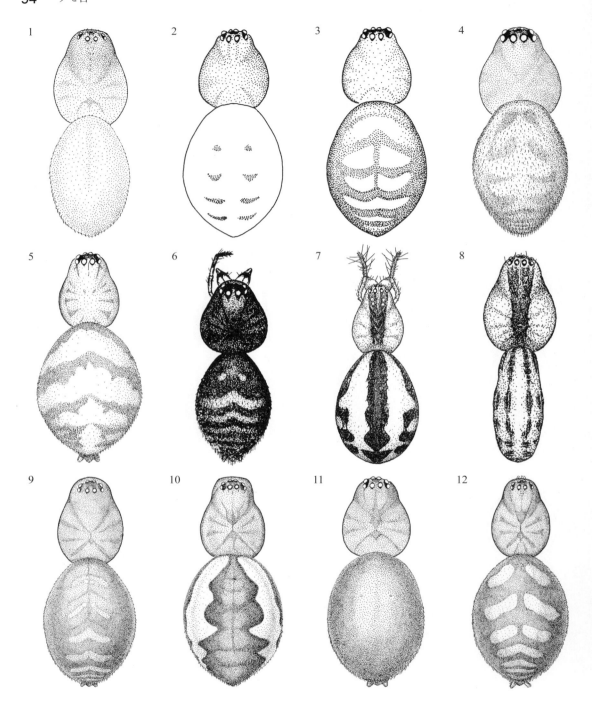

クモ目 Araneae 全形図 (16)
1：エゾヤマサラグモ *Porrhomma hebescens* (L. Koch), ♀, 2：テナガグモ *Bathyphantes gracilis* (Blackwall), ♀, 3：テナガグモ *Bathyphantes gracilis* (Blackwall), ♀ (変異), 4：クロテナガグモ *Bathyphantes robustus* Oi, ♀, 5：ヨドテナガグモ *Bathyphantes yodoensis* Oi, ♀, 6：タテヤマテナガグモ *Microbathyphantes tateyamaensis* (Oi), ♀, 7：ユノハマサラグモ *Turinyphia yunohamensis* (Bösenberg & Strand), ♀, 8：ユノハマサラグモ *Turinyphia yunohamensis* (Bösenberg & Strand), ♂, 9：カナダサラグモ *Allomengoa dentisetis* (Grube), ♀, 10：ダイセツサラグモ *Estrandia grandaeva* (Keyserling), ♀, 11：クロシッチサラグモ *Kaestneria pullata* (O. Pickard-Cambridge), ♀, 12：ヤマトテナガグモ *Bathylinyphia major* (Kulczyński), ♀
(1〜5・9〜12：小野・松田・斉藤 (2009)；6〜8：Oi (1960))

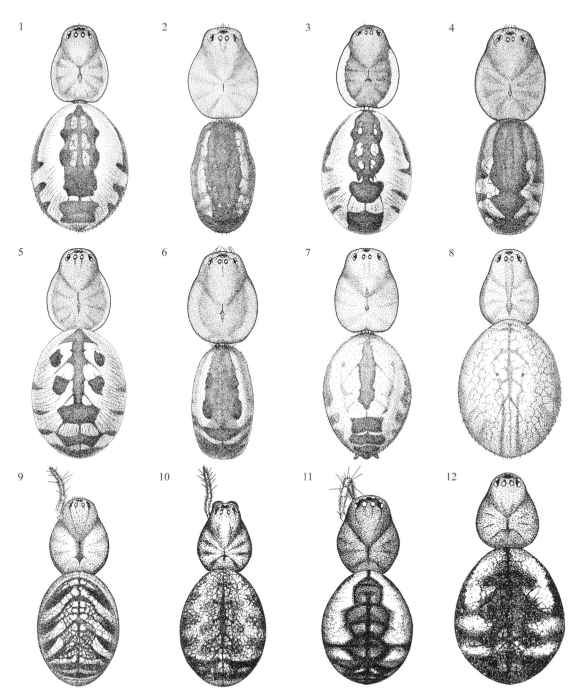

クモ目 Araneae 全形図（17）
1：コシロブチサラグモ *Prolinyphia marginella* Oi, ♀, 2：コシロブチサラグモ *Prolinyphia marginella* Oi, ♂, 3：シロブチサラグモ *Prolinyphia radiata*（Walckenaer），♀, 4：シロブチサラグモ *Prolinyphia radiata*（Walckenaer），♂, 5：アシナガサラグモ *Prolinyphia longipedella*（Bösenberg & Strand），♀, 6：アシナガサラグモ *Prolinyphia longipedella*（Bösenberg & Strand），♂, 7：タイリクサラグモ *Prolinyphia emphana*（Walckenaer），♀, 8：フタスジサラグモ *Prolinyphia limbatinella*（Bösenberg & Strand），♀, 9：ツリサラグモ *Neolinyphia japonica* Oi, ♀, 10：クスミサラグモ *Neolinyphia fusca* Oi, ♀, 11：ハンモックサラグモ *Neolinyphia angulifera*（Schenkel），♀, 12：ムネグロサラグモ *Neolinyphia nigripectoris* Oi, ♀
（1～8：小野・松田・斉藤（2009）；9～12：Oi（1960））

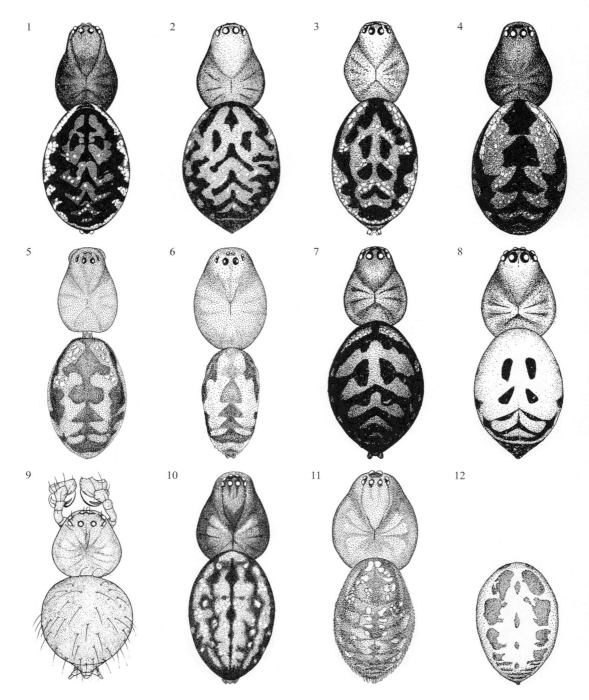

クモ目 Araneae 全形図 (18)
1：コウシサラグモ *Neriene clathrata* (Sundevall), ♀, 2：ヤマジサラグモ *Neriene montana* (Clerck), ♀, 3：ヘリジロサラグモ *Neriene oidedicata* (van Helsdingen), ♀, 4：ヤガスリサラグモ *Neriene albolimbata* (Karsch), ♀, 5：アミメサラグモ *Neriene jinjooensis* Paik, ♀, 6：アミメサラグモ *Neriene jinjooensis* Paik, ♂, 7：シバサラグモ *Neriene herbosa* (Oi), ♀, 8：チビサラグモ *Neriene brongersmai* (van Helsdingen), ♀, 9：ケナガサラグモ *Oilinyphia peculiaris* Ono & Saito, ♂, 10：アショレグモ *Weintrauboa contortipes* (Karsch), ♂, 11：シマサラグモモドキ（エゾアショレグモ）*Weintrauboa insularis* (S. Saito), ♂, 12：チクニアショレグモ *Weintrauboa chikunii* (Oi), ♀
（1〜4・7〜8・10・12：Oi(1960, 1979)；5〜6・9・11：小野・松田・斉藤(2009)）

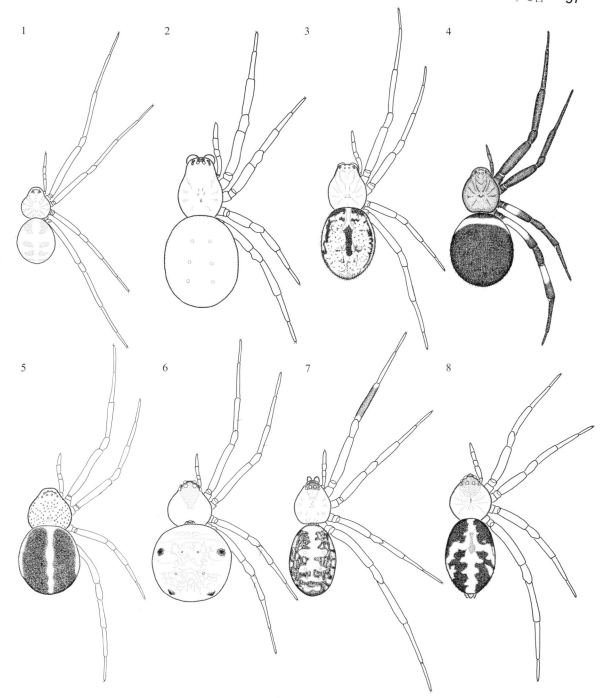

クモ目 Araneae 全形図（19）
1：コホラヒメグモ *Nesticella brevipes* (Yaginuma)，♀，2：オガタモリヒメグモ *Robertus ogatai* Yoshida，♀，3：ヤマトコノハグモ *Enoplognatha caricis* (Fickert)，♀，4：ハンゲツオスナキグモ *Steatoda cingulata* (Thorell)，♀，5：オオノヒメグモ *Crustulina sticta* (O. Pickard-Cambridge)，♀，6：ヨツコブヒメグモ *Chrosiothes sudabides* (Bösenberg & Strand)，♀，7：スネグロオチバヒメグモ *Stemmops nipponicus* Yaginuma，♀，8：カニミジングモ *Phycosoma mustelinum* (Simon)，♀
（1～8：加村原図）

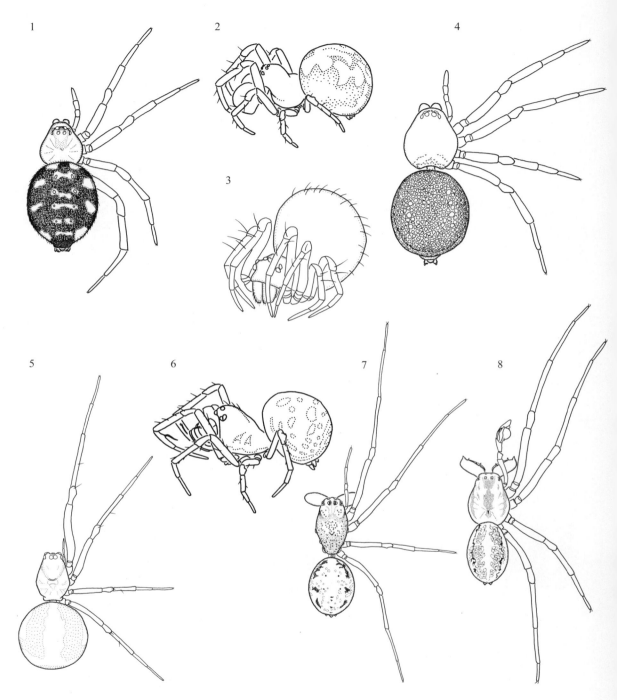

クモ目 Araneae 全形図（20）
1：キマダラヒラタヒメグモ *Euryopis flavomaculata*（C. L. Koch），♀，2：カラカラグモ *Theridiosoma epeiroides* Bösenberg & Strand，未成熟♂，3：ユアギグモ *Patu kishidai* Shinkai，♀，4：ヨロイヒメグモ *Comaroma maculosa* Oi，♀，5：ヨリメグモ *Conculus lyugadinus* Komatsu，♀，6：ナンブコップグモ *Mysmenella pseudojobi* Lin & Li，♂，7：ヒメアシナガグモ *Pachygnatha tenera* Karsch，♀，8：アゴブトグモ *Pachygnatha clercki* Sundevall，♂
（1〜8：加村原図）

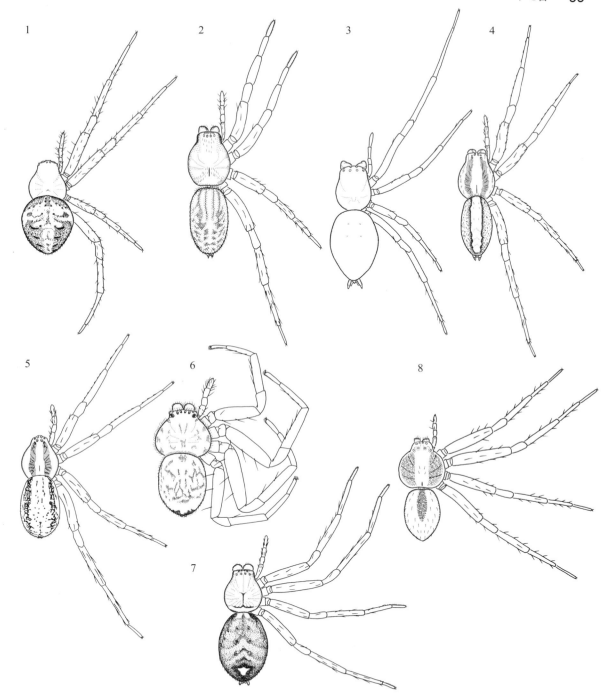

クモ目 Araneae 全形図 (21)
1：ヤマシロオニグモ *Neoscona scylla* (Karsch)，♀，2：イタチグモ *Prochora praticola* (Bösenberg & Strand)，♀，3：ヤサコマチグモ *Chiracanthium unicum* Bösenberg & Strand，♀，4：シボグモ *Anahita fauna* Karsch，♀，5：シボグモモドキ *Zora spinimana* (Sundevall)，♀，6：アワセグモ *Selenops bursarius* Karsch，♀，7：コアシダカグモ *Sinopoda forcipata* (Karsch)，♀，8：ヤドカリグモ *Thanatus miniaceus* Simon，♀
(1〜8：加村原図)

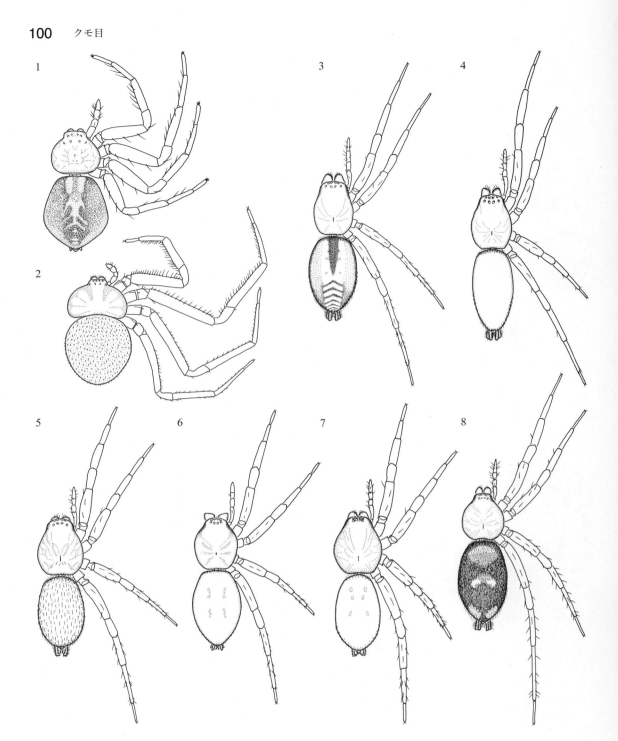

クモ目 Araneae 全形図（22）
1：キハダエビグモ *Philodromus spinitarsis* Simon，♀，2：ヒトエグモ *Plator nipponicus*（Kishida），♀，3：トラフワシグモ *Drassodes serratidens* Schenkel，♀，4：カズサハイタカグモ *Haplodrassus kanenoi* Kamura，♀，5：メキリグモ *Gnaphosa kompirensis* Bösenberg & Strand，♀，6：チャクロワシグモ *Cladothela oculinotata*（Bösenberg & Strand），♀，7：ヤマトフトバワシグモ *Odontodrassus hondoensis*（S. Saito），♀，8：フタホシテオノグモ *Callilepis schuszteri*（Herman），♀
（1～8：加村原図）

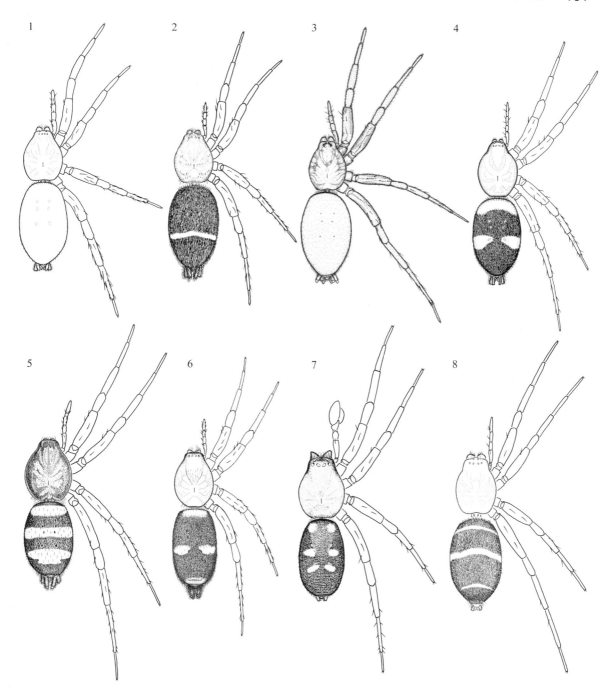

クモ目 Araneae 全形図（23）
1：クロチャケムリグモ *Zelotes asiaticus* (Bösenberg & Strand)，♀，2：ヒトオビトンビグモ *Hitobia unifascigera* (Bösenberg & Strand)，♀，3：ナミトンビグモ *Sanitubius anatolicus* (Kamura)，♀，4：ヨツボシワシグモ *Kishidaia albimaculata* (S. Saito)，♀，5：マエトビケムリグモ *Sernokorba pallidipatellis* (Bösenberg & Strand)，♀，6：ホシジロトンビグモ *Sergiolus hoziziro* (Yaginuma)，♀，7：タソガレトンビグモ *Phaeocedus braccatus* (L. Koch)，♂，8：ヤマトツヤグモ *Micaria japonica* Hayashi，♀
（1・4・8：加村原図；2・5：Kamura（1992）を改変；3：Kamura（2001b）；6：加村（1986）を改変；7：Kamura（1995）を改変）

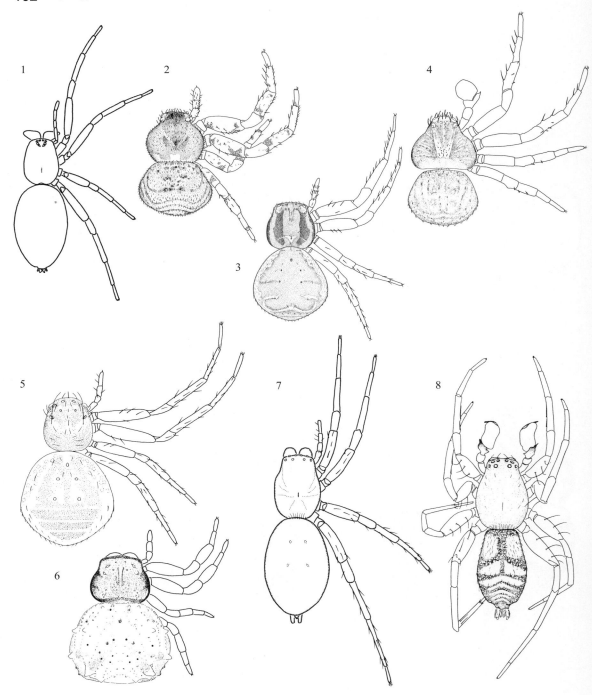

クモ目 Araneae 全形図 (24)

1：イヨグモ *Prodidomus rufus* Hentz, ♀, 2：キハダカニグモ *Bassaniana decorata* (Karsch), ♀, 3：ゾウシキカニグモ *Xysticus saganus* Bösenberg & Strand, ♀, 4：ニッポンオチバカニグモ *Oxyptila nipponica* Ono, ♂, 5：オオクマエビスグモ *Lysiteles okumae* Ono, ♀, 6：イボカニグモ *Boliscus tuberculatus* (Simon), ♀, 7：ヒメフクログモ *Clubiona kurilensis* Bösenberg & Strand, ♀, 8：ウコンフクログモ *Anaclubiona zilla* (Dönitz & Strand), ♂

(1・7：加村原図；2・4：Ono (1985) を改変；3：Ono (1988) を改変；5：Ono (1980) を改変；6：Ono (1984) を改変；8：Ono (1986))

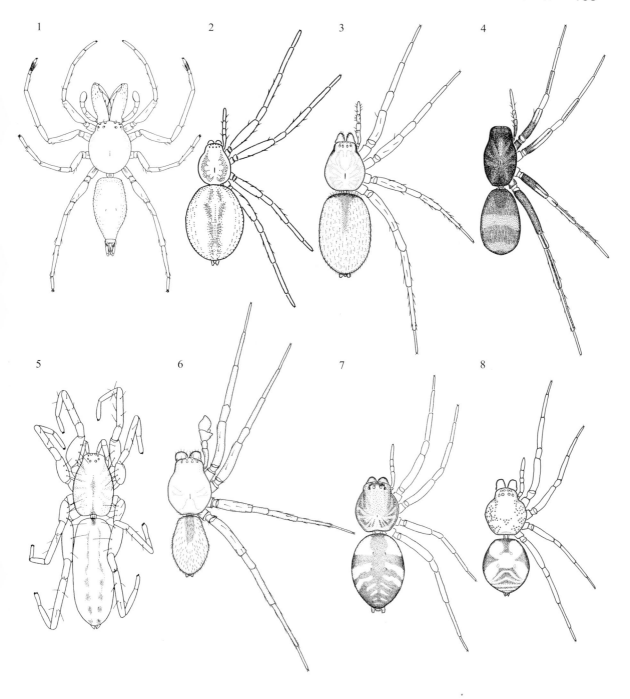

クモ目 Araneae 全形図（25）
1：アオミフクログモ *Pteroneta ultramarina* (Ono), ♂, 2：イヅツグモ *Anyphaena pugil* Karsch, ♀, 3：ミヤマタンボグモ *Agroeca montana* Hayashi, ♀, 4：オビジガバチグモ *Castianeira shaxianensis* Gong, ♀, 5：ヒメバチグモ *Humua takeuchii* Ono, ♀, 6：ハマカゼハチグモ *Creugas gulosus* Thorell, ♂, 7：ネコグモ *Trachelas japonicus* Bösenberg & Strand, ♀, 8：オトヒメグモ *Orthobula crucifera* Bösenberg & Strand, ♀
（1：Ono (1989)；2〜4・7〜8：加村原図；5：Ono (1987)；6：Kamura (2001a)）

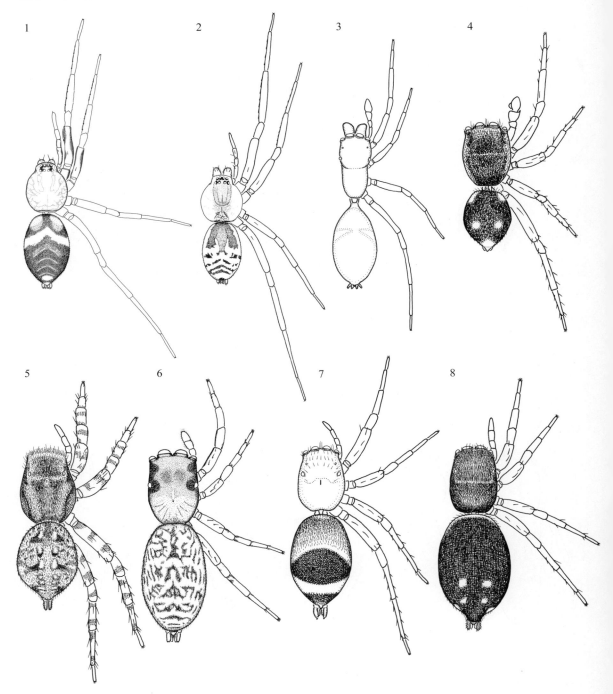

クモ目 Araneae 全形図（26）
1：ウラシマグモ *Phrurolithus nipponicus* Kishida，♀，2：コムラウラシマグモ *Otacilia komurai* (Yaginuma)，♀，3：アリグモ *Myrmarachne japonica* (Karsch)，♀，4：シラホシコゲチャハエトリ *Sitticus penicillatus* (Simon)，♂，5：ヤマジハエトリ *Asianellus festivus* (C. L. Koch)，♀，6：ジャバラハエトリ *Helicius yaginumai* Bohdanowicz & Prószyński，♀，7：アオオビハエトリ *Siler vittatus* (Karsch)，♀，8：ウスリーハエトリ *Heliophanus ussuricus* Kulczyński，♀
（1・3〜8：加村原図；2：Kamura (2005) を改変）

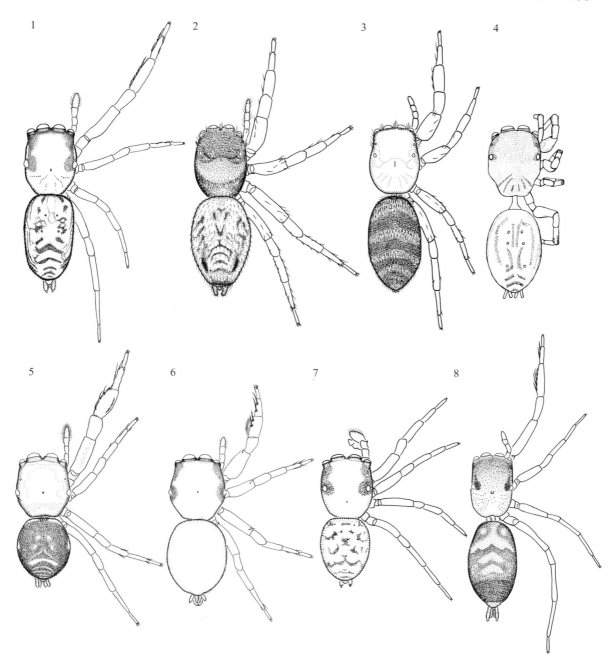

クモ目 Araneae 全形図（27）
1：マツモトハエトリ *Bristowia heterospinosa* Reimoser, ♀，2：マミジロハエトリ *Evarcha albaria* (L. Koch), ♀，3：ヨダンハエトリ *Marpissa pulla* (Karsch), ♀，4：コミナミツヤハエトリ *Stertinius kumadai* Logunov, Ikeda & Ono, ♀，5：ウデブトハエトリ *Harmochirus insulanus* (Kishida), ♀，6：キレワハエトリ *Sibianor pullus* (Bösenberg & Strand), ♀，7：コガタネオンハエトリ *Neon minutus* Żabka, ♂，8：アメイロハエトリ *Synagelides agoriformis* Strand, ♀
（1〜3・5〜8：加村原図；4：Logunov, Ikeda & Ono (1997)）

クモ目　Araneae

体は頭胸部と腹部よりなり，細い腹柄でつながる．頭胸部には6対の付属肢があり，一番前のものは上顎（鋏角），二番目のものは下顎とそこから伸びる触肢，残りの4対が歩脚となる．ほとんどの種は毒腺を持つ．毒腺は上顎の牙の先端に開口する．呼吸器官として腹部に書肺と気管がある．腹部末端には，2～4対の糸疣がある（大部分の種で3対）．また，種によっては通常の糸疣以外に篩板という特殊な出糸器官を持つこともある．

眼は単眼のみで，通常8個．ただし，種によっては6個あるいは4個の場合もある．眼の配列の様式は，クモを同定する上で重要な手がかりとなる．4個ずつ2列に並ぶのが基本で，前後の列をそれぞれ，前眼列，後眼列という．また，内側の眼を中眼，外側の眼を側眼という．眼列の湾曲の向きについては，前眼列，後眼列のそれぞれにおいて，中眼より側眼が前方にある場合（前方から観察する時は，中眼より側眼が下方にある場合）を前曲，中眼より側眼が後方にある場合（前方から観察する時は，中眼より側眼が上方にある場合）を後曲，中眼と側眼が前後にずれず，直線上に位置する場合を端直という．4個の中眼によって形成される四角形を中眼域といい，その長さと幅の比や前辺と後辺の比が重要な形質となることがある．

雌の外部生殖器は腹部腹面にある．ハラフシグモ亜目，クモ亜目のトタテグモ下目，クモ亜目クモ下目の単性域類では，産卵口と交尾口が同一で，その構造は単純である．一方，クモ亜目クモ下目の完性域類では，交尾口が産卵口とは独立して形成され，種特有の形態の外部生殖器，すなわち外雌器となる．雄では触肢が生殖器官となり，種特有の構造を見せる．成熟した雄は精液を腹部腹面にある生殖口からいったん体外に出し，それを触肢内に吸い込んで蓄える．雌雄の交渉は，雄の触肢が雌の外雌器に挿入されることによってなされる．卵生で，孵化した子グモは数回の脱皮を経て成虫になる．なお，子グモの時期にバルーニング（自らの糸を利用し，上昇気流に乗って空中を飛行する行動）を行うものが多いと考えられる．

成虫では，外雌器の有無および触肢の状態を見ることによって雌雄の区別は一般に容易である．幼虫の場合は，雌雄の判別はむずかしいことも多いが，触肢が膨らんでいるだけで特別な構造が観察されない場合は，雄の未成熟個体であると判断できる．

肉食性で，種々の節足動物や時に小型の脊椎動物を食べる．餌動物を捕獲する方法は種によって異なり，地中の住居で待ち伏せるもの（穴居性），餌捕獲用の網を造るもの（造網性），歩き回って餌を探すもの（徘徊性）などがある．海岸から高山帯まで広く分布し，生活場所は地中，落葉層中，地表，樹皮上，草間，樹間など多岐にわたる．日本から約1500種が知られる．

本書では日本産クモ目のすべての科を取り上げた．したがって，そのなかには土壌中あるいは地表に生息する種をまったく含まない科もある．属については，科によっては，土壌生活者を含む属だけを扱った．クモ目のなかには，本来は土壌生活者ではなくても，地面に設置したピットフォールトラップやシフティングなどで採集されるものがある．そのような属については，本書では正しく検索できないことがある．

未成熟個体にも対応できるように，検索図において生殖器官の形質を用いることは可能な限り避けた．ただし，生殖器官以外の形質も，原則として，成虫に基づいている．かなり若齢の個体においては，各所の比率（例えば，眼の大きさと眼間距離の比率）が成虫とは異なることがあり，そのような場合は，正しく検索できないこともあるので，ご注意願いたい．

クモ目の科および属の分類体系については未だ複数の見解が併存している状況で，決して安定していない．本書は基本的に『日本産クモ類』（小野展嗣編著，2009，東海大学出版会刊）に準拠している．

各属の解説には代表的な種しか取り上げていないことも多いので，詳細は『日本産クモ類』を参照されたい．また，外雌器や雄の触肢の構造の詳細についても同書を参照されたい．

ハラフシグモ亜目　Mesothelae

腹部背面に体節の痕跡を持つ原始的なグループ．世界に1科．

ハラフシグモ科
Liphistiidae

眼は8個で，背甲の前方中央に集まる．上顎の牙は前後に開閉する．書肺は2対．糸疣は4対（8本）または，そのうち1対が癒合して計7本．糸疣と肛丘は離れている（ただし，雄においては腹部が全体に小さいためこの特徴は不明瞭）．雌の触肢は長く，一見歩脚が10本あるように見える．崖地に管状の住居を造り，入り口に砂粒を糸で綴り合わせた蓋をつける．九州および南西諸島に分布．日本に2属を産する．

オキナワキムラグモ属（p.15）
Ryuthela

体長7～14 mm．沖縄本島～八重山諸島に分布．オキナワキムラグモ *R. nishihirai* (Haupt)，イシガキキムラグモ *R. ishigakiensis* Haupt など4種が知られる．

本属とキムラグモ属は外部形態において顕著な差異

はなく，両者を区別するためには，雄では触肢の構造を見る必要がある．雌については，内部生殖器による判別が確実であるが，同時に，外部から観察できる区別点として，雌の生殖域にある1対の浅い凹みの状態も有用である．つまり，本属においては，その凹みが接近しており，一方，キムラグモ属では左右に離れている（これらの形質については検索図では示されていない）．

キムラグモ属（p.15, 79）
Heptathela

体長7～17 mm．九州～沖縄本島に分布．キムラグモ *H. kimurai*（Kishida），アマミキムラグモ *H. amamiensis* Haupt など10種が知られる．

クモ亜目　Opisthothelae

腹部に体節がない．糸疣と肛丘は接近する．地中に住居を造るもの，樹間や草間に造網するもの，樹上や地表を徘徊するものなど，さまざまな生活形態のものを含む．

トタテグモ下目　Mygalomorphae

上顎は大きく，前方に突き出し，牙は前後に開閉する．書肺は2対．糸疣は2対または3対．眼は8個．ほとんどの種は地中で生活する．

ジグモ科
Atypidae

ジグモ属（p.3, 79）
Atypus

体長12～20 mm．上顎は長く，背甲長の1/2を超える．8個の眼は比較的集中する．下唇と胸板は完全に癒合する．糸疣は3対（ただし，そのうちの1対はきわめて小さく，痕跡的）．ジグモ *A. karschi* Dönitz（分布：北海道～九州）とヒラヤジグモ *A. wataribabaorum* Tanikawa（分布：奄美大島）の他に1未記載種が存在する．地中に鉛直方向に延びる管状住居を造る．住居の上端部は地中から外に延びて，木の根元や地面に付着する．

ワスレナグモ科
Calommatidae

ワスレナグモ属（p.3, 79）
Calommata

上顎は長く，背甲長の1/2を超える．眼は8個．前中眼と他の眼が広く離れる．下唇と胸板は癒合するものの完全ではない．糸疣は3対（ただし，そのうちの1対はきわめて小さく，痕跡的）．日本産はワスレナグモ *C. signata* Karsch のみ．本州，四国，九州に分布．体長は，雌13～18 mm，雄5～8 mmで，雄は雌に比べて著しく小さい．地中に縦穴を掘って住居を造る．住居の上端は地面に開口して，入り口には蓋がない．

カネコトタテグモ科
Antrodiaetidae

カネコトタテグモ属（p.2, 79）
Antrodiaetus

体長10～18 mm．背甲の中窩は縦向き．上顎の先端に太短い刺の集まりがある．糸疣は2対．崖地の土中に管状の住居を造り，入り口に両開きの扉をつける．日本から，エゾトタテグモ *A. yesoensis*（Uyemura）（分布：北海道）とカネコトタテグモ *A. roretzii*（L. Koch）（分布：東北地方～兵庫県）の2種が知られる．

トタテグモ科
Ctenizidae

背甲の中窩はU字状．上顎の先端に太短い刺の集まりがある．糸疣は2対．雌の触肢は歩脚とほぼ同じ長さがある．日本産は2属．

キシノウエトタテグモ属（p.15, 79）
Latouchia

体長10～25 mm．地中に管状の住居を造り，入り口に片開きの扉をつける．本州，四国，九州，南西諸島に分布．キシノウエトタテグモ *L. typica*（Kishida）をはじめ6種が記録されているが，分類学的検討を要するものが含まれている．

キノボリトタテグモ属（p.15, 79）
Conothele

日本産はキノボリトタテグモ *C. fragaria*（Dönitz）のみ．体長8～12 mm．第3歩脚脛節の背面に，毛がほとんどない，やや凹んだ部分がある．樹皮や岩の表面に3 cmほどの長さの住居を造り，入り口に片開きの扉をつける．本州～南西諸島，伊豆諸島，小笠原父島に分布．

ジョウゴグモ科
Hexathelidae

ジョウゴグモ属（p.2）
Macrothele

体長10～29 mm．糸疣は2対で，後疣はかなり長い．南西諸島に分布．石や倒木の下に管状住居を造り，入り口に漏斗状の網を張る．アマミジョウゴグモ *M. amamiensis* Shimojana & Haupt が奄美大島，徳之島に，ヤエヤマジョウゴグモ *M. yaginumai* Shimojana & Haupt

とオオクロケブカジョウゴグモ *M. gigas* Shimojana & Haupt が石垣島，西表島に分布する．

イボブトグモ科
Nemesiidae

タイリクイボブトグモ属（p.2）
Sinopesa

日本産は沖縄県久米島に分布するクメジマイボブトグモ *S. kumensis* Shimojana & Haupt のみ．体長 7〜10 mm．中窩は横向き．糸疣は2対あるが，内側の1対はきわめて小さい．崖地の地中や鍾乳洞内の石の下で見つかるが，生態は不明．

クモ下目　Araneomorphae

糸疣は通常3対．ふつうに見かけるクモの大部分がこの仲間である．

単性域類　Haplogynae

雌の生殖器の交尾口と産卵口が同一で，外雌器が形成されないグループ．

エンマグモ科
Segestriidae

眼は6個で，2個ずつ3群をなす．第1, 2歩脚だけでなく第3歩脚も前方を向く．樹皮の下や石垣の隙間などに管状の住居を造る．日本産は2属．

ミヤグモ属（p.15, 79）
Ariadna

体長 5〜15 mm．中央の眼は後ろ寄り，または中央にある．腹部背面に斑紋がない．本州，四国，九州に，ミヤグモ *A. lateralis* Karsch，シマミヤグモ *A. insulicola* Yaginuma が分布する．前者は内陸でも普通に見られるが，後者の分布域は海岸近くに限られる．

エンマグモ属（p.15, 80）
Segestria

体長 5〜10 mm．中央の眼は前寄りにある．腹部背面に斑紋がある．コマツエンマグモ *S. nipponica* Kishida が本州，九州に分布する．日本には別の1種が分布するとされるが，その記録にはやや疑問がある．

イノシシグモ科
Dysderidae

イノシシグモ属（p.6, 80）
Dysdera

眼は6個で，背甲前方中央に集まる．中窩はきわめて不明瞭．石の下や苔の間に生息する．日本からイノシシグモ *D. crocata* C. L. Koch のみが記録されているが，これは人為的に持ち込まれたものであると考えられている．体長は 10〜15 mm．

タマゴグモ科
Oonopidae

眼は6個で比較的大きく，接近して配列する．中窩を欠く．落葉層中や土壌間隙に生息する．日本産は6属．

ナンヨウタマゴグモ属（p.16, 80）
Heteroonops

腹部は軟らかく，背面に板状体（硬化した部分）を欠く．中央の2眼は側眼とほぼ同大で，やや後ろ寄りにある．日本産は，小笠原諸島に分布するナンヨウタマゴグモ *H. spinimanus*（Simon）のみ．体長は 2.2〜2.5 mm．

ハネグモ属（p.16, 80）
Orchestina

体長 1.0〜1.5 mm．腹部に板状体を欠く．中央の2眼は側眼より大きく，前寄りにある．第4歩脚の腿節は他の腿節に比べてかなり太く，跳躍力がある．日本産は，オキツハネグモ *O. okitsui* Oi（分布：北海道〜九州），アカハネグモ *O. sanguinea* Oi（分布：本州，九州），キハネグモ *O. flava* Ono（分布：沖永良部島）の3種．

ヨロイダニグモ属（p.16, 80）
Ischnothyreus

体長 1.3〜2.0 mm．腹部背面に板状体があるが，あまり大きくない．腹部腹面の板状体も小さい．第1, 2歩脚の脛節と蹠節の腹面にそれぞれ4対および2対の刺がある．日本産は，ナルトミダニグモ *I. narutomii*（Nakatsudi）（分布：本州，伊豆諸島，四国，九州）およびハワイヨロイダニグモ *I. peltifer*（Simon）（分布：小笠原諸島）の2種．

ケムリダニグモ属（p.16）
Pseudotriaeris

日本産はケムリダニグモ *P. karschi*（Bösenberg & Strand）のみ（ただし，本種は佐賀県産の個体に基づいて1906年に新種として記載されて以来，国内では一度も採集されていない）．体長 1.6〜1.7 mm．板状体は腹部全体を覆わない．歩脚に刺がない．

ダニグモ属（p.16, 80）
Gamasomorpha

体長 1.5〜3.0 mm．腹部の背面および腹面に板状

体があり，腹部のほぼ全体を覆う．日本産は次の3種，ダニグモ *G. cataphracta* Karsch（分布：本州，四国，九州，南西諸島），ミナミダニグモ *G. lalana* Suman（分布：小笠原父島），クスミダニグモ *G. kusumii* Komatsu（分布：本州西部，四国）．このうちクスミダニグモだけは第1，2歩脚に刺がある．

シャラクダニグモ属（p.17）
Opopaea

体長1.0〜2.0 mm．腹部の背面および腹面に板状体があり，腹部のほぼ全体を覆う．後中眼と後側眼はほとんど接する．歩脚の腹面に刺がない．日本産として，本州，四国，九州に分布するシャラクダニグモ *O. syarakui*（Komatsu）の他に，ミナミシャラクダニグモ *O. deserticola* Simon とヒノマルダニグモ *O. apicalis*（Simon）が小笠原諸島から知られる．*Epectris* は本属のシノニム．

ジャバラグモ科
Tetrablemmidae

シモジャナグモ属（p.4, 80）
Ablemma

日本産はシモジャナグモ *A. shimojanai*（Komatsu）のみ．体長約1 mm．眼は4個で，半円状に配置する．腹部背面と腹面は硬化した板に覆われ，腹部側面にも数本の細い板の列がある．雄の背甲には後方を向いた大きな突起がある．落葉層中や土壌間隙に生息する．日本固有種で，吐噶喇列島宝島以南の琉球列島と小笠原諸島父島に分布する．

ユウレイグモ科
Pholcidae

体長2〜10 mm．眼は8個または6個．歩脚はきわめて長い．日本全土に分布．崖地の凹みや家屋内に不規則網を張る．ユウレイグモ属 *Pholcus*，シモングモ属 *Spermophora* など9属，計19種が知られる．

エンコウグモ科
Ochyroceratidae

カンムリグモ属（p.5, 81）
Speocera

日本産はカンムリグモ *S. laureata* Komatsu のみ．体長1.3 mm程度．6個の眼が半円状に並ぶ．喜界島以南の琉球列島に分布．主に洞窟から発見されている．

マシラグモ科
Leptonetidae

眼は6個．頭部前方に4個の眼が集まり，その後方に少し離れて2個の眼がある．ただし，洞窟に生息する種においては，眼が退化している場合がある．歩脚は細くて，長い．落葉層中や洞窟内の石の隙間などにシート状の網を張る．日本産は2属．雄の形質によって分類されるため，雌や幼虫では判別が困難．

ヨコフマシラグモ属（p.17, 81）
Falcileptoneta

体長1.5〜2.5 mm．雄の下顎の先端部は外側に張り出さない．日本産として，ヨコフマシラグモ *F. striata*（Oi），ヤマトマシラグモ *F. japonica*（Simon）など27種が知られる．本州〜南西諸島に分布．

ヒナマシラグモ属（p.17）
Masirana

体長1.4〜2.7 mm．雄の下顎の先端部は外側に張り出す．日本産として，ニッパラマシラグモ *M. nippara* Komatsu，アキヨシマシラグモ *M. akiyoshiensis*（Oi）など23種が知られる．本州〜南西諸島に分布．

ヤギヌマグモ科
Telemidae

ヤギヌマグモ属（p.5, 81）
Telema

日本産はヤマトヤギヌマグモ *T. nipponica*（Yaginuma）のみ．体長1 mm内外．眼は6個で，2個ずつ3群をなす．間疣が非常に大きい．本州，四国，九州に分布．落葉層中や洞窟内の岩の割れ目などに小さなシート状の網を張る．

イトグモ科
Sicariidae

イトグモ属（p.6, 81）
Loxosceles

日本産はイトグモ *L. rufescens*（Dufour）のみ．体長7〜10 mm．眼は6個で，前方および左右に2個ずつ3群をなす．下顎の先端は互いに接近する．背甲はあまり盛り上がらない．胸板の後端は突出する．間疣は細長い．本州〜南西諸島に分布．屋内，人家付近の石の下，倒木の下に生息する．

ヤマシログモ科
Scytodidae

眼は6個で，前方および左右に2個ずつ3群をなす．下顎の先端は互いに接近する．背甲は高く盛り上がる．胸板の後端は突出しない．日本産は2属．

セグロヤマシログモ属（p.18）
Dictis

　日本産はヤマシログモ *D. striatipes* L. Koch のみ．体長 5〜8 mm．社寺や古い人家など建物内で発見される．本州，四国，九州に分布．

ヤマシログモ属（p.18, 81）
Scytodes

　体長 4〜7 mm．日本では次の 2 種が知られる．ユカタヤマシログモ *S. thoracica*（Latreille）は北海道〜九州に分布し，建物内や人家周辺の落葉層中に見られる．クロヤマシログモ *S. fusca* Walckenaer は琉球列島に分布し，人家周辺の壁の隙間に管状の住居を造るほか，落葉層中に見られる．

カヤシマグモ科
Filistatidae

　篩板（左右に分かれる）を持つ．下顎の先端は互いに接近する．下唇と胸板は完全に癒合する．地面の割れ目や建物の隅などに小さなテント状のボロ網を張る．日本から 2 属が知られる．

カヤシマグモ属（p.3, 81）
Filistata

　体長 4〜10 mm．カヤシマグモ *F. marginata* Kishida in S. Komatsu は琉球列島から古い記録がある．ハラナガカヤシマグモ *F. longiventris* Yaginuma は大分県の洞窟産の個体に基づいて記載された．ただし，いずれの種もその後の明確な採集記録がない．

ヒメカヤシマグモ属（p.3）
Tricalamus

　日本産は 2 種．体長 2.5〜5.6 mm．トビイロカヤシマグモ *T. fuscatus*（Nakatsudi）が小笠原諸島に，リュウキュウカヤシマグモ *T. ryukyuensis* Ono が沖縄島に分布する．

完性域類　Entelegynae

　雌の生殖器に産卵口とは別に交尾口があり，外雌器が形成されるグループ．

チリグモ科
Oecobiidae

チリグモ属（p.4, 81）
Oecobius

　体長 1.5〜3 mm．篩板（左右に分かれる）を持つ．肛丘に長い毛が環状に生える．建物内外の壁の隅などに小さなテント状の住居を造る．チリグモ *O. navus* Blackwall は本州〜南西諸島，小笠原諸島父島に分布．マダラチリグモ *O. concinnus* Simon は小笠原諸島に分布．ヘヤチリグモ *O. cellariorum*（Dugès）は世界中に分布するが，国内では，横浜市で 1 回だけ採集記録がある．

ガケジグモ科
Amaurobiidae

　篩板（左右に分かれる）を持つ．崖地，石や倒木の下，樹皮の割れ目などのほか，建造物の隅や隙間に不規則なボロ網を張る．日本産は 4 属．

クロガケジグモ属（p.20, 82）
Badumna

　体長 3.5〜15 mm．上顎前牙堤に 4 本，後牙堤に 2〜3 本の歯がある．歩脚腿節の背面に刺がある．国内に次の 2 種が分布する．クロガケジグモ *B. insignis*（L. Koch）（分布：本州中部以南，四国，九州），ハルカガケジグモ *B. longinqua*（L. Koch）（愛知県，岡山県，愛媛県で記録がある）．いずれも人為移入によるもので，建造物の周辺で見られる．

セスジガケジグモ属（p.19, 82）
Taira

　日本産はセスジガケジグモ *T. flavidorsalis*（Yaginuma）のみ．上顎前牙堤に 4 本，後牙堤に 3 本の歯がある．歩脚腿節の背面に刺がない．体長 5〜8 mm．北海道〜九州に分布．

エゾガケジグモ属（p.20, 82）
Callobius

　歩脚腿節の背面に刺がある．日本産は 2 種．エゾガケジグモ *C. hokkaido* Leech は体長 11〜14 mm，上顎前牙堤に 5 本，後牙堤に 4 本の歯があり，北海道に分布．本種は全体に暗褐色で，腹部背面に白斑を持つことがある．ヤクシマガケジグモ *C. yakushimensis* Okumura は体長 5 mm 前後，上顎前牙堤に 6 本，後牙堤に 5 本の歯があり，鹿児島県屋久島に分布する．

ナミハガケジグモ属（p.20, 82）
Cybaeopsis

　日本産はナミハガケジグモ *C. typica* Strand のみ．上顎前牙堤に 4〜5 本，後牙堤に 4 本の歯（まれに 3 または 5 本）がある．歩脚腿節の背面に刺がある．体長 6.5〜10 mm．北海道と本州北部の山地に分布．

ヤマトガケジグモ科
Titanoecidae

歩脚腿節の背面に刺がない．地表の石や倒木の下，石垣の隙間などにボロ網を張る．日本産は2属．

ヤマトガケジグモ属（p.20, 82）
Nurscia

日本産はヤマトガケジグモ *N. albofasciata*（Strand）のみ．体長7mm前後．上顎前牙堤に3本，後牙堤に2本の歯がある．本州，四国，九州に分布．

ネッタイガケジグモ属（p.20）
Pandava

日本産はネッタイガケジグモ *P. laminata*（Thorell）のみ．体長6〜10mm．上顎前牙堤に2〜3本，後牙堤に1〜2本の歯がある．八重山諸島に分布．

ハグモ科
Dictynidae

体長1.7〜5mm．篩板（左右に分かれない）を持つ．日本から4属12種が知られるが，ハグモ属 *Dictyna*（5種）とミナミハグモ属 *Adenodictyna*（1種）は植物上や建造物に造網し，土壌生活者ではない．

カレハグモ属（p.18, 19）
Lathys

体長2〜4mm．眼は8個または6個．背甲の中央が盛り上がる．下顎はほぼ平行．岩や樹皮の凹み，落葉の間などにボロ網を張る．日本産は5種．ムツメカレハグモ *L. sexoculata* Seo & Sohn（分布：関東〜中国地方，九州）とシマカレハグモ *L. insulana* Ono（分布：八重山諸島）はいずれも6眼で，落葉層中に見出される．

ナシジカレハグモ属（p.18）
Brommella

日本産はナシジカレハグモ *B. punctosparsa*（Oi）のみ．体長1.7〜2mm．眼は6個．背甲の中央はあまり盛り上がらず，やや平たい．下顎は前方で寄る．落葉層中や石の下，洞窟の岩の隙間などで見出される．本州，四国，九州，伊豆諸島に分布．

スオウグモ科
Zoropsidae

タケオグモ属（p.3, 82）
Takeoa

日本産はムロズミソレグモ *T. nishimurai*（Yaginuma）のみ．体長10〜11mm．篩板（左右に分かれる）を持つ．歩脚の爪は2本．後眼列は強く後曲する．徘徊性で，家屋内で発見される．本州（中部〜中国地方）に分布するが，その記録は少ない．本属の和名はソレグモ属とされることがあるが，八木沼（1986）に従って，タケオグモ属とする．

ウズグモ科
Uloboridae

体長3〜15mm．篩板（左右に分かれない）を持つ．眼は8個，6個または4個．日本全土に分布．樹間，草間，崖の下などに造網する．トウキョウウズグモ属 *Octonoba*，オウギグモ属 *Hyptiotes* など6属20種が知られる．

ヒラタグモ科
Urocteidae

ヒラタグモ属（p.7, 83）
Uroctea

日本産はヒラタグモ *U. compactilis* L.Koch のみ．体長6〜12mm．肛丘に長毛が密生する．建物の壁や塀に円盤状の住居を造る．腹部は黒褐色で，背面周縁に白斑がある．日本全土に分布．

ナガイボグモ科
Hersiliidae

ナガイボグモ属（p.7, 83）
Hersilia

体長4〜7mm．後疣が非常に長い．第1, 2, 4歩脚の蹠節が2節に分かれている．樹皮上で待ち伏せて獲物を捕らえる．日本産は，オキナワナガイボグモ *H. okinawaensis* Tanikawa（分布：奄美大島，沖縄島）とヤエヤマナガイボグモ *H. yaeyamaensis* Tanikawa（分布：西表島，与那国島）の2種．

ウシオグモ科
Desidae

ウシオグモ属（p.11, 83）
Desis

日本産はヤマトウシオグモ *D. japonica* Yaginuma のみ．体長6〜8mm．上顎は長く，前方に突出する．下顎の先端はとがる．間疣は幅広く膜状で，あまり明瞭ではない．後疣の先端の節は短く，丸い．歩脚に長毛が密生する．本州南岸，四国，九州，伊豆諸島，南西諸島に分布する．海岸の潮間帯の岩場に生息し，岩の凹みに住居を造る．

ナミハグモ科
Cybaeidae

ナミハグモ属（p.21, 83）
Cybaeus

体長3～15 mm．前中眼は他眼より小さい．間疣はきわめて小さく，ほとんど認識できない．前疣は通常，後疣より大きい．前疣は接近し，その末節は短く，半球状．背甲には毛がほとんどなく，全体に光って見える．体色は黒褐色から淡黄色まで種によって異なる．体色が濃い場合は，腹部背面の淡色の斑紋や歩脚の環斑が目立ち，体色が淡くなるにつれて斑紋は不明瞭となる．倒木や石の下，崖地に，砂粒で覆われた管状の住居を造る．住居の出入口は2つまたは3つで，出入口には受信糸がある．ただし，種によっては，管状住居を造るかどうか知られていないものもある．北海道～九州に分布し，カチドキナミハグモ *C. nipponicus*（Uyemura），クナシリナミハグモ *C. kunashirensis* Marusik & Logunov，オオナミハグモ *C. magnus* Yaginuma など，80種以上が知られるが，未記載種も多いと考えられる．

ミズグモ科
Argyronetidae

ミズグモ属（p.11, 83）
Argyroneta

ミズグモ *A. aquatica*（Clerck）のみが知られる．体長8～15 mm．気管気門は生殖口の近くにある．間疣を欠く．第3, 4歩脚に長毛が密生する．水中の水草の間に糸を張り，空気を貯えて住居を造る．北海道，本州，九州の湿原や池沼で発見されている．

ハタケグモ科
Hahniidae

6本の糸疣が横一列に並ぶ．気管気門は生殖口と糸疣の中間付近にある．地表の凹みにシート状の網を張る．日本から3属が報告されている（ただし，うち1属1種の記録は不明確なので，本書では扱っていない）．

ヤマハタケグモ属（p.26）
Neoantistea

日本産はヤマハタケグモ *N. quelpartensis* Paik のみ．体長2.1～3.3 mm．腹部前面に発音器官（微細な毛が密生して黒っぽく見える個所）が1対ある．北海道～九州に分布．

ハタケグモ属（p.26, 83）
Hahnia

体長1.5～2.6 mm．腹部前面に発音器官を欠く．北海道～九州に分布．ハタケグモ *H. corticicola* Bösenberg & Strand，アカマツハタケグモ *H. pinicola* Arita など，4種の記録がある．

ヤチグモ科
Coelotidae

体長5～17 mm．崖地，地面の石や倒木の下，石垣の間，落葉層などに管状住居（棚網を伴うこともある）を造る．種によっては植物上で生活するものもある．本科の多くの種は地表性で，バルーニングしないと考えられ，生息域が限定されているものが多い．日本産は9属に分類されている．

メガネヤチグモ属（p.22, 83）
Pireneitega

日本産はメガネヤチグモ *P. luctuosa*（L. Koch）のみ．体長11～15 mm．上顎後牙堤の歯は3本．背甲全面に毛があり，歩脚基節の側膜にも毛が生えている．外雌器の突起は左右に大きく離れて位置し，中央部はキチン化した構造が後方へ張り出し，ハート形をしている．頭胸部は赤褐色～茶褐色．腹部は灰褐色で，腹部背面には矢筈斑がある．歩脚の環斑はあるが不明瞭．人家周辺部の建造物の隅に漏斗状の住居を作っていることが多い．北海道から九州まで広く分布する．

ヤマヤチグモ属（p.24, 83）
Tegecoelotes

体長6～11 mm．上顎後牙堤の歯は3本．雄触肢の中部把持器が鉤爪状で，膝節が脛節より長く，脛節の2倍を超える種もある．外雌器突起は丸みを帯びた三角形である．背甲全面に毛がある．体色は黄褐色で比較的淡色のものが多く，腹部背面には矢筈斑がある．樹上に生息する種もある．日本から，ヤマヤチグモ *T. corasides*（Bösenberg & Strand），ヒメヤマヤチグモ *T. michikoae*（Nishikawa）など，12種が知られる．

デベソヤチグモ属（p.23）
Hypocoelotes

デベソヤチグモ *H. tumidivulva*（Nishikawa）のみが知られる（今のところ世界に1種）．体長5～7 mm．上顎後牙堤の歯は2本．体色はうすく，腹部は乳白色．雄触肢の指示器が杯葉に沿って大きく発達し，多数の鋸歯状構造を有する．外雌器全体が顕著に隆起する．これらの特異な形態により，他属との識別は容易である．

チュウブヤチグモ属 (p.24)
Orumcekia (= *Coronilla*)

体長 8～10 mm. 上顎後牙堤の歯は 4 本. 雄触肢に顕著な 2 本の膝節突起を持つことで他属と容易に識別できる. 外雌器は六角形で突起を持たない. 歩脚に環斑があり, 腹部背面には矢筈斑がある. 中国東南部とタイから 8 種が報告されている. 日本産は中部地方からチュウブヤチグモ *O. satoi*（Nishikawa）のみが知られる.

センカクヤチグモ属 (p.23)
Longicoelotes

体長 9～10 mm. 雄触肢の膝節突起が長大で脛節先端を超える. 外雌器の形状はほぼ円形で突起を欠く. 背甲は黄褐色, 腹部背面に矢筈斑がある. 中国東南部に 2 種が知られ, 日本には尖閣諸島にセンカクヤチグモ *L. senkakuensis*（Shimojana）1 種が生息する.

キョクトウヤチグモ属 (p.23)
Alloclubionoides

体長 16～17 mm. 上顎後牙堤の歯は 2 本. 雄触肢に膝節突起を欠き, 一般に栓子先端部が肥大する. 外雌器に突起を欠き, 中央部は広く開口して凹む. 頭胸部と歩脚は褐色, 腹部は暗灰色で矢筈斑がある. 中国東北部, ロシアの日本海側, 朝鮮半島に分布し, 日本では対馬からオオアナヤチグモ *A. grandivulva*（Yaginuma）1 種が確認されている.

ウルマヤチグモ属 (p.24)
Spiricoelotes

体長 6～12 mm. 上顎後牙堤の歯は 5～6 本. 雄触肢の指示器がらせん状で膝節突起が鉤状になっているのが大きな特徴. 外雌器は大きく陥入し, 内部生殖器の受精嚢もらせん状である. 体色はうすく, 腹部は斑紋がないか, あってもごくうすい. 中国に 1 種, 国内では, 長崎県からグラバーヤチグモ *S. zonatus*（Peng & Wang）, 沖縄県からウルマヤチグモ *S. urumensis*（Shimojana）が知られる.

シモフリヤチグモ属 (p.24)
Iwogumoa

体長 7～13 mm. 上顎後牙堤の歯は 3～4 本. 雄触肢の栓子が非常に長く, 基部から離れるにつれて不規則に湾曲する. 杯葉の後側部が凹む（杯葉溝）, その先端付近側面がこぶ状に隆起する. 外雌器前縁部には細い三角形の小突起を有する. 歩脚に環斑があり, 腹部背面には矢筈斑がある. 東アジアに広く分布する. 日本からシモフリヤチグモ *I. insidiosa*（L. Koch）, ヒメシモフリヤチグモ *I. interuna*（Nishikawa）など 6 種が知られる.

ヤチグモ属 (p.24, 84)
Coelotes

日本産の 80 種以上が本属のもとに扱われているが, 分類学的検討を要するものが多い. おもなグループの特徴は次のとおり.
- 上顎後牙堤の歯は 2 本. 体長 8～11 mm. 中部～東北地方に分布. フタバヤチグモ *C. hamamurai* Yaginuma, マサカリヤチグモ *C. kintaroi* Nishikawa など.
- 上顎後牙堤の歯は 2 本. 体長 10～17 mm. 西日本に分布. カメンヤチグモ *C. personatus* Nishikawa, サイゴクヤチグモ *C. unicatus* Yaginuma, イヨヤチグモ *C. mohrii* Nishikawa など.
- 上顎後牙堤の歯は 2 本. 体長 5～10 mm. 体色がうすく乳白色. 中部地方～沖縄に分布. ウロヤチグモ *C. hexommatus*（Komatsu）, ウスイロヤチグモ *C. decolor* Nishikawa, オキナワホラアナヤチグモ *C. troglocaecus* Shimojana & Nishihira（無眼）など.
- 上顎後牙堤の歯は 2 本. 体長 5～10 mm. 体色が茶褐色～黄褐色. 数種あり.
- 上記のほかは, 上顎後牙堤の歯が 3 本以上で, 体長 6～16 mm, 茶褐色～灰白色の種である. ここには, 後牙堤の歯が 3～4 本で体色が黒褐色のクロヤチグモ *C. exitialis* L. Koch のグループ 16 種のほか, 数グループと 50 種以上が含まれる.

タナグモ科
Agelenidae

体長 2～18 mm. 棚網（水平に広がるシート状の網, しばしば管状の住居を伴う）を張るグループ. 形態的にはいくつかの異なる特徴を持つ属が含まれ, 科としてのまとまりがやや把握しにくい. 日本には 6 属 14 種が知られる.

スミタナグモ属 (p.9, 84)
Cryphoeca

体長 2.4～3.2 mm. 前中眼は他眼よりかなり小さい. 下唇は長さ<幅. 明瞭な間疣がある. 岩や倒木の上のコケ植物の中に生息し, 管状の網を造る. 日本から次の 2 種が知られる. オオダイスミタナグモ *C. shingoi* Ono（分布：奈良県）, ムサシスミタナグモ *C. shinkaii* Ono（分布：東京都）.

コタナグモ属 (p.21, 84)
Cicurina

体長 2.1～5.4 mm. 下唇は長さ<幅. 間疣を欠く.

前疣は広く離れる．落葉層中や土壌間隙に生息し，小さい棚網を張る．コタナグモ C. japonica (Simon)（分布：北海道～九州），フイリコタナグモ C. maculifera Yaginuma（分布：九州）など3種が知られる．

クサグモ属（p.21）
Agelena

体長10～18 mm．北海道～九州および奄美大島に分布．3種が知られる．

コクサグモ属（p.21, 84）
Allagelena

体長6～13 mm．北海道～九州に分布．2種が知られる．

上記の2属は植物上に（都市域では時に建造物に）造網し，土壌生活者ではない．ただし，イナズマクサグモ *Agelena labyrinthica* (Clerck) は地面近くの下草の間に棚網を造る．

タナグモ属（p.22）
Tegenaria

日本産はイエタナグモ T. domestica (Clerck) のみ．体長7～9 mm．下唇は長さと幅がほぼ等しい．間疣を欠く．後疣は前疣より長い．北海道～九州に分布するが，人為移入と考えられる．石垣の隙間などに棚網を張る．

イソタナグモ属（p.9, 84）
Paratheuma

体長4～8 mm．間疣は幅が広く，大きい．後疣の先端の節は円錐状で長い．海岸の岩の隙間や石の間などに小さい棚網のついた管状の住居を造る．日本産は，イソタナグモ P. shirahamaensis (Oi)（分布：北海道～南西諸島），シマイソタナグモ P. insulana (Banks)（分布：尖閣諸島，硫黄鳥島，小笠原諸島，広島県の瀬戸内海の島など），アワセイソタナグモ P. awasensis Shimojana（分布：沖縄島）の3種．

ホウシグモ科
Zodariidae

頭部は丸く，額は非常に高い．前疣が大きい．日本には2属6種が知られるが，ドウシグモ属 *Doosia*（1種）は樹上で生活し，土壌生活者ではない．

ホウシグモ属（p.7, 84）
Mallinella

体長4～10 mm．前疣が非常に太く，長い．中疣，後疣は小さく，ほぼ横一列に並ぶ．落葉層中に生息する．日本産は5種．ホウシグモ M. hoosi (Kishida) が四国，九州に，アマミホウシグモ M. sadamotoi (Ono & Tanikawa)，オキナワホウシグモ M. okinawaensis Tanikawa など4種が南西諸島に分布する．

キシダグモ科
Pisauridae

後眼列は明瞭に後曲する（ただし，その度合いはコモリグモ科ほど強くはない）．植物上や地表を徘徊する．日本産は4属．

ヒゲナガハシリグモ属（p.26, 84）
Hygropoda

日本産はヒゲナガハシリグモ H. higenaga (Kishida) のみ．体長8～10 mm．歩脚が著しく長い（第1脚腿節の長さは背甲長の2倍を超える）．額の高さは前中眼径をやや上まわる．上顎後牙堤の歯は3本．雄の触肢は著しく長く，また，上顎は長く前方に突出する．本州，四国，九州の南西部太平洋側および南西諸島に分布．

ハシリグモ属（p.27, 84）
Dolomedes

体長9～39 mm．前中眼は前側眼より大きい．後中眼も大きく，中眼域は長さ<幅．上顎後牙堤の歯はふつう4本（ただし，幼虫において3本のことがある）．日本全土に分布．イオウイロハシリグモ D. sulfureus L. Koch，アオグロハシリグモ D. raptor Bösenberg & Strand など13種の記録がある．

ハヤテグモ属（p.26, 85）
Perenethis

体長10～11 mm．前方から見たとき，前眼列は強く前曲する．上顎後牙堤の歯は2本．日本産は2種．ハヤテグモ P. fascigera (Bösenberg & Strand) が本州，四国，九州に，ミナミハヤテグモ P. venusta L. Koch が南西諸島，大東諸島に分布する．

キシダグモ属（p.27, 85）
Pisaura

体長8～12 mm．前中眼は前側眼と同大かやや小さい．後中眼はハシリグモ属に比べると小さく，中眼域は長さ≧幅．上顎後牙堤の歯は3本．日本産は2種．アズマキシダグモ P. lama Bösenberg & Strand が北海道～九州に，サイホウキシダグモ P. bicornis Zhang & Song が八重山諸島に分布する．

サシアシグモ科
Trechaleidae

シノビグモ属 （p.27, 85）
Shinobius

シノビグモ *S. orientalis*（Yaginuma）のみが知られる（今のところ世界に1種）．体長5〜8 mm．後眼列は明瞭に後曲する（ただし，その度合いはコモリグモ科ほど強くはない）．額の高さは前中眼径とほぼ同じ，または，それより小．上顎後牙堤の歯は3本．北海道，本州，四国に分布．山間の渓流沿いの草むらの地面や河原の石の間を徘徊する．

コモリグモ科
Lycosidae

前列眼は小さく，後列眼は大きい．後眼列は著しく後曲するため，眼は前から4個，2個，2個と並ぶ（それぞれを第1眼列，第2眼列，第3眼列と称することがある）．大部分の種は地表を活発に徘徊するが，地中に管状の住居を造る種もある．雌は卵嚢を糸疣に付着させて保護し，孵化した子グモは母グモの腹部に乗って分散までの一時期を過ごす．日本から11属が記録されている．

カイゾクコモリグモ属 （p.28, 85）
Pirata

体長3.0〜9.8 mm．背甲正中部に縦長のV字状の斑紋がある．上顎後牙堤の歯は3本（ただし，1本は小さいことがある）．後疣は前疣より長い．日本全土に分布．河原や湿原など湿った環境を好む種が多い．カイゾクコモリグモ *P. piraticus*（Clerck），キバラコモリグモ *P. subpiraticus*（Bösenberg & Strand）など14種が記録されている．本属から *Piratula* を分離する立場もあるが，ここでは田中（2009）に従ってまとめて扱う．

ヒグロコモリグモ属 （p.27, 85）
Hygrolycosa

日本産はシッチコモリグモ *H. umidicola* Tanaka のみ．体長5.7〜7.7 mm．第1，2歩脚の脛節両側面に一列に並ぶ4本の刺がある点で他属と区別できる．上顎後牙堤の歯は3本．後疣は前疣より長い．北海道，本州，九州に分布．

タナアミコモリグモ属 （p.29, 85）
Hippasa

日本産はババコモリグモ *H. babai* Tanikawa のみ．体長6.5〜9.0 mm．上顎後牙堤の歯は3本．後疣は前疣より長い．草原に棚網を備えた管状の住居を造る．与那国島に分布．

ワドコモリグモ属 （p.29, 85）
Wadicosa

日本産はリュウキュウコモリグモ *W. okinawensis*（Tanaka）のみ．体長5.0〜7.6 mm．前中眼は前側眼よりはるかに大きい．額の高さは前中眼径より大．上顎後牙堤の歯は3本．南西諸島に分布．

モリコモリグモ属 （p.28, 85）
Xerolycosa

日本産はモリコモリグモ *X. nemoralis*（Westring）のみ．体長4.6〜8.6 mm．背甲の正中部は明色．前眼列は前曲．上顎後牙堤の歯は2本．第1，2歩脚の蹠節背面にスジコモリグモ属のような長毛がない．第3，4歩脚の蹠節背面に2本の刺を持つ．北海道，本州中部以北に分布．

ヒノマルコモリグモ属 （p.29, 86）
Tricca

体長4.6〜11.4 mm．上顎後牙堤の歯は3本または4本．第2眼列の幅は第1眼列（前眼列）の幅より小さい．日本産は次の2種．ヒノマルコモリグモ *T. japonica* Simon（分布：日本全土），ヤスダコモリグモ *T. yasudai* Tanaka（分布：北海道〜本州近畿地方）．本属は *Arctosa* のシノニムと扱われることがあるが，ここでは田中（2009）に従った．

ミズコモリグモ属 （p.28, 29, 86）
Arctosa

体長4.2〜15.0 mm．上顎後牙堤の歯は3本．第1歩脚腿節内側の先端部に1本または2本の刺がある．背甲の斑紋のパターンは種によってさまざまである．日本全土に分布．カガリビコモリグモ *A. depectinata*（Bösenberg & Strand），エビチャコモリグモ *A. ebicha* Yaginuma など10種が知られる．

コモリグモ属 （p.29, 86）
Lycosa

体長7.6〜24 mmで，比較的大型の種が多い．前中眼は前側眼より大きい．後中眼間は後中眼径より狭い．上顎後牙堤の歯は3本．第1歩脚腿節内側の先端部に2本の刺がある．日本全土に分布．ハラクロコモリグモ *L. coelestis* L. Koch，イソコモリグモ *L. ishikariana*（S. Saito）など6種が知られる．

キタコモリグモ属 (p.28, 86)
Trochosa

体長 5.8～15.1 mm. 背甲正中部は明色で，その中に1対の棒状の暗色斑がある．上顎後牙堤の歯は2本または3本．前中眼は前側眼より大きい．後中眼間は後中眼径より狭い．アライトコモリグモ *T. ruricola* (De Geer) (分布：北海道，本州)，ナガズキンコモリグモ *T. aquatica* Tanaka (分布：本州関東以南～南西諸島) など3種が知られる．

スジコモリグモ属 (p.28, 86)
Alopecosa

体長 5.1～15.0 mm. 背甲の正中部は明色．前眼列は前曲．上顎後牙堤の歯は2本．第1，2歩脚の蹠節背面に歩脚の太さよりはるかに長い毛がある．北海道，本州，九州に分布．チリコモリグモ *A. pulverulenta* (Clerck)，スジコモリグモ *A. virgata* (Kishida) など7種が知られる．

オオアシコモリグモ属 (p.28, 29, 86)
Pardosa

体長 3.0～11.7 mm. 後中眼間は後中眼径とほぼ同じ，またはそれより広い．上顎後牙堤の歯は3本．第1歩脚腿節内側の先端部に2本の刺がある．日本全土に分布．ハリゲコモリグモ *P. laura* Karsch，ウヅキコモリグモ *P. astrigera* L. Koch など25種が記録されている．

ササグモ科
Oxyopidae

ササグモ属 (p.7, 86)
Oxyopes

体長 4～13 mm. 前眼列は強く後曲，後眼列は強く前曲する．歩脚の刺は長く，よく目立つ．北海道～南西諸島に分布．植物の葉の上を徘徊することが多い．日本産は，ササグモ *O. sertatus* L. Koch，クリチャササグモ *O. licenti* Schenkel など5種．

センショウグモ科
Mimetidae

体長 2～6 mm. 第1，2歩脚の脛節，蹠節に長い刺が目立ち，その長刺の間に数本ずつの短い刺が列生する．日本全土に分布．日本産はセンショウグモ属 *Ero*，ハラビロセンショウグモ属 *Mimetus* など3属7種．いずれの種も他のクモの網に侵入して，クモを襲って捕食すると考えられる．

サラグモ科
Linyphiidae

体長 1～8 mm. 8眼．落葉層，地面の凹み，岩石の隙間，洞窟の中，草本や樹木の幹や枝葉の間などに，シート状の網または皿網を張る小型の造網性のクモ類で，その個体数や生態的地位から土壌動物としてのクモ類のなかでは最も重要な一群．典型的な「北のクモ」で，北半球の冷温帯から寒帯にかけて特に多様で，例えば，英国ではクモ類全体の種数の約半分，ドイツでは6割を占める．わが国は南北に長く，サラグモ相も複雑である．

日本のサラグモ類の本格的な研究は大井良次 (1904～1989) によって開始され，その後，斎藤博，松田まゆみ，小野展嗣らの研究によって飛躍的に進んだ．現在，日本から130属約300種 (クモ全体の種数の5分の1) のサラグモが知られているが，研究史が浅く，ヨーロッパからロシア極東や中国まで分布していてわが国からは未記録の属がかなりあることから考えても，実際にはこの数字の1.5倍以上の種が生息しているものと思われる．

サラグモ科の分類は流動的で，従来はサラグモ科をサラグモ亜科 Linyphiinae とコサラグモ亜科 Erigoninae の2亜科，あるいはそれらを2科に大別していたが，Wiehle (1956, 1960) のモノグラフや，Merrett (1962)，Millidge (1977，1984，1986，1988)，Blest (1976，1979) らの生殖器や気管の比較形態学的研究を経て，最近では Mynogleninae, Erigoninae, Drapetiscinae, Linyphiinae, Micronetinae などいくつかの亜科に分けることが提唱されている．しかし，満足のいく分類体系はできておらず，生殖器の微細構造や解剖を要する気管の配列の観察は一般には不向きなので，本書では，利便を図った Roberts (1987) の分類を参考にして，検索表を作成した．これはかならずしも系統関係を反映していないことを念頭において使用していただきたい．なお，下草や樹木に造網する種は厳密には土壌動物とはいいがたいが，シフティング法やピットホールトラップなどで採集されることがしばしばあるので取り上げた．

オオケシグモ属 (p.49, 50)
Agyneta

体長 1.8～2.5 mm. 歩脚脛節の刺式 2222，第4歩脚蹠節に聴毛 (以下 Tm IV と呼ぶ) を有する．第1歩脚蹠節背面の聴毛の位置 Tm I = 0.60～0.92．腹部に斑紋がない．日本産はコトヒザグモ *A. lila* (Dönitz & Strand) 1種のみで，本州から記録がある．

アイヌコサラグモ属 (p.37, 40, 89)
Ainerigone
　体長 1.5〜2.1 mm．脛節の刺式 2211，Tm IV を有する．Tm I = 0.55〜0.67．雌雄とも頭部は低く，瘤がない．日本産はサイトウヌカグモ（改称）*A. saitoi* (Ono) 1 種が北海道に分布する．

カナダサラグモ属 (p.49, 50, 94)
Allomengea
　体長 3.0〜5.0 mm．脛節の刺式 2222，Tm IV を有する．Tm I = 0.68〜0.80．腹部背面に山形斑があるものが多いが，斑紋を欠く個体もある．日本産はカナダサラグモ *A. dentisetis* (Grube) 1 種のみで，北海道に分布する．同種はシベリアからカナダにかけて広く分布する．

コサラグモ属 (p.35, 38, 90)
Aprifrontalia
　体長 3.0〜4.2 mm．脛節の刺式 2211，Tm IV を有する．Tm I = 0.78 前後．雄の頭部は低いが，前方に突出する．雄触肢脛節背面に湾曲する巨大な指状突起を備える．日本産はコサラグモ *A. mascula* (Karsch) の 1 種のみ．本州，四国，九州に分布する．

ヒラヌカグモ属 (p.47, 48)
Araeoncus
　体長 1.4〜2.0 mm．脛節の刺式 2211，Tm IV を欠く．Tm I = 0.31〜0.48．雄の頭部は全体が膨れ，前中眼の位置で前方に突き出る．眼後裂溝を欠く．本邦からはコサラグモモドキ *Araeoncus humilis* (Blackwall)（択捉島）の記録がある．

ヤミサラグモ属 (p.55, 59, 92)
Arcuphantes
　体長 1.7〜3.1 mm．脛節の刺式 2222，Tm IV を欠く．Tm I = 0.11〜0.20．腹部に斑紋がある．タマヤミサラグモ *A. tamaensis* (Oi) など 24 種が既知．地理的な変異が著しく，今後多くの種が追加されるものと思われる．北海道，本州，四国，九州に分布する．日本のサラグモ類研究上重要なグループの 1 つ．

ザラアカムネグモ属 (p.43, 44, 88)
Asperthorax
　体長 1.8〜2.6 mm．脛節の刺式 1111，Tm IV を欠く．Tm I = 0.25〜0.30 mm．ザラアカムネグモ *A. communis* Oi（本州，四国，九州）および，キタザラアカムネグモ *A. borealis* Saito & Ono（北海道）の 2 種が知られる．前者は平地〜山地の下草に普通にみられる．腹部の色彩は赤色，黒色など変異がある．

ウスイロサラグモ属 (p.47, 48, 90)
Asthenargus
　体長 1.5〜2.1 mm．脛節の刺式 2221（稀に 2211），Tm IV を欠く．Tm I = 0.30〜0.40．雄の頭部は隆起せず，眼後裂溝を欠く．本邦産は，ヒメウスイロサラグモ *A. matsudae* Saito & Ono（本州，四国，九州）とニホンウスイロサラグモ *A. niphonius* Saito & Ono（本州）の 2 種．

グンバイヌカグモ属 (p.36, 39)
Baryphyma
　体長 1.5〜3.0 mm．脛節の刺式 2211，Tm IV を有する．Tm I = 0.75〜0.95．雄の頭部は低い丘状の隆起か，眼域から前方へ細長く伸びる突起を備える．グンバイヌカグモ *B. kulczynskii* (Eskov) 1 種のみが北海道に産する．*Praestigia* は本属のシノニム．

カマクラヌカグモ属 (p.37, 39, 91)
Baryphymula
　体長 1.5〜2.0 mm．脛節の刺式 2211，Tm IV を有する．Tm I = 0.66 前後．雄頭部は丘状に隆起し小孔を伴った眼後裂溝がある．カマクラヌカグモ *B. kamakuraensis* (Oi) 1 種のみ．本州に分布する．

ヤマトテナガグモ属 (p.57, 59, 94)
Bathylinyphia
　体長 4.5〜6.0 mm．脛節の刺式 2222，Tm IV を欠く．Tm I = 0.25 前後．腹部に斑紋がある．ヤマトテナガグモ *B. major* (Kulczyński) 1 種のみ．北海道と本州の高地に産する．

テナガグモ属 (p.57, 59, 94)
Bathyphantes
　体長 1.5〜3.5 mm．脛節の刺式 2222，Tm IV を欠く．Tm I = 0.20〜0.35．腹部に斑紋のあるものと一様に黒色のものがある．テナガグモ *B. gracilis* (Blackwall)（北海道，本州，四国，九州），クロテナガグモ *B. robstus* Oi（本州）およびヨドテナガグモ *B. yodoensis* Oi（本州）の 3 種が知られる．

キテナガグモ属 (p.56, 60, 92)
Bolyphantes
　体長 3.0〜5.0 mm．脛節の刺式 2222，Tm IV を欠く．Tm I = 0.15〜0.20．雄の頭部は隆起する．腹部にははっきりとした斑紋はないが，不明瞭な山形斑や黒条を有するものがある．本邦産はキテナガグモ *B. alticeps* (Sundevall) 1 種のみ．本州および九州の山地に分布する．

タイワンコブヌカグモ属 (p.33, 34)
Callitrichia

体長 1.5～2.7 mm. 脛節の刺式 2211, Tm IVを有する. Tm I = 0.70～0.81. タイワンコブヌカグモ *C. formosana*（Oi）1種のみが八重山諸島から知られる. 同種は台湾, 中国, タイ, バングラデシュなどに広く分布する. 腹部は白色で斑紋がある.

マエキグモ属 (p.33, 34, 88)
Caracladus

体長 2.0～2.6 mm. 脛節の刺式 1111, Tm IVを有する. Tm I = 0.60 前後. 日本産は2種. マエキグモ *C. pauperulus* Bösenberg & Strand（産地不詳で原記載以来記録なし）およびヤマトクビナガコサラグモ *C. tsurusakii* Saito（北海道）.

ホラヌカグモ属 (p.47, 48, 90)
Caviphantes

体長 1.3～2.0 mm. 脛節の刺式 2211, Tm IVを欠く. Tm I = 0.33～0.43. 雄頭部は隆起せず, 瘤や眼後裂溝を伴わない. 本邦産2種：ホラヌカグモ *C. samensis* Oi（本州, 九州, 小笠原諸島）およびキタホラヌカグモ *C. pseudosaxetorum* Wunderlich（北海道）. 初め洞窟から見つかったので, この名があるが, 落葉層に生息し, 分布も広い.

マルサラグモ属 (p.51, 54, 93)
Centromerus

体長 1.2～4.0 mm. 脛節の刺式 2222 または 2221, Tm IVを欠く. 第1, 2脚蹠節背面に1刺がある. Tm I = 0.28～0.49. 雄の頭部は隆起しない. 腹部上面は一様か斑模様で顕著な斑紋はない. 北海道, 本州, 九州に分布する. マルサラグモ *C. sylvaticus*（Blackwall）および *C. terrigenus* Yaginuma の2種が知られ, いずれも北海道および本州北部に分布する.

ハラカタグモ属 (p.31, 87)
Ceratinella

体長 1.8～2.3 mm. 脛節の刺式 1111, Tm IVを有する. Tm I = 0.40～0.44. 腹部は硬化した板で覆われ, 幅が広く, 球形に近い. 北海道, 本州, 九州に分布し, チビクロマルハラカタグモ *C. brevis*（Wider）など4種を産する.

イソヌカグモ属 (p.43, 45, 87)
Ceratinopsis

体長 1.5～2.6 mm. 脛節の刺式 1111, Tm IVを欠く. Tm I = 0.36～0.60. 雄の背甲に顕著な瘤がない. 日本産は, イソヌカグモ *C. setoensis*（Oi）1種のみ. 初め和歌山県白浜の満潮線付近の礫の間で発見された. 北海道, 本州, 九州に分布する. 好塩性かどうかは不明.

ハクサンコサラグモ属 (p.41, 91)
Collinsia

体長 1.8～3.0 mm. 脛節の刺式 2221, Tm IVを欠く. Tm I = 0.36～0.56. 雄は頭部に瘤や隆起をもたない. 日本産は, ハクサンコサラグモ *C. japonica*（Oi）（本州高地）, エゾヤマコサラグモ *C. ezoensis*（Saito）（北海道）およびオクエゾコサラグモ *C. sachalinensis* Eskov（北海道）の3種が知られる. *Milleriana* は本属のシノニム.

アリサラグモ属 (p.51, 93)
Cresmatoneta

体長 2.4～2.6 mm. 脛節の刺式 2222, Tm IVを欠く. Tm I = 0.31 前後. 本属とアリマネグモ属 *Solenysa* は, 頭胸部の後方が細くなっているので一見して他属と区別がつく. 日本産は, アリサラグモ *C. nipponensis* Saito（本州, 四国, 九州に分布）の1種のみ. 近似種はヨーロッパ南部に産する. 形態はアリに擬態するが, 生態はわかっていない.

ヒコサンヌカグモ属 (p.42, 44, 87)
Dicornua

体長 1.8～2.2 mm. 脛節の刺式 1111, Tm IVを欠く. Tm I = 0.38 前後. 雄の頭部は後中眼を伴って高く隆起する. ヒコサンヌカグモ *D. hikosanensis* Oi の1属1種で, 今のところ日本固有. 本州および九州に分布する.

ヒゲナガコサラグモ属 (p.35, 39, 88)
Dicymbium

体長 1.8～2.6 mm. 脛節の刺式 2211, Tm IVを有する. Tm I = 0.42～0.60. 雄の触肢の腿節と膝節が長い. 日本産は, ヒゲナガコサラグモ *D. salaputium* Saito およびヤギヌマコサラグモ *D. yaginumai* Eskov & Marusik の2種が既知. 両種とも北海道に分布する.

オオイムナキグモ属 (p.36, 39, 88)
Diplocephaloides

体長 1.6～2.1 mm. 脛節の刺式 2211, Tm IVを有する. Tm I = 0.80～0.83. 頭部は前体に高く隆起し, 小孔を伴った眼後裂溝を有する. 今のところ1属1種, ハラジロムナキグモ *D. saganus*（Bösenberg & Strand）が北海道, 本州, 四国, 九州に分布する. 腹部は黄色, 赤色, 黒色など色彩に変異がある. 草間に普通にみられ, 草の上からも採集される.

ムナキグモ属 (p.46, 48, 89)
Diplocephalus

体長1.4〜2.4 mm．脛節の刺式2211，稀に0011，Tm IVを欠く．Tm I = 0.36〜0.54．雄頭部は高く隆起し，後中眼はその頂上に位置する．日本産は，ムナキグモ *D. bicurvatus* Bösenberg & Strand，ハラビロムナキグモ *D. gravidus* Strand およびフサムナキグモ *D. hispidulus* Saito & Ono（いずれも九州）の3種が記録されている．

デーニッツサラグモ属 (p.52, 53, 92)
Doenitzius

体長2.4〜3.9 mm．脛節の刺式2222，Tm IVを欠く．Tm I = 0.25〜0.29．雄頭部は低い．本州に分布し，デーニッツサラグモ *D. peniculus* Oi およびコデーニッツサラグモ *D. pruvus* Oi の2種を産する．両種とも腹部は暗色で斑紋を欠く．

ムレサラグモ属 (p.49, 92)
Drapetisca

体長3.2〜4.5 mm．脛節の刺式2222，Tm IVを有する．Tm I = 0.94〜0.98．腹部背面に斑紋を有する．日本産は，ムレサラグモ *D. socialis* (Sundevall) 1種のみ．北海道，本州，九州に分布する．名前に反し，社会性は認められない．

オノツノサラグモ属 (p.51, 53)
Eldonia

体長2.2〜2.3 mm．脛節の刺式2222，Tm IVを欠く．Tm I = 0.23〜0.25．日本産は，オノツノサラグモ *E. kayaensis* (Paik) 1種のみで，本州に分布する．雄は背甲に前方を向いた針状の突起を有する．腹部は一様に黒色で斑紋を欠く．

ホテイヌカグモ属 (p.37, 38)
Entelecara

体長1.3〜2.4 mm．脛節の刺式2211，Tm IVを有する（稀に欠く）．Tm I = 0.42〜0.67．雄の頭部は後中眼を伴って高く隆起し，小孔を伴った眼後裂溝を有する．コウライホテイヌカグモ *E. dabudongesis* Paik（本州，九州）およびイリオモテヌカグモ *E. tanikawai* Tazoe（西表島）の2種が知られる．

キタヤミサラグモ属 (p.57, 59, 93)
Epibellowia

体長1.8〜2.4 mm．脛節の刺式2222，Tm IVを欠く．Tm I = 0.19〜0.27．腹部背面は黒色で白色の山形斑がある（雄では不明瞭な個体もある）．日本産は，キタヤミサラグモ *E. septentrionalis* (Oi) の1種のみで，北海道と本州（高地）に分布する．

ヒザグモ属 (p.41, 91)
Erigone

体長1.3〜3.6 mm．脛節の刺式2221（稀に2222，2211），Tm IVを欠く（稀に有する種がある）．Tm I = 0.35〜0.57．雄の触肢の膝節先端に長大な突起を有する．上顎の背面に歯列がある．クロヒザグモ *E. atra* (Blackwall)（北海道，本州）［ハクサンノコギリグモ *E. hakusanensis* Oi と同種］やノコギリヒザグモ *E. prominens* Bösenberg & Strand（北海道，本州，四国，九州，小笠原諸島），カワリノコギリグモ *E. Koshiensis* Oi，マルムネヒザグモ *E. edentata* Saito & Ono など7種が知られる．

キタサラグモ属 (p.56, 60, 94)
Estrandia

体長2.4〜5.0 mm．脛節の刺式2222，Tm IVを欠く．Tm I = 0.22前後．腹部背面に斑紋を有する．日本産は，ダイセツサラグモ *E. grandaeva* (Keyserling)［*E. nearctica* (Banks) および *Linyphia tridens* Schenkel と同種］の1種だけで，北海道および本州高地から知られる．

アリノスヌカグモ属 (p.43, 45)
Evansia

体長2.0〜2.8 mm．脛節の刺式1111，Tm IVを欠く．Tm I = 0.52〜0.58．アリの巣中に見出されるが，形態的な擬態はない．日本産1種のみ．ヨーロッパに広く分布するアリノスヌカグモ *E. merens* O. Pickard-Cambridge が北海道の大雪山で発見された．

ハナサラグモ属 (p.56, 60, 92)
Floronia

体長4.0〜6.0 mm．脛節の刺式2222，Tm IVを欠く．Tm I = 0.18〜0.23．腹部は幅広く，背面に白色点斑や黒斑からなる斑紋がある．ハナサラグモ *F. exornata* (L. Koch) の1種のみで，北海道，本州，四国に分布する．草本の間に30 cm以上ある大きいシート状の網を張る．

ナガエヤミサラグモ属 (p.56, 59, 92)
Fusciphantes

体長2.3〜2.9 mm．脛節の刺式2222，Tm IVを欠く．Tm I =0.11〜0.19．ヤミサラグモ属 *Arcuphantes* ときわめて近く，両者を同一属とする場合もある．ナガエヤミサラグモ *F. longiscapus* Oi など8種が本州から知

られている．

ミズゴケコサラグモ属 （p.47, 48, 88）
Glyphesis

体長 0.9～1.4 mm．脛節の刺式 2211 または 2221（しばしば不明瞭），Tm IV を欠く．Tm I = 0.50 前後．斎藤 (1990) は本属の *G. cottonae* (La Touche) にミズゴケコサラグモの和名を与え北海道から記録したが，Eskov (1994) は誤同定であるとしている．

ニセアカムネグモ属 （p.35, 38, 90）
Gnathonarium

体長 1.5～3.0 mm．脛節の刺式 2211，Tm IV を有する．Tm I = 0.60～0.70．雄の頭部に大きい瘤を有する種と欠く種がある．雄の上顎の内側に 1 本の大きい歯状突起がある．ニセアカムネグモ *G. exsiccatum* (Bösenberg & Strand)（北海道，本州，四国，九州），ヤマアカムネグモ *G. dentatum* (Wider)（北海道，本州）およびクロスジアカムネグモ *G. gibberum* (Oi)（本州）の 3 種が日本から知られる．

ケズネグモ属 （p.33, 34, 87）
Gonatium

体長 1.9～3.2 mm．脛節の刺式 1111，Tm IV を有する．Tm I = 0.70～0.95．雄の第 1 歩脚脛節はやや湾曲し先端部が膨らみ，下面に多数の剛毛を備える．オニノカナボウケズネグモ *G. nipponicum* Millidge，アリマケズネグモ *G. arimaense* Oi およびヤマトケズネグモ *G. japonicum* Simon の 3 種が知られる．北海道，本州，九州に分布する．

シッチヌカグモ属 （p.48）
Gongylidiellum

体長 1.3～1.9 mm．脛節の刺式 2211，Tm IV を欠く．Tm I = 0.33 前後．雄の頭部は隆起しない．日本産はシッチヌカグモ *G. murcidum* Simon（北海道）1 種のみ．

ズキンヌカグモ属 （p.36, 38, 90）
Gongylidioides

体長 1.1～3.2 mm．脛節の刺式 2211，Tm IV を有する．Tm I = 0.62～0.85．雄の頭部後方は隆起し，多数の特異な長毛が生える．ズキンヌカグモ *G. cucullatus* Oi（北海道，本州，四国，九州），オノヌカグモ *G. onoi* Tazoe（西表島）など 6 種が記載されており，なお未記載も数多い．

キヌキリグモ属 （p.56, 59, 93）
Herbiphantes

体長 3.0～5.0 mm．脛節の刺式 2222，Tm IV を欠く．Tm I = 0.12～0.18．体色は淡く，黄色．腹部に不明瞭ながら斑紋がある．歩脚はひじょうに細長い．キヌキリグモ *H. cericeus* (S. Saito)（北海道，本州，四国）およびキノボリキヌキリグモ *H. longiventris* Tanasevitch（北海道，本州）の 2 種が知られている．

カラスヌカグモ属 （p.49, 50）
Hilaira

体長 2.5～4.0 mm．脛節の刺式 2222，Tm IV を有する．Tm I = 0.55～0.77．頭部後方はやや隆起し，瘤を伴う種もある．雄の第 1 歩脚の蹠節は湾曲し，多数の短い刺を有する．カラスヌカグモ *H. herniosa* (Thorell) 1 種を北海道に産する．

ヒマラヤヤセサラグモ属 （p.49）
Himalaphantes

体長 3.0～7.1 mm．脛節の刺式 2222，Tm IV を有する．Tm I = 0.12～0.20（日本産の種は 0.37 前後）．歩脚に環紋があり，腹部背面に黒色の斑紋がある．アズミヤセサラグモ *H. azumiensis* (Oi) の 1 種のみが，本州高地から知られる．長さ 30 cm ほどの大型のシート網を張る．

クロナンキングモ属 （p.36, 39, 91）
Hylyphantes

体長 1.9～3.0 mm．脛節の刺式 2211，Tm IV を有する．Tm I = 0.58～0.68．雄の頭部は隆起せず，眼後裂溝を欠く．クロナンキングモ *H. graminicola* (Sundevall)（= *Erigone hua* Dönitz & Strand）（北海道，本州，九州）およびイリオモテナンキングモ *H. tanikawai* Ono & Saito（八重山諸島）の 2 種が知られる．

フタコブヌカグモ属 （p.32, 33, 88）
Hypomma

体長 2.0～3.0 mm．脛節の刺式 1111，Tm IV を有する（稀に欠く）．Tm I = 0.61～0.82．日本産は，フタコブヌカグモ *H. affine* Schenkel の 1 種のみが北海道の湿地に産する．八木沼 (1990) はフタコブサラグモあるいはフタコブコサラグモとしているが，斎藤 (1982) による最初の命名はフタコブヌカグモである．

ツノタテグモ属 （p.32, 34, 87）
Hypselistes

体長 1.5～3.0 mm．脛節の刺式 1111，Tm IV を有する．Tm I = 0.87～0.95．雄の頭部には後中眼を伴った大

きい瘤があり，触肢の杯葉基部には特異な剛毛の列がある．日本産はツノタテグモ H. asiaticus Bösenberg & Strand（北海道，本州）シベリアツノタテグモ H. semiflavus（L. Koch）（北海道）およびミナミツノタテグモ H. australis（Saito & Ono）（九州）の3種．

ツノウデヤセサラグモ属（p.55, 59）
Improphantes

体長 1.4〜2.0 mm．脛節の刺式は2222, Tm IVを欠く．Tm I = 0.17〜0.23．腹部背面に斑紋を欠く．日本産はツノウデヤセサラグモ *I. bicornicus*（Tanasevitch）のみで北海道に分布する．

クロシッチサラグモ属（p.52, 53, 94）
Kaestneria

体長 1.9〜2.6 mm．脛節の刺式2222, Tm IVを欠く．Tm I = 0.15〜0.28．腹部背面は黒色で無斑のものと白色の山形斑を有する個体がある．クロシッチサラグモ *K. pullata*（O. Pickard-Cambridge）が北海道から知られる．

カグラゴマグモ属（p.46, 90）
Kagurargus

体長 1.2〜1.3 mm．脛節の刺式は2211, Tm IVを欠く．Tm I は 0.41 前後．雄眼域の後方に横溝が走り，溝の前方に5対の特異な剛毛を生じる．*K. kikuyai* Ono 1種のみが九州から知られる．本種の雌として記載されたクモは別属のものである可能性が高い．

ヤセサラグモ属（p.55, 59, 93）
Lepthyphantes

体長 2.5〜4.5 mm．脛節の刺式2222, Tm IVを欠く．Tm I = 0.18〜0.24．腹部背面に山形や横縞などの斑紋をもつ種が多い．ユーラシアや北米に170種以上が知られる大きい属で，日本からはヤセサラグモ *L. japonicus* Oi など4種が知られているが，種名未決定のものも多数ある．

シッチサラグモ属（p.49, 50, 91）
Leptorhoptrum

体長 3.0〜4.8 mm．脛節の刺式2222, Tm IVを有する．Tm I = 0.47〜0.56．雄頭部に瘤や隆起を欠き，腹部に斑紋がない．日本産はミダガハラサラグモ *L. robustrum*（Westring）の1種のみ．北海道, 本州, 四国に分布する．

ミヤマケシグモ属（p.52, 54）
Maro

体長 1.1〜1.9 mm．脛節の刺式は通常2222（日本産の種は2221），Tm IVを欠く．Tm I = 0.36〜0.46．腹部に斑紋を欠く．ミヤマケシグモ *M. perpusillus* Saito およびニッコウミヤマケシグモ *M. lautus* Saito の2種が既知．本州に分布する．

スンデファルコサラグモ属（p.32, 87）
Maso

体長 1.2〜2.2 mm．脛節の刺式1111, Tm IVを有する（稀に欠く種がある）．Tm I = 0.80〜0.95．第1, 2脚脛節と蹠節下面に対になった長刺毛列がある．日本産はスンデファルコサラグモ *M. sundevalli*（Westring）1種のみ．ヨーロッパから北米にかけて広く分布し，日本では北海道および本州で見られる．

トクモトコサラグモ属（p.43, 45, 87）
Mecopisthes

体長 1.5〜2.0 mm．脛節の刺式1111, Tm IVを欠く．Tm I = 0.54〜0.71．雄触肢の栓子はひじょうに細長い．日本産はトクモトコサラグモ *M. tokumotoi* Oi の1種のみ．本州から知られる．

ケシグモ属（p.51, 54, 93）
Meioneta

体長 1.2〜2.4 mm．脛節の刺式2222, Tm IVを欠く．Tm I = 0.15〜0.32．雄の頭部に隆起や眼後裂溝を欠く．腹部背面に明瞭な斑紋がない．オオケシグモ属 *Agyneta* の亜属とされることもある．クロケシグモ *M. nigra* Oi, ヒメケシグモ *M. mollis*（O. Pickard-Cambridge）など7種が既知．北海道, 本州, 四国, 九州に分布する．小笠原から記載された2種は別属の可能性がある．

アメリカナンキングモ属（p.31, 90）
Mermessus

体長 1.0〜3.7 mm．脛節の刺式は2221または2211, Tm IVを有する（稀に欠く種がある）．Tm I =0.35〜0.60．雄の頭部は隆起せず，瘤や突起も伴わない．南北アメリカ大陸に多様な属で，わが国にはナニワナンキングモ *M. naniwaensis*（Oi）の1種のみが本州, 四国, 九州, 小笠原諸島に生息する．

タイリクトガリヌカグモ属（p.33, 34, 88）
Metopobactrus

体長 1.3〜2.0 mm．脛節の刺式1111, Tm IVを有する．Tm I = 0.75〜0.82．雄の頭部は円錐状に隆起す

る．日本産はタイリクトガリヌカグモ *M. prominulus*（O. Pickard-Cambridge）1種．同種はヨーロッパおよび北米から知られ，わが国では北海道に分布する．

ゴマグモ属（p.47, 48, 90）
Micrargus

体長1.5～2.3 mm．脛節の刺式2211，TmⅣを欠く．TmⅠ＝0.30～0.42．雄頭部は隆起せず，眼は中央に集合する．キタゴマグモ *M. apertus*（O. Pickard-Cambridge），アカシロカグラグモ *M. nibeoventris*（Komatsu）など5種が知られる．北海道，本州に分布する．

ミナミテナガグモ属（p.55, 59, 94）
Microbathyphantes

体長1.7～2.5 mm．脛節の刺式2222，TmⅣを欠く．TmⅠ＝0.23～0.29．腹部背面に斑紋を欠くか，不明瞭な山形斑を有する．オガサワラテナガグモ *M. aokii*（Saito）および全国に分布するタテヤマテナガグモ *M. tateyamaensis*（Oi）の2種が知られる．

マメサラグモ属（p.57, 60）
Microlinyphia

体長3.0～5.4 mm．脛節の刺式2222，TmⅣを欠く．TmⅠ＝0.16～0.25．腹部背面に斑紋を有する．日本産は1種．ヨーロッパから知られるオクチサラグモ *M. pusilla*（Sundevall）が北海道および本州から記録されている．

コノハサラグモ属（p.49, 50, 93）
Microneta

体長2.0～3.0 mm．脛節の刺式2222，TmⅣを有する．TmⅠ＝0.65～0.70．腹部に顕著な斑紋がない．本邦産1種のみ．コノハサラグモ *M. viaria*（Blackwall）はヨーロッパおよび北部アフリカから北米にかけて広く分布し，わが国でも北海道および本州高地で記録されている．

サナダグモ属（p.42, 44, 87）
Nematogmus

体長1.5～2.2 mm．脛節の刺式1111，TmⅣを欠く．TmⅠ＝0.30～0.42．日本に3種が知られ，本州，四国，九州，南西諸島に分布する．そのうちチビアカサラグモ *N. sanguinolentus*（Walckenaer）は体全体がオレンジ色の美しい種で，平地から山地にかけてきわめて普通にみられる．

ツリサラグモ属（p.58, 61, 95）
Neolinyphia

体長2.8～5.0 mm．脛節の刺式2222，TmⅣを欠く．TmⅠ＝0.20～0.27．腹部背面に斑紋を有する．ツリサラグモ *N. japonica* Oi，クスミサラグモ *N. fusca* Oiなど4種がある．属を広く解釈すると，次のコウシサラグモ属 *Neriene* に含まれる．北海道，本州，四国，九州に分布する．

コウシサラグモ属（p.58, 61, 96）
Neriene

体長2.2～7.7 mm．脛節の刺式2222，TmⅣを欠く．TmⅠ＝0.12～0.30．腹部背面に斑紋を有する．コウシサラグモ *N. clathrata*（Sundevall）など7種が知られる．真のサラグモ属 *Linyphia* のクモは日本からは未記録．*Neriene* を *Linyphia* の亜属とする見解もあるが，サラグモ科全体の属レベルの系統分類を見渡すと，現在では世界の研究者間で趨勢となった本属名の使用は妥当と思われる．両属は雄の触肢の細部，特に栓子の形状により区別される．北海道，本州，四国，九州，琉球諸島に分布する．

シマコサラグモ属（p.36, 40, 91）
Neserigone

体長2.1～2.7 mm．脛節の刺式2211，TmⅣを有する．TmⅠ＝0.57～0.65．雄頭部は隆起せず，眼後裂溝を欠く．ハシグロナンキングモ *N. nigriterminorum*（Oi）（北海道，本州および九州の山地），マダラナンキングモ *N. torquipalpis*（Oi）（本州，九州）およびミヤマナンキングモ *N. basarukini* Eskov（北海道）の3種を産する．属の和名は「島の小皿蜘蛛」の意．

ニッポンケシグモ属（p.57, 59, 92）
Nippononeta

体長1.3～2.2 mm．脛節の刺式2222，TmⅣを欠く．TmⅠ＝0.18～0.33．腹部は淡色で，黒い条や斑紋を有する．北海道，本州，四国，九州，小笠原諸島に分布し，ナナメケシグモ *N. obliqua*（Oi），ツノケシグモ *N. projecta*（Oi）など18種が知られるが，本属には未記載種も数多い．日本を代表するサラグモ科の一群．

マジナイケシグモ属（p.36, 37, 39）
Nipponotusukuru

体長1.5～1.9 mm．脛節の刺式は2211．TmⅣを有する．TmⅠ＝0.73～0.79．雄の頭部は全体が隆起するが，瘤や突起を欠く．日本固有の属で，エンザンマジナイケシグモ *N. enzanensis* Saito & Ono およびザオウマジナイケシグモ *N. spiniger* Saito & Ono の2種を

本州に産する．

アゴヒゲサラグモ属（p.35, 39）
Nispa

体長 3.0～3.6 mm．脛節の刺式 2211，Tm IVを有する．Tm I＝0.80 前後．雄頭部は全体が瘤状に隆起し，額との境界が溝になる．1属1種で，アゴヒゲサラグモ *N. barbatus* Eskov を北海道に産する．

コブアカムネグモ属（p.36, 40, 90）
Oedothorax

体長 1.8～3.3 mm．脛節の刺式 2211，Tm IVを有する．Tm I＝0.58～0.75．ムツボシミヤマアカムネグモ *O. sexmaculatus* Saito & Ono およびヤマトアカムネグモ *O. japonicus* Kishida の2種が本州から知られるが，後者は正体不明．

オオイサラグモ属（p.35, 39, 80）
Oia

体長 1.2～1.4 mm．脛節の刺式 2211，Tm IVを有する．Tm I＝0.44 前後．雄の眼は中央に集合し，眼域は低い丘を形成する．イマダテテングヌカグモ *O. imadatei* (Oi) 1種のみが，北海道，本州および九州に生息する．黄褐色の小型のクモで落葉層に普通にみられる．

ケナガサラグモ属（p.52, 54, 96）
Oilinyphia

体長 1.0～1.6 mm．脛節の刺式 2222，Tm IVを欠く．Tm I＝0.29～0.32．腹部背面に斑紋を欠き，多数の長毛が生える．ケナガサラグモ *O. peculiaris* Ono & Saito 1種のみを琉球諸島に産し，今のところ日本固有．岩の表面や樹木の幹の小さい凹みにシート状の網を張る．

マルコブヌカグモ属（p.32, 34, 88）
Okhotigone

体長 1.5 mm 前後．脛節の刺式 1111，Tm IVを有する．Tm I＝0.61～0.67．雄の頭部に後中眼を伴った球状の隆起がある．マルコブヌカグモ *O. sounkyoensis* (Saito) 1種のみ．北海道に産する．

ミヤマカラスヌカグモ属（p.49）
Oreoneta

体長 2.5～4.8 mm．脛節の刺式 2222，Tm IVを有する．Tm I＝0.50～0.80．頭部は高くないが，眼域後方に小さい瘤をもつ．北海道大雪山系からミヤマカラスヌカグモ *O. tatrica* (Kulczyński) が記録されているが，同種はヨーロッパの山岳地域から知られる種である．北千島に産する *O. kurile* Saaristo & Marusik の可能性もあるので再同定の要がある．

シタガタサヤサラグモ属（p.55, 92）
Oreonetides

体長 3.0～3.8 mm．脛節の刺式 2222，Tm IVを欠く．Tm I＝0.35～0.45．雄の頭部は低い．本邦産2種：シミズサラグモ *O. shimizui* (Yaginuma)（北海道, 本州）およびシタガタサヤサラグモ *O. vaginatus* (Thorell)（北海道）．洞窟内で発見されることもある．

アバタムナキグモ属（p.46, 87）
Orientopus

体長 1.4～1.6 mm．脛節の刺式 2211，Tm IVを欠く．Tm I＝0.75 前後．背甲および胸板に多数の点刻がある．アバタムナキグモ *O. yodoensis* (Oi) の1種のみ．本州に分布する．

スソグロサラグモ属（p.51, 91）
Ostearius

体長 2.0～2.7 mm．脛節の刺式 2222，Tm IVを欠く．Tm I＝0.42～0.50．雄の頭部に瘤や眼後裂溝を欠く．日本産はスソグロサラグモ *O. melanopygius* (O. Pickard-Cambridge) 1種のみ．腹部は黄色ないし暗灰色で糸疣の周囲が黒い．世界共通種の一つで，北海道，本州，四国，九州，琉球諸島に広く分布する．

テングヌカグモ属（p.37, 38, 90）
Paikiniana

体長 2.0～2.8 mm．脛節の刺式 2211，Tm IVを有する．Tm I＝0.40～0.46．眼域に独特な角状の突起がある．キュウシュウツノヌカグモ *P. iriei* (Ono)，テングヌカグモ *P. mira* (Oi) やコテングヌカグモ *P. vulgaris* (Oi) など6種が知られる．本州および九州に分布する．

タイリクコサラグモ属（p.41）
Parasisis

体長 2.5 mm 前後．脛節の刺式 2221，Tm IVを欠く．Tm I＝0.28～0.33．雄頭部は隆起せず，腹部に斑紋を欠く．タイリクコサラグモ *P. amurensis* Eskov 1種のみ．本州および九州に分布する．

ヤマトコナグモ属（p.43, 44, 88）
Paratapinocyba

体長 1.3～1.6 mm．脛節の刺式 1111，Tm IVを欠く．Tm I＝0.40～0.42．雄の頭部はやや高く隆起し，眼後裂溝は長い．クマダヤマトコナグモ *P. kumadai* Saito（北海道）とオオイワヤマトコナグモ *P. oiwa* (Saito)（本

州）の2種がある．

ナラヌカグモ属 (p.42, 44, 87)
Parhypomma

体長 1.6～1.9 mm．脛節の刺式 1111，Tm IV を欠く．Tm I = 0.23 前後．雄の眼域には後中眼を伴った巨大な隆起がある．今のところ日本固有の属で，ナラヌカグモ *P. naraense* (Oi) の1種のみが本州から知られる．

コブヌカグモ属 (p.42, 45)
Pelecopsis

体長 1.2～2.5 mm．脛節の刺式 1111，Tm IV を欠く．Tm I = 0.54～0.88．頭部は高く隆起する．本邦産は，ズグロコブヌカグモ *P. mengei* (Simon)（北海道高地）およびウスチャズダカグモ *P. punctiseriata* (Bösenberg & Strand)（九州）の2種．

ワカレサラグモ属 (p.56, 60)
Pityohyphantes

体長 4.0～6.0 mm．脛節の刺式 2222，Tm IV を欠く．Tm I = 0.20～0.25．腹部背面に斑紋を有する．本邦産はワカレサラグモ *P. phrygianus* (C. L. Koch) の1種のみで，九州から記録されている．腹部は黄白色で，幅広い褐色の縦斑がある．

コロポックルコサラグモ属 (p.32, 87)
Pocadicnemis

体長 1.7～2.4 mm．脛節の刺式 1111，Tm IV を有する．Tm I = 0.85～0.90．本邦産は1種のみで，ユーラシアに広く分布するコロポックルコサラグモ *P. pumila* (Blackwall) が北海道の低山地から知られる．

エゾヤマサラグモ属 (p.52, 54, 94)
Porrhomma

体長 1.6～2.9 mm．脛節の刺式 2222，Tm IV を欠く．Tm I = 0.26～0.64．腹部背面は淡色で斑紋はないかあっても不明瞭．エゾヤマサラグモ *P. hebescens* (L. Koch) やラカンホラアナサラグモ *P. rakanum* Yaginuma & Saito など4種が知られる．北海道，本州，四国に分布する．洞窟内で見つかる種もある．

シロブチサラグモ属 (p.58, 61, 95)
Prolinyphia

体長 3.0～7.2 mm．脛節の刺式 2222，Tm IV を欠く．Tm I = 0.08～0.20．腹部に顕著な斑紋を有する．日本を代表する属で，シロブチサラグモ *P. marginata* (C. L. Koch) など4種を産する．北海道，本州，四国，九州に分布する．属を広く解釈すると，コウシサラグモ属 *Neriene* に含まれる．

ホソテゴマグモ属 (p.47, 48, 90)
Pseudomicrargus

体長 1.8～3.0 mm．脛節の刺式 2211，Tm IV を欠く．Tm I = 0.30～0.35．雄の頭部は隆起せず，眼後裂溝を有する．日本固有の属で，ヒロテゴマグモ *P. latitegulatus* (Oi)，アサカワゴマグモ *P. asakawaensis* (Oi) およびホソテゴマグモ *P. acuitegulatus* (Oi) の3種が知られ，本州および九州に分布する．

オオイヤマケシグモ属 (p.47, 48, 92)
Ryojius

体長 1.8～2.2 mm．脛節の刺式 2211，Tm IV を欠く．Tm I = 0.31～0.34．腹部背面に斑紋を欠く．ヤマトオオイヤマケシグモ *R. japonicus* Saito & Ono（北海道，本州，九州）およびカンサイオオイヤマケシグモ *R. occidentalis* Saito & Ono（本州，九州）の2種が日本から知られる．

カワリマルサラグモ属 (p.57, 59, 92)
Saaristoa

体長 1.7～4.0 mm．歩脚脛節の刺式 2222，Tm IV を欠く．Tm I = 0.22～0.48．雄の頭部に隆起や眼後裂溝を欠く．腹部は淡色で斑紋を欠く．エビノマルサラグモ *S. ebinoensis* (Oi) およびヤマトマルサラグモ *S. nipponica* (Saito) の2種が知られ，前者は九州に，後者は北海道および本州に分布する．

カラフトヤセサラグモ属 (p.93)
Sachaliphantes

体長 2.1～3.8 mm．脛節の刺式 2222，Tm IV を欠く．Tm I = 0.18～0.24．腹部背面に斑紋を欠く．ヤセサラグモ属との区別は生殖器官の細部の特徴による．1属1種で，カラフトヤセサラグモ *S. sachalinensis* (Tanasevitch) が北海道から知られている．針葉樹の枝葉間にシート網を張る．

ズブトヌカグモ属 (p.46, 48, 89)
Saitonia

体長 1.2～1.8 mm．脛節の刺式 2211，Tm IV を欠く．Tm I = 0.35～0.50．雄の背甲の隆起は極めてよく発達し前方へ突出する．ズナガコヌカグモ *S. longicephala* (Saito) など5種が知られ，本州と九州に分布する．

ズナガヌカグモ属 (p.46, 48, 88)
Savignia

体長 1.4～2.4 mm．脛節の刺式2211，Tm IVを欠く．Tm I = 0.35～0.53．雄の頭部は著しく前方に突き出る．本邦よりズナガヌカグモ *S. kawachiensis* Oi（本州），ヒョウタンヌカグモ *S. birostrum* (Chamberlin & Ivie)（北海道）およびヤスダコブガシラヌカグモ *S. yasudai* (Saito)（北海道）の3種が記録されている．

トドヌカグモ属 (p.41, 42, 44, 89)
Scotinotylus

体長 1.6～2.3 mm．脛節の刺式2221（日本産の既知種は1111），Tm IVを欠く．Tm I = 0.44～0.55．雄頭部は高く隆起し，1対のヒゲ状の突起を備える．日本産1種のみで，トドヌカグモ *S. eutypus* (Chamberlin)が北海道大雪山系から知られる．

カラフトコサラグモ属 (p.43, 45, 88)
Silometopus

体長 1.5～1.8 mm．脛節の刺式1111，Tm IVを欠く．Tm I = 0.64～0.69．日本産は1種のみで，カラフトコサラグモ *S. sachalinensis* Eskov & Marusik が北海道から知られるが稀．

アリマネグモ属 (p.31, 93)
Solenysa

体長 1.1～1.8 mm前後．脛節の刺式1111，Tm IVを欠く．Tm I = 0.17～0.26．頭部は高く，背甲は後方で細まる．アリマネグモ *S. mellottei* Simon（本州），カンサイアリマネグモ *S. partibilis* Tu, Ono & Li（本州），アイチアリマネグモ *S. ogatai* Ono（本州）およびキュウシュウアリマネグモ *S. reflexilis* Tu, Ono & Li（九州）の4種が知られている．

ヨツボシサラグモ属 (p.49, 91)
Strandella

体長 2.6～3.7 mm．脛節の刺式2222，Tm IVを有する．Tm I = 0.74～0.86．頭部は高くないが，眼域の後方に大きい瘤を生じる．腹部に顕著な暗色斑を有する．ヨツボシサラグモ *S. quadrimaculata* (Uyemura)（北海道，本州，四国，九州に分布）など4種が知られる．

オリヒメサラグモ属 (p.52, 54, 93)
Syedra

体長 1.2～1.7 mm．脛節の刺式2222，Tm IVを欠く．Tm I = 0.30～0.35（日本産の種は0.18）．雄の頭部に隆起や眼後裂溝を欠く．腹部に斑紋を欠く．本邦産は，オオイオリヒメサラグモ *S. oii* Saito の1種のみ．本州および九州に産する．

サカズキサラグモ属 (p.52, 54, 92)
Tallusia

体長 2.5～3.6 mm．脛節の刺式2222，Tm IVを欠く．Tm I = 0.34～0.44．雄頭部は隆起しない．腹部背面に斑紋を欠く．サカズキサラグモ *T. experta* (O. Pickard-Cambridge) 1種のみ．北海道から記録されている．

ヤマジコナグモ属 (p.43, 44, 87)
Tapinocyba

体長 1.0～1.6 mm．脛節の刺式1111，Tm IVを欠く．Tm I = 0.43～0.58．雄の触肢の脛節前側面に非常に長い湾曲した突起がある．本邦産はヤマジコナグモ *T. silvicultrix* Saito およびスガナミヤマジコナグモ *T. suganamii* Saito & Ono の2種．両種とも本州に分布する．

カナコキグモ属 (p.56, 60, 92)
Tapinopa

体長 2.5～4.5 mm．脛節の刺式2222，Tm IVを欠く．Tm I = 0.25～0.30．腹部は淡色で数対の黒色斑がある．日本産は，カナコキグモ *T. guttata* Komatsu の1種のみが本州から知られている．地面のくぼみに3 cmほどの長さの袋状の網をつくる．

ニシキサラグモ属 (p.57, 58)
Taranucnus

体長 2.5～3.4 mm．脛節の刺式2222，Tm IVを欠く．Tm I = 0.20～0.25．腹部背面に斑紋を有する．日本産は，ニシキサラグモ *T. nishikii* Yaginuma の1種のみで，北海道および本州に分布する．

ハラクロヤセサラグモ属 (p.55, 59, 93)
Tenuiphantes

体長 1.7～4.1 mm．脛節の刺式は2222，Tm IVを欠くが，稀に有する種がある．腹部背面は淡色で数対の黒斑がある．日本産はハラクロヤセサラグモ *T. nigriventris* (L. Koch) の1種のみで，北海道に生息する．

ヤドリサラグモ属 (p.45)
Thyreosthenius

体長 1.5～2.2 mm．脛節の刺式1111，Tm IVを欠く．Tm I =0.56～0.70．本邦産は *T. parasiticus* (Westring) 1種のみ．ヨーロッパから北米にかけて北方域に広く分布し，わが国では北海道に分布する．

クロサラグモ属 (p.52, 54)
Tibioploides

体長 2.0 〜 2.4 mm. 歩脚脛節の刺式 2222, Tm IV を欠く. Tm I = 0.27 〜 0.34. 頭部は高いが, 瘤や眼後裂溝を欠く. エスコフクロサラグモ *T. eskovianus* Saito & Ono (北海道) およびヤマクロサラグモ *T. monticola* Saito & Ono (本州北部) の 2 種を産する.

ドヨウヌカグモ属 (p.43, 45)
Tiso

体長 1.5 〜 2.3 mm. 脛節の刺式 1111, Tm IV を欠く. Tm I = 0.50 〜 0.59. 日本産 1 種のみ. ドヨウヌカグモ *T. aestivus* (L. Koch) が北海道の高地から記録されている.

セダカヌカグモ属 (p.35, 40, 91)
Tmeticodes

体長 1.7 〜 2.0 mm. 脛節の刺式 2211, Tm IV を有する. Tm I = 0.64 〜 0.71. 腹部背面に不明瞭な斑紋を有する. 雄の頭部の眼域の後方に大きい丘状の瘤がある. 1 属 1 種でセダカヌカグモ *T. gibbifer* が伊豆諸島から知られている.

ヌカグモ属 (p.34, 40, 91)
Tmeticus

体長 1.5 〜 3.6 mm. 脛節の刺式 2211, Tm IV を有する. Tm I = 0.54 〜 0.75. 日本産はヌカグモ *T. bipunctis* (Bösenberg & Strand) など 4 種が北海道, 本州, 四国, 九州に分布する.

トウジヌカグモ属 (p.35, 40)
Tojinium

体長 1.3 〜 1.8 mm. 脛節の刺式 2211. Tm IV を有する. Tm I = 0.67 前後. 雄頭部は全体的に隆起し, 瘤や眼後裂溝を欠くが, 眼域に特異な長毛を密生する. 日本固有の属で, ヤマトトウジヌカグモ *Tojinium japonicum* Saito & Ono の 1 種のみが, 北海道と本州に生息する. 和名は冬至でなく「杜氏」に由来する.

ユノハマサラグモ属 (p.57, 59, 94)
Turinyphia

体長 4.0 〜 6.0 mm. 脛節の刺式 2222, Tm IV を欠く. Tm I = 0.12 前後. 腹部背面に顕著な斑紋を有する. 日本産はユノハマサラグモ *T. yunohamensis* (Bösenberg & Strand) の 1 種のみ. 本州, 四国, 九州に分布する. 本属は *Plesiophantes* のシノニムとされることもある.

アカムネグモ属 (p.37, 40, 89)
Ummeliata

体長 2.0 〜 3.6 mm. 脛節の刺式 2211, Tm IV を有する. Tm I = 0.56 〜 0.78. 雄の眼域後方に深い溝があり, その溝と中窩の間に発達した隆起を生じる. セスジアカムネグモ *U. insecticeps* (Bösenberg & Strand), アトグロアカムネグモ *U. feminea* (Bösenberg & Strand) [トウキョウアカムネグモ *U. tokyoensis* (Uyemura) と同種] など 7 種が知られる. 北海道, 本州, 四国, 九州, 小笠原諸島に分布する.

ツノヌカグモ属 (p.36, 37, 38, 90)
Walckenaeria

体長 1.2 〜 3.8 mm. 脛節の刺式 2211, Tm IV を有する. Tm I = 0.39 〜 0.80. 雄の頭部の形状は多様で, 瘤や突起, 毛束などを伴うことが多い. 200 種以上が北半球から記録されている大きな属でわが国からは, イチフサチョビヒゲヌカグモ *W. ichifusaensis* Saito & Ono, カントウヒゲヌカグモ *W. orientalis* (Oliger) など 13 種が記録されている. 北海道, 本州, 九州に分布する. 九州の洞窟から知られるウエノメナシコブヌカグモ *W. uenoi* Saito & Irie はサラグモ科では本邦唯一の無眼の種.

タイリクツノサラグモ属 (p.51, 53)
Wubanoides

体長 2.0 〜 2.6 mm. 脛節の刺式 2222, Tm IV を欠く. Tm I = 0.25 〜 0.27. 雄は眼域の後方に前方を向いた針状の突起を有する. 腹部背面に山形の斑紋を有する. 北海道に分布し, タイリクツノサラグモ *W. fissus* (Kulczyński) の 1 種のみが知られる.

ピモサラグモ科
Pimoidae

体長 1 〜 10 mm. 8 眼. 従来はサラグモ科 Linyphiidae に含まれていた (上顎に鑢状の発音器を有することや, 歩脚の刺毛, 雄触肢の小杯葉の形状, 糸疣の出糸管の形状などがサラグモ科の一部の群と共通する) が, Wunderlich (1986) は, 雄触肢の杯葉の形状が特異だとして本科を独立させた. 今日ではその意見が支持され, サラグモ科と姉妹群の独立科として扱われている.

外形は大型のサラグモ類と似ており, 特に雌では区別が難しいが, 雄触肢の杯葉は変形し, 背面に特異な隆起または突起 (cymbial process) を有することで区別される.

主に北半球の温帯地域から 4 属約 30 種が知られ, 我が国に 1 属 3 種を産する. 従来からサラグモ科の 1

群とされていた関係で，旧版ではサラグモ科のアショレグモ属（*Labulla*）として扱われた．実際には科の検索表において確実に本科を認識することは，特に雌成虫や幼虫ではひじょうに困難であるが，本邦産のピモサラグモ類は以下のようにアショレグモ属（現在は*Weintrauboa*）の1属3種のみであるので，図鑑等でその形態を特別に確認しておくことをおすすめする．

なお，従来使用された*Labulla*属は，そのままサラグモ科に残っているので注意を要する（日本には産しない）．

アショレグモ属（p.56, 59, 96）
Weintrauboa

体長4.0〜8.0 mm．脛節の刺式2222，Tm IVを欠く．Tm I＝0.25〜0.30．腹部背面に斑紋を有する．背甲は長さ＞幅で，頭部は低く瘤や隆起がない．雄の第1歩脚蹠節は基部が大きく膨らみ，瘤状の突出部を形成する（属の和名の由来）．雄触肢の杯葉の先端部は細くなり指状を呈し，背面の突起（cymbial process）は強く硬化する．アショレグモ *W. contortipes* (Karsch)（本州，四国，九州），チクニアショレグモ *W. chikunii* (Oi)（本州中部高地）およびエゾアショレグモ *W. insularis* (S. Saito)（北海道）の3種が知られる．このうちアショレグモは，平地から山地にかけて，林の樹木の根元にできた洞などの空間に長さ30 cm以上の大型のシート網を張り，樹皮の間や岩のくぼみなどに隠れている．

ホラヒメグモ科
Nesticidae

第4歩脚の付節腹面に鋸状毛が列生する点でヒメグモ科に似るが，下唇の先端が隆起する点で区別される．歩脚には刺がなく，やや太い長毛が密生する．間疣は明瞭で，2本の刺毛が生える．日本全土に分布．土壌間隙や洞窟中に生息する．日本産は3属．

ホラヒメグモ属（p.62）
Nesticus

体長3.1〜7.1 mm．外雌器は硬化し，後方に突出するか，腹面側に盛り上がる．雄触肢基部の突起（小杯葉）がきわめて大きく，その形態が種ごとに異なる．多くの種は洞窟に生息し，洞窟あるいは洞窟群ごとの種分化が著しい．一方，通常の地表でのみ生息が確認されている種もある．北海道〜九州に分布し，エゾホラヒメグモ *N. yesoensis* Yaginuma，タカチホホラヒメグモ *N. takachiho* Yaginumaなど44種が知られる．本属から*Cyclocarcina*を分離させる立場もあるが，未検討の部分が多いので，すべてを*Nesticus*とする．

コホラヒメグモ属（p.62, 97）
Nesticella

体長1.7〜2.9 mm．外雌器はあまり硬化しておらず，後端部はまったく突出しないか，突出していてもわずかである．雄触肢の小杯葉は比較的小さい．日本全土の地表および洞窟に生息する．コホラヒメグモ *N. brevipes* (Yaginuma)，チビホラヒメグモ *N. mogera* (Yaginuma)など3種が知られる．

アメリカホラヒメグモ属（p.62）
Eidmannella

日本からは，アメリカホラヒメグモ *E. pallida* (Emerton)が南硫黄島で採集されているだけである．体長3.0〜4.0 mm．外雌器の前部に小さな突起があり，後端部は突出しない．雄触肢の小杯葉は小さく，中央の生殖球が比較的大きい．

ヒメグモ科
Theridiidae

体長1.3〜30 mm．形態的にも生態的にもさまざまなタイプを含む比較的大きなグループ．第4歩脚の付節腹面に鋸歯のある特殊な毛が列生する．日本全土に分布し，45属130種あまりが知られる．空間に造網する種が多い（そのほとんどは立体的な不規則網）．本書では，土壌中や石の下，あるいは植物の根ぎわなど地表で見られる種を含む12属を取り上げた．

モリヒメグモ属（p.64, 97）
Robertus

体長2.0〜3.7 mm．上顎は大きく，前牙堤に3本の歯がある．間疣は大きく，2本の刺毛が生える．腹部に目立った斑紋はない．北海道〜九州に分布．落葉層中や土壌間隙に生息する．キタモリヒメグモ *R. sibiricus* Eskov，オガタモリヒメグモ *R. ogatai* Yoshidaなど6種が知られる．

ハガタグモ属（p.64, 97）
Enoplognatha

体長3.6〜8.1 mm．雌では上顎後牙堤に1本の歯がある．雄の上顎は長い．間疣はモリヒメグモ属やカガリグモ属に比べると相対的に小さく，2本の刺毛が生える．腹部背面に複雑な斑紋を持つ．北海道〜九州に4種が分布する．樹木や草の上に造網するが，ヤマトコノハグモ *E. caricis* (Fickert)は草の根元や石の下などに造網することが多い．

カガリグモ属 (p.63, 97)
Steatoda

体長 1.8 ～ 11.0 mm．上顎はハガタグモ属に比べると小さく，後牙堤は無歯．間疣は大きく，数本の刺毛が生える．日本全土に分布．地面の石や倒木の下，木の根ぎわなどに造網する種が多い．ハンゲツオスナキグモ *S. cingulata*（Thorell），ナナホシヒメグモ *S. erigoniformis*（O. Pickard-Cambridge）など5種が知られる．

オオノヒメグモ属 (p.63, 97)
Crustulina

体長 1.5 ～ 2.7 mm．背甲，胸板，上顎に多数の刺状の突起がある．上顎後牙堤は無歯．間疣は明瞭で，2本の刺毛が生える．北海道，本州に分布．草原の草の根元や落葉層中に生息する．シラホシオオノヒメグモ *C. guttata*（Wider）とオオノヒメグモ *C. sticta*（O. Pickard-Cambridge）の2種が知られる．

コブヒメグモ属 (p.62, 97)
Chrosiothes

日本産はヨツコブヒメグモ *C. sudabides*（Bösenberg & Strand）のみ．体長 1.8 ～ 3.0 mm．腹部に2対の突起がある．上顎後牙堤は無歯．間疣を欠く．本州，四国，九州，南西諸島に分布．草間や落葉層中に不規則網を張る．

オチバヒメグモ属 (p.64, 97)
Stemmops

日本産はスネグロオチバヒメグモ *S. nipponicus* Yaginuma のみ．体長 2.4 ～ 3.0 mm．前中眼は他眼より小さく，中眼域は前辺＜後辺．上顎後牙堤は無歯．間疣の位置に2本の刺毛が生える．歩脚は黄色で，第1歩脚の脛節だけが黒い．北海道～九州，伊豆諸島に分布．落葉層中に多く見られる．

クサチヒメグモ属 (p.64)
Coscinida

日本産はトガリクサチヒメグモ *C. japonica* Yoshida のみ．体長 2.2 ～ 2.6 mm．前中眼は他眼よりやや小さく，中眼域は前辺が後辺よりわずかに狭い．間疣を欠く．本州，南西諸島に分布．

オオヒメグモ属 (p.64)
Parasteatoda

体長は 1.6 ～ 8.0 mm．腹部は背面から見るとほぼ球形．腹部は高く，長さにまさることが多い．日本産は12種．樹木の枝先，草の間，崖の下などに不規則網を造るグループで，土壌生活者ではないが，落葉層から雄の成虫が採集されることがある（ツリガネヒメグモ *P. angulithorax*（Bösenberg & Strand）など）．

ヤギヌマミジングモ属 (p.64)
Yaginumena

体長 1.2 ～ 4.5 mm．北海道～九州に分布．3種が知られる．

アイチミジングモ属 (p.64)
Lasaeola

体長 1.5 ～ 3.2 mm．北海道，本州，南西諸島に分布．4種が知られる．

ツツミジングモ属 (p.64, 97)
Phycosoma

体長 1.2 ～ 3.5 mm．北海道～南西諸島に分布．6種が知られる．

上記の3属は近縁で，雌では属を区別することがむずかしい．中眼域は前辺＞後辺．間疣は明瞭には認識できず，2本の刺毛が生える．いずれも基本的には植物上で生活するが，コアカクロミジングモ *Yaginumena mutilata*（Bösenberg & Strand）やカニミジングモ *Phycosoma mustelinum*（Simon）など，地表から見出される種を含む．

ヒラタヒメグモ属 (p.64, 98)
Euryopis

体長 1.5 ～ 4.0 mm．中眼域は前辺＞後辺．間疣を欠く．腹部は比較的幅が広く，若干扁平で，腹部末端はややとがる．キマダラヒラタヒメグモ *E. flavomaculata*（C. L. Koch），クロヒラタヒメグモ *E. nigra* Yoshida など5種が，北海道，本州，四国，南西諸島，小笠原諸島から知られる．

カラカラグモ科
Theridiosomatidae

体長 1.0 ～ 2.5 mm．背甲は盛り上がる．胸板前縁に1対の小さな陥入部がある．腹部は大きく，丸い．渓流の石の間，崖地，草間などに造網する．北海道～九州に分布．日本産は次の3属4種．ヤマジグモ属 *Ogulnius*（1種），カラカラグモ属 *Theridiosoma*（2種），ナルコグモ属 *Wendilgarda*（1種）．

ユアギグモ科
Symphytognathidae

眼は4個または6個．体長1mm前後の微小なクモで，地表の凹みなどに水平円網を張る．日本産は2属．

ウスイロユアギグモ属（p.4）
Anapistula

　日本では，ハチジョウスイロユアギグモ *A. ishikawai* Ono のみが八丈島で記録されている．体長0.6〜0.7 mm．眼は4個で，2個ずつ左右に分かれる．

ユアギグモ属（p.6, 98）
Patu

　日本産はユアギグモ *Patu kishidai* Shinkai のみ．体長0.7〜1.1 mm．眼は6個で，2個ずつ3群をなす．頭部は高く盛り上がる．本州〜南西諸島に分布．崖下の小さな凹みや地面の割れ目などに非常に目の細かい円網を張る．

ヨリメグモ科
Anapidae

　眼は8個，または，前中眼が退化して6個．背甲は一般に高く盛り上がり，額も高い．

ヨロイヒメグモ属（p.5, 8, 98）
Comaroma

　体長1.3〜1.8 mm．腹部の表面が硬化し，小円盤が密に覆う．日本産は次の3種．ヨロイヒメグモ *C. maculosum* Oi（分布：本州，四国，九州）は落葉層中によく見られる種で，前中眼は非常に小さい．オオダイヨロイヒメグモ *C. hatsushibai* Ono は奈良県大台ヶ原で記録された種で，眼は6個（前中眼を欠く）．メナシヒメグモ *C. nakahirai*（Yaginuma）は高知県の洞窟から知られ，すべての眼を欠いている．

スナツブグモ属（p.6）
Pseudanapis

　日本産はタイヘイヨウスナツブグモ *P. aloha* Forster のみ．体長0.7〜0.9 mm．背甲，胸板，腹部腹面に大きい点刻がある．小笠原諸島に分布．

ヨリメグモ属（p.8, 11, 98）
Conculus

　日本産はヨリメグモ *C. lyugadinus* Komatsu のみ．体長2.0〜2.5 mm．後中眼は大きく，互いに接する．前中眼は非常に小さい．背甲と胸板は歩脚基節の間で連絡する．渓流の岩や倒木と水面の間に網を張る．本州〜南西諸島に分布．

コツブグモ属（p.11, 98）
Mysmenella

　体長0.8〜1.4 mm．日本産はヤマトコツブグモ *M. ogatai* Ono とナンブコツブグモ *M. pseudojobi* Lin & Li の2種．北海道〜九州に分布．

ナミコツブグモ属（p.11）
Mysmena

　日本産はゴマフコツブグモ *M. nojimai* Ono のみ．体長0.9〜1.1 mm．本州に分布．
　上記2属は全体的な形態や生態はよく似ている．背甲は盛り上がり，額が高い（特に雄で顕著）．しばしば歩脚の付節は蹠節より長い．崖下の凹みや草の間に立体的な球状円網を張る．

ジョロウグモ科
Nephilidae

ジョロウグモ属
Nephila

　樹間に蹄形円網と呼ばれる目の細かい網を張る．日本産は次の2種．ジョロウグモ *N. clavata* L. Koch：体長雌17〜30 mm，雄6〜10 mm；本州（青森県）〜沖縄島北部に分布．オオジョロウグモ *N. pilipes* (Fabricius)：体長雌35〜50 mm，雄7〜10 mm；南西諸島に分布．

アシナガグモ科
Tetragnathidae

　体長2〜15 mm．下顎が比較的長い．属によっては，上顎がかなり長い．日本全土に分布し，12属45種あまりが記録されている．アシナガグモ属 *Tetragnatha*, シロカネグモ属 *Leucauge* など，ほとんどが空間に水平円網を張って生活するが，下記の2属は植物の根ぎわや地表から見出される．

ヒメアシナガグモ属（p.65, 98）
Dyschiriognatha

　日本産はミナミヨツボシヒメアシナガグモ *D. dentata* Zhu & Wen のみ．体長2.5〜3.0 mm．上顎は大きく左右に広がる．背甲は歩脚基節の間を通って胸板と連絡する．南西諸島に分布．

アゴブトグモ属（p.65, 98）
Pachygnatha

　体長2.0〜6.0 mm．上顎は大きく左右に広がる．北海道〜九州に分布．日本から次の3種が知られる．アゴブトグモ *P. clercki* Sundevall では，背甲と胸板は歩脚基節の間でつながらない．ヨツボシヒメアシナガグモ *P. quadrimaculata*（Bösenberg & Strand）とヒメアシナガグモ *P. tenera* Karsch では，背甲は歩脚基節の間を通って胸板と連絡する．

コガネグモ科
Araneidae

体長1～30 mm. 多くの属では，頭部はあまり盛り上がらず，額は高くない．下顎は比較的短い．日本全土に分布．樹間や草間に網(ほとんどの場合，円網)を張って生活する．オニグモ属 *Araneus*，ヒメオニグモ属 *Neoscona* など34属130種あまりが記録されている．

ツチフクログモ科
Miturgidae

イタチグモ属 (p.74, 99)
Prochora

日本産はイタチグモ *P. praticola*（Bösenberg & Strand）のみ．体長5.3～9.0 mm. 前中眼と前側眼はほぼ同じ大きさ．下顎の長さは幅の2倍に満たない．下唇は幅が長さにややまさる．第1, 2歩脚の蹠節と付節の腹面はきわめて密な毛群に覆われる．後疣の先端の節は長く，円錐状．地表を徘徊する．北海道～南西諸島に分布．*Itatsina* は本属のシノニム．イタチグモは従来，ウエムラグモ科の所属とされていたが，ツチフクログモ科に移された（Bosselaers & Jocqué 2013）．

コマチグモ科
Chiracanthiidae

コマチグモ属 (p.73, 99)
Chiracanthium

体長5～15 mm. 後眼列は前眼列よりわずかに長い．下顎と下唇が長い．下顎は前方が膨らむ．背甲の中窩は不明瞭．日本全土に分布．基本的には植物上に生息するが，幼虫が落葉層など地表から見出されることがある．カバキコマチグモ *C. japonicum* Bösenberg & Strand，ヤサコマチグモ *C. unicum* Bösenberg & Strand など7種の記録がある．

シボグモ科
Ctenidae

前眼列，後眼列ともに強く後曲するため，前側眼が後中眼の真横に位置する．第1, 2歩脚脛節の腹面に5対の刺がある．地表を徘徊する．日本から3属が知られる．

ミナミシボグモ属 (p.65)
Ctenus

日本産はヤエヤマシボグモ *C. yaeyamensis* Yoshida のみ．体長10～13 mm. 上顎後牙堤に4本の歯がある．八重山諸島に分布．

シボグモ属 (p.65, 99)
Anahita

日本産はシボグモ *A. fauna* Karsch のみ．体長7～11 mm. 上顎後牙堤に，3～4本の大きな歯と2～5本の小さな歯がある．日本全土に分布．

アジアシボグモ属 (p.65)
Acantheis

日本産はイオウシボグモ *A. nipponicus* Ono のみ．体長8～9 mm. 上顎後牙堤に5本の歯がある．腹部はかなり扁平．南硫黄島に分布．

ミヤマシボグモ科
Zoridae

シボグモモドキ属 (p.14, 99)
Zora

体長2.5～6.0 mm. 前眼列は弱く後曲，後眼列は強く後曲する．第1, 2歩脚の脛節と蹠節の腹面に多数の対をなす刺がある．地表を徘徊する．北海道，本州，九州に分布．シボグモモドキ *Z. spinimana*（Sundevall）とミヤマシボグモモドキ *Z. nemoralis*（Blackwall）の2種が知られる．

アワセグモ科
Selenopidae

アワセグモ属 (p.12, 99)
Selenops

日本産はアワセグモ *S. bursarius* Karsch のみ．体長8～12 mm. 後中眼が前側眼の横にあるため，頭部前縁に6個が並び，その後ろに2個の眼がある．体全体が扁平で，歩脚は左右に広がる．日中は樹皮下や地面に潜み，夜間に徘徊する．本州～南西諸島に分布．

アシダカグモ科
Sparassidae

体長7～30 mm. 樹上，草間，地面を徘徊する．日本から6属16種が記録されているが，ツユグモ属 *Micrommata*（1種）およびカマスグモ属 *Thelcticopis*（1種）は植物上で生活する．

ミナミアシダカグモ属 (p.65)
Olios

日本からは，八重山諸島西表島に分布するニホンミナミアシダカグモ *O. japonicus* Jäger & Ono のみが知られる．体長7～8 mm. 上顎の牙溝は小歯がなく平滑．

アシダカグモ属 (p.65)
Heteropoda

体長 10〜30 mm. 本州中部以南〜南西諸島に分布. アシダカグモ *H. venatoria* (Linné), ホソミアシダカグモ *H. simplex* Jäger & Ono など3種が知られる.

コアシダカグモ属 (p.65, 99)
Sinopoda

体長 8〜25 mm. 本州〜南西諸島に分布. コアシダカグモ *S. forcipata* (Karsch), リュウキュウコアシダカグモ *S. okinawana* Jäger & Ono など8種が知られる.

カワリアシダカグモ属 (p.65)
Pseudopoda

体長 8〜14 mm. 日本産は2種. アマミカワリアシダカグモ *P. kasariana* Jäger & Ono が奄美大島に,オキナワカワリアシダカグモ *P. spirembolus* Jäger & Ono が沖縄島に分布する.

上記3属は,外雌器や雄触肢の構造によって区別され,その他の形質にはほとんど差異がない.大型の種が多い.背甲は長さと幅がほぼ等しく,歩脚は左右に広がる.上顎の牙溝には多数の顆粒状の小歯がある.林内の樹皮上や地面を徘徊する.樹皮下や倒木の下に潜むこともある.洞窟内からも見出され,また,種によっては屋内に入り込む.

エビグモ科
Philodromidae

体長 3〜15 mm. 後眼列は後曲する.眼はすべて,ほとんど同じ大きさ.上顎後牙堤に歯がない.植物上や地表を徘徊する.3属19種が記録されているが,シャコグモ属 *Tibellus* (3種) は植物上で生活する.地表から見出されるものは次の2属である.

ヤドカリグモ属 (p.66, 99)
Thanatus

体長 4.0〜10 mm. 後中眼間は後中側眼間と同じかまたは狭い.地表を徘徊する.北海道〜南西諸島に分布.ヤドカリグモ *T. miniaceus* Simon, ヤマトヤドカリグモ *T. nipponicus* Yaginuma など5種が知られる.

エビグモ属 (p.66, 100)
Philodromus

体長 3.0〜8.0 mm. 歩脚は左右に広がる.後中眼間は後中側眼間より広い.本属の各種は基本的に植物の枝葉の上や樹皮上に生息するが,種によっては地表から見出されるものがある.北海道〜南西諸島に分布.アサヒエビグモ *P. subaureolus* Bösenberg & Strand, キハ

ダエビグモ *P. spinitarsis* Simon など11種の記録がある.

ヒトエグモ科
Trochanteriidae

ヒトエグモ属 (p.12, 100)
Plator

日本産はヒトエグモ *P. nipponicus* (Kishida) のみ.体長 5.0〜8.0 mm. 背甲はかなり幅が広い.胸板も横長で,後端部の幅が広い.歩脚は左右に広がる.体全体がきわめて扁平で,狭い隙間に潜む.古い家屋内や大木の樹皮下で発見される.採集例は少なく,おもな分布域は近畿地方である.

ワシグモ科
Gnaphosidae

後中眼がきれいな円形であることは少なく,楕円形や歪んだ三角形などの不正形であることが多い.下顎の形は属によって異なるが,その腹面中央が斜め方向に凹んでいる点はすべての属に共通する.糸疣は円筒形で,前疣は互いに離れる(ただし,ツヤグモ属においては,ほとんど接している).基本的に地表徘徊性であるが,種によっては植物上からも見出される.日本から20属が知られる.

ワシグモ属 (p.66, 100)
Drassodes

体長 5.3〜14.7 mm. 全歩脚の転節腹面に明瞭な凹み(欠刻)がある.後中眼は互いに接近し,後中眼と後側眼は広く離れる.雄の上顎は雌に比べてかなり長い.北海道〜九州に分布.イサゴワシグモ *D. cupreus* (Blackwall), トラフワシグモ *D. serratidens* Schenkel など3種が知られる.

ハイタカグモ属 (p.69, 100)
Haplodrassus

体長 4.0〜10.0 mm. 後中眼は互いに接近する(時に完全に接する).後中眼と後側眼は広く離れる.上顎前牙堤に2〜3本,後牙堤に2本の歯がある.北海道,本州,四国に分布.ハイタカグモ *H. pugnans* (Simon), カズサハイタカグモ *H. kanenoi* Kamura など6種が知られる.

テカギワシグモ属 (p.69)
Coreodrassus

日本産はテカギワシグモ *C. lancearius* (Simon) のみ.体長 7.5〜9.5 mm. 後中眼は互いに接近し,後中眼と後側眼は広く離れる.上顎前牙堤に3本,後牙堤に2本の歯がある.第3歩脚脛節背面に1本の刺がある.

また，雄触肢の膝節に長い突起がある点が特異．北海道で記録がある．

メキリグモ属（p.66, 100）
Gnaphosa

体長 4.9 〜 14.0 mm．後中眼間は比較的狭く，後中眼と後側眼は広く離れる．後眼列は明瞭に後曲する．上顎後牙堤に小鋸歯のある幅の広い突起を持つ．日本全土に分布．メキリグモ *G. kompirensis* Bösenberg & Strand，カワラメキリグモ *G. kamurai* Ovtsharenko, Platnick & Song など 6 種が知られる．

エダイボグモ属（p.69, 100）
Cladothela

体長 4.1 〜 9.1 mm．眼は比較的大きく，眼間距離は狭い．上顎後牙堤には歯がない．雄触肢の腿節には非常に太い 1 本の刺がある．本州〜南西諸島および小笠原諸島に分布．チャクロワシグモ *C. oculinotata* (Bösenberg & Strand)，ヒメチャワシグモ *C. parva* Kamura など 5 種が知られる．

フトバワシグモ属（p.68, 100）
Odontodrassus

眼は比較的大きく，眼間距離は狭い．上顎前牙堤に 3 本，後牙堤に 2 本の歯がある．ヤマトフトバワシグモ *O. hondoensis* (S. Saito)（体長 2.2 〜 3.5 mm，分布：本州）とミナミフトバワシグモ *O. aphanes* (Thorell)（体長 4.3 〜 5.8 mm，分布：南硫黄島）の 2 種が知られる．

テオノグモ属（p.66, 100）
Callilepis

体長 3.5 〜 7.0 mm．上顎後牙堤に卵形の突起がある．腹部は黒褐色で，白色あるいは白黄色の斑紋がある．北海道，本州，四国に分布．フタホシテオノグモ *C. schuszteri* (Herman) とマユミテオノグモ *C. nocturna* (Linné) の 2 種が知られる．

ケムリグモ属（p.67, 101）
Zelotes

体長 2.1 〜 10.1 mm．第 3，4 歩脚の蹠節腹面末端に整然と並ぶ櫛歯状の毛列がある．後中眼は比較的小さく，眼の長径の半分程度互いに離れている．全体に褐色ないし黒褐色．北海道〜南西諸島に分布．クロチャケムリグモ *Z. asiaticus* (Bösenberg & Strand)，クロケムリグモ *Z. tortuosus* Kamura など 13 種が知られる．

本属および以下の 3 属は，第 3，4 歩脚の蹠節腹面末端に櫛歯状の毛列があるという共通の特徴を持つ近縁の属であり，全体的な形態はいずれもよく似ている．

ヨリメケムリグモ属（p.68）
Drassyllus

体長 4.5 〜 8.2 mm．後中眼は大きく，その眼間距離は狭い（種によっては後中眼が完全に接する）．全体に暗赤褐色．北海道〜南西諸島に分布．エビチャヨリメケムリグモ *D. sanmenensis* Platnick & Song，ヤマヨリメケムリグモ *D. sasakawai* Kamura など 5 種が知られる．

タイリクケムリグモ属（p.67）
Trachyzelotes

体長 3.6 〜 8.4 mm．後中眼は比較的大きい．上顎前面に太短い剛毛が密生する．全体に暗赤褐色ないし黒褐色．日本産は 2 種．タイリクケムリグモ *T. jaxartensis* (Kroneberg) が本州と南西諸島（渡名喜島）から，ナンゴクケムリグモ *T. kulczynskii* (Bösenberg) が八重山諸島から知られる．

カバキケムリグモ属（p.68）
Urozelotes

日本産はカバキケムリグモ *U. rusticus* (L. Koch) のみ．体長 5.9 〜 10.2 mm．後中眼は大きく，その眼間距離は狭い．全体に黄褐色．本種は広く世界中に分布し，そのほとんどは人為分布と考えられる．国内では本州と九州から記録がある．

ヒトオビトンビグモ属（p.70, 101）
Hitobia

体長 3.9 〜 9.4 mm．上顎前牙堤に 3 本，後牙堤に 1 本の歯がある．腹部は暗褐色で，白色の斑紋がある．本州，九州，南西諸島に分布．樹木上から採集されることもある．ヒトオビトンビグモ *H. unifascigera* (Bösenberg & Strand)，シノノメトンビグモ *H. asiatica* (Bösenberg & Strand) など 4 種が知られる．

ムモントンビグモ属（p.70, 101）
Sanitubius

ナミトンビグモ *S. anatolicus* (Kamura) のみが知られる（今のところ世界で 1 種）．体長 3.8 〜 7.3 mm．上顎前牙堤に 3 本，後牙堤に 1 本の歯がある．全体に暗褐色で，腹部に斑紋はない．本州，四国，九州に分布．

ミヤコトンビグモ属（p.70）
Scotophaeus

日本産はミヤコトンビグモ *S. hunan* Zhang, Song & Zhu のみ．京都府で採集された雌 1 匹が今のところ国内で唯一の記録．体長 6.3 mm．上顎前牙堤に 3 本，後牙堤に 1 本の歯がある．全体に暗褐色で，腹部に斑

紋はない．

ホソミトンビグモ属（p.70）
Aphantaulax
　日本産はヒメトンビグモ *A. trifasciata*（O. Pickard-Cambridge）のみ．体長 3.7〜10.4 mm．上顎前牙堤に薄い板状の隆起があり，後牙堤に1本の歯がある．腹部は黒褐色で，白い斑紋がある．南西諸島の西表島だけで記録されている．

ブチワシグモ属（p.70, 101）
Kishidaia
　日本産はヨツボシワシグモ *K. albimaculata*（S. Saito）のみ．体長 4.4〜9.7 mm．上顎前牙堤に薄い板状の隆起があり，後牙堤に1本の歯がある．腹部は黒褐色で，白い斑紋がある．雄触肢の腿節の基部腹面に隆起があるのが特徴．北海道〜九州に分布．植物の上を徘徊することもある．

ノコバトンビグモ属（p.70, 101）
Sernokorba
　日本産はマエトビケムリグモ *S. pallidipatellis*（Bösenberg & Strand）のみ．体長 4.2〜8.2 mm．上顎前牙堤に小鋸歯のある幅の広い突起があり，後牙堤には1本の歯がある．腹部は黒褐色で，3本の白い横斑がある．北海道〜九州に分布．

ブチトンビグモ属（p.70, 101）
Sergiolus
　日本産はホシジロトンビグモ *S. hoziziro*（Yaginuma）のみ．体長 4.8〜8.0 mm．上顎前牙堤に幅の広い突起があり，後牙堤には歯がない．腹部は黒褐色で，白い斑紋がある．本州に分布．

タソガレトンビグモ属（p.69, 101）
Phaeocedus
　日本産はタソガレトンビグモ *P. braccatus*（L. Koch）のみ．体長 4.0〜6.9 mm．上顎前牙堤に幅の広い突起があり，後牙堤には歯がない．後中眼間は後中眼の直径より狭い．腹部は暗褐色で，3対の白斑がある．本州に分布．

ツヤグモ属（p.13, 74, 101）
Micaria
　体長 2.0〜4.5 mm．前疣は互いにほとんど接している．背甲および腹部に鱗状の毛がある．腹部は褐色で白色の斑紋があることが多い．北海道，本州に分布．ヤマトツヤグモ *M. japonica* Hayashi，ヒゲナガツヤグ

モ *M. dives*（Lucas）など4種が知られる．

イヨグモ科
Prodidomidae

イヨグモ属（p.13, 102）
Prodidomus
　日本産はイヨグモ *P. rufus* Hentz のみ．体長 4.3〜6.0 mm．後中眼は左右に広く離れ，前側眼，後側眼，後中眼が接近する．前疣は広く離れる．徘徊性．おもに室内で発見され，本州と九州で記録があるが，きわめて稀．

カニグモ科
Thomisidae

　体長 1.8〜13 mm．歩脚は左右に広がり，第1, 2歩脚は第3, 4歩脚に比べてかなり長く，太い．側眼はやや盛り上がった丘の上にあり，中眼より大きい．日本全土に分布．徘徊性で，植物の葉上，樹皮上，地表などに生息する．日本から25属60種あまりが知られるが，地表から見出されるものは次の5属である．

キハダカニグモ属（p.71, 102）
Bassaniana
　日本産はキハダカニグモ *B. decorata*（Karsch）のみ．体長 3.0〜8.0 mm．体は比較的扁平．背甲に棍棒状の毛がある．第1, 2歩脚脛節の腹面に3対以上の刺がある．北海道〜南西諸島に分布．樹皮上を徘徊するが，地表からも見出される．

カニグモ属（p.71, 102）
Xysticus
　体長 3.0〜14 mm．背甲はやや盛り上がり，多くの刺毛が生える．第1, 2歩脚脛節の腹面に3対以上の刺がある．植物の下部，地面の石の下，落葉層中に生息する．北海道〜南西諸島に分布．ヤミイロカニグモ *X. croceus* Fox，ゾウシキカニグモ *X. saganus* Bösenberg & Strand など14種が知られる．

オチバカニグモ属（p.71, 102）
Oxyptila
　体長 1.8〜6.0 mm．背甲はやや盛り上がり，頭部の幅は狭い．背甲に棍棒状およびへら状の毛が生える．第1, 2歩脚脛節の腹面に2対の長い刺がある．落葉層中，土壌間隙に生息する．北海道〜九州に分布．ニッポンオチバカニグモ *O. nipponica* Ono，マツモトオチバカニグモ *O. matsumotoi* Ono など8種が知られる．

エビスグモ属（p.71, 102）
Lysiteles

体長 2.4～4.4 mm．背甲は盛り上がり，頭部の幅は広い．第 1, 2 歩脚脛節の腹面に 2 対の刺がある．草や木の葉上および落葉層中に生息する．北海道～南西諸島に分布．アマギエビスグモ *L. coronatus*（Grube），オオクマエビスグモ *L. okumae* Ono など 4 種が知られる．

イボカニグモ属（p.71, 102）
Boliscus

日本産はイボカニグモ *B. tuberculatus*（Simon）のみ．体長 1.6～4.3 mm．歩脚は太短く，刺がまったくない．腹部に多数の小突起がある．植物の葉上および地表に生息する．本州～南西諸島に分布．

フクログモ科
Clubionidae

多くの場合，後眼列は前眼列より明らかに長く，後中眼間は後中側眼間より広い．下顎と下唇が長く，下顎は前方が膨らむ．背甲の中窩は明瞭．後疣の末節は短い．植物上や地表を徘徊し，樹皮や石の下に潜むこともある．また，種によっては植物の葉をまるめて潜むこともある．日本から 3 属が知られる．

フクログモ属（p.74, 102）
Clubiona

体長 3～13 mm．日本全土に分布．ヒメフクログモ *C. kurilensis* Bösenberg & Strand，トビイロフクログモ *C. lena* Bösenberg & Strand など 50 種あまりが知られる．

ウコンフクログモ属（p.71, 102）
Anaclubiona

体長 2～4 mm．日本産は以下の 3 種．ウコンフクログモ *A. zilla*（Dönitz & Strand）（分布：北海道，本州，九州），ビゼンフクログモ *A. minima* Ono（分布：岡山県），タニカワフクログモ *A. tanikawai*（Ono）（分布：西表島）．

上記 2 属は，外雌器や雄触肢の形態によって区別され，その他の形質には大きな差異がない．(*Anaclubiona* は *Clubiona* のシノニムと見なされることがある．)

アオミフクログモ属（p.74, 103）
Pteroneta

日本産はアオミフクログモ *P. ultramarina*（Ono）のみ．体長 2～4 mm．上顎が長く，牙堤歯の間隔が広い．第 2 歩脚の付節腹面に長毛の束がある．西表島に分布する．

イヅツグモ科
Anyphaenidae

イヅツグモ属（p.14, 103）
Anyphaena

体長 5～9 mm．気管気門が生殖口と糸疣の中間あたりにある．北海道～九州に分布．樹木の枝や葉の上を徘徊する．北海道～九州に分布．イヅツグモ *A. pugil* Karsch，ナガイヅツグモ *A. ayshides* Yaginuma の 2 種が知られる．

ウエムラグモ科
Liocranidae

タンボグモ属（p.74, 103）
Agroeca

体長 2.0～8.5 mm．下顎の長さは幅の 2 倍に満たない．下唇は幅が長さにややまさる．前中眼は前側眼より小さい．後疣は 2 節よりなり，先端の節は短く，丸い．地表を徘徊する．北海道，本州に分布．ミヤマタンボグモ *A. montana* Hayashi，カムラタンボグモ *A. kamurai* Hayashi など 4 種が知られる．

ネコグモ科
Corinnidae

上顎の両牙堤に明瞭な歯がある．ネコグモ属を除いて，第 1, 2 歩脚の腹面に刺がある．地表あるいは樹上を徘徊する．日本産は 7 属．

ジガバチグモ属（p.72, 103）
Castianeira

日本産はオビジガバチグモ *C. shaxianensis* Gong のみ．体長 6.5～8.7 mm．額が高い（前中眼径の約 2 倍）．上顎前牙堤に 3 本，後牙堤に 2 本の歯がある．全体に黒色で腹部に淡い白帯を持つ．葉上や地表を徘徊する．本州，四国，九州に分布．

ヒメバチグモ属（p.72, 103）
Humua

ヒメバチグモ *H. takeuchii* Ono のみが知られる（今のところ世界に 1 種）．体長 3.5～4.4 mm．前側眼は他の眼に比べてかなり小さい．後眼列は強く前曲する．上顎の前，後牙堤にそれぞれ 2 本の歯がある．詳しい生態は不明．樹上を徘徊するものと思われる．八重山諸島に分布．

クロバチグモ属（p.74, 103）
Creugas

日本産はハマカゼハチグモ *C. gulosus* Thorell のみ．

体長 6.3 〜 9.6 mm. 上顎前牙堤に 3 本, 後牙堤に 4 〜 5 本の歯がある. 海岸沿いの地表の石の下に生息する. 南西諸島に分布.

ネコグモ属 (p.73, 103)
Trachelas

日本産はネコグモ T. japonicus Bösenberg & Strand のみ. 体長 2.5 〜 4.8 mm. すべての歩脚に目立った刺がない (ただし, 雄の第 1, 2 歩脚の蹠節と付節の腹面には小さな瘤状の突起が並ぶ). 背甲に小突起が散在する. 上顎前牙堤に 3 本, 後牙堤に 2 本の歯がある. 地表あるいは樹皮下から見出される. 北海道〜九州に分布.

オトヒメグモ属 (p.73, 103)
Orthobula

日本産はオトヒメグモ O. crucifera Bösenberg & Strand のみ. 体長 1.5 〜 2.4 mm. 第 1, 2 歩脚の脛節, 蹠節だけでなく, 付節の腹面にも対をなす刺がある. 上顎前牙堤に 3 本, 後牙堤に 2 本の歯がある. 背甲と胸板には多数の小さな凹みが散在する. 落葉層中や土壌間隙を徘徊する. 本州〜南西諸島に分布.

ウラシマグモ属 (p.72, 104)
Phrurolithus

体長 1.5 〜 4.7 mm. 上顎の前面に 1 本または 2 本の刺がある. 第 1, 2 歩脚の脛節と蹠節の腹面に多数の対をなす刺がある. 第 2 歩脚腿節の前側面に刺を欠く. 上顎前牙堤に互いに離れた 3 本の歯, 後牙堤に互いに接近した 2 本の歯がある. 地表を徘徊する. 北海道〜九州に分布. ウラシマグモ P. nipponicus Kishida, キレオビウラシマグモ P. coreanus Paik など 7 種が知られる.

ナンゴクウラシマグモ属 (p.72, 104)
Otacilia

体長 2.1 〜 5.7 mm. 上顎の前面に 2 本の刺がある. 第 1, 2 歩脚の脛節と蹠節の腹面に多数の対をなす刺がある. 第 2 歩脚腿節の前側面に少なくとも 1 本の刺がある. 上顎前牙堤に互いに離れた 3 本の歯がある. 後牙堤には, 互いに接近した 2 本の歯があるが, 時に 3 本以上のことがある. 地表を徘徊する. 本州, 九州, 南西諸島に分布. コムラウラシマグモ O. komurai (Yaginuma), アカガネウラシマグモ O. mustela Kamura など 7 種が知られる.

ハエトリグモ科
Salticidae

体長 1.5 〜 13 mm. 前列眼が大きく, 前方を向く.

後列眼は後方に位置し, 眼域は背甲の 1/3 以上を占める. 徘徊性のクモで, 地表から樹上まで, さまざまな場所に生息する. 日本全土に分布し, 現時点で 46 属 100 種あまりが記録されているが, 検討を要するものも少なくない. この科のクモは活発に動き回るので, 樹上を主たる生息場所とする種であっても, 地表を徘徊することはありうる. ここでは, そのなかでも特に地表から見出される可能性が高いと思われる 18 属を取り上げた.

アリグモ属 (p.75, 104)
Myrmarachne

体長 3.5 〜 8.0 mm. 体は全体に細長く, 背甲は中央でくびれる. 雄の上顎はかなり長く, 前方に突き出る. 全体の姿がアリによく似ている. 北海道〜南西諸島に分布. アリグモ M. japonica (Karsch), ヤサアリグモ M. inermichelis Bösenberg & Strand など 6 種が知られる.

ナミハエトリグモ属 (p.75, 104)
Sitticus

体長 2.3 〜 6.6 mm. 上顎後牙堤に歯がない. 第 4 歩脚が長い. 北海道〜九州に分布. シラホシコゲチャハエトリ S. penicillatus (Simon), モンシロコゲチャハエトリ S. fasciger (Simon) など 5 種の記録がある.

ヤマジハエトリグモ属 (p.76, 104)
Asianellus

日本産はヤマジハエトリ A. festivus (C. L. Koch) のみ. 体長 5.0 〜 8.0 mm. 上顎後牙堤に 1 本のとがった歯がある. 背甲前端部に長毛が密生し, 前眼列は背面からはほとんど見えない. 眼域は他属に比べて狭く, 背甲の約 1/3 を占める. 第 1, 2 歩脚に比べて, 第 3, 4 歩脚は明らかに長い. 北海道〜九州に分布.

ジャバラハエトリグモ属 (p.78, 104)
Helicius

体長 3.0 〜 5.0 mm. 上顎後牙堤に 1 本のとがった歯がある. 背甲はやや平たい. 北海道〜九州に分布. ジャバラハエトリ H. yaginumai Bohdanowicz & Prószyński, コジャバラハエトリ H. cylindratus (Karsch) など 3 種が知られる.

オビハエトリグモ属 (p.75, 104)
Siler

体長 3.0 〜 7.0 mm. 上顎後牙堤に, 小鋸歯のある幅の広い歯がある. 第 3, 4 歩脚の腿節背面に刺がある. 日本産は次の 2 種. アオオビハエトリ S. vittatus (Karsch) (分布：本州〜南西諸島), カラオビハエトリ S.

collingwoodi（O. Pickard-Cambridge）（分布：西表島）．

ヒナタハエトリグモ属（p.78, 104）
Heliophanus

体長2.5〜7.0 mm．上顎後牙堤に1本のとがった歯がある．背甲と腹部は全体に黒色でつやがある（腹部の前縁から側縁にかけて，および，背面後部に白斑を持つ）．北海道，本州，四国に分布．ウスリーハエトリ *H. ussuricus* Kulczyński，タカノハエトリ *H. lineiventris* Simon の2種が知られる．

ヤマトハエトリグモ属（p.78）
Phintella

体長2.9〜8.0 mm．上顎後牙堤に1本のとがった歯がある．日本産は7種．日本全土に分布．背甲と腹部は黄白色ないし褐色のものが多いが，キアシハエトリ *P. bifurcilinea*（Bösenberg & Strand）は黒紫色，メスジロハエトリ *P. versicolor*（C. L. Koch）の雄は黒色で両側に黄色の縦斑を持つ．ほとんどの種は植物上を徘徊するが，メガネアサヒハエトリ *P. linea*（Karsch）など，地表でも見られる種がある．

マツモトハエトリグモ属（p.76, 105）
Bristowia

日本産はマツモトハエトリ *B. heterospinosa* Reimoser のみ．体長2.5〜3.8 mm．上顎後牙堤に幅の広い歯がある．第1歩脚の転節が長く，基節と同程度またはそれ以上の長さがある．雄の第1歩脚はきわめて長い．第3, 4歩脚にはまったく刺がない．本州と南西諸島から記録されている．

マミジロハエトリグモ属（p.76, 105）
Evarcha

体長5.0〜8.0 mm．上顎後牙堤に1本のとがった歯がある．北海道〜南西諸島に分布．植物上に生息するが，マミジロハエトリ *E. albaria*（L. Koch）やマミクロハエトリ *E. fasciata* Seo は時に地表でも観察される．これらの2種では，後中眼の斜め後ろに剛毛束があり，第3歩脚は第4歩脚とほぼ同長か，より長い．日本から他に4種が知られる．

オオハエトリグモ属（p.77, 105）
Marpissa

体長3.4〜13.0 mm．上顎後牙堤に1本のとがった歯がある．胸板は細長く，先端部はかなり狭い．北海道〜奄美諸島に分布．日本から，オオハエトリ *M. milleri*（Peckham & Peckham），ヨダンハエトリ *M. pulla*（Karsch）など5種が知られる．いずれも植物上に生息するが，ヨダンハエトリはしばしば地表から見出される．

ミナミツヤハエトリグモ属（p.76, 105）
Stertinius

日本産はコミナミツヤハエトリ *S. kumadai* Logunov, Ikeda & Ono のみ．体長3.0〜3.2 mm．上顎後牙堤に幅の広い歯がある．第1歩脚の基節は他の基節に比べて著しく太い．第3, 4歩脚には刺がまったくない．本州に分布．

ウデブトハエトリグモ属（p.75, 105）
Harmochirus

日本産はウデブトハエトリ *H. insulanus*（Kishida）のみ．体長2.4〜4.9 mm．上顎後牙堤に幅の広い歯がある．眼域は前辺より後辺がわずかに長く，背甲の長さの1/2を超える．第1歩脚はきわめて太く，長い．第3歩脚蹠節の先端に複数の刺がある．本州，四国，九州に分布．

ツヤハエトリグモ属（p.77, 105）
Sibianor

体長1.5〜4.9 mm．上顎後牙堤に1本のとがった歯を持つ．眼域は前辺より後辺がわずかに長く，背甲の長さの1/2を超える．第1歩脚は太く，長い．北海道〜九州に分布．キレワハエトリ *S. pullus*（Bösenberg & Strand），ヤマトツヤハエトリ *S. japonicus*（Logunov, Ikeda & Ono）など5種が知られる．

カタオカハエトリグモ属（p.78）
Euophrys

体長2.6〜4.3 mm．上顎後牙堤に1本のとがった歯がある．背甲は褐色で，頭部は濃色．腹部は褐色で，細かい明色の斑紋が散在する．北海道〜九州に分布．カタオカハエトリ *E. kataokai* Ikeda，ウデグロカタオカハエトリ *E. frontalis*（Walckenaer）の2種が知られる．

ヒメスジハエトリグモ属（p.76）
Talavera

日本産はヒメスジハエトリ *T. ikedai* Logunov & Kronestedt のみ．体長2.0〜3.0 mm．上顎後牙堤に1本のとがった歯がある．腹部は黒色の地に，背面から側面にかけて2対の黄色の縦斑がある（背面から見ると，黄色の地に3本の黒色の縦斑があるようにも見える）．北海道，本州，九州に分布．

ネオンハエトリグモ属（p.78, 105）
Neon
　体長 1.6 〜 3.4 mm．上顎後牙堤に 1 本のとがった歯がある．歩脚の腿節に刺がない（ただし，時に剛毛がある）．腹部は白色ないし黄褐色で，褐色ないし黒色の斑紋がある．北海道〜九州，奄美大島に分布．ネオンハエトリ *N. reticulatus*（Blackwall），コガタネオンハエトリ *N. minutus* Żabka など 5 種が知られる．

アリガタハエトリグモ属（p.77）
Synageles
　日本産はアリガタハエトリ *S. venator*（Lucas）のみ．体長 3.5 〜 4.0 mm．上顎後牙堤に 1 本のとがった歯がある．背甲は細長く，眼域は背甲の長さの 1/2 を超える．北海道から記録されている．

アリハエトリグモ属（p.76, 105）
Synagelides
　体長 3.0 〜 6.0 mm．上顎後牙堤に幅の広い歯がある．背甲は比較的細長い．第 3，4 歩脚にはまったく刺がない．北海道〜南西諸島に分布．主に落葉層中を徘徊する．アメイロハエトリ *S. agoriformis* Strand，オオクマアメイロハエトリ *S. annae* Bohdanowicz など 3 種が知られる．

謝辞
　クモ目の執筆にあたって，池田博明，井原庸，故大井良次，斎藤博，新海栄一，田副幸子，田中穂積，谷川明男，故千国安之輔，松田まゆみ，故八木沼健夫，吉田哉の各氏から，種々の貴重なご教示をいただいたり，標本を貸与していただいたり，また，著作から図を引用させていただいたりした．ここに記し，厚くお礼申し上げる．

引用・参考文献

Blest, A. D. (1976). The tracheal arrangement and the classification of linyphiid spiders. *J. Zool. London*, **180**: 185-194.
Blest, A. D. (1979). Linyphiidae-Mynogleninae. The Spiders of New Zealand, **5**: 95-173.
Bösenberg, W. (1902). *Centromerus expertus* Camb. *In*: Die Spinnen Deutschlands, II. *Zoologica*, **14**: 132, pl, XI, fig. 171.
Bösenberg, W. & E. Strand (1906). Japanische Spinnen. *Abh. senckenb. naturf. Ges.*, **30**: 95-422, pls. 3-16.
Bosselaers, J. & R. Jocqué (2013). Studies in Liocranidae (Araneae): a new afrotopical genus featuring a synapomorphy for the Cybaeodinae. *Europ. J. Taxon.*, **40**: 1-49.
千国安之輔 (1989)．写真日本クモ類大図鑑．308 pp. 偕成社，東京．
千国安之輔 (2008)．写真日本クモ類大図鑑（改訂版）．308 pp. 偕成社，東京．
Eskov, K. Y. (1992). A restudy of the generic composition of the linyphiid spider fauna of the Far East (Araneida: Linyphiidae). *Ent. Scand.*, **23**: 153-168.
Eskov, K. Y. (1994). Catalogue of the Linyphiid Spiders of Northern Asia (Arachnida, Araneae, Linyphiidae). 144 pp. Pensoft, Sofia and Moscow.
Ihara, Y. (1995). Taxonomic revision of the *longiscapus*-group of *Archphantes* (Araneae : Linyphiidae) in western Japan, with a note on the concurrent diversification of copulatory organs between males and females. *Acta arachnol.*, **44**: 129-152.
井原庸 (2007)．中国山地におけるナミハグモ属とヤミサラグモ属の交尾器の多様性と地理的分化のパターン．タクサ, (22): 20-30.
Ikeda, H. (1995a). A revisional study of the Japanese salticid spiders of the genus *Neon* Simon (Araneae : Salticidae). *Acta arachnol.*, **44**: 27-42.
Ikeda, H. (1995b). Two poorly known species of salticid spiders from Japan. *Acta arachnol.*, **44**: 159-166.
Ikeda, H. (1996). Japanese salticid spiders of the genera *Euophrys* C. L. Koch and *Talavera* Peckham et Peckham (Araneae : Salticidae). *Acta arachnol.*, **45**: 25-41.
Ikeda, H. & S. Saito (1997). New records of a Korean species, *Evarcha fasciata* Seo, 1992 (Araneae : Salticidae) from Japan. *Acta arachnol.*, **46**: 125-131.
入江照雄・斎藤博 (1987)．熊本県のサラグモ類．*Heptathela*, **3** (2): 14-30.
加村隆英 (1986)．日本のワシグモ類（II）．*Atypus*, (87): 9-20.
Kamura, T. (1987). Three species of the genus *Drassyllus* (Araneae : Gnaphosidae) from Japan. *Acta arachnol.*, **35**: 77-88.
Kamura, T. (1988). A revision of the genus *Gnaphosa* (Araneae : Gnaphosidae) from Japan. *Akitu*, N. Ser., (97): 1-14.
Kamura, T. (1989). A new species of the genus *Herpyllus* (Araneae : Gnaphosidae) from Japan. *In*: Arachnological Papers Presented to Takeo Yaginuma on the Occasion of his Retirement, pp. 111-115. Osaka.
Kamura, T. (1991). A revision of the genus *Cladothela* (Araneae : Gnaphosidae) from Japan. *Acta arachnol.*, **40**: 47-60.
Kamura, T. (1992). Two new genera of the family Gnaphosidae (Araneae) from Japan. *Acta arachnol.*, **41**: 119-132.
Kamura, T. (1995). A newly recorded spider from Japan, *Phaeocedus braccatus* (L. Koch) (Araneae : Gnaphosidae). *Acta arachnol.*, **44**: 43-46.
Kamura, T. (1998). Taxonomic notes on Gnaphosidae (Araneae) from Japan. *Acta arachnol.*, **47**: 169-171.
Kamura, T. (2001a). Seven species of the families Liocranidae and Corinnidae (Araneae) from Japan and Taiwan. *Acta arachnol.*, **50**: 49-61.
Kamura, T. (2001b). A new genus *Sanitubius* and a revived genus *Kishidaia* of the family Gnaphosidae (Araneae). *Acta arachnol.*, **50**: 193-200.
Kamura, T. (2005). Spiders of the genus *Otacilia* (Araneae: Corinnidae) from Japan. *Acta arachnol.*, **53**: 87-92.

加村隆英(2014). 日本産ワシグモ科(クモ目)の1新記録種. 追手門学院大学基盤教育論集，(1)：61-64.

小松敏宏（1942）．最勝洞産蜘蛛．Acta arachnol., **7**：54-70.

Logunov, D. V., H. Ikeda & H. Ono (1997). Jumping spiders of the genera *Harmochirus*, *Bianor* and *Stertinius* (Araneae, Salticidae) from Japan. *Bull. natn. Sci. Mus., Tokyo*, (A), **23**: 1-16.

松田まゆみ（1986）．北海道中央高地（大雪山国立公園）の真正蜘蛛類，補遺（I）．上士幌町ひがし大雪博物館研究報告，(8)：83-92.

松田まゆみ（1987）．十勝地方平野部の真正蜘蛛類（1）．上士幌町ひがし大雪博物館研究報告，(9)：15-33.

松田まゆみ（1996）．十勝海岸部沼沢地のクモ類．上士幌町ひがし大雪博物館研究報告，(18)：61-79.

松田まゆみ（2000）．これまで *Walckenaeria antica*（Wider, 1834）に誤同定されてきた *W. golovachi* Eskov et Marusik, 1994の記載．上士幌町ひがし大雪博物館研究報告，(22)：31-34.

松田まゆみ（2001）．北海道に生息する北方系の2種のサラグモ．上士幌町ひがし大雪博物館研究報告，(23)：33-37.

松田まゆみ（2007）．北海道産クモ類目録（2007年版）．上士幌町ひがし大雪博物館研究報告，(29)：1-20.

松田まゆみ・堀繁久・石田裕一（2004）．野幌森林公園のクモ相．北海道開拓記念館調査報告，(43)：11-32.

Matsuda, M. & H. Ono (2001). A new species of the genus *Ummeliata* (Araneae, Linyphiidae) from Japan. *Bull. natl. Sci. Mus., Tokyo*, (A), **27**：271-276.

松田まゆみ・柴多浩一（1998）．喜登牛山風穴地のクモ相．上士幌町ひがし大雪博物館研究報告，(20)：61-74.

Merrett, P. (1963). The palpus of male spiders of the family Linyphiidae. *Proc. Zool. Soc. London*, **140**：347-467.

Millidge, A. F. (1977). The conformation of the male palpal organs of linyphiid spiders, and its application to the taxonomic and phylogenetic analysis of the family (Araneae : Linyphiidae). *Bull. Br. arachnol. Soc.*, **4**：1-60.

Millidge, A. F. (1984). The taxonomy of the Linyphiidae, based chiefly on the epigynal and tracheal characters (Araneae : Linyphiidae). *Bull. Br. arachnol. Soc.*, **6**：229-267.

Millidge, A. F. (1986). A revison of the tracheal structures of the Linyphiidae (Araneae). *Bull. Br. arachnol. Soc.*, **7**：57-61.

Millidge, A. F. (1988). The relatives of the Linyphiidae : phylogenetic problems at the family level (Araneae). *Bull. Br. arachnol. Soc.*, **7**：253-268.

Namkung, J. (2003). The Spiders of Korea (revised edition). 647 pp. Kyo-Hak Publ., Seoul.

西川喜朗（1977）．大阪府箕面産ヤチグモの3新種．Acta arachnol., **27**（spec. no.）：33-44.

大野正男・八木沼健夫（1967）．越後粟島の真正蜘蛛類．東洋大学紀要，教養課程篇（自然科学），(8)：31-38.

大井良次（1960）．京大瀬戸臨海実験所付近に産する海浜性の蜘蛛について．Acta arachnol., **17**：3-8, pl. 1.

Oi, R. (1960). Linyphiid spiders of Japan. *J. Inst. Polytech. Osaka City Univ.*, (D), **11**：137-244, pls, I-XXVI.

Oi, R. (1964). A supplementary note on linyphiid spiders of Japan. *J. Biol. Osaka City Univ.*, **15**：23-30, pls. I-III.

Oi, R. (1979). New linyphiid spiders of Japan I (Linyphiinae). *In*：Essays in Honor of the Fifteenth Anniversary of Baika Women's College. *Baika liter. Bull.*, Ibaraki, **16**：325-341.

Ono, H. (1980). Thomisidae aus Japan III. Das Genus *Lysiteles* Simon 1895 (Arachnida : Araneae). *Senckenbergiana biol.*, **60**：203-217.

Ono, H. (1984). The Thomisidae of Japan IV. *Boliscus* Thorell, 1891 (Arachnida, Araneae), a genus new to the Japanese fauna. *Bull. natn. Sci. Mus., Tokyo*, (A), **10**：63-71.

Ono, H. (1985). Revision einiger Arten der Familie Thomisidae (Arachnida, Araneae) aus Japan. *Bull. natn. Sci. Mus., Tokyo*, (A), **11**：19-39.

Ono, H. (1987). A new Japanese castianeirine genus (Araneae, Clubionidae) with presumptive prototype of salticoid eyes. *Bull. natn. Sci. Mus., Tokyo*, (A), **13**：13-19.

Ono, H. (1988). A Revisional Study of the Spider Family Thomisidae (Arachnida, Araneae) of Japan. 252 pp. National Science Museum. Tokyo.

小野展嗣（1991）．日本のクモ相に加わったハグモ科の一種 *Lathys sexoculata* Seo et Sohn. *Atypus*, (98/99)：37-39.

Ono, H. (1997). New species of the genera *Ryuthela* and *Tmarus* (Araneae, Liphistiidae and Thomisidae) from the Ryukyu Islands, Southwest Japan. *Bull. natn. Sci. Mus., Tokyo*, Ser. A, **23**：149-163.

Ono, H. (1986), Little-known Japanese spider, *Clubiona zilla* (Araneae, Clubionidae) –representative of a new and peculiar species-group. *Bull. natn. Sci. Mus., Tokyo*, (A), **12**：117-121.

Ono, H. (1989). New species of the genus *Clubiona* (Araneae, Clubionidae) from Iriomotejima Island, the Ryukyus. *Bull. natn. Sci. Mus., Tokyo*, (A), **15**：155-166.

Ono, H. (2007). Eight new spiders of the families Hahniidae, Theridiidae, Linyphiidae and Anapidae (Arachnida, Araneae) from Japan. *Bull. natl. Mus. Nat. Sci., Tokyo*, (A), **33**：153-174.

小野展嗣（編著）（2009）．日本産クモ類．xvi+738 pp. 東海大学出版会，神奈川．

Ono, H. (2010a). Two new spiders of the families Anapidae and Clubionidae (Arachnida, Araneae) from Japan. *Bull. natl. Mus. Nat. Sci., Tokyo*, (A), **36**：1-6.

Ono, H. (2010b). Spiders from Mikurajima Island, Tokyo, with descriptions of new genera and species of the families Linyphiidae and Theridiidae (Arachnida, Araneae). *Bull. natl. Mus. Nat. Sci., Tokyo*, (A), **36**：51-63.

Ono, H. (2011a). Spiders (Arachnida, Araneae) of the Ogasawara Islands, Japan. *Mem. natl. Mus. Nat. Sci., Tokyo*, (47)：435-470.

Ono, H. (2011b). Notes on Japanese Spiders of the Genera *Paikiniana* and *Solenysa* (Araneae, Linyphiidae). *Bull. natl. Mus. Nat. Sci., Tokyo*, (A), **37**：121-129.

Ono, H. (2011c). Three interesting spiders of the families Filistatidae, Clubionidae and Salticidae (Araneae) from Palau. *Bull. natl. Mus. Nat. Sci., Tokyo*, (A), **37**：185-194.

Ono, H. (2013). Spiders of the genus *Tricalamus* (Araneae, Filistatidae) from Japan. *Bull. natl. Mus. Nat. Sci., Tokyo*, (A), **39**：15-20.

小野展嗣・加村隆英・西川喜朗（1999）．クモ綱 Arachnida・クモ目 Araneae. 青木淳一編，日本産土壌動物，

pp. 444-558, 1029-1032. 東海大学出版会, 東京.
Ono, H., K. Kumada, M. Sadamoto & E. Shinkai, (1991). Spiders of the northernmost areas of Hokkaido, Japan. *Mem. natn. Sci. Mus., Tokyo*, (24) : 81-103.
小野展嗣・松田まゆみ・斉藤博 (2009). サラグモ科 Linyphiidae, ピモサラグモ科 Pimoidae. 小野展嗣編, 日本産クモ類, pp. 253-344, 590-591, 612-614. 東海大学出版会, 神奈川.
Ono, H. & Y. Nishikawa, 1992. Records of spiders from the northernmost areas of Hokkaido, Japan, with notes and illustrations of *Cybaeus kunashirensis* (Araneae, Cybaeidae). *Mem. natn. Sci. Mus., Tokyo*, (25) : 135-142.
Ono, H., & H. Saito (1989). A new linyphiid spider from the Ryukyu Islands, Southwest Japan. *Bull. ntan. Sci. Mus., Tokyo*, (A), **22** : 231-234.
Ono, H. & H. Saito (2001). New species of the family Linyphiidae (Arachnida, Araneae) from Japan. *Bull. natl. Sci. Mus., Tokyo*, (A), **27** : 159-203.
Ono, H. & A. Tanikawa (1990). A revision of the Japanese spiders of the genus *Langbiana* (Araneae, Zodariidae). *Mem. natn. Sci. Mus., Tokyo*, (A) : 101-112.
Platnick, N. I. (2014). The world spider catalog, version 15. American Museum of Natural History, online at http://research.amnh.org/entomology/spiders/catalog/index.html DOI: 10.5531/db.iz.0001.
Platnick, N. I. & N. Dupérré (2009). The goblin spider genus *Heteroonops* (Araneae, Oonopidae), with notes on *Oonops*. *Amer. Mus. Novitates*, (3672) : 1-72.
Roberts, M. J. (1985). The Spiders of Great Britain and Ireland, Vol. 3. Colour Plates - Atypidae to Linyphiidae. 1-12 + 253-256 pp., 237 pls. Harleys, Colchester.
Roberts, M. J. (1987). Ditto, Vol. 2. Linyphiidae and Check List. 204 pp. Harleys, Colchester.
Saito, H. (1977). A new spider of the genus *Porrhomma* (Araneae : Linyphiidae) from caves of Tochigi Prefecture, Japan. *Acta arachnol.*, **27** : 48-52.
斎藤 博 (1979). 栃木県産サラ・コサラグモに就いて (II). インセクト, **30** : 79-83.
Saito, H. (1980). Description of two new species of the genus *Tapinocyba* Simon (Araneae : Erigonidae) from Japan. *Acta arachnol.*, **29** : 65-71.
斎藤 博 (1981). ツノタテグモの再発見. *Kishidaia*, (47) : 81-83.
斎藤 博 (1982a). *Delorrhipis niveoventris* Komatsu, 1942 (アカシロカグラグモ) について. *Heptathela*, **2** (2) : 47-50.
斎藤 博 (1982b). 北海道のサラグモ (Linyphiidae) について. *Kishidaia*, (49) : 8-21.
Saito, H. (1982a). Soil dwelling linyphiine and erigonine spiders from Ogasawara Islands, Japan. *Edaphologia*, (25/26) : 33-39.
Saito, H. (1982b). Notes on Japanese Linyphiidae, I. *Acta arachnol.*, **31** : 17-26.
斎藤 博 (1983a). 北海道のサラグモ (Linyphiidae) について (2). インセクト, **34** : 50-60.
斎藤 博 (1983b). 日本産 *Gnathonarium* 属 (サラグモ科) の種について. *Atypus*, (83) : 3-6.

Saito, H. (1983). Description of a new soil dwelling linyphiine spider of the genus *Syedra* (Araneae : Linyphiidae) from Japan. *Edaphologia*, (29) : 13-16.
Saito, H. (1984). Description of four new species of the soil dwelling linyphiine spiders (Araneae : Linyphiidae) from the Kyushu and Kanto Districts. *Edaphologia*, (31) : 1-8.
Saito, H. (1986). New erigonine spiders found in Hokkaido, Japan. *Bull. natn. Sci. Mus., Tokyo*, (A), **22** : 9-24.
斎藤 博 (1987). 日本のファウナに加わった数種のサラグモについて. *Heptathela*, **3** (2) : 1-13.
Saito, H. (1988a). A new spider of the genus *Cresmatoneta* (Araneae : Linyphiidae) from Japan. *Proc. jpn. Soc. syst. Zool.*, (37) : 24-26.
Saito, H. (1988b). Four new erigonine spiders (Araneae : Linyphiidae) from Japan. *Edaphologia*, (39) : 17-24.
Saito, H. (1989). Two new erigonine spiders (Araneae : Linyphiidae) from Japan. *In* : Arachnological Papers Presented to Takeo Yaginuma on the Occasion of his Retirement, pp. 47-51. Osaka.
Saito, H. (1990). A new erigonine spider of the genus *Araeoncus* (Araneae : Linyphiidae) from Japan. *Proc. jpn. Soc. syst. Zool.*, (41) : 19-22.
斎藤 博 (1992). 県内で採集した蜘蛛 (II). 山梨の昆虫, (36) : 944-953.
Saito, H. (1992a). Two new linyphiine spiders (Araneae : Linyphiidae) from Japan. *Edaphologia*, (48) : 1-5.
Saito, H. (1992b). New linyphiid spiders of the genus *Arcuphantes* (Araneae : Linyphiidae) from Japan. *Korean Arachnol.*, **8** : 13-31.
Saito, H. (1993). Two erigonine spiders of the genus *Ummeliata* (Araneae : Linyphiidae). *Acta arachnol.*, **42** : 103-107.
Saito, H., & T. Irie (1992). A new eyeless spider of the genus *Walckenaeria* (Araneae, Linyphiidae) found in a limestone cave of southern Kyushu, Southwest Japan. *J. speleol. Soc. Japan*, **17** : 20-22.
Saito, H. & H. Ono (2001). New genera and species of the family Linyphiidae (Arachnida, Araneae) from Japan. *Bull. natl. Sci. Mus., Tokyo*, (A), **27** : 1-59.
斎藤 博・高橋米夫・相良淳一 (1979). 青森県産の数種の蜘蛛に就いて. *Atypus*, (75) : 7-15.
斎藤 博・保田信紀 (1988). 北海道産の3種のサラグモについて. 層雲峡博物館研究報告, (8) : 23-29.
斎藤 博・保田信紀 (1989). 北海道産の *Wubanoides* 属の2種について. 層雲峡博物館研究報告, (9) : 25-30.
斎藤 博・保田信紀 (1990). 日本未記録の北海道産2種のコサラグモ. *Atypus*, (96) : 10-15.
Shimojana, M. (2012). A new species of the marine spider genus *Paratheuma* (Araneae : Agelenidae) from Okinawajima Island, Japan. *Acta arachnol.*, **61** : 93-96.
Shimojana, M. & J. Haupt (1998). Taxonomy and natural history of the funnel-web spider genus *Macrothele* (Araneae: Hexathelidae: Macrothelinae) in the Ryukyu Islands (Japan) and Taiwan. *Species Diversity*, **3** : 1-15.
新海明・谷川明男・安藤昭久・池田博明・桑田隆生 (2014). CD 日本のクモ Ver. 2014. 著者自刊.
新海栄一 (2006). ネイチャーガイド日本のクモ. 335 pp. 文一総合出版, 東京.

Sierwald, P. (1997). Phylogenetic analysis of pisaurine nursery web spiders, with revisions of *Tetragonophthalma* and *Perenethis* (Araneae, Lycosoidea, Pisauridae). *J. Arachnol.*, **25** : 361-407.

田中穂積（2009）．コモリグモ科 Lycosidae．小野展嗣編，日本産クモ類，pp. 222-248．東海大学出版会，神奈川．

Tanasevitch, A. V. (1996). Reassessment of the spider genus *Wubanoides* Eskov, 1986 (Arachnida : Araneae : Linyphiidae). *Reichenbachia, Dresden*, **31** : 123-129.

田副幸子（1992a）．セスジアカムネグモ，コトガリアカムネグモ，トガリアカムネグモについて．*Kishidaia*, (63)：7-16．

田副幸子（1992b）．日本新記録種タイワンコブヌカグモについて．*Acta arachnol.*, **41**：211-214．

Tazoe, S. (1993). A new species of the genus *Entelecara* (Araneae : Linyphiidae) from Iriomotejima Island, Southwest Japan. *Acta arachnol.*, **42** : 69-72.

Tazoe, S. (1994). A new species of the genus *Gongylidioides* (Araneae : Linyphiidae) from Iriomotejima Island, Southwest Japan. *Acta arachnol.*, **43** : 131-133.

Tu, L., H. Ono and S. Li (2007). Two new species of *Solenysa* Simon, 1894（Araneae：Linyphiidae）from Japan. *Zootaxa*, (1426)：57-62．

Wiehle, H. (1956). Spinnentiere oder Arachnoidea (Araneae). X. Familie Linyphiidae-Baldachinspinnen. Die Tierwelt Deutschlands und der angrenzenden Meeresteile nach ihren Merkmalen und nach ihrer Lebensweise, **44** : I-VIII, 1-337.

Wiehle, H. (1960). Spinnentiere oder Arachnoidea (Araneae). XI : Micryphantidae-Zwergspinnen. Ditto, **47** : I-XI, 1-620.

八木沼健夫（1963）．Zoropsidae のクモ日本の fauna に入る．*Acta arachnol.*, **18** : 1-6, pls. 1 & 3.

八木沼健夫（1965）．日本産真正蜘蛛類の科・属・種の検討（2）．*Acta arachnol.*, **19** : 28-36.

Yaginuma, T. (1972). The fauna of the lava caves around Mt. Fuji-san IX. Araneae (Arachnida). *Bull. natn. Sci. Mus., Tokyo*, **15** : 267-334.

八木沼健夫（1986）．原色日本クモ類図鑑．xxiv+305 pp., 64 pls. 保育社，大阪．

八木沼健夫・平嶋義宏・大熊千代子（1990）．クモの学名と和名，その語源と解説．287 pp. 九州大学出版会，福岡．

Yaginuma, T. & H. Saito (1981). A new cave spider of the genus *Porrhomma* (Araneae, Linyphiidae) found in a limestone cave of Shikoku, Southwest Japan. *J. speleol. Soc. Japan*, **6** : 33-36.

節足動物門
ARTHROPODA

多足亜門 MYRIAPODA
ムカデ綱（唇脚綱）Chilopoda

篠原圭三郎 K. Shinohara・高野光男 M. Takano・石井 清 K. Ishii

ムカデ綱（唇脚綱）Chilopoda

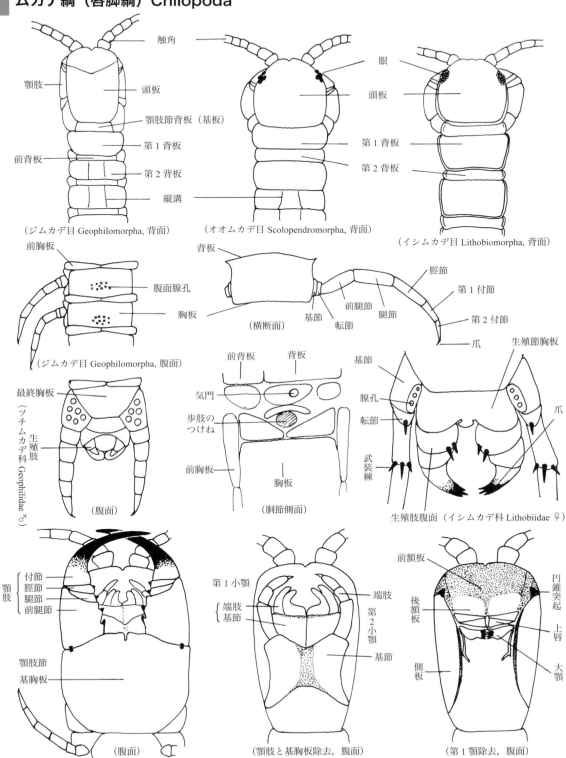

ムカデ綱（唇脚綱）Chilopoda 形態用語図解

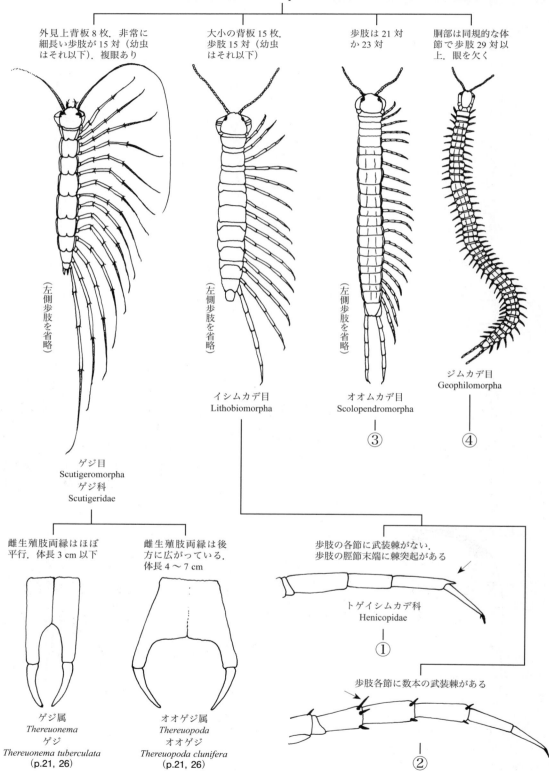

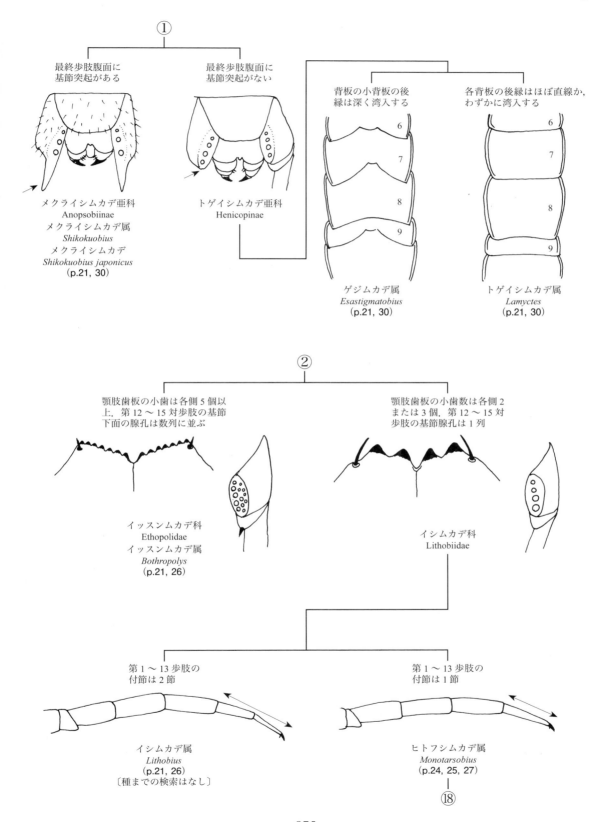

4 ムカデ綱

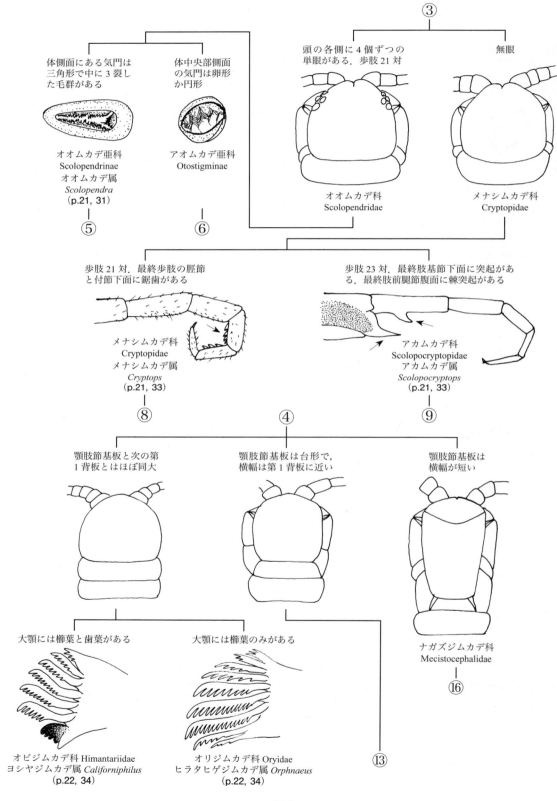

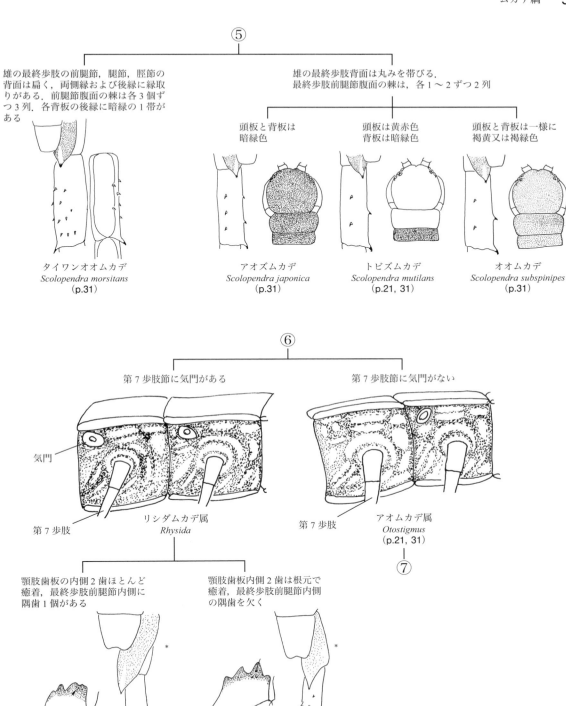

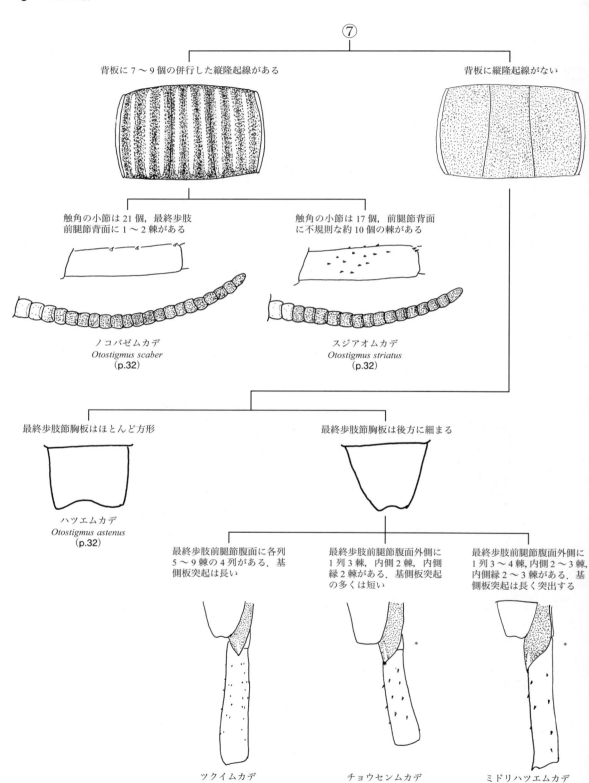

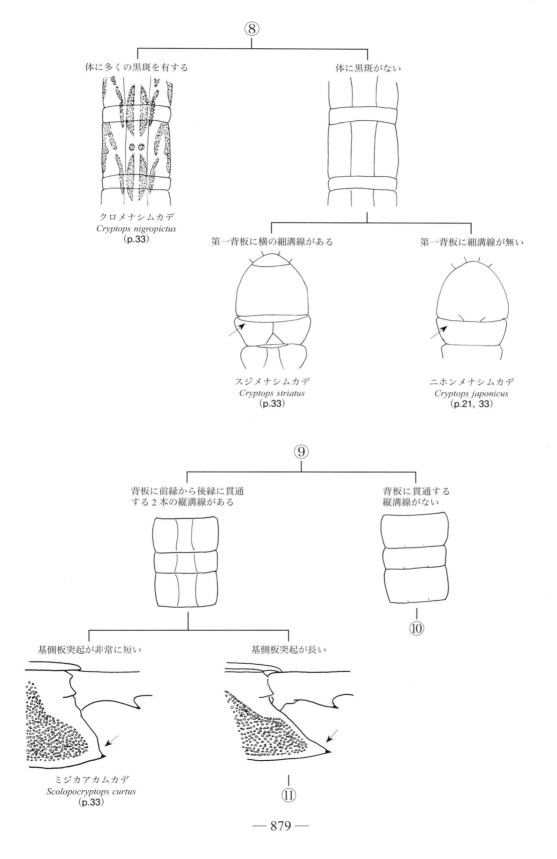

8 ムカデ綱

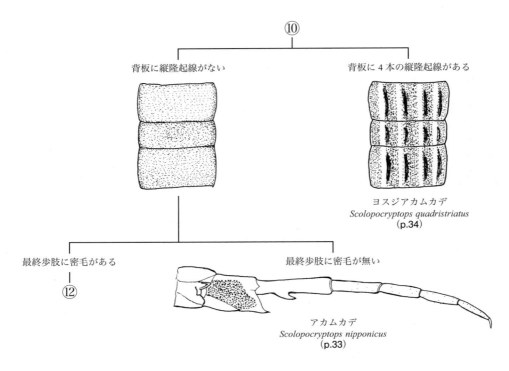

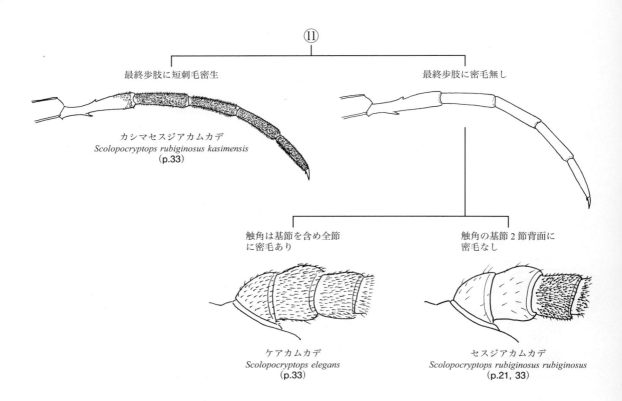

― 880 ―

⑫

最終歩肢脛節以下に
短刺毛が密生する

最終歩肢腿節以下に
短刺毛が密生する

最終歩肢脛節，付節に多数
の長刺毛が密生する

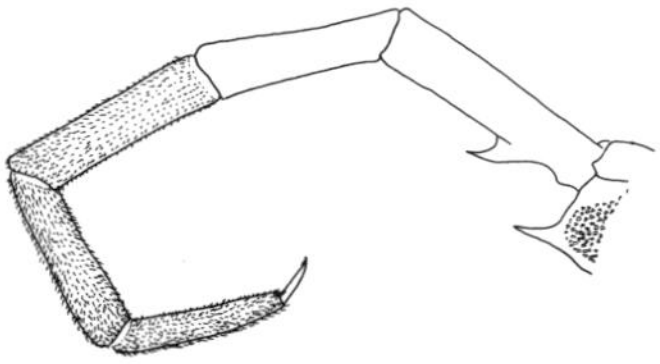

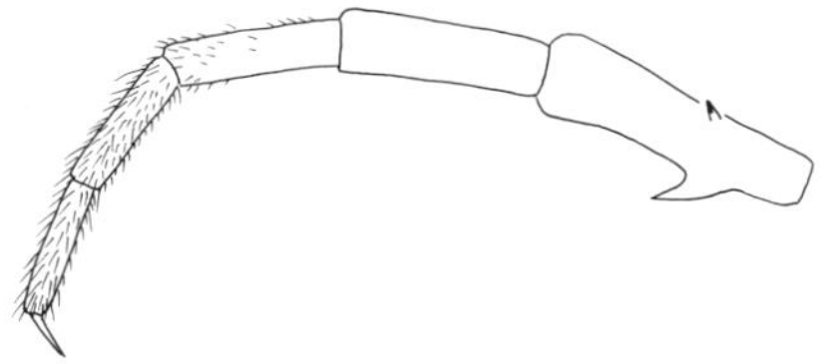

オガワアカムカデ
Scolopocryptops ogawai
(p.34)

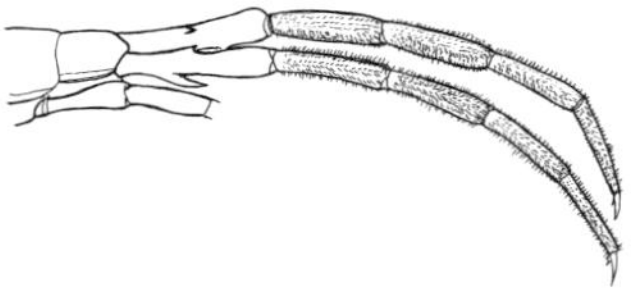

ナガトケアシアカムカデ
Scolopocryptops cappilipedatus
（三好，1956 より略写）
(p.34)

ムサシアカムカデ
Scolopocryptops musashiensis
(p.34)

10 ムカデ綱

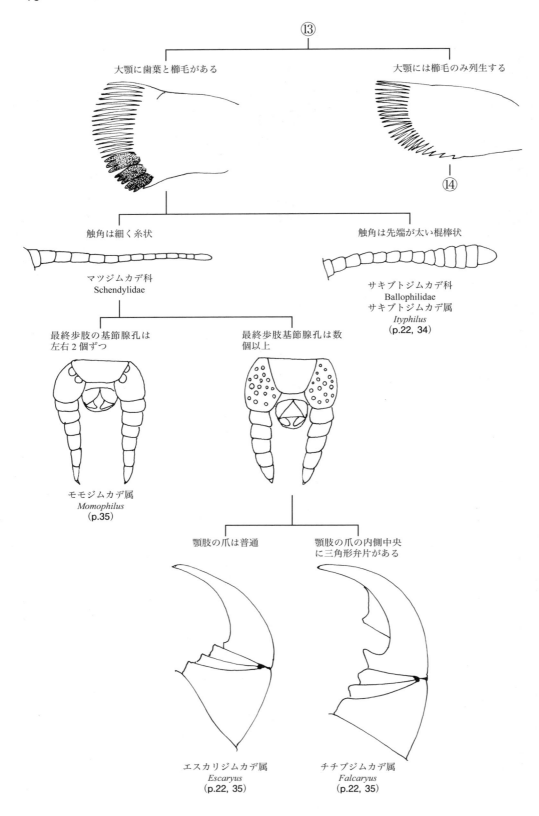

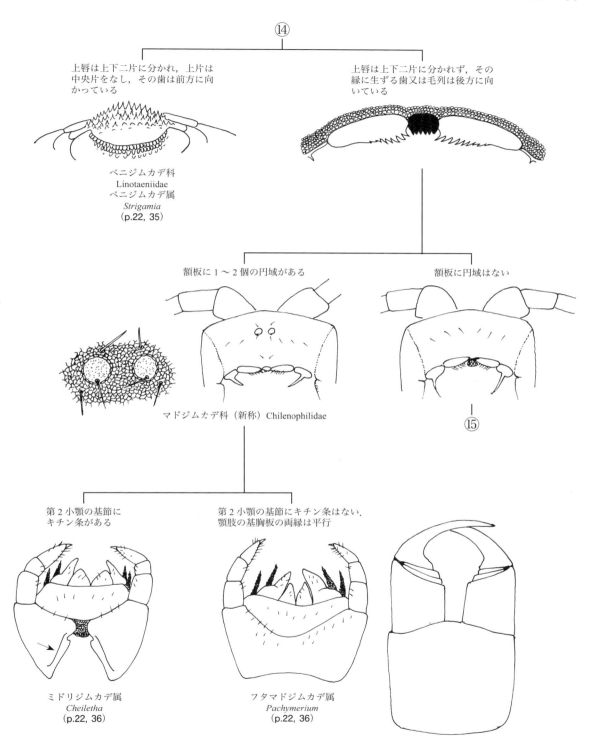

12 　ムカデ綱

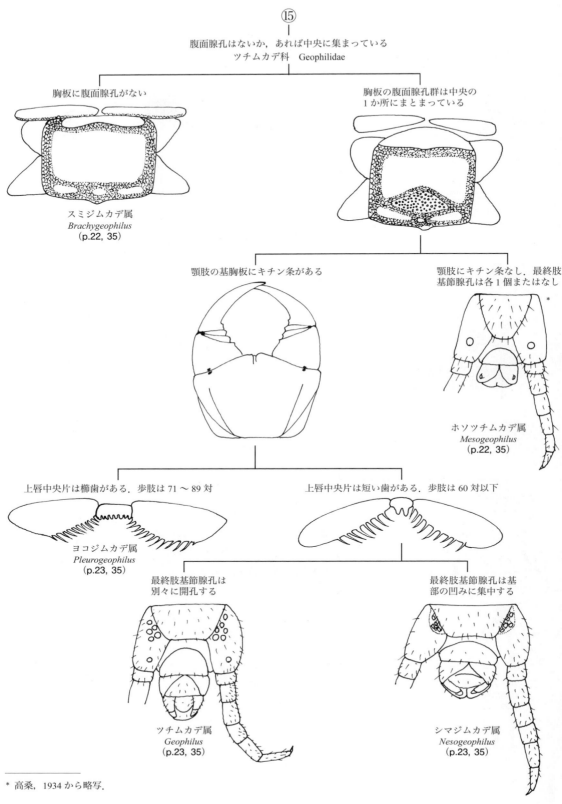

* 高桑，1934 から略写．

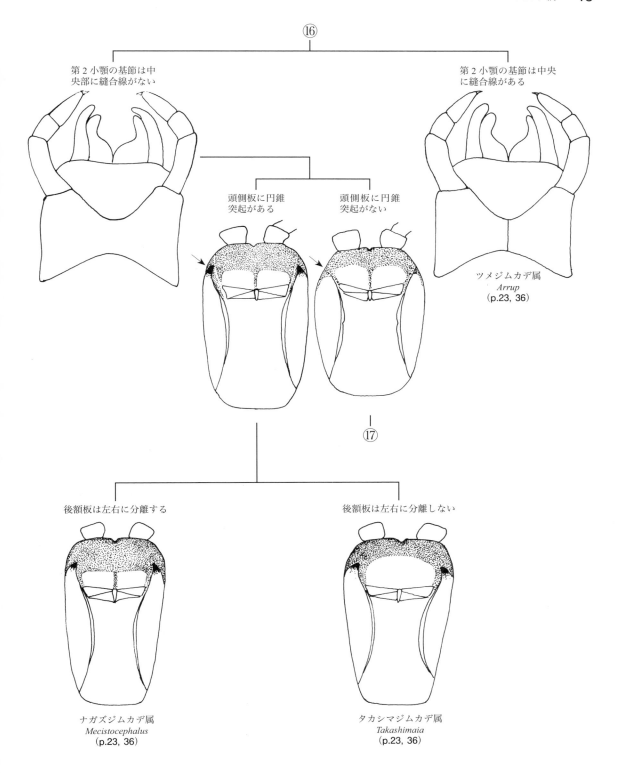

14 ムカデ綱

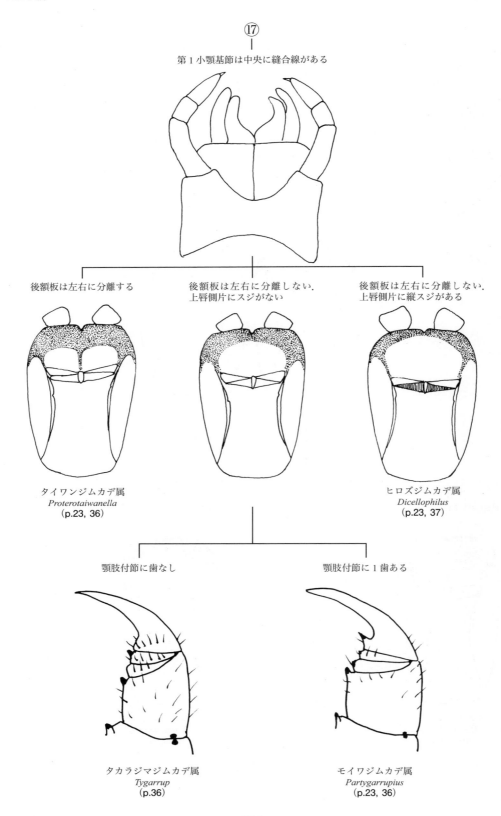

ムカデ綱 15

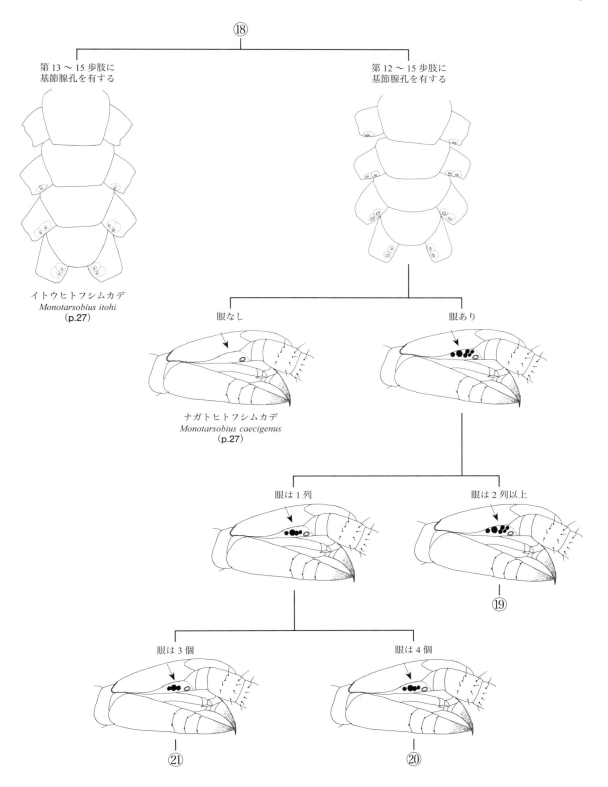

16 ムカデ綱

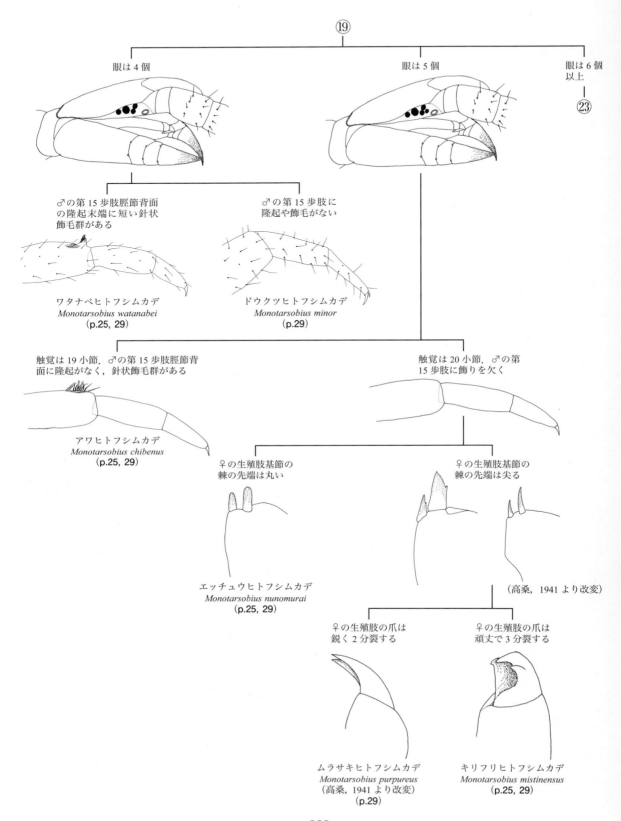

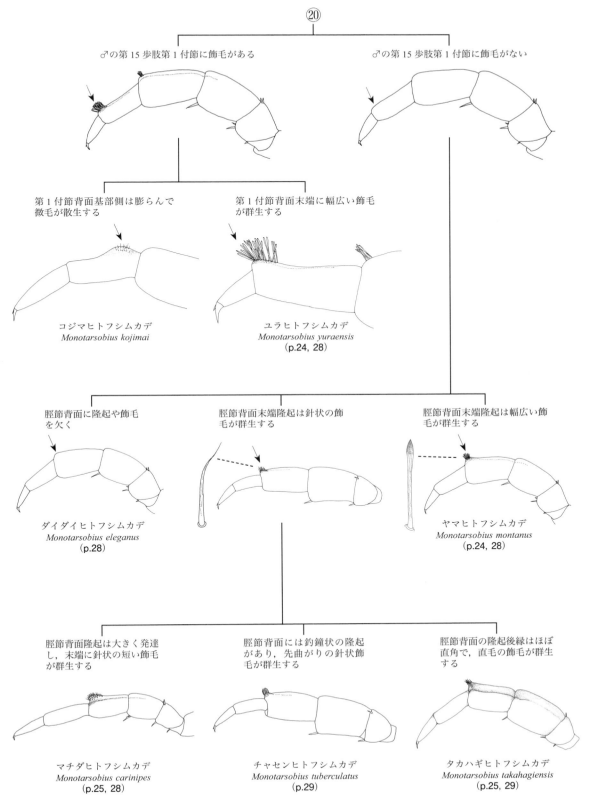

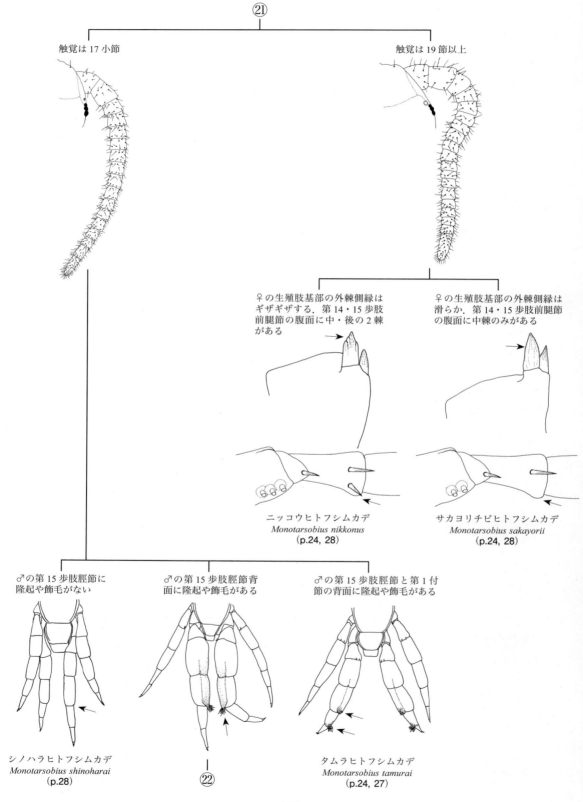

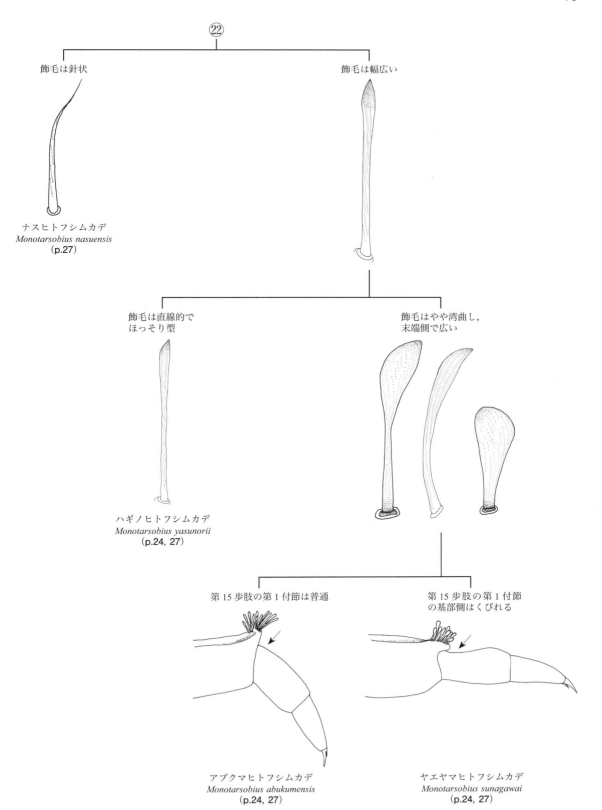

20　ムカデ綱

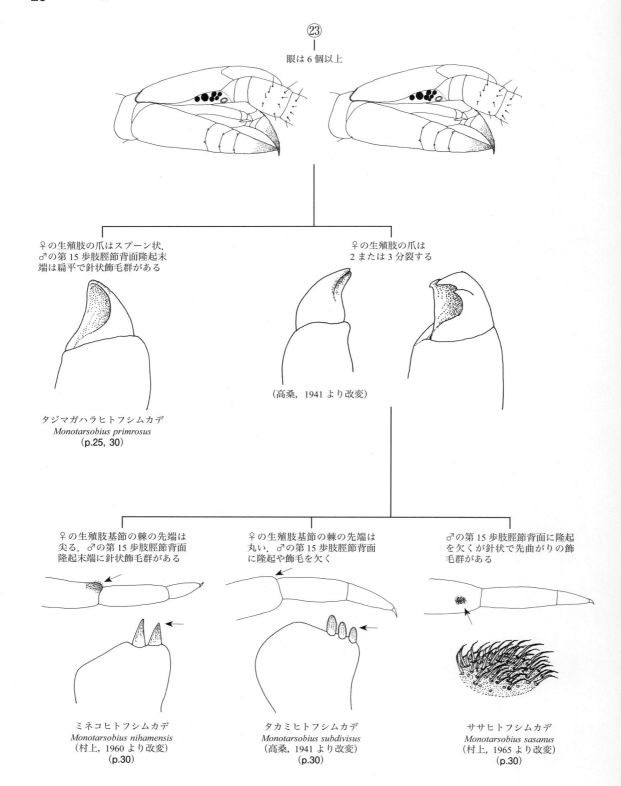

ムカデ綱 21

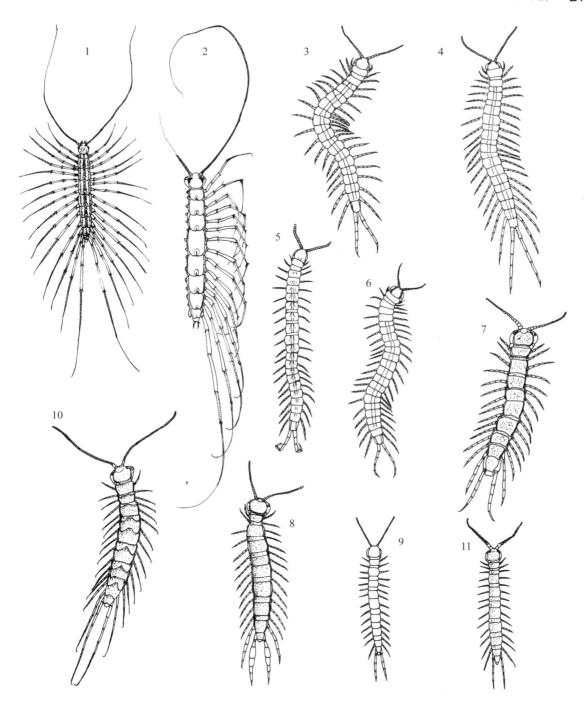

ムカデ綱 Chilopoda 全形図 (1)
1：ゲジ *Thereuonema tuberculata* (Wood), 2：オオゲジ *Thereuopoda clunifera* (Wood)（左側歩肢を省く）, 3：トビズムカデ *Scolopendra mutilans* L. Koch, 4：ツクイムカデ *Otostigmus multispinosus* Takakuwa, 5：ニホンメナシムカデ *Cryptops japonicus* Takakuwa, 6：セスジアカムカデ *Scolopocryptops rubiginosus rubiginosus* L. Koch, 7：イッスンムカデ *Bothropolys rugosus* (Meinert), 8：モモブトイシムカデ *Lithobius pachypedatus* Takakuwa, 9：メクライシムカデ *Shikokuobius japonicus* (Murakami), 10：ゲジムカデ *Esastigmatobius japonicus* Silvestri, 11：ニホントゲイシムカデ *Lamyctes guamus koshiyamai* Shinohara
(10：高桑, 1954)

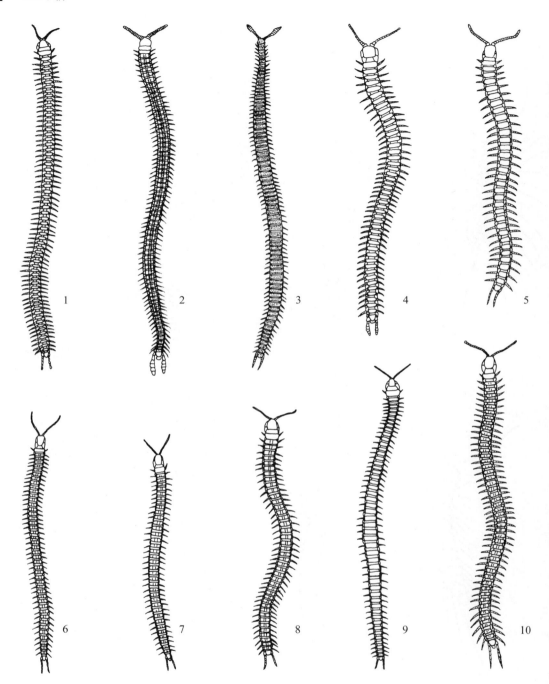

ムカデ綱 Chilopoda 全形図 (2)

1：ヨシヤジムカデ *Californiphilus japonicus* (Takakuwa), 2：ヒラタヒゲジムカデ *Orphnaeus brevilabiatus* (Newport), 3：サキブトジムカデ *Ityphilus tenuicollis* (Takakuwa), 4：ニホンエスカリジムカデ *Escaryus japonicus* Attems, 5：チチブジムカデ *Falcaryus nipponicus* Shinohara, 6：フタマドジムカデ *Pachymerium ferrugineum* C. L. Koch, 7：ミドリジムカデ *Cheiletha viridicans* (Attems), 8：スミジムカデ *Brachygeophilus dentatus* Takakuwa, 9：ツツヅメベニジムカデ *Strigamia alokosternum* (Attems), 10：ホソツチムカデ *Mesogeophilus monoporus* (Takakuwa)
(篠原原図)

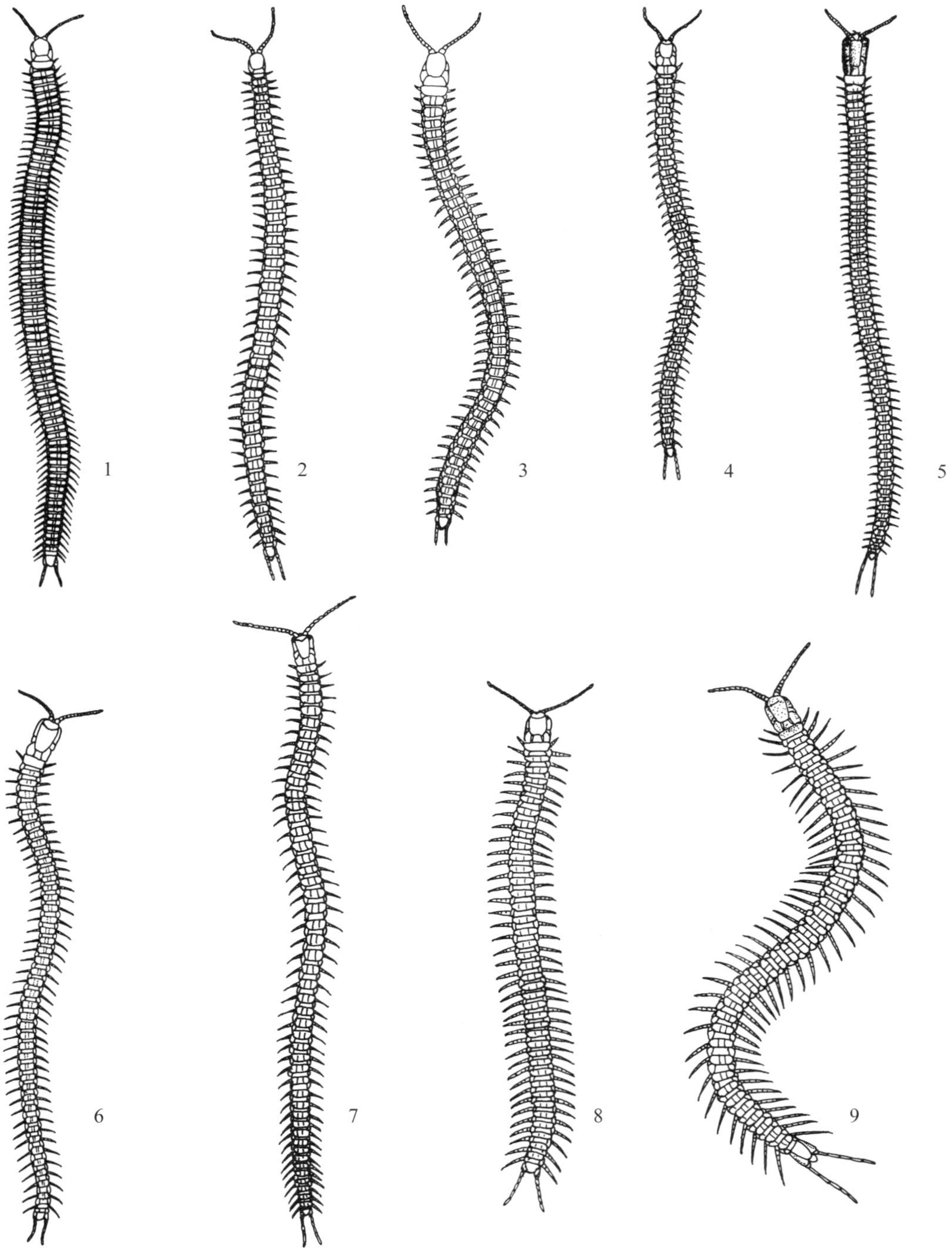

ムカデ綱　23

ムカデ綱 Chilopoda 全形図（3）
1：ヨコジムカデ *Pleurogeophilus procerus* (L. Koch), 2：ツチムカデ属の一種 *Geophilus* sp., 3：イソシマジムカデ *Nesogeophilus littoralis* Takakuwa, 4：ツメジムカデ *Arrup holstii* (Pocock), 5：タカナガズジムカデ *Mecistocephalus diversisternus* (Silvestri), 6：タカシマジムカデ *Takashimaia ramungula* Miyosi, 7：タイワンジムカデ属の一種 *Proterotaiwanella* sp., 8：モイワジムカデ *Partygarrupius moiwaensis* (Takakuwa), 9：ヒロズジムカデ *Dicellophilus pulcher* (Kishida)
（篠原原図）

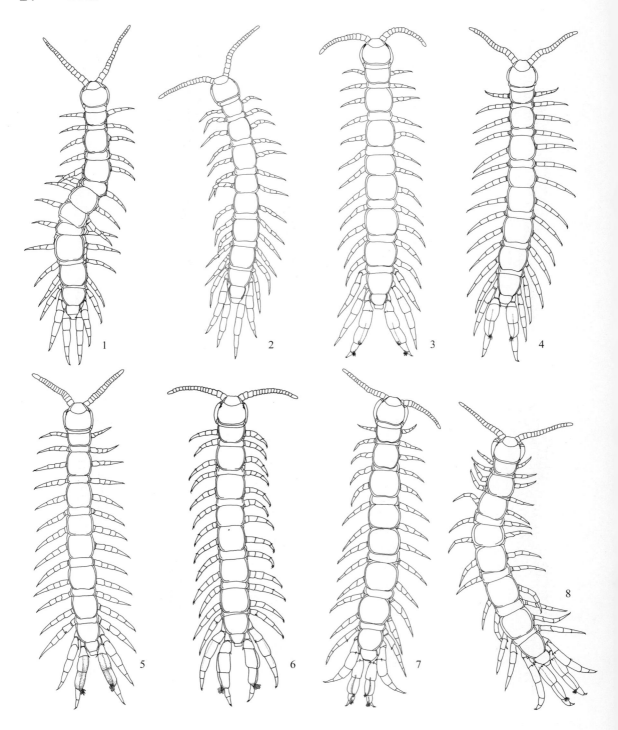

ムカデ綱 Chilopoda 全形図（4）
1：ニッコウヒトフシムカデ *Monotarsobius nikkonus* Ishii & Tamura, 2：サカヨリチビヒトフシムカデ *Monotarsobius sakayorii* Ishii, 3：タムラヒトフシムカデ *Monotarsobius tamurai* Ishii, 4：ハギノヒトフシムカデ *Monotarsobius yasunorii* Ishii & Tamura, 5：アブクマヒトフシムカデ *Monotarsobius abukumensis* Ishii, 6：ヤエヤマヒトフシムカデ *Monotarsobius sunagawai* Ishii, 7：ユラヒトフシムカデ *Monotarsobius yuraensis* Ishii, 8：ヤマヒトフシムカデ *Monotarsobius montanus* Ishii & Tamura

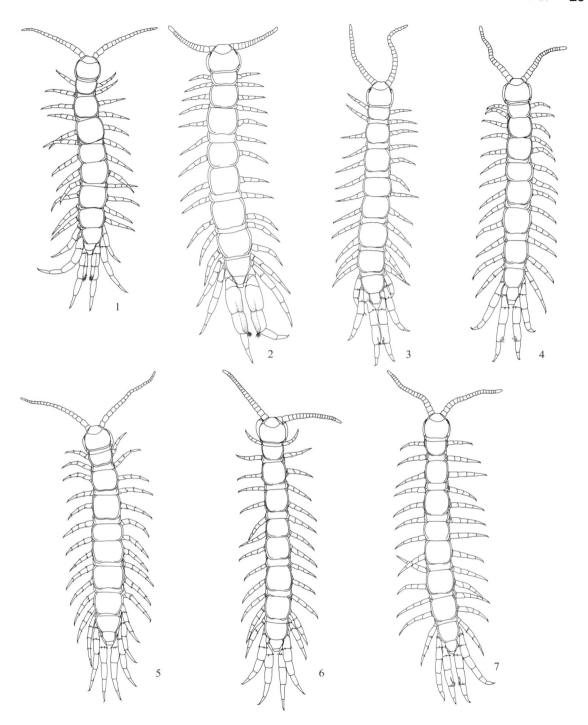

ムカデ綱 Chilopoda 全形図（5）

1：マチダヒトフシムカデ *Monotarsobius carinipes* Ishii & Yahata, 2：タカハギヒトフシムカデ *Monotarsobius takahagiensis* Ishii, 3：ワタナベヒトフシムカデ *Monotarsobius watanabei* Ishii, 4：アワヒトフシムカデ *Monotarsobius chibenus* Ishii & Tamura, 5：エッチュウヒトフシムカデ *Monotarsobius nunomurai* Ishii, 6：キリフリヒトフシムカデ *Monotarsobius mistinensus* Ishii & Tamura, 7：タジマガハラヒトフシムカデ *Monotarsobius primrosus* Ishii & Tamura

ムカデ綱（唇脚綱） Chilopoda

　頭部に1対の触角があり，胴部はやや扁平で同規的，胴の左右両側から多くの同規的歩肢が対となっている．第1胴節の付属肢は鋭い顎肢（毒顎）となる．最終歩肢は歩行に用いられず，曳航肢となる．胴の末端に肛門節と生殖節がある．気門はゲジ類では背面に，その他はすべて体側に開く．土壌中の生活をするものが多いが，大型の種は地表へ出るものが多い．すべて肉食で，昆虫やクモを捕食する．全世界に分布し，5目あるが日本産は4目．

ゲジ目　Scutigeromorpha

　気門の位置，複眼の存在，特に長い触角と付属肢などの形態は唇脚類のなかでは特異で，ことに8枚の大背板の後縁中央にスリット状の気門があるところから背気門類として亜綱とすることもある．行動は長い歩肢を用いて敏速に活動するが，これらの歩肢は容易に自切する．主として熱帯〜温帯までに分布する．1科のみ．

ゲジ科
Scutigeridae

　ゲジ目に記した特徴と同じ．世界に15以上の属があるが日本産は2属だけである．

ゲジ属 （p.2, 21）
Thereuonema

　成体で体長約3 cmに達する．いわゆるゲジゲジと呼ばれ，家屋内などに多く出没する．背面に縦の3本の暗色条があり，その条間は淡緑黄色でオオゲジと識別しやすい．日本産は1種ゲジ *T. tuberculata* (Wood) が分布し，北海道には少ないが，その他の各地に広く分布している．

オオゲジ属 （p.2, 21）
Thereuopoda

　成体では体長6〜7 cmに達する．日本産は1種でオオゲジ *T. clunifera* (Wood) のみが知られている．体形はゲジと同じであるが，背板に暗色条がなく黒色で，背板後縁中央の気門の部分が鮮やかな朱橙色をしているので識別しやすい．関東地方以南に分布し，冬季は洞穴内に集団で越冬していることが多い．

イシムカデ目　Lithobiomorpha

　気門は体側に対をなして開孔するが，変態は増節変態でゲジ類と類縁が近い．眼はないものから多数の個眼の集合したものまで変化に富む．単眼が集まった眼をもつものは変態の際，単眼数が増えるので眼による同定はできない．世界に4科あるが日本産は3科である．

イッスンムカデ科
Ethopolidae

　第12〜15歩肢の基節の腺孔は不規則な数列に配列する大小の腺孔（10個以上の場合が多い）があるのが大きな特徴．主に北半球に分布し，数属があるが日本には1属のみ．

イッスンムカデ属 （p.3, 21）
Bothropolys

　体長10〜40 mm．触角は約20小節．いくつかの背板の両後縁に三角突起があることや単眼が約20個以上集まっている特徴をもつ．東アジアに広く分布する．主に森林の落葉落枝層に生息し，春から秋にかけて1個ずつ産卵した卵を泥で包んで土壌の割れ目に放置する．日本の代表的な種は平地にイッスンムカデ *B. rugosus* (Meinert)，山地にダテイッスンムカデ *B. acutidens* Takakuwa．

イシムカデ科
Lithobiidae

　イシムカデ目の大部分を占める大きな科で，顎肢節基胸板と第1胸板が接しているほか，歩肢各節に武装棘をそなえている．第12〜15歩肢の基節腺孔は数個が1列に並ぶのみ．またイッスンムカデ科と同じく歩肢に武装棘をもつが，これが極端に少なくなっているものもある．主として北半球に広く多数が分布し，数十属以上あると推定されるが，日本産で確実なのは2属である．

イシムカデ属 （p.3, 21）
Lithobius

　体長10〜20 mm．触角は20〜40小節．背板後縁に三角突起をもたない（外国には有する種がある）．顎肢基胸板前縁の小歯は日本産のものは2＋2か3＋3（それより多いものもある）．旧北区に広く分布しているが，日本では南部により多く生息している．関東以南にモモブトイシムカデ *L. pachypedatus* Takakuwa，北海道にはヤマシナイシムカデ *L. rapax* Meinert が分布している．

ヒトフシムカデ属 (p.3)
Monotarsobius

　小さなイシムカデ類のグループで，体長 10 mm 以下が多い．体色は淡黄色，紫褐色，紅褐色のものがある．全国に分布し，多くが土壌中に生息する．代表的な種はダイダイヒトフシムカデ *M. eleganus* Shinohara, タムラヒトフシムカデ *M. tamurai* Ishii, イトウヒトフシムカデ *M. itohi* Ishii などがある．この属の研究は途上にあり，今後さらに多くの種の追加や分類上の見直しがなされる．

イトウヒトフシムカデ (p.15)
Monotarsobius itohi Ishii

　体長 3.0～4.0 mm．体は淡黄色をする．頭部両側にはそれぞれ一列に並ぶ 3 個の眼がある．触覚は 19 小節からなる．ヒトフシムカデ属のほとんどの種は第 12～15 歩肢基節に一列に並ぶ腺孔をもつが，本種は第 12 歩肢に腺孔を欠くのが特徴である．照葉樹林の土壌中に生息し，九州から知られる．

ナガトヒトフシムカデ (p.15)
Monotarsobius caecigenus Miyosi

　体長 17.0 mm．体は黄褐色や淡黄褐色．頭部両側に眼を欠く．触覚は 20 小節からなる．雄の第 15 歩肢には隆起や飾毛がない．雌生殖肢基節の棘は 1 本で長く，鋭く尖る．生殖肢末端の爪は単純で鉤状となる．第 12～15 番目の歩肢基節の腺孔数は，雌雄ともに 2～3, 3～5, 4～6, 3～4 でやや楕円形である．山口県から知られる．

タムラヒトフシムカデ (p.18, 24)
Monotarsobius tamurai Ishii

　体長 6.0～7.0 mm．体は光沢のある黄褐色または赤褐色をする．頭部両側の眼はそれぞれ 3 個の単眼が一列に並ぶ．触覚は 17 小節からなる．雄の第 14, 15 歩肢は他の歩肢に比べてかなり太い．また，第 15 歩肢の腿節と脛節背面に 1 条の深い縦溝があり，脛節背面末端の隆起と第 II 付節背面末端に幅の広い飾毛が群生する．雌生殖肢基節はほぼ同形の 2 本の棘がある．生殖肢末端の爪はスプーン状で先端がやや内側に曲がる．第 12～15 番目の歩肢基節の腺孔数は，雄 1, 2, 2, 2, 雌 2, 3, 3, 3 である．関東地方から東北地方にかけて分布する．

ナスヒトフシムカデ (p.19)
Monotarsobius nasuensis Shinohara

　体長 6.0～7.0 mm．体は光沢のある黄褐色をする．頭部両側の眼はそれぞれ 3 個の単眼が一列に並ぶ．触覚は 17 小節からなる．雄の第 15 歩肢はかなり太く，脛節背面末端隆起に針状の飾毛が群生する．雌生殖肢基節はほぼ同形の 2 本の棘があり，内側の棘は外側のそれより小さいか同じ大きさである．生殖肢末端の爪はスプーン状である．第 12～15 番目の歩肢基節の腺孔数は，雄 1, 2, 2, 2, 雌 2, 3, 3, 3 である．関東地方から東北地方にかけて分布する．

ハギノヒトフシムカデ (p.19, 24)
Monotarsobius yasunorii Ishii & Tamura

　体長 5.0～6.5 mm．体は光沢のある黄褐色をする．頭部両側の眼はそれぞれ 3 個の単眼が一列に並ぶ．触覚は 17 小節からなる．雄の第 14, 15 歩肢は太い．第 15 歩肢脛節背面隆起の末端はほぼ直角になり，先端に向かうにしたがって幅広くなる飾毛が隆起に群生する．雌生殖肢基節の 2 本の棘は，内側の棘が外側のそれより小さいか同じ大きさである．生殖肢末端の爪はスプーン状である．第 12～15 番目の歩肢基節の腺孔数は，雄 1, 2, 2, 2, 雌 2, 3, 3, 3 である．関東地方に分布する．

アブクマヒトフシムカデ (p.19, 24)
Monotarsobius abukumensis Ishii

　体長 4.5～5.5 mm．体は黄褐色をする．頭部両側の眼はそれぞれ 3 個の単眼が一列に並ぶ．触覚は 17 小節からなる．雄の第 14, 15 歩肢は太く，第 15 歩肢の腿節と脛節背面に 1 条の深い縦溝がある．また，脛節末端背面の隆起には先端に向かうにしたがって幅広く，やや反った飾毛が群生する．雌生殖肢基節はほぼ同形の 2 本の棘があり，内側の棘は外側のそれよりやや小さいか同じ大きさである．生殖肢末端の爪はスプーン状で先端がわずかに内側に曲がる．第 12～15 番目の歩肢基節の腺孔数は，雄 1, 2, 2, 2, 雌 2, 3, 3, 3 である．おもに関東地方から東北地方にかけて分布する．

ヤエヤマヒトフシムカデ (p.19, 24)
Monotarsobius sunagawai Ishii

　体長 4.5～7.0 mm．体は褐色をする．頭部両側の眼はそれぞれ 3 個の単眼が一列に並ぶ．触覚は 17 小節からなる．雄の第 14, 15 歩肢は太い．雄の第 15 歩肢は脛節背面に 1 条の深い縦溝がある．また，脛節末端背面に尖った隆起があり，先が著しく広がった飾毛が群生する．雌生殖肢基節は楕円状の 2 本の棘がある．生殖肢末端の爪はスプーン状でわずかに内側に曲がる．第 12～15 番目の歩肢基節の腺孔数は，雄 1, 2, 2, 2, 雌 2, 3, 3, 3 である．与那国島と西表島から知られる．

シノハラヒトフシムカデ（p.18）
Monotarsobius shinoharai Takano

体長 6.0 〜 7.0 mm．体は淡黄色や黄色をする．頭部両側の眼はそれぞれ 3 個の単眼が一列に並ぶ．触覚は 20 〜 21 小節からなる．雄の第 14，15 歩肢は他の歩肢に比べて太い．第 1 〜 11 歩肢前腿節腹面に中・外の 2 棘をもち，第 12 〜 15 歩肢には前・中・後の 3 棘がある．第 15 歩肢には隆起や飾毛がない．雌生殖肢基節の棘は 2 本，ほぼ同じ長さで先が尖る．生殖肢末端の爪はスプーン状をなす．第 12 〜 15 番目の歩肢基節の腺孔数は，雄 3, 3, 3, 2 または 2, 3, 3, 2，雌 3, 3, 3, 2 である．三宅島に分布する．

ニッコウヒトフシムカデ（p.18, 24）
Monotarsobius nikkonus Ishii & Tamura

体長 4.0 〜 5.5 mm．体は黄褐色または赤褐色をする．頭部両側の眼はそれぞれ 3 個の単眼が一列に並ぶ．触覚は 19 小節からなる．雄の第 14，15 歩肢は太い．雄の第 15 歩肢の脛節末端背面に隆起や飾毛がない．雌生殖肢基節は 2 本の棘があり，外側の棘は内側のそれより大きく，側縁がギザギザする．生殖肢末端の爪は頑丈で先端が 3 分裂し，わずかに内側に曲がる．第 14，15 歩肢前腿節腹面の武装棘は中棘と後棘をもつ．第 12 〜 15 番目の歩肢基節の腺孔数は，雌雄で 1, 2, 2, 2 である．関東地方以西に分布する．

サカヨリチビヒトフシムカデ（p.18, 24）
Monotarsobius sakayorii Ishii

体長 4.0 〜 5.0 mm．体は光沢のある黄褐色をする．頭部両側の眼はそれぞれ 3 個の単眼が一列に並ぶ．触覚は 19 小節からなる．雄の第 14，15 歩肢は他の歩肢に比べて太い．雄の第 15 歩肢には隆起や飾毛がない．雌生殖肢基節の棘は 2 本で内側の棘は外側より小さく，外側の棘の側縁は滑らかである．生殖肢末端の爪は頑丈で先端が 3 分裂する．第 14，15 歩肢前腿節腹面の武装棘は中棘のみをもつ．第 12 〜 15 番目の歩肢基節の腺孔数は，雄 1, 2, 2, 2，雌 1, 2, 2, 3 である．おもに関東以西に分布する．

コジマヒトフシムカデ
Monotarsobius kojimai Ishii

体長 6.0 〜 8.0 mm．体は紅褐色をする．触覚は雄 17 小節からなる．頭部両側の眼はそれぞれ 4 個で一列に並ぶ．雄の第 15 歩肢の第 1 付節の基部背面側は緩やかに凹み，末端に向かうにつれて丘状に膨らみ，微毛が散生する．雌生殖肢は基節に 2 本の棘があり，末端の爪はスプーン状で先端が曲がる．第 5 番目の歩肢基節の腺孔数は雌雄ともに 1, 2, 2, 2 である．西日本に分布する．

ユラヒトフシムカデ（p.17, 24）
Monotarsobius yuraensis Ishii

体長 5.5 〜 7.0 mm．体は赤褐色，第 14，15 歩肢は黄色．タムラヒトフシムカデ（*M. tamurai* Ishii）に似る．頭部両側の眼はそれぞれ 4 個の単眼が一列に並ぶ．触覚は 17 小節からなる．雄の第 14，15 歩肢は他の歩肢に比べてかなり太く，第 15 歩肢の腿節と脛節と第 1 付節の背面に 1 条の縦溝がある．また，脛節背面末端の隆起と第 I 付節背面末端に幅の広い飾毛が群生する．雌生殖肢基節は同形の卵形をした 2 本の棘がある．生殖肢末端の爪はスプーン状である．第 12 〜 15 番目の歩肢基節の腺孔数は，雄 1, 2, 2, 2，雌 2, 3, 3, 3 である．関東北部や東北地方の日本海側に分布する．

ダイダイヒトフシムカデ（p.17）
Monotarsobius eleganus Shinohara

体長 5.0 〜 8.0 mm．体は光沢のある黄褐色や紅褐色をする．頭部両側の眼はそれぞれ 4 個の単眼が一列に並ぶ．触覚は 17 小節からなる．雄の第 14，15 歩肢は他の歩肢に比べて太い．第 15 歩肢脛節背面末端および付節には隆起や飾毛がない．雌生殖肢基節の棘は 2 本で短く太い．生殖肢末端の爪はスプーン状である．第 12 〜 15 番目の歩肢基節の腺孔数は，雄 1, 2, 2, 2，雌 2, 3, 3, 3 である．関東以西に分布する．

ヤマヒトフシムカデ（p.17, 24）
Monotarsobius montanus Ishii & Tamura

体長 6.0 〜 8.0 mm．体は黄褐色をする．頭部両側の眼はそれぞれ 4 個の単眼が一列に並ぶ．触覚は 17 小節からなる．雄の第 14，15 歩肢は太い．雄の第 15 歩肢の腿節と脛節の背面に 1 条の縦溝があり，脛節背面の隆起には先端に向かって幅広くなる真っ直ぐな飾毛が群生する．雌生殖肢基節の卵形の 2 本の棘は，内側の棘が外側のそれより小さいか同じ大きさである．生殖肢末端の爪はスプーン状である．第 12 〜 15 番目の歩肢基節の腺孔数は，雄 1, 2, 2, 2，雌 2, 3, 3, 3 である．北関東地方の山地に分布する．

マチダヒトフシムカデ（p.17, 25）
Monotarsobius carinipes Ishii & Yahata

体長 7.5 〜 9.0 mm．体は濃い褐色の頭部を除いて淡紫褐色をする．頭部両側の眼はそれぞれ 4 個の単眼が一列に並ぶ．触覚は 17 小節からなる．第 14，15 歩肢は太い．雄の第 15 歩肢の腿節と脛節背面は著しく隆起し，脛節末端に短い針状の飾毛が群生する．雌生殖肢基節はやや細い 2 本の棘がある．生殖肢末端の爪は

スプーン状である．第 12 〜 15 番目の歩肢基節の腺孔数は，雄 2, 3, 3, 2，雌 3, 3, 3, 3 である．奄美大島から記録されている．

チャセンヒトフシムカデ（p.17）
Monotarsobius tuberculatus Murakami

体長 6.0 〜 6.5 mm．体は濃褐色をする．頭部両側の眼はそれぞれ 4 個の単眼が一列に並ぶ．触覚は 17 小節からなる．第 14, 15 歩肢は太い．雄の第 15 歩肢の脛節末端背面隆起には先端が曲がる針状の飾毛が茶筅のように群生する．雌生殖肢基節はほぼ同形の 2 本の棘がある．生殖肢末端の爪はスプーン状である．第 12 〜 15 番目の歩肢基節の腺孔数は，雄 1, 2, 2, 2，雌 2, 3, 3, 3 である．関東地方以西に分布する．

タカハギヒトフシムカデ（p.17, 25）
Monotarsobius takahagiensis Ishii

体長 5. 〜 6.5 mm．体は黄褐色または赤褐色をする．頭部両側の眼はそれぞれ 4 個の単眼が一列に並ぶ．触覚は 17 小節からなる．雄の第 15 歩肢はかなり太く，腿節と脛節背面に 1 条の深い縦溝がある．また，脛節末端背面の隆起には針状の飾毛が群生する．雌生殖肢基節はほぼ同形の 2 本の棘がある．生殖肢末端の爪はスプーン状である．第 12 〜 15 番目の歩肢基節の腺孔数は，雄 1, 2, 2, 2，雌 2, 3, 3, 3 である．関東地方に分布する．

ワタナベヒトフシムカデ（p.16, 25）
Monotarsobius watanabei Ishii

体長 4.5 〜 5.5 mm．体は黄色または黄褐色をする．頭部両側の眼はそれぞれ 4 個の単眼が二列に並ぶ．触覚は 19 小節からなる．第 14, 15 歩肢は太い．雄の第 15 歩肢の脛節末端背面に小さな隆起があり，短い針状の飾毛が群生する．雌の生殖肢基節は接近したやや細長い 2 本の棘がある．生殖肢末端の爪は頑丈で先端が 3 分裂し，内側に曲がる．第 12 〜 15 番目の歩肢基節の腺孔数は，雌雄が 1, 2, 2, 2 である．中国地方や九州地方に分布する．

ドウクツヒトフシムカデ（p.16）
Monotarsobius minor Takakuwa

体長 12.0 mm．体は褐色をする．頭部両側の眼はそれぞれ 5 個の単眼が二列に並ぶ．触覚は 19 小節からなる．雄の第 15 歩肢には隆起や飾毛がない．雌の生殖肢基節は太くて短い 2 本の棘がある．生殖肢末端の爪は頑丈で先端が 3 分裂するが，中央の分爪は両側の分爪よりかなり突出する．第 12 〜 15 番目の歩肢基節の腺孔数は，4, 4 〜 5, 4, 3 である．高知県龍河洞，福島県入水洞，岩手県岩泉洞など洞窟から記録されている．

アワヒトフシムカデ（p.16, 25）
Monotarsobius chibenus Ishii & Tamura

体長 5.5 〜 6.0 mm．体はやや細身で，褐色または紫褐色をする．頭部両側の眼はそれぞれ 4 個の単眼が二列に並ぶ．触覚は 19 小節からなる．雄の第 14, 15 歩肢はやや太く，脛節末端背面に隆起がなく先の曲がった針状の飾毛が群生する．雌生殖肢基節は 2 本の棘があり，内側の棘は外側のそれよりやや小さい．生殖肢末端の爪は頑丈で先端が 3 分裂し，わずかに内側に曲がる．第 12 〜 15 番目の歩肢基節の腺孔数は，雌雄が 1, 1, 1, 1．関東地方以西に分布する．

エッチュウヒトフシムカデ（p.16, 25）
Monotarsobius nunomurai Ishii

体長 7.0 〜 10.0 mm．体は黄褐色または赤褐色をする．頭部両側の眼はそれぞれ 5 個の単眼が二列に並ぶ．触覚は 20 小節からなる．雄の第 14, 15 歩肢は太い．第 15 歩肢の脛節末端背面に隆起や飾毛がない．雌生殖肢基節は円錐形のやや長い 2 本の棘があり，外側の棘は内側のそれよりやや大きい．生殖肢末端の爪は先端が湾入したスプーン状である．第 12 〜 15 番目の歩肢基節の腺孔数は，雌雄が 3, 4, 4, 3，まれに 3, 4, 4, 4 である．関東地方から中部地方のどちらかというと山地に分布する．

ムラサキヒトフシムカデ（p.16）
Monotarsobius purpureus Takakuwa

体長 9.0 mm．体は，頭部，第 1 〜 4 胴節および第 14, 15 胴節が暗褐色，その他は黄褐色である．頭部両側の眼はそれぞれ 5 個の単眼が二列に並ぶ．触覚は 20 小節からなる．雌生殖肢基節はやや反った細い 2 本の棘があり，外側の棘は内側のそれよりやや長い．生殖肢末端の爪は鋭く，2 分裂する．第 12 〜 15 番目の歩肢基節の腺孔数は，2, 2, 2, 2，または 3, 3, 3, 3 である．本州に分布する．

キリフリヒトフシムカデ（p.16, 25）
Monotarsobius mistinensus Ishii & Tamura

体長 5.0 〜 6.0 mm．体は赤褐色または紫褐色をする．頭部両側の眼はそれぞれ 5 個の単眼が二列に並ぶ．触覚は 20 小節からなる．雄の第 14, 15 歩肢は太い．第 15 歩肢の脛節背面に隆起や飾毛がない．雌生殖肢基節は 2 本の棘があり，外側の棘は内側のそれより大きく，側縁に小歯がある．生殖肢末端の爪は頑丈で先端が 3 分裂し，わずかに内側に曲がる．第 12 〜 15 番目の歩

肢基節の腺孔数は，雌雄が1, 2, 2, 2である．本州に分布する．

タジマガハラヒトフシムカデ（p.20, 25）
Monotarsobius primrosus Ishii & Tamura

体長 5.5〜7.5 mm．体は紫褐色をする．頭部両側の眼はそれぞれ6個の単眼が二列に並ぶ．触覚は20小節からなる．雄の第 14, 15 歩肢は太い．第 15 歩肢脛節背面末端にはやや扁平な隆起があり，短い針状の飾毛が散生する．雌生殖肢基節はやや細長い同形の2本の棘がある，生殖肢末端の爪はスプーン状である．第12〜15番目の歩肢基節の腺孔数は，雄 1, 2, 2, 1，雌 1, 2, 2, 2 である．関東地方以西に分布する．

ミネコヒトフシムカデ（p.20）
Monotarsobius nihamensis Murakami

体長 7.0〜10.0 mm．体は濃褐色紫紅褐色をする．頭と第 14・15 歩肢の腿節以下が黄褐色となる．触覚は雄 20 小節，雌 19 小節からなる．頭部両側の眼はそれぞれ 6 または 7 個，2 列に並ぶ．雌生殖肢基節の棘は2本で先端が尖る．生殖肢末端の爪は先が3分裂する．第12〜15番目の歩肢基節の腺孔数は，雌雄ともに 1, 2, 2, 2 である．西日本に分布する．

タカミヒトフシムカデ（p.20）
Monotarsobius subdivisus Takakuwa

体長 17.0 mm．体は褐色である．頭部両側の眼はそれぞれ 8〜9 個の単眼が二列または三列に並ぶ．触覚は 20 小節からなる．雌生殖肢基節は接近した 2〜3 本の卵形の棘がある．生殖肢末端の爪は鋭く，浅く 2 分裂する．第12〜15番目の歩肢基節の腺孔数は，5, 5, 4, 4 である．北海道と本州から記録されている．

ササヒトフシムカデ（p.20）
Monotarsobius sasanus Murakami

体長 6.0〜9.0 mm．体は褐色または濃褐色，ただし第 14, 15 歩肢の腿節以下が黄褐色をする．頭部両側の眼はそれぞれ 6 個の単眼が二列に並ぶ．触覚は 19 小節からなる．雄の第 14, 15 歩肢はやや太く，脛節背面に隆起を欠き，同節末端付近に先の曲がった針状の飾毛群域がある．雌の特徴については不明である．第12〜15番目の歩肢基節の腺孔数は，雌雄が 2, 2, 2, 2 である．四国地方に分布する．

トゲイシムカデ科
Henicopidae

顎肢節の両側板が腹面で接し，第 1 歩肢節と顎肢節基胸板を分離している．第 1〜11（または 14）歩肢の脛節外端の突起のあることで識別しやすい．世界各地に分布し，日本には2亜科がある．

メクライシムカデ亜科
Anopsobiinae

歩肢脛節に突起をもつほか，最終歩肢の基節には腹面末端に後方へ伸びる大突起をもつ．第 14 肢基節にも同様な突起をもつものがある．主に南半球に多く数属あるが，いずれも微小で数 mm のものが多い．日本には1属が知られるのみである．

メクライシムカデ属（p.3, 21）
Shikokuobius

体長数 mm．眼はまったくない．最終歩肢が他歩肢に比べてずっと細長い．触角小節数 18 個以下．日本に 1 属 1 種メクライシムカデ *S. japonicus*（Murakami）が四国および関東地方から知られている．

トゲイシムカデ亜科
Henicopinae

トゲイシムカデ科に示した特徴をもつ．単眼 1 対または無眼．最終歩肢の基節に突起をもたない．主として北半球に多く分布している．日本には 2 属がある．

ゲジムカデ属（p.3, 21）
Esastigmatobius

体長 10〜30 mm．濃紫褐色のものが多い．単眼 1 対．触角は約 40 小節以上に分節し，しなやかで長い．いくつかの背板後縁は深く切れ込んでいる．歩肢の付節は数個以上の小節に分節し，しなやかで長く，死ぬと歩肢の先端が内側に巻き込まれてしまう．行動は極めて敏速．東アジア特産で，日本の代表種はゲジムカデ *E. japonicus* Silvestri で全国に分布し，森林下層の落葉落枝層に多い．

トゲイシムカデ属（p.3, 21）
Lamyctes

体長数 mm から 10 mm まで．スリムな体形をもつ．褐色または暗紫色で，不規則な斑紋のあるのもいる．単眼は 1 対で紫色で大きい．背板は平滑で特別な突起や切れ込みなどない．触角小節数は約 30 個またはそれ以下．個体数はごく少ない．日本には北海道にフトアシトゲイシムカデ *L. pachypes* Takakuwa，本州にニホントゲイシムカデ *L. guamus koshiyamai* Shinohara，沖縄にホソアシトゲイシムカデ *L. gracilipes* Takakuwa が知られている．

オオムカデ目　Scolopendromorpha

ぶ厚い胴体に力強い歩肢をもち，一般に濃い色彩をしているのが多い．変態はふ化直後の時期だけで，ほとんど変態しない．抱卵・仔虫保護習性がある．顎肢（いわゆる毒顎）はがんじょうで，大型の種は毒性が強く危険な動物といえる．3科に分かれる．

オオムカデ科
Scolopendridae

一般によく知られている大型のムカデのグループで，大きな種には30 cm近くになるものもある．歩肢は基本的に21対（まれに23対）．頭の両側に各々4個の単眼の集まりがある．顎肢の板前縁に数個の歯をもつ．色彩が多様で濃色のものが多い．世界の熱帯・亜熱帯地方を中心に分布している．2亜科に分かれる．

オオムカデ亜科
Scolopendrinae

最も大型のムカデを含む亜科．気門が三角形をし，その内側に3裂した弁扉があり前庭と内室を分けている．気門は第3, 5, 8, 10, 12, 14, 16, 18, 20胴節に各1対計9対ある．主に全世界の熱帯・亜熱帯に分布し，日本には1属がある．

オオムカデ属（p.4, 21）
Scolopendra

ムカデ類の最大の種を含む．体色は濃い．歩肢21対肢のうち最終肢は，曳航肢で歩くのに用いない．第一背板の前縁が頭板の下にあるので他の属と識別しやすい．熱帯地方を中心に多くの種がある．日本には4種があり，いずれも大型で噛まれると激痛がある．

オオムカデ（p.5）
Scolopendra subspinipes Leach

体長200 mmに達し，全体一様に褐色又は黄褐色，時として一部褐緑色で頭板及び第一背板のみ淡色となる．背板の2縦溝は多くは第3背板より，縁取りは第5～16背板よりはじまる．胸板の2縦溝は第2～19胸板にあり，全通する．最終歩肢前腿節腹面外側に2（稀に1～3），内側に1～2，背面内側に1～3棘がある．広く熱帯地方に分布し，日本では沖縄，小笠原に分布する．

トビズムカデ（p.5, 21）
Scolopendra mutilans L. Koch

体長110～130 mm，頭板と第一背板は黄赤～銹赤色，他の背板は暗緑色，歩肢は黄色から銹赤色である．背板の2縦溝は多くは第4～9背板より，縁取りは第8～10背板よりはじまる．胸板の2縦溝は第2～19胸板にあるが，全通しない．最終歩肢前腿節腹面外側に2（稀に1），内側に1，背面内側に1棘がある．台湾，朝鮮半島南部及び北海道を除く日本各地に分布する．

アオズムカデ（p.5）
Scolopendra japonica L. Koch

体長80～110 mm，頭板，背板とも暗緑色で歩肢は黄色から淡銹赤色である．背板の2縦溝は多くは第3背板より，縁取りは第10～12背板よりはじまる．胸板の2縦溝は第2～19胸板にあり，全通する．最終歩肢前腿節腹面外側に2～3，内側に1～2，背面内側に2～4棘がある．台湾，朝鮮半島南部及び北海道を除く日本各地に分布する．

タイワンオオムカデ（p.5）
Scolopendra morsitans Linné

体長120 mmに達する．頭板と第一背板は鳶色，他の背板は黄褐色で各背板の後縁に沿って暗緑の帯があり，歩肢は黄色である．背板の2縦溝は多くは第3背板より，縁取りは第7～11背板よりはじまる．胸板の2縦溝は第2～20胸板にある．最終歩肢前腿節腹面には，各3棘が3縦列をなし，背面内側に2縦列をなして4～6棘がある．雄の最終歩肢前腿節～脛節の背面は扁く，後縁部を中心から帯状に膨らんだ縁取りがある．各熱帯地および熱帯に近い温帯に分布し，日本では沖縄に生息する．

アオムカデ亜科
Otostigminae

本亜科にも大型になる属種が含まれている．一般に青緑色を帯びるものが多い．気門は大きく卵形か円形で，卵形の場合は長軸が体軸と平行になっていない．気門は第7胴節にあるもの（全部で10対）もあるが，普通は9対．熱帯地方を中心に分布し，日本に2属知られている．

アオムカデ属（p.5, 21）
Otostigmus

オオムカデ属に似るが最終歩肢が比較的に長い．気門は9対で第7胴節に気門がない．第一背板の前縁は頭板の上に重なっている．主に熱帯地方に分布し，日本では鹿児島以南に6種分布する．

ツクイムカデ（p.6, 21）
Otostigmus multispinosus Takakuwa

体長約40 mm．体色は青緑色で，歩肢は少し薄緑色．

触角は17節で基部3節は無毛で平滑である．背板に中央を通る隆起線はなく，第4(又は第5)〜19背板まで2条の縦溝線があり，第13背板より縁取りがある．最終歩肢節の胸板は後方に狭くなる．最終歩肢前腿節腹面の外側に2列，内側に2列の各列5以上の棘毛があるが，背面にはない．日本では沖縄の他，1個体ではあるが，鹿児島で記録されている．

ノコバゼムカデ (p.6)
Otostigmus scaber Porat

体長80mm．頭部及び第1背板は栗褐色，第2背板以降は褐藍色．触角は21節．背板に9条の平行した縦隆起線があり，その線上に小さな小鋸歯を生ずる．背板に2縦溝があり，縁取りは第5〜6より始まる．最終歩肢基胸板は小さく，後方に狭まっている．最終歩肢前腿節腹面外側に3〜4棘，少し内方に1〜2棘，内側に3〜4棘，背面内側に1〜2棘ある．日本では九州以南に分布する．

チョウセンムカデ (p.6)
Otostigmus politus Karsch

体長65mm．体色は暗青色．触角は15〜18節よりなり基節の3節は無毛，平滑である．背板の2縦溝は第4〜6背板より始まり，縁取りは第9〜10背板より始まる．最終胸板は後方に狭まる．最終歩肢前腿節腹面外側に3〜4棘，内側に2〜3棘，内側縁近くに2〜3棘，背面に0〜3棘がある．日本では奄美大島より記録されている．

ハツエムカデ (p.6)
Otostigmus astenus Kohlarusch

体長45mm，体色は褐緑色．触角は18〜20節からなり，基部の2節と3節の五分の一は無毛．背板の第5から2縦溝，第6から縁取りが始まる．最終歩肢節胸板は方形で後方に狭まることが甚だ少ない．最終歩肢前腿節腹面外側に2〜4棘，少し内方に1〜2棘，内側に2〜3棘，背面に0〜3棘がある．日本では西表島と尖閣諸島で記録されている．

ミドリハツエムカデ (p.6)
Otostigmus glaber Chanberlin

体長35mm，体色は青緑色．触角は褐色を帯び18節で基部の2節と3節の一部は無毛．背板の第5から2縦溝，第6から縁取りが始まる．最終歩肢節前腿節腹面外側に3棘，少し内方に2棘，内側に2棘，背面内側に2棘がある．西表，石垣島に分布．

スジアオムカデ (p.6)
Otostigmus striatus Takakuwa

体長55mm，体色は暗緑色で頭板と第1・2背板はわずかに褐色．触角は17節で基部の2節は無毛．背板の第7から不明瞭な2縦溝あり，第5又は6から9条の平行する隆起線があり，各隆起線上には不明瞭な小鋸歯がある．又縁取りは第7又は8から始まる．最終歩肢節胸板は後方に狭まる．最終歩肢前腿節腹面外側に約9棘，少し内方に5〜6棘，内側に4棘が各1列をなし，背面には不規則に約10棘がある．トカラ列島，奄美以南に分布．

リシダムカデ属
Rhysida

オオムカデ属に似るが最終歩肢が比較的に長い．気門は10対で第7胴節にも気門がある．主に熱帯から亜熱帯地方に分布し，日本では沖縄に2種分布する．

オンリシダムカデ (p.5)
Rhysida longipes brevicornis Takakuwa

体長90mm，体色は青藍色である．触角は18節で，第4背板を超えることはなく，基部3節には毛がない．背板の2縦溝は第5節より始まり，縁取りは第8〜9背板より始まる．最終歩肢は細長く，前腿節腹面外側に1縦列3棘，内側に3棘，背面内側に1列2〜3棘と隅棘1個がある．沖縄で記録されている．日本では沖縄本島，西表島，石垣島に分布する．

ヤナギリシダムカデ (p.5)
Rhysida yanagiharai Takakuwa

体長22mm，体色は青藍色である．触角は18節で，第4背板の後縁に達する長さで，基部3節には毛がない．背板の2縦溝は第21背板を除き全てに背板にあり，縁取りも前方の背板では顕著でないが全て背板に見られる．最終歩肢は細長く，約6mmの長さで，前腿節腹面外側に3棘，少し内方に2棘，内側に3棘が各1列をなし，隅棘はなく，背面には棘毛がない．日本の沖縄（沖縄本島，八重山）の他，台湾に生息する．

メナシムカデ科
Cryptopidae

歩肢は21対．頭部に眼を欠く．触角はほとんど17小節．顎脚基側板の前縁には歯が無いものが多い．体色は橙黄〜朱橙色をしているものが多く，黒斑を持つものや，歩肢に青藍色を帯びるものもある．熱帯から温帯地方に分布する．

メナシムカデ属 (p.4, 21)
Cryptops

体長は 10〜25 mm. 橙黄色で細長い. 触角は 17 節. 最終歩肢は死ぬと各節が強く屈曲する. 歩行はかなり速い. 最終歩肢腿節, 脛節及び第 1 付節の腹面には多くは幾個かの鋸歯がある. 日本には 3 種が知られている.

ニホンメナシムカデ (p.7, 21)
Cryptops japonicus Takakuwa

体長 20 mm 内外. 体色は黄色. 体面には多くの短い棘毛を散生する. 第 1, 第 2 背板には不明瞭な 2 縦溝があり, 第 3 背板から以下の 2 縦溝は明瞭である. 最終歩肢腿節腹面に 1, 脛節に 5〜8, 第 1 付節に 3〜4 の鋸歯が 1 列に並んでいる. 北海道を除く日本各地に生息する.

スジメナシムカデ (p.7)
Cryptops striatus Takakuwa

体長 17 mm 内外. 体色は淡黄色で, 頭部と体末は赤黄色. 体面には多くの短い棘毛を散生する. 第一背板には後方に張り出した横溝線あり, その中央より後方に張り出した 1 本とそれに続く中央より左右に分岐した 2 条の横溝線がある 第 2〜20 背板には貫通する 2 縦溝がある. 最終歩肢脛節腹面に 5, 第 1 付節に 3〜4 の鋸歯が 1 列に並んであり, 腿節にはない. 神奈川県, 千葉県, 埼玉県で記録されている.

クロメナシムカデ (p.7)
Cryptops nigropictus Takakuwa

体長 17 mm 内外. 体色は黄色で第 3 背板以下には左右対照的に配列される黒い汚斑がある. 体面には多くの短い棘毛を散生する. 第 1 背板には弱く現れる中央溝, 第 2 背板には前部が切れた 2 縦溝があり, 第 3 背板から以下の 2 縦溝は貫通している. 最終歩肢脛節腹面に 6〜7, 第 1 付節に 4〜5 の鋸歯が 1 列に並んであり, 腿節にはない. 日本では沖縄に生息する.

アカムカデ科 (新称)
Scolopocryptopidae

歩肢は 23 対. 眼は痕跡もない. 頭板の後縁は第 1 背板の前縁に重なっている. 最終歩肢の基側板後端に突起があり, 前腿節の下面には大棘がある. 環太平洋地区に分布し, 数属あるが, 日本には 1 属のみである.

アカムカデ属 (p.4, 21)
Scolopocryptops

体色は暗褐色から朱紅色で, 淡紫色を帯びる事もある. 歩肢対数 23 で, 気門は 10 対で第 3, 5, 8, 10, 12, 14, 16, 18, 20, 及び 22 歩肢節に開いている. 歩肢対数 23 のムカデは日本では本属だけであり, 眼が全くないことと併せて他の属との識別は容易である. 北海道から東南アジアおよび北アメリカまでに分布すし, 日本には 8 種 2 亜種が知られている.

セスジアカムカデ (p.8, 21)
Scolopocryptops rubiginosus rubiginosus (L. Koch)

体長 60 mm に達し, 体色は帯紅褐色から暗褐色. 触角は 17 節で, 基部 2 節の背面はほとんど裸で, 微毛がわずかに散生するだけであるが, 他の節は密毛が生えている. 第 5〜6 背板から第 20 背板まで 2 縦溝線がある. 日本各地に分布する.

カシマセスジアカムカデ (p.8)
Scolopocryptops rubiginosus kasimensis (Miyosi)

体長 60 mm に達し, 体色は帯紅褐色から暗褐色. 触角は 17 節で, 基部 1 節の背面はほとんど裸で, 微毛がわずかに散生するだけであるが, 他の節は密毛が生えている. 第 5〜6 背板から第 20 背板まで 2 縦溝線がある. 第 22 歩肢と最終歩肢の前腿節先端部, 腿節, 脛節, 第 1 付節及び第 2 付節に短刺毛が密生している. 和歌山県, 伊豆諸島, 東京で記録されている.

ケアカムカデ (p.8)
Scolopocryptops elegans (Takakuwa)

体長 55 mm に達し, 体色は美麗なる朱紅色. 触角は 17 節で, 基部第 1 節から密毛が生えている. 第 2 から第 22 背板まで 2 縦溝線がある. 最終歩肢の密毛はない. 日本各地に分布する.

ミジカアカムカデ (p.7)
Scolopocryptops curtus (Takakuwa)

体長 50 mm に達し, 体色は褐色. 触角は 17 節で, 基部第 1 節から密毛が生えている. 第 2 から第 22 背板まで 2 縦溝線がある. 基側板の基側突起は後方への突出が甚だ少なく, 先端のみに 1 小尖棘をつける. 第 22 及び最終歩肢に密毛がない. 沖縄県に分布する.

アカムカデ (p.8)
Scolopocryptops nipponicus Shinohara

体長 60 mm に達し, 体色は暗褐色. 触角は 17 節で, 基部第 3 節から密毛が生えている. 背板の 2 縦溝線はないか, 後縁に甚だ短い 2 縦溝があるのみである. 最終歩肢の密毛がない. 日本各地に分布する.

ヨスジアカムカデ (p.8)
Scolopocryptops quadristriatus (Verhoeff)

体長 60 mm に達し，体色は暗褐色．触角は 17 節で，基部第 3 節から密毛が生えている．背板の 2 縦溝線はなく，第 7 背板から第 20 背板に 4 條の縦隆起線がある．最終歩肢の密毛がない．日本各地に分布する．

ナガトケアシアカムカデ (p.9)
Scolopocryptops cappilipedatus (Miyosi)

体長約 36 mm．触角は 17 節で，基部第 3 節から密毛が生えている．第 2 から第 22 背板まで 2 縦溝線がある．最終歩肢は甚だ長い．最終歩肢の腿節，脛節，第 1 付節及び第 2 付節及び第 22 歩肢の脛節，第 1 付節及び第 2 付節に短刺毛が密生している．四国，中国地方に分布する．

オガワアカムカデ (p.9)
Scolopocryptops ogawai Shinohara

体長 40 mm，体色鉄色で，頭板，第一背及び最終背板は暗赤色．触角は 17 節で，基部第 3 節から密毛が生えている．背板の 2 縦溝線はない．最終歩肢の脛節，第 1 付節及び第 2 付節に短刺毛が密生しており，第 22 歩肢の脛節及び第 1 付節及び第 2 付節には粗生している．静岡県，愛知県，神奈川県，埼玉県に分布する．

ムサシアカムカデ (p.9)
Scolopocryptops musashiensis Shinohara

体長 55 mm に達し，体色は暗褐色．触角は 17 節で，基部第 3 節から密毛が生えている．背板の 2 縦溝線はない．最終歩肢の脛節，第 1，第 2 跗及び第 22 歩肢の第 1，第 2 付節に長棘毛を密生する．千葉県，埼玉県，神奈川県，愛知県，和歌山県で記録されている．

ジムカデ目 Geophilomorpha

有歩肢胴節数 31 以上で，ほとんどの胴節に気門があり，眼は全くなく，触角は 14 小節．ふ化後の幼虫は成体と同じ体節数を持ち，変態しない．♀が抱卵・仔虫保護する習性がある．主に黄～朱色の体色を持ち，土中生活をするものが多いが，洞窟生はまれ．全世界に分布する．日本産は 7 科ある．

サキブトジムカデ科 (新称)
Ballophilidae

体中央部が太く，頭部はまるく小さい．触角はこん棒状で先端部が太くなり，最終歩肢も太く肥大する．日本には 1 属のみが知られている．

サキブトジムカデ属 (p.10, 22)
Ityphilus

灰黄色で体の中央部が太く，両端に従って細くなる．頭は丸く小さい．頭板および顎肢節に続く幾節かは細くなって頚状をなす．顎肢の基節にはキチン條を有する．第一小顎には触髪を欠き，第二小顎の爪には櫛毛を有する．最終歩肢の基節腺孔は左右 2 個あり，付節に爪はない．日本には 2 種が知られている．

オビジムカデ科
Himantariidae

頭が丸く，触角は短い．顎肢は背面からほとんど見えない．顎肢節背板と第 1 背板とがほぼ同形同大．最終歩肢に爪がない．地中海地方，アフリカに多く分布し，日本にはわずか 1 属があるのみ．生活史などはまったく不明である．

ヨシヤジムカデ属 (p.4, 22)
Californiphilus

体長 60 mm に達する．体長は淡黄色．頭は褐色．頭板はやや横長．歩肢の多い属で 140 対以上になる種も外国では知られている．日本には 1 種ヨシヤジムカデ *C. japonicus* (Takakuwa) のみがいる．歩肢 67～87 対．本州に分布するが個体数は極めて少ない．

オリジムカデ科
Oryidae

頭が丸く，ときには縦径より横幅の方が大きい．触角は短く扁平．顎肢は背面から見えないことが多い．最終肢には基側板に腺孔のないものが大部分で，また爪もない．主に熱帯地方に分布し，日本には 2 属あるとされるが確実なものは 1 属である．

ヒラタヒゲジムカデ属 (p.4, 22)
Orphnaeus

頭板は丸いかやや横長．触角は短く扁平で特に基部の方は幅広い．体は黄白色で全体に扁平．歩肢対数は 67～81 で多い．最終歩肢も扁平で各小節が幅広い．広く熱帯，亜熱帯地方に分布し，日本では沖縄にヒラタヒゲジムカデ *O. brevilabiatus* (Newport) が分布しているが，この種は熱帯広域分布種でもある．

マツジムカデ科
Schendylidae

頭がまるいが横幅が縦径より大きいことはない．触角は糸状で，そのいくつかの小節に特別な感覚毛を生じている．顎肢節の背板は台形をなすものが多い．顎肢は背面から見えにくい．全世界に分布し，多数の属

があるが日本には 3 属がある．

エスカリジムカデ属 （p.10, 22）
Escaryus

　頭板がやや五角形扁平で全身に棘毛が目立つ．体長 20 ～ 35 mm．黄色で頭部褐色．森林落葉層や蘚苔層の下などに生息しているが山地性の種が多い．本州の平地にマキジマエスカリジムカデ *E. makizimae* Takakuwa, 山地～亜高山帯にチチブエスカリジムカデ *E. chichibuensis* Shinohara, イガラシエスカリジムカデ *E. igarashii* Shinohara, 北海道にニホンエスカリジムカデ *E. japonicus* Attems などが分布．

チチブジムカデ属 （p.10, 22）
Falcaryus

　エスカリジムカデ属とよく似ているが、検索図に示したように顎肢内側に扁平な三角形弁片状突起をもっているので容易に識別できる．この特徴は他に例を見ない．北方系の 1 属 1 種チチブジムカデ *F. nipponicus* Shinohara が本州中部山岳の亜高山帯および北海道大雪山から得られている．歩肢 33 または 35 対．体長 20 mm ぐらい．

モモジムカデ属 （p.10）
Momophilus

　体長 35 mm に達する細長い黄色の 1 属 1 種でモモジムカデ *M. serratus* Takakuwa が三重県と高知県の海浜砂中から得られている．分布や生態など不明．

ツチムカデ科
Geophilidae

　頭板の形は多様であるが、顎肢節基板がほぼ台形をしている他、大顎の櫛葉や歯葉もなく、櫛歯だけがある．最終歩肢に爪があるものが多い．全北区のほとんどに分布し、多くの属を含む．日本には 5 属が知られている．

スミジムカデ属 （p.12, 22）
Brachygeophilus

　体長約 30 mm．体は黄色だが頭部は濃褐色．頭の縦横径はほぼ等しい．顎肢の爪はごく細い．森林土壌、落葉層に生息する．旧北区系の属で日本にはスミジムカデ *B. dentatus* Takakuwa が北海道に広く分布している．

ホソツチムカデ属 （p.12, 22）
Mesogeophilus

　体長 20 mm ぐらい．体色は黄．頭は褐色．ツチムカデ属によく似ているが，顎肢基胸板にキチン条がない．世界に 5 種いるが日本産は歩肢 87 対のホソツチムカデ *M. monoporus* (Takakuwa) 1 種が，千葉県銚子より得られた．

ヨコジムカデ属 （p.12, 23）
Pleurogeophilus

　ジムカデ類のなかで歩肢対数 71 ～ 89 と多く、体も大きくなるものがあり 75 mm 以上になるものも稀でない．濃い黄色～褐黄色で頭板と歩肢節は褐色．腹側から見て顎肢基胸板にキチン条があり，顎肢の爪が小さいので見分けやすい．本州、四国からヨコジムカデ *P. procerus* (L. Koch) が知られている．東日本に多い．

ツチムカデ属 （p.12, 23）
Geophilus

　体色は黄～黄褐色．体長 20 ～ 40 mm．頭の縦横径はほぼ等しいが丸くはなく，触角はやや長めである．森林土壌中に生息するが生態はまったくわかっていない．北方系の属であるが、日本での採集例が少ないので分布がはっきりしていない．北海道にソウウンツチムカデ *G. sounkyoensis* Takakuwa, 青森県からケナガツチムカデ *G. longicapillatus* Takakuwa, 長野県からミスズツチムカデ *G. multiporus* Miyosi が記載されている．

シマジムカデ属 （p.12, 23）
Nesogeophilus

　淡黄色でか弱い感じのジムカデ．体長 10 ～ 30 mm．ほとんど海浜の潮間帯の砂中にすみ、満潮の時には数時間海水中に浸って生活しているほか、海浜近くの土壌中にも生息している．日本産は 3 種あるが最も普通なのはイソシマジムカデ *N. littoralis* Takakuwa で関東地方以南に分布している．

ベニジムカデ科（新称）
Linotaeniidae

　頭が大変小さくまるい．体色は黄色のものもあるが普通は朱紅色の美麗名ものが多い．体長は 10 ～ 40 mm で、頭部にある顎肢の爪が細く鋭い．日本産は 1 属のみ知られている．

ベニジムカデ属 （p.11, 22）
Strigamia

　頭が大変小さくまるく、中央部の体節幅を最大として前後に徐々に体節幅が狭まっている．体色は朱紅色のものが多いが、種によっては黄色のものもいる．雄の最終歩肢は著しく肥大している．森林に限らず腐植土や落葉層中、朽ち木内に生息するものが多いが、生木の樹皮下に生息するものもいる．日本には 8 種知ら

れている．

マドジムカデ科
Chilenophilidae
額板に1～2個の無網目の円域がある．頭板はやや縦長で大きい．日本産は2属．

フタマドジムカデ属（p.11, 22）
Pachymerium

黄褐色～黄色で体長50 mmになる．頭は細長くて一見ナガズジムカデ類のように見えるが，額板に2つの円域のあることからこの名がある．森林土壌に多く生息するが，沿岸地域や湖岸地方などに多いのも生態上注目される．また平地からかなりの高地にまで生息している．日本産はフタマドジムカデ *P. ferrugineum* C. L. Koch 1種だけで，全国に分布している．

ミドリジムカデ属（p.11, 22）
Cheiletha

体長10～45 mm．頭板が縦長で，全身は淡緑色を帯びた黄白色．アルコールに入れると緑が消える．歩肢対数はあまり多くない．樹林の下層や蘚苔下床に多く生息し，平地では10 mmぐらいで歩肢37対のツメナシミドリジムカデ *C. macropalpus* (Takakuwa) が，山地には歩肢41～47対のミドリジムカデ *C. viridicans* (Attems) がいる．

ナガズジムカデ科
Mecistocephalidae
頭板の縦径が横幅に比べてずっと大きく，また背面から見て顎肢の大部分が頭板の両側に見える．顎肢節基板は横幅が頭板の幅と同じぐらいしかない．最終歩肢の基側板には多数の腺孔があり，また爪がない．世界中の熱帯地方に多いが，温帯地方まで分布する．日本産は7属ある．

ツメジムカデ属（p.13, 23）
Arrup

体長50 mmに達するものもあるが普通30～40 mm．歩肢対数は41．黄色で頭部と顎肢節が濃褐色．顎肢節胸板の前縁中央に1対の歯状突起が著しい．森林，畑地，草原など広い範囲の土壌にすみ，また平地から亜高山帯まで多様な気候条件のところにすむ．分布は東アジア全域に及ぶ．北海道にシミズツメジムカデ *A. dentatus* Takakuwa と本州以南にツメジムカデ *A. holstii* (Pocock)，イシイツメジムカデ（新称）*A. ishiianus* Uliana, Bonato & Minelli，キュウシュウツメジムカデ（新称）*A. kyushuensis* Uliana, Bonato & Minelli，アマミツメジムカデ（新称）*A. lilliputianus* Uliana, Bonato & Minelli，ユワンツメジムカデ（新称）*A. longicalix* Uliana, Bonato & Minelli がある．

ナガズジムカデ属（p.13, 23）
Mecistocephalus

頭板が縦長で横幅の1.5～2倍もあるので，一見して他属と識別しやすい．一般に本属は世界的に熱帯および亜熱帯に分布し，種類数も多いが，種によって歩肢対数が固定しているのでそのほうから種を識別しやすい．日本には10数種いるが歩肢対数による種名を次に示しておく．

63または65対：ニホンナガズジムカデ *M. japonicus* Meinert
57または59対：ゴシチナガズジムカデ *M. diversisternus* (Silvestri)
49対：ブチナガズジムカデ *M. marmoratus* Verthoeff
オキナワナガズジムカデ *M. pauroporus* Takakuwa
ウッドナガズジムカデ *M. rubriceps* H. C. Wood
ヤマシナナガズジムカデ *M. yamashinai* Takakuwa
オンナガズジムカデ *M. ongi* Takakuwa
ミカドナガズジムカデ *M. mikado* Attems
カラサワナガズジムカデ（新称）*M. karasawai* Uliana, Bonato & Minelli
45対：シゴナガズジムカデ *M. momotoriensis* Takakuwa
シンシゴナガズジムカデ *M. satumensis* Takakuwa
イソナガズジムカデ *M. manazurensis* Shinohara

タカシマジムカデ属（p.13, 23）
Takashimaia

体長30～40 mm．体幅2 mm．黄色．ナガズジムカデ属によく似ているが後額板が中央で2分されていない点のほか，顎肢の爪の根に小さな突起がある．現在のところ1属1種で歩肢45対のタカシマジムカデ *T. ramungula* Miyosi が本州南西部と四国から知られている．

タイワンジムカデ属（p.14, 23）
Proterotaiwanella

ナガズジムカデ属に酷似し，特に頭板の細長い点などよく似ているが，頭側板の先端に円錐突起がない．日本産はカントウタイワンジムカデ *P. paucipes* (Miyosi) が長野県より，タナベタイワンジムカデ（新称）*P. tanabei* Bonato, Foddai & Minelli が沖縄から知られている．

モイワジムカデ属（p.14, 23）
Partygarrupius

体長30 mm．黄褐色．ナガズジムカデ属に似るが，

頭側板に円錐突起がなく，後額板が左右に分離しない．北海道の森林土壌にモイワジムカデ P. moiwaennsis (Takakuwa) 1種のみが知られている．

タカラジマジムカデ属（新称）（p.14）
Tygarrup

モイワジムカデ属に酷似するが，顎肢の付節の根に著しい1歯がないことより区別される．日本にはトカラ列島の宝島から T. takarazimensis Miyoshi が，神奈川県から T. monoporus Shinohara が知られている．

ヒロズジムカデ属（p.14, 23）
Dicellophilus

全身褐黄色で，特に頭と顎肢節は濃い赤褐色をしている．頭は大きく広く，最大体幅と同じぐらいの横幅がある．森林，畑地，草原，砂礫地を問わず多様な地域の土壌中の生息者で，本州に広く多数が分布し，ジムカデ類の代表者である．ヒロズジムカデ D. pulcher (Kishida) は歩肢41対．最終歩肢基節腹面の腺孔群の中央に特に大きな1孔があって，すべてのジムカデ類と識別が容易にできる．日本産はこの1種のみ．

引用・参考文献

Attems, C. G. (1909). Die myriopoden der Vega-Expedition. *Arkiv für zoologi*, **5** (3) : 1-84.

Eason, E. H. (1973). The type specimens and identity of the species described in the genus *Lithobius* by R. I. Pocock from 1890 to 1901 (Chilopoda, Lithobiomorpha). *Bulletin of the British Museum (Natural History), Zoology*, **25** (2) : 39-83.

Ishii, K. (1988). A new species of the genus *Monotarsobius* (Chilopoda : Lithobiidae) from Japan. *The Canadian Entomologist*, **120** : 717-720.

Ishii, K. (1990). A new species of the genus *Monotarsobius* (Chilopoda : Lithobiidae) from Japan. *Edaphologia*, (44) : 35-38.

Ishii, K. (1991). Three new species of the genus *Monotarsobius* (Chilopoda : Lithobiidae) from Japan. *Edaphologia*, (45) : 23-31.

Ishii, K. (1993). Taxonomic study of the order Lithobiomorpha (Chilopoda) in Asia. I. A new species of genus *Monotarsobius* (Lithobiidae) from Yonaguni and Iriomote Islands, Japan. *Proceedings of the Japanese Society of Systematic Zoology*, (49) : 33-36.

Ishii, K. & Tamura, H. (1994). Taxonomic study of the order Lithobiomorpha (Chilopoda) in Asia. II. Six new species of *Monotarsobius* centipedes (Lithobiidae) from the Kanto area, central Japan. *Edaphologia*, (52) : 1-18.

Ishii, K. (1995). Taxonomic study of the order Lithobiomoroha (Chilopoda) in Asia. III. A new species of the genus *Monotarsobius* (Lithobiidae) from an area facing the Japan Sea in central Honshu, Japan. *Edaphologia*, (53) : 7-10.

Ishii, K. & Yahata, K. (1997). Taxonomic study of the order Lithobiomoroha (Chilopoda) in Asia. IV. A new *Monotarsobius* centipede (Lithobiidae) from Amami-oshima Island, Kagoshima, southwestern Japan. *Edaphologia*, (58) : 21-24.

Ishii, K. (2000). Taxonomic study of the order Lithobiomoroha (Chilopoda) in Asia. V. A new species of the genus *Monotarsobius* from Yamagata, northeast Japan. *Edaphologia*, (65) : 19-23.

Ishii, K. (2002). A new species of the genus *Monotarsobius* from Nagasaki, Kyushu, Japan (Taxonomic study of the order Lithobiomoroha (Chilopoda) in Asia. VI). *Special Bulletin of the Japanese Society of Coleopterology*, (5) : 51-55.

Ishii, K. (2011). A peculiar new species of the genus *Monotarsobius* (Lithobiidae) from Kagoshima, Kyushu, Japan. (Taxonomic study of the order Lithobiomorpha (Chilopoda) in Asia VII). *Edaphologia*, (88) : 37-42.

三好保徳（1956a）．日本産倍脚類及び唇脚類の分類学的研究，18．クビヤスデ科の1新属とアカムカデ属の1新亜種．動物学雑誌，**65** (8) : 25-28.

三好保徳（1956b）．日本産倍脚類及び唇脚類の分類学的研究，17．エカドルヤスデ科の1新属とヒトスシムカデ属の1新種．動物学雑誌，**65** (8) : 311-314.

村上好央（1960）．日本産普通多足類の後胚子発生VI，ヒトフシムカデの1新種．動物学雑誌，69 (9) : 288-291.

村上好央（1965）．日本産普通多足類の後胚子発生 XIX，ヒトフシムカデの2新種，**74** (3) : 69-75.

Pocock, R. I. (1895). Report upon the Chilopoda and Diplopoda obtained by P. W. Bassett-Smith Esq., Surgeon, R. N., and J. J. Walker Esq., R. N., during the cruise in the Chinese Seas of H. M. S. 'Penguin', Commander W. U. Moore commanding. *Annals and Magazine of Natural History, including Zoology, Botany and Geology*. 6 series, **15** : 346-369.

篠原圭三郎（1957a）．邦産唇脚類の2新種，多足類の分類学並びに形態学的研究1．動物学雑誌，**66** (4) : 187-190.

篠原圭三郎（1957b）．邦産及び近隣産 *Lamyctes* 属 (Chilopoda) 多足類の分類学並びに形態学的研究2．動物学雑誌，**66** (8) : 341-344.

Shinohara, K. (1982). A new genus of Centipede of the Subfamily Anopsobiinae (Henicopidae, Chilopoda). *Proceedings of the Japanese Society of Systematic Zoology*, (24) : 41-46.

篠原圭三郎（1974）．多足類の採集と観察．109 pp, ニュー・サイエンス社，東京．

Shinohara, K. (1987). A new species of the genus *Monotarsobius* (Chilopoda : Lithobiidae). *Edaphologia*, (36) : 21-23.

Takakuwa, Y. (1938). Über eine neue Art von *Monotarsobius* und von *Lithobius* aus Japan. *Zoological Magazine*, Tokyo, **50** (11) : 456-461.

高桑良興（1940a）．ジムカデ目（唇脚綱—整形類）．日本動物分類，**9** (1), 156 pp, 三省堂，東京．

高桑良興（1940b）．オオムカデ目（唇脚綱—整形類）．日本動物分類，**9** (2), 88 pp, 三省堂，東京．

高桑良興（1941a）．イシムカデ目（唇脚綱—改形類）．日本動物分類，**9** (3), 104 pp, 三省堂，東京．

Takakuwa, Y. (1941b). Über einige Japanische Lithobiiden.

Transactions of the Natural History Society of Formosa, **31** : 292-298.

Takakuwa, Y. (1941c). Weitere japanishe Lithobius-arten und zwei neue Diplopoden. *Trans Sapporo Natural History Society*, **17** : 1-9.

高桑良興（1942）．二三地方から得られた多足類．台湾博物学会会報，**32** : 359-367．

高桑良興（1955）．ゲジの内外の解剖及分類，59 pp，学風書院，東京．

Takano, M. (1979). Taxonomical studies on the Japanese Mriapoda-I. A new species of the genus *Monotarsobius* (Chilopoda : Lithobiidae) from Miyake-jima Island. *Edaphologia*, **19** : 35-39.

Verhoeff, K. W. (1937). Chilopoden-Studien. Zur Kenntnis der Lithobiiden. *Archiv für Naturgeschichte, N. F.*, **6** : 171-257.

節足動物門
ARTHROPODA

多足亜門 MYRIAPODA
コムカデ綱（結合綱） Symphyla

青木淳一　J. Aoki

コムカデ綱（結合綱）Symphyla

　コムカデは「子むかで」ではなく「小むかで」であり，ムカデ類とは別の仲間である．以前は結合綱と呼ばれていたが，それはムカデ類と昆虫類を結びつける位置にある動物と考えられたからである．

　大きいものでも体長 10 mm を超えず，全身白色である．大きさと体色から一見して昆虫類のナガコムシ目に似るが，長い糸状の尾突起がなく代わりに 1 対の角状の短い突起が尾端にあり，触角はそれほど長くなく，歩脚の数は成虫で 11 ～ 12 対に達する（幼虫では 6 ～ 7 対しかない）．

　一般にはなじみの薄いものであるが，冷温帯から熱帯にかけてどこにでも見られる普通の動物である．湿った落ち葉や倒れ木や石の下にも多いが，土の割れ目にそって深いところまで潜入することもある．季節的に土中を上下に移動するらしい．動作は活発で，腐りかけた落ち葉などの植物遺体とともに菌類やバクテリアを食べる．

　コムカデ類の種数はムカデ類に比べてはるかに少なく，全世界から 120 種くらいしか知られていない．日本からは，ナミコムカデ科 Scutigerellidae のナミコムカデ *Hanseniella caldaria* Hansen およびミゾコムカデ *Scutigerella nodicera* Michelbacher，ヤサコムカデ科 Scolopendrellidae のヤサコムカデ *Symphyllela vulgaris* Hansen の 3 種が北海道を除く日本列島各地に生息している．しかし，わが国のコムカデ類の研究は極めて遅れており，現在も専門の研究者がおらず，将来研究が進めば何種類か追加されるであろう．

節足動物門
ARTHROPODA

多足亜門 MYRIAPODA
エダヒゲムシ綱（少脚綱）Pauropoda

萩野康則　Y. Hagino

エダヒゲムシ綱（少脚綱）Pauropoda

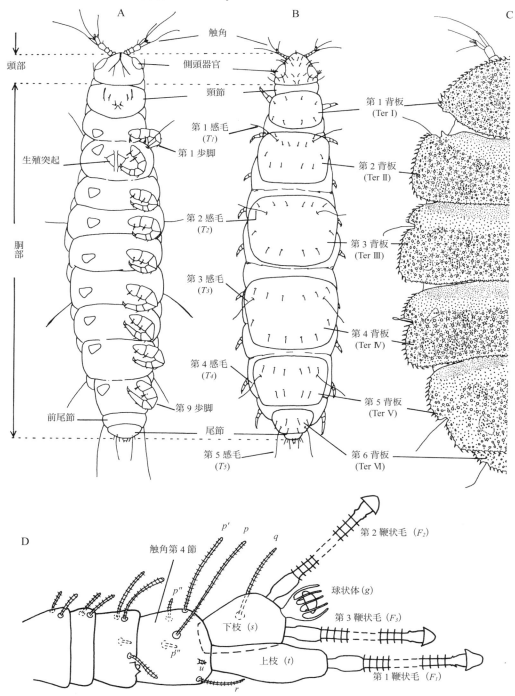

エダヒゲムシ綱 Pauropoda 形態用語図解（1）
A～C：全体（A：エダヒゲムシ科 Pauropodidae 腹面，B：エダヒゲムシ科 Pauropodidae 背面，C：ヨロイエダヒゲムシ科 Eurypauropodidae 背面），D：右触角（背面より）

2 エダヒゲムシ綱

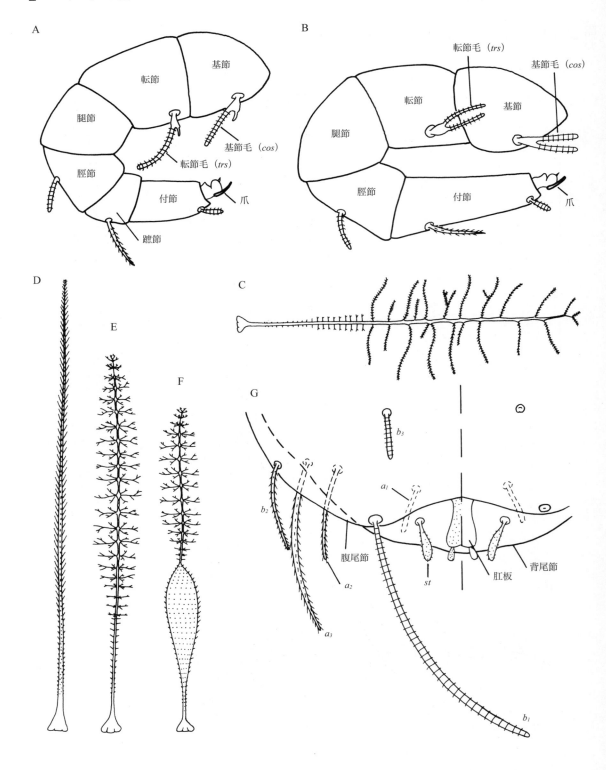

エダヒゲムシ綱 Pauropoda 形態用語図解 (2)
A：歩脚(6節のもの)，B：歩脚(5節のもの)，C〜F：感毛の数タイプ，G：尾節

エダヒゲムシ綱 Pauropoda の目への検索

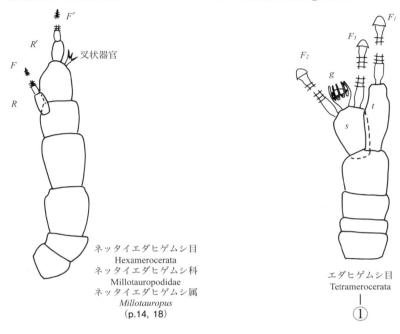

エダヒゲムシ目 Tetramerocerata の科への検索

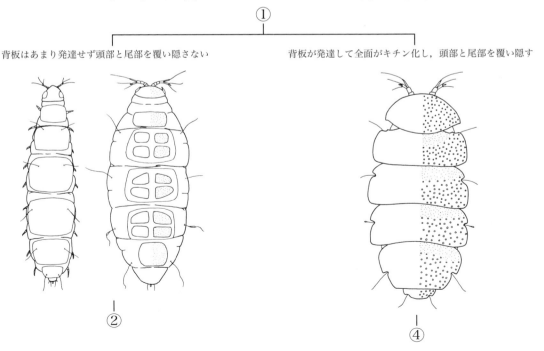

4　エダヒゲムシ綱

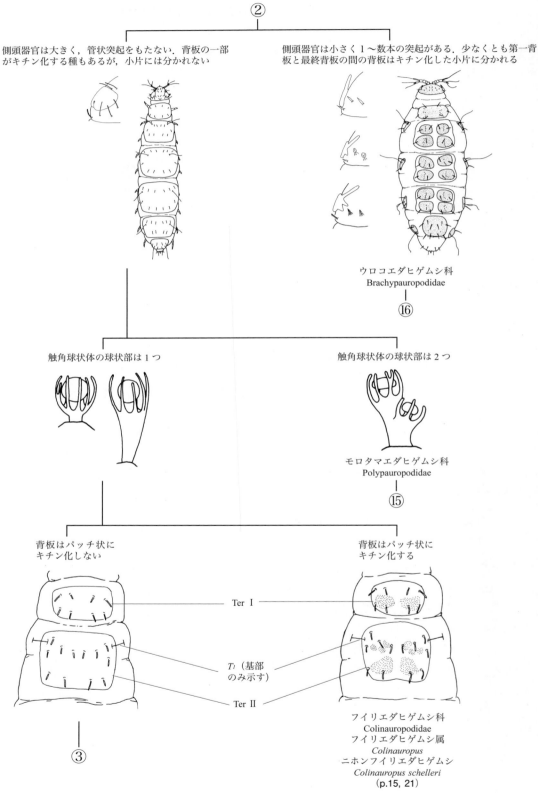

③

頭部背面の毛は短く球状．触角上枝 t は極端に短く，鞭状毛 F_1 の基部よりも短い

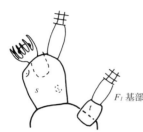

ヒメエダヒゲムシ科
Amphipauropodidae
ヒメエダヒゲムシ属
Amphipauropus
(p.16, 21)

頭部背面の毛は長く円筒形かややこん棒状．触角上枝 t は下枝 s とほぼ等長もしくは長く，鞭状毛 F_1 の基部より明らかに長い

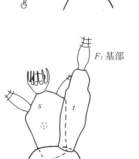 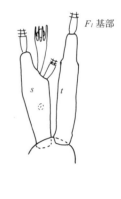

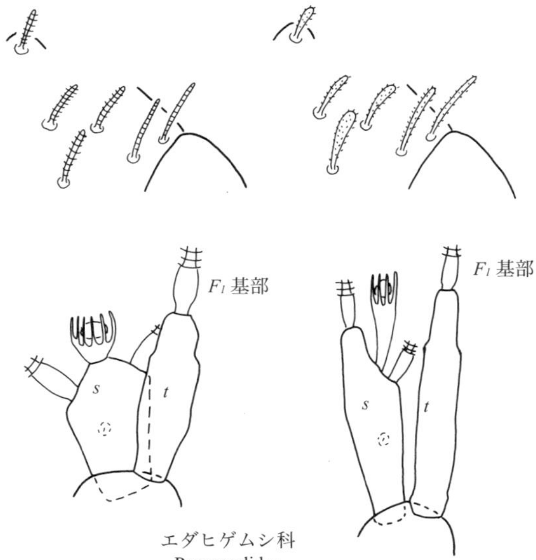

エダヒゲムシ科
Pauropodidae
⑤

④

ダンゴムシ状に体を丸める．背板上の棘は小さく毛状

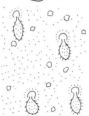

テマリエダヒゲムシ科
Sphaeropauropodidae
テマリエダヒゲムシ属
Sphaeropauropus
＜テマリヨロイエダヒゲムシ属＞
＜ *Thaumatopauropus* ＞
テマリヨロイエダヒゲムシ
Thaumatopauropus glomerans
(p.17, 23)

体を丸めない．背板上の棘は大きく爪状

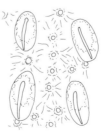 

ヨロイエダヒゲムシ科
Eurypauropodidae
⑰

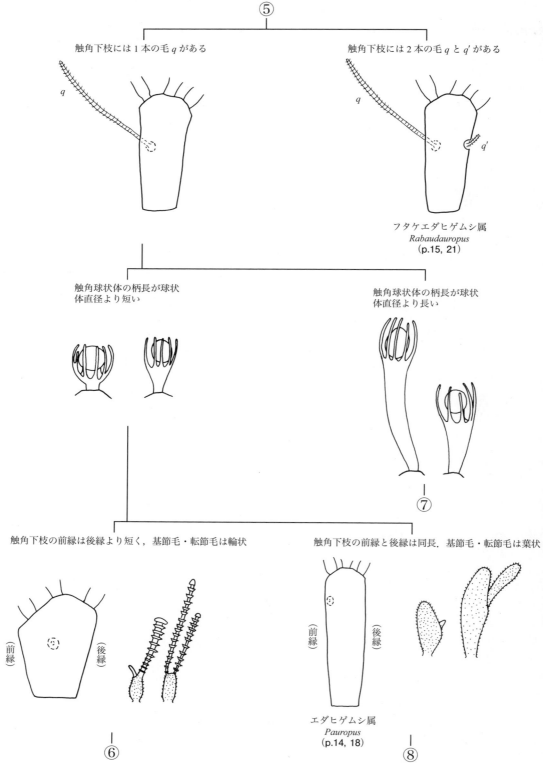

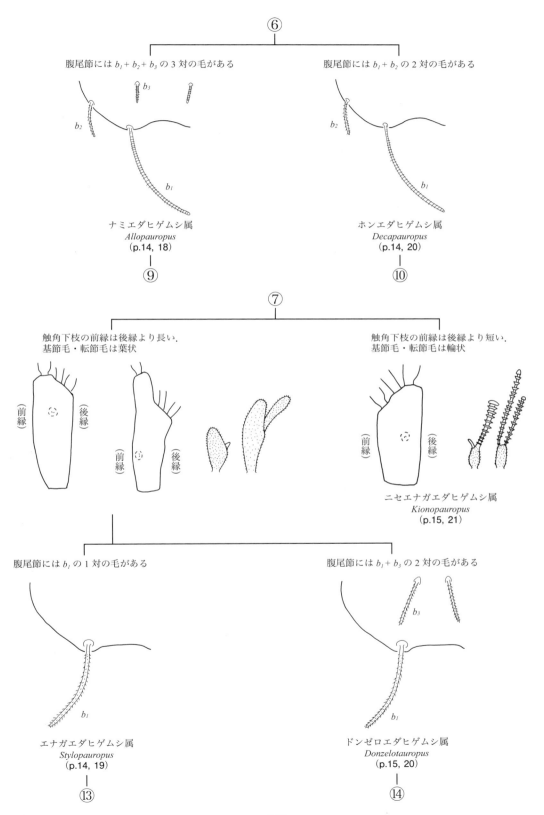

エダヒゲムシ綱

エダヒゲムシ属 Pauropus の種への検索

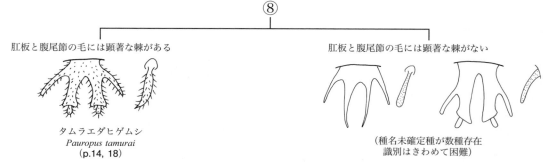

ナミエダヒゲムシ属 Allopauropus の種への検索

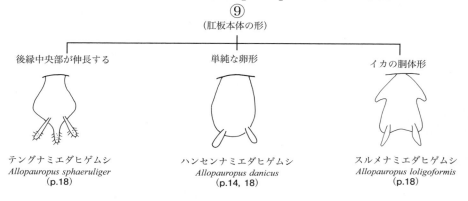

ホンエダヒゲムシ属 Decapauropus の種への検索

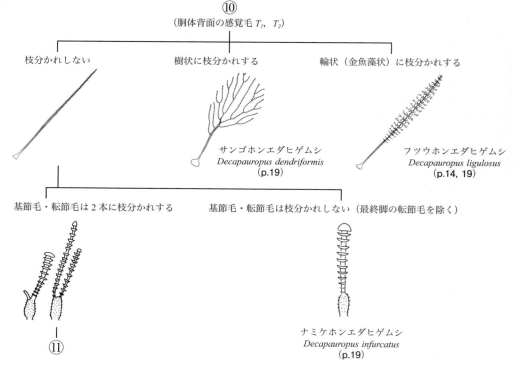

エダヒゲムシ綱 9

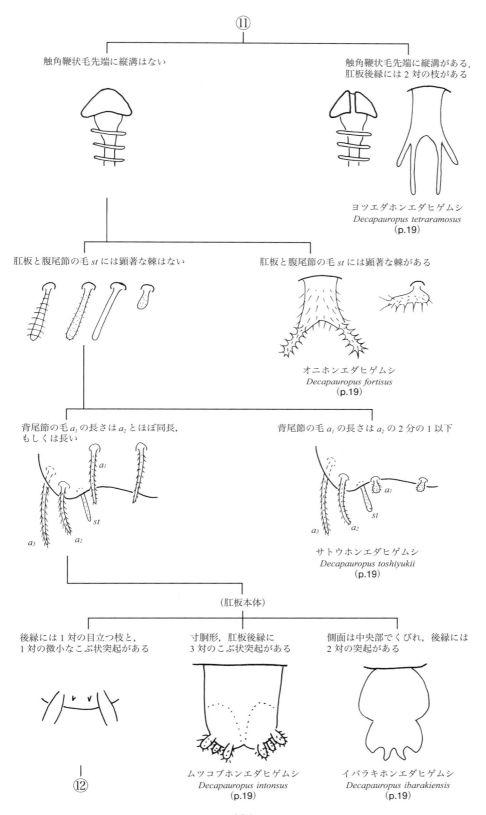

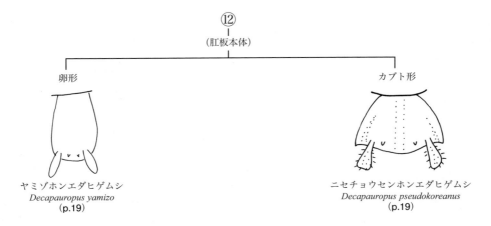

エナガエダヒゲムシ属 *Stylopauropus* の種への検索

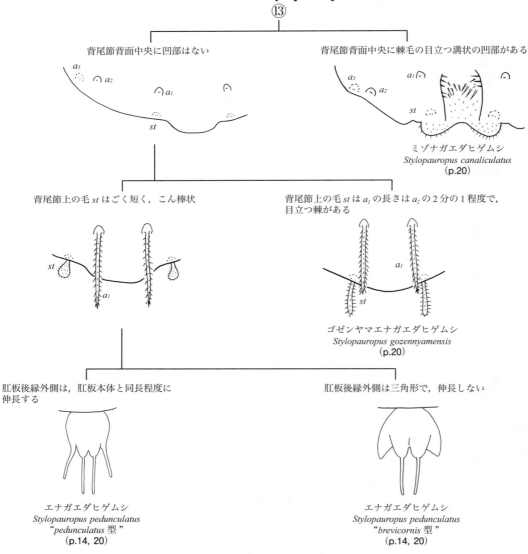

ドンゼロエダヒゲムシ属 Donzelotauropus の種への検索

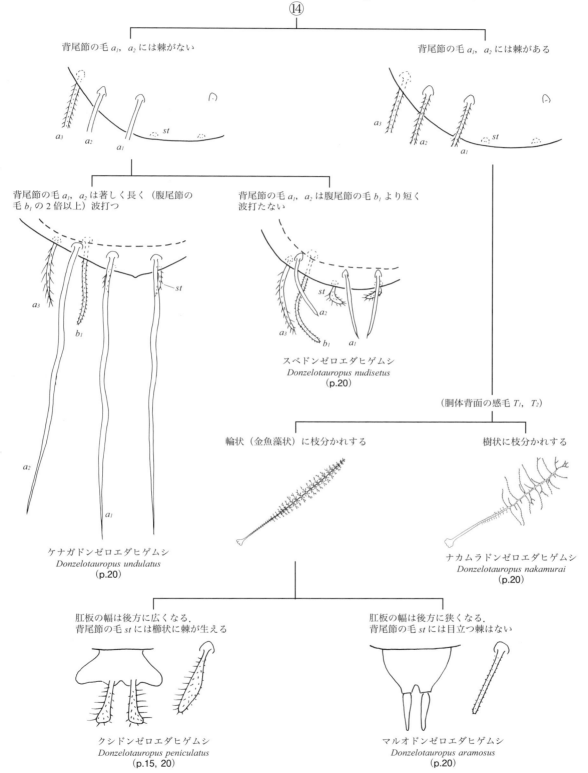

モロタマエダヒゲムシ科 Polypauropodidae の属・種への検索

⑮

歩脚は第1対と最終対が5節，それらの間の対では6節

歩脚はすべて5節

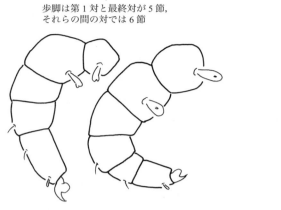

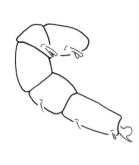

カワリモロタマエダヒゲムシ属
Fagepauropus
イシイカワリモロタマエダヒゲムシ
Fagepauropus ishii
(p.15, 21)

ニセモロタマエダヒゲムシ属
Polypauropoides
(p.16, 21)

ウロコエダヒゲムシ科 Brachypauropodidae の属・種への検索

⑯

側頭器官の管状突起は2本以上

側頭器官の管状突起は1本

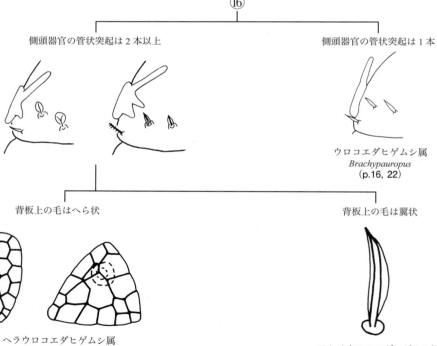

ウロコエダヒゲムシ属
Brachypauropus
(p.16, 22)

背板上の毛はへら状

背板上の毛は翼状

ヘラウロコエダヒゲムシ属
Deltopauropus
ヘラウロコエダヒゲムシ
Deltopauropus reticulatus
(p.16, 22)

アミメウロコエダヒゲムシ属
Aletopauropus
アミメウロコエダヒゲムシ
Aletopauropus tanakai
(p.16, 22)

ヨロイエダヒゲムシ科 Pauropodidae の属・種への検索

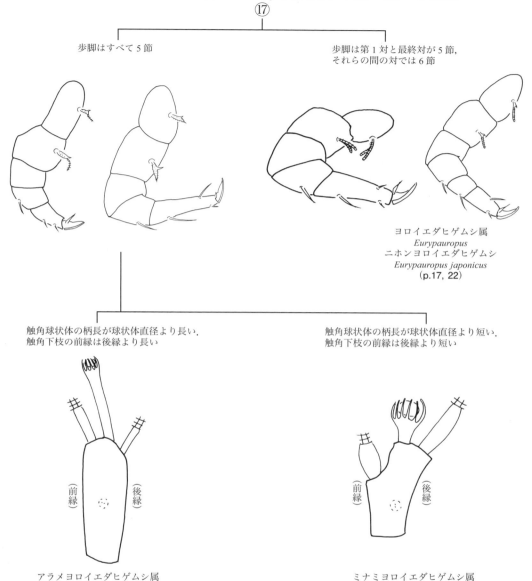

14 エダヒゲムシ綱

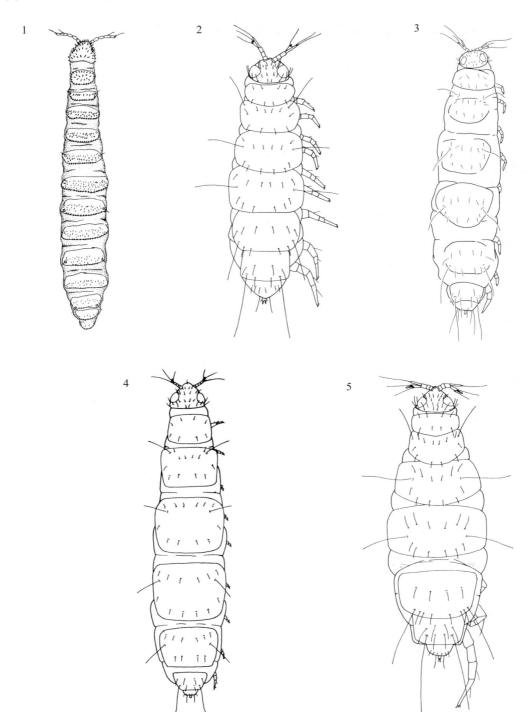

エダヒゲムシ綱 Pauropoda 全形図（1）
1：ネッタイエダヒゲムシ属の一種 *Millotauropus* sp., 2：タムラエダヒゲムシ *Pauropus tamurai* Hagino, 3：ハンセンナミエダヒゲムシ *Allopauropus danicus* (Hansen), 4：フツウホンエダヒゲムシ *Decapauropus ligulosus* (Hagino), 5：エナガエダヒゲムシ *Stylopauropus pedunculatus* (Lubbock)
（1：Scheller, 2011；2, 4, 5：萩野, 1991a；3：原図）

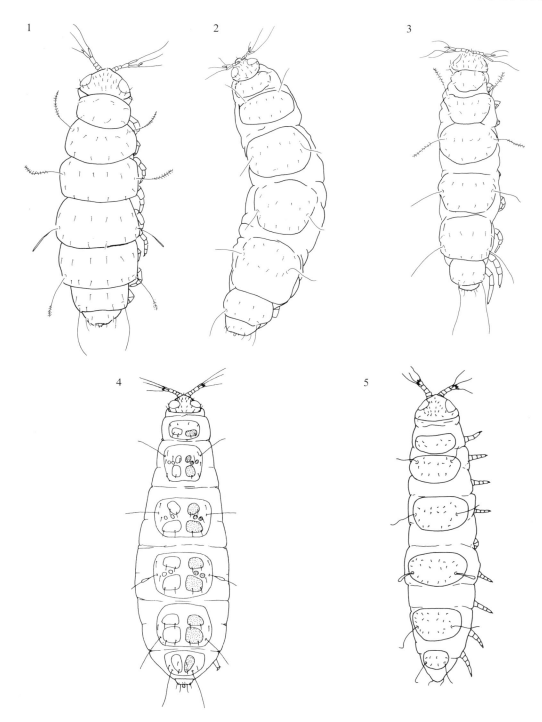

エダヒゲムシ綱 Pauropoda 全形図（2）
1：クシドンゼロエダヒゲムシ *Donzelotauropus peniculatus* (Hagino)，2：ニセエナガエダヒゲムシ属の一種 *Kionopauropus* sp.，3：フタケエダヒゲムシ属の一種 *Rabaudauropus* sp.，4：ニホンフイリエダヒゲムシ *Colinauropus schelleri* Hagino，5：イシイカワリモロタマエダヒゲムシ *Fagepauropus ishii* Hagino
（1〜3：原図；4：萩野，1991a；5：萩野，1999）

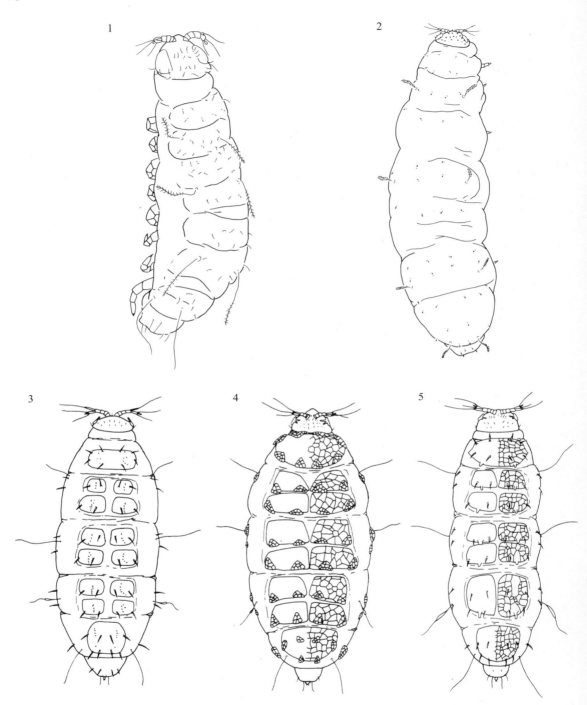

エダヒゲムシ綱 Pauropoda 全形図（3）
1：ニセモロタマエダヒゲムシ属の一種（歩脚8対の個体）*Polypauropoides* sp., 2：ヒメエダヒゲムシ属（歩脚6対の個体）*Amphipauropus* sp., 3：ウロコエダヒゲムシ属の一種（歩脚8対の個体）*Brachypauropus* sp., 4：ヘラウロコエダヒゲムシ（歩脚8対の個体）*Deltopauropus reticulatus* Hagino, 5：アミメウロコエダヒゲムシ（歩脚8対の個体）*Aletopauropus tanakai* Hagino
（1, 2：原図；3～5：萩野, 1991a）

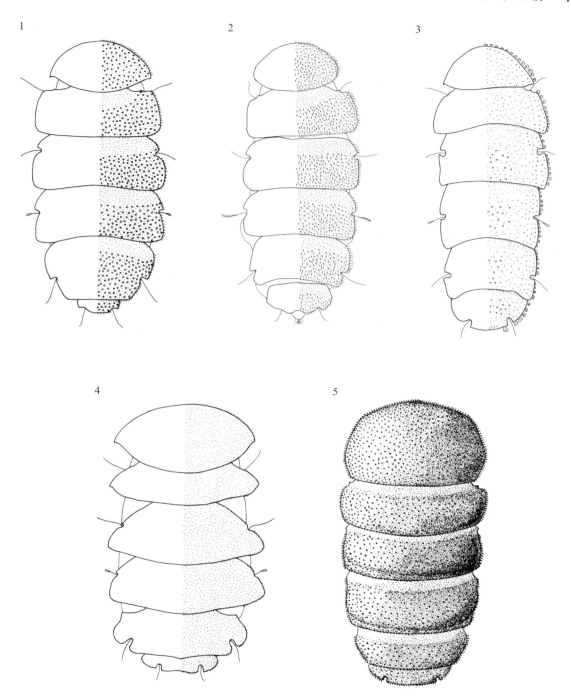

エダヒゲムシ綱 Pauropoda 全形図 (4)
1：ニホンヨロイエダヒゲムシ *Eurypauropus japonicus* Hagino & Scheller，2：アラメヨロイエダヒゲムシ属の一種 *Trachypauropus* sp.，3：ミナミヨロイエダヒゲムシ属の一種 *Samarangopus* sp.，4：テマリエダヒゲムシ属の一種 *Sphaeropauropus* sp.，5：テマリヨロイエダヒゲムシ *Thaumatopauropus glomerans* Esaki
(1, 4：萩野，1991a；2, 3：原図；5：Esaki, 1934)

エダヒゲムシ綱（少脚綱）Pauropoda

体長 0.4 〜 2.0 mm の微小な動物で，分枝した触角をもち，成体は通常 9 対の歩脚をもつ．全世界の土壌中に広く分布しており，約 850 種が記載されている．ネッタイエダヒゲムシ目 Hexamerocerata とエダヒゲムシ目 Tetramerocerata の 2 目からなる．ネッタイエダヒゲムシ目は触角が 6 節からなり，成体で歩脚が 11 対，発達した大顎と気管をもつ．1 科のみを含む．エダヒゲムシ目は歩脚が成体で 8 〜 9 対（まれに 10 対），触角は 4 節からなり，大顎は貧弱で気管をもたない．11 科を含む．

日本産種としてはこれまでに約 30 種が知られているが，潜在的には 100 種程度が生息するものと考えられる．

近年分類体系が大幅に改訂され（Scheller, 2008），従来の亜属が属に，亜科が科に昇格したグループが多数あるので，注意されたい．

なお，日本産既知種のうちニワムシ *Neopauropus niwai* Kishida，ツガルニワムシ *Arthropauropus tsugaruensis* Kishida，マイズルニワムシ *Pauropus nipponicus* Kishida は属または種レベルでその存在自体に疑問があるので除外している（詳細については萩野（1992）を参照されたい）．

ネッタイエダヒゲムシ科 Millotauropodidae

1 属のみを含む熱帯産の科で，体形は紡錘形で体色は乳白色．

ネッタイエダヒゲムシ属（p.3, 14）
Millotauropus

体長 1.0 〜 1.8 mm．アフリカ，インド洋の島，南米から合計 8 種が記録されているが，種名未確定の幼若個体が 1 個体，皇居から確認された．熱帯域のどこからか持ち込まれた植物とともに入ったものと思われる．

エダヒゲムシ科 Pauropodidae

体長 0.4 〜 1.7 mm．体形は一般に紡錘形で体色は白色から乳白色．背板はあまり発達せず，キチン化も弱い．全世界から 24 属 700 種以上が知られる綱内最大の科である．日本全国に分布し，6 属が知られるが，今後未記録属の出現も十分予想される．

エダヒゲムシ属（p.6, 14）
Pauropus

触角下枝の前縁と後縁は同長で，基節毛・転節毛は葉状．汎世界的に分布し，約 50 種が記載されている．日本産で種名が確定しているのはタムラエダヒゲムシ 1 種のみだが，未確定種が数種いる．

タムラエダヒゲムシ（p.8, 14）
Pauropus tamurai Hagino

体長 0.8 〜 1.1 mm．肛板は顕著な棘毛で被われている．名前はトビムシ類研究者の田村浩志博士にちなむ．北海道（利尻島，胆振地方），本州（青森県，茨城県，栃木県，群馬県，東京都，神奈川県，新潟県，山梨県）から知られている．

ナミエダヒゲムシ属（p.7, 14）
Allopauropus

触角下枝の前縁は後縁より短く，基節毛・転節毛は輪状．腹尾節には $b_1 + b_2 + b_3$ の 3 対の毛がある．汎世界的に分布し，約 100 種が知られている．日本からは以下の 3 種が既知．

ハンセンナミエダヒゲムシ（p.8, 14）
Allopauropus danicus (Hansen)

体長 0.8 〜 0.9 mm．小さな触角球状体と短い背尾節の毛 *st* が特徴．汎世界分布種．日本では本州（茨城県，埼玉県，千葉県，東京都，山梨県），伊豆諸島（八丈島），九州（大分県，熊本県）から記録されている．

スルメナミエダヒゲムシ（p.8）
Allopauropus loligoformis Hagino

体長 1.3 〜 1.6 mm と，日本産エダヒゲムシ類では最大級の種である．肛板がスルメのような形をしているのでこの名がある．本州（秋田県，福島県，茨城県，栃木県，群馬県，埼玉県，富山県，山梨県），四国（愛媛県）から知られている．

テングナミエダヒゲムシ（p.8）
Allopauropus sphaeruliger (Remy)

体長 0.6 〜 0.8 mm．基準産地はコートジボワールで，その後マダガスカル島とレユニオン島からも記録されている．日本からは，1957 年に来日調査したフランスの H. Coiffait が，高知県の大内洞で採集している．肛板中央が後方に伸長しているのが和名の由来である．

ホンエダヒゲムシ属（新称）（p.7, 14）
Decapauropus

　従来ナミエダヒゲムシ属 *Allopauropus* 内の亜属であったが，近年属に昇格した．触角下枝の前縁は後縁より短く，基節毛・転節毛は輪状．腹尾節には $b_1 + b_2$ の2対の毛がある．まれに歩脚10対の個体が発見されることがある．本綱中最大の属で，全世界から350種以上が記載されている．日本でも最も普通な群で全国に分布する．現在のところ日本産種は以下の10種であるが，将来的には40〜50種に達する見込みである．

サンゴホンエダヒゲムシ（p.8）
Decapauropus dendriformis (Hagino)

　体長0.4〜0.5 mmの微小種．胴体背面の感毛がサンゴ状に枝分かれしているのでこの名がある．現在のところ千葉県の基準産地以外からは知られていない．

オニホンエダヒゲムシ（p.9）
Decapauropus fortisus (Hagino)

　体長0.5〜0.7 mm．肛板と背尾節の毛 st に強大な棘がある．本州（秋田県，茨城県，栃木県，群馬県，千葉県，山梨県，静岡県），四国（愛媛県），九州（福岡県，宮崎県）から記録があるが，個体数はあまり多くない．

イバラキホンエダヒゲムシ（p.9）
Decapauropus ibarakiensis (Hagino)

　体長0.6〜0.8 mm．和名は基準産地にちなむが分布域は広く，北海道（利尻島），本州（青森県，秋田県，福島県，茨城県，栃木県，群馬県，埼玉県，千葉県，東京都，新潟県，富山県，山梨県，岐阜県），伊豆諸島（八丈島），四国（愛媛県），九州（宮崎県）から知られている．フツウホンエダヒゲムシとならんで，ホンエダヒゲムシ属では日本で最も普通な種である．

ナミケホンエダヒゲムシ（p.8）
Decapauropus infurcatus (Hagino)

　体長0.7〜1.0 mm．エダヒゲムシ類では基節毛・転節毛が2本に分かれているのが普通であるが，本種は1本なのでこの名がある．また，日本産エダヒゲムシ類で唯一10対の歩脚を持つ個体が確認されている種である．関東地方（茨城県，栃木県，埼玉県，千葉県）から記録されている．

ムツコブホンエダヒゲムシ（p.9）
Decapauropus intonsus (Remy)

　体長0.6〜0.8 mm．肛板に特徴的な6つのこぶ状突起があるのが和名の由来．基準産地はマダガスカル島で，その後スリランカとアメリカ合衆国からも報告されている．日本では北海道（利尻島），本州（茨城県，栃木県，群馬県，千葉県，東京都，山梨県，山口県），四国（高知県），九州（熊本県）から知られている．

フツウホンエダヒゲムシ（p.8, 14）
Decapauropus ligulosus (Hagino)

　体長0.8〜0.9 mm．肛板は舌状．本州（秋田県，福島県，茨城県，栃木県，群馬県，埼玉県，千葉県，東京都，神奈川県，山梨県，岐阜県），伊豆諸島（八丈島），四国（愛媛県），九州（福岡県，宮崎県）から知られている．イバラキホンエダヒゲムシとならんで，ホンエダヒゲムシ属では日本で最も普通な種である．

ニセチョウセンホンエダヒゲムシ（p.10）
Decapauropus pseudokoreanus (Hagino)

　体長0.8〜1.0 mm．カブト形の肛板が特徴．本州（茨城県，栃木県，千葉県，富山県，山梨県）と奄美諸島（大島）から記録されているが，比較的まれな種である．北朝鮮産の種に極めて似た種がいるのでこの名がある．

ヨツエダホンエダヒゲムシ（p.9）
Decapauropus tetraramosus (Hagino)

　体長0.7〜0.9 mm．肛板に4本の枝状の突起があるのでこの名がある．本州（茨城県，栃木県，群馬県，山梨県）から知られている．

サトウホンエダヒゲムシ（p.9）
Decapauropus toshiyukii (Hagino)

　体長0.5〜0.7 mm．背尾節上の毛 a_1 は微小で，肛板中ほどには1対の掌状の突起がある．学名と和名は採集者であるアリ類研究者の佐藤俊幸博士にちなむ．本州（青森県，福島県，茨城県，栃木県，群馬県，埼玉県，千葉県，富山県，静岡県，山梨県），四国（愛媛県）から記録されている．

ヤミゾホンエダヒゲムシ（p.10）
Decapauropus yamizo (Hagino)

　体長0.6〜0.7 mm．名前は基準産地の茨城県八溝山による．北海道（利尻島）と本州（茨城県，栃木県，群馬県，埼玉県，千葉県，山梨県）から記録がある．

エナガエダヒゲムシ属（p.7, 14）
Stylopauropus

　触角球状体の柄長が直径より長く，触角下枝の前縁は後縁より長い．基節毛・転節毛は葉状．腹尾節には b_1 の1対の毛がある．世界各地から約20種が記録されているが，南米からは未知である．日本からは以下

の3種が知られるが，将来的には10種程度になるものと思われる．

ミゾエナガエダヒゲムシ（p.10）
Stylopauropus canaliculatus Hagino

体長 0.7〜0.9 mm．背尾節の正中線上が溝状にくぼんでいるのでこの名がある．北海道（胆振地方），本州（青森県，秋田県，福島県，茨城県，栃木県，群馬県，埼玉県，千葉県，東京都，新潟県，山梨県），四国（愛媛県）から記録がある．

ゴゼンヤマエナガエダヒゲムシ（p.10）
Stylopauropus gozennyamensis Hagino

体長 0.7〜1.2 mm．背尾節上の毛 a_1, a_2, a_3, st には顕著な斜めに生える棘がある．現在のところ基準産地である茨城県御前山村（現・常陸大宮市）以外からは知られていない．

エナガエダヒゲムシ（p.10, 14）
Stylopauropus pedunculatus (Lubbock)

体長 0.9〜1.5 mm．ハックスリエダヒゲムシ（新称）*Pauropus huxleyi* Lubbock とともに，1867 年にロンドン郊外で発見記載された，世界で最初のエダヒゲムシ類の種．汎世界分布種としても有名．本種には *S. p. pedunculatus* (Lubbock) と *S. p. brevicornis* Remy の 2 つの「亜種」が知られているが，それらの中間的な形態を示す個体が見られる．また，日本からも両者が多数得られているが，しばしば同所的に分布しており，両者を別亜種と考えることには問題がある．それらの分類学上の地位については未だ決着をみていないので，それぞれを前者を "*pedunculatus* 型"，後者を "*brevicornis* 型" と区別して示しておく．

　"*pedunculatus* 型"
触角第 4 節の毛 p''' は長く，頭部背面第 4 列の毛 a_2 はむち状．肛板後方の 2 対の突起のうち，側方のものは長い．北海道（胆振地方，檜山地方），本州（青森県，秋田県，福島県，茨城県，栃木県，群馬県，埼玉県，千葉県，山梨県）から知られている．

　"*brevicornis* 型"
触角第 4 節の毛 p''' は痕跡的で，頭部背面第 4 列の毛 a_2 はこん棒状．肛板後方の 2 対の突起のうち，側方のものは短い．北海道（利尻島，石狩地方，檜山地方），本州（青森県，秋田県，福島県，茨城県，栃木県，群馬県，埼玉県，東京都，新潟県，山梨県），四国（愛媛県）から知られている．

ドンゼロエダヒゲムシ属（新称）（p.7, 15）
Donzelotauropus

従来エナガエダヒゲムシ属 *Stylopauropus* 内の亜属であったが，近年属に昇格した．触角球状体の柄長が直径より長く，触角下枝の前縁は後縁より長い．基節毛・転節毛は葉状．腹尾節には $b_1 + b_3$ の 2 対の毛がある．全北区に広く分布し，これまでに約 30 種が知られる．日本からは以下の 5 種が既知であるが，将来的には 20 種程度になるものと思われる．

マルオドンゼロエダヒゲムシ（p.11）
Donzelotauropus aramosus (Hagino)

体長 0.8〜1.1 mm．通常ドンゼロエダヒゲムシ属では肛板側部に突起があるが，本種にはそれが無く，丸いのでこの名がある．本州（茨城県，栃木県，群馬県，東京都，山梨県）と九州（福岡県）から記録されている．

ナカムラドンゼロエダヒゲムシ（p.11）
Donzelotauropus nakamurai (Hagino)

体長 0.6〜0.7 mm．胴体背面の感毛が枝分かれしているのが特徴．名前は採集者であるカマアシムシ類研究者の中村修美博士にちなむ．現在のところ岡山県の基準産地以外からは知られていない．

スベドンゼロエダヒゲムシ（p.11）
Donzelotauropus nudisetus (Hagino)

体長 0.9〜1.1 mm．エダヒゲムシ科では通常，背尾節上の毛には棘があるが，本種では a_1, a_2 が無棘であるのが特徴．本州（青森県，茨城県，栃木県，千葉県，東京都，新潟県）と四国（愛媛県）から記録されている．

クシドンゼロエダヒゲムシ（p.11, 15）
Donzelotauropus peniculatus (Hagino)

体長 0.9〜1.1 mm．背尾節上の毛 st が櫛（くし）状をしているのが特徴．ドンゼロエダヒゲムシ属では日本でもっとも普通な種で，北海道（利尻島，石狩地方），本州（青森県，秋田県，福島県，茨城県，栃木県，埼玉県，千葉県，東京都，神奈川県，富山県，山梨県，岐阜県，静岡県），四国（愛媛県）から記録されている．

ケナガドンゼロエダヒゲムシ（p.11）
Donzelotauropus undulatus (Hagino)

体長 1.2〜1.6 mm と，日本産エダヒゲムシ類では最大級の種である．背尾節上の毛 a_1, a_2 は無棘で著しく長く，波打っているのが特徴．本州（青森県，茨城県，栃木県，埼玉県，神奈川県，富山県，山梨県，岐阜県，山口県），九州（福岡県，大分県）から記録されている．

ニセエナガエダヒゲムシ属（新称）(p.7, 15)
Kionopauropus

体長 0.5 〜 1.3 mm．触角球状体の柄長が直径より長く，触角下枝の前縁は後縁より短い．基節毛・転節毛は輪状（一部葉状になる場合あり）．腹尾節には b_1+b_2 の2対の毛がある．東南アジア，オーストラリア，北米アラスカから合計6種が知られているが，アラスカ産の種をこの属に含めることには疑義がある．茨城県（萩野, 1998a）および東京都（皇居）（萩野, 2000b）から報告されているエナガエダヒゲムシ属ドンゼロエダヒゲムシ亜属の種名未定種は本属に移動されるべき種である．

フタケエダヒゲムシ属 (p.6, 15)
Rabaudauropus

体長 0.5 〜 1.7 mm．触角球状体の柄長が直径より長く，触角下枝の前縁と後縁は等長．触角下枝に2本の毛を持つ．これまでに南欧，アフリカ，マダガスカル島，東南アジア，南米から5種が記載されているが，いずれも稀産種である．茨城県および東京都（皇居）から種名未定種が記録されている．

フイリエダヒゲムシ科（新称）
Colinauropodidae

従来エダヒゲムシ科内の亜科であったが，近年科に昇格した．体長 0.6 〜 0.9 mm．体形は紡錘形で体色は白色から乳白色．背板がパッチ状にキチン化するのでウロコエダヒゲムシ科と間違えやすいが，側頭器官に管状突起がないことがポイントとなる．フイリエダヒゲムシ属1属のみを含む．

フイリエダヒゲムシ属 (p.4, 15)
Colinauropus

インド洋上のレユニオン島およびモーリシャス，フィリピン，日本から計3種が知られる．日本産の種名確定種はニホンフイリエダヒゲムシである．

ニホンフイリエダヒゲムシ (p.4, 15)
Colinauropus schelleri Hagino

体長 0.9 mm．本州（茨城県，栃木県，埼玉県，千葉県，神奈川県，山梨県，静岡県）から記録されている．

モロタマエダヒゲムシ科（新称）
Polypauropodidae

体長 0.4 〜 1.5 mm．体形は紡錘形で体色は白色から乳白色．触角球状体が2つの球状部をもつ．世界各地から3属約30種が知られている．

カワリモロタマエダヒゲムシ属 (p.12, 15)
Fagepauropus

体長 0.7 〜 0.9 mm．歩脚は第1対と最終対が5節，それらの間の対では6節からなる．エダヒゲムシ類では胴体背板上の毛の数は種内で極めて安定しているが，本属においては変異が著しい．カナダ，モンゴル，モロッコ，ガンビアから1種，日本からイシイカワリモロタマエダヒゲムシが1種，計2種が既知．

イシイカワリモロタマエダヒゲムシ (p.12, 15)
Fagepauropus ishii Hagino

体長 0.8 〜 0.9 mm．現在のところ千葉県以外からの記録は無い．

ニセモロタマエダヒゲムシ属（新称）(p.12, 16)
Polypauropoides

体長 0.5 〜 1.1 mm．歩脚は全ての対で5節からなる．尾節毛 t_1, t_2 を持たない．コルシカ島，コートジボワール，モーリシャス，スリランカ，北南米から12種が既知．茨城県から未同定種が確認されている．

ヒメエダヒゲムシ科（新称）
Amphipauropodidae

体長 0.6 〜 0.9 mm．体形は筒形で体色は白色．大変まれな群で，ヒメエダヒゲムシ属1属のみを含む．

ヒメエダヒゲムシ属（新称）(p.5, 16)
Amphipauropus

歩脚は短い．触角下枝に2本の毛を持つ．触角上枝は短く，下枝の2分の1以下．頭部背面の毛は短く球状．また胴体背面の感毛も短くこん棒状．歩脚9対の個体は確認されていない．

種名が確定しているのはヨーロッパ産の2種のみであるが，カナダと日本から種名未確定種が報告されている．日本では北海道（利尻島），本州（青森県，栃木県，山梨県）から知られている．

ウロコエダヒゲムシ科
Brachypauropodidae

体長 0.4 〜 0.8 mm．体形は紡錘形から卵形で，体色は白色から黄色．背板の一部がパッチ状にキチン化した小片に分かれ，黄褐色から褐色を呈する（ほとんど着色しない種もいる）．側頭器官に1本から数本の管状突起がある．歩脚8対で成体となる種を多く含む．全北区に4属16種，熱帯〜南半球に2属12種の28種が知られている．

ウロコエダヒゲムシ属（p.12, 16）
Brachypauropus

　体長0.5〜0.8 mm．側頭器官の管状突起は1本．背板は第1背板と最終背板は小片に分かれず，その間の背板は縦横に4小片に分かれるのが基本だが，第1背板が小片2つに分かれる種や最終背板が小片2つに分かれる種もある．背板上の毛は針状〜棘状．日本からは種名未確定種が北海道（利尻島）と本州（栃木県）から報告されている．本属の既知種は北米とユーラシア大陸北部に9種が分布する．

ヘラウロコエダヒゲムシ属（p.12, 16）
Deltopauropus

　体長0.4〜0.8 mm．側頭器官の管状突起は2〜3本．第1背板と最終背板は分割せず，その間の背板は縦横に4つの小片に分かれる．背板上の毛はへら状に変形する（マイコダニの毛に酷似）点が大きな特徴である．北米から3種，日本からヘラウロコエダヒゲムシの計4種が知られる．

ヘラウロコエダヒゲムシ（p.12, 16）
Deltopauropus reticulatus Hagino

　体長0.5〜0.6 mm．背板上に不規則な網目模様がある．歩脚8対で成体となるほか，6対で性成熟に達している個体もしばしば発見される．日本産本科中では最も普通にみられる．本州（茨城県，栃木県，群馬県，埼玉県，千葉県，東京都，神奈川県）と四国（愛媛県）から知られている．

アミメウロコエダヒゲムシ属（p.12, 16）
Aletopauropus

　体長0.6〜0.8 mm．側頭器官の管状突起は2〜4本．歩脚9対の個体は確認されていない．第1背板と最終背板は分割せず，第2・第3背板は縦横に4小片に分かれ，第4背板は縦に2小片に分かれる．また，背板上の毛は棘状〜翼状．本属も北米から1種，日本からアミメウロコエダヒゲムシの計2種が知られるだけの小さな属である．

アミメウロコエダヒゲムシ（p.12, 16）
Aletopauropus tanakai Hagino

　体長0.7〜0.8 mm．背板上に不規則な網目模様がある．歩脚8対で成体となる．稀産種．本州（茨城県，栃木県，埼玉県，千葉県，山梨県）と四国（愛媛県）から知られている．

ヨロイエダヒゲムシ科
Eurypauropodidae

　体長0.4〜2.0 mm．体形は背腹に偏平．背板は発達して全面が強くキチン化し，黄褐色から褐色を呈する．背板上には爪状や翼状の棘や小さなきのこ状の突起がある．第1背板は他の背板より幅が狭い．一見微少な等脚類のように見えるが，テマリエダヒゲムシ科とは異なり体をダンゴムシ状に丸めることはできない．全北区に3属約25種，熱帯〜南半球に1属約35種の約60種が知られている．

ヨロイエダヒゲムシ属（p.13, 17）
Eurypauropus

　体長1.0〜1.7 mm．触角球状体の柄長が球状体直径より長い．歩脚は第1対と最終対が5節，それらの間の対では6節からなる．背板の棘状毛は丸いクレーター状の穴から生える．第3〜8歩脚先端の副爪は2つ．北米および日本から6種が知られている．日本からはニホンヨロイエダヒゲムシが既知．なお，日本産本属の種としてエサキヨロイエダヒゲムシ *E. okinoshimensis* Esakiが記載されているが，この種はアラメヨロイエダヒゲムシ属に移動されるべき種であると思われる．

ニホンヨロイエダヒゲムシ（p.13, 17）
Eurypauropus japonicus Hagino & Scheller

　体長1.4〜1.7 mm．本州（福島県，茨城県，栃木県，群馬県，埼玉県，福井県）と九州（宮崎県）から知られている．腐植中よりもむしろ朽木中に多く生息する．

アラメヨロイエダヒゲムシ属（新称）（p.13, 17）
Trachypauropus

　体長0.7〜1.7 mm．触角球状体の柄長が球状体直径より長い．歩脚は全て5節からなる場合と，第1対と最終対が5節，それらの間の対では6節からなる場合があるが，日本産種は全て5節．第3〜8歩脚先端の副爪は1つ．背板の棘状毛は前後に細long いクレーター状の穴の後縁付近から生える．確実な種としてはヨーロッパおよびアジア西部から10種が知られている．日本からは琉球列島の沖縄島から，種名未確定種が報告されている．また，*T. latzeli* 近似種として群馬県から報告されている *Graveripus* 属の一種（萩野，1993c）およびエサキヨロイエダヒゲムシと同一種と推測され，茨城県（萩野，1998a, 2001, 2004b, 2007），栃木県（萩野，2002），愛媛県（萩野，2000a）から報告されている *Graveripus* 属の一種も，本属に含まれる．

ミナミヨロイエダヒゲムシ属（新称）(p.13, 17)
Samarangopus

体長 0.4 ～ 2.0 mm．触角球状体の柄長が球状体直径より短い．全ての歩脚は 5 節からなる．歩脚先端の副爪は 1 つ．エダヒゲムシ綱内で体長が最大の種を含む．南方系の属で，インド洋上の島々，東南アジア，ネパール，オセアニアから約 35 種が記載されている．日本からは四国（愛媛県）と琉球列島（沖縄島）から，種名未確定種が報告されている．

テマリエダヒゲムシ科（新称）
Sphaeropauropodidae

従来ヨロイエダヒゲムシ科内の亜科であったが，近年科に昇格した．体長 0.7 ～ 1.7 mm．ヨロイエダヒゲムシ科同様，背板が発達し全面が強くキチン化し，黄褐色から褐色を呈する．背板上に棘状毛はなく，短毛やふさ状の毛状突起がある．第 1 背板は他の背板より幅が広いか同幅．体をダンゴムシ状に丸められるのが最大の特徴で，ツルグレン装置でアルコール中に抽出するとほとんどの個体が丸くなっている．レユニオン島，東南アジア，ネパール，チベット，日本から 2 属約 15 種が知られているが，日本産の標本をもとに創設されたテマリヨロイエダヒゲムシ属 *Thaumatopauropus* はその存在に疑義がある．

テマリエダヒゲムシ属（新称）(p.5, 17)
Sphaeropauropus

体長 0.7 ～ 1.7 mm．触角球状体の柄長が球状体直径より長い．全ての歩脚は 5 節からなる．ジャワ産の標本から設立された属で，東南アジア，ネパール，チベットから約 15 種が知られている．日本からは種名未確定種が琉球列島（沖縄島）から報告されている．

テマリヨロイエダヒゲムシ属 (p.5, 17)
Thaumatopauropus

日本からテマリヨロイエダヒゲムシ（旧称タマヤスデモドキまたはフクスケニワムシ）*T. glomerans* Esaki のみが知られ，九州（福岡県）と奄美諸島（大島）から報告されているが，本属はテマリエダヒゲムシ属と同一である可能性が極めて高い．

引用・参考文献

Esaki, T. (1934). Two new forms of Pauropoda from Japan. *Annot. Zool. Japon.*, 14 : 339-345.

Hagino, Y. (1989). Two new species of the family Brachypauropodidae (Pauropoda) from Japan. *Can. Ent.*, 121 : 301-307.

萩野康則 (1991a). エダヒゲムシ綱. 青木淳一（編），日産土壌動物検索図説, figs. 230-236, pp. 72-73. 東海大学出版会, 東京.

Hagino, Y. (1991b). New species of the family Pauropodidae (Pauropoda) from central Japan. *Can. Ent.*, 123 : 1009-1045.

Hagino, Y. (1991c). A new species of the genus *Fagepauropus* (Pauropoda, Pauropodidae, Polypauropodinae) from central Japan. *Edaphologia*, (47) : 11-15.

Hagino, Y. (1991d). A new species of the genus *Stylopauropus* (Pauropoda, Pauropodidae) from central Japan. *Publ. Itako Hydrobiol. St.*, 5 : 1-4.

萩野康則 (1992). 日本産エダヒゲムシ類 (Pauropoda) の新産地と新記録種. *Takakuwaia*, (24) : 85-97.

Hagino, Y. (1993a). Taxonomic study on the genus *Stylopauropus* (Pauropoda, Pauropodidae) of Japan. I. Descriptions of two new species of the subgenus *Donzelotauropus* Remy. *Edaphologia*, (49) : 11-15.

Hagino, Y. (1993b). A new species of the genus *Allopauropus* (Pauropoda, Pauropodidae) from the Boso Peninsula, central Japan. *Nat. Hist. Res.*, 2 : 175-177.

萩野康則 (1993c). エダヒゲムシ類. 八ツ場ダム地域自然調査会（編），八ツ場ダムダム湖予定地及び関連地域文化財調査報告書 長野原町の自然, pp. 443-447. 群馬県長野原町.

Hagino, Y. (1994). Taxonomic study on the genus *Stylopauropus* (Pauropoda, Pauropodidae) of Japan. II. Description of a new species of the subgenus *Stylotauropus* s. str. *Edaphologia*, (51) : 7-11.

萩野康則 (1998a). エダヒゲムシ類. 筑波山の土壌動物. 茨城県自然博物館第 1 次総合調査報告書：311-317. ミュージアムパーク茨城県自然博物館.

萩野康則 (1998b). 尾瀬のエダヒゲムシ類. 尾瀬の総合研究：645-650. 尾瀬総合学術調査団.

萩野康則 (1999). エダヒゲムシ綱. 青木淳一（編），日本産土壌動物 − 分類のための図解検索, pp. v, 684-692. 東海大学出版会, 東京.

萩野康則 (2000a). 小田深山およびその周辺のエダヒゲムシ類. 小田深山の自然, pp. 847-854. 愛媛県小田深山町教育委員会.

萩野康則 (2000b). 皇居のエダヒゲムシ類. 国立科学博物館専報, (35) : 115-121. 国立科学博物館.

萩野康則 (2001). エダヒゲムシ類. 茨城県央域の土壌動物. 茨城県自然博物館第 2 次総合調査報告書：349-355. ミュージアムパーク茨城県自然博物館.

萩野康則 (2002). エダヒゲムシ類. とちぎの土壌動物. 栃木県自然環境課基礎調査, pp. 159-172. 栃木県林務部自然環境課.

萩野康則 (2003a). エダヒゲムシ綱. 篠田授樹（編），環境省委託業務報告書（第 6 回自然環境保全基礎調査）生物多様性調査 生態系多様性地域調査（富士北麓地域）報告書, pl. 15 + pp. 168-172. 山梨県環境科学研究所・富士北麓生態系調査会.

萩野康則 (2003b). エダヒゲムシ類. 前原忠ら, 利尻島の土壌動物. 利尻研究 (22), pp. 64-65. 利尻町立博物館.

萩野康則 (2003c). 千葉県のエダヒゲムシ類（第 1 報）. *Takakuwaia*, (32) : 1-4.

萩野康則 (2004a). 白神山地調査地域のエダヒゲムシ綱.

白神山地世界遺産地域の森林生態系保全のためのモニタリング手法の確立と外縁部の森林利用との調和を図るための森林管理法に関する研究報告書（平成10〜14年度），pp. 160-164．環境省自然環境局東北地区自然保護事務所．

萩野康則（2004b）．エダヒゲムシ類．茨城県北東部地域における土壌動物．茨城県自然博物館第3次総合調査報告書：379-387．ミュージアムパーク茨城県自然博物館．

萩野康則（2006）．ファミリーパーク地内のエダヒゲムシ．布村昇ら，ファミリーパーク地内の土壌動物（トビムシを除く）．富山市ファミリーパーク公社（編），ファミリーパーク地内自然環境総合調査報告，pp. 108-109．富山市ファミリーパーク公社．

萩野康則（2007）．エダヒゲムシ類．茨城県北西部地域における土壌動物．茨城県自然博物館第4次総合調査報告書：352-361．ミュージアムパーク茨城県自然博物館．

Hagino, Y. & U. Scheller (1985). A new species of the genus *Eurypauropus* (Pauropoda, Eurypauropodidae) from central Japan. *Proc. Jpn. Soc. syst. Zool.*, (31) : 38-43.

Hansen, H. J. (1902). On the genera and species of the order Pauropoda. *Vidensk Meddr. dansk naturh. Foren.*, **1901** : 323-424.

平内好子（1993）．有峰ブナ林のエダヒゲムシ類．富山県高等学校教育研究会生物部会報，(16) : 31-32．

平内好子（1997）．5. ブナの土壌動物．富山のブナ林と生き物たち，pp. 37-54．ブナ林研究グループ，富山．

平内好子・佐藤 卓・松村 勉・小川徳重・信清義和（1995）．立山カルデラ内の異植生下における土壌動物群集（特にササラダニ群集）の比較．富山の生物，(34) : 20-28．

Karasawa, S. et al. (2008). Bird's nest ferns as reservoirs of soil arthropod biodiversity in a Japanese subtropical rainforest. *Edaphologia*, (83) : 11-30.

Kishida, K. (1928). A Japanese species of Pauropoda (*Neopauropus niwai*). *Annot. Zool. Japon.*, **11** : 377-383.

岸田久吉（1948）．日本産少脚目（西部特別例会講演要旨）．動物学雑誌，**58** : 63．

Lubbock, J. (1867). On *Pauropus*, a new type of centipeds. *Trans. Linn. Soc. Lond.*, **26** :181-190.

中村修美（1993）．東京大学農学部附属秩父演習林の土壌動物I．エダヒゲムシ類．埼玉動物研通信，(13) : 1-4．

中村修美（1999）．神泉村の土壌動物．神泉村誌自然編目録，pp. 139-145．埼玉県神泉村．

布村 昇・平内好子（1996）．有峰の土壌動物．常願寺川流域（有峰地域）自然環境調査報告，pp. 233-267．富山市科学文化センター．

布村 昇・宮本 望・平内好子・小川徳重（1999）．立山の土壌動物と貝類．立山地区動植物種多様性調査報告書，pp. 147-200．富山県．

Remy, P. A. (1948). Pauropodes de la Côte d'Ivoire, Afrique occidentale française. *Mém. Mus. Natl. Hist. nat. Paris*, n. Sér., **27** : 115-151.

Remy, P. A. (1956). Pauroodes de Madagascar. *Mém. Inst. scient. Madagascar*, Sér. A, **10** : 101-229.

Remy, P. A. (1959). Pauropodes de l'île Maurice. *Bull. Mauritius Inst.*, **5** : 149-194.

佐藤 卓・平内好子・松村 勉（1995）．瀬戸蔵山ブナ林の森林構造と土壌動物相．富山市科学文化センター研究報告，(18) : 19-29．

Scheller, U. (2008). A reclassification of the Pauropoda (Myriapoda). *Intern. J. Myriapodol.*, **1** : 1-38.

Scheller, U. (2011). Pauropoda. Minelli, A. (ed.), Treatise on Zoology. The Myriapoda, Volume 1. pp.467-508. Brill, Leiden.

高野光男（1976）．日本産少脚類4種の新産地．採集と飼育，**38** : 168-171．

節足動物門
ARTHROPODA

多足亜門 MYRIAPODA
ヤスデ綱（倍脚綱）Diplopoda

篠原圭三郎 K. Shinohara・田辺　力 T. Tanabe・Z. コルソス Z. Korsós

ヤスデ綱（倍脚綱）Diplopoda

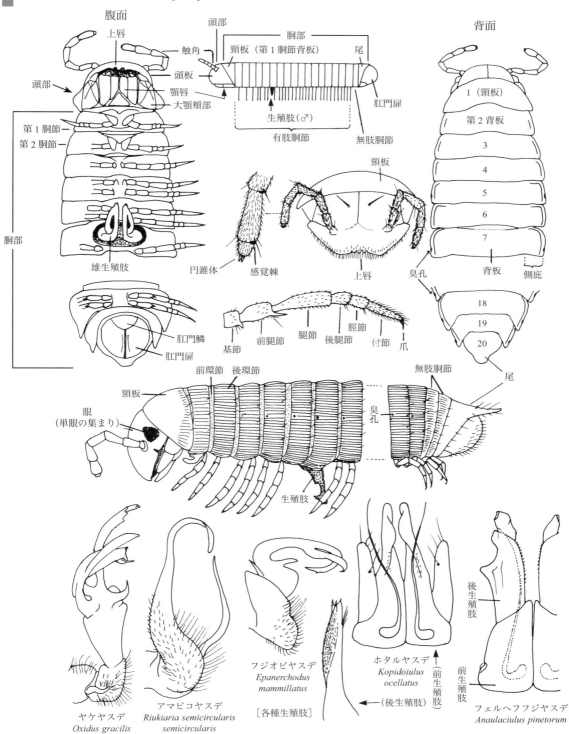

ヤスデ綱（倍脚綱）Diplopoda 形態用語図解

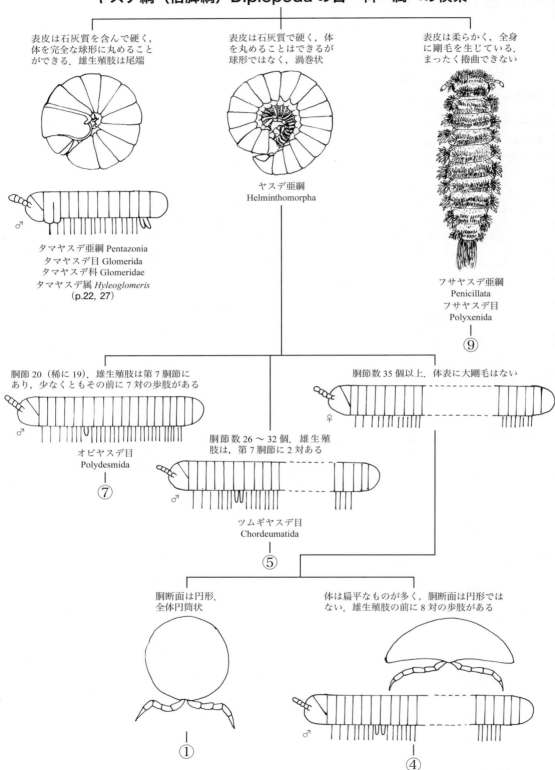

ヤスデ綱 3

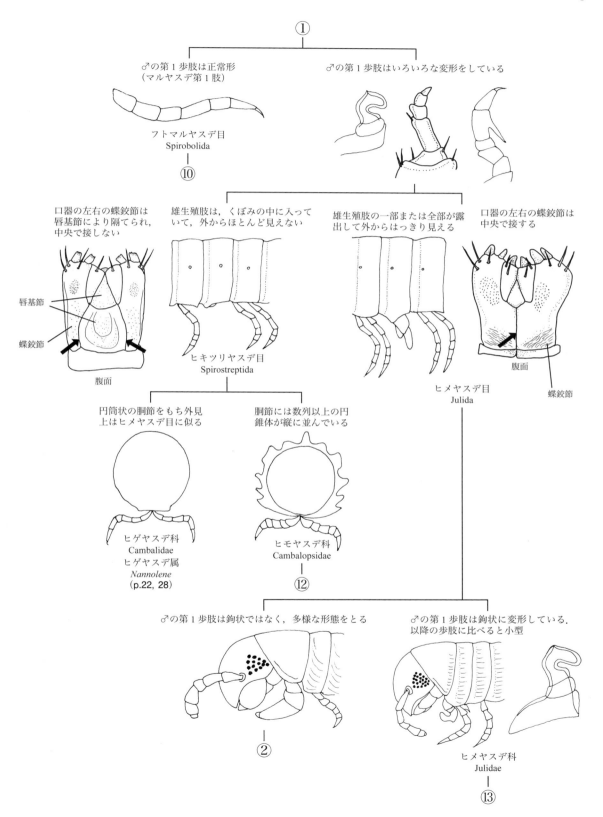

4 ヤスデ綱

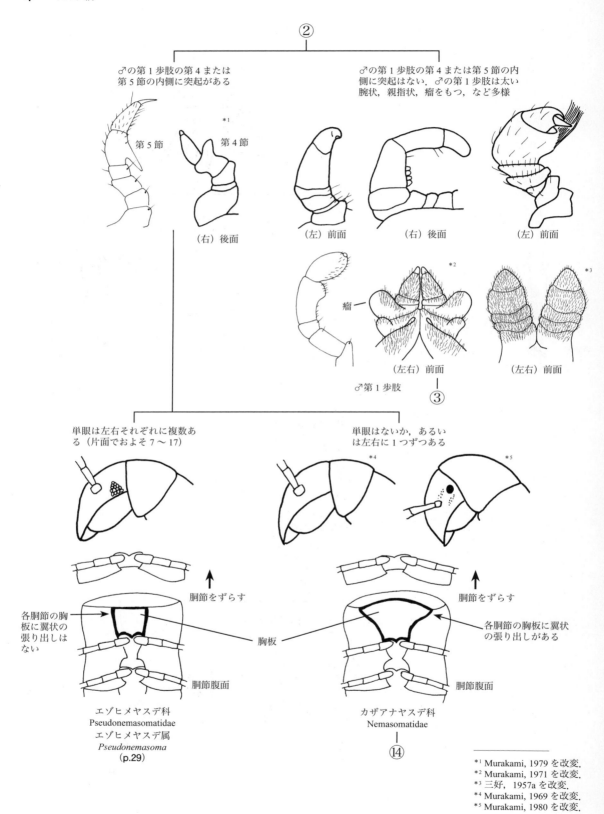

*1 Murakami, 1979 を改変.
*2 Murakami, 1971 を改変.
*3 三好, 1957a を改変.
*4 Murakami, 1969 を改変.
*5 Murakami, 1980 を改変.

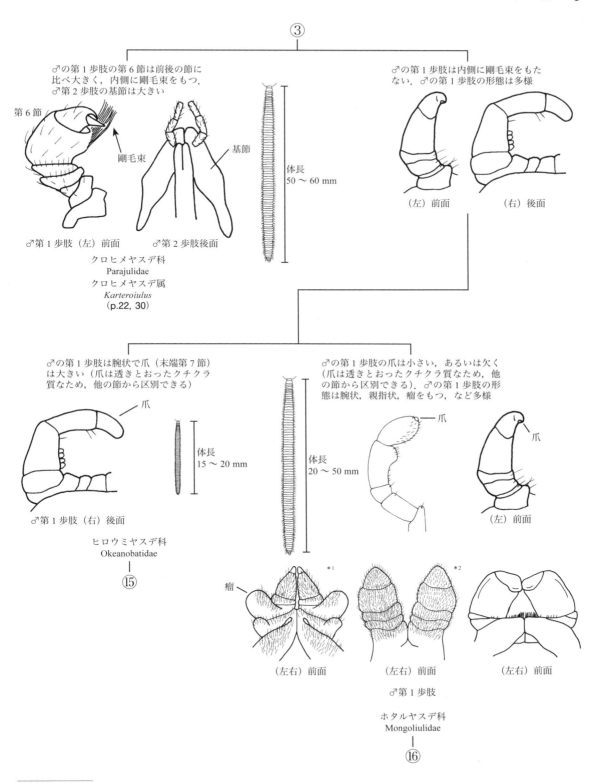

6 ヤスデ綱

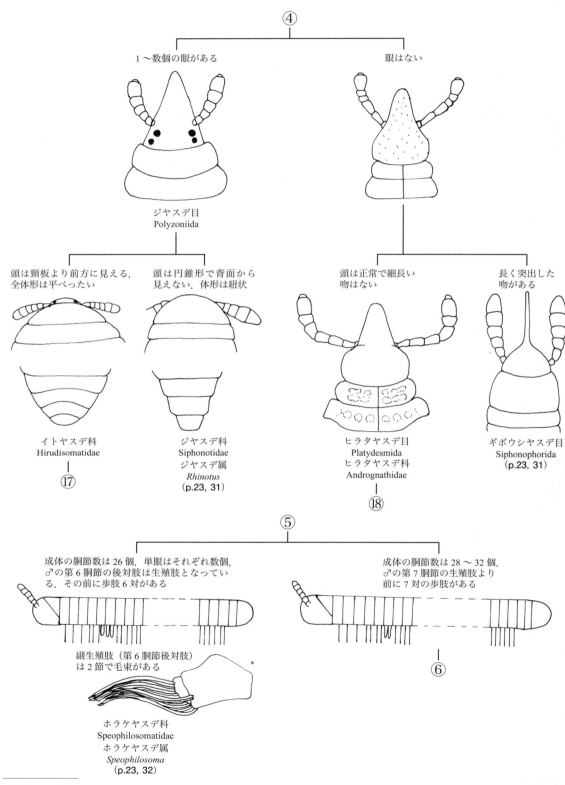

* 高桑，1949から．

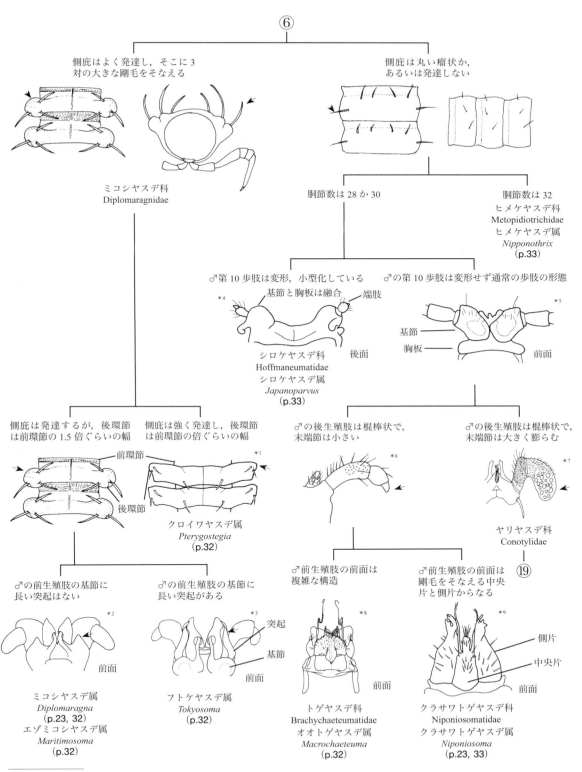

*1 Murakami, 1976a を改変, *2 Shear, 1990 を改変, *3 Murakami, 1971 を改変, *4 Shear et al., 1997 を改変,
*5 Shear and Tsurusaki, 1995 を改変, *6 三好, 1958 を改変, *7〜8 Verhoeff, 1914 から, *9 Shear, 1988 を改変.

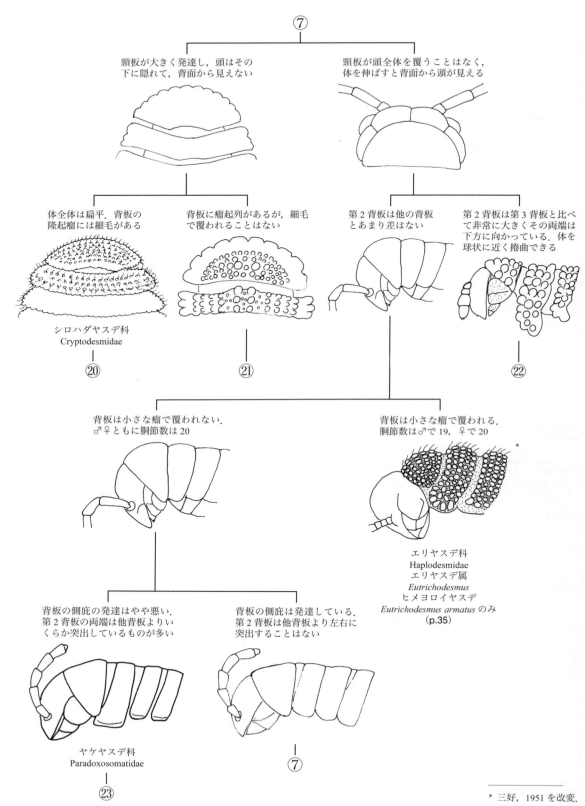

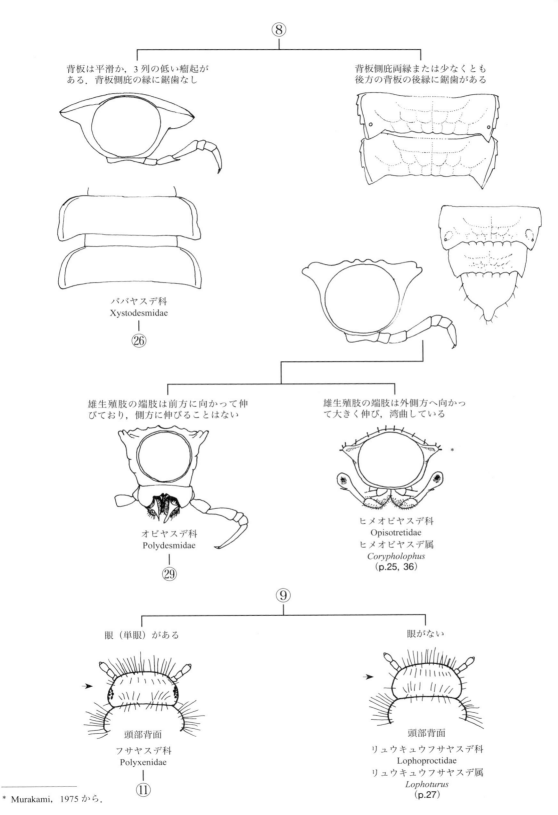

* Murakami, 1975 から.

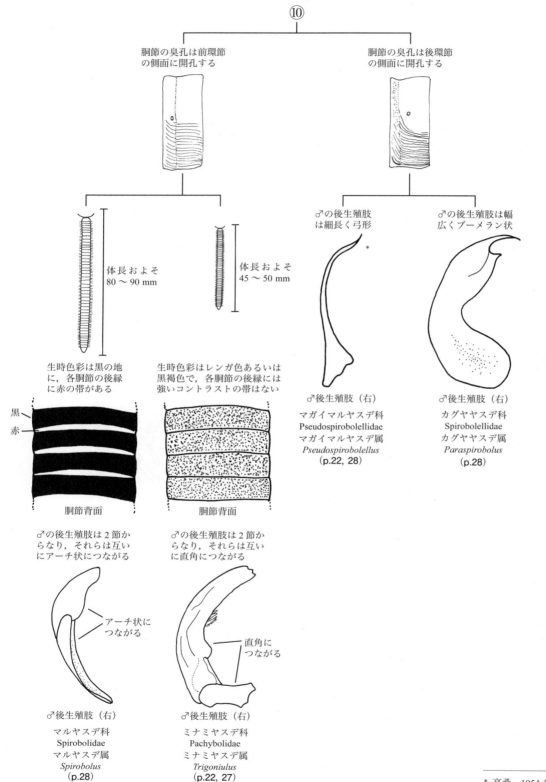

* 高桑，1954 を改変．

フサヤスデ科 Polyxenidae の属への検索

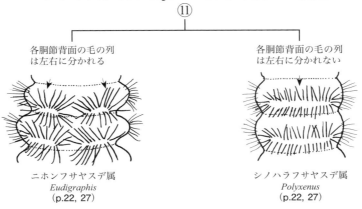

ヒモヤスデ科 Cambalopsidae の属への検索

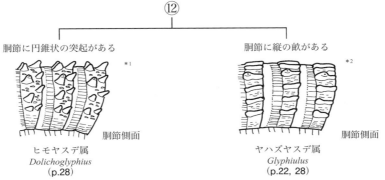

ヒメヤスデ科 Julidae の属への検索

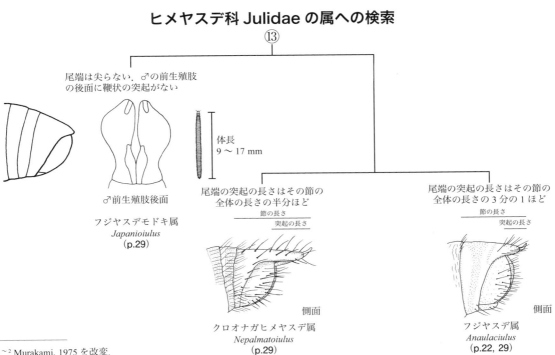

*1〜2 Murakami, 1975 を改変.

カザアナヤスデ科 Nemasomatidae の属への検索

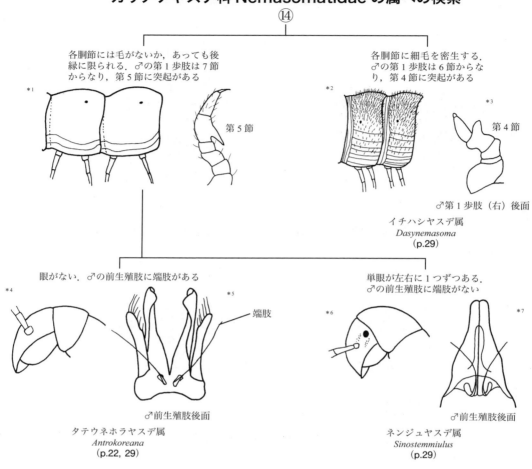

ヒロウミヤスデ科 Okeanobatidae の属への検索

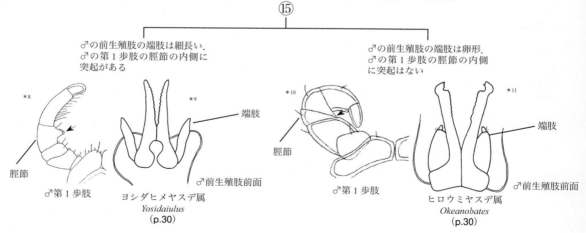

*1, 6〜7 Murakami, 1980 を改変，*2〜3 Murakami, 1979 を改変，*4〜5 Murakami, 1969 を改変，*8 Takakuwa, 1940 から，
*9 Takakuwa, 1940 を改変，*10 Verhoeff, 1939 から，*11 Verhoeff, 1939 を改変．

ホタルヤスデ科 Mongoliulidae の属への検索

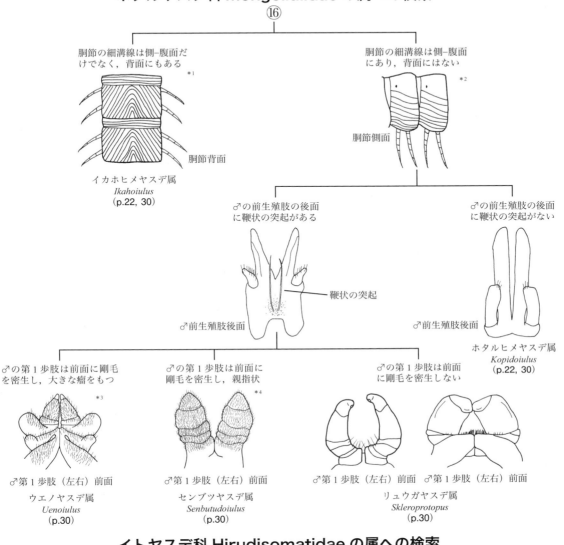

イトヤスデ科 Hirudisomatidae の属への検索

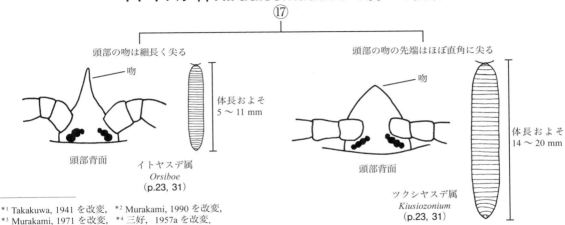

*1 Takakuwa, 1941 を改変, *2 Murakami, 1990 を改変,
*3 Murakami, 1971 を改変, *4 三好, 1957a を改変.

ヒラタヤスデ科 Andrognathidae の属への検索

ヤリヤスデ科 Conotylidae の属への検索

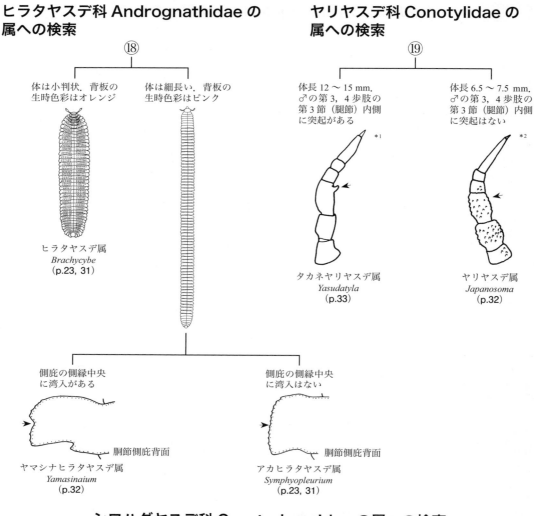

シロハダヤスデ科 Cryptodesmidae の属への検索

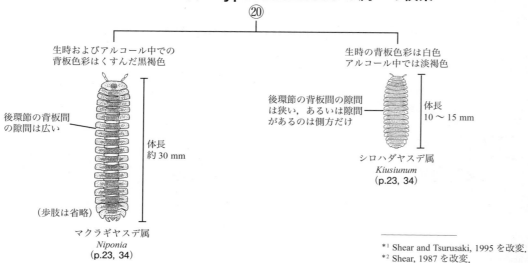

*1 Shear and Tsurusaki, 1995 を改変.
*2 Shear, 1987 を改変.

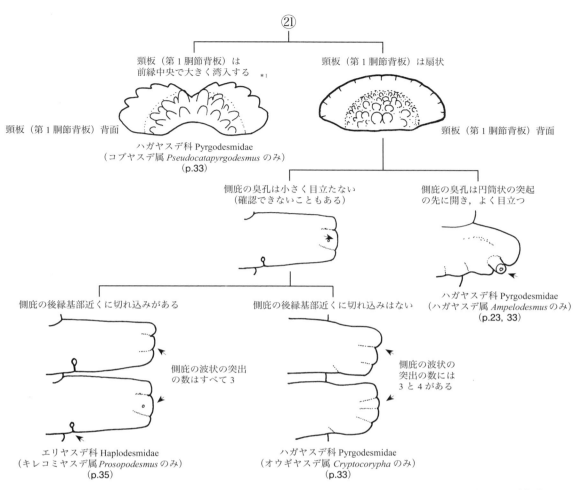

エリヤスデ科 Haplodesmidae エリヤスデ属 *Eutrichodesmus* の種への検索

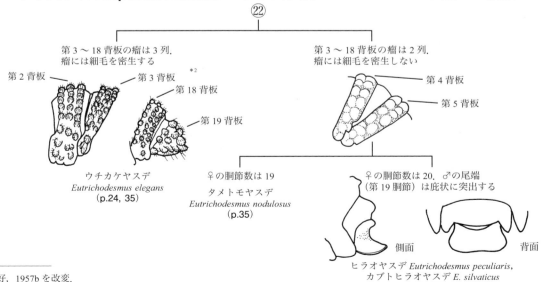

*1 三好，1957b を改変．
*2 三好，1956 を改変．

ヤケヤスデ科 Paradoxosomatidae の属への検索

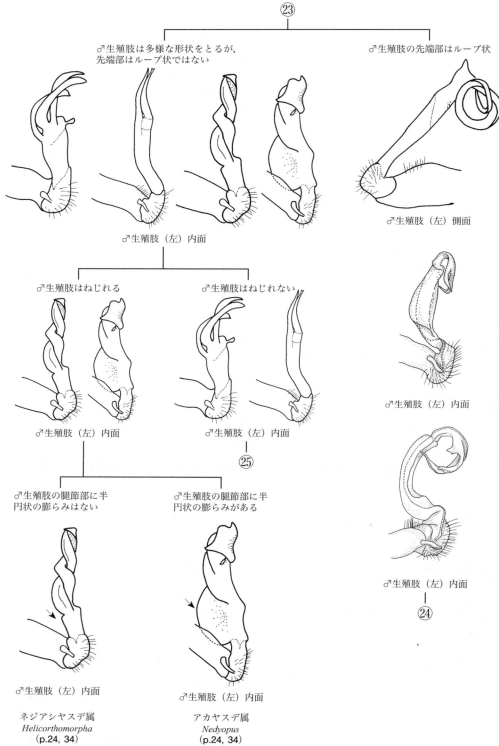

ヤスデ綱 17

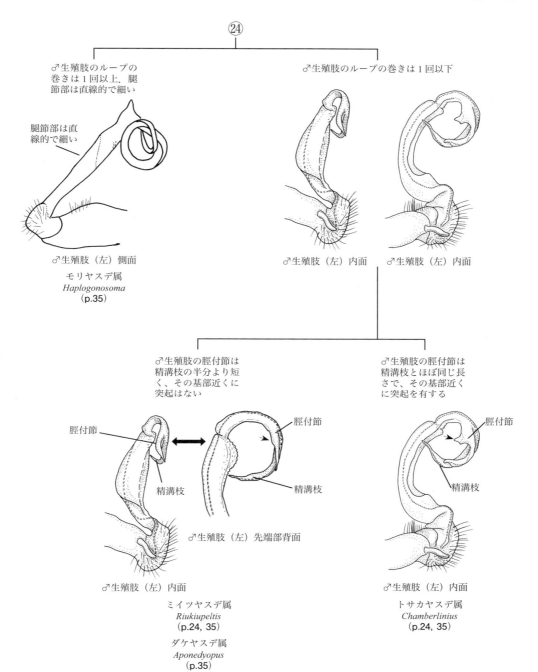

18 ヤスデ綱

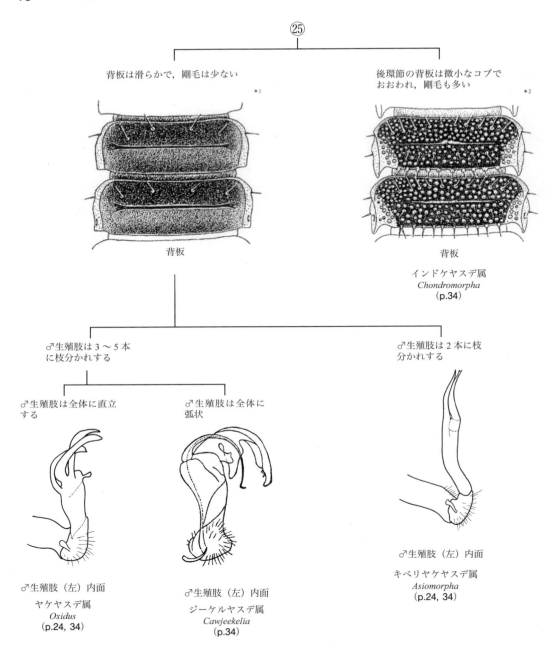

*¹⁻² Shelley and Lehtinen, 1998 から.
*³ 高桑, 1954.

ババヤスデ科 Xystodesmidae の属への検索

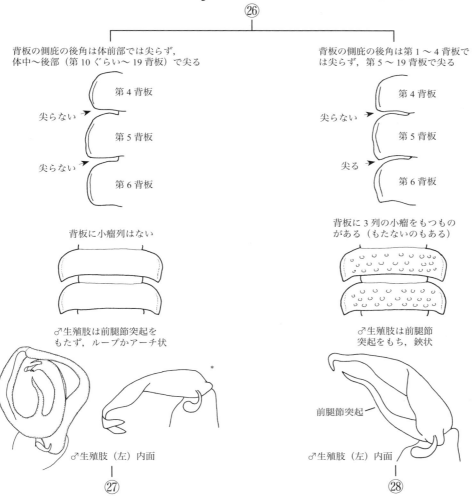

* Tanabe, 1994 を改変.

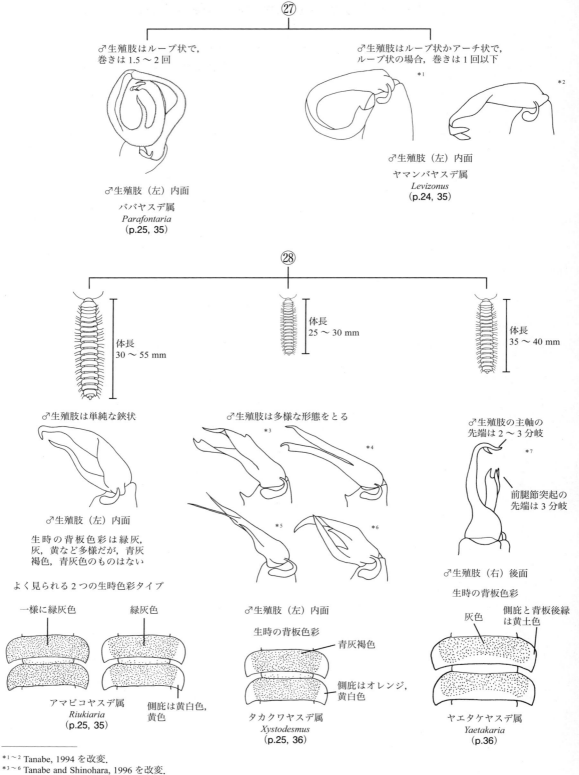

*1〜2 Tanabe, 1994 を改変.
*3〜6 Tanabe and Shinohara, 1996 を改変.
*7 Hoffman, 1959 を改変.

オビヤスデ科 Polydesmidae の属への検索

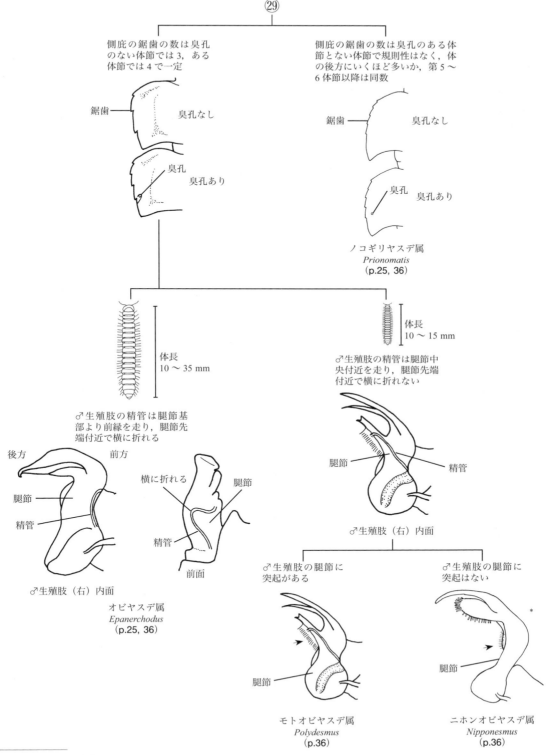

* Murakami, 1973 を改変.

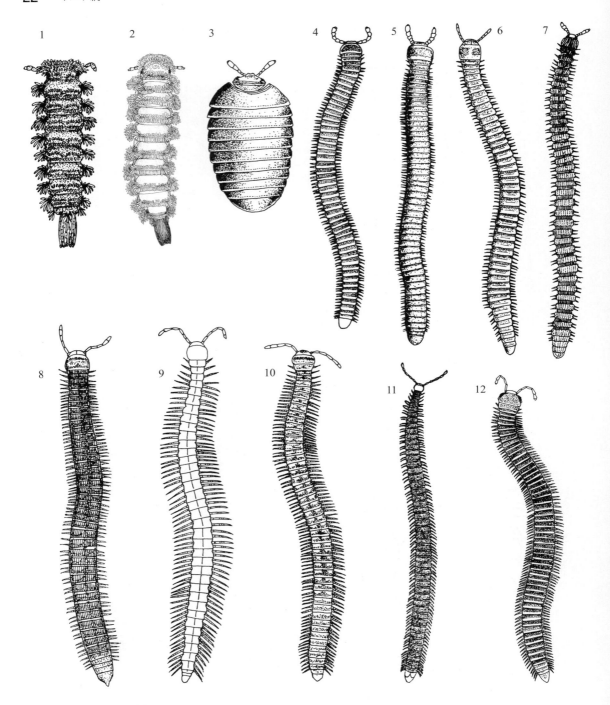

ヤスデ綱(倍脚綱)全形図 (1)

1：ウスアカフサヤスデ *Eudigraphis takakuwai* Miyosi, 2：韓国産シノハラフサヤスデ属の一種 *Polyxenus koreanus* Ishii & Choi, 3：ミクニタマヤスデ *Hyleoglomeris insularum* Verhoeff, 4：ミナミヤスデ *Trigoniulus corallinus* (Gervais), 5：マガイマルヤスデ *Pseudospirobolellus avernus* (Butler), 6：ヒゲヤスデ *Nannolene flagellata* (Attems), 7：リュウキュウヤハズヤスデ *Glyphiulus septentrionalis* Murakami, 8：ミホトケフジヤスデ *Anaulaciulus takakuwai takakuwai* (Verhoeff), 9：カザアナヤスデ *Antrokoreana takakuwai takakuwai* (Verhoeff), 10：ホタルヤスデ *Kopidoiulus ocellatus* Takakuwa, 11：イカホヒメヤスデ *Ikahoiulus leucosoma* Takakuwa, 12：クロヒメヤスデ *Karteroiulus niger* Attems
(1, 3, 4〜10：篠原；2：Ishii & Choi, 1988；11：高桑, 1954)

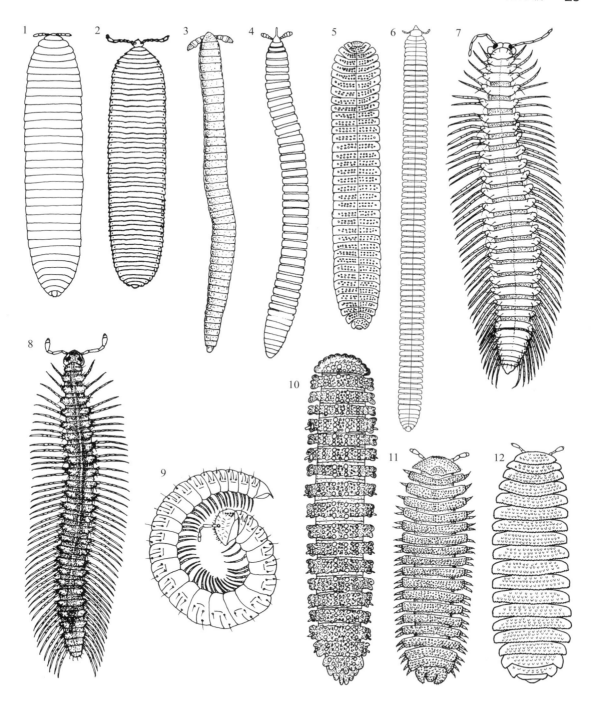

ヤスデ綱(倍脚綱)全形図 (2)

1:イトヤスデ *Orsiboe ichigomensis* Attems, 2:オカツクシヤスデ *Kiusiozonium okai* (Takakuwa & Miyosi), 3:ボウニンジヤスデ *Rhinotus okabei* (Takakuwa), 4:ギボウシヤスデ目の一種 Siphonophorida sp., 5:ヒラタヤスデ *Brachycybe nodulosa* (Verhoeff), 6:タマモヒラタヤスデ *Symphyopleurium okazakii* (Takakuwa), 7:ミコシヤスデ *Diplomaragna gracilipes* (Verhoeff), 8:サカタヤスデ *Niponiosoma morikawai* (Miyosi), 9:ホラケヤスデ *Speophilosoma montanum* Takakuwa, 10:ハガヤスデ *Ampelodesmus granulosus* Miyosi, 11:マクラギヤスデ *Niponia nodulosa* Verhoeff, 12:ノコバシロハダヤスデ *Kiusiunum melancholicum* (Miyosi)
(1〜6, 12 は歩肢を省く)
(1, 3〜5, 7〜11:篠原;2:三好・高桑, 1965;6, 12:田辺)

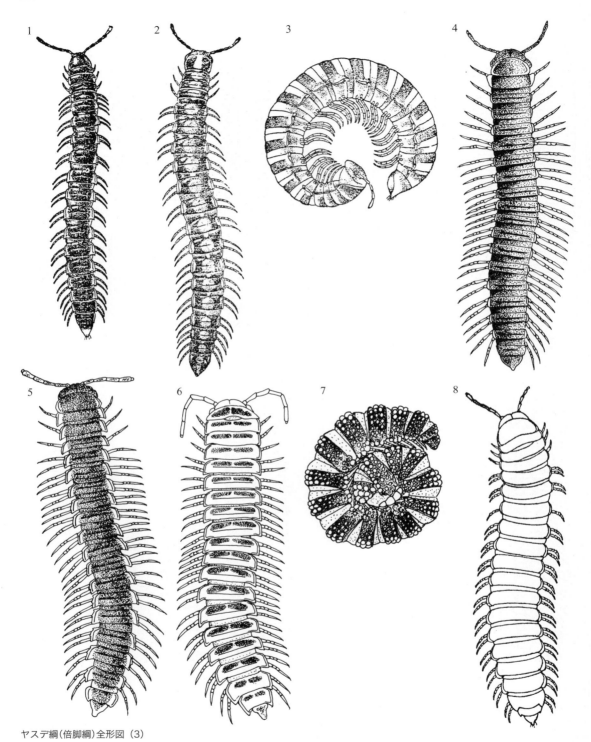

ヤスデ綱(倍脚綱)全形図(3)
1:キベリヤケヤスデ *Asiomorpha coarctata* (Saussure), 2:ホルストネジアシヤスデ *Helicorthomorpha holstii holstii* (Pocock), 3:ミイツヤスデ *Riukiupeltis jamashinai* Verhoeff, 4:アカヤスデ *Nedyopus tambanus tambanus* (Attems), 5:ヤケヤスデ *Oxidus gracilis* (Koch), 6:ヤンバルトサカヤスデ *Chamberlinius hualienensis* Wang, 7:ウチカケヤスデ *Eutrichodesmus elegans* (Miyosi), 8:キタヤスデ *Levizonus takakuwai* (Verhoeff)
(1〜3, 8:高桑, 1954; 4〜7:篠原)

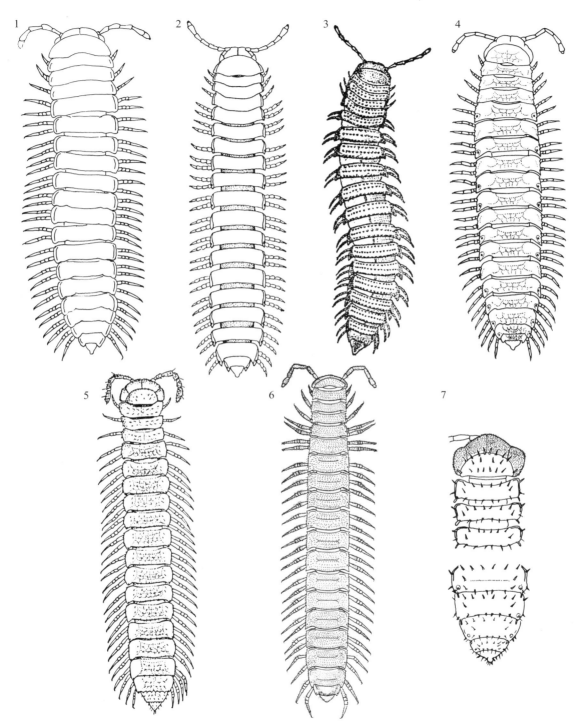

ヤスデ綱(倍脚綱)全形図〔4〕
1：ヒダババヤスデ *Parafontaria longa* Shinohara，2：アマビコヤスデ *Riukiaria semicircularis semicircularis* (Takakuwa)，3：タカクワヤスデ *Xystodesmus martensii* (Peters)，4：ヒガシオビヤスデ *Epanerchodus orientalis* (Attems)，5：ヒメシロオビヤスデ *Epanerchodus lacteus* Shinohara，6：イヨノコギリヤスデ *Prionomatis tetsuoi* Murakami，7：リュウキュウヒメオビヤスデ *Corypholophus ryukyuensis* Murakami (歩肢を省く)
(1,4,5：篠原；2：三好・高桑，1965；3：高桑，1954；6：Murakami, 1976b；7：Murakami, 1975)

ヤスデ綱（倍脚綱）Diplopoda

　頭部とそれに続く同規的な一定数または多数の胴節からなり，はじめの3つの胴節には各節1対ずつの歩肢があるが，それ以降の胴節には2対ずつの歩肢があり重体節となっている．各体節は背板が発達して背面，側面および腹側の部分までを覆い，胸板は小さい．雄雌異体．1齢幼虫は3あるいは4対の歩肢をもち，それ以降の増節変態で歩肢数を増し，数回の脱皮をへて成体になる．全世界に分布し，3亜綱に分けられる．
　ここで用いている形質の多くは成体（特に♂成体）にしか見られないため注意が必要である．以下にまず重要な形質についての注意点を述べ，次に各目ごとに成体と幼体および雄雌の区別点を述べる．

形質について
　体長および胴節数　ヤスデ類は一般に脱皮を重ねるごとに胴節数が増え，体長も増加する．ここで記している体長および胴節数は成体に関するものである．
　体色　多くのグループではアルコール固定後に体色は脱色，変色するため，注意が必要である．また，成体と幼体では体色が異なることも多い．ここでは各属の解説において，原則として成体の生きているとき（生時と表記）とアルコール中での体色を記している．
　♂生殖肢　♂生殖肢はヤスデ類の器官のなかで最も多様に進化するものであり，多くの場合，ヤスデ類の種，属レベルの分類はこの♂生殖肢の比較形態に基づいている．♂生殖肢は歩肢が特殊化したもので，多くの場合，いくつかの節が融合消失し部分的にクチクラ化している．♂生殖肢の構造を正確に把握するためには，体から解剖によりとりはずすことが必要な場合が多い．また，小さく複雑な構造をしていることが多いため，見る方向により形態のイメージがかなり異なりがちである．♂生殖肢の図については，見ている方向を記したので参考にされたい．

成体と幼体，および雄雌の区別
　成体と幼体の区別は基本的に交尾器（♂生殖肢，♀交尾器）が完成しているかどうかや胴節数（あるいは歩肢対数）等で行うが，目により以下のように区別方法が異なる．
　フサヤスデ目　歩肢13対，胴節数11のものが成体で，それ以下のものは幼体である．交尾器はもたない．
　タマヤスデ目　胴節数12で，最後の3対の肢が生殖肢（最終歩肢は前方の歩肢に比べ太く変形）に変形していれば♂の成体，第2歩肢基部の基節の後面に寄り添うように1対の丸い交尾器があれば♀の成体である．幼体は胴節数11以下で交尾器が完成していない．成体の胴節数は12だが，タマヤスデ目の場合は胴節数が12であっても交尾器が完成していない場合があるので注意が必要である．
　オビヤスデ目　胴節数20（稀に19）で第7胴節の前方の歩肢対が生殖肢に変形していれば♂の成体，第2歩肢の基部（基節）の後面に寄り添うように体内に入り込んだところに剛毛を有する1対の交尾器があれば♀の成体である．幼体は胴節数19（稀に18）以下で交尾器が完成していない．
　ツムギヤスデ目　この目は科や属で成体の胴節数が異なることがあるので，胴節数だけでは成体・幼体の区別ができない場合がある．第7胴節の前後あるいは第6胴節の後方と第7胴節の前後の歩肢対が生殖肢に変形していれば♂の成体で，第2歩肢の基部（基節）の後面に寄り添うようにやや体内に入り込んだところに剛毛を有する1対の交尾器があれば♀の成体である．
　その他の目　上記以外の目では胴節数は個体間で異なるので，交尾器が完成しているかどうかと，その位置で成体・幼体および雄雌の区別を行う．第7胴節の前後あるいは後方の歩肢と第8胴節の前方の歩肢が生殖肢に変形していれば♂の成体で，第2歩肢の基部（基節）の後面に寄り添うように体内に入り込んだところに1対の交尾器があれば♀の成体である．

フサヤスデ亜綱　Penicillata

　頭部と11または13胴節からなり，13～17対の歩肢がある．体壁は石灰質を含まないので柔らかく，背面および側方に扁平な鱗片状の毛が大きな束となって生えている．微小な種が多い．雄雌の外部性器の差がわずかで直接交尾することはない．卵塊は体毛の鱗片状の毛で覆われて産出される．1目のみ．

フサヤスデ目 Polyxenida

　亜綱と標徴は同じ．4科を含むが，日本産はフサヤスデ科とリュウキュウフサヤスデ科に含まれる．

フサヤスデ科
Polyxenidae

　全身に生じている毛は鋸歯のある総状毛で，フサヤスデの名の由来となっている．全体にカツオブシムシの幼虫に酷似している．複数の単眼から構成される眼をもつ．日本には2属2種が知られる．

ニホンフサヤスデ属 (p.11, 22)
Eudigraphis

体長 2.5〜4.5 mm. 体色は淡黄白色，淡黄褐色，灰褐色. 胴節数は 11. 歩肢は 13 対. 各胴節背面の毛の列は左右で分かれる. 主に落葉中，樹皮下に生息する. 樹上性のアリの巣に共生することも知られている. 海岸近くでも見られる. 日本には 1 種 3 亜種が分布している.

シノハラフサヤスデ属 (p.11, 22)
Polyxenus

体長およそ 2 mm. 体色は灰褐色. 胴節数は 11. 歩肢は 13 対. 各胴節背面の毛の列は左右で分かれない. ヨーロッパ，北アフリカ，北アメリカ，アジアに広く分布し，日本にはシノハラフサヤスデ *Polyxenus shinoharai* Ishii 1 種が房総半島に分布している. 本種は海岸近くの石の下に生息している.

リュウキュウフサヤスデ科
Lophoproctidae

眼をもたない. 日本には 1 属が分布している.

リュウキュウフサヤスデ属 (p.9)
Lophoturus

体長およそ 1.3〜2.5 mm. 歩肢は 13 対. 日本からはリュウキュウフサヤスデ *Lophoturus okinawai* (Nguyen Duy-Jacquemin & Condé) が沖縄島より知られる. 本種は台湾にも分布している.

タマヤスデ亜綱　Pentazonia

胴節数が少なく，体を球状に丸めることができる. 頭部に数個の単眼がある. 頸板（第 1 背板）は小さいが第 2，第 3 背板が融合して大胸背板となり，丸くなったときに両側から頭を覆って保護することができる. ♂の生殖肢は尾端にある. 全世界に分布し，3 目に分けられるが，日本には 1 目があるのみ.

タマヤスデ目 Glomerida

完全な球状の防御姿勢をとることができる. 頭部に続く胴節は 12 か 13 個. 歩肢対数は♀で 17 対，♂は 19 対で最後方の 1 対が生殖肢に，その前の第 17 対，第 18 対肢は副生殖肢になっている. 雄雌直列の交尾をし，卵は 1 個ずつ排出物で包まれて地中に放置される.

タマヤスデ科
Glomeridae

全体はオカダンゴムシ型で触れるとほぼ完全な球状に捲曲する. 体断面は半円形で背中が丸く隆起している. 歩肢対数は 17 対で，♂は尾端に生殖肢がさらに 3 対ある. 本州以南に分布. 森林の腐植土中に生息しているが，生息場所が局限される傾向がある. 日本には 1 属がある.

タマヤスデ属 (p.2, 22)
Hyleoglomeris

体長およそ 5〜10 mm. 生時色彩は黒褐色，褐色の地に，黄白色等の帯や紋がある. アルコール中でも体色はよく保存される. 体表にはつやがある. 胴節数は 12. 落葉中，朽木等に生息する. 本属は極東から東南アジア，インドにかけて分布し，日本（本州以南）からは 10 種が報告されている.

ヤスデ亜綱　Helminthomorpha

体壁に石灰質を含み硬い. 一般的に頭部に続く同規的な胴節をもち，細長い体形をなす. ♀の生殖孔は第 3 胴節（第 2 対歩肢の付け根）に開き，♂ではここに陰茎がある. しかし交尾器は第 7 胴節あたりの歩肢が変形して生殖肢となり，ときにはその前後の歩肢が副生殖肢に変形しているものもある. 倍脚綱の大部分を占める.

フトマルヤスデ目 Spirobolida

熱帯系の大型の太い筒状のヤスデは多くここに入る. 顎唇部の中央に大きな三角形の唇基節があってちょうつがい節を左右に分離している. ♂の歩肢の付節には薄い弁片状の蹠褥があるものが多い. 熱帯・亜熱帯に多く，日本には 4 科がある.

ミナミヤスデ科
Trigoniulidae

触角は短く，尾もあまり突出していない. 熱帯地方に広く分布し，多くの属種がある. ♂の後生殖肢は 2 節からなり，それらは互いに直角に接続する. 日本には 1 属 2 種が分布している.

ミナミヤスデ属 (p.10, 22)
Trigoniulus

体長およそ 45〜50 mm. 生時体色はレンガ色，黒褐色. アルコール中でも体色の変色，脱色は少ない. 胴節数はおよそ 50. 体は太い円筒形. 落葉中に生息

する．日本からは 2 種が報告されている．ミナミヤスデ *Trigoniulus corallinus* (Gervais) が沖縄島に，サダエミナミヤスデ *T. tertius* Takakuwa が八重山に分布する．ミナミヤスデは大発生することが知られている．

マガイマルヤスデ科
Pseudospirobolellidae

円筒形の体で，触角は短く，尾も短い．頭は小さいが，頸板が大きい．♂の後生殖肢は後方へ伸びている．マガイマルヤスデ属 1 属が知られる．

マガイマルヤスデ属（p.10, 22）
Pseudospirobolellus

体長約 30 mm．体色は黒色に近い．胴節数はおよそ 38〜42．体は円筒形．頭部は小さいが頸板は大きい．眼があり，30 ほどの単眼からなる．♂の後生殖肢は弓状で細長い．日本では小笠原からマガイマルヤスデ *Pseudospirobolellus avernus* (Butler) が報告されている．

カグヤヤスデ科
Spirobolellidae

刺激を与えると発光するものがある．♂の後生殖肢はブーメラン状．日本からは 1 属 1 種が報告されている．

カグヤヤスデ属（p.10）
Paraspirobolus

体長およそ 12〜20 mm．胴節数はおよそ 30〜50．♂の後生殖肢は前生殖肢に挟まれるようにして収納されている．インド・西太平洋区，オセアニア区，中央アメリカ，南アメリカ北部に広く分布する．日本にはタカクワカグヤヤスデ *Paraspirobolus lucifugus* (Gervais) 1 種が沖縄島に分布している．本種は刺激を与えると発光する．本種の生時色彩は，背面と側面は地が淡褐色で背面中央と側面中央に縦の濃褐色の帯があり，腹面は黄白色．

マルヤスデ科
Spirobolidae

体は太い円筒形．生時色は暗褐の地に各胴節後縁に赤や黄色の帯をもつものが多い．♂の後生殖肢は 2 節からなり，それらは互いにアーチ状に接続する．極東，北・中央アメリカに分布する．

マルヤスデ属（p.10）
Spirobolus

体長 80〜90 mm．胴節数はおよそ 54〜58．生時体色は黒色の地に各胴節後縁に赤い帯がある．アルコール中では赤い帯は消え，全体に黒褐色となる．日本

では八重山に未記載種（ヤエヤママルヤスデ）が分布することが知られている．本種は湿度の高い林内に生息し，樹の幹を這うのを見ることができる．台湾に近縁種が分布する．

ヒキツリヤスデ目 Spirostreptida

日本産のものは顎唇部の唇基節が前後の 2 片に分離し，前唇基節が舌葉を左右に分けている点でヒメヤスデ目と似ているが，左右のちょうつがい節は直接に接することはない．♂の歩肢付節に蹠褥はない．主に熱帯地方に分布し，日本産は 2 科が知られる．

ヒゲヤスデ科
Cambalidae

黄褐色または褐色であるが赤味がかっているものもある．全体に円筒形であるがやや細い．日本には 1 属 1 種が知られる．

ヒゲヤスデ属（p.3, 22）
Nannolene

体長およそ 40 mm．胴節数はおよそ 50．複数の単眼をもつ．落葉中に生息する．日本ではヒゲヤスデ *Nannolene flagellata* (Attems) 1 種が関東より知られる．

ヒモヤスデ科
Cambalopsidae

日本産の本科のヤスデは 2 属知られているが，いずれも胴環節上に大小の円錐状突起を有し，このため全身にわたって縦突起条が並んでいるように見える．森林土壌中に多く生息する．日本には 2 属 2 種が分布する．

ヒモヤスデ属（p.11）
Dolichoglyphius

体長およそ 25〜35 mm．生時体色は灰白色，アルコール中では灰褐色，暗褐色．胴節数はおよそ 45〜60．胴節に円錐状の突起をもつ．洞窟に生息する．1 種 2 亜種が南西諸島より知られる．ヒモヤスデ *Dolichoglyphius asper asper* Verhoeff が沖縄島の洞窟に，クメジマヒモヤスデ *D. asper brevipes* Murakami が久米島の洞窟に生息する．

ヤハズヤスデ属（p.11, 22）
Glyphiulus

体長およそ 15〜30 mm．胴節数はおよそ 45〜65．生時体色は淡灰褐色，アルコール中では淡褐色．胴節におよそ 9〜11 の縦の畝がある．日本では沖縄島の洞窟および洞窟外よりリュウキュウヤハズヤスデ *G.*

septentrionalis Murakami が報告されている．

ヒメヤスデ目 Julida

　顎唇部の唇基節は前後 2 片に分かれ，前片は舌葉の間に位置し，ちょうつがい節によって後片は後ろの方へ引き離されている．左右のちょうつがい節は正中線で相節している．細い紐状，糸状のヤスデ類で全北区を中心に温帯，亜熱帯に分布する．日本には 6 科 15 属が知られる．

ヒメヤスデ科
Julidae

　胴節数の多い黒色の細長い丸紐状のヤスデで，体長は 15 〜 50 mm のものが多い．体は黒色であるが，褐色，紫褐色の強いものもあり，後環節に雲形斑紋を有するものが多い．眼は数十個の単眼が集まっている．主として森林土壌にすむ．旧北区系のユーラシア大陸に主に分布し，多数の属種がある．日本からは 3 属約 25 種が知られる．

フジヤスデ属 （p.11, 22）
Anaulaciulus

　体長 15 〜 40 mm．生時体色は黒色，黒灰色，黒褐色，灰黄色などで，アルコール中では黒灰色，黒褐色など．胴節数は 45 〜 70．尾端は尖り，やや上方に跳ねる．この尾端形態の特徴により，他の属から容易に識別できる．♂の前生殖肢の後面に鞭毛状突起がある．落葉中でよく見られる．極東，東南アジアに分布する．日本からは 23 種が知られ，日本産ヒメヤスデ目では最も種数が多い．

クロオナガヒメヤスデ属 （p.11）
Nepalmatoiulus

　体長 15 〜 25 mm．生時体色は黒褐色．胴節数はおよそ 40 〜 50．ネパール，チベット，中国南部，バングラデシュ，マレーシア，ベトナム，マカオ，香港，台湾，日本等に分布する．日本では，ヤエヤマクロオナガヒメヤスデ *Nepalmatoiulus yaeyamaensis* Korsós & Lazányi が八重山に産する．

フジヤスデモドキ属 （p.11）
Japanioiulus

　体長 9 〜 14 mm．生時体色は黒灰色，黒色，アルコール中では黒灰色．胴節数はおよそ 45．尾端は尖らない．♂の前生殖肢の後面に鞭毛状突起がない．日本からはフジヤスデモドキ *Japanioiulus lobatus* Verhoeff 1 種が知られるだけである．本種は北海道，四国，伊豆諸島，小笠原，南西諸島より記録がある．

カザアナヤスデ科
Nemasomatidae

　細長いが各胴節がくびれているので，いくらか数珠状の弱々しい体形をしている．色は暗紫褐色から白色まで．体長 15 〜 35 mm．森林の落葉落枝層のほか，土壌中や洞窟生のものもある．各胴節の側板と胸板は融合していない．♂の第 1 歩肢第 5 あるいは第 4 節内側に突起がある．日本からは 3 属 7 種が知られる．

タテウネホラヤスデ属 （p.12, 22）
Antrokoreana

　体長およそ 15 〜 35 mm．生時体色は白色，アルコール中では淡黄褐色．胴節数はおよそ 30 〜 50．眼はない．各胴節の後縁に毛がある．日本，韓国に分布し，日本からは 5 種が東北から関西にかけての洞窟に生息することが知られる．

ネンジュヤスデ属 （p.12）
Sinostemmiulus

　体長約 17 mm．体色はアルコール中では白色．胴節数はおよそ 40．左右 1 対の単眼をもつ．各胴節に毛は生えていない．♂の前生殖肢は端肢を欠く．洞窟および落葉中に生息する．日本と中国に分布する．日本ではネンジュヤスデ *Sinostemmiulus japonicus* Murakami が本州（関西以西），九州に分布している．

イチハシヤスデ属 （p.12）
Dasynemasoma

　体長約 25 mm．生時体色は白色，アルコール中では淡黄褐色．胴節数はおよそ 50．各胴節に細毛を密生する．眼はない．イチハシヤスデ *Dasynemasoma ichihashii* Murakami 1 種が三重県の洞窟より知られる．

エゾヒメヤスデ科
Pseudonemasomatidae

　エゾヒメヤスデ属，1 属が知られる．

エゾヒメヤスデ属 （p.4）
Pseudonemasoma

　体長 11 〜 20 mm．体色はアルコール中で褐色．胴節数は 40 〜 65．複数の単眼からなる眼をもつ．各胴節の側板と胸板は融合していない．♂の第 1 歩肢第 5 節内側に鉤状の突起がある．胴節の縦すじは側面だけでなく背面にもある．落葉中に生息する．カザアナヤスデ科に近縁．現在までのところ，北海道よりエゾヒメヤスデ *Pseudonemasoma femorotuberculata* Enghoff 1 種

が知られる．

ヒロウミヤスデ科
Okeanobatidae

複数の単眼からなる眼をもつ．各胴節の胸板と側板は融合している．♂の第1歩肢は太く腕状で爪（末端第7節）は大きい．

ヒロウミヤスデ属 (p.12)
Okeanobates

体長15〜18 mm．体色はアルコール中で灰褐色，褐色．胴節数は40〜50．各胴節の後縁に剛毛を有する．♂の前生殖肢の端肢は卵形．落葉中に生息する．日本ではヒロウミヤスデ *Okeanobates serratus* Verhoeff 1種が本州，九州から知られるのみ．

ヨシダヒメヤスデ属 (p.12)
Yosidaiulus

体長約20 mm．体色は黄色を帯びた白色．胴節数はおよそ45〜55．♂の前生殖肢の端肢は細長い．現在まで日本からはヨシダヒメヤスデ *Yosidaiulus tuberculatus* Takakuwa とヨシダヒメヤスデモドキ *Y. serratus* (Verhoeff) の2種が富士山周辺から報告されている．

ホタルヤスデ科
Mongoliulidae

やや縦長の胴断面をもつ．♂の第1歩肢は太い腕状，親指状あるいは瘤をもち，爪は小さいかあるいは欠く．日本には5属が知られる．森林土壌に生息するが，洞穴生の種も多く，白色化した種もある．

イカホヒメヤスデ属 (p.13, 22)
Ikahoiulus

体長約45 mm．生時体色は白色，アルコール中では淡褐色．胴節数はおよそ50〜60．♂の前生殖肢の後面に鞭状の突起がない．胴節の細溝線は側－腹面だけでなく背面にもある．落葉中および洞窟に生息する．イカホヒメヤスデ *Ikahoiulus leucosoma* Takakuwa 1種が本州から報告されている．

ホタルヒメヤスデ属 (p.13, 22)
Kopidoiulus

体長およそ20〜50 mm．生時体色は黒褐色，白色，灰白色，アルコール中では黒褐色，褐色，灰白色，淡黄灰色など．胴節数はおよそ40〜50．♂の前生殖肢の後面に鞭状の突起がない．胴節の細溝線は側－腹面にあり，背面にはない．落葉中，洞窟に生息する．極東に分布し，日本（北海道〜東海地方）には5種が分布している．

センブツヤスデ属 (p.13)
Senbutudoiulus

体長約50 mm．生時体色は黒色．胴節数はおよそ60．♂の第1歩肢は親指状で，前面に剛毛を密生する．♂の前生殖肢の後面に鞭状の突起がある．センブツヤスデ *Senbutudoiulus platypodus* Miyosi 1種が福岡県小倉市の千仏洞およびその周辺の洞窟より知られる．

リュウガヤスデ属 (p.13)
Skleroprotopus

体長20〜50 mm．生時体色は黒色，黒灰色，黒褐色，褐色，白色，アルコール中では黒褐色，灰褐色，灰色など．胴節数はおよそ45〜60．♂の第1歩肢は太い腕状で，前面に剛毛を密生しない．♂の第1歩肢の爪はやや確認しづらく，欠く場合もある．♂の前生殖肢の後面に鞭状の突起がある．落葉中，洞窟に生息する．極東に分布する．日本（本州，四国，九州）には10種が知られる．

ウエノヤスデ属 (p.13)
Uenoiulus

体長およそ35〜40 mm．生時体色は灰白色，アルコール中では暗褐色．胴節数はおよそ50〜60．♂の第1歩肢は特徴的な瘤をもち，前面に剛毛を密生する．♂の前生殖肢の後面に鞭状の突起がある．ウエノヤスデ *Uenoiulus notabillis* Murakami 1種が五島列島福江島の洞窟から知られる．

クロヒメヤスデ科
Parajulidae

大型のヒメヤスデ類で体長50 mmを超えるものがある．全体的に黒色で，尾は鋭くはないが後方に突き出ている．♂の第2歩肢の基節は大きく発達する．日本には1属1種が知られる．朽木に集まり，キノコやカビなどを食している．

クロヒメヤスデ属 (p.5, 22)
Karteroiulus

体長50〜60 mm．生時体色は黒に近い黒褐色，アルコール中では黒褐色，灰褐色，灰色．胴節数はおよそ55．♂の第1歩肢の第6節内側に剛毛束をもつ．つかむと激しくくねる動きをする．落葉中に生息する．日本にはクロヒメヤスデ *Karteroiulus niger* Attems 1種が本州，四国，九州に分布する．本種は中国にも分布する．

ジヤスデ目 Polyzoniida

細く小さい多環節のヤスデで，頭は丸みを帯びた三角錐状をなし，単眼は1個または多数あって背面から見ることができる．背板は緩やかな円弧を描いて両側が下がり，その表面は平滑．正中溝線などはない．

イトヤスデ科
Hirudisomatidae

胴断面は薄い扁平な半円形をしている．背面から見た体形は引き伸ばした細い小判形でヒル型ともいえる．背板は突起がなく滑らか．日本には2属4種が知られる．

イトヤスデ属 (p.13, 23)
Orsiboe

体長およそ5〜11 mm．体色はアルコール中では黄白色，淡褐色．胴節数はおよそ30〜50．体はやや扁平．頭部の吻は細長く尖る．単眼の数は左右それぞれ3．今のところ日本からしか報告がなく，イトヤスデ *Orsiboe ichigomensis* Attems とフゲンイトヤスデ *O. putricola* Attems の2種が知られる．

ツクシヤスデ属 (p.13, 23)
Kiusiozonium

体長およそ14〜20 mm．背板の生時体色は黄褐色で，アルコール中でもすぐには脱色しない．胴節数はおおよそ50〜60．体はやや扁平．頭部の吻の先端はほぼ直角に尖る．単眼の数は左右それぞれ4個（稀に3個）．朽木などに生える菌類を食する．今のところ日本からしか報告がない．2種が知られ，オカツクシヤスデ *Kiusiozonium okai* (Takakuwa & Miyosi) は本州，四国に，ツクシヤスデ *K. japonicum* Verhoeff は九州にそれぞれ分布する．

ジヤスデ科
Siphonotidae

細長い紐状だが背面凸隆し，腹面は平坦．生きているときの体色は黄白色のものが多い．熱帯地方に広く分布している．

ジヤスデ属 (p.6, 23)
Rhinotus

体長およそ6 mm．生時体色は黄白色で，アルコール中では次第に褐色に変わる．胴節数はおよそ35．落葉中に生息する．日本にはボウニンジヤスデ *Rhinotus okabei* (Takakuwa) が小笠原に分布する．本種は *R. purpureus* (Pocock) のシノニムと考えられる．

ギボウシヤスデ目 Siphonophorida (p.6, 23)

細い糸状で白色のヤスデ．頭は小さく，吻が細く長く前方に突き出ている．眼はまったくない．頭の割合には太く大きい触角がある．胴部の前環節は細いので後環節の間でくびれている．背中の正中溝線はない．日本にも本州と南西諸島に分布することが分かっているが，分類の詳細は不明である．

ヒラタヤスデ目 Platydesmida

頭は横幅の広い円錐形をし，触角は吻部の左右についている．吻が細く突き出ることはない．眼はない．背板は扁平に近く，よく発達し，その背面に横に2, 3列となった瘤起列がある．背板の正中線には明瞭な細溝線がある．行動は極めて鈍い．

ヒラタヤスデ科
Andrognathidae

一般に朱色，ピンクを帯び，大変美しい．頭は円錐形で，背板は左右に水平に張出し，その上面に2〜3列の横に並ぶ小さな瘤起がある．全体に扁平な紐状か糸状をなす．朽ちた倒木の裏，落葉中に生息する．動きは鈍い．日本には3属5種が知られる．

ヒラタヤスデ属 (p.14, 23)
Brachycybe

体長15〜20 mm．背板の生時色彩は鮮やかなオレンジ，アルコール中では淡褐色．体は小判状で，側庇はよく発達する．胴節数はおよそ40〜60．朽ちた倒木の裏などに生える菌を食する．極東とアメリカに分布し，数種が知られる．日本にはヒラタヤスデ *Brachycybe nodulosa* (Verhoeff) 1種が本州（関東以西），四国，九州に分布する．本種では♂親が抱卵することが知られている．

アカヒラタヤスデ属 (p.14, 23)
Symphyopleurium

体長9〜30 mm．胴節数はおよそ40〜90．背面の生時色彩は鮮やかなピンク，アルコール中では脱色し全体に淡黄白色．体は細長い．側庇は発達する．朽ちた倒木の裏などに生える菌を食する．日本の本州（関東以西），四国から3種が知られる．タマモヒラタヤスデ *Symphyopleurium okazakii* (Takakuwa) は体長約30 mm で胴節数は80を超え，アカヒラタヤスデ *S. hirsutum* (Verhoeff) およびベニヒラタヤスデ *S. roseum* (Verhoeff) はより小型で，体長約13〜15 mm，胴節数約50〜60．

ヤマシナヒラタヤスデ属 (p.14)
Yamasinaium

体長 9 ～ 11 mm．背面の生時色彩は鮮やかなピンク，アルコール中では脱色し全体に淡黄白色．胴節数はおよそ 38 ～ 44．体は細長い．側庇の側縁中央に湾入があるほかはアカヒラタヤスデ属に似る．ヤマシナヒラタヤスデ *Yamasinaium noduligerum* Verhoeff 1 種が本州，四国，南西諸島から知られる．

ツムギヤスデ目 Chordeumatida

全体的に棘毛や剛棘毛があり，歩肢がやや長めなので，全身が毛だらけのように見える．頭には数個または多数の単眼が集まった眼がある．触角も長い．胴節数は比較的少なく，26 ～ 32 個で，多くは 30 個．後環節に 3 対の剛棘毛のあることが特徴的．行動は敏速．主に北半球の温帯，亜熱帯に分布している．日本産は 7 科知られている．

ミコシヤスデ科 Diplomaragnidae

全体は淡褐色または暗褐色．触角，歩肢が淡色で細長い．背板はよく発達し，側庇の背面は瘤起してそこに 3 対の大剛棘毛があるので，一見毛だらけのように見える．森林の落葉落枝層に多く生息し，行動は敏速．日本には 4 属 9 種が知られる．

クロイワヤスデ属 (p. 7)
Pterygostegia

体長約 20 mm．側庇は非常によく発達する．日本には 2 種が知られる．

ミコシヤスデ属 (p.7, 23)
Diplomaragna

体長約 15 mm．胴節数は 32．日本には 2 種が分布している．日本産の種については，エゾミコシヤスデ属との区別点は不明瞭．

エゾミコシヤスデ属（新称）(p. 7)
Maritimosoma

体長約 15 mm．日本にはエゾミコシヤスデ *Maritimosoma hokkaidensis* 1 種が知られる．日本産の種については，ミコシヤスデ属との区別点は不明瞭．

フトケヤスデ属 (p. 7)
Tokyosoma

体長約 20 mm．日本には 2 種が知られる．

トゲヤスデ科 Brachychaeteumatidae

全体は白色．背板の側庇はあまり発達せずに小さいか，小さな側瘤起があり，大剛棘毛は比較的長くて丈夫．日本には 1 属が分布している．

オオトゲヤスデ属 (p.7)
Macrochaeteuma

体長およそ 5.5 ～ 6.5 mm．体色は白色．胴節数は 28．単眼の数はおよそ 7．雄雌ともに第 1，2 歩肢の第 2 節（前腿節）内側に突起をもつ．♂の前生殖肢の構造は複雑．♂の後生殖肢は棍棒状．クラサワトゲヤスデ科 Niponiosomatidae のクラサワトゲヤスデ属 *Niponiosoma* に対し，♂の後生殖肢は類似するが，♂の前生殖肢は異なる．オオトゲヤスデ *Macrochaeteuma sauteri* Verhoeff 1 種が北海道より知られるが，分布の詳細は不明．

ホラケヤスデ科 Speophilosomatidae

体長 5 ～ 6 mm を超えない微小なヤスデ．全体が白色．眼は 7，8 個の単眼が三角形に近く並んでいる．後環節に左右 3 対の剛毛があるが，特別の瘤起はない．側庇の発達も悪く，全体に弱々しい印象がある．日本産のホラケヤスデ属が知られるのみ．

ホラケヤスデ属 (p.6, 23)
Speophilosoma

体長 5 ～ 6 mm．生時およびアルコール中の色彩は全体に白色．胴節数は 26．♂の第 7 肢（第 6 胴節の後ろの肢）は毛束状で，特異な構造をしている．側庇は発達しない．落葉中および洞窟に生息する．現在のところ日本から 5 種の報告がある．

ヤリヤスデ科 Conotylidae

背板の側庇の発達にはいろいろな程度があるが，日本産の種の側庇はごく小さい瘤起をなし，そこに長い剛毛が生じている．日本には 2 属 4 種が知られる．

ヤリヤスデ属 (p.14)
Japanosoma

体長 6.5 ～ 7.5 mm．体色は灰白色．胴節数は 30．歩肢の基節，前腿節，腿節は小さな瘤で覆われる．現在までのところ，ヤリヤスデ *Japanosoma scabrum* Verhoeff 1 種が北海道から知られるだけである．本種は原記載以降，報告がなく，分布の詳細は不明である．

タカネヤリヤスデ属（p.14）
Yasudatyla

体長 12〜15 mm．生時の色彩は白色，淡褐色，黄褐色．胴節数は 30．眼はあるものとないものがある．♂の第 3，4 歩肢の第 3 節（腿節）内側に突起がある．♂の前生殖肢の後面に鞭毛状突起がある．北海道および利尻島より 3 種が知られる．いずれの種も亜高山帯〜高山帯に生息する（標高およそ 1100〜2100 m の地点より採集されている）．

ヒメケヤスデ科
Metopidiotrichidae

胴節数は 32．♂の生殖肢より前方の歩肢は多様に変形している．♂の後生殖肢は棍棒状．日本には 1 属 2 種が知られる．

ヒメケヤスデ属（p.7）
Nipponothrix

体長 5〜6 mm．胴節数は 32．生時およびアルコール中の色彩は全体に白色．体は円筒形．♂の前生殖肢の後面に鞭毛状突起がある．♂の第 10 歩肢対は変形している．落葉中に生息する．現在までのところ九州および奄美大島から 2 種が報告されている．

シロケヤスデ科
Hoffmaneumatidae

胴節数は 28．1 属が日本に分布する．

シロケヤスデ属（p.7）
Japanoparvus

体長 4〜5 mm．生時およびアルコール中で色彩は全体に白色．胴節数は 28．体は円筒形．♂の第 10 歩肢対は変形，小型化している．落葉中に生息する．本州（中部地方）および四国より 3 種が知られる．

クラサワトゲヤスデ科
Niponiosomatidae

日本産の 1 属が知られるのみ．

クラサワトゲヤスデ属（p.7, 23）
Niponiosoma

体長 7〜9 mm．体色は白色，アルコール中では淡黒褐色を呈するものもある．胴節数は 28 あるいは 30．体は円筒形．眼はあるものとないものがある．♂の生殖肢より前の歩肢は変形しない．♂の後生殖肢は棍棒状．トゲヤスデ科のオオトゲヤスデ属に対し，♂の後生殖肢は類似するが，♂の前生殖肢では異なる．東京都の洞窟よりクラサワトゲヤスデ *Niponiosoma troglodytes* Verhoeff が，愛媛県の洞窟よりサカタヤスデ *N. morikawai* (Miyosi) が報告されている．

オビヤスデ目 Polydesmida

ヤスデ類中，最も繁栄しているグループ．短い角張った棒状の体形をもつか，短い丸太棒状．眼を欠く．胴節は成体では 20 胴節（若干の 19 胴節の属種もある）．第 7 胴節の前対肢が♂では生殖肢となる．背板の側庇は一般によく発達している．臭孔は特定の胴節にのみ存在する．全世界に広く分布し，個体数も多い．日本には 7 科が知られている．

ハガヤスデ科
Pyrgodesmidae

本科は♂の生殖肢形態で認識されており，外部形態での識別は難しい．日本からは 3 属 6 種が知られる．

ハガヤスデ属（p.15, 23）
Ampelodesmus

体長 5〜7 mm．背板の生時色彩は暗緑色または灰緑色，腹面および歩肢は白色．アルコール中でも体色はよく保存される．胴節数は雄雌ともに 20．臭孔は円筒状の突起の先端に開く．アリの巣に共生する．日本の本州，四国，九州に分布し，ハガヤスデ *Ampelodesmus granulosus* Miyosi など 3 種が知られる．

オウギヤスデ属（改称）（p.15）
Cryptocorypha

体長 4〜6 mm．背板の生時色彩は淡朱紅色，アルコール中では淡黄褐色．胴節数は雄雌ともに 20．側庇はよく発達する．側庇側縁に波状の突出があり，その数は臭孔のある側庇では 4，ない側庇では 3．日本，インドネシア，インド，スリランカ，セントヘレナから知られる．日本にはオウギヤスデ *Cryptocorypha japonica* (Miyosi)，クマモトオウギヤスデ *C. kumamotensis* (Murakami) の 2 種が知られる．

コブヤスデ属（p.15）
Pseudocatapyrgodesmus

体長約 5 mm．背板の色彩は灰緑色．胴節数は雄雌ともに 20．頸板は前縁中央で湾入する．第 2〜19 背板は中央部に 2 対の大きな瘤をもつ．現在までのところコブヤスデ *Pseudocatapyrgodesmus glaucus* Miyosi 1 種が関東地方から知られるだけである．

シロハダヤスデ科
Cryptodesmidae

体長30 mm以下のものが多い．頭部は幼体期には背面より見えるが，成体では頸板の下に隠れて見えなくなる．普通は20胴節で，稀に19胴節の種もある．背板は中央が高く，側庇が下方へ突き出し，全体として扁平．背面に小さな瘤起があり細かな毛が多い．熱帯地方に多い．日本からは2属6種が知られる．

マクラギヤスデ属（p.14, 23）
Niponia

体長約30 mm．背板の生時色彩は，成体ではくすんだ褐色で，幼体では淡褐色．アルコール中での体色の変色，脱色は少ない．体形は扁平に近い小判状．背板間に隙間があり，名のとおり枕木に似ている．後環節の背板は小さな瘤で覆われる．倒木の裏などで見られる．日本ではマクラギヤスデ *Niponia nodulosa* Verhoeff 1種が本州（関東以西），九州，沖縄島から報告がある．今のところ，四国からの採集例はなく，本州での採集例も関東，東海地方に集中している．本種は台湾にも分布している．

シロハダヤスデ属（p.14, 23）
Kiusiunum

体長10〜15 mm．背板の生時色彩はつやのない白色で，新鮮な個体は粉をふいたように美しい．アルコール中では淡褐色．体形は扁平に近い小判状．後環節の背板は小さな瘤で覆われる．後環節の背板間の隙間は狭いか，あるいは隙間があるのは側方に限られる．落葉中や倒木の裏に見られる．本州，四国，九州，屋久島に分布し，現在まで日本以外からは報告がない．九州に分布するシロハダヤスデ *Kiusiunum nodulosum* Verhoeffなど，5種が知られる．

ヤケヤスデ科
Paradoxosomatidae

短い体形で短棒状，黒褐色，朱褐色，淡褐色など色彩も多様でいろいろな斑紋をもつものも多い．各背板の側庇の発達は程度が低いものが多く，断面が円に近いものもある．斑紋は歩肢にまで及ぶ．世界各地に分布する．日本には主に熱帯系の属が分布する．日本には10属20種が知られるが，分類学的扱いや分布の不明瞭なものもある．

ヤケヤスデ属（p.18, 24）
Oxidus

体長10〜25 mm．背板の生時色彩は褐色が基調で，側庇が黄白色のものもある．体色はアルコール中でも比較的よく保存される．♂生殖肢は先端半分で3〜5本の枝に分岐する．側庇はよく発達するものからあまり発達しないものまである．主に落葉中に生息する．日本には3種が知られるが，分類学的扱いや分布が不明瞭なものもある．ヤケヤスデ *Oxidus gracilis* (Koch)は人為的な要因により世界各地に分散し，住宅地や田畑など人為的な環境下で見られる．

ジーケルヤスデ属（新称）（p.18）
Cawjeekelia

日本からはキリシマジーケルヤスデ（改称）*Cawjeekelia nordenskioeldi* (Attems) 1種が知られる．日本に産するトサカヤケヤスデ *Orthomorpha cristata* Takakuwaも本属に属するものと考えられる．

キベリヤケヤスデ属（新称）（p.18, 24）
Asiomorpha

キベリヤケヤスデ（改称）*Asiomorpha montanus* Verhoeff 1種が日本から知られる．

インドケヤスデ属（新称）（p.18）
Chondromorpha

日本からはインドケヤスデ（新称）*Chondromorpha xanthotricha* (Attems) 1種が知られる．本種は移入種と考えられる．

アカヤスデ属（p.16, 24）
Nedyopus

体長20〜25 mm．背板の生時色彩は褐色が基調．体色はアルコール中でも比較的よく保存される．側庇はあまり発達しない．♂生殖肢はネジアシヤスデ属と同様にねじれているが，腿節部が半円状に膨らむことで区別できる．主に落葉中に生息する．住宅地で見られるものもある．極東に分布する属で，日本からは6種が知られる．

ネジアシヤスデ属（p.16, 24）
Helicorthomorpha

体長15 mm．背板の生時色彩は黒褐色の地に黄白色の縦帯が正中線上と側面（側庇上）にある．体色はアルコール中でも比較的よく保存される．ねじれた細長い独特の形状の♂生殖肢をもつことで，他属からの区別は容易．側庇はいくらか発達する．落葉中に生息する．日本から東南アジアにかけて数種が知られる．日本では南西諸島にネジアシヤスデ *Helicorthomorpha holstii holstii* (Pocock) 1種が生息している．

モリヤスデ属 (p.17)
Haplogonosoma

体長 15 ～ 20 mm．背板の生時色彩は淡褐色，褐色．体色はアルコール中でも比較的よく保存される．♂生殖肢の先端半分はループ状で，そのループが1回以上巻くことで他の日本産の属から区別できる．側庇はあまり発達しない．モリヤスデ *Haplogonosoma silvestre* Takakuwa，ムツモリヤスデ *H. implicatum* Broelemann の2種が知られるのみ．国内では関東より報告がある．ムツモリヤスデは国後島にも分布している．

トサカヤスデ属 (p.17, 24)
Chamberlinius

体長 25 ～ 30 mm．背板の生時色彩は淡黄褐色の地に後環節の正中線の両脇に黒褐色の紋がある．側庇はよく発達する．日本には3種が知られ，そのうちのヤンバルトサカヤスデ *Chamberlinius hualienensis* は台湾からの移入種と考えられ，本州，四国，九州，南西諸島にかけて報告がある．

ミイツヤスデ属 (p.17, 24)
Riukiupeltis

体長約 25 mm．側庇はほとんど発達しない．♂生殖肢の先端半分はループ状で，ループの巻きは1回以下．日本からはミイツヤスデ *Riukiupeltis jamashinai* Verhoeff 1種が宮古島から知られる．ミイツヤスデの背板の生時色彩は後環節の横溝より前が濃褐色である以外は黄褐色．下記のダケヤスデ属との区別点は不明瞭．

ダケヤスデ属 (p.17)
Aponedyopus

体長約 35 mm．本属の特徴は上記のミイツヤスデ属のものと基本的に同じであり，両属を別属として扱うかどうかは再検討の余地がある．日本からはダケヤスデ *Aponedyopus montanus* Verhoeff 1種が知られるが，本種の模式標本の産地（富士山麓）は誤記載の可能性がある（三好，1959, p.73）．本種の背板の生時色彩は黒に近く，アルコール中でも比較的よく保存される．ほかに数種が台湾に分布している．

エリヤスデ科
Haplodesmidae

本科は♂の生殖肢形態で認識されており外部形態での識別は難しい．日本からは2属7種が知られる．

エリヤスデ属 (p.8, 15, 24)
Eutrichodesmus

体長 4 ～ 6 mm．日本からは5種が知られる．

キレコミヤスデ属 (p.15)
Prosopodesmus

体長約 5 mm．背板の色彩は生時およびアルコール中で淡黄褐色．胴節数は雄雌ともに20．側庇はよく発達する．側庇後縁基部近くに特有の切れ込みがある．側庇側縁に波状の突出があり，その数はすべての側庇で3．キレコミヤスデ *Prosopodesmus sinuatus* (Miyosi) など2種が日本から知られる．

ババヤスデ科
Xystodesmidae

大型のヤスデ類で日本産のものは体長 25 ～ 55 mm．背板の生時色彩は多様で，日本産のものは緑青灰色，緑灰色，オレンジ，ピンク，黄色などで，側庇が黄色やオレンジのものや，後環節後縁に褐色の帯をもつものなどがある．背面や歩肢の生時色彩は黄白色．体色はアルコール中では全体に脱色しベージュを呈する．日本全土に分布し，落葉中に見られる．スギ林でもよく見られる．日本からは5属（分類学的位置の不明瞭な *Oxyurus*, *Rhysodesmus*, *Rhysolus* は除く），約50種と1種複合体が知られる．*Rhysodesmus* と *Rhysolus* は本来，北米産の属で，日本でそれらの属として記載された種は検討を要する．

ババヤスデ属 (p.20, 25)
Parafontaria

体長 40 ～ 55 mm．背板の生時色彩は多様で，緑青灰色，緑灰色，オレンジ，ピンクなど．アルコール中では色素は抜け，全体にベージュを呈する．オレンジ，ピンクのものには後環節後縁に褐色の帯をもつものがある．♂生殖肢はループ状で，巻きは 1.5 ～ 2 回．現在までのところ，日本の本州，四国，九州から知られ，約12種と1種複合体がある．一部の種は大発生する．

ヤマンバヤスデ属 (p.20, 24)
Levizonus

体長約 30 mm．背板の生時色彩はオレンジを帯びた淡褐色，褐色．アルコール中では色素は抜け，全体にベージュを呈する．♂生殖肢はアーチ状あるいはループ状で，ループ状の場合，巻きは1回以下．極東に分布し，日本では北海道にキタヤスデ *Levizonus takakuwai* (Verhoeff)，エゾヤマンバヤスデ *L. montanus* (Takakuwa) の2種が分布する．

アマビコヤスデ属 (p.20, 25)
Riukiaria

体長 40 ～ 55 mm．背板の生時色彩は多様で，緑灰色，黄色，灰色，オレンジ等を呈し，緑灰色のものには側

庇が黄色のものもある．アルコール中では色素は抜け，全体にベージュを呈する．♂生殖肢は主に単純な鋏状．後環節背板に3列の小瘤をもつものがある．極東に分布し，日本では本州（主に中部以西），四国，九州，南西諸島に約21種が分布する．アマビコヤスデ *Riukiaria semicircularis semicircularis* (Takakuwa) は本州（中部以西），四国，九州に分布し，スギ林などでよく見られる．

タカクワヤスデ属（p.20, 25）
Xystodesmus

体長25～30 mm．背板の生時色彩は，青灰褐色で，側庇はオレンジ，黄色．アルコール中では色素は抜け，全体にベージュを呈する．♂生殖肢はアマビコヤスデ同様に基本的に鋏状だが，極めて著しい形態の多様性を示すため，♂生殖肢の構造に基づいた属の定義は困難．そのため，属の識別は背板形態，体サイズ，体色を組み合わせて行う．後環節背板に3列の小瘤をもつものがある．日本の本州，四国，対馬，壱岐，南西諸島に分布し，7種が知られる．

ヤエタケヤスデ属（p.20）
Yaetakaria

体長約35～40 mm．背板の生時色彩は灰色で，各胴節後縁と側庇は黄土色．♂生殖肢の主軸と前腿節突起の先端が2～3分岐する．沖縄本島からポコックヤエタケヤスデ *Yaetakaria neptuna* (Pocock) 1種が知られる．

オビヤスデ科
Polydesmidae

中型のヤスデ類で，日本産のものは体長10～35 mm．背板の側庇が発達し，背面が扁平に近いものが多い．また側庇の側縁に鋸歯があるものや，背板表面に平たく肥厚した突隆面が規則正しく並んでいるものも多い．旧北区を中心に分布する．日本からは4属，91種が知られる．日本産の4属は形態的に互いに類似する．

ノコギリヤスデ属（p.21, 25）
Prionomatis

体長10～30 mm．背板の生時色彩は白色，アルコール中ではやや灰色を帯びる．オビヤスデ属およびモトオビヤスデ属とは側庇の鋸歯の状態で区別される．四国，九州，五島列島の洞窟から13種が報告されている．

オビヤスデ属（p.21, 25）
Epanerchodus

体長10～35 mm．背板の生時色彩は赤褐色（アルコール中でもさほど脱色しない）あるいは白色（アルコール中ではやや灰色を帯びる）．落葉中でよく見られ，洞窟に生息するものもある．体色が白色のものは洞窟に生息するものに見られる．歩行速度は早い．極東に分布する属で，日本から74種が知られる．日本産ヤスデ類では最も種数の多い属である．

モトオビヤスデ属（p.21）
Polydesmus

体長10～15 mm．背板の生時色彩は赤褐色で，アルコール中でもさほど脱色しない．♂生殖肢の精管の位置によりオビヤスデ属と区別される．オビヤスデ属やノコギリヤスデ属のように20 mmを超える種は日本から知られていない．旧北亜区に広く分布し，日本からは3種が知られる．

ニホンオビヤスデ属（新称）（p.21）
Nipponesmus

体長約10 mm．日本からはタンゴニホンオビヤスデ（改称）*Nipponesmus tangonis* (Murakami) 1種が知られる．

ヒメオビヤスデ科（改称）
Opisotretidae

オビヤスデ科によく似た背板側庇の発達した小さなヤスデ類で，体長数mmを超えない．♂の生殖肢の端肢に特徴がある．森林土壌に生息している．日本からは1属1種が知られる．

ヒメオビヤスデ属（改称）（p.9, 25）
Corypholophus

体長およそ3～4.5 mm．♂生殖肢は棍棒状．日本では，リュウキュウヒメオビヤスデ（改称）*Corypholophus ryukyuensis* Murakami が南西諸島の洞窟に生息する．本種は白色で，背板に剛毛を有する．

引用・参考文献

Enghoff, H. (1991). A revised cladistic analysis and classification of the millipede order Julida with establishment of four new families and description of a new nemasomatid genus from Japan. *Z. Zool. Syst. Evolut.-forsch.* **29** : 241-263.

Hoffman R. L. (1959). A new genus of xystodesmid millipeds from the Riu Kiu Archipelago with notes on related Oriental genera. *Nat. His. Miscel.*, (45) : 1-6.

Hoffman R. L. (1980 ("1979")). *Classification of the Diplopoda*. 237pp. Geneva : Muséum d'Histoire Naturelle.

Ishii, K. and Song-Sik Choi. (1988). A new species of the genus

Polyxenus (Diplopoda, Penicillata : Polyxenidae) from Korea. *Can. Entomol.*, **120** : 711-715.

三好保徳（1956）．日本産倍足類及び唇足類の分類学的研究 17．エカドルヤスデ科の1新属とヒトフシムカデ属の1新種．動物学雑誌，**65** : 311-314.

三好保徳（1957a）．日本産倍足類及び唇足類の分類学的研究 19．ヤスデの1新属と2新種．動物学雑誌，**66** : 29-33.

三好保徳（1957b）．日本産倍足類及び唇足類の分類学的研究 20．ヤスデの1新属とムカデの1新種及び1新亜種．動物学雑誌，**66** : 264-268.

三好保徳（1958）．日本産倍足類及び唇足類の分類学的研究 23．トゲヤスデ科の1新属ならびに日本産トゲヤスデ科のヤスデ．動物学雑誌，**67** : 176-179.

三好保徳（1959）．日本の倍足類．223 pp + 19 pls. 東亜蜘蛛学会，大阪．

三好保徳・高桑良興（1965）．倍脚綱．新日本動物図鑑〔中〕．739-748，北隆館，東京．

Murakami, Y. (1969). Myriapods found in limestone caves of northern Honshu, Japan. *Bull. Natn. Sci. Mus. Tokyo*, **12** : 557-582.

Murakami, Y. (1971). The fauna of the insular lava caves in West Japan X. Myriapoda. *Bull. Natn. Sci. Mus. Tokyo*, **14** : 311-332.

Murakami, Y. (1973). Two new species of Polydesmid millipeds from Western Honshu, Japan. *Annot. Zool. Japon*, **46** : 253-258.

Murakami, Y. (1975). The cave myriapods of the Ryukyu Isdands (I). *Bull. Natn. Sci. Mus. Tokyo, Ser. A (Zool.)*, **2** : 85-113.

Murakami, Y. (1976a). The cave millipeds of the genus *Pterygostegia* (Diplopoda, Diplomaragnidae). *Bull. Natn. Sci. Mus. Tokyo, Ser. A. (Zool.)*, **2** : 109-122.

Murakami, Y. (1976b). Occurrence of *Prionomatis* (Diplopoda, Polydesmidae) in western Shikoku, Japan. *J. Speleol. Soc. Japan*, **1** : 8-15.

Murakami, Y. (1979). A new genus and species of nemasomatid milliped from central Honshu, Japan. *J. Speleol. Soc. Japan*, **4** : 17-22.

Murakami, Y. (1980). Occurrence of a new Sinostemmiulus (Diplopoda, Nemasomatidae) in a limestone cave of Southwest Japan. *J. Speleol. Soc. Japan*, **5** : 29-33.

Murakami, Y. (1990). The millipeds of the genus *Kopidoiulus* (Diplopoda, Julida, Mongoliulidae). *J. Speleol. Soc. Japan*, **15** : 1-14.

Shear, W. (1987). Systematic position of the milliped *Japanosoma scabrum* Verhoeff (Chordeumatida, Conotylidae). *Myriapodologica*, **2** : 21-27.

Shear, W. (1988). Systematic position of the milliped family Niponiosomatidae (Diplopoda, Chordeumatida, Brannerioidea). *Myriapodologica*, **2** : 37-43.

Shear, W. A. (1990). On the Central and East Asian millipede family Diplomaragnidae (Diplopoda, Choredeumatida, Diplomaragnoidea). *Am. Mus. Novitates*, **2977** : 40 pp.

Shelley, R. M., and P. T. Lehtinen (1998). Introduced millipeds of the family Paradoxosomatidae on Pacific Islands (Diplopoda : Paradoxosomatidae). *Arthropoda Selecta*, **7** : 81-94.

Shear, W., T. Tanabe and N. Tsurusaki. (1997). Japanese chordeumatid millipeds. IV. The new genus *Japanoparvus* (Diplopoda, Chordeumatida, Hoffmaneumatidae). *Myriapodologica*, **4** : 89-99.

Shear, W. and N. Tsurusaki. (1995). Japanese chordeumatid millipeds. III. *Yasudatyla*, a new genus of alpine conotylid millipeds (Diplopoda, Chordeumatida, Conotylidae). *Myriapodologica*, **3** : 97-106.

Takakuwa, Y. (1940). Eine weitere neue Gattung der Paraiulidae. *Zool. Mag. Tokyo*, **52** : 465-466.

Takakuwa, Y. (1941). Eine neue Gattung der Parajulidae (Diplopoda). *Zool. Mag. Tokyo*, **53** : 364-366.

高桑良興（1949）．日本産倍脚類の新科．*Acta Arach.*, **11** : 5-7.

高桑良興（1954）．日本産倍足類総説．241 pp．日本学術振興会，東京．

Tanabe, T. (1994). The milliped genus *Levizonus* (Polydesmida, Xystodesmidae) in Japan. *Jap. J. Entomol.*, **62** : 101-113.

Tanabe, T. and K. Shinohara (1996). Revision of the millipede genus *Xystodesmus*, with reference to the status of the tribe Xystodesmini (Diplopoda : Xystodesmidae). *J. Nat. His.*, **30** : 1459-1494.

Verhoeff, K. W. 1914 ("1913"). Ascospermophoren aus Japan. *Zoologischer Anzeiger*, **43** : 342-370.

Verhoeff, K. W. (1939). Zur Kenntnis ostasiatischer Diplopoden. IV. *Zool. Anz.*, **127** : 273-285.

ヤスデ綱 39

フサヤスデ属の一種（屋久島産）
Eudigraphis sp.（Z. Korsós）

タマヤスデ属の一種（徳之島産）
Hyleoglomeris sp.（Z. Korsós）

タカクワカグヤヤスデ（沖縄島産）
Paraspirobolus lucifugus (Gervais)（Z. Korsós）

ヤエヤママルヤスデ（未記載種）（石垣島産）
Spirobolus sp.（Z. Korsós）

サダエミナミヤスデ
Trigoniulus tertius Takakuwa（田辺　力）

リュウキュウヤハズヤスデ（沖縄島産）
Glyphiulus septentrionalis Murakami（Z. Korsós）

ヒゲヤスデ（伊平屋島産）
Nannolene flagellata (Attems)（Z. Korsós）

ヒモヤスデ（渡嘉敷島産）
Dolichoglyphius asper asper Verhoeff（Z. Korsós）

40 ヤスデ綱

オキナワフジヤスデ（沖縄島産）
Anaulaciulus okinawaensis Shinohara（Z. Korsós）

フジヤスデモドキ（与論島産）
Japanioiulus lobatus Verhoeff（Z. Korsós）

ネンジュヤスデ（奄美大島産）
Sinostemmiulus japonicus Murakami（Z. Korsós）

ギボウシヤスデ目の一種（沖縄島産）
Siphonophorida sp.（Z. Korsós）

ヤマシナヒラタヤスデ属の一種（屋久島産）
Yamasinaium sp.（Z. Korsós）

アカヒラタヤスデ属の一種
Symphyopleurium sp.（田辺　力）

オウギヤスデ属の一種（古宇利島産）
Cryptocorypha sp.（Z. Korsós）

ヤクシロハダヤスデ（屋久島産）
Kiusiunum sekii Miyosi（Z. Korsós）

ヤスデ綱　41

マクラギヤスデ（東京産）
Niponia nodulosa Verhoeff（Z. Korsós）

ダケヤスデ（石垣島産）
Aponedyopus maculatus Verhoeff（Z. Korsós）

ホルストネジアシヤスデ（古宇利産）
Helicorthomorpha holstii holstii (Pocock)（Z. Korsós）

リュウキュウヤケヤスデ（久米島産）
Oxidus riukiaria (Verhoeff)（Z. Korsós）

ヤケヤスデ
Oxidus gracilis (Koch)（田辺　力）

ヤンバルトサカヤスデ
Chamberlinius hualienensis Wang（田辺　力）

ミイツヤスデ（宮古島産）
Riukiupeltis jamashinai Verhoeff（Z. Korsós）

ヒメヨロイヤスデ（西表島産）
Eutrichodesmus armatus (Miyosi)（Z. Korsós）

42　ヤスデ綱

ミカワババヤスデ
Parafontaria crenata Shinohara（田辺　力）

ミドリババヤスデ（秦野市産）
Parafontaria tonominea Attems（Z. Korsós）

タカクワヤスデ（秦野市産）
Xystodesmus martensii (Peters)（Z. Korsós）

クロオキナワアマビコヤスデ（沖縄島産）
Riukiaria falcifera Verhoeff（Z. Korsós）

ポコックヤエタケヤスデ（沖縄島産）
Yaetakaria neptuna (Pocock)（Z. Korsós）

ホラオビヤスデ（沖縄島産）
Epanerchodus subterraneus Verhoeff（Z. Korsós）

エラブモトオビヤスデ（渡嘉敷島産）
Polydesmus tanakai Murakami（Z. Korsós）

リュウキュウヒメオビヤスデ
Corypholophus ryukyuensis Murakami（Z. Korsós）

節足動物門
ARTHROPODA

甲殻亜門 CRUSTACEA
軟甲綱 Malacostraca
ソコミジンコ目(ハルパクチクス目) Harpacticoida

菊地義昭　Y. Kikuchi

甲殻亜門 CRUSTACEA・ソコミジンコ目（ハルパクチクス目）Harpacticoida

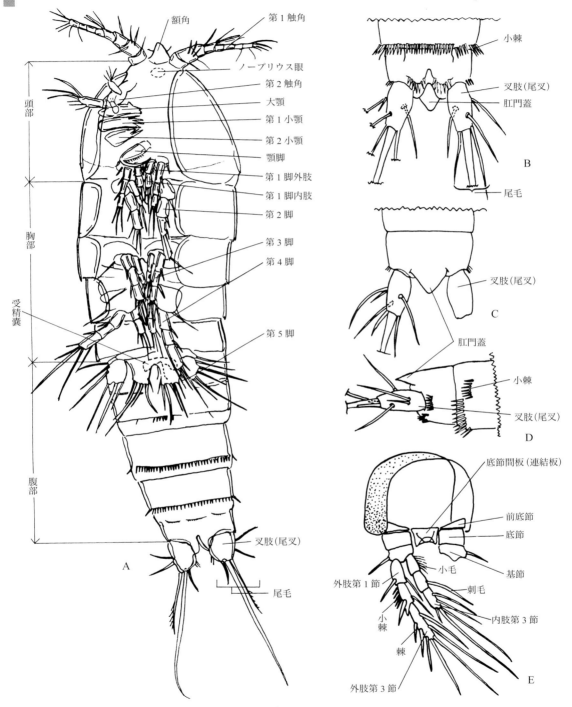

ソコミジンコ目（ハルパクチクス目）Harpacticoida 形態用語図解
A：全体図腹面（♀），B：尾部腹面，C：尾部背面，D：尾部側面，E：脚．A：ツクバソコミジンコ *Moraria tsukubaensis* Kikuchi，B～E：アルキソコミジンコ *Moraria varica* (Graeter)
（B～E：Hamond, 1987 改変）

2 ソコミジンコ目

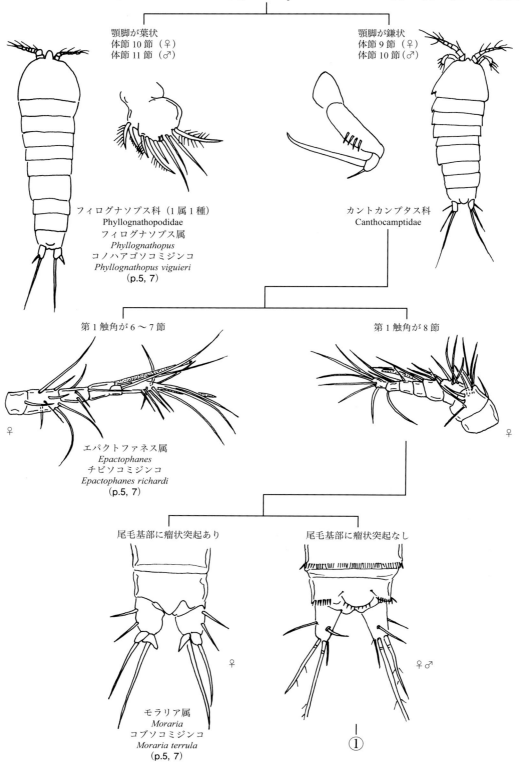

ソコミジンコ目（ハルパクチクス目）Harpacticoida の科・属・種への検索

ソコミジンコ目 **3**

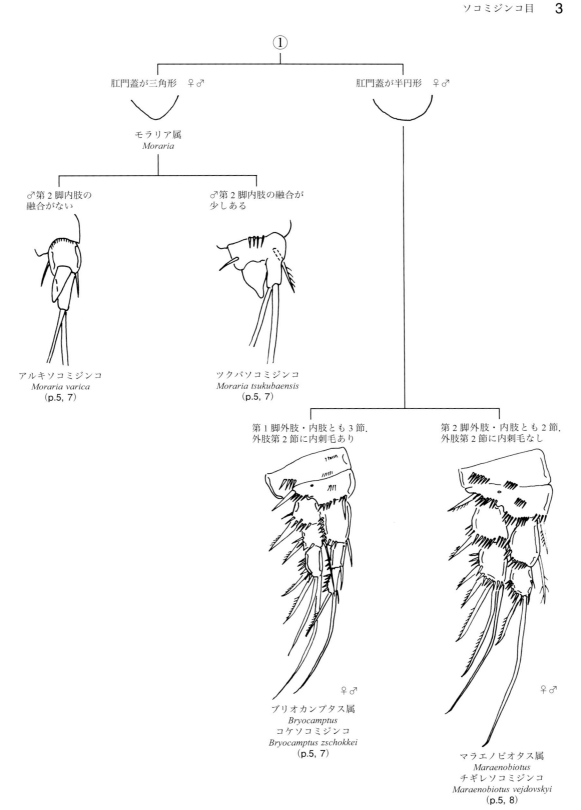

— 989 —

4 ソコミジンコ目

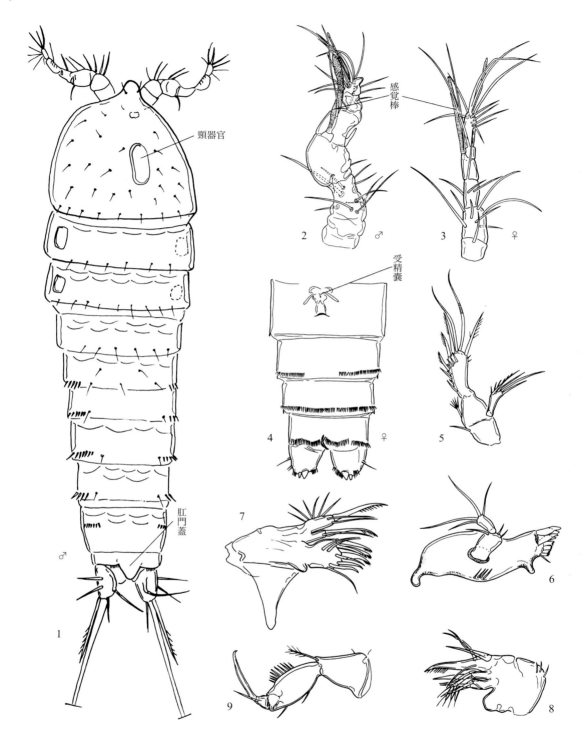

ソコミジンコ目 Harpacticoida 全形図（1）
1：ツクバソコミジンコ背面（♂）*Moraria tsukubaensis* Kikuchi，2・3：チビソコミジンコ第1触角（2：♂，3：♀）*Epactophanes richardi* Mrázek，4：チギレソコミジンコ腹部腹面（♀）*Maraenobiotus vejdovskyi*（Mrázek），5〜9：コブソコミジンコ口器付属肢（♂）（5：第2触角，6：大顎，7：第1小顎，8：第2小顎，9：顎脚）*Moraria terrula* Kikuchi

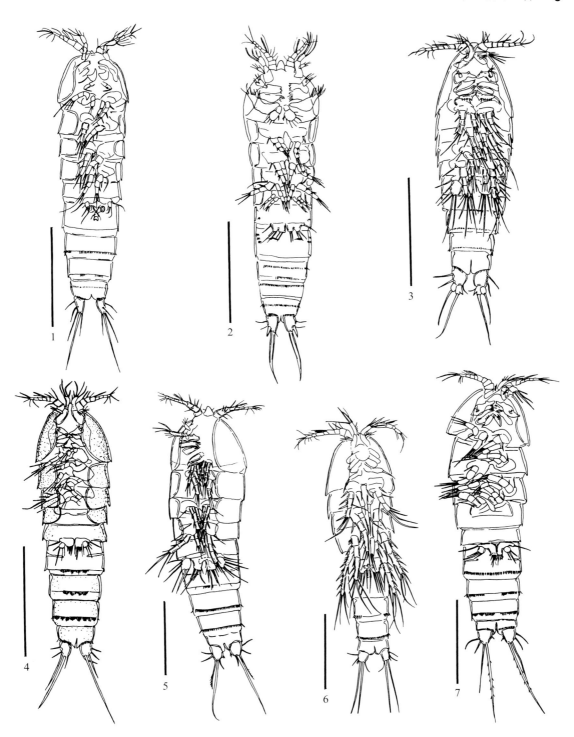

ソコミジンコ目 Harpacticoida 全形図（2）
1：チビソコミジンコ *Epactophanes richardi* Mrázek, 2：コノハアゴソコミジンコ *Phyllognathopus viguieri* (Maupas), 3：コブソコミジンコ *Moraria terrula* Kikuchi, 4：アルキソコミジンコ *Moraria varica* (Graeter), 5：ツクバソコミジンコ *Moraria tsukubaensis* Kikuchi, 6：コケソコミジンコ *Bryocamptus zschokkei* (Schmeil), 7：チギレソコミジンコ *Maraenobiotus vejdovskyi* (Mrázek)
（すべて腹面図．スケールはすべて 200 μm）

6 ソコミジンコ目

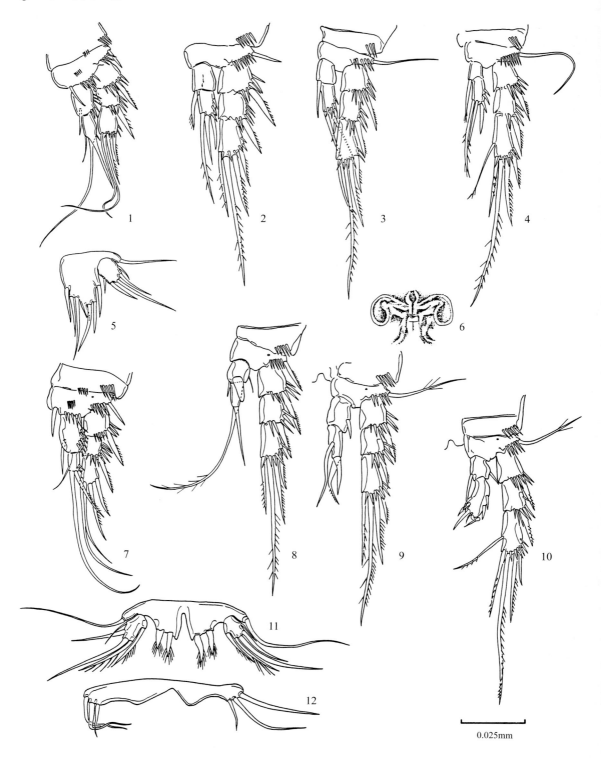

ソコミジンコ目 Harpacticoida 全形図（3）
1〜5：アルキソコミジンコ♀の第1脚〜第5脚，6：アルキソコミジンコの受精嚢，7〜12：アルキソコミジンコ♂の第1脚〜第6脚，
1〜12：アルキソコミジンコ *Moraria varica* (Graeter)

ソコミジンコ目（ハルパクチクス目）
Harpacticoida

体長（額角前端より叉肢後端まで）は 300～800 μm．体形は紡錘形．第1触角が6～8節と短いのでキクロプス目 Cyclopoida（ケンミジンコ類）と識別できる．雌雄では第1触角が雄で肥握器に変化(p.990-2)，第2～4脚内肢(p.992-8・9)・第5脚(p.992-5・11)に違いがある．また雌は雄より体長が長く体節は1節少ないことからも識別可能．森林内の落葉堆積物中や日陰のコケなど多湿な場所に生息．雪下の落葉中にも生息可能．日本には2科5属7種が知られている．

フィログナソプス科
Phyllognathopodidae

1科1属．コスモポリタンな種，Lang によるとウツボカズラの虫取りつぼの中，パイナップルの葉と葉の間の湿った所までいるという．顎脚が葉状をし，原始的形態を残しているといわれる．日本全国より出現するが多くはない．ときには湖沼の間隙水に見出されることもある．体節は雌10，雄11節．

フィログナソプス属
Phyllognathopus
コノハアゴソコミジンコ（新称）(p.2, 5)
Phyllognathopus viguieri (Maupas)

体長 400～500 μm．紡錘形．額角は顕著．第1触角は雌8節．顎脚は雌雄ともに葉状を呈する．雌雄とも脚に形態的違いはないが，第4脚が著しく小さい．雌は叉肢末端外尾毛が短く特徴的．雌は生殖孔が第5脚の下に2つ開孔している．コスモポリタンな種．日本全国にいるがチビソコミジンコほど多くはない．体節は雌10，雄11節．北海道，東京（皇居）．

カントカンプタス科
Canthocamptidae

陸水種を含め多くの属を含む．日本産陸生ソコミジンコはコノハアゴソコミジンコを除き，他はこの科に属する．*Moraria* 属を除きコスモポリタンな種が多い．体節は雌9，雄10節．

エパクトファネス属
Epactophanes
チビソコミジンコ（新称）(p.2, 5)
Epactophanes richardi Mrázek

体長 350～500 μm．紡錘形．第1触角が6節（稀に7節）で，第2脚から第4脚の内肢が外肢に比べて著しく小さく，特に第4脚内肢は1節のみ．ノープリウス眼はない．雌の受精嚢の形態，雄の第3脚内肢の形から同定可能．肛門蓋の外縁棘に1～5本の変異がある．日本全国に普通に見られる．

モラリア属
Moraria
コブソコミジンコ（新称）(p.2, 5)
Moraria terrula Kikuchi

体長 420～520 μm．紡錘形．第1触角は雌8節．雌の叉肢後端部に瘤状の突起物があり，尾毛は短い．雄にはこの特徴はないが，第2脚内肢は瘤状に融合している．また第3脚内肢は鞘状の特異な形態をしている．北海道西部から東北北部，群馬県にかけて分布しており，日本固有種と思われる．

アルキソコミジンコ（新称）(p.3, 5)
Moraria varica (Graeter)

体長 350～450 μm．紡錘形．第1触角は8節．体表には点刻がある (p.991-4)．雌は外肢3節，内肢2節よりなる．受精嚢 (p.992-6) は特徴的．雄の第2～4脚内肢は特徴的で特に第4のそれは末端刺毛が渦巻き状を呈する．脚は体長に比べて短く，歩くのに適している．日本全国に分布．氷河期の遺存種といわれる．

ツクバソコミジンコ（新称）(p.3, 5)
Moraria tsukubaensis Kikuchi

体長 500～600 μm．紡錘形．第1触角は雌8節．額角は突出．他に比べてやや大きい．ノープリウス眼をもつ．背面体表に点刻がある．雄の第2脚内肢は瘤状に融合するがコブソコミジンコほどではない．肛門蓋は逆三角形．茨城県（筑波山，西金男体山）・徳島県（高越山）の森林落葉中で見出されている．日本固有種と思われる．

ブリオカンプタス属
Bryocamptus
コケソコミジンコ（新称）(p.3, 5)
Bryocamptus zschokkei (Schmeil)

体長 400～450 μm．紡錘形．体長に比べて脚は他のものより長い．第1触角は8節．額角は小さい．ノープリウス眼はある．陸水域では普通に見られる．雌雄とも第1脚外肢2節に内刺毛がある．肛門蓋は半円形で外縁部に4～5本の棘をもつ．日本全国に分布するが出現頻度は少ない．森林の日陰にあるコケ中に生息する．

マラエノビオタス属
Maraenobiotus

チギレソコミジンコ（新称）(p.3, 5)
Maraenobiotus vejdovskyi (Mrázek)

　体長 400 〜 600 μm．紡錘形．雌雄とも第 1 脚外肢が 2 節．大顎の外肢は 3 本の刺毛のみ．雌は雄との連結で尾毛が切れる（p.990-4）．ノープリウス眼はかすかに存在．額角は小さい．肛門蓋は外縁に小棘のある半円形．陸水では多く見られるが陸上では少ない．北海道，青森県，茨城県から見つかっている．

参考文献

Dussart, B. (1967). Les Copépodes des Eaux Continentales d'Europe Occidentales, Tome I : Calanoïdes Harpacticoïdes. 500 pp. N. Boubée & Cie. Paris.

Hamond, R. (1987). Non-marine Harpacticoid Copepods of Australia. I. Canthocamptidae of the genus *Canthocamptus* Westwood s. lat. and *Fibulcamptus*, gen. nov., and including the description of a related new species of *Canthocamptus* from New Caledonia. *Invertebr. Taxon.*, **1** : 1023-1247.

Kikuchi, Y. (1984). Morphological comparison of two terrestrial species of *Moraria* (Canthocampatidae, Harpacticoidea) from Japan, with the scanning electron microscope. *Crustaceana, suppl.*, **7** : 279-285.

Lang, K. (1948). Monographie der Harpacticiden. 1682 pp. Hákan Ohlssons Boktryckeri. Lund.

節足動物門
ARTHROPODA

甲殻亜門 CRUSTACEA
軟甲綱 Malacostraca
ワラジムシ目（等脚目）Isopoda

布村　昇　N. Nunomura

甲殻亜門 CRUSTACEA・ワラジムシ目（等脚目）Isopoda

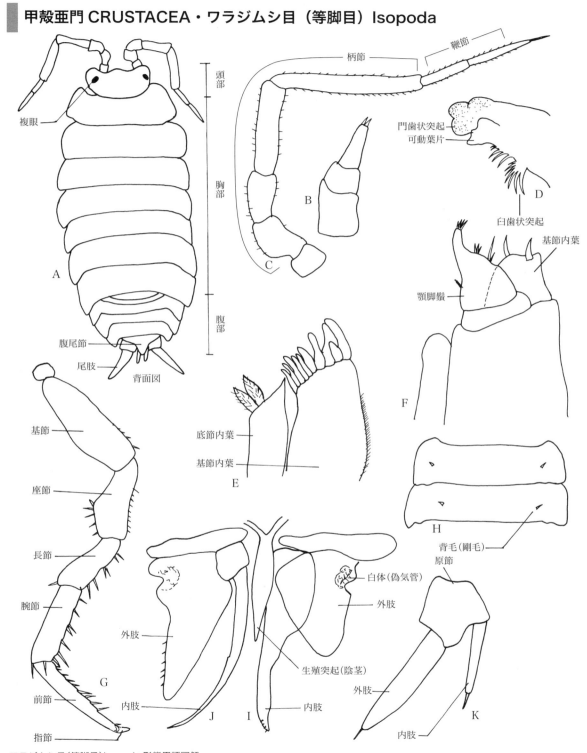

ワラジムシ目（等脚目）Isopoda 形態用語図解
A：背面図，B：第1触角，C：第2触角，D：大顎，E：第1小顎，F：顎脚，G：胸脚，H：胸部背面上の剛毛，I：♂第1腹肢，J：♂第2腹肢，K：尾肢

2　ワラジムシ目

ワラジムシ目（等脚目）Isopoda の科への検索

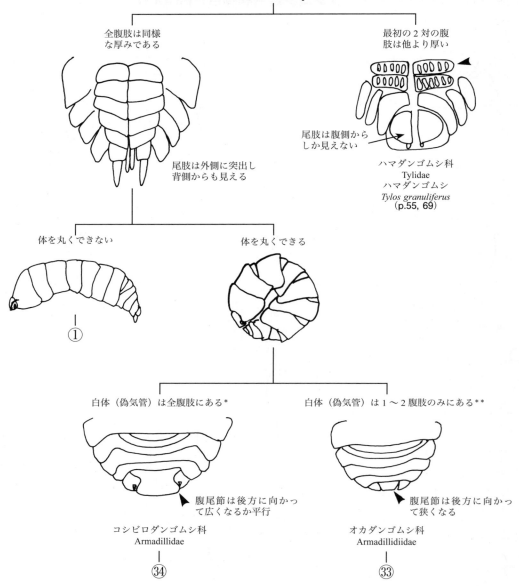

* 腹肢の白体は生時ははっきりわかるが，固定をするとわかりにくくなる．特にアルコール漬の場合はわかりにくくなる．

ワラジムシ目 3

①

腹肢に白体(偽気管)を欠く．
第2触角の鞭は3節以上ある

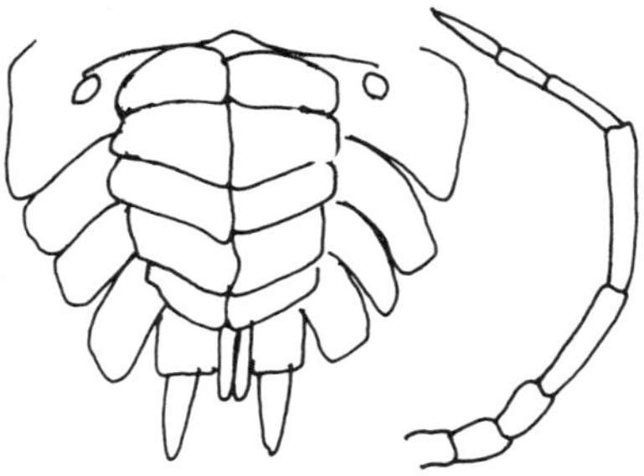

②

腹肢のうち2〜5対の白体(偽気管)
をもつ．第2触角の鞭は2節

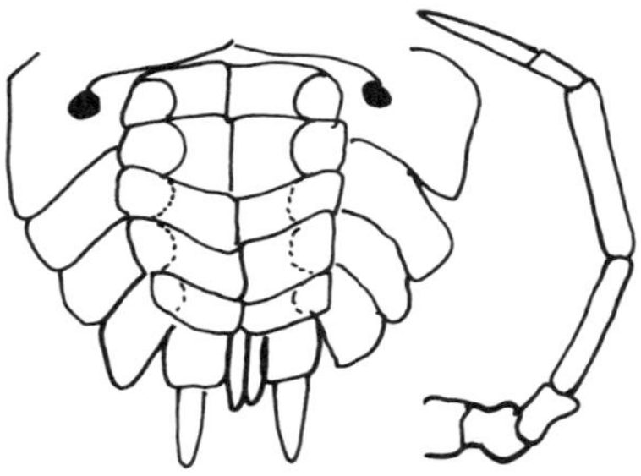

腹肢の白体(偽気管)は2対**

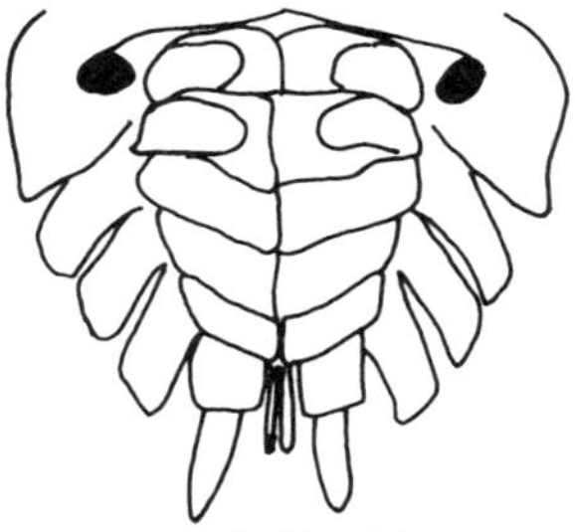

ワラジムシ科
Porcellionidae
㉜

腹肢の白体(偽気管)は5対**

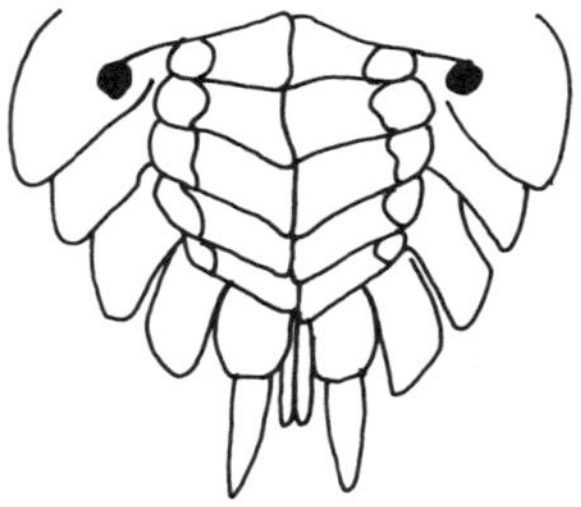

腹肢の白体上に穴がある

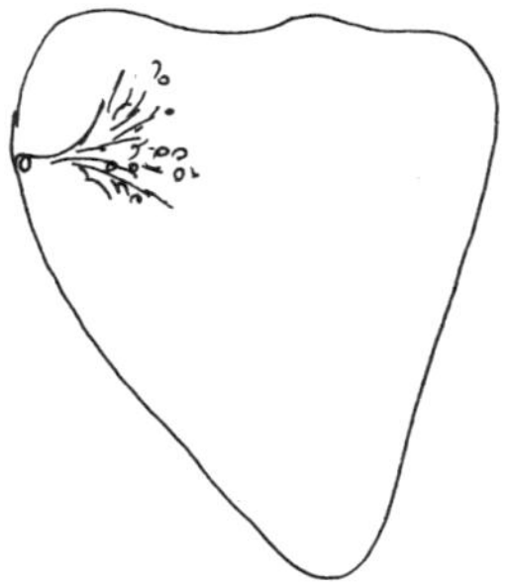

ハヤシワラジムシ科
Agnaridae
㉓

腹肢の白体に穴がない

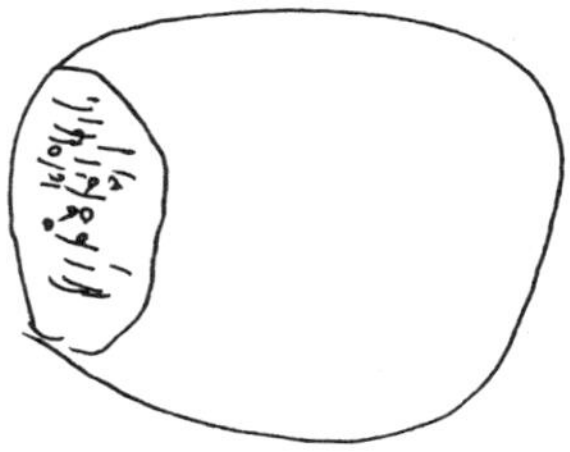

ハクタイワラジムシ科
Trachelipodidae
ミナミハヤシワラジムシ属
Nagurus
㉒

**腹肢の白体は生時ははっきりわかるが，固定をするとわかりにくくなる．特にアルコール漬の場合はわかりにくくなる．

4 ワラジムシ目

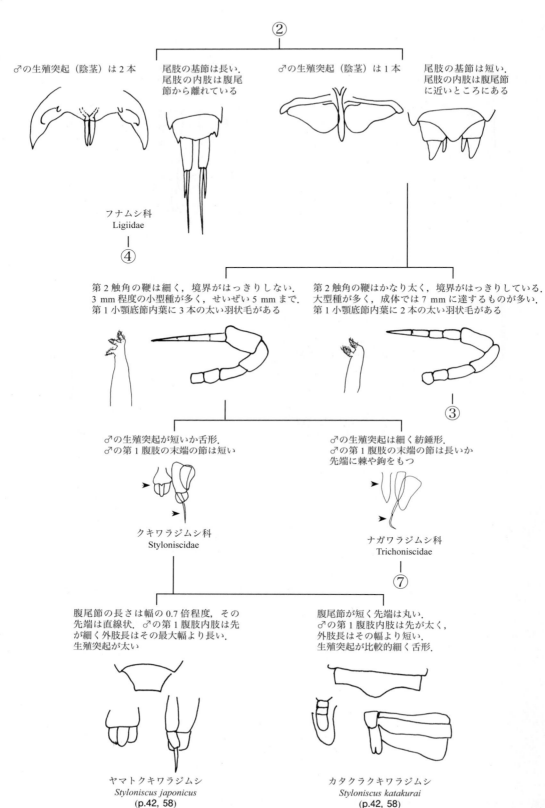

ワラジムシ目 5

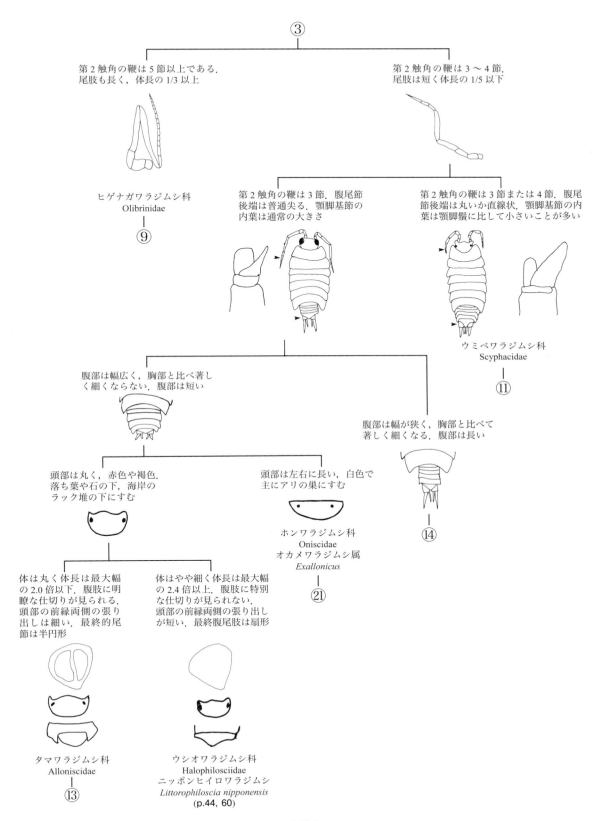

フナムシ科 Ligiidae の属・種への検索

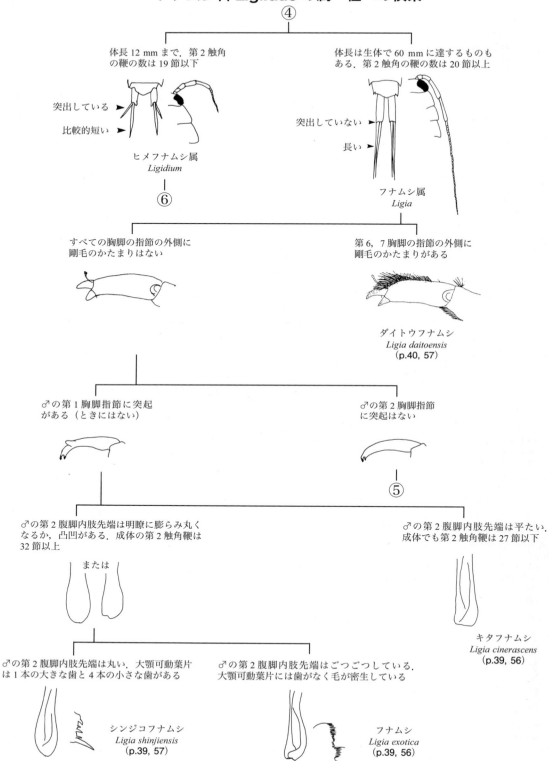

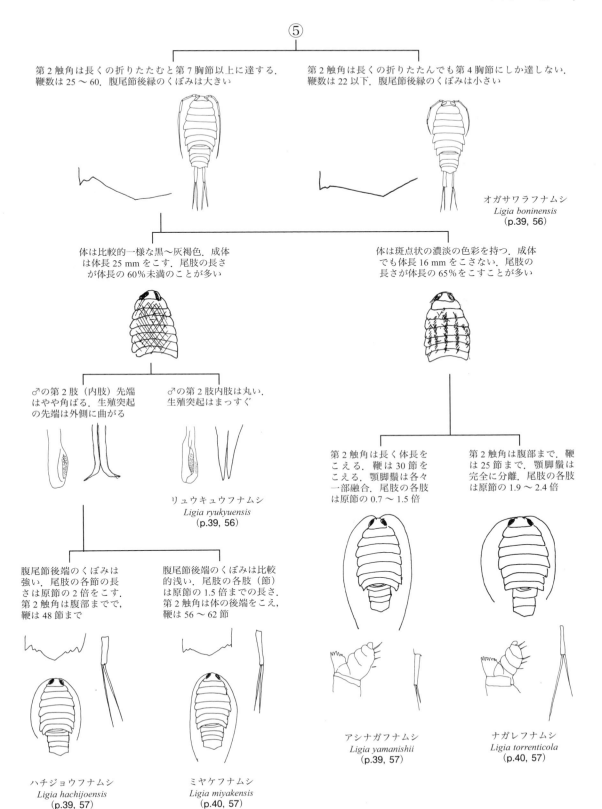

ヒメフナムシ属 Ligidium の種への検索

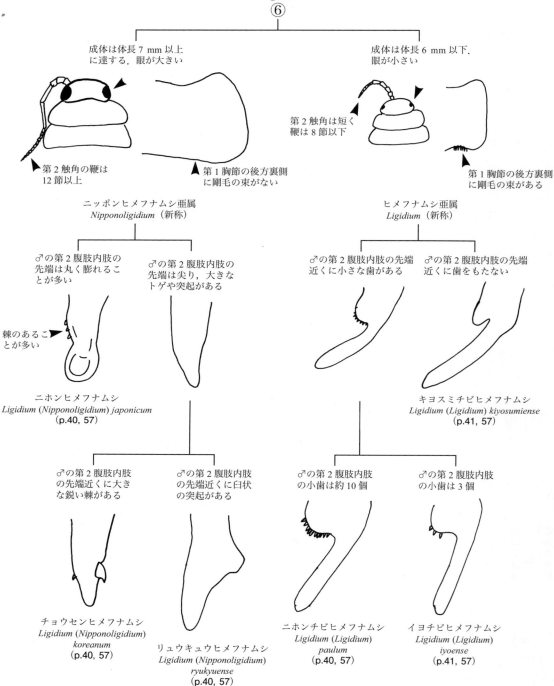

ナガワラジムシ科 Trichoniscidae の属・種への検索

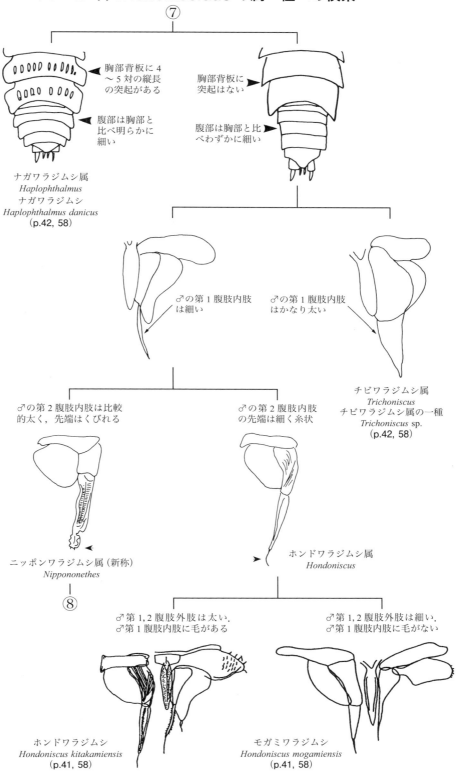

10 ワラジムシ目

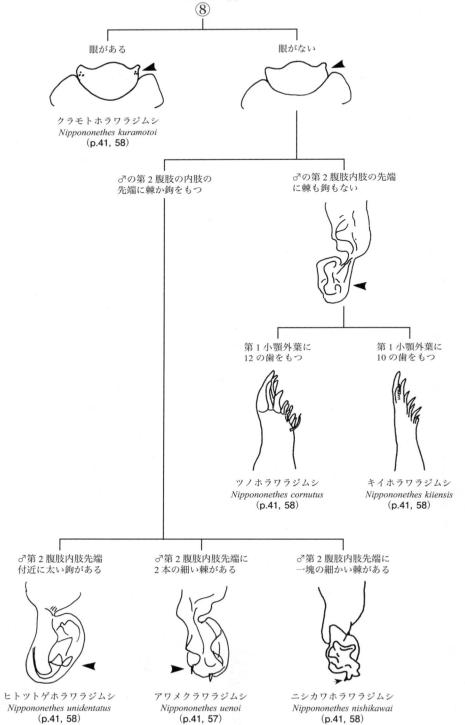

ヒゲナガワラジムシ科 Olibrinidae ヒゲナガワラジムシ属 *Olibrinus* の種への検索

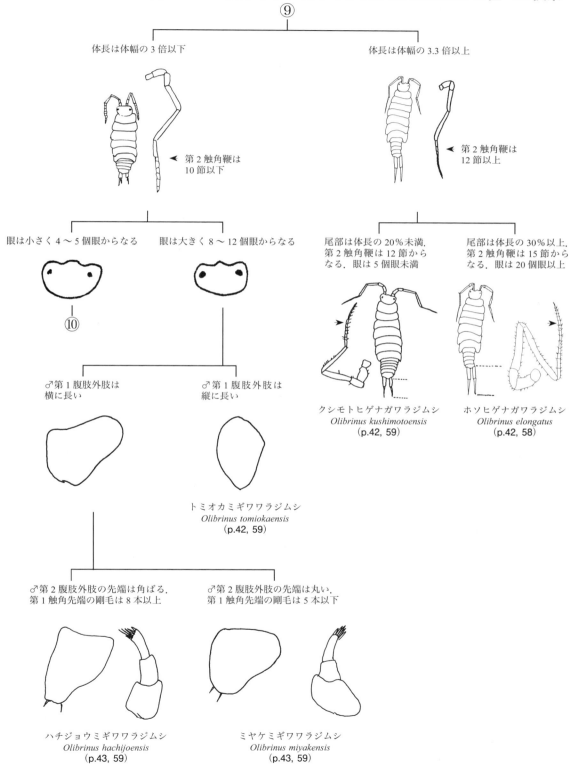

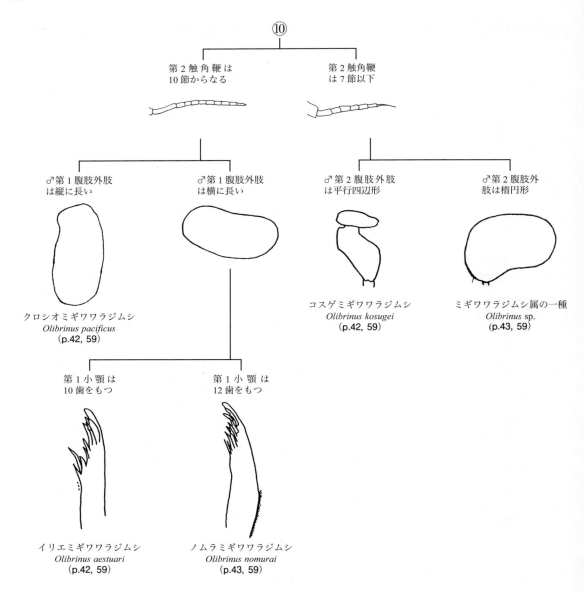

ウミベワラジムシ科 Scyphacidae の属・種への検索

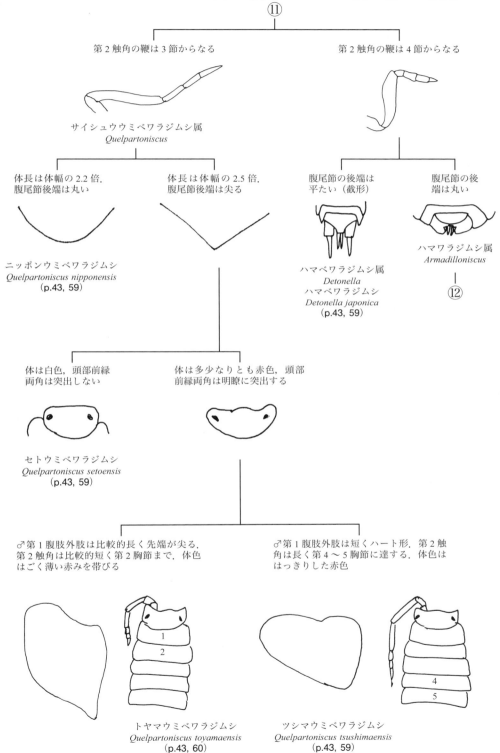

14　ワラジムシ目

ハマワラジムシ属 Armadilloniscus の種への検索

⑫

体表面に多数の球形の突起をもつ

ノトチョウチンワラジムシ
Armadilloniscus notojimensis
(p.44, 60)

体表面に突起がない

体色は赤紫色，♂の生殖突起の先端に凹みはない

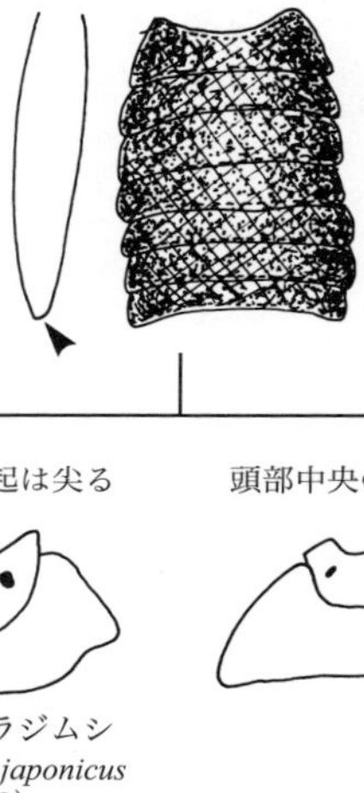

体色は白．♂の生殖突起の先端に小さな凹みがある

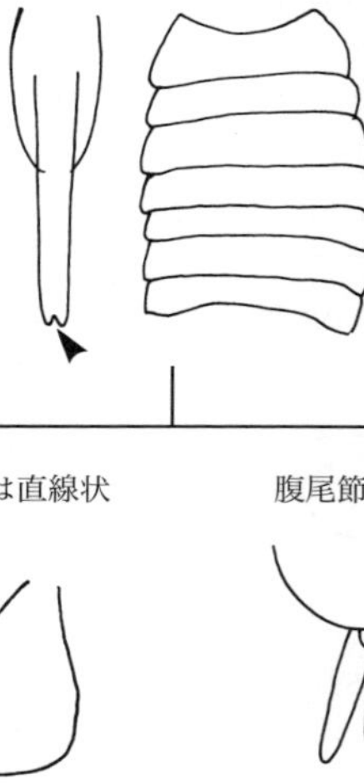

頭部中央の突起は尖る

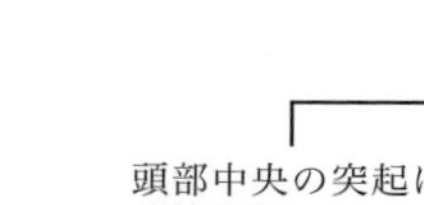

ニホンハマワラジムシ
Armadilloniscus japonicus
(p.43, 60)

頭部中央の突起は平たい

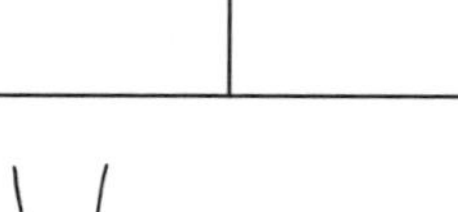

腹尾節後端は直線状

アマクサハマワラジムシ
Armadilloniscus amakusaensis
(p.44, 60)

腹尾節後端は丸い

シロハマワラジムシ
Armadilloniscus albus
(p.44, 60)

頭部中央の突起は比較的細い

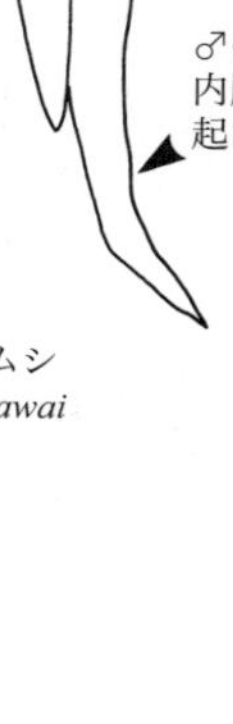

♂の第1腹肢内肢外側に突起はない

ホシカワハマワラジムシ
Armadilloniscus hoshikawai
(p.44, 60)

頭部中央の突起は太い

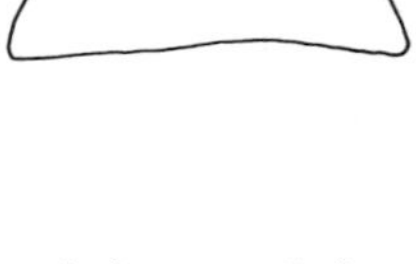

♂の第1腹肢内肢外側に突起がある

ハナビロハマワラジムシ
Armadilloniscus brevinaseus
(p.44, 60)

タマワラジムシ科 Alloniscidae タマワラジムシ属 *Alloniscus* の種への検索

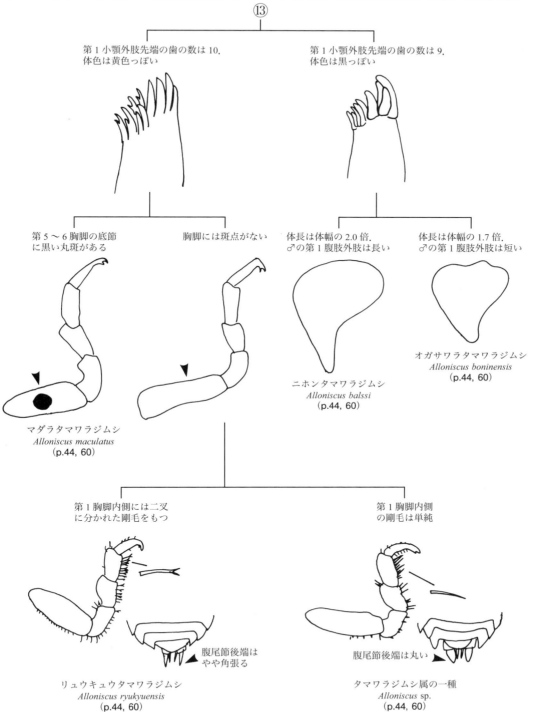

16　ワラジムシ目

ヒメワラジムシ科 Philosciidae の属・種への検索

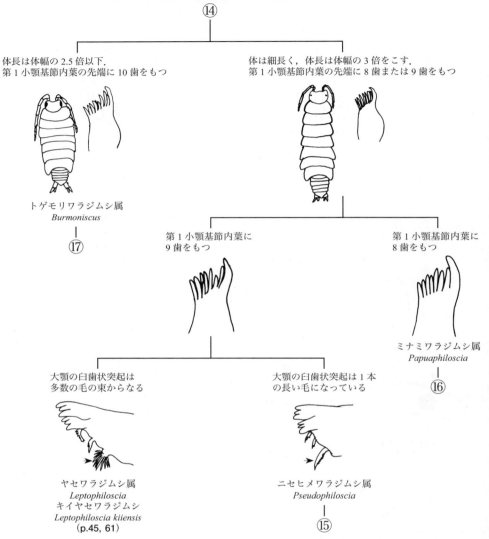

ニセヒメワラジムシ属 *Pseudophiloscia* の種への検索

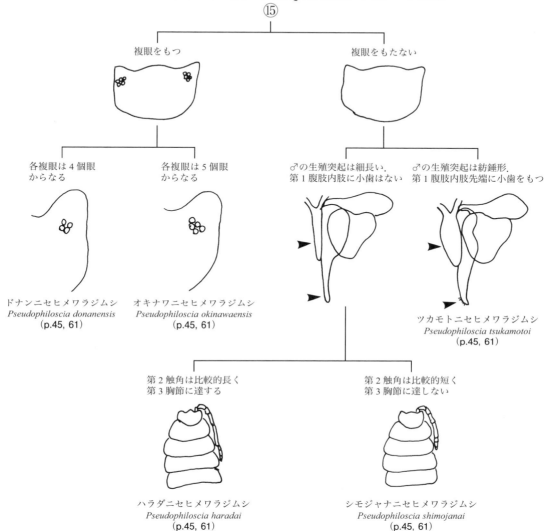

18　ワラジムシ目

ミナミワラジムシ属 *Papuaphiloscia* の種への検索
⑯

複眼をもたない

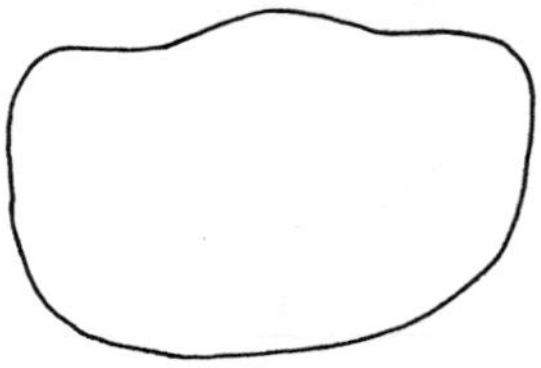

複眼をもつ

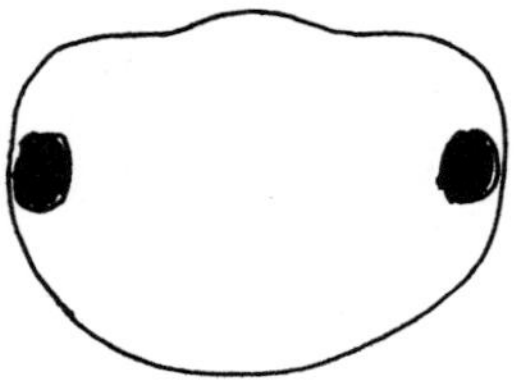

ヤンバルミナミワラジムシ
Papuaphiloscia terukubiensis
（p.45, 61）

頭部前縁は中央と両角が明瞭に
突出する．
体長は体幅の 4 倍に達する

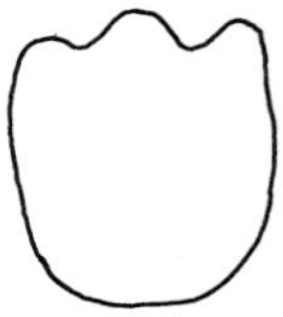

頭部前縁の突出はきわめて弱い．
体長は体幅の 3.5 倍以下

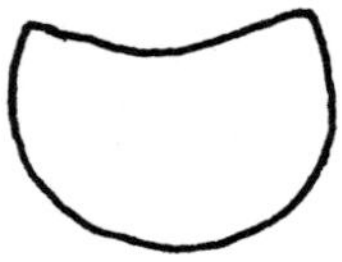

エラブミナミワラジムシ
Papuaphiloscia insulana
（p.45, 61）

♂第 1 腹肢外肢は花弁型

♂第 1 腹肢外肢は半月型

ヤマトミナミワラジムシ
Papuaphiloscia alba
（p.46, 61）

ダイトウミナミワラジムシ
Papuaphiloscia daitoensis
（p.46, 61）

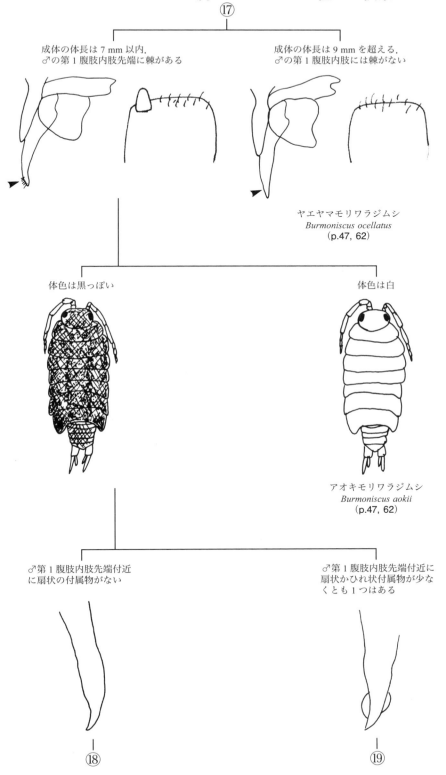

20 ワラジムシ目

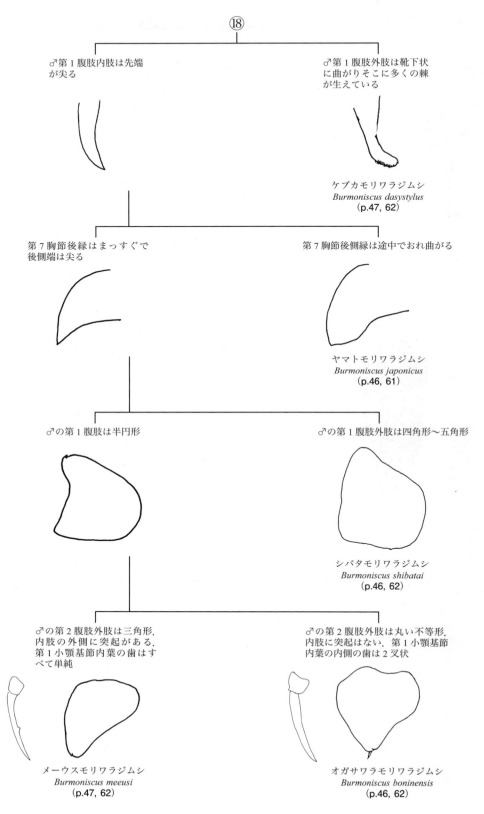

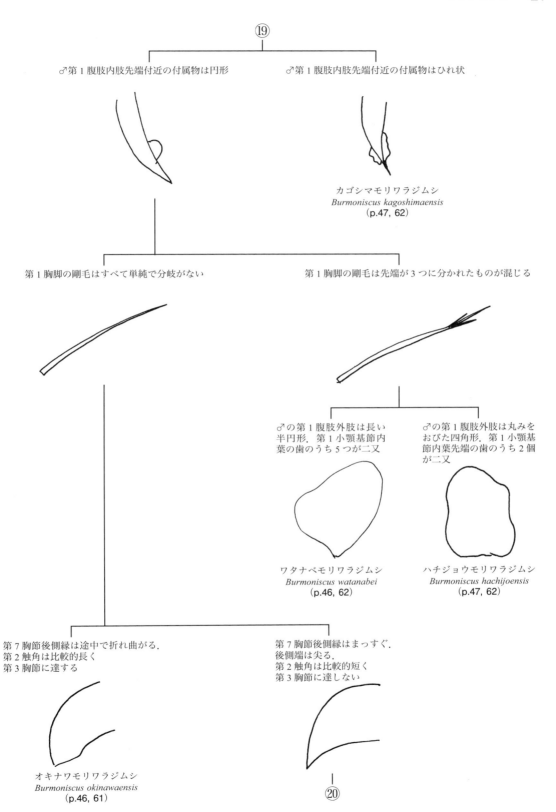

22　ワラジムシ目

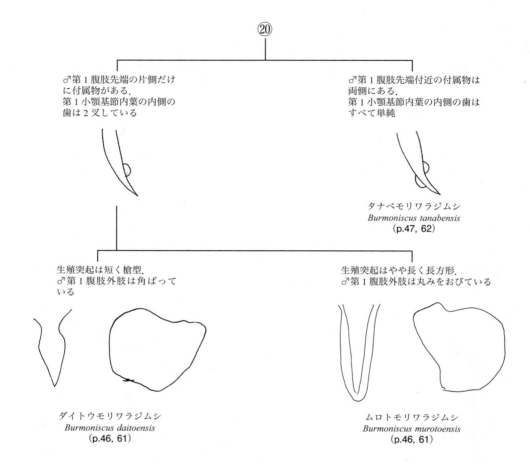

ホンワラジムシ科 Oniscidae オカメワラジムシ属 *Exalloniscus* の種への検索

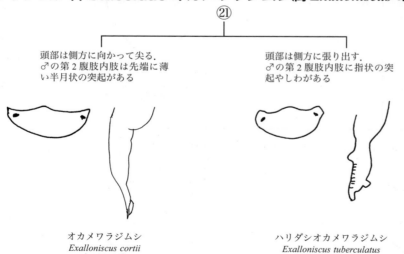

ハクタイワラジムシ科 Trachelipodidae
ミナミハヤシワラジムシ属 *Nagurus* の種への検索

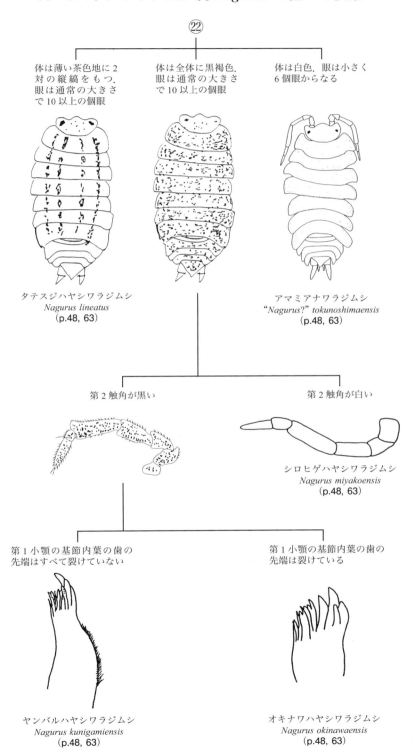

ハヤシワラジムシ科 Agnaridae の属への検索

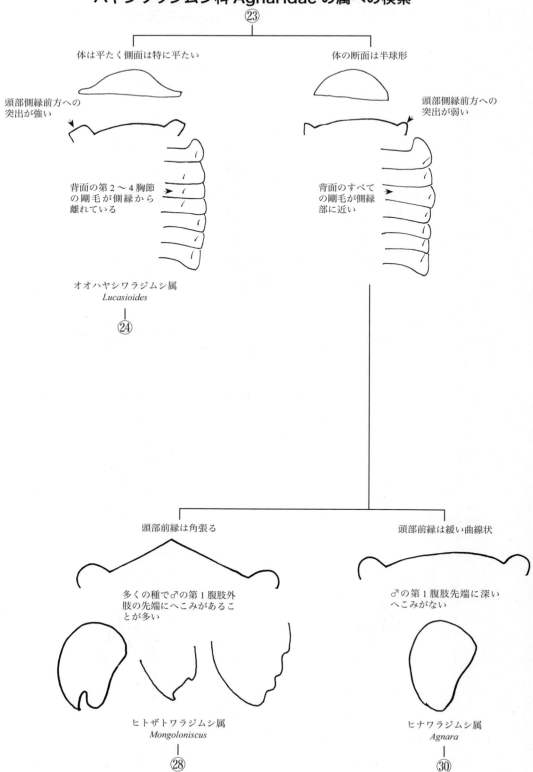

オオハヤシワラジムシ属 Lucasioides の種への検索

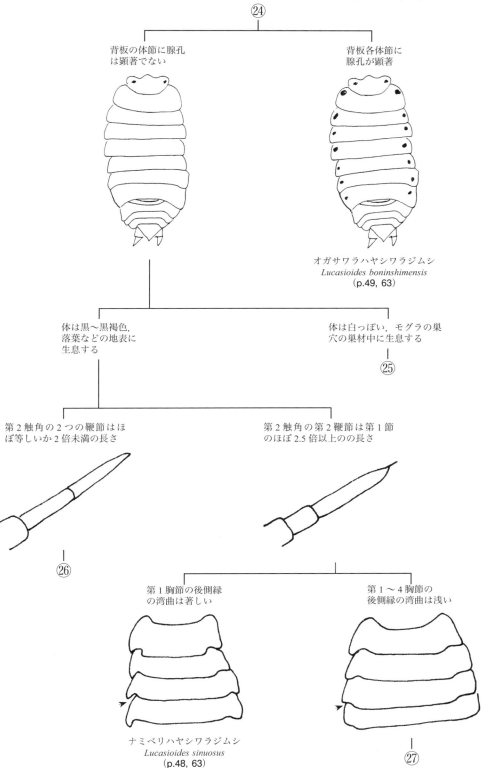

26 ワラジムシ目

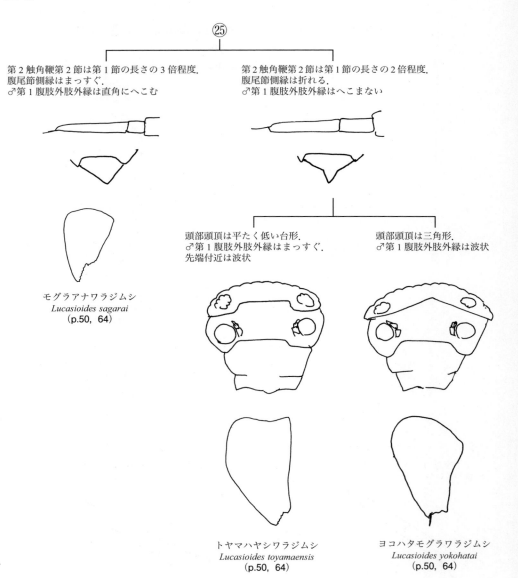

ワラジムシ目 27

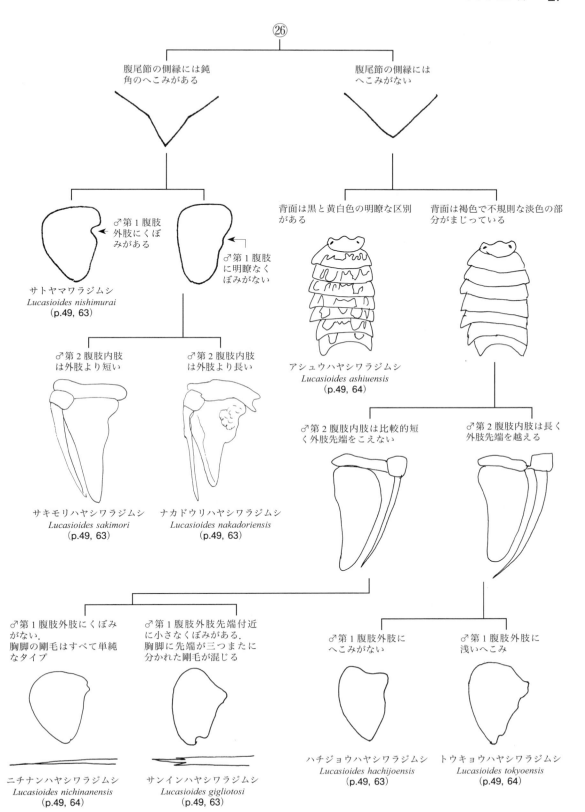

28 ワラジムシ目

㉗

腹尾節の後縁が丸みを帯びる．
♂第7胸脚腕節外縁が丸く盛り上がる．
第1小顎基節内葉の内側の歯は2叉に分岐した形

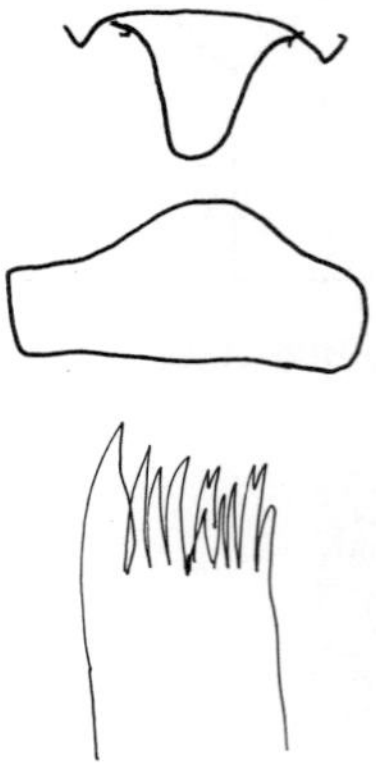

腹尾節の後縁はほぼ直角．
♂第7胸脚腕節外縁は盛り上がらない．
第1小顎基節内葉はすべて単純な歯

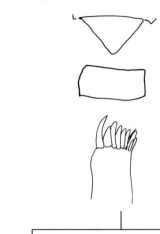

カントウハヤシワラジムシ
Lucasioides kobarii
(p.48, 63)

♂第1腹肢外肢は丸みを帯びて比較的短く長さは幅の1.2倍．
♂第2腹肢外肢の長さは幅の1.2倍程度．
胸部各節1対の濃色の斑点がある

♂第1腹肢外肢は長方形で，長さは幅の1.8倍．
♂第2腹肢外肢は長く，長さは幅の2倍程度．
胸部は褐色で不規則な薄い色の部分がある

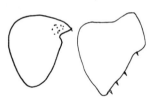

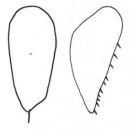

ミナカタハヤシワラジムシ
Lucasioides minakatai
(p.49, 64)

キシュウハヤシワラジムシ
Lucasioides minatoi
(p.49, 63)

ヒトザトワラジムシ属 *Mongoloniscus* の種への検索

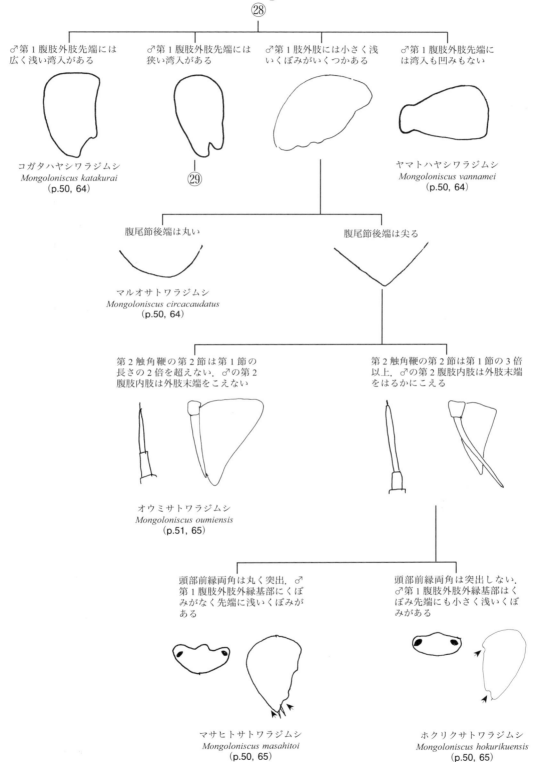

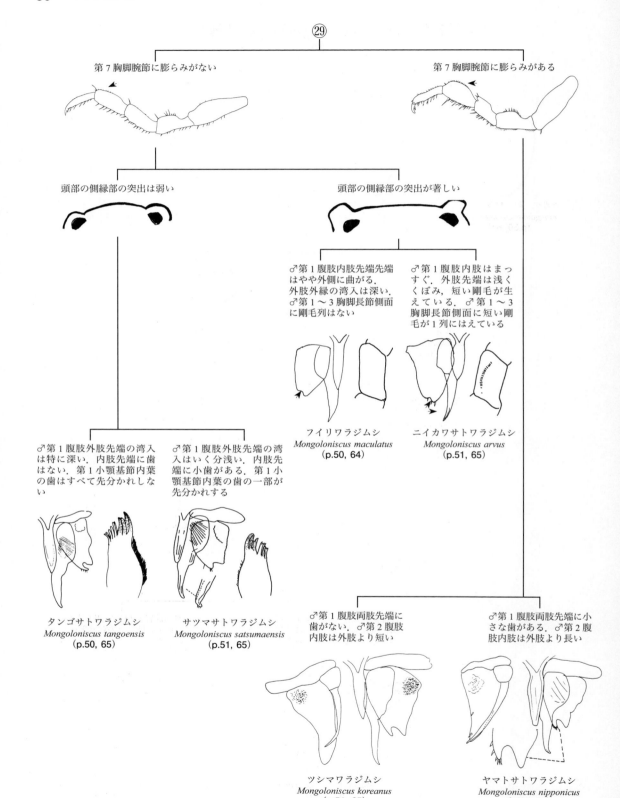

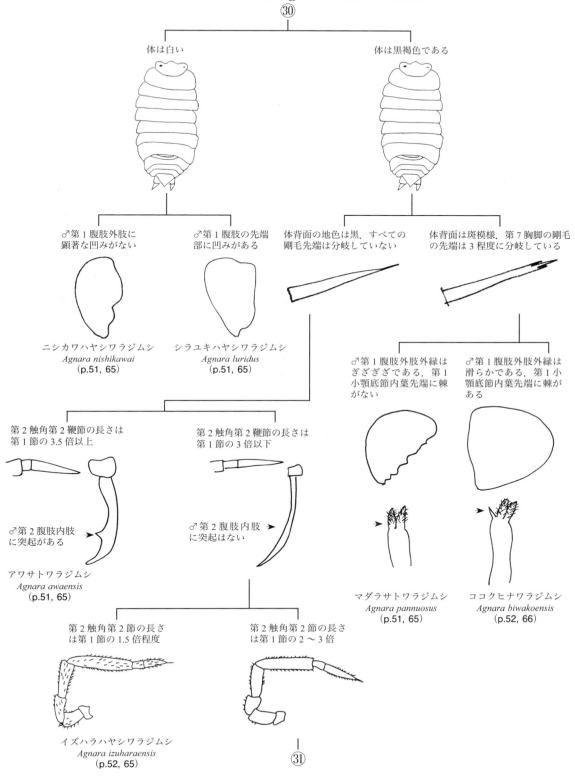

ワラジムシ目

㉛

胸節の各節に1対の濃色の模様．頭部前縁両角はほとんど突出しない

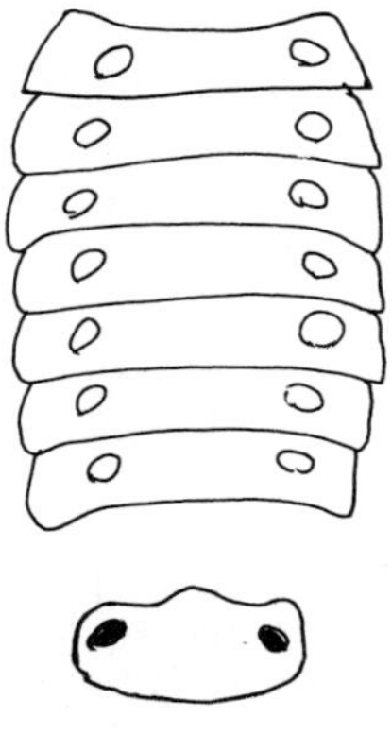

胸節は無地に不規則な薄い部分が存在．頭部前縁両角は明瞭に突出する

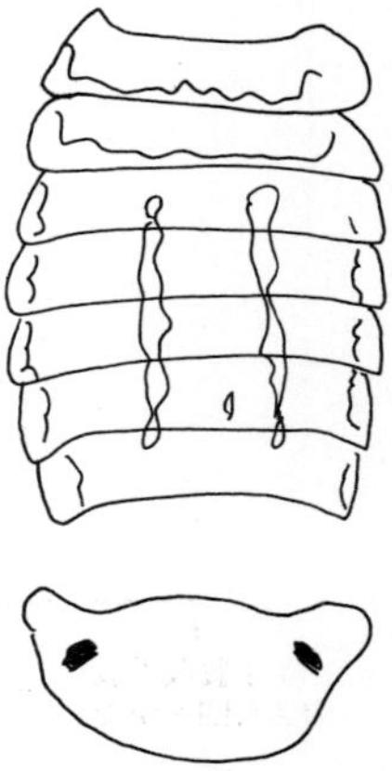

リュウキュウハヤシワラジムシ
Agnara ryukyuensis
(p.52, 66)

♂第1腹肢外肢は半円形．♂第2腹肢内肢は外肢を越えない

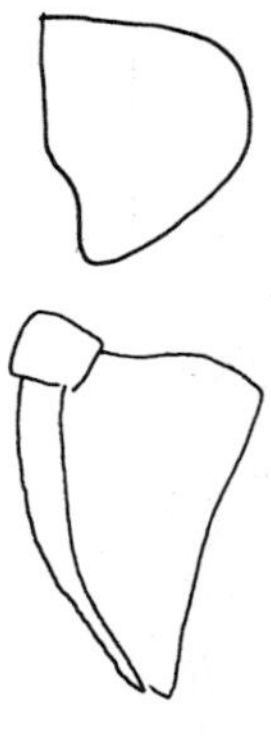

♂第1腹肢外肢は卵形．♂第2腹肢内肢は外肢より長い

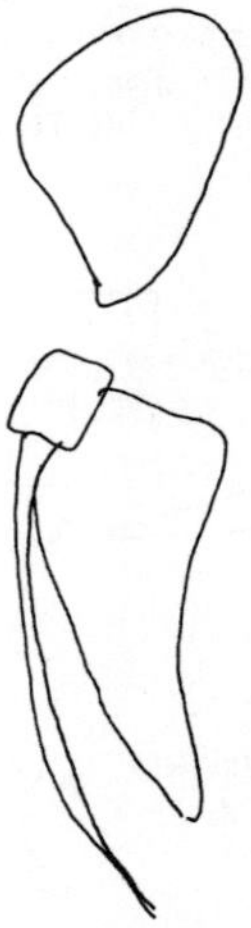

オボロハヤシワラジムシ
Agnara nebulosus
(p.52, 66)

ゴトウハヤシワラジムシ
Agnara gotoensis
(p.51, 65)

ワラジムシ目　33

ワラジムシ科 Porcellionidae の属・種への検索

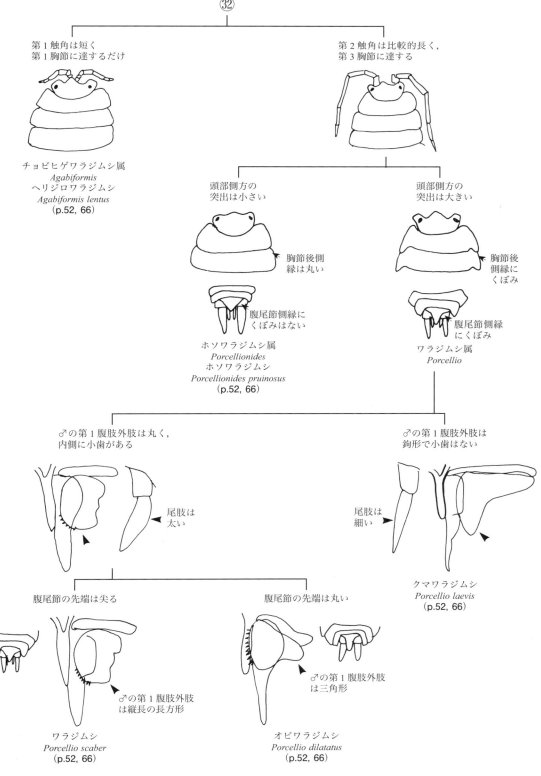

オカダンゴムシ科 Armadillidiidae
オカダンゴムシ属 *Armadillidium* の種への検索

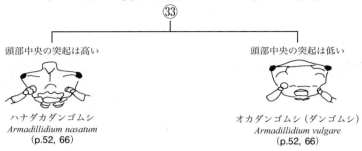

コシビロダンゴムシ科 Armadillidae の属・種への検索

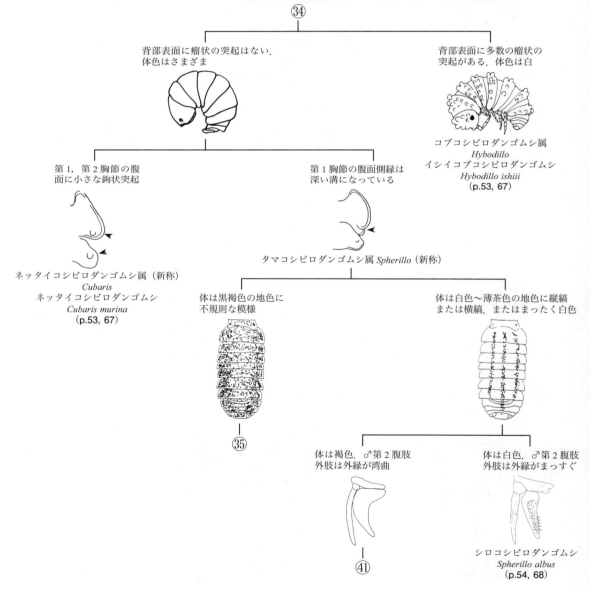

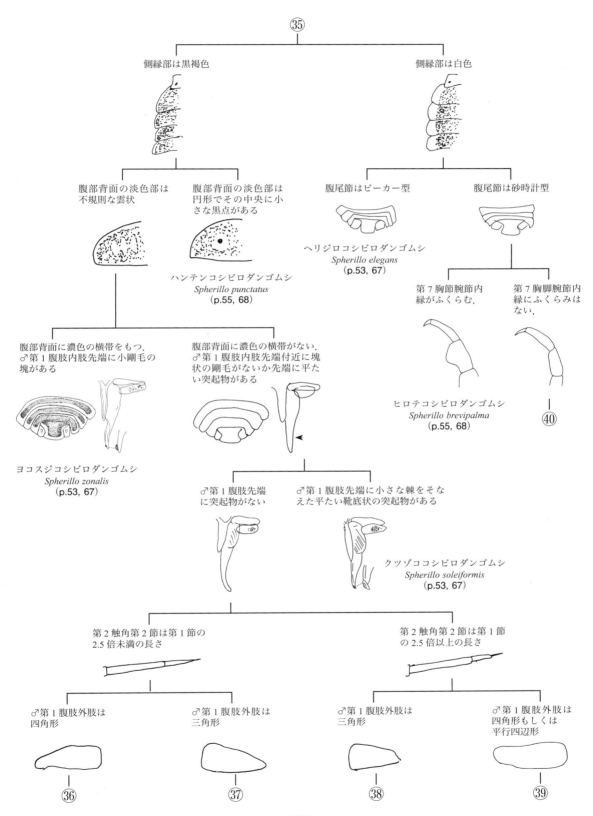

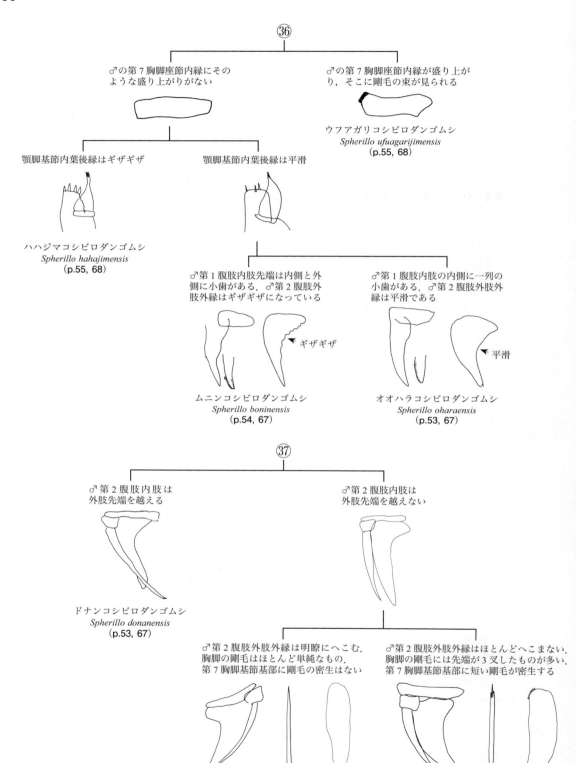

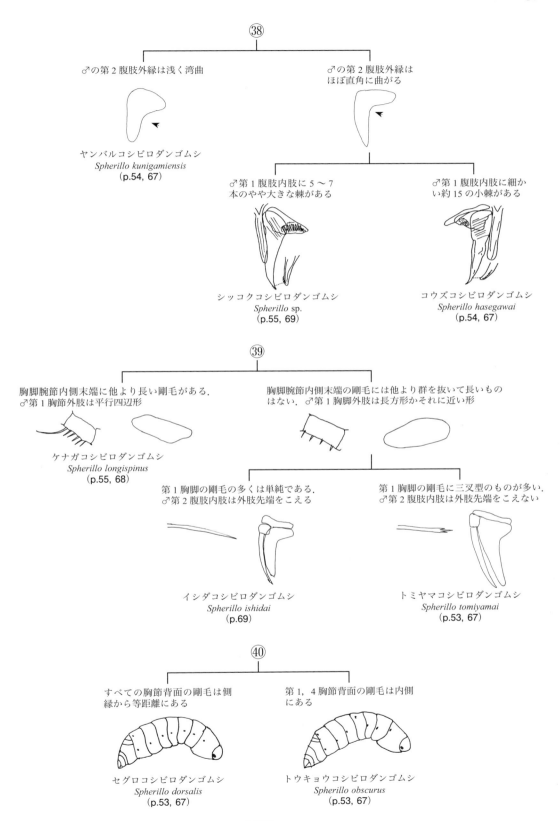

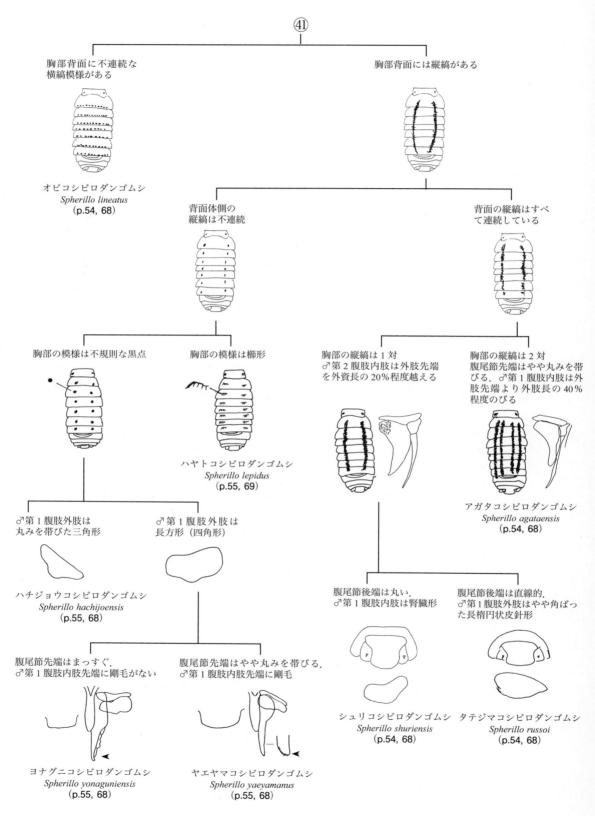

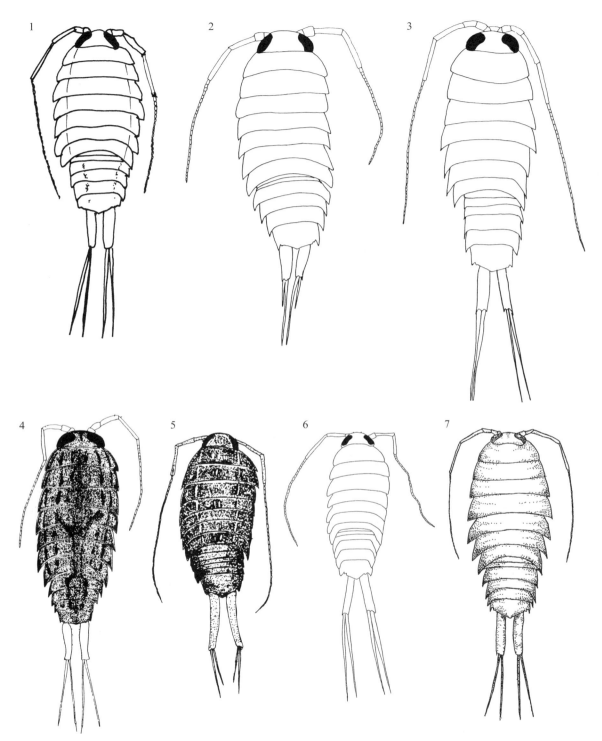

ワラジムシ目 Isopoda 全形図（1）
1：フナムシ *Ligia exotica* Roux, 2：キタフナムシ *Ligia cinerascens* Budde-Lund, 3：リュウキュウフナムシ *Ligia ryukyuensis* Nunomura, 4：オガサワラフナムシ *Ligia boninensis* Nunomura, 5：アシナガフナムシ *Ligia yamanishii* Nunomura, 6：ハチジョウフナムシ *Ligia hachijoensis* Nunomura, 7：シンジコフナムシ *Ligia shinjiensis* Tsuge
（1：布村, 1991；2〜3：Nunomura, 1983；4：Nunomura, 1979；5：Nunomura, 1990；6：Nunomura, 1999；7：Tsuge, 2008）

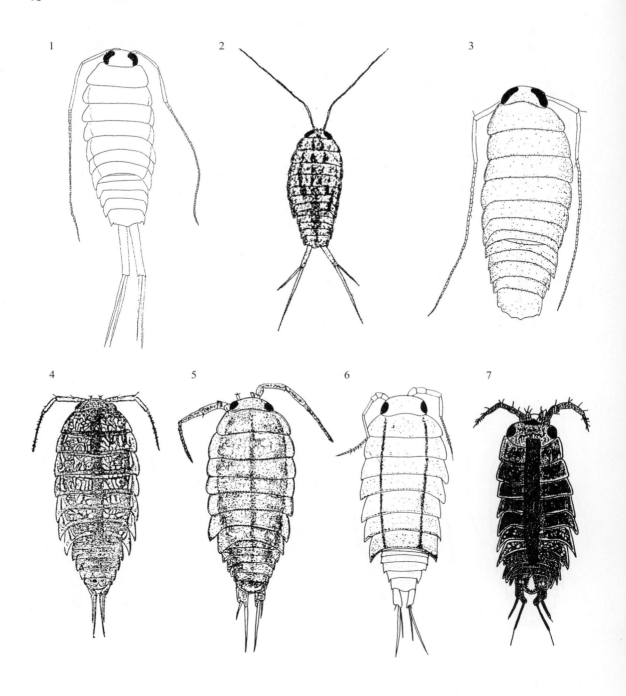

ワラジムシ目 Isopoda 全形図（2）

1：ミヤケフナムシ *Ligia miyakensis* Nunomura，2：ナガレフナムシ *Ligia torrenticola* Nunomura，3：ダイトウフナムシ *Ligia daitoensis* Nunomura，4：ニホンヒメフナムシ *Ligidium* (*Nipponoligidium*) *japonicum* Verhoeff，5：チョウセンヒメフナムシ *Ligidium* (*Nipponoligidium*) *koreanum* Flasarova，6：リュウキュウヒメフナムシ *Ligidium* (*Nipponoligidium*) *ryukyuense* Nunomura，7：ニホンチビヒメフナムシ *Ligidium* (*Ligidium*) *paulum* Nunomura

（1：Nunomura, 1999；2：Nunomuraら，2011；3：Nunomura, 2009；4：岩本，1943；5：布村，1999；6：Nunomura, 1983；7：Nunomura, 1976）

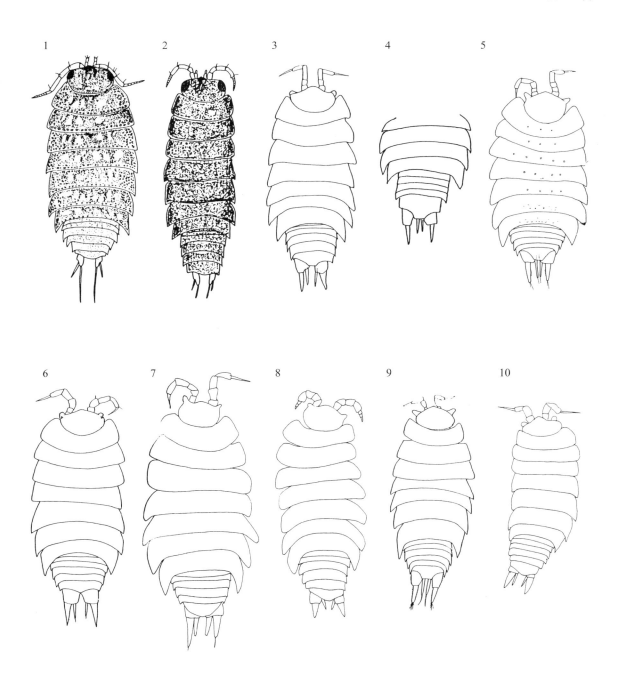

ワラジムシ目 Isopoda 全形図（3）
1：キヨスミチビヒメフナムシ *Ligidium* (*Ligidium*) *kiyosumiense* Nunomura，2：イヨチビヒメフナムシ *Ligidium* (*Ligidium*) *iyoense* Nunomura，3：アワメクラワラジムシ *Nippononethes uenoi* (Vandel)，4：ヒトツトゲホラワラジムシ *Nippononethes unidentatus* (Vandel)，5：ツノホラワラジムシ *Nippononethes cornutus* (Nunomura)，6：クラモトホラワラジムシ *Nippononethes kuramotoi* (Nunomura)，7：ニシカワホラワラジムシ *Nippononethes nishikawai* (Nunomura)，8：キイホラワラジムシ *Nippononethes kiiensis* (Nunomura)，9：ホンドワラジムシ *Hondoniscus kitakamiensis* Vandel，10：モガミワラジムシ *Hondoniscus mogamiensis* Nunomura
(1～6, 9：Nunomura, 1983；7～8, 10：Nunomura, 1990)

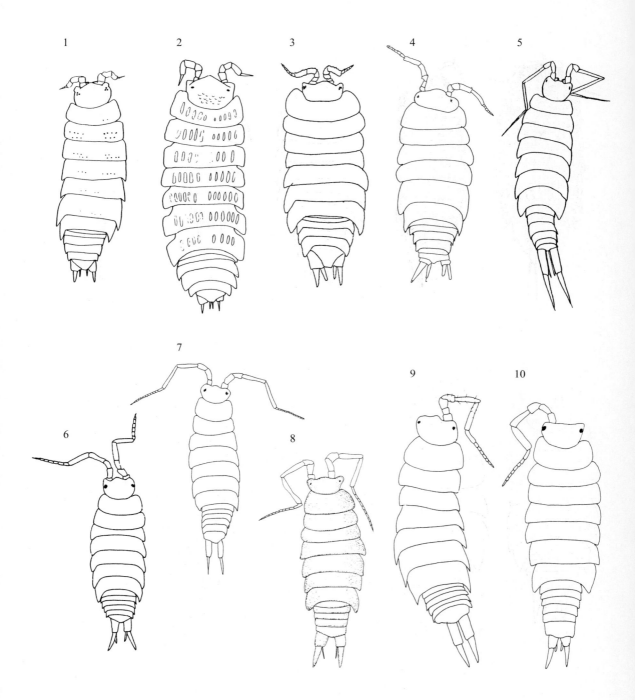

ワラジムシ目 Isopoda 全形図(4)
1:チビワラジムシ属の一種 *Trichoniscus* sp., 2:ナガワラジムシ *Haplophthalmus danicus* Budde-Lund, 3:ヤマトクキワラジムシ *Styloniscus japonicus* Nunomura, 4:カタクラクキワラジムシ *Styloniscus katakurai* Nunomura, 5:ホソヒゲナガワラジムシ *Olibrinus elongatus* Nunomura, 6:トミオカミギワラジムシ *Olibrinus tomiokaensis* (Nunomura), 7:クシモトヒゲナガワラジムシ *Olibrinus kushimotoensis* (Nunomura), 8:クロシオミギワラジムシ *Olibrinus pacificus* (Nunomura), 9:コスゲミギワラジムシ *Olibrinus kosugei* (Nunomura), 10:イリエミギワラジムシ *Olibrinus aestuari* (Nunomura)
(1, 2, 5:Nunomura, 1983;3:Nunomura, 2000b;4:Nunomura, 2007;6:Nunomura, 1986;7, 9〜10:Nunomura, 1992;8:Nunomura, 1990)

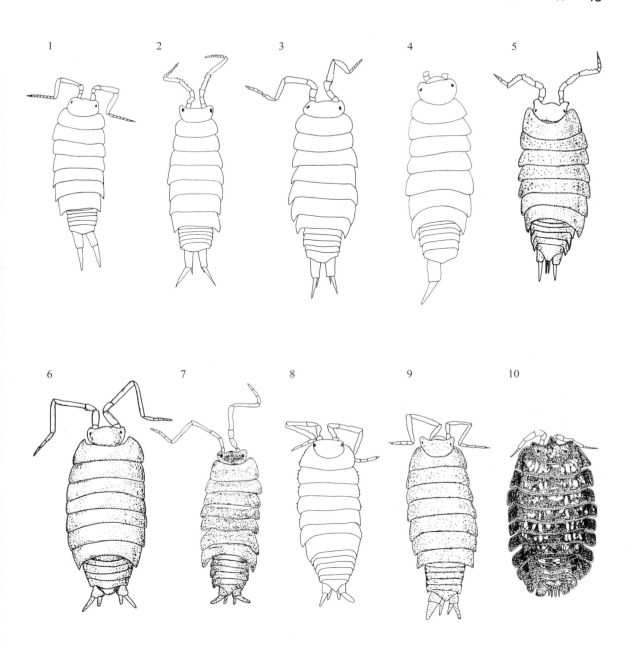

ワラジムシ目 Isopoda 全形図（5）
1：ノムラミギワワラジムシ *Olibrinus nomurai* (Nunomura), 2：ハチジョウミギワワラジムシ *Olibrinus hachijoensis* (Nunomura), 3：ミヤケミギワワラジムシ *Olibrinus miyakensis* (Nunomura), 4：ミギワワラジムシ属の一種 *Olibrinus* sp., 5：ハマベワラジムシ *Detonella japonica* Nunomura, 6：ニッポンウミベワラジムシ *Quelpartoniscus nipponensis* (Nunomura), 7：ツシマウミベワラジムシ *Quelpartoniscus tsushimaensis* (Nunomura), 8：セトウミベワラジムシ *Quelpartoniscus setoensis* Nunomura, 9：トヤマウミベワラジムシ *Quelpartoniscus toyamaensis* Nunomura, 10：ニホンハマワラジムシ *Armadilloniscus japonicus* Nunomura
（1：Nunomura, 1992；2〜3：Nunomura, 1999；4, 6：Nunomura, 1986；5, 10：Nunomura, 1984；7：Nunomura, 1990；8：Nunomura, 2003c；9：Nunomura, 2005）

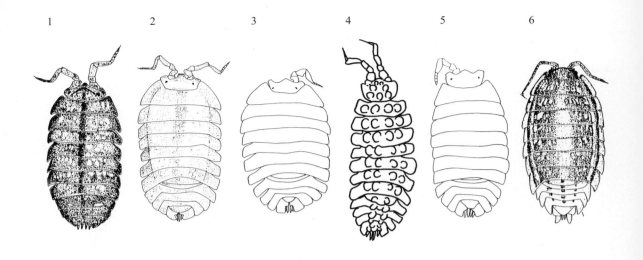

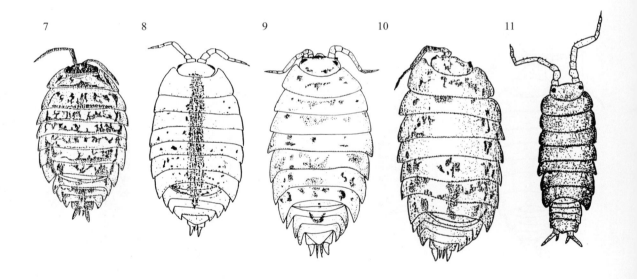

ワラジムシ目 Isopoda 全形図（6）

1：ホシカワハマワラジムシ *Armadilloniscus hoshikawai* Nunomura, 2：ハナビロハマワラジムシ *Armadilloniscus brevinaseus* Nunomura, 3：シロハマワラジムシ *Armadilloniscus albus* Nunomura, 4：ノトチョウチンワラジムシ *Armadilloniscus notojimensis* (Nunomura), 5：アマクサハマワラジムシ *Armadilloniscus amakusaensis* Nunomura, 6：ニホンタマワラジムシ *Alloniscus balssi* (Verhoeff), 7：オガサワラタマワラジムシ *Alloniscus boninensis* Nunomura, 8：リュウキュウタマワラジムシ *Alloniscus ryukyuensis* Nunomura, 9：マダラタマワラジムシ *Alloniscus maculatus* Nunomura, 10：タマワラジムシ属の一種 *Alloniscus* sp., 11：ニッポンヒイロワラジムシ *Littorophiloscia nipponensis* Nunomura

(1, 2, 3, 5〜10：Nunomura, 1984；4：Nunomura, 1990；11：Nunomura, 1986)

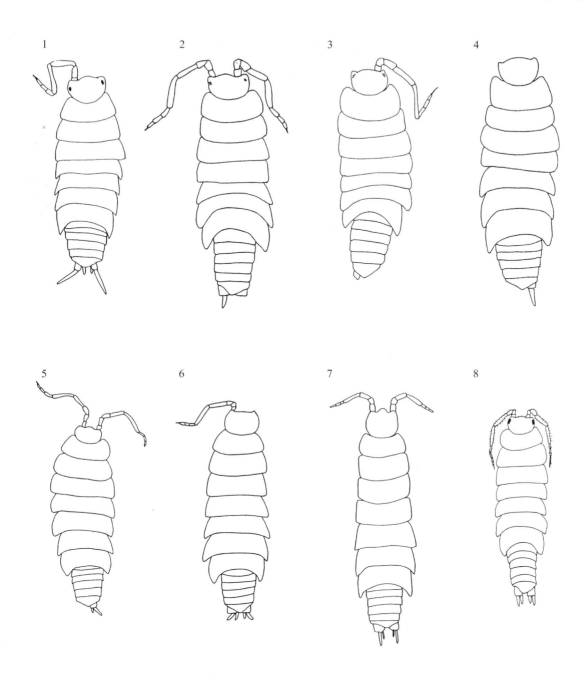

ワラジムシ目 Isopoda 全形図（7）
1：キイヤセワラジムシ *Leptophiloscia kiiensis* Nunomura, 2：ドナンニセヒメワラジムシ *Pseudophiloscia donanensis* Nunomura, 3：オキナワニセヒメワラジムシ *Pseudophiloscia okinawaensis* Nunomura, 4：シモジャナニセヒメワラジムシ *Pseudophiloscia shimojanai* Nunomura, 5：ハラダニセヒメワラジムシ *Pseudophiloscia haradai* Nunomura, 6：ツカモトニセヒメワラジムシ *Pseudophiloscia tsukamotoi* Nunomura, 7：エラブミナミワラジムシ *Papuaphiloscia insulana* Vandel, 8：ヤンバルミナミワラジムシ *Papuaphiloscia terukubiensis* Nunomura
（1〜7：Nunomura, 1986；8：Nunomura, 1992）

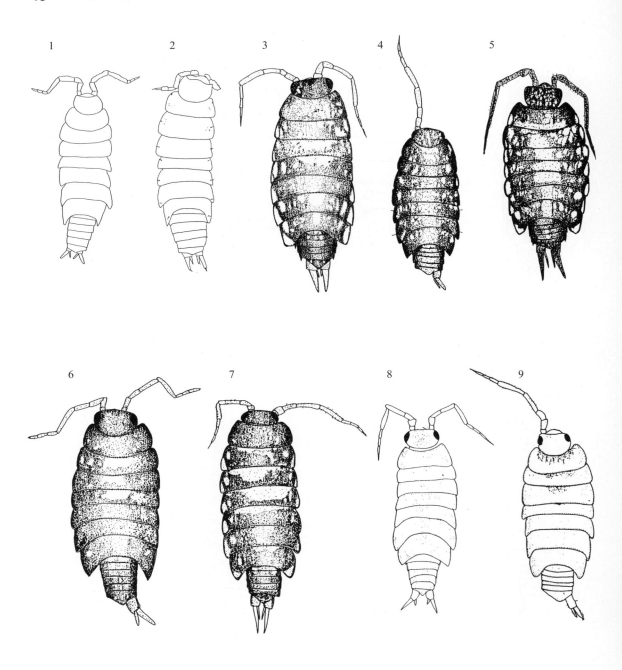

ワラジムシ目 Isopoda 全形図（8）

1：ダイトウミナミワラジムシ *Papuaphiloscia daitoensis* Nunomura，2：ヤマトミナミワラジムシ *Papuaphiloscia alba* Nunomura，3：ヤマトモリワラジムシ *Burmoniscus japonicus* (Nunomura)，4：ムロトモリワラジムシ *Burmoniscus murotoensis* (Nunomura)，5：オキナワモリワラジムシ *Burmoniscus okinawaensis* (Nunomura)，6：ダイトウモリワラジムシ *Burmoniscus daitoensis* (Nunomura)，7：オガサワラモリワラジムシ *Burmoniscus boninensis* (Nunomura)，8：ワタナベモリワラジムシ *Burmoniscus watanabei* (Nunomura)，9：シバタモリワラジムシ *Burmoniscus shibatai* (Nunomura)
（1：Nunomura, 2003a；2：Nunomura, 2000b；3〜9：Nunomura；1986）

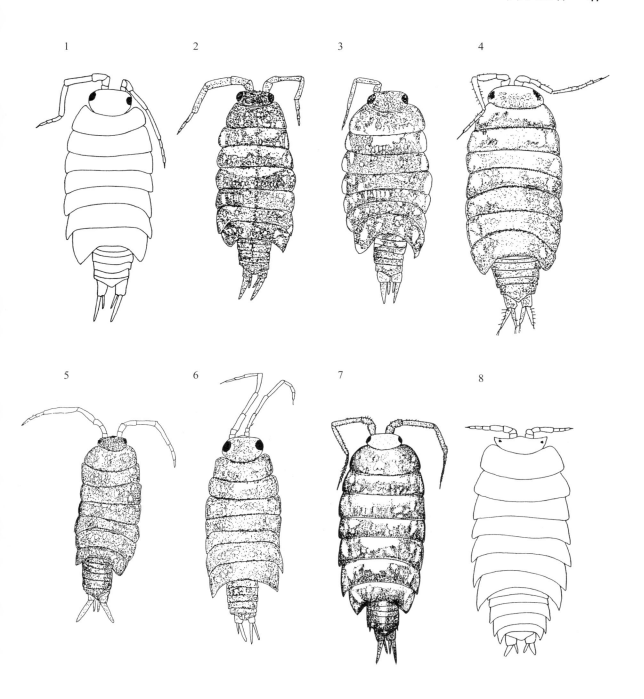

ワラジムシ目 Isopoda 全形図（9）
1：アオキモリワラジムシ *Burmoniscus aokii* (Nunomura)，2：ケブカモリワラジムシ *Burmoniscus dasystylus* Nunomura，3：カゴシマモリワラジムシ *Burmoniscus kagoshimaensis* Nunomura，4：タナベモリワラジムシ *Burmoniscus tanabensis* Nunomura，5：メーウスモリワラジムシ *Burmoniscus meeusi* (Holthuis)，6：ハチジョウモリワラジムシ *Burmoniscus hachijoensis* Nunomura，7：ヤエヤマモリワラジムシ *Burmoniscus ocellatus* (Verhoeff)，8：オカメワラジムシ *Exalloniscus cortii* Arcangeli
(1, 7〜8：Nunomura, 1986；2：Nunomura, 2003c；3：Nunomura, 2003d；4：Nunomura, 2003c；5：Nunomura, 2009；6：Nunomura, 2007)

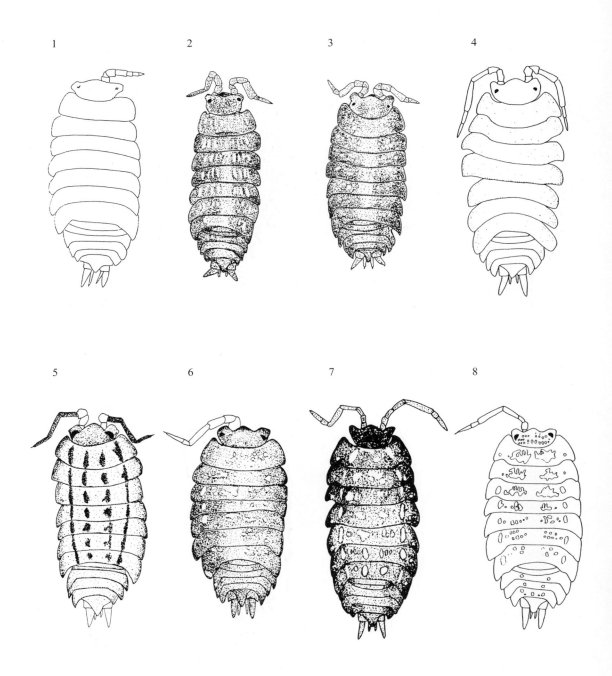

ワラジムシ目 Isopoda 全形図（10）
1：ハリダシオカメワラジムシ *Exalloniscus tuberculatus* Nunomura，2：ヤンバルハヤシワラジムシ *Nagurus kunigamiensis* Nunomura，3：オキナワハヤシワラジムシ *Nagurus okinawaensis* Nunomura，4：アマミアナワラジムシ *"Nagurus?" tokunoshimaensis* Nunomura，5：タテスジハヤシワラジムシ *Nagurus lineatus* (Nunomura)，6：シロヒゲハヤシワラジムシ *Nagurus miyakoensis* (Nunomura)，7：ナミベリハヤシワラジムシ *Lucasioides sinuosus* (Nunomura)，8：カントウハヤシワラジムシ *Lucasioides kobarii* (Nunomura)
（1：Nunomura, 2000a；2〜3：Nunomura, 1992；4〜8：Nunomura, 1987）

ワラジムシ目　49

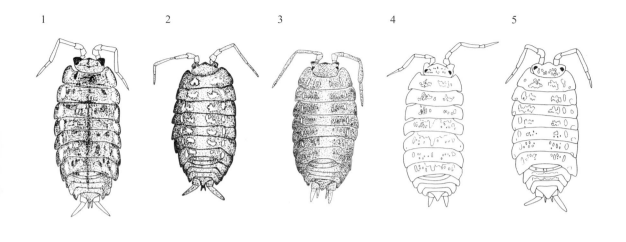

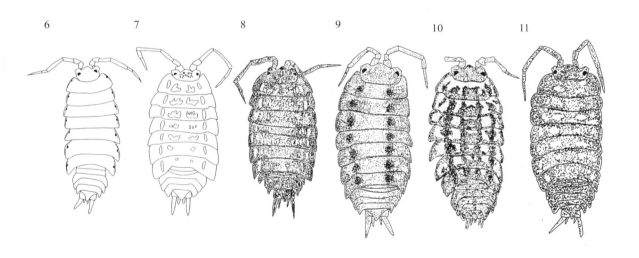

ワラジムシ目 Isopoda 全形図（11）
1：サトヤマワラジムシ *Lucasioides nishimurai* (Nunomura), 2：サキモリハヤシワラジムシ *Lucasioides sakimori* (Nunomura), 3：ナカドウリハヤシワラジムシ *Lucasioides nakadoriensis* (Nunomura), 4：キシュウハヤシワラジムシ *Lucasioides minatoi* (Nunomura), 5：サンインハヤシワラジムシ *Lucasioides gigliotosi* (Arcangeli), 6：オガサワラハヤシワラジムシ *Lucasioides boninshimensis* (Nunomura), 7：ハチジョウハヤシワラジムシ *Lucasioides hachijoensis* (Nunomura), 8：トウキョウハヤシワラジムシ *Lucasioides tokyoensis* Nunomura, 9：ミナカタハヤシワラジムシ *Lucasioides minakatai* Nunomura, 10：アシュウハヤシワラジムシ *Lucasioides ashiuensis* Nunomura. 11：ニチナンハヤシワラジムシ *Lucasioides nichinanensis* Nunomura
（1〜2，4〜7：Nunomura, 1987；3：Nunomura, 1991；8：Nunomura, 2000b；9：Nunomura, 2003c；10：Nunomura, 2010c；11：Nunomura, 2003d）

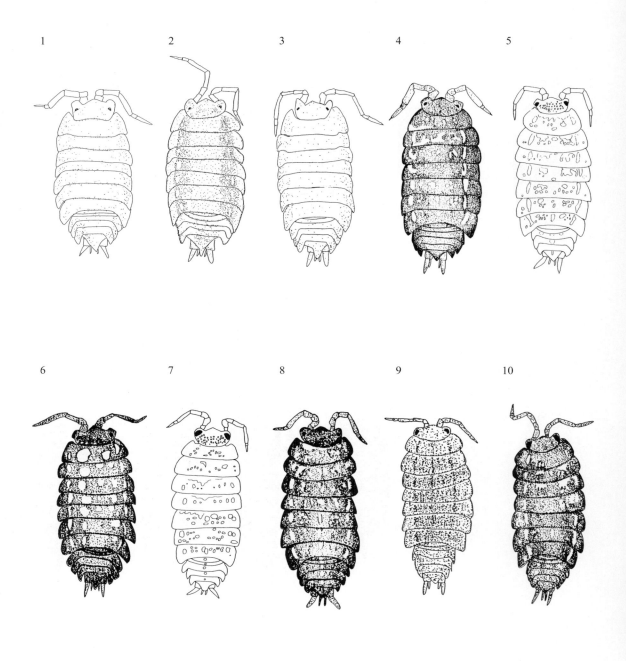

ワラジムシ目 Isopoda 全形図（12）
1：モグラアナワラジムシ *Lucasioides sagarai* Nunomura，2：トヤマハヤシワラジムシ *Lucasioides toyamaensis* Nunomura，3：ヨコハタモグラワラジムシ *Lucasioides yokohatai* Nunomura，4：コガタハヤシワラジムシ *Mongoloniscus katakurai* (Nunomura)，5：フイリワラジムシ *Mongoloniscus maculatus* (Iwamoto)，6：ヤマトハヤシワラジムシ *Mongoloniscus vannamei* (Arcangeli)，7：マルオサトワラジムシ *Mongoloniscus circacaudatus* (Nunomura)，8：マサヒトサトワラジムシ *Mongoloniscus masahitoi* (Nunomura)，9：ホクリクサトワラジムシ *Mongoloniscus hokurikuensis* (Nunomura) 10：タンゴサトワラジムシ *Mongoloniscus tangoensis* (Nunomura)
（1〜2：Nunomura, 2008；3：Nunomura, 2010b；4〜8, 10：Nunomura, 1987；9：布村，1991）

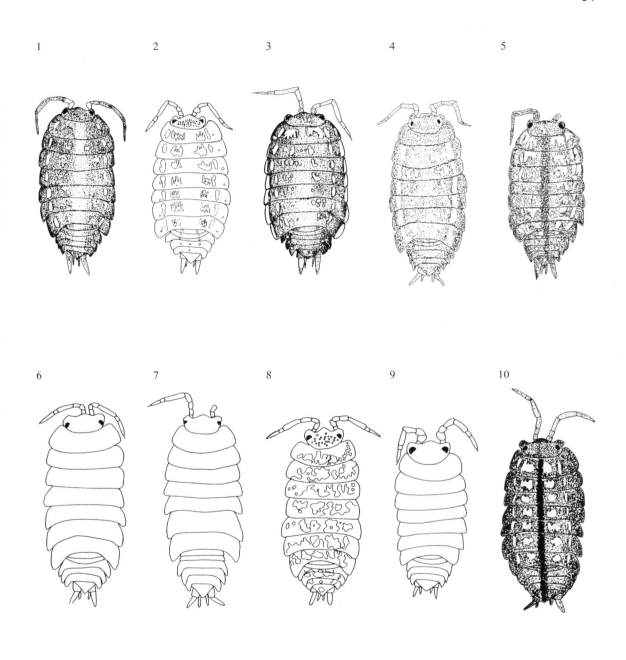

ワラジムシ目 Isopoda 全形図（13）
1：サツマサトワラジムシ Mongoloniscus satsumaensis (Nunomura)，2：ツシマワラジムシ Mongoloniscus koreanus Verhoeff，3：ヤマトサトワラジムシ Mongoloniscus nipponicus (Arcangeli)，4：ニイカワサトワラジムシ Mongoloniscus arvus Nunomura，5：オウミサトワラジムシ Mongoloniscus oumiensis Nunomura，6：ニシカワハヤシワラジムシ Agnara nishikawai (Nunomura)，7：シラユキハヤシワラジムシ Agnara luridus (Nunomura)，8：マダラサトワラジムシ Agnara pannuosus (Nunomura)，9：アワサトワラジムシ Agnara awaensis (Nunomura)，10：ゴトウハヤシワラジムシ Agnara gotoensis (Nunomura)
（1〜3，6〜9：Nunomura, 1987；4：Nunomura, 2010a；5：Nunomura, 2010d；10：Nunomura, 1991）

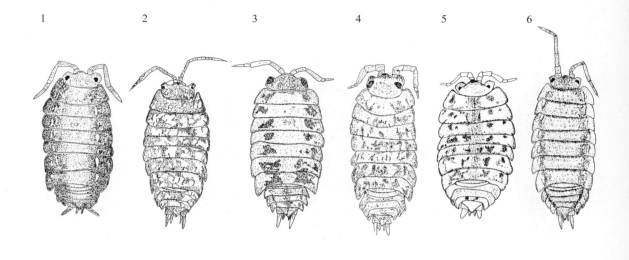

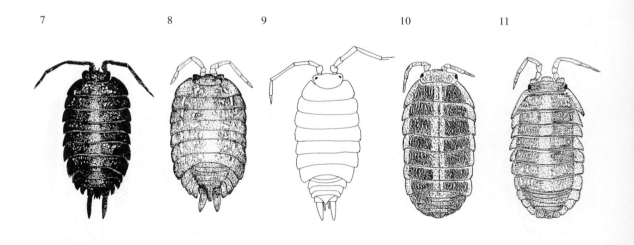

ワラジムシ目 Isopoda 全形図（14）
1：イズハラハヤシワラジムシ *Agnara izuharaensis* (Nunomura)，2：オボロハヤシワラジムシ *Agnara nebulosus* (Nunomura)，3：リュウキュウハヤシワラジムシ *Agnara ryukyuensis* Nunomura，4：ココクヒナワラジムシ *Agnara biwakoensis* Nunomura，5：ヘリジロワラジムシ *Agabiformis lentus* (Budde-Lund)，6：ワラジムシ *Porcellio scaber* Latreille，7：クマワラジムシ *Porcellio laevis* Latreille，8：オビワラジムシ *Porcellio dilatatus* Brandt，9：ホソワラジムシ *Porcellionides pruinosus* (Brandt)，10：オカダンゴムシ *Armadillidium vulgare* (Latreille)，11：ハナダカダンゴムシ *Armadillidium nasatum* Budde-Lund
（1：Nunomura, 1991；2：Nunomura, 2000b；3：Nunomura, 2003b；4：Nunomura, 2010d；5〜9：Nunomura, 1987；10〜11：Nunomura, 1990）

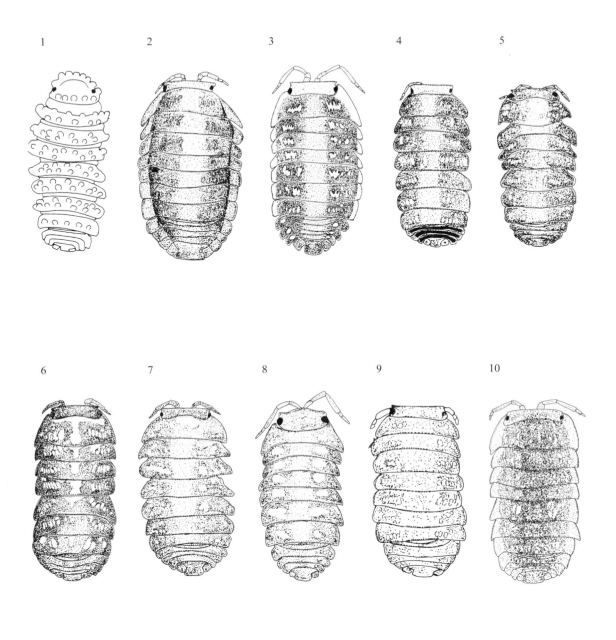

ワラジムシ目 Isopoda 全形図（15）
1：イシイコブコシビロダンゴムシ *Hybodillo ishiii* Nunomura，2：ネッタイコシビロダンゴムシ *Cubaris murina* (Brandt)，3：ヘリジロコシビロダンゴムシ *Spherillo elegans* (Nunomura)，4：ヨコスジコシビロダンゴムシ *Spherillo zonalis* (Nunomura)，5：クツゾココシビロダンゴムシ *Spherillo soleiformis* (Nunomura)，6：トミヤマコシビロダンゴムシ *Spherillo tomiyamai* (Nunomura)，7：ドナンコシビロダンゴムシ *Spherillo donanensis* (Nunomura)，8：オオハラコシビロダンゴムシ *Spherillo oharaensis* (Nunomura)，9：トウキョウコシビロダンゴムシ *Spherillo obscurus* (Budde-Lund)，10：セグロコシビロダンゴムシ *Spherillo dorsalis* (Iwamoto)
（1～3：Nunomura, 1990；4～6：Nunomura, 1991；7～9：Nunomura, 1992；10：布村原図）

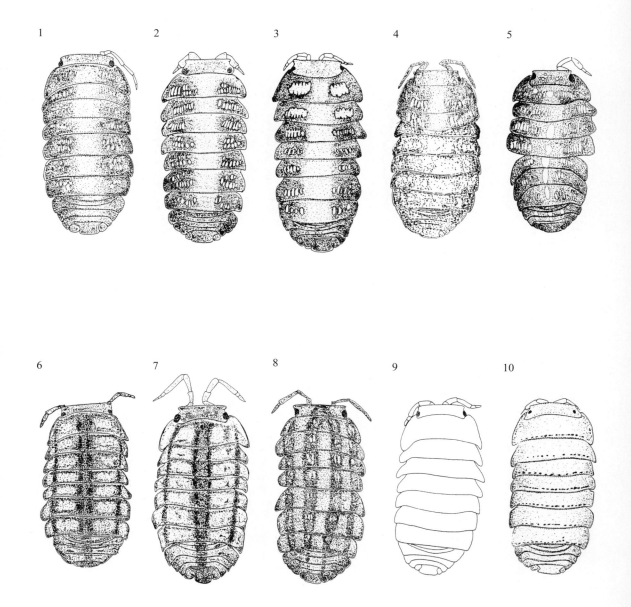

ワラジムシ目 Isopoda 全形図（16）
1：ヒウラコシビロダンゴムシ Spherillo hiurai (Nunomura)，2：ムニンコシビロダンゴムシ Spherillo boninensis (Nunomura)，3：ダイトウコシビロダンゴムシ Spherillo daitoensis (Nunomura)，4：ヤンバルコシビロダンゴムシ Spherillo kunigamiensis (Nunomura)，5：コウズコシビロダンゴムシ Spherillo hasegawai (Nunomura)，6：タテジマコシビロダンゴムシ Spherillo russoi (Arcangeli)，7：シュリコシビロダンゴムシ Spherillo shuriensis (Nunomura)，8：アガタコシビロダンゴムシ Spherillo agataensis (Nunomura)，9：シロコシビロダンゴムシ Spherillo albus (Nunomura)，10：オビコシビロダンゴムシ Spherillo lineatus (Nunomura)
(1, 5, 8：Nunomura, 1991；2〜3, 6〜7, 9〜10：Nunomura, 1990；4：布村，1999b)

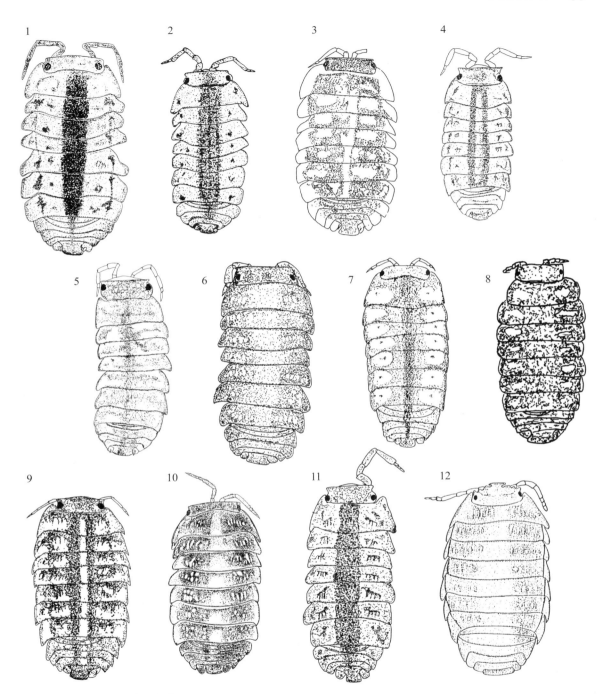

ワラジムシ目 Isopoda 全形図（17）
1：ヨナグニコシビロダンゴムシ *Spherillo yonaguniensis* (Nunomura)，2：ヤエヤマコシビロダンゴムシ *Spherillo yaeyamanus* (Nunomura)，3：ヒロテコシビロダンゴムシ *Spherillo brevipalma* Nunomura，4：ハチジョウコシビロダンゴムシ *Spherillo hachijoensis* Nunomura，5：ハハジマコシビロダンゴムシ *Spherillo hahajimensis* Nunomura，6：ケナガコシビロダンゴムシ *Spherillo longispinus* (Nunomura)，7：ハンテンコシビロダンゴムシ *Spherillo punctatus* Nunomura，8：ウフアガリコシビロダンゴムシ *Spherillo ufuagarijimensis* Nunomura，9：イシダコシビロダンゴムシ *Spherillo ishidai* Nunomura，10：シッコクコシビロダンゴムシ *Spherillo* sp.，11：ハヤトコシビロダンゴムシ *Spherillo lepidus* (Nunomura)，12：ハマダンゴムシ *Tylos granuliferus* Budde-Lund
（1〜2, 10〜12：Nunomura, 1990；3：Nunomura, 2003b；4：Nunomura, 2007；5：Nunomura ら, 2008；6：Nunomura, 2003c；7：Nunomura, 2007；8：Nunomura, 2009；9：Nunomura, 2011）

ワラジムシ目（等脚目）Isopoda

　ワラジムシ目（等脚目）Isopoda の分類体系は近年大きく変わり，5つの亜目に再編されたが陸生はすべてワラジムシ亜目 Oniscidea に入れられている．本亜目はフナムシ下目 Ligiomorpha（フナムシ科 Ligiidae）とシンセイワラジムシ下目 Holovertica に分けられ，前者はフナムシ科だけであり，その他はすべて後者に入れられている．後者はさらにハマダンゴムシ群 Tylida（ハマダンゴムシ科 Tylidae のみ），原始陰茎群（新称）Microcheta（日本には報告されていない）有節陰茎群（新称）Synocheta（日本に分布するのはナガワラジムシ科 Trichoroniscidae とクキワラジムシ科 Stylonisdae の2科），無節陰茎群（新称）Crinocheta（日本産の残りの科の全てを含む）の4群に分けられる．なお，コシビロダンゴムシ科ではほかに Nesodillo shcellenbergi Verhoeff, Riudillo takakuwai Verhoeff, Spherillo insularum (Verhoeff), Spherillo nipponicus Arcangeli, Spherillo nobilis (Budde-Lund) が，ハヤシワラジムシ科には Lucasioides mazzarellii (Arcangeli), Koreoniscus racovitai 等が報告されているが，重要形質や全体の図や記載がなかったり，筆者が確認できていなかったりするので解説や検索表から省いた．

　成体の体長は2mmから2cmまでのものが多い．体は楕円形のものが多く，体を丸くすることのできるものもかなり多い．体は頭部，胸部，腹部，尾部からなる．頭部には2対の触角があるが，ワラジムシ亜目では第1触角が著しく退化しているので，触角は第2触角だけが顕著で，一見，1対だけのように見える．1対の複眼があるが，各個眼は1〜700個からなり，まったく欠如しているものもある．胸部は本来8節からなるが，第1節は頭部と融合し，残りの7節が自由体節となる．胸脚も本来8対あるが，第1胸脚は顎脚となって大顎，第1小顎，第2小顎とともに口器となっているので，残りの7対の胸脚が歩行用の脚になっている．♀は胸部腹面に覆卵葉からなる育房を形成し，そこに産卵する．受精卵はそこで孵化し，親と似るも歩脚が6対だけの幼虫（マンカ）で育房を去る．♂は最終胸節腹面に生殖突起（陰茎）をもつ．

　腹部は本来，6節からなるが，最終節が尾節と融合して腹尾節を形成する．したがって5節が自由体節となる．腹肢は5対で，進んだグループでは白体（偽気管）を形成し呼吸器となっている．♂では第2腹肢内肢が交尾器となっていて，第1腹肢内肢が交尾補助器となっているものが多い．尾肢は1対である．

　わが国のワラジムシ相は，日本在来の種類に加え，世界共通種もしくは広域分布種が増加している．また，生息環境とワラジムシ相は密接な関係がある場合も多く，環境の指標としても重要であると考えられる．

　生息場所は海浜から内陸まで及び，市街地や砂漠に生息するものもある．世界中で約1,500種以上が知られているが，現在わが国からは約140種余が知られている．しかし調査が進めば200〜300種類は生息するものと考えられる．まだ研究が始まったばかりであり，多くの科では今後研究が進むにつれて，多くの種類が記載され，また種の再検討をふくめ分類学的に大きな変更があるものと思われる．なお，多数の種を含む日本産ナガホゾコシビロダンゴムシ Venezillo 属はタマコシビロダンゴムシ属（新称）Spherillo 属とされ，Hyloniscus 属は Tabacaru (1996) により新属ニッポンワラジムシ属（新称）Nippononethes にうつされた．

フナムシ科
Ligiidae
フナムシ属
Ligia
フナムシ（p.6, 39）
Ligia exotica Roux

　体長60mmまで．褐色，黄色，灰色など．第2触角が長く腹尾節に達し，鞭節は多いもので48を数える．世界中に広く分布するが，日本では青森〜大隅諸島に分布．若い個体は汀線付近に多いが，老成個体は飛沫帯から海岸林にもかなり多い．

キタフナムシ（p.6, 39）
Ligia cinerascens Budde-Lund

　体長55mmまで．黄褐色．前種に似るが，第2触角が短く，胸部後端付近までしか達しない．鞭節は27節まで．北海道〜千島列島にかけて分布しているが近年本州，四国からも確認されている．汀線から飛沫帯の転石上等に生息する．

リュウキュウフナムシ（p.7, 39）
Ligia ryukyuensis Nunomura

　体長35mmまで．緑褐色．日本産の他のフナムシ属の種より体が細い．第2触角は長く38鞭節まで，腹尾節に達する．奄美大島〜八重山諸島に分布し，汀線から飛沫帯に生息する．

オガサワラフナムシ（p.7, 39）
Ligia boninensis Nunomura

　体長15mm．褐色．比較的体は短い．第2触角も短く第4〜5胸節までしかとどかない．鞭節は22節まで．小笠原諸島（母島）から知られている．日本産の他種と異なり，森林や山道などに生息する．

アシナガフナムシ（p.7, 39）
Ligia yamanishii Nunomura
　体長 16 mm．第 2 触角の鞭節は 32 節まで．尾肢の原節は両肢より長い．黒褐色．東京都小笠原諸島の海岸飛沫帯から知られている．

ハチジョウフナムシ（p.7, 39）
Ligia hajijoensis Nunomura
　体長 30 mm まで．黒色に不規則な淡色の模様．第 2 触角は腹部中央付近に達する．鞭節は 48 節まで．顎脚鬚 5 節は完全に分離．♂の第 1 胸脚先端に突起がある．♂の第 2 腹肢内肢先端は丸く膨らむ．八丈島から知られている．

シンジコフナムシ（p.6, 39）
Ligia shinjiensis Tsuge
　体長 31.6 mm まで．灰褐色．第 2 触角は第 6 胸節付近まで達し，鞭節は 38 節まで．顎脚鬚 5 節は完全に分離．♂の第 1 胸脚先端に突起がない．♂の第 2 腹肢内肢先端は内側に丸く低く膨らむ．島根県宍道湖，大橋川および神西湖から知られている．

ミヤケフナムシ（p.7, 40）
Ligia miyakensis Nunomura
　体長 26 mm まで．灰白色．第 2 触角は尾肢中央に達し，鞭節は 62 節まで．顎脚鬚 5 節は完全に分離．♂の第 1 胸脚先端に突起がない．♂の第 2 腹肢内肢先端は内側に低く膨らむ．三宅島から知られている．

ナガレフナムシ（p.7, 40）
Ligia torrenticola Nunomura
　体長 18.4 mm まで．灰白色に不規則な黒い斑点をもつアシナガフナムシに似るが，第 2 触角が短く，鞭節数が 25 までで第 7 胸節にまでしか達しない．顎脚鬚が完全に仕切られる．小笠原諸島父島ならびに兄島の渓流から知られている．

ダイトウフナムシ（p.6, 40）
Ligia daitoensis Nunomura
　体長 18.9 mm まで．灰褐色．第 2 触角は長く，鞭節数 43 までで腹尾節後端をこす．顎脚鬚が完全に仕切られる．第 6～7 節指節外縁に剛毛が密生している．南北大東島の荒磯に生息する．

ヒメフナムシ属
Ligidium

ニホンヒメフナムシ（p.8, 40）
Ligidium (*Nipponoligidium*) *japonicum* Verhoeff
　体長 13 mm まで．褐色．♂の第 2 腹肢内肢の先端に小型の鉤をもつが変異が大きい．北海道，本州，四国の湿った森林の落葉層に極めて多産する．

チョウセンヒメフナムシ（p.8, 40）
Ligidium (*Nipponoligidium*) *koreanum* Flasarova
　体長 12 mm まで．淡褐色で濃褐色の縦縞があることがある．前種と似るが♂の第 2 腹肢内肢の先端が尖り，大きな鉤をもつ．中国地方西部，九州，対馬，朝鮮半島の湿潤な森林の落葉層に生息する．

リュウキュウヒメフナムシ（p.8, 40）
Ligidium (*Nipponoligidium*) *ryukyuense* Nunomura
　体長 13 mm まで．淡褐色で濃褐色の縦縞がある．前種と似るが♂の第 2 腹肢内肢の先端付近に，低く大きな突起をもつ．奄美大島，大東諸島を除く沖縄県各地の湿潤な森林に分布する．

ニホンチビヒメフナムシ（p.8, 40）
Ligidium (*Ligidium*) *paulum* Nunomura
　体長 4 mm まで．褐色．京都府，福井県，鳥取県の落葉層下部と無機質土壌の間から知られている．

キヨスミチビヒメフナムシ（p.8, 41）
Ligidium (*Ligidium*) *kiyosumiense* Nunomura
　体長 6 mm まで．褐色．千葉県清澄山から知られている．

イヨチビヒメフナムシ（p.8, 41）
Ligidium (*Ligidium*) *iyoense* Nunomura
　体長 6 mm まで．褐色．愛媛県上浮穴郡および八幡浜市の山地森林落葉中から知られている．

ナガワラジムシ科
Trichoniscidae
ニッポンワラジムシ属
Nippononethes

アワメクラワラジムシ（p.10, 41）
Nippononethes uenoi (Vandel)
　体長 5 mm まで．白色．眼を欠く．♂の第 2 腹肢内肢先端は 2 個の細い棘をもつ．徳島県，高知県，兵庫県の石灰洞から知られている．

ヒトツトゲホラワラジムシ（p.10, 41）
Nippononethes unidentatus (Vandel)
　体長約 5 mm．白色．眼を欠く．♂の第 2 腹肢内肢先端は 2 個の太い棘をもつ．奈良県の石灰洞から知られている．

ツノホラワラジムシ（p.10, 41）
Nippononethes cornutus (Nunomura)
　体長 4.7 mm まで．白色．眼を欠く．♂の第 2 腹肢内肢先端は棘をもたない．和歌山県竜神村や大塔村の廃坑などから知られている．

クラモトホラワラジムシ（p.10, 41）
Nippononethes kuramotoi (Nunomura)
　体長 3.6 mm まで．白色．3 個眼からなる眼をもつ．♂の第 2 腹肢内肢先端は 1 個の鋭い棘をもつ．山口県佐々連洞から知られている．

ニシカワホラワラジムシ（p.10, 41）
Nippononethes nishikawai (Nunomura)
　体長 4.8 mm．白色．眼を欠く．尾肢後端は丸みを帯びている．♂第 1 腹肢は内肢先端は針状，外肢は小さく 8 個程度の小歯をもつ．第 2 腹肢内肢先端は複雑な構造をし，その先端に 3 個の小歯をもつ．島根県の洞穴から知られている．

キイホラワラジムシ（p.10, 41）
Nippononethes kiiensis (Nunomura)
　体長 4.5 mm．白色．眼を欠く．和歌山県の洞穴から知られる．♂第 1 腹肢は内肢の先端には 8〜9 小歯をもつ．第 2 腹肢内肢先端には小歯を欠く．

ホンドワラジムシ属
Hondoniscus

ホンドワラジムシ（p.9, 41）
Hondoniscus kitakamiensis Vandel
　体長 3 mm．白色．眼を欠く．♂の第 1 および第 2 腹肢内肢先端は細い．岩手県竜泉洞から知られている．

モガミワラジムシ（p.9, 41）
Hondoniscus mogamiensis Nunomura
　体長 2.5 mm．白色．眼を欠く．♂第 1 腹肢の外肢は楕円形で内肢先端は細く尖る．第 2 腹肢内肢先端も細く尖る．山形県最上町の洞穴から知られている．

チビワラジムシ属
Trichoniscus

チビワラジムシ属の一種（p.9, 42）
Trichoniscus sp.
　体長 3 mm．白色．眼は 3 個眼からなる．沖縄島那覇市から知られている．わが国の本属には 2 種以上あるが種名は決定できていない．

ナガワラジムシ属
Haplophthalmus

ナガワラジムシ（p.9, 42）
Haplophthalmus danicus Budde-Lund
　体長 4 mm まで．黄白色．胸部の各節には 4〜5 対程度の低い隆起がある．宮城県，山形県から大阪府に至る本州中北部の森林や公園などから知られ，ときに多産する．

クキワラジムシ科
Stylonischidae
クキワラジムシ属
Styloniscus

ヤマトクキワラジムシ（p.4, 42）
Styloniscus japonicus Nunomura
　体長 3.0 mm まで．赤褐色．眼は小さく各眼 3 個眼からなる．第 2 触角鞭節は 5 節．♂の生殖突起は丸く膨らむ．♂の第 1 腹肢内肢は 2 節からなり，基節は長方形，先端の節は極めて細い．♂の第 2 腹肢内肢は長く細く，外肢も縦長．腹尾節は富士山型で先端は直線状．皇居内の切り株から知られている．

カタクラクキワラジムシ（p.4, 42）
Styloniscus katakurai Nunomura
　体長 3.6 mm まで．黒褐色．眼は小さく各眼 3 個眼からなる．第 2 触角鞭節は 5 節．♂の第 1 腹肢内肢は 2 節からなり短い．外肢は横長の長方形．♂の第 2 腹肢内肢は長く細い，外肢は丸みを帯びた三角形でその長さは幅よりやや短い．腹尾節は短く先端は小さく丸い．八丈島から知られている．

ヒゲナガワラジムシ科
Olibrinidae
ヒゲナガワラジムシ属
Olibrinus

ホソヒゲナガワラジムシ（p.11, 42）
Olibrinus elongatus Nunomura
　体長 8 mm．アルコール中で白色．体は長く幅の 4.5 倍，第 2 触角も長く，鞭部は 15 節．尾肢もすこぶる長く体の 30 % 程度．沖縄島の沖合 200 m の珊瑚礁か

ら知られている．

トミオカミギワワラジムシ（p.11, 42）
Olibrinus tomiokaensis (Nunomura)
　体長 3.7 mm の小型種．生時は鮮やかな赤色．天草から知られている．♂第1腹肢外肢は縦に長い．潮間帯のゴカイ類やムラサキクルマナマコなどとともに見つかる．

クシモトヒゲナガワラジムシ（p.11, 42）
Olibrinus kushimotoensis Nunomura
　体長 5 mm．白色．体の長さは幅の 3.3 倍．第2触角は第5胸節に達し，その鞭節は 12 節からなる．♂第1腹肢外肢は半円形．和歌山県潮岬の潮間帯から知られている．

クロシオミギワワラジムシ（p.12, 42）
Olibrinus pacificus (Nunomura)
　体長 4.5 mm．赤色．第2触角は 12 節からなる．眼は小さく各眼は 4～5 小眼からなる．♂第1腹肢外肢は楕円形．和歌山県串本町の潮間帯の砂中から知られている．

コスゲミギワワラジムシ（p.12, 42）
Olibrinus kosugei (Nunomura)
　体長 5 mm．アルコール中で白色．体の長さは幅の 3.6 倍．第2触角は第2胸節に達し，鞭節は 7 節からなる．♂第1腹肢は外肢は楕円形．沖縄島玉城村の雄樋川河口部から知られている．

イリエミギワワラジムシ（p.12, 42）
Olibrinus aestuari (Nunomura)
　体長 4.5 mm．アルコール中で白色．体の長さは幅の 2.6 倍．第2触角は第2胸節に達する，その鞭節は 10 節からなる．♂第1腹肢は沖縄島名護市の河口の潮間帯の転石下から知られている．

ノムラミギワワラジムシ（p.12, 42）
Olibrinus nomurai (Nunomura)
　体長 3.5 mm．赤色．体の長さは幅の 2.6 倍．第2触角は第4胸節に届く，その鞭節は 10 節からなる．♂第1腹肢外肢は低い六角形．徳之島の海岸から知られている．

ハチジョウミギワワラジムシ（p.11, 43）
Olibrinus hachijoensis (Nunomura)
　体長 4.5 mm まで．朱ないし橙色．第2触角は 8 鞭節からなる．♂の第1腹肢内肢はまっすぐで半ばから先端にかけて小さい歯状の構造がある．外肢は丸みを帯びた三角形．♂の第2腹肢内肢はまっすぐ，外肢は長方形．八丈島の潮間帯から知られている．

ミヤケミギワワラジムシ（p.11, 59）
Olibrinus miyakensis (Nunomura)
　体長 3.5 mm まで．朱色．第2触角は 10 鞭節からなる．♂の第1腹肢内肢はまっすぐで，外肢は長方形．♂の第2腹肢内肢はまっすぐ，外肢は丸みを帯びた三角形．三宅島から知られている．

ミギワワラジムシ属の一種（p.12, 43）
Olibrinus sp.
　体長 3.0 mm．白色．沖永良部島の海浜から知られている．

ウミベワラジムシ科
Scyphacidae
ハマベワラジムシ属
Detonella
ハマベワラジムシ（p.13, 43）
Detonella japonica Nunomura
　体長 5.5 mm．淡い赤褐色．砂利海岸の飛沫帯から潮間帯上部の砂の間の海水がしみでているあたりに見られる．北海道，青森県から知られている．

サイシュウウミベワラジムシ属
Quelpartoniscus
ニッポンウミベワラジムシ（p.13, 43）
Quelpartoniscus nipponensis (Nunomura)
　体長 5.3 mm．薄桃色．砂利海岸の飛沫帯～潮間帯上部の砂の間の海水がしみでてきているあたりに見られる．大阪府岬町から記録がある．

ツシマウミベワラジムシ（p.13, 43）
Quelpartoniscus tsushimaensis (Nunomura)
　体長 8.5 mm．赤紫色．♂第1腹肢外肢はハート形，内肢は太い．対馬の飛沫帯から知られている．

セトウミベワラジムシ（p.13, 43）
Quelpartoniscus setoensis Nunomura
　体長 3.5 mm まで．白色．第2触角鞭節の各節の比は 4：3：4 の長さ．♂の第1腹肢内肢は太く丸く外肢は丸みを帯びた三角形．和歌山県白浜町番所崎飛沫帯の小石の下から知られている．

トヤマウミベワラジムシ（p.13, 43）
Quelpartoniscus toyamaensis Nunomura
　体長 6.8 mm まで．うす赤色．第 2 触角鞭節の各節の比は 2：1：1 の長さ．♂の生殖突起は紡錘形で先端が裂けている．第 1 腹肢内肢は太めで先端が尖り，外肢は長方形．富山県朝日町の元屋敷海岸の飛沫帯砂利中から知られている．

ハマワラジムシ属
Armadilloniscus
ニホンハマワラジムシ（p.14, 43）
Armadilloniscus japonicus Nunomura
　体長 5.5 mm．赤紫色．頭部前端中央の突起は尖る．砂利海岸の飛沫帯の砂利の間の海水がしみでてきているあたりに見られる．青森県〜鹿児島県まで日本海側および太平洋側の海浜域に分布する．

ホシカワハマワラジムシ（p.14, 44）
Armadilloniscus hoshikawai Nunomura
　体長 4.8 mm．薄茶色．頭部前端中央の突起はやや平たい．沖縄島糸満市の海岸から知られている．

ハナビロハマワラジムシ（p.14, 44）
Armadilloniscus brevinaseus Nunomura
　体長 4.2 mm．淡い赤褐色．頭部前端中央の突起は平たい．和歌山県ならびに山口県の海岸から知られている．

シロハマワラジムシ（p.14, 44）
Armadilloniscus albus Nunomura
　体長 7.2 mm．白色．頭部前端中央の突起は低い三角形．大阪府岬町の高潮線付近の砂利海岸から知られている．

ノトチョウチンワラジムシ（p.14, 44）
Armadilloniscus notojimensis (Nunomura)
　体長 4 mm．白色．背部に 1〜2 対の半球状の突起をそなえる．♂第 1 腹肢内肢は外側に曲がる．石川県能登島の飛沫帯の他，本州，四国の若干から知られている．

アマクサハマワラジムシ（p.14, 44）
Armadilloniscus amakusaensis Nunomura
　体長 3 mm．アルコール中で白色．腹尾節後縁は直線状．天草の海岸から知られている．

タマワラジムシ科
Alloniscidae
タマワラジムシ属
Alloniscus
ニホンタマワラジムシ（p.15, 44）
Alloniscus balssi (Verhoeff)
　体長 10 mm．黒褐色，ときに緑がかっている．新潟県，福島県〜大隅諸島にかけての自然海岸の飛沫帯〜海岸林の落葉中に生息している．

オガサワラタマワラジムシ（p.15, 44）
Alloniscus boninensis Nunomura
　体長 10.0 mm．淡褐色に濃褐色の不規則な斑紋．小笠原諸島の飛沫帯〜海岸林の落葉中に生息している．

リュウキュウタマワラジムシ（p.15, 44）
Alloniscus ryukyuensis Nunomura
　体長 6.9 mm．黄白色で褐色の不規則な斑紋をもつ．琉球列島の海岸林，砂浜海岸の飛沫帯やラック堆などに普通に見られる．

マダラタマワラジムシ（p.15, 44）
Alloniscus maculatus Nunomura
　体長 7.2 mm．黄白色で褐色の不規則な斑紋をもつ．沖縄県与那国島の砂浜から知られている．リュウキュウタマワラジムシに類似するが，5，6 胸脚基節の斑点が特徴．

タマワラジムシ属の一種（p.15, 44）
Alloniscus sp.
　体長 8.0 mm．灰白色ないし黄白色．リュウキュウタマワラジムシに似るが腹尾節が小さく，胸脚の剛毛がまばらである．♂は未知で，種名は未決定．魚釣島から知られる．

ウシオワラジムシ科
Halophilosciidae
ヒイロワラジムシ属
Littorophiloscia
ニッポンヒイロワラジムシ（p.5, 44）
Littorophiloscia nipponensis Nunomura
　体長 4.7 mm．朱色．日本海各地および茨城県から熊本県の飛沫帯の粗い砂の地下から知られている．

ヒメワラジムシ科
Philosciidae

ヤセワラジムシ属
Leptophiloscia

キイヤセワラジムシ（p.16, 45）
Leptophiloscia kiiensis Nunomura
　体長4.2 mmまで．黄白色．眼は小さく，8〜9個眼からなる．尾肢が長い．三重県御浜町の海岸林の土壌中から知られている．

ニセヒメワラジムシ属
Pseudophiloscia

ドナンニセヒメワラジムシ（p.17, 45）
Pseudophiloscia donanensis Nunomura
　体長4.2 mmまで．白色．眼は小さく，4個眼からなる．尾肢は短い．沖縄県与那国島から知られている．

オキナワニセヒメワラジムシ（p.17, 45）
Pseudophiloscia okinawaensis Nunomura
　体長4.5 mm．白色．眼は小さく，5個眼からなる．沖縄島の洞穴から知られている．

シモジャナニセヒメワラジムシ（p.17, 45）
Pseudophiloscia shimojanai Nunomura
　体長4 mmまで．白色．眼はない．尾肢はやや長い．奄美群島与論島および沖縄島の洞穴から知られている．

ハラダニセヒメワラジムシ（p.17, 45）
Pseudophiloscia haradai Nunomura
　体長5.4 mmまで．白色．眼はない．尾肢は短い．第2触角は第2胸節までの長さ．小笠原諸島から知られている．

ツカモトニセヒメワラジムシ（p.17, 45）
Pseudophiloscia tsukamotoi Nunomura
　体長4.6 mmまで．白色．眼はない．尾肢は短い．第2触角が比較的長く，第3胸節に達する．高知県の森林土壌中から知られている．

ミナミワラジムシ属
Papuaphiloscia

エラブミナミワラジムシ（p.18, 45）
Papuaphiloscia insulana Vandel
　体長4.5 mm．白色．眼はない．奄美群島沖永良部島の洞穴から知られている．

ヤンバルミナミワラジムシ（p.18, 45）
Papuaphiloscia terukubiensis Nunomura
　体長5 mm．白色．体の長さは幅の3.6倍．第2触角は第3胸節に達する．♂第1腹肢外肢は丸く，内肢は太い．沖縄島の原生林から知られている．

ダイトウミナミワラジムシ（p.18, 46）
Papuaphiloscia daitoensis Nunomura
　体長4.5 mmまで．白色で眼がない．第2触角鞭節の3節の長さは2：1：1．♂の第1腹肢内肢は太く先端が少し外に向く，外肢はきんちゃく型．第2腹肢は内肢が短く外肢が不等な花弁型．南大東島から知られている．

ヤマトミナミワラジムシ（p.18, 46）
Papuaphiloscia alba Nunomura
　体長3.0 mm．白色．眼を欠く．第2触角鞭節の各節の比は7：5：8の長さ．♂の第1腹肢内肢は太く短い．外肢はハート型．♂の第2腹肢内肢は太く短い．皇居から知られている．

トゲモリワラジムシ属
Burmoniscus

ヤマトモリワラジムシ（p.20, 46）
Burmoniscus japonicus (Nunomura)
　体長6.5 mm．黒褐色．第7胸節後側縁は両端から内側に入り込んだところから半円形にへこむ．湿潤な森林の落葉中に生息し，近畿地方中部，紀伊半島，四国，九州にかけて分布する．

ムロトモリワラジムシ（p.22, 46）
Burmoniscus murotoensis (Nunomura)
　体長5.3 mm．黒褐色．第7胸節後側縁は尖る．♂第1腹肢外肢は半円形．四国各地と九州の宮崎県，熊本県の湿潤な森林に生息する．

オキナワモリワラジムシ（p.21, 46）
Burmoniscus okinawaensis (Nunomura)
　体長5.3 mm．黒褐色．第7胸節後側縁は両端から内側に入り込んだところから半円形にへこむ．♂の第1腹肢外肢は半円形，同内肢先端に薄い半円形突起と1列に並ぶ約20個の小さな棘がある．琉球列島の湿潤な森林や藪に生息する．

ダイトウモリワラジムシ（p.22, 46）
Burmoniscus daitoensis (Nunomura)
　体長5.3 mm．黒褐色．前種に似るが第7胸節後側端は尖る．また，♂第1腹肢外肢は角ばる．内肢先端

の突起は小さく，小さな棘は5個．南大東島の森林から知られている．

オガサワラモリワラジムシ（p.20, 46）
Burmoniscus boninensis (Nunomura)

体長6.2 mm．黒褐色．♂第1腹肢外肢は半円形．内肢先端の突起はなく，小さな棘は9〜10個．小笠原諸島父島から知られている．

ワタナベモリワラジムシ（p.21, 46）
Burmoniscus watanabei (Nunomura)

体長7.3 mm．第7胸節後側縁は尖る．♂第1腹肢外肢は丸みをおびた四角形．内肢先端の突起は小さく低い．和歌山県西牟婁郡の湿潤な森林から知られている．

シバタモリワラジムシ（p.20, 46）
Burmoniscus shibatai (Nunomura)

体長6.9 mm．第7胸節後側縁は尖る．♂第1腹肢外肢は丸みを帯びた正方形．内肢の先端に突起はないが，小さな棘が7〜8個ある．沖永良部島から知られている．

アオキモリワラジムシ（p.19, 47）
Burmoniscus aokii (Nunomura)

体長6.9 mm．白色．第7胸節後側縁は尖る．♂第1腹肢外肢は正方形．内肢先端の突起はなく，小さな棘は6個．小笠原諸島父島から知られている．

ケブカモリワラジムシ（p.20, 47）
Burmoniscus dasystylus Nunomura

体長10.5 mmまで．淡褐色．第2触角鞭節の各節の比は4：2：3の長さ．♂の第1腹肢内肢は先端が外側に靴下状に曲がりそこに多数の小棘をそなえ，外肢は半円形．第2腹肢外肢も半円形．宮崎県串間市から鹿児島県指宿にかけての森から知られている．

カゴシマモリワラジムシ（p.21, 47）
Burmoniscus kagoshimaensis Nunomura

体長6.9 mmまで．褐色で両縁沿いに縦長の，背面中央には不規則な色の薄い部分がある．

第2触角鞭節の各節の比は5：3：3の長さ．♂の第1腹肢内肢はまっすぐで先端はやや外に曲がるが細かい毛が密生する．外肢は半円形．第2腹肢外肢は半月形．鹿児島県佐多町，坊津町などの森から知られている．

タナベモリワラジムシ（p.22, 47）
Burmoniscus tanabensis Nunomura

体長5.5 mmまで．褐色で不規則な淡色の模様が覆う．第2触角鞭節の各節の比は2：1：2の長さ．♂の第1腹肢内肢は先端付近両側に丸い突起があり，外肢は半円形．第2腹肢外肢は丸みを帯びた三角形．和歌山県田辺市神島の森林中から知られている．

メーウスモリワラジムシ（新称）（p.20, 47）
Burmoniscus meeusi (Holthuis)

体長7.7 mmまで．褐色で不規則な淡色の模様が覆う．第2触角鞭節の各節の比は3：2：2の長さがある．第1胸脚の剛毛には2叉するものがある．♂の第1腹肢内肢はまっすぐ，外肢は半月形．第2腹肢内肢は付属物を欠き，外肢は三角形．イギリス，ハワイ，ブラジル，台湾，わが国では北大東島と奄美大島から知られている．*B. kitadaitoensis* は異名．

ハチジョウモリワラジムシ（p.21, 47）
Burmoniscus hachijoensis Nunomura

体長6.5 mmまで．黒褐色．第2触角鞭節の各節の比は6：5：8の長さ．♂の第1腹肢内肢は先端両側に薄い楕円形の突起があり，外肢は四角形．♂の第2腹肢内肢はやや外に反る．八丈島から知られている．

ヤエヤマモリワラジムシ（p.19, 47）
Burmoniscus ocellatus (Verhoeff)

体長11.3 mmまで．薄茶色でより薄い色の不規則な斑紋がある．従来わが国ではイシガキモリワラジムシ，イリオモテモリワラジムシ，ヨナクニモリワラジムシとして扱われてきたが，中国南部・東南アジアなど広域分布する種であることが判明した．

ホンワラジムシ科
Oniscidae
オカメワラジムシ属
Exalloniscus

オカメワラジムシ（p.22, 47）
Exalloniscus cortii Arcangeli

体長4.5 mm．白色．頭部の形態は半月形．石の下，庭，アリの巣に生息する．東京都，富山県，滋賀県，大阪府などから報告がある．朝鮮半島（平壌），中国（上海，湖南，天津など）からも報告がある．なお♂の第1腹肢内肢上の突起が四角いなどの違いがあるものは別種 *E. japanicus* とされることがある．

ハリダシオカメワラジムシ（p.22, 48）
Exalloniscus tuberculatus Nunomura

体長 3.4 mm．黄白色．体全体に鱗状の棘に覆われる．頭部は横方向に張出し，眼は小さく，各眼 5〜6 個眼からなる．第 2 触角鞭節各節の長さはほぼ等しい．♂の第 1 腹肢内肢先端は雲状に曲がり内縁にしわがあり，外縁に指状の突起がある．外肢は半円形．第 2 腹肢内肢は短く外肢先端に達しない．栃木県小山市から知られている．

ハクタイワラジムシ科
Trachelipodidae
ミナミハヤシワラジムシ属
Nagurus

ヤンバルハヤシワラジムシ（p.23, 48）
Nagurus kunigamiensis Nunomura

体長 7 mm．褐色．♂第 1 腹肢外肢は丸い．内肢の先端に 7 個程度の小歯をもつ．沖縄島北部の原生林から知られている．

オキナワハヤシワラジムシ（p.23, 48）
Nagurus okinawaensis Nunomura

体長 4.7 mm．褐色に不規則な模様．♂第 1 腹肢外肢はほぼ正方形．内肢先端内側に 10〜15 の小歯をもつ．沖縄島中南部の草原や公園から知られる．

アマミアナワラジムシ（p.23, 48）
"*Nagurus*?" *tokunoshimaensis* Nunomura

体長 5.3 mm まで．黄白色．奄美諸島徳之島の洞窟から知られている．

タテスジハヤシワラジムシ（p.23, 48）
Nagurus lineatus (Nunomura)

体長 5.8 mm まで．黄白色に褐色の縦の模様をもつ．小笠原父島から知られている．

シロヒゲハヤシワラジムシ（p.23, 48）
Nagurus miyakoensis (Nunomura)

体長 9.3 mm まで．体は褐色だが触角は白い．宮古島の公園，海浜から知られている．

ハヤシワラジムシ科
Agnaridae
オオハヤシワラジムシ属
Lucasioides

ナミベリハヤシワラジムシ（p.25, 48）
Lucasioides sinuosus (Nunomura)

体長 10.5 mm まで．黒褐色で淡色の不規則な斑点をもつ．胸部体節の後側方は強く湾入している．♂の第 1 腹肢外肢は横長の長方形で先端部にくぼみがある．四国，韓国から知られている．

カントウハヤシワラジムシ（p.28, 48）
Lucasioides kobarii (Nunomura)

体長 8.6 mm まで．黒褐色で淡色の不規則な斑点をもつ．第 7 胸脚腕節外縁が膨らむ．♂の第 1 腹肢外肢は長卵形．茨城県，栃木県，福島県に分布している．

サトヤマワラジムシ（p.27, 49）
Lucasioides nishimurai (Nunomura)

体長 10 mm まで．褐色で各胸節の側方に 1 対の淡色の斑点をもつ．♂の第 1 腹肢は卵形で側方に 1 つの小さなくぼみがある．関東地方（神奈川県）〜九州地方（鹿児島県）まで広く分布する．

サキモリハヤシワラジムシ（p.27, 49）
Lucasioides sakimori (Nunomura)

体長 9.0 mm まで．褐色で 2 列の淡色の斑点をもつ．対馬上島の林縁，農耕地，人里から知られている．

ナカドウリハヤシワラジムシ（p.27, 49）
Lucasioides nakadoriensis (Nunomura)

体長 10.0 mm．褐色に不規則な模様．♂第 1 腹肢外肢は尖った楕円形．内肢先端内側に小歯をもたない．五島列島中通島から知られる．

キシュウハヤシワラジムシ（p.28, 49）
Lucasioides minatoi (Nunomura)

体長 7.4 mm まで．褐色で淡色の不規則な斑点をもつ．和歌山県由良町の洞窟から知られている．

サンインハヤシワラジムシ（p.27, 49）
Lucasioides gigliotosi (Arcangeli)

体長 10.4 mm．褐色で淡色の不規則な斑点をもつ．♂の第 1 腹肢外肢は卵形でくぼみがある．兵庫県，島根県（隠岐を含む）に分布する．

オガサワラハヤシワラジムシ（p.25, 49）
Lucasioides boninshimensis (Nunomura)

体長 10.5 mm まで．白色．胸節に腺域が顕著．小笠原母島から知られている．

ハチジョウハヤシワラジムシ（p.27, 49）
Lucasioides hachijoensis (Nunomura)

体長 10.6 mm まで．褐色で各胸節の中央部に不規則な，側方に 1 対の淡色の斑点をもつ．サトヤマワラ

ジムシに似るが体がやや広いのが特徴．八丈島から知られている．

トウキョウハヤシワラジムシ（p.27, 49）
Lucasioides tokyoensis Nunomura

体長7.5 mmまで．褐色で胸部各節の外縁に沿って縦長の薄い色の部分があり，中央にも不規則な色の薄い部分がある．第2触角鞭節の第2節は第1節の1.2倍の長さ．♂の第1腹肢内肢は先端が外に曲がり，外肢は先端に小さな浅いくぼみがある．関東地方から知られている．

ミナカタハヤシワラジムシ（p.28, 49）
Lucasioides minakatai Nunomura

体長8.2 mmまで．薄い褐色地に第1〜7胸節背面に各1対の濃色の丸い斑紋がある．第2触角鞭節の第2節は第1節の2.5倍の長さがある．♂の第1腹肢内肢は先端がやや外側に曲がり一列の小歯があり，外肢は外縁基部に小さな半円形のへこみがある．第2腹肢内肢はまっすぐで外肢は三角形．和歌山県田辺市神島から知られている．

アシュウハヤシワラジムシ（p.27, 49）
Lucasioides ashiuensis Nunomura

体長7.0 mmまで．黄白色地に黒色の3対の線があり，色彩の対比が明瞭．第2触角鞭節の第2節は第1節の2.1倍の長さがある．♂未知．京都府南丹市の京都大学芦生研究林内から知られている．

ニチナンハヤシワラジムシ（p.27, 49）
Lucasioides nichinanensis (Nunomura)

体長11.3 mmまで．褐色で両縁沿いに縦長の，背面中央には不規則な色の薄い部分がある．第2触角鞭節の第2節は第1節の1.2倍程度．♂の第1腹肢内肢は先端に7〜8個の小歯がある，外肢は卵形．♂の第2腹肢内肢先端も外肢先端を超えない．宮崎県や鹿児島県から知られている．

モグラアナワラジムシ（p.26, 50）
Lucasioides sagarai Nunomura

体長4.6 mmまで．ごく薄い褐色．第2触角鞭節の第2節は第1節の3.0倍の長さがある．第7胸脚腕節の外側は膨れない．♂の第1腹肢内肢は先端部分が外に向かって丸く曲がり，外肢は外縁に階段状のギザギザがある．富山県南砺市安居のアズマモグラの巣材から知られている．

トヤマハヤシワラジムシ（p.26, 50）
Lucasioides toyamaensis Nunomura

体長7.9 mmまで．白っぽい褐色．第2触角鞭節の第2節は第1節の2.2倍の長さがある．第7胸脚腕節の外側は膨れる．♂の第1腹肢内肢は先端が細くなり外に曲がる．外肢はごく浅く湾入するが，波打っている．第2腹肢内肢は細く，外肢を少し超える長さ．富山県南砺市才川七や岐阜県飛騨地方のアズマモグラの巣材から知られている．

ヨコハタモグラワラジムシ（p.26, 50）
Lucasioides yokohatai Nunomura

体長6.3 mmまで．白っぽい褐色．眼は小さく，第2触角鞭節の第2節は第1節の2.0倍の長さがある．♂の第1腹肢内肢はほぼまっすぐで先端付近だけ外に曲がる．外肢は先端にごく浅くい窪み，1本の毛がある．富山県魚津市の海岸に近い遊園地内のアズマモグラの巣材から知られている．

ヒトザトワラジムシ属
Mongoloniscus

コガタハヤシワラジムシ（p.29, 50）
Mongoloniscus katakurai (Nunomura)

体長7.0 mmまで．黒褐色で各胸節の側方に1対の淡色の斑点をもつ．♂の第1腹肢外肢は四角形で広く浅いくぼみがある．関東地方から近畿地方の林や公園などに分布し，しばしば多産．

フイリワラジムシ（p.30, 50）
Mongoloniscus maculatus (Iwamoto)

体長7 mmまで．褐色で各胸節の側方に1対の淡色の斑点および不規則な淡色の斑点をもつ．♂の第1腹肢外肢は卵形で先端にくぼみがある．関東地方や北陸地方，近畿地方などの二次林などから知られている．

ヤマトハヤシワラジムシ（p.29, 50）
Mongoloniscus vannamei (Arcangeli)

体長7.5 mm．黒褐色で淡色の2列の斑点をもつ．♂の第1腹肢外肢は横長の長方形．宮崎県，佐賀県，熊本県，東京都から知られている．

マルオサトワラジムシ（p.29, 50）
Mongoloniscus circacaudatus (Nunomura)

体長5.4 mm．小型のサトワラジムシ．褐色で不規則な淡褐色の模様が背面を覆う．腹尾節後端が丸い．山口県の都市公園から知られている．

マサヒトサトワラジムシ（p.29, 50）
Mongoloniscus masahitoi (Nunomura)
　体長 4.5 mm．小型のサトワラジムシ．褐色で各胸節の側方に 1 対の淡色の縦の帯と不規則な淡色の模様がある．♂の第 1 腹肢外肢は四角で外縁は多少凹凸をもつ．皇居を模式産地とし，関東地方に分布する．

ホクリクサトワラジムシ（p.29, 50）
Mongoloniscus hokurikuensis (Nunomura)
　体長 6 mm までの小型のサトワラジムシ．褐色で 2 列の濃褐色の縦縞をもつ．♂の第 1 腹肢外肢は四角で小さな湾入をもつ．北陸地方（富山県〜石川県）の里山，人里の叢に見られる．

タンゴサトワラジムシ（p.30, 50）
Mongoloniscus tangoensis (Nunomura)
　体長 9.3 mm．複眼が大きい．褐色で各胸節の側方に 1 対の淡色の縦の帯と不規則な淡色の模様がある．♂の第 1 腹肢外肢は深い湾入をもつ．京都府丹後地方から知られる．

サツマサトワラジムシ（p.30, 51）
Mongoloniscus satsumaensis (Nunomura)
　体長 10.4 mm．大型のサトワラジムシ．褐色で各胸節の側方に 1 対の淡色の縦の帯と不規則な淡色の模様がある．♂の第 1 腹肢外肢は深い湾入をもつ．九州（鹿児島県，佐賀県）から知られている．

ツシマワラジムシ（p.30, 51）
Mongoloniscus koreanus Verhoeff
　体長 9.4 mm まで．黒褐色に淡色の斑点をもつ．対馬下島の人家の庭，農耕地および韓国各地に生息する．

ヤマトサトワラジムシ（p.30, 51）
Mongoloniscus nipponicus (Arcangeli)
　体長 10 mm．体は丸みを帯びている．黒褐色に淡色の不規則な模様をもつ．♂の第 1 腹肢外肢は著しく深い湾入をもつ．本州中部（東京都，富山県，滋賀県，京都府，大阪府）に分布．人里，公園，林縁に生息する．

ニイカワサトワラジムシ（p.30, 51）
Mongoloniscus arvus Nunomura
　体長 10.1 mm まで．黒色で淡色の部分は両縁にそってはっきりした 1 対と中央に不規則なものがある．第 2 触角鞭節の第 2 節は第 1 節の 3.7 倍の長さがある．♂の第 1 腹肢内肢はほぼまっすぐ．富山県立山町の農村部から知られている．

オウミサトワラジムシ（p.29, 51）
Mongoloniscus oumiensis Nunomura
　体長 10.5 mm までの大型のサトワラジムシ．黒色で不規則な淡色のもようがある．第 2 触角鞭節の第 2 節は第 1 節の 1.8 倍の長さがある．♂の第 1 腹肢内肢はまっすぐで先端はとがり，外側に曲がる．外肢は半円形で，先端付近に半円形のへこみがあり，第 2 腹肢内肢は外肢より短い．滋賀県各地の林縁や公園などの叢，路傍などから知られている．

ヒナワラジムシ属
Agnara

ニシカワハヤシワラジムシ（p.31, 51）
Agnara nishikawai (Nunomura)
　体長 6.7 mm まで．白色．♂の第 1 腹肢外肢は卵形で外側に不規則な浅いくぼみがある．鳥取県，島根県，山口県に知られている．

シラユキハヤシワラジムシ（p.31, 51）
Agnara luridus (Nunomura)
　体長 6.4 mm まで．白色．♂第 1 腹肢小肢は先端に浅い湾入をもつ．能登半島の常緑広葉樹林にすむ．

マダラサトワラジムシ（p.31, 51）
Agnara pannuosus (Nunomura)
　体長 6.1 mm．赤褐色で不規則な淡褐色の模様が背面を覆う．♂第 1 腹肢は凹がないか外縁が波状．石川県能登地方の海岸近くの社寺林から知られている．韓国済州島にも分布．

アワサトワラジムシ（p.31, 51）
Agnara awaensis (Nunomura)
　体長 4.4 mm．♂第 1 腹肢は丸くへこみがない．淡褐色で 3 列の濃褐色の縦縞がある．徳島県眉山から知られている．

ゴトウハヤシワラジムシ（p.32, 51）
Agnara gotoensis (Nunomura)
　体長 5.2 mm．褐色に不規則な模様．♂第 1 腹肢外肢は楕円形．内肢先端内側に小歯をもたない．五島列島福江島から知られる．

イズハラハヤシワラジムシ（p.31, 52）
Agnara izuharaensis (Nunomura)
　体長 5.6 mm．褐色で淡色の模様．♂の第 1 腹肢外肢は楕円形．第 2 腹肢外肢は三角形．対馬から知られている．

オボロハヤシワラジムシ（p.32, 52）
Agnara nebulosus (Nunomura)

体長 5.7 mm まで．褐色地に不規則な薄い色がある．第2触角鞭節の第2節は第1節の2.3倍の長さがある．♂の第1腹肢内肢はまっすぐ．外肢は半円形で先端が丸く尖る．第2腹肢の内肢は外肢より短い．皇居から知られている．

リュウキュウハヤシワラジムシ（p.32, 52）
Agnara ryukyuensis Nunomura

体長 4.1 mm まで．薄い黄褐色に胸節背面は濃色の不規則な形の模様がおおむね1対ある．触角鞭節の第2節は第1節の2.7倍の長さがある．♂の第1腹肢内肢は先端はまっすぐ．外肢は低い三角形でくびれがない．♂の第2腹肢内肢はまっすぐ，外肢は丸みを帯びた三角形でくびれはない．沖縄島西銘岳麓から知られている．

ココクヒナワラジムシ（p.31, 52）
Agnara biwakoensis Nunomura

体長 4.5 mm まで．薄い茶色でやや濃い不規則な斑紋が覆う．第2触角鞭節の第2節は第1節の3.1倍の長さがある．♂の第1腹肢内肢はまっすぐ，外肢は半月形．第2腹肢内肢は外肢より長く細い．滋賀県高島市の琵琶湖岸の砂浜から知られている．

ワラジムシ科
Porcellionidae
チョビヒゲワラジムシ属
Agabiformis
ヘリジロワラジムシ（p.33, 52）
Agabiformis lentus (Budde-Lund)

体長 6 mm．灰白色で黒褐色の斑点，側縁は白っぽい．♂第1腹肢外肢は五角形．神奈川県，兵庫県および沖縄県等の人里から知られている．前版の *Leptotorichus fuscatus*, *L. kudakai*, *L. chobihige* は異名．

ワラジムシ属
Porcellio
ワラジムシ（p.33, 52）
Porcellio scaber Latreille

体長 12 mm．灰褐色ないし暗褐色．背面は多くの顆粒で覆われる．♂第1腹肢外肢は半円形で8本以上の棘をもつ．人家の庭，公園，叢，畑地，マツ林などに生息する．寒冷地では室内で見つかることも多い．ヨーロッパ原産で世界各地に分布し，わが国では北海道，本州及び徳島県，愛媛県から知られている．

クマワラジムシ（p.33, 52）
Porcellio laevis Latreille

体長 20 mm．体が黒褐色で尾肢が長い．♂第1腹肢外肢は三日月形．西日本，特に大阪府，兵庫県南部，山陽，九州，沖縄から知られているが，もともと地中海沿岸原産．

オビワラジムシ（p.33, 52）
Porcellio dilatatus Brandt

体長 16 mm．灰褐色で不規則な淡色の模様．腹尾節は顕著に後方に突き出る．♂第1腹肢外肢は三角形．ヨーロッパ原産で世界各地に分布し，わが国では主に関東地方から知られている．

ホソワラジムシ属
Porcellionides
ホソワラジムシ（p.33, 52）
Porcellionides pruinosus (Brandt)

体長 13 mm．赤紫〜赤褐色．頭部側方の突出はほとんどない．生時は光沢がある．わが国では本州中部（新潟県，千葉県）以南，四国，九州，琉球列島，小笠原諸島に分布するが，世界中の温暖帯から知られている．人里の叢，落葉，堆肥中などに生息する．

オカダンゴムシ科
Armadillidiidae
オカダンゴムシ属
Armadillidium
オカダンゴムシ（ダンゴムシ）（p.34, 52）
Armadillidium vulgare (Latreille)

体長 14 mm まで．体を完全に丸くできる．♂は黒っぽく，♀は淡褐色．世界共通種でわが国でも全国の都市部に生息．中央〜西日本に特に多い．

ハナダカダンゴムシ（p.34, 52）
Armadillidium nasatum Budde-Lund

体長 13 mm まで．灰色で，各体節の側縁部や中央部などは白い．体を完全に丸くできる．前種と比較し，頭部中央の突起が顕著である．世界共通種であるが，わが国では横浜市，神戸市，富山市，滋賀県草津市の一部から知られている．

コシビロダンゴムシ科
Armadillidae
コブコシビロダンゴムシ属
Hybodillo
イシイコブコシビロダンゴムシ（p.34, 53）
Hybodillo ishiii Nunomura
　体長 2.5 mm．白色で胸部背板に多数の突起を持つ．沖縄島から知られている．

ネッタイコシビロダンゴムシ属（新称）
Cubaris
ネッタイコシビロダンゴムシ（p.34, 53）
Cubaris murina Brandt
　体長 9.2 mm．やや平たい．紫褐色．第 1 胸節腕節と前節内縁に剛毛が密生する．♂第 1 腹肢は三角形．日本では沖縄県から知られているが，熱帯亜熱帯を中心に広く分布する．前版の *C. iriomotensis* は異名．

タマコシビロダンゴムシ属（新称）
Spherillo
ヘリジロコシビロダンゴムシ（p.35, 53）
Spherillo elegans (Nunomura)
　体長 7 mm．黒色であるが，胸部両側縁は白っぽい．♂第 2 腹肢内肢は非常に長い．長崎県対馬から知られている．

ヨコスジコシビロダンゴムシ（p.35, 53）
Spherillo zonalis (Nunomura)
　体長 10.5 mm．背面は褐色．腹部背面は黒っぽい横筋模様がある．♂第 1 腹肢外肢は極めて短い四角形．内肢先端に小剛毛の塊がある．長崎県男女群島から知られている．

クツゾココシビロダンゴムシ（p.35, 53）
Spherillo soleiformis (Nunomura)
　体長 7 mm．黒褐色．♂第 1 腹肢内肢先端は小さな棘をそなえ靴底状に広くなっている．五島列島の中通島から知られている．

トミヤマコシビロダンゴムシ（p.37, 53）
Spherillo tomiyamai (Nunomura)
　体長 9 mm．黒褐色．胸脚内縁の剛毛の先端が 3 つに分かれているものが多い．♂第 1 腹肢は突起物がない．小笠原諸島ナコウド島から知られている．

ドナンコシビロダンゴムシ（p.36, 53）
Spherillo donanensis (Nunomura)
　体長 7 mm．黒褐色．♂第 1 腹肢内肢はまっすぐで外肢は三角形．与那国島から知られている．

オオハラコシビロダンゴムシ（p.36, 53）
Spherillo oharaensis (Nunomura)
　体長 6 mm．褐色．♂第 1 腹肢内肢は短く外肢は短い楕円形．西表島から知られている．

トウキョウコシビロダンゴムシ（p.37, 53）
Spherillo obscurus (Budde-Lund)
　体長 8.5 mm．黒褐色で淡色の模様をもつ．腹尾節はその後端で広がる．♂の第 1 腹肢外肢は四角形．関東地方に分布．

セグロコシビロダンゴムシ（p.37, 53）
Spherillo dorsalis (Iwamoto)
　体長 9 mm 程度．腹尾節は砂時計型．背面は黒いが側縁部は黄白色．トウキョウコシビロダンゴムシに似るが背面の剛毛がすべて側縁からほぼ等距離にある．前版で本種としたものは，後述のシッコクコシビロダンゴムシ *Spherillo* sp. として扱う．

ヒウラコシビロダンゴムシ（p.36, 54）
Spherillo hiurai (Nunomura)
　体長 7.5 mm．黒褐色で不規則な模様がある．♂第 1 腹肢外肢は前後に低く，内肢先端に 6 個程度の小歯がある．対馬から知られている．

ムニンコシビロダンゴムシ（p.36, 54）
Spherillo boninensis (Nunomura)
　体長 5 mm．黒褐色．♂第 1 腹肢は四角形．小笠原諸島から知られている．

ダイトウコシビロダンゴムシ（p.36, 54）
Spherillo daitoensis (Nunomura)
　体長 5.6 mm．黒褐色．♂第 1 腹肢は三角形．南大東島から知られている．

ヤンバルコシビロダンゴムシ（p.37, 54）
Spherillo kunigamiensis (Nunomura)
　体長 7.5 mm．黒色．♂第 1 腹肢外肢は三角形．沖縄島から知られている．

コウズコシビロダンゴムシ（p.37, 54）
Spherillo hasegawai (Nunomura)
　体長 7.5 mm．黒褐色．♂第 1 腹肢外肢は三角形．伊豆諸島の神津島から知られている．

タテジマコシビロダンゴムシ（p.38, 54）
Spherillo russoi (Arcangeli)
　体長 8 mm．薄い地色に不規則な縦縞の黒模様．腹尾節がやや長い．眼は普通の大きさで，各 15 個眼からなる．中国，四国，九州およびそれらの離島など西南日本の森林で時々見つかる．

シュリコシビロダンゴムシ（p.38, 54）
Spherillo shuriensis (Nunomura)
　体長 7.5 mm．黄白色で縦縞．♂第1腹肢外肢は長方形．沖縄島から知られている．

アガタコシビロダンゴムシ（p.38, 54）
Spherillo agataensis (Nunomura)
　体長 7.5 mm．薄茶色に 4 列の濃い縦縞がある．♂第1腹肢内肢は細い長方形．対馬下島から知られている．

シロコシビロダンゴムシ（p.34, 54）
Spherillo albus (Nunomura)
　体長 5.6 mm．白色．眼は小さい．♂第1腹肢外肢は丸みをおび外縁が大きく波打っている三角形．♂第2腹肢外肢は細い．隠岐島後から知られている．

オビコシビロダンゴムシ（p.38, 54）
Spherillo lineatus (Nunomura)
　体長 10 mm．黄白色で各胸節の後縁に黒い断続的に横に帯模様がある．胸節内縁の剛毛の先端には三叉するものが多い．♂第1腹肢は低い三角形．山口県下関市吉見浜から知られている．

ヨナグニコシビロダンゴムシ（p.38, 55）
Spherillo yonaguniensis (Nunomura)
　体長 7.5 mm．黄白色で 2 対の黒斑をもつ．♂第1腹肢は長方形．与那国島から知られている．

ヤエヤマコシビロダンゴムシ（p.38, 55）
Spherillo yaeyamanus (Nunomura)
　体長 9 mm．黄白色で各胸節に 1 対の丸い黒斑がある．♂第1腹肢外肢は丸い．石垣島から知られている．

ヒロテコシビロダンゴムシ（p.35, 55）
Spherillo brevipalma (Nunomura)
　体長 8.1 mm まで．黒色だが背面中央と周辺は白っぽい．第 2 触角鞭節の第 2 節は第 1 節の 3 倍の長さがある．♂の第 7 胸脚腕節内縁が大きく膨らむ．♂の第1腹肢内肢は先端付近両側に小歯があり外肢は短い長方形．♂の第2腹肢内肢は外肢先端を少し超えるていど，外肢は長く外縁はへこむ．沖縄島西銘岳麓から知られている．

ハチジョウコシビロダンゴムシ（p.38, 55）
Spherillo hachijoensis Nunomura
　体長 7.3 mm まで．薄い黒褐色地に小さく不規則な濃色の斑紋が散在．第 2 触角鞭節の第 2 節は第 1 節の 3 倍の長さがある．♂の第 1 腹肢内肢はまっすぐだが，先端付近は細くなり日本刀の切先状，外肢は丸みを帯びた三角形．♂の第 2 腹肢内肢は長く，外肢先端より明瞭に長い．八丈島から知られている．

ハハジマコシビロダンゴムシ（p.36, 55）
Spherillo hahajimensis Nunomura
　体長 5.2 mm まで．第 2 触角鞭節の第 2 節は第 1 節の 2.5 倍の長さがある．褐色で不規則な色の薄い部分がある．♂の第 1 腹肢内肢先端は丸みを帯び，外肢は長方形で後縁中央が丸く突出する．第 2 腹肢内肢は長く外肢先端をはるかに超える．外肢は三角形で外縁は浅くくぼむ．小笠原母島乳房ダムの淡水に水没した樹木の根から発見されている．

ケナガコシビロダンゴムシ（p.37, 55）
Spherillo longispinus (Nunomura)
　体長 7.5 mm まで．黒褐色で不規則な小さな薄い色の斑点が散在．第 2 触角鞭節の第 2 節は第 1 節の 3 倍の長さがある．胸脚の剛毛はほかの種より長い．♂の第 1 腹肢内肢はまっすぐで先端が幾分外側に曲がり，一列の小歯ある．外肢は低い扇型．第 2 腹肢内肢はまっすぐで外肢よりやや長く，外肢は細く，外縁が深く湾入．和歌山県田辺市神島から知られている．

ハンテンコシビロダンゴムシ（p.35, 55）
Spherillo punctatus Nunomura
　体長 8.5 mm まで．黒色地で，各胸節に 1 対ずつのかなり広い淡色の部分があり，その中心に小さな黒色の斑点がある．第 2 触角鞭節の第 2 節は第 1 節の 3.5 倍の長さがある．第 7 胸節座節外縁が膨らむ．♂の第 1 腹肢内肢先端まで太く丸みを帯びる．外肢は短い長方形．♂の第 2 腹肢内肢はやや太く，外肢先端よりやや長い．腹尾節は砂時計型．八丈島から知られている．

ウフアガリコシビロダンゴムシ（p.35, 55）
Spherillo ufuagarijimensis Nunomura
　体長 5.6 mm まで．黒褐色で胸部に各 1 対の淡色の部分がある．第 2 触角鞭節の第 2 節は第 1 節の 2.8 倍の長さがある．♂の第 1 腹肢内肢は内側中央に小さな突起があり先端の半分がやや外に曲がる．先端付近に

は内外とも小歯がある．外肢は細い長方形，第2腹肢内肢は外肢よりやや短く外肢は細い．北大東島から知られている．

イシダコシビロダンゴムシ（p.37, 55）
Spherillo ishidai Nunomura

体長7.6 mmまで．黄色で6本の暗色の縦の線があり，対比が明瞭で美しい種．♂第1腹肢内肢は先端がわずかに外に曲がり，外肢は長方形．第2腹肢内肢は外肢より明瞭に長い．和歌山県南部町の海岸から知られている．

シッコクコシビロダンゴムシ（p.37, 55）
Spherillo sp.

体長7.5 mm．黒褐色で淡色の模様をもつ．腹尾節はその後端で広がる．♂の第1腹肢外肢は三角形．北陸・関東から九州にかけて分布．前版で「セグロコシビロダンゴムシ」としたもの．

ハヤトコシビロダンゴムシ（p.38, 55）
Spherillo lepidus Nunomura

体長7.7 mmまで．薄い黄褐色に角1対の櫛の歯状の暗色部を持つ．第2触角鞭節の第2節は第1節の3倍の長さがある．♂の第1腹肢内肢先端は太く刀の切っ先状で両側に小歯があり，外肢は丸みを帯びた長方形．鹿児島県佐多町から知られている．

ハマダンゴムシ科
Tylidae
ハマダンゴムシ属
Tylos
ハマダンゴムシ（p.2, 55）
Tylos granuliferus Budde-Lund

体長20 mmまで．体を完全に丸くできる．尾肢は蓋状で腹肢の一部をおおう．体色は灰色，緑，橙色など．日本各地の海浜の砂利浜や砂浜に分布．

引用・参考文献

Arcangeli, A. (1927). Isopodi terrestri reccolti nell'Estremo Oriente dal Prof. Filippo Silvestri. *Boll. Lab. Zool., Portici*, **20** : 211-269.

岩本嘉兵衛(1943)．日本産陸棲等脚類について．植物及動物，11(12) : 17-32.

Karasawa, S., Y. Kanazawa & K. Kubota (2014). Redefinitions of *Spherillo obscurus* (Budde-Lund, 1885) and *S. dorsalis* (Iwamoto, 1943) (Crustacea : Oniscidea : Armadillidae), with DNA markers for identification. *Edaphologia*, **93** : 11-27.

Kwon, D. H. (1993). Terrestrial Isopoda (Crustacea) from Korea. *Korean J. Zool.*, **36** : 133-158.

Nunomura, N. (1976). *Ligidium paulum* a new terrestrial isopod from Ashu, Kyoto Prefecture, *Bull. Osaka Mus. Nat. Hist.*, **30** : 1-4.

Nunomura, N. (1979). *Ligia boninensis*, a new isopod Crustacean from Haha-jima, Bonin Islands, Japan. *Bull. Toyama Sci. Mus.* **1** : 37-40.

Nunomura, N. (1983). Studies on the terrestrial isopod crustaceans in Japan. I. Taxonomy of the families Ligiidae, Trichoniscidae and Olibrinidae. *Bull. Toyama Sci. Mus.*, **10** : 23-68.

Nunomura, N. (1984). Studies on the terrestrial isopod crustaceans in Japan. II. Taxonomy of the family Scyphacidae. *Bull. Toyama Sci. Mus.*, **11** : 1-43.

Nunomura, N. (1986). Studies on the terrestrial isopod crustaceans in Japan. III. Taxonomy of the family Scyphacidae. (continued), Marinoniscidae, Halophilosciidae, Philosciidae and Oniscidae. *Bull. Toyama Sci. Mus.*, **9** : 1-72.

Nunomura, N. (1987). Studies on the terrestrial isopod crustaceans in Japan. IV. Taxonomy of the family Trachelipidae and Porcellionidae. *Bull. Toyama Sci. Mus.*, **11** : 1-76.

Nunomura, N. (1990). Studies on the terrestrial isopod Crustaceans in Japan. V. Taxonomy of the families of Armadillidae and Tylidae. *Bull. Toyama Sci. Mus.*, **13** : 1-58.

Nunomura, N. (1991). Studies on the terrestrial isopod Crustaceans in Japan. VI. Further supplements to the Taxonomy. *Bull. Toyama Sci. Mus.*, **14** : 1-26.

布村 昇(1991)．ワラジムシ目．fig. 169-202. pp. 58-64．(*in* 青木淳一編　日本産土壌動物検索図説　東海大学出版会)

Nunomura, N. (1992). Studies on the terrestrial isopod Crustaceans in Japan. VII. Supplements to the taxonomy-3. *Bull. Toyama Sci. Mus.*, **15** : 1-23.

布村 昇(1999)．ワラジムシ目．pp. 569-625, 1032-1033．(*in* 青木淳一編著　日本産土壌動物　東海大学出版会)

Nunomura, N. (1999). Sea shore isopod crustaceans from Izu Islands, Middle Japan. *Bull. Toyama Sci. Mus.* **22** : 7-38.

Nunomura, N. (2000a). A new Species of the Genus *Exalloniscus* from Tochigi Prefetcture, Eastern Japan. *Bull. Toyama Sci. Mus.*, **23** : 1-4.

Nunomura, N. (2000b). Terrestrial isopod and amphipod Crustaceans from the Imperial Palace, Tokyo. *Mem. Natnl. Sci. Mus, Tokyo.* **35** : 79-97.

Nunomura, N. (2003a). A new species of the genus *Papulphiloscia* (Crustacea : Isopoda : Phiosciidae) from Minami Daito Island, Southerhn Japan. *Bull. Toyama Sci. Mus.*, **26** : 1-4.

Nunomura, N. (2003b). Two new species of the terrestrial isopods from the foot of Mt. Nishime, Okinawa, southern Japan. *Bull. Toyama Sci. Mus.*, **26** : 5-12.

Nunomura, N. (2003c). Four new terrestrial isopod crustaceans from Kashima Islet and its neighboring, Tanabe Bay. *Bull. Toyama Sci. Mus.*, **26** : 13-24.

Nunomura, N. (2003d). Terrestrial isopod crustaceans from southern Kyushu, Southern Japan. *Bull. Toyama Sci. Mus*,

26 : 25-45.

Nunomura, N. (2005). A new species of the genus *Quelpartoniscus* (Crustacea : Isopoda : Scyphacidae) from Toyama. *Bull. Toyama Sci. Mus.*, **28** : 13-16.

Nunomura, N. (2007). Terrestrial isopod crustaceans from Hachijo Island, Izu Islands, middle Japan. *Bull. Toyama Sci. Mus.*, **30** : 17-36.

Nunomura, N. (2008). Two new species of the genus *Lucasioides* (Crustacea, Isopod) from mole's tunnels of Nanto-shi, Toyama, middle Japan. *Bull. Toyama Sci. Mus.*, **31** : 3-11.

Nunomura, N., Satake, K. and Ueno, R. (2008). A new species of the genus *Spherillo* (Crustacea : Isopoda) from Hahajima, Bonin Islands, Southern Japan. *Bull. Toyama Sci. Mus.*, **31** : 1-6.

Nunomura, N. (2009). Terrestrial isopod crustaceans from Daito Islands. *Bull. Toyama Sci. Mus.*, **32** : 75-87.

Nunomura, N. (2010a). A new species of the genus *Mongoloniscus* (Crustacea : Isopoda) from Toyama Plain. *Bull. Toyama Sci. Mus.*, **33** : 27-31.

Nunomura, N. (2010b). A new species of the genus *Lucasioides* (Crustacea : Isopoda) from nest material of *Mogera imaizumii*, Toyama ken, central Japan. *Bull. Toyama Sci. Mus.*, **33** : 33-37.

Nunomura, N. (2010c). A new species of the Genus *Lucasioides* (Crustacea : Isopoda) from Ashiu, Miyama, Nantan-shi, Kyoto, Central Japan. *Bull. Toyama Sci. Mus.*, **33** : 39-45.

Nunomura, N. (2010d). Terrestrial Crustaceans from Shiga Prefecture, centralJapan. *Bull. Toyama Sci. Mus.*, 33 : 47-63.

Nunomura, N. (2011). A new Species of the Terrestrial Isopod Genus *Spherillo* (Crustacea : Isopoda : Armadillidae) from Kii Peninsula, Japan. *Bull. Toyama Sci. Mus.*, **34** : 67-71.

布村　昇編(2011). 富山市科学博物館収蔵資料目録第24号. 甲殻類II. 1-133. 富山市科学博物館. 富山.

Nunomura, N., H. Horiguchi, T. Sasaki, M. Hironaka & T. Hariyama (2011). A new Species of the Genus *Ligia* (Crustacea : Isopoda : Ligiidae) from steep streams of Chichijima and Anijima Islands of the Ogasawara Islands. *Bull. Toyama Sci. Mus.*, **34** : 73-79.

布村　昇　(2012). ダンゴムシのなかま-1（シリーズ森林土壌動物(8). 山林, **1542**：46-49. 大日本山林会. 東京.

Tabacaru, I. (1996). Contribution a l'etude du genre *Hyloniscus* (Crustacea, Isopoda) II. Diagnoses des genres *Hyloniscus* et *Nippononethes* nov. gen. La tribu des Spelaeonthini. *Travaux de l'Institut de Speologie "Emile Racovitza"* **35** : 21-62.

Tsuge, M. (2008). A new species of the genus *Ligia* (Crustacea : Isopoda : Ligiidea). *Bull. Toyama Sci. Mus.*, **31** : 51-57.

Vandel, A. (1968). Les Premiers Isopodes Terresters et Cavernicoles Découvert de l'Archipel Nippon. *Bull. Natn. Sci. Mus. Tokyo*, **11**(4) : 351-362.

Vandel, A. (1970). Les Isopodes Terresteres et Cavernicoles de l'Archipel Nippon. *Bull. Natn. Sci. Mus. Tokyo*, **13**(3): 373-383.

節足動物門
ARTHROPODA

甲殻亜門 CRUSTACEA
軟甲綱 Malacostraca
ヨコエビ目（端脚目） Amphipoda

森野 浩 H. Morino

甲殻亜門 CRUSTACEA・ヨコエビ目（端脚目）Amphipoda

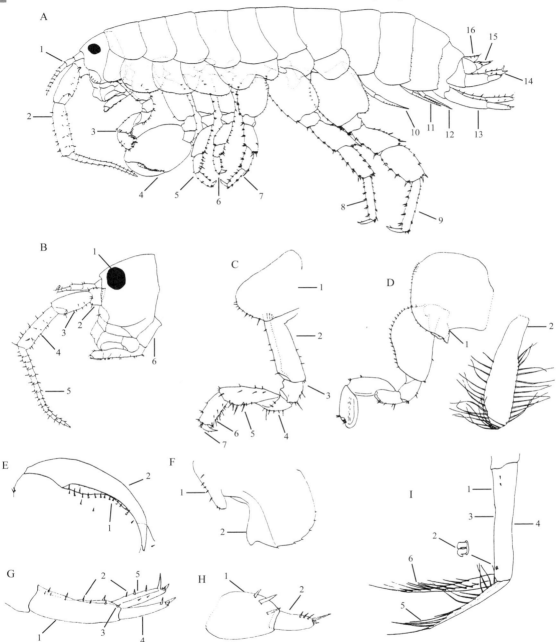

ヨコエビ目 Amphipoda 形態用語図解
A：全形図(♂)（1〜2：第1〜2触角，3〜4：第1〜2咬脚，5〜9：第3〜7胸肢，10〜12：第1〜3腹肢，13〜15：第1〜3尾肢，16：尾節板），B：頭部(♀)（1：眼，2〜4：第2触角柄部第3〜5節，5：第2触角鞭状部，6：喉部），C：第1咬脚(♀)（1：基節板，2〜7：第2〜7節），D：第2咬脚(♀)（1：基節鰓，2：覆卵葉），E：第2咬脚(♂)先端部（1：第6節掌縁，2：第7節），F：第6胸肢基節板（1：前葉，2：後葉），G：第1尾肢（1：柄節，2：縁棘，3：側端棘，4：外肢，5：内肢），H：第3尾肢（1：柄節，2：肢節），I：第1腹肢（1：柄節，2：連接棘，3：内縁，4：外縁，5：内肢，6：外肢）

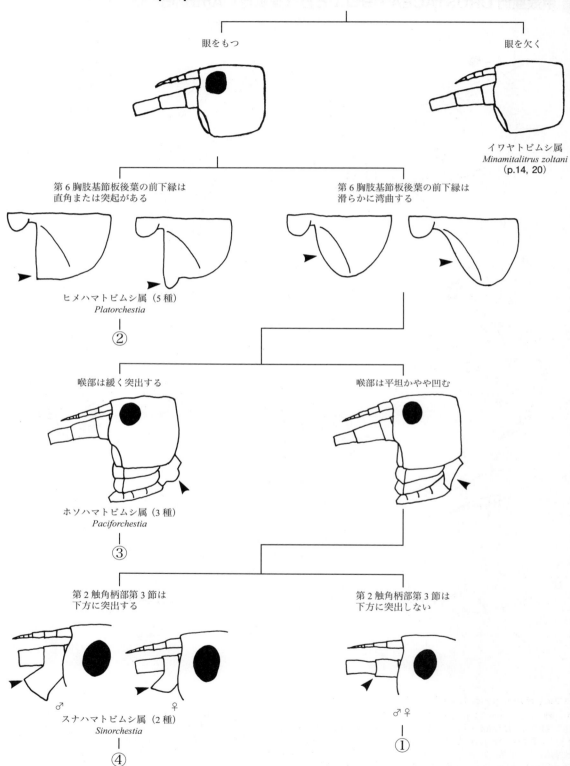

ヨコエビ目 3

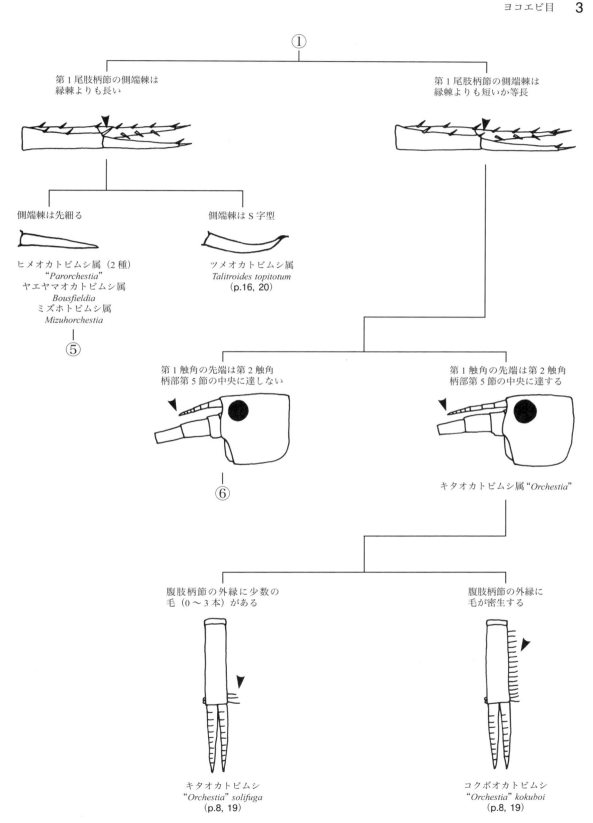

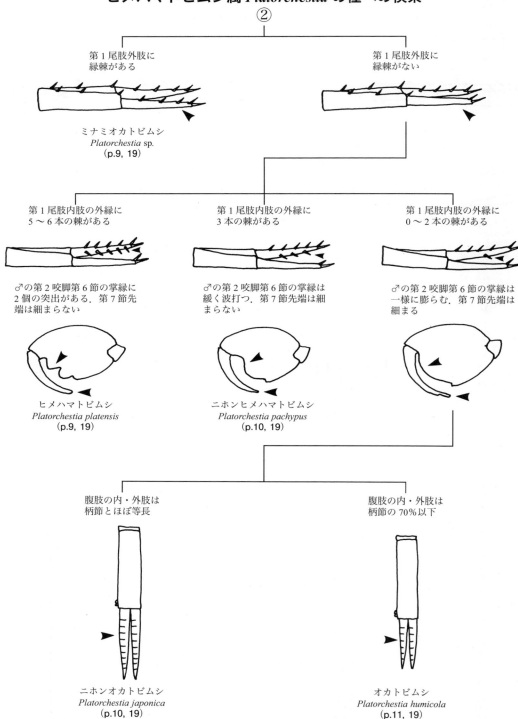

ホソハマトビムシ属 *Paciforchestia* の種への検索

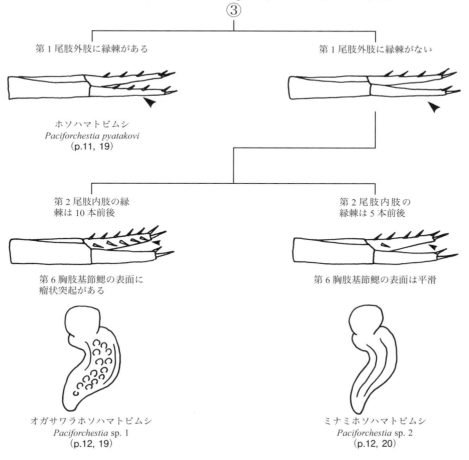

スナハマトビムシ属 *Sinorchestia* の種への検索

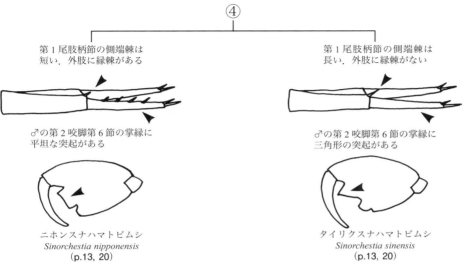

ヒメオカトビムシ属 "*Parorchestia*"，ヤエヤマオカトビムシ属 *Bousfieldia*，ミズホトビムシ属 *Mizuhorchestia* の種への検索

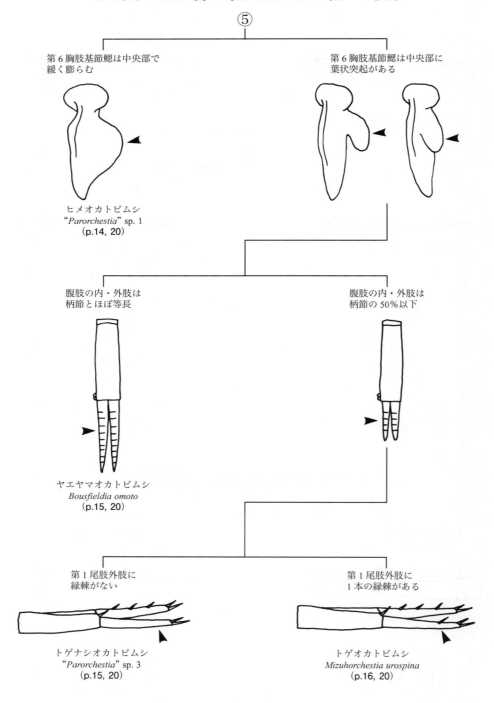

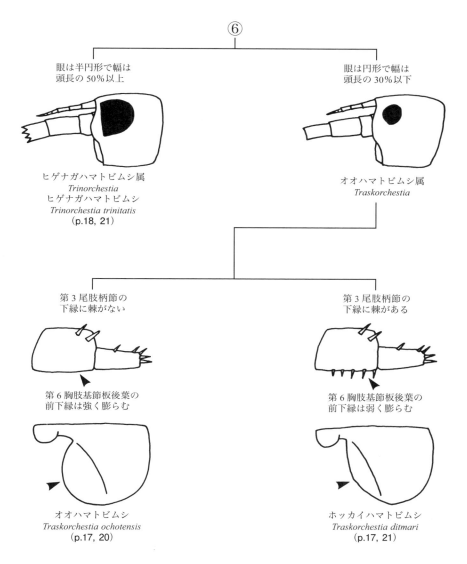

8 ヨコエビ目

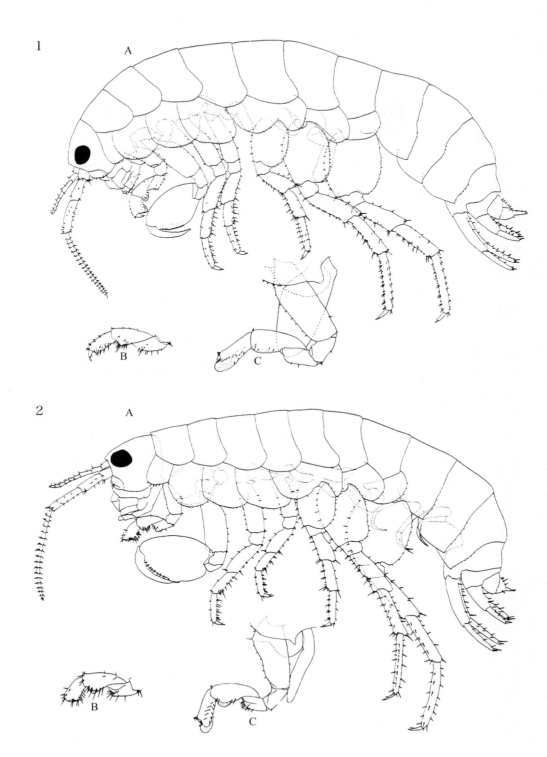

ヨコエビ目 Amphipoda 全形図（1）
1：キタオカトビムシ "*Orchestia*" *solifuga* Iwasa，2：コクボオカトビムシ "*Orchestia*" *kokuboi* Uéno
A：♂全形，B：♀第1咬脚，C：♀第2咬脚

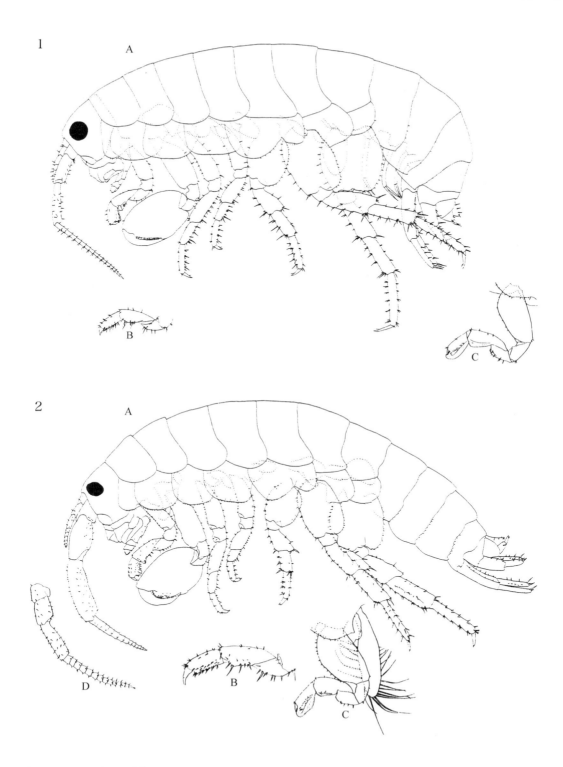

ヨコエビ目 Amphipoda 全形図（2）
1：ミナミオカトビムシ *Platorchestia* sp., 2：ヒメハマトビムシ *Platorchestia platensis* (Krøyer)
A：♂全形，B：♀第1咬脚，C：♀第2咬脚，D：♀第2触角

10 ヨコエビ目

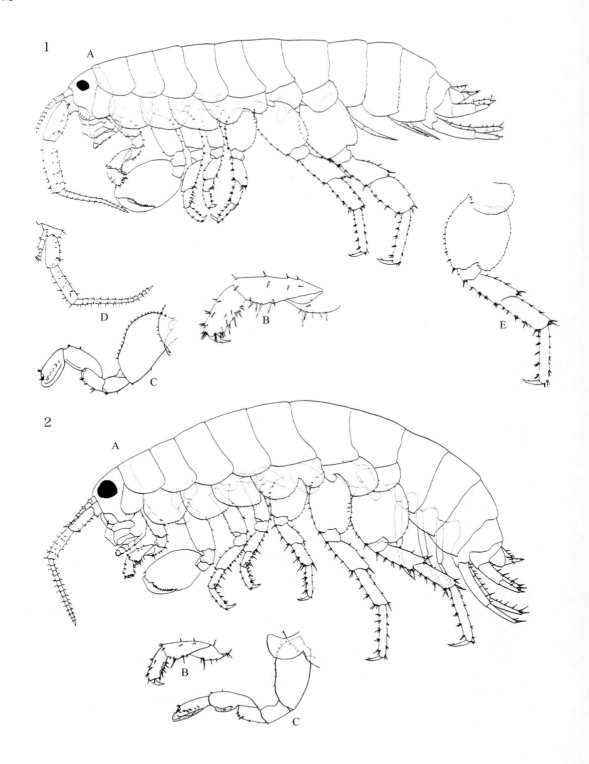

ヨコエビ目 Amphipoda 全形図 (3)
1:ニホンヒメハマトビムシ *Platorchestia pachypus* (Derzhavin), 2:ニホンオカトビムシ *Platorchestia japonica* (Tattersall)
A:♂全形, B:♀第1咬脚, C:♀第2咬脚, D:♀第1, 2触角, E:♀第7胸肢

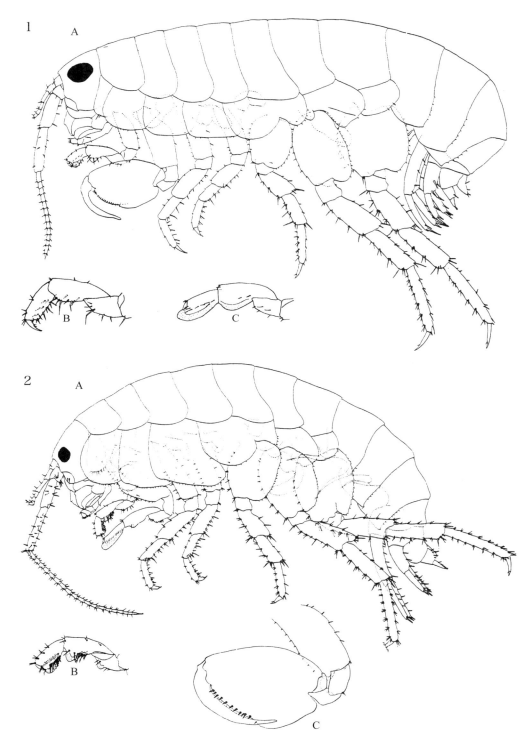

ヨコエビ目 Amphipoda 全形図 (4)
1：オカトビムシ *Platorchestia humicola* (Martens), 2：ホソハマトビムシ *Paciforchestia pyatakovi* (Derzhavin)
A：全形(1：♂, 2：♀), B：第1咬脚(1：♀, 2：♂), C：第2咬脚(1：♀, 2：♂)

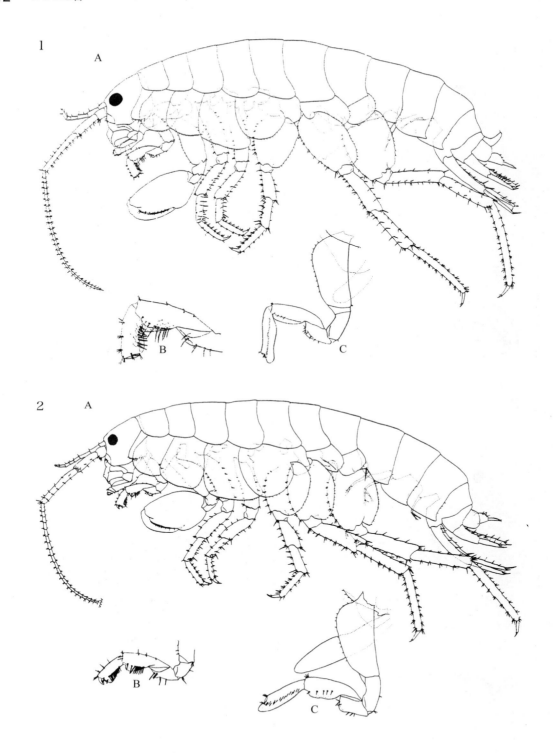

ヨコエビ目 Amphipoda 全形図（5）
1：オガサワラホソハマトビムシ *Paciforchestia* sp. 1, 2：ミナミホソハマトビムシ *Paciforchestia* sp. 2
A：♂全形, B：♀第1咬脚, C：♀第2咬脚

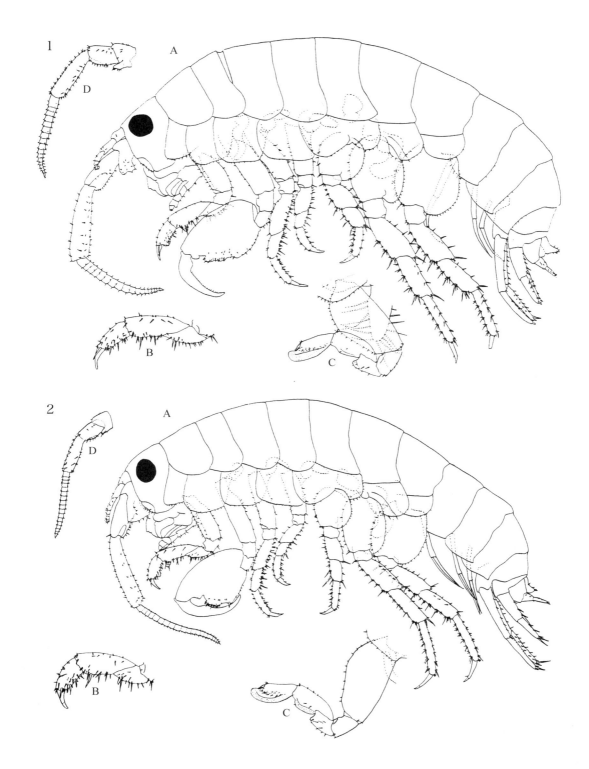

ヨコエビ目 Amphipoda 全形図 (6)
1：ニホンスナハマトビムシ *Sinorchestia nipponensis* (Morino), 2：タイリクスナハマトビムシ *Sinorchestia sinensis* (Chilton)
A：♂全形, B：♀第1咬脚, C：♀第2咬脚, D：♀第2触角

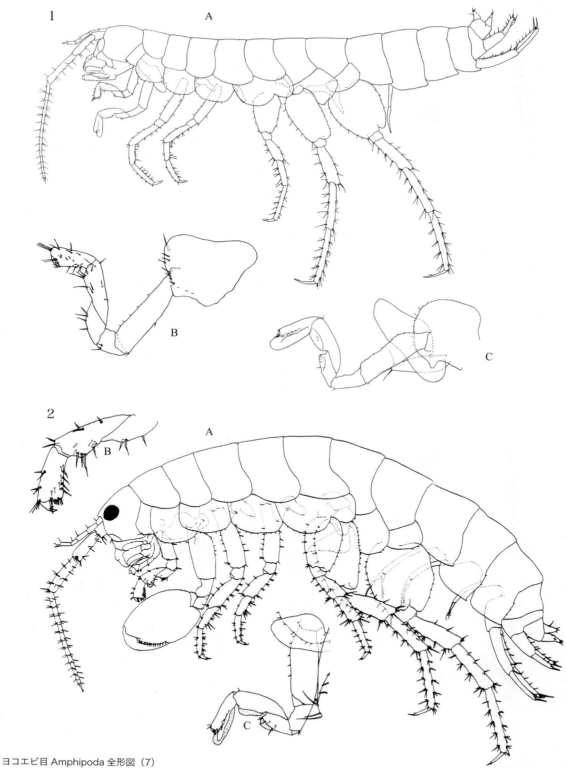

ヨコエビ目 Amphipoda 全形図（7）
1. ダイトウイワヤトビムシ *Minamitalitrus zoltani* White, Lowry and Morino，2：ヒメオカトビムシ "*Parorchestia*" sp. 1
A：全形（1：♀，2：♂），B：♀第1咬脚，C：♀第2咬脚

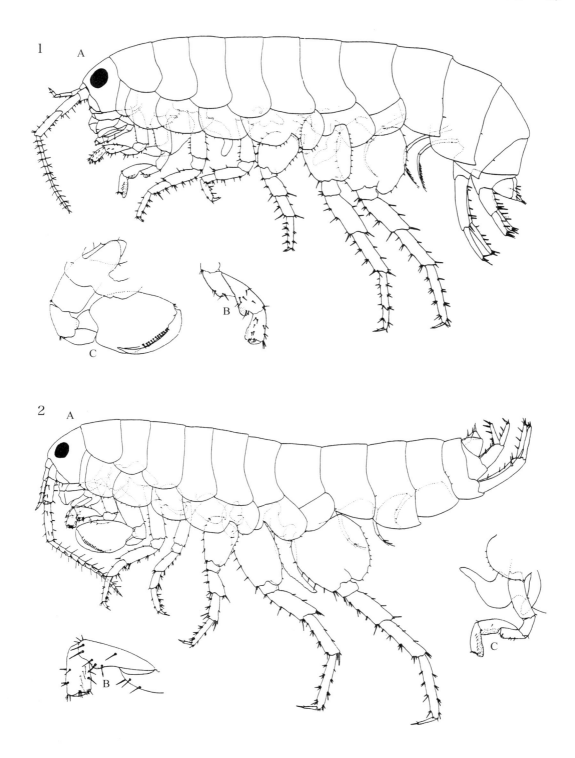

ヨコエビ目 Amphipoda 全形図 (8)
1：ヤエヤマオカトビムシ *Bousfieldia omoto* Morino，2：トゲナシオカトビムシ "*Parorchestia*" sp. 3
A：全形(1：♀, 2：♂)，B：第1咬脚(1：♂, 2：♀)，C：第2咬脚(1：♂, 2：♀)

16　ヨコエビ目

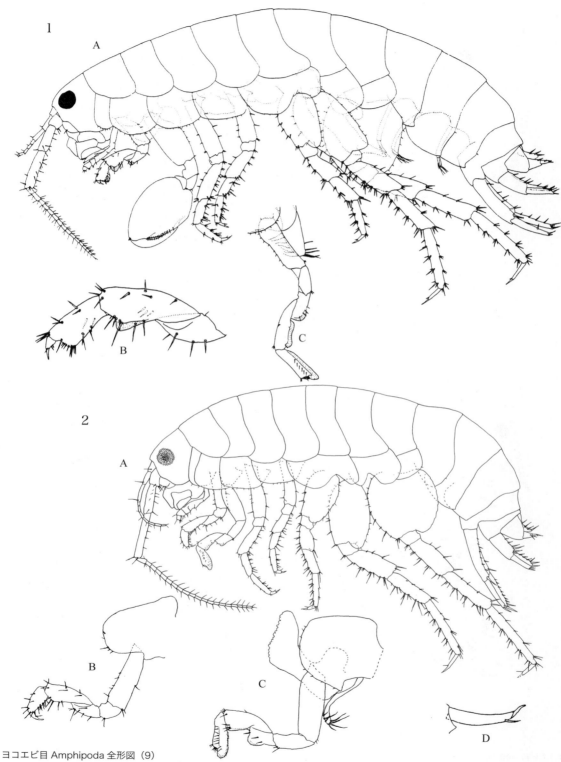

ヨコエビ目 Amphipoda 全形図（9）
1：トゲオカトビムシ *Mizuhorchestia urospina* Morino，2：ツメオカトビムシ *Talitroides topitotum*（Burt）
A：全形（1：♂，2：♀），B：♀第1咬脚，C：♀第2咬脚，D：第1尾肢側端棘

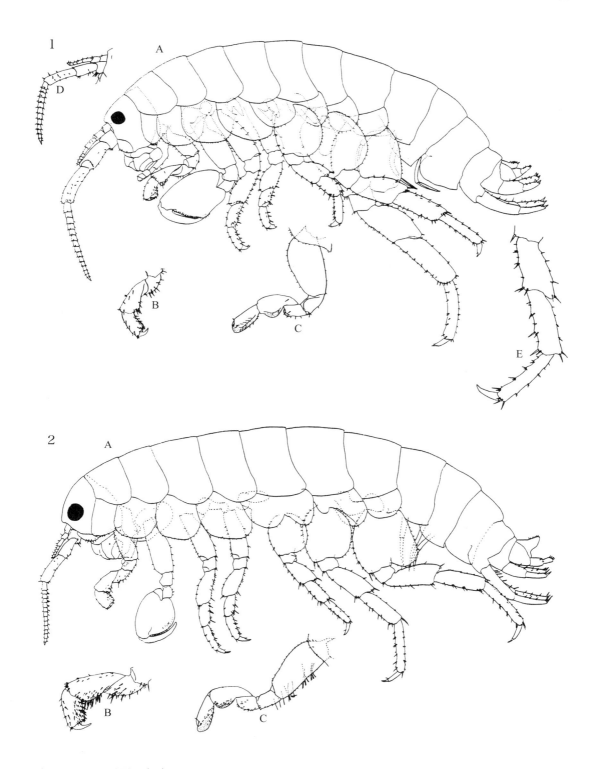

ヨコエビ目 Amphipoda 全形図（10）
1：オオハマトビムシ *Traskorchestia ochotensis* (Brandt)，2：ホッカイハマトビムシ *Traskorchestia ditmari* (Derzhavin)
A：♂全形，B：♀第1咬脚，C：♀第2咬脚，D：♀第1，2触角，E：♀第7胸肢

18 ヨコエビ目

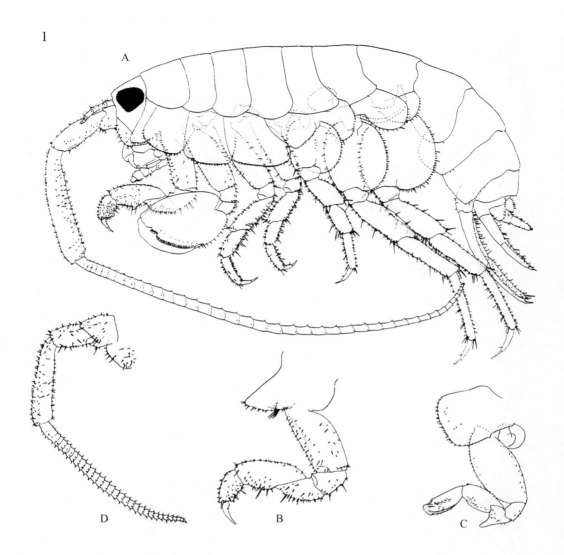

ヨコエビ目 Amphipoda 全形図（11）
1：ヒゲナガハマトビムシ *Trinorchestia trinitatis* (Derzhavin)
A：♂全形，B：♀第1咬脚，C：♀第2咬脚，D：♀第2触角

ヨコエビ目 Amphipoda

　ヨコエビ目は体長数mm〜数cmの小型甲殻類で，背甲を欠くこと，胸肢に外肢を欠くこと，3対の尾肢をそなえることなどが特徴である．分布は海洋の浅海底を中心に淡水域，陸上，深海底に及ぶが，土壌環境中に出現するものはハマトビムシ科に限られる．

ハマトビムシ科 Talitridae

　この科は，第1触角が非常に短いこと，雌の第2咬脚の第6節後縁が袋状（ミット型）であることと第7節が痕跡的であること，第3尾肢が単肢であること，などが特徴である．第2咬脚，そしてときおり第2触角，第7胸肢に性的2型が現れる．尾肢を用いての跳躍力は著しい．
　海岸の打ち上げ物から内陸の森林の落葉落枝下に生息するが，種類によっては水中で遊泳することもある．
　日本産のハマトビムシ科のうち19種を紹介するが，いくつかの種については学名が確定していない．属名については暫定的に決め，""マークで区別した．
　昆虫のトビムシとはまったく別の動物群である．

キタオカトビムシ属
"Orchestia"

キタオカトビムシ （p.3, 8）
"Orchestia" solifuga Iwasa

　体長13mm前後．中型のハマトビムシで，第1触角の先端が第2触角の柄部第5節の中央を越えること，第2腹肢柄節の外縁に毛をもたない（3本以下）ことが特徴．北海道東部，利尻島・礼文島および福井県の海岸林の落葉落枝下に見出される．

コクボオカトビムシ （p.3, 8）
"Orchestia" kokuboi Uéno

　体長13〜16mm．中型のハマトビムシで，キタオカトビムシに似るが腹肢柄節の外縁に毛を密生することで識別される．東北地方北部，北海道南西部の海岸林から内陸の森林の落葉落枝下に見出される．

ヒメハマトビムシ属
Platorchestia

ミナミオカトビムシ （p.4, 9）
Platorchestia sp.

　体長10mm前後．小型のハマトビムシで，第6胸肢基節板後葉の前下縁が直角に曲がること，第1尾肢の外肢に縁棘をそなえることが特徴．本州の日本海側から四国，九州，トカラ列島の海岸林に見出される．

ヒメハマトビムシ （p.4, 9）
Platorchestia platensis (Krøyer)

　体長8〜15mm．中型のハマトビムシで，雄の第2触角と第7胸肢第5節が肥厚すること，雄の第2咬脚の第6節掌縁に2つの突出部があることが特徴．北海道〜沖縄，小笠原までの海岸打ち上げ物の下に見出される．

ニホンヒメハマトビムシ （p.4, 10）
Platorchestia pachypus (Derzhavin)

　体長10〜12mm．中型のハマトビムシで，雄の第2触角が肥厚すること，雄の第2咬脚第6節の掌縁が波打つこと，雄の第7胸肢の第4〜5節が幅広くなることが特徴．北海道〜九州中部までの海岸打ち上げ物の下に見出される．

ニホンオカトビムシ （p.4, 10）
Platorchestia japonica (Tattersall)

　体長11mm前後．中型のハマトビムシで，第6胸肢基節板後葉の前下縁が直角に曲がること，腹肢の柄節は内・外肢とほぼ等長であること，第1尾肢の外肢に縁棘をもたないことが特徴．北海道〜沖縄までの湖岸，草原，森林の落葉落枝の下から見出される．

オカトビムシ （p.4, 11）
Platorchestia humicola (Martens)

　体長7〜8mm．小型のハマトビムシで，ニホンオカトビムシと酷似するが，腹肢の内・外肢の長さが柄節の70%以下であることで識別される．本州各地の湿った落葉落枝の下から見出される．

ホソハマトビムシ属
Paciforchestia

ホソハマトビムシ （p.5, 11）
Paciforchestia pyatakovi (Derzhavin)

　体長20mm前後．大型のハマトビムシで，第2触角の鞭状部が柄部よりも長いこと，腹肢の内・外肢が1〜2節のみであること，第1尾肢の外肢に縁棘をそなえることが特徴．北海道〜日本海側は九州まで，太平洋側では伊豆半島まで分布．海岸礫浜の打ち上げ物の下や，ときには海岸林の落葉落枝下から見出される．

オガサワラホソハマトビムシ （p.5, 12）
Paciforchestia sp. 1

　体長14〜15mm．中型のハマトビムシで，ホソハマトビムシに酷似するが，第1尾肢の外肢に縁棘をもたぬこと，第2尾肢の内肢に10本前後の縁棘をそなえることが特徴．小笠原列島の母島に分布．海岸の打

ち上げ物や森林の落葉落枝の下に見出される．

ミナミホソハマトビムシ（p.5, 12）
Paciforchestia sp. 2
　体長 15 〜 18 mm．大型のハマトビムシで，オガサワラホソハマトビムシに酷似するが，第 2 尾肢内肢の縁棘が 5 本前後であることで識別される．本州中部〜沖縄にかけて，海岸の打ち上げ物や海岸林の落葉落枝の下に見出される．

スナハマトビムシ属
Sinorchestia
ニホンスナハマトビムシ（p.5, 13）
Sinorchestia nipponensis (Morino)
　体長 13 〜 15 mm．中型のハマトビムシで，第 2 触角の柄部第 3 節が前下方に突出する（雄で著しい）こと，第 1 尾肢の外肢に縁棘をそなえることが特徴．本州中部〜九州までの海岸砂浜上部に見出される．

タイリクスナハマトビムシ（p.5, 13）
Sinorchestia sinensis (Chilton)
　体長 10 mm 前後．中型のハマトビムシで，ニホンスナハマトビムシに似るが第 1 尾肢柄節の側端棘が長く，外肢に縁棘を欠くことで識別される．沖縄，九州，四国，紀伊半島までの海岸砂浜の上部に見出される．

イワヤトビムシ属
Minamitalitrus
ダイトウイワヤトビムシ（新称）（p.2, 14）
Minamitalitrus zoltani White, Lowry and Morino
　体長 9 mm 前後．小型の洞穴性ハマトビムシで，体は白色で眼を欠くこと，第 2 咬脚第 6 節は雌雄ともにミット型であること，腹肢が退化的であることが特徴．沖縄県南大東島の星野洞に固有．

ヒメオカトビムシ属
"*Parorchestia*"
ヒメオカトビムシ（p.6, 14）
"*Parorchestia*" sp. 1
　体長 9 mm 前後．小型のハマトビムシで，第 1 触角鞭状部の第 2 節が長いこと，第 6 胸肢の基節鰓の中央部が緩く膨らむことが特徴．九州，四国，本州中部，伊豆諸島の海岸の打ち上げ物や海岸林の落葉落枝の下に見出される．

トゲナシオカトビムシ（p.6, 15）
"*Parorchestia*" sp. 3
　体長 7 〜 8 mm．小型のハマトビムシで，第 6 胸肢の基節鰓の中央部に葉状突起のあること，第 1 尾肢の外肢に縁棘を欠くことが特徴．近畿，東海そして北陸の一部に分布．海岸林から内陸の森林の落葉落枝の下に見出される．

ヤエヤマオカトビムシ属
Bousfieldia
ヤエヤマオカトビムシ（p.6, 15）
Bousfieldia omoto Morino
　体長 8 〜 10 mm．小型のハマトビムシで，第 1 尾肢の柄節側端棘が長いこと，腹肢の柄節が内・外肢と等長なことが特徴．八重山諸島の石垣島・西表島の森林の落葉落枝の下に見出される．

ツメオカトビムシ属
Talitroides
ツメオカトビムシ（新称）（p.3, 16）
Talitroides topitotum (Burt)
　体長 9 mm 前後．小型のハマトビムシで，第 1 触角が長く，第 2 触角の柄部第 5 節の先端近くまで達すること，第 1 咬脚第 6 節は雌雄ともに先細型で掌縁を欠くこと，第 2 咬脚第 6 節は雌雄ともにミット型であること，第 1 尾肢側端棘は発達し，先端が S 字状であることが特徴．沖縄島の国頭郡東村の林床から記録されている．

ミズホトビムシ属
Mizuhorchestia
トゲオカトビムシ（p.6, 16）
Mizuhorchestia urospina Morino
　体長 9 〜 10 mm．小型のハマトビムシで，トゲナシオカトビムシに酷似するが，第 1 尾肢の外肢に 1 本（稀に 2 本）の縁棘をそなえることで識別される．東北地方の日本海側と内陸部，北陸，中国，四国，九州に分布．海岸林から内陸の森林の落葉落枝の下に見出される．

オオハマトビムシ属
Traskorchestia
オオハマトビムシ（p.7, 17）
Traskorchestia ochotensis (Brandt)
　体長 20 〜 25 mm．大型のハマトビムシで，雄の第 7 胸肢第 6 節の内側末端に多数の毛をそなえること，覆卵葉の剛毛の先端が小さく巻き込むことが特徴．北海道東部の海岸打ち上げ物の下や海岸林，草地の落葉落枝の下から見出される．

ホッカイハマトビムシ (p.7, 17)
Traskorchestia ditmari (Derzhavin)

体長 11 ～ 15 mm. 中型のハマトビムシで，雄の第 7 胸肢の第 2 節が後下方に伸長すること，第 3 尾肢柄節の下縁に数本の棘をそなえることが特徴．北海道東部の海岸林に見出される．

ヒゲナガハマトビムシ属
Trinorchestia

ヒゲナガハマトビムシ (p.7, 18)
Trinorchestia trinitatis (Derzhavin)

体長 18 ～ 25 mm. 大型のハマトビムシで，眼が大きく半円形であること，第 2 触角の鞭状部が柄部よりも長いことが特徴．北海道～九州までの海岸砂浜に見出される．

引用・参考文献

Bousfield, E. L. (1982). The amphipod superfamily Talitroidea in the northeastern Pacific region. I. Family Talitridae : Systematics and distributional ecology. *Natn. Mus. Nat. Sci., Publ. Biol. Oceanogr.*, **11** : 1-73.

Bousfield, E. L. (1984). Recent advances in the systematics and biogeography of landhoppers (Amphipoda : Talitridae) of the Indo-Pacific region. In "Biogeography of the Tropical Pacific (Radovsky, F. J., P. H. Raven and S. H. Sohmer eds.)", *Bishop Mus. Spec. Publ.*, **72** : 171-210.

Bulycheva, A. I. (1957). Morski blohi morej SSSR is sopredel' nykh vod (Amphipoda-Talitridea). *Opred. po Faune SSSR, akad. Nauk SSSR*, **65** : 1-186.

Burt, D. R. R. (1934). On the amphipod genus *Talitrus*, with a description of a new species from Ceylon, *Tatitrus (Talitropsis) topitotum*, sub-gen. et sp. nov. *Ceylon J. Sci.*, (B), **18** : 181-191, pls. 12, 13.

Iwasa, M. (1939). Japanese Talitridae. *Jour. Fac. Sci., Hokkaido Imp. Univ., Zool.*, **6**(4), 255-296, pl. 9-22.

Martens, E. (1868). Über einige ostasiatische Süsswasserthiere. *Archiv. Naturges.*, **34** : 1-64.

宮本　久 (1982)．真名川流域の陸生ハマトビムシ（ハマトビムシ科，端脚目，甲殻綱）について．真名川流域の生物調査別刷：94-98．福井県高等学校生物研究会．

宮本　久 (1984)．北陸地方における陸棲ハマトビムシ（ハマトビムシ科，端脚目，甲殻綱）の分布について．福井県立藤島高等学校研究集録，**23** : 1-13.

Morino, H. (1972). Studies on the Talitridae (Amphipoda, Crustacea) in Japan I. Taxonomy of *Talorchestia* and *Orchestoidea*. *Publ. Seto Mar. Biol. Lab.*, **21**(1), 43-65.

Morino, H. (1975). Studies on the Talitridae (Amphipoda, Crustacea) in Japan II. Taxonomy of sea-shore *Orchestia*, with notes on the habitats of Japanese sea-shore talitrids. *Publ. Seto Mar. Biol. Lab.*, **22**(1/4) : 71-193.

Morino, H. (2013). New records of the land-hopper, *Talitroides topitotum* (Burt, 1934) (Crustacea, Amphipoda, Talitridae), from subtropical East Asia. *Bull. Natl. Mus. Nat. Sci., Ser. A*, **39** (4) : 193-201.

Morino, H. (2014a). A new land-hopper genus, *Mizuhorchestia*, from Japan (Crustacea, Amphipoda, Talitridae). *Bull. Natl. Mus, Nat. Sci., Ser. A*, **40**(3) : 117-127.

Morino, H. (2014b). A new land-hopper species of *Bousfieldia* Chou and Lee, 1966, from Okinawa, Japan (Crustacea, Amphipoda, Talitridae). *Bull. Natl. Mus. Nat. Sci., Ser. A*, **40**(4) : 1-5 (in press).

Tattersall, W. M. (1922). Zoological results of a tour in the Far East. Amphipoda with notes on an additional species of Isopoda. *Mem. Asia. Soc. Bengal*, **6** : 437-459, pl. 18-21.

Uéno, M. (1929). A new terrestrial amphipod *Orchestia kokuboi*, sp. from Asamushi. *Sci. Rep. Tohoku Imp. Univ.*, **4** : 7-9.

White, K. N. Lowry, J. K. & Morino, H. (2013). A new cave-dwelling talitrid genus and species from Japan (Crustacea: Amphipoda: Talitridae). *Zootaxa* **3682** (2) : 240-248.